基础化学方程式手册

主　编　王志纲
副主编　马　龙　陈海咏

图书在版编目（CIP）数据

基础化学方程式手册 / 王志纲主编. — 杭州 ：浙江大学出版社，2022.1(2025.1 重印)

ISBN 978-7-308-21558-9

Ⅰ. ①基… Ⅱ. ①王… Ⅲ. ①化学方程式－手册 Ⅳ. ①O6－041

中国版本图书馆 CIP 数据核字(2021)第 133320 号

基础化学方程式手册

王志纲　主编

责任编辑　夏晓冬
责任校对　周　芸
封面设计　刘依群
出版发行　浙江大学出版社
(杭州市天目山路 148 号　邮政编码 310007)
(网址：http://www.zjupress.com)
排　　版　杭州朝曦图文设计有限公司
印　　刷　浙江省邮电印刷股份有限公司
开　　本　710mm×1000mm　1/16
印　　张　28.75
字　　数　687 千
版 印 次　2022 年 1 月第 1 版　2025 年 1 月第 4 次印刷
书　　号　ISBN 978-7-308-21558-9
定　　价　70.00 元

编写说明

《基础化学方程式手册》是在《高中化学方程式手册》和《中学常用化学方程式手册》基础上编写的，经过几年不懈努力，终于成形。感谢《高中化学方程式手册》和《中学常用化学方程式手册》广大读者的关心和帮助！感谢浙江大学出版社及夏晓冬老师和其他编辑老师！感谢曾经给予无私帮助的老师、朋友、领导、同事！使《高中化学方程式手册》重印 47 次，《中学常用化学方程式手册》重印 17 次。

《基础化学方程式手册》包含中学化学、大学无机化学和基础有机化学，适合初中学生、高中学生和大学生使用，适合所有参加新高考的中学生全面学习、复习、查阅，适合尖子学生较高的学习要求，适合化学专业发展目标的高考学生，适合化学专业的大学生查阅使用。

化学方程式是化学的灵魂，但在常见的资料中，经常将化学方程式分散在不同的版块知识或章节知识里，要想查询一个化学方程式，非常费力、费时。在编写完《高中化学方程式手册》和《中学常用化学方程式手册》后，笔者萌发了一个大胆的想法，想尽可能地将化学领域的化学方程式相对找全，相对找齐，并编辑出版。但是没有想到，这项工作工作量太大，犹如浮游在化学海洋中的一叶偏舟，个人或小组的力量显得太单薄，短期内难以快速完成，所以只能分步分阶段完成，现将这本《基础化学方程式手册》奉献给读者，之后再编写《无机化学方程式手册》、《有机化学方程式手册》，最后编写《化学方程式手册》。

本书按照元素周期表的族顺序进行编写。首先按照族进行分章，再按同族不同元素从上到下依次进行编排，同一元素不同物质，按照先单质后化合物进行编排。这也是本书不同于《高中化学方程式手册》和《中学常用化学方程式手册》的地方，在编排形式上发生了较大的改变。此前两本书是为了速查，都是按照 26 个英文字母的顺序编写，也是笔者首创的编写方式，每一个方程式中不同的反应物，都担当一次“第一反应物”，也就是说，一个方程式中不同的反应物，分别编排在第一位置，称之为“第一反应物”，使用的时候，只要知道其中一个反应物质，就可以顺线索在不同的地方查找到，比较方便。但这样也有个突出问题，就是化学方程式重复出现，占用大量的篇幅。从编写《基础化学方程式手册》开始，内容增加很多，化学方程式增加很多，如果再按照26个英文字母的顺序编写，篇幅太大，编写、出版成本太高，所以按照元素周期表的“族”进行编排，同一化学方程式不再重复出现，这也符合大多数化学文献、化学资料的编排形式，也符合大家的阅读习惯。当然，查询起来就没有《高中化学方程式手册》和《中学常用化学方程式手册》那么方便了。

本书在编写过程中遇到很多困难。比如，金属盐编入相应的金属章节还是酸根对应的非金属章节？如硫酸铜等，再举个例子，硫酸铵编入氮元素还是硫元素相应内容？若编入硫元素，和硫酸盐编在一起，但是这样一来，铵盐又没有很好地集中，似乎将所有的铵盐放在一起，又能反映铵盐的共性，而稀有金属铵盐似乎编入稀有金属版块较合适，类似的问题有很多，不一一列举。苦思冥想后发现，想要找到一条绝对的标准，似乎很难，所以，最后以不太完美的方式呈现，作为读者的您，或许这种编排方式会不太满意，还期望不吝赐教！

本书在编写过程中参考了大量的文献著作，限于篇幅的限制，正文中难以一一标注出来，真诚感谢所有文献的作者及出版社，单列于文后，见参考文献。同时，如内容引用不当，请联系主编或副主编。“第一反应物”对应的注释，主要来源于《化学词典》，同时参照其他资料，这里要特别说明，也特别感谢！

自从新课标、新教材、新高考在全国全面实行以后，中学化学内容和大学化学内容必将实现无缝对接，中学化学原先占据重要位置的铝及其化合物内容相对淡化，水溶液中的 AlO_2^- 被修正为 $[Al(OH)_4]^-$，《基础化学方程式手册》也同步作了修正，原先中学化学中的写法作为文献同时保留下来，请读者自己取舍并使用。

王志纲作为主编，主要开展了以下工作：组织编写，编撰初稿，构思框架，录入文字，排版编辑，核对校对，统稿全文，联络出版，签订合同等，主要编写第1章、第7章、第12章、第13章、第17章、第18章、目录、参考文献以及编写说明等，约38万字。马龙老师主要编写了10章、第11章、第14章、第15章、第16章(约16.6万字)，陈海咏老师主要编写了第2章、第3章、第4章、第5章、第6章、第8章、第9章(约14.1万字)。编写工作异常辛苦，十分感谢大家齐心协力！严谨务实，不知疲倦，忘我工作，使这本手册能够顺利出版！

特别感谢甘肃卓之凡商贸有限公司及董事长桑圣祥先生的大力支持！

王志纲

2024年12月于甘肃金昌

作者简介

【王志纲】1968 年生，甘肃会宁人。1987 年毕业于会宁一中，1991 年毕业于西北师范大学化学系，大学学历，理学学士。2007 年获西北师范大学教育硕士学位。中学高级教师。1991 年 7 月至 2011 年 8 月工作于甘肃省金昌市金川公司总校第一高级中学，2011 年 8 月起工作于金昌市金川总校第二高级中学，2020 年 10 月，该校更名为金昌市龙首高级中学，从事高中教育、教学工作三十年。

多篇论文发表或获奖，多项课题获省、市鉴定或奖励。发表或获奖的论文有《白磷的自燃恰恰证明红磷确实转变成白磷——对红磷转变成白磷演示实验的改进》、《高二学生化学学习兴趣分析及其培养策略研究》、《谈听课评委的组成对听课评价和教师积极性的影响》、《多媒体教学手段不能替代化学演示实验》、《等效平衡的一般原理》、《对不确定系数化学方程式的探讨》，论文《探讨浓硝酸和铜反应的混合液呈绿色的本质原因》发表于核心期刊《化学教育(中英文)》2020 年第 41 卷第 7 期。

主要著作有《中学常用化学方程式手册》、《高中化学方程式手册》、《基础化学方程式手册》、《高中化学方程式小手册》，均由浙江大学出版社公开出版，面向全国发行销售。

通信地址：甘肃省金昌市大连路 9 号金昌市龙首高级中学(737100)

电子邮箱：wangzhigang1968@sina.com，1872789455@qq.com

QQ：1872789455

【马　龙】2002 年毕业于西北师范大学化学系，金昌市第二中学高级教师。从教 22 年，一直奋战在教学一线，担任化学教学和班主任工作。被授予“甘肃省农村骨干教师”“金昌名教师”“金昌市优秀教师”“金昌市骨干教师”“金昌市学科带头人”“金昌市青年教学能手”。主持甘肃省十二五规划课题《新课程背景下初高中化学教学衔接策略》，参与课题 3 项，其中省级重点课题 1 项。在金昌市第四届、第九届青少年科技创新大赛中，辅导学生分别荣获一等奖，马龙老师荣获“优秀辅导员”

称号。发表国家级论文5篇，省级论文5篇，省、市优质课均荣获一等奖，多次被学校评为“优秀教师”、“优秀班主任”等。

【陈海咏】生于1993年2月，甘肃金昌人。2018年毕业于西北师范大学化学系，硕士研究生。2018年8月至今工作于金昌市龙首高级中学，工作期间发表多篇论文，积极参与课题研究。发表或获奖的论文有《Dual-Emitting Fluorescent Metal-Organic Framework Nanocomposites as a Broad-Range pH Sensor for Fluorescence Imaging》《Copper Ion Fluorescent Probe Based on Zr-MOFs Composite Material》《基于情境化教学的高中化学问题设计浅析》《PBL教学模式在高中化学课堂中的应用》等。

目 录

第一章　氢元素单质及其化合物

【H】 原子氢，将氢分子加热，特别是通过电弧或进行低压放电，皆可得到原子氢。原子氢仅能存在半秒钟，随后就重新结合成分子氢，放出大量的热。将原子氢气流通向金属表面，原子氢结合成分子氢的反应热足以产生温度高达4273K的原子氢焰，可焊接高熔点的金属。

$3H+As=AsH_3$ 原子氢是一种较分子氢更强的还原剂，可以同锗、锡、砷、锑、硫等直接作用生成相应的氢化物。

$8H+BaSO_4=BaS+4H_2O$ 原子氢可以还原氧化物等。它可将硫酸钡还原为硫化钡。

$2H+CuCl_2=Cu+2HCl$ 原子氢甚至可以将某些金属氯化物、氧化物迅速还原为金属。

$2H+S=H_2S$ 原子氢是一种较分子氢更强的还原剂，可以同锗、锡、砷、锑、硫等直接作用生成相应的氢化物。

【H_2】 氢是宇宙中最丰富的元素，一切元素之源。氢气是无色、无味的可燃性气体，密度非常小，在水中难溶，通常状况下1体积水中溶解0.02体积氢气。氢元素有三种同位素：^1_1H、^2_1H(D)、^3_1H(T)，分别叫氕、氘、氚。

$H_2-2e^-=2H^+$ 酸性电解质的氢氧燃料电池负极电极反应式。正极电极反应式：$O_2+4H^++4e^-=2H_2O$。总反应式：$O_2+2H_2=2H_2O$。碱性电解质的氢氧燃料电池见【$2H_2+4OH^--e^-$】。

$3H_2+N_2 \underset{催化剂}{\overset{高温高压}{\rightleftharpoons}} 2NH_3$ 工业上合成氨的反应原理。综合考虑影响化学反应速率和化学平衡的因素以及催化剂的活性，反应温度应控制在500℃左右，温度过高，虽然对化学反应速率有利，但转化率降低，铁触媒活性降低；压强为20MPa～50MPa，虽然压强越大，转化率越高，但设备和动力要求较高，成本增加；使用铁触媒作催化剂，有利于加快化学反应速率。

$3H_2(g)+N_2(g) \underset{催化剂}{\overset{高温高压}{\rightleftharpoons}} 2NH_3(g)$；$\Delta H=-92.4kJ/mol$ 高温、高压条件下合成氨气的热化学方程式。该反应是放热反应，也是可逆反应。

$2H_2+O_2 \overset{点燃}{=} 2H_2O$ 氢气在氧气中燃烧，生成水。氢气是清洁高能燃料。

$2H_2(g)+O_2(g)=2H_2O(g)$；$\Delta H=-483.6kJ/mol$ 氢气在氧气中燃烧生成气态水的热化学方程式。生成液态水2mol时，则$\Delta H=-571.6kJ/mol$。

$H_2(g)+\frac{1}{2}O_2(g)=H_2O(l)$；$\Delta H=-285.8kJ/mol$ 氢气在氧气中燃烧生成液态水的热化学方程式，即氢气的燃烧热为285.8kJ/mol。生成气态水1mol时，则$\Delta H=-241.8kJ/mol$。或写成：$2H_2(g)+O_2(g)=2H_2O(l)$；$\Delta H=-571.6kJ/mol$。

$H_2+O_2 \xlongequal{\text{2-乙基蒽醌，钯（或镍）}} H_2O_2$ 1945年以后发展起来的生产过氧化氢的方法，叫作乙基蒽醌法。钯（或镍）作催化剂。在苯溶液中用氢气还原 2-乙基蒽醌（结构式）变成 2-乙基蒽醇（2-乙基-9,10 二羟基蒽）（结构式）：（2-乙基蒽醌）$\xlongequal[H_2]{Pd}$（2-乙基蒽醇）。2-乙基蒽醇被氧化时生成 2-乙基蒽醌和过氧化氢：O_2+（2-乙基蒽醇）→（2-乙基蒽醌）+H_2O_2。反应循环进行，当反应进行到 H_2O_2 浓度为 5.5g/L 时，用水抽取，得到质量分数为 18%的 H_2O_2 水溶液，减压蒸馏可得 30%H_2O_2 溶液，再减压分级蒸馏，可得到 85%的 H_2O_2 溶液。总反应式相当于氧气和氢气反应生成过氧化氢。1908 年发展起来的电解—水解法制 H_2O_2 的原理，见【$2NH_4HSO_4$】。

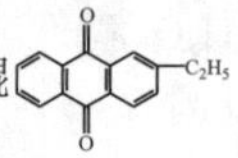

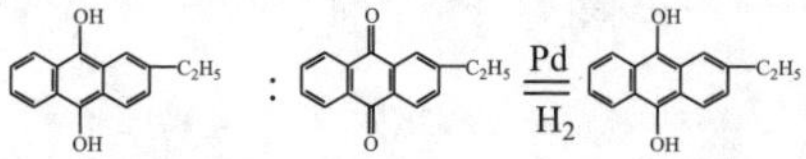

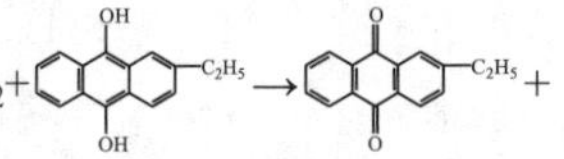

$2H_2+4OH^- - 4e^- = 4H_2O$ 碱性电解质的氢氧燃料电池负极电极反应式。正极电极反应式：$O_2+2H_2O+4e^- = 4OH^-$。总反应式：$O_2+2H_2 = 2H_2O$。酸性电解质的氢氧燃料电池见【H_2-2e^-】。

【H^+】

氢离子。H_3O^+，水合氢离子，通常用 H^+表示。溶液酸碱性判断：当 $c(H^+)>c(OH^-)$时，显酸性；当 $c(H^+)=c(OH^-)$时，显中性；当 $c(H^+)<c(OH^-)$时，显碱性。$pH=-\lg c(H^+)$。常温下，pH=7，溶液为中性；pH<7，溶液为酸性；pH>7，溶液为碱性。广泛 pH 试纸的测量范围为 1~14 或 1~10，pH 的差值为 1。精密 pH 试纸范围较窄，可判断到 0.2 或 0.3 的 pH 差值。用 pH 计测量，可以精确到 0.1。酸碱指示剂：甲基橙的变色范围是 pH 为 3.1~4.4，颜色变化为红—橙—黄；石蕊的变色范围 pH 为 5~8，颜色变化为红—紫—蓝；酚酞的变化范围是 pH 为 8.2~10.0，颜色变化为无色—粉红—红。盐溶液酸碱性的判断见【$NH_4^++H_2O$】。

$2H^++2e^- = H_2\uparrow$ 原电池中正极上或电解池中阴极上氢离子得电子的电极反应式。

$4H^++O_2+4e^- = 2H_2O$ 酸性电解质的氢氧燃料电池正极电极反应式。见【H_2-2e^-】。

$2H^++O_2+2e^- = H_2O_2$ 酸性条件下氧气在阴极上得到电子被还原为过氧化氢。

$H^++OH^- = H_2O$ 强酸与强碱中和的离子反应方程式，也表示酸碱中和反应的实质。

$H^+(aq)+OH^-(aq) = H_2O(l)$; $\Delta H=-57.3kJ/mol$ 强酸和强碱的稀溶液发生中和反应的热化学方程式。强酸和强碱的稀溶液中和热是以生成 1mol 水时所放出的热量来定义的，为 57.3kJ/mol。

【H_3O^+】

水合氢离子，简写成 H^+。实际上 H^+在水中以 H_3O^+形式存在。

$H_3O^++NH_3 = NH_4^++H_2O$ 强酸和氨气反应，生成铵盐。挥发性酸如盐酸、硝酸等，和氨气反应有大量的白烟产生；难挥发的酸如硫酸、磷酸等，和氨气反应没有白烟产生。结合 H^+的能力：$NH_3>H_2O$。另见【NH_3+H^+】。

$H_3O^++OH^- = 2H_2O$ 强酸与强碱中和反应的离子方程式。一般写作：$H^++OH^- = H_2O$。实际上，在水中 H^+以水合氢离子 H_3O^+形式存在，通常写作 H^+。

【H_2O】 水，无色、无臭、无味的液体，是生命之源，有固、液、气三态，沸点为100℃，冰点0℃，4℃时密度最大，为1g/mL，为弱电解质，是重要的溶剂。

$H_2O(l) \xrightarrow{h\nu} H_2(g)+\frac{1}{2}O_2(g)$ 光催化作用下，水发生光解反应，生成氢气和氧气。

$2H_2O \xlongequal{电解} 2H_2\uparrow+O_2\uparrow$ 电解水，生成氧气和氢气的总反应式。

【电解水的原理】阳极生成氧气，阴极生成氢气。阳极上OH^-失去电子的电极反应式：$4OH^- - 4e^- \xlongequal{} 2H_2O+O_2\uparrow$①，可以写作：$2H_2O - 4e^- \xlongequal{} 4H^++O_2\uparrow$②，用①式与$4H_2O \rightleftharpoons 4H^+ + 4OH^-$加合就得②式。两种表达式之间是可以相互转换的。同时，阴极上H^+得到电子的电极反应式：$2H^++2e^- \xlongequal{} H_2\uparrow$③，可以写作$2H_2O+2e^- \xlongequal{} H_2\uparrow+2OH^-$④。③式与$2H_2O \rightleftharpoons 2H^++2OH^-$加合后就是④式，两种表达式之间也是可以相互转换的。总反应式：$2H_2O \xlongequal{电解} 2H_2\uparrow+O_2\uparrow$。水溶液中不同电解质的电解，如果涉及水中的$H^+$得电子或$OH^-$失电子的情况，就是以上不同电极反应式的具体应用。掌握水电解的不同电极反应式的写法，再来写化学方程式或离子方程式，既准确又快速。

$2H_2O(l) \xlongequal{\triangle} 2H_2(g)+O_2(g)$；$\Delta H=+572kJ/mol$ 水加热分解生成氧气和氢气的热化学方程式。

$2H_2O(g) \xlongequal{\triangle} 2H_2(g)+O_2(g)$；$\Delta H=+483.6kJ/mol$ 水加热分解的热化学方程式。水很稳定，加热到2000℃时，只有少量的水分解成氢气和氧气。用加热分解法制氢气再直接作燃料得不偿失，但改变使用途径，如氢氧燃料电池等，则大有作为。

$H_2O \rightleftharpoons H^++OH^-$ 水的电离方程式。水是弱电解质，微弱电离出H^+和OH^-。$K_w=c(H^+)\cdot c(OH^-)$，K_w叫做水的离子积常数，简称水的离子积，25℃时，$K_w=c(H^+)\cdot c(OH^-)=1\times10^{-14}$，$c(H^+)=c(OH^-)=1\times10^{-7}mol/L$；100℃时，$K_w=c(H^+)\cdot c(OH^-)=1\times10^{-12}$，此时纯水中$c(H^+)=c(OH^-)=1\times10^{-6}mol/L$。水的离子积常数适用于酸性、碱性或中性溶液的稀溶液。水的电离还可以写作：$2H_2O \rightleftharpoons H_3O^++OH^-$，$H_2O+H_2O \rightleftharpoons H_3O^++OH^-$。

$2H_2O \rightleftharpoons H_3O^++OH^-$ 水的电离方程式的另一种写法，见【$H_2O \rightleftharpoons H^++OH^-$】。

$H_2O+H_2O \rightleftharpoons H_3O^++OH^-$ 水的电离方程式的另一种写法。见【$H_2O \rightleftharpoons H^++OH^-$】。

$nH_2O \underset{}{\overset{缔合}{\rightleftharpoons}} (H_2O)_n$ 液态水中水分子也有缔合现象，除简单H_2O分子外，还有$(H_2O)_2$，$(H_2O)_3$，…，$(H_2O)_n$等缔合分子。

$2H_2O+2e^- \xlongequal{} H_2\uparrow+2OH^-$ 电解水或水溶液时，阴极上水分子得电子生成氢气和OH^-的电极反应式，还可以写作：$2H^++2e^- \xlongequal{} H_2\uparrow$。常用25%的NaOH溶液或KOH溶液电解制$H_2$，电解法制得的$H_2$较纯。也是氯碱工业阴极电极反应式。见【$H_2O$】中【电解水的原理】。

$2H_2O-4e^- \xlongequal{} 4H^++O_2\uparrow$ 电解水或水溶液时，阳极上水分子失去电子生成氧气和氢离子的电极反应式。可以写作：$4OH^- - 4e^- \xlongequal{} 2H_2O+O_2\uparrow$，再与$4H_2O \rightleftharpoons 4H^++4OH^-$加合就得：$2H_2O-4e^- \xlongequal{} 4H^++O_2\uparrow$。见【$H_2O$】中【电解水的原理】。

【OH^-】 氢氧根离子。和 H^+共同决定溶液的酸碱性，见【H^+】。

$4OH^- - 4e^- = 2H_2O + O_2\uparrow$ 电解时 OH^-在阳极上失去电子生成氧气和水的电极反应式。还可以写作：$2H_2O - 4e^- = 4H^+ + O_2\uparrow$。见【$H_2O$】中【电解水的原理】。

【H_2O_2】 纯过氧化氢是无色黏稠状液体。过氧化氢具有弱酸性、氧化性、还原性和不稳定性等性质，这是由过氧化氢中氧元素的化合价处于中间价态−1价所决定的。过氧化氢遇强氧化剂时作还原剂，遇强还原剂时作氧化剂。在碱性溶液中，还原性较强，氧化性较弱；在酸性溶液中氧化性较强，还原性较弱。过氧化氢的水溶液俗称双氧水，医用双氧水含过氧化氢 3%，具有消毒杀菌作用。商品双氧水有含过氧化氢 3%和 30%两种。合成方法有乙基蒽醌法和电解—水解法，见【$2NH_4HSO_4$】。

$H_2O_2 \rightleftharpoons H^+ + HO_2^-$ 过氧化氢是弱电解质，表现弱酸性，在水中第一步电离出 H^+和 HO_2^-。第二步电离：$HO_2^- \rightleftharpoons H^+ + O_2^{2-}$。写成自偶电离形式，见【$2H_2O_2 \rightleftharpoons H_3O_2^+ + HO_2^-$】。

$2H_2O_2 \rightleftharpoons H_3O_2^+ + HO_2^-$ 过氧化氢表现弱酸性，这是过氧化氢的自偶电离形式。关于过氧化氢的电离见【H_2O_2】。

$2H_2O_2(l) \xlongequal{\triangle} 2H_2O(l) + O_2(g);\Delta H = -196.4kJ/mol$ 过氧化氢加热分解的热化学方程式。过氧化氢在较低温度和高纯度时比较稳定，加热到 426K 时分解生成 H_2O 和 O_2，若有 Fe^{2+}、Mn^{2+}、Cu^{2+}、Cr^{3+}等催化剂的作用，可加速分解，见【$2H_2O_2 \xlongequal[\triangle]{MnO_2} 2H_2O + O_2\uparrow$】。

$H_2O_2(l) = H_2O(l) + \frac{1}{2}O_2(g);\Delta H = -98kJ/mol$ H_2O_2 分解的热化学方程式的另一种表示。

$2H_2O_2 \xlongequal[\triangle]{MnO_2} 2H_2O + O_2\uparrow$ 在二氧化锰等作催化剂的条件下，过氧化氢快速分解生成氧气和水。实验室里可以此来制取少量的氧气，操作简单。氧气的制取另见【$2KClO_3$】和【$2KMnO_4$】。

$H_2O_2 + Cl_2 = 2HCl + O_2$ 氯气和过氧化氢反应，生成氯化氢和氧气。氧化性：$Cl_2 > H_2O_2$。

$H_2O_2 + H_2 = 2H_2O$ NO 和 H_2 反应生成 N_2 和 H_2O 的第二步反应，详见【$2NO + 2H_2$】。

$H_2O_2 + 2H^+ + 2Br^- = Br_2 + 2H_2O$ H_2O_2 和 HBr 反应，生成 Br_2 和 H_2O。

$5H_2O_2 + 2HIO_3 \xlongequal{Mn^{2+}} I_2 + 5O_2\uparrow + 6H_2O$ 由 H_2O_2、HIO_3、Mn^{2+}、$CH_2(COOH)_2$(丙二酸)组成的化学振荡反应体系，溶液重复呈现无色—蓝黑色—无色—蓝黑色，…，生成 I_2 时，遇淀粉变蓝，之后过量的 H_2O_2 将 I_2 氧化：$5H_2O_2 + I_2 = 2HIO_3 + 4H_2O$，溶液又变无色。当 HIO_3 积聚到一定浓度时又开始新一轮反应，生成 I_2，又变蓝黑色。净反应：$2H_2O_2 = 2H_2O + O_2\uparrow$。

$H_2O_2 + H_2S = S\downarrow + 2H_2O$ 硫化氢和过氧化氢反应，生成硫和水。反应后溶液中有浅黄色沉淀生成。

$H_2O_2 + H_2SO_3 = H_2SO_4 + H_2O$ 亚硫酸和过氧化氢反应，生成硫酸和水。

$H_2O_2 + H_2SO_3 = 2H^+ + SO_4^{2-} + H_2O$ 过氧化氢将亚硫酸氧化为硫酸的离子方程式。

$H_2O_2+I_2=2HIO$ 过氧化氢在碘作催化剂的条件下，生成中间产物次碘酸。次碘酸又可以和过氧化氢反应：$H_2O_2+2HIO=2H_2O+I_2+O_2\uparrow$，两步反应相加，实际上就是碘作催化剂，过氧化氢的分解反应：$2H_2O_2 \overset{I_2}{=} 2H_2O+O_2\uparrow$。

$5H_2O_2+I_2=2HIO_3+4H_2O$ 由 H_2O_2、HIO_3、Mn^{2+}、$CH_2(COOH)_2$(丙二酸)组成的化学振荡反应体系，溶液重复呈现无色—蓝色—黑色的过程的其中一步反应，详见【$5H_2O_2+2HIO_3$】。

$H_2O_2+2I^-+2H^+=I_2+2H_2O$ H_2O_2 具有氧化性，将 I^-氧化为 I_2，本身被还原为水，反应后溶液变为棕黄色。碘化氢水溶液叫作氢碘酸，和盐酸相似，都是强酸，但氢碘酸还原性较强。

$5H_2O_2+2KMnO_4+3H_2SO_4=5O_2\uparrow+2MnSO_4+K_2SO_4+8H_2O$ 酸性高锰酸钾溶液和过氧化氢发生氧化还原反应，$KMnO_4$ 将 H_2O_2 氧化为 O_2，自身被还原为 $MnSO_4$。离子方程式见【$2MnO_4^-+5H_2O_2+6H^+$】。

$3H_2O_2+2MnO_4^-=2MnO_2\downarrow+3O_2\uparrow+2OH^-+2H_2O$ 在中性溶液中，MnO_4^- 使 H_2O_2 氧化生成 O_2，H_2O_2 表现还原性，MnO_4^-表现氧化性。

$H_2O_2+Mn(OH)_2=MnO_2+2H_2O$
过氧化氢将 $Mn(OH)_2$ 氧化为 MnO_2。

$H_2O_2+Na_2SO_3=Na_2SO_4+H_2O$
过氧化氢将亚硫酸钠氧化为硫酸钠，表现了 H_2O_2 的氧化性和亚硫酸钠的还原性。

【HO_2^-】

过氧氢根离子。过氧化氢第一步电离出的离子。

$HO_2^- \rightleftharpoons H^++O_2^{2-}$ 过氧化氢表现弱酸性，分两步电离，这是第二步电离。第一步电离：$H_2O_2 \rightleftharpoons H^++HO_2^-$。

$HO_2^-+Ag_2O=2Ag+OH^-+O_2\uparrow$
H_2O_2 表现弱酸性，分两步电离，分别生成 HO_2^-和 O_2^{2-}。H_2O_2 在碱性介质中还原性要比在酸性介质中强，与 Ag_2O 反应时生成 Ag，放出 O_2。在碱性介质中有较多的 HO_2^-存在。

【HIn】

HIn 表示酸碱指示剂。

$HIn \rightleftharpoons H^++In^-$ Hin 在表示甲基橙时，是一种有机弱酸，在水中存在电离平衡，HIn 显红色，In^-显黄色，当 $c(HIn)=c(In^-)$时显橙色。甲基橙的变色原理：加酸时，$c(H^+)$增大，平衡左移，$c(HIn)$增大，一定程度下显红色；加碱时，$c(H^+)$减小，平衡右移，$c(In^-)$增大，一定程度下显黄色。HIn 也可以表示其他酸碱指示剂，原理相似，变色范围不同。

$HIn+H_2O \rightleftharpoons In^-+H_3O^+$ 该反应表示酸碱指示剂在水中的电离平衡。HIn 表示酸碱指示剂。酸碱指示剂本身是一种弱酸或弱碱，In 来自英文 Indicator(指示剂)。HIn 表示指示剂共轭酸，In^-表示指示剂共轭碱，有些资料如《无机化学》(北师大等编写，见文献）中，省略 In 的负电荷，目的是提高通用性，缺点是左右电荷不守恒。

【LiH】

氢化锂，白色晶体，遇水剧烈分解，生成氢氧化锂和氢气，常用作强还原剂、干燥剂以及有机合成缩合剂，由熔融的锂与氢气直接反应而得。

$4LiH+AlCl_3 \overset{乙醚}{=} LiAlH_4+3LiCl$

制备强还原剂氢化铝锂的原理之一。离子型氢化物的另一特性：在非极性溶剂中，H^-同一些缺电子化合物B^{3+}、Al^{3+}、Ga^{3+}等结合成复合氢化物。

$2LiH+B_2H_6 \xrightarrow{乙醚} 2LiBH_4$ 由氢化锂和乙硼烷反应制备的极强还原剂硼氢化锂，亦称“锂硼氢”，和 $NaBH_4$ 共称为有机化学的万能还原剂。氢化锂等离子型氢化物的另一特性：在非水极性溶剂中，能与一些缺电子化合物结合成复合氢化物。

$LiH+H_2O=LiOH+H_2\uparrow$ 氢化锂作为氢气发生剂，和水快速反应生成氢气和氢氧化锂。可用金属锂和氢气制备氢化锂。氢化锂也常用来作还原剂：$2LiH+TiO_2 \xlongequal{高温} Ti+2LiOH$。

$2LiH+TiO_2 \xlongequal{高温} Ti+2LiOH$ 在高温条件下，氢化锂还原二氧化钛可制备金属钛。

【NaH】 氢化钠是银白色针状晶体，与水猛烈反应生成氢气，在湿空气中自燃，用作储氢材料、还原剂和烷基化试剂等，可由钠和氢气在高温下反应得到。

$4NaH+BF_3=NaBH_4+3NaF$ 由氢化钠和三氟化硼反应制备硼氢化钠的原理。$NaBH_4$ 和 $LiBH_4$ 共称为有机化学的万能还原剂。

$NaH+H_2O=NaOH+H_2\uparrow$ 由氢化钠与水猛烈反应，生成氢氧化钠和氢气。

【CaH_2】 氢化钙是白色单斜晶体或块状物，工业品呈灰色，受潮或遇水放出氢气并生成氢氧化钙，用作还原剂、生氢剂、缩合剂等。CaH_2 携带方便，因水易得而适用于野外作业制氢气，可由金属钙与氢气在300℃~400℃直接化合制备，或由氯化钙、氢气与钠作用制备。因氢化钙和水反应不猛烈，产生的氢气不会着火，所以常作为便于运输的氢气发生剂。

$CaH_2+2H_2O=Ca(OH)_2+2H_2\uparrow$
氢化钙和水反应，生成氢氧化钙和氢气。

【SrH_2】 氢化锶。白色结晶。没有水分存在时，即使温度高达 500℃~600℃，在空气中也不会燃烧。红热时与硫作用生成 SrS，和 N_2 反应生成 Sr_3N_2，和水激烈反应生成 $Sr(OH)_2$ 和 H_2。可用氢气和金属锶直接作用制备，或用氧化物、卤化物被 Mg、H_2 还原成金属，再和 H_2 反应。

$SrH_2+2H_2O=Sr(OH)_2+2H_2\uparrow$
氢化锶和水反应，生成氢氧化锶和氢气，氢化锶具有金属氢化物的通性。

【BaH_2】 氢化钡，无色有光泽的斜方晶体，675℃时分解并释放出 H_2，有强还原性。与水激烈反应放出 H_2，酸性条件下分解。可通过金属钡在氢气中加热制备。

BaH_2(热)$+2CO_2=2CO+Ba(OH)_2$
氢化物是良好的还原剂，CO_2 与热的金属氢化物接触，也能被还原为 CO。

【$LiAlH_4$】 氢化铝锂，又称氢铝酸锂、四氢合铝(III)酸锂。白色多孔轻质粉末，久置变成灰色，干燥空气中尚稳定，与水反应产生氢气。作还原剂，制备药品、香料等，也作为火箭燃料的添加剂。可在一定条件下由氢化锂和三氯化铝作用制得。

$LiAlH_4+4H_2O=\!=LiOH+Al(OH)_3\downarrow+4H_2\uparrow$ 氢化铝锂在干燥的空气中较稳定，遇水发生猛烈反应，生成 $LiOH$、$Al(OH)_3$ 和 H_2。

【BH_4^-】 硼氢离子。硼氢化锂、硼氢化钠等在水溶液中可电离出该离子。

$2BH_4^-+2H^+=\!=B_2H_6\uparrow+2H_2\uparrow$ 硼氢化锂、硼氢化钠等在强酸性溶液中分解，生成乙硼烷和氢气。

$BH_4^-+2H_2O=\!=BO_2^-+4H_2\uparrow$ 硼氢化物在水中缓慢反应生成偏硼酸盐和氢气。若温度升高，则 pH 降低，水解加速。

【$NaBH_4$】 硼氢化钠，又称钠硼氢、氢硼酸钠、四氢合硼(III)酸钠，白色晶体，具有吸湿性。碱性条件下尚稳定，酸性条件下遇水产生氢气。常作醛、酮、酰氯等化合物的还原剂，可由氢化钠和硼酸三甲酯反应制备。

$2NaBH_4+5B_2H_6\xrightarrow[\text{三乙胺}]{373\sim553K}Na_2B_{12}H_{12}+13H_2$ 硼氢化钠和乙硼烷在三乙胺中、373~553K 条件下反应，生成 $Na_2B_{12}H_{12}$ 和 H_2。

$NaBH_4+HCN\xrightarrow{THF}Na[BH_3CN]+H_2$ 硼氢化钠和氰化氢在四氢呋喃中反应，制得$[BH_3CN]^-$。

$2NaBH_4+2H_2O\rightarrow2NaOH+B_2H_6\uparrow+2H_2\uparrow$ 硼氢化钠在水中缓慢水解，生成 $NaOH$、B_2H_6 和 H_2。

$2NaBH_4+I_2\overset{\text{二甘醇二甲醚}}{=\!=\!=}B_2H_6\uparrow+2NaI+H_2\uparrow$ 乙硼烷的制备原理之一，硼氢化钠和碘在二甘醇二甲醚中反应，生成乙硼烷、氢气和碘化钠。

第二章　碱金属元素单质及其化合物

碱金属：锂(Li) 钠(Na) 钾(K) 铷(Rb) 铯(Cs) 钫(Fr)

【Li】 锂，银白色金属，柔软，有延展性，密度小，约为水的一半。熔点较低，导热性和导电性很好。反应活性较其他碱金属弱，但仍属活泼金属，暴露在空气中迅速变暗。主要矿石有锂辉石 $LiAl(SiO_3)_2$、锂云母 $KLi_2Al(F,OH)_2Si_4O_{10}$、磷锂铝石矿 $LiAl(F,OH)PO_4$ 等，也存在于某些地区的盐湖中。由电解熔融的氯化锂制备。原子能工业中 $^{6}_{3}Li$ 经中子照射可产生氚，实现热核反应；锂核和氘核也可进行热核反应。常在冶金工业中作脱氧剂和脱气剂，除去有色铸件中的孔隙、气泡和其他缺陷；在高分子共聚中作催化剂；也用于制造锂电池、轻质合金以及特种玻璃等。

$2Li+H_2=2LiH$ 用金属锂和氢气制备氢化锂的反应。氢化锂作为氢气发生剂之一，和水快速反应生成氢气：$LiH+H_2O=LiOH+H_2\uparrow$。氢化锂也常用来作还原剂：$2LiH+TiO_2\xlongequal{高温}Ti+2LiOH$。

$2M+H_2\xlongequal{\triangle}2MH$ 碱金属和氢气反应制备氢化物的通式，温度低于 1000K。

$2Li+2H_2O=2LiOH+H_2\uparrow$ 活泼金属锂和水反应，生成氢气和氢氧化锂。锂和水反应，要比同族金属单质钠、钾、铷、铯等和水的反应缓慢。

$2M+2H_2O=2MOH+H_2\uparrow$ 碱金属和水反应的通式。

$6Li+N_2\xlongequal{\triangle}2Li_3N$ 锂和氮气反应，生成氮化锂。锂在空气中缓慢反应生成氧化物的同时，还生成氮化锂。

$4Li+O_2\xlongequal{点燃}2Li_2O$ 锂在空气中燃烧，生成氧化锂。按照金属锂－钠－钾－铷－铯－钫的顺序，分别和氧气反应，产物越来越复杂，反应越来越剧烈。锂的氧化物有氧化锂（Li_2O）；钠的氧化物有氧化钠（Na_2O）、过氧化钠（Na_2O_2）等；钾的氧化物有氧化钾（K_2O）、过氧化钾（K_2O_2）、超氧化钾（KO_2）；铷、铯和钾相似。

$3Li+P=Li_3P$ 磷和金属锂反应，生成磷化锂。

$2Li+S=Li_2S$ 硫和锂在液氨中反应，生成硫化锂。

$2M+S=M_2S$ 碱金属和硫单质反应的通式。

【Li^+】 锂离子。

$Li^++e^-=Li$ 锂离子得电子被还原，但较困难。Guntz 提出的电解熔融的氯化锂—氯化钾混合物的方法制备金属锂的阴极反应式，阳极反应式：$Cl^-=\frac{1}{2}Cl_2+e^-$。

【LiOH】 氢氧化锂，白色结晶，溶于水，溶解度低于其他碱金属氢氧化物。LiOH 和 $Mg(OH)_2$ 相似，是中强碱，也有资料称强碱，但中学阶段一般按强碱对待。碱金属氢氧化物除 LiOH 是中强碱外，其余均为强碱。碱土金属氢氧化物 $Be(OH)_2$ 为两性，$Mg(OH)_2$ 是中强碱，其余均为强碱。可由氢氧化钡和硫酸锂反应制得,是制备卤化锂及多种锂盐的原料，可制备优质锂基润滑油脂，也可用于潜艇和宇宙飞船中吸收二氧化碳。

$LiOH+HCl=LiCl+H_2O$ 氢氧化锂和盐酸发生中和反应，生成氯化锂和水。

【Na】钠，银白色金属，较软，比水轻。熔点较低，易和水、氧气反应，少量的钠应保存在煤油或石蜡油中。在空气中迅速氧化，新切开的银白色断面快速变暗。燃烧时火焰呈黄色。与醇反应放出氢气，但比与水的反应缓慢。自然界中以化合态存在，重要的钠盐有岩盐（粗氯化钠）、天然碱（碳酸钠）、硼砂、芒硝等，海水中存有大量氯化钠。可用电解熔融的氯化钠或氢氧化钠制备，常作还原剂，可制备过氧化钠、氢化钠等。

$2Na(s)\xrightarrow{乙二胺}Na^+(en)+Na^-(en)$ 碱金属钠溶于乙二胺中，en 表示乙二胺。碱金属能溶于醚或烷基胺中。

$2Na+2CO_2\xlongequal{高温}Na_2CO_3+CO$ CO_2 和活泼金属钠、镁在高温下反应，还可以按 $n(CO_2)$∶$n(Na)$等于 3∶4 或 1∶4 反应，分别见【$4Na+3CO_2$】和【$4Na+ CO_2$】。

$4Na+3CO_2\xlongequal{一定条件}2Na_2CO_3+C$

美国科学家以 CO_2 为碳源，以钠为还原剂在一定条件下合成金刚石的原理。常温下，二氧化碳性质不活泼，但在高温下，能和金属镁、钠以及碳等反应。

$4Na+CO_2\xlongequal{高温}2Na_2O+C$ 钠和二氧化碳反应，生成氧化钠和碳，该反应可以用来制备氧化钠。常温下，二氧化碳性质不活泼，但在高温下，能和金属镁、钠以及碳等反应。

$2Na+CuSO_4+2H_2O=Cu(OH)_2\downarrow+Na_2SO_4+H_2\uparrow$ 钠和硫酸铜溶液反应，生成蓝色 $Cu(OH)_2$ 沉淀、硫酸钠和氢气。可以分两步书写：$2H_2O+2Na=2NaOH+H_2\uparrow$，$2NaOH+CuSO_4=Cu(OH)_2\downarrow+Na_2SO_4$。两步加合就得总反应式。

$6Na+2Fe^{3+}+6H_2O=2Fe(OH)_3\downarrow+3H_2\uparrow+6Na^+$ 金属钠和含 Fe^{3+}的水溶液反应，生成红褐色沉淀氢氧化铁和无色无味的氢气。该反应实际上是下面两个反应的加合。首先，金属钠和水剧烈反应：$2Na+2H_2O=2Na^++2OH^-+H_2\uparrow$，生成的 OH^-再和 Fe^{3+}反应生成红褐色沉淀：$Fe^{3+}+3OH^-=Fe(OH)_3\downarrow$。

$2Na+H_2\xlongequal{\triangle}2NaH$ 钠和氢气在高温下反应生成氢化钠。

$2Na+2H^+=2Na^++H_2\uparrow$ 金属钠和强酸直接剧烈反应，生成氢气。活泼金属和酸的反应比和水的反应还要剧烈。【金属活动顺序表】见【$2Ag^++Cu$】。

$2Na+2HCl=2NaCl+H_2\uparrow$ 金属钠和盐酸剧烈反应，生成氢气，燃烧并发生爆炸。活泼金属直接和酸反应，比和水反应还要剧烈。

$2Na+2H_2O=2Na^++2OH^-+H_2\uparrow$ 钠和水反应的离子方程式，生成氢气和氢氧化钠。

$2Na+2H_2O=2NaOH+H_2\uparrow$ 钠和水反应，生成氢气和氢氧化钠。钠浮在水面上，呈一个闪亮的小球，放出大量的热；来回游动，发出嘶嘶的响声，有气体生成；小球逐渐变小，最后消失；滴有酚酞的水变为红色。以上现象可以用五个字概括：浮、游、熔、响、红。

$2Na+2H_2O+Mg^{2+}=2Na^++H_2\uparrow+Mg(OH)_2\downarrow$ 可溶性镁盐溶液和金属钠反应，生成氢氧化镁白色沉淀、氢气和钠盐。该反应实际上是以下两步反应的加合：首先，$2Na+2H_2O=2NaOH+H_2\uparrow$，其次，$Mg^{2+}+2OH^-=Mg(OH)_2\downarrow$。

$2Na+H_2SO_4 = Na_2SO_4+H_2\uparrow$ 金属钠和稀硫酸剧烈反应，生成氢气，燃烧并发生爆炸。

$2Na+F_2 = 2NaF$ 氟单质和金属钠反应，生成氟化钠。规律见【$2Al+3Cl_2$】中【卤素单质和金属反应】。

$2Na+Cl_2 \xlongequal{点燃} 2NaCl$ 钠在氯气中燃烧，有白烟，生成氯化钠。规律见【$2Al+3Cl_2$】中【卤素单质和金属反应】。

$2Na+Cl_2 \xlongequal{\triangle} 2NaCl$ 钠和氯气加热反应，生成氯化钠。规律见【$2Al+3Cl_2$】中【卤素单质和金属反应】。

$2Na+Br_2 = 2NaBr$ 溴和金属钠反应生成溴化钠。规律见【$2Al+3Cl_2$】中【卤素单质和金属反应】。

$2Na+I_2 = 2NaI$ 碘和金属钠直接化合，生成碘化钠。规律见【$2Al+3Cl_2$】中【卤素单质和金属反应】。

$2M+X_2 = 2MX$ 碱金属和卤素单质反应的通式。

$Na+KCl(l) \xrightleftharpoons{850℃} NaCl+K\uparrow$ 工业上用熔融的氯化钾和金属钠在隔绝空气的条件下制取金属钾。虽然钾的活泼性强于钠，钠难以置换出钾，但是，在熔融的条件下，钾的沸点低，850℃左右时钾变为蒸气挥发出来，冷却之后得到金属钾。KCl 的熔点为 770℃，1500℃升华；NaCl 的熔点为 801℃，沸点为 1413℃；Na 的熔点为 97.81℃，沸点为 882.9℃；K 的熔点为 63.65℃，沸点为 774℃。

$M(s)+(x+y)NH_3 \rightleftharpoons M^+(NH_3)_x+e^-(NH_3)_y$ 碱金属溶于液氨中，形成深蓝色溶液。该溶液不稳定，有过渡金属化合物存在时，催化分解为氨基化合物，如 $Na^+(NH_3)+e^-(NH_3) \xlongequal{铁氧化物} NaNH_2(NH_3)+\frac{1}{2}H_2(g)$。在无水、不接触空气、不存在过渡金属化合物的条件下，其溶液可在液氨沸点温度−33℃条件下长时间保存。

$2Na+2NH_4Cl = 2NaCl+2NH_3\uparrow+H_2\uparrow$ 将金属钠投入氯化铵溶液中，有 NH_3 和 H_2 生成。由于氯化铵水解，溶液显酸性，使钠和氯化铵溶液的反应比钠和水的反应速率要快。氢离子被消耗又加快了氯化铵的水解，反应过程放出的热量也加速了氨气的挥发。

$6Na+2NaNO_2 \xlongequal{\triangle} 4Na_2O+N_2\uparrow$ 工业上制备氧化钠的原理之一。钠和氧气缓慢反应生成氧化钠，钠和氧气剧烈反应（燃烧或加热）生成过氧化钠，所以，一般不用金属钠和氧气直接反应制备氧化钠，因为条件不易控制，用间接方法制取较好，直接法制取见【$4Na+O_2$】，还可以用：$2Na+Na_2O_2 \xlongequal{熔融} 2Na_2O$ 制取。碱金属的氧化物一般采用碱金属还原过氧化物、硝酸盐、亚硝酸盐的方法来制取。

$2Na+Na_2O_2 \xlongequal{熔融} 2Na_2O$ 工业上制备氧化钠的原理之一，详见【$6Na+2NaNO_2$】。

$4Na+O_2 = 2Na_2O$ 钠和氧气缓慢反应，生成白色固体氧化钠。钠在氧气中燃烧，生成淡黄色固体过氧化钠，火焰呈黄色，见【$2Na+O_2$】。工业上制备 Na_2O：将钠加热熔化，通入一定量的除去 CO_2 的干燥空气，维持温度在 453~473K 之间，即制得 Na_2O。若再增加空气的流量，并迅速提高温度至 573~673K，可制得 Na_2O_2。

$2Na+O_2 \xlongequal{点燃} Na_2O_2$ 钠在氧气中燃烧，生成淡黄色固体过氧化钠，火焰呈黄色。钠和氧气缓慢反应，生成白色固体氧化钠，见【$4Na+O_2$】。碱金属在空气中燃烧，锂生成 Li_2O，Na、K、Rb、Cs 主要生成 Na_2O_2、KO_2、RbO_2、CsO_2。

$2Na+O_2\overset{\triangle}{=\!=}Na_2O_2$ 钠在氧气中加热，反应生成淡黄色固体过氧化钠。工业上用熔化的钠和已除去 CO_2 的干燥空气反应制 Na_2O_2。钠和氧气缓慢反应，生成白色固体氧化钠，见【$4Na+O_2$】。

$3Na+P=\!=Na_3P$ 磷和金属钠反应，生成磷化钠。

$2Na+S\overset{\triangle}{=\!=}Na_2S$ 金属钠和硫剧烈反应，生成硫化钠。钠和硫在研钵中研磨易发生爆炸。硫化钠可用作皮革工业脱毛剂。

【Na^+】

钠离子。在中学化学中，Na^+、K^+一般可用焰色反应进行鉴别。

【常见元素的焰色反应】钾紫钡黄绿，钠黄锂紫红；铷紫钙砖红，铜绿锶洋红。焰色反应是物理变化。

$2Na^++CO_3^{2-}+CO_2+H_2O=\!=2NaHCO_3\downarrow$ 向浓碳酸钠溶液中通入 CO_2 至饱和，可析出碳酸氢钠，化学方程式见【$CO_2+Na_2CO_3+H_2O$】。

$Na^++e^-=\!=Na$ 电解熔融的氯化钠制备金属钠的阴极电极反应式。

【$Na^+(NH_3)$】

$Na^+(NH_3)+e^-(NH_3)\xrightarrow{\text{铁氧化物}}\frac{1}{2}H_2(g)+NaNH_2(NH_3)$ 碱金属液氨溶液，在过渡金属化合物存在条件下，催化分解为氨基化合物。

【Na_2O】

氧化钠，是白色粉末，有强烈刺激性，和水反应生成氢氧化钠。可用作脱水剂、聚合剂和缩合剂等。400℃以上分解为过氧化钠和钠。和水反应生成氢氧化钠。可由过氧化钠和金属钠在真空中加热制得。

$Na_2O\xrightarrow{\text{熔融}}2Na^++O^{2-}$ Na_2O 属于离子化合物，强电解质，在熔融条件下完全电离成 Na^+和 O^{2-}。但和酸、水等反应的离子方程式中，写成 Na_2O 的形式，不能拆写成离子。

$Na_2O\underset{Na,\triangle}{\overset{O_2,\triangle}{\rightleftharpoons}}Na_2O_2$ 工业上氧化钠和过氧化钠的相互转化过程。氧化钠和氧气在 573~673K 时继续反应，生成过氧化钠。过氧化钠和金属钠在真空中加热而得氧化钠。

$Na_2O(s)+Cl_2(g)=\!=2NaCl(s)+\frac{1}{2}O_2(g)$

许多金属氧化物和氯气反应，可以制备相应的氯化物。

$Na_2O+2H^+=\!=2Na^++H_2O$ 氧化钠和强酸反应的离子方程式。氧化钠写成 Na_2O 的形式，不能拆写成离子。

$Na_2O+2HCl=\!=2NaCl+H_2O$ 氧化钠和盐酸反应，生成氯化钠和水。碱性氧化物和酸反应生成盐和水，具有通性。

$Na_2O+2HNO_3=\!=2NaNO_3+H_2O$ 氧化钠和硝酸反应，生成硝酸钠和水。碱性氧化物和酸反应生成盐和水，具有通性。

$Na_2O+H_2O=\!=2Na^++2OH^-$ 氧化钠和水反应，生成氢氧化钠。氧化钠写成 Na_2O 的形式，不能拆写成离子。有离子参加或生成的反应，都是离子反应。

$Na_2O+H_2O=\!=2NaOH$ 氧化钠和水反应，生成氢氧化钠。

$Na_2O+H_2SO_4=\!=Na_2SO_4+H_2O$ 氧化钠和硫酸反应，生成硫酸钠和水。碱性氧化物和酸反应生成盐和水，具有通性。

$Na_2O+2NaHSO_4=\!=2Na_2SO_4+H_2O$ 碱性氧化物 Na_2O 和酸式盐 $NaHSO_4$ 反应，生成硫酸钠和水。硫酸氢钠在水中电离出氢离子，水溶液显强酸性，其作用类似于硫酸。

$2Na_2O+O_2 \xlongequal{\triangle} 2Na_2O_2$ 氧化钠和氧气在573~673K时继续反应，生成过氧化钠。工业上制备过氧化钠的原理之一。

$Na_2O+SO_2 = Na_2SO_3$ 氧化钠和二氧化硫反应，生成亚硫酸钠。

【M_2O】碱金属氧化物。

$M_2O+H_2O = 2MOH$ 碱金属的氧化物和水反应生成氢氧化物的通式。

【Na_2O_2】过氧化钠是淡黄色粉末，

易吸潮，具有强氧化性，和水、二氧化碳反应放出氧气，常用作氧化剂、漂白剂、氧气发生剂等。过氧化钠遇强氧化剂时作还原剂，遇强还原剂时作氧化剂，还可以既作氧化剂又作还原剂。可由金属钠在不含二氧化碳气体的干燥空气流中加热到300℃而得。

$Na_2O_2+CO = Na_2CO_3$ 一氧化碳和过氧化钠不能直接反应。将一氧化碳和氧气的混合气体点燃：$O_2+2CO \xlongequal{点燃} 2CO_2$，再用过氧化钠吸收二氧化碳：$2Na_2O_2+2CO_2 = 2Na_2CO_3+O_2$。两步加合得一氧化碳和过氧化钠间接反应的总方程式。过氧化钠和碳元素最高价的氧化物——二氧化碳反应，生成碳酸钠和氧气：$2CO_2+2Na_2O_2 = 2Na_2CO_3+O_2$。过氧化钠和其他元素的氧化物反应，也具有类似性质。

$Na_2O_2+CO \xlongequal[\triangle]{O_2} Na_2CO_3$ 将装有过量过氧化钠以及一氧化碳和氧气的混合气体用电火花点燃，最终生成碳酸钠，相当于一氧化碳和过氧化钠间接反应，生成碳酸钠。详见【$Na_2O_2+CO = Na_2CO_3$】。

$2Na_2O_2+2CO_2 = 2Na_2CO_3+O_2$ 过氧化钠和碳元素最高价的氧化物——二氧化碳反应，生成碳酸钠和氧气。防毒面具和潜水器具中用于制氧气。若过氧化钠和碳元素的低价氧化物——一氧化碳间接反应，生成碳酸钠：$Na_2O_2+CO = Na_2CO_3$。过氧化钠和其他元素的氧化物反应，也具有类似性质。

$3Na_2O_2+Cr_2O_3 \xlongequal{熔融} 2Na_2CrO_4+Na_2O$ 在加热熔融条件下三氧化二铬和过氧化钠反应，生成易溶于水的铬酸钠和氧化钠。过氧化钠和不溶于水的其他氧化物反应具有类似性质。

$Na_2O_2+H_2 \xlongequal{点燃} 2NaOH$ 氢气和过氧化钠不能直接反应。将氢气和氧气的混合气体点燃：$2H_2+O_2 \xlongequal{点燃} 2H_2O$，水再和过氧化钠反应：$2H_2O+2Na_2O_2 = 4NaOH+O_2\uparrow$，将两个方程式加合，即得氢气和过氧化钠间接反应生成氢氧化钠的总方程式。

$Na_2O_2+2H^+ = H_2O_2+2Na^+$ 过氧化钠和强酸的其中一步反应，详见【$2Na_2O_2+4H^+$】。

$2Na_2O_2+4H^+ = 4Na^++2H_2O+O_2\uparrow$ 过氧化钠和强酸反应，生成水、钠盐和氧气。首先生成过氧化氢和钠盐：$Na_2O_2+2H^+ = H_2O_2+2Na^+$。过氧化氢立即分解：$2H_2O_2 = 2H_2O+O_2\uparrow$。两步加合得总反应式。过氧化钠被广泛地用作氧气发生剂和漂白剂。

$2Na_2O_2+4HCl = 4NaCl+2H_2O+O_2\uparrow$ 过氧化钠和盐酸反应，生成水、氯化钠和氧气。先生成过氧化氢和氯化钠：$Na_2O_2+2HCl = 2NaCl+H_2O_2$。过氧化氢立即分解：$2H_2O_2 = 2H_2O+O_2\uparrow$。两步加合得总反应式。过氧化钠被广泛地用作氧气发生剂和漂白剂。

$Na_2O_2+2HCl = 2NaCl+H_2O_2$ 过氧化钠和盐酸的其中一步反应，详见【$2Na_2O_2+4HCl$】。

$2Na_2O_2+2H_2O = 4Na^++4OH^-+O_2\uparrow$ 过氧化钠和水反应的离子方程式。只有氢氧化钠拆写成离子。

$Na_2O_2+2H_2O=2NaOH+H_2O_2$
过氧化钠和水的其中一步反应，详见【$2Na_2O_2+2H_2O$】。

$2Na_2O_2+2H_2O=4NaOH+O_2\uparrow$
过氧化钠和水反应，生成氢氧化钠和氧气。首先，生成氢氧化钠和过氧化氢：$Na_2O_2+2H_2O=2NaOH+H_2O_2$。过氧化氢再分解生成水和氧气：$2H_2O_2=2H_2O+O_2\uparrow$。两步加合得总方程式。

$2Na_2O_2(s)+2H_2O(l)=4NaOH(aq)+O_2(g)$；$\Delta H=-126.4kJ/mol$ 过氧化钠和水反应的热化学方程式，该反应属于放热反应。

$Na_2O_2+H_2SO_4=Na_2SO_4+H_2O_2$
过氧化钠和硫酸的其中一步反应，详见【$2Na_2O_2+2H_2SO_4$】。另见【$Na_2O_2+H_2SO_4+10H_2O$】，低温下用于实验室制取 H_2O_2。

$2Na_2O_2+2H_2SO_4=2Na_2SO_4+O_2\uparrow+2H_2O$ 过氧化钠和硫酸反应，生成硫酸钠、氧气和水。首先生成过氧化氢和硫酸钠：$Na_2O_2+H_2SO_4=Na_2SO_4+H_2O_2$。过氧化氢立即分解：$2H_2O_2=2H_2O+O_2\uparrow$。两步加合得总反应式。

$Na_2O_2+H_2SO_4+10H_2O\xlongequal{低温}H_2O_2+Na_2SO_4\cdot 10H_2O$ 实验室中，将过氧化钠加到冷的稀硫酸中制取过氧化氢，过滤，除去固体，就得到过氧化氢水溶液。还可以将生成物写成 Na_2SO_4，见【$Na_2O_2+H_2SO_4$】。

$Na_2O_2+MnO_2\xlongequal{熔融}Na_2MnO_4$ 过氧化钠和二氧化锰固体混合物加热熔融，生成锰酸钠。过氧化钠作为强氧化剂。加热熔融时，不能用陶瓷器皿或石英器皿等，可选用铁、镍器皿。过氧化钠可以将许多氧化物氧化为相应的较高价态的易溶于水的金属含氧酸盐，所以，工业上过氧化钠很重要，常用作分解矿物的熔剂，使许多不溶于水的矿物氧化物转化为易溶于水的含氧酸盐。

$Na_2O_2+2NO_2=2NaNO_3$ 过氧化钠和二氧化氮反应，生成硝酸钠。但过氧化钠和最高价氧化物 N_2O_5、Mn_2O_7、CO_2、SO_3 等反应，均生成最高价含氧酸盐和氧气。

$2Na_2O_2+2N_2O_5=4NaNO_3+O_2\uparrow$
过氧化钠和最高价氧化物如 N_2O_5、Mn_2O_7、CO_2、SO_3 等反应，均生成最高价含氧酸盐和氧气。该反应中过氧化钠既作氧化剂又作还原剂。

$Na_2O_2+2Na+2H_2O=4NaOH$
将过氧化钠和钠按物质的量之比 1∶2 组成的混合物与水反应，生成氢氧化钠。实际上相当于下列几个反应的加合：$2H_2O+2Na=2NaOH+H_2\uparrow$，$2Na_2O_2+2H_2O=4NaOH+O_2\uparrow$，$2H_2+O_2\xlongequal{点燃}2H_2O$。加合时将氢气和氧气作为中间产物消去。

$2Na_2O_2+2NaHCO_3\xlongequal{\triangle}2Na_2CO_3+2NaOH+O_2\uparrow$ 碳酸氢钠和过氧化钠的固体混合物在加热条件下生成碳酸钠、氢氧化钠和氧气。实际上是下列几个反应的加合：$2NaHCO_3\xlongequal{\triangle}Na_2CO_3+H_2O+CO_2\uparrow$，$2Na_2O_2+2CO_2=2Na_2CO_3+O_2$，$2Na_2O_2+2H_2O=4NaOH+O_2\uparrow$。加合时碳酸氢钠加热分解得到的水和二氧化碳作为中间产物消去。

$Na_2O_2+O_2\xlongequal{30MPa,500℃}2NaO_2$ 工业上制备超氧化钠的原理。在 500℃和 30MPa 条件下，过氧化钠和氧气反应，生成超氧化钠。碱金属中锂的超氧化物难以稳定存在，在常压下燃烧或液氨中金属 K、Rb、Cs 和氧气直接作用，生成对应的超氧化钾 KO_2、超氧化铷 RbO_2、超氧化铯 CsO_2。

$Na_2O_2+S^{2-}+2H_2O=4OH^-+S+2Na^+$
该反应表现过氧化钠的强氧化性，在溶液中，过氧化钠将 S^{2-} 氧化为 S，反应液呈浅黄色浑浊态。

$2Na_2O_2+2SO_2=\!=2Na_2SO_3+O_2\uparrow$
过氧化钠和硫元素的低价氧化物——二氧化硫反应，先生成 Na_2SO_3 和 O_2，Na_2SO_3 又容易被 O_2 氧化为硫酸钠：$2Na_2SO_3+O_2=\!=2Na_2SO_4$，总反应式为 $SO_2+Na_2O_2=\!=Na_2SO_4$。过氧化钠和硫元素的最高价氧化物——三氧化硫反应，生成硫酸钠和氧气：$2Na_2O_2+2SO_3=\!=2Na_2SO_4+O_2\uparrow$。过氧化钠和其他元素的氧化物反应，也具有类似性质，如碳元素等。

$Na_2O_2+SO_2=\!=Na_2SO_4$ 过氧化钠和硫元素的低价氧化物——二氧化硫反应，生成硫酸钠。详见【$2Na_2O_2+2SO_2$】。

$2Na_2O_2+2SO_3=\!=2Na_2SO_4+O_2\uparrow$
过氧化钠和硫元素的最高价氧化物——三氧化硫反应，生成硫酸钠和氧气。但和低价氧化物——二氧化硫反应，生成硫酸钠，见【$2Na_2O_2+2SO_2$】。过氧化钠和其他元素的氧化物反应，也具有类似性质，如碳、氮元素等。

【NaOH】

氢氧化钠又叫苛性钠、烧碱，白色固体，有粒状、棒状、块状和片状等；易溶于水同时放热，也溶于乙醇和甘油；是强碱，有腐蚀性，有吸水性。空气中很容易和二氧化碳、水反应，变成碳酸钠，须密封保存，可用于造纸、染色、肥皂、人造丝、石油等工业。电解氯化钠浓溶液或由碳酸钠和石灰反应而得。

$4NaOH(l)\xlongequal{电解}4Na+O_2\uparrow+2H_2O$
电解熔融的氢氧化钠，可以制备金属钠。阴极：$Na^++e^-=\!=Na$。阳极：$4OH^--4e^-=\!=2H_2O+O_2\uparrow$。

$NaOH=\!=Na^++OH^-$ 氢氧化钠在水中或熔融状态下，完全电离生成 Na^+ 和 OH^-。氢氧化钠是强电解质，是离子化合物。

$NaOH+CO\xlongequal[1.01\times10^3Pa]{473K}HCOONa$
CO 不溶于水，也不和酸、碱反应，习惯叫做不成盐氧化物。实际上，CO 显示非常微弱的酸性，在 473K 和 1.01×10^3kPa 压力下，和粉末状的 NaOH 反应生成甲酸钠。CO 可看作 HCOOH 的酸酐，所以，甲酸脱水可制备 CO。

$2NaOH+H_2O_2\xlongequal{0℃}Na_2O_2+2H_2O$
饱和 NaOH 溶液和 42%的 H_2O_2 在 0℃时制备纯净的 $Na_2O_2\cdot8H_2O$。

【K】

钾，银白色金属，柔软，有延展性，密度为 0.86g/cm^3，小于水，熔点较低，导热性和导电性较好。化学性质极活泼，在空气中燃烧呈紫色，遇水剧烈反应，放出氢气，同时燃烧。保存在煤油中，自然界中主要在硝石、光卤石等矿物中以化合物形式存在。可由熔融的氯化钾和钠蒸气反应而得，有机合成中常作还原剂，也用于制备过氧化钾和钠钾合金等。

$2K+Cl_2\xlongequal{点燃}2KCl$ 金属钾在氯气中燃烧生成氯化钾。【卤素单质和金属反应】见【$2Al+3Cl_2$】。

$2K+2H_2O=\!=2KOH+H_2\uparrow$ 活泼金属钾和水剧烈反应，生成氢氧化钾和氢气。金属钾呈小球状，浮在水面上，来回游动，逐渐变小，最后消失；有爆炸声、火花和大量的白雾；滴有酚酞的水变为红色；比钠和水的反应更剧烈。钾块要控制大小，烧杯一定要加盖玻璃片，注意实验安全。

$10K+2KNO_3=\!=6K_2O+N_2\uparrow$ 钾在空气中燃烧，主要生成超氧化钾：$K+O_2\xlongequal{点燃}KO_2$。在缺氧的条件下钾和氧气反应可以生成氧化钾，但是很难控制条件。用金属钾还原硝酸钾可以制备氧化钾。一般用碱金属还原过氧化物、硝酸盐或亚硝酸盐来制备碱金属氧化物。

$K+O_2 \xlongequal{点燃} KO_2$　金属钾在空气中燃烧，主要生成超氧化钾。碱金属在空气中燃烧，锂生成 Li_2O，Na、K、Rb、Cs 主要生成 Na_2O_2、KO_2、RbO_2、CsO_2。Na、K、Rb、Cs 的氧化物，一般用碱金属还原过氧化物、硝酸盐或亚硝酸盐来制备较好。

$M+O_2 = MO_2$　碱金属 K、Rb、Cs 在过量 O_2 中燃烧，或者在液氨中和氧气反应，均生成超氧化物。钠在液氨中也可以生成超氧化物。

$K+O_3 = KO_3$　臭氧和活泼金属钾反应生成臭氧化钾。臭氧的氧化能力很强，还可以用臭氧和固体氢氧化钾反应来制备臭氧化钾：$4KOH+4O_3 = 4KO_3+O_2+2H_2O$，将 KO_3 在液氨中结晶，可得到橘红色的 KO_3 晶体。

【K^+】钾离子。

$K^++e^- = K$　钾离子得电子被还原，但是较困难。

【K_2O_2】过氧化钾，白色无定型固体，具有刺激性，遇水放出氧气，具有强氧化性，与有机物接触引起燃烧和爆炸。可由金属钾在氧气中氧化而得，可作氧化剂、漂白剂等。

$2K_2O_2+2CO_2 = 2K_2CO_3+O_2\uparrow$
过氧化钾和二氧化碳反应，生成碳酸钾和氧气。碱金属的过氧化物、超氧化物均有此通性。

【KO_2】超氧化钾，室温下为黄色，具有强氧化性。可在纯氧或空气中直接氧化金属氧化物或金属过氧化物而得。

$4KO_2+2CO_2 = 2K_2CO_3+3O_2\uparrow$
二氧化碳和超氧化钾反应，生成碳酸钾和氧气。

$2KO_2+2H_2O = 2KOH+H_2O_2+O_2\uparrow$
超氧化钾和水反应，先生成 KOH、H_2O_2 和 O_2，之后 H_2O_2 分解为 H_2O 和 O_2，总反应见【$4KO_2+2H_2O$】。

$4KO_2+2H_2O = 3O_2\uparrow+4KOH$
超氧化钾和水反应，生成氧气和氢氧化钾。见【$2KO_2+2H_2O$】。

$4KO_2+2H_2O+4CO_2 = 4KHCO_3+3O_2\uparrow$　超氧化钾、水和过量的二氧化碳反应，生成氧气和碳酸氢钾。

$2KO_2+H_2SO_4 = K_2SO_4+H_2O_2+O_2\uparrow$
超氧化钾和稀硫酸反应，先生成 K_2SO_4、H_2O_2 和 O_2，之后 H_2O_2 分解为 H_2O 和 O_2。

【MO_2】碱金属超氧化物，有超氧基 O_2^- 的氧化物，具有强氧化性，易分解放出氧气，可作供氧剂。

$4MO_2+2CO_2 = 2M_2CO_3+3O_2\uparrow$
碱金属超氧化物和 CO_2 反应的通式，生成碳酸盐和氧气，可用来吸收 CO_2，再生 O_2 和生成过氧碳酸盐中间体等。

$2MO_2+2H_2O = O_2\uparrow+H_2O_2+2MOH$
碱金属超氧化物与水剧烈反应的通式，生成 O_2、H_2O_2 和相应的碱，H_2O_2 继续分解为 O_2 和 H_2O。碱金属超氧化物是很强的氧化剂。较易制备的超氧化物是 KO_2，常用于急救器中，反应原理见【$4KO_2+2H_2O$】。

【MO_3】碱金属臭氧化物。

$2MO_3 = 2MO_2+O_2\uparrow$　碱金属臭氧化物在室温下缓慢分解为 MO_2 和 O_2。MO_2 表示碱金属超氧化物。

$4MO_3+2H_2O = 4MOH+5O_2\uparrow$
碱金属的臭氧化物和水反应，生成氢氧化物和氧气。

【KOH】 氢氧化钾，又称苛性钾，白色吸湿性固体，有片状、粒状、块状和条状，具强腐蚀性；空气中易吸收 CO_2 和 H_2O，变成碳酸钾，须密闭保存；易溶于水、乙醇和甘油，是强碱。可由电解氯化钾浓溶液或由碳酸钾和石灰乳反应而得，可用于制钾肥、钾肥皂，用来吸收水分和二氧化碳，可作碱性蓄电池和某些燃料电池的电解质。

$\mathbf{KOH = K^+ + OH^-}$ 氢氧化钾是强碱，在水中或熔融状态下完全电离。

【Rb_6O】 铷的低氧化物之一。Rb 和 Cs 可形成低氧化物。低温时 Rb 发生不完全氧化可得到 Rb_6O，在−7.3℃以上分解为 Rb_9O_2。

$\mathbf{2Rb_6O \xlongequal{\geqslant -7.3℃} Rb_9O_2 + 3Rb}$ Rb 在低温时发生不完全氧化可得低氧化物 Rb_6O，在−7.3℃以上分解为 Rb_9O_2 和 Rb。Rb 和 Cs 可形成低氧化物，目前发现的 Cs 的低氧化物有很多，如 Cs_7O(青铜色)、Cs_4O(红紫色)、$Cs_{11}O_3$(紫色晶体)、$Cs_{3+x}O$ 等。

【RbO_3】 臭氧化铷。在−78℃~20℃时用臭氧处理超氧化铷，RbO_2 和 O_3 的结合比和 O_2 的结合容易。与水激烈反应生成碱和氧气。室温下放置缓慢分解生成超氧化物和氧气。

$\mathbf{4RbO_3 + 2CO_2 = 2Rb_2CO_3 + 5O_2}$

臭氧化铷和二氧化碳气体反应，生成碳酸铷和氧气。碱金属的过氧化物、超氧化物、臭氧化物均具有此通性，和二氧化碳反应，生成碳酸盐和氧气。

【CsOH】 氢氧化铯。白色晶状固体，易潮解，易溶于水，是已知的最强的碱。热浓溶液迅速与镍、银反应，溶液置于铂容器中加热到 180℃，脱水成一水合物，继续加热至 400℃进一步脱水成无水物。高温下与 CO 反应生成甲酸铯、草酸铯和碳酸铯；可用铯汞齐水解或由硫酸铯和氢氧化钡反应制备；常用作重油脱硫剂和用于制低温（−50℃）下使用的碱性蓄电池。

$\mathbf{4CsOH + 8NH_3 = N_4 + 4CsNH_2 + 6H_2\uparrow + 4H_2O}$ 液氨中加入氢氧化铯和特殊的吸水剂，反应生成的 N_4 类似于 P_4，为正四面体结构，和 N_2 互为同素异形体，但 N_4 不能被植物吸收。

第三章 ⅡA 族元素单质及其化合物

碱土金属：铍(Be) 镁(Mg) 钙(Ca) 锶(Sr) 钡(Ba) 镭(Ra)

【Be】 铍，灰白色金属，坚硬而质轻。

能溶于除冷硝酸以外的稀酸或碱溶液中。由矿石提取的工艺复杂，先由绿柱石转化为氧化物或氢氧化物，再转化为氯化物或氟化物，然后加入 NaCl 或 NaF 进行融熔盐电解而得。可制造飞机合金，原子核反应堆作减速剂及反射剂。高纯度铍可作中子源。

$M(s)+(x+2y)NH_3 \rightleftharpoons M^{2+}(NH_3)_x+2e^-(NH_3)_y$ 碱土金属溶于液氨中，形成深蓝色溶液的反应通式。该溶液不稳定，在过渡金属化合物存在条件下，催化分解为氨基化合物。镁溶于液氨不生成蓝色溶液。碱金属溶于液氨中见【$M(s)+(x+y)NH_3$】。

$2M+O_2 = 2MO$ 碱土金属 Be、Mg 和 O_2 反应的通式。

$M+S = MS$ 碱土金属 Mg、Ca、Sr、Ba 和硫单质反应的通式。

【BeO】 氧化铍，白色粉末，剧毒，不溶于水，溶于浓 H_2SO_4 和熔融碱中。可由铍的氢氧化物或碳酸盐、硫酸盐烧灼而得。是制造高温耐熔材料及高质量的电瓷料，可制备铍的其他化合物。

$BeO+C+Br_2 = BeBr_2+CO$ 氧化铍和溴作用制备溴化铍的反应，较难发生，加入碳夺取氧，生成 CO，促使反应向生成溴化铍的方向进行。该类原理中，遇到稳定的氧化物如 BeO 生成 CO，遇到其他不稳定的氧化物生成 CO_2，如【$2CuO+C+Br_2$】。

$MO+H_2O = M(OH)_2$ 碱土金属氧化物和水反应生成氢氧化物的通式。

【$Be(OH)_2$】 氢氧化铍，白色粉末，剧毒，不溶于水，具有两性，能溶于酸和浓热的碱溶液中，138℃时分解为 BeO 和 H_2O。用纯的碱式乙酸铍溶液和 NaOH 反应制得，用于制备铍及氧化铍。

$Be(OH)_2+2H^+ = Be^{2+}+2H_2O$
氢氧化铍为两性氢氧化物，溶于强酸生成盐和水。溶于碱见【$Be(OH)_2+2OH^-$】。

$Be(OH)_2+2OH^- = [Be(OH)_4]^{2-}$
氢氧化铍具有两性，溶于浓热的强碱中，生成四羟合铍(Ⅱ)离子。

【Mg】 镁，银白色轻金属，有展性，硬度中等，化学性质活泼。室温时和水反应缓慢，与沸水、酸反应放出氢气；潮湿空气中被氧化发暗，干燥空气中稳定，燃烧发出炫目白光；与氮、磷、硫和卤素单质直接化合；红热时能还原许多金属盐及氧化物。自然界中主要在菱镁矿 $MgCO_3$、白云石 $CaMg(CO_3)_2$、光卤石 $KCl·MgCl_2·6H_2O$ 等矿物中以化合态形式存在，也存在于海水中。工业上一般由电解熔融氯化镁或在电炉中由碳或硅铁还原氧化镁而得。可用熔融盐金属还原法制取稀有金属，也可用于制脱硫剂、脱氢剂、格氏试剂、烟火、闪光粉以及镁铝合金和球墨铸件等。

$Mg+Br_2 = MgBr_2$ 溴和镁反应生成白色溴化镁。【卤素单质和金属反应】见【$2Al+3Cl_2$】。

$2Mg+CO_2 \xlongequal{点燃} 2MgO+C$ 镁条在二氧化碳气体中燃烧或在空气中燃烧的反应之一，有白烟和黑色固体颗粒生成。金属单质置换出非金属单质。镁在空气中燃烧时，和氧气、氮气、二氧化碳同时反应，见【$2Mg+O_2$】。常温下，二氧化碳性质不活泼，但在高温下，能和金属镁、钠以及碳等反应。

$Mg+Cl_2 \xlongequal{点燃} MgCl_2$ 镁条在氯气中燃烧生成氯化镁。【卤素单质和金属反应】见【$2Al+3Cl_2$】。

$M+X_2 = MX_2$ 碱土金属和卤素单质反应的通式。

$M+H_2 \xlongequal{\triangle} MH_2$ 碱土金属和氢气反应制备氢化物的通式，M=Ca、Sr、Ba，反应温度宜为约723K。

$Mg+2H^+ = Mg^{2+}+H_2\uparrow$ 强酸和活泼金属镁反应生成氢气和盐的离子方程式。【金属活动顺序表】见【$2Ag^++Cu$】。

$Mg+2HBr = MgBr_2+H_2\uparrow$ 金属镁和溴化氢反应，生成氢气和溴化镁。【金属活动顺序表】见【$2Ag^++Cu$】。溴化氢的水溶液叫氢溴酸。氟、氯、溴、碘的氢化物叫做卤化氢，其水溶液叫氢卤酸。氟化氢为弱电解质，其余均为强电解质。

$Mg+2HCl = MgCl_2+H_2\uparrow$ 盐酸和活泼金属镁反应生成氢气和氯化镁。【金属活动顺序表】见【$2Ag^++Cu$】。

$4Mg+10HNO_3 = 4Mg(NO_3)_2+NH_4NO_3+3H_2O$ 金属镁和物质的量浓度小于2mol/L的稀硝酸反应，生成硝酸镁、硝酸铵和水。【金属和硝酸的反应】见【$3Ag+4HNO_3$】。

$4Mg+10HNO_3 = 4Mg(NO_3)_2+N_2O\uparrow+5H_2O$ 金属镁和物质的量浓度约为2mol/L的稀硝酸反应，生成硝酸镁、一氧化二氮和水。【金属和硝酸的反应】见【$3Ag+4HNO_3$】。

$Mg+H_2O(g) = MgO+H_2(g)$ 镁和水蒸气反应生成MgO和H_2。

$Mg+2H_2O \xlongequal{\triangle} Mg(OH)_2+H_2\uparrow$

金属镁和水在加热条件下缓慢反应，生成氢氧化镁和氢气，在镁条周围，滴有酚酞试剂的水变红色。

$M+2H_2O = M(OH)_2+H_2\uparrow$ 碱土金属Mg、Ca、Sr、Ba和水反应的通式。

$Mg+H_2SO_4 = MgSO_4+H_2\uparrow$ 稀硫酸和活泼金属镁反应生成氢气和硫酸镁。实验室常用来制备氢气的原理之一，常用稀盐酸或稀硫酸和活泼金属反应制备氢气。【金属活动顺序表】见【$2Ag^++Cu$】。

$3Mg+N_2 \xlongequal{点燃} Mg_3N_2$ 金属镁在氮气或空气中燃烧，生成氮化镁。镁在空气中燃烧，镁和氧气、氮气、二氧化碳同时反应。见【$2Mg+O_2$】。

$3M+N_2 = M_3N_2$ Mg、Ca、Sr、Ba和N_2反应的通式。

$Mg+2NH_3 = Mg(NH_2)_2+H_2\uparrow$

金属镁和液氨反应，生成氨基镁和氢气。碱金属以及钙、锶、钡等活泼金属溶解在液氨中，生成有趣的蓝色溶液，详见【$Ca+2NH_3$】。

$Mg+2NH_4^+ = Mg^{2+}+2NH_3\uparrow+H_2\uparrow$

金属镁和铵盐浓溶液反应，生成氨气、氢气和镁离子。铵盐溶液因水解显酸性：$NH_4^++H_2O \rightleftharpoons NH_3\cdot H_2O+H^+$。活泼金属镁和氢离子反应，放出氢气：$Mg+2H^+ = Mg^{2+}+H_2\uparrow$，促使铵离子的水解平衡正向移动，因浓溶液中生成较多的$NH_3\cdot H_2O$分解放出氨气。加热时$NH_3\cdot H_2O$也分解放出氨气。稀溶液或不加热时，没有NH_3放出而以$NH_3\cdot H_2O$形式存在：

$Mg+2NH_4^++2H_2O=Mg^{2+}+H_2\uparrow+2NH_3\cdot H_2O$。

$Mg+2NH_4^++2H_2O=Mg^{2+}+H_2\uparrow+2NH_3\cdot H_2O$ 金属镁和铵盐稀溶液反应，生成一水合氨、氢气和镁离子。详见【$Mg+2NH_4^+$】。

$2Mg+O_2\xlongequal{点燃}2MgO$ 金属镁在氧气或空气中燃烧，生成氧化镁。镁在空气中燃烧，产生大量的白烟和耀眼的强光，放出大量的热。镁和氧气、氮气、二氧化碳同时反应。镁分别和二氧化碳、氮气的反应：$2Mg+CO_2\xlongequal{点燃}2MgO+C$，$3Mg+N_2\xlongequal{点燃}Mg_3N_2$。

$Mg(s)+\frac{1}{2}O_2(g)=MgO(s)$；$\Delta H=-602kJ/mol$ 金属镁和氧气反应的热化学方程式。镁在空气中燃烧，镁和氧气、氮气、二氧化碳同时反应，见【$2Mg+O_2$】。

$Mg+S\xlongequal{\triangle}MgS$ 金属镁和硫反应，生成硫化镁。硫化镁是浅红棕色晶体，遇水分解。硫化镁可用于制备硫化氢或用作实验室试剂。

$2Mg+SO_2\xlongequal{点燃}2MgO+S$ 镁在二氧化硫中燃烧，生成氧化镁和硫单质。该反应类似于镁和二氧化碳的反应：$2Mg+CO_2\xlongequal{点燃}2MgO+C$。

【Mg^{2+}】镁离子。

$2Mg^{2+}+CO_3^{2-}+2OH^-=Mg_2(OH)_2CO_3\downarrow$ 工业上利用石灰水和碳酸钠除去硬水中Mg^{2+}的化学法原理之一。除去Ca^{2+}的方法：$Ca^{2+}+CO_3^{2-}=CaCO_3\downarrow$。

$Mg^{2+}+Ca(OH)_2=Mg(OH)_2+Ca^{2+}$ 氢氧化钙微溶于水，和Mg^{2+}反应生成更难溶的$Mg(OH)_2$沉淀。沉淀之间的转化趋势：向更难溶解的方向转化。若参加反应的是石灰乳，离子方程式中应写作化学式$Ca(OH)_2$的形式，若参加反应的是澄清的石灰水，$Ca(OH)_2$完全电离，离子方程式中应写作Ca^{2+}和OH^-。

$Mg^{2+}+CO_3^{2-}+Ca(OH)_2=Mg(OH)_2+CaCO_3$ 这是含CO_3^{2-}和Mg^{2+}的硬水中加入石灰软化的原理。在澄清的碳酸镁溶液中加入石灰乳，生成难溶于水的$Mg(OH)_2$和$CaCO_3$沉淀。微溶的$Ca(OH)_2$和$MgCO_3$转化为难溶的$CaCO_3$和$Mg(OH)_2$沉淀。水溶液中沉淀之间的转化趋势：向更难溶解的方向转化。澄清的碳酸镁溶液发生反应，在离子方程式中，碳酸镁拆写成CO_3^{2-}和Mg^{2+}，若为悬浊液，写成$MgCO_3$形式，和$Ca(OH)_2$类似。

$Mg^{2+}+2Cl^-\xlongequal{电解}Mg+Cl_2\uparrow$ 电解熔融的氯化镁制备金属镁，同时生成氯气。氯化镁加热熔融完全电离成Mg^{2+}和Cl^-。阴极反应：$Mg^{2+}+2e^-=Mg$，阳极反应：$2Cl^--2e^-=Cl_2\uparrow$。【阳极上阴离子的放电顺序】和【阴极上阳离子的放电顺序】见【$2Cl^-+Cu^{2+}$】。

$Mg^{2+}+2e^-=Mg$ 镁离子得电子被还原。

$Mg^{2+}+2HCO_3^-\xlongequal{\triangle}MgCO_3\downarrow+CO_2\uparrow+H_2O$ 若水中的钙、镁以酸式盐形式存在，这种水叫做暂时硬水，加热煮沸后除去沉淀，就可以达到软化目的。Ca^{2+}和HCO_3^-的情况也类似，见【$Ca^{2+}+2HCO_3^-$】。若钙、镁以硫酸盐或氯化物形式存在，称为永久硬水，用加热方法难以除去，要用化学法、离子交换法等才可除去。

$Mg^{2+}+2HCO_3^-+4OH^-=2CO_3^{2-}+Mg(OH)_2\downarrow+2H_2O$ 碳酸氢镁和过量的可溶性强碱溶液反应，生成氢氧化镁沉淀、碳酸盐和水。若碱不足，则生成碳酸镁：$Mg^{2+}+2HCO_3^-+2OH^-=MgCO_3\downarrow+CO_3^{2-}+2H_2O$。

$Mg^{2+}+2NH_3+2H_2O=Mg(OH)_2\downarrow+2NH_4^+$ 可溶性镁盐溶液中通入氨气，生成氢氧化镁白色沉淀和铵盐。该反应实际上是一个可逆反应，见【$Mg(OH)_2+2NH_4^+$】。

$Mg^{2+}+2NH_3·H_2O═Mg(OH)_2↓+2NH_4^+$ 可溶性镁盐溶液和氨水反应，生成氢氧化镁白色沉淀和铵盐。

$Mg^{2+}+2NaR═MgR_2+2Na^+$ 离子交换剂和硬水中 Mg^{2+}交换离子，达到去除 Mg^{2+}，软化硬水的目的。

$Mg^{2+}+2OH^-═Mg(OH)_2↓$ Mg^{2+}和 OH^-生成氢氧化镁白色沉淀。

【MgO】 氧化镁是白色固体，不溶于水、乙醇，溶于酸或铵盐溶液。因熔点高常用来制造耐火材料。可由煅烧碱式碳酸镁或氢氧化镁而得，400℃~900℃煅烧可制轻质氧化镁，900℃以上煅烧可制重质氧化镁。医疗上用作抗酸药或轻泻药，中和胃酸，保护溃疡面。

$MgO(s)+Al_2O_3(s)═MgAl_2O_4(s)$
MgO 和 Al_2O_3 固体在 1273~1773K，通过固相反应合成尖晶型复合氧化物，后者是一种具有特殊功能的无机功能材料。

$MgO+C\xlongequal{高温}Mg(g)+CO(g)$ 用焦炭或碳化钙在高温电弧炉中还原氧化镁，生成金属镁和一氧化碳。工业上生产金属镁常用另一种方法：$MgCl_2\xlongequal{电解}Mg+Cl_2↑$。活泼金属一般采用电解熔融化合物的方法来制备，见【$2Ag_2O$】中【金属冶炼常用原理】。另见【$MgCl_2\xlongequal{电解}Mg+Cl_2↑$】。

$2MgO+5C\xlongequal{高温}Mg_2C_3+2CO↑$

氧化镁和过量 C 在高温下反应，生成碳化镁 Mg_2C_3 和 CO 气体。用 C 和活泼金属或其氧化物加强热制备碳化物。氧化镁和少量 C 的反应见【MgO+C】。

$MgO+C+Cl_2\xlongequal{\triangle}MgCl_2+CO$
工业上制备 $MgCl_2$ 的原理之一。可用电解氯化镁生成的氯气生产无水氯化镁。

$MgO+2H^+═Mg^{2+}+H_2O$ 氧化镁和强酸反应，生成盐和水。

$MgO+2HCl═MgCl_2+H_2O$ 氧化镁和盐酸反应，生成氯化镁和水。

$MgO+2HNO_3═Mg(NO_3)_2+H_2O$
氧化镁和硝酸反应，生成硝酸镁和水。

$MgO+H_2O═Mg(OH)_2$ 氧化镁和水十分缓慢地反应，生成氢氧化镁。ⅡA 族元素氧化物中 BeO 和 MgO 难溶于水，CaO、SrO、BaO 与水剧烈反应生成相应的碱并放出大量的热。天然苦土粉（主要成分为 MgO）和水反应生成 $Mg(OH)_2$，加热分解制得 MgO，为重质氧化镁。重质氧化镁水泥是良好的建筑材料，可制作质轻、隔音、绝热、耐火的纤维板。轻质氧化镁的制备见【$5MgCl_5+5Na_2CO_3+H_2O$】。

$MgO+H_2SO_4═MgSO_4+H_2O$
氧化镁和稀硫酸反应，生成硫酸镁和水。

【$Mg(OH)_2$】 氢氧化镁是白色固体。$Mg(OH)_2$ 和 LiOH 相似，是中强碱。碱金属氢氧化物中除 LiOH 是中强碱外，其余均为强碱。碱土金属氢氧化物中 $Be(OH)_2$ 为两性、$Mg(OH)_2$ 是中强碱，其余均为强碱。$Be(OH)_2$ 和 $Mg(OH)_2$ 难溶于水，$Ca(OH)_2$ 和 $Sr(OH)_2$ 微溶于水，$Ba(OH)_2$ 易溶于水。

$Mg(OH)_2(s)\rightleftharpoons Mg^{2+}(aq)+2OH^-(aq)$ 氢氧化镁悬浊液中存在的溶解—沉淀平衡。

$Mg(OH)_2\xlongequal{高温}MgO+H_2O$ 氢氧化镁高温受热分解生成氧化镁和水。制重质氧化镁的原理之一，见【$MgO+H_2O$】。

$Mg(OH)_2+2H^+═Mg^{2+}+2H_2O$ 氢氧化镁溶解于强酸中生成盐和水。

$Mg(OH)_2+2HCl=MgCl_2+2H_2O$
氢氧化镁溶解于盐酸中生成氯化镁和水。

$Mg(OH)_2+2HNO_3=Mg(NO_3)_2+2H_2O$ 氢氧化镁溶解于硝酸中，生成硝酸镁和水。

$Mg(OH)_2+H_2SO_4=MgSO_4+2H_2O$
氢氧化镁溶解在硫酸中，生成硫酸镁和水。

$Mg(OH)_2+2NH_4^+ \rightleftharpoons 2NH_3\cdot H_2O+Mg^{2+}$ 铵盐和中强碱氢氧化镁反应，生成一水合氨和 Mg^{2+}。氢氧化镁悬浊液中存在溶解—沉淀平衡：$Mg(OH)_2(s) \rightleftharpoons Mg^{2+}(aq)+2OH^-(aq)$。由于氢氧化镁电离出的 OH^- 和 NH_4^+ 结合成 $NH_3\cdot H_2O$，使氢氧化镁的溶解—沉淀平衡向溶解的方向移动。该反应实际上是一个可逆反应，见【$Mg^{2+}+2NH_3+2H_2O$】。加热时 $NH_3\cdot H_2O$ 分解，生成氨气，见【$Mg(OH)_2+2NH_4Cl \xlongequal{\triangle} MgCl_2+2NH_3\uparrow+2H_2O$】。

$Mg(OH)_2+2NH_4Cl \xlongequal{\triangle} MgCl_2+2NH_3\uparrow+2H_2O$ 氯化铵和中强碱氢氧化镁加热反应，生成氯化镁、氨气和水。不加热生成 $MgCl_2$ 和 $NH_3\cdot H_2O$，见【$Mg(OH)_2+2NH_4Cl=MgCl_2+2NH_3\cdot H_2O$】。

$Mg(OH)_2+2NH_4Cl=2NH_3\cdot H_2O+MgCl_2$ 氯化铵和中强碱氢氧化镁不加热反应，生成一水合氨和氯化镁。加热时一水合氨分解为氨气和水，见【$Mg(OH)_2+2NH_4Cl \xlongequal{\triangle} MgCl_2+2NH_3\uparrow+2H_2O$】。离子方程式见【$Mg(OH)_2+2NH_4^+$】。

【Ca】钙，银白色金属，化学性质活泼，质地比钠硬，比镁、铝软，保存在不含氧元素的液体中。新切断面有光亮，空气中和氧气、氮气形成一层暗灰色氧化物和氮化物薄膜，防止继续腐蚀，易和硫、卤素单质化合，加热几乎能还原所有金属氧化物，与水和酸反应放出氢气。自然界中，主要在白垩、大理石、石膏、萤石等矿物中以化合物形式存在，也存在于动物血浆和骨骼中。可由熔融氯化钙电解或金属铝真空热还原石灰而得，常用于熔融盐金属热还原法制备稀有金属以及合金的脱氧、脱硫、脱碳和油类的脱水。

$Ca+Cl_2=CaCl_2$ 金属钙和氯气反应生成氯化钙。【卤素单质和金属反应】见【$2Al+3Cl_2$】。

$Ca+H_2 \xlongequal{\triangle} CaH_2$ 金属钙和氢气在300℃～400℃条件下直接化合制备氢化钙。金属氢化物作还原剂和生氢剂。

$Ca+2HCl=CaCl_2+H_2\uparrow$ 金属钙和盐酸反应，生成氯化钙和氢气。活泼金属和盐酸反应制备氢气的原理之一。钾、钙、钠等活泼金属直接与酸反应，要比与水的反应剧烈。【金属活动顺序表】见【$2Ag^++Cu$】。

$Ca+2H_2O=Ca(OH)_2+H_2\uparrow$ 活泼金属钙和水剧烈反应，生成氢氧化钙和氢气。

$3Ca+N_2 \xlongequal{赤热} Ca_3N_2$ 活泼金属钙和氮气在450℃时反应，生成氮化钙。氮化钙是棕色晶体，遇水分解，生成氢氧化钙和氨气。

$Ca+2NH_3=Ca(NH_2)_2+H_2\uparrow$ 碱金属以及镁、钙、锶、钡等活泼金属溶解在液氨中，生成有趣的蓝色溶液，溶液浓度增大，颜色加深，当浓度大于1mol/L时，在原来溶液上方出现一个青铜色的新相，当浓度继续加大，溶液变为青铜色。将此溶液蒸干，又得到金属。此溶液常作为一种强还原剂。此溶液放置时，缓慢分解放出氢气，如 $Mg+2NH_3=Mg(NH_2)_2+H_2\uparrow$。通式见【$M(s)+(x+2y)NH_3$】。

$2Ca+O_2=2CaO$ 活泼金属钙和氧气反应，生成氧化钙。

$Ca+S=CaS$ 钙和硫反应，生成硫化钙。

【Ca^{2+}】钙离子。

$Ca^{2+}+CO_3^{2-}$ ══ $CaCO_3\downarrow$ CO_3^{2-}和Ca^{2+}反应生成白色沉淀，该沉淀溶于盐酸、硝酸等，生成无色无味的CO_2气体。

$Ca^{2+}(aq)+CO_3^{2-}(aq) \rightleftharpoons CaCO_3(s)$ 碳酸钙固体在水中的溶解—沉淀平衡。

$Ca^{2+}+C_2O_4^{2-}$ ══ $CaC_2O_4\downarrow$ Ca^{2+}和草酸盐中$C_2O_4^{2-}$反应生成草酸钙（CaC_2O_4）白色沉淀。医学上用过量的$(NH_4)_2C_2O_4$检测血液中的Ca^{2+}，也可用于化学上Ca^{2+}的鉴定。草酸，学名乙二酸，结构简式为HOOC－COOH。草酸钙CaC_2O_4不溶于水和醋酸，溶于稀盐酸和稀硝酸。

$Ca^{2+}+2e^-$ ══ Ca 钙离子得到电子被还原，较困难。

$2Ca^{2+}+[Fe(CN)_6]^{4-}$ ══ $Ca_2[Fe(CN)_6]\downarrow$ Ca^{2+}和六氰合铁(Ⅱ)离子结合成六氰合铁(Ⅱ)酸钙沉淀，工业上利用硫酸亚铁和氢氧化钙处理含CN^-废水的原理之一，见【$Fe^{2+}+6CN^-$】。

$Ca^{2+}+2HCO_3^- \overset{\triangle}{=\!=} CaCO_3\downarrow+H_2O+CO_2\uparrow$ 碳酸氢钙易溶于水，在水中完全电离成Ca^{2+}和HCO_3^-，其水溶液加热分解，生成碳酸钙、水和二氧化碳。固体碳酸氢钙加热时也发生分解：$Ca(HCO_3)_2 \overset{\triangle}{=\!=} CaCO_3+CO_2\uparrow+H_2O$。也是暂时硬水加热煮沸除去沉淀以软化的原理。暂时硬水中Mg^{2+}的除去见【$Mg^{2+}+2HCO_3^-$】。

$Ca^{2+}+HCO_3^-+OH^-$ ══ $CaCO_3\downarrow+H_2O$ 过量的碳酸氢钙溶液中加入少量的NaOH等一元强碱溶液，或过量的澄清石灰水中加入少量的碳酸氢盐（钠盐、钾盐等+1价金属盐）的离子方程式，生成碳酸钙和水。若相反，少量的碳酸氢钙中加入过量的NaOH等一元强碱溶液，或少量的澄清石灰水中加入过量的碳酸氢盐（钠盐、钾盐等+1价金属盐），生成白色碳酸钙沉淀、碳酸盐和水，见【$Ca^{2+}+2HCO_3^-+2OH^-$】。

$Ca^{2+}+2HCO_3^-+2OH^-$ ══ $CaCO_3\downarrow+CO_3^{2-}+2H_2O$ 少量的碳酸氢钙中加入过量的NaOH等一元强碱溶液，或少量的澄清石灰水中加入过量的碳酸氢盐（钠盐、钾盐等+1价金属盐），生成白色碳酸钙沉淀、碳酸盐和水。若相反，过量的碳酸氢钙中加入少量的NaOH等一元强碱溶液，或过量的澄清石灰水中加入少量的碳酸氢盐（钠盐、钾盐等+1价金属盐）的离子方程式，见【$Ca^{2+}+HCO_3^-+OH^-$】。

$3Ca^{2+}+6H_2PO_4^-+12OH^-$ ══ $4PO_4^{3-}+Ca_3(PO_4)_2\downarrow+12H_2O$ 磷酸二氢钙和过量的氢氧化钠反应，生成磷酸盐、白色磷酸钙沉淀和水。磷酸二氢钙和少量的氢氧化钠反应，随氢氧化钠的量不同，会逐渐失去氢离子生成磷酸一氢盐和磷酸正盐。

$2Ca^{2+}+Mg^{2+}+2HCO_3^-+4OH^-$ ══ $Mg(OH)_2\downarrow+2CaCO_3\downarrow+2H_2O$ 过量的氢氧化钙溶液和少量的碳酸氢镁反应，生成氢氧化镁沉淀、碳酸钙沉淀和水。少量的氢氧化钙和过量的碳酸氢镁反应：$Ca^{2+}+2OH^-+Mg^{2+}+2HCO_3^-$ ══ $CaCO_3\downarrow+MgCO_3\downarrow+2H_2O$。若继续滴加氢氧化钙溶液，碳酸镁沉淀转变为更难溶解的氢氧化镁沉淀：$MgCO_3+Ca(OH)_2$ ══ $Mg(OH)_2\downarrow+CaCO_3\downarrow$。

$Ca^{2+}+2NaR$ ══ CaR_2+2Na^+ 离子交换剂中Na^+和硬水中Ca^{2+}交换离子，达到软化硬水的目的。

$Ca^{2+}+2OH^-$ ══ $Ca(OH)_2\downarrow$ 大量的OH^-和Ca^{2+}结合生成微溶于水的氢氧化钙白色沉淀。写离子方程式时，生成物中有氢氧化钙，要写成沉淀和化学式。反应物中出现氢氧化钙，若为澄清溶液，要拆写成OH^-和Ca^{2+}；若为氢氧化钙悬浊液（或叫做石灰乳），要写成化学式的形式。

$5Ca^{2+}+3PO_4^{3-}+F^-═Ca_5(PO_4)_3F↓$
Ca^{2+}、PO_4^{3-}和F^-反应生成不溶于水的氟磷灰石。氟磷灰石晶体是激光材料。

$Ca^{2+}+2RSO_3Na \rightleftharpoons Ca(RSO_3)_2+2Na^+$ 离子交换法软化硬水的反应之一，在交换柱中磺酸盐作离子交换树脂。

$Ca^{2+}+SO_4^{2-}═CaSO_4↓$ Ca^{2+}和SO_4^{2-}反应生成白色硫酸钙沉淀，硫酸钙微溶于水。化学反应中当有微溶物质生成时，按沉淀对待。

$Ca^{2+}+SiO_2(OH)_2^{2-}═CaSiO_3↓+H_2O$ 二氧化硅溶解在强碱溶液中，生成$SiO_2(OH)_2^{2-}$：$2OH^-+SiO_2═SiO_2(OH)_2^{2-}$，加入$Ca^{2+}$后生成$CaSiO_3$沉淀。二氧化硅溶解在碱溶液中，生成的$SiO_2(OH)_2^{2-}$在脱去1mol H_2O之后形成SiO_3^{2-}，大多数情况下写成：$2OH^-+SiO_2═SiO_3^{2-}+H_2O$。2003年第35届国际化学奥林匹克竞赛第34题，二氧化硅溶解在强碱中的离子方程式就采用以上写法，写成$SiO_2(OH)_2^{2-}$。

【CaO】氧化钙俗称生石灰，白色立方晶体或粉末，具有强碱性和强腐蚀性。工业上可由石灰石煅烧得到，实验室中可由灼烧$CaCO_3$而得。和水反应生成氢氧化钙，易吸收空气中CO_2和H_2O，装入塑料瓶中易胀破瓶子。用于建筑、造纸、制玻璃和纯碱、制糖等，也用来处理废水、杀菌消毒和防治病虫害等。

$CaO+3C\xlongequal{高温}CaC_2+CO↑$ 生石灰和焦炭混合，在电炉中煅烧生成碳化钙，是工业上制备碳化钙的原理之一。

$CaO(s)+CO_2(g)═CaCO_3(s)$ 碱性氧化物CaO和酸性氧化物CO_2反应，生成盐$CaCO_3$。

$CaO+2H^+═Ca^{2+}+H_2O$ 氧化钙和强酸反应，生成盐和水。碱性氧化物具有此通性。

$CaO+2HCl═CaCl_2+H_2O$ 氧化钙和盐酸反应，生成氯化钙和水。碱性氧化物具有此通性。离子方程式见【$CaO+2H^+$】。

$CaO+H_2O═Ca(OH)_2$ 氧化钙和水反应，生成氢氧化钙。

$CaO+H_2O+Na_2CO_3═CaCO_3↓+2NaOH$ 工业上用生石灰和碳酸钠水溶液反应，生成碳酸钙沉淀和氢氧化钠，过滤除去碳酸钙就得氢氧化钠溶液，经加热、蒸发、结晶就得固体氢氧化钠，是较早生产烧碱的原理。

$CaO+H_2SO_4═CaSO_4+H_2O$ 氧化钙和硫酸反应，生成硫酸钙和水。碱性氧化物和酸反应，生成盐和水。

$CaO+2NH_4Cl═CaCl_2+2NH_3↑+H_2O$ 氧化钙和氯化铵反应生成氯化钙、氨气和水。

$CaO+NaHCO_3\xlongequal{\triangle}CaCO_3+NaOH$ 加热氧化钙和碳酸氢钠的固体混合物，生成碳酸钙和氢氧化钠，工业上可用于制备氢氧化钠。

$3CaO+P_2O_5\xlongequal{\triangle}Ca_3(PO_4)_2$ 碱性氧化物CaO和酸性氧化物P_2O_5反应生成磷酸钙。

$CaO+SO_2═CaSO_3$ 碱性氧化物CaO和酸性氧化物SO_2反应，生成盐$CaSO_3$。

$CaO+SO_3═CaSO_4$ 碱性氧化物CaO和酸性氧化物SO_3反应，生成盐$CaSO_4$。

$CaO+SiO_2\xlongequal{高温}CaSiO_3$ 碱性氧化物氧化钙和酸性氧化物二氧化硅在高温下反应，生成盐硅酸钙。

【CaO_2】过氧化钙是白色或微黄色固体，无臭，几乎无味，微溶于水，溶于酸产生过氧化氢，可用作氧化剂、消毒剂、杀菌剂、油类漂白剂、橡胶稳定剂等。可由钙盐溶液与过氧化钠作用而得。

$2CaO_2+2H_2O=2Ca(OH)_2+O_2\uparrow$ 过氧化钙和水反应，生成氢氧化钙和氧气。其他过氧化物和水反应也具有此通性。

【$Ca(OH)_2$】 氢氧化钙是白色晶体或粉末，俗称熟石灰或消石灰，能腐蚀皮肤和织物等，微溶于水，水溶液显强碱性。在580℃时失水成氧化钙，易吸收空气中的二氧化碳变成碳酸钙。工业上一般由石灰和水反应制备，实验室中常由钙盐水溶液和氢氧化钠作用而得。可用于建筑、造纸、蛋类防腐、橡胶硫化和水处理等。澄清水溶液叫石灰水，白色乳状悬浊液叫石灰乳。

$Ca(OH)_2=Ca^{2+}+2OH^-$ 澄清石灰水在水中完全电离。若参加反应的是澄清的石灰水，$Ca(OH)_2$ 完全电离，离子方程式中应写作 Ca^{2+}和 OH^-。若参加反应的是石灰乳，离子方程式中应写作化学式 $Ca(OH)_2$ 的形式；有 $Ca(OH)_2$ 生成的反应，一般应写作化学式 $Ca(OH)_2$ 的形式。

$Ca(OH)_2(s)\rightleftharpoons Ca^{2+}(aq)+2OH^-(aq)$ 石灰乳在水中的溶解—沉淀平衡。

$Ca(OH)_2+Cl_2=Ca^{2+}+Cl^-+ClO^-+H_2O$ 石灰乳和氯气反应制取漂粉精（或漂白粉）的离子方程式。关于漂粉精（或漂白粉）见【$2ClO^-+Ca^{2+}+H_2O+CO_2$】。次氯酸钙和水、二氧化碳反应，生成次氯酸，实际起漂白作用的是次氯酸。但氯气和石灰乳在加热到 70℃时生成氯化钙和氯酸钙，见【$6Ca(OH)_2+6Cl_2$】。

$2Ca(OH)_2+2Cl_2=CaCl_2+2H_2O+Ca(ClO)_2$ 石灰乳和氯气反应制取漂粉精（或漂白粉）的原理。漂粉精是次氯酸钙和氯化钙的混合物，有效成分是次氯酸钙。使用过程中，次氯酸钙和水、二氧化碳反应，生成次氯酸，实际起漂白作用的是次氯酸。但氯气和石灰乳在加热到 70℃时生成氯化钙和氯酸钙，见【$6Ca(OH)_2+6Cl_2$】。

$6Ca(OH)_2+6Cl_2\xlongequal{70℃}5CaCl_2+Ca(ClO_3)_2+6H_2O$ 石灰乳和氯气在加热到 70℃时发生反应，生成氯化钙、氯酸钙和水。在常温下石灰乳和氯气反应制取漂粉精（或漂白粉），见【$2Ca(OH)_2+2Cl_2$】。

$3Ca(OH)_2+2Cl_2=Ca(ClO)_2+CaCl_2\cdot Ca(OH)_2\cdot H_2O+H_2O$ 将氯气通入石灰乳中，制备漂白粉。当 $Ca(OH)_2$ 和 Cl_2 的物质的量之比为 1∶1 时：$2Ca(OH)_2+2Cl_2=CaCl_2+Ca(ClO)_2+2H_2O$。当 $Ca(OH)_2$ 和 Cl_2 的物质的量之比为 3∶2 时：$3Ca(OH)_2+2Cl_2=Ca(ClO)_2+CaCl_2\cdot Ca(OH)_2\cdot H_2O+H_2O$，继续通入氯气，生成的 $CaCl_2\cdot Ca(OH)_2\cdot H_2O$ 和 Cl_2 继续反应，使制得的漂白粉有效成分提高，最终按 $Ca(OH)_2$ 和 Cl_2 的物质的量 1∶1 的情况反应。干燥的氢氧化钙和氯气不反应，必须有略少于 1%的水才能反应。

$Ca(OH)_2+CH_2{=}CH_2+Cl_2\rightarrow$ (环氧乙烷 $H_2C{-}CH_2$, O) $+CaCl_2+H_2O$ 氢氧化钙、乙烯和氯气制备环氧乙烷。首先，在 0.3MPa、10℃~50℃条件下， $CH_2{=}CH_2+Cl_2+H_2O\rightarrow ClCH_2CH_2OH+HCl$；其次，在 0.4~0.6 MPa、25℃条件下，$2ClCH_2CH_2OH+Ca(OH)_2\rightarrow 2$ (环氧乙烷) $+CaCl_2+2H_2O$。还可以用银作催化剂，在 220℃~240℃条件下氧气直接氧化乙烯制备环氧乙烷：$2CH_2{=}CH_2+O_2\xrightarrow{Ag}2$ (环氧乙烷)。

$Ca(OH)_2+2ClCH_2CH_2OH\rightarrow 2$ (环氧乙烷) $+CaCl_2+2H_2O$ 工业上用氢氧化钙、氯气和乙烯生产环氧乙烷的第二步反应，在 0.4~0.6MPa、25℃条件下，氯代乙

醇和氢氧化钙反应，生成环氧乙烷。第一步，在0.3MPa、10℃~50℃条件下，先生成氯代乙醇，见【$Ca(OH)_2+CH_2{=}CH_2+Cl_2$】。还可以用银作催化剂，在220℃~240℃条件下氧气直接氧化乙烯制备环氧乙烷：$2CH_2{=}CH_2+O_2 \xrightarrow{Ag} 2$ $H_2C—CH_2$（O 桥环）。

$Ca(OH)_2+2H^+ {=\!=} Ca^{2+}+2H_2O$

固体氢氧化钙或石灰乳和强酸反应，生成钙盐和水的离子方程式。若为澄清石灰水，氢氧化钙要拆写成离子形式，离子方程式为$H^++OH^- {=\!=} H_2O$。

$2Ca(OH)_2+2HCO_3^-+Mg^{2+} {=\!=} Mg(OH)_2\downarrow+2CaCO_3\downarrow+2H_2O$

过量的石灰乳和少量的碳酸氢镁溶液反应，生成氢氧化镁沉淀、碳酸钙沉淀和水。少量的氢氧化钙溶液和过量的碳酸氢镁溶液反应：$Ca^{2+}+2OH^-+Mg^{2+}+2HCO_3^- {=\!=} CaCO_3\downarrow+MgCO_3\downarrow+2H_2O$。少量的石灰乳和过量的碳酸氢镁溶液反应：$Ca(OH)_2+Mg^{2+}+2HCO_3^- {=\!=} CaCO_3\downarrow+MgCO_3\downarrow+2H_2O$。若继续加氢氧化钙，碳酸镁沉淀转变为更难溶解的氢氧化镁沉淀：$MgCO_3+Ca(OH)_2 {=\!=} Mg(OH)_2\downarrow+CaCO_3\downarrow$。在离子方程式中，石灰乳要写成化学式的形式，澄清石灰水或氢氧化钙溶液以及碳酸氢镁溶液要拆写成离子形式。

$Ca(OH)_2+2HCl {=\!=} CaCl_2+2H_2O$

氢氧化钙和盐酸反应，生成氯化钙和水。属酸和碱的中和反应。

$Ca(OH)_2+H_2SO_4 {=\!=} CaSO_4+2H_2O$

氢氧化钙和硫酸反应，生成硫酸钙和水。属酸和碱的中和反应。

$Ca(OH)_2+MgCl_2 {=\!=} Mg(OH)_2\downarrow+CaCl_2$

氢氧化钙微溶于水，其溶液和$MgCl_2$反应生成更难溶的$Mg(OH)_2$沉淀和氯化钙。

$Ca(OH)_2+MgSO_4 {=\!=} Mg(OH)_2+CaSO_4$

用石灰去除硬水中Mg^{2+}的原理，将硬水中的Mg^{2+}变为$Mg(OH)_2$经过滤除去。

$Ca(OH)_2+MgSO_4+Na_2CO_3 {=\!=} Mg(OH)_2\downarrow+CaCO_3\downarrow+Na_2SO_4$

氢氧化钙溶液和$MgSO_4$、Na_2CO_3反应生成难溶的$Mg(OH)_2$沉淀、$CaCO_3$沉淀和硫酸钠。硬水中同时加入澄清石灰水和纯碱，可同时除去Mg^{2+}和Ca^{2+}，达到较好的软化目的。

$Ca(OH)_2+Na_2CO_3 {=\!=} CaCO_3\downarrow+2NaOH$

澄清石灰水或石灰乳中加入碳酸钠溶液，生成白色$CaCO_3$沉淀和氢氧化钠。该原理可以用来生产氢氧化钠，过滤沉淀后，滤液经加热、蒸馏、冷却、结晶，可得氢氧化钠晶体。

$Ca(OH)_2+2NaHCO_3 {=\!=} CaCO_3\downarrow+Na_2CO_3+2H_2O$

少量的氢氧化钙溶液和过量的碳酸氢钠溶液反应，生成白色沉淀$CaCO_3$、Na_2CO_3和水。过量的氢氧化钙溶液和少量的碳酸氢钠反应见【$Ca(OH)_2+NaHCO_3$】。参加反应的物质用量不同，反应现象和结果也不同。

$Ca(OH)_2+NaHCO_3 {=\!=} CaCO_3\downarrow+NaOH+H_2O$

过量的氢氧化钙溶液和少量的碳酸氢钠反应，生成白色沉淀$CaCO_3$、NaOH和水，可用于制烧碱。若少量的氢氧化钙溶液和过量的碳酸氢钠反应见【$Ca(OH)_2+2NaHCO_3$】。参加反应的物质用量不同，反应现象和结果也不同。

$Ca(OH)_2+2SO_2 {=\!=} Ca(HSO_3)_2$

氢氧化钙和过量的二氧化硫反应，生成易溶于水、易电离的$Ca(HSO_3)_2$。首先，氢氧化钙和少量的二氧化硫反应，生成$CaSO_3$白色沉淀和水：$SO_2+Ca(OH)_2 {=\!=} CaSO_3\downarrow+H_2O$。继续通入$SO_2$：$CaSO_3+SO_2+H_2O {=\!=} Ca(HSO_3)_2$。加合之后就得过量的二氧化硫和氢氧化钙反应的总方程式。用氢氧化钙溶液的离子方程式为$SO_2+OH^- {=\!=} HSO_3^-$。用石灰乳的离子方

程式为 $Ca(OH)_2+2SO_2═Ca^{2+}+2HSO_3^-$。

$Ca(OH)_2+SO_2═CaSO_3↓+H_2O$ 氢氧化钙溶液和少量的二氧化硫反应，生成难溶于水的 $CaSO_3$ 白色沉淀和水。离子方程式见【$SO_2+Ca^{2+}+2OH^-$】，类似于二氧化碳。过量的二氧化硫和氢氧化钙反应见【$Ca(OH)_2+2SO_2$】。

$2Ca(OH)_2+2SO_2+O_2═2CaSO_4+2H_2O$ 火力发电厂向燃煤中加入熟石灰，将生成的二氧化硫转化为硫酸钙，以减少二氧化硫的排放和对环境的污染。

$2Ca(OH)_2+2SO_2═2CaSO_3·H_2O$ 详见【$2Ca(OH)_2+2SO_2+O_2+2H_2O$】。

$2Ca(OH)_2+2SO_2+O_2+2H_2O═2CaSO_4·2H_2O$ 火力发电厂用熟石灰的悬浊液洗废气，吸收二氧化硫，以减少二氧化硫的排放和对环境的污染，得到生石膏。该反应分两阶段，第一阶段，$2Ca(OH)_2+2SO_2═2CaSO_3·H_2O$，第二阶段，$2CaSO_3·H_2O+O_2+2H_2O═2CaSO_4·2H_2O$。

【CaR_2】

CaR_2 表示硬水中含 Ca^{2+} 的化合物和离子交换剂 NaR 形成的化合物。

$CaR_2+2Na^+═2NaR+Ca^{2+}$ 离子交换剂 NaR 和 Ca^{2+} 交换，生成 CaR_2：$2NaR+Ca^{2+}═CaR_2+2Na^+$，达到除去硬水中 Ca^{2+} 的软化作用。再用 5%～8% 的食盐水浸泡生成 NaR，恢复离子交换能力。

【Sr】

锶，白色软金属，化学性质活泼，和钙相似；新切开断面光亮，很快生成致密的氧化膜，逐渐变黄；要保存在不含氧的液体中。金属锶及其化合物燃烧火焰洋红，可据此鉴定锶，易与水和酸反应放出 H_2。自然界常见其碳酸盐和硝酸盐，可由电解熔融氯化锶或金属铝热法还原氧化锶而得，可制合金、光电管及焰火等。

$Sr+Cl_2\xlongequal{\triangle}SrCl_2$ 锶和氯气反应，生成白色氯化锶。【卤素单质和金属反应】见【$2Al+3Cl_2$】。氯化锶用于烟火、医药等领域。

$Sr+2H^+═Sr^{2+}+H_2↑$ 活泼金属锶和强酸反应，生成锶盐和氢气。

$Sr+2HCl═SrCl_2+H_2↑$ 金属锶和盐酸反应，生成氯化锶和氢气。锶比钙更活泼。

$Sr+2H_2O═Sr(OH)_2+H_2↑$ 活泼金属锶和水反应，生成氢氧化锶和氢气。

$Sr+2NH_3(l)═Sr(NH_2)_2+H_2↑$ 金属锶和液氨反应，生成氨基锶和氢气。碱金属以及镁、钙、锶、钡等活泼金属溶解在液氨中，生成有趣的蓝色溶液，详见【$Ca+2NH_3$】。

$2Sr+O_2═2SrO$ 锶和氧气反应，生成白色的氧化锶。

$Sr+S═SrS$ 锶和硫反应，生成灰色硫化锶，后者微溶于水，溶于酸生成硫化氢。用作脱毛剂和生产发光漆。

【SrO】

氧化锶，白色或灰白色粉末，有腐蚀性，遇水生成氢氧化锶，放出大量热。由碳酸锶或氢氧化锶加热分解而得，可用于制备锶盐、烟火、颜料和药物。

$SrO+H_2O═Sr(OH)_2$ 氧化锶和水猛烈反应生成氢氧化锶，反应的剧烈程度：BaO >SrO>CaO。

$SrO(s)+H_2O(l)═Sr(OH)_2(s)$；$\Delta H=-81.2\ kJ/mol$ 氧化锶和水迅速反应生成氢氧化锶。

$SrO+2H^+═Sr^{2+}+H_2O$ 氧化锶和强酸反应，生成锶盐和水。

$SrO+2HCl═SrCl_2+H_2O$ 氧化锶和盐酸反应，生成氯化锶和水。

【Ba】 钡，银白色软金属，稍具光泽，有展性；溶于乙醇，不溶于苯；和水或稀酸反应放出氢气，贮存于油或惰性气氛中；燃烧时火焰呈绿色，可定性鉴定。除硫酸钡外钡盐都有毒，自然界中以重晶石（硫酸钡）和毒重石（碳酸钡）为主要存在形式。可由氯化钡在氯化铵存在下熔融电解而得，可制合金、烟火和钡盐等，精炼铜时作去氧剂。

$Ba+Cl_2=BaCl_2$ 金属钡和氯气反应生成氯化钡。【卤素单质和金属反应】见【$2Al+3Cl_2$】。

$Ba+H_2=BaH_2$ 金属钡和氢气反应生成氢化钡。金属氢化物中氢元素的化合价为−1价，具有较强的还原性，常作为供氢剂。

$Ba+2H_2O=Ba(OH)_2+H_2\uparrow$ 活泼金属钡和水反应生成氢氧化钡和氢气。

$Ba+Na_2CO_3+2H_2O=BaCO_3\downarrow+H_2\uparrow+2NaOH$ 活泼金属钡和碳酸钠溶液反应，生成白色碳酸钡沉淀、氢气和氢氧化钠。钡的金属性强于钙，实际上钡先和水反应：$Ba+2H_2O=Ba(OH)_2+H_2\uparrow$，生成的氢氧化钡再和碳酸钠反应：$Ba(OH)_2+Na_2CO_3=BaCO_3\downarrow+2NaOH$。

$2Ba+O_2=2BaO$ 金属钡和氧气反应生成氧化钡。碱土金属和氧气反应，一般生成氧化物，但在500℃~520℃时，氧化钡继续和氧气反应生成过氧化钡BaO_2。

$Ba+O_2=BaO_2$ 金属钡和氧气在500℃~520℃条件下反应，生成过氧化钡。碱土金属和氧气反应，一般生成氧化物，如：$2Ba+O_2=2BaO$。

【Ba^{2+}】 钡离子。

$3Ba^{2+}+2Al^{3+}+6OH^-+3SO_4^{2-}=2Al(OH)_3\downarrow+3BaSO_4\downarrow$ 见【$3Ba(OH)_2+2KAl(SO_4)_2$】。

$Ba^{2+}+CO_3^{2-}=BaCO_3\downarrow$ Ba^{2+}和CO_3^{2-}反应生成白色$BaCO_3$沉淀。该沉淀溶于盐酸和硝酸等。用盐酸和$BaCl_2$可以检验CO_3^{2-}。

$Ba^{2+}+CrO_4^{2-}=BaCrO_4\downarrow$ Ba^{2+}的鉴定原理之一，向铬酸盐或重铬酸盐的溶液中加入Ba^{2+}，均生成黄色铬酸钡沉淀，原因是CrO_4^{2-}和$Cr_2O_7^{2-}$之间建立动态平衡，见【$2CrO_4^{2-}+2H^+$】。加入Ba^{2+}，因铬酸钡的溶度积更小，生成$BaCrO_4$沉淀，平衡发生移动。但Sr^{2+}、Pb^{2+}、Ni^{2+}、Ag^+、Zn^{2+}、Cu^{2+}、Bi^{3+}等会干扰Ba^{2+}的鉴定。

$2Ba^{2+}+Cr_2O_7^{2-}+H_2O=2BaCrO_4\downarrow+2H^+$ Ba^{2+}和$Cr_2O_7^{2-}$反应生成黄色的$BaCrO_4$沉淀。可用于检验Ba^{2+}。因为CrO_4^{2-}和$Cr_2O_7^{2-}$之间存在平衡：$2CrO_4^{2-}+2H^+\rightleftharpoons Cr_2O_7^{2-}+H_2O$，加入$Ba^{2+}$生成难溶的铬酸盐沉淀，可使平衡向生成$CrO_4^{2-}$的方向移动。铬酸盐和重铬酸盐溶液中加入$Ba^{2+}$、$Ag^+$、$Pb^{2+}$等离子，均生成铬酸盐沉淀，所以用$Ba^{2+}$、$Ag^+$、$Pb^{2+}$等可以检验$CrO_4^{2-}$。

$Ba^{2+}+HCO_3^-+OH^-=BaCO_3\downarrow+H_2O$ 少量的NaOH等一元强碱溶液和过量的碳酸氢钡反应，或者少量的碳酸氢盐（钠盐、钾盐等+1价金属盐）和过量的氢氧化钡溶液反应的离子方程式，生成$BaCO_3$白色沉淀和水。若相反，过量的NaOH等一元强碱溶液和少量的碳酸氢钡反应，或者过量的碳酸氢盐（钠盐、钾盐等+1价金属盐）和少量的氢氧化钡溶液反应的离子方程式为$Ba^{2+}+2HCO_3^-+2OH^-=CO_3^{2-}+BaCO_3\downarrow+2H_2O$。

$Ba^{2+}+HSO_4^-+OH^-=BaSO_4\downarrow+H_2O$ 少量硫酸氢钠溶液和过量氢氧化钡溶液反应生成白色硫酸钡沉淀和水的离子方程式。但是，过量硫酸氢钠溶液和少量氢氧化钡溶液反应的离子方程式为$Ba^{2+}+2OH^-+2HSO_4^-=$

$BaSO_4$↓+$2H_2O$+ SO_4^{2-}。中学阶段常将 HSO_4^-看作强电解质，则以上两个离子方程式写作：$Ba^{2+}+H^++SO_4^{2-}+OH^-$══$BaSO_4$↓$+H_2O$，$Ba^{2+}+2OH^-+2H^++SO_4^{2-}$══$BaSO_4$↓ $+2H_2O$。关于 HSO_4^-的电离见【H_2SO_4】中【硫酸的电离】。

$Ba^{2+}+2HSO_4^-+2OH^-$══$BaSO_4$↓$+2H_2O+SO_4^{2-}$ 过量硫酸氢钠溶液和少量氢氧化钡溶液反应，生成硫酸钡、水和硫酸盐。但是，中学阶段常将 HSO_4^-看作强电解质，则以上离子方程式写作：$Ba^{2+}+2OH^-+2H^++SO_4^{2-}$══$BaSO_4$↓$+2H_2O$。少量硫酸氢钠溶液和过量氢氧化钡溶液反应见【$Ba^{2+}+HSO_4^-+OH^-$】。关于 HSO_4^-的电离见【H_2SO_4】中【硫酸的电离】。

$Ba^{2+}+2OH^-+CO_2$══$BaCO_3$↓$+H_2O$ 氢氧化钡溶液中通入少量的二氧化碳，生成白色 $BaCO_3$ 沉淀。继续通入二氧化碳时：$BaCO_3+CO_2+H_2O$══$Ba^{2+}+2HCO_3^-$，两步加合得到总反应方程式：OH^-+CO_2 ══HCO_3^-。

$Ba^{2+}+2OH^-+Cu^{2+}+SO_4^{2-}$══$BaSO_4$↓$+Cu(OH)_2$↓ 氢氧化钡溶液和硫酸铜溶液反应，生成蓝色的 $Cu(OH)_2$ 沉淀和白色的 $BaSO_4$ 沉淀。

$3Ba^{2+}+6OH^-+2Fe^{3+}+3SO_4^{2-}$══$3BaSO_4$↓$+2Fe(OH)_3$↓ 氢氧化钡溶液和硫酸铁溶液反应，生成红褐色的 $Fe(OH)_3$ 沉淀和白色的 $BaSO_4$ 沉淀。

$Ba^{2+}+OH^-+H^++SO_4^{2-}$══$BaSO_4$↓$+H_2O$ 中学阶段将 HSO_4^-看作强电解质时，少量 $NaHSO_4$ 溶液和过量的 $Ba(OH)_2$ 溶液反应的离子方程式。但是，实际的情况是：HSO_4^-是弱电解质，离子方程式应为 $Ba^{2+}+HSO_4^-+OH^-$══$BaSO_4$↓$+H_2O$。少量氢氧化钡溶液中加过量的 $NaHSO_4$ 溶液时反应方程式：$Ba^{2+}+2OH^-+2H^++SO_4^{2-}$══$BaSO_4$↓$+2H_2O$。将 HSO_4^-看作弱电解质时，离子方程式应为：$Ba^{2+}+2OH^-+2HSO_4^-$ ══$BaSO_4$↓$+2H_2O$+ SO_4^{2-}。

$Ba^{2+}+2OH^-+2H^++SO_4^{2-}$══$BaSO_4$↓$+2H_2O$ 氢氧化钡溶液和硫酸反应，或少量氢氧化钡溶液和过量的 $NaHSO_4$ 溶液反应，生成水和白色 $BaSO_4$ 沉淀。中学阶段将 HSO_4^-看作强电解质。但是，实际的情况是：HSO_4^-是弱电解质，少量氢氧化钡溶液和过量的 $NaHSO_4$ 溶液反应的离子方程式应为：$Ba^{2+}+2OH^-+2HSO_4^-$══$BaSO_4$↓$+2H_2O+SO_4^{2-}$。少量 $NaHSO_4$ 溶液中加过量的氢氧化钡溶液反应方程式：$Ba^{2+}+OH^-+H^++SO_4^{2-}$══$BaSO_4$↓$+H_2O$。将 HSO_4^-看作弱电解质时，离子方程式应为：$Ba^{2+}+OH^-+HSO_4^-$══$BaSO_4$↓$+H_2O$。

$2Ba^{2+}+4OH^-+Mg^{2+}+2HCO_3^-$══$2BaCO_3$↓$+Mg(OH)_2$↓$+2H_2O$ 过量的氢氧化钡和少量的碳酸氢镁反应，生成碳酸钡沉淀、氢氧化镁沉淀和水。少量的氢氧化钡和过量的碳酸氢镁反应：$Ba^{2+}+2OH^-+Mg^{2+}+2HCO_3^-$══$BaCO_3$↓$+MgCO_3$↓$+2H_2O$。若继续滴加氢氧化钡溶液，碳酸镁沉淀转变为更难溶解的氢氧化镁沉淀：$MgCO_3+Ba(OH)_2$══$Mg(OH)_2$ ↓$+BaCO_3$↓。

$Ba^{2+}+2OH^-+Mg^{2+}+SO_4^{2-}$══$BaSO_4$↓$+Mg(OH)_2$↓ 氢氧化钡和硫酸镁反应，生成白色 $BaSO_4$ 沉淀和白色 $Mg(OH)_2$ 沉淀。

$Ba^{2+}+2OH^-+NH_4^++H^++SO_4^{2-}$══$BaSO_4$↓$+NH_3$↑$+2H_2O$ 过量氢氧化钡溶液和少量硫酸氢铵溶液反应，生成白色硫酸钡沉淀、氨气和水。浓溶液之间反应或者加热时，生成氨气。若为稀溶液、不加热时，过量氢氧化钡溶液和少量硫酸氢铵溶液反应生成一水合氨：$Ba^{2+}+2OH^-+NH_4^++H^++SO_4^{2-}$ ══$BaSO_4$↓$+NH_3\cdot H_2O+H_2O$。若少量氢氧化钡和过量硫酸氢铵反应，生成白色硫酸钡沉淀和硫酸铵：Ba^{2+}+ $2OH^-+2H^++SO_4^{2-}$══$BaSO_4$↓+ $2H_2O$，H^+比 NH_4^+优先结合 OH^-，由于硫酸氢铵过量，溶液显酸性，不可能有氨气或 $NH_3\cdot H_2O$ 生成。

$Ba^{2+}+2OH^-+NH_4^++H^++SO_4^{2-}$══$BaSO_4\downarrow+NH_3\cdot H_2O+H_2O$ 过量氢氧化钡和少量硫酸氢铵反应，生成白色硫酸钡沉淀和一水合氨。若为稀溶液、不加热时，则生成一水合氨。浓溶液之间反应或者稀溶液反应加热时，则生成氨气，见【$Ba^{2+}+2OH^-+NH_4^++H^++SO_4^{2-}$══$BaSO_4\downarrow+NH_3\uparrow+2H_2O$】。若少量氢氧化钡和过量硫酸氢铵反应，生成白色硫酸钡沉淀和硫酸铵，也见【$Ba^{2+}+2OH^-+2H^++SO_4^{2-}$══$BaSO_4\downarrow+2H_2O$】。

$Ba^{2+}+2OH^-+NH_4^++HCO_3^-$══$BaCO_3\downarrow+NH_3\cdot H_2O+H_2O$ 过量$Ba(OH)_2$和少量NH_4HCO_3反应，生成碳酸钡、一水合氨和水。若为稀溶液、不加热时，则生成一水合氨。若为浓溶液之间反应或者稀溶液反应加热时，则生成氨气。少量$Ba(OH)_2$和过量NH_4HCO_3反应，生成碳酸钡、碳酸铵和水：$Ba^{2+}+2OH^-+2HCO_3^-$══$BaCO_3\downarrow+CO_3^{2-}+2H_2O$，$H^+$比$NH_4^+$优先结合$OH^-$。

$Ba^{2+}+2OH^-+SO_2$══$BaSO_3\downarrow+H_2O$ 氢氧化钡溶液中通入少量的SO_2，生成白色$BaSO_3$沉淀。继续通入二氧化硫时：$BaSO_3+SO_2+H_2O$══$Ba^{2+}+2HSO_3^-$，两步加合得到氢氧化钡溶液和过量的SO_2反应的总方程式：OH^-+SO_2══HSO_3^-。

$3Ba^{2+}+2PO_4^{3-}$══$Ba_3(PO_4)_2\downarrow$ Ba^{2+}和PO_4^{3-}反应，生成白色$Ba_3(PO_4)_2$沉淀。磷酸钡不溶于水，但溶于盐酸和硝酸。

$Ba^{2+}+SO_3^{2-}$══$BaSO_3\downarrow$ Ba^{2+}和SO_3^{2-}反应生成白色$BaSO_3$沉淀。$BaSO_3$溶于盐酸生成无色有刺激性气味的SO_2气体，该气体可以使品红溶液褪色，所以用$BaCl_2$和盐酸可以检验SO_3^{2-}。

$Ba^{2+}+SO_4^{2-}$══$BaSO_4\downarrow$ Ba^{2+}和SO_4^{2-}反应生成白色$BaSO_4$沉淀。将待测液用盐酸酸化后加$BaCl_2$溶液，生成白色沉淀，可以检验SO_4^{2-}。用盐酸酸化可以防止Ag^+、SO_3^{2-}、CO_3^{2-}等的干扰。

【BaO】 氧化钡，无色立方晶体或白色粉末，有毒，碱性很强，空气中吸收CO_2和H_2O，变成$BaCO_3$；溶于水，慢慢溶于甲醇、乙醇。接触水形成$Ba(OH)_2$，放出大量热。在空气中加热至 500℃左右变成过氧化钡BaO_2，600℃以上又被还原为氧化钡。天然氧化钡叫“重土”。可由强热$BaCO_3$和碳的混合物或加热分解硝酸钡而得。用于制备钡盐、玻璃、陶瓷，也作脱水剂和气体干燥剂等。

$BaO+H_2O$══$Ba(OH)_2$ 氧化钡和水猛烈反应生成氢氧化钡。

$BaO(s)+H_2O(l)$══$Ba(OH)_2(s)$; $\Delta H=-105.4$ kJ/mol 氧化钡和水迅速反应生成氢氧化钡的热化学方程式。反应的剧烈程度：$BaO>SrO>CaO$。

$BaO+2NaHSO_4$══$BaSO_4\downarrow+H_2O+Na_2SO_4$ 碱性氧化物BaO和酸式盐$NaHSO_4$反应，生成硫酸钡沉淀、硫酸钠和水，相当于碱性氧化物和酸的反应。$NaHSO_4$水溶液显酸性，电离出大量的氢离子。

$2BaO+O_2\xlongequal{高温}2BaO_2$ 氧化钡和氧气在 773~793K 时反应，制备过氧化钡，详见【$2Ba+O_2$】。

【BaO_2】 过氧化钡，白色或灰色粉末，有毒，不溶于水；遇水、稀酸或含水分的二氧化碳生成过氧化氢。可由氢氧化钡加过氧化氢或 500℃~520℃条件下氧气和氧化钡作用而得。常作氧化剂、漂白剂，也用于制备过氧化氢和氧气。

$2BaO_2\xlongequal{\triangle}2BaO+O_2\uparrow$ 制备氧气的方法很多，加热分解过氧化钡可用于制备氧气。

$BaO_2+CO_2+H_2O$══$BaCO_3+H_2O_2$
将 CO_2 通入 BaO_2 和水的悬浊液中，可制取 H_2O_2。

$BaO_2+H_2SO_4$══$BaSO_4+H_2O_2$
过氧化钡和硫酸反应，生成过氧化氢。该反应是实验室里制备 H_2O_2 的原理。工业制备 H_2O_2 的原理见【$H_2+O_2 \xrightarrow{\text{2-乙基蒽醌，钯（或镍）}} H_2O_2$】。

BaO_2+SO_2══$BaSO_4$ 过氧化钡和二氧化硫反应，生成硫酸钡。

【$Ba(OH)_2$】

氢氧化钡，白色无定形粉末，有毒；一水合物为白色粉末，八水合物为无色晶体或白色块状物；易溶于水，强碱。一般由可溶性钡盐溶液与氢氧化钠作用而得，可用于制备钡盐、玻璃和精炼动植物油。

$Ba(OH)_2$══$Ba^{2+}+2OH^-$ 二元强碱 $Ba(OH)_2$ 在水中的电离方程式。

$Ba(OH)_2+CO_2$══$BaCO_3\downarrow+H_2O$
$Ba(OH)_2$ 溶液中通入少量 CO_2，生成 $BaCO_3$ 沉淀。继续通入 CO_2，$BaCO_3$ 沉淀溶解，生成可溶性的 $Ba(HCO_3)_2$：$BaCO_3+CO_2+H_2O$══$Ba(HCO_3)_2$。加合之后就得 $Ba(OH)_2$ 溶液和过量 CO_2 反应的离子方程式：CO_2+OH^-══HCO_3^-，化学方程式：$Ba(OH)_2+2CO_2$══$Ba(HCO_3)_2$。

$Ba(OH)_2+FeSO_4$══$Fe(OH)_2\downarrow+BaSO_4\downarrow$ $Ba(OH)_2$ 溶液和 $FeSO_4$ 溶液反应生成白色 $Fe(OH)_2$ 沉淀和白色 $BaSO_4$ 沉淀，$Fe(OH)_2$ 不稳定，在空气中很快变为灰绿色，最后变为红褐色。

$Ba(OH)_2+2HCl$══$BaCl_2+2H_2O$
强碱 $Ba(OH)_2$ 和强酸 HCl 发生中和反应。

$Ba(OH)_2+H_2O_2$══BaO_2+2H_2O
过氧化氢水溶液俗称双氧水。过氧化氢具有不稳定性、弱酸性和强氧化性等性质。该反应表现出过氧化氢的弱酸性，和氢氧化钡反应，生成正盐过氧化钡。

$Ba(OH)_2+H_2SO_4$══$BaSO_4\downarrow+2H_2O$
强碱 $Ba(OH)_2$ 和强酸 H_2SO_4 发生中和反应。离子方程式：$Ba^{2+}+2OH^-+2H^++SO_4^{2-}$══$BaSO_4\downarrow+2H_2O$。

$3Ba(OH)_2+2KAl(SO_4)_2$══$2Al(OH)_3\downarrow+3BaSO_4\downarrow+K_2SO_4$ 明矾和少量的 $Ba(OH)_2$ 反应使 Al^{3+} 全部沉淀，生成氢氧化铝沉淀、硫酸钡沉淀和硫酸钾。离子方程式：$3Ba^{2+}+6OH^-+2Al^{3+}+3SO_4^{2-}$══$2Al(OH)_3\downarrow+3BaSO_4\downarrow$。明矾和过量的 $Ba(OH)_2$ 反应，使 SO_4^{2-} 完全沉淀：$2Ba(OH)_2+KAl(SO_4)_2$══$2BaSO_4\downarrow+KAlO_2+2H_2O$，离子方程式：$2Ba^{2+}+4OH^-+Al^{3+}+2SO_4^{2-}$══$2BaSO_4\downarrow+AlO_2^-+2H_2O$。

$2Ba(OH)_2+KAl(SO_4)_2$══$2BaSO_4\downarrow+KAlO_2+2H_2O$ 明矾和过量的 $Ba(OH)_2$ 反应，使 SO_4^{2-} 完全沉淀，离子方程式：$2Ba^{2+}+4OH^-+Al^{3+}+2SO_4^{2-}$══$2BaSO_4\downarrow+AlO_2^-+2H_2O$。明矾和少量的 $Ba(OH)_2$ 反应见【$3Ba(OH)_2+2KAl(SO_4)_2$】。

$Ba(OH)_2+MgCO_3$══$Mg(OH)_2+BaCO_3$ 微溶的 $MgCO_3$ 的悬浊液和 $Ba(OH)_2$ 溶液反应，生成更难溶解的 $Mg(OH)_2$ 沉淀和 $BaCO_3$ 沉淀。在水溶液中，沉淀之间的转化趋势：向更难溶解的方向转化。若参加反应的是澄清的 $MgCO_3$ 溶液和 $Ba(OH)_2$ 溶液，则 $Mg(OH)_2$ 和 $BaCO_3$ 之后应加“↓”。

$Ba(OH)_2+(NH_4)_2SO_4$══$BaSO_4\downarrow+2NH_3\cdot H_2O$ $Ba(OH)_2$ 溶液和 $(NH_4)_2SO_4$ 溶液反应生成 $BaSO_4$ 和 $NH_3\cdot H_2O$。稀溶液中反应、不加热时，生成 $NH_3\cdot H_2O$；浓溶液中反应或稀溶液加热时，生成氨气。

$Ba(OH)_2+Na_2CO_3$══$BaCO_3\downarrow+2NaOH$ $Ba(OH)_2$ 溶液和 Na_2CO_3 溶液反应生成白色 $BaCO_3$ 沉淀。该沉淀溶于盐酸、硝酸等，生成无色无味的 CO_2 气体。

$Ba(OH)_2+NaHSO_4 = BaSO_4\downarrow+NaOH+H_2O$　$Ba(OH)_2$溶液和少量$NaHSO_4$溶液的反应，生成硫酸钡沉淀、氢氧化钠和水，对应的离子方程式：$H^++SO_4^{2-}+Ba^{2+}+OH^- = BaSO_4\downarrow+H_2O$。若加入过量的$NaHSO_4$溶液：$Ba(OH)_2+2NaHSO_4 = BaSO_4\downarrow+Na_2SO_4+2H_2O$，对应的离子方程式：$Ba^{2+}+2OH^-+2H^++SO_4^{2-} = BaSO_4\downarrow+2H_2O$。若将$HSO_4^-$按不完全电离书写，则以上两个离子方程式分别为$HSO_4^-+Ba^{2+}+OH^- = BaSO_4\downarrow+H_2O$，$2HSO_4^-+Ba^{2+}+2OH^- = BaSO_4\downarrow+2H_2O+SO_4^{2-}$。

$Ba(OH)_2+2NaHSO_4 = BaSO_4\downarrow+Na_2SO_4+2H_2O$　$Ba(OH)_2$溶液和过量的$NaHSO_4$溶液反应，生成硫酸钡沉淀、硫酸钠和水，对应的离子方程式：$Ba^{2+}+2OH^-+2H^++SO_4^{2-} = BaSO_4\downarrow+2H_2O$。$Ba(OH)_2$溶液和少量$NaHSO_4$溶液的反应见【$Ba(OH)_2+NaHSO_4$】。若将$HSO_4^-$按不完全电离看待，则以上离子方程式为$2HSO_4^-+Ba^{2+}+2OH^- = BaSO_4\downarrow+2H_2O+SO_4^{2-}$。

$Ba(OH)_2+SO_2 = BaSO_3\downarrow+H_2O$

向$Ba(OH)_2$溶液中通入少量二氧化硫气体，生成难溶于水的亚硫酸钡沉淀。若继续通入SO_2：$BaSO_3+SO_2+H_2O = Ba(HSO_3)_2$，生成可溶性的$Ba(HSO_3)_2$。两步加合，得到过量二氧化硫气体和$Ba(OH)_2$溶液反应的总方程式：$Ba(OH)_2+2SO_2 = Ba(HSO_3)_2$，离子方程式：$OH^-+SO_2 = HSO_3^-$。

$Ba(OH)_2+SO_3 = BaSO_4\downarrow+H_2O$

强碱$Ba(OH)_2$溶液和酸性氧化物三氧化硫反应，生成$BaSO_4$和水。

【$Ba(OH)_2\cdot 8H_2O$】八水合氢氧化钡，无色晶体或白色块状物，强碱，易溶于水。

$Ba(OH)_2\cdot 8H_2O(s)+2NH_4Cl(s) = BaCl_2+2NH_3\uparrow+10H_2O$　氢氧化钡晶体和氯化铵固体反应生成氨气。该反应是一个典型的吸热反应，中学化学教学中，常常作为吸热反应的实验来演示：将烧杯放在滴有水的玻璃板上，由于烧杯内氢氧化钡晶体和氯化铵固体在搅拌下反应吸收热量，水结冰，将烧杯和玻璃板粘在一起，用手摸玻璃板可感觉冰凉，拉开玻璃板和烧杯，可以看到有冰结成。

$Ba(OH)_2\cdot 8H_2O(s)+2NH_4SCN(s) = Ba(SCN)_2(s)+2NH_3(g)+10H_2O(l)$

该反应是吸热反应，常温下就可以发生。碱和铵盐反应生成氨气等。

第四章 ⅢA 族元素单质及其化合物

硼(B) 铝(Al) 镓(Ga) 铟(In) 铊(Tl)

【B】 硼，无定型硼是棕色粉末；α -四方或六方晶体硼，是有金属光泽的黑色晶体。晶体硼的硬度与金刚石相似，室温条件下为弱导电体，高温条件下为良导电体。不溶于水、乙醇和乙醚。与盐酸和氢氟酸溶液不发生反应，其细粉末可溶于热的硝酸和硫酸，可溶于大多熔融的金属（如铜、铁、镁、钙、铝等）中。自然界主要以硼酸和硼酸盐（如 $Na_2B_4O_7·10H_2O$）等形式存在，可由镁粉或铝粉加热还原氧化硼而得。可用于制备高能燃料和合金钢，化合物用于医疗、农业、玻璃工业等。

$2B+3Cl_2 \xlongequal{高温} 2BCl_3$ 硼和氯气在高温下反应。卤素单质中 F_2 在室温下可以和硼反应，其他卤素单质在高温下才与其反应。

$B+3HNO_3(浓)=H_3BO_3+3NO_2\uparrow$ 热浓硝酸逐渐将硼氧化为硼酸，同时生成 NO_2 气体。浓硝酸具有强氧化性。硼和非氧化性酸（如盐酸）不反应，和氧化性酸硫酸、硝酸等可以反应，反应原理类似。

$2B+6H_2O(g) \xlongequal{\triangle} 2H_3BO_3+3H_2\uparrow$ 赤热的硼和水蒸气反应，生成氢气和硼酸。硼和水的反应类似于铝和水的反应，见【2Al+6H₂O】。

$2B+3H_2SO_4(浓)=2H_3BO_3+3SO_2\uparrow$ 浓硫酸和非金属硼反应，生成 H_3BO_3 和无色有刺激性气味的 SO_2 气体。浓硫酸具有强氧化性。硼和非氧化性酸（盐酸）不反应，和氧化性酸硫酸、硝酸等可以反应，反应原理类似。

$2B+N_2 \xlongequal{白热} 2BN$ 高温时硼和氮气反应，生成氮化硼 BN。硼在空气中燃烧，除生成 B_2O_3 外，还生成少量的 BN。氮化硼是白色粉末，与石墨六角形结构相似，最简单的硼氮高分子化合物 $(BN)_n$，不溶于冷水，与水煮沸时缓慢水解生成少量硼酸和氨。室温时与酸、碱不反应，热的浓碱或熔融的氢氧化钾可使硼—氮键断裂。氮化硼具有良好的电绝缘性和耐化学腐蚀性，高温条件下具有良好的润滑性。

$2B+2NaOH+2H_2O=2NaBO_2+3H_2\uparrow$ 硼和 NaOH 溶液反应生成偏硼酸钠（$NaBO_2$）和 H_2。硼的这种性质类似于硅：$Si+2NaOH+H_2O=Na_2SiO_3+2H_2\uparrow$。也类似于铝：$2Al+2NaOH+2H_2O=2NaAlO_2+3H_2\uparrow$。偏硼酸钠可写作 $Na[B(OH)_4]$，见【2B+2NaOH+6H₂O】。

$2B+2NaOH+6H_2O=2Na[B(OH)_4]+3H_2\uparrow$ 硼和 NaOH 溶液反应，生成偏硼酸钠和 H_2。偏硼酸钠还可写作 $NaBO_2$，见【2B+2NaOH+2H₂O】。

$2B+2NaOH+3KNO_3 \xlongequal{\triangle} 2NaBO_2+3KNO_2+H_2O$ 在氧化剂 KNO_3 存在时，硼和强碱共熔制得偏硼酸钠。

$4B+3O_2 \xlongequal{高温} 2B_2O_3$ 硼和氧气在高温 973K 时直接反应，生成氧化硼。硼在空气中燃烧，除和氧气反应外，还和 N_2 反应生成 BN。硼因易夺取氧而常作还原剂，炼钢工业中常作去氧剂。

$2B+2OH^-+2H_2O=2BO_2^-+3H_2\uparrow$ 硼和强碱溶液反应生成偏硼酸盐和 H_2。硼的这种性质类似于硅和铝。

【Mg_3B_2】富金属硼化物之一，一种镁在 MgB_2 中的固溶体。二元金属硼化合物约有 24 种型式，M_2B、MB、MB_2、MB_4、MB_6 和 MB_{12} 较常见，超过 70%。M_3B、M_7B_3、M_2B、M_3B_2、MB、M_3B_4 等硼化物叫富金属硼化物。

$Mg_3B_2+2H_3PO_4=Mg_3(PO_4)_2+B_2H_6\uparrow$ 早期制备乙硼烷（B_2H_6）的原理：用硼化镁和酸反应制得，该原理产率较低。现代方法制备乙硼烷的原理见【$4BF_3+3NaBH_4$】。

【B_2H_6】乙硼烷（6），常温下为无色气体，有毒，空气中自燃，易水解，易溶于乙醚；373K 以下稳定，易水解，具有强还原性。工业上可用氢化钠在 180℃条件下还原三氟化硼制备，可用于制备单质硼及硼化合物。

$2B_2H_6\xlongequal{\triangle}B_4H_{10}+H_2$ 制备丁硼烷的原理之一。乙硼烷（6）在 373K 以下稳定，高于 373K 时，转变为高硼烷，控制反应条件可得到不同的高硼烷产物，如 B_4H_{10}、B_5H_9、B_5H_{11}、$B_{10}H_{14}$ 等。

$B_2H_6+2CO=2[H_3B-CO]$ 乙硼烷和具有孤电子对的 CO 发生加合反应。

$5B_2H_6+2(C_2H_5)_3NBH_3\xrightarrow[\text{三乙胺}]{373\sim553K}[(C_2H_5)_3NH]_2B_{12}H_{12}+11H_2$ 制备 $[B_{12}H_{12}]^{2-}$ 的原理之一。

$B_2H_6+6H_2O=2H_3BO_3+6H_2\uparrow$ 乙硼烷和水反应生成硼酸和氢气。

$B_2H_6+6H_2O=2H_3BO_3\downarrow+6H_2$；$\Delta H=-509.4\ kJ/mol$ 室温下，乙硼烷很快水解，生成硼酸和氢气，同时放出大量的热。

$B_2H_6+2NH_3=2[H_3B-NH_3]$ 乙硼烷和具有孤电子对的 NH_3 发生加合作用。

$B_2H_6+2NH_3\rightarrow[BH_2(NH_3)_2]^++[BH_4]^-$ 乙硼烷和氨发生不对称裂解，分裂出 $[BH_2(NH_3)_2]^+$ 和 $[BH_4]^-$ 两种离子。

$B_2H_6+2NaH\rightarrow2NaBH_4$ 乙硼烷和氢化钠反应，生成硼氢化钠。

$B_2H_6+3O_2\xlongequal{\text{点燃}}B_2O_3+3H_2O$；$\Delta H=-2166kJ/mol$ 乙硼烷在空气中激烈燃烧，生成 B_2O_3 和 H_2O，放出大量的热。

$B_2H_6+6X_2=2BX_3+6HX$ 乙硼烷具有强还原性，和卤素单质反应，生成三卤化硼和卤化氢，见【$B_2H_6+6Cl_2$】。

$B_2H_6+6Cl_2=2BCl_3+6HCl$ 乙硼烷和氯气反应生成三氯化硼和氯化氢。

$3B_2H_6+6NH_3\xlongequal{\triangle}2B_3N_3H_6+12H_2$ 在 453K 时，B_2H_6 和 NH_3 反应，生成环氮硼烷 $B_3N_3H_6$，具有规则的平面六角形环状结构，与苯互为等电子体，俗称“无机苯”，结构和性质与苯相似。

【B_4H_{10}】丁硼烷（10），无色液体或气体，室温下沸腾，具有难闻气味，热稳定性很差，以致难测定物理性质。在水中溶解度很小，漂浮在冷水中缓慢水解；可以任意比溶解在苯和二硫化碳中。由热解 B_2H_6 制备，或大量氢气存在下，B_5H_{11} 在 100℃时热降解反应制备。

$B_4H_{10}+2NH_3\rightarrow[BH_2(NH_3)_2]^++[B_3H_8]^-$ 丁硼烷和氨反应，分裂出 $[BH_2(NH_3)_2]^+$ 和 $[B_3H_8]^-$ 两种离子。

$2B_4H_{10}+4OH^-\rightarrow[B(OH)_4]^-+[BH_4]^-+2[B_3H_8]^-$ 丁硼烷(10)和 OH^- 反应，生成 $[B(OH)_4]^-$、$[BH_4]^-$ 和 $[B_3H_8]^-$。

【B_5H_{11}】戊硼烷（11），无色流动性液体。在 60℃时缓慢分解为乙硼烷和少量癸硼烷；100℃时迅速分解为乙硼烷和 B_5H_9 等。用乙硼烷（6）在较低温度（低于 175℃）下短时间热解反应制备，或 B_4H_{10} 和 B_2H_6 在一种热（120℃）—冷（−30℃）反应器中反应而得。

$B_5H_{11}+2CO \rightarrow BH_3CO+B_4H_8CO$
戊硼烷和一氧化碳反应，生成 BH_3CO 和 B_4H_8CO。

$B_5H_{11}+2NH_3 \rightarrow [BH_2(NH_3)_2]^++[B_4H_9]^-$ 戊硼烷和氨反应，分裂出 $[BH_2(NH_3)_2]^+$ 和 $[B_4H_9]^-$ 两种离子。

【B_6H_{12}】 己硼烷（12），最初从 B_6H_{10} 和其他硼烷的混合物中分离出的。25℃时缓慢分解 B_5H_{11}，然后通过气相色谱法提纯，可以比较简便地制备 B_6H_{12}。和水几乎定量水解。

$B_6H_{12}+P(CH_3)_3 \rightarrow BH_3P(CH_3)_3+B_5H_9$ 己硼烷和三甲基膦反应，生成 $BH_3P(CH_3)_3$ 和 B_5H_9。

【$B_{10}H_{14}$】 癸硼烷（14），无色挥发性晶体，在硼烷中最稳定；不自燃，隔绝空气加热至 150℃也不分解；不溶于水，溶于许多溶剂。可由乙硼烷（B_2H_6）在 100℃~200℃热分解而得。曾作为潜在高能燃料，多用作橡胶硫化剂。

$B_{10}H_{14}+NaH \rightarrow NaB_{10}H_{13}+H_2\uparrow$ 癸硼烷和 NaH 发生去质子反应，生成 $NaB_{10}H_{13}$ 和 H_2。癸硼烷表现一定的酸性，可用 NaOH 来滴定癸硼烷。在乙醚中 $B_{10}H_{14}$ 和 NaH 反应析出 $Na_2B_{10}H_{12}$ 的盐，显示二元酸的性质。

$B_{10}H_{14}+NaOH \rightarrow NaB_{10}H_{13}+H_2O$
癸硼烷和 NaOH 水溶液发生去质子反应，生成 $NaB_{10}H_{13}$ 和 H_2O，表现一定的酸性，可用 NaOH 来滴定癸硼烷。

$B_{10}H_{14}+P(C_6H_5)_3CH_2 \rightarrow [P(C_6H_5)_3CH_3][B_{10}H_{13}]$ $B_{10}H_{14}$ 和三苯膦—亚甲 $P(C_6H_5)_3CH_2$ 发生去质子化反应，$B_{10}H_{14}$ 中的一个 H 给了 $P(C_6H_5)_3CH_2$。

【BF_3】 三氟化硼是无色、令人窒息的刺激性气味的气体，腐蚀皮肤。潮湿空气中形成白烟，溶于水，部分水解生成硼酸和氟硼酸，见【$4BF_3+3H_2O$】。可溶于无水硫酸，与硝酸形成配合物 $HNO_3\cdot 2BF_3$；溶于无水乙醚。可由三氧化二硼和氟化钙在浓硫酸中加热制得；常用作有机合成的催化剂、熏蒸剂以及生产硼烷的原料等。

$BF_3(g)+AlCl_3 = AlF_3+BCl_3(g)$
用 $BF_3(g)$ 和 $AlCl_3$ 反应制备 BCl_3 气体的原理。

$BF_3+F^- = BF_4^-$ 三氟化硼和氟化物反应生成氟硼酸盐。

$BF_3+2HF = BF_4^-+H_2F^+$ BF_3 是液态 HF 的路易斯酸。

$4BF_3+3H_2O = H_3BO_3+3HBF_4$
三氟化硼水解生成硼酸和氟硼酸。HBF_4 是强酸，完全电离，离子方程式：$4BF_3+6H_2O = H_3BO_3+3H_3O^++3BF_4^-$。

$4BF_3+6H_2O = H_3BO_3+3BF_4^-+3H_3O^+$
三氟化硼和水反应，生成硼酸和氟硼酸的离子方程式。H_3O^+ 简写作 H^+，HBF_4 是强酸，化学方程式见【$4BF_3+3H_2O$】。

$4BF_3+3LiAlH_4 \xlongequal{乙醚} 2B_2H_6\uparrow+3LiF+3AlF_3$ 制备乙硼烷的原理之一，称为氢负离子置换法，产品纯度可达 90%~95%。另见【$2BMn+6H^+$】、【$2BCl_3+6H_2$】以及【$4BF_3+3NaBH_4$】。

$BF_3+NH_3 = BF_3\cdot NH_3$ 三氟化硼是强电子接受体，和含有孤对电子的氨气形成配合物。用加成法制备配合物。

$4BF_3+3NaBH_4 \xlongequal{乙醚} 2B_2H_6\uparrow+3NaBF_4$ 现代方法制备乙硼烷 B_2H_6 的原理，称为氢负离子置换法。硼氢化钠和三氟化硼反应，制备乙硼烷，产率高，纯度高，可达 90%~95%。另见【$2BMn+6H^+$】、【$2BCl_3+6H_2$】以及【$4BF_3+3LiAlH_4$】。早期制备乙硼烷的原理见【$Mg_3B_2+2H_3PO_4$】。

$BF_3+NaF = NaBF_4$ 三氟化硼和氟化钠反应生成氟硼酸钠，离子方程式见【BF_3+F^-】。

【BCl_3】

三氯化硼，低温下为无色发烟液体，遇水和醇分解。可将硼加热通氯气自然反应而得，或将硼酐（或硼砂、硼酸）和碳混合加热至 600℃~700℃，通入氯气而得。可用于生产和提纯硼，作有机反应催化剂，也可在金属合金中用来除去氧化物、氮化物和碳化物，作纯化剂。三氯化硼的制备见【$B_2O_3+3C+3Cl_2$】。

$2BCl_3+6H_2 = B_2H_6\uparrow+6HCl$ 制备乙硼烷的原理之一，称为氢化法。另见【$2BMn+6H^+$】和【$4BF_3+3LiAlH_4$】以及【$4BF_3+3NaBH_4$】。

$BCl_3+3H_2O = H_3BO_3+3HCl$ 三氯化硼 BCl_3 水解生成硼酸 H_3BO_3 和 HCl。

$4BCl_3+3LiAlH_4 = 2B_2H_6\uparrow+3AlCl_3+3LiCl$ 三氯化硼和氢化铝锂反应制备乙硼烷，是制备乙硼烷的原理之一。

【BBr_3】

三溴化硼，无色发烟液体，遇水分解，溶于四氯化碳。可由三溴化铝与三氟化硼或者由硼和溴作用而得，可制取二硼烷和高纯硼。

$2BBr_3(g)+3H_2(g) \xlongequal{\triangle} 2B(s)+6HBr(g)$ 制备硼的原理之一，在 1373~1573K 时，用氢气还原挥发性硼化合物，在热的金属钽丝上发生反应，生成 B 和 HBr，可以生成较高纯度硼，纯度在 99.9%以上。

【BI_3】

三碘化硼，无色，会因光照游离出 I_2 而带有颜色。由 $NaBH_4$ 和 I_2 在己烷中回流或在 125℃和 200℃时使 I_2 分别与 $LiBH_4$ 和 $NaBH_4$ 反应来制备。

$2BI_3 = 2B+3I_2$ 将 BI_3 在灼热的钽丝（800~1000K）上加热分解，可制得纯度为 99.95%的高纯度的 α-菱形硼。粗硼的制备详见【$Mg_2B_2O_5·H_2O+2NaOH$】和【$Mg_2B_2O_5·H_2O+2H_2SO_4$】。

【BMn】

硼化锰之一，锰的二元硼化物有五种：Mn_2B、MnB、Mn_3B_4、MnB_2、MnB_4。硼和金属形成的硼化物，不遵守通常的化合价规则，其晶体结构和性质都与原来的金属很相似，可以认为硼原子位于金属晶格的空隙中。硼化物很硬，莫氏硬度 8~10，熔点高（2000℃~3000℃），具有高的导电率和化学稳定性，可由硼和金属粉末高温烧结而得，可作耐高温材料和研磨材料。室温下可定量被中性 $KMnO_4$ 氧化为 $B(OH)_3$[或写成 $B(OH)_4^-$]。

$2BMn+6H^+ = B_2H_6\uparrow+2Mn^{3+}$ 乙硼烷不能用硼和氢气直接化合制取，要通过间接方法制备。该原理是制备乙硼烷的一种方法，称为质子置换法。另见【$2BCl_3+6H_2$】和【$4BF_3+3LiAlH_4$】以及【$4BF_3+3NaBH_4$】。

【$B_{10}H_{10}^{2-}$】

$B_{10}H_{10}^{2-}+14MnO_4^-+18H_2O \rightarrow 10B(OH)_4^-+14MnO_2+6OH^-$

$B_{10}H_{10}^{2-}$难以被还原，可被氧化。

【1,2-$B_9C_2H_{12}^-$】

1,2-$B_9C_2H_{12}^-$+NaH $\xrightarrow{THF}$ 1,2-$B_9C_2H_{11}^{2-}$+Na^++H_2↑ 制备碳硼烷阴离子的原理之一，详见【1,2-$B_{10}C_2H_{12}$+2C_2H_5OH+C_2H_5ONa】。

【1,2-$B_{10}C_2H_{12}$】

1,2-$B_{10}C_2H_{12}$+2C_2H_5OH+C_2H_5ONa $\xrightarrow[乙醇]{358K}$ Na(1,2-$B_9C_2H_{12}$)+$B(OC_2H_5)_3$+H_2↑ 碳硼烷阴离子 $B_9C_2H_{12}^-$的制备原理之一。由 1,2-$B_{10}C_2H_{12}$ 降解而得，生成的 Na(1,2-$B_9C_2H_{12}$)在四氢呋喃溶液中与氢化钠反应，可制得 1,2-$B_9C_2H_{11}^{2-}$：1,2-$B_9C_2H_{12}^-$+NaH $\xrightarrow{THF}$ 1,2-$B_9C_2H_{11}^{2-}$+Na^++H_2↑。

【B_2O_3】氧化硼，又名“硼酐”，无色脆性半透明玻璃体，吸湿性团块或硬的白色晶体，易溶于水，空气中强烈吸水，均生成硼酸。可与若干金属氧化物化合形成具有特征颜色的硼玻璃。可由硼酸加热脱水而得，用于合金钢、硼及化合物的生产，制耐热玻璃器具，作油漆耐火添加剂，也用于硅酸盐的分析等。

$2B_2O_3+7C \xlongequal{电炉} B_4C+6CO$↑ 工业用焦炭和氧化硼在电炉中反应制备碳化硼。碳化硼是具有光泽的黑色晶体，难溶，导电，硬度大，可作为工业磨料，制造耐磨零件、轴承、防弹甲板和中子吸收剂，制造航天飞机上陀螺仪用的气浮轴承等。

$B_2O_3+3C+3Cl_2 \xlongequal{高温} 2BCl_3+3CO$ 将氧化硼和碳混合加热到 600℃~700℃时通入氯气来制备三氯化硼。三氯化硼见【BCl_3】。

$B_2O_3+6HF \xlongequal{} 2BF_3(g)+3H_2O$
用 B_2O_3、浓硫酸和 CaF_2 反应，制备 BF_3 气体的原理。浓硫酸和 CaF_2 反应生成 HF。

$B_2O_3+H_2O(g) \xlongequal{} 2HBO_2(g)$ 氧化硼在热的水蒸气中或遇潮气反应，生成具有挥发性的偏硼酸。但是，氧化硼和液态水反应生成硼酸，见【B_2O_3+ $3H_2O$】。

$B_2O_3+3H_2O \xlongequal{} 2H_3BO_3$ 氧化硼易溶于水，和水反应生成硼酸。但是，在热的水蒸气中或遇潮气反应，生成具有挥发性的偏硼酸，见【B_2O_3+ $H_2O(g)$】。

$B_2O_3+3Mg \xlongequal{} 2B+3MgO$ 工业上制硼的其中一步反应，用 Na、K、Mg、Ca、Zn、Fe 等作还原剂，高温条件下还原 B_2O_3 得到粗硼。详见【$Mg_2B_2O_5 \cdot H_2O$+2NaOH】。

【BO_2^-】

$4BO_2^-+H_2O \rightleftharpoons B_4O_7^{2-}+2OH^-$
偏硼酸盐水解生成 $B_4O_7^{2-}$，还可以继续水解，见【$B_4O_7^{2-}$+ $7H_2O$】。

【HBO_2】偏硼酸，白色结晶；有三种异构体：等轴晶系、单斜晶系、斜方晶系。微溶于水。由硼酸加热脱水而得。

$2HBO_2 \xlongequal{\triangle} B_2O_3+H_2O$ 硼酸加热失水先生成偏硼酸，见【H_3BO_3】。继续加热，偏硼酸脱水生成硼酐—氧化硼。氧化硼溶于水又得硼酸。

$HBO_2+H_2O \xlongequal{} H_3BO_3$ 偏硼酸溶于水，生成正硼酸（或叫硼酸）。

【$NaBO_2$】偏硼酸钠，白色团状或粒状晶体粉末，溶于水，水溶液里呈碱性。可由硼砂和碳酸钠共熔而得，有无水物、四水合物和八水合物，常作防锈剂。

$4NaBO_2+CO_2+10H_2O=Na_2CO_3+Na_2B_4O_7\cdot10H_2O$ 工业上制硼的其中一步反应。详见【$Mg_2B_2O_5\cdot H_2O$+2NaOH】。

【H_3BO_3】 硼酸是一元弱酸，无嗅，有滑腻手感；溶于水、乙醇及甘油。水中溶解度随温度上升而显著增加，并能随水蒸气挥发。由硫酸分解硼镁矿粉或硼砂而得，白色片状结构，基本结构单元是平面三角形，硼原子处于中心，和三个氢氧根以共价键相连，可写作 $B(OH)_3$。层与层之间以范德华力相吸引，可滑动，用于制润滑剂、玻璃、搪瓷，也用于食物防腐、人体受伤组织的防腐消毒等。

$2H_3BO_3\xlongequal{\triangle}B_2O_3+3H_2O$ 工业上制硼的其中一步反应。详见【$Mg_2B_2O_5\cdot H_2O$+2NaOH】。

$H_3BO_3\xlongequal{\triangle}HBO_2+H_2O$ 正硼酸（或叫硼酸）加热失水得偏硼酸。约 100℃时生成偏硼酸，140℃左右时生成焦硼酸 $H_2B_4O_7$，300℃时生成硼酐 B_2O_3。

$H_3BO_3+3CH_3OH\xrightarrow{浓硫酸}B(OCH_3)_3+3H_2O$ 硼酸和甲醇在浓硫酸条件下反应，生成的挥发性的硼酸三甲酯液体，遇水分解。但其燃烧产生特有的绿色火焰，可用来检验硼酸根。乙醇也具有此性质。

$$B(OH)_3 + HOCH_2-CH(OH)-CH_2OH \longrightarrow \left[HOCH\begin{matrix}CH_2-O\\CH_2-O\end{matrix}B-O\right]^- + H^+ + 2H_2O$$

硼化合物是缺电子化合物。H_3BO_3 是一元弱酸，是一个典型的路易斯酸，加入甘油等多羟基化合物，因生成硼酸酯使另一个 H^+容易电离，从而使酸性增强。加入甘露醇也有类似的情况。

$H_3BO_3+H_2O\rightleftharpoons[B(OH)_4]^-+H^+$ 一元弱酸硼酸的电离方程式，详见【H_3BO_3+$H_2O\rightleftharpoons H[B(OH)_4]$】。

$H_3BO_3+H_2O\rightleftharpoons H[B(OH)_4]$ 硼酸虽然是一元弱酸，但它的电离比较特殊，硼酸分子的 B 原子的 p 空轨道接受一个由水电离出的 OH^-，而不是硼酸分子本身给出 H^+，即 H^+是由水提供的。和 $Al(OH)_3$ 的酸式电离相似，见【$Al(OH)_3$+$2H_2O$】和【$Al(OH)_3$+H_2O】。其他酸的电离是酸本身给出 H^+。硼酸电离的离子方程式为 $H_2O+H_3BO_3\rightleftharpoons H^++[B(OH)_4]^-$。$[B(OH)_4]^-$的结构：

$$\left[HO-\underset{\underset{H}{|}}{\underset{O}{|}}{\overset{\overset{H}{|}}{\overset{O}{|}}{B}}\leftarrow OH\right]^-$$。

$B(OH)_3+H_3PO_4\xlongequal{煮}BPO_4+3H_2O$ 硼酸 $B(OH)_3$ 又写作 H_3BO_3，表现极微弱的的碱性，和磷酸反应，生成 BPO_4 和 H_2O。

$H_3BO_3+Na_2O_2+HCl+2H_2O=NaCl+NaBO_3\cdot4H_2O$ 硼酸和 Na_2O_2(或 H_2O_2)等反应，制备过硼酸钠。过硼酸钠是无色晶体，工业过硼酸钠有两种：$NaBO_3\cdot4H_2O$ 和 $NaBO_3\cdot H_2O$，均有相同的双核阴离子：

$$\left[(HO)_2B\begin{matrix}O-O\\O-O\end{matrix}B(OH)_2\right]^{2-}$$，是强氧化剂，水解生成 H_2O_2，有漂白作用。

$H_3BO_3+OH^-=[B(OH)_4]^-$ 硼酸溶液和氢氧化钠溶液反应的离子方程式。这是一个比较特殊的反应，虽然是酸和碱反应，但并没有水生成，而是硼酸分子的 B 原子的 p 空轨道接受一个 OH^-。

【$B_4O_7^{2-}$】

$B_4O_7^{2-}+7H_2O \rightleftharpoons 4H_3BO_3+2OH^-$
硼砂易溶于水，也较易水解。或写作：$B_4O_5(OH)_4^{2-}+5H_2O \rightleftharpoons 4H_3BO_3+2OH^- \rightleftharpoons 2H_3BO_3+2B(OH)_4^-$。

$B_4O_5(OH)_4^{2-}+5H_2O \rightleftharpoons 4H_3BO_3+2OH^- \rightleftharpoons 2H_3BO_3+2B(OH)_4^-$
硼砂易溶于水，也较易水解。详见【$B_4O_7^{2-}+7H_2O$】。

【$Na_2B_4O_7$】

（五缩）四硼酸二钠，晶体见【$Na_2B_4O_7·10H_2O$】。

$Na_2B_4O_7(l)+CoO = 2NaBO_2·Co(BO_2)_2$ 熔融状态的硼砂溶解氧化钴，显出特征颜色为蓝宝石色。生成蓝色的 $2NaBO_2·Co(BO_2)_2$，也可写作 $Co(BO_2)_2·2NaBO_2$。硼砂和 B_2O_3 一样，在分析化学上可做"硼砂珠试验"，来鉴定金属离子。【硼砂珠试验】：一种定向分析方法。用铂丝圈蘸取少许硼砂，灼烧至硼砂熔融，生成无色玻璃状小珠，再用小珠蘸取少量被测试样粉末或溶液，继续灼烧，小珠呈现不同颜色。借此可以检验某些金属元素，如，铁在氧化焰中灼烧后，硼砂珠呈黄色，在还原焰中呈绿色。

$Na_2B_4O_7+H_2SO_4+5H_2O = Na_2SO_4+4H_3BO_3\downarrow$ 工业上制硼的其中一步反应，详见【$Mg_2B_2O_5·H_2O+2NaOH$】。硼砂水溶液中加酸时，生成 H_3BO_3，而不是四硼酸，原因是 H_3BO_3 溶解度小，易于结晶析出。

$Na_2B_4O_7(l)+MnO = Mn(BO_2)_2·2NaBO_2$ MnO 的硼砂珠试验，生成绿色的 $Mn(BO_2)_2·2NaBO_2$。关于【硼砂珠试验】见【$Na_2B_4O_7+CoO$】。

$Na_2B_4O_7+2NH_4Cl \xlongequal{\triangle} 2NaCl+B_2O_3+2BN+4H_2O$ 将硼砂和 NH_4Cl 共热，再用盐酸、热水处理，得到白色固体氮化硼 BN。氮化硼具有石墨型结构，俗称白石墨，化学式写为$(BN)_x$。和石墨结构相似，但性质不相同，最大的不同点就是$(BN)_x$不导电，同时，有耐热、耐腐蚀、润滑性等优良性能。在高温、高压下石墨型$(BN)_x$转为金刚石型$(BN)_x$，后者硬度大于金刚石，是特殊的耐磨材料和切削材料。

【$Na_2B_4O_7·10H_2O$】

硼砂又叫十水四硼酸钠、焦硼酸钠、四硼酸钠十水合物，分子式也可写为 $Na_2B_4O_5(OH)_4·8H_2O$。在硼砂晶体中，$[B_4O_5(OH)_4]^{2-}$通过氢键连接成链状结构，链与链之间通过 Na^+以离子键结合，水分子存在于链之间。无色半透明晶体或结晶粉末，无嗅，味甜涩。100℃失去五分子水，150℃失去九分子结晶水，320℃变成无水物。16mL 冷水、0.6mL 沸水、1mL 甘油分别可溶解 1g，不溶于乙醇。熔融时为无色玻璃状物质，可溶解许多金属氧化物。可由硼砂矿直接制取，也可将硼镁矿粉与氢氧化物或碳酸钠加热分解而得。用于制陶瓷、搪瓷、玻璃、洗涤剂、实验室试剂以及中药等。

$Na_2B_4O_7·10H_2O \xlongequal{\triangle} Na_2B_4O_7+10H_2O$ 硼砂晶体加热，先溶于结晶水中，当温度达到 593~650K 时，失去结晶水，生成 $Na_2B_4O_7$；1150K 时，熔化为玻璃态。

【$Mg_2B_2O_5·H_2O$】

$Mg_2B_2O_5·H_2O+2H_2SO_4 = 2H_3BO_3+2MgSO_4$ 用硫酸分解硼镁矿一步制得硼酸，进而制硼，该法称为酸法分解硼镁矿，优点是反应原理简化，缺点是需耐酸设备，不如碱法分解好。关于碱法见【$Mg_2B_2O_5·H_2O$

$+2NaOH$】。

$Mg_2B_2O_5 \cdot H_2O+2NaOH = 2NaBO_2 +2Mg(OH)_2$ 工业上制单质硼的第一步反应。用浓碱溶液和硼镁矿中的硼酸镁反应，制得偏硼酸钠，从溶液中结晶出来，再溶于水制得较浓溶液，通入 CO_2 调节酸度，浓缩后结晶分离出硼砂 $Na_2B_4O_7$：$4NaBO_2 +CO_2+10H_2O = Na_2B_4O_7 \cdot 10H_2O +Na_2CO_3$。再将硼砂溶于水，加入 H_2SO_4，析出硼酸晶体：$Na_2B_4O_7+H_2SO_4+5H_2O = 4H_3BO_3+ Na_2SO_4$。加热硼酸，脱水生成 B_2O_3：$2H_3BO_3 \overset{\triangle}{=} B_2O_3+3H_2O$。用镁或铝还原 B_2O_3 得到粗硼：$B_2O_3+3Mg = 2B+3MgO$。除去其中金属氧化物、金属硼化物以及未反应掉的 B_2O_3 即可。粗硼用盐酸、氢氧化钠和氟化氢处理，可得到95%~98%较纯的棕色无定形硼。该原理称为碱法分解硼镁矿，另见酸法分解硼镁矿【$Mg_2B_2O_5 \cdot H_2O+2H_2SO_4$】。要制99.95%的硼，见【$2BI_3$】。

【$B(CH_3)_3$】

三甲基硼烷，气体，在空气中自燃，对空气和水分敏感。可由三氯化硼和甲基格利雅试剂（CH_3MgBr）在正丁醚中反应而得，是制取硼有机化合物的基本原料之一。

$B(CH_3)_3+HBr \xrightarrow{10.3\mu m激光} B(CH_3)_2Br+ CH_4$ 化学反应的本质是旧化学键的断裂和新化学键的生成。美国科学家泽维尔用激光闪烁照相机拍摄到化学反应中化学键断裂和形成的过程，获得1999年诺贝尔化学奖。在10.3μm激光下，$B(CH_3)_3$ 和HBr反应生成一元取代物 $B(CH_3)_2Br$。$B(CH_3)_3$ 分子中B－C键断裂，生成新的化学键B－Br。在9.6μm激光下的反应，见【$B(CH_3)_3+2HBr$】。

$B(CH_3)_3+2HBr \xrightarrow{9.6\mu m激光} B(CH_3)Br_2 +2CH_4$ 在9.6μm激光下，$B(CH_3)_3$ 和HBr反应生成二元取代物 $B(CH_3)Br_2$，$B(CH_3)_3$ 分子中B－C键断裂，生成新的化学键B－Br。在10.3μm激光下反应生成一元取代物，见【$B(CH_3)_3+HBr$】。

【Al】

铝，银白色轻金属，有延展性，俗称"钢精"或"钢宗"，导电，导热，机械强度差，化学性质活泼。铝元素是自然界中丰度最高的金属，仅次于非金属元素氧和硅，可由氧化铝和冰晶石共熔电解而得。用于铝热法冶炼高熔点金属，用于石油、油脂、制药、制酒等工业的耐腐蚀材料，制取日用器皿，做质轻而坚韧的铝合金材料。

$Al(s)+0.5AlX_3(g) \underset{873K}{\overset{1273K}{\rightleftharpoons}} 1.5AlX$ (X=F、Cl、Br、I) 在密封的石英管中，固体铝和气态三卤化铝发生化学转移反应。化学转移反应类似于升华和蒸馏，广泛用于分离提纯物质、合成新化合物、生长单晶等。

$2Al+3Cl_2 \overset{点燃}{=} 2AlCl_3$ 氯气具有强氧化性，和金属铝反应生成氯化铝。

【卤素单质和金属反应】溴、碘和活泼金属不需加热直接反应，和其他金属反应需要加热。氟和所有金属直接化合，生成高价氟化物，但与铜、镍、镁反应时生成氟化物保护层阻止金属继续反应，因而可以用铜、镍、镁及其合金的容器贮存氟。氯可以和各种金属反应，其反应都比较剧烈，但和干燥的铁不反应，可以用铁罐贮存氯气。氟和铁粉直接化合生成高价氟化物，室温或不太高温度时块状铁表面则形成一层保护性的氟化物薄膜，阻止氟与铁继续反应。氯、溴与铁反应均生成高价卤化物，碘和铁加热生成碘化亚铁 FeI_2。

$8Al+3Co_3O_4 \xlongequal{高温} 4Al_2O_3+9Co$

四氧化三钴和金属铝高温发生的“铝热反应”。Al 作还原剂，将 Co_3O_4 还原为 Co，自身被氧化为 Al_2O_3。

$2Al+Cr_2O_3 \xlongequal{高温} 2Cr+Al_2O_3$ Al 和三氧化二铬 Cr_2O_3 在高温条件下发生的“铝热反应”，生成 Al_2O_3 和 Cr，可用于金属铬的冶炼，铝作还原剂。因 Cr_2O_3 的熔点较高，该反应较难发生，可加入 Fe_2O_3 或镁铝混合粉末，增加反应放出的热量，使反应易于发生，详见【$Cr_2O_3+Fe_2O_3+4Al$】或【$4Cr_2O_3+3Mg+6Al$】。

$2Al+3Cu^{2+}=2Al^{3+}+3Cu$ 金属铝从含有 Cu^{2+} 的溶液中置换出金属铜，金属单质之间的置换反应，金属性 Al>Cu。【金属活动顺序表】见【$2Ag^++Cu$】。

$2Al+3CuCl_2=2AlCl_3+3Cu$ 金属铝从 $CuCl_2$ 溶液中置换出金属铜，金属单质之间的置换反应，金属性 Al>Cu。【金属活动顺序表】见【$2Ag^++Cu$】。

$2Al+3Cu(NO_3)_2=3Cu+2Al(NO_3)_3$ 金属铝从 $Cu(NO_3)_2$ 溶液中置换出金属铜，金属单质之间的置换反应，金属性 Al>Cu。【金属活动顺序表】见【$2Ag^++Cu$】。

$2Al+3CuO \xlongequal{高温} 3Cu+Al_2O_3$ Al 和 CuO 发生“铝热反应”，生成 Al_2O_3 和 Cu，Al 作还原剂。

$Al-3e^-=Al^{3+}$ 以铝作负极的原电池发生的电极反应式。

$2Al+3FeO \xlongequal{高温} 3Fe+Al_2O_3$ Al 和 FeO 发生的“铝热反应”，Al 作还原剂，将 FeO 还原为 Fe。

$2Al+Fe_2O_3 \xlongequal{高温} 2Fe+Al_2O_3$ Al 和 Fe_2O_3 发生的“铝热反应”，Al 作还原剂，将 Fe_2O_3 还原为 Fe。演示实验：圆形滤纸两张，分别叠成漏斗形状，套在一起，内层“纸漏斗”下端剪掉一点。5g 干燥氧化铁粉末和 2g 铝粉混合加入“纸漏斗”中，上面撒少量氯酸钾固体，中间插一根除去氧化物的镁条，“纸漏斗”下面放置装有沙子的蒸发皿。点燃镁条引起剧烈反应，像火山喷发，火星四溅，有强光，有黑色铁珠生成。

$8Al+3Fe_3O_4 \xlongequal{高温} 9Fe+4Al_2O_3$ Al 和 Fe_3O_4 发生的“铝热反应”，Al 作还原剂，将 Fe_3O_4 还原为 Fe。

$2Al+6H^+=2Al^{3+}+3H_2\uparrow$ 金属铝从强酸溶液中置换出氢气的离子方程式。根据金属活动顺序表，排在氢之前的金属，可以从强酸溶液中置换出氢气。【金属活动顺序表】见【$2Ag^++Cu$】。

$2Al+6H^++12H_2O=2[Al(H_2O)_6]^{3+}+3H_2\uparrow$ 金属铝和强酸溶液反应的离子方程式。将水合铝离子 $[Al(H_2O)_6]^{3+}$ 写成简单铝离子 Al^{3+} 后，离子方程式便写成：$2Al+6H^+=2Al^{3+}+3H_2\uparrow$。阴、阳离子在水中均以水合离子形式存在。

$2Al+6HCl=2AlCl_3+3H_2\uparrow$ 金属铝从盐酸中置换出氢气。根据金属活动顺序表，排在氢之前的金属可以从强酸溶液中置换出氢气。【金属活动顺序表】见【$2Ag^++Cu$】。若用 HCl 气体和 Al 反应，可制备 $AlCl_3$。

$2Al+6H_2O \xlongequal{\triangle} 2Al(OH)_3\downarrow+3H_2\uparrow$ 铝和水加热，非常缓慢地反应，置换出氢气。

$2Al+3H_2SO_4=Al_2(SO_4)_3+3H_2\uparrow$ 金属铝从稀硫酸中置换出氢气。根据金属活动顺序表，排在氢之前的金属，可以从强酸稀溶液中置换出氢气。

$2Al+6H_2SO_4$(浓)$\xlongequal{\triangle}$$Al_2(SO_4)_3+3SO_2\uparrow+6H_2O$ 在常温下，浓硫酸使铁、铝等金属“钝化”：快速反应，生成一层致密的氧化物保护膜，阻止内部金属继续和浓硫酸反应。但在加热条件下，浓硫酸和铝反应生成有刺激性气味的 SO_2 气体、水和硫酸铝。

$2Al+3Hg^{2+}=2Al^{3+}+3Hg$ 金属铝从含有 Hg^{2+} 的溶液中置换出汞单质，金属性 Al>Hg。【金属活动顺序表】见【$2Ag^++Cu$】。

$2Al+3Hg(NO_3)_2=2Al(NO_3)_3+3Hg$ 金属铝从硝酸汞溶液中置换出汞单质，金属性 Al>Hg。【金属活动顺序表】见【$2Ag^++Cu$】。

$4Al+3MnO_2\xlongequal{高温}2Al_2O_3+3Mn$

铝粉和二氧化锰发生“铝热反应”，生成 Al_2O_3 和 Mn，可用于金属锰的冶炼。金属铝是较常用的还原剂，可以和许多金属氧化物发生“铝热反应”。

$2Al+2NH_3=2AlN+3H_2\uparrow$ 金属铝和液氨反应生成氮化铝和氢气。

$2Al+NO_2^-+OH^-+H_2O=NH_3+2AlO_2^-$ 亚硝酸或亚硝酸盐既有氧化性又有还原性。该反应中 NO_2^- 表现氧化性。

$2Al+3Na_2O_2\xlongequal{高温}2NaAlO_2+2Na_2O$

铝和过氧化钠在高温下反应，生成偏铝酸钠和氧化钠。铝可以和金属性比铝差的金属的氧化物在高温下反应，置换出金属单质，常常叫做“铝热反应”。但是，Al 和 Na_2O_2 等活泼金属的氧化物、过氧化物等反应不会生成金属。铝酸盐在固体中符合最简式 $NaAlO_2$，所以，铝、氧化铝以及氢氧化铝在水中生成的铝酸盐常常写作 $NaAlO_2$，经光谱实验证实水溶液中真正的存在形式应该是$[Al(OH)_4]^-$。

$2Al+2NaOH+2H_2O=2NaAlO_2+3H_2\uparrow$ Al 和 NaOH 溶液反应生成偏铝酸钠和氢气。$NaAlO_2$ 应该写作 $NaAl(OH)_4$，见【AlO_2^-】。金属铝既可以从强酸溶液中置换出氢气：$2Al+6H^+=2Al^{3+}+3H_2\uparrow$，又可以和强碱溶液反应生成氢气。另见【$2Al+2NaOH+6H_2O$】。

$2Al+2NaOH+6H_2O=2NaAl(OH)_4+3H_2\uparrow$ Al 和 NaOH 溶液反应，生成铝酸盐 $NaAl(OH)_4$ 和 H_2。$NaAl(OH)_4$ 在中学阶段一般写作 $NaAlO_2$(读作偏铝酸钠)，方程式见【$2Al+2NaOH+2H_2O$】。其实，水溶液中的铝酸钠以 $Na[Al(OH)_4]$形式存在，关于【铝酸盐】见【$Na[Al(OH)_4]$】。关于 AlO_2^-的存在见【AlO_2^-】。

$4Al+3O_2\xlongequal{点燃}2Al_2O_3$ 铝在氧气里燃烧，生成氧化铝；铝在空气里不燃烧。演示铝在纯氧中燃烧的实验时，铝箔中卷入纸条，先点燃纸条，迅速将其伸入装有氧气的集气瓶中，观察到铝在氧气里剧烈燃烧并发出强光。

$4Al+3O_2\xlongequal{高温}2Al_2O_3$ 铝和氧气在高温下反应，生成氧化铝。铝制器皿在空气里缓慢反应，表面生成一层氧化物保护膜，表面变暗，氧化物除去后又缓慢生成，所以铝制器皿表面的氧化物不宜除去。

$4Al(s)+3O_2(g)=2Al_2O_3(s)$；$\Delta H=-2834.9kJ/mol$ 金属铝在氧气中燃烧的热化学方程式。

$4Al+3O_2+6H_2O=4Al(OH)_3$ 我国首创的海洋电池的总反应式。以铝板为负极：$Al-3e^-=Al^{3+}$，铂网为正极：$O_2+2H_2O+4e^-=4OH^-$，海水为电解质，空气中的氧气和铝反应产生电流。

$4Al(s)+2O_3(g)=2Al_2O_3(s)$；$\Delta H=$

−3119.1kJ/mol 金属铝和臭氧反应的热化学方程式。

$2Al+2OH^-+2H_2O═2AlO_2^-+3H_2↑$
Al 和 NaOH 溶液反应生成氢气的离子方程式。

$2Al+2OH^-+6H_2O═2[Al(OH)_4]^-+3H_2↑$ Al 和 NaOH 溶液反应生成铝酸盐和氢气的离子方程式。

$2Al+3S\xlongequal{\triangle}Al_2S_3$ 铝和硫在加热条件下反应生成黄灰色硫化铝，制备硫化铝的原理之一。硫化铝遇水则水解生成氢氧化铝和硫化氢气体：$Al_2S_3+6H_2O═2Al(OH)_3↓+3H_2S↑$。铝离子和硫离子若在水溶液中相遇，则发生双水解反应，离子方程式为 $2Al^{3+}+3S^{2-}+6H_2O═2Al(OH)_3↓+3H_2S↑$。

$4Al+3TiO_2+3C\xlongequal{高温}2Al_2O_3+3TiC$

制备高温金属陶瓷的原理：将铝粉、石墨和二氧化钛等高熔点金属氧化物按一定比例混合均匀，涂在金属表面，在高温下煅烧，生成的 Al_2O_3 和 TiC 等涂层留在金属表面，两者都具有耐高温的性质。该原理广泛用于导弹和火箭技术。

$10Al+3V_2O_5\xlongequal{高温}5Al_2O_3+6V$ Al 和 V_2O_5 发生“铝热反应”，生成 Al_2O_3 和钒，该原理可以冶炼金属钒，金属铝作还原剂。

【Al^{3+}】 铝离子，水溶液中呈无色。

$Al^{3+}+3AlO_2^-+6H_2O═4Al(OH)_3↓$
Al^{3+}和 AlO_2^-发生双水解反应，生成氢氧化铝沉淀。

【实验室制备氢氧化铝】比较理想又比较常用的制备 $Al(OH)_3$ 沉淀的方法：

（1）$Al^{3+}+3AlO_2^-+6H_2O═4Al(OH)_3↓$。

（2）$Al^{3+}+3NH_3·H_2O═Al(OH)_3↓+3NH_4^+$。

（3）$2Na[Al(OH)_4]+CO_2═2Al(OH)_3↓+Na_2CO_3+2H_2O$。

方法（2）制得无定型 $Al(OH)_3$，方法（3）制得 $Al(OH)_3$ 白色晶体。Al^{3+}可以由 $AlCl_3$ 或 $Al_2(SO_4)_3$ 等提供。但用 Al^{3+}和强碱制备 $Al(OH)_3$ 不太理想，原因是反应物的量不好控制。当碱少量时：$Al^{3+}+3OH^-═Al(OH)_3↓$，当碱过量时；$Al^{3+}+4OH^-═AlO_2^-+2H_2O$。

【双水解反应方程式的快速书写】绝大多数双水解反应离子方程式可以遵循以下原则快速书写：“去强攻弱，平衡电荷，有氢无水，无氢加水”。 双水解反应又叫相互促进的水解反应。

$2Al^{3+}+3CO_3^{2-}+3H_2O═2Al(OH)_3↓+3CO_2↑$ Al^{3+}和 CO_3^{2-}发生双水解反应或称相互促进的水解反应，生成 $Al(OH)_3$ 沉淀和 CO_2 气体。这也是 $Al_2(CO_3)_3$ 在水中不能存在的原因。

$2Al^{3+}+3CO_3^{2-}+xH_2O═Al_2O_3·xH_2O↓+3CO_2↑$ Al^{3+}和 CO_3^{2-}发生双水解反应，生成含水量不定的水合氧化铝胶态沉淀，此沉淀逐渐转变为偏氢氧化铝[AlO(OH)]。$Al(OH)_3$ 叫正氢氧化铝，一般省略“正”字叫氢氧化铝。该反应在中学阶段一般将生成物写成 $Al(OH)_3$，见【$2Al^{3+}+3CO_3^{2-}+3H_2O$】。

$2Al^{3+}+3Ca(OH)_2═2Al(OH)_3↓+3Ca^{2+}$ 净化天然饮水的原理之一。常用石灰乳和硫酸铝作沉降剂，除去水中的悬浮物。Al^{3+}和 $Ca(OH)_2$ 反应生成的 $Al(OH)_3$ 胶状沉淀吸附水中较小的悬浮物，经沉降、过滤而除去，石灰能杀死大部分细菌。

$Al^{3+}+3e^-═Al$ 工业上用电解熔融的氧化铝的方法生产金属铝，见【$2Al_2O_3\xlongequal{电解}4Al+3O_2↑$】。该反应式是阴极上的电极反应式。

$Al^{3+}+3HCO_3^-═Al(OH)_3↓+3CO_2↑$
Al^{3+}和 HCO_3^-发生双水解反应，生成 $Al(OH)_3$ 沉淀和 CO_2 气体。泡沫灭火器反应的离子方程式，详细原理见【$Al_2(SO_4)_3+6NaHCO_3$】。

$Al^{3+}+H_2O \rightleftharpoons Al(OH)^{2+}+H^+$ Al^{3+}第一步水解的离子方程式。见【$AlCl_3+H_2O$】中【$AlCl_3$的水解】。

$Al^{3+}+3H_2O \rightleftharpoons Al(OH)_3+3H^+$ Al^{3+}水解的离子方程式。多元弱碱阳离子的水解实际上也是分步进行，在中学阶段的化学里，为了简单，往往将多元弱碱阳离子的水解一步写出。Al^{3+}的分步水解见【$AlCl_3+H_2O$】中【$AlCl_3$的水解】。

$Al^{3+}+3H_2O \rightleftharpoons Al(OH)_3$(胶体)$+3H^+$ Al^{3+}水解制备氢氧化铝胶体的原理。$Al(OH)_3$胶体可以吸附固体颗粒，工业上用明矾（主要成分为$KAl(SO_4)_2 \cdot 12H_2O$）净水就是利用该原理。

$Al^{3+}+3NH_3 \cdot H_2O = Al(OH)_3\downarrow+3NH_4^+$ Al^{3+}和氨水反应生成$Al(OH)_3$白色沉淀等。这里的$Al(OH)_3$实际上是无定型的，即含水量不定的水合氧化铝$Al_2O_3 \cdot xH_2O$，通常写作$Al(OH)_3$。该反应被实验室用来制备$Al(OH)_3$，是比较理想的方法之一。见【$Al^{3+}+3AlO_2^-+6H_2O$】中【实验室制备氢氧化铝】。

$Al^{3+}+NH_4^++2SO_4^{2-}+2Ba^{2+}+5OH^- = AlO_2^-+2BaSO_4\downarrow+NH_3 \cdot H_2O+2H_2O$ 硫酸铝铵溶液和过量的氢氧化钡溶液反应的离子方程式，生成易溶于水的偏铝酸钡、白色硫酸钡沉淀、一水合氨和水。化学方程式：$2NH_4Al(SO_4)_2+5Ba(OH)_2 = Ba(AlO_2)_2+4BaSO_4\downarrow+2NH_3 \cdot H_2O+4H_2O$。硫酸铝铵和氢氧化钡的反应较复杂，两者的量不同，反应不同，产物也不同。下面是几种特殊情况：(1)若SO_4^{2-}完全沉淀：$NH_4^++Al^{3+}+2SO_4^{2-}+2Ba^{2+}+4OH^- = Al(OH)_3\downarrow+2BaSO_4\downarrow+NH_3 \cdot H_2O$。(2)若$Al^{3+}$完全沉淀或沉淀的物质的量最大：$2Al^{3+}+3SO_4^{2-}+3Ba^{2+}+6OH^- = 2Al(OH)_3\downarrow+3BaSO_4\downarrow$。

$4Al^{3+}+6O^{2-} \xrightarrow[\text{熔融}]{\text{电解}} 4Al+3O_2\uparrow$ 工业上用电解熔融氧化铝的方法生产金属铝的离子方程式，见【$2Al_2O_3 \xrightarrow[\text{熔融}]{\text{电解}} 4Al+3O_2\uparrow$】。

$Al^{3+}+4OH^- = AlO_2^-+2H_2O$ Al^{3+}和过量的强碱溶液反应的方程式，生成AlO_2^-和H_2O。新高考写作：$Al^{3+}+4OH = [Al(OH)_4]^-$。

【Al^{3+}和OH^-反应】：Al^{3+}和少量的强碱溶液反应，先生成白色$Al(OH)_3$沉淀：$Al^{3+}+3OH^- = Al(OH)_3\downarrow$。继续加强碱，沉淀溶解：$Al(OH)_3+OH^- = AlO_2^-+2H_2O$。两步加合就得$Al^{3+}$和过量的强碱溶液反应的总方程式：$Al^{3+}+4OH^- = AlO_2^-+2H_2O$。新高考写作：$Al^{3+}+4OH^- = [Al(OH)_4]^-$。

$Al^{3+}+3OH^- = Al(OH)_3\downarrow$ Al^{3+}和少量的强碱溶液反应生成白色$Al(OH)_3$沉淀。生成的$Al(OH)_3$是无定型的，实际上是含水量不定的水合氧化铝$Al_2O_3 \cdot xH_2O$，通常写作$Al(OH)_3$。见【$Al^{3+}+4OH^-$】中【Al^{3+}和OH^-反应】。关于氢氧化铝的制备见【$Al^{3+}+3AlO_2^-+6H_2O$】中【$Al(OH)_3$的制备】。

$Al^{3+}+4OH^-+2SO_4^{2-}+2Ba^{2+} = AlO_2^-+2H_2O+2BaSO_4\downarrow$ 硫酸铝钾和过量的氢氧化钡反应的离子方程式，生成$BaSO_4$沉淀和AlO_2^-。见【$3Ba(OH)_2+2KAl(SO_4)_2$】。

$2Al^{3+}+6OH^-+3SO_4^{2-}+3Ba^{2+} = 2Al(OH)_3\downarrow+3BaSO_4\downarrow$ 见【$3Ba(OH)_2+2KAl(SO_4)_2$】。

$2Al^{3+}+3S^{2-}+6H_2O = 2Al(OH)_3\downarrow+3H_2S\uparrow$ Al^{3+}和S^{2-}在水中不能大量共存，会发生双水解反应（或称相互促进的水解反应，后同），生成$Al(OH)_3$沉淀和H_2S气体。这也是硫化铝在水中不存在的原因。关于【双水解反应方程式快速书写】见【$Al^{3+}+3AlO_2^-+6H_2O$】。

$2Al^{3+}+3SO_3^{2-}+3H_2O = 2Al(OH)_3\downarrow+3SO_2\uparrow$ Al^{3+}和SO_3^{2-}发生双水解反应，生成$Al(OH)_3$沉淀和SO_2气体。这也是

$Al_2(SO_3)_3$在水中不能存在的原因。关于【双水解反应方程式快速书写】见【$Al^{3+}+3AlO_2^-+6H_2O$】。

【$[Al(H_2O)_6]^{3+}$】

$[Al(H_2O)_6]^{3+}+H_2O \rightleftharpoons [Al(H_2O)_5(OH)]^{2+}+H_3O^+$ Al^{3+}在水中以$[Al(H_2O)_6]^{3+}$形式存在，一般简写成Al^{3+}。Al^{3+}在水中分三步水解，该反应为第一步水解反应，可简写成：$Al^{3+}+H_2O \rightleftharpoons [Al(OH)]^{2+}+H^+$。$[Al(H_2O)_5(OH)]^{2+}$还会逐级水解，直至生成$Al(OH)_3$，$Al^{3+}$的水解见【$AlCl_3+H_2O$】中【$AlCl_3$的水解】。写成水合离子形式的第二步水解：$[Al(H_2O)_5(OH)]^{2+}+H_2O \rightleftharpoons H_3O^++[Al(H_2O)_4(OH)_2]^+$；第三步水解：$[Al(H_2O)_4(OH)_2]^++H_2O \rightleftharpoons H_3O^++[Al(H_2O)_3(OH)_3]$。$[Al(H_2O)_3(OH)_3]$可简写成$Al(OH)_3$。

【$AlCl_3$】

氯化铝为无色透明晶体或白色粉末，易溶于水生成六水合物$AlCl_3\cdot 6H_2O$，水溶液呈酸性，放出大量热；溶于乙醇、乙醚、氯仿和四氯化碳等，不溶于苯。可由氧化铝加碳氯化或由熔融金属铝和无水氯化氢气体作用而得。易吸收空气中的水蒸气并水解放出氯化氢气体而产生白雾。可用作有机合成的催化剂，特别是法国化学家傅瑞德和美国化学家克拉夫茨发现的制备烷基苯的反应，又叫傅－克烷基化反应。但氯化铝是共价化合物，三卤化铝中除了AlF_3是离子化合物外，其余都是共价化合物。还用于制备铝有机化合物。

$AlCl_3 = Al^{3+}+3Cl^-$ 氯化铝是强电解质，在水中完全电离。

$AlCl_3+H_2O \rightleftharpoons Al(OH)Cl_2+HCl$ $AlCl_3$溶液的水解分三步进行。该反应是第一步水解的化学方程式。

【$AlCl_3$的水解】：$AlCl_3$溶液的水解分三步进行。第一步水解的化学方程式：$AlCl_3+H_2O \rightleftharpoons Al(OH)Cl_2+HCl$。第二步水解的化学方程式：$Al(OH)Cl_2+H_2O \rightleftharpoons Al(OH)_2Cl+HCl$。第三步水解的化学方程式：$Al(OH)_2Cl+H_2O \rightleftharpoons Al(OH)_3+HCl$。对应的离子方程式分别为：第一步，$Al^{3+}+H_2O \rightleftharpoons Al(OH)^{2+}+H^+$，第二步，$Al(OH)^{2+}+H_2O \rightleftharpoons Al(OH)_2^{\ +}+H^+$，第三步，$Al(OH)_2^{\ +}+H_2O \rightleftharpoons Al(OH)_3+H^+$。多元弱碱阳离子的水解实际上是分步进行的，在中学阶段的化学里，为了简单，往往将多元弱碱阳离子的水解一步写出，Al^{3+}的水解写成：$Al^{3+}+3H_2O \rightleftharpoons Al(OH)_3+3H^+$。水合离子的水解见$[Al(H_2O)_6]^{3+}+H_2O$。

$AlCl_3+3H_2O \rightleftharpoons Al(OH)_3+3HCl$ $AlCl_3$溶液的水解分三步进行，但在中学阶段的化学里，为了简单，一步写出化学方程式。见【$AlCl_3+H_2O$】中【$AlCl_3$的水解】。

$AlCl_3+3H_2O \xlongequal{\triangle} Al(OH)_3\downarrow+3HCl\uparrow$ 氯化铝溶液在持续不断的加热下，因氯化氢的挥发，平衡向右移动，生成$Al(OH)_3$沉淀和HCl气体。蒸干后灼烧，得到氧化铝：$2Al(OH)_3 \xlongequal{\triangle} Al_2O_3+3H_2O$。

$AlCl_3+3NH_3\cdot H_2O = Al(OH)_3\downarrow+3NH_4Cl$ $AlCl_3$溶液和氨水反应生成$Al(OH)_3$白色沉淀和氯化铵。实验室利用该反应来制备$Al(OH)_3$，是比较理想的方法之一。离子方程式见【$Al^{3+}+3NH_3\cdot H_2O$】。【实验室制备氢氧化铝】见【$Al^{3+}+3AlO_2^-+6H_2O$】。

$AlCl_3+3NaAlO_2+6H_2O = 3NaCl+4Al(OH)_3\downarrow$ $AlCl_3$溶液和偏铝酸钠的溶液发生双水解反应（或称相互促进的水解反应），生成氢氧化铝沉淀和氧化钠。该反应是比较理想的制备$Al(OH)_3$沉淀的方法之一。离子方程式：$Al^{3+}+3AlO_2^-+6H_2O = 4Al(OH)_3\downarrow$。见【$Al^{3+}+3AlO_2^-+6H_2O$】中【实

验室制备氢氧化铝】。

$2AlCl_3+3Na_2CO_3+3H_2O$══$2Al(OH)_3$↓$+6NaCl+3CO_2$↑ $AlCl_3$溶液和碳酸钠溶液发生双水解反应，生成$Al(OH)_3$白色沉淀、氯化钠和CO_2气体，水解完全彻底。离子方程式：

$2Al^{3+}+3CO_3^{2-}+3H_2O$══$2Al(OH)_3$↓$+3CO_2$↑。

$AlCl_3+3NaHCO_3$══$Al(OH)_3$↓$+3CO_2$↑$+3NaCl$ $AlCl_3$溶液和碳酸氢钠溶液发生双水解反应，生成$Al(OH)_3$白色沉淀、CO_2气体和氯化钠。离子方程式见【$Al^{3+}+3HCO_3^-$】。

$AlCl_3+3NaOH$══$Al(OH)_3$↓$+3NaCl$ $AlCl_3$溶液和少量氢氧化钠溶液反应生成白色$Al(OH)_3$沉淀和氯化钠。

（1）氯化铝溶液和氢氧化钠溶液反应，量不同，现象和结果不同。

【$AlCl_3$溶液中加少量氢氧化钠溶液】 $AlCl_3+3NaOH$══$Al(OH)_3$↓$+3NaCl$，离子方程式：$Al^{3+}+3OH^-$══$Al(OH)_3$↓。

【$AlCl_3$溶液中加过量氢氧化钠溶液】首先，$AlCl_3+3NaOH$══$Al(OH)_3$↓$+3NaCl$，离子方程式:$Al^{3+}+3OH^-$══$Al(OH)_3$↓,继续加氢氧化钠，沉淀溶解:$Al(OH)_3+NaOH$══$NaAlO_2+2H_2O$，离子方程式：$Al(OH)_3+OH^-$══$AlO_2^-+2H_2O$，两步反应加合得到$AlCl_3$溶液和过量氢氧化钠溶液反应的总方程式$AlCl_3+4NaOH$══$NaAlO_2+3NaCl+2H_2O$，离子方程式：$Al^{3+}+4OH^-$══$AlO_2^-+2H_2O$。【实验室制备氢氧化铝】见【$Al^{3+}+3AlO_2^-+6H_2O$】。

（2）$AlCl_3$溶液和$NaOH$溶液反应，滴加顺序不同，反应现象和结果不同。

【向氯化铝溶液中滴加氢氧化钠溶液】立即产生白色沉淀：$Al^{3+}+3OH^-$══$Al(OH)_3$↓，继续滴加，沉淀溶解，最后沉淀消失：$Al(OH)_3+OH^-$══$AlO_2^-+2H_2O$。

【向氢氧化钠溶液中滴加氯化铝溶液】开始没有沉淀（或少量的沉淀振荡之后消失）：$Al^{3+}+4OH^-$══$AlO_2^-+2H_2O$，继续滴加，沉淀逐渐增多，最后沉淀不消失：$Al^{3+}+3AlO_2^-+6H_2O$══$4Al(OH)_3$↓。

$AlCl_3+4NaOH$══$NaAlO_2+3NaCl+2H_2O$ $AlCl_3$溶液和过量氢氧化钠溶液反应的总方程式，生成偏铝酸钠、氯化钠和水。离子方程式见【$Al^{3+}+4OH^-$】。$AlCl_3$和$NaOH$的反应，详见【$AlCl_3+3NaOH$】。新高考写作：$AlCl_3+4NaOH$══$Na[Al(OH)_4]+3NaCl$”。

【$Al(OH)Cl_2$】

$Al(OH)Cl_2+H_2O \rightleftharpoons Al(OH)_2Cl+HCl$ 氯化铝溶液第二步水解的化学方程式。氯化铝溶液的三步水解见【$AlCl_3+H_2O$】中【$AlCl_3$的水解】。

【AlI_3】

碘化铝，纯品为白色小叶片状晶体，工业品为黄棕色至黑棕色的团块状物。在潮湿空气中冒烟，空气中加热生成氧化铝和碘；与水激烈反应并放热。可由铝屑和碘直接反应而得，有机反应中作催化剂。

$4AlI_3+3O_2$══$2Al_2O_3+6I_2$ 银离子导体气敏传感器工作的原理，可检出氧气的浓度。氧气透过传感器的聚四氟乙烯薄膜，与活性物质AlI_3发生反应，生成的I_2向多孔石墨电极扩散，形成原电池$Ag\|RbAg_4I_5\|I_2$，电池的电极电势和I_2的浓度大小有关，I_2的浓度决定于O_2的浓度,检流计测出电池电动势就可测得气氛中O_2的浓度。

【Al_2O_3】

氧化铝是白色晶体粉末，

γ-Al_2O_3是一种典型的两性氧化物，既能溶于酸又能溶于碱。α-Al_2O_3一般不被化学药品侵蚀，自然界中以刚玉形式存在，刚玉的硬度为8.8，仅次于金刚石和碳化硅，可作为钻头、砂轮、锉刀和轴承等的材料，也用作耐火材料。

$2Al_2O_3 \xlongequal[熔融]{电解} 4Al+3O_2\uparrow$ 工业上用电解熔融的氧化铝的方法生产金属铝的化学方程式，生产过程详见【$Al_2O_3+2NaOH+3H_2O$】。离子方程式为$4Al^{3+}+6O^{2-} \xlongequal[熔融]{电解} 4Al+3O_2\uparrow$。阴极上的电极反应式：$Al^{3+}+3e^-=Al$，生成金属铝；阳极上的电极反应式：$2O^{2-}-4e^-=O_2\uparrow$，生成氧气。冰晶石作助溶剂。

$Al_2O_3 \xlongequal{熔融} 2Al^{3+}+3O^{2-}$ 氧化铝是离子化合物，加热熔融时电离生成Al^{3+}和O^{2-}。

工业生产金属铝，见【$2Al_2O_3 \xlongequal[熔融]{电解} 4Al+3O_2\uparrow$】。

$2Al_2O_3+9C \xlongequal[电炉]{高温} Al_4C_3+6CO\uparrow$

高温条件下，在电炉中用氧化铝和焦炭制备碳化铝。

$Al_2O_3+3C+3Cl_2=2AlCl_3+3CO\uparrow$

氧化铝、碳和氯气反应制备氯化铝的原理。也可以用熔融的金属铝和无水氯化氢气体反应制得氯化铝。但不能用氯化铝溶液加热蒸干的方法制备氯化铝，见$AlCl_3+3H_2O \xlongequal{\triangle} Al(OH)_3\downarrow+3HCl\uparrow$】。

$Al_2O_3+CaO=Ca(AlO_2)_2$ Al_2O_3和CaO反应，生成难溶的$Ca(AlO_2)_2$。

$Al_2O_3(s)+3H_2(g) \rightleftharpoons 2Al(s)+3H_2O(g)$ 氢气还原氧化铝，生成铝和水。一般用电解法生产铝，见【$2Al_2O_3$】。

$Al_2O_3+6H^+=2Al^{3+}+3H_2O$ 氧化铝溶于强酸的离子方程式。氧化铝和强碱溶液的反应：$Al_2O_3+2OH^-=2AlO_2^-+H_2O$。

$Al_2O_3+6HCl=2AlCl_3+3H_2O$

氧化铝溶于盐酸的化学方程式。离子方程式见【$Al_2O_3+6H^+$】。

$Al_2O_3+6HCl+9H_2O=2[Al(H_2O)_6]Cl_3$ 氧化铝和盐酸反应生成的氯化铝，写成水合铝离子形式。可简写成$Al_2O_3+6HCl=2AlCl_3+3H_2O$。

$Al_2O_3+6HF=2AlF_3+3H_2O$ 氧化铝和氢氟酸反应，生成氟化铝和水。

$Al_2O_3+3H_2SO_4=Al_2(SO_4)_3+3H_2O$

氧化铝溶于稀硫酸的化学方程式。离子方程式见【$Al_2O_3+6H^+$】。

$Al_2O_3+N_2+3C \xlongequal{高温} 2AlN+3CO$

氧化铝、氮气和碳在高温（1550℃~1700℃）下反应生成氮化铝和一氧化碳，工业上制备新材料氮化铝的原理之一。

$Al_2O_3+Na_2CO_3 \xlongequal{高温} 2NaAlO_2+CO_2\uparrow$

氧化铝固体和碳酸钠固体在高温条件下反应，生成偏铝酸钠和二氧化碳气体。

$Al_2O_3+2NaOH=2NaAlO_2+H_2O$

氧化铝溶于氢氧化钠溶液生成$NaAlO_2$和水。另见【$Al_2O_3+6NaOH+3H_2O$】和【$Al_2O_3+2NaOH+3H_2O$】。

$Al_2O_3(s)+2NaOH(s) \xlongequal{熔融} 2NaAlO_2(s)+H_2O(g)$ Al_2O_3溶于NaOH溶液，得到$Na[Al(OH)_4]$，为了简单，中学化学里常写作$NaAlO_2$，实际上溶液中不存在AlO_2^-，存在形式为$[Al(OH)_4]^-$。但是，固体$NaAlO_2$是存在的，Al_2O_3用固体和NaOH固体共熔的方法来制备$NaAlO_2$固体。

$Al_2O_3+2NaOH+3H_2O=2Na[Al(OH)_4]$ Al_2O_3和NaOH溶液反应，写法较多。中学化学里较多写成$Al_2O_3+2NaOH=2NaAlO_2+H_2O$。还有资料有别的

写法，见【Al_2O_3+6NaOH+$3H_2O$】。其实，水溶液中铝酸盐以 $Al(OH)_4^-$形式存在。Al_2O_3 和 NaOH 溶液反应，是工业上用铝矾土（主要成分是 Al_2O_3）来提取和冶炼铝的第一步，制得铝酸盐。之后，用 CO_2 中和铝酸盐溶液，可得符合电解需要的纯净的氧化铝：

$2Na[Al(OH)_4]+CO_2 = 2Al(OH)_3\downarrow+Na_2CO_3+H_2O$，若 CO_2 过量，会生成 $NaHCO_3$，过滤，加热 $2Al(OH)_3$：$2Al(OH)_3 \xlongequal{\triangle} Al_2O_3+3H_2O$。将 Al_2O_3 溶解在熔化的冰晶石（Na_3AlF_6）中，在约 1300K 时进行电解，阴极上得到金属铝：

$2Al_2O_3 \xlongequal[\text{电解}]{Na_3AlF_6} 4Al+3O_2\uparrow$。

$Al_2O_3+6NaOH+3H_2O = 2Na_3[Al(OH)_6]$ 氧化铝和氢氧化钠溶液反应，生成铝酸钠的另一种表示方式，个别文献如此表示。另见【Al_2O_3 +2NaOH】和【Al_2O_3+2NaOH+$3H_2O$】。

$Al_2O_3+2OH^- = 2AlO_2^-+H_2O$ 氧化铝溶于强碱的离子方程式。新高考写作：$Al_2O_3+2OH^-+3H_2O = 2[Al(OH)_4]^-$。

$Al_2O_3+2OH^-+7H_2O = 2[Al(OH)_4(H_2O)_2]^-$ 氧化铝溶解在强碱溶液中，形成铝酸盐。铝酸根写作 $[Al(OH)_4(H_2O)_2]^-$或$[Al(OH)_4]^-$或 $[Al(OH)_6]^{3-}$或 AlO_2^-，经光谱实验证实真正的存在形式应该是$[Al(OH)_4]^-$。

【Al_2S_3】 硫化铝，又称三硫化二铝，黄灰色粉末或致密的团块，有硫化氢臭味，遇水水解。可由铝和硫或由铝和干燥硫化氢加热制得。

$Al_2S_3+6H_2O = 2Al(OH)_3\downarrow+3H_2S\uparrow$ 硫化铝在水中不存在，原因是 Al^{3+}和 S^{2-}发生双水解生成白色沉淀 $Al(OH)_3$ 和 H_2S 气体，离子方程式：$2Al^{3+}+3S^{2-}+6H_2O = 2Al(OH)_3\downarrow + 3H_2S\uparrow$。

【AlN】 氮化铝，斜方或六角形带蓝白色的晶体，潮湿空气中有氨味；硬度 9~10，可被水解为氢氧化铝和氨。工业上一般用铝土矿和煤制备，实验室常由铝粉在氮气流中加热制得，可用于半导体工业和炼钢工业。

$AlN+3H_2O = Al(OH)_3\downarrow+NH_3\uparrow$ 氮化铝水解生成 $Al(OH)_3$ 白色沉淀和氨气。

$AlN+NaOH+H_2O = NaAlO_2+NH_3\uparrow$ 氮化铝和 NaOH 溶液反应生成 $NaAlO_2$ 和氨气。相当于：$3H_2O+AlN = Al(OH)_3\downarrow+NH_3\uparrow$，生成的 $Al(OH)_3$ 再和 NaOH 反应：$Al(OH)_3+NaOH = NaAlO_2+2H_2O$。

【$Al_2(SO_4)_3$】 无水硫酸铝为白色粉末，硫酸铝晶体 $Al_2(SO_4)_3\cdot18H_2O$ 为无色晶体；在 86.5℃时分解，缓慢加热可熔融，250℃时失水；溶于水。可由高岭土与硫酸反应而得，常用作媒染剂、净水剂、造纸填料等。

$Al_2(SO_4)_3 = 2Al^{3+}+3SO_4^{2-}$ 硫酸铝在水中完全电离的方程式。

$Al_2(SO_4)_3+3Ca(HCO_3)_2 = 3CaSO_4\downarrow+2Al(OH)_3\downarrow+6CO_2\uparrow$ 硫酸铝溶液和碳酸氢钙溶液发生反应，生成硫酸钙沉淀，同时 HCO_3^-和 Al^{3+}发生双水解反应，生成氢氧化铝沉淀和二氧化碳气体。硫酸钙微溶于水，当化学反应中有微溶物质生成时，按沉淀对待。

$Al_2(SO_4)_3+6H_2O \rightleftharpoons 2Al(OH)_3+3H_2SO_4$ 硫酸铝的水解化学方程式。硫酸铝的水解实际上也是分步进行的，类似于 $AlCl_3$ 的水解。在中学化学里，为了简单，往往将多元弱碱阳离子的水解一步写出，离子方程式为 $Al^{3+}+3H_2O \rightleftharpoons 3H^++Al(OH)_3$。详见【$AlCl_3+H_2O$】中【$AlCl_3$ 的水解】。

$Al_2(SO_4)_3+K_2SO_4+24H_2O$══$K_2SO_4·Al_2(SO_4)_3·24H_2O$ 硫酸铝、硫酸钾和水形成明矾晶体。

$Al_2(SO_4)_3+3Mg+6H_2O$══$3MgSO_4+3H_2↑+2Al(OH)_3↓$ 硫酸铝溶液因水解而显酸性：$Al_2(SO_4)_3+6H_2O \rightleftharpoons 2Al(OH)_3+3H_2SO_4$。向其水溶液中加入活泼金属镁粉，镁和氢离子反应放出氢气：$Mg+2H^+$══$Mg^{2+}+H_2↑$，使硫酸铝的水解平衡向右移动，生成白色氢氧化铝沉淀。

$Al_2(SO_4)_3+6NH_3·H_2O$══$2Al(OH)_3↓+3(NH_4)_2SO_4$ 硫酸铝溶液和氨水反应生成 $Al(OH)_3$ 沉淀。该反应是比较理想的制取 $Al(OH)_3$ 的方法之一。【实验室制备氢氧化铝】见【$Al^{3+}+3AlO_2^-+6H_2O$】。

$Al_2(SO_4)_3+6NaAlO_2+12H_2O$══$8Al(OH)_3↓+3Na_2SO_4$ $Al_2(SO_4)_3$ 溶液和 $NaAlO_2$ 溶液发生双水解反应，生成 $Al(OH)_3$ 沉淀。离子方程式：$Al^{3+}+3AlO_2^-+6H_2O$══$4Al(OH)_3↓$。该反应是比较理想的制取 $Al(OH)_3$ 的方法之一。【实验室制备氢氧化铝】见 $Al^{3+}+3AlO_2^-+6H_2O$】。

$Al_2(SO_4)_3+3Na_2CO_3+3H_2O$══$2Al(OH)_3↓+3Na_2SO_4+3CO_2↑$ 硫酸铝溶液和碳酸钠溶液发生双水解反应，生成 $Al(OH)_3$ 白色沉淀和 CO_2 气体。离子方程式：$2Al^{3+}+3CO_3^{2-}+3H_2O$══$2Al(OH)_3↓+3CO_2↑$。

$Al_2(SO_4)_3+6NaHCO_3$══$2Al(OH)_3↓+6CO_2↑+3Na_2SO_4$ 硫酸铝溶液和碳酸氢钠溶液发生双水解反应，生成 $Al(OH)_3$ 沉淀、CO_2 气体和硫酸钠。离子方程式见【$Al^{3+}+3HCO_3^-$】。泡沫灭火器中加入碳酸氢钠溶液和硫酸铝溶液，相遇时两者发生双水解反应，生成的 $Al(OH)_3$ 覆盖在物体表面，是优良的阻燃剂，起到隔绝空气的作用，分解时也起到降温作用；二氧化碳起到灭火的作用；水溶液起到降温的作用。当然，能与水、二氧化碳等发生反应的物质，如金属钠等，不能用泡沫灭火器进行灭火。

$Al_2(SO_4)_3+6NaOH$══$2Al(OH)_3↓+3Na_2SO_4$ $Al_2(SO_4)_3$ 溶液和少量的 NaOH 溶液反应生成 $Al(OH)_3$ 沉淀。离子方程式：$Al^{3+}+3OH^-$══$Al(OH)_3↓$。当碱过量时：$Al^{3+}+4OH^-$══$AlO_2^-+2H_2O$。

【$KAl(SO_4)_2$】

无水硫酸铝钾，由明矾加热至 200℃而得。

$KAl(SO_4)_2$══$K^++Al^{3+}+2SO_4^{2-}$ 硫酸铝钾在水中完全电离的方程式。电离出的铝离子水解产生的氢氧化铝可以吸附水中的固体悬浮颗物，可用来净水。

$2KAl(SO_4)_2+C \xlongequal{\triangle} 2K+SO_2↑+Al_2(SO_4)_3+CO_2↑$ 隔绝空气条件下，在铁筒中加热明矾和炭粉的混合物，可制备钾。钾与空气中的水分迅速反应，产生火花，可用来点燃可燃物，最早用来点火或作自燃器。

$2KAl(SO_4)_2+6NH_3·H_2O$══$2Al(OH)_3↓+3(NH_4)_2SO_4+K_2SO_4$ 硫酸铝钾溶液中加入氨水，生成 $Al(OH)_3$ 白色沉淀。实验室制备氢氧化铝的原理之一。【实验室制备氢氧化铝】见【$Al^{3+}+3AlO_2^-+6H_2O$】。

【$KAl(SO_4)_2·12H_2O$】

硫酸铝钾晶体，俗称“明矾”“白矾”“钾明矾”。化学式可写成 $K_2SO_4·Al_2(SO_4)_3·24H_2O$，无色、无臭、硬而大的透明晶体或白色晶体粉末，有酸涩味，溶于水，不溶于乙醇。将明矾石（$K_2SO_4·Al_2(SO_4)_3·4Al(OH)_3$）煅烧后用水浸取、结晶而得。可作媒染剂和净水剂，化学工业制钾肥和炼铝，中医上用作内服和外敷药物。

$KAl(SO_4)_2 \cdot 12H_2O = K^+ + Al^{3+} + 2SO_4^{2-} + 12H_2O$ 明矾晶体在水中完全电离的方程式。电离出的铝离子水解产生的氢氧化铝可以吸附水中的固体悬浮颗粒，明矾可用来净水。

$KAl(SO_4)_2 \cdot 12H_2O \overset{\triangle}{=} KAl(SO_4)_2 + 12H_2O$ 明矾晶体加热失去结晶水的反应。

$2KAl(SO_4)_2 \cdot 12H_2O + 6NaOH = 2Al(OH)_3 \downarrow + 3Na_2SO_4 + K_2SO_4 + 24H_2O$ 少量氢氧化钠溶液中加入过量的明矾晶体，生成 $Al(OH)_3$ 白色沉淀、硫酸钠、硫酸钾和水。若氢氧化钠溶液中加入少量的明矾晶体，则不会产生 $Al(OH)_3$ 白色沉淀，而是生成 AlO_2^-。

【$Al(NO_3)_3$】 硝酸铝，$Al(NO_3)_3 \cdot 9H_2O$ 为无色晶体，具有吸湿性，易溶于水，水溶液呈酸性。氧化能力强，和有机物接触能爆炸和燃烧。由金属铝板或氢氧化铝和硝酸作用而得，可作催化剂、媒染剂、萃取铀的盐析剂、缓蚀剂、硝化剂等及用于鞣革。

$Al(NO_3)_3 + 3H_2O \rightleftharpoons Al(OH)_3 + 3HNO_3$ $Al(NO_3)_3$ 水解的化学方程式。$Al(NO_3)_3$ 的水解实际上也是分步进行的，在中学化学里，为了简单，往往一步写出水解的化学方程式。离子方程式详见【$AlCl_3$+H_2O】中【$AlCl_3$ 的水解】。

【$Al_2(CO_3)_3$】 碳酸铝，遇水立即反应生成氢氧化铝和二氧化碳。关于碳酸铝，尚无定论。有一种说法指含一定量碳酸根的铝氧水合物，还有一种说法将二氧化碳通入铝酸钠或铝酸钾溶液中，可以产生不定组成的碱式碳酸盐沉淀。也有说氢氧化铝和二氧化碳在熔融状态下反应可生产碳酸铝。现已制备出了近似组成为 $Na_2O \cdot Al_2O_3 \cdot 2CO_2 \cdot 3H_2O$ 的化合物，可用于配制降低胃酸的解酸剂。

$Al_2(CO_3)_3 + 3H_2O = 2Al(OH)_3 \downarrow + 3CO_2 \uparrow$ 碳酸铝在水中不能存在，原因是 Al^{3+} 和 CO_3^{2-} 发生双水解反应，生成 $Al(OH)_3$ 沉淀和 CO_2 气体。离子方程式见【$2Al^{3+}$+ $3CO_3^{2-}$+ $3H_2O$】。

【$Al(CH_3COO)_3$】 醋酸铝，白色无定型固体粉末，200℃时分解，溶于水并水解析出胶体；不溶于苯。可用无水氯化铝和冰醋酸加热制得。

$Al(CH_3COO)_3 + H_2O \rightleftharpoons CH_3COOH + Al(OH)(CH_3COO)_2$ 醋酸铝第一步水解的化学方程式。醋酸铝的水解分三步进行。醋酸铝第二步水解的化学方程式：$Al(OH)(CH_3COO)_2 + H_2O \rightleftharpoons Al(OH)_2(CH_3COO) + CH_3COOH$。醋酸铝第三步水解的化学方程式：$Al(OH)_2(CH_3COO) + H_2O \rightleftharpoons Al(OH)_3 + CH_3COOH$。离子方程式详见【$AlCl_3$+$H_2O$】中【$AlCl_3$ 的水解】。在中学化学里，为了简单，往往一步写出：$Al(CH_3COO)_3 + 3H_2O \rightleftharpoons 3CH_3COOH + Al(OH)_3$。

【$Al(OH)(CH_3COO)_2$】 碱式醋酸铝，又称碱式乙酸铝、二醋酸氢氧化铝、碱式二醋酸铝，常作媒染剂、印染剂等。

$Al(OH)(CH_3COO)_2 + H_2O \rightleftharpoons CH_3COOH + Al(OH)_2(CH_3COO)$ 醋酸铝第二步水解的化学方程式，见【$Al(CH_3COO)_3$+H_2O】。

【$Al_2O_3·2SiO_2·2H_2O$】 高岭石，化学式 $Al_2Si_2O_5(OH)_4$ 或 $Al_2(Si_2O_5)(OH)_4$，黏土的主要成分。黏土是制造陶瓷器的主要原料。

$Al_2O_3·2SiO_2·2H_2O$(黏土)$+3H_2SO_4 = Al_2(SO_4)_3+2H_4SiO_4+H_2O$ 用 H_2SO_4 处理铝土矿或黏土可制备无水硫酸铝。

【$Al(OH)_3$】 正氢氧化铝，习惯称氢氧化铝（氢氧化铝是正氢氧化铝 $Al(OH)_3$ 和偏氢氧化铝 $AlO(OH)$的统称），是不溶于水的白色固体，不溶于乙醇，溶于强酸和强碱；是典型的两性氢氧化物。既能溶于酸：$Al(OH)_3+3H^+=Al^{3+}+3H_2O$，又能溶于碱：$Al(OH)_3+OH^-=AlO_2^-+2H_2O$。在铝酸钠 $Na_3Al(OH)_6$ 或铝酸钾 $K_3Al(OH)_6$ 溶液中通入二氧化碳，可得正氢氧化铝沉淀，是白色晶体。铝盐溶液中加氨水或少量碱溶液可得含水量不定的水合氧化铝 $Al_2O_3·xH_2O$ 胶态沉淀，此沉淀逐渐转变为偏氢氧化铝结晶。可制铝盐，作吸附剂、媒染剂、离子交换剂、凝胶液和干燥凝胶，用于治胃酸过多症等。

$Al(OH)_3 \rightleftharpoons Al^{3+}+3OH^-$ 氢氧化铝的碱式电离方程式。酸式电离：$Al(OH)_3 \rightleftharpoons AlO_2^-+H_2O+H^+$。通常将两个电离过程连在一起写作：$AlO_2^-+H_2O+H^+ \rightleftharpoons Al(OH)_3 \rightleftharpoons Al^{3+}+3OH^-$。

$Al(OH)_3 \rightleftharpoons AlO_2^-+H_2O+H^+$ 氢氧化铝的酸式电离方程式。

$2Al(OH)_3 \overset{\triangle}{=} Al_2O_3+3H_2O$ $Al(OH)_3$ 在加热条件下分解生成氧化铝和水。工业上制备铝的其中一步反应，详见【$Al_2O_3+2NaOH+3H_2O$】。

$Al(OH)_3 \rightleftharpoons HAlO_2+H_2O$ 氢氧化铝失水变成偏铝酸，偏铝酸结合水生成氢氧化铝。在水溶液中没有 $HAlO_2$，通常结合水生成 $Al(OH)_3$。

$2Al(OH)_3+Ba(OH)_2=Ba(AlO_2)_2+4H_2O$ $Al(OH)_3$ 和强碱 $Ba(OH)_2$ 反应生成 $Ba(AlO_2)_2$ 和 H_2O，$Ba(AlO_2)_2$ 易溶于水，在水中完全电离成 Ba^{2+}和 AlO_2^-。

$Al(OH)_3+3H^+=Al^{3+}+3H_2O$ 氢氧化铝和强酸反应的离子方程式。氢氧化铝是两性氢氧化物，溶于强碱的离子方程式见【$Al(OH)_3+OH^-$】。

$Al(OH)_3+3HCl=AlCl_3+3H_2O$ 氢氧化铝溶解在盐酸中，生成氯化铝和水。

$2Al(OH)_3+12HF+3Na_2CO_3=2Na_3AlF_6+3CO_2\uparrow+9H_2O$ 生产冰晶石 Na_3AlF_6 的原理之一。将 $Al(OH)_3$ 和 Na_2CO_3 一同溶于氢氟酸中制得 Na_3AlF_6。冰晶石在工业电解法生产铝的过程中起助熔剂的作用，可降低 Al_2O_3 的熔点。另一生产原理见【$Al(OH)_3+6HF+3NaOH$】。

$Al(OH)_3+6HF+3NaOH=Na_3AlF_6+6H_2O$ 工业上生产冰晶石的反应原理之一。冰晶石在电解法制铝中的作用非常重要，用作助熔剂，冰晶石的加入降低了 Al_2O_3 的熔点。

$Al(OH)_3+3HNO_3=Al(NO_3)_3+3H_2O$ 氢氧化铝溶解在硝酸中，生成硝酸铝和水。

$Al(OH)_3+H_2O \rightleftharpoons H^++[Al(OH)_4]^-$ 氢氧化铝的酸式电离方程式，中学阶段一般写作：$Al(OH)_3 \rightleftharpoons AlO_2^-+H^++H_2O$，铝酸盐在水中以$[Al(OH)_4]^-$形式存在。

$Al(OH)_3+2H_2O \rightleftharpoons H_3O^++Al(OH)_4^-$ $Al(OH)_3$ 在水中的酸式电离过程，不是失去 H^+，而是加一个 OH^-，即由水提供 H^+，和硼酸的电离相似，见【$H_3BO_3+H_2O$】。而大多数酸的电离，是由酸本身给出氢离子，经光谱实验证实，$Al(OH)_4^-$在水中存在，通常可简写成 AlO_2^-。H_3O^+叫水合氢离子，可简写

成 H^+。氢氧化铝的酸式电离在中学化学常写作 $Al(OH)_3 \rightleftharpoons AlO_2^- + H_2O + H^+$。

$Al(OH)_3+H_2O \rightleftharpoons Al(OH)_2(H_2O)^+ +OH^-$ $Al(OH)_3$ 碱式电离的第一步。关于 $Al(OH)_3$ 的酸式电离和碱式电离详见【$Al(OH)_3$】。其实多元弱碱的电离也是分步电离，中学化学只是为了简单，常常一步书写电离方程式。

$2Al(OH)_3+3H_2SO_4 = Al_2(SO_4)_3+6H_2O$ 氢氧化铝溶解在硫酸中，生成硫酸铝和水。

$Al(OH)_3+KOH = K[Al(OH)_4]$
$Al(OH)_3$ 溶于 KOH 溶液中制备铝酸钾的原理。

$2Al(OH)_3+K_2SO_4+Ba(OH)_2 = BaSO_4\downarrow+2KAlO_2+4H_2O$ K_2SO_4、$Al(OH)_3$ 和 $Ba(OH)_2$ 反应，Ba^{2+} 和 SO_4^{2-} 结合生成 $BaSO_4$ 白色沉淀，$Al(OH)_3$ 和 OH^- 反应生成 AlO_2^- 和 H_2O。

$Al(OH)_3+NaOH = NaAlO_2+2H_2O$
氢氧化铝溶解在氢氧化钠溶液中，生成偏铝酸钠和水，另见【H_3AlO_3+NaOH】。离子方程式见【$Al(OH)_3+OH^-$】。新高考写作：$Al(OH)_3+NaOH^- = Na[Al(OH)_4]$。

$Al(OH)_3+OH^- = AlO_2^-+2H_2O$
氢氧化铝溶解在可溶性强碱溶液中的离子方程式。AlO_2^- 的真实结构为 $[Al(OH)_4]^-$，见【$Al(OH)_3+OH^- = [Al(OH)_4]^-$】。

$Al(OH)_3+OH^- = [Al(OH)_4]^-$
$Al(OH)_3$ 溶解在强碱中的离子方程式。经光谱测定，在水溶液中，铝酸盐的存在形式应为 $[Al(OH)_4]^-$，为了简单以及某些历史原因，中学化学一般写成 AlO_2^-，见【$Al(OH)_3+OH^- = AlO_2^-+2H_2O$】。

【H_3AlO_3】

原铝酸，中学化学习惯称铝酸（实际上铝酸指偏铝酸和原铝酸），是 $Al(OH)_3$ 的另一种化学式书写形式。因 $Al(OH)_3$ 具有两性，表现碱性时写成 $Al(OH)_3$，表现酸性时写成 H_3AlO_3，这样写比较容易理解和接受，符合酸、碱的书写习惯。

$H_3AlO_3+NaOH = NaAlO_2+2H_2O$
铝酸 H_3AlO_3 可写作氢氧化铝 $Al(OH)_3$。氢氧化钠和铝酸反应，生成偏铝酸钠和水，离子方程式见【$H_3AlO_3+OH^-$】。该反应还可写为 $Al(OH)_3+NaOH = NaAlO_2+2H_2O$，或者 $H_3AlO_3+3NaOH = Na_3AlO_3+3H_2O$，生成铝酸钠和水。但 $Al(OH)_3$ 和氢氧化钠反应后，经光谱实验证实，真正的存在形式应该是 $Na[Al(OH)_4]$，而不是 $NaAlO_2$、Na_3AlO_3，只是因为书写习惯和简便，中学化学较多使用的是 $NaOH+Al(OH)_3 = NaAlO_2+2H_2O$。固态 $NaAlO_2$ 是存在的，可以用固态 Al_2O_3 和 NaOH 共熔来制备：$Al_2O_3+2NaOH \xlongequal{熔融} 2NaAlO_2+H_2O$。$H_3AlO_3$[或 $Al(OH)_3$]具有两性，可以和酸反应，也可以和碱反应。

$H_3AlO_3+3NaOH = Na_3AlO_3+3H_2O$
铝酸 H_3AlO_3 可写作氢氧化铝 $Al(OH)_3$。氢氧化钠和铝酸反应，生成铝酸钠和水。

$H_3AlO_3+OH^- = AlO_2^-+2H_2O$
H_3AlO_3[或 $Al(OH)_3$] 具有两性，和碱反应时，生成 AlO_2^- 和 H_2O，可以写作 $Al(OH)_3+OH^- = AlO_2^-+2H_2O$；和酸反应时写作 $Al(OH)_3+3H^+ = Al^{3+}+3H_2O$。$Al(OH)_3$ 可以写作 H_3AlO_3。

【$Al(OH)^{2+}$】

$Al(OH)^{2+}+H_2O \rightleftharpoons Al(OH)_2^++H^+$
Al^{3+} 第二步水解的离子方程式。Al^{3+} 的水解分三步进行，见【$AlCl_3+H_2O$】中【$AlCl_3$ 的水解】。在中学化学里，为了简单，往往一步写出多元弱碱阳离子的水解。Al^{3+} 的水解常常写成 $Al^{3+}+3H_2O \rightleftharpoons Al(OH)_3+3H^+$。

【$Al(OH)_2^+$】

$Al(OH)_2^+ + H_2O \rightleftharpoons Al(OH)_3 + H^+$
Al^{3+}第三步水解的离子方程式。Al^{3+}的水解分三步进行，见【$AlCl_3+H_2O$】中【$AlCl_3$ 的水解】。在中学化学里，为了简单，往往一步写出多元弱碱阳离子的水解。Al^{3+}的水解常常写成 $Al^{3+}+3H_2O \rightleftharpoons Al(OH)_3+3H^+$。

【AlO_2^-】

偏铝酸根离子。AlO_2^-在水中不存在，经光谱实验证实水溶液中真正存在的形式应该是$[Al(OH)_4]^-$，铝、氧化铝、氢氧化铝分别和氢氧化钠溶液反应生成的铝酸钠，有些资料写成 $NaAl(OH)_4$ 或 $Na_3Al(OH)_6$ 甚至更复杂，其脱水产物或高温熔融产物符合最简式 $NaAlO_2$，所以中学课本习惯写成 $NaAlO_2$，读作偏铝酸钠。固体 $NaAlO_2$ 确实存在，光谱实验证实：铝酸盐水溶液中不存在 AlO_2^-和 AlO_3^{3-}，用 AlO_2^-和 AlO_3^{3-}表示只是为了方便，采用简单形式。铝酸盐晶体含有$[Al(OH)_6]^{3-}$。

$2AlO_2^-+CO_2$(少量)$+3H_2O$══$2Al(OH)_3\downarrow+CO_3^{2-}$ 含 AlO_2^-的溶液中通入少量的 CO_2，反应生成 $Al(OH)_3$ 沉淀和 CO_3^{2-}。若通入过量的 CO_2，反应见【$AlO_2^-+CO_2$(过量)$+2H_2O$══$Al(OH)_3\downarrow+HCO_3^-$】。

$AlO_2^-+CO_2$(过量)$+2H_2O$══$Al(OH)_3\downarrow+HCO_3^-$ 含 AlO_2^-的溶液中通入过量的 CO_2，反应生成 $Al(OH)_3$ 沉淀和 HCO_3^-。若通入少量的 CO_2，化学反应见【$2AlO_2^-+CO_2$(少量)$+3H_2O$】。

$3AlO_2^-+Fe^{3+}+6H_2O$══$3Al(OH)_3\downarrow+Fe(OH)_3\downarrow$ AlO_2^-和 Fe^{3+}发生双水解反应，生成氢氧化铝白色沉淀和氢氧化铁红褐色沉淀。关于【双水解反应方程式快速书写】见【$Al^{3+}+3AlO_2^-+6H_2O$】。

$AlO_2^-+4H^+$══$Al^{3+}+2H_2O$ 含 AlO_2^-的溶液中滴加过量的强酸发生反应的总方程式。

【AlO_2^-和 H^+反应】AlO_2^-和少量的 H^+反应生成白色 $Al(OH)_3$ 沉淀：$AlO_2^-+H^++H_2O$══$Al(OH)_3\downarrow$。继续滴加强酸，沉淀溶解：$Al(OH)_3+3H^+$══$Al^{3+}+3H_2O$。两步加合得到 AlO_2^-和过量的 H^+反应的总方程式：$AlO_2^-+4H^+$══$Al^{3+}+2H_2O$。

$AlO_2^-+H^++H_2O$══$Al(OH)_3\downarrow$
含 AlO_2^-的水溶液中加入少量的强酸，生成氢氧化铝白色沉淀。

$AlO_2^-+HCO_3^-+H_2O$══$Al(OH)_3\downarrow+CO_3^{2-}$ HCO_3^-电离出的氢离子和 AlO_2^-以及水分子结合生成 $Al(OH)_3$ 白色沉淀，该反应也加速了 HCO_3^-的电离，最后 HCO_3^-完全变成了 CO_3^{2-}。

$AlO_2^-+2H_2O \rightleftharpoons Al(OH)_3+OH^-$
AlO_2^-水解的离子方程式。$HAlO_2$ 在水中不存在，其在结合水分子后生成 $Al(OH)_3$。

$AlO_2^-+H_2O+H^+ \rightleftharpoons Al(OH)_3 \rightleftharpoons Al^{3+}+3OH^-$ $Al(OH)_3$ 的酸式电离和碱式电离方程式。酸式电离：$Al(OH)_3 \rightleftharpoons AlO_2^-+H_2O+H^+$；碱式电离：$Al(OH)_3 \rightleftharpoons Al^{3+}+3OH^-$。在水溶液中，这两个动态平衡同时存在，相互制约。加酸时平衡右移；加碱时平衡左移，这就是 $Al(OH)_3$ 表现两性的原因。

$AlO_2^-+NH_4^++H_2O$══$Al(OH)_3\downarrow+NH_3\uparrow$ AlO_2^-和 NH_4^+发生双水解反应，生成 $Al(OH)_3$ 白色沉淀和无色有刺激性气味的氨气。该反应进行得比较完全，也释放出氨气。

【$HAlO_2$】

偏铝酸，又称偏氢氧化铝，写成 $AlO(OH)$，酸性弱于碳酸。铝酸指偏铝酸和原铝酸。

$HAlO_2 \rightleftharpoons H^+ + AlO_2^-$ 偏铝酸部分电离出 H^+和 AlO_2^-。

【$[Al(OH)_4]^-$】

$[Al(OH)_4]^- \rightleftharpoons Al(OH)_3 + OH^-$
AlO_2^-在水中不存在，经光谱实验证实，实际存在的是铝酸根离子$[Al(OH)_4]^-$。$[Al(OH)_4]^-$在水中水解生成 $Al(OH)_3$ 和 OH^-，溶液显碱性。中学化学将$[Al(OH)_4]^-$简写成 AlO_2^-，其水解方程式常写作 $AlO_2^- + 2H_2O \rightleftharpoons Al(OH)_3 + OH^-$。"$AlO_2^- + 2H_2O$"相当于"$[Al(OH)_4]^-$"。

$2[Al(OH)_4]^- + CO_2 = 2Al(OH)_3\downarrow + CO_3^{2-} + H_2O$ 铝酸盐溶液中通入 CO_2 制备 $Al(OH)_3$ 的离子方程式，化学方程式见【$2Na[Al(OH)_4]+CO_2$】。

【$[Al(OH)_4(H_2O)_2]^-$】

$[Al(OH)_4(H_2O)_2]^- \rightleftharpoons Al(OH)_3 + OH^- + 2H_2O$ 水合铝酸根离子水解生成氢氧化铝、氢氧根离子和水。$[Al(OH)_4(H_2O)_2]^-$可写作$[Al(OH)_4]^-$。水解方程式可写作 $AlO_2^- + 2H_2O \rightleftharpoons Al(OH)_3 + OH^-$或$[Al(OH)_4]^- \rightleftharpoons OH^- + Al(OH)_3$，"$AlO_2^- + 2H_2O$"相当于"$[Al(OH)_4]^-$"。

【$NaAlO_2$】

铝酸钠，中学化学习惯称偏铝酸钠，白色颗粒，易吸湿，极易溶于水，水溶液呈强碱性。将固体 Al_2O_3 溶于熔融的 NaOH 中可得 $NaAlO_2$。工业上由铝土矿（$Al_2O_3 \cdot 3H_2O$）与碳酸钠共热后用水浸取而得。水溶液中不存在 $NaAlO_2$，而是以 $Na[Al(OH)_4]$形式存在。

$2NaAlO_2 + CO_2 + 3H_2O = 2Al(OH)_3\downarrow + Na_2CO_3$ 偏铝酸钠溶液通入少量的 CO_2，反应生成 $Al(OH)_3$ 沉淀和碳酸钠。

$NaAlO_2 + CO_2 + 2H_2O = Al(OH)_3\downarrow + NaHCO_3$ 偏铝酸钠溶液中通入过量的 CO_2，生成 $Al(OH)_3$ 沉淀和碳酸氢钠。

$NaAlO_2 + 4HCl = AlCl_3 + NaCl + 2H_2O$ 偏铝酸钠和过量的盐酸反应，生成氯化铝、氯化钠和水。偏铝酸钠和少量的盐酸反应：$NaAlO_2 + HCl + H_2O = Al(OH)_3\downarrow + NaCl$。（1）若向 $NaAlO_2$ 溶液中滴加盐酸，先生成白色沉淀 $Al(OH)_3$：$NaAlO_2 + HCl + H_2O = Al(OH)_3\downarrow + NaCl$。继续滴加盐酸，最终沉淀消失：$Al(OH)_3 + 3HCl = AlCl_3 + 3H_2O$。（2）若向盐酸中滴加 $NaAlO_2$ 溶液，开始没有沉淀（或者少量的沉淀振荡之后消失）：$NaAlO_2 + HCl + H_2O = Al(OH)_3\downarrow + NaCl$、$Al(OH)_3 + 3HCl = AlCl_3 + 3H_2O$，继续滴加 $NaAlO_2$ 溶液，生成沉淀，最终沉淀不消失：$3NaAlO_2 + AlCl_3 + 6H_2O = 4Al(OH)_3\downarrow + 3NaCl$。偏铝酸钠和盐酸反应，滴加顺序不同，现象不同；反应物的量不同，反应也不同。

$NaAlO_2 + HCl + H_2O = Al(OH)_3\downarrow + NaCl$ 偏铝酸钠和少量的盐酸反应，生成白色沉淀 $Al(OH)_3$ 和氯化钠。

$NaAlO_2 + 2H_2O \rightleftharpoons Al(OH)_3 + NaOH$ 偏铝酸钠水解生成氢氧化铝和氢氧化钠，该水解反应受到 NaOH 的抑制，加入一定量的酸可促进水解。$NaAlO_2$ 的制备见【$Al_2O_3+Na_2CO_3$】。

$2NaAlO_2 + H_2SO_4 + 2H_2O = 2Al(OH)_3\downarrow + Na_2SO_4$ 偏铝酸钠和少量的稀硫酸反应，生成白色沉淀 $Al(OH)_3$ 和硫酸钠。离子方程式见【$AlO_2^- + H^+ + H_2O$】。若硫酸过量，沉淀溶解，见【$Al(OH)_3 + 3H^+$】。

【$Na[Al(OH)_4]$】

铝酸钠。铝、氧

化铝、氢氧化铝分别和氢氧化钠溶液反应生成的铝酸钠，有些资料写成 $NaAl(OH)_4$ 或 $Na_3Al(OH)_6$ 甚至更复杂，其脱水产物或高温熔融产物符合最简式 $NaAlO_2$，所以中学课本习惯写成 $NaAlO_2$。经光谱实验证实水溶液中真正存在的形式应该是 $[Al(OH)_4]^-$，也就是 $Na[Al(OH)_4]$ 最合理。

$2Na[Al(OH)_4]+CO_2 = 2Al(OH)_3\downarrow+Na_2CO_3+H_2O$ 铝酸钠溶液中通入 CO_2 制备 $Al(OH)_3$ 的原理，少量 CO_2 则生成 Na_2CO_3，过量 CO_2 则生成 $NaHCO_3$。该反应生成氢氧化铝是白色晶体。区别于铝盐溶液加氨水或适量碱，生成的凝胶状白色沉淀是无定型 $Al(OH)_3$，实际上是含水量不定的 $Al_2O_3{\cdot}xH_2O$，通常也写作 $Al(OH)_3$。中学化学一般将铝酸钠写成 $NaAlO_2$。工业上用铝矾土来提取和冶炼铝的其中一步原理，详见【Al_2O_3+2NaOH+ $3H_2O$】。

【$KAlO_2$】

$3KAlO_2+KAl(SO_4)_2+6H_2O = 4Al(OH)_3\downarrow+2K_2SO_4$ AlO_2^- 和 Al^{3+} 发生双水解反应，生成氢氧化铝白色沉淀，是比较理想的制备氢氧化铝的方法之一，离子方程式和【实验室制备氢氧化铝】见【Al^{3+}+ $3AlO_2^-$+$6H_2O$】。

【$CsAlO_2$】铝酸铯。

$2CsAlO_2+Mg = Mg(AlO_2)_2+2Cs\uparrow$ 制备铯的原理之一，在隔绝空气和水的条件下，用镁作还原剂，从熔融的铝酸铯（中学应叫偏铝酸铯）中置换出金属铯。虽然活泼性 Cs>Mg，但 Cs 的沸点为 951.5K，Mg 的沸点为 1363K，Cs 易挥发，因而反应向右进行，可分离出 Cs 单质。

【$3CaO{\cdot}Al_2O_3$】铝酸三钙。

$3CaO{\cdot}Al_2O_3+6H_2O = 3CaO{\cdot}Al_2O_3{\cdot}6H_2O$ 水泥硬化过程的反应原理之一，铝酸三钙 $3CaO{\cdot}Al_2O_3$ 的水合反应。

【水泥的水硬性】水泥配比适当的水，调和成浆，经过一段时间凝固成块，成为坚硬如石的物体，即水泥具有水硬性。

【普通水泥的主要成分】硅酸三钙 $3CaO{\cdot}SiO_2$、硅酸二钙 $2CaO{\cdot}SiO_2$ 和铝酸三钙 $3CaO{\cdot}Al_2O_3$。

【$Al(CH_3)_3$】三甲基铝，或化学式

$[(CH_3)_3Al]_2$ 或 AlC_3H_9，无色液体，溶于乙醚、饱和烃等有机溶剂。苯中呈二聚体，与空气接触立即燃烧，遇水爆炸生成氢氧化铝和甲烷；与醇、卤素、酸、胺反应强烈。可由二甲基氯化铝和钠作用而得，常作烯烃聚合催化剂、引火燃料，可用于制造直链伯醇和烯烃等。

$Al(CH_3)_3+3H_2O \rightarrow 3CH_4\uparrow+Al(OH)_3\downarrow$ 三甲基铝 $Al(CH_3)_3$，与水剧烈反应发生爆炸，生成甲烷和氢氧化铝。

【Ga】镓，带白色光泽的金属，软而有

延展性，立方晶格，有过冷现象。凝固时体积膨胀，宜贮于塑料容器中；易溶于酸，也溶于氢氧化钠；在空气中，常温时稳定，赤热时表面被氧化，低温时能与氯、溴强烈反应，加热才和碘反应。镓是锌、铁、铝等矿的共生组分，含量极微，不超过 0.01%。可由冶炼工业的副产品——粗氧化镓溶于苛性碱，然后电解制得。可作高温石英玻璃温

度计中的液柱、真空装置中的液封、植物生长促进剂等。高纯镓与砷、锑、磷形成的金属间化合物是新型半导体材料。

$2Ga+6HCl═2GaCl_3+3H_2\uparrow$ 镓和盐酸反应生成三氯化镓和氢气。

$Ga+6HNO_3(浓)═Ga(NO_3)_3+3NO_2\uparrow+3H_2O$ 镓和浓硝酸反应，生成硝酸镓、二氧化氮和水。

$2Ga+3H_2SO_4═Ga_2(SO_4)_3+3H_2\uparrow$ 镓和稀硫酸反应生成硫酸镓和氢气。

$2Ga+2NaOH+2H_2O═2NaGaO_2+3H_2\uparrow$ 镓和铝相似，具有两性，溶于酸，溶于碱。高纯度镓难溶于酸和碱。

【$GaCl_3$】 三氯化镓，白色针状晶体，易潮解，易溶于水，溶于苯、乙醚、二硫化碳等溶剂中。熔融态时不导电，气态时呈二聚体 Ga_2Cl_6；在水溶液中电离，并强烈水解。在氯气或氯化氢中加热金属镓可得，常在有机合成的氯化反应中作催化剂。

$GaCl_3+Li_3N═GaN+3LiCl$ 在苯中三氯化镓和氮化锂反应，可制备 GaN 纳米颗粒。

【In】 铟，银白色金属，质软，四方面心晶格，易溶于酸。在干燥空气中不失去光泽，加热覆盖一层氧化薄膜，温度高于熔点（156.61℃）时迅速氧化。在氯气中剧烈燃烧，也能与其他卤素单质、硫等直接化合。存在于闪锌矿中，含量 0.1%。可由不足量的盐酸处理闪锌矿所得的矿泥，经除重金属、沉淀富集后，用氢气热还原或电沉积制得。常用于制造低熔合金、轴承合金、半导体、电光源，以及原子工业中测定和吸收中子。

$2In+6HCl═2InCl_3+3H_2\uparrow$ 金属铟和盐酸反应生成三氯化铟和氢气。

$In+6HNO_3(浓)═In(NO_3)_3+3NO_2\uparrow+3H_2O$ 铟和浓硝酸反应，生成硝酸铟、二氧化氮和水。

$2In+3H_2SO_4═In_2(SO_4)_3+3H_2\uparrow$ 铟和稀硫酸反应生成硫酸铟和氢气。

【Tl】 铊，银白色有光泽的金属，软而无伸缩性。易溶于稀硝酸和稀硫酸，微溶于氢卤酸，不溶于氨水与碱溶液。在空气中立即被氧化，表面被灰色低价氧化物(Tl_2O)覆盖，在 100℃以上转化为棕色的三氧化二铊。能很快被水侵蚀并生成水溶性的低价氢氧化物（TlOH）。常温时可与卤素单质反应，加热时能与硫、硒、碲化合。能与砷、锑形成合金。化合物均有毒！自然界中常与碱金属共存，也存在于铁、锌、铝、碲矿中。地壳中含量 $10^{-7}\%\sim10^{-5}\%$。可由冶炼锌矿或铁矿的烟道灰，经水浸、沉淀、富集，转化成硫酸盐后电沉积而得，可作荧光粉活化剂，用于制轴承合金、温度计和低温开关等。

$2Tl+2HCl═2TlCl\downarrow+H_2\uparrow$ 铊和稀盐酸反应生成氯化亚铊和氢气，氯化亚铊微溶于水。

$3Tl+4HNO_3═3TlNO_3+NO\uparrow+2H_2O$ 铊和稀硝酸反应，生成硝酸亚铊、一氧化氮和水。

$2Tl+H_2SO_4═Tl_2SO_4+H_2\uparrow$ 铊和稀硫酸反应生成硫酸亚铊和氢气。

第五章 ⅣA 族元素单质及其化合物

碳(C) 硅(Si) 锗(Ge) 锡(Sn) 铅(Pb)

【C】 碳元素有 $^{12}_{6}C$、$^{13}_{6}C$、$^{14}_{6}C$ 等互为同位素的核素。像单质石墨、金刚石、C_{60} 等互为同素异形体。金刚石：晶体呈八面体、菱形十二面体等，较少呈立方体；纯品无色透明，有光泽，一般带黄、蓝、褐、黑等色调，紫外线和 X 射线照射下发天蓝色荧光；硬度 10，在已知物中硬度最高；具有良好的半导体性能和导热性，化学性质稳定，俗称“钻石”。石墨：晶体呈片状，通常呈鳞片状、块状或土状集合体，半金属光泽，颜色和条痕均为黑色，易污手，具有滑腻感；具良好的导电性，硬度为 1，最早叫“黑铅”。C_{60}分子是一种由 60 个碳原子组成的稳定分子，形似足球，又称足球烯，有 60 个顶点、32 个面、12 个正五边形、20 个正六边形，用于超导、气体储存、新型催化剂等领域。

$C+CO_2 \xlongequal{高温} 2CO$ 高温下炭和二氧化碳反应生成一氧化碳。在 C 作还原剂的反应中，C 过量时一般都有这个反应发生，都生成一氧化碳。

$C(石墨)+CO_2(g) = 2CO(g)$；$\Delta H= + 172.5kJ/mol$ 石墨和二氧化碳反应的热化学方程式，属于吸热反应。不仅石墨，其他碳单质和二氧化碳反应也生成一氧化碳，见【C+ CO_2】。

$C+2Cl_2 \xlongequal{\triangle} CCl_4$ 在加热条件下，炭和氯气反应生成四氯化碳。氯气能和各种金属、大多数非金属直接化合。四氯化碳是无色液体，有毒，不燃烧，比水重，常用作溶剂和灭火剂。

$C+2Cu_2O \xlongequal{高温} 4Cu+CO_2\uparrow$ C 作还原剂，在高温下还原氧化亚铜得到粗铜。Cu_2O 为红色固体，高温时氧化亚铜比氧化铜稳定。

$C+CuO \xlongequal{高温} Cu+CO\uparrow$ C 作还原剂，在高温下还原氧化铜。C 不足时，生成二氧化碳：$2CuO+C \xlongequal{\triangle} 2Cu+CO_2$；C 过量时，二氧化碳和 C 继续反应：$CO_2+C \xlongequal{高温} 2CO$，所以 C 过量时生成一氧化碳。用 C 作还原剂发生的反应都有类似的情况。

$C+2CuO \xlongequal{高温} 2Cu+CO_2\uparrow$ C 作还原剂，在高温下还原氧化铜，C 不足时，生成二氧化碳和铜；C 过量时生成一氧化碳，见【C+CuO】。

$C+FeO \xlongequal{高温} CO\uparrow+Fe$ 炼铁过程中的反应之一，焦炭在高温下将氧化亚铁还原为铁，焦炭过量时生成 CO；焦炭不足时生成 CO_2，见【C+2FeO】。

$C+2FeO \xlongequal{高温} CO_2\uparrow+2Fe$ 焦炭在高温下将氧化亚铁还原为铁，焦炭不足时生成 CO_2；焦炭过量时生成 CO，见【C+FeO】。

$3C+2Fe_2O_3 \xlongequal{高温} 4Fe+3CO_2\uparrow$ C 作还原剂，在高温下将三氧化二铁还原为铁。C 过量时生成 CO，C 不足时生成 CO_2。

$2C+Fe_3O_4 \xlongequal{\triangle} 3Fe+2CO_2\uparrow$ C 作还原剂，在高温下将四氧化三铁还原为铁。

C 过量时生成 CO，C 不足时生成 CO_2。

$C+2H_2 \xrightarrow{高温} CH_4$ 高温条件下，碳和氢气合成甲烷。

$2C(s)+2H_2(g)+O_2(g) \rightarrow CH_3COOH(l)$; $\Delta H=-488.3kJ/mol$ 炭、氢气和氧气合成乙酸的热化学方程式。

$C+4HNO_3 = CO_2\uparrow+4NO_2\uparrow+2H_2O$ 浓硝酸和红热的炭反应，生成二氧化碳气体、二氧化氮气体和水。表现浓硝酸的强氧化性。还可以写作 $C+4HNO_3(浓) \stackrel{\triangle}{=} CO_2\uparrow+4NO_2\uparrow+2H_2O$。当 $n(C):n(HNO_3)=3:4$ 时，生成 NO、CO_2 和 H_2O，见【3C+4HNO₃】。

$3C+4HNO_3 = 3CO_2\uparrow+4NO\uparrow+2H_2O$ 炭和硝酸按物质的量之比 3∶4 反应时，生成 CO_2、NO 和 H_2O。若按物质的量之比 1∶1 反应时，生成 CO_2、NO_2 和 H_2O，见【C+4HNO₃】。

$C(s)+H_2O(g) \rightleftharpoons CO(g)+H_2(g)$ 炭和水蒸气反应制水煤气。是煤的气化原理之一。该反应是可逆反应，也可以不写可逆符号，写作 $C(s)+H_2O(g) \stackrel{高温}{=} CO(g)+H_2(g)$。但研究化学平衡的相关问题时常常要写可逆符号。制得的 CO 和 H_2 的混合气体可以合成甲醇，也可以用于联合制碱法，见【CO₂+NH₃+H₂O】。

$C(s)+H_2O(g) \stackrel{高温}{=} CO(g)+H_2(g)$

炭和水蒸气反应制水煤气，不写可逆符号时的方程式，但研究化学平衡的相关问题时要写可逆符号，写作：$C(s)+H_2O(g) \rightleftharpoons CO(g)+H_2(g)$。

$C(s)+H_2O(g) = CO(g)+H_2(g)$; $\Delta H=+131.3kJ/mol$ 炭和水蒸气反应生成水煤气的热化学方程式，属于吸热反应。

$C+2H_2O \stackrel{高温}{=} CO_2+2H_2$ 炭和水蒸气反应制水煤气，即生成 CO 和 H_2 的混合气体：$C(s)+H_2O(g) \stackrel{高温}{=} CO(g)+H_2(g)$。生成的 CO 可以继续和水蒸气反应生成 CO_2 和 H_2：$CO+H_2O(g) \underset{高温}{\stackrel{催化剂}{\rightleftharpoons}} CO_2+H_2$。两步加合得到以上总反应。混合气体除去二氧化碳后得到氢气，后者可作工业原料。

$C+2H_2SO_4(浓) \stackrel{\triangle}{=} 2SO_2\uparrow+CO_2\uparrow+2H_2O$ 在加热条件下，浓硫酸和炭反应，生成二氧化硫、二氧化碳和水。表现浓硫酸的氧化性。

$3C+2K_2Cr_2O_7+8H_2SO_4 = 3CO_2\uparrow+2K_2SO_4+2Cr_2(SO_4)_3+8H_2O$ 工业上除去储氢纳米碳管中的碳纳米颗粒杂质的反应原理，将固体炭氧化为二氧化碳除去。在酸性条件下，重铬酸钾作强氧化剂。

$2C(s)+Na_2CO_3(s) = 2Na(g)+3CO(g)$ 较早制备金属钠的原理，用碳酸钠和炭隔绝空气反应。现在多用电解熔融的氯化钠的方法制备金属钠：$2NaCl \stackrel{电解}{=} 2Na+Cl_2\uparrow$。【金属冶炼常用原理】见【2Ag₂O】。

$4C+Na_2CO_3+N_2 \stackrel{1000℃}{=} 2NaCN+3CO\uparrow$ 氰化钠法固氮的原理，碳酸钠、炭和氮气反应，生成氰化钠和一氧化碳，将游离态的氮气转化为氮的化合物，实现人工固氮。

$4C+Na_2SO_4 \stackrel{高温}{=} Na_2S+4CO\uparrow$

用炭还原硫酸钠制备硫化钠，吕布兰制碱法原理之一。当 C 和硫酸钠的物质的量之比为 4∶1 时，生成 Na_2S 和 CO。当 C 和硫酸钠的物质的量之比为 2∶1 时，生成 Na_2S 和 CO_2：$2C+Na_2SO_4 \stackrel{高温}{=} Na_2S+2CO_2\uparrow$。当 C 和硫酸钠的物质的量之比为 1∶2 时，生成 Na_2SO_3 和 CO_2：$C+2Na_2SO_4 = 2Na_2SO_3+$

CO_2↑。当C和硫酸钠的物质的量之比为1∶1时，生成Na_2SO_3和CO：$C+Na_2SO_4 = Na_2SO_3+CO\uparrow$。硫化钠继续和碳酸钙反应，生成硫化钙和碳酸钠，即制得纯碱，化学方程式为$Na_2S+CaCO_3 = CaS+Na_2CO_3$。

$2C+Na_2SO_4 \xlongequal{高温} Na_2S+2CO_2\uparrow$

用C还原硫酸钠制备硫化钠。当C和硫酸钠的物质的量之比为2∶1时，生成Na_2S和CO_2。当C和硫酸钠以不同的物质的量反应时，产物不同，见【$4C+Na_2SO_4$】。

$C+Na_2SO_4 \xlongequal{高温} Na_2SO_3+CO\uparrow$

用炭还原硫酸钠制备亚硫酸钠。当C和硫酸钠的物质的量之比为1∶1时，生成Na_2SO_3和CO。当C和硫酸钠以不同的物质的量反应时，产物不同，见【$4C+Na_2SO_4$】。

$C+2Na_2SO_4 \xlongequal{高温} 2Na_2SO_3+CO_2\uparrow$

用炭还原硫酸钠制备亚硫酸钠。当C和硫酸钠物质的量之比为1∶2时，生成Na_2SO_3和CO_2。当C和硫酸钠以不同的物质的量反应时，产物不同，见【$4C+Na_2SO_4$】。

$2C+O_2 \xlongequal{点燃} 2CO$ 炭在氧气中不完全燃烧，生成一氧化碳；炭在氧气中完全燃烧，生成二氧化碳。

$C+O_2 \xlongequal{点燃} CO_2$ 炭在氧气中完全燃烧，生成二氧化碳。化石燃料的燃烧释放出大量的二氧化碳，产生温室效应，使地球变暖。

$C(s)+\frac{1}{2}O_2(g) = CO(g)$；$\Delta H=-110.5kJ/mol$ 炭在氧气中不完全燃烧，生成一氧化碳的热化学方程式。

$2C(石墨)+O_2(g) = 2CO(g)$；$\Delta H=-221.0kJ/mol$ 石墨不完全燃烧，生成一氧化碳的热化学方程式。其他碳单质不完全燃烧的情况类似。

$C(s)+O_2(g) = CO_2(g)$；$\Delta H=-393.5kJ/mol$ 炭在氧气中完全燃烧的热化学方程式。

$C(石墨)+O_2(g) = CO_2(g)$；$\Delta H=-393.51kJ/mol$ 石墨完全燃烧，生成二氧化碳的热化学方程式。石墨和其他碳单质完全燃烧的情况类似。

$C(金刚石)+O_2(g) = CO_2(g)$；$\Delta H=-395.41kJ/mol$ 金刚石完全燃烧，生成二氧化碳的热化学方程式。金刚石的燃烧热数值略大于石墨，石墨比金刚石稳定。

$C+2S(气) \xlongequal{高温} CS_2$ 炭和硫在高温下生产二硫化碳。

$3C+S+2KNO_3 \xlongequal[或撞击]{火花} K_2S+N_2\uparrow+3CO_2\uparrow$ 黑火药爆炸时的化学反应方程式。中国古代的四大发明——造纸、印刷术、指南针、火药，是世界科学史上值得浓墨重彩的一笔，令全中国人引以自豪。爱好和平与喜庆的中国人在发明火药之后，并没有将其用于军事领域以向外扩张侵略，而是用于节庆等庆典活动。

$C+Si \xlongequal{高温} SiC$ 炭和硅在高温下制备碳化硅的原理。碳化硅俗称金刚砂，纯品为无色透明晶体，一般因含杂质而呈蓝黑色；硬度大于9，仅次于金刚石，化学性质不活泼；1000℃以下，不被空气氧化。可用于制砂轮、磨石、耐火材料、无线电元件等。

$C+ZnO \xlongequal{高温} Zn+CO\uparrow$ 焦炭还原氧化锌制锌，详见【$2ZnS+3O_2$】。C过量时生成一氧化碳，C不足时生成二氧化碳：$2ZnO+C \xlongequal{高温} 2Zn+CO_2\uparrow$。

$C+2ZnO \xlongequal{高温} 2Zn+CO_2\uparrow$ 焦炭还原

氧化锌制锌，C 不足时生成二氧化碳，详见【$2ZnS+3O_2$】；C 过量时生成一氧化碳：$ZnO+C \xlongequal{高温} Zn+CO\uparrow$。

【Li_2C_2】 碳化锂，白色粉末状晶体，金属锂和炭在 850℃以上反应而得，或液氨中锂和乙炔反应而得，遇水分解，放出乙炔。实验室可用乙炔通入正丁基锂的己烷溶液中少量制备。

$Li_2C_2+2H_2O \rightarrow 2LiOH+C_2H_2\uparrow$
碳化锂和水反应，生成氢氧化锂和乙炔气体。金属碳化物和水反应，属于水解反应，各元素的化合价不发生变化。根据化合价不变的原则以及生成有机物的通式，可以很快写出化学方程式。

【Be_2C】 碳化铍，含有离子 C^{4-}，红棕色六方晶体，坚硬而有光泽，2200℃时分解为铍蒸气和石墨。受热与碱溶液作用立即生成甲烷和碱金属铍酸盐。可由金属铍和炭在 170℃时直接反应或由炭在 2000℃时还原氧化铍而得，可用于制耐火材料以及火箭燃料。

$Be_2C+4H_2O = 2Be(OH)_2\downarrow+CH_4\uparrow$
碳化铍水解生成氢氧化铍和甲烷。

【Mg_2C_3】 碳化镁，离子型碳化物，含有离子 C_3^{4-}，其结构为$(C=C=C)^{4-}$。

$Mg_2C_3+4H_2O \rightarrow 2Mg(OH)_2+C_3H_4\uparrow$
固体碳化镁和水反应，生成氢氧化镁和丙炔。金属碳化物和水的反应属于水解反应，各元素的化合价保持不变。根据化合价不变的原则以及生成有机物的通式，可以很快写出化学方程式。

【CaC_2】 碳化钙，俗名“电石”，含有离子$(C\equiv C)^{2-}$，是灰色或黑褐色不规则的硬性固体，有大蒜臭味；实验室或工业上常用来制备乙炔，也可作还原剂；能导电，应保持干燥，防止吸收空气中的水分。可由生石灰与焦炭混合，在电炉中煅烧而得。

$CaC_2+2H_2O \rightarrow C_2H_2\uparrow+Ca(OH)_2$
碳化钙和水反应，生成乙炔，实验室制取乙炔气体的原理。制取乙炔不可用启普发生器，有三个原因：（1）生成的 $Ca(OH)_2$ 溶解度小，粉末状容易堵塞球形漏斗下端和半圆形容器之间的空隙，会发生危险甚至爆炸；（2）CaC_2 与水反应剧烈，不易控制，碳化钙见水容易变成粉末状，不再保持块状；（3）反应过程中放出大量的热，易使启普发生器炸裂。实验室用电石制备的乙炔气体因含有 PH_3、H_2S 等杂质，而有特殊难闻的臭味。关于金属碳化物的水解反应，见【$Al_4C_3+12H_2O$】中【金属碳化物和水发生水解反应】。

$CaC_2+N_2 \xlongequal{电炉} CaCN_2+C$ 粉末状的 CaC_2 和氮气在 1000℃～1100℃时反应，生成氰氨化钙和碳。氰氨化钙 $CaCN_2$，又叫氰氨基化钙、石灰氮、碳氮化钙等，可写作 $CCaN_2$，结构式为 N≡C－N＝Ca，白色粉末，有电石的大蒜臭味或氨的气味，有吸潮性，溶于盐酸，在水中分解生成碳酸钙和氨气，可用于肥料、农药和钢铁淬火等。

【Al_4C_3】 碳化铝，黄色晶体或粉末，遇水分解放出甲烷，含有 C^{4-}的离子型碳化物。可由氧化铝和焦炭在电炉中加热而得。可还原金属氧化物，制取甲烷和生产氮化铝。

$Al_4C_3+12H_2O \rightarrow 4Al(OH)_3\downarrow+3CH_4\uparrow$
碳化铝和水反应，生成甲烷和氢氧化铝。实

验室可用于制备甲烷。

【金属碳化物和水发生水解反应】根据化合价不变的原则以及生成有机物的通式，可以很快写出化学方程式。

【ZnC_2】 碳化锌，含有离子$(C\equiv C)^{2-}$。

$ZnC_2+2H_2O \rightarrow Zn(OH)_2+C_2H_2\uparrow$ 碳化锌和水反应，生成氢氧化锌和乙炔气体。金属碳化物和水反应，属于水解反应，反应前后各元素的化合价保持不变。根据化合价不变的原则以及生成有机物的通式，可以很快写出化学方程式。

【CO】 一氧化碳是无色、无味的气体，易燃，在空气中燃烧火焰呈蓝色。可作燃料；高温下作还原剂，和许多金属形成羰基配合物，用来提炼金属；极毒，容易使人中毒，俗称煤烟中毒。CO 是一种空气污染物，与铁、镍、钴、钼等形成羰基配合物。实验室一般用浓硫酸使甲醇脱水或由碳酸钙与锌粉共热制得；工业上用煤或焦炭不完全燃烧制备，也可由水煤气或煤气中分离出。在有机合成中作原料，冶金工业作还原剂，也是一种气体燃料。

$2CO+2CO_3^{2-}-4e^-=\!=4CO_2$ 熔融盐燃料电池负极的电极反应式。Li_2CO_3 和 Na_2CO_3 熔融盐混合物作电解质，CO 为负极燃气，空气和 CO_2 的混合气体作为正极助燃气，正极电极反应式：$O_2+2CO_2+4e^-=\!=2CO_3^{2-}$。总反应式：$2CO+O_2\xlongequal{点燃}2CO_2$。

$CO+CuO\xlongequal{高温}Cu+CO_2$ 一氧化碳作还原剂，高温下还原氧化铜，生成铜和二氧化碳。

$CO+3H_2\xrightarrow{催化剂}CH_4+H_2O$ 用一氧化碳和氢气催化反应合成甲烷，催化剂为 Fe、Co、Ni 等，温度 523K。煤的气化过程中生成“高热值气”的原理，即合成天然气的原理，水变为液态，剩余主要成分为甲烷。“中热值气”的主要成分为 H_2、CO，少量的 CH_4。“低热值气”的主要成分是 H_2、CO 和相当量的 N_2。一氧化碳和氢气的混合气体可用碳和水蒸气反应制得：$C(s)+H_2O(g)\xlongequal{高温}CO(g)+H_2(g)$。

$nCO+(2n+1)H_2\xrightarrow[\Delta]{催化剂}C_nH_{2n+2}+nH_2O$ H_2 和 CO 在催化剂、加热条件下制备烷烃。一氧化碳和氢气的混合气体可用炭和水蒸气反应制得，见【$C(s)+H_2O(g)$】。

$nCO+2nH_2\rightarrow C_nH_{2n}+nH_2O$ 煤的间接气化——液化法生产烯烃的原理。

$CO(g)+2H_2(g)\xrightleftharpoons[加热加压]{催化剂}CH_3OH(g)$ 一氧化碳和氢气在高温、高压、催化剂条件下合成甲醇，煤的液化原理之一。一氧化碳和氢气的混合气体可用炭和水蒸气反应制得，见【$C(s)+H_2O(g)$】。

$CO+2H_2\xrightarrow[300℃,2\times10^7Pa]{ZnO-Cr_2O_3-CuO}CH_3OH$ 一氧化碳和氢气在高温、高压、催化剂条件下合成甲醇，煤的液化原理之一。反应条件可以不具体写出来，用“高温、高压、催化剂”表示。一氧化碳和氢气的混合气体可用炭和水蒸气反应制得，见【$C(s)+H_2O(g)$】。

$CO+H_2+RCH=CH_2\xrightarrow[高温高压]{钴化合物}RCH_2CH_2CHO\xrightarrow{H_2}RCH_2CH_2CH_2OH$ 烯烃加氢酰化形成醛，醛和氢气加成生成醇。

$2CO+H_2+2CH_3OH \rightarrow 2H_2O+CH_3COOCH=CH_2$　一氧化碳、氢气和甲醇按物质的量之比 2∶1∶2 反应，生成醋酸乙烯酯。反应物还可以按 3∶3∶1 反应，见【$3CO+3H_2+CH_3OH$】。醋酸乙烯酯又叫乙酸乙烯酯，是无色有香味的液体，比水轻，微溶于水，易溶于乙醇、乙醚等，是制造聚醋酸乙烯酯、聚乙烯醇、聚乙烯醇缩甲醛（维纶）等的单体。

$3CO+3H_2+CH_3OH \rightarrow 2H_2O+CH_3COOCH=CH_2$　一氧化碳、氢气和甲醇以一定的比例生产乙酸乙烯酯。反应物还可以按 2∶1∶2 反应，见【$2CO+H_2+2CH_3OH$】。

$CO+H_2+H_2O(g) \xlongequal[>723K]{Fe_2O_3} CO_2+2H_2$

工业上用 C、CH_4 和水蒸气反应制水煤气，作工业燃料，不必分离 CO 和 H_2。若要制备 H_2，必须分离 CO：将水煤气和水蒸气一起通过红热的氧化铁催化剂，CO 转化为 CO_2，在 2×10^6Pa 条件下用水洗涤 CO_2 和 H_2 的混合气体，CO_2 溶于水，剩余为 H_2。

$CO+H_2O(g) \underset{高温}{\overset{催化剂}{\rightleftharpoons}} CO_2+H_2$　一氧化碳和水蒸气反应，生成二氧化碳和氢气。

$CO(g)+H_2O(g)=CO_2(g)+H_2(g)$; $\Delta H=-41kJ/mol$　一氧化碳和水蒸气反应，生成二氧化碳和氢气的热化学方程式。

$CO+Hb \rightleftharpoons Hb\cdot CO$　血红蛋白和 CO 结合生成碳氧血红蛋白的原理。用 Hb 表示血红蛋白。关于煤烟中毒，见【$CO+Hb\cdot O_2$】。

$CO+Hb\cdot O_2 \rightleftharpoons O_2+Hb\cdot CO$　人和动物体中，吸入的氧气和血红蛋白结合生成氧合血红蛋白：$O_2+Hb \rightleftharpoons Hb\cdot O_2$，经血液循环输送到身体的各个部位，实现氧气的输送，Hb 代表血红蛋白。人体吸入一氧化碳之后，CO 会和血红蛋白结合，见【CO+Hb】。CO 结合血红蛋白的能力大于氧气，而且结合后不容易分离，所以会影响血红蛋白对氧气的运输，进而影响智力，这就是一氧化碳中毒，俗称煤烟中毒。在高压氧舱中，氧气的浓度较大，促使平衡左移，可使一氧化碳缓慢地释放出来。

$2CO+2NO \xlongequal{催化剂} N_2+2CO_2$　汽车尾气系统中安装催化转化器，将未完全燃烧的 CO 和燃烧产生的一氧化氮转化为无污染的氮气和 CO_2，防止一氧化碳、一氧化氮污染环境。

$CO(g)+NO(g) \rightleftharpoons \frac{1}{2}N_2(g)+CO_2(g)$; $\Delta H=-373.2kJ/mol$　一氧化碳和一氧化氮反应生成氮气和二氧化碳的热化学方程式。

$CO+NO_2 \rightleftharpoons CO_2+NO$　二氧化氮氧化少量的一氧化碳，生成二氧化碳和一氧化氮。过量的一氧化碳和二氧化氮反应，生成氮气和二氧化碳，见【$4CO+2NO_2$】。

$CO(g)+NO_2(g)=CO_2(g)+NO(g)$; $\Delta H=-234kJ/mol$　二氧化氮氧化一氧化碳，生成二氧化碳和一氧化氮的热化学方程式。

$4CO+2NO_2 \xlongequal[\triangle]{催化剂} N_2+4CO_2$　过量的一氧化碳还原二氧化氮，生成氮气和二氧化碳。少量的一氧化碳还原二氧化氮，见【$CO+NO_2$】。

$2CO+O_2 \xlongequal{点燃} 2CO_2$　一氧化碳燃烧生成二氧化碳。在空气中燃烧时，火焰为淡蓝色。

$2CO+O_2 \xlongequal{催化剂} 2CO_2$　汽车尾气系统中安装催化转化器，将未完全燃烧的 CO 转化为 CO_2，防止一氧化碳污染环境。

$CO(g)+\frac{1}{2}O_2(g)═CO_2(g);\Delta H=-283.0kJ/mol$ 一氧化碳燃烧生成二氧化碳的热化学方程式。

【CO_2】 二氧化碳，无色、无臭气体，又称“碳酸酐”（因溶于水能生成碳酸）。固态二氧化碳称“干冰”；化学性质稳定，不活泼，气、固、液三态均不燃烧；溶于水，部分生成碳酸。动植物新陈代谢和有机物完全燃烧的产物，石灰和发酵工业副产物。工业上可由炭在过量空气中燃烧，或由石灰石等煅烧制备，也可通过发酵工艺而得，实验室常用碳酸盐和酸作用而得。工业用作制备纯碱、碳酸饮料等，也作灭火剂。“干冰”可保存食物和作致冷剂。绿色植物利用 CO_2 和 H_2O 经光合作用合成有机物。

$CO_2(g)\rightleftharpoons CO_2(aq)$ 二氧化碳溶解于水建立的动态平衡状态，比如啤酒中溶解的二氧化碳。

$CO_2+CO_3^{2-}+H_2O═2HCO_3^-$ 二氧化碳、碳酸盐和水反应，生成碳酸氢盐。碳酸盐都具有类似的性质，生成的碳酸氢盐都易溶于水。

$CO_2+Ca^{2+}+2OH^-═CaCO_3\downarrow+H_2O$
澄清石灰水中通入少量的二氧化碳，生成碳酸钙白色沉淀和水，用于检验二氧化碳气体。若继续通入二氧化碳：$CaCO_3+CO_2+H_2O═Ca^{2+}+2HCO_3^-$。两步加合得到过量二氧化碳和澄清石灰水反应的离子方程式：$OH^-+CO_2═HCO_3^-$。若参加反应的是澄清的石灰水，$Ca(OH)_2$ 完全电离，离子方程式中应写作 Ca^{2+}和 OH^-。若参加反应的是石灰乳，离子方程式中应写作化学式 $Ca(OH)_2$。有 $Ca(OH)_2$ 生成的反应，一般应写作化学式 $Ca(OH)_2$。化学方程式见【$CO_2+Ca(OH)_2$】。

$CO_2+CaCO_3+H_2O═Ca^{2+}+2HCO_3^-$
二氧化碳、碳酸钙和水反应，生成碳酸氢钙的离子反应。碳酸盐都具有类似的性质，生成的碳酸氢盐都易溶于水。可用澄清石灰水中通入二氧化碳生成白色沉淀以检验二氧化碳气体，通入过量的二氧化碳，生成易溶于水的碳酸氢钙，沉淀又消失。自然界钟乳石、石笋形成的过程，就是碳酸钙和二氧化碳、水形成碳酸氢钙以及碳酸氢钙分解生成碳酸钙这两个过程的循环。

$CO_2+CaCO_3+H_2O═Ca(HCO_3)_2$
二氧化碳、碳酸钙和水反应，生成碳酸氢钙。离子方程式和解释详见【$CO_2+CaCO_3+H_2O═Ca^{2+}+2HCO_3^-$】。

$CO_2+Ca(OH)_2═CaCO_3\downarrow+H_2O$
澄清石灰水中通入少量的二氧化碳，生成碳酸钙白色沉淀。该反应用于检验二氧化碳气体。若继续通入二氧化碳：$CaCO_3+CO_2+H_2O═Ca(HCO_3)_2$。两步加合得到过量二氧化碳和澄清石灰水反应的总方程式：$2CO_2+Ca(OH)_2═Ca(HCO_3)_2$。离子方程式见【$CO_2+Ca^{2+}+2OH^-$】。

$2CO_2+Ca(OH)_2═Ca(HCO_3)_2$
澄清石灰水中通入过量的二氧化碳，先生成白色碳酸钙沉淀：$CO_2+Ca(OH)_2═CaCO_3\downarrow+H_2O$，继续通入二氧化碳，沉淀消失，生成碳酸氢钙：$CaCO_3+CO_2+H_2O═Ca(HCO_3)_2$。两步加合得到过量二氧化碳和澄清石灰水反应的总方程式。离子方程式：$OH^-+CO_2═HCO_3^-$。

$CO_2+3H_2\rightarrow CH_3OH+H_2O$ CO_2 和 H_2 在一定条件下合成甲醇。甲醇直接掺入汽油中，代替部分汽油作燃料，在现有的发动机中就可以很好地使用，从而减缓石油资源的紧张，同时达到二氧化碳减排的目的。

$6CO_2+6H_2O\xrightarrow[叶绿素]{光}C_6H_{12}O_6+6O_2$

植物光合作用的原理。在太阳光照射下，叶绿素吸收二氧化碳和水，生成葡萄糖和氧气。有时也可写作 $6CO_2+12H_2O \xrightarrow[\text{叶绿素}]{\text{光}} C_6H_{12}O_6+6H_2O+6O_2$。

$6CO_2+12H_2O \xrightarrow[\text{叶绿素}]{\text{光}} C_6H_{12}O_6+6H_2O+6O_2$ 植物光合作用的原理的另一种表达式，见【$6CO_2+6H_2O$】。

$nCO_2+mH_2O \xrightarrow[\text{叶绿素}]{\text{光}} C_n(H_2O)_m+nO_2$ 绿色植物光合作用，合成储藏能量的糖类，释放出氧气。$C_n(H_2O)_m$ 表示糖类，过去叫碳水化合物，现在发现有些糖并不满足 $C_n(H_2O)_m$ 的通式，如鼠李糖：$C_6H_{12}O_5$，碳水化合物的概念已脱离实际，但仍在使用，泛指糖类。

$CO_2+H_2O = H_2CO_3$ 二氧化碳溶解于水生成碳酸，相同条件下，碳酸又同时分解生成二氧化碳和水。该反应是可逆反应，应写作 $CO_2+H_2O \rightleftharpoons H_2CO_3$。常温常压下，1 体积水中溶解 1 体积二氧化碳。对于初学化学的学生来说，在学习可逆反应的概念之前，往往写作 $H_2O+CO_2 = H_2CO_3$。

$CO_2+H_2O \rightleftharpoons H_2CO_3$ 二氧化碳溶解于水生成碳酸，相同条件下，碳酸又同时分解生成二氧化碳和水。该反应是可逆反应。

$CO_2(aq)+K_2CO_3(aq)+H_2O(l) \rightleftharpoons 2KHCO_3(aq)$ 二氧化碳、碳酸钾和水反应，生成碳酸氢钾。碳酸盐都有类似性质，生成的碳酸氢盐都易溶于水。

$CO_2+2KOH = K_2CO_3+H_2O$ 氢氧化钾溶液中通入少量的二氧化碳，生成碳酸钾和水。

$CO_2+KOH = KHCO_3$ 氢氧化钾溶液中通入过量的二氧化碳，生成碳酸氢钾。氢氧化钾溶液中通入少量的二氧化碳，先生成碳酸钾和水：$2KOH+CO_2 = K_2CO_3+H_2O$。继续通入二氧化碳，则生成碳酸氢钾：$K_2CO_3+CO_2+H_2O = 2KHCO_3$。两步加合得以上总反应式。

$CO_2+2NH_3 \xrightarrow[\triangle]{\text{催化剂}} CO(NH_2)_2+H_2O$

工业上用二氧化碳和过量的氨气生产尿素的原理。详见【$CO_2+2NH_3 \xrightarrow{\text{加热加压}} H_2NCOONH_4$】。

$CO_2+2NH_3 \xrightarrow{\text{加热加压}} H_2NCOONH_4$ 工业上用二氧化碳和过量的氨气在压强 14MPa~20MPa、温度 180℃左右的条件下生产尿素的中间反应，生成氨基甲酸铵。氨基甲酸铵脱水生成尿素：$H_2NCOONH_4 \xlongequal{\triangle} H_2NCONH_2+H_2O$。总反应方程式：$CO_2+2NH_3 \xrightarrow[\triangle]{\text{催化剂}} CO(NH_2)_2+H_2O$。1773 年最初是从尿中提取出尿素。

$CO_2+NH_3+H_2O = NH_4HCO_3$ 1861 年比利时人索尔维提出的氨碱法生产碳酸钠的原理。

【氨碱法】先用饱和食盐水吸收氨气，再通入二氧化碳，得到 NH_4HCO_3，因 $NaHCO_3$ 溶解度小于 NH_4HCO_3，NH_4HCO_3 和氯化钠交换离子后以晶体形式析出：$NaCl+NH_4HCO_3 = NaHCO_3\downarrow+NH_4Cl$。也可以写作 $CO_2+NaCl+NH_3+H_2O = NaHCO_3\downarrow+NH_4Cl$。将制得的碳酸氢钠加热就得到碳酸钠，俗称纯碱。二氧化碳来自于石灰石的煅烧，煅烧得到的 CaO 和水反应生成 $Ca(OH)_2$，再和 NH_4Cl 反应得到氨气，可循环使用 NH_4Cl。该原理技术成熟，原料易得，但食盐的利用率较低，只有 70%。

【联合制碱法】1942 年我国化工专家侯德榜发明了联合制碱法，又叫侯德榜制碱法，原理和索尔维氨碱法基本相同，取消了石灰石煅烧制备二氧化碳的过程，将合成氨工业和制碱工业联合起来。炭和水蒸气反应得到一氧化碳和氢气：$C+H_2O(g) \rightleftharpoons CO(g)+H_2(g)$，氢气用于合成氨：$3H_2+N_2 \xrightleftharpoons[催化剂]{高温高压} 2NH_3$，CO 转化为 CO_2 参加碳酸钠的生产。该原理风靡东南亚地区，食盐的利用率达到 96%。

$CO_2+NH_3+H_2O+NaCl = NaHCO_3\downarrow +NH_4Cl$ 氨碱法或侯德榜制碱法生产碳酸钠的原理。详见【$CO_2+NH_3+ H_2O$】。

$CO_2+NH_3\cdot H_2O = NH_4^++HCO_3^-$
过量的二氧化碳和氨水反应生成碳酸氢铵的离子方程式。碳酸氢铵在水中完全电离生成 NH_4^+ 和 HCO_3^-。NH_4^+ 和 HCO_3^- 虽然可以发生双水解反应，但不彻底，仅部分水解，所以 NH_4^+ 和 HCO_3^- 在水中可以大量共存。

$CO_2+NH_3\cdot H_2O = NH_4HCO_3$ 过量的二氧化碳和氨水反应生成碳酸氢铵。离子方程式：$CO_2+NH_3\cdot H_2O = NH_4^++HCO_3^-$。

$CO_2+NO+Na_2O_2 = Na_2CO_3+NO_2$
二氧化碳和一氧化氮的混合气体与过氧化钠反应，生成碳酸钠和二氧化氮。可以理解为以下两个反应的加合：$2CO_2+2Na_2O_2 = 2Na_2CO_3+O_2$；$2NO+O_2 = 2NO_2$。

$CO_2+Na_2CO_3+H_2O = 2NaHCO_3$
二氧化碳、碳酸钠和水反应，生成碳酸氢钠。碳酸盐都具有类似的性质，生成的碳酸氢盐都易溶于水。离子方程式：$CO_2+CO_3^{2-}+H_2O = 2HCO_3^-$。

$CO_2+2NaClO+H_2O = Na_2CO_3+2HClO$ 次氯酸钠和少量二氧化碳反应，生成次氯酸和碳酸钠。碳酸酸性强于次氯酸。漂白粉、漂粉精、消毒液中的次氯酸盐，在实际使用过程中需要空气中的二氧化碳将其转化为真正具有消毒和漂白作用的 HClO，或通过加少量的醋酸、盐酸等实现。若通入过量的二氧化碳，则生成次氯酸和碳酸氢钠，见【$CO_2+NaClO+H_2O$】。

$CO_2+NaClO+H_2O = NaHCO_3+HClO$ 次氯酸钠溶液中通入过量的二氧化碳，生成次氯酸和碳酸氢钠。酸性：碳酸大于次氯酸。

$CO_2+Na_2O = Na_2CO_3$ 酸性氧化物 CO_2 和碱性氧化物 Na_2O 反应，生成碳酸钠。酸性氧化物和碱性氧化物反应，具有此通性。

$CO_2+2NaOH = Na_2CO_3+H_2O$
氢氧化钠溶液中通入少量的二氧化碳，生成碳酸钠和水。酸性氧化物和碱反应生成盐和水。通入过量的二氧化碳，生成碳酸氢钠，见【CO_2+NaOH】。

$CO_2+NaOH = NaHCO_3$ 氢氧化钠溶液中通入过量的二氧化碳，先生成碳酸钠和水：$CO_2+2NaOH = Na_2CO_3+H_2O$，生成的碳酸钠继续和二氧化碳、水反应：$CO_2+Na_2CO_3+H_2O = 2NaHCO_3$。两步加合得到以上总方程式。

$2CO_2+O_2+4e^- = 2CO_3^{2-}$ 熔融盐燃料电池正极的电极反应式。见【$2CO+2CO_3^{2-}-4e^-$】。

$CO_2+2OH^- = CO_3^{2-}+H_2O$ 可溶性强碱溶液中通入少量的二氧化碳，生成碳酸盐和水。过量二氧化碳和可溶性强碱溶液反应生成碳酸氢钠，见【CO_2+OH^-】。

$CO_2+OH^- = HCO_3^-$ 可溶性强碱溶液中通入过量的二氧化碳，生成碳酸氢钠。通入少量的二氧化碳，先生成碳酸盐和水：$2OH^-+CO_2 = CO_3^{2-}+H_2O$。若继续通入二氧化碳：$CO_3^{2-}+CO_2+H_2O = 2HCO_3^-$。两步加合得到以上总反应式。

$CO_2+SiO_3^{2-}+H_2O = H_2SiO_3\downarrow+CO_3^{2-}$
少量二氧化碳通入可溶性硅酸盐溶液中，生成白色 H_2SiO_3 沉淀和碳酸盐。碳酸酸性强于硅酸。该反应还可以写作：$CO_2+SiO_3^{2-}+2H_2O = H_4SiO_4\downarrow+CO_3^{2-}$。当通入过量的二氧化碳时，生成白色 H_2SiO_3 沉淀和碳酸氢盐，见

【$2CO_2$+SiO_3^{2-}+$2H_2O$】。

$CO_2+SiO_3^{2-}+2H_2O$══H_4SiO_4↓+CO_3^{2-} 少量二氧化碳通入可溶性硅酸盐溶液中，制备硅酸(或原硅酸)的原理，见【CO_2+ SiO_3^{2-}+H_2O】。

$2CO_2+SiO_3^{2-}+2H_2O$══H_2SiO_3↓+$2HCO_3^-$ 过量的二氧化碳通入可溶性硅酸盐溶液中，生成 H_2SiO_3 白色沉淀和碳酸氢盐。碳酸酸性强于硅酸。该反应还可以写作：$2CO_2$+SiO_3^{2-}+$3H_2O$══H_4SiO_4↓+$2HCO_3^-$。少量的二氧化碳通入可溶性硅酸盐溶液中，生成白色 H_2SiO_3 沉淀和碳酸盐，见【CO_2+ SiO_3^{2-}+H_2O】。

$2CO_2+SiO_3^{2-}+3H_2O$══H_4SiO_4↓+$2HCO_3^-$ 过量的二氧化碳通入可溶性硅酸盐溶液中，制备硅酸（或原硅酸）的原理，见【$2CO_2$+SiO_3^{2-}+$2H_2O$】。

【CS_2】 二硫化碳是无色有毒的挥发性液体，直线型分子，结构式为 S=C=S。在空气中极易着火，常作为溶剂，不溶于水；加热到 423K 时，能和水反应，生成 CO_2 和 H_2S；易燃烧，伴有蓝色火焰。工业上一般由甲烷和硫在高温与催化剂条件下作用而得，或由硫和木炭反应而得。二硫化碳是很重要的溶剂，用于生产黏胶纤维、玻璃及四氯化碳。农业上用来控制虫害。

CS_2+4NH_3══$NH_4SCN+(NH_4)_2S$ 工业上生产硫氰酸铵的主要反应，用氨水和二硫化碳反应制取。

CS_2+Na_2S══Na_2CS_3 二硫化碳和硫化钠反应，生成硫代碳酸钠。

$CS_2+3O_2 \xlongequal{点燃} CO_2+2SO_2$ 二硫化碳在空气中极易燃烧，生成二氧化碳和二氧化硫。

【CO_3^{2-}】 碳酸根离子。

$CO_3^{2-}+Ca(OH)_2$══$CaCO_3+2OH^-$ 石灰乳中加入可溶性碳酸盐溶液，转化成白色难溶物碳酸钙。该沉淀溶于盐酸、硝酸等，生成无色无味的 CO_2 气体。$Ca(OH)_2$ 微溶于水。

$CO_3^{2-}+CaSO_4$══$CaCO_3+SO_4^{2-}$ 微溶于水的硫酸钙中加入可溶性碳酸盐溶液，生成更难溶的白色碳酸钙。

$CO_3^{2-}+H^+$══HCO_3^- CO_3^{2-}和少量的 H^+反应，先生成 HCO_3^-。继续加 H^+，HCO_3^- 继续和 H^+反应生成碳酸，见【CO_3^{2-}+$2H^+$】。

$CO_3^{2-}+2H^+$══H_2O+CO_2↑ CO_3^{2-}和足量的 H^+反应，生成碳酸，碳酸分解生成 CO_2 和 H_2O。CO_3^{2-}和 H^+反应，第一步先生成 HCO_3^-：CO_3^{2-}+H^+══HCO_3^-。第二步，HCO_3^- 继续和 H^+反应，生成碳酸：HCO_3^-+H^+══CO_2↑+H_2O，碳酸分解生成 CO_2 和 H_2O。两步加合得到以上总方程式。若 H^+不足，只停留在第一阶段，生成碳酸氢盐，见【CO_3^{2-}+H^+】。多元弱酸根结合氢离子的情况和 CO_3^{2-} 相似，分步逐级结合，最后生成酸。

$CO_3^{2-}+H_2O \rightleftharpoons HCO_3^-+OH^-$ CO_3^{2-}的第一步水解离子方程式，生成 HCO_3^- 和 OH^-。第二步水解，也就是 HCO_3^-的水解：HCO_3^-+H_2O ⇌ H_2CO_3+OH^-。多元弱酸根离子分步水解，离子方程式和化学方程式分步书写。

$CO_3^{2-}+2NH_4^+ \xlongequal{\triangle} CO_2$↑$+2NH_3$↑$+H_2O$ 碳酸铵不稳定，受热易分解，见【$(NH_4)_2CO_3$】。加热其水溶液时，分解也生成二氧化碳、氨气和水。

$CO_3^{2-}+NH_4^+$══$HCO_3^-+NH_3$↑ 碳酸铵浓溶液或可溶性的碳酸盐浓溶液和铵盐浓溶液混合，CO_3^{2-}和 NH_4^+发生较不完全的双水解反应，生成 HCO_3^-和 NH_3，CO_3^{2-}

的水解只停留在第一步。若为稀溶液，则发生双水解反应：CO_3^{2-}+NH_4^++H_2O══HCO_3^-+$NH_3·H_2O$。在稀溶液中，水解生成 $NH_3·H_2O$，不会放出 NH_3，浓溶液或加热条件下才放出 NH_3。CO_3^{2-}、HCO_3^-都能和 NH_4^+发生双水解反应，因水解不彻底，所以$(NH_4)_2CO_3$、NH_4HCO_3 在水中是存在的，但在热水中$(NH_4)_2CO_3$ 分解。

$2CO_3^{2-}+SO_2+H_2O═2HCO_3^-+SO_3^{2-}$ (少量 SO_2) 可溶性碳酸盐溶液中通入少量的二氧化硫，生成 HCO_3^-和 SO_3^{2-}。因 H_2SO_3 的 $K_{a(1)}$=1.3×10^{-2}，$K_{a(2)}$=6.3×10^{-8}，碳酸的 $K_{a(1)}$=4.2×10^{-7}，$K_{a(2)}$=5.6× 10^{-11}，H_2SO_3 提供两个氢离子变成 SO_3^{2-}时，CO_3^{2-}只能变成 HCO_3^-，不会生成碳酸。酸性：H_2SO_3>H_2CO_3>HSO_3^->HCO_3^-。若通入过量的二氧化硫，则生成 HSO_3^-和 CO_2，见【CO_3^{2-}+2SO_2+H_2O】。

$CO_3^{2-}+2SO_2+H_2O═2HSO_3^-+CO_2$ (过量 SO_2) 可溶性碳酸盐溶液中通入过量的二氧化硫，生成 HSO_3^-和 CO_2。因 H_2SO_3 的 $K_{a(1)}$=1.3×10^{-2}，$K_{a(2)}$=6.3×10^{-8}，碳酸的 $K_{a(1)}$=4.2×10^{-7}，$K_{a(2)}$=5.6×10^{-11}，过量的 H_2SO_3 提供氢离子变成 HSO_3^-时，足可以使 CO_3^{2-}变成 H_2CO_3，分解生成 CO_2 和 H_2O。酸性：H_2SO_3>H_2CO_3>HSO_3>HCO_3^-。若通入少量的二氧化硫，生成 HCO_3^-和 SO_3^{2-}，见【2CO_3^{2-}+SO_2+H_2O】。

【H_2CO_3】

碳酸，不稳定，无游离态，只存在于水溶液中。二氧化碳溶解在水中生成碳酸：CO_2+H_2O ⇌ H_2CO_3，在相同条件下，碳酸又很容易分解。常温常压下，1 体积水中溶解 1 体积二氧化碳。二氧化碳是非电解质，碳酸是弱电解质，二元弱酸，$K_{a(1)}$=4.2×10^{-7}，$K_{a(2)}$=5.6×10^{-11}。

$H_2CO_3 \rightleftharpoons H^++HCO_3^-$ 碳酸在水中的第一步电离，部分电离出 H^+和 HCO_3^-。第二步电离：HCO_3^- ⇌ H^++CO_3^{2-}。

$H_2CO_3=H_2O+CO_2↑$ 碳酸不稳定，分解生成水和二氧化碳。该反应应该是可逆的：H_2CO_3 ⇌ H_2O+CO_2↑。但是，学生学习化学概念是逐步的，循序渐进的，在学习可逆反应的概念之前，写成 H_2CO_3══H_2O+CO_2↑。碳酸加热会加速分解。

$H_2CO_3 \rightleftharpoons H_2O+CO_2↑$ 二氧化碳溶解于水生成碳酸，相同条件下，碳酸又同时分解生成二氧化碳和水。

【HCO_3^-】

碳酸氢根离子。

$HCO_3^- \rightleftharpoons H^++CO_3^{2-}$ 碳酸氢根在水中的电离方程式，部分电离出 H^+和 CO_3^{2-}，也是碳酸的第二步电离，见【H_2CO_3】。可写成 HCO_3^-+H_2O ⇌ H_3O^++CO_3^{2-}。

$HCO_3^-+H^+═CO_2↑+H_2O$ 碳酸氢盐和强酸反应，生成二氧化碳气体和水，也是碳酸根结合氢离子的第二步反应，见【CO_3^{2-}+2H^+】。强酸制弱酸。

$HCO_3^-+H^+ \rightleftharpoons H_2CO_3 \rightleftharpoons CO_2+H_2O$ H^+和 HCO_3^-结合生成碳酸，碳酸又同时分解生成二氧化碳和水，形成两个平衡。

$HCO_3^-+H_2O \rightleftharpoons CO_3^{2-}+H_3O^+$ HCO_3^-电离方程式，在水分子的作用下，HCO_3^-中的部分氢离子被分解到水中，又可写成 HCO_3^- ⇌ CO_3^{2-}+H^+。

$HCO_3^-+H_2O \rightleftharpoons H_2CO_3+OH^-$ HCO_3^-的水解，也就是 CO_3^{2-}的第二步水解，生成 H_2CO_3 和 OH^-。CO_3^{2-}的第一步水解：CO_3^{2-}+H_2O ⇌ HCO_3^-+OH^-。多元弱酸根离子分步水解，离子方程式和化学方程式分步书写。

$HCO_3^-+HSO_4^-$══$H_2O+CO_2\uparrow+SO_4^{2-}$
硫酸氢根离子和碳酸氢根离子反应，生成水、二氧化碳和硫酸根离子。HSO_4^-实际上是弱酸，电离方程式：$HSO_4^- \rightleftharpoons H^++SO_4^{2-}$；中学化学里按强酸对待，电离方程式常写为$HSO_4^-$══$H^++SO_4^{2-}$，则硫酸氢根离子和碳酸氢根离子反应的离子方程式就变为$HCO_3^-+H^+$══$CO_2\uparrow+H_2O$。

$HCO_3^-+NH_4^++H_2O \rightleftharpoons NH_3\cdot H_2O+H_2CO_3$ NH_4^+和HCO_3^-发生双水解反应，生成一水合氨和碳酸。HCO_3^-和NH_4^+虽发生双水解反应，但NH_4HCO_3在水中是存在的，即HCO_3^-和NH_4^+的水解不彻底，形成一个平衡。

$HCO_3^-+NH_4^++2OH^- \overset{\triangle}{=\!=} CO_3^{2-}+NH_3\uparrow+2H_2O$ 少量的碳酸氢铵溶液和过量的可溶性强碱溶液加热反应，生成CO_3^{2-}、NH_3和水。浓溶液或加热时释放出氨气，若为稀溶液或不加热时，生成一水合氨：$HCO_3^-+NH_4^++2OH^-$══$CO_3^{2-}+NH_3\cdot H_2O+H_2O$。若为过量的碳酸氢铵溶液和少量的可溶性强碱溶液反应，HCO_3^-中的H^+要比NH_4^+优先得到OH^-，生成水和CO_3^{2-}：$OH^-+HCO_3^-$══$CO_3^{2-}+H_2O$。

$HCO_3^-+NH_4^++2OH^-$══$CO_3^{2-}+NH_3\cdot H_2O+H_2O$ 少量的碳酸氢铵溶液和过量的可溶性强碱溶液反应，不加热时生成CO_3^{2-}、$NH_3\cdot H_2O$和水。

$HCO_3^-+OH^-$══$CO_3^{2-}+H_2O$ HCO_3^-和OH^-反应，生成CO_3^{2-}和H_2O。碳酸氢盐中的氢离子与OH^-结合，生成正盐和水。HCO_3^-既可以和OH^-反应，又可以和H^+反应：$HCO_3^-+H^+$══$CO_2\uparrow+H_2O$。中学生最容易将HCO_3^-和H^+、OH^-的反应搞混。

$HCO_3^-+SO_2$══$HSO_3^-+CO_2\uparrow$(过量SO_2) 碳酸氢盐溶液中通入过量的二氧化硫，生成亚硫酸氢盐和二氧化碳。酸性：亚硫酸>碳酸。

$2HCO_3^-+SO_2$══$SO_3^{2-}+2CO_2\uparrow+H_2O$(少量$SO_2$) 碳酸氢盐溶液中通入少量的二氧化硫，生成亚硫酸盐、二氧化碳和水。酸性：亚硫酸>碳酸。

【Li_2CO_3】 碳酸锂，白色单斜结晶，分解温度1310℃，不溶于醇和丙酮，微溶于水；空气中稳定，不潮解；其澄清的水溶液中通入二氧化碳，可转变为碳酸氢锂溶液，加热又放出二氧化碳。一般由可溶性锂盐的热溶液和碳酸钠反应或由氢氧化锂和二氧化碳反应而得。常用于制可溶性锂盐以及用于陶瓷、玻璃、制药工业。

Li_2CO_3+2HCl══$2LiCl+CO_2\uparrow+H_2O$ 碳酸锂和盐酸反应，生成氯化锂、二氧化碳气体和水。

【Na_2CO_3】 碳酸钠又叫纯碱、苏打，白色粉末，溶于水，水溶液因水解而显碱性；易吸湿而结块。十水碳酸钠$Na_2CO_3\cdot 10H_2O$为无色晶体。由氨、二氧化碳与饱和食盐水共同作用而得，用于制肥皂、制玻璃、造纸、冶金等。一水化合物室温时比天然水合物稳定。

Na_2CO_3══$2Na^++CO_3^{2-}$ 碳酸钠在水中的电离方程式。

$Na_2CO_3(s)+Ca^{2+}$══$CaCO_3(s)+2Na^+$
用固体纯碱除去硬水中的Ca^{2+}。

Na_2CO_3+2HCl══$2NaCl+CO_2\uparrow+H_2O$ 碳酸钠和盐酸反应，生成氯化钠、二氧化碳和水。这两种物质反应，滴加的顺序不同，现象也不同：（1）若向碳酸钠溶液中加盐酸，先生成碳酸氢钠：$CO_3^{2-}+H^+$══HCO_3^-，开始看不到气泡，继续滴加盐酸，产生气泡：$HCO_3^-+H^+$══$CO_2\uparrow+H_2O$。（2）若向盐酸中滴加碳酸钠溶液：$CO_3^{2-}+2H^+$══$H_2O+CO_2\uparrow$，开始就产生气泡。利用滴加的顺序不同现象不同，可以鉴别碳酸钠和盐酸。

Na_2CO_3+HCl══$NaCl+NaHCO_3$ 碳酸钠和少量的盐酸反应，生成氯化钠和碳酸氢钠，没有气泡产生。若继续滴加盐酸：$NaHCO_3+HCl$══$NaCl+CO_2\uparrow+H_2O$，有气泡产生。若大量的盐酸中滴加碳酸钠，立即有气泡产生，$CO_3^{2-}+2H^+$══$H_2O+CO_2\uparrow$。

$Na_2CO_3+H_2O \rightleftharpoons NaHCO_3+NaOH$ 碳酸钠在水中的第一步水解反应，生成碳酸氢钠和氢氧化钠。第二步水解：$NaHCO_3+H_2O \rightleftharpoons H_2CO_3+NaOH$。强碱弱酸盐水解显碱性。多元弱酸根离子在水中分步水解，分步书写化学方程式或离子方程式。离子方程式见【$CO_3^{2-}+H_2O$】。

$Na_2CO_3+H_2SO_4$══$Na_2SO_4+CO_2\uparrow+H_2O$ 碳酸钠和稀硫酸反应，生成硫酸钠、二氧化碳气体和水。强酸制弱酸，高沸点的酸制低沸点的酸。酸性：$H_2SO_4>H_2CO_3$。

$Na_2CO_3+NaHSO_3$══$NaHCO_3+Na_2SO_3$ Na_2CO_3 和 $NaHSO_3$ 反应，生成 $NaHCO_3$ 和 Na_2SO_3。酸性：$HSO_3^->HCO_3^-$。因为碳酸的酸性大于 HSO_3^-的酸性，所以不可能生成碳酸。加热煮沸时，有 CO_2 气体放出，见【$Na_2CO_3+2NaHSO_3$】。

$Na_2CO_3+2NaHSO_3 \xlongequal{煮沸} 2Na_2SO_3+H_2O+CO_2\uparrow$ $NaHSO_3$ 和 Na_2CO_3 溶液煮沸时，有 CO_2 释放出来。不加热煮沸时，不会有 CO_2 释放出来，见【$Na_2CO_3+NaHSO_3$】。制备 Na_2SO_3 的原理之一，$NaHSO_3$ 的制备见【SO_2+NaOH】。

$Na_2CO_3+2NaHSO_4$══$2Na_2SO_4+CO_2\uparrow+H_2O$ Na_2CO_3 和 $NaHSO_4$ 反应，生成硫酸钠、二氧化碳气体和水。酸性：$HSO_4^->H_2CO_3$。$NaHSO_4$ 水溶液显酸性，中学化学可以理解为 HSO_4^-在水中完全电离：$NaHSO_4$══$Na^++H^++SO_4^{2-}$，实际上，HSO_4^-的 $K_a=1.0\times 10^{-2}$，在水中部分电离，酸性弱于亚硫酸（$K_{a(1)}=1.3\times10^{-2}$）。

$Na_2CO_3+2Na_2S+4SO_2$══$3Na_2S_2O_3+CO_2$ 工业上将硫化钠和碳酸钠按物质的量之比 2∶1 配成溶液，再通入二氧化硫就可制得硫代硫酸钠。离子方程式见【$4SO_2+2S^{2-}+CO_3^{2-}$】。还可以用硫粉溶解在沸腾的亚硫酸钠碱性溶液中生产硫代硫酸钠：$S+Na_2SO_3 \xlongequal{\triangle} Na_2S_2O_3$。分三步进行：$Na_2CO_3+SO_2$══$Na_2SO_3+CO_2$；$Na_2S+SO_2+H_2O$══$Na_2SO_3+H_2S$，$2H_2S+SO_2$══$3S+2H_2O$；$Na_2SO_3+S$══$Na_2S_2O_3$。三步加合即得总反应式。

$Na_2CO_3+SO_2$══$Na_2SO_3+CO_2$ 碳酸钠和二氧化硫反应，生成亚硫酸钠和二氧化碳。还可以写作 $Na_2CO_3+H_2SO_3$══$Na_2SO_3+CO_2\uparrow+H_2O$。较强的酸制备较弱的酸。若继续通入二氧化硫，亚硫酸钠转化为亚硫酸氢钠：$Na_2SO_3+SO_2+H_2O$══$2NaHSO_3$，两步加合得过量二氧化硫和碳酸钠反应的总方程式：$Na_2CO_3+2SO_2+H_2O$══$2NaHSO_3+CO_2$。

【$Na_2CO_3\cdot10H_2O$】十水碳酸钠

$Na_2CO_3\cdot10H_2O$ 为无色晶体。空气中易风化为一水碳酸钠 $Na_2CO_3\cdot H_2O$，可用于制洗涤剂。

$Na_2CO_3\cdot10H_2O \xlongequal{\triangle} Na_2CO_3+10H_2O$ 碳酸碳晶体加热失去结晶水。305K 时，变成 $Na_2CO_3\cdot7H_2O$，308K 时，变成 $Na_2CO_3\cdot H_2O$，373K 时，变成 Na_2CO_3。

$Na_2CO_3\cdot10H_2O \xlongequal{干燥环境} Na_2CO_3\cdot xH_2O+(10-x)H_2O$ 碳酸钠晶体缓慢风化，逐渐失去结晶水的反应。

【$CaNa_2(CO_3)_2$】

$CaNa_2(CO_3)_2+2SiO_2 = Na_2SiO_3+CaSiO_3+2CO_2\uparrow$ 在玻璃的生产过程中，当温度达到600℃～680℃时，复盐$CaNa_2(CO_3)_2$和SiO_2的反应。

$CaNa_2(CO_3)_2+Na_2CO_3+3SiO_2 = 2Na_2SiO_3+CaSiO_3+3CO_2\uparrow$ 在玻璃的生产过程中，温度在740℃～800℃时，低熔混合物［Na_2CO_3-$CaNa_2(CO_3)_2$］开始熔化，并不断和SiO_2反应。

【$NaHCO_3$】

碳酸氢钠属于强电解质，又叫酸式碳酸钠，俗称小苏打，白色结晶或粉末，味微咸而凉；溶于水，水溶液因水解而显碱性；不稳定，65℃以上迅速分解，270℃时完全分解。在干燥空气中稳定，在潮湿空气中缓慢分解，是氨碱法制纯碱的中间产物，也可由碳酸钠饱和溶液通入二氧化碳沉淀出碳酸氢钠，可用于食品、饮料、灭火，以及医疗上抗酸，防治酸中毒。

$NaHCO_3 = Na^++HCO_3^-$ 碳酸氢钠在水中的第一步电离方程式。HCO_3^-还可以继续电离，见【HCO_3^-】。

$2NaHCO_3 \overset{\triangle}{=} Na_2CO_3+H_2O+CO_2\uparrow$ 碳酸氢钠不稳定，加热分解生成碳酸钠、水和二氧化碳。在65℃以上迅速分解，270℃时完全分解。此反应可实现碳酸氢钠向碳酸钠的转化，可以除去碳酸钠中的碳酸氢钠，也可以鉴别碳酸钠和碳酸氢钠（碳酸氢钠受热分解产生的气体可以使澄清石灰水变浑浊，而碳酸钠不分解），还可以制取少量的纯CO_2。

$NaHCO_3+HCl = NaCl+CO_2\uparrow+H_2O$ 碳酸氢钠和盐酸反应，生成氯化钠、二氧化碳和水。

$NaHCO_3+H_2O \rightleftharpoons H_2CO_3+NaOH$ 碳酸氢钠水解的化学方程式，生成碳酸和氢氧化钠，因水解而显碱性。同时也是碳酸钠的第二步水解。离子方程式：$HCO_3^-+H_2O \rightleftharpoons H_2CO_3+OH^-$。

$2NaHCO_3+H_2SO_4 = Na_2SO_4+2H_2O+2CO_2\uparrow$ 碳酸氢钠和硫酸反应，生成硫酸钠、水和二氧化碳。

$NaHCO_3+NaHSO_4 = Na_2SO_4+CO_2\uparrow+H_2O$ 碳酸氢钠和硫酸氢钠反应，生成硫酸钠、二氧化碳和水。酸性：$HSO_4^- > H_2CO_3$。$NaHSO_4$水溶液显酸性，中学化学里可以理解为HSO_4^-在水中完全电离：$NaHSO_4 = Na^++H^++SO_4^{2-}$，实际上，$HSO_4^-$的$K_a=1.0\times10^{-2}$，在水中部分电离，酸性弱于亚硫酸（$K_{a(1)}=1.3\times10^{-2}$）。

$NaHCO_3+Na_2O \overset{\triangle}{=} Na_2CO_3+NaOH$ 碳酸氢钠和氧化钠的固体混合物在加热条件下，生成碳酸钠和氢氧化钠。

$NaHCO_3+NaOH = Na_2CO_3+H_2O$ 碳酸氢钠和氢氧化钠反应，生成碳酸钠和水。在水中该反应的离子方程式为$HCO_3^-+OH^- = CO_3^{2-}+H_2O$，容易和$HCO_3^-+H^+ = CO_2\uparrow+H_2O$混淆。

【K_2CO_3】

碳酸钾，白色粉末，易潮解，易溶于水，水溶液呈碱性。$K_2CO_3\cdot1.5H_2O$为细小晶体，不吸湿，100℃时失去结晶水。草木灰中含少量碳酸钾。可由氧化镁、氯化钾、二氧化碳在加压下制得碳酸氢钾，再煅烧而得。可作制造硬玻璃、钾肥皂和其他含钾化合物的原料，也可直接作钾肥。

$K_2CO_3 = 2K^++CO_3^{2-}$ 碳酸钾溶于水，电离出K^+和CO_3^{2-}。

$K_2CO_3+BaCl_2 = BaCO_3\downarrow+2KCl$ $BaCl_2$溶液和K_2CO_3溶液反应生成白色

$BaCO_3$沉淀。该沉淀溶于盐酸、硝酸等，生成无色无味的CO_2气体。

$K_2CO_3+CaCl_2 = CaCO_3\downarrow+2KCl$
K_2CO_3和$CaCl_2$反应生成白色$CaCO_3$沉淀和氯化钾。该沉淀溶于盐酸、硝酸等，生成无色无味的CO_2气体。

$2K_2CO_3+C \overset{\triangle}{=} 4K+3CO_2\uparrow$ 在隔绝空气条件下，在铁筒中加热碳酸钾和炭粉的混合物，制备金属钾。钾与空气中的水分迅速反应，产生火花，点燃可燃物。最早钾用来点火或作自燃器。

$K_2CO_3+2HCl = 2KCl+H_2O+CO_2\uparrow$
碳酸钾和盐酸反应生成氯化钾、二氧化碳气体和水。

$K_2CO_3+2H_3PO_4 = 2KH_2PO_4+H_2O+CO_2\uparrow$ 碳酸钾和磷酸反应生成磷酸二氢钾、水和二氧化碳气体。磷酸属于中强酸，碳酸属于弱酸，生成的碳酸分解成二氧化碳和水。磷酸二氢钾易溶于水，水溶液显酸性。

【$KHCO_3$】

碳酸氢钾，无色透明晶体，可溶于水，水溶液因水解而显碱性，100℃时开始分解，200℃时完全分解。可由土碱经焙烧、溶解除杂，再与二氧化碳反应，或以氯化钾和碳酸氢铵为原料，经离子交换得混合液再蒸发分解生成碳酸钾溶液，再碳酸化而得。可用于生产钾盐，也用于石油、化学品灭火剂以及制药、焙粉等。

$2KHCO_3 \overset{\triangle}{=} K_2CO_3+H_2O+CO_2\uparrow$
碳酸氢钾受热分解，生成碳酸钾、二氧化碳和水。酸式碳酸盐的热稳定性要比相应的正盐的稳定性差，加热分解具有通性。

$2KHCO_3+H_2SO_4 = K_2SO_4+2H_2O+2CO_2\uparrow$ 碳酸氢钾和稀硫酸反应，生成硫酸钾、水和二氧化碳气体。强酸制弱酸，高沸点酸制低沸点的酸。

【$MgCO_3$】

碳酸镁是白色晶体或轻而疏松的白色粉末，不溶于水，主要存在于菱镁矿中。可将硫酸镁和碳酸钠溶液混合而得，常用来制镁盐或氧化镁，医疗上作抗酸药，可作防火涂料、橡胶、牙膏、日用化妆品的填料，也可作陶瓷、玻璃的原料。

$MgCO_3 \overset{\triangle}{=} MgO+CO_2\uparrow$ 碳酸镁在加热到350℃时分解生成氧化镁和二氧化碳。

$MgCO_3+BaCl_2 = BaCO_3\downarrow+MgCl_2$
$MgCO_3$微溶于水，澄清溶液和$BaCl_2$反应生成更难溶解的$BaCO_3$沉淀。在水溶液中，沉淀之间的转化趋势是向更难溶解的方向转化。若是$MgCO_3$悬浊液参加反应，则生成的$BaCO_3$后面不宜加“↓”。

$MgCO_3+2H^+ = Mg^{2+}+H_2O+CO_2\uparrow$
碳酸镁溶解在强酸中放出二氧化碳。实验室里常用碳酸盐和盐酸反应制备二氧化碳。

$MgCO_3+2HCl = MgCl_2+CO_2\uparrow+H_2O$ 碳酸镁溶解在盐酸中放出二氧化碳。实验室里常用碳酸盐和盐酸反应制备二氧化碳。

$MgCO_3+H_2O \overset{\triangle}{=} Mg(OH)_2\downarrow+CO_2\uparrow$
碳酸镁在加热条件下水解，生成更难溶于水的氢氧化镁。碳酸镁微溶于水，氢氧化镁难溶于水。沉淀之间的转化趋势是向更难溶解的方向转化。

$MgCO_3+2NaOH = Mg(OH)_2\downarrow+Na_2CO_3$ 微溶于水的$MgCO_3$和$NaOH$溶液反应生成更难溶于水的白色$Mg(OH)_2$沉淀。沉淀之间的转化趋势是向更难溶解的方向转化。

【MCO_3】碱土金属碳酸盐。

$MCO_3 \xlongequal{\triangle} MO+CO_2\uparrow$ 碱土金属的碳酸盐受热分解的通式。稳定性按 Be－Mg－Ca－Sr－Ba 的顺序增强。

【$Mg(HCO_3)_2$】碳酸氢镁。

$Mg(HCO_3)_2 \xlongequal{\triangle} MgCO_3\downarrow+CO_2\uparrow+H_2O$ 碳酸氢镁溶液在加热条件下生成碳酸镁沉淀、二氧化碳气体和水。所有的碳酸氢盐都易溶于水。

$2Mg(HCO_3)_2 \xlongequal{\triangle} Mg_2(OH)_2CO_3\downarrow+3CO_2\uparrow+H_2O$ 碳酸氢镁溶液受热先生成碳酸镁沉淀、二氧化碳气体和水：$Mg(HCO_3)_2 \xlongequal{\triangle} MgCO_3\downarrow+CO_2\uparrow+H_2O$。继续加热，部分碳酸镁水解：$MgCO_3+H_2O \xlongequal{\triangle} Mg(OH)_2+CO_2\uparrow$。生成的碳酸镁和氢氧化镁按一定的比例组成碱式碳酸镁。碱式碳酸镁又叫“轻质碳酸镁”，其化学式为 $xMgCO_3\cdot yMg(OH)_2\cdot zH_2O$（$x$=3～5，$y$=1，$z$=3～7）。

$Mg(HCO_3)_2+2Ca(OH)_2 = 2H_2O+Mg(OH)_2\downarrow+2CaCO_3\downarrow$ 过量的氢氧化钙溶液和少量的碳酸氢镁溶液反应，生成碳酸钙沉淀、氢氧化镁沉淀和水。少量的氢氧化钙溶液和过量的碳酸氢镁溶液反应：$Ca^{2+}+2OH^-+Mg^{2+}+2HCO_3^- = CaCO_3\downarrow+2H_2O+MgCO_3\downarrow$。若继续滴加氢氧化钙溶液，碳酸镁沉淀转变为更难溶解的氢氧化镁沉淀：$MgCO_3+Ca(OH)_2 = Mg(OH)_2+CaCO_3$。在离子方程式中，石灰乳要写成化学式的形式，澄清石灰水或氢氧化钙溶液以及碳酸氢镁溶液要拆写成离子形式。

$Mg(HCO_3)_2+4NaOH = Mg(OH)_2\downarrow+2H_2O+2Na_2CO_3$ 过量的氢氧化钠溶液和少量的碳酸氢镁反应，生成碳酸钠、氢氧化镁沉淀和水。少量的氢氧化钠溶液和过量的碳酸氢镁反应：$OH^-+Mg^{2+}+HCO_3^- = MgCO_3\downarrow+H_2O$。氢氧化钠和碳酸氢镁按物质的量 2∶1 反应时：$2OH^-+Mg^{2+}+2HCO_3^- = CO_3^{2-}+MgCO_3\downarrow+2H_2O$。若继续滴加氢氧化钠，碳酸镁沉淀转变为更难溶解的氢氧化镁沉淀：$MgCO_3+2NaOH = Mg(OH)_2+Na_2CO_3$。

【$CaCO_3$】碳酸钙是白色粉末或无色晶体，难溶于水。

其天然矿物有石灰石、方解石、白垩、大理石等；空气中稳定，898℃（方解石晶型）、825℃（霰石晶型）时分解为二氧化碳和氧化钙。轻质碳酸钙或沉淀碳酸钙可由石灰水与碳酸钠溶液作用，或石灰水中通入二氧化碳气体而得，也可将碳酸钠溶液加入氯化钙溶液沉淀而得。建筑中用于水泥、石灰、人造石等，也用作化学化工原料，医疗上用作抗酸药。

$CaCO_3 = Ca^{2+}+CO_3^{2-}$ 碳酸钙难溶于水，但溶解在水中的极少部分却完全电离。**【绝大多数盐是强电解质】**：中学常见到的盐，包括难溶的盐和易溶的盐，如 $CaCO_3$、NaCl 等都是强电解质，难溶电解质溶解在水中的部分完全电离。但氯化汞 $HgCl_2$ 和醋酸铅 $Pb(CH_3COO)_2$ 是弱电解质，在水中部分电离。

$CaCO_3(s) \rightleftharpoons Ca^{2+}(aq)+CO_3^{2-}(aq)$ 在水中，$CaCO_3$ 沉淀和溶解于水并完全电离出的 Ca^{2+}、CO_3^{2-}之间建立的溶解—沉淀平衡，属于动态平衡。

$CaCO_3 \xlongequal{高温} CaO+CO_2\uparrow$ 石灰石在高温下分解，生成生石灰和二氧化碳。可以用来生产石灰和二氧化碳，可用于氨碱法中。

$CaCO_3(s) \xlongequal{\triangle} CaO(s)+CO_2(g)$;

$\Delta H=+177.8\ kJ/mol$ 碳酸钙在加热条件下分解生成氧化钙和二氧化碳的热化学方程式。

$CaCO_3+2CH_3COOH=Ca^{2+}+2CH_3COO^-+CO_2\uparrow+H_2O$ 碳酸钙和醋酸反应，生成醋酸钙、二氧化碳气体和水的离子方程式。酸性：醋酸>碳酸。醋酸钙易溶于水，在水中完全电离。

$CaCO_3+2CH_3COOH=Ca(CH_3COO)_2+H_2O+CO_2\uparrow$ 醋酸和碳酸钙反应，生成醋酸钙、水和二氧化碳气体的化学方程式。

$CaCO_3+2H^+=Ca^{2+}+H_2O+CO_2\uparrow$ 实验室里常用大理石和强酸（如盐酸、硝酸等）反应，制取二氧化碳。但不用硫酸，原因是大理石和硫酸反应生成的硫酸钙是微溶物质，覆盖在大理石表面，会减缓或阻止反应继续进行。

$CaCO_3+2HCl=CaCl_2+CO_2\uparrow+H_2O$ 大理石和盐酸反应，制取二氧化碳气体的原理。

$CaCO_3+2HNO_3=Ca(NO_3)_2+CO_2\uparrow+H_2O$ 大理石和硝酸的反应，也可以用来制取二氧化碳气体。用的较多的是稀盐酸。因硫酸钙微溶于水，覆盖在大理石表面阻止继续反应，一般不用稀硫酸和大理石制取二氧化碳气体。

$CaCO_3+Na_2CO_3=CaNa_2(CO_3)_2$ 玻璃生产过程中，当温度达到600℃时，石灰石和纯碱反应，生成复盐。

$CaCO_3+Na_2S\xlongequal{1000℃}Na_2CO_3+CaS$

世界上最早生产碳酸钠的原理，叫做路布兰法。首先用硫酸钠和碳在高温条件下制备硫化钠，化学方程式为 $Na_2SO_4+2C\xlongequal{高温}Na_2S+2CO_2\uparrow$。硫化钠和碳酸钙反应生成碳酸钠和硫化钙。

【$Ca(HCO_3)_2$】 碳酸氢钙，碳酸钙溶于二氧化碳的水溶液而形成，只存在于溶液中，将其溶液蒸干，只能得到碳酸钙。

$Ca(HCO_3)_2=Ca^{2+}+2HCO_3^-$ 碳酸氢钙在水中的电离方程式。碳酸氢盐都易溶于水，在水中完全电离。

$Ca(HCO_3)_2\xlongequal{\triangle}CaCO_3\downarrow+CO_2\uparrow+H_2O$ 碳酸氢钙水溶液在加热条件下，生成碳酸钙、二氧化碳和水。固体碳酸氢钙在加热时也发生相同的反应。

$Ca(HCO_3)_2+Ca(OH)_2=2CaCO_3\downarrow+2H_2O$ 碳酸氢钙溶液和氢氧化钙溶液反应，生成碳酸钙沉淀和水。不管哪种物质过量，化学方程式完全一样。

$Ca(HCO_3)_2+2CH_3COOH=Ca(CH_3COO)_2+2H_2O+2CO_2\uparrow$ 碳酸氢钙和醋酸反应生成醋酸钙、水和二氧化碳。醋酸酸性强于碳酸。

$Ca(HCO_3)_2+2H_2O\rightleftharpoons Ca(OH)_2+2H_2CO_3$ $Ca(HCO_3)_2$ 水解的化学方程式，生成氢氧化钙和碳酸。对应的离子方程式：$HCO_3^-+H_2O\rightleftharpoons H_2CO_3+OH^-$。

$Ca(HCO_3)_2+Na_2CO_3=CaCO_3\downarrow+2NaHCO_3$ 碳酸氢钙溶液和碳酸钠溶液反应，生成碳酸钙沉淀和碳酸氢钠。可以用来生产碳酸氢钠。

$Ca(HCO_3)_2+2NaOH=CaCO_3\downarrow+Na_2CO_3+2H_2O$ 碳酸氢钙溶液和过量的氢氧化钠溶液反应，生成难溶于水的碳酸钙白色沉淀、碳酸钠和水。

$Ca(HCO_3)_2+NaOH=CaCO_3\downarrow+NaHCO_3+H_2O$ 碳酸氢钙溶液和少量的氢氧化钠溶液反应，生成难溶于水的碳酸钙白色沉淀、碳酸氢钠和水。

【$SrCO_3$】碳酸锶，白色粉末，1340℃时分解为氧化锶，放出二氧化碳；微溶于水，溶于含二氧化碳的水中。由天青石（主要成分为硫酸锶）和碳酸钠熔融或由锶盐溶液用纯碱沉淀而得。制特种玻璃、烟火、电磁材料以及锶盐，也用于蔗糖精制。

$SrCO_3+CO_2+H_2O=Sr(HCO_3)_2$

白色碳酸锶微溶于水，和二氧化碳、水反应，生成碳酸氢锶。碳酸盐都具有类似的性质，生成的碳酸氢盐都易溶于水。

【$BaCO_3$】碳酸钡，白色粉末或晶体，有毒；几乎不溶于冷水，微溶于含 CO_2 的水溶液中，溶于稀盐酸；1450℃时分解为氧化钡和二氧化碳。自然界中主要存在于碳酸钡矿（毒晶石）中。将二氧化碳通入硫化钡或氢氧化钡溶液制得，或由碳酸钠和硝酸钡作用而得。可用于制钡盐、光学玻璃、颜料、搪瓷、陶瓷、烟火及杀鼠剂等。

$BaCO_3(s)\rightleftharpoons Ba^{2+}(aq)+CO_3^{2-}(aq)$

碳酸钡固体的溶解—沉淀平衡。有别于电离方程式，因碳酸钡属于强电解质，溶解于水的部分完全电离，用“$=$”：$BaCO_3=Ba^{2+}+CO_3^{2-}$。

$BaCO_3+CO_2+H_2O=Ba^{2+}+2HCO_3^-$

碳酸钡和 CO_2、水反应，生成 $Ba(HCO_3)_2$，完全电离成 Ba^{2+}和 HCO_3^-。$Ba(OH)_2$ 溶液中通入少量 CO_2：$Ba^{2+}+2OH^-+CO_2=BaCO_3\downarrow+H_2O$，生成 $BaCO_3$ 沉淀。继续通入 CO_2，$BaCO_3$ 沉淀溶解，生成可溶性的 $Ba(HCO_3)_2$。加合之后的离子方程式：$CO_2+OH^-=HCO_3^-$。碳酸盐都具有类似的性质，生成的碳酸氢盐都易溶于水。这也是工业上以 $BaSO_4$ 为原料制备钡盐的其中一步反应，详见【$BaSO_4$+4C】等。

$BaCO_3+CO_2+H_2O=Ba(HCO_3)_2$

碳酸钡和 CO_2、水反应，生成 $Ba(HCO_3)_2$。离子方程式：$BaCO_3+CO_2+H_2O=Ba^{2+}+2HCO_3^-$。

$BaCO_3+2H^+=Ba^{2+}+H_2O+CO_2\uparrow$

$BaCO_3$ 溶于强酸，生成无色无味的 CO_2 气体。强酸制弱酸。碳酸是挥发性的弱酸，分解生成 H_2O 和 CO_2。

$BaCO_3+2HCl=BaCl_2+H_2O+CO_2\uparrow$

$BaCO_3$ 溶于强酸盐酸，生成无色无味的 CO_2 气体。离子方程式见【$BaCO_3+2H^+$】。

$BaCO_3+2HNO_3=Ba(NO_3)_2+H_2O+CO_2\uparrow$ $BaCO_3$ 溶于强酸硝酸，生成无色无味的 CO_2 气体。碳酸是挥发性的弱酸，分解生成 H_2O 和 CO_2。离子方程式见【$BaCO_3+2H^+$】。

$BaCO_3+H_2SO_4=BaSO_4+H_2O+CO_2\uparrow$ $BaCO_3$ 和 H_2SO_4 反应，白色 $BaCO_3$ 沉淀转化为白色 $BaSO_4$ 沉淀，同时又有无色无味的 CO_2 气体生成。

$BaCO_3+Na_2SO_4=BaSO_4+Na_2CO_3$

白色碳酸钡沉淀转化为更难溶解的白色硫酸钡沉淀。在水溶液中，沉淀之间的转化趋势是向更难溶解的方向转化。

【Si】 硅，有晶体和无定形两种单质。晶体硅是带有金属光泽的灰黑色固体，性质稳定；暗棕色无定型硅，性质活泼；熔点高，硬度大，有脆性；常温下化学性质不活泼。晶体硅是半导体材料，广泛用于信息技术和光电等；化学性质与金属相似，较活泼，高温时能与多种单质化合，在氟、氯中燃烧。无定形硅在空气中能燃烧，硅元素在自然界常以二氧化硅和硅酸盐的形式存在，地壳中含量约 25.7%，仅次于氧元素。用镁还原二氧化硅，可得无定形硅；用炭在电炉中还原二氧化硅可得晶体硅。用氢气还原三氯化硅或硅烷热分解、四碘化硅热分解可得99.9999999%超纯多晶硅。

$Si+Ca(OH)_2+2NaOH=Na_2SiO_3+CaO+2H_2\uparrow$ 用含硅较高的硅铁粉末和干燥的$Ca(OH)_2$与NaOH的固体混合物反应制取氢气，携带方便，适合野外作业。

$Si+2Cl_2\overset{\triangle}{=}SiCl_4$ 硅和氯气在加热条件下反应，生成四氯化硅。$SiCl_4$是比较重要的材料，可用于制备高纯度Si、SiH_4等。工业上利用该反应提纯硅，粗硅和氯气反应生成四氯化硅，再用氢气还原四氯化硅就得到纯硅：$SiCl_4+2H_2\overset{\triangle}{=}Si+4HCl$。另见【$SiHCl_3(g)+H_2(g)$】。

$Si+2F_2=SiF_4$ 硅和氟在常温下反应，生成四氟化硅气体。四氟化硅是不燃烧的气体，有类似于氯化氢的窒息性气味，水解生成硅酸和氟化氢，在空气中形成浓烟。

$Si+4HF(g)=SiF_4(g)+2H_2(g)$ 硅在含氧酸中被钝化，但可以和氟化氢气体反应，生成四氟化硅气体和氢气。和硝酸与氢氟酸（即氟化氢水溶液）的混合物反应生成H_2SiF_6，见【$3Si+18HF+4HNO_3$】。

$Si+3HCl(g)\overset{高温}{=}SiHCl_3(l)+H_2\uparrow$ 硅和盐酸不反应，但在高温下，气态氯化氢和硅反应。工业上以粗硅为原料，制备纯硅的反应之一。生成的三氯甲硅烷$SiHCl_3$被氢气还原，得到纯硅：$SiHCl_3(g)+H_2(g)\overset{950℃}{=}Si(s)+3HCl(g)$。工业上以粗硅为原料，制备纯硅另见【$SiCl_4+2H_2$】。

$Si(s)+3HCl(g)\overset{300℃}{=}SiHCl_3(g)+H_2(g)$; $\Delta H=-381kJ/mol$ 在高温下，气态氯化氢和硅反应的热化学方程式。硅和盐酸不反应。

$3Si+18HF+4HNO_3=3H_2SiF_6+4NO\uparrow+8H_2O$ 硅在含氧酸中被钝化，在有氧化剂如HNO_3、CrO_3、$KMnO_4$、H_2O_2等存在下，和氢氟酸反应，生成氟硅酸，并放出NO气体。若氢氟酸过量，生成H_2SiF_6；若氢氟酸少量，生成SiF_4，见【$3Si+12HF+4HNO_3$】。硅和氟化氢气体反应见【$Si+4HF(g)$】。两种状况（即氟化氢气体和氟化氢水溶液下）下产物不同，原因见【SiF_4+4H_2O】。

$3Si+12HF+4HNO_3=3SiF_4\uparrow+4NO\uparrow+8H_2O$ 硅能溶于硝酸和氢氟酸的混合溶液中，若HF少量，生成SiF_4、NO和H_2O；若HF过量，生成H_2SiF_6、NO和H_2O，详见【$3Si+18HF+4HNO_3$】。原因是SiF_4和HF反应，生成H_2SiF_6：$SiF_4+2HF=H_2SiF_6$。

$Si+4H_2O\overset{\triangle}{=}H_2SiO_3+2H_2\uparrow+H_2O$ 硅和水在加热条件下反应，也是硅和氢氧化钠溶液反应的第一步，见【$Si+2NaOH+H_2O$】。

$3Si+2N_2\overset{1300℃}{=}Si_3N_4$ 工业上制氮化硅的原理。

$Si+2NaOH+H_2O=Na_2SiO_3+2H_2\uparrow$ 非金属硅和氢氧化钠溶液反应，生成氢气和硅酸钠。硅和氢氧化钠溶液反应实际上分两步进行。第一步：Si和H_2O反应，生成H_2SiO_3和H_2：$Si+4H_2O\overset{\triangle}{=}H_2SiO_3+2H_2\uparrow+H_2O$。第二步：$H_2SiO_3$再和NaOH反应，生成硅酸钠和水，见【$H_2SiO_3+2NaOH$】。硅、铝和氢氧化钠溶液的反应十分相似，都生成氢气。可用于野外制H_2，对碱的浓度要求不高，比携带酸方便。

$Si+O_2\overset{\triangle}{=}SiO_2$ 高温下硅和氧气反应，生成二氧化硅。

$Si+2OH^-+H_2O=SiO_3^{2-}+2H_2\uparrow$ 硅溶解在强碱溶液中的离子方程式。化学方程式见【$Si+2NaOH+H_2O$】。

$Si+2X_2\overset{\triangle}{=}SiX_4$ Si和卤素单质反应，生成SiX_4的通式。其中，F_2和Si反应剧烈，Si在F_2中瞬间燃烧。

【Mg_2Si】硅化镁。

$Mg_2Si+4HCl=SiH_4\uparrow+2MgCl_2$
用 SiO_2 为原料制备甲硅烷的其中一步反应，详见【SiO_2+4Mg】。该法制得的甲硅烷不纯，往往含有乙硅烷、丙硅烷等，要制得高纯度 SiH_4，可以用 $LiAlH_4$ 和 $SiCl_4$ 反应，见【$SiCl_4+LiAlH_4$】。

【SiH_4】甲硅烷，无色气体，有恶臭味，

不溶于乙醇、乙醚；在水中水解，反应活性极强，在空气中自燃或爆炸。在室温下 SiH_4 是稳定的，为强还原剂。可将 SiO_2 和氢化铝锂（$LiAlH_4$）在150℃~170℃条件下反应或用盐酸等酸和硅化镁（Mg_2Si）反应而得。热分解可得高纯硅，用于半导体材料。

$SiH_4\xlongequal{\triangle}Si+2H_2$ 甲硅烷不稳定，在加热到773K时，分解成Si(多晶硅)和 H_2。而甲烷很稳定，当温度较高，达到1773K时，CH_4 才分解，见【$2CH_4$】。

$2MH_4\xrightarrow{Hg(^3p_1)}M_2H_6+H_2(M=Si、Ge)$

SiH_4 或 GeH_4 在激态汞原子作用下，发生汞敏化反应，生成 Si_2H_6（或 Ge_2H_6）和 H_2。

$SiH_4+8AgNO_3+2H_2O=8Ag\downarrow+8HNO_3+SiO_2\downarrow$ 气体甲硅烷的还原性比甲烷强，在溶液中将硝酸银还原为银。该反应可以用来检验甲硅烷。

$SiH_4+4H_2O=H_4SiO_4+4H_2\uparrow$ 甲硅烷化学性质活泼，和水剧烈水解，生成硅酸（中学叫原硅酸，大学叫正硅酸或硅酸，按《无机化学命名规则》（科学出版社，见文献），应为原硅酸）和氢气。还有另一种写法，见【$SiH_4+(n+2)H_2O$】。

$SiH_4+(n+2)H_2O\xlongequal{碱}SiO_2\cdot nH_2O\downarrow+4H_2\uparrow$ 硅烷的化学性质比相应的烷烃活泼。在碱作催化剂条件下，甲硅烷剧烈水解，生成硅酸和氢气。但甲烷没有此性质。硅酸常用 $xSiO_2\cdot yH_2O$ 表示，x、y 不同，硅酸不同。如当 x=1、y=1时表示 H_2SiO_3，当 x=1、y=2时表示 H_4SiO_4。

$SiH_4+2KMnO_4=2MnO_2+K_2SiO_3+H_2O+H_2$ 甲硅烷具有还原性，将 $KMnO_4$ 还原为 MnO_2。该反应可用于检验甲硅烷，紫红色消失，生成黑色沉淀。

$3SiH_4+2N_2=Si_3N_4+6H_2\uparrow$ 利用氮等离子体技术，甲硅烷和氮气反应制备氮化硅。

$SiH_4+2O_2\xlongequal{点燃}SiO_2+2H_2O$ 气体甲硅烷的化学性质活泼，在空气中自燃，生成二氧化硅和水。

【SiF_4】四氟化硅是不燃烧的无色气

体，有类似于氯化氢的刺激性气味，水解生成硅酸和氟化氢，在空气中形成浓烟。制备见【$Si+2F_2$】和【SiO_2+2F_2】。也可由浓硫酸与氟化钙、二氧化硅强热制得，可制备有机硅化物、氟硅酸和氟化铝，也用于化学分析、油井钻探等。

$SiF_4+2HF=2H^++SiF_6^{2-}$ 四氟化硅和氢氟酸直接反应生成氟硅酸。氟硅酸 H_2SiF_6 是强酸，酸性强于 H_2SO_4，所以，在离子方程式中将氟硅酸拆成 H^+ 和 SiF_6^{2-}。化学方程式：$SiF_4+2HF=H_2SiF_6$。SiF_4 水解反应的其中一步反应，详见【SiF_4+4H_2O】。

$SiF_4+2HF=H_2SiF_6$ 四氟化硅和氢氟酸直接反应生成氟硅酸，详见【SiF_4+4H_2O】。

$SiF_4+4H_2O\rightleftharpoons H_4SiO_4\downarrow+4HF$
SiF_4 水解生成 H_4SiO_4 和HF，该反应是可逆的。未水解的 SiF_4 极易与水解产物HF反应，生成酸性比硫酸还强的氟硅酸：SiF_4+2HF

$\!=\!=2H^+ + SiF_6^{2-}$。总反应：$3SiF_4+4H_2O \rightleftharpoons H_4SiO_4\downarrow+4H^++2SiF_6^{2-}$。因为 SiF_4 和 HF 水溶液（氢氟酸）反应生成强酸 H_2SiF_6 的原因，所以，Si、SiO_2 与氟化氢气体（无水）反应时生成 SiF_4；Si、SiO_2 和氟化氢水溶液（即氢氟酸）反应时，产物应该是 H_2SiF_6。Si、SiO_2 与氟化氢气体还是氟化氢水溶液反应，在书写化学方程式时应该标明，分别用“g”和“aq”表示。

$3SiF_4+4H_2O \rightleftharpoons H_4SiO_4\downarrow+4H^++2SiF_6^{2-}$ SiF_4 水解反应的总反应式，详见【SiF_4+4H_2O】。

$SiF_4+2KF = K_2SiF_6$ SiF_4 和碱金属氟化物反应，制备氟硅酸盐。K_2SiF_6 用于太阳能电池中纯硅的制备，可制得纯度为 99.97%的硅。

$3SiF_4+2Na_2CO_3+2H_2O = 2Na_2SiF_6\downarrow+2CO_2+H_4SiO_4\downarrow$ 用纯碱溶液吸收四氟化硅，得到氟硅酸钠晶体，该原理可以除去磷肥生产过程中的有害气体四氟化硅，得到的氟硅酸钠可以用来作搪瓷乳白剂、杀虫剂、木材防腐剂等。

【$SiCl_4$】

四氯化硅，室温下为无色液体，易挥发；有强烈刺激性，会腐蚀皮肤，遇水剧烈水解生成硅酸和氯化氢，潮湿空气中因水解产生白雾。可由加热的二氧化硅、焦炭与氯气作用或由硅和氯气直接作用而得。可合成有机硅高分子化合物和生产高纯硅的原料。与氨水作用产生大量烟雾，可用于军事上作烟幕剂。

$SiCl_4+2H_2 \stackrel{\triangle}{=} Si+4HCl$ 氢气还原四氯化硅，生产硅，工业上利用该反应提纯硅。粗硅和氯气反应生成四氯化硅：$Si+2Cl_2 \stackrel{\triangle}{=} SiCl_4$，再用氢气还原四氯化硅就得到纯硅。另见【$SiHCl_3(g)+H_2(g)$】。

$SiCl_4+3H_2O = H_2SiO_3\downarrow+4HCl$ 四氯化硅水解生成硅酸和氯化氢，生成物 H_2SiO_3 又可写成 H_4SiO_4，见【$SiCl_4+4H_2O$】。

$SiCl_4+4H_2O = H_4SiO_4\downarrow+4HCl$ 四氯化硅极易水解，生成原硅酸和氯化氢。在空气中因水解而产生白色烟雾，可用作烟雾剂。

$SiCl_4+LiAlH_4 = SiH_4\uparrow+LiCl+AlCl_3$ 用强还原剂氢化铝锂还原 $SiCl_4$，制备高纯度甲硅烷的原理，加热分解甲硅烷得纯硅，工业上规模化生产半导体材料纯硅。若需要纯度不太高的 SiH_4 可用 SiO_2 和 Mg 反应制备，详见【SiO_2+4Mg】。

$3SiCl_4+2N_2+6H_2 = Si_3N_4+12HCl$ 化学气相沉积法生产 Si_3N_4 的原理。在 H_2 保护下，生成的 Si_3N_4 沉积在石墨表面，形成 Si_3N_4 层。

$3SiCl_4+4NH_3 = Si_3N_4+12HCl$ $SiCl_4$ 和 NH_3 反应，生产新型材料氮化硅的总反应式。$SiCl_4$ 和 NH_3 反应，先生成 $Si(NH_2)_4$：$SiCl_4+4NH_3 \stackrel{\triangle}{=} Si(NH_2)_4+4HCl$。$Si(NH_2)_4$ 加热生成新型材料氮化硅：$3Si(NH_2)_4 \stackrel{\triangle}{=} Si_3N_4+8NH_3\uparrow$。两步加合得到总反应式。

$SiCl_4+4NH_3 \stackrel{\triangle}{=} Si(NH_2)_4+4HCl$ $SiCl_4$ 和 NH_3 反应，制备新型材料氮化硅的其中一步反应，见【$3SiCl_4+4NH_3$】。

$SiCl_4+2Zn \stackrel{\triangle}{=} Si+2ZnCl_2$ 由 SiO_2 制高纯度硅的其中一步反应，用纯锌还原 $SiCl_4$ 得到纯度较高的硅。制备 $SiCl_4$ 见【$SiO_2(s)+2C(s)+2Cl_2(g)$】。

【Si_2Cl_6】

$2Si_2Cl_6(l)+3LiAlH_4(s) = 2Si_2H_6(g)+3LiCl(s)+3AlCl_3(s)$ 制备乙硅烷 Si_2H_6 的原理之一，用 $LiAlH_4$ 还原硅的卤化物制备硅烷。

【SiX_4】

四卤化硅的通式。

$SiX_4+4H_2O=H_4SiO_4+4HX$ 四卤化硅水解的通式，生成原硅酸和卤化氢。对SiF_4来说，产生的HF和SiF_4又反应生成氟硅酸，见【SiF_4+2HF】，总反应见【$3SiF_4+4H_2O$】。

【Si_3N_4】

氮化硅是晶体或灰白色粉末，熔点高（1900℃），硬度大于9，溶于氢氟酸，高温时和碳反应生成碳化硅；化学性质稳定，不易氧化和腐蚀。氮化硅陶瓷是一种重要的结构材料，是一种超硬物质，具有润滑性、耐磨性，除氢氟酸外，不与其他无机酸作用，抗腐蚀能力强，高温时抗氧化，能够抵抗冷热冲击；用于制造轴承、汽轮机叶片、机械密封环、永久性模具等。可由粉末状单质硅和氮在1300℃以上电炉中反应或热分解四氯化硅的氨化合物而得。

$Si_3N_4+9H_2O=3H_2SiO_3+4NH_3\uparrow$ 粉末状的氮化硅对水和氧气都不稳定，与水反应生成硅酸和氨气，还可以写作$Si_3N_4+6H_2O=3SiO_2+4NH_3\uparrow$。将粉末状的氮化硅和MgO在230℃、$1.01\times10^5$Pa条件下热处理，表面生成由$SiO_2$和MgO共同组成的致密氧化物保护膜，结构紧密，对水和氧气十分稳定，是一种非氧化物高温陶瓷结构材料。

$Si_3N_4+6H_2O=3SiO_2+4NH_3\uparrow$ 氮化硅与水反应的另一种表达式，见【$Si_3N_4+9H_2O$】。

$Si_3N_4+3O_2=3SiO_2+2N_2$ 粉末状的氮化硅在水和空气中不稳定，与氧气反应生成二氧化硅和氮气。（薛金星总主编/郭正泉主编，《中学教材全解高一化学（下）》，西安：陕西人民教育出版社，2004年11月第5版231页）与水反应见【$Si_3N_4+9H_2O$】。

$Si_3N_4+6O_2=3SiO_2+2N_2O_3$ 粉末状的氮化硅在水和空气中不稳定，与氧气反应生成二氧化硅和三氧化二氮。（王俊杰总主编/段景丽主编，《收获季节 解密三年高考·解读三年模拟（化学）》，北京：光明日报出版社，2007年3月第2版188页）

【$(CH_3)_2SiCl_2$】

$(CH_3)_2SiCl_2+2NaOH\rightarrow2NaCl+(CH_3)_2Si(OH)_2$ 二氯二甲基硅烷和氢氧化钠的水溶液反应，氯原子被羟基取代。该反应类似于卤代烃和碱的水溶液的反应。

【$SiHCl_3$】

三氯氢硅，又称三氯硅烷。

$SiHCl_3(g)+H_2(g)\xlongequal{950℃}Si(s)+3HCl(g)$ 工业上以粗硅为原料，制备纯硅的反应之一。先让粗硅和氯化氢气体反应生成$SiHCl_3$：$Si(s)+3HCl(g)\xlongequal{300℃}SiHCl_3(g)+H_2(g)$。$SiHCl_3$和$H_2$反应制备纯硅。另见【$SiCl_4+2H_2$】。

【$Si(NH_2)_4$】

$3Si(NH_2)_4\xlongequal{\triangle}Si_3N_4+8NH_3\uparrow$ $Si(NH_2)_4$在加热条件下生成新型材料氮化硅的反应原理。详见【$3SiCl_4+4NH_3$】。

【SiO_2】

二氧化硅，在自然界中广泛存在，如石英、石英砂、方石英、鳞石英等，约占地壳质量的12%，有结晶型和无定型两类，统称硅石；硬度大，熔点高，难溶于水，溶于氢氟酸，不溶于其他酸。无定型或粉末状二氧化硅可溶于熔融的碱。结晶的二氧化硅称为石英，石英中无色透明的晶体就是水晶，具有彩色环带状或层状的称为玛瑙。

SiO_2 晶体是四面体结构：，属于原子晶体。从高纯度的 SiO_2 或称为石英玻璃的熔融体中拉出直径为 100nm 的细丝，就是石英玻璃纤维，因传导光的能力非常强，又称光导纤维，简称光纤。可制光学仪器、化学器皿、玻璃、水玻璃、陶瓷及耐火材料等。

$SiO_2+2C\xlongequal{\text{高温}}Si+2CO\uparrow$ 工业上生产硅的原理之一，得到的是粗硅。C 过量时生成一氧化碳，C 不足时生成二氧化碳：$SiO_2+C\xlongequal{\text{高温}}Si+CO_2\uparrow$。以粗硅为原料，制备纯硅的反应见【$Si(s)+3HCl(g)$】和【$SiCl_4+2H_2$】以及【$SiCl_4+2Zn$】。

$SiO_2+C\xlongequal{\text{高温}}Si+CO_2\uparrow$ 工业上生产硅的原理，得到的是粗硅。C 不足时，生成二氧化碳。

$SiO_2+3C\xlongequal[\text{电炉}]{\text{高温}}SiC+2CO\uparrow$ 用石英砂和焦炭混合，加入少量木屑和食盐，在电炉中加热到 2000℃左右制备碳化硅。碳化硅相关内容见【$C+Si$】。

$SiO_2(s)+2C(s)+2Cl_2(g)\xlongequal{\triangle}SiCl_4(g)+2CO(g)$ 工业上用 SiO_2 制硅的其中一步反应。首先将 SiO_2 与焦炭的混合物氯化制备 $SiCl_4$，再用纯锌、镁或氢气还原 $SiCl_4$ 得到纯度较高的硅，见【$SiCl_4+2Zn$】和【$SiCl_4+2H_2$】。

$3SiO_2+6C+2N_2\xlongequal{1350K}Si_3N_4+6CO$
制备氮化硅的原理之一：在氮气存在和高温条件下，用 C 还原 SiO_2 制备氮化硅。

$SiO_2+2CCl_4=SiCl_4+2COCl_2$
用 CCl_4 作氯化剂，和 SiO_2 反应，制备四氯化硅的原理。生成物光气 $COCl_2$ 有剧毒，因而利用该反应制备四氯化硅必须有良好的通风设施以及处理设备。

$SiO_2+2CaF_2+2H_2SO_4=2CaSO_4+SiF_4\uparrow+2H_2O$ 二氧化硅和氟化钙、浓硫酸反应，生成四氟化硅等。相当于用萤石 CaF_2 和浓硫酸反应制取氟化氢气体：$CaF_2+H_2SO_4(浓)\xlongequal{\triangle}CaSO_4+2HF\uparrow$。氟化氢和二氧化硅反应：$SiO_2+4HF=SiF_4\uparrow+2H_2O$。两步反应加合得到以上总反应式。

$SiO_2+2F_2=SiF_4+O_2$ 二氧化硅和氟单质反应，生成四氟化硅气体和氧气。

$SiO_2+6HF(aq)=H_2SiF_6+2H_2O$
氟化氢水溶液叫氢氟酸，和 SiO_2 反应，生成氟硅酸和水。若氟化氢气体和 SiO_2 反应，见【$SiO_2+4HF(g)$】。两种情况下，产物不同，原因见【SiF_4+4H_2O】。

$SiO_2+4HF(g)=SiF_4(g)+2H_2O$
氟化氢气体和二氧化硅反应，生成四氟化硅气体和水。在无机酸中，二氧化硅只和氢氟酸（即氟化氢水溶液）反应，生成 H_2SiF_6，见【$SiO_2+6HF(aq)$】。玻璃中含有二氧化硅，所以氢氟酸会腐蚀玻璃，该原理可以用来雕刻玻璃，氢氟酸应该用塑料瓶盛装。氟化氢气体、氟化氢水溶液分别与二氧化硅的反应容易被混淆。

$SiO_2+K_2CO_3\xlongequal{\text{高温}}K_2SiO_3+CO_2\uparrow$

二氧化硅和碳酸钾在高温条件下反应，生成硅酸钾和二氧化碳。

$SiO_2+2KNO_3\xlongequal{\triangle}K_2SiO_3+NO_2\uparrow+NO\uparrow+O_2\uparrow$ SiO_2 和 KNO_3 在加热到 1273K 时，生成 K_2SiO_3、NO_2、NO 和 O_2。

$SiO_2+4Mg\xlongequal{\text{高温}}2MgO+Mg_2Si$

过量镁和二氧化硅在高温条件下反应，生成 Mg_2Si。Mg_2Si 可用于制甲硅烷，见【$Mg_2Si+4HCl$】。镁在高温条件下还原二氧化硅，生成氧化镁和硅单质，见【SiO_2+2Mg】。

$SiO_2+2Mg \xlongequal{高温} 2MgO+Si$ 镁在高温条件下还原二氧化硅，生成氧化镁和硅单质。在高温条件下，Al、B、C、H_2 等也可以还原二氧化硅。该反应类似于镁和二氧化碳的反应，生成氧化镁和碳单质：$CO_2+2Mg \xlongequal{点燃} 2MgO+C$。当镁过量时，生成的硅和镁又反应生成 Mg_2Si，两步加合得到总方程式：$SiO_2+4Mg \xlongequal{高温} 2MgO+Mg_2Si$。

$SiO_2+Na_2CO_3 \xlongequal{高温} Na_2SiO_3+CO_2\uparrow$

工业上生产玻璃的反应原理之一。该反应在1150℃时反应，可用来制备硅酸钠。生产玻璃时碳酸钙和二氧化硅也同时发生反应，见【SiO_2+CaCO_3】。玻璃的主要成分有硅酸钙、硅酸钠和二氧化硅等。生产玻璃的主要原料是纯碱、石灰石和石英。

$SiO_2+CaCO_3 \xlongequal{高温} CaSiO_3+CO_2\uparrow$

工业上生产玻璃的反应原理之一，二氧化硅和碳酸钙在高温下反应，生成硅酸钙和二氧化碳。

$SiO_2+Na_2O \xlongequal{高温} Na_2SiO_3$ 二氧化硅和氧化钠在高温下反应，生成硅酸钠。

$SiO_2+2NaOH = Na_2SiO_3+H_2O$
二氧化硅和氢氧化钠溶液反应，生成硅酸钠和水。

$SiO_2+Na_2SO_4 \xlongequal{高温} Na_2SiO_3+SO_3\uparrow$

SiO_2 和 Na_2SO_4 在加热条件下反应生成 Na_2SiO_3 和 SO_3，类似于 SiO_2 和 Na_2CO_3 的反应。

$SiO_2+2OH^- = SiO_3^{2-}+H_2O$ 二氧化硅和强碱溶液反应，生成硅酸盐和水的离子方程式。

$SiO_2+2OH^- = SiO_2(OH)_2^{2-}$ 二氧化硅溶解在碱溶液中，生成硅酸盐 $SiO_2(OH)_2^{2-}$，脱去 H_2O 之后形成 SiO_3^{2-}，大多数情况下写成 $SiO_2+2OH^- = SiO_3^{2-}+H_2O$。$SiO_2(OH)_2^{2-}$，通常简写作 SiO_3^{2-}。2003 年 7 月 5 日至 13 日在希腊首都雅典举行的第 35 届国际化学奥林匹克竞赛第 34 题，二氧化硅溶解在强碱里的离子方程式中，硅酸盐就写成 $SiO_2(OH)_2^{2-}$。

【SiO_3^{2-}】 硅酸根离子。

$SiO_3^{2-}+2H^+ = H_2SiO_3\downarrow$ 可溶性硅酸盐溶液中加入强酸制备硅酸，生成白色沉淀。该反应还可以写作 $SiO_3^{2-}+2H^++H_2O = H_4SiO_4\downarrow$，生成原硅酸 H_4SiO_4 白色沉淀。《无机化学》（武汉大学，见文献）747 页写成 $SiO_4^{4-}+4H^+ \rightarrow H_4SiO_4$。

$SiO_3^{2-}+2H^++H_2O = H_4SiO_4\downarrow$
可溶性硅酸盐溶液中加入强酸制备硅酸（或原硅酸），生成白色沉淀。

$SiO_3^{2-}+2NH_4^+ = H_2SiO_3\downarrow+2NH_3\uparrow$
SiO_3^{2-}和 NH_4^+发生双水解，生成硅酸和氨。生成物 H_2SiO_3 又可写成 H_4SiO_4，见【$SiO_3^{2-}+2NH_4^++H_2O$】。

$SiO_3^{2-}+2NH_4^++H_2O = H_4SiO_4\downarrow+2NH_3\uparrow$ SiO_3^{2-}和 NH_4^+发生双水解反应，生成白色沉淀 H_4SiO_4 和气体 NH_3，该反应进行得比较彻底，还可写成 $SiO_3^{2-}+2NH_4^+ = H_2SiO_3\downarrow+2NH_3\uparrow$。

【SiO_4^{4-}】

$SiO_4^{4-}+4H^+ = H_4SiO_4\downarrow$ 可溶性硅酸盐和强酸作用生成硅酸 H_4SiO_4 的一种书写形式，见【$SiO_3^{2-}+2H^+$】。H_4SiO_4，中学教材中叫原硅酸，大学教材中叫正硅酸；也可以写成 H_2SiO_3，中学教材中叫硅酸，大学教材中叫偏硅酸。H_4SiO_4 失水变成 H_2SiO_3，H_2SiO_3 结合水变成 H_4SiO_4。

【H_2SiO_3】 硅酸，一种很弱的二元酸，比碳酸还弱；溶解度很小，因 SiO_2 不溶于水，不能由 SiO_2 和水直接反应制得，一般用可溶性硅酸盐和酸反应制得。所生成的 H_2SiO_3 聚合成胶体溶液，称为硅酸溶胶，浓度大时，形成软而透明、胶冻状的硅酸凝胶，经干燥、脱水后得到多孔的硅酸干凝胶，称为硅胶，作干燥剂和催化剂载体。实际上硅酸用 $xSiO_2\cdot yH_2O$ 表示，其组成随形成条件而变。最简单的组成为 H_2SiO_3，叫偏硅酸，常以 H_2SiO_3 代表硅酸，中学化学里习惯将 H_2SiO_3 叫硅酸，大学教材中叫偏硅酸。硅胶加入无水 $CoCl_2$ 制成变色硅胶，用于精密仪器的干燥剂。无水 $CoCl_2$ 为蓝色，吸水后逐渐变成一水、二水、六水合物，颜色分别为蓝紫色、紫色、粉红色，变成粉红色后，变色硅胶失去干燥作用。

$H_2SiO_3 \rightleftharpoons 2H^+ + SiO_3^{2-}$ H_2SiO_3 是很弱的二元酸，分两步进行电离。硅酸胶体中胶粒表面的 H_2SiO_3 电离出的 H^+ 被送入分散介质成异号离子，胶粒因保有离子 SiO_3^{2-} 而带负电荷。原文献《无机化学》（武汉大学，见文献）350 页写成：$H_2SiO_3 = 2H^+ + SiO_3^{2-}$，编者改成“$\rightleftharpoons$”，仍觉有点缺陷，按照多元弱酸的电离规律，似乎应该分步书写，但是硅酸的结构和化学式比较复杂，要准确表示有点困难。这是不多见的关于硅酸电离的方程式，请大家斟酌使用。关于硅酸胶体的制备见【Na_2SiO_3+2HCl】。

$H_2SiO_3 \xlongequal{\triangle} SiO_2 + H_2O$ 硅酸在加热条件下分解，生成二氧化硅和水。

$H_2SiO_3 + 2NaOH = Na_2SiO_3 + 2H_2O$

硅酸和氢氧化钠反应，生成硅酸钠和水，硅酸白色沉淀消失。

$H_2SiO_3 + 2OH^- = SiO_3^{2-} + 2H_2O$

硅酸和可溶性强碱溶液反应，生成硅酸盐和水的离子反应方程式。硅酸白色沉淀消失。

【H_4SiO_4】 正硅酸，各种硅酸的原酸，中学化学里叫原硅酸，好多大学资料中叫正硅酸或硅酸。按《无机化学命名规则》（科学出版社，见文献），应为原硅酸。和 H_2SiO_3 相差一个 H_2O 分子，脱去一个水分子后得到 H_2SiO_3，水中生成的硅酸沉淀可以写成 H_2SiO_3，也可以写成 H_4SiO_4。硅酸用通式 $xSiO_2\cdot yH_2O$ 表示。

$H_4SiO_4 \xlongequal{\text{在干燥空气中}} H_2SiO_3 + H_2O$

原硅酸在空气中失水，变为硅酸和水。在水溶液中，硅酸 H_2SiO_3 和原硅酸 H_4SiO_4 都是白色胶状沉淀，可以相互转化；生成的 H_2SiO_3 往往可以写作 H_4SiO_4，相反，H_4SiO_4 往往可以写作 H_2SiO_3。

【Na_2SiO_3】 硅酸钠，无色晶体或白色粉粒，在冷水中几乎不溶，加压条件下可溶于热水，其水溶液叫水玻璃，因水解而显强碱性。硅酸钠是最简单的硅酸盐，常用的硅酸盐产品有陶瓷、玻璃、水泥等。中国是“陶瓷故乡”，陶瓷以黏土为原料，经高温烧结而成；普通玻璃以纯碱、石灰石和石英为原料，经混合、粉碎、玻璃窑中熔融而得，主要含有硅酸钠、硅酸钙和二氧化硅。在改变成分和工艺后，可制得不同性能、不同用途的玻璃。水泥以黏土和石灰石为原料，经研磨、混合，在水泥回转窑中煅烧，加以适量石膏，研成细末，主要成分有硅酸三钙（$3CaO\cdot SiO_2$）、硅酸二钙（$2CaO\cdot SiO_2$）、铝酸三钙（$3CaO·Al_2O_3$）和铁铝酸钙（$4CaO·Al_2O_3·Fe_2O_3$）。水泥、沙子和水的混合物叫水泥砂浆；水泥、沙子、碎石的混合物叫混凝土；用钢筋做结构的混凝土叫钢筋混凝土。水泥具有水硬性，水泥配比适当的水，调和成浆，经过一段时间凝固成块，成为坚硬如石的物体。另有碳化硅（SiC）俗称金刚砂、硅橡胶、分子筛等特殊功能的含硅物质。

$Na_2SiO_3+CO_2+H_2O = H_2SiO_3↓+Na_2CO_3$ 少量二氧化碳通入硅酸钠溶液中，生成硅酸 H_2SiO_3 白色沉淀和碳酸钠。碳酸酸性强于硅酸，也可写作 $Na_2SiO_3+CO_2+2H_2O = H_4SiO_4↓+Na_2CO_3$。过量二氧化碳通入硅酸钠溶液中，生成 H_2SiO_3 白色沉淀和碳酸氢钠，见【$Na_2SiO_3+2CO_2+2H_2O$】。

$Na_2SiO_3+CO_2+2H_2O = H_4SiO_4↓+Na_2CO_3$ 少量二氧化碳通入硅酸钠溶液中，生成原硅酸 H_4SiO_4 白色沉淀和碳酸钠，见【$Na_2SiO_3+CO_2+H_2O$】。

$Na_2SiO_3+2CO_2+2H_2O = H_2SiO_3↓+2NaHCO_3$ 过量二氧化碳通入硅酸钠溶液中，生成 H_2SiO_3 白色沉淀和碳酸氢钠。碳酸酸性强于硅酸，也可写作 $Na_2SiO_3+2CO_2+3H_2O = H_4SiO_4↓+2NaHCO_3$。

$Na_2SiO_3+2HCl = H_2SiO_3↓+2NaCl$ 盐酸和硅酸钠溶液反应，制备原硅酸 H_4SiO_4（或硅酸 H_2SiO_3），生成白色沉淀和氯化钠。盐酸酸性强于硅酸，也可以写作 $Na_2SiO_3+2HCl+H_2O = H_4SiO_4↓+2NaCl$。

$Na_2SiO_3+2HCl+H_2O = H_4SiO_4↓+2NaCl$ 盐酸和硅酸钠溶液反应，制备原硅酸 H_4SiO_4（或硅酸 H_2SiO_3），生成白色沉淀和氯化钠。

$Na_2SiO_3+2HCl = H_2SiO_3$(胶体)$+2NaCl$ 实验室里制备硅酸胶体的原理：10mL 水玻璃滴加到 5mL~10mL1mol/L 的 HCl 溶液中，边加边振荡。关于硅酸胶粒带负电的原因见【$H_2SiO_3 \rightleftharpoons 2H^++SiO_3^{2-}$】。

$Na_2SiO_3+2H_2O \rightleftharpoons NaH_3SiO_4+NaOH$ 硅酸钠水解使溶液显碱性，生成的 NaH_3SiO_4 脱水：$2NaH_3SiO_4 \rightleftharpoons Na_2H_4Si_2O_7+H_2O$，或 $2Na_2SiO_3+H_2O \rightleftharpoons Na_2Si_2O_5+2NaOH$。硅酸钠水解产物是二硅酸盐或多硅酸盐。

$2Na_2SiO_3+H_2O \rightleftharpoons Na_2Si_2O_5+2NaOH$ Na_2SiO_3 水解的原理之一，详见【$Na_2SiO_3+2H_2O$】。

$Na_2SiO_3+2NH_4Cl = H_2SiO_3↓+2NH_3↑+2NaCl$ 制备白色硅酸沉淀的原理之一，硅酸钠溶液与饱和氯化铵溶液反应制得 H_2SiO_3。

【NaH_3SiO_4】

$2NaH_3SiO_4 \rightleftharpoons Na_2H_4Si_2O_7+H_2O$ Na_2SiO_3 水解的脱水原理之一，详见【$Na_2SiO_3+2H_2O$】。

【$Mg_2Si_3O_8$】

$Mg_2Si_3O_8+4HCl = 2MgCl_2+3SiO_2+2H_2O$ 三硅酸镁（$Mg_2Si_3O_8$，可写成 $2MgO·3SiO_2$），中和胃酸时发生的反应。另见【$2MgO·3SiO_2·nH_2O+4HCl$】。

【$2MgO·3SiO_2·nH_2O$】

$2MgO·3SiO_2·nH_2O+4HCl = 2MgCl_2+3SiO_2+(n+2)H_2O$ 三硅酸镁（$2MgO·3SiO_2·nH_2O$）中和胃酸的原理。见【$Mg_2Si_3O_8+4HCl$】。

【$CaSiO_3$】

硅酸钙之一。硅酸钙有多种形式，最普遍的有$CaSiO_3$、Ca_2SiO_4、Ca_3SiO_5等。通常以含不同含量结晶水的水合物形式存在，白色粉末，不溶于水。一般由石灰和硅藻土制得，常作吸附剂、抗酸剂、胶粘剂、造纸的填料等。

$CaSiO_3+6HF=CaF_2+3H_2O+SiF_4\uparrow$
氢氟酸腐蚀玻璃的原理之一，和硅酸钙的反应。腐蚀玻璃中SiO_2的原理见【$SiO_2+4HF(g)$】。氢卤酸中只有氟化氢具有此性质。

【$2CaO·SiO_2$】

$2CaO·SiO_2+H_2O=2CaO·SiO_2·H_2O$
水泥硬化过程的反应原理之一，硅酸二钙$2CaO·SiO_2$的水合反应。【水泥的水硬性】和【普通水泥的主要成分】见【$3CaO·Al_2O_3+6H_2O$】。

【$3CaO·SiO_2$】

$3CaO·SiO_2+2H_2O=Ca(OH)_2+2CaO·SiO_2·H_2O$ 水泥硬化过程的反应原理之一，硅酸三钙$3CaO·SiO_2$的水合反应。【水泥的水硬性】和【普通水泥的主要成分】见【$3CaO·Al_2O_3+6H_2O$】。

【$K_2O·Al_2O_3·6SiO_2$】

$K_2O·Al_2O_3·6SiO_2$(长石)$+CO_2+2H_2O=K_2CO_3+4SiO_2+Al_2O_3·2SiO_2·2H_2O$ (高岭土) 高岭土$Al_2O_3·2SiO_2·2H_2O$是黏土的主要成分，长石$K_2O·Al_2O_3·6SiO_2$和黏土用来制玻璃和陶瓷。长石与二氧化碳、水长期缓慢反应可以变成高岭土。

【K_2SiF_6】

氟硅酸钾，白色结晶粉末，溶于盐酸，微溶于水、乙醇、氨等；经灼烧生成氟化钾和四氟化硅；热水中水解，生成氟化钾、氟化氢和硅酸。可由氟硅酸和钾盐（KCl、K_2SO_4）发生复分解反应而得，或由氟硅酸和碱性溶液（KOH、K_2CO_3）发生中和反应而得。用于木材防腐、铝和镁冶炼、合成云母、制造陶瓷、制含钾光学玻璃。

$K_2SiF_6+ZrSiO_4=K_2[ZrF_6]+2SiO_2$
锆英石$ZrSiO_4$和氟硅酸钾烧结，以KCl为填充剂，在923~973K时发生反应，再用1%盐酸在358K左右沥取，沥取液冷却后便结晶出氟锆酸钾。

【Ge】

锗，灰白色金属，金刚石结构，不溶于水及非氧化性酸、碱；溶于王水、硝酸、热浓硫酸。在空气中稳定，能被含过氧化氢的碱侵蚀；细粉能在氯或溴中燃烧，高温下与金、银、铜、铂等形成合金；存在于煤及硫化物矿中。由氢气加热还原二氧化锗而得，经区域熔融，可拉成单晶。单晶锗可经二碘化锗化学传输法制备，常作半导体材料。碲化锗也是有效的化合物半导体。

$Ge+4HNO_3$(浓)$=GeO_2·H_2O\downarrow+4NO_2\uparrow+H_2O$ 锗和浓硝酸反应得到$GeO_2·H_2O$沉淀、NO_2和H_2O。

$Ge+4H_2SO_4$(浓)$=Ge(SO_4)_2+2SO_2\uparrow+4H_2O$ 锗和稀硫酸不反应，和浓硫酸反应生成$Ge(SO_4)_2$、SO_2和H_2O。

$Ge+2OH^-+H_2O=GeO_3^{2-}+2H_2\uparrow$
锗和铝、硅相似，溶于碱生成锗酸盐，放出H_2。

【Ge^{2+}】

$2Ge^{2+}+2H_2O═Ge+GeO_2+4H^+$
Ge^{2+}不稳定，在水中发生歧化反应。

【$GeCl_4$】

四氯化锗，无色易流动液体，不溶于浓盐酸、浓硫酸，溶于稀盐酸、乙醇、氯仿、苯等；遇水分解，对热稳定，950℃时仍不分解。可由锗粉和氯气反应，或由二氧化锗和盐酸反应而得，常用于纯化和提纯锗。

$GeCl_4+2H_2O═GeO_2+4HCl$
工业制锗的原理之一，详见【GeS_2+3O_2】。也有资料将水解产物写成锗酸 H_2GeO_3，见【$GeCl_4+3H_2O$】。

$GeCl_4+3H_2O═H_2GeO_3+4HCl$
四氯化锗见水分解，生成锗酸和氯化氢，生成的锗酸还可以写成水合二氧化锗，见【$GeCl_4+(x+2)H_2O$】。从燃烧的烟道中提取锗的第二步反应原理。从烟道中提取锗的第一步反应：$GeO_2+4HCl═GeCl_4+2H_2O$；第三步反应：$H_2GeO_3\xlongequal{\triangle}GeO_2+H_2O$；第四步反应：$GeO_2+2H_2\xlongequal{\triangle}Ge+2H_2O$。

$GeCl_4+(x+2)H_2O═GeO_2·xH_2O+4HCl$ 工业上制金属锗的其中一步反应。详见【$GeCl_4+3H_2O$】。

【GeO_2】

二氧化锗，白色晶体，有两种变体：四方晶体和六方晶体。前者难溶于水，与酸、碱反应迟钝；后者易溶于水，溶于酸、碱。GeO_2 在 1200℃时升华，两种变体的转变温度为 1033℃。可由四氯化锗经水解制得，常用于制造特种玻璃、磷光材料、晶体管等。

$GeO_2+2H_2\xlongequal{\triangle}Ge+2H_2O$ 氢气还原二氧化锗，得到金属锗。从燃烧的烟道中提取锗的第四步反应原理，见【$GeCl_4+3H_2O$】。

$GeO_2+4HCl═GeCl_4+2H_2O$ 二氧化锗和盐酸反应，生成四氯化锗和水。从燃烧的烟道中提取锗的第一步反应原理，见【$GeCl_4+3H_2O$】。

【GeS】

硫化亚锗，有无定型和晶体两种，前者为黄红色，后者为菱形黑色，熔点为 530℃，430℃时升华；不溶于酸，略溶于水，易溶于碱、碱金属硫化物及浓热的盐酸。当加热至 450℃时，由无定性态变为晶体。可由锗和二硫化锗在 CO_2 气流中加热制得或由二氯化锗溶液通入 H_2S 制得。

$GeS+S_2^{2-}═GeS_3^{2-}$ 硫化亚锗溶于多硫化物的溶液中，形成硫代锗酸盐。

【GeS_2】

二硫化锗，白色无定形粉末或菱形晶体，熔点为 800℃，600℃以上升华，稍溶于水，显酸性，溶于碱、碱金属硫化物溶液和氨水，遇潮湿空气分解放出 H_2S。可由硫化亚锗在硫蒸气中升华或用硫酸酸化锗酸钠溶液后通入硫化氢使其沉淀而得。

$GeS_2+Na_2S═Na_2GeS_3$ 二硫化锗溶于 Na_2S 溶液中，生成硫代锗酸钠。

$GeS_2+3O_2\xlongequal{焙烧}GeO_2+2SO_2$ 从锗的硫化物矿石中提取锗的原理之一。将二硫化锗焙烧转化为二氧化锗，然后将二氧化锗溶于盐酸：$GeO_2+4HCl═GeCl_4+2H_2O$，蒸馏出四氯化锗；再将 $GeCl_4$ 水解得到较纯 GeO_2：$GeCl_4+2H_2O═GeO_2+4HCl$；较纯 GeO_2 再和盐酸反应，重复蒸馏、水解，直至得到纯 GeO_2，用氢气还原纯 GeO_2 得到纯度较高的金属锗：$GeO_2+2H_2\xlongequal{\triangle}Ge+2H_2O$。

【H_2GeO_3】

锗酸。

$H_2GeO_3 \overset{\triangle}{=\!=} GeO_2+H_2O$ H_2GeO_3加热分解，生成二氧化锗和水。从燃烧的烟道中提取锗的原理见【$GeCl_4+3H_2O$】。

【GeS_3^{2-}】硫代锗酸盐。

$GeS_3^{2-}+2H^+ = GeS_2\downarrow+H_2S\uparrow$ 硫代锗酸盐溶液中加入酸，生成二硫化锗沉淀，放出 H_2S 气体。

【Sn】锡，有三种互为同素异形体的单质：白锡、灰锡和脆锡。常见的白锡为银白色金属，富有展性，降温至 13.2℃时开始缓慢变为灰锡；遇剧冷变为粉末状灰锡。升温达 160℃以上时，又转为脆锡。与冷的稀盐酸、稀硝酸、苛性碱、热的稀硫酸缓慢反应；与浓硫酸、浓盐酸、王水和热的苛性碱迅速反应；能被浓硝酸氧化为不溶性的偏锡酸 H_2SnO_3，暴露在空气中形成二氧化锡保护薄膜。其主要矿石为锡石（SnO_2），可由锡石除去杂质后在反射炉中用碳还原得粗锡，重熔净化或电解精炼而得。白锡做的家用器皿，长期处于低温自毁，称为"锡疫"。镀锡铁片称为"马口铁"，有防腐作用。锡还用于制各种合金，如轴承合金、低熔合金、青铜等。

$Sn+2Cl_2 \overset{\triangle}{=\!=} SnCl_4$ 锡片和干燥的氯气加热反应，生成四氯化锡。【卤素单质和金属反应】见【$2Al+3Cl_2$】。

$Sn+2H^+ = Sn^{2+}+H_2\uparrow$ 金属锡和非氧化性强酸反应，生成氢气和亚锡盐的离子反应方程式。【金属活动顺序表】见【$2Ag^++Cu$】。

$Sn+2HCl = SnCl_2+H_2\uparrow$ 金属锡和非氧化性强酸盐酸反应，生成氢气和氯化亚锡。在稀盐酸中反应缓慢，在浓盐酸中快速反应。

$Sn+4HNO_3$(浓)$= H_2SnO_3+4NO_2\uparrow+H_2O$ 锡和浓硝酸快速反应，生成不溶于水的β-锡酸 H_2SnO_3（又名水合二氧化锡 $SnO_2\cdot H_2O$）、二氧化氮和水。锡和冷的稀硝酸反应，当 $n(Sn):n(HNO_3)=3:8$ 时，生成硝酸亚锡、一氧化氮和水：$3Sn+8HNO_3 = 3Sn(NO_3)_2+2NO\uparrow+4H_2O$。锡和稀硝酸反应，当 $n(Sn):n(HNO_3)=3:4$ 时，$3Sn+4HNO_3 = 3SnO_2+4NO\uparrow+2H_2O$。锡和冷的较稀的硝酸反应，当 $n(Sn):n(HNO_3)=2:5$ 时，$4Sn+10HNO_3 = 4Sn(NO_3)_2+NH_4NO_3+3H_2O$。【金属和硝酸的反应】见【$3Ag+4HNO_3$】。

$4Sn+10HNO_3 = 4Sn(NO_3)_2+NH_4NO_3+3H_2O$ 锡和冷的较稀的硝酸反应，当 $n(Sn):n(HNO_3)=2:5$ 时，生成 $Sn(NO_3)_2$、NH_4NO_4 和 H_2O。

$3Sn+8HNO_3 = 3Sn(NO_3)_2+2NO\uparrow+4H_2O$ 锡和冷的稀硝酸反应，若 $n(Sn):n(HNO_3)=3:8$ 时，生成硝酸亚锡、一氧化氮和水。

$3Sn+4HNO_3 = 3SnO_2+4NO\uparrow+2H_2O$ 锡和稀硝酸反应，若 $n(Sn):n(HNO_3)=3:4$，生成二氧化锡、一氧化氮和水。

$Sn+4H_2SO_4$(浓)$= Sn(SO_4)_2+2SO_2\uparrow+4H_2O$ 锡和浓硫酸反应，生成硫酸锡、二氧化硫和水。表现浓硫酸的强氧化性。

$3Sn+2NO_3^-+8H^+ = 3Sn^{2+}+2NO\uparrow+4H_2O$ 锡和冷的稀硝酸反应，当 $n(Sn):n(HNO_3)=3:8$ 时反应的离子方程式。

$Sn+2NaOH+2H_2O = Na_2[Sn(OH)_4]+H_2\uparrow$ 锡和硅相似，可以溶解在氢氧化钠溶液中，放出氢气，同时生成亚锡酸钠。

$Sn+O_2 \overset{高温}{=\!=} SnO_2$ 锡在空气中燃烧，生成二氧化锡。

$Sn+2OH^-+2H_2O = [Sn(OH)_4]^{2-}+$

H_2↑ 锡溶解在氢氧化钠等强碱溶液中，放出氢气，同时生成亚锡酸盐的离子方程式。

【Sn^{2+}】

$Sn^{2+}+CO_3^{2-}\overset{\triangle}{=\!=}SnO\downarrow+CO_2\uparrow$ Sn^{2+}和碳酸钠热溶液反应，可制得一氧化锡 SnO。

$Sn^{2+}+2e^-=\!=Sn$ 亚锡离子得电子被还原。

$Sn^{2+}+H_2O+Cl^-=\!=Sn(OH)Cl\downarrow+H^+$ 氯化亚锡能溶解在少于其重量的水中。在更多量的水中水解生成难溶于水的碱式盐和氯化氢。Sn(OH)Cl 叫碱式氯化亚锡。

$2Sn^{2+}+O_2+4H^+=\!=2Sn^{4+}+2H_2O$ 含 Sn^{2+}的溶液如 $SnCl_2$，是实验室常用的还原剂，Sn^{2+}易被 O_2 氧化为 Sn^{4+}。实验室里的含 Sn^{2+}溶液一般被加入金属锡，以防止 Sn^{2+}被氧化为 Sn^{4+}：$Sn+Sn^{4+}=\!=2Sn^{2+}$。

$Sn^{2+}+2OH^-=\!=Sn(OH)_2\downarrow$ Sn^{2+}和 OH^-结合生成白色氢氧化亚锡沉淀。

【Sn^{4+}】

$Sn^{4+}+4e^-=\!=Sn$ 锡离子得电子被还原。

$Sn^{4+}+Sn=\!=2Sn^{2+}$ 实验室中 Sn^{2+}很容易被 O_2 氧化，见【$2Sn^{2+}+O_2+4H^+$】。为防止 Sn^{2+}被氧化，常加入金属锡，将氧化成的 Sn^{4+}还原为 Sn^{2+}。

【$SnCl_2$】

无水氯化亚锡，或称二氯化锡，是白色单斜晶体。$SnCl_2\cdot 2H_2O$ 为无色针状或片状晶体。在空气中逐渐被氧化为不溶性的氯氧化物。能溶于少于其质量的水中，在更多量水中生成不溶性碱式盐。易溶于浓硝酸，可溶于乙醇、水、醋酸和氢氧化钠溶液。其中性水溶液易水解生成沉淀，酸性水溶液具有强还原性。可由锡溶于盐酸制得。常作还原剂、媒染剂、脱色剂以及镀锡。

$3SnCl_2+12Cl^-+2H_3AsO_3+6H^+=\!=2As+6H_2O+3SnCl_6^{2-}$ 亚砷酸在浓盐酸中和 $SnCl_2$ 反应，生成棕黑色的砷，表现亚砷酸的氧化性。+3 价砷既有氧化性又有还原性，酸性介质中以氧化性为主，碱性介质中以还原性为主。

$SnCl_2+H_2O=\!=Sn(OH)Cl\downarrow+HCl$ 氯化亚锡能溶解在少于其重量的水中，在更多量的水中水解生成碱式盐沉淀和氯化氢。

$SnCl_2+Na_2CO_3\overset{\triangle}{=\!=}SnO+CO_2\uparrow+2NaCl$ 加热氯化亚锡和碳酸钠的固体混合物制备氧化亚锡。

$SnCl_2+2NaOH=\!=Sn(OH)_2\downarrow+2NaCl$ 氯化亚锡 $SnCl_2$ 溶液和 NaOH 溶液反应，生成白色氢氧化亚锡沉淀。

【$SnCl_4$】

四氯化锡，或氯化锡，无色液体，有腐蚀性，在湿空气中发烟。溶于冷水并放热，热水中分解生成二氧化锡沉淀和盐酸。与计算量的水生成五水化合物，后者为白色晶体。可由锡片或氯化亚锡与干燥氯气反应而得。常作有机化学催化剂或缩合剂，纺织工业媒染剂，制备有机锡化合物的原料。

$SnCl_4+2HCl=\!=H_2[SnCl_6]$ 四氯化锡在盐酸中生成六氯合锡（Ⅳ）酸。

$SnCl_4+3H_2O=\!=H_2SnO_3+4HCl$ 四氯化锡强烈水解生成锡酸和氯化氢。

$3SnCl_4+3H_2O=\!=SnO_2\cdot H_2O+2H_2SnCl_6$ $SnCl_4$ 在少量水中强烈水解：$SnCl_4+3H_2O=\!=H_2SnO_3+4HCl$。生成的 $SnO_2\cdot H_2O$ 可以写作 H_2SnO_3。生成的 HCl 又可以和 $SnCl_4$ 反应：$SnCl_4+2HCl=\!=H_2[SnCl_6]$，两步加合得到总反应。

$SnCl_4+4NH_3\cdot H_2O=\!=Sn(OH)_4\downarrow+$

$4NH_4Cl$ 四氯化锡与碱反应，生成 $Sn(OH)_4$，通常称为 α-锡酸。α-锡酸的五聚体叫 β-锡酸，组成为 $[Sn(OH)_4]_5$ 或 $[(SnO)_5(OH)_{10}\cdot 5H_2O]$，$\alpha$-锡酸可用浓硝酸和锡反应制备，见【$Sn+4HNO_4$(浓)】。

【SnO_2】

二氧化锡，白色晶体或粉末，不溶于水、乙醇，缓慢溶解于热的浓碱溶液，溶于浓硫酸、浓盐酸，与碱共热得可溶性锡酸盐。自然界中主要以锡石形式存在，可用在空气中燃烧金属锡粉或煅烧氢氧化锡的方法制备。二氧化锡冷时为白色，热时为黄色，常用于搪瓷、玻璃等。

$SnO_2+2C=Sn+2CO\uparrow$ 用碳还原二氧化锡，生产金属锡，工业上生产金属锡的原理之一。粗锡经电解精炼可得纯锡。

$SnO_2+2Na_2CO_3+4S=Na_2SnS_3+Na_2SO_4+2CO_2\uparrow$ SnO_2、Na_2CO_3 和 S 共熔，生成硫代锡酸钠、硫酸钠和二氧化碳。

$SnO_2+2NaOH=Na_2SnO_3+H_2O$ 二氧化锡不溶于水，也不溶于酸、碱的稀溶液。二氧化锡和氢氧化钠共熔，生成锡酸钠和水。

$SnO_2+2OH^-=SnO_3^{2-}+H_2O$ 二氧化锡不溶于水，也不溶于酸、碱的稀溶液。二氧化锡和氢氧化钠共熔，生成锡酸钠和水。

【SnS】

硫化亚锡，深灰色晶体，或黑色无定形粉末，不溶于水、稀酸和 NaOH 溶液，溶于浓盐酸和热的浓硫酸，溶于浓盐酸时分解。可由锡和硫在高温下直接化合或由二氧化锡和无水硫氰酸钾在低于 450℃ 条件下作用而得。可用作碳氢化合物聚合的催化剂。

$SnS+4Cl^-+2H^+=SnCl_4^{2-}+H_2S\uparrow$ 硫化亚锡溶于浓盐酸，生成四氯合锡(Ⅱ)离子和硫化氢气体。

$SnS+2HCl=SnCl_2+H_2S\uparrow$ 硫化亚锡可溶于中等酸度的盐酸中，生成氯化亚锡，放出 H_2S 气体。

$SnS+Na_2S_2=Na_2SnS_3$ 过硫化钠存在的过硫链，结构类似于过氧化物中的过氧键，具有氧化性，将硫化亚锡 SnS 氧化为硫代锡酸盐。多硫化物 M_2S_x 中，$x=2$ 时叫作过硫化物，是过氧化物的同类化合物，含有过硫键—S—S—，类似于过氧键—O—O—。离子方程式见【$SnS+S_2^{2-}$】。

$SnS+S_2^{2-}=SnS_3^{2-}$ 过硫化物将硫化亚锡 SnS 氧化为硫代锡酸盐的离子方程式。

【SnS_2】

硫化锡，金黄色金属光泽的片状物或黄棕色粉末，不溶于水、稀酸，溶于浓盐酸、王水和 Na_2S 溶液。可由四氯化锡溶液与硫化物作用而得，可用于仿造镀金和制颜料。

$SnS_2+4H^++6Cl^-=SnCl_6^{2-}+2H_2S\uparrow$ 二硫化锡 SnS_2 不溶于水，也不溶于强酸稀酸，但溶于浓酸浓盐酸中，生成六氯合锡（Ⅳ）酸和硫化氢气体。

$SnS_2+6HCl=H_2SnCl_6+2H_2S\uparrow$ 二硫化锡 SnS_2 不溶于水，也不溶于强酸、稀酸中，但溶于浓盐酸中，生成六氯合锡（Ⅳ）酸和硫化氢气体。

$SnS_2+Na_2S=Na_2SnS_3$ 二硫化锡 SnS_2 易溶于硫化钠溶液，生成硫代锡酸钠。硫化亚锡 SnS 不溶于硫化钠溶液，但易溶于多硫化钠或多硫化铵溶液：$S_2^{2-}+SnS=SnS_3^{2-}$。利用在硫化物溶液中溶解性的不同，可以检验 Sn^{4+} 和 Sn^{2+}。离子方程式见【SnS_2+S^{2-}】。

SnS_2+S^{2-}==SnS_3^{2-} 二硫化锡SnS_2易溶于硫化物溶液，生成硫代锡酸盐的离子方程式。

【SnO_2^{2-}】

$SnO_2^{2-}+2H_2O$==$Sn(OH)_2\downarrow+2OH^-$ 亚锡酸盐水解生成氢氧化亚锡沉淀。

【$Na_2Sn(OH)_4$】

亚锡酸钠，可写作Na_2SnO_2，一种强还原剂。《无机化学丛书 第三卷》317页写成$NaSn(OH)_3$。$Sn(OH)_3^-$离子具有棱锥形结构。

$3Na_2Sn(OH)_4+2BiCl_3+6NaOH$==$2Bi\downarrow+3Na_2Sn(OH)_6+6NaCl$ 亚锡酸盐是一种很强的还原剂，在碱性介质中能将Bi^{3+}还原为Bi。

【SnS_3^{2-}】

硫代锡酸盐之一，硫代锡酸盐包括含有SnS_3^{2-}、SnS_4^{4-}、$Sn_2S_6^{4-}$及$Sn_2S_7^{5-}$离子的盐。

$SnS_3^{2-}+2H^+$==$SnS_2\downarrow+H_2S\uparrow$ 硫代锡酸盐溶液不稳定，加入酸，生成二硫化锡沉淀，放出H_2S气体。

【$Sn(OH)_2$】

氢氧化亚锡是两性氢氧化物，既可以和强酸反应，又可以和强碱反应，均生成盐和水。该物质并不存在，真正存在的是水合氧化锡(Ⅱ)$3SnO\cdot H_2O$，它的单晶可由高氯酸亚锡缓慢水解得到，经X射线测定结构，含有Sn_6O_8原子簇，六个锡原子在八面体的顶点上，氧原子在八面体的每个面上。化学式可写成$H_4Sn_6O_8$。

$Sn(OH)_2+2H^+$==$Sn^{2+}+2H_2O$ 氢氧化亚锡是两性氢氧化物，既可以和强酸反应，又可以和强碱反应，均生成盐和水。氢氧化亚锡和强碱反应：$Sn(OH)_2+2OH^-$==$SnO_2^{2-}+2H_2O$。

$Sn(OH)_2+2HCl$==$SnCl_2+2H_2O$ 氢氧化亚锡和盐酸的反应。

$Sn(OH)_2+2NaOH$==$Na_2SnO_2+2H_2O$ 氢氧化亚锡和氢氧化钠反应，生成亚锡酸钠和水。亚锡酸钠$Na_2[Sn(OH)_4]$，简写成Na_2SnO_2。

$Sn(OH)_2+2OH^-$==$SnO_2^{2-}+2H_2O$ 氢氧化亚锡和强碱反应，生成亚锡酸盐和水，SnO_2^{2-}又可写作$[Sn(OH)_4]^{2-}$。氢氧化亚锡和强酸反应，见【$Sn(OH)_2+2H^+$】。

$Sn(OH)_2+2OH^-$==$[Sn(OH)_4]^{2-}$ 氢氧化亚锡和强碱反应，生成亚锡酸盐和水的另一种表达式。

【$Sn(OH)_4$】

锡酸，可写作H_2SnO_3，一种无定形粉末，溶于酸或碱。

$Sn(OH)_4+4HCl$==$SnCl_4+4H_2O$ 锡酸溶于盐酸，生成四氯化锡和水。

$Sn(OH)_4+2NaOH$==$Na_2Sn(OH)_6$ 锡酸溶于碱，生成锡酸盐。

【Pb】

铅，银白色略带蓝色的重金属，质软，延性弱，展性强；熔点较低，几乎不溶于稀盐酸及硫酸，溶于稀硝酸，缓慢溶于含氧的有机酸溶液中。新切开的光亮断面在空气中迅速氧化，形成致密的氧化铅薄膜保护层。自然界主要以方铅矿（PbS）和白铅矿（$PbCO_3$）的形式存在，常杂有银、锌、铜、铊、铟等。由铅矿石煅烧成硫酸铅及氧化铅，用铁或炭还原而得。可用于制蓄电池、电线包皮、保险丝、四乙基铅、铅字、轴承、水管、颜料，及作耐硫酸腐蚀、防X射线的材料。

$Pb+Cl_2 \overset{\triangle}{=\!=} PbCl_2$ 金属铅和氯气在加热条件下反应，生成氯化铅。【卤素单质和金属反应】见【$2Al+3Cl_2$】。

$Pb(s)+Fe_2(SO_4)_3(aq) = PbSO_4(s) +2FeSO_4(aq)$ 湿法回收铅酸蓄电池中的铅的原理，铅转化为 $PbSO_4$，再将硫酸铅回收利用。另一原理见【$PbO_2(s)+2FeSO_4(aq) +2H_2SO_4(aq)$】。

$Pb+2H^+ \overset{慢}{=\!=} Pb^{2+}+H_2\uparrow$ 金属铅和强酸反应，生成氢气和可溶性铅（Ⅱ）盐的离子方程式。但 $PbCl_2$ 微溶于水，$PbSO_4$ 难溶于水。

$Pb+4HCl(浓) \overset{\triangle}{=\!=} H_2[PbCl_4]+H_2\uparrow$

铅可被酸侵蚀生成盐，但多数铅盐难溶于水，反应只停留在表面。由于铅的这种性质，化工厂或实验室常用铅作耐酸反应器的衬里，制贮存和运输酸液的管道。加热时，铅可溶于浓盐酸，生成可溶性配合物 $H_2[PbCl_4]$。不加热时见【Pb+2HCl】。

$Pb+2HCl \overset{慢}{=\!=} PbCl_2+H_2\uparrow$ 金属铅和盐酸开始反应，生成氢气和二氯化铅。但二氯化铅微溶于水，会覆盖在铅表面，隔绝铅和酸的接触，致使反应停止。

$3Pb+8HNO_3 = 3Pb(NO_3)_2+2NO\uparrow +4H_2O$ 铅和稀硝酸反应，生成硝酸铅、一氧化氮和水。【金属和硝酸的反应】见【$3Ag+ 4HNO_3$】。

$Pb+4HNO_3(浓) = Pb(NO_3)_2+2NO_2\uparrow +2H_2O$ 铅和浓硝酸反应，生成硝酸铅、二氧化氮和水。但 $Pb(NO_3)_2$ 不溶于浓硝酸，该反应很难持续进行。铅和稀硝酸反应较容易。

$Pb+2H_2O \overset{H_2SO_4}{=\!=} PbO_2+2H_2\uparrow$ 由两块铅板作电极，电解 H_2SO_4 溶液时，发生的总反应式。阳极：$Pb-4e^-+2H_2O = PbO_2+4H^+$。阴极：$4H^++4e^- = H_2\uparrow$。注意，铅和硫酸反应基本不生成氢气，因为生成的硫酸铅是难溶于水的，会覆盖在铅表面，阻止其继续反应，所以总反应式不能简单写作 $Pb+2H^+ = Pb^{2+}+ H_2\uparrow$。因此才设计成铅蓄电池，见【$Pb+PbO_2+2H_2SO_4$】。

$Pb+2H_2SO_4 = Pb(HSO_4)_2+H_2\uparrow$

铅和硫酸反应，易溶于浓度大于 79%的硫酸溶液。浓度较小时，因生成的硫酸铅难溶于水，会覆盖在铅表面，反应很难持续进行。

$Pb+3H_2SO_4(浓) \overset{\triangle}{=\!=} Pb(HSO_4)_2+ SO_2\uparrow+H_2O$ 铅可被酸侵蚀生成盐，但多数铅盐难溶于水，反应只停留在表面。由于铅的这种性质，化工厂或实验室常用铅作耐酸反应器的衬里，制贮存和运输酸液的管道。加热时，铅可溶于浓硫酸，因为加热时生成的 $Pb(HSO_4)_2$ 是可溶的。

$Pb(粉)+KNO_3 \overset{\triangle}{=\!=} KNO_2+PbO$

用粉末状金属铅、铁或碳，在高温下还原固体硝酸盐，可制得亚硝酸盐。

$Pb+2NO_3^-+4H^+ = Pb^{2+}+2NO_2\uparrow+ 2H_2O$ 铅和浓硝酸反应的离子方程式，生成铅（Ⅱ）离子、二氧化氮和水。

$Pb(粉)+NaNO_3 \overset{高温}{=\!=} PbO+NaNO_2$

在高温下，用金属铅还原硝酸盐制备亚硝酸盐，因生成的 PbO 不溶于水，将产物 PbO 和 $NaNO_2$ 的混合物溶于热水中，过滤后重结晶，得到白色晶状 $NaNO_2$。

$2Pb+O_2 \overset{\triangle}{=\!=} 2PbO$ 铅和氧气在加热条件下反应，生成黄色或红色的一氧化铅，又名“密陀僧”。

$2Pb+O_2+2H_2O = 2Pb(OH)_2$ 铅在空气中被缓慢氧化为氢氧化铅。

$$Pb(s)+PbO_2(s)+2H_2SO_4(aq) \xrightleftharpoons[充电]{放电} 2H_2O(l)+2PbSO_4(s)$$ 铅蓄电池放电、充电的总反应式。铅蓄电池放电时负极和正极的电极反应式见【$Pb+PbO_2+ 2H_2SO_4$】。

$Pb+PbO_2+2H_2SO_4=2PbSO_4+2H_2O$ 铅蓄电池的总反应式，负极电极反应式：$Pb+SO_4^{2-}-2e^-=PbSO_4$。正极电极反应式：$PbO_2+4H^++SO_4^{2-}+2e^-=PbSO_4+2H_2O$。总反应的离子方程式：$Pb+PbO_2+4H^++2SO_4^{2-}=2PbSO_4+2H_2O$。充电时，阳极：$PbSO_4(s)+2H_2O-2e^-=PbO_2(s)+4H^++SO_4^{2-}$；阴极：$PbSO_4(s)+2e^-=Pb+SO_4^{2-}$。这也是湿法回收铅酸蓄电池中的铅的原理，将 Pb 和 PbO_2 先转化为 $PbSO_4$ 再利用。

$Pb+PbO_2+4H^++2SO_4^{2-}=2PbSO_4+2H_2O$ 铅蓄电池的离子方程式。

$Pb+S=PbS$ 金属铅和硫反应，生成黑色硫化铅。

$Pb+SO_4^{2-}-2e^-=PbSO_4$ 铅蓄电池的负极电极反应式。见【$Pb+PbO_2+ 2H_2SO_4$】。

【Pb^{2+}】 铅离子。

$2Pb^{2+}+2CO_3^{2-}+H_2O=Pb_2(OH)_2CO_3\downarrow+CO_2\uparrow$ 可溶性铅盐如硝酸铅和可溶性碳酸盐如碳酸钠反应，生成碱式碳酸铅沉淀，同时放出 CO_2 气体。碱式碳酸铅是遮盖力很强的白色颜料，俗称铅白。可溶性碳酸盐和金属离子形成沉淀的规律见【$2Cu^{2+}+2CO_3^{2-}+H_2O$】。

$Pb^{2+}+[Ca(edta)]^{2-}=[Pb(edta)]^{2-}+Ca^{2+}$ EDTA 是乙二胺四乙酸，结构简式为

$$\begin{array}{l}CH_2-N(CH_3COOH)_2\\ |\\ CH_2-N(CH_3COOH)_2\end{array}$$ 。 $$\left[\begin{array}{l}CH_2-N(CH_3COO)_2\\ |\\ CH_2-N(CH_3COO)_2\end{array}\right]^{4-}$$

是其酸根，用 edta 表示。edta 的钙盐 $[Ca(edta)]^{2-}$是人体铅中毒的高效解毒剂。对于铅中毒的病人，注射溶于葡萄糖溶液或生理盐水的 $Na_2[Ca(edta)]$，生成的$[Pb(edta)]^{2-}$以及剩余的$[Ca(edta)]^{2-}$可随尿排出以达到解毒的作用，同时释放出 Ca^{2+}以补充人体所需。切不可用其酸式盐 $Na_2H_2(edta)$代替 $Na_2[Ca(edta)]$作注射液，否则会导致人体缺钙。

$Pb^{2+}+2Cl^-=PbCl_2\downarrow$ Pb^{2+}和 Cl^-反应生成白色沉淀氯化铅。氯化铅为白色晶体，微溶于热水，不溶于冷水，有毒。在化学反应中，有微溶物大量生成时，按沉淀对待。

$Pb^{2+}+CrO_4^{2-}=PbCrO_4\downarrow$ 向铬酸盐或重铬酸盐的溶液中加入 Pb^{2+}，均生成黄色铬酸铅沉淀（俗称铬黄），该原理用于鉴定 Pb^{2+}。除去干扰和鉴定步骤见【$Pb^{2-}+SO_4^{2-}$】。原因是 CrO_4^{2-}和 $Cr_2O_7^{2-}$之间建立动态平衡：$2CrO_4^{2-}+2H^+ \rightleftharpoons Cr_2O_7^{2-}+H_2O$，$Pb^{2+}$加入后，因铬酸铅的溶度积更小，生成 $PbCrO_4$ 沉淀，平衡发生移动。

$Pb^{2+}+2e^-=Pb$ 铅离子得电子被还原的电极反应式。

$Pb^{2+}+2OH^-=Pb(OH)_2\downarrow$ Pb^{2+}和 OH^-反应生成难溶于水的白色 $Pb(OH)_2$ 沉淀。

$Pb^{2+}+S^{2-}=PbS\downarrow$ Pb^{2+}和 S^{2-}反应生成黑色 PbS 沉淀，该反应十分敏感，可用来检验 H_2S 或 S^{2-}。实验室里用醋酸铅试纸检验 S^{2-}（生成黑色硫化铅沉淀）。但醋酸铅是盐中比较少见的弱电解质，写离子方程式时应写成化学式，不能拆写成离子。

$Pb^{2+}+H_2S=PbS\downarrow+2H^+$ Pb^{2+}和 H_2S 反应生成黑色 PbS 沉淀，该反应十分敏感，可用来检验 H_2S。

$Pb^{2+}+SO_4^{2-}=PbSO_4\downarrow$ $PbSO_4$ 难溶于水，$K_{sp}=1.6\times10^{-5}$。Pb^{2+}的鉴定见[$Pb^{2+}+CrO_4^{2-}$]，为防止 Ba^{2+}、Bi^{2+}、Hg^{2+}、Ag^+等离子的干扰，先将 Pb^{2+}转化为 $PbSO_4$，再用

NaOH 溶解 $PbSO_4$，转化为$[Pb(OH)_3]^-$，离心分离，除去其他不溶的硫酸盐，在清液中加入 6.0mol/L 的醋酸溶液和几滴 0.1mol/ L 的 K_2CrO_4 溶液，如有黄色沉淀，就说明有 Pb^{2+}。

$Pb^{2+}+Sn \rightleftharpoons Pb+Sn^{2+}$ 金属性 Sn>Pb，Sn 从 Pb^{2+}的溶液中置换出金属铅。在 298.15K 时，该反应的平衡常数 K=2.2，正向反应进行得很不完全，所以用可逆符号，一般认为当 $K>10^5$ 时，反应进行得基本完全。

【$PbCl_2$】

氯化铅（或二氯化铅），白色结晶粉末，微溶于热水，不溶于冷水、乙醇和醚，易溶于氯化铵、硝酸铵和苛性碱溶液，有毒。可由可溶性铅盐溶液和盐酸（或氯化钠）作用而得。常用于制取颜料和其他铅盐。

$PbCl_2(s) \rightleftharpoons Pb^{2+}(aq)+2Cl^-(aq)$

$PbCl_2$ 固体溶解—沉淀平衡。

$PbCl_2+2Cl^- = [PbCl_4]^{2-}$ 氯化铅是白色晶体，微溶于热水，不溶于冷水，有毒。$PbCl_2$ 溶于可溶性氯化物或盐酸中形成配离子四氯合铅（Ⅱ）离子。

$PbCl_2+2HCl = H_2[PbCl_4]$ 氯化铅不溶于冷水，可溶于盐酸，原因是生成可溶性配离子四氯合铅(Ⅱ)酸 $H_2[PbCl_4]$。

$PbCl_2+2KCl = K_2[PbCl_4]$ $PbCl_2$ 溶于可溶性氯化物或盐酸中形成配离子四氯合铅（Ⅱ）离子，离子方程式见【$PbCl_2+2Cl^-$】。

【$PbCl_4$】

四氯化铅，透明黄色油状液体，潮湿空气中水解并冒烟，生成 PbO_2 和 HCl。室温时 $PbCl_4$ 分解放出 Cl_2，105℃时猛烈分解而爆炸，其苯溶液经光照分解生成 $PbCl_2$ 和 Cl_2。最简单的制备方法是用六氯铅酸吡啶与浓硫酸作用，或 0℃以下将氯气通入 $PbCl_2$ 的浓盐酸悬浊液，再将固体 NH_4Cl 溶于溶液中，得黄色六氯铅酸铵晶体，此盐与浓 H_2SO_4 在 0℃以下反应生成 $PbCl_4$，不溶于浓硫酸，易分离。

$PbCl_4 = PbCl_2+Cl_2\uparrow$ 四氯化铅是黄色油状液体，378K 时爆发性分解，生成二氯化铅和氯气。

【PbI_2】

碘化铅或称二碘化铅，亮色晶体或粉末，不溶于水和乙醇，热水中部分分解而生成碱式盐 PbI(OH)，干燥碘化铅性质稳定，湿的碘化铅在长时间日光照射下会缓慢分解。在氧气中加热，氧气将 I^-氧化为碘。可由醋酸铅和碘化钾作用而得，常用于镀青铜、彩色金和摄影。

$PbI_2+2I^- = [PbI_4]^{2-}$ 二碘化铅能溶于 KI 溶液中形成配离子。

$PbI_2+2KI = K_2[PbI_4]$ 二碘化铅能溶于 KI 溶液中形成配离子，离子方程式见【PbI_2+2I^-】。

【$Pb(SCN)_4$】

$Pb(SCN)_4 = Pb(SCN)_2+(SCN)_2$

$Pb(SCN)_4$ 分解生成 $Pb(SCN)_2$ 和$(SCN)_2$，类似于 $PbCl_4$ 的分解。

【$PbSO_4$】

硫酸铅，白色重质结晶粉末，不溶于乙醇，难溶于冷水，微溶于热水，稍溶于强酸浓溶液，稀释后析出硫酸铅沉淀，溶于 NaOH 浓溶液，自然界中存在的硫酸铅矿呈斜方晶体。可由铅盐溶液中加稀硫酸而得，常用于制油漆、颜料和蓄电池。

$PbSO_4+2CH_3COONH_4$══$(CH_3COO)_2Pb+(NH_4)_2SO_4$ 硫酸铅难溶于水，和醋酸铵反应生成易溶于水但难电离的醋酸铅。强电解质反应生成弱电解质。绝大多数盐是强电解质，但醋酸铅$[(CH_3COO)_2Pb]$和氯化汞（$HgCl_2$）是盐中比较少见的弱电解质，写离子方程式时应写成化学式，不能拆写成离子。

$2PbSO_4+2H_2O \underset{放电}{\overset{充电}{\rightleftharpoons}} Pb+PbO_2+2H_2SO_4$ 铅蓄电池充电和放电的原理。两种过程相反，但不是可逆反应。铅蓄电池放电时负极和正极电极反应式见【$Pb+PbO_2+2H_2SO_4$】。

$PbSO_4+H_2SO_4$(浓)══$Pb(HSO_4)_2$ 硫酸铅难溶于水，但易溶于浓硫酸。

$PbSO_4+Na_2S \rightleftharpoons PbS+Na_2SO_4$ 白色难溶物硫酸铅转化为更难溶的黑色硫化铅沉淀。沉淀之间的转化趋势是向更难溶解的方向转化。

$PbSO_4+S^{2-} \rightleftharpoons PbS+SO_4^{2-}$ 白色难溶物硫酸铅沉淀转化为更难溶的黑色硫化铅沉淀。溶液中沉淀之间的转化趋势是向更难溶解的方向转化。

【$Pb(NO_3)_2$】 硝酸铅，白色或无色透明晶体，有毒，溶于水，不溶于浓硝酸，水溶液呈微酸性，有强烈氧化性，与有机物接触有着火危险性。可由硝酸和铅作用而得，常用于制火柴、颜料、炸药、鞣革，也作媒染剂和氧化剂等。

$2Pb(NO_3)_2 \overset{\triangle}{=\!=} 2PbO+4NO_2\uparrow+O_2\uparrow$ 硝酸铅受热分解生成一氧化铅、二氧化氮和氧气。【硝酸盐受热分解】见【$2AgNO_3$】。实验室里可以制取少量二氧化氮。

$Pb(NO_3)_2+2CH_3COONa$══$Pb(CH_3COO)_2+2NaNO_3$ 硝酸铅和醋酸钠的溶液反应生成醋酸铅和硝酸钠。强电解质反应生成弱电解质，醋酸铅易溶于水但难电离。绝大多数盐是强电解质，但醋酸铅$[(CH_3COO)_2Pb]$和氯化汞（$HgCl_2$）是盐中比较少见的弱电解质，写离子方程式时应写成化学式，不能拆写成离子。

$Pb(NO_3)_2+H_2S$══$PbS\downarrow+2HNO_3$ 硝酸铅和硫化氢反应，生成黑色硫化铅沉淀和硝酸，该沉淀不溶于硝酸等强酸，反应十分敏感，可用来检验S^{2-}或H_2S。离子方程式见【$Pb^{2+}+H_2S$】和【$Pb^{2+}+S^{2-}$】。

$Pb(NO_3)_2+H_2SO_4$══$PbSO_4\downarrow+2HNO_3$ 利用$Pb(NO_3)_2$和H_2SO_4反应生产$PbSO_4$。

$Pb(NO_3)_2+2NaOH$══$Pb(OH)_2\downarrow+2NaNO_3$ 硝酸铅和氢氧化钠反应生成难溶于水的白色$Pb(OH)_2$沉淀。

【PbO】 一氧化铅是黄色或红色晶体，又名密陀僧、氧化铅、铅黄；为两性偏碱性化合物，易溶于醋酸和硝酸；有毒，不溶于水、乙醇，溶于酸和氢氧化钠，空气中加热至450℃~500℃得四氧化三铅。由金属铅加热到500℃氧化而得，反应完毕后迅速冷却至300℃以下。用作颜料，制特种玻璃、金属黏合剂以及其他铅化合物。

$PbO+C \overset{\triangle}{=\!=} Pb+CO\uparrow$ 碳作还原剂，在高温下还原一氧化铅生产金属铅。C不足时生成二氧化碳，C过量时生成一氧化碳。

$PbO+CO \overset{\triangle}{=\!=} Pb+CO_2$ 一氧化碳高温下还原一氧化铅，生成铅和二氧化碳。

$PbO+2HAc$══$Pb(Ac)_2+H_2O$ 在有氧气存在时，铅可溶于醋酸生成易溶的醋酸铅。首先，铅和氧气反应：$2Pb+O_2$══

2PbO，一氧化铅再和醋酸反应生成醋酸铅。

$PbO+2HNO_3=Pb(NO_3)_2+H_2O$

一氧化铅溶于硝酸，生成硝酸铅和水。

【PbO_2】

二氧化铅，或叫氧化高铅，棕黑色粉末，难溶于水，是一种两性氧化物。可溶于强碱得到铅酸盐，和硝酸不反应，和硫酸反应，放出氧气。铅的+4价化合物不稳定，易生成稳定的+2价化合物，具有强氧化性。可用氯、溴、次氯酸盐等氧化一氧化铅或二价铅盐而得。可作蓄电池的电极、氧化剂以及用于制火柴，也是分析试剂之一。

$PbO_2+2Cl^-+4H^+=Pb^{2+}+Cl_2\uparrow+2H_2O$

二氧化铅和盐酸反应，放出氯气，氧化性：$PbO_2>Cl_2$。和硝酸不反应，和硫酸反应，放出氧气：$2PbO_2+2H_2SO_4=2PbSO_4+O_2\uparrow+2H_2O$。铅的+4价化合物不稳定，易生成稳定的+2价化合物。

$PbO_2(s)+2FeSO_4(aq)+2H_2SO_4(aq)=2H_2O+PbSO_4(s)+Fe_2(SO_4)_3(aq)$

湿法回收铅酸蓄电池中的铅的原理，先用硫酸中的 $FeSO_4$ 还原 PbO_2，生成硫酸铅和硫酸铁，再将硫酸铅回收利用。

$PbO_2(s)+4H^+(aq)+SO_4^{2-}(aq)+2e^-=2H_2O(l)+PbSO_4(s)$ 铅蓄电池正极电极反应式。铅蓄电池的负极电极反应式以及总反应式见【$Pb+PbO_2+2H_2SO_4$】。

$PbO_2+4HCl(浓)\xlongequal{\triangle}PbCl_2+Cl_2\uparrow+2H_2O$ 二氧化铅和浓盐酸反应，放出氯气，氧化性：$PbO_2>Cl_2$。

$PbO_2+H_2SO_3=PbSO_4+H_2O$

PbO_2 和 H_2SO_3 发生氧化还原反应，生成硫酸铅和水。

$2PbO_2+2H_2SO_4=2PbSO_4+O_2\uparrow+2H_2O$ 二氧化铅和硫酸反应，放出氧气。二氧化铅具有强氧化性。

$5PbO_2+2Mn(NO_3)_2+6HNO_3\xlongequal{Ag}2HMnO_4+5Pb(NO_3)_2+2H_2O$

PbO_2 是强氧化剂，在银作催化剂时，可以将 Mn^{2+} 氧化为 MnO_4^-。氧化性：$PbO_2>HMnO_4$。离子方程式见【$2Mn^{2+}+5PbO_2+4H^+$】。

$5PbO_2+2MnSO_4+3H_2SO_4\xlongequal{催化剂}5PbSO_4\downarrow+2HMnO_4+2H_2O$ 铅的+4价化合物不稳定，易生成稳定的+2价化合物，PbO_2 具有强氧化性，在酸性条件下将硫酸锰氧化为高锰酸。离子方程式见【$2Mn^{2+}+5PbO_2+4H^++5SO_4^{2-}$】。

$PbO_2+2NaOH\xlongequal{\triangle}Na_2PbO_3+H_2O$

二氧化铅和强碱共热，生成铅（Ⅳ）酸盐和水。

$PbO_2+SO_2=PbSO_4$ 二氧化铅具有强氧化性，将二氧化硫氧化成硫酸铅。

【$PbPbO_3$ 或 Pb_2O_3】

三氧化二铅，可看作 PbO 和 PbO_2 的混合氧化物 $PbO\cdot PbO_2$，也可看作盐铅酸铅 $PbPbO_3$。

$PbPbO_3+2HNO_3=Pb(NO_3)_2+PbO_2+H_2O$ $PbPbO_3$ 和稀 HNO_3 反应，生成硝酸铅、二氧化铅和水。

【Pb_3O_4】

四氧化三铅，红色粉末，又叫“铅丹”或“红丹”，其中三分之二的铅为+2价，三分之一的铅为+4价，化学式可写作 $2PbO\cdot PbO_2$，结构式为 $Pb_2[PbO_4]$，正铅酸铅盐。有毒！橙红色粉末，不溶于水，溶于热碱溶液或过量冰醋酸。可将一氧化铅粉末在空气中加热至450℃~500℃而得。具有氧化性，涂在钢材上使钢铁表面钝化，防锈效果较好，可制油漆涂料，用于桥梁、钢架、船舶等的防腐，也用作蓄电池、玻璃等。

$Pb_3O_4+2C \xlongequal{\triangle} 3Pb+2CO_2\uparrow$ 焦炭还原四氧化三铅制备金属铅。焦炭少量时生成二氧化碳，焦炭过量时生成一氧化碳。

$Pb_3O_4+4H^+ = 2Pb^{2+}+PbO_2+2H_2O$ 硝酸和四氧化三铅反应的离子方程式。见【$Pb_3O_4+4HNO_3$】。

$Pb_3O_4+8HCl(浓) \xlongequal{\triangle} 3PbCl_2+Cl_2\uparrow+4H_2O$ 四氧化三铅和浓盐酸反应的化学方程式。四氧化三铅的化学式可写作 $2PbO{\cdot}PbO_2$。四氧化三铅和浓盐酸反应，可以看作其中的 PbO 和盐酸作用生成二氯化铅和水，而 PbO_2 和盐酸反应，生成氯气、二氯化铅和水，见【$PbO_2+4HCl(浓)$】。

$Pb_3O_4+4HNO_3 = 2Pb(NO_3)_2+PbO_2+2H_2O$ 四氧化三铅和硝酸反应的化学方程式。四氧化三铅的化学式可写作 $2PbO{\cdot}PbO_2$。四氧化三铅和硝酸反应，可以看作其中的 PbO 和硝酸作用生成硝酸铅和水，而 PbO_2 和硝酸不反应。制备 PbO_2 的原理之一。

【PbS】 硫化铅，有金属光泽的铅灰色立方晶体或黑色粉末，熔点为 1140℃，1281℃时升华；不溶于水、碱溶液和乙醇，溶于硝酸、浓盐酸和热的稀盐酸；和浓盐酸反应有硫化氢气体生成。自然界中主要以方铅矿形式存在，为炼铅的主要原料，可由铅盐溶液和硫化氢反应制得，高纯度的硫化铅可用作半导体材料。

$PbS+Fe \xlongequal{\triangle} Pb+FeS$ 工业上生产铅的原理之一，用铁直接还原 PbS 得到粗铅，再经电解精炼可得到纯铅。

$PbS+2H^++4Cl^- = [PbCl_4]^{2-}+H_2S\uparrow$ PbS 溶于浓盐酸的离子方程式。

$PbS+4HCl(浓) = H_2[PbCl_4]+H_2S\uparrow$ 硫化铅和浓盐酸反应，有硫化氢气体生成。硫化物溶解性见【$ZnS+2H^+$】。

$3PbS+8HNO_3 = 3Pb(NO_3)_2+3S\downarrow+2NO\uparrow+4H_2O$ 硫化铅和稀硝酸反应，生成硝酸铅、硫、一氧化氮和水。

$PbS+4H_2O_2 = PbSO_4+4H_2O$ 黑色硫化铅和过氧化氢反应，生成白色硫酸铅和水。该原理用于油画的漂白。油画的颜料白铅：$Pb(OH)_2{\cdot}2PbSO_4$，遇到空气中 H_2S 转变成黑色的 PbS，用过氧化氢溶液使其变成白色。过氧化氢具有强氧化性，硫化铅具有还原性。

$2PbS+2(NH_4)_2CO_3+O_2+2H_2O \xlongequal[50℃\sim60℃]{常压} 2PbCO_3+2S+4NH_3{\cdot}H_2O$

从方铅矿中提取铅的原理之一——碳酸化转化湿法炼铅，避免火法炼铅中铅蒸气和二氧化硫对环境的污染。

$3PbS+2NO_3^-+8H^+ = 3Pb^{2+}+3S\downarrow+2NO\uparrow+4H_2O$ 硫化铅和稀硝酸反应的离子方程式。

$2PbS+3O_2 = 2PbO+2SO_2$ 工业上生产铅的原理之一，先将矿石浮选富集，在空气中将方铅矿煅烧变成一氧化铅，再在反射炉中用焦炭或一氧化碳还原一氧化铅，得到粗铅，分别见【PbO+C】、【PbO+CO】，以粗铅为阳极，纯铅为阴极，$PbSiF_6$ 和 H_2SiF_6 为电解液电解精炼制得纯铅。

$PbS+2O_3 = PbSO_4+O_2$ 硫化铅和臭氧反应，生成硫酸铅和氧气。臭氧具有强氧化性，硫化铅具有还原性。有些资料写作：$PbS+4O_3 = PbSO_4+4O_2$。

$PbS+PbSO_4 \xlongequal{\triangle} 2Pb+2SO_2\uparrow$ 将硫化铅和硫酸铅混合加热，生成铅和二氧化硫。该原理是从硫化物矿石中提取铅的一种方法。也是回收铅的利用原理之一。

【$Pb(OH)_2$】

氢氧化铅，化学式 $Pb(OH)_2$ 或 $Pb_2O(OH)_2$，白色粉末，具有两性，有毒，微溶于水，可溶于硝酸、醋酸和热的盐酸，也可溶于强碱溶液。由氢氧化钠与可溶性铅盐在溶液中作用而得，可制二氧化铅和其他铅盐。

$Pb(OH)_2+CO_2=PbCO_3+H_2O$

氢氧化铅吸收空气中的二氧化碳生成碳酸铅和水。$Pb(OH)_2$ 的 $K_{sp}=1.2\times10^{-15}$，$PbCO_3$ 的 $K_{sp}=7.4\times10^{-14}$，从 $Pb(OH)_2$ 完全变为 $PbCO_3$ 比较难，常常有碱式碳酸铅 $Pb(OH)_2\cdot2PbCO_3$ 生成。

$Pb(OH)_2+2H^+=Pb^{2+}+2H_2O$

氢氧化铅溶于硝酸或热的浓盐酸中的离子方程式。

$Pb(OH)_2+2HCl\xlongequal{热}PbCl_2+2H_2O$

氢氧化铅溶于热的浓盐酸中。$PbCl_2$ 难溶于冷水，易溶于热水。$Pb(OH)_2$ 也可溶于硝酸中，生成的 $Pb(NO_3)_2$ 易溶于水。

$Pb(OH)_2+NaOH=Na[Pb(OH)_3]$

氢氧化铅溶于氢氧化钠溶液中生成亚铅酸钠。

$Pb(OH)_2+OH^-=[Pb(OH)_3]^-$

氢氧化铅溶于强碱溶液中生成亚铅酸盐的离子方程式。而《无机化学》（天津大学，见文献）378 页写成 $Pb(OH)_2+2OH^-=[Pb(OH)_4]^{2-}$。

【$Pb(OH)_3^-$】

$Pb(OH)_3^-+ClO^-=PbO_2+Cl^-+OH^-+H_2O$ 用 NaClO 氧化亚铅酸盐，可制得 PbO_2。

【K_2PbF_6】

$K_2PbF_6\xlongequal{\triangle}K_2PbF_4+F_2$ 该法可用于实验室制备少量的 F_2，因为 K_2PbF_6 的制备要以 F_2 为原料，该法制备 F_2 受到限制。氟的制备另见【$2K_2MnF_6+4SbF_5$】。

第六章　ⅤA 族元素单质及其化合物

氮(N) 磷(P) 砷(As) 锑(Sb) 铋(Bi)。

【N_2】 氮气是无色、无味的气体，难溶于水，空气中体积分数为 78%。分子中形成的叁键，键能很大，941.69kJ/mol，是已知的最稳定的双原子分子。

$N_2+O_2\xlongequal{放电}2NO$ 氮气和氧气在放电条件下，生成一氧化氮，自然固氮原理之一。在雷电天气时，空气中的氮气和氧气反应生成一氧化氮，后者再逐步变成二氧化氮、硝酸、硝酸盐，最后进入土壤，可供植物吸收，是自然固氮的途径之一。也是汽车发动机内的反应之一，只要消耗空气，发动机内的氮氧化物就不可避免。工业上一般用分馏液态空气的方法制备大量氮气，也可由分解叠氮化钡、氨的催化分解等方法制备。氮气可作为合成氨、氰氨化钙、氰化物、硝酸等的原料，作阻止氧化、挥发、易燃物的保护气体，液氮可作冷冻剂。实验室可用加热亚硝酸铵的方法制少量氮气，常用其溶液或氯化铵和亚硝酸钠的饱和溶液。

$N_2(g)+\frac{1}{2}O_2(g)=N_2O(g)$；$\Delta H=+81.17kJ/mol$ N_2 和 O_2 反应生成 N_2O 的热化学方程式之一。

$N_2(g)+O_2(g)=2NO(g)$; $\Delta H=+180$ kJ/mol 氮气和氧气反应生成一氧化氮的热化学方程式之一，属于吸热反应。

$N_2(g)+2O_2(g)=2NO_2(g)$；$\Delta H=+68kJ/mol$ 氮气和氧气间接反应生成二氧化氮的热化学方程式，属于吸热反应。第一步：$N_2+O_2\xlongequal{放电}2NO$，第二步：$2NO+O_2=2NO_2$，两步加合得到总方程式。

【N^{3-}】

$N^{3-}+3H_3O^+=NH_3\uparrow+3H_2O$ 氮离子和强酸反应，生成氨气和水。氮化物遇水即分解生成氨和相应的碱。N^{3-}在水中不能存在。H_3O^+叫作水合氢离子，一般写作 H^+。

【Li_3N】 氮化锂，红棕色或黑灰色结晶。常温下，干燥空气中不反应，升温即着火，并剧烈燃烧，在湿空气中缓慢分解。与水反应生成氢氧化锂和氨，与 CO_2 反应生成碳酸锂。可由金属锂和氮气反应而得。

$Li_3N+3H_2O=3LiOH+NH_3\uparrow$
氮化锂和水反应生成 LiOH 和 NH_3。

【Mg_3N_2】 氮化镁，微黄色晶体，和水快速反应，生成 $Mg(OH)_2$ 和 NH_3，防水、防潮保存。ⅠA、ⅡA 族元素的氮化物属于离子型化合物，大多是固体，可由金属和氮气在高温下直接化合得到，如 $3Mg+N_2\xlongequal{点燃}Mg_3N_2$。该类氮化物遇水分解为氨和相应的碱，遇酸生成两种盐。

$Mg_3N_2+8HCl=3MgCl_2+2NH_4Cl$
氮化镁和盐酸反应，生成氯化镁和氯化铵。

$Mg_3N_2+6H_2O=3Mg(OH)_2\downarrow+2NH_3\uparrow$ 氮化镁和水反应，生成氢氧化镁和氨气，可用于制 NH_3。

【Ca_3N_2】 氮化钙，棕色晶体，溶于水分解，放出氨气；溶于酸形成两种盐，可由 Ca 和 N_2 在 450℃时作用而得。

$Ca_3N_2+6H_2O=3Ca(OH)_2+2NH_3\uparrow$ 氮化钙和水反应生成氢氧化钙和氨气。

【NH_3】 氨气是无色、有刺激性气味的气体，极易溶于水，常温常压下，1 体积水约溶解 700 体积氨气，形成氨水；易液化，常作为制冷剂。比空气轻，在空气中不燃烧，在纯氧中燃烧，被氧化为氮气。具有还原性，可还原热的氧化铜。工业制法见【$3H_2+N_2$】。实验室用铵盐和强碱反应制取氨气，亦可用加热浓氨水或浓氨水中加入生石灰或浓氨水中加入氢氧化钠等方法制取少量氨气。既是化工产品又是化工原料，大量用于制造硝酸和氮肥。

$2NH_3 \underset{加热加压}{\overset{催化剂}{\rightleftharpoons}} N_2+3H_2$ N_2 和 H_2 在高温、高压条件下反应生成氨气的逆反应。工业上合成氨的反应原理，见【$3H_2+N_2$】。

$NH_3 \rightleftharpoons NH_2^-+H^+$ 液氨中氨的自偶电离。还可以写作 $2NH_3 \rightleftharpoons NH_2^-+NH_4^+$，（可以写作 $H_2O \rightleftharpoons H^++OH^-$ 或 $2H_2O \rightleftharpoons H_3O^++OH^-$）和水的电离相似。

$2NH_3 \rightleftharpoons NH_2^-+NH_4^+$ 液氨中氨的自偶电离表达形式之一，见【$NH_3 \rightleftharpoons NH_2^-+H^+$】。

$8NH_3+3Br_2(aq)=N_2\uparrow+6NH_4Br$ 氨气和溴水反应，生成 N_2 和 NH_4Br，可用于制备少量的 N_2。制备氮气的原理之一。

$2NH_3+3Cl_2=N_2+6HCl$ 氯气和氨气按物质的量之比 3∶2 反应时，生成氮气和氯化氢。若氯气和氨气按物质的量之比 3∶1 反应：$NH_3+3Cl_2=NCl_3+3HCl$，生成三氯化氮和氯化氢；若氯气和氨气按物质的量之比 3∶8 反应：$8NH_3+3Cl_2=N_2+6NH_4Cl$，生成氮气和氯化铵。

$8NH_3+3Cl_2=N_2+6NH_4Cl$ 氯气和氨气按物质的量之比 3∶8 反应，生成氮气和氯化铵。其他情况见【$2NH_3+3Cl_2$】。

$NH_3+3Cl_2=NCl_3+3HCl$ 氯气和氨气按物质的量之比 3∶1 反应，生成三氯化氮和氯化氢。其他情况见【$2NH_3+3Cl_2$】。

$2NH_3+2ClF_3=6HF+N_2+Cl_2$ 氟的卤素互化物通常用作氟化剂，三氟化氯和氨气反应，生成氟化氢、氮气和氯气。

$NH_3+ClO^-=NH_2Cl+OH^-$ 制联氨 N_2H_4 的其中一步反应。pH≥8.5 时制备一氯胺 NH_2Cl。详见【$2NH_3+ClO^-$】。

$2NH_3+ClO^-=N_2H_4+Cl^-+H_2O$ 比较古老的但仍有实用价值的制备肼的原理。用次氯酸盐氧化过量的氨气，该反应主要分两步。第一步：$NH_3+ClO^-=NH_2Cl+OH^-$。第二步：$NH_3+NH_2Cl+OH^-=N_2H_4+Cl^-+H_2O$。用次氯酸钠氧化过量的氨气制备肼，见【$2NH_3+NaClO$】。该方法仅能得到肼的稀溶液。较新的方法是用氨和醛（或酮）的混合物与氯气进行气相合成，生成异肼，再水解生成无水肼，见【$4NH_3+CH_3-\overset{O}{\overset{\|}{C}}-CH_3+Cl_2$】。肼又叫联氨。

$4NH_3+CH_3-\overset{O}{\overset{\|}{C}}-CH_3+Cl_2\rightarrow (H_3C)_2C\lt(NH-NH)$ $+2NH_4Cl+H_2O$ 较新的制备联氨的方法之一，用氨、酮（或醛）混合物与氯气进行气相合成，生成异肼，异肼水解得到无水肼：$(H_3C)_2C\lt(NH-NH)+H_2O\rightarrow CH_3-\overset{O}{\overset{\|}{C}}-CH_3+NH_2-NH_2$。

$NH_3+H^+=NH_4^+$ 强酸和氨气反应，生成铵盐，不能用浓硫酸干燥氨气。挥发性酸如盐酸、硝酸等，和氨气反应，有大量的白烟，用浓盐酸或浓硝酸可以检验氨气或在收集氨气时用来“验满”。难挥发的酸如硫酸、磷酸等，和氨气反应没有白烟。

$NH_3+HCl=NH_4Cl$ 氨气和盐酸反应，生成氯化铵，有大量的白烟。用浓盐酸可以检验氨气或在收集氨气时用来“验满”。相关规律详见【NH_3+H^+】。

$NH_3(g)+HCl(g)=NH_4Cl(s);\Delta H=-176.91kJ/mol$ HCl和NH_3反应的热化学方程式。

$NH_3+HNO_3=NH_4NO_3$ 氨气和硝酸反应，生成硝酸铵，现象是有大量的白烟。用浓硝酸可以检验氨气或在收集氨气时用来“验满”。相关规律详见【NH_3+H^+】。

$NH_3+H_2O \rightleftharpoons NH_3 \cdot H_2O$ 氨气溶于水，生成一水合氨。氨气溶于水所得溶液叫氨水，溶质是氨气，电解质主要是一水合氨：$NH_3 \cdot H_2O \rightleftharpoons NH_4^++OH^-$。常温常压下，1体积水可溶解约700体积氨气。氨水中有H_2O、NH_3、$NH_3 \cdot H_2O$等分子，有NH_4^+、OH^-、H^+等离子。注意区分液氨和氨水，氨气被液化之后就是液氨，是纯净物，唯一成分是NH_3，氨水是混合物。

$NH_3+H_2O \rightleftharpoons NH_3 \cdot H_2O \rightleftharpoons NH_4^++OH^-$ 氨气溶解于水，生成一水合氨。一水合氨部分电离生成NH_4^+和OH^-，这两个平衡同时存在，互相影响。

$NH_3+H_2O \rightleftharpoons NH_4^++OH^-$ 氨气溶解于水，生成一水合氨。一水合氨部分电离生成NH_4^+和OH^-，通常写作$NH_3+H_2O \rightleftharpoons NH_3 \cdot H_2O \rightleftharpoons NH_4^++OH^-$。这两个平衡同时存在，互相影响。

$2NH_3+H_2SO_4=(NH_4)_2SO_4$ 氨气和浓、稀硫酸反应，均生成硫酸铵。相关规律见【NH_3+H^+】。

$2NH_3(l)+2Li=2LiNH_2+H_2\uparrow$ 液氨和金属锂反应，生成氨基锂和氢气。碱金属以及镁、钙、锶、钡等活泼金属溶解在液氨中，生成有趣的蓝色溶液，详见【$Ca+2NH_3$】。

$NH_3+NH_2Cl+OH^-=N_2H_4+Cl^-+H_2O$ 氯代氨和氨气在碱性条件下反应生成N_2H_4，制备联氨的其中一步反应。而氯代氨NH_2Cl的制备见【NH_3+ClO^-】。

$4NH_3+6NO=5N_2+6H_2O$ NH_3和NO发生氧化还原反应，表现氨气的还原性和一氧化氮的氧化性。

$8NH_3+6NO_2=7N_2+12H_2O$ NH_3和NO_2发生氧化还原反应，表现氨气的还原性和二氧化氮的氧化性。

$2NH_3(l)+2Na=2NaNH_2+H_2\uparrow$ 液氨和金属钠反应，生成氨基（化）钠和氢气。碱金属以及镁、钙、锶、钡等活泼金属溶解在液氨中，生成有趣的蓝色溶液，详见【$Ca+2NH_3$】。通式见【$M(s)+(x+y)NH_3$】以及【$M(s)+(x+2y)NH_3$】。

$2NH_3+NaClO=N_2H_4+NaCl+H_2O$ 比较古老的但仍有实用价值的制备肼的原理，1907年首创的Raschig合成法。用次氯酸钠氧化过量的氨气，但仅能得到肼的稀溶液，离子方程式见【$2NH_3+ClO^-$】。较新的方法是用氨和醛（或酮）的混合物与氯气进行气相合成，生成异肼，再水解生成无水肼，见【$4NH_3+CH_3-\overset{O}{\overset{\|}{C}}-CH_3+Cl_2$】。肼又叫联氨，是一种航空航天燃料。

$NH_3+NaH=NaNH_2+H_2$ 氨和氢化钠反应，生成氨基钠和氢气，属于氧化还原反应，金属氢化物具有强还原性。NH_3中的氢原子被取代，发生取代反应。

$NH_3+O_2\xrightarrow{\text{硝化细菌}}HNO_2+H_2$ 硝化细菌在氧气不足的条件下将土壤中的氨转化为亚硝酸，该过程叫作硝化作用。

$2NH_3+3O_2 \xlongequal{微生物} 2HNO_2+2H_2O$

蛋白质在水中分解产生的 NH_3，被微生物作用，氧化生成 HNO_2，HNO_2 被氧化成 HNO_3，HNO_3 和矿石反应形成硝酸盐，成为水生植物的养料。

$4NH_3+3O_2(纯) \xlongequal{点燃} 2N_2+6H_2O$

氨气在空气中不燃烧，在纯氧中燃烧，火焰呈黄色，生成氮气和水。

$4NH_3+5O_2 \underset{\triangle}{\overset{催化剂}{\rightleftharpoons}} 4NO+6H_2O$

氨气氧化制一氧化氮，工业上生产硝酸的反应之一，在氧化炉的铂－铑合金网上进行。一氧化氮氧化生成二氧化氮：$2NO+O_2 \xlongequal{} 2NO_2$。二氧化氮和水反应生成硝酸：$3NO_2+H_2O \xlongequal{} 2HNO_3+NO$，在吸收塔中进行，一氧化氮循环使用。

$4NH_3(g)+5O_2(g) \xlongequal[800℃]{铂－铑合金} 4NO(g)+6H_2O(g)$；$\Delta H=-907kJ/mol$

氨气催化氧化生成一氧化氮和水。该反应是工业上制硝酸的第一步反应，反应放热。第二步反应：$2NO(g)+O_2(g) \xlongequal{} 2NO_2(g)$；$\Delta H=-113kJ/mol$。第三步反应：$3NO_2(g)+H_2O(l) \xlongequal{} 2HNO_3(aq)+NO(g)$；$\Delta H=-136kJ/mol$，一氧化氮循环使用。

$NH_3+H_2S \xlongequal{} NH_4HS$ 氨气和硫化氢按物质的量之比 1∶1 反应，生成硫氢化铵。氨气和硫化氢按物质的量之比 2∶1 反应，生成硫化铵：$H_2S+2NH_3 \xlongequal{} (NH_4)_2S$。氨气和酸反应生成铵盐，具有通性。

$2NH_3+SO_2+H_2O \xlongequal{} (NH_4)_2SO_3$

少量的二氧化硫和过量的氨气通入水中，生成亚硫酸铵。继续通入二氧化硫，生成亚硫酸氢铵：$(NH_4)_2SO_3+SO_2+H_2O \xlongequal{} 2NH_4HSO_3$。两步加合得到过量二氧化硫和氨气总反应式：$SO_2+NH_3+H_2O \xlongequal{} NH_4HSO_3$。

【$NH_3 \cdot H_2O$】一水合氨，氨气溶解于水，和水反应生成一水合氨。关于氨水见【NH_3+H_2O】。

$NH_3 \cdot H_2O \xlongequal{\triangle} NH_3\uparrow+H_2O$ 一水合氨受热分解，生成氨气和水。实验室里可用浓氨水制备少量的氨气，加热时浓氨水挥发出氨气。也可由在浓氨水中加入生石灰或氢氧化钠固体，制备少量的氨气。

$NH_3 \cdot H_2O \rightleftharpoons NH_4^++OH^-$ 一水合氨的电离方程式，部分电离生成 NH_4^+ 和 OH^-。

$NH_3 \cdot H_2O+CaO \xlongequal{} Ca(OH)_2+NH_3\uparrow$

浓氨水中加入生石灰，释放出氨气。实验室里可以用该原理制备少量的氨气。氧化钙和水反应生成氢氧化钙，OH^- 的浓度增加，使下列平衡左移：$NH_3+H_2O \rightleftharpoons NH_3 \cdot H_2O \rightleftharpoons NH_4^++OH^-$；氧化钙和水反应放热，相当于加热；氧化钙吸收水并和水反应消耗水，相当于减少溶剂，增大氨水的浓度，这三方面原因共同作用导致浓氨水释放出氨气。浓氨水中加入烧碱，也能制备少量的氨气，原因和加入氧化钙的情况基本相同。第三点略有不同，烧碱只吸收少量的水，氧化钙既吸水又和水反应，两方面消耗水。实验室常用来制取氨气的原理见【$Ca(OH)_2+2NH_4Cl \xlongequal{\triangle} CaCl_2+2NH_3\uparrow+2H_2O$】。

$NH_3 \cdot H_2O+H^+ \xlongequal{} NH_4^++H_2O$ 氨水和强酸反应，生成铵盐。挥发性酸如盐酸、硝酸等，和氨水反应，有大量的白烟产生，白烟就是铵盐颗粒。难挥发的酸如硫酸、磷酸等，和氨水反应没有白烟。

$NH_3 \cdot H_2O+HCl \xlongequal{} NH_4Cl+H_2O$

氨水和盐酸反应，生成氯化铵。相关规律见【$NH_3 \cdot H_2O+H^+$】。

$NH_3 \cdot H_2O+HNO_3 \rightleftharpoons NH_4NO_3+$

H_2O 氨水和硝酸反应，生成硝酸铵。相关规律见【$NH_3\cdot H_2O+H^+$】。

$NH_3\cdot H_2O+H_2S$══NH_4HS+H_2O

合成氨工业中为防止催化剂中毒，原料气需要净化，用稀氨水吸收 H_2S，当 $n(NH_3\cdot H_2O)$∶$n(H_2S)$=1∶1 时，生成硫氢化铵。当 $n(NH_3\cdot H_2O)$∶$n(H_2S)$=2∶1 时，生成$(NH_4)_2S$。

$2NH_3\cdot H_2O+H_2S$══$(NH_4)_2S+2H_2O$

将硫化氢通入氨水中，当 $n(NH_3\cdot H_2O)$∶$n(H_2S)$=2∶1 时，生成水溶性硫化铵。

$2NH_3\cdot H_2O+H_2SO_3$══$2NH_4^++SO_3^{2-}+2H_2O$ 氨水和亚硫酸按物质的量之比 2∶1 反应，生成亚硫酸铵。若氨水和亚硫酸按物质的量之比 1∶1 反应，生成亚硫酸氢铵，见【$NH_3\cdot H_2O+H_2SO_3$】。

$NH_3\cdot H_2O+H_2SO_3$══$NH_4HSO_3+H_2O$ 氨水和亚硫酸按物质的量之比 1∶1 反应，生成亚硫酸氢铵。

$2NH_3\cdot H_2O+H_2SO_4$══$(NH_4)_2SO_4+2H_2O$ 氨水和硫酸反应，生成硫酸铵。相关规律见【$NH_3\cdot H_2O+H^+$】。

$2NH_3\cdot H_2O+SO_2$══$2NH_4^++SO_3^{2-}+H_2O$ 少量的二氧化硫通入氨水中，生成亚硫酸铵的离子方程式。

$NH_3\cdot H_2O+SO_2$══NH_4HSO_3 氨水中通入过量的二氧化硫，生成亚硫酸氢铵。

$2NH_3\cdot H_2O+SO_2$══$(NH_4)_2SO_3+H_2O$

少量的二氧化硫通入氨水中，生成亚硫酸铵。继续通入二氧化硫，生成亚硫酸氢铵：$SO_2+(NH_4)_2SO_3+H_2O$══$2NH_4HSO_3$。两步加合得到过量的二氧化硫和氨水反应的总方程式：$SO_2+NH_3\cdot H_2O$══NH_4HSO_3。

【NH_4^+】铵离子。

$NH_4^++CN^-+H_2O \rightleftharpoons NH_3\cdot H_2O+HCN$ NH_4CN 是弱酸弱碱盐，在水溶液中，NH_4^+和 CN^-都能水解，但因 CN^-的水解程度大于 NH_4^+的水解程度，溶液显碱性。

$2NH_4^++CO_3^{2-}+CO_2+H_2O$══$2NH_4HCO_3\downarrow$ 工业上生产碳酸氢铵肥料的原理之一，向碳酸铵浓溶液中通入 CO_2 至饱和， NH_4HCO_3 因溶解度小而以晶体形式析出。

$2NH_4^++2e^-$══$2NH_3+H_2\uparrow$ 活泼金属和铵盐溶液组成的原电池的正极电极反应式之一。如干电池，工作原理见【$2MnO_2+Zn+2NH_4^+$】。

$NH_4^++F^-+H_2O \rightleftharpoons NH_3\cdot H_2O+HF$

NH_4F 是弱酸弱碱盐，在水溶液中，NH_4^+和 F^-都能水解，但因 F^-的水解程度小于 NH_4^+的水解程度，溶液显酸性。

$NH_4^++H_2O \rightleftharpoons NH_3\cdot H_2O+H^+$

NH_4^+水解的离子方程式。

【盐的水解】无弱不水解，有弱才水解。谁强显谁性，同强显中性。越弱越水解，同弱双水解。双水解反应方程式快速书写见【$Al^{3+}+3AlO_2^-+6H_2O$】。

【盐溶液酸碱性】强酸弱碱盐显酸性；强碱弱酸盐显碱性；强酸强碱盐显中性；弱酸弱碱盐看水解程度。

$NH_4^++HSO_3^-+2OH^-$══$SO_3^{2-}+NH_3\uparrow+2H_2O$ 少量的亚硫酸氢铵溶液和过量的可溶性强碱反应，生成 SO_3^{2-}、NH_3 和水。若为浓溶液或稀溶液在加热条件下反应则释放出氨气，若为稀溶液，且反应不加热，则生成一水合氨：$2OH^-+NH_4^++HSO_3^-$══$SO_3^{2-}+NH_3\cdot H_2O+H_2O$。若为过量的亚硫酸氢铵溶液和少量的可溶性强碱溶液反应，HSO_3^-中的 H^+要比 NH_4^+优先得到 OH^-，生成水和 SO_3^{2-}：$OH^-+HSO_3^-$══$SO_3^{2-}+H_2O$。

$NH_4^++NO_2^-$══$N_2\uparrow+2H_2O$ NO_2^-和 NO_3^-都可利用“棕色环实验”鉴定，详见

【$3Fe^{2+}+4H^++NO_3^-$】。在利用“棕色环实验”鉴定时 NO_3^-，为防止 NO_2^-的干扰，先加 NH_4Cl 共热，除去 NO_2^-，再鉴定 NO_3^-。在鉴定 K^+时，见【$[Co(NO_2)_6]^{3-}+2K^++Na^+$】，其中 NH_4^+也造成干扰，生成$(NH_4)_3[Co(NO_2)_6]$橙色沉淀，在水浴上加热 2 分钟，橙色沉淀中 NH_4^+和 NO_2^-作用分解，而 $K_2Na[Co(NO_2)_6]$无变化。也是实验室制备氮气的原理之一。

$NH_4^++OH^-═NH_3·H_2O$ 铵盐溶液和可溶性强碱反应，若为稀溶液，不加热时生成一水合氨。若为浓溶液或稀溶液在加热条件下反应，生成氨气和水：$OH^-+NH_4^+\xlongequal{\triangle}NH_3\uparrow+H_2O$。

$NH_4^++OH^-\xlongequal{\triangle}NH_3\uparrow+H_2O$ 铵盐溶液和可溶性强碱溶液反应，若为浓溶液或稀溶液在加热条件下，生成氨气和水。

【NH_2^-】

$NH_2^-+H_3O^+═NH_3\uparrow+H_2O$ 氨基化合物和强酸反应，生成氨气和水。在金属钠的液氨溶液中：$2NH_3+2Na═2Na^++2NH_2^-+H_2\uparrow$，存在 NH_2^-。

【$NaNH_2$】

氨基钠又叫氨基化钠，白色结晶粉末或橄榄绿色固体，有类似氨的气味。与水剧烈反应生成氢氧化钠和氨，在空气中吸收二氧化碳和水。可在 350℃时由干燥的氨气和金属钠反应而得，用于制氰化钠、有机合成等，可作脱水剂、作化学试剂。

$NaNH_2+NH_4Cl═NaCl+2NH_3\uparrow$ 氯化铵和氨基钠反应生成氯化钠和氨气。NH_2^-和 NH_4^+结合成 NH_3，与 $H_3O^++OH^-═2H_2O$ 相似。液氨发生自偶电离：$2NH_3\rightleftharpoons NH_2^-+NH_4^+$，和水的电离相似：$2H_2O\rightleftharpoons H_3O^++OH^-$，相当于电离的逆反应。

【$Mg(NH_2)_2$】

$3Mg(NH_2)_2\xlongequal{\triangle}Mg_3N_2+4NH_3\uparrow$ 加热氨基镁来制备氮化镁。碱金属以及镁、钙、锶、钡等活泼金属溶解在液氨中见【$Ca+2NH_3$】。还可以由金属镁和氮气在高温下直接化合得到氮化镁，反应如下：$3Mg+N_2\xlongequal{点燃}Mg_3N_2$。

【$Ba(NH_2)_2$】

$3Ba(NH_2)_2\xlongequal{\triangle}Ba_3N_2+4NH_3$ 加热氨基钡制备氮化钡。

【NH_2OH】

羟胺，也有资料称羟氨，不稳定的白色片状或针状结晶或无色油状液体，极易吸湿，会强烈腐蚀皮肤，易溶于水，在热水中分解，溶于液氨、醇、酸，常温下分解，加热条件下剧烈分解。由一氧化氮经铂催化氢化或由盐酸羟胺与碱作用而得。可作还原剂，用于有机合成。受热易分解，水溶液显弱碱性。既有氧化性又有还原性，但以还原性为主。

$2NH_2OH+2AgBr═2Ag+2HBr+N_2\uparrow+2H_2O$ 羟胺既有氧化性又有还原性。在碱性溶液中，还原性较强。和 AgBr 反应，当 $n(NH_2OH):n(AgBr)=1:1$ 时，生成 Ag、N_2、HBr 和 H_2O。当 $n(NH_2OH):n(AgBr)=1:2$ 时：$2NH_2OH+4AgBr═4Ag+N_2O\uparrow+4HBr+H_2O$。羟氨作还原剂时，比较理想，氧化产物容易脱离反应系统，不会给溶液带来杂质。

$2NH_2OH+4AgBr═4Ag+N_2O\uparrow+4HBr+H_2O$ 羟胺和 AgBr 反应，当 $n(NH_2OH):n(AgBr)=1:2$ 时，生成 Ag、

N_2O、HBr 和 H_2O。

$2NH_2OH+2AgCl=N_2\uparrow+2Ag+2HCl+2H_2O$ Ag^+具有氧化性，和强还原剂羟胺反应生成单质银。

$2NH_2OH+2Fe^{3+}=2Fe^{2+}+N_2\uparrow+2H_2O+2H^+$ 羟胺和铁离子发生氧化还原反应，铁离子被还原为亚铁离子，羟胺被氧化为氮气。

【NH_2Cl】氯代氨。

$2NH_2Cl+N_2H_4=N_2\uparrow+2NH_4^++2Cl^-$ 制备联氨时，氯代氨 NH_2Cl 和联氨 N_2H_4 发生的副反应之一。制备联氨详见【$2NH_3+ClO^-$】。

【NCl_3】三氯化氮，黄色稠厚油状液体，有刺激性气味，在空气中迅速蒸发，极不稳定，沸点 344K，超过沸点或振动时发生爆炸；不溶于冷水，热水中分解，溶于二硫化碳、苯、氯仿、四氯化碳。常用于食品工业。可由干燥的氨和氯或由次氯酸与铵盐作用制得。

$NCl_3+3H_2O=NH_3+3HOCl$ 三氯化氮水解生成氨和次氯酸（写成 HOCl 或 HClO）。和同族的 PCl_3 水解不同：$PCl_3+3H_2O=H_3PO_3+3HCl$。

【N_2H_4】联氨又称肼，化学式为 NH_2-NH_2，无色发烟液体，具有类似氨的气味。极毒！燃烧时火焰呈紫色，蒸馏时若有空气参与，则爆炸。可溶于水、甲醇、乙醇等，具有强还原性和腐蚀性。可用作火箭推进剂、多种无机物的溶剂。和氧化剂迅速而完全燃烧，放出大量的热，有利于导弹、宇宙飞船的推动，可以用 O_2、N_2O_4、H_2O_2、HNO_3、F_2 等作氧化剂。目前联氨的甲基衍生物 CH_3NHNH_2（甲基肼）和 $(CH_3)_2NNH_2$（偏二甲肼）得到普遍使用。

$N_2H_4\xlongequal{Pb或Ni}N_2\uparrow+2H_2\uparrow$ 在催化剂 Pb 或 Ni 存在下，N_2H_4 分解的其中一种形式，生成 N_2 和 H_2。另见【$3N_2H_4$】。

$3N_2H_4\xlongequal{Pb或Ni}N_2\uparrow+4NH_3\uparrow$ 在催化剂 Pb 或 Ni 存在下，N_2H_4 分解的其中一种形式，生成 N_2 和 NH_3。

$5N_2H_4+4Ag^+=N_2\uparrow+4Ag\downarrow+4N_2H_5^+$ 联氨将 Ag^+还原为单质银。

$N_2H_4+HNO_2=2H_2O+HN_3$ 联氨被亚硝酸氧化，生成叠氮酸，制备叠氮酸的原理之一。

$N_2H_4(aq)+H_2O=N_2H_5^+(aq)+OH^-$ 联氨 N_2H_4 中 N 原子有孤对电子，可以结合 H_2O 中的 H^+而显碱性，$K_{b1}=3.0\times10^{-6}$，$N_2H_5^+$ 还可以结合一个 H^+：$N_2H_5^+(aq)+H_2O=N_2H_6^{2+}(aq)+OH^-$，$K_{b2}=7.0\times10^{-15}$，$N_2H_4$ 属于二元弱碱。

$N_2H_4(l)+2H_2O_2(l)=N_2(g)+4H_2O(g)$; $\Delta H=-641.63kJ/mol$ 航空燃料联氨和过氧化氢反应生成氮气和水的热化学方程式。

$2N_2H_4+2NO_2\xlongequal{点燃}3N_2+4H_2O$ 航空燃料联氨用二氧化氮作氧化剂生成氮气和水，放出大量的热。二氧化氮和氧气具有类似的性质，即助燃性质。因为在极低的温度下，NO_2 几乎全部转化为 N_2O_4，该反应又可写作 $2N_2H_4(l)+N_2O_4(l)\xlongequal{点燃}3N_2(g)+4H_2O(g)$。

$2N_2H_4(l)+N_2O_4(l)=3N_2(g)+4H_2O(g)$ 航空燃料联氨和氧化剂 N_2O_4 反应，生成 N_2 和 H_2O 的一种表示形式，见【$2N_2H_4+2NO_2$】。

$N_2H_4(g)+O_2(g)=N_2(g)+2H_2O(g)$; $\Delta H=-534\ kJ/mol$ 航空燃料联氨燃烧生成氮气和水的热化学方程式。联氨点燃

时，迅速而完全燃烧，放出大量的热，有利于导弹、宇宙飞船的飞行。

$N_2H_4(aq)+2X_2$══$4HX+N_2$ N_2H_4既有氧化性又有还原性，被卤素单质氧化生成N_2。

【$N_2H_5^+$】

$N_2H_5^+(aq)+H_2O \rightleftharpoons N_2H_6^{2+}(aq)+OH^-$ 联氨的水溶液显碱性，结合水中的H^+生成$N_2H_5^+$和OH^-，见【$N_2H_4(aq)+H_2O$】。$N_2H_5^+$继续和水作用，生成$N_2H_6^{2+}$和OH^-。

【HN_3】

叠氮酸，无色有刺激性气味、挥发性液体，有毒，会强烈刺激眼睛和皮肤。一元弱酸，溶于水，不稳定，受热或受振动能引起爆炸。可由肼和亚硝酸作用，也可由一氧化二氮与氨基钠共热制得。

$2HN_3$══$3N_2\uparrow+H_2\uparrow$ 叠氮酸极不稳定，受撞击立即爆炸而分解。

HN_3+H_2O══$NH_2OH+N_2\uparrow$ 叠氮酸中N为$-\frac{1}{3}$价，既有氧化性又有还原性，在水溶液中发生歧化反应，生成羟氨和氮气。

HN_3+NaOH══NaN_3+H_2O 叠氮酸为一元弱酸，和碱作用，生成叠氮化物。

$2HN_3+Zn$══$Zn(N_3)_2+H_2\uparrow$ 叠氮酸为一元弱酸，和活泼金属作用，生成叠氮化物和氢气；和金属锌作用，生成叠氮化锌和氢气。

【NaN_3】

叠氮化钠，无色晶体，极毒，溶于水和液氨，微溶于乙醇，不溶于乙醚，约300℃时分解成钠和氮气，受热或受振动时剧烈爆炸。可由氨基钠和一氧化二氮作用制得。可用作药品和炸药，也用来制叠氮酸、叠氮化铅和纯金属钠。

$2NaN_3(s) \xlongequal{\triangle} 2Na(l)+3N_2(g)$ 叠氮化钠受热分解制备极纯的N_2。碱金属叠氮化物分解不爆炸。

$2MN_3 \xlongequal{\triangle} 2M+3N_2$ 碱金属叠氮化物受热分解生成相应的金属和氮气，M=Na、K、Rb、Cs，该方法是精确定量制备碱金属的方法。因为LiN_3很稳定，该方法不能制备碱金属锂。

【NH_5】（或NH_4H）

NH_4H叫氢化铵，可以写作NH_5。

NH_4H+H_2O══$NH_3\uparrow+H_2\uparrow+H_2O$ 氢化铵和水反应，生成氨气、氢气和水。生成的一水合氨浓度较大或加热时，分解释放出氨气，若一水合氨浓度较小或不加热，应以一水合氨形式存在：NH_5+H_2O══$NH_3\cdot H_2O+H_2\uparrow$。

NH_5+H_2O══$NH_3\cdot H_2O+H_2\uparrow$ 氢化铵水解生成一水合氨和氢气。若生成的一水合氨浓度较大或加热时，分解释放出氨气。

【NH_4Cl】

氯化铵，无色晶体或白色结晶粉末，味咸而凉；稍有吸湿性，易结块，易溶于水，并强烈吸热，水溶液因水解显酸性。“联合制碱法”的副产品，或由硫酸铵和氯化钠作用而得。可用于金属焊接、干电池制造、农业氮肥制造，医疗上作祛痰药和酸化尿液。

NH_4Cl══$NH_4^++Cl^-$ 氯化铵在水中的电离方程式。

$NH_4Cl \xlongequal{\triangle} NH_3\uparrow+HCl\uparrow$ 氯化铵受热分解，生成氨气和氯化氢。NH_3和HCl遇冷又结合成白色晶体氯化铵：NH_3+HCl══NH_4Cl。利用此性质可以分离氯化铵和氯化钠。

【铵盐分解】铵盐分解，对应的酸具有氧化性，则分解产物氨气立即被氧化为氮气或氮的氧化物；若对应的酸具有挥发性，无氧化性，则分解产物为氨气和对应的酸或酸式盐；若对应的酸不挥发，则只有氨气放出，同时还有酸或酸式盐生成。

$2NH_4Cl+Ba(OH)_2 \xlongequal{\triangle} BaCl_2+2NH_3\uparrow+2H_2O$　固体 NH_4Cl 和固体氢氧化钡共热制备 NH_3。实验室里用固体铵盐和固体碱加热制备氨气。

$2NH_4Cl+Ca(OH)_2 = CaCl_2+2NH_3\uparrow+2H_2O$　固体 NH_4Cl 和 $Ca(OH)_2$ 的混合物在不加热时缓慢反应，释放出氨气。实验室用加热固体 NH_4Cl 和 $Ca(OH)_2$ 的混合物的方法制取氨气，$Ca(OH)_2+2NH_4Cl \xlongequal{\triangle} CaCl_2+2NH_3\uparrow+2H_2O$。

$2NH_4Cl+Ca(OH)_2 \xlongequal{\triangle} CaCl_2+2NH_3\uparrow+2H_2O$　实验室制取氨气的反应原理，加热固体 NH_4Cl 和 $Ca(OH)_2$ 的混合物，生成氨气、氯化钙和水。固－固加热装置如图所示。

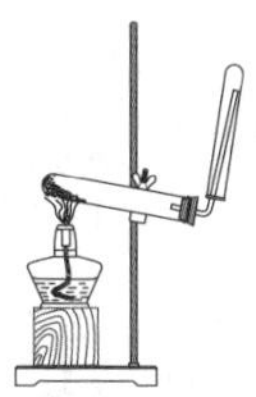

氨气用向下排空气法收集。实验室里通常用固体铵盐和固体碱受热制备氨气。通常不用氢氧化钠，因为高温下氢氧化钠会腐蚀玻璃管；也不用硝酸铵，因为硝酸铵受热易分解、易爆炸。氨气的验满可用润湿的红色石蕊试纸变蓝，也可以用蘸有浓盐酸的玻璃棒靠近试管口看到白烟来检验。少量的氨气可以采用加热浓氨水的方法来制取，见【$NH_3 \cdot H_2O \xlongequal{\triangle} NH_3\uparrow+H_2O$】或者由浓氨水中加入生石灰来制取，见【$NH_3 \cdot H_2O$+ CaO】。

$NH_4Cl+H_2O \rightleftharpoons NH_3 \cdot H_2O+HCl$
氯化铵水解生成一水合氨和氯化氢。强酸弱碱盐水解，水溶液显酸性。离子方程式为 $NH_4^++H_2O \rightleftharpoons NH_3 \cdot H_2O+H^+$。

$NH_4Cl+NaNO_2 \xlongequal{\triangle} NaCl+N_2\uparrow+2H_2O$　实验室常用加热 NH_4NO_2 的方法制氮气，见【NH_4NO_2】。也可以用加热 NH_4Cl 和 $NaNO_2$ 的混合物的方法制氮气。首先，氯化铵和亚硝酸钠反应生成氯化钠和亚硝酸铵：$NH_4Cl+NaNO_2 = NaCl+NH_4NO_2$，亚硝酸铵受热分解得到氮气：$NH_4NO_2 \xlongequal{\triangle} N_2\uparrow+2H_2O$，两步加合就得以上总方程式。

$NH_4Cl+NaNO_2 = NaCl+NH_4NO_2$
实验室制备氮气的原理之一。详见【NH_4Cl+$NaNO_2$】。

$NH_4Cl+NaOH \xlongequal[\text{或研磨}]{\triangle} NH_3\uparrow+NaCl+H_2O$　固体氯化铵和氢氧化钠在加热或研磨条件下反应，生成氨气。实验室里通常加热固体铵盐和固体碱的混合物来制备氨气，但碱通常不用氢氧化钠，因为氢氧化钠在高温下会腐蚀玻璃管，玻璃中的二氧化硅和氢氧化钠反应。

$NH_4Cl+NaOH \xlongequal[\text{或不加热}]{\triangle} NH_3\uparrow+NaCl+H_2O$　氯化铵和氢氧化钠固体在加热条件下生成大量氨气，不加热时则缓慢反应生成氨气。溶液中反应时，一般情况下，浓溶液或加热的稀溶液放出氨气，稀溶液不加热时生成一水合氨。

$NH_4Cl+NaOH = NH_3 \cdot H_2O+NaCl$
氯化铵和氢氧化钠溶液反应，稀溶液不加热时生成一水合氨。

【NH_4ClO_4】

高氯酸铵，白色晶体，易溶于水，微溶于乙醇、丙酮，不溶于乙醚。受热分解，为强氧化剂，与可燃物或还原性物质相遇会引起燃烧或爆炸。可由氯化铵和高氯酸钠在溶液中作用得到，用来制炸药、烟火，作分析试剂等。

$2NH_4ClO_4 = N_2\uparrow + 4H_2O\uparrow + Cl_2\uparrow + 2O_2\uparrow$ 航天飞机用铝粉和高氯酸铵的混合物作为固体燃料，铝粉燃烧产生的热量引发高氯酸铵分解，产生大量的气体和热量，作为飞船的动力。

【$(NH_4)_2S$】 硫化铵，黄色晶体，只在无湿气和0℃以下稳定，溶于水、乙醇和碱溶液，受热分解成硫氢化铵、氨、多硫化物等，水溶液很快变成多硫化物和硫代硫酸盐。可由氨和硫化氢在溶液中作用而得，常用于纺织工业和摄影业，也作分析试剂。

$2(NH_4)_2S + O_2 + 2H_2O = 4NH_3 \cdot H_2O + 2S\downarrow$ 实验室配制$(NH_4)_2S$溶液时，久置时颜色由无色变为黄色、橙色甚至红色，因为$(NH_4)_2S$被空气氧化，产物硫溶于$(NH_4)_2S$生成$(NH_4)_2S_x$(多硫化铵)：$(NH_4)_2S + (x\text{-}1)S = (NH_4)_2S_x$。因此$(NH_4)_2S$溶液要现用现配。

$(NH_4)_2S + (x-1)S = (NH_4)_2S_x$ 硫化铵溶液能溶解单质硫，类似于KI溶液溶解单质碘，见【$I_2 + I^-$】。另见【$Na_2S + (x\text{-}1)S$】。

【NH_4HS】 硫氢化铵。

$NH_4HS(s) \rightleftharpoons NH_3(g) + H_2S(g)$
NH_4HS分解生成NH_3和H_2S。

【$(NH_4)_2SO_3$】 亚硫酸铵，一水合物$(NH_4)_2SO_3 \cdot H_2O$为无色晶体，易潮解和风化，具有二氧化硫的气味。150℃时升华并分解，在空气中受热失去结晶水并逐渐被氧化为硫酸铵；溶于水，几乎不溶于乙醇、丙酮。由二氧化硫通入氨水或碳酸铵水溶液制备，常作还原剂、药物，也用于摄影业。

$(NH_4)_2SO_3 + H_2SO_4 = (NH_4)_2SO_4 + SO_2\uparrow + H_2O$ 亚硫酸铵和硫酸反应，生成硫酸铵、二氧化硫和水。

$2(NH_4)_2SO_3 + O_2 = 2(NH_4)_2SO_4$
以氨水作为吸收剂，除去硫酸厂、电厂、冶金工业等产生的烟气中的SO_2，见【$2NH_3 + SO_2 + H_2O$】。通入空气，将$(NH_4)_2SO_3$氧化为$(NH_4)_2SO_4$，后者可作化肥。

$(NH_4)_2SO_3 + SO_2 + H_2O = 2NH_4HSO_3$
亚硫酸铵溶液和二氧化硫、水反应，生成亚硫酸氢铵。少量的二氧化硫通入氨水中，生成亚硫酸铵：$2NH_3 \cdot H_2O + SO_2 = (NH_4)_2SO_3 + H_2O$。继续通入二氧化硫，生成亚硫酸氢铵。两步加合得到氨水和过量二氧化硫反应的总方程式：$SO_2 + NH_3 \cdot H_2O = NH_4HSO_3$。

【NH_4HSO_3】 亚硫酸氢铵，又称酸式亚硫酸铵，白色晶体，溶于水，只有在水溶液中才稳定。工业用亚硫酸氢铵为黄褐色溶液。

$NH_4HSO_3 \xlongequal{\triangle} NH_3\uparrow + H_2O + SO_2\uparrow$
亚硫酸氢铵加热分解，生成氨气、水和二氧化硫。

$2NH_4HSO_3 + H_2SO_4 = (NH_4)_2SO_4 + 2SO_2\uparrow + 2H_2O$ 亚硫酸氢铵和硫酸反应，生成硫酸铵、二氧化硫和水。

【$(NH_4)_2SO_4$】 硫酸铵，简称硫铵，无色斜方晶体，溶于水，不溶于乙醇、丙酮。可作肥料，用于发酵、水处理、鞣革、织物防火等。工业上用氨和硫酸直接作用，或将氨和二氧化碳通入石膏粉的悬浊液制得。

$(NH_4)_2SO_4 \xlongequal{\triangle} NH_4HSO_4 + NH_3\uparrow$
硫酸铵受热分解，生成硫酸氢铵和氨气。【铵盐分解】见【NH_4Cl】。

$3(NH_4)_2SO_4 \xlongequal{强热} 4NH_3\uparrow+3SO_2\uparrow+N_2\uparrow+6H_2O$ 硫酸铵在强热条件下分解，生成氨气、二氧化硫、氮气和水。【铵盐分解】见【NH_4Cl】。

$(NH_4)_2SO_4(s)+CaO(s) \xlongequal{\triangle} 2NH_3(g)+CaSO_4(s)+H_2O(g)$ 用$(NH_4)_2SO_4$和CaO的固体化合物在强热下的反应，可制备NH_3。实验室一般用非氧化性酸的铵盐和强碱反应制氨气，如【$2NH_4Cl+Ca(OH)_2$】。

$(NH_4)_2SO_4+H_2O \rightleftharpoons NH_4HSO_4+NH_3\cdot H_2O$ 硫酸铵水解生成硫酸氢铵和一水合氨。注意不要错写成$(NH_4)_2SO_4+2H_2O \rightleftharpoons H_2SO_4+2NH_3\cdot H_2O$。离子方程式：$NH_4^++H_2O \rightleftharpoons NH_3\cdot H_2O+H^+$。特别注意由离子方程式变成化学方程式时，两边均加$NH_4^+$和$SO_4^{2-}$，切不可将离子方程式乘2再加$SO_4^{2-}$，书写化学方程式比较特殊，容易出错。

$(NH_4)_2SO_4+K_2CO_3 = K_2SO_4+2NH_3\uparrow+CO_2\uparrow+H_2O$ 硫酸铵浓溶液电离出的NH_4^+和碳酸钾浓溶液电离出的CO_3^{2-}发生双水解反应，生成氨气和二氧化碳气体。一般情况下，浓溶液中生成的$NH_3\cdot H_2O$的量较大，分解生成水和氨气，加热时也写成水和氨气，稀溶液不加热时写成$NH_3\cdot H_2O$，同时，稀溶液中双水解并不完全：$NH_4^++CO_3^{2-} = HCO_3^-+NH_3\uparrow$。

$(NH_4)_2SO_4+2NaOH \xlongequal{\triangle} 2NH_3\uparrow+Na_2SO_4+2H_2O$ 硫酸铵和氢氧化钠加热反应，生成氨气、硫酸钠和水。实验室里通常用固体铵盐和固体碱加热制备氨气，但通常不用氢氧化钠，因为氢氧化钠在高温下会腐蚀玻璃管；也不用硝酸铵，因为硝酸铵易分解爆炸。

【NH_4HSO_4】

硫酸氢铵，又称酸式硫酸铵，白色结晶，易潮解，易溶于水，有腐蚀性，水溶液显强酸性。

$NH_4HSO_4 = NH_4^++H^++SO_4^{2-}$ 硫酸氢铵在水中的电离方程式。

$2NH_4HSO_4 \xlongequal{电解} (NH_4)_2S_2O_8+H_2\uparrow$ 1908年发展起来的电解—水解法制H_2O_2的原理之一。铂片作电极，用直流电电解NH_4HSO_4饱和溶液，在阴极区副产H_2，阳极上得到过二硫酸铵$(NH_4)_2S_2O_8$。$(NH_4)_2S_2O_8$溶液中加适量H_2SO_4经一系列水解生成H_2O_2：$(NH_4)_2S_2O_8+2H_2SO_4 = H_2S_2O_8+2NH_4HSO_4$，$H_2S_2O_8+H_2O = H_2SO_5+H_2SO_4$；$H_2SO_5+H_2O = H_2SO_4+H_2O_2$，三步总反应：$(NH_4)_2S_2O_8+2H_2O \xlongequal{H_2SO_4} 2NH_4HSO_4+H_2O_2$。$NH_4HSO_4$可循环使用。1945年以后发展起来的制取$H_2O_2$的乙基蒽醌法见【$H_2+O_2 \xlongequal{2\text{-}乙基蒽醌，钯（或镍）} H_2O_2$】。

【$NH_4Al(SO_4)_2$】

硫酸铝铵，又叫铵明矾，或者铝铵矾，无色结晶或白色粉末，易溶于水，因水解而显酸性。280℃以上分解，放出氨气。

$NH_4Al(SO_4)_2 = NH_4^++Al^{3+}+2SO_4^{2-}$ 硫酸铝铵在水中完全电离。

$2NH_4Al(SO_4)_2+5Ba(OH)_2 = Ba(AlO_2)_2+4BaSO_4\downarrow+2NH_3\cdot H_2O+4H_2O$ 硫酸铝铵溶液和过量的氢氧化钡溶液反应的化学方程式，生成白色硫酸钡沉淀、一水合氨、易溶于水的偏铝酸钡和水。离子方程式：$NH_4^++Al^{3+}+2SO_4^{2-}+2Ba^{2+}+5OH^- = AlO_2^-+2BaSO_4\downarrow+NH_3\cdot H_2O+2H_2O$。硫酸铝铵和氢氧化钡反应较复杂，两者的量不同，反应不同，产物不同。下面是几种特殊情况：（1）SO_4^{2-}完全沉淀：$NH_4^++Al^{3+}+2SO_4^{2-}+2Ba^{2+}+4OH^- = Al(OH)_3\downarrow+2BaSO_4\downarrow+NH_3\cdot H_2O$。（2）$Al^{3+}$完全沉淀或沉淀的物质

的量最大：$2Al^{3+}+3SO_4^{2-}+3Ba^{2+}+6OH^-$══$2Al(OH)_3\downarrow+BaSO_4\downarrow$。

【NH_4NO_2】

$NH_4NO_2 \xlongequal{\triangle} N_2\uparrow+2H_2O$ 实验室里常用 NH_4NO_2 受热分解制氮气。也可加热 NH_4Cl 和 $NaNO_2$ 的混合物制氮气，见【$NH_4Cl+NaNO_2$】。

$NH_4NO_2+NH_4HSO_3+SO_2+2H_2O$ ══ $[NH_3OH]^++HSO_4^-+(NH_4)_2SO_4$ 用 SO_2 还原亚硝酸盐制备羟氨的原理。

【NH_4NO_3】硝酸铵，简称“硝铵”，

无色晶体，易潮解而结块，易溶于水，强烈吸热，溶于乙醇和丙酮，剧热条件下能引起爆炸。可由氨和硝酸作用而得，有氧化性，与有机物、可燃物接触能引起燃烧和爆炸。可制炸药、烟火、火柴、笑气，也作冷冻剂，农业作肥料。

$5NH_4NO_3 \xlongequal{\triangle} 4N_2\uparrow+2HNO_3+9H_2O$ 硝酸铵受热分解，生成氮气、硝酸和水。硝酸铵加热分解的反应较复杂，210℃左右生成 N_2O 和 H_2O：$NH_4NO_3 \xlongequal{\triangle} N_2O\uparrow+2H_2O$；大于 300℃时，$2NH_4NO_3 \xlongequal{\triangle} 2N_2\uparrow+O_2\uparrow+4H_2O$；还可以是 $2NH_4NO_3 \xlongequal{\triangle} 2N_2\uparrow+3O_2\uparrow+4H_2\uparrow$。硝酸铵受热分解产生大量的气体和热量，使生成的气体急剧膨胀，在密闭容器中发生爆炸，剧烈碰撞时也容易发生爆炸。【铵盐分解】见【NH_4Cl】。

$2NH_4NO_3 \xlongequal{\triangle} 2N_2\uparrow+3O_2\uparrow+4H_2\uparrow$ 硝酸铵受热分解反应之一。

$2NH_4NO_3 \xlongequal{\triangle} 2N_2\uparrow+O_2\uparrow+4H_2O$ 硝酸铵受热分解反应之一。

$NH_4NO_3 \xlongequal{\triangle} N_2O\uparrow+2H_2O$ 硝酸铵在加热条件下，210℃左右分解生成一氧化二氮和水，可用来制备一氧化二氮气体，俗称“笑气”。

$NH_4NO_3+H_2O \rightleftharpoons NH_3\cdot H_2O+HNO_3$ 硝酸铵水解的化学方程式。强酸弱碱盐水解，溶液显酸性。离子方程式：$NH_4^++H_2O \rightleftharpoons NH_3\cdot H_2O+H^+$。

$NH_4NO_3+NaOH \xlongequal{\triangle} NaNO_3+NH_3\uparrow+H_2O$ 硝酸铵和氢氧化钠在加热条件下反应，生成氨气、硝酸钠和水。实验室里通常用固体铵盐和固体碱加热制备氨气，但通常不用氢氧化钠，因为氢氧化钠在高温下会腐蚀玻璃管；也不用硝酸铵，因为硝酸铵易分解爆炸。

【$(NH_4)_3PO_4$】磷酸三铵。

$(NH_4)_3PO_4 \xlongequal{\triangle} 3NH_3\uparrow+H_3PO_4$ 磷酸三铵受热分解，生成氨气和磷酸。磷酸三铵受热分解还可以是$(NH_4)_3PO_4 \xlongequal{\triangle} NH_3\uparrow+(NH_4)_2HPO_4$。【铵盐分解】见【$NH_4Cl$】。

$(NH_4)_3PO_4 \xlongequal{\triangle} (NH_4)_2HPO_4+NH_3\uparrow$ 磷酸三铵受热分解的反应之一，生成磷酸氢二铵和氨气。

【$(NH_4)_3SbS_4$】硫代锑酸铵。

$2(NH_4)_3SbS_4+6HCl$ ══ $Sb_2S_5\downarrow+3H_2S\uparrow+6NH_4Cl$ 硫代锑酸盐只能在中性和碱性条件下存在，在酸性条件下不稳定。硫代锑酸铵和盐酸反应，生成五硫化二锑、硫化氢气体和氯化铵。

【$(NH_4)_2CO_3$】碳酸铵，简称“碳

铵”，无色晶体或白色粉末，具有类似氨的强烈刺激性气味；在空气中不稳定，失去氨转变为碳酸氢铵；溶于冷水，热水中分解，

60℃左右分解。可由二氧化碳、氨和水蒸气通入冷却室直接作用而得，作灭火剂、化肥等。工业上从硫酸铵和碳酸钙反应而得的碳酸氢铵 NH_4HCO_3 和氨基甲酸铵 NH_2COONH_4 的混合物，商业也称碳酸铵。

$(NH_4)_2CO_3 = 2NH_4^+ + CO_3^{2-}$ 碳酸铵在水中的电离方程式。碳酸铵溶解于冷水，并完全电离，CO_3^{2-}和 NH_4^+虽然相互促进水解，但水解不完全，在冷水中能大量共存，在热水中分解，在 60℃时迅速分解生成氨气、二氧化碳和水。

$(NH_4)_2CO_3 \xlongequal{\triangle} 2NH_3\uparrow + CO_2\uparrow + H_2O$ 碳酸铵受热至 60℃分解，生成氨气、二氧化碳和水。

$(NH_4)_2CO_3(s) = NH_4HCO_3(s) + NH_3(g)$；$\Delta H = -74.9kJ/mol$ 碳酸铵不稳定，失去氨转变成碳酸氢铵的热化学方程式是放热反应。

$(NH_4)_2CO_3 + 2HCl = CO_2\uparrow + H_2O + 2NH_4Cl$ 碳酸铵和盐酸反应，生成二氧化碳、水和氯化铵。

$(NH_4)_2CO_3 + 2NaOH \xlongequal{\triangle} 2NH_3\uparrow + 2H_2O + Na_2CO_3$ 碳酸铵和氢氧化钠在加热条件下反应，生成氨气、水和碳酸钠。铵盐和碱的反应具有此通性。

【NH_4HCO_3】碳酸氢铵也叫酸式碳酸铵，无色或白色晶体，具有类似氨的强烈刺激性气味，20℃以下比较稳定，60℃时迅速分解，易溶于水，不溶于乙醇。可由二氧化碳通入氨水达到饱和后结晶得到，作肥料和灭火剂等。

$NH_4HCO_3 \xlongequal{\triangle} NH_3\uparrow + CO_2\uparrow + H_2O$ 碳酸氢铵受热分解，生成氨气、二氧化碳和水。【铵盐分解】见【NH_4Cl】。

$NH_4HCO_3(s) \xlongequal{\triangle} NH_3(g) + H_2O(g) + CO_2(g)$；$\Delta H = +185.57kJ/mol$ NH_4HCO_3 分解的热化学方程式。

$NH_4HCO_3 = NH_4^+ + HCO_3^-$ 碳酸氢铵在水中完全电离生成 NH_4^+和 HCO_3^-。NH_4^+和 HCO_3^-虽然可以发生双水解反应，但水解不彻底，部分水解，所以，NH_4^+和 HCO_3^-在水中可以大量共存，20℃以下比较稳定，60℃时迅速分解。

$NH_4HCO_3 + HCl = NH_4Cl + H_2O + CO_2\uparrow$ 碳酸氢铵和盐酸反应，生成氯化铵、水和二氧化碳。碳酸氢盐和酸反应具有此通性。

$NH_4HCO_3 + HNO_3 = NH_4NO_3 + CO_2\uparrow + H_2O$ 碳酸氢铵和硝酸反应，生成硝酸铵、二氧化碳和水。碳酸氢盐和酸反应具有此通性。

$NH_4HCO_3 + NaCl = NaHCO_3\downarrow + NH_4Cl$ 1861 年比利时人索尔维提出的氨碱法生产碳酸钠的其中一步的原理，也是 1942 年我国化工专家侯德榜发明的联合制碱法原理之一。见【$CO_2+NH_3+H_2O$】中【氨碱法】和【联合制碱法】。

$NH_4HCO_3 + 2NaOH \xlongequal{\triangle} Na_2CO_3 + NH_3\uparrow + 2H_2O$ 碳酸氢铵和氢氧化钠在加热条件下反应，生成碳酸钠、氨气和水。酸式盐中的 H^+被 OH^-中和，NH_4^+和 OH^-反应放出氨气。

【$(NH_4)_2Cr_2O_7$】 重铬酸铵，是橙色晶体，溶于水、乙醇，170℃时分解，与还原性强的有机物接触会发生爆炸。可由铬酸和氨水反应而得，常用于制造茜素、铬矾、烟火，也用于油脂提纯、香料合成、照相业、鞣革等。

$(NH_4)_2Cr_2O_7 \xlongequal{\triangle} Cr_2O_3+N_2\uparrow+4H_2O$ 重铬酸铵受热分解，生成三氧化二铬、氮气和水，可用于制取 N_2，也可用于制取 Cr_2O_3，实验室制备氮气的原理之一。该反应是爆发式的，加入硫酸盐就可控制。

【NH_4TcO_4】高锝酸铵。

$2NH_4TcO_4 \xlongequal{\triangle} N_2\uparrow+2TcO_2+4H_2O$ 高锝酸铵受热分解，生成氮气、二氧化锝和水。

【$(NH_4)_2[ZrF_6]$】六氟合锆(Ⅳ)酸铵。

$(NH_4)_2[ZrF_6] \xlongequal{\triangle} ZrF_4+2NH_3\uparrow+2HF\uparrow$ 六氟合锆(Ⅳ)酸铵稍受热，分解生成 ZrF_4、NH_3 和 HF，释放出 NH_3 和 HF 气体后，在 873K 时四氟化锆升华，就可以分离出 ZrF_4。

【N_2O】一氧化二氮，又叫氧化亚氮，俗名“笑气”，无色、无毒气体，有甜味，可助燃，曾用作麻醉剂；稍溶于水，溶于乙醇、乙醚和浓硫酸；强氧化剂，可氧化有机物。由硝酸铵热分解制得。

$2N_2O \xlongequal{\triangle} 2N_2+O_2$ 一氧化二氮在 300℃ 以上分解，生成氮气和氧气。

$2N_2O+S \xlongequal{\triangle} 2N_2+SO_2$ 一氧化二氮和硫反应生成氮气和二氧化硫。

【NO】一氧化氮，无色气体，液态时为深蓝色，固态时为蓝白色，不溶于水，空气中易被氧化为二氧化氮，和氢气一起加热时才会燃烧。可由氨在 500℃ 以上氧化或分解亚硝酸水溶液而得，实验室可用铜和稀硝酸反应制备少量一氧化氮。

$3NO = N_2O+NO_2$ 一氧化氮分解生成一氧化二氮和二氧化氮。高压下，30℃~50℃范围内歧化分解。

$NO+FeSO_4 = [Fe(NO)]SO_4$ NO 分子内有孤对电子，可与金属离子形成配合物，NO 和 $FeSO_4$ 溶液形成棕色可溶性的硫酸亚硝酰合铁（Ⅱ）。

$2NO+2H_2 \xlongequal{\triangle} N_2+2H_2O$ 一氧化氮和氢气在一起加热时才会燃烧，生成氮气和水。该反应分两步进行：第一步，$2NO+H_2 = N_2+H_2O_2$，第二步，$H_2O_2+H_2 = 2H_2O$。

$2NO+H_2 = N_2+H_2O_2$ NO 和 H_2 反应生成 N_2 和 H_2O 的第一步反应，详见【$2NO+2H_2$】。

$NO+NO_2 \xlongequal{冷} N_2O_3$ 一氧化氮和二氧化氮在低温下化合生成三氧化二氮，但后者不稳定，在常压下沸点为 3.5℃，同时分解生成一氧化氮和二氧化氮。

$NO+NO_2+H_2O \xrightleftharpoons{冷冻} 2HNO_2$ 一氧化氮和二氧化氮的混合气体在冷冻的水中反应，制备亚硝酸。亚硝酸是一种弱酸，比醋酸的酸性略强。

$NO+NO_2+2NaOH = 2NaNO_2+H_2O$ 用氢氧化钠溶液吸收一氧化氮和二氧化氮的混合气体，生成亚硝酸钠和水。氮的氧化物是造成光化学烟雾的主要原因，同时也破坏臭氧层，并导致酸雨的形成，一般用碱液吸收，另见【$2NO_2+2NaOH$】。

$2NO+O_2 = 2NO_2$ 一氧化氮被氧气氧化，生成二氧化氮，气体颜色由无色很快变为红棕色。为工业制硝酸的第二步反应，工业制硝酸的原理见【$4NH_3+5O_2$】；也是 NO 作催化剂时，SO_2 和 O_2 反应生成 SO_3 的第一步反应，第二步见【NO_2+SO_2】。

$2NO(g)+O_2(g) = 2NO_2(g)$；$\Delta H = -113kJ/mol$ 一氧化氮被氧化生成二氧化氮的热化学方程式，该反应是工业上制硝酸的第二步反应，反应放热。工业制硝酸的原理见【$4NH_3+5O_2$】。

$4NO+3O_2+2H_2O = 4HNO_3$ 一氧化氮和氧气的混合气体与水反应的总方程式。其实是下列两个反应的加合：①$O_2+2NO = 2NO_2$，②$3NO_2+H_2O = 2HNO_3+NO$。由①×3+②×2，即将二氧化氮看作中间产物消去，就得到总方程式。

$NO+O_3 = NO_2+O_2$ NO、NO_2作催化剂破坏臭氧的过程之一。首先，$NO_2 \xrightarrow[\lambda<426nm]{光} O+NO$；其次，$O_3+NO = NO_2+O_2$，$O+NO_2 = NO+O_2$。总反应式为$O_3+O \xlongequal{NO_x} 2O_2$，NO、$NO_2$作催化剂。超音速飞机在平流层飞行时，尾气中的NO会破坏臭氧。

【N_2O_3】

三氧化二氮，深蓝色液体，具有挥发性、强刺激性，有毒，又称亚硝酸酐。纯品仅以固态形式存在，液态中部分解离：$N_2O_3 \rightleftharpoons NO\uparrow+NO_2\uparrow$。室温时为蒸气状态，溶于碱溶液得亚硝酸盐，由液态二氧化氮于0℃吸收计算量的（物质的量相等）一氧化氮而得。可作氧化剂和制备纯的碱金属亚硝酸盐。

$N_2O_3 \rightleftharpoons NO\uparrow+NO_2\uparrow$ 亚硝酸溶液在浓缩或加热时，先分解为N_2O_3和H_2O，见【$2HNO_2$】。之后，N_2O_3又分解，生成NO和NO_2。

【NO_2】

二氧化氮，红棕色有刺激性气味的有毒气体，密度大于空气，易溶于水，和水反应生成硝酸和一氧化氮；易溶于浓硫酸和硝酸；易液化，液化之后呈黄色，低温下为无色固体。空气污染物之一，光化学烟雾主要由NO和NO_2等形成，有强氧化作用。可由一氧化氮被空气氧化或由硝酸铝分解而得，可作氧化剂、催化剂和有机合成的硝化剂。

$2NO_2(g) \rightleftharpoons N_2O_4(g)$ 二氧化氮化合生成四氧化二氮。二氧化氮为红棕色气体，四氧化二氮为无色气体。在二氧化氮气体中，自发建立该化学平衡。平衡体系中N_2O_4和NO_2的组成与温度有关：在极低的温度下以固体形式存在时，NO_2全部聚合成二聚体无色晶体N_2O_4；当温度达到熔点261.8K时，以黄色液体存在，含有NO_2 0.7%；当温度达到沸点294.3K时，以红棕色的气体混合物存在，含NO_2 15%；当温度达到413K时，N_2O_4全部转化为NO_2；当温度超过423K时，NO_2分解：$2NO_2 \xrightleftharpoons{\triangle} 2NO+O_2$。

$2NO_2(g) \rightleftharpoons N_2O_4(g)$; $\Delta H = -56.9kJ/mol$ 二氧化氮聚合成四氧化二氮，正反应放热。

$NO_2 \xrightarrow[\lambda<426nm]{光} NO+O$ NO_2破坏臭氧层反应机理中其中一步，详见【$NO+O_3$】。

$2NO_2 \xrightleftharpoons{\triangle} 2NO+O_2$ 当温度超过423K时，二氧化氮分解生成一氧化氮和氧气，并建立平衡体系。

$2NO_2+H_2O = HNO_3+HNO_2$ 二氧化氮与冷水反应，生成硝酸和亚硝酸，所以NO_2又叫混酐。HNO_2不稳定，遇热分解：$3HNO_2 = HNO_3+2NO+H_2O$。两步加合就是二氧化氮和水反应的总方程式：$3NO_2+H_2O = 2HNO_3+NO$，即工业生产硝酸的第三步反应。工业制硝酸的原理见【$4NH_3+5O_2$】。

$3NO_2+H_2O = 2HNO_3+NO$ 二氧化氮和水反应，生成硝酸和一氧化氮，实际上是两步反应的加合：$2NO_2+H_2O = HNO_3+HNO_2$、$3HNO_2 = HNO_3+2NO+H_2O$，工业制硝酸的第三步反应，在吸收塔中进行，一氧化氮可循环使用。工业制硝酸的原理见【$4NH_3$+ $5O_2$】。

$3NO_2(g)+H_2O(l)=2HNO_3(aq)+NO(g)$；$\Delta H=-136kJ/mol$ 二氧化氮和水反应，生成硝酸和一氧化氮的热化学方程式。

$2NO_2+Na_2CO_3=NaNO_2+NaNO_3+CO_2$ 用碳酸钠溶液吸收二氧化氮，二氧化氮歧化为 $NaNO_2$ 和 $NaNO_3$。

$2NO_2+2NaOH=NaNO_3+NaNO_2+H_2O$ 用氢氧化钠溶液吸收二氧化氮气体，生成硝酸钠、亚硝酸钠和水。与二氧化氮和水的反应相对应：$2NO_2+H_2O=HNO_3+HNO_2$。也是吸收二氧化氮的原理之一，另见【$NO+NO_2+2NaOH$】。

$4NO_2+O_2+2H_2O=4HNO_3$ 二氧化氮和氧气的混合气体与水反应的总方程式。其实是下列两个反应的加合：①$3NO_2+H_2O=2HNO_3+NO$，②$O_2+2NO=2NO_2$。由①×2+②，即将一氧化氮看作中间产物消去，就得到总方程式。

$4NO_2+O_2+4OH^-=4NO_3^-+2H_2O$ 用氢氧化钠溶液吸收二氧化氮时，通入过量的氧气，二氧化氮被充分吸收，没有污染气体释放出来。

$2NO_2+2OH^-=NO_3^-+NO_2^-+H_2O$ 二氧化氮被碱液吸收，生成硝酸盐、亚硝酸盐和水的离子方程式。工业生产硝酸时，用碱液吸收二氧化氮气体。

$NO_2+SO_2=SO_3+NO$ 二氧化氮具有强氧化性，将二氧化硫氧化为三氧化硫，本身被还原为一氧化氮。NO 作催化剂，SO_2 和 O_2 反应生成 SO_3 的第二步反应，第一步见【$2NO+O_2$】。

$NO_2+SO_2+H_2O=H_2SO_4+NO$ 硝化法生成硫酸的原理。NO_2 具有强氧化性，将二氧化硫氧化为三氧化硫：$SO_2+NO_2=SO_3+NO$，同时，NO_2 被还原为一氧化氮。三氧化硫溶于水生成硫酸，生成的一氧化氮被空气氧化之后可继续反应。

【N_2O_4】

四氧化二氮，不燃烧，有助燃性，有腐蚀性。无色气体，和 NO_2 共存建立平衡，−11.2℃变为无色固体。详见【$2NO_2(g)$】。

$N_2O_4 \rightleftharpoons 2NO_2$ 无色的 N_2O_4 和红棕色的 NO_2 之间自发建立平衡体系。平衡体系中 N_2O_4 和 NO_2 的组成与温度有关，详见【$2NO_2(g)$】。

$N_2O_4 \rightleftharpoons NO^++NO_3^-$ 液态四氧化二氮的电离，生成亚硝酰阳离子和硝酸根离子。注意不要错写成硝酰阳离子 NO_2^+和亚硝酸根离子 NO_2^-。ΔH=49.8kJ/ mol。

【N_2O_5】

五氧化二氮，无色或白色固体，易潮解，极不稳定，能爆炸性分解，熔点为 303K，沸点为 320K 同时分解。它是一种强氧化剂，是硝酸的酸酐，溶于水形成硝酸；易溶于氯仿和四氯化碳，有强烈氧化作用。可由硝酸用五氧化二磷脱水而得，作强氧化剂和氯仿溶液中的硝化剂。

$2N_2O_5 \rightleftharpoons 4NO_2+O_2$ 在 320K 时，五氧化二氮分解生成二氧化氮和氧气。

$2N_2O_5(g)=4NO_2(g)+O_2(g)$；$\Delta H=-56.7kJ/ mol$ 五氧化二氮分解，生成二氧化氮和氧气的热化学方程式。

$N_2O_5+H_2O=2HNO_3$ 五氧化二氮和水反应，生成硝酸。五氧化二氮是硝酸的酸酐。

【NO_x】

氮的氧化物 NO 和 NO_2 等的通式，也指二者混合物。

$2NO_x+2xCO \xrightarrow[\triangle]{催化剂} N_2+2xCO_2$ 汽车尾气系统中安装催化转化器，使一氧化碳和氮的氧化物（NO、NO_2 等）反应，生成氮气和二氧化碳，减少氮的氧化物以及一氧化碳对环境的污染。

【NO_2^-】亚硝酸根离子

$NO_2^-+Fe^{2+}+2H^+ = NO\uparrow+Fe^{3+}+H_2O$ 亚硝酸盐中氮元素的化合价（或氧化数）为+3，既有氧化性，又有还原性，酸性溶液中可将 Fe^{2+} 氧化为 Fe^{3+}，表现氧化性。

$NO_2^-+H^+ = HNO_2$ 亚硝酸盐和强酸反应，生成亚硝酸，强酸制弱酸的原理。亚硝酸是一种弱酸，比醋酸的酸性略强。

$2NO_2^-+2I^-+4H^+ = 2NO\uparrow+I_2+2H_2O$ 亚硝酸根离子中氮元素的化合价（或氧化数）为+3，既有氧化性又有还原性。在碱性溶液中以还原性为主，空气中的 O_2 就可以将其氧化为 NO_3^-；在酸性溶液中以氧化性为主，NO_2^-将 I^-氧化为 I_2。该反应较快，原因见【$HNO_2(aq)+H^+(aq)$】。

【HNO_2】

亚硝酸很不稳定，仅存在于稀溶液中，水溶液呈无色，室温时发生歧化反应生成硝酸、一氧化氮和水，见【$3HNO_2$】。受热易分解，生成一氧化氮和二氧化氮。既有氧化性又有还原性，酸酐为 N_2O_3。亚硝酸是一种弱酸，K_a=4.6×10^{-4}（12.5℃），但酸性强于醋酸。可由无机酸和亚硝酸盐作用而得，常用于有机合成工业。

$HNO_2 \rightleftharpoons H^++NO_2^-$ 亚硝酸是弱电解质，在水中部分电离，12.5℃时，K_a=4.6×10^{-4}。

$3HNO_2 \rightleftharpoons HNO_3+2NO\uparrow+H_2O$ 亚硝酸仅存在于水溶液中，容易发生歧化反应。

$2HNO_2 \rightleftharpoons N_2O_3+H_2O$ 亚硝酸溶液在浓缩或加热时，先分解为 N_2O_3 和 H_2O。N_2O_3 溶于其水溶液呈浅蓝色，之后，N_2O_3 又分解，生成 NO 和 NO_2：$N_2O_3 \rightleftharpoons NO\uparrow+NO_2\uparrow$，有红棕色气体生成。该原理可检验 NO_2^-。

$HNO_2(aq)+H^+(aq) = NO^+(aq)+H_2O(l)$ 在酸性介质中，HNO_2 是一个快速氧化剂，可能的原因是酸将 HNO_2 变为 NO^+，NO^+是强路易斯酸，迅速和阴离子缔合，形成中间体，再分解为产物。如 NO_2^-和 I^-反应，反应过程如下：$NO^+(aq)+I^-(aq) = ONI(aq)$；$2ONI(aq) = I_2(aq)+2NO(aq)$。总反应见【$2NO_2^-+2I^-+4H^+$】。

$2HNO_2+2I^-+2H^+ = 2NO\uparrow+I_2+2H_2O$ 亚硝酸可以将 I^-氧化为 I_2。该反应可定量进行，可用于亚硝酸盐的测定。

$2HNO_2+O_2 \xrightarrow{微生物} 2HNO_3$ 蛋白质在水中分解产生的 NH_3，被微生物作用氧化成 HNO_2，HNO_2 被氧化成 HNO_3，HNO_3 和矿石反应形成硝酸盐，后者成为水生植物的养料，实现氮元素的循环。

【$NaNO_2$】

亚硝酸钠，白色或微黄色晶体，易吸湿，易溶于水，因水解而显碱性，溶于乙醇，微溶于乙醚。在空气中逐渐变成硝酸钠，有强氧化性。可用来制造硝基化合物、药物、偶氮染料，常作媒染剂、漂白剂、电镀缓蚀剂和化学试剂等。亚硝酸盐一般有毒，是潜在致癌物质之一。工业上用纯碱（或烧碱）溶液吸收硝酸和硝酸盐生产中产生的尾气（少量 NO 和 NO_2），再利用亚硝酸钠和硝酸钠的溶解度不同加以分离。

$NaNO_2+HCl═NaCl+HNO_2$
亚硝酸盐溶液中加入强酸，制备亚硝酸。

$2NaNO_2+4HI═2NO↑+I_2+2NaI+2H_2O$ 亚硝酸钠将碘化氢氧化为碘单质，自身被还原为一氧化氮。亚硝酸钠作氧化剂，碘化氢作还原剂。

$NaNO_2+H_2SO_4\xlongequal{冷}HNO_2+NaHSO_4$
亚硝酸钠和稀硫酸在较低的温度下反应，制备亚硝酸。

【$Ba(NO_2)_2$】 亚硝酸钡，$Ba(NO_2)_2·H_2O$ 为无色六方晶体，有毒，115℃时分解，溶于水，不溶于乙醇。可由碳酸钡悬浊液或氢氧化钡溶液中通入氧化氮即可得，常用于钢材防腐、重氮反应以及制炸药。

$Ba(NO_2)_2+H_2SO_4═BaSO_4↓+2HNO_2$ 制备亚硝酸水溶液的原理之一，亚硝酸盐（如亚硝酸钡）的冷溶液中加入稀硫酸，生成亚硝酸。

【NO_3^-】 硝酸根离子。

$2NO_3^-+Cu+2H_2SO_4(浓)\xlongequal{\triangle}Cu^{2+}+2NO_2↑+2H_2O+2SO_4^{2-}$ 该反应用来检验 NO_3^-：少量溶液在浓缩后，加铜片和浓硫酸共热，有红棕色气体生成，溶液变蓝，证明溶液中有 NO_3^-。离子方程式中浓硫酸写成化学式。若用硝酸盐溶液和稀硫酸，见【$3Cu+ 4H_2SO_4+2NaNO_3$】。

$NO_3^-+2H^++e^-═NO_2↑+H_2O$ 浓硝酸、铜以及惰性电极（或铁、铝等易被钝化的金属）构成的原电池的正极电极反应式。负极：$Cu-2e^-═Cu^{2+}$。总反应式：$2NO_3^-+Cu+4H^+═Cu^{2+}+2NO_2↑+2H_2O$。

$2NO_3^-+2I^-+4H^+═2NO_2↑+I_2+2H_2O$
少量的浓硝酸和碘化氢溶液反应生成二氧化氮、碘和水，有红棕色气体生成，溶液变为棕黄色。这也是 I^-、NO_3^-和 H^+不能大量共存的原因。若硝酸过量，碘继续和硝酸反应：$10HNO_3+3I_2═6HIO_3+10NO↑+2H_2O$。

【HNO_3】 硝酸。纯硝酸是无色、易挥发、有刺激性气味的油状液体，有腐蚀性，常因溶解了分解产生的二氧化氮而显黄色。浓硝酸的质量分数大约为 72%，物质的量浓度约为 16mol/L，密度约为 1.42g/mL。98%以上的浓硝酸因产生“发烟”现象叫发烟硝酸。硝酸有不稳定性和强氧化性等特性。稀硝酸具有酸的通性。在离子方程式中，浓硝酸 HNO_3 要拆成 NO_3^-和 H^+。可由氨被空气或氧气催化氧化得二氧化氮，溶于水得 60%左右硝酸。90%~100%的硝酸可由 60%硝酸脱水或由硫酸和硝酸钠反应而得。可用于制氮肥、硝化纤维、炸药和有机合成等。

$HNO_3═H^++NO_3^-$ 硝酸是强电解质，在水中完全电离。

$4HNO_3\xlongequal{\triangle或光照}4NO_2↑+O_2↑+2H_2O$

硝酸受热或见光分解，生成二氧化氮、氧气和水，表现硝酸的不稳定性。硝酸应放在棕色试剂瓶中，置于阴凉处。

$HONO_2+HF═(HO)_2NO^++F^-$
氟化氢作为溶质时是弱酸，而作为溶剂时，是酸性很强的溶剂，与无水硫酸相当，但比氟磺酸弱。在水溶液里许多呈酸性的化合物，在 HF 溶剂中表现碱性或酸性。HNO_3 在 HF 中呈碱性，接受 H^+。

$HNO_3+HNO_2═H_2O+2NO_2↑$
发烟硝酸具有很强氧化性的原因。首先，硝酸见光分解产生 NO_2，见【$4HNO_3$】。产生

的 NO_2 具有传递电子的作用，NO_2+e^- ══ NO_2^-，$NO_2^-+H^+$ ══ HNO_2，HNO_3+HNO_2 ══ $H_2O+2NO_2\uparrow$。HNO_3 通过 NO_2 较易获得还原剂提供的电子，氧化还原反应便加速。$(HO)_2NO^+$可写成$[H_2NO_3]^+$，见【HNO_3+HSO_4】。

$2HNO_3+5H_2S \xlongequal{冷} 5S\downarrow+N_2\uparrow+6H_2O$

很稀的硝酸和硫化氢反应，生成硫、氮气和水。硝酸和硫化氢反应比较复杂。一般情况下，浓硝酸与硫化氢反应生成二氧化氮，稀硝酸则生成一氧化氮，很稀的硝酸则生成氮气，极稀的硝酸则生成硝酸铵。硝酸浓度不同则反应不同。

$2HNO_3+4H_2S \xlongequal{冷} 4S\downarrow+NH_4NO_3+3H_2O$ 极稀的硝酸和硫化氢反应，生成硫、硝酸铵和水。

$2HNO_3+3H_2S \xlongequal{冷} 3S\downarrow+2NO\uparrow+4H_2O$ 稀硝酸和硫化氢反应，生成硫、一氧化氮和水。

$2HNO_3+H_2S \xlongequal{冷} S\downarrow+2NO_2\uparrow+2H_2O$

浓硝酸和硫化氢反应，生成硫、二氧化氮和水。

$HNO_3+H_2SO_4 \rightleftharpoons [H_2NO_3]^++HSO_4^-$ 苯的硝化反应中，通常采用浓硫酸和浓硝酸的混合酸作硝化剂，浓硫酸和浓硝酸生成$[H_2NO_3]^+$，$[H_2NO_3]^+$分解生成硝酰阳离子 NO_2^+：$[H_2NO_3]^+ \rightleftharpoons H_2O+NO_2^+$。两步加合左右再各加一个 H_2SO_4 就得总反应式：$HNO_3+2H_2SO_4 \rightleftharpoons H_3O^++NO_2^++2HSO_4^-$。$NO_2^+$作为亲电试剂进攻苯环。$NO_2^+$叫作硝基正离子或硝鎓离子或硝酰阳离子。无水硝酸中含有 NO_2^+，浓硫酸的加入有助于生成 NO_2^+。

$HNO_3+2H_2SO_4 \rightleftharpoons H_3O^++NO_2^++2HSO_4^-$ 苯的硝化反应中，采用浓硫酸和浓硝酸的混合酸作硝化剂的总反应式。

$HNO_3(aq)+KOH(aq)$ ══ $KNO_3(aq)+H_2O(l)$；$\Delta H=-57.3kJ/mol$

氢氧化钾与硝酸中和反应的热化学方程式。强酸和强碱的稀溶液生成 1mol 水，中和热都是 57.3kJ/mol。

HNO_3+NaOH ══ $NaNO_3+H_2O$ 氢氧化钠与硝酸发生中和反应，生成硝酸钠和水，可用来制备硝酸钠。

【NO^+】

亚硝酰离子，区别于硝酰离子 NO_2^+，NO_2^+叫作硝基正离子，或硝鎓离子，或硝酰阳离子。无水硝酸中含有 NO_2^+，浓硫酸的加入有助于生成 NO_2^+，见【$HNO_3+H_2SO_4$】。

$NO^+(aq)+I^-(aq)$ ══ $ONI(aq)$ HNO_2 在酸性条件下氧化 I^-的原理之一，详见【$2NO_2^-+2I^-+4H^+$】。

【$[H_2NO_3]^+$】

$[H_2NO_3]^+ \rightleftharpoons H_2O+NO_2^+$ 苯的硝化反应中，通常采用浓硫酸和浓硝酸的混合酸作硝化剂，浓硫酸和浓硝酸生成$[H_2NO_3]^+$，$[H_2NO_3]^+$分解生成的硝酰阳离子 NO_2^+作为亲电试剂进攻苯环。见【$HNO_3+H_2SO_4$】。

【$LiNO_3$】

硝酸锂，白色三角形晶体，易潮解，600℃时分解，易溶于水，溶于乙醇。低温时自溶液中得到三水合物，白色针状晶体，超过 29.9℃脱水成半水合物，61.1℃以上成无水物。用于焰火和玻璃陶瓷工业。

$4LiNO_3 \xlongequal{\triangle} 2Li_2O+4NO_2\uparrow+O_2\uparrow$
硝酸锂受热分解，生成氧化锂、二氧化氮和氧气。见【$2AgNO_3$】中【硝酸盐受热分解】。金属锂的活泼性比镁强，但硝酸锂和硝酸镁受热分解的情况相似。因 NO_2 会自发结合成 N_2O_4，见【$2NO_2$】，有些资料写成 N_2O_4。

$4LiNO_3 \xlongequal{\triangle} 2Li_2O+2N_2O_4+O_2\uparrow$
硝酸锂在加热到 773K 时，分解生成 Li_2O、N_2O_4 和 O_2，出自《无机化学》（808 页，武汉大学等编，见文献）。因 N_2O_4 是由 NO_2 自发结合而成的，又可写作 $4LiNO_3 \xlongequal{\triangle} 2Li_2O+4NO_2\uparrow+O_2\uparrow$。在极低温度下，$NO_2$ 可以全部转化为 N_2O_4，但在加热条件下，写成 NO_2 似乎更合理，原因详见【NO_2】。

【$NaNO_3$】

硝酸钠，无色透明晶体或白色粉末，易潮解，溶于水，味咸而微苦；具有氧化性，加热或与有机物接触易引起燃烧或爆炸。天然硝酸钠叫作钠硝石，因智利蕴藏着丰富的硝酸钠矿床，硝酸钠又称“智利硝石”。可用水浸取天然硝酸钠矿石，经过滤、浓缩、结晶而得，也可用纯碱溶液吸收硝酸生产中的尾气氧化氮制得。可用于制硝酸、硝酸盐、钠盐、炸药、火柴、染料，也作氧化剂、化学试剂、脱色剂、玻璃消泡剂，农业上作氮肥等。

$2NaNO_3 \xlongequal{\triangle} 2NaNO_2+O_2\uparrow$ 硝酸钠受热分解，生成亚硝酸钠和氧气。制备氧气的方法有很多，加热分解 $NaNO_3$ 可用于制备氧气，可用于制备亚硝酸钠。硝酸盐受热分解的一般规律见【$2AgNO_3$】。实际上，活泼金属钠、钾、钙等的硝酸盐受热分解的情况较复杂，温度不同则产物不同，如 380℃ 时分解为亚硝酸钠和氧气；800℃ 以上时分解为氧化钠、一氧化氮和氧气；1100℃ 以上时分解为氧化钠、氮气和氧气。

$NaNO_3+H_2SO_4(浓) \xlongequal{\triangle} NaHSO_4+HNO_3\uparrow$ 实验室里用来制备硝酸的原理。在 393~423K 条件下，用硝酸钠固体和浓硫酸在加热条件下制硝酸，生成硫酸氢钠和硝酸气体，因生成的硝酸具有挥发性而从混合物中蒸馏出来，高沸点酸制低沸点的酸。反应生成的硫酸氢钠在 773K 时还可以和硝酸钠反应：$NaNO_3+NaHSO_4 \xlongequal{高温} Na_2SO_4+HNO_3\uparrow$，继续生成硝酸气体。但是，硝酸在沸点 359K 时同时发生分解，在 773K 时因硝酸分解而使产率降低。所以，实验室里制备硝酸，一般利用硝酸钠和硫酸的第一步反应，即生成 $NaHSO_4$ 和 HNO_3。

$2NaNO_3+2KI+2H_2SO_4 = Na_2SO_4+K_2SO_4+2NO_2\uparrow+I_2+2H_2O$ 硝酸钠将碘化钾氧化为碘，自身被还原为二氧化氮。实际上是 NO_3^-、I^- 和 H^+ 不能大量共存的原因，见【$2NO_3^-+2I^-+4H^+$】。

$NaNO_3+NaHSO_4 \xlongequal{高温} Na_2SO_4+HNO_3\uparrow$ 见【$NaNO_3+H_2SO_4$(浓)】。

【KNO_3】

硝酸钾，无色透明晶体或白色粉末，不易潮解，味咸而凉，易溶于水，不溶于无水乙醇和乙醚。它具有强氧化作用，与有机物接触会引起燃烧和爆炸。可将硝酸钠和氯化钾溶液混合，利用溶解度不同进行分离而得。常用于制黑火药、烟火、火柴、药物、玻璃、陶瓷等，农业上作氮肥。

$KNO_3 = K^++NO_3^-$ 硝酸钾在水中或熔化状态下的电离方程式。

$2KNO_3 \xlongequal{\triangle} 2KNO_2+O_2\uparrow$ 硝酸钾受热分解，生成亚硝酸钾和氧气。【硝酸盐受热分解】见【$2AgNO_3$】。

$KNO_3+H_2SO_4=KHSO_4+HNO_3$
在硫酸溶剂体系中，使溶剂阴离子 HSO_4^-增加的化合物起碱的作用，如 KNO_3、CH_3COOH 等；使阳离子 $H_3SO_4^+$增加的化合物起酸的作用，如 HSO_3F 等。该原理可用来制 HNO_3，利用 HNO_3 易挥发的性质将 HNO_3 蒸发出来。

【$Mg(NO_3)_2$】 硝酸镁，通常为六水合物，$Mg(NO_3)_2·6H_2O$ 为无色或白色晶体，易潮解，易溶于水和乙醇。它有强烈氧化作用，和有机物混合引起燃烧和爆炸。可由氧化镁或碳酸镁与硝酸作用而得。可制炸药、烟火、硝酸盐，作化学试剂和浓缩硝酸的脱水剂。

$Mg(NO_3)_2+2NaOH=Mg(OH)_2\downarrow+2NaNO_3$ $Mg(NO_3)_2$溶液和 NaOH 溶液反应，生成白色氢氧化镁沉淀和硝酸钠。

【$Mg(NO_3)_2·6H_2O$】见【$Mg(NO_3)_2$】。

$Mg(NO_3)_2·6H_2O \xlongequal{\triangle} Mg(OH)NO_3+5H_2O+HNO_3\uparrow$ $Mg(NO_3)_2·6H_2O$ 在加热条件下，因 HNO_3 易挥发，发生水解反应，得到碱式盐。在 362.1K 时，生成 $Mg(NO_3)_2·2H_2O$；在 405K 时，生成 $Mg(OH)NO_3$ 和 HNO_3。

【加热发生水解的晶体】半径较小、电荷较高的金属离子 Be^{2+}、Mg^{2+}、Al^{3+}、Fe^{3+}等的硝酸盐、碳酸盐，受热时发生水解反应，得到碱式盐甚至是碱，而不是无水盐。

【$Sr(NO_3)_2$】 硝酸锶，白色晶体或粉末，空气中不潮解，溶于水，微溶于乙醇和丙酮。它是强氧化剂，与有机物接触、碰撞或遇火引起燃烧和爆炸。可由碳酸锶和硝酸作用，温热时结晶而得，30℃以下结晶形成四水合物。可制烟火、信号弹、火柴、光学玻璃，也用于医疗、电子管工业。

$2Sr(NO_3)_2 \xlongequal{\triangle} 2SrO+4NO_2\uparrow+O_2\uparrow$
硝酸锶受热分解，生成氧化锶、二氧化氮和氧气。

【$Ba(NO_3)_2$】 硝酸钡，无色晶体或白色粉末，有毒，有吸湿性，溶于水，不溶于乙醇、丙酮和浓硝酸。可由硝酸和碳酸钡、氢氧化钡或氧化钡反应而得。燃烧时产生绿色火焰，用于信号弹和烟火等。

$Ba(NO_3)_2+3H_2O_2+2NH_3·H_2O=BaO_2·2H_2O_2+2NH_4NO_3+2H_2O$
工业上制备 BaO_2 的原理之一：室温下以氨水为介质，$Ba(NO_3)_2$ 和 H_2O_2 反应。将生成的 $BaO_2·H_2O_2$ 加热到 383~388K 时，脱去 H_2O_2 即得过氧化钡。

$Ba(NO_3)_2+H_2SO_4=BaSO_4\downarrow+2HNO_3$ $Ba(NO_3)_2$ 溶液和 H_2SO_4 溶液反应生成白色 $BaSO_4$ 沉淀。将待测液用盐酸酸化后加 $BaCl_2$ 溶液，生成白色沉淀，可以检验 SO_4^{2-}。

$Ba(NO_3)_2+K_2CO_3=BaCO_3\downarrow+2KNO_3$ $Ba(NO_3)_2$ 溶液和 K_2CO_3 溶液反应生成白色 $BaCO_3$ 沉淀。该沉淀溶于盐酸、硝酸等，生成无色无味的 CO_2 气体。

【P】 磷，有三种互为同素异形体的单质：白磷、红磷、黑磷。红磷，又称赤磷，红色至紫色的无定形或结晶型粉末，无毒，空气中加热至 200℃以下不会着火，不溶于水，化学性质不及白磷活泼。可由白磷在惰性气体环境下的密封容器内加热至 260℃而得。用于生产安全火柴、磷化合物及有机合成。黑磷，黑色有金属光泽晶体或无定形固体，无毒，有导电性，不溶于水和有机溶剂，室温下在干燥空气中稳定，不易着火。白磷在高压下加热而得。白磷见【P_4】。

$2P+3Br_2═2PBr_3$ 溴的氧化能力比氯弱，和磷作用只生成三溴化磷。

$2P+3Cl_2\xlongequal{点燃}2PCl_3$ 磷在少量的氯气中不完全燃烧，生成液态三氯化磷，有白雾生成。磷在过量的氯气中完全燃烧，生成固态五氯化磷，有白烟生成：$2P+5Cl_2\xlongequal{点燃}2PCl_5$。若氯气的量介于两者之间，则生成三氯化磷和五氯化磷的混合物，有白色烟雾。三氯化磷会继续和氯气反应，生成固态五氯化磷，见【$PCl_3(l)+Cl_2(g)$】。

$2P(s)+3Cl_2(g)\xlongequal{\triangle}2PCl_3(l)$ 磷和少量的氯气加热反应，生成液态三氯化磷，有白雾生成。三氯化磷会继续和氯气反应，生成固态五氯化磷，见【$PCl_3(l)+Cl_2(g)$】。磷和过量的氯气反应，生成固态五氯化磷，有白烟生成，见【$2P+5Cl_2$】。

$2P+5Cl_2\xlongequal{点燃}2PCl_5$ 磷在过量的氯气中完全燃烧，生成固态五氯化磷，有白烟生成。

$2M+3X_2═2MX_3$(M=P、As、Sb、Bi) 用P、As、Sb、Bi和卤素单质直接作用，制备MX_3的通式。

$11P+15CuSO_4+24H_2O\xlongequal{\triangle}5Cu_3P+6H_3PO_4+15H_2SO_4$ 白磷具有还原性，将$CuSO_4$还原为Cu_3P。或者将$CuSO_4$还原为Cu，见【$P_4+10CuSO_4+16H_2O$】。白磷对皮肤具有腐蚀性，若不慎将白磷沾到皮肤上，可用0.2mol/L的硫酸铜溶液清洗。

$2P+5F_2═2PF_5$ 氟单质和磷直接化合，生成五氟化磷无色气体。该反应猛烈进行，产生火焰。

$2P+5FeO+3CaO\xlongequal{高温}Ca_3(PO_4)_2+5Fe$ 白磷具有还原性，将氧化亚铁还原为铁，自身被氧化为磷酸钙。

$P+5HNO_3═H_3PO_4+5NO_2↑+H_2O$ 磷和浓硝酸反应之一，见【$3P+5HNO_3+2H_2O$】。

$3P+5HNO_3+2H_2O═3H_3PO_4+5NO↑$ 磷和浓硝酸反应，当$n(HNO_3)$：$n(P)$=5：3时，生成H_3PO_4和NO。当$n(HNO_3)$：$n(P)$=5：1时，$5HNO_3+P═H_3PO_4+5NO_2↑+H_2O$。浓硝酸和非金属反应时，还原产物往往是NO，若还原剂少量，还原产物有可能为NO_2。若参加反应的是白磷，写作P_4，见【$P_4+20HNO_3$】。

$4P+6H_2O═PH_3↑+3H_3PO_2$ 白磷不稳定，容易歧化分解，生成磷化氢气体和次磷酸，4P还可以写成P_4。在室温下，该反应非常缓慢，可以忽略，所以可以将白磷存放在水中。而在碱性条件下，容易发生歧化反应，见【$P_4+3OH^-+3H_2O$】。

$2P+3I_2═2PI_3$ 碘的氧化能力比氯弱，和磷作用只生成三碘化磷。

$4P+3NaOH+3H_2O═3NaH_2PO_2+PH_3↑$ 白磷在NaOH溶液中发生歧化反应，生成次磷酸钠和磷化氢气体，白磷又可写P_4，见【$P_4+3OH^-+3H_2O$】。

$4P+3O_2═2P_2O_3$ 磷在不充足的氧气或空气中燃烧，生成三氧化二磷；磷在充足的氧气或空气中燃烧，生成五氧化二磷，见【$4P+5O_2$】。

$4P+5O_2\xlongequal{点燃}2P_2O_5$ 磷在充足的氧气或空气中燃烧，生成五氧化二磷。

$2P+5SO_3═5SO_2+P_2O_5$ 三氧化硫具有强氧化性，将P氧化为P_2O_5，自身被还原为二氧化硫。

【P_4】 白磷，又称黄磷，无色或白色透明蜡状固体，剧毒，不溶于水。在30℃左右自燃，应保存在水中。P_4呈正四面体结构。

在暗处暴露于空气中发绿光，称“磷光现象”。最先是德国人布兰德·亨尼格在蒸发人尿时发现的。磷酸钙、二氧化硅和炭在电炉中加热，所得蒸气迅速冷却即得白磷。可生产杀鼠药、烟火、磷化合物。

$P_4+6Cl_2 \xlongequal{点燃} 4PCl_3$ 白磷在少量的氯气中不完全燃烧，生成液态三氯化磷，有白雾生成。三氯化磷会继续和氯气反应，见【$PCl_3(l)+Cl_2(g)$】。白磷在过量的氯气中完全燃烧，生成固态五氯化磷，有白烟生成，见【P_4+10Cl_2(过量)】。

$P_4+10Cl_2(过量) \xlongequal{点燃} 4PCl_5$ 白磷在过量的氯气中完全燃烧，生成固态五氯化磷，有白烟生成。

$P_4+10CuSO_4+16H_2O = 10Cu+4H_3PO_4+10H_2SO_4$ 白磷具有还原性，将 $CuSO_4$ 还原为 Cu。将 $CuSO_4$ 还原为 Cu_3P，见【$11P+15CuSO_4+24H_2O$】。白磷对皮肤具有腐蚀性，若不慎将白磷沾到皮肤上，可用 0.2mol/L 的硫酸铜溶液清洗。

$P_4+6H_2 = 4PH_3$ 白磷和氢气直接化合生成磷化氢。磷化氢又叫作膦，是一种无色剧毒、微溶于水、有类似大蒜气味的气体，也是一种强还原剂。磷的氢化物有很多，如 PH_3、P_2H_4、$P_{12}H_{16}$ 等。

$3P_4+10HClO_3+18H_2O = 12H_3PO_4+10HCl$ 白磷和氯酸、水反应，生成磷酸和氯化氢。白磷具有还原性。

$P_4+20HNO_3(浓) \xlongequal{\triangle} 4H_3PO_4+20NO_2\uparrow+4H_2O$ 白磷和浓硝酸反应，生成磷酸、二氧化氮和水。若为其他磷，见【$3P+5HNO_3+2H_2O$】。

$P_4+3KOH+3H_2O \xlongequal{\triangle} 3KH_2PO_2+PH_3\uparrow$ 白磷在热的浓氢氧化钾溶液中发生歧化反应，生成磷化氢气体和次磷酸钾。次磷酸根 $H_2PO_2^-$ 由两个 H、两个 O 和一个 P 构成四面体结构，离子方程式见【$P_4+3OH^-+3H_2O$】。制备磷化氢的原理之一。

$P_4+5O_2 \xlongequal{点燃} 2P_2O_5$ 白磷在充足的氧气或空气中燃烧，生成五氧化二磷。白磷在不充足的氧气或空气中燃烧，生成三氧化二磷：$P_4+3O_2 = 2P_2O_3$。

$P_4+3OH^-+3H_2O \xlongequal{\triangle} 3H_2PO_2^-+PH_3\uparrow$ 白磷在热的浓强碱溶液中发生歧化反应，生成磷化氢气体和次磷酸盐的离子方程式。见【$P_4+3KOH+3H_2O$】。$H_2PO_2^-$ 不稳定，水解生成 H_3PO_2，然后又歧化分解：$3H_3PO_2 = 2H_3PO_3+PH_3\uparrow$。$H_3PO_3$ 在热溶液中又歧化分解：$4H_3PO_3 = PH_3\uparrow+3H_3PO_4$。所以白磷在碱液中加热水解时，最终产物为 H_3PO_4 和 PH_3。

$P_4+10SO_3 = 10SO_2+P_4O_{10}$ SO_3 是强氧化剂，可以使白磷燃烧。

【Ca_3P_2】 磷化钙，红棕色晶体或灰色颗粒；被潮湿空气或水分解会放出剧毒而易燃的磷化氢气体；不溶于醇、醚、苯。可将磷酸钙用炭或铝加热还原或将磷的蒸气与金属钙作用而得。可作制磷化氢、信号烟火的原料，作杀鼠剂，用于铜和铜合金提纯。

$5Ca_3P_2+3Ca_3(PO_4)_2 \xlongequal{高温} 24CaO+16P$ 在高温和隔绝空气的条件下，磷化钙和磷酸钙反应，生成氧化钙和磷，工业上制备磷的原理之一。首先制备磷化钙，高温条件下磷酸钙和炭反应：$Ca_3(PO_4)_2+8C \xlongequal{\triangle} Ca_3P_2+8CO\uparrow$。

$Ca_3P_2+6H_2O = 3Ca(OH)_2+2PH_3\uparrow$ 磷化钙水解生成氢氧化钙和磷化氢气体。

【Zn_3P_2】 磷化锌，深灰色四方晶体或粉末，有毒；溶于苯、二硫化碳，不溶于乙醇；遇冷水发生反应，遇盐酸等放出磷化氢气体，与浓硝酸、浓硫酸及其他氧化剂剧烈反应。由锌和稍过量的红磷在真空石英管内缓慢加热至700℃制得。可杀家鼠和田鼠。

$Zn_3P_2+3H_2SO_4=3ZnSO_4+2PH_3\uparrow$
磷化锌和硫酸反应，生成硫酸锌和磷化氢，可以用来制备磷化氢气体。

【PH_3】 磷化三氢，通常称为磷化氢，又叫膦，是一种无色气体，有类似大蒜的臭味，有剧毒；微溶于冷水，不溶于热水，溶于乙醇和乙醚；溶解度比 NH_3 小得多，水溶液的碱性也比 NH_3 水溶液的碱性弱很多，$K_b\approx 10^{-26}$；不稳定，加热分解。磷化三氢是一种强还原剂，着火点为423K，若有极少量的联磷 P_2H_4 时发生自燃。磷的氢化物有很多，如 PH_3、P_2H_4、$P_{12}H_{16}$ 等。可由磷化钙或其他磷化物水解而得，制有机磷化合物，也作聚合引发剂和缩合催化剂。

$4PH_3=P_4+6H_2$ 膦分解，生成白磷和氢气。

$PH_3+4Cl_2=PCl_5+3HCl$ 氯气将磷化氢氧化为五氯化磷，自身被还原为HCl。

$PH_3+4Cu_2SO_4+4H_2O=H_3PO_4+4H_2SO_4+8Cu$ 将 PH_3 气体通入含 Cu^{2+} 的溶液中，会有 Cu_3P 和Cu析出，详见【$PH_3+8CuSO_4+4H_2O$】。

$PH_3+8CuSO_4+4H_2O=H_3PO_4+4H_2SO_4+4Cu_2SO_4$ PH_3 具有强还原性，将 PH_3 气体通入含 Cu^{2+} 的溶液中，会有 Cu_3P 和Cu析出。首先，生成 H_3PO_4、H_2SO_4 和 Cu_2SO_4。Cu_2SO_4 继续和 PH_3 反应：当 $n(Cu_2SO_4):n(PH_3)=3:2$ 时，$3Cu_2SO_4+2PH_3=3H_2SO_4+2Cu_3P$，生成 Cu_3P；当 $n(Cu_2SO_4):n(PH_3)=4:1$ 时，生成Cu：$4Cu_2SO_4+PH_3+4H_2O=H_3PO_4+4H_2SO_4+8Cu$。

$PH_3(g)+HI(g)=PH_4I(s)$ PH_3 和HI结合生成 PH_4I，类似于 NH_3 和HCl的反应。

$PH_3+2I_2+2H_2O=H_3PO_2+4HI$
在一定量水存在情况下，I_2 将 PH_3 氧化为次磷酸。该原理可用于制备次磷酸。

$PH_3+4NaClO=H_3PO_4+4NaCl$
PH_3 和NaClO发生氧化还原反应，生成磷酸和氯化钠。

$PH_3+2O_2=H_3PO_4$ 膦和氧气反应，生成磷酸，或者写作五氧化二磷和水：$2PH_3+4O_2=P_2O_5+3H_2O$，五氧化二磷溶于水生成磷酸：$P_2O_5+3H_2O\xlongequal{\triangle}2H_3PO_4$。

$2PH_3+4O_2=P_2O_5+3H_2O$ 膦和氧气反应，生成五氧化二磷和水。墓地里尸体骨骼中的 Ca_3P_2 和水反应生成的 PH_3 的自燃现象，俗称“鬼火”。五氧化二磷溶于水生成磷酸：$P_2O_5+3H_2O\xlongequal{\triangle}2H_3PO_4$，所以，化学方程式还可以写作 $PH_3+2O_2=H_3PO_4$。

【PH_4^+】 鏻离子。

$PH_4^++H_2O=PH_3\uparrow+H_3O^+$ 鏻离子类似于 NH_4^+，但 PH_4^+ 极易水解，生成磷化氢气体和氢离子，所以水溶液中不存在 PH_4^+。该原理可以用来制备磷化氢气体。

$PH_4^++OH^-=PH_3\uparrow+H_2O$ 鏻盐和强碱反应生成磷化氢气体和水。鏻离子和强碱的反应类似于 NH_4^+。

【PH_4I】 碘化鏻，无色四方晶体。制备方法：二硫化碳中白磷和碘作用生成 P_2I_4，蒸出溶剂后，加计算量的水生成 H_3PO_4 和 PH_4I。

$PH_4I+H_2O=PH_3\uparrow+H_3O^++I^-$ 鏻盐碘化鏻水解，生成磷化氢气体和碘化氢。该原理可以用来制备极纯的磷化氢气体。

$PH_4I+NaOH$ ══ $NaI+PH_3\uparrow+H_2O$
鏻盐碘化鏻和强碱反应生成磷化氢气体、碘化钠和水。鏻盐和强碱的反应类似于铵盐。制备磷化氢的原理之一。

【PF_3】 三氟化磷，无色气体，有毒，空气中不发烟，除高温时，一般不腐蚀玻璃，与水缓慢水解。可由三氯化磷和 CaF_2、ZnF_2、SbF_3 等金属氟化物或氟化氢经卤素间原子交换而得。

PF_3+Cl_2 ══ PF_3Cl_2 三氟化磷和氯气反应，生成混合卤化物 PF_3Cl_2。

【PCl_3】 三氯化磷，无色澄清液体，潮湿空气中迅速分解，产生白烟，强烈刺激皮肤，遇水、醇分解。可将干燥的氯气通过灼热的磷或通入含磷的三氯氧磷混合液制得。可用于制三氯氧磷、有机磷农药、染料中间体、亚磷酸及其酯等，也作催化剂、氯化剂和溶剂。

$PCl_3(l)+Cl_2(g) \xlongequal{\triangle} PCl_5(s)$ 磷在少量的氯气中不完全燃烧，生成液态三氯化磷，见【$2P+3Cl_2$】。三氯化磷继续和氯气反应，生成固态五氯化磷。两步加合得磷在过量的氯气中完全燃烧的总反应，见【$2P+5Cl_2$】。

$PCl_3(l)+Cl_2(g) \rightleftharpoons PCl_5(s)$ 三氯化磷会继续和氯气反应，生成固态五氯化磷。该反应实际上是可逆反应。

PCl_3+3H_2O ══ $H_3PO_3+3HCl\uparrow$
三氯化磷极易水解，生成亚磷酸和氯化氢。

【PCl_5】 五氯化磷，白色或淡黄色发烟晶体，具吸湿性，有刺鼻气味，刺激眼睛和黏膜等；溶于四氯化碳、二硫化碳等，遇水分解。用氯气作用于磷或三氯化磷而得，作氯化剂、催化剂和脱水剂。

$PCl_5(s) \rightleftharpoons PCl_3(l)+Cl_2(g)$ 三氯化磷和氯气反应，生成固态五氯化磷的可逆反应。

PCl_5+4H_2O ══ H_3PO_4+5HCl 五氯化磷易水解，在过量水中完全水解生成磷酸和氯化氢。当水量不足时，水解生成三氯氧磷和氯化氢，见【PCl_5+H_2O】。

PCl_5+H_2O ══ $POCl_3+2HCl$ 五氯化磷易水解，当水量不足时，部分水解生成三氯氧磷和氯化氢。在过量水中 $POCl_3$ 继续水解：$POCl_3+3H_2O$ ══ H_3PO_4+3HCl，总反应：PCl_5+4H_2O ══ H_3PO_4+5HCl。

【PBr_3】 三溴化磷，无色发烟液体，有刺激性气味和腐蚀性，溶于水并分解，溶于醇、丙酮、二硫化碳、乙醚、苯等。一般由磷和溴相互作用而得，可用于化学分析和化学合成，也作催化剂。

PBr_3+3H_2O ══ $H_3PO_3+3HBr\uparrow$
PBr_3 和 H_2O 剧烈反应，可用于 HBr 的制取。也可不必先制取 PBr_3，将溴逐滴加入磷和少许水的混合物中连续制取 HBr，见【$3Br_2+2P+6H_2O$】。

【PI_3】 三碘化磷。

PI_3+3H_2O ══ $H_3PO_3+3HI\uparrow$ 实验室制备碘化氢的原理之一，PI_3 和 H_2O 剧烈反应，生成 HI，将水滴入三碘化磷表面即产生溴化氢气体。实际中不需先制三碘化磷，将水逐滴加入碘和磷的混合物中即可，详见【$3I_2+2P+6H_2O$】。

【PX_5】 五卤化磷 PF_5、PCl_5、PBr_5、PI_5 等的通式。四种五卤化磷可分别由三卤化磷和相应卤素单质反应制得。

$PX_5+4H_2O=H_3PO_4+5HX$ 五卤化磷和过量水迅速水解，生成磷酸和氢卤酸。和少量的水反应，见【PX_5+H_2O】。

$PX_5+H_2O=POX_3+2HX$（X=F、Cl） 五卤化磷和限量的水作用，生成氢卤酸和卤氧化磷（又称卤化磷酰、磷酰卤）。

【P_4O_6】 六氧化四磷，旧称三氧化二磷 P_2O_3，实际分子式为 P_4O_6，白色晶体或无色透明液体；溶于苯、乙醚和二硫化碳，有毒，冷水中缓慢形成亚磷酸，热水中激烈反应，形成磷化氢（或称膦）和磷酸；溶于苯、乙醚和二硫化碳。可由磷在空气供给不充分的条件下燃烧而得。

$P_4O_6+6H_2O\xlongequal{冷}4H_3PO_3$ P_4O_6 是亚磷酸的酸酐，和冷水反应生成亚磷酸。制备亚磷酸的原理之一。

$P_4O_6+6H_2O\xlongequal{热}3H_3PO_4+PH_3\uparrow$ P_4O_6 是亚磷酸的酸酐，和热水发生岐化反应，生成磷酸和磷化氢。

【P_2O_5】 五氧化二磷，白色粉末，有很强的吸水性，强烈腐蚀皮肤，常用作干燥剂；是磷酸的酸酐，磷的最高价氧化物，分子式应为 P_4O_{10}，称十氧化四磷，常常简写成 P_2O_5，极易与水化合成磷酸。可由磷在足量的氧气或空气中燃烧制得，常在有机合成中作脱水剂，也作气体或液体干燥剂。

$P_2O_5+H_2O\xlongequal{冷}2HPO_3$ P_2O_5 和冷水反应，生成偏磷酸。偏磷酸和水在加热条件下反应，生成磷酸：$HPO_3+H_2O\xlongequal{\triangle}H_3PO_4$。

$P_2O_5+3H_2O$（热）$=2H_3PO_4$ P_2O_5 和热水反应，生成磷酸。

【P_4O_{10}】 十氧化四磷，见【P_2O_5】。

$P_4O_{10}+12HNO_3=4H_3PO_4+6N_2O_5$ P_4O_{10} 使硝酸脱水生成酸酐 N_2O_5，制备五氧化二氮的原理之一。

$P_4O_{10}+2H_2O$（冷）$=4HPO_3$ P_4O_{10} 和冷水反应，生成偏磷酸。偏磷酸和水在加热条件下反应，生成磷酸：$HPO_3+H_2O=H_3PO_4$。

$P_4O_{10}+6H_2O$（热）$=4H_3PO_4$ P_4O_{10} 和热水反应，生成磷酸。P_4O_{10} 吸水生成$(HPO_3)_n$，缓慢地转化成 H_3PO_4。HNO_3 存在下煮沸 P_4O_{10} 的水溶液才转化为 H_3PO_4。

$P_4O_{10}+6H_2SO_4=4H_3PO_4+6SO_3$ P_4O_{10} 使硫酸脱水生成硫酸的酸酐 SO_3。

【P_4S_3】 三硫化四磷，黄色晶体，有毒；不溶于冷水，被热水分解会放出硫化氢；空气中稳定，猛烈加热或摩擦时燃烧；溶于苯、二硫化碳、三氯化磷等。由赤磷和硫熔融或由白磷和硫在高沸点溶剂中（如氯化萘）作用而得，用于有机合成、做火柴等。磷的硫化物较多，P_2S_3 叫三硫化二磷，也写作 P_4S_6，用硫和磷直接化合而得；P_2S_5 也写作 P_4S_{10}，叫五硫化二磷，可由红磷和硫熔融而得。

$3P_4S_3+38HNO_3+8H_2O=12H_3PO_4+9H_2SO_4+38NO\uparrow$ 硝酸具有强氧化性，稀硝酸将 P_4S_3 氧化为硫酸和磷酸，自身被还原为一氧化氮。

【P_2S_5】 五硫化二磷，也写作 P_4S_{10}，淡黄色或黄绿色晶体，由红磷和硫熔融而得；有类似硫化氢的气味，吸湿性很强，可被湿空气分解。在空气中燃烧生成五氧化二磷和二氧化硫，受摩擦也能着火；遇水或酸放出有毒的硫化氢气体；溶于 NaOH 溶液，微溶于二硫化碳。可制火柴、杀虫剂、浮选剂等。

$P_2S_5+K_2S=2KPS_3$ P_2S_5 和少量的 K_2S 反应，生成硫代偏磷酸钾。

$P_2S_5+3K_2S=2K_3PS_4$ P_2S_5 和足量的 K_2S 反应，生成硫代磷酸钾。

【PO_4^{3-}】 磷酸根离子。

$PO_4^{3-}+2H^+ \rightleftharpoons HPO_4^{2-}+H^+ \rightleftharpoons H_2PO_4^-$ PO_4^{3-}和 H^+结合生成 HPO_4^{2-}，HPO_4^{2-}和 H^+结合生成 $H_2PO_4^-$。逆反应是 $H_2PO_4^-$的分步电离过程，两种相反的过程建立了动态平衡。

$PO_4^{3-}+3H^+=H_3PO_4$ PO_4^{3-}和过量的 H^+结合生成 H_3PO_4。PO_4^{3-}结合 H^+的过程是分步进行的。第一步：$H^++PO_4^{3-}=HPO_4^{2-}$，第二步：$HPO_4^{2-}+H^+=H_2PO_4^-$，第三步：$H_2PO_4^-+H^+=H_3PO_4$。多元弱酸根离子比较相似，结合 H^+的过程是分步进行的。

$PO_4^{3-}+H_2O \rightleftharpoons OH^-+HPO_4^{2-}$ PO_4^{3-}的水解分步进行，第一步水解，生成 OH^-和 HPO_4^{2-}，第二步：$HPO_4^{2-}+H_2O \rightleftharpoons H_2PO_4^-+OH^-$，第三步：$H_2PO_4^-+H_2O \rightleftharpoons H_3PO_4+OH^-$。多元弱酸根离子比较相似，水解过程分步进行，方程式分步书写。

$PO_4^{3-}+12MoO_4^{2-}+3NH_4^++24H^+=(NH_4)_3[P(Mo_{12}O_{40})]\cdot 6H_2O\downarrow+6H_2O$ 磷酸盐和过量钼酸铵在含有硝酸的水溶液中混合，共热，慢慢析出淡黄色 $(NH_4)_3[P(Mo_{12}O_{40})]\cdot 6H_2O$ 磷钼酸铵晶体，也可写作$(NH_4)_3PO_4\cdot 12MoO_3\cdot 6H_2O$，该反应可以鉴定 PO_4^{3-}。

【H_3PO_4】 磷酸。纯磷酸是不稳定的无色晶体或透明黏稠液体，容易过冷呈玻璃态。磷酸有正磷酸（H_3PO_4）、偏磷酸（HPO_3）和焦磷酸。通常所说磷酸指正磷酸，易潮解，易溶于水和乙醇，与水以任意比互溶，三元中强酸，弱电解质，市售磷酸是含 H_3PO_4 83%～98%的黏稠状浓溶液。磷酸 $K_{a(1)}=7.1\times10^{-3}$，$K_{a(2)}=6.3\times10^{-8}$，$K_{a(3)}=4.4\times10^{-13}$。受热至 200℃左右逐渐失水变成焦磷酸，300℃以上进一步失水变成偏磷酸。浓磷酸会刺激皮肤和黏膜，热的浓磷酸腐蚀瓷器，可用不锈钢容器贮存，以五氧化二磷溶于水制得。工业上以硫酸处理磷灰石即得，用硝酸氧化磷可得较纯磷酸，用于制药、食品、肥料、化学试剂等。

$H_3PO_4 \rightleftharpoons H^++H_2PO_4^-$ 磷酸的第一步电离。

【磷酸的电离】 磷酸是三元弱酸，在水中分三步电离。第一步电离：$H_3PO_4 \rightleftharpoons H^++H_2PO_4^-$，第二步电离：$H_2PO_4^- \rightleftharpoons H^++HPO_4^{2-}$，第三步电离：$HPO_4^{2-} \rightleftharpoons H^++PO_4^{3-}$。

$2H_3PO_4 \xlongequal{\triangle} H_4P_2O_7+H_2O$ 磷酸加热到 473~573K 时，发生脱水反应，生成焦磷酸。

$3H_3PO_4 \xlongequal{\triangle} H_5P_3O_{10}+2H_2O$ 磷酸受强热到 573K 以上，3mol 磷酸脱去 2mol 水，生成二缩三磷酸，或称为三聚磷酸。

$4H_3PO_4 \xlongequal{\triangle} H_4P_4O_{12}+4H_2O$ 磷酸受强热，4mol 磷酸脱去 4mol 水，生成四偏磷酸，或称为四聚偏磷酸，或称四缩四磷酸。

$2H_3PO_4+CO_3^{2-}=2H_2PO_4^-+H_2O+$

CO_2↑ 磷酸和可溶性碳酸盐反应生成二氧化碳、水和磷酸二氢盐的离子方程式。磷酸的酸性强于碳酸。

$2H_3PO_4+Ca(OH)_2$══$Ca(H_2PO_4)_2+2H_2O$ 磷酸和氢氧化钙按物质的量之比 2∶1 反应，生成易溶于水的磷酸二氢钙和水；若磷酸和氢氧化钙按物质的量之比 1∶1 反应，生成微溶于水的磷酸氢钙和水：$H_3PO_4+Ca(OH)_2$══$CaHPO_4$↓$+2H_2O$。若磷酸和氢氧化钙按物质的量之比 2∶3 反应，生成难溶于水的正盐磷酸钙和水：$2H_3PO_4+3Ca(OH)_2$══$Ca_3(PO_4)_2$↓$+6H_2O$。

$H_3PO_4+Ca(OH)_2$══$CaHPO_4$↓$+2H_2O$ 磷酸和氢氧化钙按物质的量之比 1∶1 反应，生成微溶于水的磷酸氢钙和水。

$2H_3PO_4+3Ca(OH)_2$══$Ca_3(PO_4)_2$↓$+6H_2O$ 磷酸和氢氧化钙按物质的量之比 2∶3 反应，生成难溶于水的正盐磷酸钙和水。

H_3PO_4(浓)$+KBr \xlongequal{\triangle} KH_2PO_4+HBr$↑ 实验室里用浓磷酸和溴化物反应制取溴化氢气体的原理之一。因为浓硫酸具有强氧化性，不能用浓硫酸来制取溴化氢、碘化氢：$2HBr+H_2SO_4$(浓)$\xlongequal{\triangle}Br_2+SO_2$↑$+2H_2O$，$8HI+H_2SO_4$(浓)$=4I_2+H_2S$↑$+4H_2O$，$2HI+H_2SO_4$(浓)$\xlongequal{\triangle}I_2+SO_2$↑$+2H_2O$，也可用非氧化性的浓磷酸来制取碘化氢：$H_3PO_4$(浓)$+KI\xlongequal{\triangle}HI$↑$+ KH_2PO_4$。但是，氟化氢、氯化氢可以利用浓硫酸来制取：$CaF_2+H_2SO_4$(浓)$\xlongequal{\triangle}CaSO_4+2HF$↑，$2NaCl+H_2SO_4$(浓)$\xlongequal{\triangle}Na_2SO_4+2HCl$↑。

H_3PO_4(浓)$+KI\xlongequal{\triangle}KH_2PO_4+HI$↑

实验室利用浓磷酸和碘化物反应制备 HI 气体的原理之一。因为浓硫酸具有强氧化性，不能用浓硫酸来制取溴化氢、碘化氢，详见【H_3PO_4(浓)+KBr】。

$H_3PO_4+NH_3$══$NH_4H_2PO_4$ 磷酸和氨气按物质的量之比 1∶1 反应，生成磷酸二氢铵。关于酸和氨气的反应见【NH_3+H^+】。

【**磷酸和氨气反应**】磷酸和氨气反应，反应物的量不同，产物不同。若氨气和磷酸按物质的量之比 1∶1 反应，生成磷酸二氢铵：$NH_3+ H_3PO_4$══$NH_4H_2PO_4$。若氨气和磷酸按物质的量之比 2∶1 反应，生成磷酸氢二铵：$2NH_3+H_3PO_4$══$(NH_4)_2HPO_4$。若氨气和磷酸按物质的量之比 3∶1 反应，生成磷酸铵：$3NH_3+H_3PO_4$══$(NH_4)_3PO_4$。

$H_3PO_4+2NH_3$══$(NH_4)_2HPO_4$

磷酸和氨气按物质的量之比 1∶2 反应，生成磷酸氢二铵。

$H_3PO_4+3NH_3$══$(NH_4)_3PO_4$ 磷酸和氨气按物质的量之比 1∶3 反应，生成磷酸铵。

$H_3PO_4+NH_3\cdot H_2O$══$H_2PO_4^-+NH_4^++H_2O$ 磷酸和氨水按物质的量之比 1∶1 反应，生成磷酸二氢铵的离子方程式。

【**磷酸和氨水反应**】若氨水和磷酸按物质的量之比 1∶1 反应，生成磷酸二氢铵：$NH_3\cdot H_2O +H_3PO_4$══$NH_4^++H_2PO_4^-+H_2O$。若氨水和磷酸按物质的量之比 2∶1 反应，生成磷酸氢二铵：$2NH_3\cdot H_2O+H_3PO_4$══$2NH_4^++HPO_4^{2-}+2H_2O$。若氨水和磷酸按物质的量之比 3∶1 反应，生成磷酸铵：$3NH_3\cdot H_2O+H_3PO_4$══$(NH_4)_3PO_4+3H_2O$。

$H_3PO_4+2NH_3\cdot H_2O$══$2NH_4^++HPO_4^{2-}+2H_2O$ 磷酸和氨水按物质的量之比 1∶2 反应，生成磷酸氢二铵的离子方程式。

$H_3PO_4+NH_3\cdot H_2O$══$NH_4H_2PO_4+H_2O$ 磷酸和氨水按物质的量之比 1∶1 反应，生成磷酸二氢铵。

$H_3PO_4+2NH_3\cdot H_2O$══$(NH_4)_2HPO_4+2H_2O$ 磷酸和氨水按物质的量之比 1∶2 反应，生成磷酸氢二铵。

H_3PO_4(浓)+NaBr $\overset{\triangle}{=\!=}$ NaH_2PO_4+$HBr\uparrow$　实验室里用浓磷酸和溴化物反应制取溴化氢气体的原理之一。详见【H_3PO_4(浓)+KBr】。

$2H_3PO_4+Na_2CO_3=\!=2NaH_2PO_4+CO_2\uparrow+H_2O$　磷酸和碳酸钠按物质的量之比2∶1反应，生成磷酸二氢钠、二氧化碳和水。控制pH使磷酸在反应中只发生一级电离。若碳酸钠和磷酸按物质的量之比1∶1反应，生成磷酸氢二钠、二氧化碳和水：$Na_2CO_3+H_3PO_4=\!=Na_2HPO_4+CO_2\uparrow+H_2O$，磷酸在反应中发生一、二级电离。以上两个原理在工业上分别用来制备磷酸二氢钠和磷酸氢二钠。

$H_3PO_4+Na_2CO_3=\!=Na_2HPO_4+CO_2\uparrow+H_2O$　磷酸和碳酸钠按物质的量之比1∶1反应，生成磷酸氢二钠、二氧化碳和水，使磷酸在反应中发生一、二级电离，加热有利于反应进行。

H_3PO_4(浓)+NaI $\overset{\triangle}{=\!=}$ $NaH_2PO_4+HI\uparrow$　实验室利用浓磷酸和碘化物反应制备HI气体的原理之一。因为浓硫酸具有强氧化性，不能用浓硫酸来制取溴化氢、碘化氢，详见【H_3PO_4(浓)+KBr】。

$H_3PO_4+NaOH=\!=NaH_2PO_4+H_2O$　磷酸和氢氧化钠按物质的量之比1∶1反应时，生成NaH_2PO_4和H_2O。

【磷酸和氢氧化钠反应】氢氧化钠和磷酸按物质的量之比1∶1反应时，生成NaH_2PO_4和H_2O：$NaOH+H_3PO_4=\!=NaH_2PO_4+H_2O$；按物质的量之比2∶1反应时，生成$Na_2HPO_4$和$H_2O$：$2NaOH+H_3PO_4=\!=Na_2HPO_4+2H_2O$；按物质的量之比3∶1反应时，生成$Na_3PO_4$和$H_2O$：$3NaOH+H_3PO_4=\!=Na_3PO_4+3H_2O$。若比值小于1∶1，则生成$NaH_2PO_4$，混合物中还有过量的$H_3PO_4$；若比值介于1∶1和2∶1之间，则生成物有$NaH_2PO_4$和$Na_2HPO_4$；若比值介于2∶1和3∶1之间，则生成物有$Na_2HPO_4$和$Na_3PO_4$；若比值大于3∶1，则反应后的混合物中有$Na_3PO_4$以及过量的NaOH。离子方程式见【$H_3PO_4+OH^-$】。

$H_3PO_4+2NaOH=\!=Na_2HPO_4+2H_2O$　磷酸和氢氧化钠按物质的量之比1∶2反应时，生成Na_2HPO_4和H_2O。

$H_3PO_4+3NaOH=\!=Na_3PO_4+3H_2O$　磷酸和氢氧化钠按物质的量之比1∶3反应，生成Na_3PO_4和H_2O。

$H_3PO_4+2Na_3PO_4=\!=3Na_2HPO_4$　磷酸和磷酸钠按物质的量之比1∶2反应，生成磷酸氢二钠。

$H_3PO_4+Na_3PO_4=\!=Na_2HPO_4+NaH_2PO_4$　磷酸和磷酸钠按物质的量之比1∶1反应，生成磷酸氢二钠和磷酸二氢钠。

H_3PO_4(浓)+Na_2SO_3 $\overset{\triangle}{=\!=}$ $SO_2\uparrow+H_2O+Na_2HPO_4$　浓磷酸和Na_2SO_3反应，生成二氧化硫、水和磷酸氢二钠，加热有利于反应进行。高沸点酸制低沸点的酸。

$H_3PO_4+OH^-=\!=H_2PO_4^-+H_2O$　可溶性一元强碱和磷酸按物质的量之比1∶1反应时，生成$H_2PO_4^-$和H_2O；按物质的量之比2∶1反应时，生成HPO_4^{2-}和H_2O：$2OH^-+H_3PO_4=\!=HPO_4^{2-}+2H_2O$；按物质的量之比3∶1反应时，生成$PO_4^{3-}$和$H_2O$：$3OH^-+H_3PO_4=\!=PO_4^{3-}+3H_2O$。若比值小于1∶1，则生成$H_2PO_4^-$，混合物中还有过量的$H_3PO_4$；若比值介于1∶1和2∶1之间，则生成物有$H_2PO_4^-$和$HPO_4^{2-}$；若比值介于2∶1和3∶1之间，则生成物有$HPO_4^{2-}$和$PO_4^{3-}$；若比值大于3∶1，反应后的混合物中有$PO_4^{3-}$以及过量的$OH^-$。化学方程式见【$H_3PO_4$+NaOH】。

$H_3PO_4+2OH^-$ ══ $HPO_4^{2-}+2H_2O$
磷酸和可溶性一元强碱按物质的量之比1∶2反应时，生成HPO_4^{2-}和H_2O。

$H_3PO_4+3OH^-$ ══ $PO_4^{3-}+3H_2O$ 磷酸和可溶性一元强碱按物质的量之比1∶3反应时，生成PO_4^{3-}和H_2O。见【$H_3PO_4+OH^-$】。

【Na_3PO_4】

磷酸钠，别称正磷酸钠、磷酸三钠，无色晶体，溶于水，因PO_4^{3-}强烈水解，水溶液显碱性，可用作锅炉清洁剂、硬水软化剂、洗涤剂等。磷酸氢二钠溶液加氢氧化钠，经浓缩结晶而得，可作水的软化剂、糖汁净化剂、锅炉清洁剂和洗涤剂等。

Na_3PO_4 ══ $3Na^++PO_4^{3-}$ 磷酸钠在水中完全电离成Na^+和PO_4^{3-}。

Na_3PO_4+3HCl ══ $H_3PO_4+3NaCl$
磷酸钠Na_3PO_4和HCl按物质的量之比1∶3反应，生成磷酸和氯化钠。强酸制弱酸。PO_4^{3-}结合H^+时，分步逐级结合，生成HPO_4^{2-}—$H_2PO_4^-$—H_3PO_4。多元弱酸根结合氢离子都一样，分步逐级结合。

$Na_3PO_4+H_2O \rightleftharpoons Na_2HPO_4+NaOH$ 磷酸钠第一步水解生成磷酸氢二钠和氢氧化钠。第二步水解生成磷酸二氢钠和氢氧化钠：$Na_2HPO_4+H_2O \rightleftharpoons NaH_2PO_4+NaOH$。第三步水解生成磷酸和氢氧化钠：$NaH_2PO_4+H_2O \rightleftharpoons H_3PO_4+NaOH$。多元弱酸根离子在水中分步水解，分步书写化学方程式或离子方程式。以上三步对应的离子方程式分别为：$PO_4^{3-}+H_2O \rightleftharpoons OH^-+HPO_4^{2-}$，$HPO_4^{2-}+H_2O \rightleftharpoons H_2PO_4^-+OH^-$，$H_2PO_4^-+H_2O \rightleftharpoons H_3PO_4+OH^-$。

$2Na_3PO_4+3H_2SO_4$ ══ $2H_3PO_4+3Na_2SO_4$ 磷酸钠和硫酸按物质的量之比2∶3反应，生成磷酸和硫酸钠。工业上可以用来制备磷酸。强酸制弱酸。若磷酸钠和硫酸按物质的量之比1∶1反应，生成磷酸二氢钠和硫酸钠：$Na_3PO_4+H_2SO_4$ ══ $NaH_2PO_4+Na_2SO_4$。若磷酸钠和硫酸按物质的量之比2∶1反应，生成磷酸氢二钠和硫酸钠：$2Na_3PO_4+H_2SO_4$ ══ $2Na_2HPO_4+Na_2SO_4$。

$2Na_3PO_4+H_2SO_4$ ══ $2Na_2HPO_4+Na_2SO_4$ 磷酸钠和硫酸按物质的量之比2∶1反应时，生成磷酸氢二钠和硫酸钠。

$Na_3PO_4+H_2SO_4$ ══ $NaH_2PO_4+Na_2SO_4$ 磷酸钠和硫酸按物质的量之比1∶1反应时，生成磷酸二氢钠和硫酸钠。

【$MgNH_4PO_4$】

磷酸铵镁，白色粉末，溶于酸，不溶于水和乙醇，受热生成焦磷酸铵。由镁盐溶液和磷酸铵溶液作用而得，用作药物和肥料。

$2MgNH_4PO_4 \xlongequal{\triangle} Mg_2P_2O_7+2NH_3\uparrow+H_2O$ 磷酸铵镁受热，先失去易挥发的NH_3，变成$MgHPO_4$，之后$MgHPO_4$失水聚合生成$Mg_2P_2O_7$(焦磷酸镁)。镁的定量分析的原理之一，Mg^{2+}和$NH_3·H_2O$、磷酸，或Mg^{2+}和$(NH_4)_2HPO_4$反应，生成$MgNH_4PO_4$，灼烧生成$Mg_2P_2O_7$，再称重分析。

【$Ca_3(PO_4)_2$】

磷酸钙，也叫磷酸三钙，白色晶体或无定形粉末，不溶于水、醇和醋酸，溶于稀盐酸和硝酸，存在于磷酸钙石和纤维磷灰石中。可将氯化钙和磷酸钠作用或由消石灰和磷酸作用而得。用于制陶瓷、玻璃、擦光粉，作药物、塑料稳定剂和饲料添加剂。

$Ca_3(PO_4)_2+8C \xlongequal{\triangle} Ca_3P_2+8CO\uparrow$
高温条件下磷酸钙和炭反应制备磷化钙，是工业上制备磷的原理之一。制得的磷化钙继续和磷酸钙反应，生成磷，化学方程式为 $3Ca_3(PO_4)_2+5Ca_3P_2 \xlongequal{\triangle} 24CaO+16P$。

$Ca_3(PO_4)_2+5C+3SiO_2 \xlongequal{\triangle} 3CaSiO_3+5CO\uparrow+2P$ 工业上制备磷的原理之一，见【$Ca_3(PO_4)_2+8C$】。如果反应物中有沙子，会生成硅酸钙、一氧化碳和磷。

$2Ca_3(PO_4)_2+10C+6SiO_2 \xlongequal[\text{电炉}]{\text{高温}} P_4+6CaSiO_3+10CO\uparrow$ 磷矿石和焦炭在高温下反应，生成硅酸钙、白磷和一氧化碳，是制备白磷的原理。

$Ca_3(PO_4)_2+4H^+ = 3Ca^{2+}+2H_2PO_4^-$ 难溶的磷酸钙溶于稀的强酸中，生成易溶的磷酸二氢钙。

$Ca_3(PO_4)_2+4H_3PO_4 = 3Ca(H_2PO_4)_2$ 磷酸钙和磷酸按物质的量之比 1∶4 反应，生成易溶于水的磷酸二氢钙。工业上用该原理生产农业需要的磷肥之一——重过磷酸钙。重过磷酸钙又叫重钙，主要成分是 $Ca(H_2PO_4)_2$，易溶于水，易被植物吸收，肥效较好。农业上常用的另一磷肥——过磷酸钙，见【$Ca_3(PO_4)_2+2H_2SO_4$】。

$Ca_3(PO_4)_2+H_3PO_4 = 3CaHPO_4$ 磷酸钙和磷酸按物质的量之比 1∶1 反应，生成微溶的磷酸氢钙。

$Ca_3(PO_4)_2+2H_2SO_4 = 2CaSO_4+Ca(H_2PO_4)_2$ 磷酸钙和硫酸按照物质的量之比 1∶2 反应，生成硫酸钙和磷酸二氢钙。农业上常用的磷肥之一——过磷酸钙，又叫普钙，是 $CaSO_4$ 和 $Ca(H_2PO_4)_2$ 的混合物，有效成分是 $Ca(H_2PO_4)_2$，肥效稍差于重过磷酸钙，用硫酸和磷酸钙反应制得，《无机化学》（天津大学，见文献）将生成物写成 $CaSO_4 \cdot 2H_2O$ 和 $Ca(H_2PO_4)_2$，见【$Ca_3(PO_4)_2+2H_2SO_4+4H_2O$】。而农业上常用的另一磷肥——重过磷酸钙的制备，见【$Ca_3(PO_4)_2+4H_3PO_4$】。

$Ca_3(PO_4)_2+H_2SO_4 = CaSO_4+2CaHPO_4$ 磷酸钙和硫酸按照物质的量之比 1∶1 反应，生成硫酸钙和磷酸氢钙。

$Ca_3(PO_4)_2+3H_2SO_4 \xlongequal{\triangle} 3CaSO_4+2H_3PO_4$ 磷酸钙和硫酸按照物质的量之比 1∶3 反应，生成硫酸钙和磷酸。工业上用 76%左右的硫酸处理磷酸钙矿石，来制备磷酸，强酸制弱酸，制得的磷酸不纯，可以用来生产磷肥。要制备纯磷酸，可用白磷燃烧：$P_4+5O_2 \xlongequal{\text{点燃}} 2P_2O_5$，再用水吸收 P_2O_5：$P_2O_5+3H_2O \xlongequal{\triangle} 2H_3PO_4$。

$Ca_3(PO_4)_2+2H_2SO_4+4H_2O = Ca(H_2PO_4)_2+2(CaSO_4 \cdot 2H_2O)$ 过磷酸钙又名普钙的制备原理。制得的磷酸二氢钙和石膏的混合物叫普钙。选自天津大学无机化学教研室编《无机化学》（见文献）362 页。其他资料将生成物写成 $CaSO_4$ 和 $Ca(H_2PO_4)_2$，见【$Ca_3(PO_4)_2+2H_2SO_4$】。

【$Ba_3(PO_4)_2$】

磷酸钡，白色结晶粉末，溶于盐酸和硝酸，不溶于水。由氧化钡和磷酸钠熔融而得。

$Ba_3(PO_4)_2+6HNO_3 = 3Ba(NO_3)_2+2H_3PO_4$ 白色磷酸钡溶解在强酸硝酸中，有弱酸磷酸生成。强酸制备弱酸。

【$H_2PO_4^-$】

磷酸二氢根离子。磷酸分子失去一个 H^+后剩余的阴离子。

$H_2PO_4^- \rightleftharpoons H^++HPO_4^{2-}$ $H_2PO_4^-$的电离方程式，也是磷酸的第二步电离。见【H_3PO_4】中【磷酸的电离】。$H_2PO_4^-$还要水解：$H_2PO_4^-+H_2O \rightleftharpoons H_3PO_4+OH^-$，电离程度大于水解程度，水溶液显酸性。

$H_2PO_4^-+H^+ = H_3PO_4$ H^+和 $H_2PO_4^-$结合生成 H_3PO_4，也是磷酸根离子结合氢离

子的第三步反应，见【$PO_4^{3-}+3H^+$】。强酸制弱酸。

$H_2PO_4^- + H_2O \rightleftharpoons H_3PO_4 + OH^-$

$H_2PO_4^-$水解的离子方程式，生成磷酸和 OH^-。$H_2PO_4^-$还要电离：$H_2PO_4^- \rightleftharpoons H^+ + HPO_4^{2-}$，$HPO_4^{2-} \rightleftharpoons H^+ + PO_4^{3-}$，磷酸二氢盐在水溶液中的电离程度大于水解程度，水溶液显酸性。

$H_2PO_4^- + OH^- \rightleftharpoons HPO_4^{2-} + H_2O$

$H_2PO_4^-$中的一个 H^+被一个 OH^-夺走生成水和 HPO_4^{2-}，HPO_4^{2-}中的 H^+也会被 OH^-继续夺走生成水和 PO_4^{3-}。酸式盐都有类似的性质。逆反应是 HPO_4^{2-}的水解反应。

【NaH_2PO_4】

磷酸二氢钠，白色结晶粉末，易溶于水，不溶于乙醇；稍有吸湿性。一水合物为无色、大而透明晶体。水溶液显酸性，由碳酸钠和磷酸控制 pH 作用或由磷酸氢二钠与一定量磷酸作用而得。可用于锅炉的用水处理、电镀、印染、制革，也作缓冲剂、乳化剂及化学试剂。

$NaH_2PO_4 = Na^+ + H_2PO_4^-$ 磷酸二氢钠是强电解质，在水中完全电离成 Na^+和 $H_2PO_4^-$，但生成的 $H_2PO_4^-$是弱电解质，既能发生电离：$H_2PO_4^- \rightleftharpoons H^+ + HPO_4^{2-}$，$HPO_4^{2-} \rightleftharpoons H^+ + PO_4^{3-}$；又能发生水解：$H_2PO_4^- + H_2O \rightleftharpoons H_3PO_4 + OH^-$。因电离程度大于水解程度，磷酸二氢钠水溶液显酸性。酸式盐中，还有 $NaHSO_4$、$NaHSO_3$ 等水溶液显酸性。

$3NaH_2PO_4 \xlongequal{高温} (NaPO_3)_3 + 3H_2O$

磷酸二氢钠加热到350℃~400℃脱水形成偏磷酸钠，最佳温度 773K 时生成$(NaPO_3)_3$。偏磷酸钠通式为$(NaPO_3)_n$，n=3~10，含有 PO_3^-基团，形成环状分子或更大的聚合物。偏磷酸盐主要用作肥料和基础化工原料。

$6NaH_2PO_4 \xlongequal{\triangle} (NaPO_3)_6 + 6H_2O$

磷酸二氢钠受热，523K 时生成二聚体$(NaPO_3)_2$，778K 时生成三聚体$(NaPO_3)_3$，880K 时生成六聚体$(NaPO_3)_6$。

$xNaH_2PO_4 \xlongequal{973K} (NaPO_3)_x + xH_2O$

磷酸二氢钠加热到 973K 左右，骤冷得到玻璃态、没有固定的熔点、易溶于水的格氏盐。它能与钙、镁离子形成配合物，常用作软水剂和锅炉、管道的去垢剂。格氏盐因有$(NaPO_3)_6$ 被称为六偏磷酸钠，实际上格氏盐是一个长链状聚合物。链长大约 20~100 个 PO_3^-单元。

$NaH_2PO_4 + H_2O \rightleftharpoons H_3PO_4 + NaOH$

磷酸二氢钠水解，生成磷酸和氢氧化钠的化学方程式。离子方程式：$H_2PO_4^- + H_2O \rightleftharpoons H_3PO_4 + OH^-$。同时还要电离：$H_2PO_4^- \rightleftharpoons H^+ + HPO_4^{2-}$、$HPO_4^{2-} \rightleftharpoons H^+ + PO_4^{3-}$。因水解程度小于电离程度，水溶液显酸性。中学常见的酸式盐中，NaH_2PO_4、$NaHSO_4$、$NaHSO_3$ 的水溶液显酸性，其余常见酸式盐多显碱性。

$NaH_2PO_4 + NaOH = Na_2HPO_4 + H_2O$ 磷酸二氢钠和氢氧化钠按物质的量之比 1∶1 反应，生成磷酸氢二钠和水；若按物质的量之比 1∶2 反应，生成磷酸钠和水：$NaH_2PO_4 + 2NaOH = Na_3PO_4 + 2H_2O$。

$NaH_2PO_4 + Na_3PO_4 = 2Na_2HPO_4$

磷酸二氢钠和磷酸钠反应，生成磷酸氢二钠。

【$Ca(H_2PO_4)_2$】

磷酸二氢钙，别称磷酸一钙，无色闪光晶体粉末，溶于水和强酸，水溶液显酸性。纯品不吸湿，含少量磷酸杂质潮解，109℃时失去结晶水，203℃时分解。可将磷酸氢钙或磷酸钙溶于磷酸中蒸发结晶而得，或按比例将碳酸钙和磷酸作用而得。作肥料、塑料稳定剂，也用于制玻璃、搪瓷和熔粉等。

【磷酸盐】磷酸正盐和磷酸一氢盐，除钾、钠、铵盐外，一般都难溶于水，磷酸二氢盐都易溶于水。磷酸二氢盐因电离程度大于水解程度而显酸性，磷酸正盐因水解显碱性，磷酸一氢盐的水溶液因电离程度小于水解程度而显碱性。

$Ca(H_2PO_4)_2+Ca(OH)_2 = 2CaHPO_4\downarrow+2H_2O$ 磷酸二氢钙和氢氧化钙溶液按物质的量之比 1∶1 反应，生成微溶于水的磷酸氢钙和水。若磷酸二氢钙和氢氧化钙按物质的量之比 1∶2 反应，生成磷酸钙沉淀和水，见【$Ca(H_2PO_4)_2$+$2Ca(OH)_2$】。

$Ca(H_2PO_4)_2+2Ca(OH)_2 = Ca_3(PO_4)_2\downarrow+4H_2O$ 磷酸二氢钙和氢氧化钙溶液按物质的量之比 1∶2 反应，生成磷酸钙沉淀和水。

$Ca(H_2PO_4)_2+2HCl = CaCl_2+2H_3PO_4$ 磷酸二氢钙和盐酸反应，生成氯化钙和磷酸。盐酸酸性强于磷酸，强酸制弱酸。

$3Ca(H_2PO_4)_2+12NaOH = Ca_3(PO_4)_2\downarrow+4Na_3PO_4+12H_2O$

磷酸二氢钙和过量的氢氧化钠反应，生成白色磷酸钙沉淀、磷酸钠和水。

【HPO_4^{2-}】

磷酸氢根离子。磷酸分子失去 2 个 H^+后剩余的阴离子。

$HPO_4^{2-} \rightleftharpoons H^++PO_4^{3-}$ HPO_4^{2-}的电离方程式，也是磷酸的第三步电离，见【H_3PO_4】中【磷酸的电离】。HPO_4^{2-}还要水解：$HPO_4^{2-}+H_2O \rightleftharpoons H_2PO_4^-+OH^-$，$H_2PO_4^-+H_2O \rightleftharpoons H_3PO_4+OH^-$，磷酸氢二盐电离程度小于水解程度，水溶液显碱性。

$HPO_4^{2-}+H^+ \rightleftharpoons H_2PO_4^-$ H^+和 HPO_4^{2-}结合生成 $H_2PO_4^-$，也是磷酸根离子结合氢离子的第二步反应，$H_2PO_4^-$继续和 H^+结合生成 H_3PO_4，见【PO_4^{3-}+ $3H^+$】。强酸制弱酸。

$HPO_4^{2-}+H_2O \rightleftharpoons H_3O^++PO_4^{3-}$

HPO_4^{2-}的电离方程式，也是 H_3PO_4 的第三步电离，可以写作：$HPO_4^{2-} \rightleftharpoons H^++PO_4^{3-}$。$H_3PO_4$ 在水中分三步电离。第一步：$H_3PO_4 \rightleftharpoons H^++H_2PO_4^-$。第二步：$H_2PO_4^- \rightleftharpoons H^++HPO_4^{2-}$。$HPO_4^{2-}$的电离弱于水解：$H_2O+HPO_4^{2-} \rightleftharpoons H_2PO_4^-+OH^-$、$H_2PO_4^-+H_2O \rightleftharpoons H_3PO_4+OH^-$，水溶液显碱性。

$HPO_4^{2-}+H_2O \rightleftharpoons H_2PO_4^-+OH^-$

HPO_4^{2-}水解的离子方程式。生成的 $H_2PO_4^-$会继续水解：$H_2PO_4^-+H_2O \rightleftharpoons H_3PO_4+OH^-$。$HPO_4^{2-}$还要电离：$HPO_4^{2-} \rightleftharpoons H^++PO_4^{3-}$，电离弱于水解，水溶液显碱性。

$HPO_4^{2-}+Mg^{2+}+NH_3\cdot H_2O = MgNH_4PO_4\downarrow+H_2O$ 制备磷酸铵镁的原理之一。磷酸铵镁是白色粉末，不溶于水和乙醇，溶于酸，是一种很重要的盐，可用作药物和肥料。

【Na_2HPO_4】

磷酸氢二钠，无色透明晶体或白色粉末，有无水物、二水合物、七水合物、十二水合物等，味咸，无水物有吸湿性；溶于水，不溶于乙醇，水溶液显碱性。可用作防火剂、分析化学缓冲剂、洗涤剂等。由磷酸和稍过量的碳酸钠作用而得。

$2Na_2HPO_4 \xlongequal{\triangle} Na_4P_2O_7+H_2O$

在 773K 时，磷酸氢二钠缩合失水聚合成焦磷酸钠，另见【$2Na_2HPO_4\cdot 12H_2O$】。

$Na_2HPO_4+H_2O \rightleftharpoons NaH_2PO_4+NaOH$ 磷酸氢二钠水解的化学方程式，生成磷酸二氢钠和氢氧化钠。离子方程式：$HPO_4^{2-}+H_2O \rightleftharpoons H_2PO_4^-+OH^-$。$H_2PO_4^-$还会继续水解，见【$H_2PO_4^-$+$H_2O$】。磷酸氢二钠溶于水，还要发生电离：$Na_2HPO_4 = 2Na^+$+

HPO_4^{2-}、$HPO_4^{2-} \rightleftharpoons H^+ + PO_4^{3-}$，因水解程度大于电离程度，水溶液显碱性。

$Na_2HPO_4 + NaOH = Na_3PO_4 + H_2O$ 磷酸氢二钠和氢氧化钠反应，生成磷酸钠和水。

【$Na_2HPO_4 \cdot 12H_2O$】 十二水合磷酸氢二钠。在空气中迅速风化失去结晶水，35℃失水为七水合物，100℃失去全部结晶水。

$Na_2HPO_4 \cdot 12H_2O \xlongequal{\triangle} Na_2HPO_4 + 12H_2O$ 十二水合磷酸氢二钠晶体受热失去结晶水，100℃时失去全部结晶水。磷酸氢二钠有众多的结晶水合物：$Na_2HPO_4 \cdot 2H_2O$、$Na_2HPO_4 \cdot 7H_2O$、$Na_2HPO_4 \cdot 12H_2O$ 以及无水 Na_2HPO_4 等。

$2Na_2HPO_4 \cdot 12H_2O \xlongequal{\triangle} Na_4P_2O_7 + 25H_2O$ 磷酸氢二钠晶体受热，311K 时溶于结晶水中，373K 时生成无水盐 Na_2HPO_4，523K 时缩合失水聚合成焦磷酸钠。

【$CaHPO_4$】 磷酸氢钙，别称磷酸二钙，白色晶体粉末，微溶于水和稀醋酸，溶于稀盐酸和硝酸，不溶于乙醇。109℃失去结晶水，红热时脱水成焦磷酸钙。由氯化钙和磷酸氢二钠作用，也可由不含氟的磷酸与石灰乳（或磷酸三钙）作用而得。作食品添加剂、药物、肥料、塑料稳定剂等。

$CaHPO_4 + H_3PO_4 = Ca(H_2PO_4)_2$ 微溶于水的磷酸氢钙和磷酸反应，生成易溶于水的磷酸二氢钙。

【$Ca_5(PO_4)_3F$】 氟磷灰石或氟磷酸钙。

$Ca_5(PO_4)_3F + 7H_3PO_4 = 5Ca(H_2PO_4)_2 + HF\uparrow$ 工业上用氟磷灰石和磷酸反应来制造重过磷酸钙和氢氟酸等。重过磷酸钙见【$Ca_3(PO_4)_2 + 4H_3PO_4$】。

$Ca_5(PO_4)_3F + 5H_2SO_4 = 5CaSO_4 + 3H_3PO_4 + HF\uparrow$ 工业上用氟磷灰石和硫酸反应来制造磷酸、氢氟酸等。

$Ca_5(PO_4)_3F + 7H_3PO_4 + 5H_2O \xlongequal{\triangle} 5Ca(H_2PO_4)_2 \cdot H_2O + HF\uparrow$ 用氟磷灰石和磷酸反应制备重过磷酸钙即重钙的原理之一。另见【$Ca_5(PO_4)_3F + 7H_3PO_4$】。

【$Ca_5(PO_4)_3OH$】 羟基磷酸钙。

$Ca_5(PO_4)_3OH \rightleftharpoons 5Ca^{2+} + 3PO_4^{3-} + OH^-$ 口腔中牙齿上羟基磷酸钙的溶解—沉淀平衡。牙齿的损害，实际上是糖附着在牙齿上，发酵时产生 H^+，促使以上平衡向右移动，使牙釉质逐渐溶解的结果。牙釉质的主要成分为 $Ca_5(PO_4)_3OH$。

$Ca_5(PO_4)_3OH(s) \rightleftharpoons 5Ca^{2+}(aq) + 3PO_4^{3-}(aq) + OH^-(aq)$ 口腔中牙齿上羟基磷酸钙的溶解—沉淀平衡。

$Ca_5(PO_4)_3OH + F^- = Ca_5(PO_4)_3F + OH^-$ F^-和羟基磷酸钙反应生成更难溶于水的氟磷灰石的离子方程式。

$Ca_5(PO_4)_3OH + 4H^+ = 3HPO_4^{2-} + 5Ca^{2+} + H_2O$ 牙釉质的主要成分是羟基磷酸钙 $Ca_5(PO_4)_3OH$，易被细菌作用于食物而产生的有机酸溶解。饭后和睡前刷牙可保持牙齿清洁，否则，残留在牙齿中的食物被细菌作用，会生成有机酸破坏牙釉质。

$Ca_5(PO_4)_3OH + NaF = Ca_5(PO_4)_3F + NaOH$ 氟化钠和羟基磷酸钙反应生成更难溶于水的氟磷灰石。沉淀之间的转化趋势：向更难溶解的方向转化。牙釉质的主要成分是 $Ca_5(PO_4)_3OH$。牙齿损坏主要是因为羟基磷酸钙的溶解。长期用含有 F 的牙膏刷牙，在牙齿表面形成更难溶解的氟磷灰石，达到保护牙齿的作用。离子方程式见【$Ca_5(PO_4)_3OH+F^-$】。

【H_3PO_2】

次磷酸，无色油状液体或吸湿性晶体，可写成 $H(H_2PO_2)$，结构：HO—P(=O)(—H)—H。分子结构中，两个 H 原子和 P 原子以共价键结合，不能被取代，所以是一元中强酸。与水、乙醇、丙酮以任意比混溶；具有较强的还原性。次磷酸中磷的化合价为+1，熔点 299.5K。易潮解。以硫酸处理 $Ba(H_2PO_2)_2·H_2O$（次磷酸钡）或以酸性离子交换树脂处理次磷酸钠溶液得无色次磷酸溶液，浓缩后可得片状晶体。可制次磷酸盐，其钠盐、锰盐、铁盐常作为滋补药物。

$H_3PO_2 \rightleftharpoons H^++H_2PO_2^-$ 次磷酸是一元中强酸，在水中部分电离。

$3H_3PO_2 \xlongequal{400K} 2H_3PO_3+PH_3\uparrow$ 白磷在碱性条件下水解，见【$P_4+3OH^-+3H_2O$】，生成的 $H_2PO_2^-$不稳定，与 H_2O 中 H^+结合成的 H_3PO_2。次磷酸不稳定，受热又歧化分解，生成亚磷酸和磷化氢气体。

【$H_2PO_2^-$】

$4H_2PO_2^- \xlongequal{\triangle} P_2O_7^{4-}+2PH_3\uparrow+H_2O$
次磷酸盐不稳定，在 500K 时分解放出 PH_3 气体。

$H_2PO_2^-+2Cu^{2+}+6OH^- = PO_4^{3-}+2Cu\downarrow+4H_2O$ 次磷酸具有较强的还原性，尤其在碱性溶液中更强，能将 Ag^+、Cu^{2+}、Hg^{2+}等还原为对应的单质。

【$Ba(H_2PO_2)_2$】

次磷酸钡，一水合物可用于制次磷酸。

$Ba(H_2PO_2)_2+H_2SO_4 = BaSO_4\downarrow+2H_3PO_2$ 次磷酸钡溶液中加稀硫酸，过滤掉 $BaSO_4$ 沉淀后，得到次磷酸溶液，该原理可用于制备次磷酸。

【H_3PO_3】

亚磷酸，纯的亚磷酸是无色、易潮解的固体，在水中溶解度较大，25℃时，100g 水中溶解 82g 亚磷酸，溶于水放热，酸酐是 P_4O_6。亚磷酸属于二元弱酸，结构式为 H—O—P(=O)(—H)—O—H，具有强还原性。可由 P_4O_6 和冷水反应制得，作还原剂，可制备亚磷酸酯。

$H_3PO_3 \rightleftharpoons H^++H_2PO_3^-$ 亚磷酸 H_3PO_3 的第一步电离。第二步电离：$H_2PO_3^- \rightleftharpoons H^++HPO_3^{2-}$。

$4H_3PO_3 \xlongequal{\triangle} 3H_3PO_4+PH_3\uparrow$ 纯亚磷酸或它的浓溶液被加强热（478~483K）时，发生歧化反应，生成磷酸和磷化氢，制备磷化氢的原理之一。

$H_3PO_3+2AgNO_3+H_2O = H_3PO_4+2HNO_3+2Ag\downarrow$ 亚磷酸将 Ag^+还原为单质银。

$H_3PO_3+I_2+H_2O = H_3PO_4+2HI$
亚磷酸具有强还原性，将碘还原为碘化氢，自身被氧化为磷酸。

【$H_2PO_3^-$】

$H_2PO_3^- \rightleftharpoons H^++HPO_3^{2-}$ 二元弱酸亚磷酸 H_3PO_3 的第二步电离。第一步电离：$H_3PO_3 \rightleftharpoons H^++H_2PO_3^-$。

【HPO_3^{2-}】

$HPO_3^{2-}+H_2O \rightleftharpoons H_2PO_3^-+OH^-$
亚磷酸根 HPO_3^{2-} 水解的离子方程式。生成的亚磷酸氢根 $H_2PO_3^-$ 会继续水解：$H_2PO_3^-+H_2O \rightleftharpoons H_3PO_3+OH^-$。

【HPO_3】

偏磷酸，硬而透明的玻璃状物质，易溶于水，在水中逐渐转变为磷酸，反应缓慢。偏磷酸中磷元素的化合价为+5。常见的多聚偏磷酸有三聚偏磷酸和四聚偏磷酸。根据 IUPAC 命名规则，分别叫环三磷酸和环四磷酸。冰磷酸 $H_2P_2O_6$ 在 573K 环境下短时间受热得到室温下能水解的二偏磷酸$(HPO_3)_2$（偏磷酸-Ⅰ），在 491K 环境下受热 20 小时或在 628K 环境下受热 30 分钟，得到不溶于水、热稀硝酸，但溶于 NaOH 并水解的偏磷酸-Ⅱ。偏磷酸-Ⅰ在 673K 环境下受热得到透明水溶性偏磷酸-Ⅲ，后者在红热条件下加热几小时转化为偏磷酸-Ⅳ。气态$(HPO_3)_2$ 比较稳定，其液态有发生聚合倾向。五氧化二磷和冷水反应生成偏磷酸。

$HPO_3+H_2O \xlongequal{\triangle} H_3PO_4$ 偏磷酸和水在加热条件下反应，生成磷酸。制备偏磷酸见【$P_2O_5+H_2O$】。

$2HPO_3+H_2O \xlongequal{\triangle} H_4P_2O_7$ 偏磷酸和水在加热条件下反应，生成焦磷酸。首先，偏磷酸和水反应生成磷酸：$HPO_3+H_2O \xlongequal{\triangle} H_3PO_4$，磷酸在 473~573K 条件下受强热得到焦磷酸：$2H_3PO_4 \xlongequal{\triangle} H_4P_2O_7+H_2O$。两步加合就得以上总反应式。

【$H_4P_2O_7$】

焦磷酸，无色针状晶体或黏稠液体，属于四元酸，酸性强于磷酸，$K_1=1.4\times10^{-1}$。在水中水解变成磷酸，溶于水、乙醇和乙醚。正磷酸加热至 250℃~260℃而得，可作催化剂、有机过氧化物稳定剂，制有机磷酸酯等。

$H_4P_2O_7+H_2O = 2H_3PO_4$ 焦磷酸在水中水解变成磷酸。

【$POCl_3$】

三氯氧磷，又称磷酰氯，强烈发烟的无色液体，有刺激性气味，刺激皮肤；遇湿气迅速水解，生成磷酸和氯化氢。由三氯化磷、五氧化二磷和氯气作用而得，用作氯化剂、催化剂和制备有机磷化合物。

$POCl_3+3H_2O = H_3PO_4+3HCl$
三氯氧磷和水反应生成磷酸和氯化氢。PCl_5 水解，当水量不足时，生成 $POCl_3$，见【PCl_5+H_2O】。

【$P(OCH_2CH_2Cl)_3$】

$$P(OCH_2CH_2Cl)_3 \xrightarrow{\triangle} ClCH_2CH_2-P(=O)(OCH_2CH_2Cl)-OCH_2CH_2Cl$$

工业上用环氧乙烷和三氯化磷反应制备乙烯利的第二步反应。第一步：$3\,H_2C{-}CH_2$（环氧乙烷，$-O-$ 桥接）$+PCl_3 \rightarrow P(OCH_2CH_2Cl)_3$，生成的 $P(OCH_2CH_2Cl)_3$ 经加热发生异构化，生成 $ClCH_2CH_2-P(=O)(OCH_2CH_2Cl)-OCH_2CH_2Cl$，继续和氯化氢反应，生成 $ClCH_2CH_2Cl$ 和乙烯利 $ClCH_2CH_2-P(=O)(OH)-OH$。乙烯利是目前使用很广泛的植物生长调节剂，对橡胶、香蕉、烟草、棉花、西红柿等农作物的催熟以及增产均有很好的效果。

【As】 砷，旧称"砒"。砷蒸气的分子为As_4，和P_4相似，是正四面体，有黄砷、灰砷、黑砷等多种变体：黄砷能溶于CS_2；室温时灰砷晶体最稳定，具有金属性，但性脆而硬；纯砷有半导体性质。砷不溶于水，溶于硝酸和王水，空气中生成氧化物而失去光泽，主要以硫化物形式存在，如雄黄、雌黄、砷黄铁矿（FeAsS），很少发现单质形式。可由三氧化二砷用炭还原而得，可用于制硬质合金，砷的化合物用于杀虫和医疗。砷及可溶性化合物均有毒。

$\mathbf{2As+3Cl_2\overset{高温}{=\!=\!=}2AsCl_3}$ 砷和氯气反应，生成三氯化砷。

$\mathbf{2As+5F_2\overset{高温}{=\!=\!=}2AsF_5}$ 砷和氟在高温条件下反应，生成最高价的无色五氟化砷气体。在潮湿的空气中形成白雾，遇水立即水解。砷的卤化物有AsX_3和AsX_5。

$\mathbf{2As+5NaClO+3H_2O=\!=2H_3AsO_4+5NaCl}$ 次氯酸钠具有强氧化性，将砷氧化为H_3AsO_4。

$\mathbf{2As+6NaOH(熔融)=\!=2Na_3AsO_3+3H_2\uparrow}$ 单质砷和熔融的碱反应，生成亚砷酸盐，并放出H_2，但碱的水溶液和砷不反应。

$\mathbf{4As+3O_2\overset{高温}{=\!=\!=}2As_2O_3}$ 砷和氧气反应生成三氧化二砷，后者俗称"砒霜"。

$\mathbf{2As+3S\overset{高温}{=\!=\!=}As_2S_3}$ 砷和硫反应生成三硫化二砷。

【As^{3+}】

$\mathbf{2As^{3+}+3H_2S=\!=As_2S_3\downarrow+6H^+}$
向As^{3+}的溶液中加入氢硫酸或通入硫化氢，生成三硫化二砷沉淀。以H_2S为沉淀剂，除去含As^{3+}废水中的砷，生成三硫化二砷沉淀，过滤除去。

【Na_3As】 砷化钠。

$\mathbf{Na_3As+3H_2O=\!=AsH_3\uparrow+3NaOH}$
砷化钠和水反应，生成砷化氢和氢氧化钠，可用于制备砷化氢。

【Ca_3As_2】 砷化钙。

$\mathbf{Ca_3As_2+6H_2O=\!=3Ca(OH)_2+2AsH_3\uparrow}$ 砷化钙和水反应，生成氢氧化钙和砷化氢。实验室用碳化钙和水反应制乙炔时的副反应之一。实验室用碳化钙和水反应制乙炔的原理见【CaC_2+2H_2O】。

【Zn_3As_2】 砷化锌。

$\mathbf{Zn_3As_2+3H_2SO_4=\!=3ZnSO_4+2AsH_3\uparrow}$ 砷化锌和硫酸反应，生成硫酸锌和砷化氢。可以用来制备砷化氢气体。

【AsH_3】 砷化氢，又叫胂或砷化三氢，无色气体，有剧毒，有大蒜臭味，微溶于水。300℃时分解为砷和氢气，潮湿的砷化氢经光照很快分解，生成光亮的黑砷，即马氏试砷法的原理。【古氏试砷法】和【马氏试砷法】见【$2AsH_3+12Ag^++3H_2O$】。室温下自燃，生成三氧化二砷和水。砷化氢用于分析化学和有机砷化合物。由砷化锌和非氧化性稀酸制得。

$2AsH_3 \xlongequal{\triangle} 2As+3H_2\uparrow$ 砷化氢不稳定，在缺氧条件下分解生成砷和氢气。这就是医学中“马氏试砷法”的原理之一。

【马氏试砷法】使试样、金属锌和盐酸混合反应，将得到的气体导入热玻璃管。若加热部位呈亮黑色，即砷化氢分解生成的砷堆积而成的“砷镜”，证明原试样有砷的化合物，古人较多用于预防砒霜，致死量为 0.1g，该方法能检出 0.007mg As。离子方程式为 $As_2O_3+6Zn+12H^+ = 6Zn^{2+}+2AsH_3\uparrow+3H_2O$，$2AsH_3 \xlongequal{\triangle} 2As+3H_2\uparrow$。

$2AsH_3+12Ag^++3H_2O = As_2O_3\downarrow+12Ag\downarrow+12H^+$ 砷化氢和硝酸银溶液反应，生成三氧化二砷、硝酸和金属银，砷化氢具有强还原性。我国“古氏试砷法”的原理。

【古氏试砷法】砒霜、金属锌和盐酸反应：$As_2O_3+6Zn+12H^+ = 6Zn^{2+}+2AsH_3\uparrow+3H_2O$。用生成的砷还原硝酸银得到金属银：$2AsH_3+12AgNO_3+3H_2O = As_2O_3\downarrow+12HNO_3+12Ag\downarrow$，能检出 0.005mg As_2O_3。

$2AsH_3+12AgNO_3+3H_2O = As_2O_3\downarrow+12HNO_3+12Ag\downarrow$ 砷化氢和硝酸银溶液反应，生成三氧化二砷、硝酸和金属银，砷化氢具有强还原性。我国“古氏试砷法”的原理。

$2AsH_3+3O_2 = As_2O_3+3H_2O$ 砷化氢在室温下自燃，生成三氧化二砷和水。

【AsF_3】

三氟化砷，无色流动性油状液体，剧毒，空气中冒烟，被水分解。可由三氧化二砷和无水氢氟酸作用制得，因腐蚀玻璃而用铁容器贮存。

$AsF_3(l)+PCl_3(l) = PF_3(g)+AsCl_3(l)$ 用三氟化砷和三氯化磷反应制备三氟化磷。

【AsF_5】

五氟化砷，无色气体，潮湿空气中形成白雾，遇水立即分解，溶于醇、醚、苯。干燥时不与玻璃作用，有少量潮气时会腐蚀玻璃。可由砷和氟单质直接作用而得。

$AsF_5+2HF = AsF_6^-+H_2F^+$ AsF_5 是液态 HF 的路易斯酸。

$AsF_5+2ClF = [FCl_2]^+[AsF_6]^-$ AsF_5 和 ClF 反应生成多卤化物$[FCl_2]^+[AsF_6]^-$。

【$AsCl_3$】

三氯化砷，黄色油状液体，剧毒，空气中冒烟，被水分解成 $As(OH)_3$(或写作亚砷酸 H_3AsO_3)和 HCl；可被紫外线分解，可与氯仿、四氯化碳、乙醚、乙醇互溶。可由三氧化二砷和浓盐酸共热而得或由砷和氯气作用而得，用于陶瓷工业和合成含砷制剂。

$AsCl_3+3H_2O = H_3AsO_3+3HCl$ 三氯化砷水解生成亚砷酸和氯化氢。

$2AsCl_3+3H_2S = As_2S_3\downarrow+6HCl$ 制备 As_2S_3 的原理之一，将 H_2S 气体通入或将氢硫酸加入含 As^{3+}的溶液中，得到黄色的无定形 As_2S_3 沉淀。工业上除去含 As^{3+}废水的原理，见【$2As^{3+}+3H_2S$】。

【$AsCl_5$】

五氯化砷，剧毒，−40℃时为固体，−25℃以上分解，溶于乙醚、二硫化碳。由三氯化砷和氯气在干冰冷却下制备。

$AsCl_5+SbCl_5 = [AsCl_4]^+[SbCl_6]^-$ 五氯化砷和五氯化锑形成配合物。

【As_2O_3】

三氧化二砷，又名亚砷酸酐，俗称“砒霜”或“白砒”，白色无定形玻璃状团块或晶体粉末，有立方晶体、单斜晶体和无定形态三种变体。800℃以下的气相为 As_4O_6 形态，1800℃以上为 As_2O_3，有剧毒，致死量为 0.1g，无臭。极缓慢地溶于冷水，水溶液略带甜味，呈两性，以酸性为主。晶体溶于乙醇、甘油；无定形态不溶于乙醇、氯仿、乙醚。常温下稳定，不易被氧化，碱性溶液中易被氧化，易被还原剂还原为砷。由含砷矿石焙烧而得，用于生产玻璃、搪瓷，提炼砷，制金属砷化物，可作杀虫剂、除草剂和织物媒染剂。

$As_2O_3+3C \xlongequal{高温} 2As+3CO\uparrow$ 高温下用炭还原三氧化二砷，生成砷单质和一氧化碳。

$As_2O_3+Ca(OH)_2 = Ca(AsO_2)_2\downarrow+H_2O$ 以 $Ca(OH)_2$ 为沉淀剂，使含砷废水中 As_2O_3 转变为偏砷酸钙沉淀，过滤除去。

$As_2O_3+6HCl = 2AsCl_3+3H_2O$ 三氧化二砷和盐酸反应，生成三氯化砷和水。三氧化二砷是两性氧化物，既可以和酸反应又可以和碱反应。

$3As_2O_3+4HNO_3+7H_2O = 6H_3AsO_4+4NO\uparrow$ 硝酸具有强氧化性。浓硝酸将 As_2O_3 氧化为 H_3AsO_4。

$As_2O_3+6NaOH = 2Na_3AsO_3+3H_2O$ As_2O_3 和 NaOH 反应，生成亚砷酸钠和水。亚砷酸钠有资料写作 $NaAsO_2$，真实情况见【NaH_2AsO_3】。

$As_2O_3+6OH^- = 2AsO_3^{3-}+3H_2O$ 三氧化二砷和强碱溶液反应的离子方程式。

$3As_2O_3+S+6HNO_3+7H_2O = H_2SO_4+6H_3AsO_4+6NO\uparrow$ 硝酸具有强氧化性，稀硝酸将 As_2O_3 氧化为砷酸 H_3AsO_4，将硫氧化为硫酸，而硝酸被还原为 NO。相当于以下两个反应的简单加合：$7H_2O+3As_2O_3+4HNO_3 = 6H_3AsO_4+4NO\uparrow$，$S+2HNO_3 = H_2SO_4+2NO\uparrow$。

$As_2O_3+6Zn+12H^+ = 6Zn^{2+}+2AsH_3\uparrow+3H_2O$ 古人用金属锌、稀酸测试 As_2O_3 即砒霜的离子方程式。古氏试砷法原理之一。

$As_2O_3+6Zn+6H_2SO_4 = 2AsH_3\uparrow+6ZnSO_4+3H_2O$ 古人用金属锌、稀酸（硫酸或盐酸）测试 As_2O_3 即砒霜的原理之一，可用来制备 AsH_3。"古氏试砷法"的原理之一。

【As_2O_5】 五氧化二砷，又称砷酸酐，白色无定形结晶粉末或固体；是酸性氧化物，有毒，有吸湿性；是砷酸 H_3AsO_4 的酸酐，溶于乙醇，冷水中缓慢分解，热水中急骤分解，生成砷酸。可用硝酸或过氧化氢氧化三氧化二砷而得，用于制造含砷的有机药物，作氧化剂和除虫剂等。

$As_2O_5+6NaOH = 2Na_3AsO_4+3H_2O$ 五氧化二砷和氢氧化钠反应，生成砷酸钠和水。

$As_2O_5+6OH^- = 2AsO_4^{3-}+3H_2O$ 五氧化二砷和强碱反应，生成砷酸盐和水的离子方程式。

$As_2O_5+2SO_2 = As_2O_3+2SO_3$ 五氧化二砷是强氧化剂，可以将 SO_2 氧化为 SO_3。

【As_2S_3】 三硫化二砷，又称硫化亚砷，黄色或红色单斜晶体或粉末，几乎不溶于水，溶于乙醇、碱类、碱金属硫化物和碳酸盐溶液，缓慢溶于热盐酸，被硝酸分解。由亚砷酸钠溶液中通入硫化氢制得。天然的三硫化二砷（As_2S_3）称为"雌黄"，作颜料、药物和还原剂。成语"信口雌黄"来源于古人对雌黄的使用，在写错的字上涂上雌黄，变成和纸一样的黄色，可以继续写字，类似于现代的涂改液。天然的四硫化四砷（As_4S_4）称为"雄黄"，用于颜料、焰火、印染行业，古人在端午节喝雄黄酒来避邪，用雄黄水喷洒屋子来驱虫、消毒等，但雄黄有毒，是酸性硫化物之一。

$As_2S_3+10H^++10NO_3^-═2H_3AsO_4+3S↓+10NO_2↑+2H_2O$ As_2S_3可被浓硝酸、过氧化氢等强氧化剂氧化为砷酸。

$3As_2S_3+28HNO_3+4H_2O═28NO↑+6H_3AsO_4+9H_2SO_4$ 稀硝酸和As_2S_3反应，生成H_3AsO_4、H_2SO_4和NO。

$As_2S_3+6NaOH═Na_3AsO_3+Na_3AsS_3+3H_2O$ 三硫化二砷As_2S_3不溶于水，表现两性，偏酸性，溶于碱生成亚砷酸盐和硫代亚砷酸盐。

$As_2S_3+3Na_2S═2Na_3AsS_3$ 三硫化二砷和硫化钠反应生成硫代亚砷酸钠。离子方程式见【$As_2S_3+3S^{2-}$】。

$As_2S_3+3Na_2S_2═2Na_3AsS_4+S$ As_2S_3表现一定的还原性，可被碱金属的多硫化物氧化为硫代砷酸盐。

$As_2S_3+2Na_2S_2+Na_2S═2Na_3AsS_4$ 三硫化二砷和过硫化钠、硫化钠反应生成硫代砷酸钠。离子方程式见【$As_2S_3+2S_2^{2-}+S^{2-}$】。

$2As_2S_3+9O_2\overset{\triangle}{═}2As_2O_3+6SO_2↑$ 三硫化二砷和氧气在加热条件下反应，生成三氧化二砷和二氧化硫。

$As_2S_3+6OH^-═AsO_3^{3-}+AsS_3^{3-}+3H_2O$ 三硫化二砷溶于KOH等强碱溶液中，生成亚砷酸盐和硫代亚砷酸盐。

$As_2S_3+3S^{2-}═2AsS_3^{3-}$ 三硫化二砷和硫化物反应生成硫代亚砷酸盐。

$As_2S_3+2S_2^{2-}+S^{2-}═2AsS_4^{3-}$ 三硫化二砷和过硫化物、硫化物反应生成硫代砷酸盐。

$2As_2S_3+2SnCl_2+4HCl═As_4S_4+2H_2S↑+2SnCl_4$ As_2S_3表现一定的还原性，但遇更强的还原剂$SnCl_2$时，被还原为As_4S_4，“雌黄”变“雄黄”。

【M_2S_3】 As_2S_3、Sb_2S_3、Bi_2S_3等的通式。

$2M_2S_3+9O_2\overset{\triangle}{═}2M_2O_3+6SO_2$ 雌黄As_2S_3、辉锑矿Sb_2S_3、辉铋矿Bi_2S_3等在加热条件下，和O_2作用生成氧化物和二氧化硫的通式。雄黄As_4S_4也有类似反应。

【As_2S_5】 五硫化二砷，黄色单斜晶体或粉末，不溶于水，溶于碱和碱金属硫化物。与水共沸分解为As_2O_3、S和As_2S_3。可由砷酸的酸性溶液中通入硫化氢而得，可作颜料。

$4As_2S_5+24NaOH═3Na_3AsO_4+5Na_3AsS_4+12H_2O$ 五硫化二砷和碱反应，生成砷酸盐和硫代砷酸盐。

$As_2S_5+3Na_2S═2Na_3AsS_4$ 五硫化二砷和硫化钠反应生成硫代砷酸钠。

$As_2S_5+3S^{2-}═2AsS_4^{3-}$ 五硫化二砷和硫化物反应生成硫代砷酸盐的离子方程式。

【AsO_3^{3-}】 亚砷酸根离子。

$2AsO_3^{3-}+6H^++3H_2S═As_2S_3↓+6H_2O$ 制备As_2S_3的原理之一，将H_2S通入强酸酸化的亚砷酸盐溶液中，得到黄色的无定形态As_2S_3沉淀。

$AsO_3^{3-}+I_2+2OH^-\rightleftharpoons AsO_4^{3-}+2I^-+H_2O$ 亚砷酸盐在碱性介质中主要表现还原性，可以还原I_2；在酸性介质中主要表现氧化性。

【H_3AsO_3】 亚砷酸，有偏亚砷酸和正亚砷酸之分，常指偏亚砷酸$HAsO_2$，是As_4O_6的水溶液。As_4O_6是以酸性为主的两性氧化物，其水化物为H_3AsO_3，也具有两性，和碱反应时，常常写作H_3AsO_3，和酸反应时，常常写作 $As(OH)_3$（氢氧化砷），类似于 $Al(OH)_3$ 和 H_3AlO_3。

$2H_3AsO_3+3H_2S = As_2S_3$(胶体)$+6H_2O$ 制备 As_2S_3 胶体的原理之一，稳定剂是 HS^-。

$H_3AsO_3+NaOH = NaH_2AsO_3+H_2O$ 亚砷酸和 NaOH 反应，生成亚砷酸钠和水。

【NaH_2AsO_3】亚砷酸溶于碱或

As_2O_3 溶于碱，生成的亚砷酸盐，光谱证明只存在 $H_2AsO_3^-$ 和 $HAsO_3^{2-}$，不存在 AsO_2^-。

$NaH_2AsO_3+4NaOH+I_2 = 2NaI+Na_3AsO_4+3H_2O$ As_2O_3 溶于碱中生成的亚砷酸盐，在碱性条件下可以被碘定量氧化为砷酸盐，是分析化学中一个重要的反应。

【AsO_4^{3-}】砷酸根离子。

$2AsO_4^{3-}+6H^++5H_2S = As_2S_5\downarrow+8H_2O$ 制备 As_2S_5 的原理之一，将 H_2S 通入强酸酸化的砷酸盐溶液中，得到淡黄色的无定形态 As_2S_5 沉淀。

【H_3AsO_4】砷酸。晶体 $H_3AsO_4\cdot\frac{1}{2}H_2O$

为无色透明细小板状晶体，有毒，稍有潮解性，易溶于水，水溶液显酸性，酸性较磷酸弱，是三元弱酸，易溶于乙醇和甘油。100℃时失水形成焦砷酸 $H_4As_2O_7$，继续升温，形成偏砷酸 $HAsO_3$，300℃以上变成五氧化二砷，500℃以上完全脱水。可作氧化剂，酸性溶液中氧化性不强。可将三氧化二砷用硝酸或氯气等氧化而得，或用 700℃以上空气氧化而得，可制砷酸盐、杀虫剂和有机颜料等。

$2H_3AsO_4 \xlongequal{\triangle} As_2O_5+3H_2O$ 将砷酸加热，当温度大于 573K 时，分解生成五氧化二砷和水。

$H_3AsO_4+2H^++2I^- \rightleftharpoons H_3AsO_3+I_2+H_2O$ 砷酸具有氧化性，在强酸性介质中，将 I^- 氧化为 I_2，本身被还原为亚砷酸 H_3AsO_3，反应从左向右进行。碘化氢水溶液叫作氢碘酸，和盐酸相似，都是强酸，但氢碘酸还原性较强。弱碱性条件下，反应从右向左进行，H_3AsO_3 将 I_2 还原为 I^-。该反应是一个典型的酸度影响化学反应方向的例子，本质仍然是化学平衡的移动。

$H_3AsO_4+2HI \rightleftharpoons H_3AsO_3+I_2+H_2O$ 砷酸具有氧化性，将 I^- 氧化为 I_2，本身被还原为亚砷酸 H_3AsO_3。离子方程式见【$H_3AsO_4+2H^++2I^-$】。但砷酸的氧化性只有在酸性条件才下表现出来。

【$As(OH)_3$】氢氧化砷，见【H_3AsO_3】。

$As(OH)_3 \rightleftharpoons As^{3+}+3OH^-$ $As(OH)_3$ 在水中部分电离出 As^{3+} 和 OH^-。关于氢氧化砷见【H_3AsO_3】。

$As(OH)_3+3HCl = AsCl_3+3H_2O$ 氢氧化砷 $As(OH)_3$，又可写作亚砷酸 H_3AsO_3，和盐酸反应生成三氯化砷和水。

【AsS_3^{3-}】硫代亚砷酸根离子。

$2AsS_3^{3-}+6H^+ = As_2S_3\downarrow+3H_2S\uparrow$ 硫代亚砷酸盐和强酸反应，生成三硫化二砷沉淀和硫化氢气体。AsS_3^{3-} 只存在于碱性或近中性溶液中。

$2AsS_3^{3-}+6H^+ = 2H_3AsS_3$ 硫代亚砷酸盐和酸反应，生成硫代亚砷酸，后者不稳定，立即分解为三硫化二砷和硫化氢气体：$2H_3AsS_3 = As_2S_3\downarrow+3H_2S\uparrow$。

【H_3AsS_3】 硫代亚砷酸。

$2H_3AsS_3 = As_2S_3\downarrow + 3H_2S\uparrow$ 硫代亚砷酸盐和酸反应生成的硫代亚砷酸不稳定，立即分解为三硫化二砷和硫化氢气体，见【$2AsS_3^{3-}+6H^+$】。

【Na_3AsS_3】 硫代亚砷酸钠。

$2Na_3AsS_3 + 6HCl = As_2S_3\downarrow + 3H_2S\uparrow + 6NaCl$ 硫代亚砷酸钠存在于碱性或接近中性的溶液中，与强酸生成极不稳定的硫代亚砷酸（H_3AsS_3）而分解，释放出硫化氢，析出三硫化二砷，俗称"雌黄"。

【AsS_4^{3-}】 硫代砷酸根离子。

$2AsS_4^{3-} + 6H^+ = As_2S_5\downarrow + 3H_2S\uparrow$ 硫代砷酸盐和强酸反应，生成五硫化二砷沉淀和硫化氢气体。AsS_4^{3-}只存在于碱性或近中性溶液中。制备纯 As_2S_5 的原理之一。

$2AsS_4^{3-} + 6H^+ = 2H_3AsS_4$ 硫代砷酸盐和酸反应，生成的中间产物不稳定，会立即分解为五硫化二砷和硫化氢气体：$2H_3AsS_4 = As_2S_5\downarrow + 3H_2S\uparrow$。

【H_3AsS_4】 硫代砷酸。

$2H_3AsS_4 = As_2S_5\downarrow + 3H_2S\uparrow$ 硫代砷酸不稳定，立即分解为五硫化二砷和硫化氢气体，见【$2AsS_4^{3-}+6H^+$】。

【Na_3AsS_4】 硫代砷酸钠。

$2Na_3AsS_4 + 6HCl = As_2S_5\downarrow + 3H_2S\uparrow + 6NaCl$ 硫代砷酸钠存在于碱性或接近中性的溶液中，与强酸生成极不稳定的硫代砷酸 H_3AsS_4 而分解，释放出硫化氢，析出淡黄色的五硫化二砷。

【Sb】 锑，普通锑是银白色金属，性脆而硬，有冷胀性，有毒；无定形态锑灰色。如杂入一定量的卤素时，经摩擦、弯曲或加热引起爆炸，又称"爆炸性锑"。在空气中灼烧得三价锑的氧化物，与卤素单质反应生成卤化物，仅溶于硝酸、王水和热浓硫酸。可由卤化锑电解而得。在空气中被盐酸侵蚀，与强碱形成亚锑酸盐，不被空气氧化，与氟、氯、溴强烈化合，也与碘等其他非金属直接化合。主要以辉锑矿（主要成分为 Sb_2S_3）形式存在，可由辉锑矿与铁屑共热置换出锑或将辉锑矿煅烧成氧化物后用碳还原而得。制印刷合金、铅蓄电池、轴承合金、装饰品保护层和锑化合物。超纯锑是重要的半导体及红外探测器材料。

$2Sb + 3Cl_2 \overset{\triangle}{=} 2SbCl_3$ 金属锑和氯气反应，生成三氯化锑。【卤素单质和金属反应】见【$2Al+3Cl_2$】。

$2Sb + 5F_2 \overset{点燃}{=} 2SbF_5$ 氟和锑反应生成五氟化锑。五氟化锑，油状液体，有吸湿性，与水激烈反应，对皮肤具有强烈腐蚀性。【卤素单质和金属反应】见【$2Al+3Cl_2$】。

$3Sb + 5HNO_3 + 2H_2O = 3H_3SbO_4 + 5NO\uparrow$ 金属锑在常温下性质稳定，不和非氧化性稀酸反应，但可以溶解在浓（稀）硝酸、热的浓硫酸以及王水中。锑和稀硝酸反应生成锑酸和一氧化氮。锑酸的真实分子 $H[Sb(OH)_6]$，见【$3Sb+5HNO_3+8H_2O$】。【金属和硝酸的反应】见【$3Ag+4HNO_3$】。

$3Sb + 5HNO_3 + 8H_2O = 3H[Sb(OH)_6]$

$+5NO\uparrow$ 制备五氧化二锑的原理之一，将单质Sb用浓硝酸氧化，生成锑酸$H[Sb(OH)_6]$。若将锑酸写作H_3SbO_4时，见【$3Sb+5HNO_3+2H_2O$】，但真实分子为$H[Sb(OH)_6]$。加热至548K时，使锑酸脱水便制得Sb_4O_{10}：$4H[Sb(OH)_6]\xlongequal{\triangle}Sb_4O_{10}+14H_2O$。

$2Sb+6H_2SO_4(浓)\xlongequal{\triangle}Sb_2(SO_4)_3+3SO_2\uparrow+6H_2O$ 锑溶于热的浓硫酸，生成硫酸锑、二氧化硫和水。

$4Sb+3O_2\xlongequal{高温}2Sb_2O_3$ 金属锑和氧气反应，生成三氧化二锑，不会生成五氧化二锑。五氧化二锑可用分解锑酸的方法制得。

$2Sb+3S\xlongequal{高温}Sb_2S_3$ 金属锑和硫在高温下反应，生成橘红色的三硫化二锑。用于制火柴、颜料、烟火、锑盐等。

【SbF_5】 五氟化锑，无色带黏性的油状液体，有吸湿性，腐蚀皮肤；遇水激烈反应，溶于冰醋酸、氟化钾和液态二氧化硫。由五氯化锑和无水氟化氢作用或三氯化锑和氟而得。有机合成做氟化剂。

$SbF_5+2HF=SbF_6^-+H_2F^+$ SbF_5是液态HF的路易斯酸。SbF_5在HF液体中可导电，利用这一反应可提高HF的酸性。

$SbF_5+HSO_3F=H[SbF_5(OSO_2F)]\xrightleftharpoons{HSO_3F}H_2SO_3F^++[SbF_5(OSO_2F)]^-$

用SbF_5和氟磺酸反应，制备超强酸或超酸。比100% H_2SO_4更强的酸叫超酸。

【$SbCl_3$】 三氯化锑，无色柱状或八面体晶体，有吸湿性和腐蚀性，会强烈刺激眼睛和皮肤。在空气中微微发烟，溶于水并分解，生成氯化氧锑SbOCl；溶于稀盐酸、醇、苯、二硫化碳、氯仿、四氯化碳、乙醚、丙酮等。用于制药物、锑盐、媒染剂、催化剂、氯化剂、化学试剂等。将氯气通入熔融的三氯化锑中减压蒸馏才可以制得五氯化锑；由锑和氯气作用或由硫化锑溶解于盐酸制得三氯化锑。

$SbCl_3+H_2O=SbOCl\downarrow+2HCl$

三氯化锑在水中强烈水解，生成难溶于水的氯化氧锑和氯化氢。三氯化铋与三氯化锑相似，在水中强烈水解，生成难溶于水的氯化氧铋BiOCl以及氯化氢。由于生成物难溶于水，所以水解并不完全。三氯化砷、三氯化磷极易水解生成亚砷酸（或亚磷酸）和氯化氢，如$PCl_3+3H_2O=H_3PO_3+3HCl\uparrow$，水解完全。

$2SbCl_3+3H_2O\rightleftharpoons Sb_2O_3+6HCl$

$SbCl_3$水解，还生成少量的三氧化二锑和氯化氢。三氯化锑在水中强烈水解，主要生成难溶于水的氯化氧锑和氯化氢。

【$SbCl_5$】 五氯化锑，无色或淡黄色油状液体，有恶臭，吸收空气中湿气会固化，生成一水合物、四水合物。熔点为2.8℃，沸点为79℃(2933Pa)，常压下蒸馏则分解；在空气中形成酸雾，在大量水中分解，生成锑酸；可溶于浓盐酸、氯仿、四氯化碳，也可溶于酒石酸水溶液中。可将氯气通入熔融的三氯化锑中，经减压蒸馏而得。可用作有机合成氯化剂，检验铯、生物碱的分析试剂，烃的氯化催化剂。

$SbCl_5+5HF=SbF_5+5HCl$ 化学家克里斯特设计的非电解法制备氟即化学方法制备氟单质的原理，见【$2K_2MnF_6+4SbF_5$】，该反应用来制备SbF_5。

【$Sb(NO_3)_3$】 硝酸锑。

$Sb(NO_3)_3+H_2O=SbONO_3\downarrow+2HNO_3$ 硝酸锑极易水解，生成相应的碱式硝酸盐沉淀。

【Sb_2O_3】 三氧化二锑，工业上称为“锑白”，白色结晶粉末，熔点为656℃，沸点为1425℃，400℃高真空中可升华；微溶于水、稀硫酸、稀硝酸，溶于盐酸、浓硫酸、强碱及酒石酸溶液。Sb_2O_3是两性氧化物，有两种变体，立方的辉锑矿和正交锑华，立方的辉锑矿是以Sb_4O_6形式存在的分子晶体，正交锑华的结构复杂。可将锑在空气中燃烧或由三氯化锑水解而得，可制药物、颜料、搪瓷，也作媒染剂、催化剂和玻璃脱色剂。

$Sb_2O_3+6H^+=2Sb^{3+}+3H_2O$ 三氧化二锑是两性偏碱性的氧化物，和强酸反应时，生成盐和水。

$Sb_2O_3+6HCl=2SbCl_3+3H_2O$ 三氧化二锑是两性偏碱性的氧化物，和强酸盐酸反应时，生成三氯化锑和水。

$Sb_2O_3+6OH^-=2SbO_3^{3-}+3H_2O$ 三氧化二锑溶于强碱溶液，生成原亚锑酸盐和水。

【M_2O_3】 Sb_2O_3、Bi_2O_3的通式。

$M_2O_3+6HX=2MX_3+3H_2O$(M=Sb、Bi) Sb、Bi的氧化物和HX反应，可用来制备MX_3。

【Sb_4O_6】 三氧化二锑在蒸气中的二聚体存在形式。在蒸气相中以二聚体Sb_4O_6形式存在，只有在高温下才分解为简单分子Sb_2O_3。

$Sb_4O_6+6C\xlongequal{\triangle}4Sb+6CO$ 以辉锑矿为原料制备金属锑的原理之一，详见【$2Sb_2S_3+3O_2+6Fe$】。

$Sb_4O_6+2H_2SO_4=2(SbO)_2SO_4+2H_2O$ Sb_4O_6溶于H_2SO_4，生成硫酸氧锑（或叫硫酸二氧化二锑）因水解有锑氧根离子SbO^+存在。

$Sb_4O_6+4NaOH=4NaSbO_2+2H_2O$ Sb_4O_6溶于强碱，锑以偏亚锑酸盐形式存在。

【Sb_4O_{10}】 五氧化二锑，白色或黄色粉末，300℃以上失去部分氧，微溶于水，缓慢溶于热的强碱或热的浓盐酸中，可用于制备锑酸盐和其他锑化合物。真实分子式为Sb_4O_{10}，可简写成Sb_2O_5。关于五氧化二锑的结构，部分资料写成Sb_4O_{10}，和P_2O_5相似。可由浓硝酸和金属锑或三氧化二锑作用而得，可制锑酸盐和锑化物。

$Sb_4O_{10}+4KOH=4KSbO_3+2H_2O$ 五氧化二锑溶于碱，生成锑酸盐和水。

【Sb_2S_3】 三硫化二锑，两性硫化物，既可以溶于强酸，也可以溶于强碱。沉淀析出时呈橙红色，沉淀干燥后，去除空气加热，转变为灰黑色有金属光泽的晶体或粉末；不溶于水，溶于浓盐酸并放出硫化氢气体，溶于硫化物溶液。可由三价锑盐溶液中通入硫化氢经沉淀而得，可制颜料、火柴、烟火及锑盐。

$Sb_2S_3+12Cl^-+6H^+=2SbCl_6^{3-}+3H_2S\uparrow$ 三硫化二锑和盐酸反应生成H_3SbCl_6和H_2S的离子方程式。

$Sb_2S_3+3Fe=2Sb+3FeS$ 用铁粉直接还原 Sb_2S_3，得到 Sb。

$Sb_2S_3+12HCl=2H_3SbCl_6+3H_2S\uparrow$ 三硫化二锑和盐酸反应生成 H_3SbCl_6 和 H_2S。

$Sb_2S_3+6NaOH=Na_3SbO_3+Na_3SbS_3+3H_2O$ 三硫化二锑和氢氧化钠溶液反应生成 Na_3SbO_3、Na_3SbS_3 和 H_2O。

$Sb_2S_3+3Na_2S=2Na_3SbS_3$ 三硫化二锑溶解在硫化钠溶液中，生成硫代亚锑酸钠。离子方程式见【$Sb_2S_3+3S^{2-}$】。

$Sb_2S_3+2Na_2S_2+Na_2S=2Na_3SbS_4$ 多硫化物存在的过硫链，结构类似于过氧化物中的过氧键，具有氧化性，将 Sb_2S_3 氧化为硫代锑酸盐。多硫化物 M_2S_x 中，当 x=2 时叫作过硫化物，是过氧化物的同类化合物，含有过硫键－S－S－，类似于过氧键－O－O－。离子方程式见【$Sb_2S_3+2S_2^{2-}+S^{2-}$】。

$2Sb_2S_3+9O_2=2Sb_2O_3+6SO_2$ 三硫化二锑和氧气反应，生成三氧化二锑和二氧化硫。由 Sb_2S_3 制备锑的其中一步反应，生成的 Sb_2O_3 再和 C 反应，生成锑，见【Sb_4O_6+ 6C】。

$2Sb_2S_3+3O_2+6Fe=Sb_4O_6+6FeS$ 辉锑矿的主要成分是三硫化二锑，提取锑时，先将 Sb_2S_3 转变为氧化物 Sb_4O_6，再用还原剂还原就可得到金属锑：$Sb_4O_6+6C\xlongequal{\triangle}4Sb+6CO$。

$Sb_2S_3+6OH^-=SbO_3^{3-}+SbS_3^{3-}+3H_2O$ 三硫化二锑和强碱浓溶液反应的离子方程式。与强碱稀溶液的反应：$2Sb_2S_3+4OH^-=SbO_2^-+3SbS_2^-+2H_2O$。

$Sb_2S_3+3S^{2-}=2SbS_3^{3-}$ 三硫化二锑溶解在硫化物的溶液中，生成硫代亚锑酸盐。

$Sb_2S_3+2S_2^{2-}+S^{2-}=2SbS_4^{3-}$ 多硫化物将 Sb_2S_3 氧化为硫代锑酸盐。

【Sb_2S_5】

五硫化二锑，橙黄色粉末，不溶于水、乙醇、硫酸铵溶液；溶于浓盐酸，放出硫化氢气体，游离出硫和三氯化锑；溶于强碱和和硫化物溶液。可由硫代锑酸钠 $Na_3SbS_4·9H_2O$ 与硫酸作用而得，用于制火柴、橡胶、颜料、医药等工业。

$Sb_2S_5+3(NH_4)_2S=2(NH_4)_3SbS_4$ 五硫化二锑溶解在硫化铵溶液中生成硫代锑酸铵。

$4Sb_2S_5+24OH^-=3SbO_4^{3-}+5SbS_4^{3-}+12H_2O$ 五硫化二锑溶解在强碱性溶液中，生成锑酸盐和硫代锑酸盐。

$Sb_2S_5+3S^{2-}=2SbS_4^{3-}$ 五硫化二锑溶解在硫化物溶液中生成硫代锑酸盐。

【H_3SbO_4】

锑酸，分子式为 $H[Sb(OH)_6]$，Sb 周围的六个羟基形成八面体，难溶于水。一元弱酸，$K_a=4\times10^{-5}$，酸性近似磷酸。盐有 KH_2SbO_4 和 NaH_2SbO_4 等，$K[Sb(OH)_6]$可用来鉴定 Na^+，见【$H_2SbO_4^-+Na^+$】。锑酸也可写作 H_3SbO_4，但真实分子式为 $H[Sb(OH)_6]$，证据之一就是相应的盐 $K[Sb(OH)_6]$已制得。

$2H_3SbO_4\xlongequal{\triangle}Sb_2O_5+3H_2O$ 将锑酸加热，当温度大于 548K 时，它分解生成五氧化二锑和水。制备五氧化二锑的原理之一。

$4H[Sb(OH)_6]\xlongequal{\triangle}Sb_4O_{10}+14H_2O$ 加热至 548K 时，使锑酸脱水，制备 Sb_4O_{10}，另见【3Sb+ $5HNO_3+8H_2O$】。

$H_3SbO_4+2HCl=H_3SbO_3+Cl_2\uparrow+H_2O$ 锑酸具有氧化性，但只能在酸性条件下表现出来，可以将 HCl 氧化为 Cl_2。

【$H_2SbO_4^-$】

$$H_2SbO_4^- + Na^+ \xlongequal{\text{中性或弱碱性}} NaH_2SbO_4\downarrow$$

Na^+的鉴定原理之一。锑酸钾 KH_2SbO_4 溶于水电离出的 $H_2SbO_4^-$和 Na^+结合，生成白色锑酸钠沉淀。

【$KSb(C_4H_4O_6)_2$】

酒石酸锑钾，俗称酒石酸氧锑钾或吐酒石，分子式为 $C_4H_4O_7SbK\cdot\frac{1}{2}H_2O$、$K(SbO)C_4H_4O_6\cdot\frac{1}{2}H_2O$（《化学词典》），或 $K_2[Sb_2(d\text{-}C_4H_2O_6)_2]\cdot 3H_2O$（《无机化学丛书第四卷》355 页），《无机化学（第三版）》(武汉大学等)346 页写成 $KSbO(C_4H_4O_6)_2$，结构式：

$K^+[H_2O \rightarrow Sb(\text{O—C=O},\ \text{O—C—H},\ \text{O—C—H},\ \text{O—C=O})]\cdot\frac{1}{2}H_2O$，此处全部列出以供大家参考。无色结晶，无嗅，味甜，有毒；空气中风化，溶于水、甘油，不溶于乙醇，水溶液呈微酸性。可由酒石酸氢钾和三氧化二锑或锑在硝酸存在下反应而得。可制抗血吸虫药，用于静脉给药，剧烈的局部刺激性，也作印染、皮革工业的媒染剂。

$$2KSb(C_4H_4O_6)_2 + 3H_2S = 2KHC_4H_4O_6 + 2H_2C_4H_4O_6 + Sb_2S_3(\text{胶体})$$

在不断搅拌下，向 0.4%的酒石酸锑钾溶液中加入 H_2S 溶液，生成橙红色硫化锑胶体。似乎应该写成 $3H_2S+2K(SbO)C_4H_4O_6 = 2KHC_4H_4O_6+2H_2O+Sb_2S_3$(胶体)。

【Bi】

铋，灰色或粉红色金属，质软，不纯铋性脆。凝固时膨胀，导热率低，反磁性大；不溶于非氧化性酸，溶于硝酸和热浓硫酸。在干燥空气中室温下稳定，潮湿空气中略被氧化，红热燃烧生成黄色三氧化二铋，自然界以游离态和化合态存在，主要有辉铋矿 Bi_2S_3、赤铋矿 Bi_2O_3 等。可由加热天然铋矿使铋液化流出，或用碳还原氧化铋矿，或用铁还原硫化铋矿而得。制低熔合金，作反应堆冷却剂，作活字合金，生产药用化合物。

$$2Bi + 3Cl_2 = 2BiCl_3$$

铋和氯气反应生成氯化铋。见【$2Al+3Cl_2$】中【卤素单质和金属反应】。

$$Bi + 4HNO_3 = Bi(NO_3)_3 + NO\uparrow + 2H_2O$$

稀硝酸和金属铋反应，生成硝酸铋、一氧化氮和水。【金属和硝酸的反应】见【$3Ag+4HNO_3$】。

$$2Bi + 6H_2SO_4(\text{浓}) \xlongequal{\triangle} Bi_2(SO_4)_3 + 3SO_2\uparrow + 6H_2O$$

金属铋和浓硫酸反应，生成硫酸铋、二氧化硫和水。

$$4Bi + 3O_2 \xlongequal{\text{点燃}} 2Bi_2O_3$$

金属铋和氧气反应，只得到+3 价的氧化物 Bi_2O_3。金属铋还有另一种+5 价的氧化物 Bi_2O_5，可通过间接方法制得：在碱性条件下，用氯气将 $Bi(OH)_3$ 氧化为 $NaBiO_3$，见【$Bi(OH)_3+Cl_2+3NaOH$】。

$$2Bi + 3S = Bi_2S_3$$

硫和铋反应生成稳定的棕黄色 Bi_2S_3。

【Bi^{3+}】

$$Bi^{3+} + H_2O + NO_3^- = BiONO_3\downarrow + 2H^+$$

硝酸铋强烈水解生成难溶于水和强酸的硝酸氧铋。

$$2Bi^{3+} + 3H_2S = Bi_2S_3\downarrow + 6H^+$$

可溶性的铋盐溶液中通入硫化氢，生成难溶于水和强酸的棕黑色 Bi_2S_3 等。

$$2Bi^{3+} + 6OH^- + 3[Sn(OH)_4]^{2-} = 2Bi +$$

$3[Sn(OH)_6]^{2-}$ 在碱性溶液中，$[Sn(OH)_4]^{2-}$可以将 Bi^{3+}还原为黑色的 Bi 单质，该反应可用于鉴定铋盐。

【$BiCl_3$】 氯化铋，白色极易潮解的晶体，有氯化氢气味，约 430℃时升华，沸点为 447℃，溶于盐酸、硝酸、无水乙醇、丙酮、乙酸乙酯等。可由盐酸和三氧化二铋反应制得，可用于生产铋盐和作有机反应催化剂。

$BiCl_3+H_2O=BiOCl\downarrow+2HCl$
三氯化铋在水中不完全水解，生成白色难溶于水的氯化氧铋以及 HCl。

【$Bi(NO_3)_3$】 硝酸铋，晶体为 $Bi(NO_3)_3\cdot5H_2O$，无色闪光晶体，有吸湿性，有硝酸气味，80℃时失去结晶水。遇水缓慢分解，生成碱式硝酸铋；不溶于乙醇，溶于稀硝酸、丙酮、甘油等；氧化性强。可由硝酸和铋作用而得，可用于制铋盐、发光涂料、搪瓷，可作药物。

$Bi(NO_3)_3+H_2O=BiONO_3\downarrow+2HNO_3$
硝酸铋强烈水解生成难溶于水和强酸的硝酸氧铋和硝酸。离子方程式为 $H_2O+Bi^{3+}+NO_3^-=BiONO_3\downarrow+2H^+$。

$2Bi(NO_3)_3+3H_2S=Bi_2S_3\downarrow+6HNO_3$
可溶性的硝酸铋溶液中通入硫化氢，生成难溶于水和强酸的棕黑色 Bi_2S_3 等。离子方程式见【$2Bi^{3+}+3H_2S$】。

【$Bi(OH)_3$】 氢氧化铋，白色无定形态粉末，不溶于水，溶于酸，新鲜沉淀可溶于含 NaOH 的甘油中。可由硝酸铋溶液加氢氧化钠制得，可用来生产铋盐。

$Bi(OH)_3+Cl_2+3NaOH=NaBiO_3+2NaCl+3H_2O$ 间接方法制备五氧化二铋 Bi_2O_5 的原理。在碱性条件下，氯气将氢氧化铋 $Bi(OH)_3$ 氧化为铋酸钠 $NaBiO_3$，再用酸处理 $NaBiO_3$ 得到红棕色的 Bi_2O_5，Bi_2O_5 极不稳定，迅速分解生成 Bi_2O_3 和 O_2。金属铋+3 价的氧化物三氧化二铋 Bi_2O_3 的制备见【$4Bi+3O_2$】。

【Bi_2O_3】 三氧化二铋，亦称“铋黄”，黄色重质粉末，空气中稳定，不溶于水，溶于盐酸和硝酸。可在空气中加热硝酸铋或灼烧氢氧化铋制得。

$Bi_2O_3+2C=2Bi+CO\uparrow+CO_2\uparrow$
工业上生产金属铋的原理之一。先用自然界天然存在的 Bi_2S_3 和 O_2 反应，生成 Bi_2O_3：$2Bi_2S_3+9O_2=2Bi_2O_3+6SO_2$。将生成的 Bi_2O_3 用 C 还原，就可以得到金属铋粗产品，再精炼。

$Bi_2O_3+3C\overset{\triangle}{=}2Bi+3CO\uparrow$ 用 C 还原三氧化二铋制备金属铋的原理之一，当 $n(Bi_2O_3):n(C)=1:3$ 时，生成 CO。

$Bi_2O_3+6HNO_3=2Bi(NO_3)_3+3H_2O$
三氧化二铋溶于稀硝酸，生成硝酸铋和水。

$Bi_2O_3+H_2SO_4=(BiO)_2SO_4+H_2O$
三氧化二铋溶于稀硫酸，生成硫酸氧铋和水。

【Bi_2S_3】 三硫化二铋。

$Bi_2S_3+6HCl=2BiCl_3+3H_2S\uparrow$
三硫化二铋是碱性硫化物，和盐酸反应，生成三氯化铋和硫化氢气体。

$2Bi_2S_3+9O_2=2Bi_2O_3+6SO_2$ 工业上生产金属铋的原理之一。先用 Bi_2S_3 和 O_2 反应，生成 Bi_2O_3，再用 C 还原 Bi_2O_3，就可以得到金属铋。

【BiO_3^-】

$5BiO_3^-+2Mn^{2+}+14H^+=2MnO_4^-+5Bi^{3+}+7H_2O$ BiO_3^- 具有很强的氧化性，可溶性铋酸盐将 Mn^{2+}氧化为 MnO_4^-，实验室利用该反应定量测定和鉴定 Mn^{2+}：淡红色（很稀的溶液几乎为无色）的 Mn^{2+}变为紫色的 MnO_4^-，可以测出 0.8μ g 的锰。

【$NaBiO_3$】

铋酸钠，又叫偏铋酸钠，黄色或棕色无定形粉末，稍具吸湿性；被酸分解，和盐酸作用放出氯气，和含氧酸作用放出氧气；不溶于冷水，遇热水分解生成三氧化二铋、氢氧化钠和氧气；是极强的氧化剂。将三氧化二铋在强碱溶液中氧化可得。分析化学中常作为锰的分析试剂，使 Mn^{2+}变为 MnO_4^-。

$5NaBiO_3+2Mn^{2+}+14H^+\overset{\triangle}{=}5Na^++5Bi^{3+}+2MnO_4^-+7H_2O$ BiO_3^-具有较强的氧化性，将 Mn^{2+}氧化为 MnO_4^-，实验室利用该反应定量测定 Mn^{2+}：淡红色（很稀的溶液几乎为无色）的 Mn^{2+}变为紫红色的 MnO_4^-，可以测出 0.8μ g 的锰。因 $NaBiO_3$ 不溶于冷水，所以，在离子方程式中写成化学式的形式。化学方程式见【$5NaBiO_3+2MnCl_2+14HCl$】。也可用于鉴定 Mn^{2+}，淡红色（很稀的溶液几乎为无色）变为紫红色。但过量 Mn^{2+}会将 MnO_4^-还原为 $MnO(OH)_2(s)$，Cl^-及其他还原剂会干扰 Mn^{2+}的鉴定，不能在 HCl 溶液中进行。

$5NaBiO_3+2MnCl_2+14HCl=5BiCl_3+3NaCl+2NaMnO_4+7H_2O$

$NaBiO_3$ 具有较强的氧化性，将 Mn^{2+}氧化为 MnO_4^-，实验室利用该反应定量测定和鉴定 Mn^{2+}。

$10NaBiO_3+4MnSO_4+14H_2SO_4=4NaMnO_4+5Bi_2(SO_4)_3+3Na_2SO_4+14H_2O$ 铋酸钠具有很强的氧化性，可以将 Mn^{2+}氧化为 MnO_4^-。在分析化学中，该反应可以用来检验 Mn^{2+}：待测溶液中加入 H_2SO_4 和固体 $NaBiO_3$，加热时溶液变成紫红色，说明待测溶液中有 Mn^{2+}，被氧化为 MnO_4^-。

第七章 ⅥA 族元素单质及其化合物

氧(O) 硫(S) 硒(Se) 碲(Te) 钋(Po)

【O】

$O+NO_2 = NO+O_2$ NO、NO_2作催化剂破坏臭氧的过程之一，详见【$NO+O_3$】。

$O+O_2 \rightarrow O_3$ 见【$O_2 \xrightarrow{激光} 2O$】。

$O+O_3 \xlongequal{Cl} 2O_2$ 氟利昂（氟氯代烷$CFCl_3$、CF_2Cl_2等）破坏臭氧层的总反应式。如：

$CF_2Cl_2 \xrightarrow[\lambda<221nm]{光} CF_2Cl\cdot+Cl\cdot$，$O_3+Cl\cdot = ClO\cdot+O_2$，$ClO\cdot+O = Cl\cdot+O_2$，后两步加合得总反应式为$O_3+O \xlongequal{Cl} 2O_2$，$Cl\cdot$作催化剂。

$O+O_3 \xlongequal{NO} 2O_2$ NO、NO_2作催化剂破坏臭氧的过程之一，详见【$NO+O_3$】。

$O+O_3 \xlongequal{NO_x} 2O_2$ NO、NO_2作催化剂破坏臭氧的过程之一，详见【$NO+O_3$】。

【O_2】

氧气，无色、无味气体，空气中约占 21%。氧元素在地壳中的丰度居第一位。地壳中丰度前 9 位的元素是 O、Si、Al、Fe、Ca、Na、K、Mg、H。氧元素有$^{16}_{8}O$、$^{17}_{8}O$、$^{18}_{8}O$等，它们互为同位素。氧气能助燃，但不自燃，能被液化和固化，液态为天蓝色，固态为蓝色晶体。实验室常由氯酸钾和二氧化锰共热制备，也可用二氧化锰作催化剂由过氧化氢分解少量制取，工业上由液态空气分馏大规模生产。氧气是动植物呼吸和物质燃烧的氧化剂。纯氧顶吹转炉炼钢法可提高金属冶炼产量，医疗上可用于吸氧和高压氧舱。

$O_2 \xrightarrow{激光} 2O$ 俄罗斯航空机械制造研究所提出的补充大气中臭氧的原理之一。先制得 O，之后，$O+O_2 \rightarrow O_3$。

$2O_2 \xlongequal{h\nu} O+O_3$ 空气中 O 和O_3的来源，在光的作用下，O_2变为 O 和O_3。

$3O_2 \xlongequal{通电} 2O_3$ 氧气在通电条件下生成臭氧。雷雨天会产生少量的臭氧，使人产生爽快和振奋的感觉。实验室里可以用臭氧发生器获得氧气和臭氧的混合物，臭氧含量可达 10%。

$O_2+4e^- = 2O^{2-}$ 新型燃料电池正极电极反应式。电解质为掺有YO_3的ZrO_2（氧化锆），熔融状态下可以传导O^{2-}。

$O_2+2H_2O+4e^- = 4OH^-$ 碱性电解质的氢氧燃料电池，或者甲烷、乙烷、甲醇等燃料电池的正极电极反应式，也是钢铁等金属吸氧腐蚀的正极电极反应式。

$O_2+Hb \rightleftharpoons Hb\cdot O_2$ 人和动物体中，吸入的氧气和血红蛋白结合生成氧合血红蛋白，经血液循环进入身体的各个部位，实现氧气的输送，Hb 代表血红蛋白。$Hb\cdot O_2$(或写作HbO_2)会继续结合O_2：$HbO_2+O_2 \rightleftharpoons Hb(O_2)_2$，$Hb(O_2)_2+O_2 \rightleftharpoons Hb(O_2)_3$，$Hb(O_2)_3+O_2 \rightleftharpoons Hb(O_2)_4$。结合过程越来越容易，叫作合作效应，生成$Hb(O_2)_4$时达到饱和。

$O_2+HbO_2 \rightleftharpoons Hb(O_2)_2$ 人和动物体中，吸入的氧气和血红蛋白结合生成氧合血红蛋白的反应之一，详见【O_2+Hb】。

$O_2+Hb(O_2)_2 \rightleftharpoons Hb(O_2)_3$ 人和动物体中，吸入的氧气和血红蛋白结合生成氧合血红蛋白的反应之一，详见【O_2+Hb】。

$O_2+Hb(O_2)_3 \rightleftharpoons Hb(O_2)_4$ 人和动物体中，吸入的氧气和血红蛋白结合生成氧

合血红蛋白的反应之一，详见【O_2+Hb】。

$O_2+Mb \rightleftharpoons MbO_2$ 肌红蛋白和O_2结合的原理，肌红蛋白用 Mb 表示。Hb 表示血红蛋白，结合 O_2 的原理见【O_2+Hb】。虽然 Mb 和 Hb 两者都结合氧和释放氧，生理功能却不同：Hb 在肺部结合 O_2，通过血液循环带到各组织；细胞中的 O_2 是由 Mb 结合和储存的。

$O_2+PtF_6 = O_2^+PtF_6^-$ 室温下，氧气直接和六氟化铂蒸气反应，生成二氧基阳离子 O_2^+的盐，后者是人类第一次制得的二氧基阳离子的盐。1962 年英国化学家巴特列在研究铂和氟的反应时，发现了一种深红色固体，其组成为 $O_2^+PtF_6^-$。

【O_3】 臭氧，蓝色气体，和氧气互为同素异形体。液态呈蓝色，固态为蓝黑色晶体，具有鱼腥臭味，具有很强的氧化性。空气中含臭氧 0.02ppm 左右。自然界中 90%的臭氧集中在距地面 15km~ 50km 的大气平流层中，大气层中的臭氧能够吸收来自太阳紫外线的强辐射，保护地球上的生物免遭伤害。雷雨天会产生少量的臭氧：$3O_2 \xlongequal{放电} 2O_3$，使人产生爽快和振奋的感觉。臭氧可作为污水净水剂、饮水消毒剂、脱色剂等。测定 O_3 含量的原理：$2KI+O_3+H_2O = 2KOH+I_2+O_2$，再用硫代硫酸钠溶液滴定 I_2。长期呼吸含臭氧 0.1ppm 以上的空气对人体有害。液体臭氧容易发生爆炸。20 世纪 80 年代后，人们在南极和北极相继发现了“臭氧空洞”，氟氯代烷、含溴的烷烃等是破坏臭氧的主要物质。冷水中其溶解度比氧气大十倍，溶于碱溶液和油类中，不稳定，含臭氧的溶液受热会爆炸。工业上常将氧气或空气通入高压放电装置而得。可用作消毒剂、漂白剂和氧化剂。

$2O_3 = 3O_2$ 臭氧分解生成氧气。

$O_3 \xrightarrow{紫外线} O_2+O$ 臭氧吸收紫外光后变为氧气和氧原子，大气层中臭氧的消耗过程。大气层中臭氧的生成过程：$O_2 \xrightarrow[\lambda<242nm]{光} O+O$，$O+O_2 \rightarrow O_3$。当两种光化学过程达到动态平衡时，大气层中臭氧的浓度相对稳定。臭氧能够吸收来自太阳紫外线的强辐射，保护地球上的生物免遭伤害，是一个天然屏障。

$4O_3+4OCN^-+2H_2O = 4CO_2+2N_2+3O_2+4OH^-$ 臭氧用来处理和治理电镀工业产生的含氰废水的反应之一，见【O_3+CN^-】。

$O_3+CN^- = OCN^-+O_2$ 臭氧能氧化 CN^-，可用来处理和治理电镀工业产生的含氰废水。O_3 少量时生成 OCN^-，生成的 OCN^- 毒性大幅下降，OCN^-可被 O_3 继续氧化，毒性继续降低：$4O_3+4OCN^-+2H_2O = 4CO_2+2N_2+3O_2+4OH^-$，最终生成无毒的 CO_2、N_2、O_2 而排放。

$O_3+2I^-+H_2O = I_2+O_2+2OH^-$ O_3 能迅速、定量地将 I^-氧化成 I_2，可用于测定 O_3 的含量。之后再用 $Na_2S_2O_3$ 溶液滴定 I_2。

$O_3+2KI+H_2O = I_2+O_2+2KOH$ O_3 定量地将 I^-氧化为 I_2，可以用来测定 O_3 的含量。

$4O_3+4KOH(s) = 4KO_3+O_2+2H_2O$ 臭氧和固体氢氧化钾反应可制备臭氧化钾。将 KO_3 用液氨结晶，可得到橘红色的 KO_3 晶体。当 KOH 和 O_3 按物质的量之比 3∶2 反应时，见【$4O_3(g)+6KOH(s)$】。

$4O_3(g)+6KOH(s) = 4KO_3(s)+2KOH \cdot H_2O(s)+O_2(g)$ 臭氧和氢氧化钾固体作用制备臭氧化钾，用液氨重结晶，可得到橘红色晶体 KO_3。KO_3 不稳定，缓慢分解成 KO_2 和 O_2。当 KOH 和 O_3 按物质的

量之比 1∶1 反应时，见【$4O_3$+4KOH】。Rb、Cs 的臭氧化物都可以用类似的方法制取。

$2O_3(g)+3MOH(s)=MOH\cdot H_2O+2MO_3+\frac{1}{2}O_2(g)$ 在低温下，除 Li 之外的碱金属无水氢氧化物粉末和 O_3 反应，并用液氨提取，可得红色的臭氧化物 MO_3 固体。

$O_3+2NO_2=N_2O_5+O_2$ 臭氧具有很强的氧化性，将二氧化氮氧化为五氧化二氮。制备五氧化二氮的原理之一。

【O^{2-}】 氧离子。注意区分：过氧离子 O_2^{2-}；超氧离子 O_2^-。

$2O^{2-}-4e^-=O_2\uparrow$ 工业上用电解熔融氧化铝的方法生产金属铝。该反应是阳极上的电极反应式，生成氧气。见【$2Al_2O_3\xlongequal{电解}4Al+3O_2\uparrow$】。

【O_2^-】 超氧离子。

$2O_2^-+2H^+\xlongequal{SOD}H_2O_2+O_2$ 人体内的超氧离子自由基在 SOD 和酸性条件下，发生歧化反应，生成过氧化氢和氧气。SOD 是超氧化合物歧化酶的英文缩写。铜化合物铜蛋白酶，具有生物活性，存在于哺乳动物血红细胞、肝、脑中的铜蛋白酶中，呈蓝色，可以催化超氧离子发生歧化反应。

$2O_2^-+2H_2O\xlongequal{SOD}H_2O_2+O_2\uparrow+2OH^-$ 人体内的超氧离子自由基在 SOD 和中性条件下，发生歧化反应，和水反应生成过氧化氢、氧气和 OH^-。

【S】 硫，俗称硫磺、硫黄，黄色晶体，质脆，易研成粉末；不溶于水，微溶于酒精和乙醚，易溶于 CS_2、四氯化碳和苯；有多种同素异形体：正交硫（α-硫）、单斜硫（β-硫）、无定形的弹性硫、紫硫、胶态硫等。正交硫为黄色晶体，室温稳定，单斜硫为淡黄色针状晶体，94.5℃~119℃时稳定，低于 94.5℃时转为正交硫。正交硫和单斜硫为八个硫原子组成的折皱冠状环形分子结构。实验室里仪器壁上的硫可用 CS_2 或 NaOH 溶液除去。硫元素在自然界中以游离态和化合态存在，可从硫矿中提取或用焦炭还原烟道气中的二氧化硫而得。可制硫酸、黑色火药、杀虫剂、硫化橡胶、烟火等，在医疗上可用于治疗疥癣等。

$2S+Cl_2=S_2Cl_2$ 氯气可与大多数非金属直接化合，氯气和非金属硫反应，生成一氯化硫，后者是一种液态的橡胶硫化剂，也作为氯化剂和中间体。当氯气过量时，生成液态二氯化硫，见【$S+Cl_2$】。

$S+Cl_2=SCl_2$ 氯气可与大多数非金属直接化合，氯气和非金属硫反应，当氯气过量时，生成液态二氯化硫。

$S+3F_2=SF_6$ 硫在氟的气氛中燃烧得到六氟化硫气体，该气体无色、无味、无毒，化学性质稳定，不与水、酸等反应，具有突出的稳定性和优良的绝缘性，可用作高压发电机和开关装置的绝缘气体，也可作冷冻剂。当冷却的硫和 F_2 作用时，生成 SF_6 和 SF_4 的混合物，四氟化硫剧毒，与水激烈作用生成 HF 和 SO_2。SF_4 和 F_2 在 380℃时作用生成 SF_6。

$S+H_2\xlongequal{\triangle}H_2S$ 硫蒸气和氢气在加热条件下反应，生成硫化氢。

$S+2HNO_3=H_2SO_4+2NO\uparrow$ 硝酸具有强氧化性。浓硝酸中 HNO_3 和 S 按物质的量之比 2∶1 反应，生成硫酸和一氧化氮。若浓硝酸中 HNO_3 和 S 按物质的量之比 4∶3 反应，生成二氧化硫和一氧化氮，见【3S+$4HNO_3$】。反应物的量不同，反应结果不同；

浓度不同，反应也不同。浓硝酸中 HNO_3 和 S 按物质的量之比 6∶1 反应时，见【S+6HNO_3(浓)】。浓硝酸和非金属反应，还原产物往往是 NO，若还原剂少量，还原产物可能为 NO_2。

$3S+4HNO_3 = 3SO_2\uparrow+4NO\uparrow+2H_2O$
浓硝酸中 HNO_3 和 S 按物质的量之比 4∶3 反应，生成二氧化硫和一氧化氮。

$S+6HNO_3(浓) \xlongequal{\triangle} H_2SO_4+6NO_2\uparrow+2H_2O$ 硫和浓硝酸反应，若 HNO_3 和 S 物质的量之比为 6∶1 时，生成硫酸、二氧化氮和水，表现硝酸的强氧化性。

$S+2H_2SO_4(浓) \xlongequal{\triangle} 3SO_2\uparrow+2H_2O$

硫和浓硫酸加热反应，生成二氧化硫和水。ΔH_{298}=165.8kJ/mol。硫和发烟硫酸作用，有二氧化硫生成的同时，还有环状阳离子 S_8^{2+} 等生成，使溶液变成蓝色。硫和发烟硫酸反应完的溶液具有顺磁性，可能是形成了少量的 S_n^+游离基引起的。$S_8^{2+} \rightleftharpoons 2S_4^+$，$S_{16}^{2+} \rightleftharpoons 2S_8^+$。

$3S+6KOH \xlongequal{\triangle} 2K_2S+K_2SO_3+3H_2O$
硫单质和氢氧化钾溶液在加热时发生歧化反应，生成硫化钾、亚硫酸钾和水。

$3S+6NaOH \xlongequal{\triangle} 2Na_2S+Na_2SO_3+3H_2O$ 硫单质和氢氧化钠溶液在加热时发生歧化反应，生成硫化钠、亚硫酸钠和水。

$S+Na_2SO_3 \xlongequal{\triangle} Na_2S_2O_3$ 硫粉溶解在沸腾的亚硫酸钠碱性溶液中生成硫代硫酸钠。硫代硫酸钠又名“海波”或“大苏打”，常用作还原剂。还可以将硫化钠和碳酸钠按物质的量之比 2∶1 配成溶液，再通入二氧化硫制得硫代硫酸钠：$2S^{2-}+CO_3^{2-}+4SO_2 = 3S_2O_3^{2-}+CO_2\uparrow$。

$S+O_2 \xlongequal{点燃} SO_2$ 硫在空气中或氧气中燃烧，生成二氧化硫。硫在空气中燃烧，火焰为淡蓝色；硫在氧气中燃烧，火焰呈明亮的蓝紫色。工业上一般以此制备二氧化硫。

$S(s)+ O_2(g) \xlongequal{点燃} SO_2(g)$；$\Delta H=-297kJ/mol$ 硫在空气中或氧气中燃烧生成二氧化硫的热化学方程式。

$3S+6OH^- = 2S^{2-}+SO_3^{2-}+3H_2O$
硫单质和强碱溶液在加热时发生歧化反应的离子方程式，生成硫化物、亚硫酸盐和水。

$S+SO_2+2NaOH = Na_2S_2O_3+H_2O$
NaOH、S 和 SO_2 反应，生成硫代硫酸钠。工业上用此反应制硫代硫酸钠，见【S+Na_2SO_3】。

【S_8】 环八硫。将固态硫（正交硫和单斜硫）加热到熔融，得到一种透明的、浅黄色的、黏度小的、易流动的液体，叫 λ-硫（S_λ），主要成分为环八硫，S_8 占 95.1%，S_6 占 0.60%，S_7 占 2.8%，$S_x(x>8)$ 占 1.5%。硫蒸气中含有 S_8、S_6、S_4、S_2 等偶数分子和 S_7、S_5、S_3 等奇数分子。通常情况下参与化学反应的大都为环八硫 S_8，为简便起见，常写成 S。

$\frac{n}{8}S_8(l)+2Na(l) = Na_2S_n(l)$ 钠—硫电池的工作原理。由美国福特汽车公司的 J·TKummer 和 N·Weber 于 1966 年首先报道。熔融的钠放出电子，通过外电路将 S_8 还原为多硫离子。Na^+穿过固体电解质和硫反应而传递电流。

【S^{2-}】 硫离子。

$S^{2-}+H^+ = HS^-$ 硫离子和少量的氢离子反应生成 HS^-。再加酸，HS^-和氢离子继续反应生成硫化氢：$HS^-+H^+ = H_2S\uparrow$。两步加合得：$S^{2-}+2H^+ = H_2S\uparrow$。

$S^{2-}+2H^+ = H_2S\uparrow$ 硫化物和过量的强酸反应，生成硫化氢气体。该反应可以用来制取硫化氢气体。

$S^{2-}+H_2O \rightleftharpoons HS^-+OH^-$ S^{2-}的第一步水解离子方程式。第二步水解离子方程式：$HS^-+H_2O \rightleftharpoons H_2S+OH^-$。多元弱酸根离子分步水解，离子方程式分步书写。

$2S^{2-}+SO_2+4H^+ = 3S\downarrow+2H_2O$ SO_2在酸性溶液中将S^{2-}氧化为S，SO_2自身也被还原为S。

$S^{2-}+SO_2+H_2O = SO_3^{2-}+H_2S\uparrow$
硫化物水溶液中通入二氧化硫气体，生成硫化氢气体。亚硫酸的酸性强于氢硫酸。

$2S^{2-}+S_2O_3^{2-}+6H^+ = 4S\downarrow+3H_2O$
S^{2-}和$S_2O_3^{2-}$在酸性条件下反应，生成浅黄色浑浊硫和水。

【Na_2S】硫化钠，无色晶体，暴露在空气中或见光会变成黄色或砖红色，极易潮解，无水物不稳定；溶于水，因S^{2-}强烈水解，水溶液显强碱性。在空气中不稳定，被缓慢氧化为硫代硫酸钠。空气中吸收水分和二氧化碳，放出硫化氢气体。可用硫酸钠和C混合煅烧来生产：$2C+Na_2SO_4 \xlongequal{高温} Na_2S+2CO_2\uparrow$。用于制硫化颜料，作有机化学还原剂。

$Na_2S+2HCl = H_2S\uparrow+2NaCl$ Na_2S和过量或足量HCl反应，生成硫化氢气体和氯化钠。强酸制弱酸。若Na_2S和少量HCl反应，生成硫氢化钠和氯化钠：$HCl+Na_2S = NaHS+NaCl$。多元弱酸根离子结合氢离子都一样，分步逐级结合。

$Na_2S+H_2O \rightleftharpoons NaHS+NaOH$
硫化钠的第一步水解，生成硫氢化钠和氢氧化钠。第二步水解：$NaHS+H_2O \rightleftharpoons H_2S+NaOH$。强碱弱酸盐水解显碱性。多元弱酸根离子分步水解，分步写化学方程式或离子方程式。以上两步对应的离子方程式分别为$S^{2-}+H_2O \rightleftharpoons HS^-+OH^-$，$HS^-+H_2O \rightleftharpoons H_2S+OH^-$。

$Na_2S+4H_2O_2 = Na_2SO_4+4H_2O$
过氧化氢作氧化剂，将硫化钠氧化为硫酸钠。

$Na_2S+H_2SO_4 = Na_2SO_4+H_2S\uparrow$
Na_2S和稀H_2SO_4反应，生成硫化氢气体和硫酸钠。强酸制弱酸，高沸点酸制低沸点的酸。

$Na_2S+2NaHSO_4 = H_2S\uparrow+2Na_2SO_4$
硫酸氢钠和硫化钠反应，生成硫化氢气体和硫酸钠。硫酸氢钠在水中电离出氢离子，水溶液显强酸性，其作用相当于硫酸。

$Na_2S+(x-1)S = Na_2S_x$ 硫化钠溶液能溶解单质硫，生成多硫化物。类似于KI溶液溶解单质碘，见【I_2+I^-】。另见【$(NH_4)_2S+(x-1)S$】。

$Na_2S+SO_2+H_2O = Na_2SO_3+H_2S$
硫化钠水溶液中通入二氧化硫气体，生成亚硫酸钠和硫化氢气体。酸性：亚硫酸>氢硫酸。

【K_2S】硫化钾，白色晶体或熔块，极易吸湿，空气中呈红色或黄红色，极易溶于水，溶于乙醇、甘油，不溶于乙醚，不稳定，迅速加热可能发生爆炸。可由硫酸钾与C在密封坩埚中加热制得，可用作药物和分析试剂。

$K_2S+H_2SO_4 = K_2SO_4+H_2S\uparrow$ 硫化钾和硫酸反应，生成硫化氢气体。

$2K_2S+K_2SO_3+6HCl = 3S\downarrow+6KCl+3H_2O$ 酸性条件下K_2SO_3和K_2S发生的氧化还原反应，有浅黄色浑浊硫生成。

【CaS】 硫化钙，黄色至淡灰色粉末，纯品为无色立方晶体，在潮湿的空气或弱酸中逐渐分解，微溶于水并部分分解，在酸中迅速分解放出硫化氢气体。在干燥空气中易被氧化，微溶于水并部分分解，不溶于醇。用硫酸钙和焦炭或木屑在高温强热条件下还原可得粗品硫化钙，将纯碳酸钙在硫化氢和氢气流中加热到1000℃即得纯品硫化钙。硫化钙用作矿物浮选剂、发光材料、食品防腐剂、润滑剂添加物等，纯品常用于电子工业。

$2CaS+2H_2O \rightleftharpoons Ca(HS)_2+Ca(OH)_2$
硫化钙在水中部分水解，生成 $Ca(HS)_2$ 和 $Ca(OH)_2$。若长时间存放于水中，会继续水解释放出 H_2S，见【$CaS+2H_2O$】。

$CaS+2H_2O = Ca(OH)_2+H_2S\uparrow$
硫化钙微溶于水并部分分解，长期存放，生成氢氧化钙和硫化氢气体。

$CaS+H_2O+CO_2 = CaCO_3\downarrow+H_2S$
硫化钙溶液中通入二氧化碳气体，生成碳酸钙沉淀和硫化氢气体。

【BaS】 硫化钡，白色结晶粉末，有时呈浅灰色或浅玫瑰色。干燥空气中易被氧化，潮湿空气中逐渐分解并放出硫化氢。遇酸迅速分解。可由硫化钡在高温下被炭粉还原，或由碳酸钡在硫化氢气流中受热而得。多硫化钡 BaS_3、BaS_4 有时也称硫化钡。

$BaS+CO_2+H_2O = BaCO_3+H_2S$
硫化钡和二氧化碳、水反应制备碳酸钡的原理。工业上以 $BaSO_4$ 为原料制备一系列钡盐的原理之一，详见【$BaSO_4+4C$】。

$BaS+CaCl_2 \xlongequal{高温} BaCl_2+CaS$ 高温条件下，由硫化钡制备硫化钙。硫化钙用作矿物浮选剂、发光材料、食品防腐剂、润滑剂添加物等，纯品常用于电子工业。

$BaS+2HCl = BaCl_2+H_2S\uparrow$ 硫化钡和盐酸反应制备氯化钡的原理之一。

$2BaS+2H_2O = Ba(HS)_2+Ba(OH)_2$
BaS 在水中水解成易溶于水的 $Ba(HS)_2$ 和 $Ba(OH)_2$。

$BaS+ZnSO_4 = ZnS\cdot BaSO_4\downarrow$ 工业上生产锌钡白颜料的原理。硫化锌和硫酸钡所形成的混合晶体叫作锌钡白，也叫“立德粉”，是优良的白色颜料。

【S_2^{2-}】

$S_2^{2-}+2H^+ = H_2S_2$ 过硫化物在酸性介质中容易歧化，先生成过硫化氢，H_2S_2 又分解为 H_2S 和 S：$H_2S_2 = H_2S\uparrow+S\downarrow$。

【$(NH_4)_2S_2$】 多硫化铵。

$(NH_4)_2S_2+SnS = (NH_4)_2SnS_3$
硫化亚锡和多硫化铵反应，因多硫化铵中的活性硫的作用，即过硫键的氧化作用，将Sn(Ⅱ)氧化为Sn(Ⅳ)，生成硫代锡酸盐。离子方程式见【$SnS+S_2^{2-}$】，类似反应见【$SnS+Na_2S_2$】。

【Na_2S_2】 多硫化物 M_2S_x 中，$x=2$ 时叫作过硫化物，是过氧化物的同类化合物，含有过硫键－S－S－，类似于过氧键－O－O－。Na_2S_2 叫过硫化钠。

$Na_2S_2+2HCl = 2NaCl+S\downarrow+H_2S\uparrow$
过硫化钠在酸性条件下发生歧化反应，生成氯化钠、硫化氢气体和硫。

【S_x^{2-}】

$S_x^{2-}+2H^+ = H_2S+(x-1)S$ 多硫化合物在酸性溶液中很不稳定，易发生歧化反应。

【H_2S】 硫化氢，无色，有臭鸡蛋气味，有剧毒，化学性质不稳定，空气中会燃烧和被氧气氧化；能溶于水，20℃时，1 体积水能溶解 2.6 体积硫化氢，溶于乙醇、甘油和二硫化碳。硫化氢的水溶液叫氢硫酸或硫化氢水，是一种二元弱酸。空气中燃烧火焰呈浅蓝色，完全燃烧生成二氧化硫和水，不完全燃烧则生成硫和水。可由稀硫酸和硫化物作用，或由硫和氢气直接反应而得。分析化学中常用作沉淀剂分离和鉴定某些金属离子，也用于除去硫酸、盐酸中的重金属盐，以及制备硫。

$H_2S \xlongequal{\triangle} H_2+S\downarrow$ 硫化氢受热分解，生成氢气和硫。

$H_2S \rightleftharpoons H^++HS^-$ 氢硫酸的第一步电离。氢硫酸是二元弱酸，电离时分两步电离，第二步电离：$HS^- \rightleftharpoons H^++S^{2-}$。

$H_2S+CO_3^{2-}=HCO_3^-+HS^-$ 硫化氢的水溶液叫作氢硫酸。见【$H_2S+Na_2CO_3$】。

$2H_2S+H_2SO_3=3S\downarrow+3H_2O$ 氢硫酸和亚硫酸发生氧化还原反应，生成硫和水。溶液中有浅黄色浑浊硫生成。

$3H_2S+H_2SO_4$(浓)$=4S\downarrow+4H_2O$ (H_2S 过量) 浓硫酸中纯 H_2SO_4 和硫化氢按物质的量之比 1∶3 反应，即 H_2S 过量时，生成硫和水。氧化剂和还原剂的量不同，反应结果不同。

$H_2S+H_2SO_4$(浓)$=S\downarrow+SO_2\uparrow+2H_2O$ 浓硫酸中纯 H_2SO_4 和硫化氢按物质的量之比 1∶1 反应，生成硫、二氧化硫和水。

$H_2S+3H_2SO_4$(浓)$\xlongequal{\triangle}4SO_2\uparrow+4H_2O$ (浓 H_2SO_4 过量) 浓硫酸中纯 H_2SO_4 和硫化氢按物质的量之比 3∶1 反应，即浓 H_2SO_4 过量时，生成二氧化硫和水。

$H_2S+Hg^{2+}=HgS\downarrow+2H^+$ H_2S 和 Hg^{2+}反应，生成黑色硫化汞沉淀。HgS 的溶解度非常小，甚至不溶于浓硝酸，只溶于王水或硫化钠溶液。

$H_2S+Hg(NO_3)_2=HgS\downarrow+2HNO_3$ H_2S 和 $Hg(NO_3)_2$ 反应，生成黑色不溶于水的硫化汞沉淀。HgS 的溶解度非常小，甚至不溶于浓硝酸，只溶于王水或硫化钠溶液。

$H_2S+I_2=S\downarrow+2HI$ 碘的氧化性强于硫，和硫化氢反应生成硫和碘化氢。非金属单质之间的置换反应，可以判断单质的氧化性（或元素的非金属性）的强弱。氧化性：$F_2>Cl_2>Br_2>I_2>S$，非金属性：F> Cl>Br>I>S。

$3H_2S+K_2Cr_2O_7+4H_2SO_4=3S\downarrow+Cr_2(SO_4)_3+K_2SO_4+7H_2O$ 在酸性条件下，重铬酸钾作强氧化剂，将硫化氢氧化为硫，自身被还原为 $Cr_2(SO_4)_3$。溶液中有浅黄色浑浊硫生成。

$5H_2S+2KMnO_4+3H_2SO_4=K_2SO_4+2MnSO_4+8H_2O+5S\downarrow$ 高锰酸钾作氧化剂，硫化氢作还原剂，有浅黄色浑浊硫生成。

$H_2S+Mg=MgS+H_2$ 金属镁在硫化氢气流中受热生成硫化镁。硫化镁是浅红棕色晶体，遇水分解，可用来制备硫化氢气体。因为硫化镁遇水分解，生成氢氧化镁和硫化氢，水溶液中无法制备硫化镁。

$5H_2S+2MnO_4^-+6H^+=2Mn^{2+}+5S\downarrow+8H_2O$ 硫化氢和高锰酸钾溶液反应的离子方程式。

$H_2S+Na_2CO_3=NaHCO_3+NaHS$ 碳酸钠和氢硫酸反应，生成碳酸氢钠和硫氢化钠。碳酸：$K_{a(1)}=4.30\times10^{-7}$，$K_{a(2)}=5.61\times10^{-11}$。氢硫酸：$K_{a(1)}=1.3\times10^{-7}$，$K_{a(2)}=7.1\times10^{-15}$。因为酸性：$H_2CO_3>H_2S>HCO_3^->HS^-$，只能生成碳酸氢钠，不会生成碳酸。

$H_2S+4NaClO=H_2SO_4+4NaCl$ NaClO 具有强氧化性，将 H_2S 氧化为硫酸，自身被还原为氯化钠。

$H_2S+2NaH═Na_2S+2H_2↑$ 氢化钠和硫化氢反应，生成硫化钠和氢气，属于氧化还原反应。氢化钠作还原剂，氢元素化合价由−1价升为0价；硫化氢作氧化剂，氢元素化合价由+1价降为0价。还原性：NaH>H_2S。金属氢化物具有强还原性通性。

$H_2S+NaOH═NaHS+H_2O$ 硫化氢和少量的氢氧化钠反应，生成硫氢化钠和水。

$H_2S+2NaOH═Na_2S+2H_2O$ 硫化氢和过量的氢氧化钠反应，生成硫化钠和水。

$H_2S+Na_2S═2NaHS$ Na_2S和H_2S反应，生成NaHS。

$2H_2S+O_2\xlongequal{点燃}2H_2O+2S↓$ 硫化氢不完全燃烧，生成硫和水。硫的生产原理之一，利用天然气、煤气或工业废气生产硫。

$2H_2S+O_2═2H_2O+2S↓$ 久置在空气中的氢硫酸出现浅黄色浑浊物的原因。

$2H_2S$(水溶液)$+O_2═2H_2O+2S$(溶胶) 将氧气通入硫化氢水溶液中，硫化氢被氧化成硫黄，固体小颗粒分散在水中形成硫黄溶胶：硫黄溶胶的制备原理。

$2H_2S+3O_2\xlongequal{点燃}2H_2O+2SO_2$ 硫化氢完全燃烧，生成二氧化硫和水。

$H_2S+OH^-═HS^-+H_2O$ H_2S和少量的一元强碱溶液反应，生成HS^-和H_2O。若继续加碱，HS^-会继续反应：$OH^-+HS^-═S^{2-}+H_2O$。过量或足量的碱和H_2S反应：$2OH^-+H_2S═S^{2-}+2H_2O$。

$2H_2S+SO_2═3S↓+2H_2O$ 硫化氢气体和二氧化硫气体反应，生成硫和水。若将二氧化硫通入氢硫酸中，反应也一样，溶液中生成浅黄色的浑浊硫。SO_2既有氧化性又有还原性，H_2S具有还原性，两者发生氧化还原反应，符合化合价归中规律，生成硫和水。

$H_2S+SO_3\xrightarrow[-78℃]{乙醚}H_2S_2O_3·nEt_2O$

游离的硫代硫酸遇水迅速分解，产物较复杂，与反应条件有关。M·Schmidt(史密斯)和他的同事在1959—1961年采用无水条件合成了无水硫代硫酸。Et表示乙基，Et_2O表示乙醚。或者：$Na_2S_2O_3+2HCl\xrightarrow[-78℃]{乙醚}2NaCl+H_2S_2O_3·2Et_2O$。

$H_2S+X_2═2H^++2X^-+S↓$ 卤素单质将氢硫酸氧化为硫单质的离子方程式。

$H_2S(aq)+X_2(aq)═2HX+S↓$ (X_2：Cl_2、Br_2、I_2) 卤素单质将氢硫酸氧化为硫单质，溶液中有浅黄色浑浊硫生成。氧化性：$F_2>Cl_2>Br_2>I_2>S$。利用该反应，过滤除去S，可以制备少量HBr和HI。

【HDS】硫化氢氘。

$HDS(g)+H_2O(l)═HDO(l)+H_2S(g)$ 硫化氢氘HDS和水双温交换法，提取重水HDO。氢元素有三种同位素：氕（${}_1^1H$）、氘（${}_1^2H$）、氚（${}_1^3H$），分别用H、D、T表示。

【HS^-】硫氢根离子，硫化氢失去一个H^+后剩余的阴离子。

$HS^-\rightleftharpoons H^++S^{2-}$ 硫氢根离子的电离方程式，也是氢硫酸的第二步电离。氢硫酸的第一步电离：$H_2S\rightleftharpoons H^++HS^-$。

$HS^-+H^+═H_2S↑$ H^+和HS^-结合生成硫化氢，溶液饱和以后放出硫化氢气体，也是硫离子结合氢离子的第二步反应，见【$S^{2-}+H^+$】。强酸制弱酸。

$HS^-+H_2O\rightleftharpoons H_2S+OH^-$ HS^-水解的离子方程式，也是S^{2-}的第二步水解离子方程式。S^{2-}的第一步水解离子方程式：$S^{2-}+H_2O\rightleftharpoons HS^-+OH^-$。多元弱酸根离子分步水解，离子方程式分步书写。同时HS^-还要电离：$HS^-\rightleftharpoons H^++S^{2-}$。常温下水解程度大

于电离程度，水溶液显碱性。

$HS^-+H_2O \rightleftharpoons H_3O^++S^{2-}$ HS^-的电离方程式，也是 H_2S 的第二步电离方程式，还可以写作 $HS^- \rightleftharpoons H^++S^{2-}$。

$2HS^-+4HSO_3^-=3S_2O_3^{2-}+3H_2O$
硫化氢和亚硫酸的碱溶液作用制备硫代硫酸盐。可控制碱的量，使 H_2S 和 H_2SO_3 分别变成 HS^-、HSO_3^-。

$HS^-+OH^-=S^{2-}+H_2O$ OH^-和 HS^-反应，生成 S^{2-}和 H_2O。HS^-中的 H^+被 OH^-夺走生成水和 S^{2-}。酸式盐都有类似的性质。

【NaHS】 硫氢化钠，又叫氢硫化钠，无色结晶体，易潮解，易溶于水，水溶液显碱性。

$NaHS=Na^++HS^-$ 硫氢化钠是强电解质，在水中完全电离生成 Na^+和 HS^-。但生成的 HS^-在水中部分电离：$HS^- \rightleftharpoons H^++S^{2-}$。

$NaHS+NaOH=Na_2S+H_2O$ 硫氢化钠和氢氧化钠反应，生成硫化钠和水。

【$Ba(HS)_2$】

$Ba(HS)_2+CO_2+H_2O=BaCO_3\downarrow+2H_2S$ 工业上用 $BaSO_4$ 作原料制备钡盐的其中一步反应，详见【$BaSO_4$+4C】。

【H_2S_2】 过硫化氢，分子结构和 H_2O_2 分子相似，分子结构中含有过硫链，相当于过氧化物的过氧键，不稳定，容易分解，可由 Na_2S_2 中加酸得到。

$H_2S_2=H_2S+S\downarrow$ 过硫化氢分解，生成硫化氢和硫。

【H_2S_x】

$H_2S_x+2S_2Cl_2=2HCl+S_{(4+x)}Cl_2$
用多硫化氢和一氯化硫作用制备含有多个硫的二氯硫烷。

$H_2S_x+2SCl_2=2HCl+S_{(2+x)}Cl_2$
用多硫化氢和二氯化硫作用制备含有多个硫的二氯硫烷。

【SF_4】 四氟化硫，无色非燃烧气体，剧毒，与水激烈作用，易溶于苯，侵蚀玻璃。可由二氯化硫 SCl_2 和氟化钠作用而得，常作氟化剂。SF_4 是一种具有高度选择性的强氧化剂和氟化剂，能将 BCl_3 转化为 BF_3，将酮或醚中的羰基 C=O 转化为基团=CF_2，将羧基－COOH 转化为基团－CF_3 等等，SF_4 的用途十分广泛。

$3SF_4+UO_3=UF_6+3SOF_2$ UO_3 和 SF_4 反应制 UF_6。工业提取铀的原理之一。

【S_2Cl_2】 一氯化硫，又称二氯化二硫。黄红色油状发烟液体，有刺激性臭味。蒸气有腐蚀性，刺激眼、鼻、喉；溶于醇、醚、苯、二硫化碳等。遇水分解，生成硫、硫化氢、亚硫酸盐、硫代硫酸盐；易溶解硫黄，室温时可达 67%。将氯气通入熔融的硫黄，经分馏提纯可得，可作杀虫剂、硫化染料、合成橡胶等的氯化剂和中间体，也用于橡胶硫化、糖浆纯化和软木硬化。

$6S_2Cl_2+16NH_3\xlongequal{CCl_4}S_4N_4+8S\downarrow+12NH_4Cl$ 四氮化四硫的制备原理之一，用一氯化硫和氨气反应来制备。

$6S_2Cl_2+4NH_4Cl=S_4N_4+8S\downarrow+16HCl$ 四氮化四硫的制备原理之一，用一氯化硫和氯化铵反应来制备。

【SCl_2】 二氯化硫，红棕色发烟液体，有刺鼻的氯气臭味，刺激性强，溶于苯、四氯化碳等，遇水分解析出硫，生成连多硫酸和硫酸。将氯气通入一氯化硫 S_2Cl_2 溶液中至饱和，用二氧化碳赶走过量的氯气可制得 SCl_2。常用作氯化剂、硫化剂、溶剂，也用来生产杀虫剂、有机物等。

$SCl_2+2CH_2=CH_2 \rightarrow S(CH_2CH_2Cl)_2$ 二氯化硫和乙烯加成，生成芥子气，芥子气学名二氯二乙硫醚，在第一次世界大战和1988年两伊战争中曾被使用，属于糜烂性毒气。

$6SCl_2+16NH_3=S_4N_4+2S+12NH_4Cl$ 四氮化四硫的制备原理之一，用二氯化硫和氨气反应来制备。

$SCl_2+SO_3=SOCl_2+SO_2$ 将二氯化硫用三氧化硫氧化可得亚硫酰氯（或氯化亚硫酰）。工业上制备亚硫酰氯的原理之一。

$3SCl_2+4NaF\xlongequal[75℃]{CH_3CN}S_2Cl_2+SF_4+4NaCl$ 在温热的乙腈溶液中，由 NaF 对 SCl_2 氟化制备 SF_4。

【SO_2】 二氧化硫，又称亚硫酸酐，无色有刺激性气味的有毒气体，密度大于空气，易液化，易溶于水。常温常压下 1 体积水可溶解 40 体积 SO_2。SO_2 具有漂白性，能使品红溶液褪色，受热后溶液又恢复红色，此法常被用来检验 SO_2。空气污染物之一，是造成酸雨的主要原因，酸雨 pH<5.6，是强还原剂。将黄铁矿或硫黄在空气中焙烧即得。可用于制亚硫酸盐、保险粉，也用作杀菌剂或毛丝等的漂白剂，不能用于食物漂白。

$SO_2+2CO\xlongequal{500℃}S+2CO_2$ 二氧化硫既有氧化性又有还原性。500℃时铝矾土作催化剂，二氧化硫和强还原剂一氧化碳反应，生成硫和二氧化碳，表现二氧化硫的氧化性，该原理可用于焦炉气中回收硫单质。

$SO_2+Ca^{2+}+2OH^-=CaSO_3\downarrow+H_2O$ 澄清石灰水中通入少量二氧化硫，生成白色 $CaSO_3$ 沉淀和水。实验室用澄清石灰水检验二氧化碳时，要防止二氧化硫的干扰。化学方程式见【$Ca(OH)_2+SO_2$】。若澄清石灰水通入过量的二氧化硫，生成易溶于水的亚硫酸氢钙：$SO_2+OH^-=HSO_3^-$，化学方程式见【$Ca(OH)_2+2SO_2$】。

$SO_2+CaCO_3=CaSO_3+CO_2$ 碳酸钙悬浊液中通入二氧化硫，生成亚硫酸钙和二氧化碳。亚硫酸酸性强于碳酸。该反应可以吸收二氧化硫。

$2SO_2+2CaCO_3+O_2=2CaSO_4+2CO_2$ 火力发电厂向燃煤中加入石灰石，将生成的二氧化硫转化为硫酸钙，以减少二氧化硫的排放和对环境的污染。

$2SO_2+2CaCO_3+O_2+4H_2O=2CaSO_4\cdot 2H_2O+2CO_2$ 火力发电厂用碳酸钙的悬浊液洗废气，吸收二氧化硫，以减少二氧化硫的排放和对环境的污染，并得到生石膏。

$SO_2+Cl_2=SO_2Cl_2$ 氯气和二氧化硫反应，以樟脑或活性炭为催化剂，化合生成无色发烟液体氯化硫酰或称二氯二氧化硫。注意区分：$SOCl_2$，叫作氯化亚硫酰，白色透明液体，可由 SO_2 和 PCl_5 反应而得，见【SO_2+PCl_5】。

$SO_2+2HNO_3=H_2SO_4+2NO_2$ 浓硝酸可将二氧化硫氧化为硫酸。

$SO_2+H_2O \rightleftharpoons H_2SO_3$ 二氧化硫和水反应，生成亚硫酸。该反应是可逆反应，亚硫酸很容易分解生成二氧化硫和水。通常状况下，1 体积水能溶解 40 体积 SO_2。

$SO_2+xH_2O \rightleftharpoons SO_2 \cdot xH_2O \rightleftharpoons H^++HSO_3^-+(x-1)H_2O$ SO_2 的水溶液叫亚硫酸，中学化学一般写作 $SO_2+H_2O=H_2SO_3$。根据对二氧化硫水溶液进行的光谱研究，认为主要物质为各种水合物 $SO_2 \cdot nH_2O$。不同浓度、不同 pH 和不同温度时，存在的微粒有 H_3O^+、HSO_3^-、$S_2O_5^{2-}$，还有少量 SO_3^{2-}，未检测出 H_2SO_3。

$SO_2+H_2O_2=H_2SO_4$ 二氧化硫和过氧化氢反应，生成硫酸。过氧化氢具有弱酸性、氧化性、还原性和不稳定性。二氧化硫既有氧化性又有还原性。

$2SO_2+2Na\text{-}Hg=Na_2S_2O_4+2Hg$
无氧条件下，用钠汞齐和干燥的二氧化硫一起振荡作用，可制得连二亚硫酸钠。

$2SO_2+Na_2CO_3+H_2O=2NaHSO_3+CO_2$ 碳酸钠溶液中通入过量的二氧化硫，生成亚硫酸氢钠和二氧化碳。二氧化硫与碳酸钠反应，先生成亚硫酸钠和二氧化碳：$Na_2CO_3+SO_2=Na_2SO_3+CO_2$。还可以写作 $Na_2CO_3+H_2SO_3=Na_2SO_3+CO_2\uparrow+H_2O$，较强的酸制备较弱的酸。继续通入二氧化硫，亚硫酸钠转化为亚硫酸氢钠：$Na_2SO_3+SO_2+H_2O=2NaHSO_3$。两步加合得到以上过量二氧化硫和碳酸钠反应的总方程式。

$SO_2+NaHCO_3=NaHSO_3+CO_2$
碳酸氢钠溶液中通入过量的二氧化硫，生成亚硫酸氢钠和二氧化碳。

$SO_2+2NaHCO_3=Na_2SO_3+2CO_2+H_2O$ 少量二氧化硫通入碳酸氢钠溶液，生成亚硫酸钠和碳酸，碳酸分解生成二氧化碳和水。较强的酸制备较弱的酸。继续通入二氧化硫，亚硫酸钠转化为亚硫酸氢钠：$Na_2SO_3+SO_2+H_2O=2NaHSO_3$。两步加合得到总方程式：$SO_2+NaHCO_3=NaHSO_3+CO_2$。

$SO_2+NaOH=NaHSO_3$ 氢氧化钠溶液中通入过量的二氧化硫，生成亚硫酸氢钠。氢氧化钠溶液中通入二氧化硫，首先生成亚硫酸钠和水：$SO_2+2NaOH=Na_2SO_3+H_2O$。若继续通入二氧化硫，亚硫酸钠转化为亚硫酸氢钠：$Na_2SO_3+SO_2+H_2O=2NaHSO_3$。两步加合得到以上总方程式。

$SO_2+2NaOH=Na_2SO_3+H_2O$
氢氧化钠溶液中通入少量的二氧化硫，生成亚硫酸钠和水。

$4SO_2+5NaOH=Na_2SO_3+H_2O+3NaHSO_3$ 5mol 氢氧化钠和 4mol 二氧化硫反应，生成亚硫酸钠、亚硫酸氢钠和水。有 1mol 的二氧化硫生成了 Na_2SO_3，有 3mol 的二氧化硫生成了 $NaHSO_3$。二氧化硫和氢氧化钠的物质的量之比介于 1∶1 和 1∶2 之间时的反应。实际上是下列两个方程式的加合：（1）二氧化硫和氢氧化钠的物质的量之比 1∶1 时：$SO_2+NaOH=NaHSO_3$①；（2）二氧化硫和氢氧化钠的物质的量之比 1∶2 时：$SO_2+2NaOH=H_2O+Na_2SO_3$②。由①×3+②就是以上方程式。参加反应的氢氧化钠和二氧化硫物质的量不同，写出的化学方程式不同，即两个等式两边各乘以不同的倍数然后相加，可以得到无数个新的等式。化学上经常见到两个方程式加合的情况，以不同的系数加合，得到不同的方程式。如①×2+②得：$4NaOH+3SO_2=Na_2SO_3+H_2O+2NaHSO_3$。将同时发生的两个或若干个反应扩大不同倍数后进行加合，或者将先后发生的几个反应扩大不同倍数后进行加合，这样就得到不确定系数方程式。加合有利有弊，有的时候非常简洁方便，但有的时候会将问题复杂化，甚至掩盖了事实的真相。

$SO_2+Na_2SO_3+H_2O=2NaHSO_3$
亚硫酸钠溶液中通入二氧化硫，生成亚硫酸氢钠。工业上回收二氧化硫和生产硫的原理，亚硫酸氢钠分解放出二氧化硫，见

【$2NaHSO_3$】，二氧化硫和硫化氢反应生成硫，见【$2H_2S+SO_2$】。

$2SO_2+O_2 \xrightleftharpoons[\Delta]{催化剂} 2SO_3$ 二氧化硫催化氧化，生成三氧化硫。五氧化二钒作催化剂，温度为450℃~550℃。工业上生产硫酸的第二步反应，在接触室中进行。反应机理见【$V_2O_4+O_2+2SO_2$】。工业上生产硫酸的原理见【$4FeS_2+11O_2$】。

$SO_2(g)+\frac{1}{2}O_2(g) \xrightleftharpoons{催化剂} SO_3(g)$; $\Delta H=-98.3kJ/mol$ 二氧化硫经催化氧化，生成三氧化硫的热化学方程式。

$SO_2+2OH^-=SO_3^{2-}+H_2O$ 强碱溶液中通入少量的二氧化硫，生成亚硫酸盐和水的离子方程式。强碱溶液中通入过量的二氧化硫，生成亚硫酸氢盐的离子方程式：$SO_2+OH^-=HSO_3^-$。

$SO_2+PCl_5=SOCl_2+POCl_3$ 二氧化硫和五氯化磷反应，生成氯化亚硫酰和三氯氧磷。以液态二氧化硫进行时称为溶剂分解反应。$SOCl_2$叫作氯化亚硫酰、亚硫酰氯，白色透明液体。注意区分：SO_2Cl_2，叫作氯化硫酰，是一种无色发烟液体，可由SO_2和Cl_2反应得到，见【SO_2+Cl_2】。

$4SO_2+2S^{2-}+CO_3^{2-}=3S_2O_3^{2-}+CO_2$ 硫化物和碳酸盐的混合溶液中通入二氧化硫制备硫代硫酸盐的原理。见【$Na_2CO_3+2Na_2S+4SO_2$】。

$SO_2(l)+SO_3 \rightleftharpoons SO^{2+}+SO_4^{2-}$ SO_3溶于液态二氧化硫中，发生氧的交换，建立了动态平衡。另见【SO_2+2SO_3】。

$SO_2(l)+2SO_3 \rightleftharpoons SO^{2+}+S_2O_7^{2-}$ SO_3溶于液态二氧化硫中，发生氧的交换，建立了动态平衡。

$SO_2+SO_3^{2-}+H_2O=2HSO_3^-$ 亚硫酸盐溶液中通入二氧化硫，生成亚硫酸氢盐。

$SO_2+X_2+2H_2O=H_2SO_4+2HX$ ($X_2=Cl_2$、Br_2、I_2) 卤素单质和二氧化硫在水溶液中反应，生成卤化氢和硫酸。

【SO_3】三氧化硫，也叫硫酸酐，白色固体，易升华。硫酸的酸酐，具有强烈刺激性，腐蚀皮肤、黏膜；空气中迅速吸收湿气，散发白雾。有三种存在形态：α-型、β-型、γ-型，一般为三种不同形式不同比例的混合物，故熔点不固定；溶于水生成硫酸，溶于浓硫酸得发烟硫酸，溶解过程均放热。由二氧化硫在催化剂存在下氧化而得，常作氧化剂、有机合成磺化剂。

$2SO_3(s) \rightleftharpoons 2SO_2(g)+O_2(g)$; $\Delta H=+196kJ/mol$ 三氧化硫分解的热化学方程式。和二氧化硫的催化氧化互为可逆反应。1173K或更高温度时分解为二氧化硫和硫。

$SO_3+HCl=HSO_3Cl$ 干燥的氯化氢气体和发烟硫酸作用，生成无色氯磺酸液体，制备氯磺酸的原理之一。

$SO_3+H_2O=H_2SO_4$ 三氧化硫溶解于水生成硫酸。工业上生产硫酸的第三步反应。在吸收塔中进行，直接用水吸收容易产生酸雾，吸收效率低，通常用98.3%的浓硫酸吸收。用水稀释之后可以得到不同要求、不同浓度的硫酸。工业上生产硫酸的原理见【$4FeS_2+11O_2$】。

$SO_3(g)+H_2O(l)=H_2SO_4(l)$; $\Delta H=-130.3kJ/mol$ 三氧化硫溶解于水生成硫酸的热化学方程式。

$SO_3+H_2O+2NH_3=(NH_4)_2SO_4$ 三氧化硫、水和氨气反应，生成硫酸铵。

$SO_3+H_2SO_4(浓)=H_2S_2O_7$ 三氧化硫和硫酸等物质的量化合生成焦硫酸。焦硫酸的氧化性强于浓硫酸。

$SO_3+2KBr=K_2SO_3+Br_2$　三氧化硫具有强氧化性，将溴化钾氧化为溴，自身被还原为亚硫酸钾。

$SO_3+2KI=K_2SO_3+I_2$　三氧化硫具有强氧化性，将碘化钾氧化为碘，自身被还原为亚硫酸钾。

$SO_3+2NaOH=Na_2SO_4+H_2O$
氢氧化钠和酸性氧化物三氧化硫反应，生成硫酸钠和水。

【S_4N_4】　四氮化四硫，橘红色针状固体，在空气中稳定，受到撞击或迅速加热时发生爆炸，具有摇篮式结构，不溶于水，也不和水反应；能被碱性水溶液分解，溶于苯、二硫化碳、氯仿，微溶于乙醇、乙醚。可由 S_2Cl_2 或 SCl_2 和氨气反应制得。S_4N_4 蒸气通过热银丝，生成 S_2N_2(二氮化二硫)、Ag_2S 和 N_2。S_2N_2 比 S_4N_4 更不稳定，温度高于室温时发生爆炸，0℃下放置数天转化为青铜色聚合物$(SN)_x$，"Z"字形链状聚合物，具有金属导电性，0.3K 时显示超导性，是第一个不含金属组分的超导体。

$S_4N_4+6OH^-+3H_2O=S_2O_3^{2-}+2SO_3^{2-}+4NH_3$　四氮化四硫遇浓碱（强碱）生成硫代硫酸盐、亚硫酸盐和氨。

$2S_4N_4+6OH^-+9H_2O=S_2O_3^{2-}+2S_3O_6^{2-}+8NH_3$　四氮化四硫不溶于水，不和水反应，但遇稀 NaOH 溶液（或弱碱）时反应，生成硫代硫酸盐、连三硫酸盐和氨。

【SO_3^{2-}】　亚硫酸根离子。

$SO_3^{2-}+H^+=HSO_3^-$　H^+和 SO_3^{2-}结合先生成 HSO_3^-，亚硫酸盐中加少量的强酸，生成 HSO_3^-。HSO_3^-再结合 H^+生成 H_2SO_3，H_2SO_3 分解生成 SO_2 和 H_2O：$HSO_3^-+H^+=H_2O+SO_2\uparrow$。亚硫酸盐中加过量的强酸，生成 SO_2 和 H_2O：$SO_3^{2-}+2H^+=SO_2\uparrow+H_2O$。多元弱酸根离子结合氢离子的情况和 SO_3^{2-}比较相似，逐级结合氢离子。

$SO_3^{2-}+2H^+=SO_2\uparrow+H_2O$　亚硫酸盐中加过量的强酸，生成 SO_2 和 H_2O。

$SO_3^{2-}+2H^++2H_2S=3S\downarrow+3H_2O$
酸化的亚硫酸及其盐和强还原剂 H_2S 反应，生成单质硫。

$3SO_3^{2-}+2H^++2NO_3^-=3SO_4^{2-}+2NO\uparrow+H_2O$　亚硫酸盐和稀硝酸发生氧化还原反应，生成硫酸盐、一氧化氮气体和水的离子方程式。

$2SO_3^{2-}+2H_2O+2Na\text{-}Hg=S_2O_4^{2-}+4OH^-+2Na^++2Hg$　亚硫酸盐主要表现还原性，只有遇到强还原剂时，才表现氧化性，和钠汞齐反应，SO_3^{2-}被还原为连二亚硫酸盐。

$SO_3^{2-}+I_2+H_2O=SO_4^{2-}+2I^-+2H^+$
亚硫酸盐溶液和碘反应，生成硫酸盐和碘化氢。碘化氢水溶液叫氢碘酸，是强酸，在水中完全电离。SO_3^{2-}具有强还原性，被氧化，I_2 具有强氧化性，被还原。

$SO_3^{2-}+2S^{2-}+6H^+=3S\downarrow+3H_2O$
亚硫酸盐和硫化物在酸性条件下反应，生成浅黄色沉淀硫和水。

【H_2SO_3】　亚硫酸，二元弱酸。约含6%二氧化硫的水溶液，其中一部分与水反应生成亚硫酸，见【SO_2+H_2O】。无色液体，有二氧化硫窒息性气味，仅存于水溶液，不稳定，易分解逸出二氧化硫。通常状况下，1 体积水能溶解 40 体积 SO_2。该反应是可逆反应，亚硫酸很容易分解生成二氧化硫和水：$SO_2+H_2O \rightleftharpoons H_2SO_3$。较多用作还原剂，也有弱氧化性。

$H_2SO_3 \rightleftharpoons H^+ + HSO_3^-$ 亚硫酸的第一步电离。第二步电离：$HSO_3^- \rightleftharpoons H^+ + SO_3^{2-}$。

$H_2SO_3 \xlongequal{\triangle} SO_2\uparrow + H_2O$ 亚硫酸不稳定，分解生成二氧化硫和水，受热加速分解。

$H_2SO_3 + HClO = H_2SO_4 + HCl$

次氯酸将亚硫酸氧化为硫酸，自身被还原为氯化氢。

$H_2SO_3 + I_2 + H_2O = H_2SO_4 + 2HI$

碘和亚硫酸溶液发生氧化还原反应，生成硫酸和碘化氢，与碘和二氧化硫在水溶液中发生反应的本质相同：$I_2 + SO_2 + 2H_2O = H_2SO_4 + 2HI$。氯、溴、碘的单质和亚硫酸（或二氧化硫的水溶液）的反应类似。

$H_2SO_3 + Na_2CO_3 = Na_2SO_3 + CO_2\uparrow + H_2O$ H_2SO_3 和 Na_2CO_3 反应，生成亚硫酸钠、二氧化碳气体和水。酸性：$H_2SO_3 > H_2CO_3$。若碳酸钠溶液中通入二氧化硫气体，则反应为 $Na_2CO_3 + SO_2 = Na_2SO_3 + CO_2$。

$2H_2SO_3 + O_2 = 2H_2SO_4$ 亚硫酸被氧气氧化，生成硫酸。亚硫酸和亚硫酸盐在空气中均易被氧化。

$H_2SO_3 + OH^- = HSO_3^- + H_2O$ 亚硫酸和少量的一元强碱溶液反应，生成 HSO_3^- 和 H_2O。若继续加碱，HSO_3^- 会继续反应：$OH^- + HSO_3^- = SO_3^{2-} + H_2O$。亚硫酸和足量或过量的一元强碱溶液反应：$2OH^- + H_2SO_3 = SO_3^{2-} + 2H_2O$。

$H_2SO_3 + SO_3^{2-} \rightleftharpoons 2HSO_3^-$ H_2SO_3 和 SO_3^{2-} 结合成 HSO_3^-。

【Na_2SO_3】 亚硫酸钠，白色晶体或粉末，溶于水因水解而显碱性，溶于甘油，微溶于乙醇，有还原性。长期存放易被氧气氧化为硫酸钠而部分变质或全部变质。常用作食品防腐剂、织物漂白剂、抗氧化剂、照相显影剂等。可由碳酸钠溶液中通入二氧化硫达到饱和，再加一定量碳酸钠即得。

$4Na_2SO_3 \xlongequal{\triangle} 3Na_2SO_4 + Na_2S$

亚硫酸钠受热发生歧化反应而分解，生成硫酸钠和硫化钠。

$Na_2SO_3 + H_2SO_4(70\%) = Na_2SO_4 + SO_2\uparrow + H_2O$ 实验室里用 70%的硫酸和固体亚硫酸钠反应制备二氧化硫气体。强酸制弱酸，高沸点酸制低沸点酸。

$2Na_2SO_3 + O_2 = 2Na_2SO_4$ 亚硫酸钠在空气中被氧化成硫酸钠。亚硫酸钠易变质，应密封保存，工业上常用来除去水中溶解氧。

$Na_2SO_3 + X_2 + H_2O = Na_2SO_4 + 2HX$ $(X_2 = Cl_2、Br_2、I_2)$ 亚硫酸钠被卤素单质氧化，生成卤化氢和硫酸钠。

【K_2SO_3】 亚硫酸钾。$K_2SO_3 \cdot 2H_2O$ 为白色晶体或粉末。在空气中被缓慢氧化为硫酸钾，受热分解；溶于水，水溶液显碱性，微溶于乙醇。可将二氧化硫通入 2 倍物质的量的氢氧化钾溶液而得。常用作药品、食品抗氧剂，也用于摄影业。

$5K_2SO_3 + 2KMnO_4 + 3H_2SO_4 = 2MnSO_4 + 6K_2SO_4 + 3H_2O$ 酸性高锰酸钾溶液将亚硫酸盐氧化为硫酸盐，本身被还原为 Mn^{2+}。离子方程式见【$2MnO_4^- + 5SO_3^{2-} + 6H^+$】。

【$CaSO_3$】 亚硫酸钙。$CaSO_3 \cdot 2H_2O$，无色晶体或白色粉末，微溶于水和乙醇，溶于二氧化硫水溶液，100℃时失结晶水，650℃时分解。空气中被缓慢氧化为硫酸钙。可由亚硫酸和碳酸钙作用或将二氧化硫通入石灰乳而得。作漂白剂、杀菌剂、食品防腐剂。

$CaSO_3+2H^+ = Ca^{2+}+SO_2\uparrow+H_2O$
亚硫酸钙和非氧化性强酸（如盐酸、稀硫酸等）反应，生成二氧化硫气体。亚硫酸盐具有此通性。若遇氧化性酸，如稀硝酸，易转化为 $CaSO_4$。

$CaSO_3+H_2SO_4 = CaSO_4+SO_2\uparrow+H_2O$ 工业上生产硫酸或金属冶炼产生的尾气中含有大量的 SO_2，用石灰水吸收生成 $CaSO_3$：$Ca(OH)_2+SO_2 = CaSO_3\downarrow+H_2O$，再用硫酸处理，生成 $CaSO_4$ 和较纯的 SO_2，SO_2 液化可作商品销售，SO_2 返回可作生产硫酸的原料。

$2CaSO_3+O_2 = 2CaSO_4$ 亚硫酸盐在空气中不稳定，很容易被氧气氧化为硫酸盐。煤燃料中加入石灰石或熟石灰，燃烧过程中和二氧化硫反应生成亚硫酸钙：$CaCO_3 \xlongequal{高温} CaO+CO_2\uparrow$、$CaO+SO_2 = CaSO_3$ 或 $Ca(OH)_2+SO_2 = CaSO_3+H_2O$。亚硫酸钙很容易被氧气氧化为硫酸钙。该方法可用来减少二氧化硫的排放和对环境的污染。

$2CaSO_3+O_2+4H_2O = 2CaSO_4\cdot 2H_2O$
火力发电厂用熟石灰的悬浊液洗废气，吸收二氧化硫，生成 $CaSO_3$：$Ca(OH)_2+SO_2 = CaSO_3+H_2O$。$CaSO_3$ 继续和 O_2、H_2O 反应，生成石膏。

$CaSO_3+SO_2+H_2O = Ca^{2+}+2HSO_3^-$
亚硫酸钙、二氧化硫和水反应，生成亚硫酸氢钙的离子方程式。

$CaSO_3+SO_2+H_2O = Ca(HSO_3)_2$
亚硫酸钙、二氧化硫和水反应，生成亚硫酸氢钙。氢氧化钙和少量的二氧化硫反应，生成难溶于水的 $CaSO_3$ 白色沉淀：$SO_2+Ca(OH)_2 = CaSO_3\downarrow+H_2O$。继续通入二氧化硫，则继续反应生成亚硫酸氢钙。

【$CaSO_3\cdot H_2O$】

$2CaSO_3\cdot H_2O+O_2+2H_2O = 2CaSO_4\cdot 2H_2O$ 详见【$2Ca(OH)_2+2SO_2+O_2+2H_2O$】。

【$BaSO_3$】 亚硫酸钡，白色晶体或粉末，有毒，空气中逐渐被氧化成硫酸钡；微溶于水，不溶于醇，遇酸反应放出二氧化碳，受热分解。可由可溶性钡盐和亚硫酸钠溶液作用而得，常用于造纸工业。

$BaSO_3+2H^+ = Ba^{2+}+SO_2\uparrow+H_2O$
白色 $BaSO_3$ 溶于盐酸等非氧化性强酸中，生成有刺激性气味的 SO_2 气体。$BaSO_3$ 遇氧化性酸，如稀硝酸，转化为 $BaSO_4$，见【$3BaSO_3+2HNO_3$】。鉴于此，为防止 SO_3^{2-} 干扰，检验 SO_4^{2-} 时，不能加硝酸酸化，用盐酸酸化较好。

$3BaSO_3+2HNO_3 = 3BaSO_4+2NO\uparrow+H_2O$ 亚硫酸钡遇氧化性酸硝酸，被氧化为硫酸钡，沉淀发生转换，并没有消失。为防止 SO_3^{2-} 干扰，检验 SO_4^{2-} 时，不能加硝酸酸化，用盐酸酸化较好。白色 $BaSO_3$ 溶于盐酸等非氧化性强酸中，生成有刺激性气味的 SO_2 气体，见【$BaSO_3+2H^+$】。

$2BaSO_3+O_2 = 2BaSO_4$ 亚硫酸钡被氧化为硫酸钡。亚硫酸盐不稳定，在空气中很容易被氧化，必须密封保存。

$BaSO_3+SO_2+H_2O = Ba^{2+}+2HSO_3^-$
亚硫酸钡和 SO_2、水反应，生成 $Ba(HSO_3)_2$。$Ba(HSO_3)_2$ 易溶于水且完全电离成 Ba^{2+} 和 HSO_3^-。$Ba(OH)_2$ 和少量、过量 SO_2 反应见【$Ba(OH)_2+SO_2$】。

$BaSO_3+SO_2+H_2O = Ba(HSO_3)_2$
亚硫酸钡和 SO_2、水反应，生成 $Ba(HSO_3)_2$。

【HSO_3^-】 亚硫酸氢根离子，亚硫酸失去一个H^+后剩余的阴离子。

$HSO_3^- \rightleftharpoons H^+ + SO_3^{2-}$ HSO_3^-的电离方程式，也是亚硫酸的第二步电离。亚硫酸的第一步电离：$H_2SO_3 \rightleftharpoons H^+ + HSO_3^-$。

$HSO_3^- + H^+ = H_2O + SO_2\uparrow$ HSO_3^-和H^+反应，生成亚硫酸，若生成大量的亚硫酸，则分解生成SO_2气体和水。亚硫酸氢盐和强酸反应可以制备二氧化硫气体。若生成少量的亚硫酸，因常温下1体积水能溶解40体积SO_2，溶解度较大，则不会分解释放出二氧化硫，写成亚硫酸形式：$HSO_3^- + H^+ = H_2SO_3$。

$HSO_3^- + H^+ = H_2SO_3$ H^+和HSO_3^-结合生成少量的亚硫酸。

$HSO_3^- + HSO_4^- = SO_2\uparrow + SO_4^{2-} + H_2O$
HSO_4^-电离出的H^+和HSO_3^-反应生成SO_2气体，相当于强酸制弱酸。实际上HSO_4^-在水中不完全电离，是弱电解质，离子方程式应写成$HSO_4^- \rightleftharpoons H^+ + SO_4^{2-}$，但在中学阶段，$HSO_4^-$按强电解质对待，电离方程式常写作$HSO_4^- = H^+ + SO_4^{2-}$。

$HSO_3^- + I_2 + H_2O = HSO_4^- + 2H^+ + 2I^-$
HSO_3^-和I_2的氧化还原反应，可用于碘的定量分析。

$HSO_3^- + OH^- = SO_3^{2-} + H_2O$ HSO_3^-和一元强碱溶液反应，生成SO_3^{2-}和H_2O。HSO_3^-中的H^+被OH^-夺走生成水和SO_3^{2-}。酸式盐都有类似的性质。

【$NaHSO_3$】 亚硫酸氢钠，白色结晶，溶于水，微溶于乙醇。因电离程度大于水解程度，水溶液显酸性。空气中失去部分二氧化硫并逐渐被氧化为硫酸钠，有还原性，受热分解。可用作还原剂、防腐剂、漂白剂和化学试剂等。常由碳酸钠溶液通二氧化硫气体达饱和，溶液经结晶而得。

$2NaHSO_3 \xlongequal{\triangle} Na_2SO_3 + SO_2\uparrow + H_2O$
亚硫酸氢钠受热分解，生成亚硫酸钠、二氧化硫和水。

$2NaHSO_3 \xlongequal{\triangle} Na_2S_2O_5 + H_2O$
加热$NaHSO_3$生成一缩二亚硫酸盐(或称焦亚硫酸盐)和水。

$2NaHSO_3 + H_2SO_4 = Na_2SO_4 + 2H_2O + 2SO_2\uparrow$ 亚硫酸氢钠和硫酸反应，生成硫酸钠、水和二氧化硫气体。

$NaHSO_3 + NaOH = Na_2SO_3 + H_2O$
亚硫酸氢钠和氢氧化钠反应，生成亚硫酸钠和水。

$2NaHSO_3 + Zn = Na_2S_2O_4 + Zn(OH)_2$
用锌粉还原亚硫酸氢钠制备连二亚硫酸钠。

【SO_4^{2-}】 硫酸根离子。

$SO_4^{2-} + Ca^{2+} + BaCO_3(s) = CaCO_3(s) + BaSO_4(s)$ 氯碱工业中精制饱和食盐水时，用Na_2CO_3除去Ca^{2+}，NaOH除去Mg^{2+}，$BaCl_2$除去SO_4^{2-}，但用$BaCO_3$代替Na_2CO_3和$BaCl_2$时，效果更好，能同时除去Ca^{2+}和SO_4^{2-}。

【H_2SO_4】 硫酸。纯硫酸是无色油状液体，不纯时呈黄色或棕色。二元强酸。能与水以任意比互溶，溶于水放出大量的热（浓硫酸要在搅拌下缓慢地加入水中，顺序不可加反，否则热量来不及散发，局部过热会引起爆溅，造成事故）。具有强烈腐蚀性和氧化性，不可接触衣物和皮肤。稀硫酸具有酸的通性：（1）和酸、碱指示剂反应；（2）和活泼金属反应制备氢气；（3）和碱发生中和反应；（4）和碱性氧化物反应生成盐和水；

（5）和某些盐发生复分解反应。塔式法可制得75%粗的稀硫酸；接触法可得到98.3%的纯的浓硫酸。可制造肥料、净化石油，用作染料和化学试剂。

【浓硫酸】物质的量浓度为18mol/L，质量分数为96%，密度为1.84g/mL。实验室较常用18.4mol/L，质量分数为98%，密度为1.84g/mL。浓硫酸具有三大特性：吸水性、脱水性和强氧化性。浓硫酸参加的反应，一般不能拆写成H^+和SO_4^{2-}，要写成化学式。

$H_2SO_4=2H^++SO_4^{2-}$　中学化学将硫酸看作强电解质时的电离方程式，这也是最常见的一种电离方程式。

【硫酸的电离】实际上硫酸在水中分两步电离。第一步完全电离：$H_2SO_4=H^++HSO_4^-$，可以写成$H_2SO_4+H_2O=H_3O^++HSO_4^-$。第二步部分电离：$HSO_4^-\rightleftharpoons H^++SO_4^{2-}$，可以写成$HSO_4^-+H_2O\rightleftharpoons H_3O^++SO_4^{2-}$。中学化学一般认为$HSO_4^-$也完全电离，常写作$HSO_4^-=H^++SO_4^{2-}$。实际上，$HSO_4^-$的$K_a=1.0\times10^{-2}$，小于$H_2SO_3$的一级电离常数$1.3\times10^{-2}$，即$HSO_4^-$的酸性弱于$H_2SO_3$。中学化学将硫酸看作强电解质，在水中的电离方程式常常一步写出：$H_2SO_4=2H^++SO_4^{2-}$，也可写成$2H_2O+H_2SO_4=2H_3O^++SO_4^{2-}$。

$2H_2SO_4=H_3O^++HSO_4^-+SO_3$

加热纯硫酸或浓度大于98.3%的浓硫酸时，会放出SO_3，直至浓度降为98.3%，形成恒沸溶液。同时，有少量的硫酸发生电离，生成H_3O^+和HSO_4^-，但浓硫酸中大量存在的仍然是H_2SO_4分子。

$2H_2SO_4\rightleftharpoons H_3SO_4^++HSO_4^-$

100%的纯H_2SO_4具有相当高的电导率，原因是H_2SO_4发生了自偶电离，生成了$H_3SO_4^+$和HSO_4^-。

$H_2SO_4+2HF=HOSO_2F+H_3O^++F^-$

在HF溶剂中硫酸呈碱性，接受H^+。详见【$HONO_2+HF$】。

$H_2SO_4+H_2O=H_3O^++HSO_4^-$

二元强酸硫酸在水中分两步电离，该反应是第一步电离，还可以写成$H_2SO_4=H^++HSO_4^-$。见【H_2SO_4】中【硫酸的电离】。

$H_2SO_4+2H_2O=2H_3O^++SO_4^{2-}$

在中学化学中，将硫酸氢根离子按强电解质对待，直接一步写出二元强酸硫酸的电离方程式，也可以简写作：$H_2SO_4=2H^++SO_4^{2-}$。

H_2SO_4(浓)$+nH_2O=H_2SO_4\cdot nH_2O$

浓硫酸具有三大特性：吸水性、脱水性和氧化性。该反应体现了浓硫酸的吸水性。浓硫酸吸收水或溶解于水，生成一系列稳定的水合物，并放出大量的热。低温条件下，$H_2SO_4\cdot H_2O$、$H_2SO_4\cdot 2H_2O$、$H_2SO_4\cdot 4H_2O$等以晶体形式析出。硫酸溶解于水，应该是化学变化，一方面生成一系列水合物（已得到证实），另一方面放出大量的热，不能只理解为物理变化。

$3H_2SO_4$(浓)$+2KBr+MnO_2\overset{\triangle}{=}MnSO_4+Br_2\uparrow+2KHSO_4+2H_2O$

实验室里制备溴：$MnO_2+4HBr\overset{\triangle}{=}MnBr_2+Br_2\uparrow+2H_2O$。用溴化钾和浓硫酸代替溴化氢也可以制备溴。可以理解为溴化钾和浓硫酸反应生成的溴化氢再和二氧化锰反应。硫酸过量时生成$KHSO_4$，硫酸适量时生成K_2SO_4：$2H_2SO_4$(浓)$+2KBr+MnO_2\overset{\triangle}{=}MnSO_4+Br_2\uparrow+K_2SO_4+2H_2O$。

$2H_2SO_4$(浓)$+2KBr+MnO_2\overset{\triangle}{=}MnSO_4+Br_2\uparrow+K_2SO_4+2H_2O$

实验室里制备溴的原理之一，见【$3H_2SO_4$(浓)$+2KBr+MnO_2$】。

$2H_2SO_4+4KClO_3\overset{\triangle}{=}2K_2SO_4+O_2\uparrow+4ClO_2\uparrow+2H_2O$　19世纪法国一位17岁的青年尚赛尔创造的“瞬息点火盆”原理。

该原理在欧州和美国流行了近40年，当时世界上的点火技术整体比较落后。

$H_2SO_4+2KOH═K_2SO_4+2H_2O$

硫酸和氢氧化钾的中和反应，生成硫酸钾和水。

$H_2SO_4+NaOH═NaHSO_4+H_2O$

硫酸和少量的氢氧化钠反应，生成硫酸氢钠和水。若硫酸和过量的氢氧化钠反应，生成硫酸钠和水：$H_2SO_4+2NaOH═Na_2SO_4+2H_2O$。

$H_2SO_4+2NaOH═Na_2SO_4+2H_2O$

硫酸和过量的氢氧化钠反应，生成硫酸钠和水。

$\frac{1}{2}H_2SO_4(aq)+NaOH(aq)═\frac{1}{2}Na_2SO_4(aq)+H_2O(l);\Delta H=-57.3kJ/mol$

氢氧化钠溶液和稀硫酸发生中和反应的热化学方程式，稀硫酸和稀氢氧化钠溶液发生中和反应生成1mol水时放出57.3kJ热量，即稀硫酸和稀氢氧化钠溶液反应的中和热为57.3kJ/mol。

【Na_2SO_4】 硫酸钠，白色晶体或粉末，溶于水，味咸而苦，不溶于乙醇，33℃时溶解度最大，超过此温度溶解度递减。天然矿有芒硝，可精制，也是工业上用食盐和硫酸生产盐酸的副产物。可用于制玻璃、陶瓷、染料、造纸、合成洗涤剂，医疗上作泻药。

$Na_2SO_4═2Na^++SO_4^{2-}$ 硫酸钠在水中或熔融状态下的电离方程式，完全电离。

$Na_2SO_4+4H_2\xlongequal{高温}Na_2S+4H_2O$

1273K时在沸腾炉中，氢气作还原剂，和硫酸钠在高温下反应，生成硫化钠和水。

$Na_2SO_4+10H_2O═Na_2SO_4·10H_2O$

无水硫酸钠结合水形成硫酸钠晶体，十水硫酸钠($Na_2SO_4·10H_2O$)俗称“芒硝”。

$Na_2SO_4+H_2SO_4═2NaHSO_4$

碱金属能形成稳定的酸式硫酸盐固体，在碱金属的硫酸盐溶液中加入过量的硫酸生成酸式硫酸盐。在硫酸钠溶液中，加入过量的硫酸，结晶析出硫酸氢钠。仅最活泼的碱金属元素（如Na、K等）才能形成稳定的固态酸式硫酸盐。

【K_2SO_4】 硫酸钾，无色或白色硬结晶体或粉末，味咸而凉，溶于水、甘油，不溶于乙醇。常由氯化钾和硫酸作用而得，可用作药物、肥料、食品添加剂，可制钾（明）矾及钾玻璃等。

$K_2SO_4+CaCl_2═CaSO_4↓+2KCl$

K_2SO_4和$CaCl_2$反应生成微溶于水的$CaSO_4$和氯化钾。一般情况下，有微溶物生成时，复分解反应能够发生，生成物按沉淀对待，要写成化学式，不能拆写成离子。

【$MgSO_4$】 硫酸镁，白色晶体或粉末，易溶于水，味咸而苦。$MgSO_4·7H_2O$称为“泻盐”，$MgSO_4·H_2O$称为“硫酸镁石”，含结晶水的水合物较多。可由氧化镁、氢氧化镁或碳酸镁和硫酸作用而得，可作媒染剂、造纸填充剂、防火织物填料，医疗上用作泻药。

$MgSO_4+2NaOH═Mg(OH)_2↓+Na_2SO_4$ 硫酸镁和氢氧化钠反应，生成白色氢氧化镁沉淀和硫酸钠。

【$MgSO_4·7H_2O$】 七水硫酸镁，又称“泻药”，见【$MgSO_4$】。

$MgSO_4·7H_2O\xlongequal{\triangle}MgSO_4+7H_2O$

硫酸镁晶体在被加热到350K时，先变成$MgSO_4·H_2O$，继续受热，在520K时完全失水，变成无水 $MgSO_4$。

【$CaSO_4$】 硫酸钙，白色粉末或晶体，微溶于水。天然产物白中带蓝、灰或红色。$CaSO_4·2H_2O$ 叫二水硫酸钙或石膏，又叫作生石膏。被加热到 150℃时变成 $2CaSO_4·H_2O$，叫作熟石膏，可以写作 $CaSO_4·\frac{1}{2}H_2O$，也叫半水硫酸钙。除天然产物外，许多化学工业的副产物中也有硫酸钙。常作白色颜料、纸中填料、抛光粉、干燥剂。

$CaSO_4(s) \rightleftharpoons Ca^{2+}(aq)+SO_4^{2-}(aq)$
Ca^{2+}、SO_4^{2-}和 $CaSO_4$ 之间建立的动态平衡，即 $CaSO_4$ 的溶解—沉淀平衡。

$CaSO_4 \xlongequal{高温} CaO+SO_3\uparrow$ 硫酸钙常温下难分解，高温条件下分解生成氧化钙和三氧化硫。

$CaSO_4+Na_2CO_3 = CaCO_3\downarrow+Na_2SO_4$ 澄清的硫酸钙溶液中加入可溶性碳酸盐溶液，生成更难溶的白色碳酸钙沉淀。硫酸钙微溶于水。

【$2CaSO_4·H_2O$】 $2CaSO_4·H_2O$ 叫作熟石膏，可以写作 $CaSO_4·\frac{1}{2}H_2O$，也叫半水硫酸钙。熟石膏常用来制造粉笔、塑像和医疗绷带。

$2CaSO_4·H_2O+3H_2O = 2(CaSO_4·2H_2O)$ 熟石膏吸水后逐渐硬化膨胀过程的化学反应，生成石膏。

【$CaSO_4·2H_2O$】 $CaSO_4·2H_2O$ 叫二水硫酸钙或石膏，又叫作生石膏。

$2(CaSO_4·2H_2O) \underset{常温}{\overset{150℃-170℃}{\rightleftharpoons}} 2CaSO_4·H_2O+3H_2O$ 生石膏和熟石膏相互转化的原理。生石膏被加热到 150℃～170℃时变成熟石膏。熟石膏在常温下吸水后逐渐硬化膨胀变成石膏。

【$SrSO_4$】 硫酸锶，又称天青石。白色晶体粉末，微溶于水、盐酸和硝酸，不溶于稀硫酸和乙醇。用硫酸钠溶液沉淀可溶性锶盐制备。用于制烟火、造纸、制陶瓷、制玻璃等。

$SrSO_4(s)+CO_3^{2-} \rightleftharpoons SrCO_3(s)+SO_4^{2-}$ 锶盐的工业生产原理之一。全角天青石，含 $SrSO_4$ 65%~85%，既不溶于水，也不溶于一般的酸，利用 Na_2CO_3 溶液和捣碎的 $SrSO_4$ 作用，使 $SrSO_4$ 转化为更难溶的 $SrCO_3$，实现沉淀的转化，以 $SrCO_3$ 为原料可以制得其他锶盐。

【MSO_4】 $CaSO_4$、$SrSO_4$、$BaSO_4$ 等的通式。

$MSO_4+H_2SO_4 = M(HSO_4)_2$
钙、锶、钡的硫酸盐在浓硫酸中生成硫酸氢盐而溶解。

【$BaSO_4$】 硫酸钡，天然结晶产物称为“重晶石”，白色、无臭、无味晶体或粉末，难溶于水、稀酸和醇，溶于热的浓硫酸。可作白色颜料、橡胶造纸填充剂，或用于消化道的 X 射线造影。将钡盐溶液用硫酸钠处理即可得。

$BaSO_4 = Ba^{2+}+SO_4^{2-}$ $BaSO_4$ 在水中的电离方程式。$BaSO_4$ 在水中虽然难溶解，

但属于强电解质，溶解在水中的极少部分完全电离成钡离子和硫酸根离子。【绝大多数盐是强电解质】见【$CaCO_3$══$Ca^{2+}+CO_3^{2-}$】。

$BaSO_4(s) \rightleftharpoons Ba^{2+}(aq)+SO_4^{2-}(aq)$ 硫酸钡固体的溶解—沉淀平衡。有别于电离方程式，因硫酸钡属于强电解质，溶解于水的部分完全电离，用“══”。

$BaSO_4+4C \xlongequal{高温} BaS+4CO\uparrow$ $BaSO_4$和C在高温下制备BaS。工业上以$BaSO_4$为原料生产钡盐的原理之一：先将粉状重晶石和煤粉混合，在1173~1473K的转炉中还原焙烧，难溶盐转化为易溶于水的化合物。生成的CO也可以还原$BaSO_4$，见【$BaSO_4+4CO \xlongequal{高温} BaS+4CO_2$】。用水浸出焙烧产物，BaS水解为可溶性化合物：$2BaS+2H_2O$══$Ba(HS)_2+Ba(OH)_2$，然后通入$CO_2$即得碳酸钡：$Ba(HS)_2+CO_2+H_2O$══$BaCO_3\downarrow+2H_2S$，$Ba(OH)_2+CO_2$══$BaCO_3\downarrow+H_2O$。$BaCO_3$和HCl反应可得$BaCl_2$：$BaCO_3+2HCl$══$BaCl_2+CO_2\uparrow+H_2O$。以$BaSO_4$为原料可以制备一系列钡盐。

$BaSO_4+4CO \xlongequal{高温} BaS+4CO_2$ 工业上用$BaSO_4$为原料制备钡盐的其中一步反应，详见【$BaSO_4$+4C】。

$BaSO_4(s)+CO_3^{2-} \rightleftharpoons BaCO_3(s)+SO_4^{2-}$ 从溶解度和K_{sp}看，$BaCO_3$溶解度较大，$BaSO_4$溶解度较小，$BaSO_4$的$K_{sp}=1.1\times10^{-10}$，$BaCO_3$的$K_{sp}=5.1\times10^{-9}$，由$BaSO_4$转化为$BaCO_3$较困难。通常情况下，由难溶物质转化为更难溶物质较容易，而由溶解度小的物质转化为溶解度较大的物质则较困难。计算可知，0.15L 1.5mol/L的Na_2CO_3溶液中加入足量$BaSO_4$仅转化掉1.1g。该反应似乎难发生，在一般情况下，沉淀向溶解度小的方向转化。因为$BaCO_3$、$BaSO_4$的K_{sp}比较接近，该平衡总是存在的。该反应也有较大的用处，可用来制备钡盐。自然界中钡的主要来源是重晶石。重晶石难溶于水，难溶于酸，要制备钡盐，可先将$BaSO_4$转化为$BaCO_3$，再用盐酸溶解$BaCO_3$，之后可转化为一系列钡盐。操作的技巧是：保持SO_4^{2-}的浓度和CO_3^{2-}浓度为一定比例，用饱和Na_2CO_3溶液处理$BaSO_4$，搅拌静置，取出上层清液后，剩余物中再加入饱和Na_2CO_3溶液，重复多次，使$BaSO_4$转化为$BaCO_3$。复杂多变和富有个性是化学的魅力，配以适当工艺，堪称“鬼斧神工”，化学上绝对化的规律较少。

【HSO_4^-】

HSO_4^-══$H^++SO_4^{2-}$ 中学化学将HSO_4^-看作强电解质时在水溶液中的电离方程式，电离生成H^+和SO_4^{2-}，水溶液显酸性。实际上HSO_4^-在水溶液中不完全电离，应该为弱电解质：$HSO_4^- \rightleftharpoons H^++SO_4^{2-}$。

$HSO_4^- \rightleftharpoons H^++SO_4^{2-}$ HSO_4^-在水溶液中电离的真实情况，生成H^+和SO_4^{2-}，不完全电离，应该为弱电解质。

$2HSO_4^- \xlongequal{电解} S_2O_8^{2-}+H_2\uparrow$ 电解H_2SO_4和$(NH_4)_2SO_4$的混合溶液（相当于NH_4HSO_4），制备过二硫酸铵的原理。阳极：$2SO_4^{2-}-2e^-$══$S_2O_8^{2-}$，阴极：$2H^++2e^-$══$H_2\uparrow$。

$HSO_4^-+H_2O$══$H_3O^++SO_4^{2-}$ HSO_4^-的电离，即硫酸在水中的第二步电离。还可以写成HSO_4^-══$H^++SO_4^{2-}$或$HSO_4^- \rightleftharpoons H^++SO_4^{2-}$。

【$NaHSO_4$】 硫酸氢钠，又称酸式硫酸钠，无色结晶体，溶于水，水溶液强酸性，有腐蚀性。

$NaHSO_4$ ══ Na^++H^++SO_4^{2-} 硫酸氢钠在水中的电离方程式。$NaHSO_4$水溶液显酸性。中学化学可以理解为HSO_4^-在水中完全电离。实际上，HSO_4^-的K_a=1.0×10^{-2}，在水中部分电离，酸性弱于亚硫酸（$K_{a(1)}$=1.3×10^{-2}）。还可以写作：$NaHSO_4$══Na^++HSO_4^-，HSO_4^- ══H^++SO_4^{2-}或HSO_4^- ⇌ H^++ SO_4^{2-}。

$NaHSO_4 \xlongequal{熔融} Na^+$+$HSO_4^-$ 硫酸氢钠在熔融状态下的电离方程式，电离出的HSO_4^-再不能电离。而在水中，HSO_4^-可以继续电离：HSO_4^-══H^++ SO_4^{2-}或HSO_4^- ⇌ H^++SO_4^{2-}。

$2NaHSO_4 \xlongequal{\triangle} Na_2S_2O_7$+$H_2O$

将$NaHSO_4$加强热，可制得焦硫酸钠。在593K时，HSO_4^-缩合失水，聚合成焦硫酸根离子。酸式含氧酸盐中的HSO_4^-、HPO_4^{2-}、$H_2PO_4^-$等具有类似性质。

$NaHSO_4$+NaOH══Na_2SO_4+H_2O

硫酸氢钠和氢氧化钠反应，生成硫酸钠和水。

【$KHSO_4$】

硫酸氢钾，白色片状或粒状结晶体，易吸湿，易溶于水，有腐蚀性。

$KHSO_4 \xlongequal{熔融} K^+$+$HSO_4^-$ 硫酸氢钾在熔融条件下的电离方程式。在熔融条件下，HSO_4^-不会继续电离。在水溶液中，HSO_4^-会继续电离，生成H^+和SO_4^{2-}，不完全电离，应该为弱电解质：HSO_4^- ⇌ H^++SO_4^{2-}，但在中学阶段，一般按强电解质对待，电离方程式写为HSO_4^-══H^++SO_4^{2-}。参见【H_2SO_4】中【硫酸的电离】。

$2KHSO_4 \xlongequal{\triangle} K_2S_2O_7$+$H_2O$ 碱金属的酸式硫酸盐在被加热到熔点以上温度时，可制得焦硫酸盐。焦硫酸盐在无机合成中很重要，和难溶性的三氧化二铝等金属氧化物共熔时，生成可溶性硫酸盐。

【$S_2O_3^{2-}$】

$2S_2O_3^{2-}$+AgCl══$[Ag(S_2O_3)_2]^{3-}$+Cl^-

$S_2O_3^{2-}$和AgCl形成二硫代硫酸根合银(Ⅰ)离子，AgCl和AgBr有类似性质，关于AgBr和$S_2O_3^{2-}$的反应见【AgBr+2$S_2O_3^{2-}$】。

$S_2O_3^{2-}$+2H^+══S↓+H_2SO_3 硫代硫酸盐溶液中加少量的酸，生成浅黄色沉淀硫和亚硫酸。若生成的亚硫酸的量太少，不足以分解生成二氧化硫和水，以H_2SO_3形式表示。若加入足量的酸，生成大量的亚硫酸：2H^+ +$S_2O_3^{2-}$══S↓+SO_2↑+H_2O。该反应可以检验$S_2O_3^{2-}$，也可用来探究化学反应速率，见【$Na_2S_2O_3$+2HCl】。

$S_2O_3^{2-}$+2H^+══S↓+SO_2↑+H_2O

硫代硫酸盐加酸迅速反应，生成无色有刺激性气味的二氧化硫气体和浅黄色浑浊硫。该反应可以检验$S_2O_3^{2-}$，也可用来探究化学反应速率。中间生成的硫代硫酸[$H_2S_2O_3$]立即分解。若加少量的酸，生成浅黄色浑浊硫和亚硫酸，生成的亚硫酸的量太少，不足以分解生成二氧化硫和水，以H_2SO_3形式表示：2H^++$S_2O_3^{2-}$══S↓+H_2SO_3。

5$S_2O_3^{2-}$+6H^+══2$S_5O_6^{2-}$+3H_2O

263K时，在As_4O_6存在时，用很稀的HCl处理$Na_2S_2O_3$浓溶液，可制备连五硫酸钠。

2$S_2O_3^{2-}$+I_2══2I^-+$S_4O_6^{2-}$ 硫代硫酸盐是中等强度的还原剂，碘可将硫代硫酸盐氧化为连四硫酸盐，碘被还原为碘离子，该反应可用于制备连四硫酸盐。硫代硫酸盐被氯、溴等氧化时，生成硫酸盐：$S_2O_3^{2-}$+4Cl_2+5H_2O══8Cl^-+ 2SO_4^{2-}+10H^+。

【$Na_2S_2O_3$】

硫代硫酸钠，其水合物

$Na_2S_2O_3\cdot 5H_2O$ 又名“海波”或“大苏打”，无色透明晶体，溶于水且水溶液呈弱碱性，不溶于乙醇。在湿空气中稍有潮解，遇酸分解生成硫和二氧化硫，常用作还原剂。一般由亚硫酸钠溶液和硫粉共煮而得，可用于纺织品漂白后去氯，照相业作定影剂。“文学三苏”是苏洵、苏轼、苏辙。“化学三苏”是大苏打（$Na_2S_2O_3$）、苏打（Na_2CO_3）、小苏打（$NaHCO_3$）。

$Na_2S_2O_3+2HCl \xrightarrow[-78℃]{乙醚} 2NaCl+H_2S_2O_3\cdot 2Et_2O$ 无水条件下合成无水硫代硫酸的原理之一，另见【H_2S+SO_3】。

$Na_2S_2O_3+2HCl{=\!=}2NaCl+S\downarrow+SO_2\uparrow+H_2O$ 硫代硫酸钠在酸性条件下迅速反应，生成无色有刺激性气味的二氧化硫气体和浅黄色浑浊硫。该反应可以检验 $S_2O_3^{2-}$，也可以设计为测定化学反应速率的实验。离子方程式见【$S_2O_3^{2-}+2H^+$】。

$2Na_2S_2O_3+4H_2O_2{=\!=}Na_2S_3O_6+Na_2SO_4+4H_2O$ 用 H_2O_2、I_2 等氧化剂氧化 $Na_2S_2O_3$，可制得连三硫酸钠。

$Na_2S_2O_3+H_2SO_4{=\!=}Na_2SO_4+SO_2\uparrow+H_2O+S(胶体)$ 制备硫黄溶胶的原理之一。

$Na_2S_2O_3+H_2SO_4{=\!=}SO_2\uparrow+Na_2SO_4+S\downarrow+H_2O$ 硫代硫酸钠在酸性条件下迅速反应，生成无色有刺激性气味的二氧化硫气体和浅黄色浑浊硫。该反应可以检验 $S_2O_3^{2-}$。

【$S_2O_4^{2-}$】 连二亚硫酸盐。

$2S_2O_4^{2-}+4H^+{=\!=}S\downarrow+3SO_2\uparrow+2H_2O$ 连二亚硫酸盐和酸反应，生成浅黄色浑浊硫和二氧化硫气体。

$2S_2O_4^{2-}+H_2O{=\!=}S_2O_3^{2-}+2HSO_3^-$ 连二亚硫酸盐在水溶液中发生歧化反应，生成硫代硫酸盐和亚硫酸氢盐。

$2S_2O_4^{2-}+O_2+2H_2O{=\!=}4HSO_3^-$ 连二亚硫酸盐是很强的还原剂，极易被氧化，水溶液能被空气中少量的氧气氧化生成亚硫酸氢盐，还可以被空气中过量的氧气氧化成亚硫酸氢盐和硫酸氢盐，见【$S_2O_4^{2-}+O_2+H_2O$】。

$S_2O_4^{2-}+O_2+H_2O{=\!=}HSO_3^-+HSO_4^-$ 连二亚硫酸盐是很强的还原剂，极易被氧化，水溶液能被空气中过量的氧气氧化成亚硫酸氢盐和硫酸氢盐。

【$Na_2S_2O_4$】 连二亚硫酸钠，俗称“保险粉”，

$Na_2S_2O_4\cdot 2H_2O$ 是白色晶体粉末，有时略显黄色或灰色，有臭味，会着火燃烧，被加热到 190℃时发生爆炸；有很强的还原性，402K 时分解，易溶于水，不溶于乙醇。用作印染还原剂、漂白剂等。可将锌粉溶解于亚硫酸氢钠溶液中，用石灰乳处理后连二亚硫酸钠留在溶液中，经盐析、脱水、干燥而制得。

$2Na_2S_2O_4 \overset{\triangle}{=\!=} Na_2S_2O_3+Na_2SO_3+SO_2\uparrow$ 连二亚硫酸钠被加热到 463K 时激烈分解而发生爆炸，生成硫代硫酸钠、亚硫酸钠和二氧化硫。

$2Na_2S_2O_4+4HCl{=\!=}4NaCl+S\downarrow+3SO_2\uparrow+2H_2O$ 连二亚硫酸钠和盐酸反应，生成浅黄色浑浊硫和二氧化硫气体。

$2Na_2S_2O_4+O_2+2H_2O{=\!=}4NaHSO_3$ 连二亚硫酸钠是很强的还原剂，极易被氧化，水溶液能被空气中少量的氧气氧化生成亚硫酸氢钠，还可以被过量的氧气氧化成亚硫酸氢钠和硫酸氢钠，见【$Na_2S_2O_4+O_2+H_2O$】。

$Na_2S_2O_4+O_2+H_2O = NaHSO_3+NaHSO_4$ 连二亚硫酸钠是很强的还原剂，极易被氧化，水溶液能被空气中过量的氧气氧化成亚硫酸氢钠和硫酸氢钠，可用于气体分析中分析氧气。

【$H_2S_2O_7$】 焦硫酸，无色透明晶体，极易潮解，空气中强烈发烟，有强腐蚀性，易溶于水，同时放出大量热。一般由浓硫酸和三氧化硫混合而成，作脱水剂和磺化剂。

$H_2S_2O_7+H_2O = 2H_2SO_4$ 焦硫酸水解生成硫酸。

【$Na_2S_2O_7$】 焦硫酸钠。将硫酸氢钠加强热可得。

$Na_2S_2O_7 \overset{\triangle}{=} Na_2SO_4+SO_3\uparrow$ 焦硫酸钠受热，在733K时分解生成硫酸钠和三氧化硫。

【$K_2S_2O_7$】 焦硫酸钾，将硫酸氢钾加热到熔点以上温度可制得。

$K_2S_2O_7 \overset{\triangle}{=} K_2SO_4+SO_3\uparrow$ 焦硫酸钾受热分解生成硫酸钾和三氧化硫。

$3K_2S_2O_7+Al_2O_3 \overset{\triangle}{=} Al_2(SO_4)_3+3K_2SO_4$ 焦硫酸钾和难溶性的氧化铝等共熔时，生成可溶性硫酸铝和硫酸钾。金属冶炼用途较广。

$3K_2S_2O_7+Fe_2O_3 \overset{\triangle}{=} Fe_2(SO_4)_3+3K_2SO_4$ 焦硫酸钾和难溶性的三氧化二铁共熔时，生成可溶性硫酸盐。

【$S_2O_8^{2-}$】 过二硫酸根离子。

$S_2O_8^{2-}+2e^- = 2SO_4^{2-}$ 过二硫酸根离子得到电子，被还原为硫酸根离子。

$S_2O_8^{2-}+2H_2O = H_2O_2+2HSO_4^-$ 工业上用电解法制 H_2O_2，将电解产物过二硫酸盐进行水解，制得 H_2O_2。过二硫酸盐用电解法制备：电解硫酸氢盐溶液，阳极：$2HSO_4^- - 2e^- = S_2O_8^{2-}+2H^+$；阴极：$2H^++2e^- = H_2\uparrow$。乙基蒽醌法制 H_2O_2 见【H_2+O_2】。

$5S_2O_8^{2-}+2Mn^{2+}+8H_2O = 2MnO_4^-+10SO_4^{2-}+16H^+$ 过二硫酸盐具有极强的氧化性，可将 Mn^{2+} 氧化为 MnO_4^-。Ag^+ 作催化剂。

【$H_2S_2O_8$】 过二硫酸，无色晶体，338K时熔化并分解，具有极强的氧化性，能使纸碳化，还能烧焦石蜡。结构式：

[结构式] 或 HO—S(O)(O)—O—O—S(O)(O)—OH。若过氧化氢结构HO－OH中两个H原子被 HSO_3^- 取代而得：HSO_3O-OSO_3H，叫过二硫酸，分子式为 $H_2S_2O_8$，可以由以下反应而得：$H_2O_2+2HSO_3Cl = H_2S_2O_8+2HCl$。具有强氧化性和强吸水性。干燥的过二硫酸稳定，遇水分解。273K以光亮铂电极为阳极，高电流密度下电解50%左右硫酸溶液，阳极氧化 HSO_4^- 可得过二硫酸。

$H_2S_2O_8+H_2O = H_2SO_5+H_2SO_4$ 1908年发展起来的电解—水解法制 H_2O_2 的原理之一，详见【$2NH_4HSO_4$】。过二硫酸不稳定，易水解生成硫酸和过氧化氢。首先，水解生成硫酸和过一硫酸。过一硫酸再水解生成 H_2SO_4 和 H_2O_2：$H_2SO_5+H_2O = H_2SO_4+H_2O_2$。用于制备过一硫酸的原理之一，研磨 $K_2S_2O_8$ 和 H_2SO_4 至呈浆状，静置后倒在冰上，得无色过一硫酸晶体。

【$(NH_4)_2S_2O_8$】过二硫酸铵，也称过硫酸铵，无色晶体或白色粉末，纯而干燥的成品可稳定数月，潮湿时逐渐分解，放出臭氧和氧气；易溶于水，受热分解，放出氧气，形成焦硫酸铵$(NH_4)_2S_2O_7$。在其水溶液中加硫酸减压蒸馏可得过氧化氢。有强烈氧化性，避免与有机物接触。可由硫酸铵溶液加硫酸经电解而得，作氧化剂、漂白剂、油类脱色剂、脱氧剂和食品防腐剂等。

$(NH_4)_2S_2O_8+2H_2O\xlongequal{H_2SO_4}2NH_4HSO_4+H_2O_2$ 1908年发展起来的电解—水解法制H_2O_2的原理之一，过二硫酸铵水解，得到过氧化氢，详见【$2NH_4HSO_4$】。

$(NH_4)_2S_2O_8+2H_2SO_4=H_2S_2O_8+2NH_4HSO_4$ 1908年发展起来的电解—水解法制H_2O_2的原理之一，详见【$2NH_4HSO_4$】。

$(NH_4)_2S_2O_8+3KI=(NH_4)_2SO_4+K_2SO_4+KI_3$ 具有强氧化性的$(NH_4)_2S_2O_8$和具有强还原性的KI反应，但由于该反应的活化能大于420kJ/mol，反应速率较小。活化能小于420kJ/mol的反应，反应速率很大。

【$K_2S_2O_8$】过硫酸钾，无色或白色晶体，溶于水，不溶于乙醇；缓慢分解，放出氧气，升温可加速分解，约100℃完全分解。有强氧化性。可电解硫酸钾浓溶液或由过硫酸铵和碳酸钾反应而得，可用于作漂白剂、防腐剂以及制过氧化氢。

$2K_2S_2O_8\xlongequal{\triangle}2K_2SO_4+2SO_3\uparrow+O_2\uparrow$
过硫酸及其盐不稳定。过二硫酸钾受热分解为K_2SO_4、SO_3、O_2。

$5K_2S_2O_8+2MnSO_4+8H_2O=2HMnO_4+5K_2SO_4+7H_2SO_4$ 过二硫酸盐是很强的氧化剂，可以将Mn^{2+}氧化为MnO_4^-。特别重要的过二硫酸盐有$K_2S_2O_8$和$(NH_4)_2S_2O_8$等。离子方程式见【$5S_2O_8^{2-}+2Mn^{2+}+8H_2O$】。

【HSO_3F】氟磺酸，无色较黏稠的发烟性液体，最强的液态酸之一，是很稳定的酸，受热到1173K时也不分解。与水作用生成硫酸和氢氟酸。1892年由Thorpe和Kirmann用无水氟化氢和三氧化硫作用而得。在约523K时用氟化钙或氟化氢钾和发烟硫酸反应，经蒸馏也可制得。常作溶剂、氟化剂等。

$HSO_3F+H_2SO_4=H_3SO_4^++SO_3F^-$
在硫酸溶剂体系中，使溶剂阳离子$H_3SO_4^+$增加的化合物起酸的作用，如HSO_3F等。使溶剂阴离子HSO_4^-增加的化合物起碱的作用，如KNO_3、CH_3COOH等。

【HSO_3Cl】氯磺酸，无色腐蚀性液体，可以由干燥氯化氢气体和三氧化硫直接化合制备：$HCl+SO_3=HSO_3Cl$，或用五氯化磷和发烟硫酸作用或将干燥的氟化氢通入发烟硫酸制备。遇水爆炸性水解，主要用于有机合成的磺化反应中。

$HSO_3Cl+H_2O=H_2SO_4+HCl$
氯磺酸和水发生爆炸性反应，生成H_2SO_4和HCl。

$HSO_3Cl+H_2O_2=H_2SO_5+HCl$
在无水条件下，氯磺酸和过氧化氢反应，生成过一硫酸。制备过一硫酸的原理之一，用100% H_2O_2处理SO_3。

$2HSO_3Cl+H_2O_2=H_2S_2O_8+2HCl$
在无水条件下，氯磺酸和过氧化氢按物质的

量之比 2∶1 反应，生成过二硫酸和氯化氢。制备过二硫酸的原理之一。在无水条件下，氯磺酸和过氧化氢按物质的量之比 1∶1 反应，生成过一硫酸，见【HSO_3Cl+ H_2O_2】。

【$H_2S_2O_6$】

连二硫酸，较稳定的强酸，是二元酸。稀溶液较稳定，湿热或浓溶液时，慢慢分解为硫酸和二氧化硫。用细粉状二氧化锰氧化亚硫酸，然后用氢氧化钡或氧化钡除去副产的含硫阴离子，再以适量稀硫酸除去 Ba^{2+}，分离后可得较纯的 $H_2S_2O_6$ 溶液。

$H_2S_2O_6$══H_2SO_4+SO_2↑ 连二硫酸是一种强酸，比其他连多硫酸稳定，水溶液煮沸也不分解，浓溶液在被加热到 50℃时慢慢分解。

【$H_2S_3O_6$】

连三硫酸。

$H_2S_3O_6$══H_2SO_4+SO_2↑+S↓ 将 SO_2 通入 $K_2S_2O_3$ 溶液中，放置一段时间便析出连三硫酸钾($K_2S_3O_6$)晶体。将 $K_2S_3O_6$ 溶液酸化后生成连三硫酸($H_2S_3O_6$)，分解生成 H_2SO_4、SO_2 和 S。

$H_2S_3O_6$+4Cl_2+6H_2O══3H_2SO_4+8HCl 连多硫酸中连二硫酸不易被氧化，而其他连多硫酸容易被氧化。连三硫酸被氧化成硫酸。

【$H_2S_4O_6$】

连四硫酸。

$H_2S_4O_6 \xlongequal{\triangle} H_2SO_4+SO_2\uparrow+2S\downarrow$

用碘氧化 $Na_2S_2O_3$ 可制备连四硫酸钠 $Na_2S_4O_6$，以晶体形式析出，见【$2S_2O_3^{2-}$+I_2】。连四硫酸钠对热不稳定，酸化后生成 $H_2S_4O_6$，浓缩连四硫酸溶液时分解，析出 S，放出 SO_2 气体。

$H_2S_4O_6$+S══$H_2S_5O_6$ 连二硫酸不易与硫结合，而其他连多硫酸与硫结合生成较高的连多硫酸。

【$H_2S_5O_6$】

连五硫酸。

$H_2S_5O_6 \xlongequal{\triangle} H_2SO_4+SO_2\uparrow+3S\downarrow$

连五硫酸较稳定，在浓缩到更高浓度时发生分解。用连五硫酸钠酸化制备连五硫酸。关于连五硫酸钠的制备见【$5S_2O_3^{2-}$+$6H^+$】。

【H_2SO_5】

过一硫酸，结构式：

H—O—S(=O)(=O)—O—O—H 或 HO—O—S(→O)(→O)—OH 或 HO－OSO_3H，可以看作过氧化氢结构 HO－OH 中一个 H 原子被 HSO_3^-取代而得。无色结晶，易溶于乙醇和乙醚；一元酸，有强吸水性和强氧化性。用过二硫酸水解制备或用三氧化硫处理过氧化氢制备，或用浓硫酸处理无水过氧化氢或计量的无水过氧化氢加入充分冷却的氯磺酸制备。

H_2SO_5+H_2O══H_2SO_4+H_2O_2

1908 年发展起来的电解—水解法制 H_2O_2 的原理之一，详见【$2NH_4HSO_4$】。过一硫酸再水解生成硫酸和过氧化氢。

【$SOCl_2$】

氯化亚硫酰，或亚硫酰氯，无色透明液体，可由 SO_2 和 PCl_5 反应，得到氯化亚硫酰和三氯氧磷：SO_2+ PCl_5══$SOCl_2$+$POCl_3$。注意区分：SO_2Cl_2，叫作氯化硫酰，是一种无色发烟液体，可由 SO_2 和 Cl_2 反应得到，SO_2+Cl_2══SO_2Cl_2。可用于容易水解的水合卤化物（如 $MgCl_2·6H_2O$、$AlCl_3·6H_2O$、$FeCl_3·6H_2O$ 等）的脱水，制其无水盐。有强烈刺激性气味，刺激皮肤等，与苯、氯仿、四氯化碳混溶，水中分解为盐酸和亚硫酸，可由二氯化硫用三氧化硫氧化而得，常作氯化剂和催化剂。

$SOCl_2+H_2O═SO_2↑+2HCl↑$ 氯化亚硫酰快速水解生成二氧化硫和氯化氢。

$SOCl_2+4NH_3═SO(NH_2)_2+2NH_4Cl$ 氯化亚硫酰和氨气反应，$SOCl_2$ 中的 Cl 原子被氨基$-NH_2$取代，生成亚硫酰二胺。

$mSOCl_2+MX_n·mH_2O═MX_n+mSO_2+2mHCl$ 用氯化亚硫酰脱去水合卤化物中的结晶水，制无水卤化物，因水合卤化物 $MgCl_2·6H_2O$、$AlCl_3·6H_2O$、$FeCl_3·6H_2O$ 等受热时容易水解。

【SO_2Cl_2】 氯化硫酰，又称硫酰氯，无色流动性液体，制备见【SO_2+Cl_2】。有强烈刺激性气味，蒸气会腐蚀皮肤等，溶于冰醋酸、苯、甲苯、醚及其他有机溶剂；长期放置微有分解，遇水缓慢分解生成硫酸和氯化氢，遇热水和碱迅速分解。可与冰水生成水合物 $SO_2Cl_2·15H_2O$。可由干燥的二氧化硫和氯气混合物通过活性炭或樟脑等催化剂共热制备。常作氯化剂、磺化剂、催化剂和溶剂。

$SO_2Cl_2+2H_2O═H_2SO_4+2HCl$ 氯化硫酰猛烈水解，生成 H_2SO_4 和 HCl。

【Se】 硒，红色无定形态粉末或灰色有光泽的晶体，猝冷熔化的硒可呈玻璃状；灰硒性脆，溶于硝酸、硫酸和苛性碱。空气中加热条件下生成三氧化硒，与卤素单质强烈作用，光照时导电能力增强，变暗后又复原；存在于黄铁矿中。可用二氧化硫还原亚硒酸而得，常用于制光电池、太阳能电池、整流器、电视摄像、计算机磁鼓，作玻璃着色剂和橡胶促进剂。

$Se+H_2\overset{\triangle}{=\!=}H_2Se$ 硒和氢气受热反应，生成硒化氢。氧族元素的单质按照 O、S、Se、Te 的顺序，和氢气的反应越来越弱，生成的氢化物的稳定性也越来越差。

【H_2Se】 硒化氢，无色恶臭气体，极毒，强烈刺激皮肤和黏膜；溶于水、二硫化碳和光气等，水溶液为二元强酸；燃烧时火焰呈蓝色。可由硒化钾、硒化铁等和盐酸作用或由硒化铝和水作用而得。可制硒化合物和半导体。

$2H_2Se+SO_2═2Se+S+2H_2O$ 二氧化硫将硒化氢氧化为硒，二氧化硫被还原为硫。SO_2 既有氧化性又有还原性，在该反应中作氧化剂，硒化氢作还原剂。

【SeO_2】 二氧化硒，白色针状结晶体，有吸湿性，315℃时升华，溶于水、硫酸和乙醇。与干燥的氯化氢生成加合物 $SeO_2·2HCl$。可由硒在空气中或氧气中燃烧而得。常用于有机合成，作氧化剂或催化剂，可制无机硒化物和高纯度硒。

$3SeO_2+4NH_3═3Se+2N_2+6H_2O$ SeO_2 是中等强度氧化剂，NH_3 很容易将 SeO_2 还原为硒。也是提纯粗硒的原理之一：将粗硒在氧气流中燃烧生成 SeO_2，并在 593~623K 进行升华，可有效地使硒和碲分离。将纯化后的 SeO_2 导入氨气炉中还原，纯硒被收集在 493~513K 的接受器内，然后铸锭，纯度可达 99.992%。

$SeO_2+N_2H_4═Se+N_2+2H_2O$ SeO_2 是中等强度氧化剂，N_2H_4 很容易将 SeO_2 还原为硒。

$SeO_2+2SO_2+2Py=Se+2Py\cdot SO_3$
SeO_2是中等强度氧化剂，SO_2的吡啶溶液很容易将SeO_2还原为硒。Py表示吡啶。

$SeO_2+2SO_2+2H_2O=Se+2H_2SO_4$
SeO_2是中等强度氧化剂，SO_2的水溶液很容易将SeO_2还原为硒。可用于制备无定形硒。

【H_2SeO_3】 亚硒酸，白色正交晶体。极易溶于水，295K时100g水可溶解72.52g亚硒酸，浓度大于4mol/L时有二聚作用。受热至423K脱水成SeO_2，将SeO_2溶于少量水，在水浴下缓慢蒸发至析出结晶，在KOH上干燥，即得H_2SeO_3。亚硒酸为二元中强酸，强于H_2SO_3，是中强氧化剂，主要显示氧化性，和亚硫酸不同。

$H_2SeO_3+Cl_2+H_2O=H_2SeO_4+2HCl$
亚硒酸被Cl_2氧化为硒酸。

$H_2SeO_3+2SO_2+H_2O=2H_2SO_4+Se\downarrow$
二氧化硒或亚硒酸具有较强的氧化性，将二氧化硫氧化为硫酸，本身被还原为硒。

【H_2SeO_4】 硒酸，硒元素的最高价含氧酸，白色六方晶体，易潮解，易溶于水和硫酸。210℃时放出氧气，变成亚硒酸H_2SeO_3。酸性和硫酸相近，第一步电离完全，第二步电离常数为1.1×10^{-2}（25℃），氧化性强于硫酸。它有两种水合物：一水合物和四水合物。可由亚硒酸和氯酸或由硒酸钡与硫酸或由硒酸铅通硫化氢制备。将硒酸溶液真空加热浓缩，可得无水硒酸。

$H_2SeO_4+2HCl=H_2SeO_3+Cl_2\uparrow+H_2O$ 盐酸和硒酸反应，生成亚硒酸等。用来处理硒废料的反应原理之一。硒酸具有较强氧化性，可以将氯化物氧化为氯气，与硫酸表现出不同的性质。

【TeO_2】 二氧化碲，白色晶体，有四方晶体和菱形晶体两种变体，两性氧化物，不溶于水、氨水，溶于盐酸、硝酸和强碱。受热变成黄色，熔化时开始蒸发，凝固时形成菱形针状结晶，350℃以下得四方晶体。将碲化氢在氧气中燃烧或用冷的浓硝酸氧化可得。

$3TeO_2+Cr_2O_7^{2-}+8H^++5H_2O=3H_6TeO_6+2Cr^{3+}$ TeO_2具有还原性，在酸性溶液中和$Cr_2O_7^{2-}$反应生成原碲酸和Cr^{3-}。

$TeO_2+H_2O_2+2H_2O=H_6TeO_6$
TeO_2具有还原性，和H_2O_2反应生成原碲酸。制备原碲酸的原理之一，在浓硫酸中用30%的H_2O_2与TeO_2作用。

【H_6TeO_6】 原碲酸（或碲酸），白色晶体，可溶于冷水，易溶于热水，283K时可结晶出四水合物；难溶于浓硝酸和乙醇。在空气中、373~473K的温度条件下脱水成$(H_2TeO_4)_n$，$n\approx10$，493K时即得TeO_3。可用强氧化剂$HClO_3$、$KMnO_4$、H_2O_2或CrO_3氧化Te或TeO_2而得。它是很弱的二元酸，$K_1=2.09\times10^{-8}$，$K_2=6.46\times10^{-12}$，有强氧化性。

$2H_6TeO_6+8HI\xlongequal{H^+}TeO_2+Te+4I_2+10H_2O$ 原碲酸的氧化性较强，将HI氧化为I_2，自身被还原为TeO_2和Te的混合物。

第八章 ⅦA 族元素单质及其化合物

氟(F) 氯(Cl) 溴(Br) 碘(I) 砹(At)

【F_2】 氟，淡黄绿色气体，熔点和沸点较低，和水剧烈反应；极毒，有强烈腐蚀性和刺激性，操作时需特别小心，氧化能力极强。氟以化合态广泛存在于自然界的氟磷灰石、萤石、冰晶石等矿物中。可由电解熔融的氟化钾和氟化氢的混合物制得，用于冶金、陶瓷、玻璃等工业，可制金属氟化物和有机氟化物，作氧化剂。

$5F_2+Br_2=\!=2BrF_5$ 氟和溴直接反应，生成卤素互化物五氟化溴 BrF_5。

【卤素互化物】用通式 YX_n 表示，n=1、3、5、7。可由卤素单质在不同的条件下直接化合形成。氟的卤素互化物通常作氟化剂。

$F_2+Cl_2=\!=2ClF$ F_2 和 Cl_2 在铜反应器中、220℃~250℃时，反应生成一氟化氯。

$3F_2+Cl_2=\!=2ClF_3$ 氟和氯气在 200℃~300℃时反应，生成三氟化氯，活泼性与氟相似，和水剧烈反应。通常作氟化剂和火箭燃料的氧化剂。

$F_2+2e^-=\!=2F^-$ 氟单质得电子被还原为氟离子，非常容易。

$F_2+H_2=\!=2HF$ 氟单质和氢气在暗处发生爆炸。卤素单质和氢气的反应，按氟、氯、溴、碘的顺序，剧烈程度依次减弱，氢化物的稳定性也逐渐降低。关于【卤素单质和氢气反应】见【Br_2+H_2】。

$F_2+2HCl=\!=2HF+Cl_2$ 氟从氯化氢气体中置换出氯气。因氟和水剧烈反应，该反应不能在水溶液中进行。卤素单质的氧化性按氟、氯、溴、碘的顺序依次减弱，排在前面的元素的单质可以从排在后面的元素的化合物中置换出单质来。

$2F_2+2H_2O=\!=4HF+O_2$ 氟单质和水反应，生成氟化氢和氧气。卤素单质和水反应，只有氟单质不同，其余卤素单质氯、溴、碘和水反应，生成卤化氢和次卤酸，用通式表示：$X_2+H_2O=\!=HX+HXO$。

$F_2(g)+H_2O(s)\xrightleftharpoons{-40℃}HOF(g)+HF(g)$ 在−40℃时，控制 F_2 和冰的反应可制得 HOF，该化合物极不稳定，易挥发分解成 HF 和 O_2。关于次氟酸，有些资料确信其性质和结构，有些资料则认为其性质和结构还没有搞清。

$7F_2+I_2=\!=2IF_7$ 氟和碘在 250℃~300℃时反应，生成七氟化碘。七氟化碘有毒，刺激皮肤，化学性质活泼，与水激烈反应，生成高碘酸和氢氟酸，可用作氟化剂。

$2F_2+2NaOH=\!=2NaF+H_2O+OF_2$ 将氟单质通入 2%氢氧化钠溶液中来制备二氟化氧。二氟化氧是无色气体，是强氧化剂。碱浓度较大时，OF_2 分解，见【$2F_2+4OH^-$】和【OF_2+2OH^-】。

$2F_2+2OH^-(2\%)=\!=2F^-+OF_2+H_2O$ F_2 和 2%碱反应生成 OF_2。当碱溶液浓度较大时，OF_2 分解放出 O_2，见【$2F_2+4OH^-$】。

$2F_2+4OH^-=\!=4F^-+O_2+2H_2O$ F_2 和较浓的碱溶液反应，中间产物 OF_2 分解释放出 O_2，同时生成 F^-。

【F^-】 氟离子。

$2F^--2e^-=\!=F_2\uparrow$ 工业上和实验室中用电解法制备氟单质时的阳极反应式，详见

【KHF_2】。

$F^-+H^+ = HF$ 可溶性氟化物和强酸反应生成难电离的氢氟酸。见【HF】。

$F^-+HF \rightleftharpoons HF_2^-$ 氟化氢在水中是弱电解质，$HF+H_2O \rightleftharpoons H_3O^++F^-$，但当浓度大于 5mol/L 时，$F^-$和 HF 形成相当稳定的缔合离子 HF_2^-、$H_2F_3^-$等，便成了一种强酸。

$F^-+H_2O \rightleftharpoons HF+OH^-$ 可溶性氟化物溶解于水生成的氟离子水解的离子方程式。氢氟酸是一种弱酸，所以，氟离子在水中要水解。

【NaF】

氟化钠，无色发亮晶体或白色粉末，正六面体或正八面体结构；有毒，能腐蚀皮肤、刺激黏膜、侵害神经系统；易溶于水，因水解而显碱性，水溶液会腐蚀玻璃，干燥的晶体或粉末可贮存于玻璃瓶中，微溶于乙醇。可用作酿造业杀菌剂、农业杀虫剂、木材防腐剂、医用防腐剂、焊接助溶剂等。可将萤石与纯碱一起熔融后用水浸取制得，或用氢氧化钠或碳酸钠与 40%氢氟酸中和而得。

$NaF = Na^++F^-$ 氟化钠在水中完全电离。

$NaF+HCl = NaCl+HF$ 盐酸和氟化钠反应，制备氢氟酸。用强酸制弱酸。

$NaF+H_2O \rightleftharpoons HF+NaOH$ 氟化钠水解生成氟化氢和氢氧化钠。氟化钠水溶液因水解而显碱性，属于强碱弱酸盐的水解。离子方程式：$F^-+H_2O \rightleftharpoons HF+OH^-$。

【KF】

氟化钾，无色立方晶体或白色粉末，有毒，易潮解，咸味；易溶于水，溶于氢氟酸及液氨，不溶于乙醇、丙酮。水溶液呈碱性，腐蚀玻璃及瓷器，低于 40.2℃时由水溶液结晶得二水合物 $KF·2H_2O$；41℃时可自溶于结晶水中。可由氟化氢钾热分解而得，也可以碳酸钾或氢氧化钾中和氢氟酸（40%或无水）而得。用于玻璃雕刻、食物防腐，作焊接助溶剂、氟化剂、杀虫剂等。

$2KF+CaC_2 \xlongequal{\triangle} CaF_2+2K\uparrow+2C$

碳化钙和氟化钾在 1273~1423K 时，反应制备金属钾，利用钾易挥发的性质来制备。

【CaF_2】

氟化钙，白色粉末或立方晶体，难溶于水，俗称萤石。除了用来制备氟化氢之外，主要用来制备乳白玻璃和搪瓷。氟元素在自然界中主要以萤石和氟石等形式存在。将可溶性钙盐和氟化钠作用可得。纯净的氟化钙单晶无色透明，可作光学和电子仪器材料。一般的萤石因含有微量杂质，略显绿色或紫色。

$CaF_2+H_2SO_4(浓) \xlongequal{\triangle} CaSO_4+2HF\uparrow$

实验室加热氟化钙和浓硫酸制取氟化氢气体。氟化氢的水溶液叫氢氟酸，会腐蚀玻璃，所以不能用玻璃容器制备氟化氢，要用铅皿。

【实验室里制取卤化氢气体】卤化氢中氟化氢和氯化氢可以用浓硫酸制取，氟化氢则以加热氟化钙和浓硫酸制取。氯化氢的制取见【$NaCl+H_2SO_4$(浓)】或【$2NaCl+H_2SO_4$(浓)】。溴化氢和碘化氢因较强的还原性，不能用浓硫酸制取，分别见【$2HBr+H_2SO_4$(浓)】和【$2HI+H_2SO_4$(浓)】，制取方法分别见【H_3PO_4(浓)+NaBr】和【H_3PO_4(浓)+NaI】。

$CaF_2+2H_2SO_4(浓) = Ca(HSO_4)_2+2HF\uparrow$ 用 CaF_2 和浓 H_2SO_4 反应制备 HF 气体，不加热时生成 $Ca(HSO_4)_2$，加热时生成 $CaSO_4$。

$CaF_2+2Na_2CO_3+SiO_2 \xlongequal{\triangle} CaCO_3$

$+Na_2SiO_3+2NaF+CO_2\uparrow$ 用氟化钙、碳酸钠和石英在高温下制造乳白玻璃和搪瓷的反应原理。

【HF】

氟化氢，无色气体，19.54℃以下时为无色液体，有毒，空气中发烟，会刺激眼睛并腐蚀皮肤，易溶于水、醇，溶于苯、甲苯，微溶于醚。氟化氢的水溶液叫作氢氟酸，是一种弱电解质，在水中部分电离。但当浓度大于5mol/L时，F^-通过氢键和未解离的HF形成相当稳定的二氟氢离子HF_2^-等，此时氢氟酸便是一种相当强的酸。卤族元素形成的氢化物叫卤化氢，溶解于水形成的溶液叫氢卤酸。氢氟酸是弱酸，其余氢卤酸均为强酸，而且按氯、溴、碘的顺序，酸性逐渐增强。常温下，氟化氢气体因氢键的作用，以二聚体H_2F_2或三聚体H_3F_3的形式存在，同时还有环状六聚体$(HF)_6$，是平衡状态下的混合物：$2HF \rightleftharpoons H_2F_2$、$3HF \rightleftharpoons H_3F_3$、$6HF \rightleftharpoons (HF)_6$。只有当温度在90℃以上时，才以HF单分子形式存在。可由浓硫酸和氟化钙蒸馏制备。可制备无机氟化物、有机氟化物、石油工业催化剂等以及用于分离铀同位素。

$HF \rightleftharpoons F^-+H^+$ 氢氟酸是一种弱电解质，K_a= 6.3×10^{-4}，在水中部分电离，还可以写作$HF+ H_2O \rightleftharpoons F^-+H_3O^+$。当浓度大于5mol/L时，因$F^-+HF \rightleftharpoons HF_2^-$，$K$=5.1，变为强酸。

$2HF \rightleftharpoons (HF)_2$ 常温下，氟化氢气体因氢键的作用，呈二聚体$(HF)_2$，或三聚体$(HF)_3$，还有六聚体$(HF)_6$等。

$3HF \rightleftharpoons H_2F^++HF_2^-$ 液态氟化氢是一种极好的溶剂，HF发生自偶电离。因H^+和F^-都是溶剂化的，常见的表示为$HF \rightleftharpoons H^++F^-$。

$n\mathrm{HF} \xrightleftharpoons{缔合} (HF)_n$ 在液态HF中，发生分子缔合现象，n=2，3，4，…，除简单HF分子外，还有由若干个HF通过氢键缔合而成的复杂分子。

$HF+H_2O \rightleftharpoons F^-+H_3O^+$ 氟化氢在水中部分电离。还可以写作$HF \rightleftharpoons F^-+H^+$。

$HF+OH^- = F^-+H_2O$ 氢氟酸和强碱溶液发生中和反应，生成氟化物和水的离子方程式。

【HF_2^-】

二氟氢离子。

$2HF_2^-+2e^- = H_2\uparrow+4F^-$ 工业上和实验中室用电解法制备氟单质时的阴极反应式，详见【KHF_2】。

【KHF_2】

氟化氢钾，有资料称氟氢化钾，无色晶体，有毒；低于195℃时为α-型，高于195℃时为β-型，310℃时分解并放出氟化氢。潮湿空气中吸收水分而放出氟化氢，易溶于水，不溶于无水乙醇，水溶液呈酸性。可由氢氧化钾或碳酸钾和足量氢氟酸作用而得。可制无水氟化氢、氟单质，也用于刻蚀玻璃、木材防腐等。

$2KHF_2 \xrightarrow[熔融]{电解} 2KF+H_2\uparrow+F_2\uparrow$ 工业上和实验室中用电解法制备单质氟：电解熔融的氟氢化钾和氟化氢的混合物，以铜制容器作为电解槽，槽身作阴极，压实的石墨作阳极，在373K左右电解。阳极电极反应式：$2F^- - 2e^- = F_2\uparrow$；阴极电极反应式：$2HF_2^-+2e^- = H_2\uparrow+ 4F^-$。最新的非电解法制备单质氟的原理：$2K_2MnF_6+4SbF_5 = 4KSbF_6+2MnF_3+F_2\uparrow$。制备$K_2MnF_6$的原理见【$4KMnO_4+4KF+20HF$】。制备$SbF_5$的原理见【$SbCl_5+5HF$】。

$2KHF_2+MnO_2+2HF═K_2MnF_6+2H_2O$ MnO_2和KHF_2、HF反应，可制得金黄色的K_2MnF_6晶体。K_2MnF_6作为非电解法制F_2的原料。

【H_2F_2】

$H_2F_2 \rightleftharpoons 2HF$ 常温下，氟化氢气体和二聚体H_2F_2之间的动态平衡。

$H_2F_2 \rightleftharpoons H^++HF_2^-$ 氟化氢二聚体是一元弱酸，非二元弱酸，在水溶液中部分电离。

【H_3F_3】

$2H_3F_3 \rightleftharpoons 3H_2F_2$ 氟化氢二聚体H_2F_2和三聚体H_3F_3之间的动态平衡。

【OF_2】

二氟化氧，无色气体，有毒；微溶于水并缓慢分解，具有氧化和氟化作用，与大多数金属和非金属激烈反应。冷时不侵蚀玻璃。由氟缓慢通过2%氢氧化钠水溶液制得。

$OF_2(g)+H_2O(g)═O_2(g)+2HF(g)$；$\Delta H=-323kJ/mol$ OF_2和水蒸气反应生成O_2和HF气体的热化学方程式，和水蒸气混合时发生爆炸。

【O_2F_2】

二氟化二氧。室温时为不稳定的棕色气体，100℃时开始分解成氟和氧气。低温时为黄色固体或红色液体。可由等物质的量的氟和氧气在低温、低压下放电反应而得，可作强氧化剂和氟化剂。

$O_2F_2+XeF_4═XeF_6+O_2$ 在−133℃~−78℃的低温条件下，由XeF_4和O_2F_2反应生成XeF_6。

【HOF】

次氟酸，无色化合物，熔点为156K，室温下易分解，与水反应放出氧气。将氟通过冰的表面，在低温下收集可得到HOF，见【$F_2(g)+H_2O(s)$】。在次卤酸中，只有HOF得到纯化合物，其余均存在于水溶液中并不稳定。HOF为一元弱酸。HOF是目前见到的氟元素的唯一正价化合物。氟元素是氧化性最强的元素，在绝大多数反应中，只能得到电子，很难失去电子，很少有正价化合物。在中学化学中一般认为氟元素没有正价化合物。

$HOF+H_2O═HF+H_2O_2$ 次氟酸和水反应，生成氟化氢和过氧化氢，过氧化氢很快分解生成水和氧气。

【Cl·】

氯自由基。

Cl·+·Cl→Cl:Cl 氯气和甲烷在光照条件下反应时，在链的终止阶段，两个氯自由基结合成氯气的过程。

【氯气和甲烷在光照条件下发生取代反应的机理】经历三个阶段。

（1）链的引发阶段。氯气在光照条件下变成氯自由基：Cl:Cl $\xrightarrow{光}$ Cl·+·Cl。

（2）链的增长阶段。自由基发生反应：·Cl+H:CH_3→·CH_3+H:Cl，Cl:Cl+·CH_3→ Cl:CH_3+·Cl。

（3）链的终止阶段。自由基之间结合：Cl·+·Cl→Cl:Cl，·CH_3+·CH_3→CH_3:CH_3，·Cl+·CH_3→Cl:CH_3。

·Cl+H:CH_3→·CH_3+H:Cl 氯气和甲烷在光照条件下发生取代反应的机理之一。

Cl·+H_2→HCl+H· Cl_2和H_2在光照或点燃条件下的反应机理之一，详见【Cl_2+H_2

$\xlongequal{点燃}2HCl$】。

$Cl\cdot+O_3 = ClO\cdot+O_2$ 氟利昂（氟氯代烷 $CFCl_3$、CF_2Cl_2 等）破坏臭氧层的机理之一。如 $CF_2Cl_2 \xrightarrow[\lambda<221nm]{光} CF_2Cl\cdot+Cl\cdot$，$O_3+Cl\cdot = ClO\cdot+O_2$，$ClO\cdot+O = Cl\cdot+O_2$，后两步加合得总反应式：$O_3+O \xlongequal{Cl} 2O_2$，Cl·作催化剂。

【Cl_2】 氯气，黄绿色有刺激性气味的有毒气体，会刺激呼吸器官。常温常压下 1 体积水可溶解 2 体积 Cl_2，水溶液呈黄绿色，叫氯水，氯水中有 Cl_2、HClO、H_2O 等分子，有 H^+、Cl^-、ClO^-、OH^-等离子，久置的氯水中还会有 O_2。Cl_2 易溶于四氯化碳、二硫化碳等。Cl_2 化学性质活泼，能与大多数金属和非金属化合。工业上用电解饱和食盐水制取，实验室中常用二氧化锰和浓盐酸共热制取，也可用高锰酸钾或氯酸钾和浓盐酸（不加热）制备。可用向上排空气法或排饱和食盐水法收集。可制盐酸、漂白粉、农药、溶剂和塑料。

$Cl:Cl \xrightarrow{光} Cl\cdot+\cdot Cl$ 氯气和甲烷在光照条件下发生取代反应的机理之一。在链的引发阶段，氯气经光照变成氯自由基。关于【氯气和甲烷在光照条件下发生取代反应的机理】见【Cl·+·Cl】。也是 Cl_2 和 H_2 的反应机理之一，见【$Cl_2+H_2 \xlongequal{点燃} 2HCl$】。

$Cl_2+2Br^- = Br_2+2Cl^-$ Cl_2 将 Br^-氧化为溴单质。卤素单质的氧化性：$F_2>Cl_2>Br_2>I_2$。非金属单质之间的置换反应，可以判断单质的氧化性(或元素的非金属性)的强弱。

$Cl_2(g)+CO(g) \xlongequal{活性炭} COCl_2(g)$

CO 和 Cl_2 反应制备碳酰氯，又名“光气”，极毒。$COCl_2$ 是有机合成的重要中间体，详见【$COCl_2$】。

$3Cl_2+CS_2 \xlongequal{MnO_2} CCl_4+S_2Cl_2$ 工业上制备 CCl_4 的重要方法。在 $AlCl_3$、MnO_2 等催化剂作用下，CS_2 和 Cl_2 反应制备 CCl_4，副产物 S_2Cl_2 又可进一步氯化 CS_2。碳和氯不能直接化合，烷烃和氯可取代，但取代产物为一系列混合物，产率较低，分离混合物有一定难度。

$2Cl_2+CaCO_3+H_2O = CaCl_2+CO_2+2HClO$ Cl_2 溶于水发生歧化反应，见【Cl_2+H_2O】，产生的 HClO 浓度较小，可制备 HgO、Ag_2O 或碳酸盐，使平衡右移，增大 HClO 浓度，经减压蒸馏可得 HClO 溶液。但纯次氯酸至今尚未制得，除次氟酸外，其他次卤酸至今尚未制得。

$2Cl_2+2CaCl_2\cdot Ca(OH)_2\cdot H_2O+8H_2O = Ca(ClO)_2+3CaCl_2\cdot 4H_2O$

将氯气通入石灰乳中，制备漂白粉。当 $Ca(OH)_2$ 和 Cl_2 的物质的量之比为 1∶1 时：$2Ca(OH)_2+2Cl_2 = CaCl_2+Ca(ClO)_2+2H_2O$。当 $Ca(OH)_2$ 和 Cl_2 的物质的量之比为 3∶2 时：$3Ca(OH)_2+2Cl_2 = CaCl_2\cdot Ca(OH)_2\cdot H_2O+Ca(ClO)_2+H_2O$，若继续通入氯气，$CaCl_2\cdot Ca(OH)_2\cdot H_2O$ 继续和 Cl_2 反应，使制得的漂白粉有效成分提高，最终按 $Ca(OH)_2$ 和 Cl_2 的物质的量之比 1∶1 的情况反应。干燥的消石灰和氯气不反应，必须有略少于 1%的水才能反应。

$Cl_2+2e^- = 2Cl^-$ Cl_2 作正极的原电池中，正极的电极反应式，氯气单质得电子被还原为氯离子。

$3Cl_2+2Fe^{2+}+4I^- = 2Fe^{3+}+2I_2+6Cl^-$

过量的氯气和碘化亚铁反应，生成碘和氯化铁的离子方程式。如果通入少量的氯气，I^-先和氯气反应：$2I^-+Cl_2 = I_2+2Cl^-$。继续通入氯气，只有当 I^-被完全氧化之后，Fe^{2+}才开始被氧化：$2Fe^{2+}+Cl_2 = 2Fe^{3+}+2Cl^-$。按照

Fe^{2+}和I^-物质的量之比1∶2将以上两步反应加合，就得到碘化亚铁和过量的氯气反应的总方程式。氧化性：$F_2>Cl_2>Br_2>Fe^{3+}>I_2$，还原性：$I^->Fe^{2+}>Br^->Cl^->F^-$。少量的氯气和碘化亚铁反应见【$Cl_2+FeI_2$】。

$Cl_2+2FeCl_2=2FeCl_3$ $FeCl_2$被氯气氧化成$FeCl_3$。氧化性：$F_2>Cl_2>Br_2>Fe^{3+}>I_2$，还原性：$I^->Fe^{2+}>Br^->Cl^->F^-$。用氯气可以除去$FeCl_3$中混有的少量的$FeCl_2$。离子方程式见【$2Fe^{2+}+Cl_2$】。

$Cl_2+FeI_2=FeCl_2+I_2$ 少量的氯气和碘化亚铁溶液反应，碘离子优先被氧化，亚铁离子未被氧化。如果氯气过量，碘离子和亚铁离子都将被氧化：$3Cl_2+2FeI_2=2FeCl_3+2I_2$。离子方程式见【$3Cl_2+2Fe^{2+}+4I^-$】。

$Cl_2+H\cdot \rightarrow HCl+Cl\cdot$ Cl_2和H_2在光照或点燃条件下的反应机理之一，详见【$Cl_2+H_2 \xlongequal{点燃} 2HCl$】。

$Cl_2+H_2 \xlongequal{光照} 2HCl$ 氯气和氢气在光照条件下发生爆炸，生成氯化氢。【卤素单质和氢气反应】见【Br_2+H_2】。

$Cl_2+H_2 \xlongequal{点燃} 2HCl$ 氢气在氯气中燃烧，火焰呈苍白色，生成氯化氢，氯化氢溶解于水得盐酸。工业上用该原理制备盐酸。反应机理如下：Cl_2+能量→$2Cl\cdot$，或$Cl_2 \xrightarrow{h\nu} \cdot Cl+Cl\cdot$，$Cl\cdot+H_2\rightarrow HCl+H\cdot$，$H\cdot+Cl_2\rightarrow HCl+Cl\cdot$。关于【卤素单质和氢气反应】见【$Br_2+H_2$】。

$Cl_2(g)+H_2(g)=2HCl(g)$；$\Delta H=-184.6kJ/mol$ 氯气和氢气反应生成氯化氢的热化学方程式。

$Cl_2+2HBr=2HCl+Br_2$ 氯气将溴化氢氧化为单质溴，自身被还原为HCl。

$Cl_2+2HI=2HCl+I_2$ 氯气置换出碘化氢中的碘。卤素单质之间的置换反应。

$Cl_2+H_2O \rightleftharpoons H^++Cl^-+HClO$ 氯气和水反应生成氯化氢和次氯酸的离子方程式，该反应实际上是一个可逆反应，常常写作：$Cl_2+H_2O=H^++Cl^-+HClO$。

$Cl_2+H_2O=H^++Cl^-+HClO$ 氯气和水反应，生成氯化氢和次氯酸的离子方程式。

$Cl_2+H_2O=HCl+HClO$ 氯气和水反应，生成氯化氢和次氯酸。盐酸是强电解质，次氯酸是弱电解质。氯气的漂白作用实际上 是氯气和水反应生成的次氯酸在起作用。氯气可以使润湿的有色布条褪色，但不能使干布条褪色。该反应实际上是一个可逆反应，在中学化学的教学中，在学习可逆反应的概念之后，应写作$H_2O+Cl_2 \rightleftharpoons HCl+HClO$。

$Cl_2+H_2O+AgNO_3=AgCl\downarrow+HNO_3+HClO$ 氯水和硝酸银溶液反应，生成白色氯化银沉淀、硝酸和次氯酸。氯气和水反应，生成氯化氢和次氯酸：$H_2O+Cl_2 \rightleftharpoons HCl+HClO$，这是一个可逆反应，加入$AgNO_3$后，氯化氢电离出的氯离子和银离子结合成氯化银沉淀：$AgNO_3+HCl=AgCl\downarrow+HNO_3$，使氯气和水反应建立的平衡向右移动。两步加合就得以上总反应式。

$Cl_2+H_2O+H_2SO_3=4H^++SO_4^{2-}+2Cl^-$ 亚硫酸被氯气氧化，生成硫酸和氯化氢的离子方程式。SO_2、H_2SO_3与氯气、溴以及碘均能发生类似反应。

$Cl_2+H_2O+H_2SO_3=H_2SO_4+2HCl$ 亚硫酸被氯气氧化，生成硫酸和氯化氢。SO_2、H_2SO_3与氯气、溴以及碘均能发生类似反应。

$Cl_2+H_2S=S\downarrow+2HCl$ 氢硫酸中滴加少量氯水，有浅黄色浑浊硫生成。强氧化剂氯气和强还原剂硫化氢发生氧化还原反应，非金属单质之间的置换反应。氧化性：$Cl_2>S$。氯水过量时，见【$4Cl_2+H_2S+4H_2O$】。

$4Cl_2+H_2S+4H_2O=H_2SO_4+8HCl$ 氢硫酸溶液中加入过量氯水（或通入过量

Cl_2）时，H_2S 被氧化为 H_2SO_4，Cl_2 被还原为 HCl。

$5Cl_2+I_2+6H_2O═2HIO_3+10HCl$
少量的氯水和 I^-反应，置换出 I_2，加四氯化碳振荡后，四氯化碳层呈紫红色，离子方程式为 $Cl_2+2I^-═I_2+2Cl^-$。若继续加入过量的氯水，生成的 I_2 和 Cl_2 继续反应，生成 HIO_3 和 HCl，呈紫红色的四氯化碳层褪色。用淀粉碘化钾试纸检验氯气，试纸变蓝后继续和氯气反应，蓝色消失就是这个原因。

$5Cl_2+I_2+6H_2O═2IO_3^-+10Cl^-+12H^+$
氯气氧化碘离子或碘单质的离子方程式。

$Cl_2+2I^-═I_2+2Cl^-$ 少量 Cl_2 和 I^-反应，氯气置换出碘单质。卤素单质的氧化性：$F_2>Cl_2>Br_2>I_2$。非金属单质之间的置换反应，可以判断单质的氧化性(或元素的非金属性)的强弱。

$Cl_2+IO_3^-+6OH^-═IO_6^{5-}+2Cl^-+3H_2O$
将氯气通入碘酸盐碱性溶液中，制取高碘酸盐，若碱少量：$NaIO_3+Cl_2+3NaOH═Na_2H_3IO_6+2NaCl$。

$Cl_2+2KBr═2KCl+Br_2$ 氯气和溴化钾反应置换出溴单质。

$5Cl_2+2KCN+8KOH═2CO_2+N_2+10KCl+4H_2O$ 氯氧化法处理 CN^-：过量氯气将氰化物氧化为 CO_2、N_2、氯化钾和水，将有剧毒的 CN^-转变为无毒物质，以减少 CN^-对环境的污染和对动植物的毒害。氯气不足时，生成氰酸钾、氯化钾和水：$2KOH+KCN+Cl_2═KOCN+2KCl+H_2O$，若再通入氯气，氰酸钾继续反应：$2KOCN+4KOH+3Cl_2═2CO_2+N_2+6KCl+2H_2O$。常用的 CN^-的处理方法见【$4Au+8NaCN+O_2+2H_2O$】。

$Cl_2+KCN+2KOH═KOCN+2KCl+H_2O$ 氯氧化法处理 CN^-，当氯气少量时，生成氰酸钾、氯化钾和水，毒性减小。

$Cl_2+KCl═K^+[Cl_3]^-$ KCl 和 Cl_2 反应生成多卤化物 KCl_3，类似于“$I_2+I^-═I_3^-$”。

$Cl_2+2KI═2KCl+I_2$ 卤素单质间的置换反应。

$Cl_2+K_2MnO_4═2KCl+MnO_2+O_2\uparrow$
氯气和锰酸钾按物质的量之比 1∶1 反应，生成 KCl、MnO_2 和 O_2。

$Cl_2+2K_2MnO_4═2KMnO_4+2KCl$
氯气、次氯酸盐等在中性条件下可以将锰酸盐氧化为高锰酸盐。工业上用锰酸钾和氯气反应来生产高锰酸钾。比较理想的方法是电解锰酸钾溶液生产高锰酸钾，见【$2K_2MnO_4+2H_2O$】。离子方程式见【$2MnO_4^{2-}+Cl_2$】。但是，氯气却不能将 Mn^{2+}氧化为 MnO_4^-，从氧化还原反应半反应的标准电极电势数据就可以说明原因。

$Cl_2+KNO_2+H_2O═KNO_3+2HCl$
亚硝酸钾溶液中通入氯气或加入氯水，生成硝酸钾和氯化氢。

$Cl_2+2KOH═KCl+KClO+H_2O$
氯气和氢氧化钾稀溶液不加热反应，生成氯化钾、次氯酸钾和水。

$3Cl_2+6KOH\overset{\triangle}{═}5KCl+KClO_3+3H_2O$ 氯气和氢氧化钾浓溶液共热反应，生成氯化钾、氯酸钾和水。

$3Cl_2+NH_4Cl═4HCl+NCl_3$ 氯气和氯化铵反应，生成氯化氢和三氯化氮。制备三氯化氮的原理之一：选用水以及和水互不相溶的有机相（如四氯化碳），使氯气和氯化铵反应，生成的三氯化氮在水中的溶解度小，几乎全部进入有机相。三氯化氮是黄色油状液体，有刺激性气味，在空气中迅速蒸发，不溶于冷水，在热水中分解，可用于食品工业。

$Cl_2+2NO═2NOCl$ 一氧化氮和氯气反应，生成氯化亚硝酰。NOCl 中的 NO^+ 叫作亚硝酰离子，可以和许多酸根离子形成盐。其他卤素单质也可发生这一类型的反应。

$Cl_2+NO_2^-+H_2O=2H^++2Cl^-+NO_3^-$
亚硝酸或亚硝酸盐既有氧化性又有还原性，遇强氧化剂 Cl_2 时作还原剂。

$Cl_2+2NaBr=2NaCl+Br_2$ 氯气将溴离子氧化为溴，卤素单质之间的置换反应。

$Cl_2+2Na_2CO_3+H_2O=NaClO+2NaHCO_3+NaCl$ 碳酸钠溶液中通入少量氯气，制备具有漂白和消毒性质的次氯酸钠。氯气与水反应产生的氯化氢、次氯酸分别和碳酸钠反应，生成氯化钠、次氯酸钠、碳酸氢钠。市售“84 消毒液”的主要成分就是次氯酸钠。若氯气过量，$NaHCO_3$、$NaClO$ 会和 Cl_2 继续反应，最终生成 CO_2 和 $HClO$，反应类似于【$2Br_2+Na_2CO_3+H_2O$】。

$2Cl_2+2Na_2CO_3+H_2O=2NaHCO_3+2NaCl+Cl_2O(g)$ 工业制备 Cl_2O 的原理之一：在旋转式管状反应器中，使 Cl_2 和潮湿的 Na_2CO_3 反应，制得 Cl_2O。

$Cl_2+2NaI=2NaCl+I_2$ 氯气将碘离子氧化为碘，卤素单质之间的置换反应。

$Cl_2+2NaOH=NaClO+NaCl+H_2O$
氯气和氢氧化钠稀溶液反应，生成氯化钠、次氯酸钠和水。离子方程式见【Cl_2+2OH^-】。该反应属于歧化反应，氯气既是氧化剂又是还原剂。

$3Cl_2+6NaOH\overset{\triangle}{=}NaClO_3+5NaCl+3H_2O$ 氯气和氢氧化钠浓溶液共热反应，生成氯化钠、氯酸钠和水。离子方程式见【$3Cl_2+6OH^-$】。该反应属于歧化反应，氯气既是氧化剂又是还原剂。可制备氯酸钠。

$Cl_2+Na_2S=2NaCl+S\downarrow$ 氯气将硫化钠氧化为硫单质，非金属单质之间的置换反应，氯气的氧化性强于硫，氧化性：$F_2>Cl_2>Br_2>I_2>S$。

$Cl_2+Na_2SO_3+H_2O=Na_2SO_4+2HCl$
亚硫酸钠被氯气氧化，生成硫酸钠和氯化氢。亚硫酸钠很容易被氧气、氯气等氧化剂氧化成硫酸钠而变质。

$4Cl_2+Na_2S_2O_3+5H_2O=2NaCl+2H_2SO_4+6HCl$ 硫代硫酸钠是一种常用的还原剂，和卤素单质氯、溴等反应被氧化为硫酸。也可写作 $4Cl_2+Na_2S_2O_3+5H_2O=Na_2SO_4+H_2SO_4+8HCl$，由于生成的是硫酸钠、硫酸和氯化氢的混合物，又可以写成氯化钠、硫酸和氯化氢。写出的化学方程式有差别，这在化学上也经常见到。但写成离子方程式之后就是统一的，离子方程式见【$4Cl_2+S_2O_3^{2-}+5H_2O$】。

$4Cl_2+Na_2S_2O_3+5H_2O=Na_2SO_4+H_2SO_4+8HCl$ 硫代硫酸钠和卤素单质氯、溴等反应被氧化为硫酸钠和硫酸的表示形式之一。

$Cl_2+2OH^-=ClO^-+Cl^-+H_2O$ 氯气和强碱稀溶液反应，生成次氯酸盐、氯化物和水。该反应属于歧化反应，氯气既是氧化剂又是还原剂。

$3Cl_2+6OH^-\overset{\triangle}{=}ClO_3^-+5Cl^-+3H_2O$
氯气和强碱浓溶液共热反应，生成氯化物、氯酸盐和水。该反应属于歧化反应，氯气既是氧化剂又是还原剂。

$Cl_2+SO_2+2H_2O=2HCl+H_2SO_4$
氯气和二氧化硫在水中反应，生成硫酸和氯化氢，漂白作用消失（或减弱）。

$Cl_2+SO_3^{2-}+H_2O=SO_4^{2-}+2Cl^-+2H^+$
水溶液中氯气将亚硫酸盐氧化。亚硫酸盐很容易被氧气、氯气等氧化剂氧化。

$4Cl_2+S_2O_3^{2-}+5H_2O=8Cl^-+2SO_4^{2-}+10H^+$ 硫代硫酸钠是一种常用的还原剂，和卤素单质氯、溴等反应被氧化为硫酸或硫酸盐，中学化学将 HSO_4^- 当作强电解质。将 HSO_4^- 当作弱电解质时，该反应可写作 $4Cl_2+S_2O_3^{2-}+5H_2O=8Cl^-+2HSO_4^-+8H^+$。化学方程式详见【$4Cl_2+Na_2S_2O_3+5H_2O$】。

$4Cl_2+S_2O_3^{2-}+5H_2O=8Cl^-+2HSO_4^-+8H^+$ 硫代硫酸钠是一种常用的还原剂，和卤素单质氯、溴等反应，被氧化的另一种表示形式。将HSO_4^-作为弱电解质的离子方程式。

【X_2】卤素单质的通式。

$X_2+H_2=2HX$(X=F、Cl、Br、I) 卤素单质和氢气反应生成卤化氢的通式，按氟、氯、溴、碘的顺序，反应的剧烈程度依次减弱，生成的氢化物的稳定性也依次减弱。【卤素单质和氢气反应】见【Br_2+H_2】。

$X_2+H_2O \rightleftharpoons H^++X^-+HXO$($X_2$=$Cl_2$、$Br_2$、$I_2$) 卤素单质中$Cl_2$、$Br_2$、$I_2$和水反应的通式，而$F_2$和水反应生成HF和$O_2$，见【$2F_2+2H_2O$】。

$X_2+2NaOH=NaX+NaOX+H_2O$ 卤素单质Cl_2、Br_2、I_2等和NaOH稀溶液反应的通式，NaOX可写成NaXO。

$X_2+2OH^-=X^-+XO^-+H_2O$(X_2=Cl_2、Br_2、I_2) 卤素单质Cl_2、Br_2和I_2在碱性稀溶液中歧化反应的通式。

【Cl^-】氯离子，水溶液中无色。

$2Cl^-+2ClO_3^-+4H^+=2ClO_2\uparrow+Cl_2\uparrow+2H_2O$ ClO_3^-将Cl^-氧化为Cl_2，ClO_3^-被还原为ClO_2。工业上制高效消毒剂ClO_2的反应原理之一。ClO_2的制备原理另见【$2ClO_3^-+SO_3^{2-}+2H^+$】、【$2NaClO_2+Cl_2$】、【$CH_3OH+6NaClO_3+3H_2SO_4$】、【$H_2C_2O_4+2KClO_3$】、【$H_2C_2O_4+2KClO_3+H_2SO_4$】等。

$2Cl^-+Cu^{2+}\xlongequal{电解}Cu+Cl_2\uparrow$ 电解氯化铜溶液，生成铜和氯气。阴极电极反应式：$Cu^{2+}+2e^-=Cu$；阳极电极反应式：$2Cl^--2e^-=Cl_2\uparrow$。

【阳极上阴离子的放电顺序】$S^{2-}>I^->Br^->Cl^->OH^->$含氧酸根，活性电极作阳极，阳极金属优先失电子。

【阴极上阳离子的放电顺序】$Ag^+>Hg^{2+}>Fe^{3+}>Cu^{2+}>H^+$（酸中）$>Pb^{2+}>Sn^{2+}>Fe^{2+}>Zn^{2+}>H^+$（水中）$>Al^{3+}>Mg^{2+}>Na^+>Ca^{2+}>K^+$。

$2Cl^--2e^-=Cl_2\uparrow$ 电解池中阳极上氯离子失电子的电极反应式，也是氯碱工业阳极电极反应式。

$Cl^-+H_2O\xlongequal{电解}ClO^-+H_2\uparrow$ 采用无隔膜电解冷的食盐水制备NaClO和H_2的离子方程式，见【$NaCl+H_2O$】。

$2Cl^-+2H_2O\xlongequal{电解}2OH^-+H_2\uparrow+Cl_2\uparrow$ 工业上用离子变换膜法电解氯化钠来制备Cl_2、H_2和NaOH的离子方程式，详见【$2NaCl+2H_2O$】。同理，可以制备其他碱金属氢氧化物。

$Cl^-+4H_2O-8e^-=ClO_4^-+8H^+$ 工业上用电解氧化盐酸的方法制$HClO_4$，铂作阳极，银或铜作阴极，在阳极区可得含$HClO_4$ 20%的溶液，经减压蒸馏可得70% $HClO_4$溶液，作为商品销售。

$2Cl^-+HgCl_2=[HgCl_4]^{2-}$ 氯化汞是白色晶状粉末或无色晶体，有剧毒，又叫"升汞"。微溶于冷水，溶于热水，在过量Cl^-存在的溶液中因生成配离子四氯合汞（Ⅱ）离子而溶解。和碱金属氯化物形成四氯合汞（Ⅱ）离子，从而增大$HgCl_2$的溶解度。中学常见的盐中，和醋酸铅一道作为弱电解质，成为假盐。

$2Cl^-+MnO_2+4H^+\xlongequal{\triangle}Mn^{2+}+Cl_2\uparrow+2H_2O$ 浓盐酸和二氧化锰固体共热反应，生成二氯化锰、氯气和水。实验室里用来制备氯气，使用固－液加热装置。氯气可以用向上排空气法或排饱和食盐水法收集，用饱和食盐水除去氯化氢杂质，可用浓硫酸或氯化钙干燥。用碱液吸收尾气。实验室里制备干燥、纯净的氯气如下图：

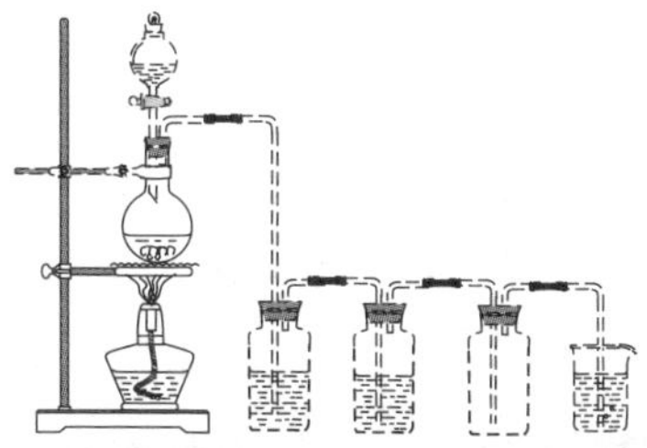

实验室里制备氯气，另见【16HCl(浓)+2$KMnO_4$】、【6HCl+$KClO_3$】等。

$10Cl^-+2MnO_4^-+16H^+ \longrightarrow 2Mn^{2+}+5Cl_2\uparrow+8H_2O$ 实验室里用高锰酸钾和浓盐酸反应，制备氯气的离子方程式。该反应不需加热，常温下就可以发生，比较方便。实验室里制氯气的方法较多，还可以用二氧化锰、氯酸钾分别和浓盐酸反应来制取氯气，见【6HCl+$KClO_3$】、【4HCl(浓)+MnO_2】等。

$2Cl^-+2Na^+ \xlongequal{电解} 2Na+Cl_2\uparrow$ 在隔绝空气条件下，电解熔融的氯化钠制金属钠，同时生成氯气。【阳极上阴离子的放电顺序】和【阴极上阳离子的放电顺序】见【$2Cl^-$+Cu^{2+}】。

$Cl^-(g)+Na^+(g) \longrightarrow NaCl(s)$ 气态钠离子和气态氯离子结合成氯化钠固体。

$2Cl^-+PtCl_4 \longrightarrow [PtCl_6]^{2-}$ 四氯化铂溶于碱金属氯化物溶液中形成氯铂酸盐。氯铂酸钠易溶于水，氯铂酸钾、氯铂酸铷、氯铂酸铯、氯铂酸铵等难溶于水，可以用来检验K^+、Rb^+、Cs^+、NH_4^+等。在中学化学中，Na^+、K^+一般用焰色反应进行鉴别。K^+的检验另见【$[Co(NO_2)_6]^{3-}$+$2K^+$+Na^+】。

【常见元素的焰色反应】钾紫钡黄绿，钠黄锂紫红，铷紫钙砖红，铜绿锶洋红。

【LiCl】

氯化锂，白色晶体，吸湿性强，易溶于水、乙醇、吡啶、乙醚等，溶于水后部分水解。可由碳酸锂或氢氧化锂和盐酸反应或用锂矿石和氯化物制得，可电解制备金属锂，制烟火、低温电池，作干燥剂及助焊剂。

$2LiCl(熔体) \xlongequal[KCl,420\sim430℃]{电解} 2Li+Cl_2\uparrow$

工业上用电解法制备锂的原理。

【NaCl】

氯化钠是无色立方晶体或白色晶体粉末。呈咸味，是食盐的主要成分。氯化钠溶于水，温度对溶解度的影响很小，含氯化镁等杂质时易潮解；溶于甘油，难溶于乙醇；大量存在于海水、盐湖以及矿层中，可由海水或盐湖水蒸发浓缩制备。未精制的食盐供食用及腌制食物用，精制后可制氯气、金属钠、烧碱、纯碱等。生理上可维持渗透压平衡（失水、失钠造成身体液体不平衡）。0.85%的氯化钠溶液又称生理盐水。

$2NaCl \xlongequal{电解} 2Na+Cl_2\uparrow$ 电解熔融的氯化钠，生产金属钠和氯气。阳极：$2Cl^--2e^- \longrightarrow Cl_2\uparrow$，阴极：$2Na^++2e^- \longrightarrow 2Na$。

$NaCl \longrightarrow Na^++Cl^-$ 氯化钠是强电解质，也是离子化合物，在水中或熔融状态下完全电离。

$NaCl+H_2O \xlongequal{电解} NaClO+H_2\uparrow$ 采用无隔膜电解冷的食盐水时，生成NaClO和H_2，离子方程式见【Cl^-+H_2O】。阴极区得到氢气和氢氧化钠，电极反应式：$2H_2O+2e^- \longrightarrow H_2\uparrow+2OH^-$或$2H^++2e^- \longrightarrow H_2\uparrow$，阴极电极反应式见【$2H_2O$】中【电解水的原理】。阳极区得到氯气，电极反应式：$2Cl^--2e^- \longrightarrow Cl_2\uparrow$。因无隔膜，生成的氯气和氢氧化钠反应得到NaClO。采用有隔膜电解食盐水时，生成NaOH、H_2和Cl_2，方程式见【2NaCl+$2H_2O$】。

$2NaCl+2H_2O \xlongequal{电解} 2NaOH+H_2\uparrow+$

Cl_2↑ 离子交换膜法电解饱和食盐水，生成氯气、氢气和氢氧化钠的化学方程式，氯碱工业的反应原理。阴极区得到氢气和氢氧化钠，电极反应式：$2H_2O+2e^-═H_2↑+2OH^-$或$2H^++2e^-═H_2↑$，阴极电极反应式的转化见【$2H_2O$】中【电解水的原理】。阳极区得到氯气，电极反应式：$2Cl^-－2e^-═Cl_2↑$。离子方程式见【$2Cl^-+2H_2O$】。因采用隔膜，分别在阳极室和阴极室收集产物，不会使 Cl_2 和 NaOH 反应。将阴极通入氧气，电极反应：$O_2+2H_2O+4e^-═4OH^-$，可节电 28%~35%。

$NaCl+H_2SO_4$(浓)$═NaHSO_4+HCl↑$
实验室里用氯化钠固体和浓硫酸制备氯化氢气体。不加热或微热时，生成硫酸氢钠和氯化氢；继续加热，NaCl 和 $NaHSO_4$ 会继续放出氯化氢气体，见【NaCl+ $NaHSO_4$】。氯化钠固体和浓硫酸加强热时生成硫酸钠和氯化氢，见【$2NaCl+H_2SO_4$(浓)】。高沸点的酸制备低沸点的酸。

$2NaCl+H_2SO_4$(浓)$\overset{\triangle}{═}Na_2SO_4+$

2HCl↑ 实验室里用氯化钠固体和浓硫酸在强热条件下反应制备氯化氢气体。

$2NaCl+HgCl_2═Na_2[HgCl_4]$
氯化汞是白色晶状粉末或无色晶体，有剧毒，又叫“升汞”，微溶于冷水，溶于热水，在过量 Cl^-存在的溶液中因生成配离子四氯合汞（Ⅱ）离子而溶解。$Na_2[HgCl_4]$叫四氯合汞（Ⅱ）酸钠。

$NaCl+NaHSO_4\overset{500℃\sim600℃}{═}Na_2SO_4+$

HCl↑ 硫酸氢钠和氯化钠共热反应生成硫酸钠和氯化氢，可用来制备氯化氢气体。常用氯化钠和浓硫酸反应制备氯化氢气体，分别见【$2NaCl+H_2SO_4$(浓)】和【NaCl+ H_2SO_4(浓)】。

【KCl】 氯化钾，无色晶体或白色晶体粉末，味咸，易溶于水，微溶于乙醇，不溶于乙醚、丙酮和浓盐酸。主要从光卤石中提取，农业上作钾肥，是制取钾盐的原料，医疗上可用于防治缺钾症。

$KCl\overset{熔融}{═}K^++Cl^-$ 氯化钾在熔融状态或水中的电离方程式。

$2KCl+2H_2O\overset{电解}{═}H_2↑+Cl_2↑+2KOH$
电解氯化钾溶液，生产氯气、氢气和氢氧化钾的化学方程式。阴极区得到氢气和氢氧化钾，电极反应式：$2H_2O+2e^-═H_2↑+2OH^-$或 $2H^++2e^-═H_2↑$，见【H_2O】中【电解水的原理】。阳极区得到氯气，电极反应式：$2Cl^-－2e^-═Cl_2↑$。【阳极上阴离子的放电顺序】和【阴极上阳离子的放电顺序】见【$2Cl^-+Cu^{2+}$】。

$2KCl+H_2SO_4$(浓)$\overset{\triangle}{═}K_2SO_4+$

2HCl↑ 实验室里用氯化物和浓硫酸反应制取氯化氢气体。氟化氢也可以用氟化物和浓硫酸反应制得，但不能用碘化物、溴化物和浓硫酸反应制备碘化氢、溴化氢，因为碘化氢、溴化氢具有还原性，和具有强氧化性的浓硫酸发生氧化还原反应，可用非氧化性的浓磷酸来制取。

$2KCl+Na_2Cr_2O_7═K_2Cr_2O_7+2NaCl$
工业上，重铬酸钠较重铬酸钾容易制取，从铬铁矿中制得。因室温下 $Na_2Cr_2O_7$ 的溶解度较大，而 $K_2Cr_2O_7$ 的溶解度较小，但 $K_2Cr_2O_7$ 的溶解度受温度影响较大。在高温时将 KCl 和 $Na_2Cr_2O_7$ 的饱和溶液混合，低温时 $K_2Cr_2O_7$ 会先结晶析出。工业上生产重铬酸钾的原理之一，详见【$4Fe(CrO_2)_2+8Na_2CO_3+7O_2$】。

【$KCl\cdot MgCl_2\cdot 6H_2O$】 光卤石的主要成分，又可写作 $KMgCl_3\cdot 6H_2O$，块状或粒状，斜方晶系；有油脂光泽，新切开断面有玻璃光泽，纯净者为白色或无色，含 Fe_2O_3 等杂质为淡红及淡褐色。它透明或半透明、性脆、极易潮解，味苦咸，具荧光性，存在于富含镁和钾的盐湖中以及沉积岩层内，可制钾肥及金属镁的化合物。

$KCl\cdot MgCl_2\cdot 6H_2O = K^+ + Mg^{2+} + 3Cl^- + 6H_2O$ 光卤石溶于水的电离方程式。

【RbCl】 氯化铷，无色立方晶体，易溶于水，不溶于丙酮。由盐酸和碳酸铷或氢氧化铷反应制备，可制备金属铷和分析高氯酸的试剂。

$2RbCl + Ca = CaCl_2 + 2Rb\uparrow$ 在隔绝空气和水的条件下，用钙作还原剂，从熔融的 RbCl 中还原出 Rb 单质。虽然活泼性 Rb>Ca，但铷的沸点为 961K，钙的沸点为 1757K，铷易于挥发而被分离出来。

$2RbCl + Mg \xrightleftharpoons[\text{真空}]{700℃\sim800℃} MgCl_2 + 2Rb\uparrow$

工业上制备活泼金属铷的反应原理：在隔绝空气的条件下，用镁作还原剂，高温还原氯化铷，利用铷的挥发性分离出铷。

【CsCl】 氯化铯，无色立方晶系，易溶于水，不溶于丙酮，易与其他金属氯化物形成溶解度较小的复盐。可由氢氧化铯或碳酸铯和盐酸反应制备，也可在硝酸盐中加过量盐酸反复蒸发而得。电解可制备金属铯，广泛用于 DNA、病毒及其他大分子物质的超离心分离。

$2CsCl + Mg \xrightleftharpoons[\text{真空}]{700℃\sim800℃} MgCl_2 + 2Cs\uparrow$

工业上制备活泼金属铯的反应原理之一。虽然镁的活泼性比铯差，但在隔绝空气和高温条件下，用金属镁还原熔融的氯化铯，铯因沸点较低而挥发出来。

【NaX】 卤化钠的通式。

$NaX + AgNO_3 = AgX\downarrow + NaNO_3$

可溶性卤化物（除氟化物）和硝酸银溶液反应生成卤化银的通式，氯化物、溴化物、碘化物和硝酸银反应，分别生成白色氯化银、浅黄色溴化银、黄色碘化银沉淀，【卤化银的颜色和溶解性】见【$Ag^+ + Br^-$】。

【MX】 碱金属卤化物的通式。

$2MX + H_2SO_4 = M_2SO_4 + 2HX\uparrow$

实验室中用金属卤化物和浓硫酸反应制备卤化氢的通式。主要制备 HF 和 HCl。

【$BeCl_2$】 氯化铍，白色固体，有潮解性；易溶于冷水并强烈放热，溶于醇、醚等；热水中部分水解，能与醚等形成加合物，水溶液在盐酸存在下，蒸发浓缩可析出四水合物。可由金属铍在干燥的氯气或氯化氢气流中加热制得。可在有机反应中作酸性催化剂，也可作制金属铍的原料。

$BeCl_2 \xlongequal{\text{电解}} Be + Cl_2\uparrow$ 电解熔融氯化铍制备金属铍。

【$BeCl_2\cdot 4H_2O$】 四水合氯化铍。

$BeCl_2\cdot 4H_2O \xlongequal{\triangle} BeO + 2HCl + 3H_2O$

四水合氯化铍受热分解，生成 BeO、HCl

和 H_2O。

【$MgCl_2$】 氯化镁，无色或白色晶体，易潮解，味苦而咸，溶于水、乙醇。常存在于海水及盐卤中，可由氧化镁或氢氧化镁和盐酸作用而得。可作生产金属镁的原料，也可作灭火剂、消毒剂及织物填充剂等。

$MgCl_2 = Mg^{2+} + 2Cl^-$ 氯化镁在水中或熔融状态下的电离方程式。

$MgCl_2 \xlongequal{电解} Mg + Cl_2\uparrow$ 电解熔融的氯化镁，生产金属镁和氯气。离子方程式为 $Mg^{2+} + 2Cl^- \xlongequal{电解} Mg + Cl_2\uparrow$。

$MgCl_2 + H_2O \xlongequal{\triangle} Mg(OH)Cl + HCl\uparrow$

将氯化镁水溶液加热蒸干，水解平衡正向移动，生成 $Mg(OH)Cl$ 固体和 HCl 气体。氯化镁通常情况下以 $MgCl_2 \cdot 6H_2O$ 形式存在，加热时发生的反应以及用 $MgCl_2 \cdot 6H_2O$ 制备无水 $MgCl_2$ 见【$MgCl_2 \cdot 6H_2O$】。

$MgCl_2 + 2NH_3 \cdot H_2O = Mg(OH)_2\downarrow + 2NH_4Cl$ 氯化镁和氨水反应，生成氢氧化镁白色沉淀和氯化铵。

$5MgCl_2 + 5Na_2CO_3 + H_2O = 10NaCl + CO_2\uparrow + 4MgCO_3 \cdot Mg(OH)_2$ 工业上制备轻质氧化镁的原理之一。$MgCl_2$ 和 Na_2CO_3 按物质的量之比 1∶1 反应，生成碱式碳酸镁。加热 $4MgCO_3 \cdot Mg(OH)_2$ 制得轻质氧化镁：$4MgCO_3 \cdot Mg(OH)_2 \xlongequal{\triangle} 5MgO + 4CO_2\uparrow + H_2O$。轻质氧化镁是制坩埚的原料、油漆和纸张的填料。重质氧化镁的制备见【$MgO+H_2O$】。

$MgCl_2 + 2NaOH = Mg(OH)_2\downarrow + 2NaCl$ 氯化镁和氢氧化钠反应，生成氢氧化镁白色沉淀和氯化钠。

【$MgCl_2 \cdot 6H_2O$】 六水合氯化镁。100℃时失去两分子结晶水，110℃时开始失去氯化氢，强烈加热条件下变成氯氧化物；迅速加热，118℃时熔融并分解。

$MgCl_2 \cdot 6H_2O \xlongequal{\triangle} MgO + 2HCl\uparrow + 5H_2O$ 氯化镁通常情况下以 $MgCl_2 \cdot 6H_2O$ 形式存在，温度大于 408K 时：$MgCl_2 \cdot 6H_2O \xlongequal{\triangle} Mg(OH)Cl + HCl\uparrow + 5H_2O$。温度在 770K 时，$Mg(OH)Cl \xlongequal{\triangle} MgO + HCl\uparrow$。两步加合得到以上总方程式。要用 $MgCl_2 \cdot 6H_2O$ 制备无水 $MgCl_2$，必须在干燥的氯化氢气流中加热 $MgCl_2 \cdot 6H_2O$ 使其脱水才行，否则因水解生成 $Mg(OH)Cl$。

$MgCl_2 \cdot 6H_2O \xlongequal{\triangle} Mg(OH)Cl + HCl\uparrow + 5H_2O$ $MgCl_2 \cdot 6H_2O$ 温度大于 408K 时，先生成 $Mg(OH)Cl$ 和 HCl。

【$Mg(OH)Cl$】

$Mg(OH)Cl \xlongequal{\triangle} MgO + HCl\uparrow$

碱式氯化镁受热分解生成氧化镁和氯化氢。$MgCl_2 \cdot 6H_2O$ 受热时的反应之一，见【$MgCl_2 \cdot 6H_2O$】。

【$CaCl_2$】 氯化钙，白色固体或晶体，味咸苦，易潮解，可形成一水合物、二水合物、六水合物；易溶于水，无水物可作中性干燥剂，但不能干燥氨气，因为会形成 $CaCl_2 \cdot 8NH_3$。可由盐酸和碳酸钙反应而得，常为氨碱法制纯碱的副产物，作防腐剂、消毒剂、防冻剂。六水合物和冰以 1.44∶1 搅合可得－54.9℃冷冻混合物，作制冷剂。

$CaCl_2 + Ca(ClO)_2 + 2H_2SO_4 =$

$2CaSO_4+2Cl_2\uparrow+2H_2O$ 可以用漂白粉和稀硫酸反应生成氯气、硫酸钙和水，制备少量 Cl_2。氯化钙作还原剂，次氯酸钙作氧化剂，硫酸提供酸性环境。关于漂粉精（或漂白粉）见【$2ClO^-+Ca^{2+}+H_2O+CO_2$】。

$CaCl_2+8NH_3=CaCl_2·8NH_3$ 氯化钙和氨气反应生成配合物八氨合氯化钙。氯化钙是中性干燥剂，可以干燥大多数气体，但不能干燥氨气。

$CaCl_2+(NH_4)_2SO_4+2H_2O=CaSO_4·2H_2O+2NH_4Cl$ 工业上制熟石膏的原理之一，用氯化钙和硫酸铵反应制得二水硫酸钙，即生石膏，加热可制半水硫酸钙 $CaSO_4·\frac{1}{2}H_2O$，见【$2(CaSO_4·2H_2O)$】。

$CaCl_2+Na_2CO_3=CaCO_3\downarrow+2NaCl$ $CaCl_2$ 溶液和 Na_2CO_3 溶液反应生成白色 $CaCO_3$ 沉淀。该沉淀溶于盐酸、硝酸等，生成无色无味的 CO_2 气体。

$CaCl_2+2NaOH=Ca(OH)_2\downarrow+2NaCl$ $CaCl_2$ 溶液和 NaOH 溶液反应生成白色 $Ca(OH)_2$ 沉淀。氢氧化钙微溶于水。有微溶物生成时，要写成沉淀形式。有微溶物参加的反应，若为澄清溶液，要拆写成离子形式；若为悬浊液，则写成化学式形式。

$CaCl_2+Na_2SO_4=CaSO_4\downarrow+2NaCl$ $CaCl_2$ 溶液和 Na_2SO_4 溶液反应生成白色 $CaSO_4$ 沉淀。硫酸钙微溶于水。

$BaCl_2+CuSO_4=CuCl_2+BaSO_4\downarrow$ $BaCl_2$ 溶液和 $CuSO_4$ 溶液反应生成白色 $BaSO_4$ 沉淀。用盐酸和 $BaCl_2$ 可以检验 SO_4^{2-}。

$BaCl_2+FeSO_4=BaSO_4\downarrow+FeCl_2$ $BaCl_2$ 溶液和 $FeSO_4$ 溶液反应生成白色 $BaSO_4$ 沉淀。用盐酸和 $BaCl_2$ 可以检验 SO_4^{2-}。

$BaCl_2+H_2SO_4=BaSO_4\downarrow+2HCl$ $BaCl_2$ 溶液和 H_2SO_4 溶液反应生成白色 $BaSO_4$ 沉淀。该沉淀不溶于盐酸、硝酸等。

$BaCl_2+(NH_4)_2SO_4=BaSO_4\downarrow+2NH_4Cl$ $BaCl_2$ 溶液和 $(NH_4)_2SO_4$ 溶液反应生成白色 $BaSO_4$ 沉淀。该沉淀不溶于盐酸、硝酸等。将待测液用盐酸酸化后加 $BaCl_2$ 溶液，生成白色沉淀，可以检验 SO_4^{2-}。

$BaCl_2+Na_2CO_3=BaCO_3\downarrow+2NaCl$ $BaCl_2$ 溶液和 Na_2CO_3 溶液反应生成白色 $BaCO_3$ 沉淀。该沉淀溶于盐酸、硝酸等，生成无色无味的 CO_2 气体。

$BaCl_2+NaHSO_4=BaSO_4\downarrow+NaCl+HCl$ 氯化钡溶液和硫酸氢钠溶液反应，生成硫酸钡白色沉淀、氯化钠和氯化氢。

$BaCl_2+Na_2SO_3=BaSO_3\downarrow+2NaCl$ $BaCl_2$ 溶液和 Na_2SO_3 溶液反应生成白色 $BaSO_3$ 沉淀。该沉淀溶于盐酸等，生成有刺激性气味、能使品红溶液褪色的 SO_2 气体。

$BaCl_2+Na_2SO_4=BaSO_4\downarrow+2NaCl$ $BaCl_2$ 溶液和 Na_2SO_4 溶液反应生成白色 $BaSO_4$ 沉淀。用盐酸和 $BaCl_2$ 可以检验 SO_4^{2-}。

【$BaCl_2$】

无水氯化钡，白色粉末。$BaCl_2·2H_2O$ 为无色晶体，有毒，易溶于水。常将重晶石、煤和氯化钙煅烧而制得，可制颜料、玻璃、媒染剂、杀虫剂和其他钡盐，用以鞣革、精炼铝及作水的软化剂。

$BaCl_2=Ba^{2+}+2Cl^-$ $BaCl_2$ 在水中的电离方程式。$BaCl_2$ 是强电解质。

【HCl】

氯化氢，无色、有刺激性气味、不容易燃烧，有腐蚀性；空气中产生白雾，极易溶于水。常温常压下，1 体积水大约溶解 500 体积氯化氢，可以此来演示喷泉实验。水溶液叫盐酸。工业上一般由氢气和氯气直接化合制备，实验室里可由浓硫酸和固体氯化钠加热制备。卤族元素形成的氢化物叫卤化氢，溶解于水形成的溶液叫氢卤酸。氢氟酸是弱酸，其余均为强酸，而且按氯、溴、碘的顺序，酸性逐渐增强。用来制盐酸、氯化物、药物盐酸盐、氯乙烯及氯代烷等。

【浓盐酸】物质的量浓度约为 12mol/L，质量分数约为 36%，密度为 1.18g/mL。较常用浓盐酸质量分数为 36.5%。在写离子方程式时，浓盐酸中 HCl 要拆成 Cl^-和 H^+。售卖的试剂浓盐酸要标注一定的浓度区间。

$2HCl \xlongequal{高温} H_2+Cl_2$ 氯化氢在高温条件下分解，生成氢气和氯气。常温下氯化氢很稳定，难分解。关于卤化氢见【Br_2+H_2】中【卤素单质和氢气反应】。

$2HCl \xlongequal{电解} H_2\uparrow+Cl_2\uparrow$ 电解盐酸生成氢气和氯气。【阳极上阴离子的放电顺序】和【阴极上阳离子的放电顺序】见【$2Cl^-+Cu^{2+}$】。

$HCl = H^++Cl^-$ 氯化氢在水中的电离方程式，完全电离。液态氯化氢不电离，只有氯化氢分子。

$HCl+HAc \rightleftharpoons Cl^-+H_2Ac^+$ 详见【$HClO_4$+ HAc】。

$HCl+HClO = Cl_2+H_2O$ 次氯酸具有强氧化性，将氯化氢氧化为氯气。该反应是氯气和水反应的逆反应，即 $H_2O+Cl_2 \rightleftharpoons$ HCl+ HClO。

$3HCl+HNO_3 = NOCl+Cl_2\uparrow+2H_2O$ 浓硝酸和浓盐酸按体积比 1∶3 配制的混合物叫作“王水”。因为王水中含有 HNO_3、Cl_2、NOCl（氯化亚硝酰）等强氧化剂，氧化性增强，更主要的是含有高浓度的 Cl^-，可以和金、铂等形成$[AuCl_4]^-$或$[PtCl_6]^{2-}$配离子，所以，王水几乎可以溶解所有的金属，包括金、铂等。

$6HCl+KClO_3 = 3Cl_2\uparrow+3H_2O+KCl$ 实验室里用浓盐酸和氯酸钾固体制氯气的反应原理。3mol Cl_2 共 6mol Cl，5mol Cl 来自 HCl，1mol Cl 来自 $KClO_3$，KCl 中 Cl 来自 HCl。该反应不需加热，常温下就可以反应。实验室里制备氯气，另见【16HCl(浓)+ $2KMnO_4$】、【4HCl(浓)+MnO_2】等。氯酸钾和浓盐酸中氯化氢按物质的量之比 1∶2 反应可制 ClO_2，见【4HCl(浓)+$2KClO_3$】。

4HCl(浓)+$2KClO_3 = Cl_2\uparrow+2H_2O+2KCl+2ClO_2\uparrow$ 氯酸钾和浓盐酸中氯化氢按物质的量之比 1∶2 反应，制备高效消毒剂二氧化氯。二氧化氯是黄色气体，消毒效率高于氯气，是氯气的 2.63 倍，消毒时不会残留对人体有害的物质。该反应在制备二氧化氯的同时，也有氯气生成。

16HCl(浓)+$2KMnO_4 = 2MnCl_2+2KCl+ 8H_2O+5Cl_2\uparrow$ 实验室里用高锰酸钾和浓盐酸反应，制备氯气的原理。该反应不需加热，常温下就可以发生，比较方便。实验室里制氯气的方法较多，还可以用二氧化锰、氯酸钾分别和浓盐酸反应来制取氯气，见【4HCl(浓)+MnO_2】、【6HCl+$KClO_3$】等。

$HCl+KOH = KCl+H_2O$ 氢氧化钾和盐酸的中和反应，生成氯化钾和水。

4HCl(浓)+$MnO_2 \xlongequal{\triangle} MnCl_2+Cl_2\uparrow+2H_2O$ 浓盐酸和二氧化锰固体的加热反应，生成二氯化锰、氯气和水。实验室里常用来制备氯气的原理，详见【$2Cl^-+MnO_2+4H^+$】。实验室里制备氯气，另见【16HCl(浓)+ $2KMnO_4$】、【6HCl+$KClO_3$】等。

$HCl+NaClO = NaCl+HClO$ 氯化氢和次氯酸钠反应，生成氯化钠和次氯酸。将次氯酸盐转换为真正具有消毒和漂白作用的次氯酸。强酸制弱酸。

$HCl+NaOH = NaCl+H_2O$ 氢氧化钠和盐酸发生中和反应，生成氯化钠和水。

$HCl(aq)+NaOH(aq) = NaCl(aq)+H_2O(l)$; $\Delta H = -57.3kJ/mol$
氢氧化钠和盐酸发生中和反应的热化学方程式。稀强酸和稀强碱反应的中和热为57.3kJ/mol。

$4HCl+O_2 \xlongequal[450℃]{CuCl_2} 2H_2O+2Cl_2$ 在氯化铜作催化剂和加热条件下，氯化氢和氧气反应，生成氯气和水。

【HX】 卤化氢，卤族元素 F、Cl、Br、I 等的氢化物的通称。氟、氯、溴、碘的氢化物叫做卤化氢，卤化氢的水溶液叫氢卤酸。氢卤酸中除了氢氟酸为弱酸外，其余均为强酸，而且按氟、氯、溴、碘的顺序，酸性逐渐增强。

$HX = H^++X^-(X=Cl^-、Br^-、I^-)$
卤化氢中，HCl、HBr、HI 溶于水完全电离，属于强酸，常温下，HF 溶于水部分电离，属于弱酸。

$HX+NaOH = NaX+H_2O$ 氢卤酸和氢氧化钠溶液反应的通式。

【ClO·】

$ClO·+O = Cl·+O_2$ 氟利昂（氟氯代烷 $CFCl_3$、CF_2Cl_2 等）破坏臭氧层的反应之一。如 $CF_2Cl_2 \xrightarrow[\lambda<221nm]{光} CF_2Cl·+Cl·$。$O_3+Cl· = ClO·+O_2$，$ClO·+O = Cl·+O_2$，后两步加合得总反应式：$O_3+O \xlongequal{Cl} 2O_2$，Cl·作催化剂。

【Cl_2O】 一氧化二氯，棕黄色刺激性气体或红棕色液体，具有强氧化性，室温时逐步分解，受热或与有机物接触会发生爆炸。用作氯化剂，溶于水生成次氯酸，溶于四氯化碳。由氯气和黄色氧化汞作用可得。

$Cl_2O+H_2O = 2HClO$ 一氧化二氯 Cl_2O 和 H_2O 反应生成 HClO。Cl_2O 是 HClO 的酸酐，氯元素的化合价为+1 价。

【ClO_2】 二氧化氯，室温下为黄红色气体，液态呈红棕色，固态呈红黄色晶体；有毒，有腐蚀性，遇热不稳定，受热分解为氯气和氧气。溶于水生成亚氯酸和氯酸。用二氧化碳稀释后在 85℃以下稳定，具有强氧化性，受热或与有机物作用会发生爆炸。见光分解，用作漂白剂、氧化剂、杀菌剂和脱臭剂等。ClO_2 和 Cl_2 都作杀菌剂，但国际环保组织逐渐禁止用氯气消毒自来水，取而代之的是 ClO_2，ClO_2 的消毒效率是氯气的 2.63 倍，且无有害物质残留。制备原理见【$2Cl^-+2ClO_3^-+4H^+$】、【$2ClO_3^-+SO_3^{2-}+2H^+$】、【$2NaClO_2+Cl_2$】、【$CH_3OH+6NaClO_3+3H_2SO_4$】、【$H_2C_2O_4+2KClO_3$】、【$H_2C_2O_4+2KClO_3+H_2SO_4$】等。常由氯酸钾和硫酸或氯气和亚氯酸钠作用制得。

$2ClO_2+5H_2 = 2HCl+4H_2O$ 二氧化氯和氢气反应，生成氯化氢和水。

$2ClO_2+Na_2O_2 = 2NaClO_2+O_2$
用二氧化氯和过氧化钠反应制备亚氯酸盐，同时放出氧气。

$2ClO_2+2NaOH = NaClO_2+NaClO_3+H_2O$ NaOH 和二氧化氯 ClO_2 反应，生成 $NaClO_2$、$NaClO_3$ 和 H_2O。可以用于制备亚氯酸盐。

$2ClO_2+2OH^- = ClO_2^-+ClO_3^-+H_2O$
二氧化氯和强碱溶液的反应，生成亚氯酸盐和氯酸盐的离子方程式。

【Cl_2O_7】

七氧化二氯，无色易挥发油状液体，溶于苯。氯元素的最稳定氧化物，受震动或遇火会爆炸。在水中缓慢反应生成高氯酸，与碘发生爆炸性反应；低温时不与磷、硫、木和纸等反应。可由高氯酸用五氧化二磷脱水制备，作催化剂等。

$Cl_2O_7+H_2O═2HClO_4$ 七氧化二氯是高氯酸的酸酐，和水反应生成高氯酸。

【ClO^-】

次氯酸根离子。

$3ClO^-+2OCN^-+H_2O═2CO_2↑+N_2↑+2OH^-+3Cl^-$ 次氯酸盐和氰酸盐溶液反应生成二氧化碳、氮气、OH^-和 Cl^-。氯氧化处理 CN^-时，若氯气不足，生成 OCN^-，略减少了毒性。若再通入氯气，氰酸盐继续反应，生成无毒物质。见【$4Au+8NaCN+O_2+2H_2O$】中"常用的 CN^-的处理方法"。

$2ClO^-+CO_2+H_2O═CO_3^{2-}+2HClO$ 少量的二氧化碳气体通入可溶性次氯酸盐溶液中，生成可溶性碳酸盐和次氯酸的离子方程式。碳酸酸性强于次氯酸。

$ClO^-+CO_2+H_2O═HCO_3^-+HClO$ 过量的二氧化碳和可溶性次氯酸盐反应，生成次氯酸和 HCO_3^-。碳酸酸性强于次氯酸。

$2ClO^-+Ca^{2+}+H_2O+CO_2═CaCO_3↓+2HClO$ 次氯酸钙溶液和二氧化碳反应，生成碳酸钙和次氯酸。漂粉精（或漂白粉）是由氯化钙和次氯酸钙构成的混合物，有效成分是次氯酸钙，发生漂白作用时先生成次氯酸，真正起漂白作用的是次氯酸。碳酸酸性强于次氯酸。若 CO_2 过量，则生成 $Ca(HCO_3)_2$，见【$Ca(ClO)_2+2CO_2+2H_2O$】。

$ClO^-+H^+═HClO$ 次氯酸盐和强酸反应生成次氯酸。强酸制弱酸。

$ClO^-+H_2O \rightleftharpoons OH^-+HClO$ ClO^-水解的离子方程式。

$ClO^-+2I^-+2H^+═I_2+Cl^-+H_2O$ 次氯酸盐在酸性条件下氧化碘离子，生成碘、氯离子和水。氧化性：$ClO^->I_2$。

$ClO^-+2I^-+H_2O═I_2+Cl^-+2OH^-$ 次氯酸盐在中性溶液中氧化碘离子，生成碘、氯离子和 OH^-。氧化性：$ClO^->I_2$。

$5ClO^-+I_2+2OH^-═2IO_3^-+5Cl^-+H_2O$ 碱性条件下 ClO^-将 I_2 氧化为 IO_3^-，ClO^-被还原为 Cl^-。

【HClO】

次氯酸仅存在于水溶液中，最高浓度 25%，−20℃可保存数天。HClO 为黄绿色，极不稳定，见光分解生成氯化氢和氧气，为强氧化剂，具有漂白和消毒作用。生活中使用的漂白粉或漂粉精的有效成分是次氯酸钙，而真正起漂白作用的是次氯酸。氯和氧化汞的悬浊液在低压下蒸馏可得2.5%的次氯酸溶液。

$HClO \rightleftharpoons H^++ClO^-$ 次氯酸是弱电解质，比碳酸还弱，在水中部分电离出 H^+ 和 ClO^-。

$3HClO \xlongequal{\triangle} 2HCl+HClO_3$ 次氯酸受热分解，生成氯化氢和氯酸。次卤酸都不稳定，见光分解生成卤化氢和氧气，加热条件下分解生成卤化氢和卤酸。次卤酸都具有强氧化性。

$2HClO \xlongequal{光照} 2HCl+O_2↑$ 次氯酸见光分解，生成氯化氢和氧气。次卤酸都不稳定，见光分解或受热分解。

$2HClO \xlongequal{CaCl_2} H_2O+Cl_2O$ HClO 在有脱水物质如 $CaCl_2$ 存在时，分解生成 H_2O 和

Cl_2O。一氧化二氯是黄色气体，低温下凝聚为红色液体，是次氯酸的酸酐，具有顺磁性和很高的化学活性。

$HClO+NH_3 \rightleftharpoons NH_2Cl+H_2O$

自来水厂用氯气消毒，当水中存在氨气时，次氯酸和氨气反应生成氯胺，属于可逆反应。氯胺也有消毒作用，但消毒速度比氯气慢，优点是消毒完没有臭味。氨气和次氯酸的反应还有 $NH_3+2HClO \rightleftharpoons NHCl_2+2H_2O$，$NH_3+3HClO \rightleftharpoons NCl_3+3H_2O$。氯胺和氨气缓慢反应，可以制备联氨：$NH_3+NH_2Cl+OH^- = N_2H_4+Cl^-+H_2O$。

$2HClO+NH_3 \rightleftharpoons NHCl_2+2H_2O$

自来水厂用氯气消毒，当水中存在氨气时，生成 NH_2Cl、$NHCl_2$、NCl_3 等。

$3HClO+NH_3 \rightleftharpoons NCl_3+3H_2O$

自来水厂用氯气消毒，当水中存在氨气时，生成 NH_2Cl、$NHCl_2$、NCl_3 等。

$HClO+NaOH = NaClO+H_2O$

次氯酸和氢氧化钠反应，生成次氯酸钠和水。酸和碱的中和反应。

$HClO+SO_3^{2-} = SO_4^{2-}+Cl^-+H^+$

次氯酸具有较强的氧化性，亚硫酸盐具有较强的还原性，次氯酸将亚硫酸盐氧化为硫酸盐，本身被还原为氯化氢。

【HXO】 次卤酸。

$2HXO = 2H^++2X^-+O_2\uparrow$ 次卤酸分解的通式之一，光照条件下的分解。除 HOF 外，其他次卤酸仅存在于水溶液中。稳定性：HClO>HBrO>HIO。次卤酸分解的另一通式，加热条件下分解：$3HXO = 3H^++2X^-+XO_3^-$。

$3HXO = 3H^++2X^-+XO_3^-$ 次卤酸的分解通式之一。

【LiClO】

$LiClO+2HI = I_2+LiCl+H_2O$

次氯酸锂和碘化氢反应，生成 I_2、LiCl 和 H_2O。氧化性：$ClO^->I_2$。次氯酸盐具有氧化性。

【NaClO】 次氯酸钠，白色粉末，空气中极不稳定，受热或与有机物接触容易引起爆炸，和氢氧化钠混合保存较稳定；溶于冷水，热水中分解，水溶液显碱性，有腐蚀性，常作强氧化剂；遇光或受热，加速分解，通常以溶液状态贮存和应用。工业品为无色或淡黄色液体，俗称漂白粉。可由氯气缓慢通入冷氢氧化钠溶液（小于 30%）制得，也可用纯碱或硫酸钠和漂白粉作用制得，常用于漂白纸浆、织物，作氧化剂和净水剂。

$NaClO = Na^++ClO^-$ 次氯酸钠溶解在水中，完全电离。

$3NaClO \xlongequal{\triangle} 2NaCl+NaClO_3$

次氯酸钠在温度高于 348K 时，分解生成 NaCl 和 $NaClO_3$。

$NaClO+H_2O \rightleftharpoons NaOH+HClO$

次氯酸钠水解的化学方程式，由于水解，次氯酸钠溶液显碱性。离子方程式：$ClO^-+H_2O \rightleftharpoons OH^-+HClO$。

【$Ca(ClO)_2$】 次氯酸钙，白色晶体，常用作漂白剂、氧化剂、消毒剂和去臭剂，是漂粉精（或漂白粉）的有效成分。关于漂粉精（或漂白粉）见【$2ClO^-+Ca^{2+}+H_2O+CO_2$】。次氯酸钙不吸湿，遇水或醇分解，100℃时分解。将氯气通入石灰浆，沉淀出次氯酸钙二水合物，再经真空干燥可得。工业品中含有效氯约 70%，较高纯品可达 90%以上，但不能制纯品。

$Ca(ClO)_2 = Ca^{2+} + 2ClO^-$ 次氯酸钙属于强电解质，在水中完全电离成 Ca^{2+} 和 ClO^-。

$Ca(ClO)_2 + CO_2 + H_2O = 2HClO + CaCO_3\downarrow$ 次氯酸钙溶液通入二氧化碳，生成次氯酸和碳酸钙。碳酸酸性强于次氯酸。离子方程式和相关解释见【$2ClO^- + Ca^{2+} + H_2O + CO_2$】。

$Ca(ClO)_2 + 2CO_2 + 2H_2O = 2HClO + Ca(HCO_3)_2$ 次氯酸钙溶液和过量的二氧化碳反应，生成次氯酸和碳酸氢钙。次氯酸钙发生漂白作用时先生成次氯酸。

$Ca(ClO)_2 + 2CH_3COOH = Ca(CH_3COO)_2 + 2HClO$ 次氯酸钙和醋酸反应，生成醋酸钙和次氯酸。酸性：醋酸>碳酸>次氯酸。漂白粉的有效成分是次氯酸钙，发生漂白作用时，可以加入少量的醋酸或盐酸，生成真正具有漂白作用的次氯酸，也可以依靠空气中的二氧化碳生成次氯酸：$CO_2 + Ca(ClO)_2 + H_2O = CaCO_3\downarrow + 2HClO$。

$Ca(ClO)_2 + 2HCl = CaCl_2 + 2HClO$ 次氯酸钙和盐酸反应，生成氯化钙和次氯酸，强酸制弱酸。漂白粉的有效成分是次氯酸钙，发生漂白作用时，可以加入少量的醋酸或盐酸，生成真正具有漂白作用的次氯酸，也可以依靠空气中的二氧化碳生成次氯酸：$CO_2 + Ca(ClO)_2 + H_2O = CaCO_3\downarrow + 2HClO$。

$Ca(ClO)_2 + 4HCl(浓) = CaCl_2 + 2H_2O + 2Cl_2\uparrow$ 次氯酸钙具有强氧化性，和浓盐酸发生氧化还原反应，生成氯化钙、水和氯气。

$Ca(ClO)_2 + 2H_2O = Ca(OH)_2 + 2HClO$ $Ca(ClO)_2$ 是强碱弱酸盐，在水中水解生成真正具有漂白作用的次氯酸。

$Ca(ClO)_2 + 2SO_2 + 2H_2O = CaSO_4 + 2HCl + H_2SO_4$ 次氯酸钙水溶液中通入二氧化硫气体，生成硫酸钙、氯化氢和硫酸。因次氯酸具有强氧化性，二氧化硫具有还原性，两者发生氧化还原反应，而次氯酸钙和二氧化碳只发生复分解反应。

【$HClO_2$】

亚氯酸，一种中强酸，比 HClO 的酸性强，不稳定。只存在于水溶液中。可用亚氯酸钡悬浮液和硫酸作用制备。

$8HClO_2 = 6ClO_2\uparrow + Cl_2\uparrow + 4H_2O$ 亚氯酸溶液不稳定，极易分解。

【$NaClO_2$】

亚氯酸钠，白色晶体或粉末，溶于水，有吸湿性，180℃~200℃时分解，作强氧化剂。碱性溶液对光稳定，酸性溶液遇光照猛烈分解，生成 ClO_2；与有机物接触引起爆炸。可用过氧化氢、过氧化钠等无机过氧化物氧化二氧化氯制得。工业上常用于漂白、脱毛、饮水净化和污水处理，也作氧化剂和化学试剂。

$3NaClO_2 = 2NaClO_3 + NaCl$ 亚氯酸盐比亚氯酸稳定，其碱性溶液放置一年也不分解，但加热或敲击亚氯酸盐固体会立即爆炸，歧化分解为氯酸盐和氯化物。

$2NaClO_2 + Cl_2 = 2ClO_2\uparrow + 2NaCl$ 亚氯酸钠和 Cl_2 的氧化还原反应，生成高效消毒剂 ClO_2。工业上制高效消毒剂 ClO_2 的反应原理之一。ClO_2 的制备原理另见【$2Cl^- + 2ClO_3^- + 4H^+$】、【$2ClO_3^- + SO_3^{2-} + 2H^+$】、【$CH_3OH + 6NaClO_3 + 3H_2SO_4$】、【$H_2C_2O_4 + 2KClO_3$】、【$H_2C_2O_4 + 2KClO_3 + H_2SO_4$】等。

【ClO_3^-】

$2ClO_3^- + SO_3^{2-} + 2H^+ = 2ClO_2\uparrow + SO_4^{2-} + H_2O$ ClO_3^- 将 SO_3^{2-} 氧化为 SO_4^{2-}，ClO_3^- 被还原为 ClO_2。工业上制高效消毒剂

ClO_2 的反应原理之一。ClO_2 的制备另见【$2Cl^-+2ClO_3^-+4H^+$】、【$2NaClO_2+Cl_2$】、【$CH_3OH+6NaClO_3+3H_2SO_4$】、【$H_2C_2O_4+2KClO_3+H_2SO_4$】、【$H_2C_2O_4+2KClO_3$】等。

【XO_3^-】

氯、溴、碘的卤酸盐通式。

$XO_3^-+5X^-+6H^+ = 3X_2+3H_2O$

氯酸盐在水溶液中的氧化性：$BrO_3^->ClO_3^->IO_3^-$，在酸性条件下，卤酸盐能氧化相应卤离子生成卤素单质，如【$5NaBr+NaBrO_3+3H_2SO_4$】。

【$HClO_3$】

氯酸仅存在于溶液中，稀溶液无色无味，最高浓度可达到40%，浅黄色，有刺激性气味；不稳定，受热至40℃时分解并发生爆炸。具有强氧化性和强酸性，与有机物接触发生爆炸。常用作强氧化剂，由氯酸钡和稀硫酸反应，滤去硫酸钡沉淀可得。

$3HClO_3 = HClO_4+H_2O+2ClO_2\uparrow$

质量分数大于40%的氯酸溶液不稳定，受热迅速分解并发生爆炸，也可写成 $8HClO_3 \overset{\triangle}{=} 3O_2\uparrow+2Cl_2\uparrow+2H_2O+4HClO_4$。又可写作 $3HClO_3 \overset{\triangle}{=} 2O_2\uparrow+Cl_2\uparrow+HClO_4+H_2O$。其实，该反应是一个不确定系数的方程式，系数可以依次是3、2、1、1、1或5、1、1、1、3或7、7、3、3、1或11、5、3、3、5等。

$8HClO_3 \overset{\triangle}{=} 4HClO_4+2H_2O+2Cl_2\uparrow+3O_2\uparrow$　加热氯酸其中的一种分解方式。

$3HClO_3 \overset{\triangle}{=} 2O_2\uparrow+Cl_2\uparrow+HClO_4+H_2O$　加热氯酸，其中的一种分解方式。

$2HClO_3+I_2 = 2HIO_3+Cl_2\uparrow$　氯酸是强氧化剂，可以将碘单质氧化为碘酸。氧化性：$BrO_3^->ClO_3^->IO_3^-$。

【$NaClO_3$】

氯酸钠，无色晶体或白色粒状固体，味咸而凉，易溶于水，溶于甘油和乙醇，约300℃时分解放出氧气。不稳定，与硫、磷、有机物接触引起燃烧和爆炸。用作氧化剂、烟火、炸药、漂白剂等，可由电解热的氯化钠微酸性浓溶液而得。

$2NaClO_3+4HCl(浓) = 2ClO_2\uparrow+Cl_2\uparrow+2NaCl+2H_2O$　氯酸钠和浓盐酸反应，可以制备高效环保消毒剂二氧化氯。离子方程式见【$2Cl^-+2ClO_3^-+4H^+$】。国际环保组织逐渐禁止用氯气消毒自来水，取而代之的是 ClO_2，ClO_2 的消毒效率是氯气的2.63倍，且无有害物质残留。制备二氧化氯另见【$2ClO_3^-+SO_3^{2-}+2H^+$】、【$2NaClO_2+Cl_2$】、【$CH_3OH+6NaClO_3+3H_2SO_4$】、【$H_2C_2O_4+2KClO_3$】、【$H_2C_2O_4+2KClO_3+H_2SO_4$】等。

$NaClO_3+H_2O \overset{电解}{=} NaClO_4+H_2\uparrow$

工业上利用电解氯酸盐的方法制备高氯酸。阳极区生成 $NaClO_4$，阴极区生成 H_2。酸化后再减压蒸馏可得市售的60%高氯酸：$NaClO_4+HCl \overset{减压蒸馏}{=} HClO_4+NaCl$。

$NaClO_3+KCl \overset{冷却}{=} KClO_3+NaCl$

工业上制备 $KClO_3$ 的原理之一。采用无隔膜电解槽电解饱和食盐水，先制得 $NaClO_3$，再将 $NaClO_3$ 和 KCl 加热混合，降温后因 $KClO_3$ 的溶解度小析出晶体，即可与 NaCl 分离。$NaClO_3$ 的制备见【$3Cl_2+6NaOH$】。

$2NaClO_3+SO_2+H_2SO_4 \overset{痕量NaCl}{=} 2ClO_2+2NaHSO_4$　大量制取二氧化氯气体的方法见【ClO_2】。

【$KClO_3$】

氯酸钾，无色透明有光泽的晶体或白色粉末，有毒，溶于水，溶解度随温度升高而急剧上升。溶于甘油，难溶于乙醇。酸性溶液有强氧化作用，中性或碱性溶液无氧化作用。可由电解热的浓氯化钾碱性溶液，或由氯酸钠或氯酸钙和氯化钾作用而得。与碳、硫、磷、有机物或可燃物混合或撞击，易发生燃烧和爆炸。

$2KClO_3 \xlongequal[\triangle]{CuO} 2KCl+3O_2\uparrow$ 实验室里用加热氯酸钾制氧气，氧化铜作催化剂，用带火星的木条检验氧气。用排水集气法收集。氧气的制取另见【$2H_2O_2$】和【$2KMnO_4$】。

$2KClO_3 \xlongequal[\triangle]{MnO_2} 2KCl+3O_2\uparrow$ 实验室里用加热氯酸钾制氧气，二氧化锰作催化剂。

$4KClO_3 \xlongequal{\triangle} 3KClO_4+KCl$ 氯酸钾受热，有二氧化锰或氧化铜作催化剂时，生成 KCl 和 O_2：$2KClO_3 \xlongequal[\triangle]{MnO_2} 2KCl+3O_2\uparrow$。若无催化剂，在 629K 时熔化，668K 时分解生成高氯酸钾和氯化钾，有少量的 $KClO_3$ 分解产生 O_2。

$KClO_3+H_2O \xlongequal{电解} KClO_4(阳极)+H_2\uparrow(阴极)$ 工业上用电解氯酸钾来制备高氯酸，在阳极区生成高氯酸钾。高氯酸钾难溶于水，结晶析出，过滤后经硫酸酸化后再减压蒸馏可得市售高氯酸：$ClO_4^-+H^+ \xlongequal{减压蒸馏} HClO_4\uparrow$。高氯酸是无机酸中最强的酸，沸点为 363K，硫酸的沸点为 611K，利用沸点不同，可将高氯酸蒸馏出来。

$KClO_3+5KCl+3H_2SO_4 \xlongequal{\triangle} 3Cl_2\uparrow+3K_2SO_4+3H_2O$ 氯化钾、氯酸钾和硫酸反应制取少量氯气。

$2KClO_3+2MnO_2 = 2KMnO_4+Cl_2\uparrow+O_2\uparrow$ 氯酸钾和二氧化锰的混合固体共热时，生成氧气：$2KClO_3 \xlongequal[\triangle]{MnO_2} 2KCl+3O_2\uparrow$，实验室里常用来制备氧气，二氧化锰作催化剂。“催化剂只是加快反应速率，不参加反应”是错误的观点。实际上，催化剂是要参加反应的，只不过生成的中间产物又参加后面的反应，最后的结果是催化剂的质量不减少，物质没变化。湖北荆门李市中学谢钰探讨了氯酸钾和二氧化锰反应的机理，认为按下面三步进行：$2MnO_2+2KClO_3 \xlongequal{\triangle} 2KMnO_4+Cl_2\uparrow+O_2\uparrow$①，$2KMnO_4 \xlongequal{\triangle} K_2MnO_4+MnO_2+O_2\uparrow$②，$K_2MnO_4+Cl_2 = 2KCl+MnO_2+O_2\uparrow$③。三步加合就是 $2KClO_3 \xlongequal[\triangle]{MnO_2} 2KCl+3O_2\uparrow$。将生成的气体直接做验证实验，使带火星的木条复燃，闻到刺激性气味，可以使润湿的淀粉碘化钾试纸变蓝，证明发生了反应①，有 O_2 和 Cl_2 生成。加热的过程中看到有紫红色物质生成，取少量溶于水，溶液呈紫红色，说明发生了反应①，有 $KMnO_4$ 生成。认为氯气的扩散速率小于氧气，来不及扩散便参加反应③，氯气作为中间产物。收集氧气时会有少量的氯气，但大多数情况下，采用排水集气法收集氧气，氯气溶于水，便闻不到刺激性气味。

$2KClO_3+6NaHSO_3 = 3Na_2SO_4+2KCl+3H_2SO_4$ $KClO_3$ 将 $NaHSO_3$ 氧化为 H_2SO_4 和 Na_2SO_4，$KClO_3$ 被还原为 KCl。亚硫酸氢钠易被氧气等强氧化剂氧化为硫酸或硫酸盐。

【$Ca(ClO_3)_2$】 氯酸钙，晶体为 $Ca(ClO_3)_2\cdot 2H_2O$，白色至微黄色晶体，易潮解，溶于水和醇。常将氯气通入热石灰浆中而得，可作除草剂、杀虫剂、种子消毒剂等。

$Ca(ClO_3)_2+2KCl=2KClO_3+CaCl_2$ 工业上制备氯酸钾的原理。利用氯化钾和氯酸钙在溶液中相互交换离子生成氯酸钾和氯化钙。常温下该反应中的四种物质均易溶于水，表面看似乎不满足复分解反应发生的三个条件（有难溶物质、难电离物质和挥发性物质）中的任何一个。但是，氯酸钾有一个特性，常温下溶解度较小，但随温度的升高而急剧上升。在较高的温度下溶解较多的 $Ca(ClO_3)_2$ 和 KCl，再冷却，因氯酸钾溶解度急剧降低而析出其晶体。该原理类似于 $NaCl+NH_4HCO_3=NaHCO_3\downarrow+NH_4Cl$。利用溶解度的差异生产某些物质，本质上仍然可归结为“难溶物质”，难溶和易溶只是一个相对概念。

【$Ba(ClO_3)_2$】 氯酸钡，晶体为 $Ba(ClO_3)_2\cdot H_2O$，无色单斜晶体，有毒，120℃时失去结晶水。逐渐受热至25℃时开始释放氧气，迅速受热则分解并爆炸，易溶于水，难溶于乙醇、丙酮。与可燃物一起受热或撞击，会发生爆炸和着火。可电解氯化钡或由氢氧化钡和氯酸铵作用而得，可制炸药、火柴、烟火，作媒染剂。

$Ba(ClO_3)_2+H_2SO_4=BaSO_4\downarrow+2HClO_3$ 将 $Ba(ClO_3)_2$ 和 H_2SO_4 作用制得 $HClO_3$ 溶液，减压下浓缩可得到40% $HClO_3$ 溶液，继续蒸发则迅速分解并发生爆炸。

【ClO_4^-】 高氯酸根离子。

$ClO_4^-+H^+\xlongequal{减压蒸馏}HClO_4\uparrow$ 高氯酸盐经硫酸酸化后，再减压蒸馏得到高氯酸。工业上用电解氯酸盐来制备高氯酸，在阳极区生成高氯酸盐：$KClO_3+H_2O\xlongequal{电解}KClO_4$(阳极区)$+H_2\uparrow$（阴极区），高氯酸钾 $KClO_4$ 难溶于水，过滤得 $KClO_4$，经硫酸酸化后再减压蒸馏可得市售高氯酸。高氯酸是无机酸中最强的酸，沸点为363K，硫酸的沸点为611K。虽然硫酸的酸性不如高氯酸强，但高氯酸的沸点低于硫酸，高沸点酸可以制备低沸点酸。

【$HClO_4$】 高氯酸，无水高氯酸是无色、黏稠状发烟液体，极易吸湿，受热分解，冷、稀溶液比较稳定，浓溶液不稳定，放置即分解，受热则爆炸，具有强氧化作用。在贮藏时易发生爆炸，其水溶液却是稳定的。60%的 $HClO_4$ 水溶液受热不分解，72.4%的 $HClO_4$ 水溶液是恒沸混合物，沸点为476K，达到沸点时同时分解。质量分数大于60%的浓高氯酸溶液与易燃物相遇时发生猛烈爆炸。接触炭、纸屑、有机物等引起爆炸。$HClO_4$ 是已知的无机酸中最强的酸，在水中完全电离出 H^+ 和 ClO_4^-。冷、稀的 $HClO_4$ 溶液没有明显的氧化性，氧化能力低于 $HClO_3$，但浓、热的高氯酸具有很强的氧化性。因 $KClO_4$ 溶解度小，可用 $HClO_4$ 鉴定 K^+。$HClO_4$ 的制备见【$KClO_4+H_2SO_4$】。可由高氯酸钾与浓硫酸在140℃~190℃时减压蒸馏制得，可用于医药、电镀、化学分析等。

$4HClO_4\xlongequal{\triangle}2Cl_2\uparrow+7O_2\uparrow+2H_2O$ 浓高氯酸溶液不稳定，受热分解。

$HClO_4+HAc\rightleftharpoons ClO_4^-+H_2Ac^+$ 对于大多数较弱的酸来说，H_2O 就是分辨试剂，可以根据其在水中的电离平衡常数的大小比较酸性的强弱。而对于强酸，在水中完全电离，因此水不能分辨强酸的强弱。根据阿仑尼乌斯酸碱质子理论，若将强酸放在HAc(醋酸)中，就可以分辨出结合质子能力的强弱，也就可以比较强酸的强弱。举例：$HClO_4+HAc \rightleftharpoons ClO_4^-+H_2Ac^+$，$pKa^\ominus=5.8$；$H_2SO_4+HAc \rightleftharpoons HSO_4^-+H_2Ac^+$，$pKa^\ominus=8.2$；$HCl+HAc \rightleftharpoons Cl^-+H_2Ac^+$，$pKa^\ominus=8.8$；$HNO_3+HAc \rightleftharpoons NO_3^-+H_2Ac^+$，$pKa^\ominus=9.4$。给出 H^+能力：$HClO_4>H_2SO_4>HCl>HNO_3$。这时，HAc 便是分辨试剂。

$HClO_4+HF=H_2ClO_4^++F^-$ 高氯酸在 HF 溶剂中表现两性，该反应表示高氯酸呈碱性，接受 H^+。

$HClO_4+HF=H_2F^++ClO_4^-$ $HClO_4$ 在 HF 溶剂中表现酸性的反应式。

$2HClO_4+P_2O_5=2HPO_3+Cl_2O_7$
用 P_2O_5 使 $HClO_4$ 脱水，制取 Cl_2O_7。Cl_2O_7 是高氯酸的酸酐，氯元素的最高价氧化物，是无色液体，受热或撞击立即爆炸。

【$NaClO_4$】

高氯酸钠，无色或白色晶体，在空气中吸收水分逐渐变成一水合物，后者受热至 50℃时失去结晶水；易溶于水和乙醇，不溶于乙醚，有强氧化性；和有机物或可燃物混合受撞击时会发生爆炸，与浓硫酸接触也会发生爆炸。可由电解氯酸钠的冷溶液而得。可制高氯酸及其盐，制炸药、作化学试剂。

$NaClO_4+HCl \xlongequal{减压蒸馏} HClO_4+NaCl$
工业上利用电解氯酸钠的方法制备高氯酸的原理之一。详见【$NaClO_3+H_2O$】。

【$KClO_4$】

高氯酸钾，无色晶体或白色结晶粉末，熔点为 610℃，熔融时分解放出 O_2；溶于水，不溶于乙醇和乙醚，比 $KClO_3$ 稳定。可用于制炸药、制烟火、照相、医药等。可由高氯酸钠溶液和氯化钾溶液复分解反应，沉淀出高氯酸钾；或将氯酸钾加热分解成高氯酸钾和氯化钾，用少量冷水溶解氯化钾，再重结晶而得。

$KClO_4 \xlongequal{\triangle} KCl+2O_2\uparrow$ 高氯酸钾受热到 610℃时，熔融并分解，生成 KCl 和 O_2。

$KClO_4+H_2SO_4=KHSO_4+HClO_4$
浓硫酸和高氯酸钾反应，生成硫酸氢钾和高氯酸。离子方程式：$H^++ClO_4^- \xlongequal{减压蒸馏} HClO_4\uparrow$。用减压蒸馏的方法可得到质量分数为 70%的高氯酸溶液。减压蒸馏的温度要低于 365K，否则会发生爆炸。工业由电解法制 $HClO_4$ 的原理，见【$Cl^-+4H_2O-8e^-$】或【$NaClO_3+H_2O$】等。

【Br_2】

溴，深红棕色液体，易挥发，加少量水保存；溶于水，从稀溶液到浓溶液，颜色由黄到橙，溶于汽油、苯、四氯化碳等，颜色为橙或橙红。可用汽油、苯、四氯化碳等从溴水中萃取而得。液溴和溴蒸气对皮肤和黏膜均有强烈刺激性，使用时应特别小心。固态时带金属光泽的黄绿色物质，在二硫化碳、四氯化碳、苯、冰醋酸中完全混溶，可与包括铂、钯在内的大多数金属作用，与铝作用反应激烈，与钾接触发生爆炸，干燥的溴不与铝、镍、镁、钽、铁、锌、钠（低于 300℃）作用。海水和盐卤含溴化物是提取溴的主要来源。常由氯氧化溴化物而得，可制备溴化物，用于摄影、医疗、汽油抗爆、致冷、染料等行业。

$3Br_2+3CO_3^{2-}=5Br^-+BrO_3^-+3CO_2\uparrow$
工业上生产溴的原理之一，化学方程式见【$3Br_2+3Na_2CO_3$】。

$Br_2+2e^-=2Br^-$ 溴单质得电子被还原为溴离子的电极反应式。

$Br_2+H_2 \xlongequal{500℃} 2HBr$ 溴和氢气在加热条件下反应，生成 HBr。溴和氢气反应，不如氟和氢气、氯和氢气反应剧烈。该反应还可

以写成 $Br_2+H_2 \xlongequal{\triangle} 2HBr$。

【卤素单质和氢气反应】氟和氢气反应比氯气和氢气反应剧烈，不需光照，在暗处剧烈化合发生爆炸，生成氟化氢。氯气在氢气中燃烧，火焰呈苍白色，生成氯化氢。氯气和氢气在光照下发生爆炸，生成氯化氢。溴和氢气反应不如氯气和氢气反应剧烈，在受热到 500℃时才反应，生成溴化氢。碘和氢气不容易发生反应，要在不断加热的条件下才能缓慢反应，生成碘化氢，同时分解，属于可逆反应。卤素单质和氢气反应，按照氟、氯、溴、碘的顺序，依次减弱，氢化物的稳定性也依次减弱，稳定性：HF>HCl>HBr>HI。卤化氢的水溶液叫氢卤酸。氢卤酸中除了氢氟酸为弱酸外，其余均为强酸，而且按氟、氯、溴、碘的顺序，酸性逐渐增强。

$Br_2+H_2O \rightleftharpoons HBr+HBrO$ 溴和水反应生成溴化氢和次溴酸。氯、溴、碘和水反应，反应原理相同，可以用通式表示：$X_2+H_2O \rightleftharpoons HX+HXO$。但是，氟单质和水反应生成氟化氢和氧气：$2F_2+2H_2O = 4HF+O_2$。

$Br_2+H_2O+H_2SO_3 = H_2SO_4+2HBr$ 溴水和亚硫酸反应，单质溴将亚硫酸氧化为硫酸，溴被还原为溴化氢。

$Br_2+H_2S = S\downarrow+2HBr$ H_2S 和少量 Br_2 在水中发生氧化还原反应，生成溴化氢和浅黄色浑浊硫。

$Br_2+H_2S = S\downarrow+2H^++2Br^-$ H_2S 和少量 Br_2 在水中发生氧化还原反应的离子方程式，生成溴化氢和浅黄色浑浊硫。

$4Br_2$(过量)$+H_2S+4H_2O = H_2SO_4+8HBr$ H_2S 和过量 Br_2 在水中发生氧化还原反应，生成硫酸和溴化氢。

$Br_2+2I^- = 2Br^-+I_2$ 少量的溴单质将 I^- 氧化为碘单质。卤素单质的氧化性：$F_2>Cl_2>Br_2>I_2$。非金属单质之间的置换反应，可以判断单质的氧化性(或元素的非金属性)的强弱。若溴过量，Br_2 将 I^- 氧化为 IO_3^-：$3Br_2+I^-+3H_2O = IO_3^-+6Br^-+6H^+$。

$3Br_2+I^-+3H_2O = IO_3^-+6Br^-+6H^+$ 过量溴将 I^- 氧化为 IO_3^-。

$Br_2+2KI = 2KBr+I_2$ 少量的溴单质将 I^- 氧化为碘单质。若溴过量，Br_2 将 I^- 氧化为 IO_3^-，见【$3Br_2+I^-+3H_2O$】。

$3Br_2+3Na_2CO_3 = 5NaBr+NaBrO_3+3CO_2\uparrow$ 碳酸钠溶液能使溴水褪色。少量溴和碳酸钠浓溶液反应，生成溴化钠、溴酸钠和二氧化碳气体。离子方程式见【$3Br_2+3CO_3^{2-}$】。溴和碳酸钠的反应类似于溴和强碱溶液的反应。也是工业制溴的原理之一，详见【$5NaBr+NaBrO_3+3H_2SO_4$】。

$2Br_2+Na_2CO_3+H_2O = 2NaBr+2HBrO+CO_2\uparrow$ 过量的溴和碳酸钠稀溶液的反应。

$Br_2+4NaHSO_3 = 2NaBr+Na_2SO_4+3SO_2\uparrow+2H_2O$ 溴和亚硫酸氢钠溶液反应，生成 NaBr、Na_2SO_4、SO_2 气体和水。亚硫酸氢钠易被氧气等强氧化剂氧化。

$Br_2+2NaI = 2NaBr+I_2$ 少量的溴单质将 I^- 氧化为碘单质。若溴过量，Br_2 将 I^- 氧化为 IO_3^-，见【$3Br_2+I^-+3H_2O$】。

$Br_2+2NaOH = NaBr+NaBrO+H_2O$ 溴和氢氧化钠稀溶液反应，生成溴化钠、次溴酸钠和水。制备碱金属次溴酸盐：在−5℃时，向碱金属氢氧化物的浓溶液中加入液态溴，可得到五水合次溴酸钠 $NaBrO\cdot5H_2O$ 和三水合次溴酸钾 $KBrO\cdot3H_2O$，须严格控制温度，防止生成溴酸盐。碱金属溴化物从溶液中沉淀出来，把溶液冷却到−50℃～−40℃，并以相应的次溴酸盐为籽晶接种，过滤，得到黄色的碱金属次溴酸盐水合晶体。

$3Br_2+6NaOH = 5NaBr+NaBrO_3+3H_2O$ 溴和氢氧化钠浓溶液反应，生成溴化钠、溴酸钠和水。

$3Br_2+2P+6H_2O=2H_3PO_3+6HBr$
少量的溴和磷在水中反应，生成溴化氢和亚磷酸，表现溴的氧化性和磷的还原性。通常将溴逐滴加在磷和水的混合物中，可连续产生溴化氢，该原理可用来制取溴化氢气体。类似方法也可以用来制备碘化氢。

$5Br_2+2P+8H_2O=2H_3PO_4+10HBr$
过量的溴和磷在水中反应，生成磷酸和溴化氢，表现溴的氧化性和磷的还原性。

$Br_2+SO_2+2H_2O=2HBr+H_2SO_4$
二氧化硫和溴水反应，生成溴化氢和硫酸。

$Br_2+SO_3^{2-}+H_2O=2H^++SO_4^{2-}+2Br^-$
Br_2 将 SO_3^{2-} 氧化为 SO_4^{2-}，Br_2 被还原为 Br^-。亚硫酸盐很容易被氧气、卤素单质等氧化剂氧化。

【Br^-】 溴离子。

$5Br^-+BrO_3^-+6H^+=3Br_2+3H_2O$
工业上生产溴的原理之一，化学方程式见【$5NaBr+NaBrO_3+3H_2SO_4$】。

【NaBr】 溴化钠，无色晶体或白色粉末，空气中因吸湿而结成硬块，易溶于水，微溶于乙醇。室温下水溶液析出二水合物，30℃以上析出无水物；酸性条件下，可被氧气氧化生成溴。将稍过量的溴加入氢氧化钠溶液，生成溴化钠和溴酸钠的混合物，蒸干后用碳还原溴酸钠即得。可用于制溴化银感光剂，作镇静药，合成化学中作溴化剂。

$2NaBr+3H_2SO_4(1:1)\xlongequal{\triangle}2NaHSO_4+Br_2\uparrow+SO_2\uparrow+2H_2O$ 实验室里一般不用加热浓硫酸和溴化物的混合物的方法制备溴化氢，副反应太多，气体不纯，见【$2NaBr+3H_2SO_4$(浓)】。可以用浓硫酸和水的体积比为 1∶1 的硫酸溶液与溴化钠的加热反应，制备要求不高的溴化氢：$NaBr+H_2SO_4\xlongequal{\triangle}NaHSO_4+HBr\uparrow$。但是仍会有副反应发生，生成硫酸氢钠、溴、二氧化硫和水，使制得的气体不纯。

$2NaBr+3H_2SO_4$(浓)$\xlongequal{\triangle}2NaHSO_4+Br_2+SO_2\uparrow+2H_2O$ 溴化钠和过量浓硫酸在加热条件下发生反应，生成硫酸氢钠、溴、二氧化硫和水，同时还有下列反应发生：$NaBr+H_2SO_4$(浓)$\xlongequal{\triangle}NaHSO_4+HBr\uparrow$，$2NaBr+H_2SO_4$(浓)$\xlongequal{\triangle}Na_2SO_4+2HBr\uparrow$，$H_2SO_4$(浓)$+2HBr\xlongequal{\triangle}Br_2+SO_2\uparrow+2H_2O$ 等。溴化钠和少量浓硫酸共热发生的反应见【$2NaBr+2H_2SO_4$(浓)】。反应较复杂。

$NaBr+H_2SO_4$(浓)$\xlongequal{\triangle}NaHSO_4+HBr\uparrow$ 溴化钠和少量浓硫酸按物质的量之比 1∶1 反应时，生成硫酸氢钠和溴化氢，该反应通常不用来制备 HBr 气体，因为制得的气体不纯，纯度要求不高的溴化氢除外。实验室利用浓磷酸和 NaBr 反应制备 HBr 气体：$NaBr+H_3PO_4$(浓)$\xlongequal{\triangle}NaH_2PO_4+HBr\uparrow$。

$2NaBr+2H_2SO_4$(浓)$=Na_2SO_4+Br_2+SO_2\uparrow+2H_2O$ 溴化钠和少量浓硫酸共热发生反应，生成硫酸钠、溴、二氧化硫和水。

$5NaBr+NaBrO_3+3H_2SO_4=3Na_2SO_4+3Br_2+3H_2O$ NaBr 和 $NaBrO_3$ 在硫酸酸化的溶液中发生氧化还原反应生成硫酸钠、溴和水。工业上利用海水生产溴的第三步反应。第一步，在 383K 时将 Cl_2 通入 pH=3.5 的海水中，氯气氧化溴离子：$2Br^-+Cl_2=Br_2+2Cl^-$。第二步，将生成的溴用空气吹出并用碳酸钠溶液吸收：$3Na_2CO_3+3Br_2=5NaBr+NaBrO_3+3CO_2\uparrow$。第三步，NaBr 和 $NaBrO_3$ 的溶液用硫酸酸化再萃取得到溴，也可以写作 $5HBr+HBrO_3=3Br_2+3H_2O$。

【KBr】溴化钾，无色晶体或白色粉末，味咸略苦，稍具潮解性，见光易变黄，溶于水和甘油，微溶于乙醇和乙醚。可用尿素还原溴酸盐溶液或由溴化铁和碳酸钾溶液共煮，将清液蒸发结晶而得，可用于制溴化银感光材料，医疗上可作镇静药。

$KBr+BrCl=Br_2+KCl$　卤素互化物一氯化溴和溴化钾反应，生成溴和氯化钾，属于氧化还原反应。

【$NaBr_3$】三溴化钠。

$NaBr_3+2Na_2S_2 \underset{充电}{\overset{放电}{\rightleftharpoons}} Na_2S_4+3NaBr$

一种新型大型蓄电系统的工作原理。充电时，阴极：$S_4^{2-}+2e^-=2S_2^{2-}$，阳极：$2Br^--2e^-=Br_2$。放电时，负极：$2S_2^{2-}-2e^-=S_4^{2-}$，正极：$Br_2+2e^-=2Br^-$。在多硫化物 M_2S_x 中，$x=2$ 时叫作过硫化物，是过氧化物的同类化合物，含有过硫键－S－S－，类似于过氧键－O－O－。Na_2S_2 化学名为过硫化钠。$NaBr_3$ 化学名为三溴化钠，类似于 KI_3，由 Br^- 和 Br_2 形成 Br_3^-。

【$CsBr_3$】

$CsBr_3 \xlongequal{\triangle} CsBr+Br_2$　碱金属和卤素形成的多卤化物，不稳定，受热易分解。

【$MgBr_2$】溴化镁，晶体为 $MgBr_2·6H_2O$，无色晶体或白色粉状物，易潮解，易溶于水，微溶于乙醇。可由氢溴酸和氧化镁作用而得，常用于制药和有机合成。

$MgBr_2+Cl_2=MgCl_2+Br_2$　氯气将溴离子氧化为溴，卤素单质之间的置换反应。氧化性：$F_2>Cl_2>Br_2>I_2$，还原性：$I^->Br^->Cl^->F^-$。非金属单质之间的置换反应，可以判断单质的氧化性(或元素的非金属性)的强弱。

【HBr】溴化氢，无色不燃烧气体，有毒，有腐蚀性，有刺激性气味，潮湿空气中形成白雾，极易溶于水，0℃时 1 体积水可溶解 600 体积溴化氢，也溶于乙醇。卤族元素氟、氯、溴、碘形成的氢化物叫卤化氢，溶解于水形成的溶液叫氢卤酸。氢氟酸是弱酸，其余均为强酸，而且按氯、溴、碘的顺序，酸性逐渐增强。溴化氢的水溶液叫氢溴酸。氢溴酸呈无色或淡黄色，可由氢气和溴在 375℃时经铂黑或铂石棉催化直接合成。蒸馏溴化钠和 50%硫酸的混合物可得氢溴酸。可制药物、溴化物，作还原剂和催化剂，也可用于分析化学中。

$5HBr+HBrO_3=3Br_2+3H_2O$
工业上从海水中制溴的第三步原理，见【$5NaBr+NaBrO_3+3H_2SO_4$】。

$2HBr+H_2SO_4(浓) \xlongequal{\triangle} Br_2+SO_2\uparrow+2H_2O$　虽然溴化物和浓硫酸可以按下式反应：$NaBr+H_2SO_4(浓) \xlongequal{\triangle} NaHSO_4+HBr\uparrow$。但溴化氢和浓硫酸共热也反应生成溴、二氧化硫和水。所以一般不用溴化物和浓硫酸共热制备溴化氢，因生成气体不纯，实验室里常用浓磷酸和溴化物反应制取溴化氢气体：$NaBr+H_3PO_4(浓) \xlongequal{\triangle} NaH_2PO_4+HBr\uparrow$。

$4HBr+MnO_2 \xlongequal{\triangle} MnBr_2+Br_2\uparrow+2H_2O$　氢溴酸和二氧化锰反应制备溴单质的原理，类似于实验室里制备氯气。在酸性介质中，MnO_2 是强氧化剂，在碱性介质中，MnO_2 是还原剂。

$2HBr+Na_2CO_3═2NaBr+CO_2↑+H_2O$ 碳酸钠和氢溴酸反应，生成溴化钠、二氧化碳和水。

$4HBr+O_2═2Br_2+2H_2O$ O_2 可以将 HBr 氧化为 Br_2。

【HBrO】次溴酸，只能得到溶液且溶液不稳定。可将氧化汞或氧化银加入到溴水中制得，可用减压蒸馏纯化。次溴酸为弱酸，有机合成中常作卤化剂。

$2HBrO\xlongequal{光照}2HBr+O_2↑$ 次溴酸见光分解，生成溴化氢和氧气。次卤酸都不稳定，见光分解生成卤化氢和氧气，受热分解生成卤化氢和卤酸，通式见【2HXO】。

$HBrO+Na_2CO_3═NaBrO+NaHCO_3$ 次溴酸和碳酸钠反应，生成次溴酸钠和碳酸氢钠，不能生成二氧化碳，酸性：$H_2CO_3>HBrO>HCO_3^-$。H_2CO_3：$K_{a(1)}=4.5\times10^{-7}$，$K_{a(2)}=4.7\times10^{-11}$，而 HBrO：$K_a=2.8\times10^{-9}$。

【BrO_3^-】

$BrO_3^-+F_2+2OH^-═BrO_4^-+2F^-+H_2O$ 1968 年阿佩曼用强氧化剂 F_2 氧化溴酸盐制取高溴酸盐的原理。另见【BrO_3^-+XeF_2+H_2O】等。

$2BrO_3^-+10I^-+12H^+═5I_2+Br_2+6H_2O$ 溴酸和碘化氢反应生成 I_2、Br_2 和水。氯酸和溴酸是强酸，碘酸是中强酸，其浓溶液都是强氧化剂。

$BrO_3^-+XeF_2+H_2O═BrO_4^-+Xe↑+2HF↑$ 1968 年阿佩曼用强氧化剂 XeF_2 氧化溴酸盐制取高溴酸盐。另见【BrO_3^-+F_2+$2OH^-$】等。

$3BrO_3^-+XeO_3═3BrO_4^-+Xe$ XeO_3 具有强氧化性，可以将强氧化剂 BrO_3^- 氧化为 BrO_4^-，XeO_3 被还原为 Xe。稀有气体化合物尤其是氙的化合物陆续合成，稀有气体不再具有惰性和稀有性的特点，有科学家呼吁将稀有气体叫作“贵气体”。

【$HBrO_3$】 溴酸，无色或微黄色溶液，室温或黑暗中放置变黄，强酸，仅存于溶液中，质量分数大于 50%的溶液不稳定，受热分解并发生爆炸。溴水中通入氯气或以稀硫酸处理溴酸钡可得溴酸溶液。溴酸溶液经减压蒸发，可得 50.6%的溶液，浓度更大时分解；氧化能力很强，可作氧化剂。

$4HBrO_3\xlongequal{\triangle}2Br_2+5O_2↑+2H_2O$ 溴酸溶液不稳定，受热分解。工业制 $HBrO_3$ 见【$Ba(BrO_3)_2$+H_2SO_4】。

【$NaBrO_3$】溴酸钠，无色或白色晶体或粉末，无臭，熔点 381℃时分解放出氧气；溶于水，不溶于醇，有氧化作用，应避免与有机物接触。碳酸钠溶液中通入溴蒸气生成溴化钠和溴酸钠，结晶、分离可得，常作氧化剂和分析试剂。

$NaBrO_3+XeF_2+H_2O═NaBrO_4+2HF+Xe$ XeF_2 是强氧化剂，将 $NaBrO_3$ 氧化为 $NaBrO_4$。高卤酸盐中 ClO_4^-和 IO_4^-的合成时间较早，而 BrO_4^-的合成直到 1968 年第一次由 XeF_2 氧化 $NaBrO_3$ 实现，产率为 10%。

【$KBrO_3$】溴酸钾，无色晶体或白色结晶粉末，有毒，熔点约 370℃，并同时分解为溴化钾和氧气；溶于水，微溶于乙醇，不溶于丙酮，具有强氧化性，水溶液为强氧化剂；与易氧化的物质混合研磨会引起猛烈爆炸。可将溴化钾水溶液电解氧化或将溴加入氢氧化钾溶液而得，可作氧化剂、分析试剂、食品添加剂和羊毛处理剂。

$2KBrO_3+Cl_2═Br_2+2KClO_3$
$KBrO_3$将Cl_2氧化为$KClO_3$，自身被还原为Br_2。氧化性：$KBrO_3>KClO_3$。

$KBrO_3+6KI+3H_2SO_4═3K_2SO_4+3I_2+KBr+3H_2O$ 在酸性条件下，溴酸钾将碘化钾氧化为I_2，自身被还原为KBr。

【$Ba(BrO_3)_2$】 溴酸钡，热水中得到无色单斜晶体的一水合物，有毒，260℃时分解，长期放置有臭味；溶于水、丙酮，不溶于乙醇和大多数有机物。可由溴酸钾和氯化钡作用而得。可制稀土溴酸盐和作低碳钢缓蚀剂。

$Ba(BrO_3)_2+H_2SO_4═BaSO_4↓+2HBrO_3$ 工业上用$Ba(BrO_3)_2$和H_2SO_4作用制得$HBrO_3$，减压下浓缩可得到50% $HBrO_3$溶液，继续蒸发，则迅速分解并发生爆炸。

【I_2】 碘，紫黑色固体，性脆，有金属光泽，有毒，强烈刺激眼睛和皮肤，须密封保存，易升华。碘水：深黄~褐色；碘酒：棕~深棕；溶于CCl_4：紫~深紫色；溶于苯：浅紫~紫色；溶于汽油：浅紫红~紫红。碘微溶于水，易溶于乙醇、二硫化碳、氯仿、四氯化碳、乙醚、苯、甘油等，其酒精溶液称为“碘酒”或“碘酊”，作消毒剂。遇淀粉变蓝色，可用于定性鉴定和定量测定。碘以化合态存在于自然界，海藻是碘的主要来源之一。可由碘酸盐用亚硫酸氢钠还原或将碘化物用氯气氧化制备。可用于医疗、染料领域，制碘的化合物、感光材料，作催化剂和化学试剂。

$I_2+3Cl_2(l)═I_2Cl_6$ 液态氯和碘在−80℃时反应，生成卤素互化物六氯化二碘。

$I_2+2e^-═2I^-$ 碘单质得电子被还原。

$I_2+H_2\overset{\triangle}{═}2HI$ 碘和氢气反应，需要不断加热才能进行。生成的碘化氢同时分解，该反应是可逆反应。【卤素单质和氢气反应】见【Br_2+H_2】。特别强调加热条件下按上述方程式书写，若特别强调可逆反应时可写成$H_2(g)+I_2(g)\rightleftharpoons 2HI(g)$。两种方程式都比较常见，本质都一样。

$I_2(g)+H_2(g)\rightleftharpoons 2HI(g)$ 碘和氢气反应，特别强调可逆反应时按上述方程式书写。

$3I_2+10HNO_3═6HIO_3+10NO↑+2H_2O$ 碘和稀硝酸发生氧化还原反应，生成碘酸、一氧化氮气体和水。硝酸表现氧化性，碘表现还原性。

$I_2+10HNO_3(浓)═2HIO_3+10NO_2↑+4H_2O$ 碘和浓硝酸发生氧化还原反应，生成碘酸、二氧化氮气体和水。硝酸表现氧化性，碘表现还原性。通常用发烟硝酸和I_2反应制碘酸。

$I_2+H_2O\rightleftharpoons HI+HIO$ 碘和水反应，生成碘化氢和次碘酸。该反应是可逆反应。氯、溴、碘单质等和水的反应相同，通式为$X_2+H_2O\rightleftharpoons HX+HXO$，但氟和水反应不同：$2F_2+2H_2O═4HF+O_2$。

$I_2+I^-\rightleftharpoons I_3^-$ 碘在水中的溶解度较小，但易溶于碘化钾或其他碘化物溶液中，原因是I^-和I_2结合生成I_3^-，I_3^-同时离解生成I^-和I_2。该反应可逆，在溶液中总有碘单质存在，所以，多碘化钾溶液的性质和碘溶液的性质相同。

$6I_2+11KClO_3+3H_2O═6KH(IO_3)_2+5KCl+3Cl_2↑$ 为了预防碘缺乏症，国家规定每千克食盐中应含有40mg～50mg的

碘酸钾。该反应是工业上生产碘酸钾的流程之一，$KClO_3$将I_2氧化为碘酸氢钾$KH(IO_3)_2$，$KClO_3$被还原为KCl和Cl_2。再经历酸化、加热除氯、结晶、溶解、调整pH，得到碘酸钾溶液，见【$KH(IO_3)_2$+KOH】，再蒸发、结晶、干燥就得到碘酸钾。

$3I_2+6KOH \xlongequal{\triangle} KIO_3+5KI+3H_2O$
Cl_2、Br_2、I_2和强碱浓溶液的反应类似。和氢氧化钾、氢氧化钠等强碱浓溶液共热反应，生成卤酸盐、卤化物和水。制备碱金属碘化物的原理之一。

$I_2+2NaClO_3 = 2NaIO_3+Cl_2$ 氯酸钠具有强氧化性，将碘单质氧化为碘酸钠，自身被还原为氯气，可用于制备碘酸盐。氧化性：溴酸盐>氯酸盐>碘酸盐。

$3I_2+6NaOH \xlongequal{\triangle} NaIO_3+5NaI+3H_2O$ 用碘单质和热碱浓溶液制取碘酸盐的方法。单质Cl_2、Br_2、I_2和热碱浓溶液反应类似，生成卤化物和卤酸盐。

$I_2+2Na_2S_2O_3 = Na_2S_4O_6+2NaI$
硫代硫酸钠是一种常用的还原剂，被碘氧化为连四硫酸钠。离子方程式见【$2S_2O_3^{2-}+I_2$】。和卤素单质氯、溴等反应被氧化为硫酸和硫酸钠：$Na_2S_2O_3+4Cl_2+5H_2O = Na_2SO_4+H_2SO_4+8HCl$。

$3I_2+2P+6H_2O = 2H_3PO_3+6HI\uparrow$
将水逐滴加在磷和碘的混合物中，可连续产生碘化氢，该原理可用来制取碘化氢。

$I_2+S^{2-} = 2I^-+S$ 碘单质将S^{2-}氧化为S。氧化性强弱关系：$F_2>Cl_2>Br_2>I_2>S$。

$I_2+SO_2+2H_2O = H_2SO_4+2HI$
碘、二氧化硫和水反应，生成硫酸和碘化氢。单质氯、溴、碘和亚硫酸（或二氧化硫）的反应原理相同。

【I^-】碘离子。

$2I^-+2H^+ \xlongequal{电解} H_2\uparrow+I_2$ 电解碘化氢水溶液的离子方程式。碘化氢水溶液叫作氢碘酸，和盐酸相似，都是强酸，电解时发生的反应也相似。【阳极上阴离子的放电顺序】和【阴极上阳离子的放电顺序】见【$2Cl^-+Cu^{2+}$】。

$6I^-+6H^++ClO_3^- = 3I_2+Cl^-+3H_2O$
氯酸盐将碘化物氧化为I_2的离子方程式，ClO_3^-被还原为Cl^-。氯酸钾在中性溶液中不能氧化碘化钾，而在酸性溶液中，有较强的氧化性，可将I^-氧化为I_2。

$4I^-+4H^++O_2 = 2I_2+2H_2O$ 碘化氢溶液中通入氧气，I^-被氧化，生成碘，同时有水生成。碘化氢水溶液叫作氢碘酸，和盐酸相似，都是强酸，但氢碘酸的还原性较强。常温下，氢碘酸可被空气中的氧气氧化。

$5I^-+IO_3^-+6H^+ = 3I_2+3H_2O$ I^-和IO_3^-发生氧化还原反应，生成碘单质。溶液变为棕黄色。

$2I^-+MnO_2+4H^+ = Mn^{2+}+I_2+2H_2O$
MnO_2将碘化氢氧化为I_2，MnO_2被还原为Mn^{2+}。实验室可用来制备碘。在酸性介质中，MnO_2是强氧化剂，在碱性介质中，MnO_2是还原剂。该反应类似于实验室里制取氯气的原理：$4HCl(浓)+MnO_2 \xlongequal{\triangle} MnCl_2+Cl_2\uparrow+2H_2O$。

【NaI】碘化钠，无色立方晶体或白色粒状物。味咸而稍苦，溶于水、乙醇和甘油，有还原性。碘化钠在空气中因吸收水分并分解析出碘而逐渐变棕色，分为无水物和二水物等。将碘和铁屑作用，生成八碘化三铁，再与碳酸氢钠或碳酸钠作用即得。可制有机和无机碘化物，作药物、分析试剂、照相胶片感光剂和碘的助溶剂等。

$NaI+H_2SO_4$(浓)$=NaHSO_4+HI\uparrow$
浓硫酸和碘化钠反应，可以生成碘化氢。因为碘化氢还会和浓硫酸反应，见【$8HI+H_2SO_4$(浓)】，使生成的碘化氢气体不纯，故一般不用该方法制备碘化氢气体，碘化氢气体的制备原理见【H_3PO_4(浓)+NaI】。另一个不用浓硫酸和碘化钠反应制备碘化氢的原因见【$2NaI+2H_2SO_4$(浓)】。

$2NaI+2H_2SO_4$(浓)$=Na_2SO_4+I_2+SO_2\uparrow+2H_2O$ 浓硫酸和碘化钠发生氧化还原反应，生成硫酸钠、单质碘、二氧化硫和水。这也是不用浓硫酸和碘化钠反应制备碘化氢的一个原因，因为制得的气体不纯。实验室里一般用碘化钠和浓磷酸制备碘化氢：$NaI+H_3PO_4$(浓)$\xlongequal{\triangle}NaH_2PO_4+HI\uparrow$。

$2NaI+MnO_2+3H_2SO_4$(浓)$=2NaHSO_4+I_2+MnSO_4+2H_2O$
从海藻中提取碘，也是实验室里制备碘的反应原理之一。实验室里制备碘：$MnO_2+4HI\xlongequal{\triangle}MnI_2+I_2\uparrow+2H_2O$。用碘化钠和浓硫酸代替碘化氢也可以制备碘。可以理解为碘化钠和浓硫酸反应生成的碘化氢再和二氧化锰反应。硫酸过量时生成 $NaHSO_4$；硫酸少量时生成 Na_2SO_4：$2NaI+MnO_2+2H_2SO_4$(浓)$\xlongequal{\triangle}Na_2SO_4+I_2+MnSO_4+2H_2O$。

$2NaI+MnO_2+2H_2SO_4$(浓)$\xlongequal{\triangle}Na_2SO_4+I_2+MnSO_4+2H_2O$ 从海藻中提取碘，也是实验室里制备碘的反应原理之一，见【$2NaI+MnO_2+3H_2SO_4$(浓)】。

【KI】碘化钾，无色或白色晶体，味咸而苦，湿空气中稍有潮解，露于空气中易因被氧化析出碘而泛黄，溶于水、乙醇、丙酮和甘油。碘化钾水溶液能使碘溶解，形成三碘离子 I_3^-，水溶液易被氧化而变黄，酸性时反应更快，加碱可阻止反应。常由氢碘酸和碳酸氢钾作用而得，可制碘化物、染料，可作分析试剂、感光乳化剂和食品添加剂，可防治甲状腺肿大，可作祛痰和利尿药物。

$KI+Br_2=K^+[IBr_2]^-$ I^-和其他卤素、卤化物以及卤素互化物反应，生成多卤化物，如 $KIBr_2$，类似于“$I_2+I^-=I_3^-$”。多卤化物可只含一种卤素，也可含两种或三种不同的卤素。

$6KI+8HNO_3=6KNO_3+3I_2+4H_2O+2NO\uparrow$ 稀硝酸氧化碘化钾，生成硝酸钾、碘、水和一氧化氮。硝酸过量的反应见【$3I_2+10HNO_3$】。

$2KI+2H_2SO_4$(浓)$=K_2SO_4+I_2+SO_2\uparrow+2H_2O$ 浓硫酸具有强氧化性，将碘化物氧化为单质碘，不能用碘化物、溴化物和浓硫酸反应制备碘化氢、溴化氢。

$KI+6KOH+3Cl_2=KIO_3+6KCl+3H_2O$ 用 Cl_2 氧化碱性条件下的碘化物制取碘酸盐的方法。

$2KI+MnO_2+2H_2SO_4$(浓)$\xlongequal{\triangle}MnSO_4+I_2+K_2SO_4+2H_2O$ 实验室里制备碘：$MnO_2+4HI\xlongequal{\triangle}MnI_2+I_2\uparrow+2H_2O$。用碘化钾和浓硫酸代替碘化氢也可以制备碘。可以理解为碘化钾和浓硫酸反应生成的碘化氢再和二氧化锰反应。硫酸不足时生成 K_2SO_4，硫酸过量时生成 $KHSO_4$：$2KI+MnO_2+3H_2SO_4$(浓)$\xlongequal{\triangle}MnSO_4+I_2+2KHSO_4+2H_2O$。

$2KI+4NO_2=2NO+2KNO_3+I_2$
二氧化氮和碘化钾反应，有单质碘生成。溴蒸气和二氧化氮都是红棕色气体，溴也可以置换出碘化钾中的碘：$2KI+Br_2=2KBr+I_2$，两者都能使淀粉碘化钾试纸变蓝，不能用润湿的淀粉碘化钾试纸鉴别溴蒸气和二氧化氮，可以用蒸馏水方便而快速进行鉴别：二氧化氮水溶液无色，溴的水溶液为橙红色。

【$Cs[I_3]$】三碘化铯。

$Cs[I_3] \xlongequal{\triangle} CsI+I_2$ 三碘化铯受热分解生成碘化铯和碘单质。

【HI】碘化氢，无色非燃烧性气体，有刺激性气味，极易溶于水，是卤化氢中最不稳定的一种。卤族元素形成的氢化物叫卤化氢，溶解于水形成的溶液叫氢卤酸。氢氟酸是弱酸，其余均为强酸，而且按氯、溴、碘的顺序，酸性逐渐增强。氢碘酸具有强还原性，高温下易分解为氢和碘，可由碘蒸气和氢气经铂石棉催化合成，可制氢碘酸、有机碘化物和染料。

$2HI(g) \rightleftharpoons H_2(g)+I_2(g)$ 碘化氢受热分解，生成碘和氢气。碘和氢气反应，需要不断加热才能进行。生成的碘化氢同时分解，该反应是可逆反应。关于【卤素单质和氢气反应】见【Br_2+H_2】。

$2HI+H_2O_2 = I_2+2H_2O$ H_2O_2 具有氧化性，将 I^- 氧化为 I_2，本身被还原为水，溶液变为棕黄色。过氧化氢具有弱酸性、氧化性、还原性和不稳定性。

$8HI+H_2SO_4$(浓)$= 4I_2+H_2S\uparrow+4H_2O$ 碘化氢和浓硫酸按物质的量之比 8∶1 反应，生成碘、硫化氢和水。当碘化氢和浓硫酸按物质的量之比 2∶1 反应时，见【$2HI+H_2SO_4$(浓)】。这些反应正是不能用碘化物和浓硫酸加热制备碘化氢的原因。碘化氢的制备见【H_3PO_4(浓)+NaI】等。

$2HI+H_2SO_4$(浓)$\xlongequal{\triangle} I_2+SO_2\uparrow+2H_2O$ 碘化氢和浓硫酸按物质的量之比 2∶1 反应，生成碘、二氧化硫和水。

$8HI+2NaNO_3 = 2NO\uparrow+3I_2+2NaI+4H_2O$ 碘化氢和硝酸钠发生氧化还原反应，生成一氧化氮气体、碘、碘化钠和水。碘化氢提供的 H^+ 和硝酸钠提供的 NO_3^- 结合相当于硝酸，具有强氧化性，和具有强还原性的 I^- 发生氧化还原反应。

$4HI+O_2 = 2I_2+2H_2O$ O_2 可以将 HI 氧化为 I_2。

【I_2O_5】五氧化二碘，白色针状晶体，容易吸潮，HIO_3 的酸酐，作强氧化剂，因对水的亲和力极大，故市售“I_2O_5”几乎由 HI_3O_8 即 $I_2O_5 \cdot HIO_3$ 组成；易溶于水，形成碘酸，微溶于无机酸，不溶于乙醇、乙醚、氯仿和二硫化碳。可将碘酸在 95℃时脱水而得，65℃~75℃时与 CO 反应生成碘，可定量检测 CO，作氧化剂。

$I_2O_5+5CO \xlongequal{\triangle} I_2+5CO_2$ 五氧化二碘是白色晶体，是碘酸的酸酐，作为氧化剂，可以将一氧化碳氧化为二氧化碳，自身被还原为碘。在合成氨工业中用五氧化二碘定量测定一氧化碳含量，也可测定空气中或其他混合气体中 CO 的含量。五氧化二碘还可以氧化 NO、H_2S、C_2H_4 等。

【HIO】次碘酸，仅制得溶液，溶液不稳定。可在碘水中加入 HgO 或 Ag_2O，利用碘和水的歧化反应，使 I^- 和 HgO 或 Ag_2O 生成难溶物质，平衡右移来制备。在有机合成中可作卤化剂。

$2HIO+H_2O_2 = 2H_2O+I_2+O_2\uparrow$ 次碘酸和过氧化氢反应，生成水、碘和氧气。

【IO_3^-】碘酸根离子。

$2IO_3^- + 5HSO_3^- = 3HSO_4^- + 2SO_4^{2-} + H_2O + I_2$　从智利硝石中提取 $NaNO_3$ 后剩余的母液，其中含有 $NaIO_3$，用酸式亚硫酸盐处理，可制得碘。析出的碘可用 CS_2、CCl_4 等有机溶剂萃取。制备碘的原理有很多，但大多数的碘是采用该原理制备的。这里将 HSO_4^- 作为弱电解质处理，中学常将 HSO_4^- 作为强电解质，生成物写作"$5SO_4^{2-}+H_2O+3H^++I_2$"。

$2IO_3^- + 5HSO_3^- = 5SO_4^{2-} + H_2O + 3H^+ + I_2$　工业上制备大量碘的原理，以自然界中 $NaIO_3$ 为原料，用 $NaHSO_3$ 还原制得，见【$2NaIO_3+5NaHSO_3$】和【$2IO_3^-+5HSO_3^-$】。将 HSO_4^- 作为强电解质时的表示方式之一。

【HIO_3】

碘酸，有特殊臭味的无色晶体或白色粉末，不吸湿，见光变暗，极易溶于水，溶于硝酸，不溶于乙醇、乙醚和氯仿，70℃时开始分解，110℃时转化为三碘酸 HI_3O_8，195℃时完全脱水生成五氧化二碘，300℃时分解为碘和氧。可作强氧化剂，在水中用氯、硝酸和过氧化氢等氧化剂将碘氧化可得，常用于医疗和化学试剂。

$2HIO_3 \xlongequal{\triangle} I_2O_5 + H_2O\uparrow$　在200℃时，在干燥空气的气流中使碘酸失水可制取 I_2O_5。

【$NaIO_3$】

碘酸钠，白色晶体或粉末，溶于水和丙酮，不溶于乙醇，水溶液呈中性，受热分解。自然界中大量的碘以碘酸钠形式存在。碘酸钠有氧化作用，与有机物接触会引起着火。可用作药物、氧化剂和食品添加剂等。在硝酸存在下由碘和氯酸钠作用可得。

$NaIO_3 + Cl_2 + 3NaOH = Na_2H_3IO_6 + 2NaCl$　在碱性的碘酸盐溶液中通入 Cl_2，制备高碘酸盐。当碱过量时：$Cl_2+IO_3^-+6OH^- = IO_6^{5-}+2Cl^-+3H_2O$。

$2NaIO_3 + 5NaHSO_3 = 2Na_2SO_4 + 3NaHSO_4 + H_2O + I_2$　从碘酸钠中提取碘的原理，亚硫酸氢钠和碘酸钠发生氧化还原反应，生成硫酸钠、硫酸氢钠、水和碘。离子方程式见【$2IO_3^-+5HSO_3^-$】。

【KIO_3】

碘酸钾，白色晶体或结晶粉末，溶于水、稀硫酸，不溶于乙醇，酸性溶液有较强的氧化作用。可由氯酸钾氧化碘制得，可作分析试剂、基准试剂、药物和饲料添加剂。

$KIO_3 + 5KI + 6HCl = 6KCl + 3I_2 + 3H_2O$　在酸性条件下，碘酸钾将碘化钾氧化为 I_2，自身也被还原为 I_2。

$KIO_3 + 5KI + 3H_2SO_4 = 3I_2 + 3K_2SO_4 + 3H_2O$　在酸性条件下，碘酸钾和碘化钾发生氧化还原反应，生成 I_2、硫酸钾和水。

【$KH(IO_3)_2$】

碘酸氢钾 $KH(IO_3)_2$，可写作 $KIO_3 \cdot HIO_3$。

$KH(IO_3)_2 + KOH = 2KIO_3 + H_2O$
该反应是工业上生产碘酸钾的流程之一，详见【$6I_2+11KClO_3+3H_2O$】。碘酸氢钾 $KH(IO_3)_2$ 和 KOH 反应，调整 pH，生成碘酸钾溶液的反应。

【H_5IO_6】

高碘酸，化学式 $HIO_4 \cdot 2H_2O$ 或 H_5IO_6，无色或白色晶体，强氧化剂。高碘酸是一种弱酸，$K_1=5.4\times10^{-4}$，$K_2=4.9\times10^{-9}$，$K_3=2.5\times10^{-15}$。HIO_4 叫作偏高碘酸，H_5IO_6 称为正高碘酸。高碘酸的氧化能力大于高氯酸，属于弱酸。制备见【$Ba_5(IO_6)_2+5H_2SO_4$】或【$Cl_2+IO_3^-+6OH^-$】。高碘酸有吸湿性，极

易溶于水，溶于乙醇和硝酸，微溶于乙醚，约 100℃时于真空中失水成偏高碘酸 HIO_4。可将碘和浓高氯酸作用或低温电解浓碘酸制备，可作化学试剂，应避免与还原性物质接触。

$2H_5IO_6 \xlongequal{\triangle} 2HIO_3+O_2\uparrow+4H_2O$
高碘酸在 413K 时熔融并分解生成 HIO_3。

$2H_5IO_6 \xrightarrow[-3H_2O]{353K} H_4I_2O_9 \xrightarrow[-H_2O]{373K}$

$2HIO_4 \xrightarrow{473K} I_2O_5+O_2+H_2O$ 在真空中受热，H_5IO_6 逐渐失水生成偏高碘酸 HIO_4，在 473K 时，HIO_4 分解为 I_2O_5、O_2 和 H_2O。

【$Na_2H_3IO_6$】

$Na_2H_3IO_6+5AgNO_3 = Ag_5IO_6+2NaNO_3+3HNO_3$ 制高碘酸盐，见【$NaIO_3+Cl_2+3NaOH$】，在制得的 $Na_2H_3IO_6$ 悬浮液中加入 $AgNO_3$ 溶液，生成黑色 Ag_5IO_6 沉淀，用 Cl_2 和水处理 Ag_5IO_6 悬浮液便可制得高碘酸 H_5IO_6：$4Ag_5IO_6+10Cl_2+10H_2O = 4H_5IO_6+20AgCl+5O_2$。

【$Ba_5(IO_6)_2$】高碘酸钡。

$Ba_5(IO_6)_2+5H_2SO_4 = 5BaSO_4\downarrow+2H_5IO_6$ 高碘酸钡和强酸硫酸反应生成高碘酸 H_5IO_6，强酸制备弱酸。高碘酸是一种弱酸，$K_1=5.4\times10^{-4}$，$K_2= 4.9\times10^{-9}$，$K_3=2.5\times10^{-15}$。HIO_4 叫作偏高碘酸。

【ClF】一氟化氯，无色气体，液态时

微黄色，对皮肤、眼睛有强腐蚀性，化学性质极活泼，与水剧烈反应，接触有机物会突然燃烧，可立即毁坏玻璃，有湿气时很快侵蚀石英。由氯和氟在 400℃时作用而得。

$6ClF+2Al = 2AlF_3+3Cl_2$ 卤素互化物都是氧化剂，与大多数金属和非金属猛烈反应生成相应卤化物。

$ClF(g)+F_2(g) \rightleftharpoons ClF_3(g)$；$\Delta H=-268kJ/mol$ 一氟化氯和氟反应生成三氟化氯的热化学方程式。

$6ClF+S = SF_6+3Cl_2$ 卤素互化物都是氧化剂，与大多数金属和非金属猛烈反应生成相应卤化物。

【ClF_3】三氟化氯，稍带甜味的窒息

性无色气体，有腐蚀性，液态时淡绿色，固态时白色；活泼性和氟相似，与水剧烈反应。稀薄蒸气和玻璃或有机物接触会突然燃烧，存在微量湿气时可侵蚀石英。可由氯和氟在 280℃反应，经−80℃冷凝而得，可作氟化剂、火箭燃料的氧化剂等。

$4ClF_3+6MgO = 6MgF_2+2Cl_2\uparrow+3O_2\uparrow$ 氟的卤素互化物通常都是氟化剂，和金属氧化物反应生成氟化物。

$ClF_3+SbF_5 = [ClF_2]^+[SbF_6]^-$ 强路易斯酸 SbF_5 和卤素氟化物反应，可制得一系列通式为 XF_n^+ 的多卤素阳离子，用该方法可制得 $[XF_2]^+$(X=Cl、Br、I)、$[XF_4]^+$(X=Cl、Br、I)、$[XF_6]^+$(X=Cl、Br、I)。

【BrF_3】三氟化溴，无色或灰黄色液

体，极毒，会侵蚀皮肤。在空气中冒烟，遇水剧烈分解；化学性质极活泼。在 80℃时将溴氟化而得，可作氟化剂和氧化物的电解溶剂。

$2BrF_3 \rightleftharpoons BrF_2^++BrF_4^-$ 液态三氟化溴的电离方程式。

$3BrF_3+5H_2O = 9HF+O_2+HBrO_3$

+Br₂ 三氟化溴和水反应，生成氟化氢、氧气、溴酸和溴。

$4BrF_3+3SiO_2 = 3SiF_4+2Br_2+3O_2\uparrow$ 氟的卤素互化物通常都是氟化剂，和非金属氧化物反应生成氟化物。和石英、玻璃、氧化硼等反应较慢，当有微量氟化氢和水时反应迅速。

$2BrF_3+4Zn = ZnBr_2+3ZnF_2$ 卤素互化物三氟化溴和金属锌反应，生成溴化锌和氟化锌。

【BrF_5】 五氟化溴，无色液体，在空气中冒烟，极毒，会侵蚀皮肤。干燥时不侵蚀石英，与水接触时发生爆炸，化学性质活泼。除惰性气体、氮气、氧气外，可与所有已知的单质反应。可在铁或铜的容器中，200℃时将氟与被氮气稀释的溴作用而得，可用作液体火箭推进剂中的氧化剂，合成化合物。

$BrF_5(g) \xlongequal{\triangle} BrF_3(g)+F_2(g)$ 该方法可用于实验室制备少量的F_2，反应温度需大于500℃。因为BrF_5的制备要以F_2为原料，该方法制备F_2受到限制。氟的制备另见【$2K_2MnF_6+4SbF_6$】以及【$2KHF_2$】。

【IF_5】 五氟化碘，无色液体，有毒。常温下在空气中冒烟，会腐蚀皮肤及玻璃，IF_5与水激烈反应，生成氟化氢和碘酸；与有机物接触时，使其碳化甚至起火。可由氟和碘在氮气中直接作用制得，可作氟化剂和引燃剂。

$IF_5+3H_2O = H^++IO_3^-+5HF$ 卤素互化物五氟化碘和水快速反应，生成碘酸和氢氟酸。

【XX'】

$XX'+H_2O = H^++X'^-+HXO$ XX'类型卤素互化物和水反应生成卤离子和次卤酸的通式。

【BrCl】 一氯化溴，红黄色流动性液体或气体，极毒，有刺激性，溶于水并分解，溶于二硫化碳、乙醚。在10℃时分解，释放氯气，是强氧化剂，与可燃物激烈反应。可由氯和溴的混合物经低温分馏而得，可作工业消毒剂。

$BrCl+H_2O = HBrO+HCl$ 卤素互化物一氯化溴和水反应，生成次溴酸和氯化氢，属于非氧化还原反应，通常很容易错写为次氯酸和溴化氢。

$BrCl+2KI = I_2+KCl+KBr$ 卤素互化物的化学性质和卤素单质相似，一氯化溴置换出碘单质。

【$BrCl_3$】 三氯化溴。

$BrCl_3+2SO_2+4H_2O = HBr+3HCl+2H_2SO_4$ 卤素互化物的化学性质和卤素单质相似。三氯化溴和二氧化硫在水中反应，生成溴化氢、氯化氢和硫酸。

【ICl】 一氯化碘，深红色晶体或红棕色油状液体，有刺激性气味。晶体有α型和β型两种异构体，溶于水并分解，溶于醇、醚、二硫化碳、四氯化碳等，化学性质类似于氯气和碘的混合物。一般由干燥的氯和碘作用制得，应保存在棕色玻璃瓶中，可用于化学分析和有机合成。

$2ICl+H_2=2HCl+I_2$ 卤素互化物 ICl 和 H_2 反应，生成 HCl 和 I_2。

【ICl_3】

三氯化碘，黄棕色针状结晶，易潮解，有腐蚀性，有刺鼻气味，在 77℃时分解。溶于水并分解，溶于醇、苯、醚、四氯化碳及浓盐酸，一般配成 20%~30%的浓盐酸溶液使用。可由细粉末状碘和过量液氯作用而得，可用于医疗和有机合成。

$ICl_3+KCl=K^+[ICl_4]^-$ ICl_3 和 KCl 反应生成多卤化物 $KICl_4$。

【IBr】

一溴化碘，黑灰色晶体或块状物，IBr 蒸气会腐蚀眼角膜等，溶于水并分解，溶于醇、醚、二硫化碳、冰醋酸等。可由溴和碘相互作用而得，应存于棕色瓶中，用于有机合成。

$IBr+H_2O=HIO+HBr$ 卤素互化物一溴化碘和水反应，生成次碘酸和溴化氢，属于非氧化还原反应，容易将生成物错写为 HBrO 和 HI，只要把握卤素互化物水解时化合价不变原则即可。

$IBr+KI=I_2+KBr$ 卤素互化物一溴化碘和碘化钾反应，生成碘和溴化钾，属于氧化还原反应。

$2IBr+2Mg=MgBr_2+MgI_2$ 卤素互化物一溴化碘和金属镁反应，生成溴化镁和碘化镁。卤素互化物都是强氧化剂，和大多数金属、非金属剧烈反应生成卤化物。

【ICN】

氰化碘。

$2ICN=I_2+(CN)_2$ 诺贝尔奖获得者艾哈迈德·泽维尔研究发现，氰化碘分解生成碘和氰。

【K[BrICl]】

$K[BrICl]\overset{\triangle}{=}KCl+IBr$ 多卤化物 K[BrICl]受热分解生成 KCl 和 IBr。

【$Rb[ICl_2]$】

$Rb[ICl_2]\overset{\triangle}{=}RbCl+ICl$ 多卤化物 $Rb[ICl_2]$受热分解生成 RbCl 和 ICl，而不是 RbI 和 Cl_2。

【$CsICl_2$】

$CsICl_2\overset{\triangle}{=}CsCl+ICl$ 碱金属和卤素形成的多卤化物，不稳定，受热易分解，倾向于生成更稳定的物质，生成的是 CsCl，稳定，而不是 CsI。可利用 500℃时分解的性质制备纯度达 99.99%的 CsCl。

【$(CN)_2$】

氰，无色气体，结构式为 N≡C－C≡N，有苦杏仁味，极毒。273K 时，1L 水可溶解 4L 氰。拟卤素的化学性质和卤素相似。卤素和拟卤素的氧化性强弱：$F_2>(OCN)_2>Cl_2>Br_2>(CN)_2>(SCN)_2>I_2>(SeCN)_2$，对应离子的还原性正好相反。$(OCN)_2$ 叫作氧氰，$(CN)_2$ 叫作氰，$(SCN)_2$ 叫作硫氰，$(SeCN)_2$ 叫作硒氰。氰燃烧时呈桃红色火焰，边缘带蓝色，可溶于水、乙醇、乙醚。400℃时可聚合成不溶性白色固体$(CN)_x$。加热氰化汞或将氰化钾溶液慢慢滴入硫酸铜溶液中即得氰，可用于有机合成，作消毒、杀虫的熏蒸剂。

$(CN)_2+H_2=2HCN$ 拟卤素氰和氢气反应，生成氰化氢。拟卤素的化学性质和卤素相似：$Cl_2+H_2\xlongequal{点燃}2HCl$。

$(CN)_2+H_2O=HCN+HOCN$
拟卤素$(CN)_2$和卤素单质相似，和水反应生成氢氰酸和氰酸。

$(CN)_2+2KOH=KCN+KOCN+H_2O$　拟卤素氰$(CN)_2$和KOH溶液反应，生成氰化钾、氰酸钾和水。拟卤素的性质和卤素相似：$Cl_2+2KOH=KCl+KClO+H_2O$。

$(CN)_2+2KSCN=2KCN+(SCN)_2$
拟卤素氰从溶液中置换出拟卤素硫氰。

$(CN)_2+2OH^-=CN^-+OCN^-+H_2O$
拟卤素$(CN)_2$和强碱反应的离子方程式，化学方程式见【$(CN)_2$+2KOH】。$(CN)_2$的化学性质类似于卤素单质。

【CN^-】

氰离子，又称氰根。

$2CN^-+5ClO^-+2OH^-=2CO_3^{2-}+N_2\uparrow+5Cl^-+H_2O$　碱性条件下次氯酸盐和氰化物反应生成氮气、碳酸盐、氯化物和水，将有剧毒的CN^-转变为无毒物质，减少CN^-对环境的污染和对动植物的毒害。见【4Au+8NaCN+O_2+$2H_2O$】中“常用的CN^-的处理方法”。

$4CN^-+Fe(CN)_2=[Fe(CN)_6]^{4-}$
Fe^{2+}和CN^-反应，当CN^-过量时，沉淀溶解生成$[Fe(CN)_6]^{4-}$，详见【Fe^{2+}+$2CN^-$】。

$CN^-+H^+=HCN\uparrow$　可溶性氰化物和强酸反应制备氰化氢气体。强酸制备弱酸，高沸点的酸制备低沸点的酸。

$CN^-+H_2O\rightleftharpoons HCN+OH^-$　可溶性氰化物强烈水解，溶液显碱性，有氰化氢气味。重金属氢化物不溶于水，碱金属氰化物溶解度很大。氰化物都有剧毒，毫克量氰化钠或氰化钾可致人死亡，应严格使用和保管。

$2CN^-+8OH^-+5Cl_2=2CO_2+N_2+10Cl^-+4H_2O$　氯氧化法处理CN^-的原理，过量氯气将氰化物氧化为CO_2、N_2、氯化物和水，将有剧毒的CN^-转变为无毒物质，减少CN^-对环境的污染和对动植物的毒害。氯气不足条件下和氰化钾、氢氧化钾反应，生成氰酸钾、氯化钾和水：$2KOH+KCN+Cl_2=KOCN+2KCl+H_2O$，再通入氯气，氰酸钾会继续反应：$2KOCN+4KOH+3Cl_2=2CO_2+N_2+6KCl+2H_2O$。“常用的$CN^-$的处理方法”见【4Au+8NaCN+$O_2$+$2H_2O$】。

【NaCN】

氰化钠，俗称“山萘”，无色晶体或白色结晶粉末，剧毒，易潮解，易溶于水，水溶液因水解而显强碱性，微溶于乙醇。其水溶液可溶解铁、锌、镍、铜等金属而放出氢气，在氧的参与下与金、银等贵金属易形成配合物，用于电镀、金属热处理以及提取金银等。但废液必须经过处理，否则易对环境和动植物造成毒害。可由氢氰酸和氢氧化钠或金属钠与石油焦（碳）在高温下同氨反应制得。

$NaCN+HCl=NaCl+HCN\uparrow$　用盐酸和氰化钠反应制取氰化氢气体。

$NaCN+H_2O\rightleftharpoons NaOH+HCN$
氰化钠在水中水解生成氢氧化钠和氰化氢。水溶液因水解而显强碱性。离子方程式：$CN^-+H_2O\rightleftharpoons HCN+OH^-$。

$2NaCN+H_2SO_4=Na_2SO_4+2HCN\uparrow$
用氰化钠和硫酸反应，制取氰化氢，需冰盐剂冷却收集。

$NaCN+NaClO=NaCl+NaOCN$
氰化物有剧毒，其水溶液危害极大，必须经过处理，处理方法较多，其中之一是用次氯酸盐氧化，当次氯酸盐少量时，首先生成两种盐—氯化物和氰酸盐，毒性降低。当继续加入次氯酸盐时，氰酸盐继续反应：$3ClO^-$+

$2OCN^- + H_2O = 2CO_2\uparrow + N_2\uparrow + 2OH^- + 3Cl^-$。两步加合得总方程式：$2CN^- + 5ClO^- + 2OH^- = 2CO_3^{2-} + N_2\uparrow + 5Cl^- + H_2O$，其中生成的二氧化碳被 OH^-吸收，生成 CO_3^{2-}。

【KCN】 氰化钾，白色无定形块状物或无色晶体，剧毒，毫克量的氰化钾可以致人死亡，易潮解。和硫化亚铁反应，生成氰化亚铁和硫化钾。在空气中吸收水分和二氧化碳，逐渐分解并放出剧毒的有苦杏仁味的氰化氢。溶于水、乙醇和甘油，水溶液因水解呈碱性，可溶解许多金属。常由氢氧化钾溶液和氢氰酸作用而得，可用于矿石浮选，提取金、银等，用于电镀、钢的热处理，合成有机腈类药物，可作分析试剂和杀虫剂。

$KCN + H_2O_2 = KOCN + H_2O$
用 H_2O_2 处理含氰化物的废水时的反应原理之一，详见【$KCN + H_2O_2 + H_2O$】。

$KCN + H_2O_2 + H_2O = KHCO_3 + NH_3\uparrow$ 过氧化氢作为采矿业消毒剂，消除采矿废液中有毒的氰化物。将有剧毒的 CN^- 转变为无毒物质碳酸氢钾和氨气，减少 CN^- 对环境的污染和对动植物的毒害。分两步进行：$KCN + H_2O_2 = KOCN + H_2O$，$KOCN + 2H_2O = KHCO_3 + NH_3\uparrow$。

$2KCN + H_2SO_4 = 2HCN\uparrow + K_2SO_4$
氰化物和强酸反应制取氰化氢。

$KCN + S \xlongequal{\triangle} KSCN$ 氰化钾和硫共热生产硫氰化钾，硫氰化钾又叫硫氰酸钾，用于分析试剂以及合成染料、药物等。硫氰化钾溶液检验 Fe^{3+}比较理想，溶液变成红色，生成硫氰化铁：$Fe^{3+} + 3SCN^- \rightleftharpoons Fe(SCN)_3$。

【$Ba(CN)_2$】 氰化钡，白色晶体粉末，剧毒，空气中缓慢分解，易溶于水，溶于乙醇，可由氢氧化钡在石油醚中的悬浮液和氰化氢作用而得，可用于电镀和冶金工业。

$Ba(CN)_2 + H_2O \rightleftharpoons Ba(OH)CN + HCN$ 氰化钡水解生成碱式盐 $Ba(OH)CN$。$Ba(OH)CN$ 电离出的 OH^-比 HCN 电离出的 H^+多，溶液显碱性。离子方程式：$CN^- + H_2O \rightleftharpoons HCN + OH^-$。特别注意由离子方程式变为化学方程式时，两边均加 CN^-和 Ba^{2+}，切不可将离子方程式乘 2 再加 Ba^{2+}。HCN 是一元弱酸，该方程式不是多元弱酸根离子的多步水解，而是一元弱酸根离子的水解，水解到此为止。强碱弱酸盐水解，溶液显碱性。强碱弱酸盐分为：（1）阴、阳离子均为 1 价；（2）阴、阳离子均为多价；（3）阳离子多价、阴离子 1 价；（4）阳离子 1 价、阴离子多价。氰化钡属于阳离子多价、阴离子 1 价的强碱弱酸盐，书写化学方程式比较特殊，容易出错。

【HCN】 氰化氢，无色气体，剧毒，全身中毒性毒剂之一，有苦杏仁味，液体易挥发，与水、乙醇互溶，溶于乙醚。HCN 可以和水以任意比互溶，水溶液叫氢氰酸，是一种弱酸，$K_a = 6.2\times 10^{-10}$。氢氰酸毒性极强。工业上一般由催化氧化氨与甲烷的混合物或催化热分解甲酰胺进行制备。实验室中可由酸化氰化钠或亚铁氰化钾溶液进行制备。用于有机合成，制氰化物盐类杀虫剂等。

$HCN \rightleftharpoons CN^- + H^+$ 氢氰酸在水中的电离方程式。氢氰酸是一种弱酸。

$HCN + NaOH = NaCN + H_2O$ 氢氧化钠和氰化氢反应，生成氰化钠和水。

【$(SCN)_2$】 拟卤素$(SCN)_2$叫硫氰，常温下是黄色液体，不稳定，易聚合成$(SCN)_x$。

$x(SCN)_2 = 2(SCN)_x$ 二聚体硫氰不稳定，在室温下继续聚合，生成$(SCN)_x$。

$(SCN)_2+H_2O \rightleftharpoons HSCN+HSCNO$ 硫氰和水反应，生成硫氰酸和氧硫氰酸。拟卤素的化学性质和卤素相似。如 $Cl_2+H_2O \rightleftharpoons HCl+HClO$。

$(SCN)_2+H_2S = 2H^++2SCN^-+S\downarrow$ 硫氰具有和溴相似的氧化性，和 H_2S 反应，生成硫氰酸和硫。硫氰酸属于强酸，在水溶液中完全电离。

$(SCN)_2+2I^- = 2SCN^-+I_2$ 硫氰具有和溴相似的氧化性，和 I^-反应，生成硫氰酸盐和碘单质。

$(SCN)_2+2S_2O_3^{2-} = 2SCN^-+S_4O_6^{2-}$ 硫氰具有氧化性，和硫代硫酸盐反应，生成硫氰酸盐和连四硫酸盐。

【SCN^-】硫氰酸根离子。

$2SCN^-+Cl_2 = 2Cl^-+(SCN)_2$ 拟卤素的性质和卤素非常相似，Cl_2 将 SCN^-氧化为$(SCN)_2$。关于拟卤素的氧化性见【$(CN)_2$】。

$2SCN^-+4H^++MnO_2 = Mn^{2+}+(SCN)_2+2H_2O$ 拟卤离子 SCN^-和卤离子相似，具有还原性。硫氰酸溶液和 MnO_2 反应，生成硫氰，类似于【$2Cl^-+MnO_2+4H^+$】。

$SCN^-+HSO_4^- \xrightarrow[加压]{氢气} HSCN\uparrow+SO_4^{2-}$

用硫酸氢钾溶液和硫氰化钾溶液在氢气流中加压蒸馏来制取硫氰酸。

【KSCN】硫氰酸钾，无色透明晶体，

易潮解，味咸而凉，易溶于水，大量吸热而降温，也溶于乙醇和丙酮，500℃时分解。可由氰化钾和硫共热而得，可合成染料、药物、硫脲，用于电镀，作分析试剂。

$KSCN+KHSO_4 \xrightarrow[加压]{氢气} HSCN\uparrow+K_2SO_4$ 用硫酸氢钾溶液和硫氰化钾溶液在氢气流中加压蒸馏来制取硫氰酸。离子方程式见【$SCN^-+HSO_4^-$】。

【HSCN】硫氰酸，又叫硫代氰酸，

无色、有强烈气味、易挥发的液体，溶于水，水溶液有强酸性，稀溶液稳定；常温下分解，低于 0℃时结晶。

$4HSCN+MnO_2 \xlongequal{\triangle} Mn(SCN)_2+(SCN)_2+2H_2O$ 硫氰酸和二氧化锰共热反应，制备硫氰的原理。类似于实验室里制备氯气。

【$(OCN)_2$】氧氰。

$(OCN)_2+2NaOH = NaOCN+NaOCNO$ 拟卤素氧氰和氢氧化钠溶液反应。拟卤素的性质和卤素相似：$Cl_2+2NaOH = NaCl+NaClO+H_2O$。

【KOCN】氰酸钾，无色或白色结晶

粉末，在 700℃~900℃时分解，溶于水，不溶于乙醇。常由氰化钾和氧化铅共热而得，可用于制药和有机合成。

$KOCN+2H_2O_2 = KHCO_3+NH_3\uparrow$ 用 H_2O_2 处理含氰化物的废水时的反应原理之一，详见【$KCN+H_2O_2+H_2O$】。

$2KOCN+4KOH+3Cl_2 = 2CO_2+N_2+6KCl+2H_2O$ 氯氧化法处理 CN^-，当氯气不足时，生成氰酸钾、氯化钾和水，见【$Cl_2+KCN+2KOH$】。再通入氯气，氰酸钾继续反应，生成二氧化碳、氮气、氯化钾

和水。两步加合，就是过量氯气和氰化钾的总反应式，见【$5Cl_2$+2KCN+8KOH】。

【HOCN】 氰酸，液体，结构式为H－O－C≡N。异氰酸的结构为H－N＝C＝O。氰酸极易挥发，有辛辣气味，强烈催泪并有糜烂性，溶于水分解成二氧化碳和氨气，迅速受热能引起爆炸。放置聚合成三聚氰酸和三聚异氰酸。冰的稀水溶液可保存数小时。乙醚、苯等稀溶液可保持数周。实验室中一般由三聚氰酸干馏而得，可用于制氰酸盐等。

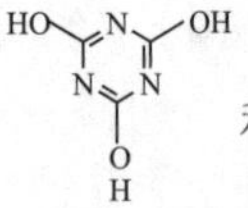

$8HOCN+6NO_2 = 7N_2\uparrow+8CO_2\uparrow+4H_2O$ 二氧化氮氧化氰酸，生成氮气、二氧化碳和水。

【$C_3N_3(OH)_3$】 三聚异氰酸，又称异三聚氰酸。

$C_3N_3(OH)_3$(异三聚氰酸)$=$3HNCO(异氰酸) 异三聚氰酸分解制得异氰酸。异氰酸HNCO的结构式为H－N＝C＝O。注意区别氰酸HOCN的结构式：H－O－C≡N。在蒸气状态或乙醚溶液中以异氰酸形式存在，在水溶液中则以氰酸形式存在。

第九章 0族元素单质及其化合物

氦(He) 氖(Ne) 氩(Ar) 氪(Kr) 氙(Xe) 氡(Rn)

【Kr】

$Kr+F_2 \xrightarrow[\text{紫外线}]{77K} KrF_2$ 稀有气体氪和氟在77K、紫外线照射下发生低温光化学反应，合成二氟化氪，或者在−196℃和放电条件下制备。

【Xe】氙，无色无臭无味气体。气态氙为单原子分子，不燃烧，无毒，化学性质不活泼，但非完全惰性。高温或光照下可与氟形成一系列氟化物，也可形成氧化物、氟氧化物和配合物、加合物。能与水、氢醌、苯酚之类物质形成笼状（包接）化合物。由液态空气中液氧馏分的最后挥发部分，用硅胶吸附其中少量的氙和氪，再经蒸馏和低温下活性炭选择性吸附、分离、提纯制得。可充填光电管、闪光灯和氙气高压灯，可作深度麻醉剂。

$Xe(g)+F_2(g) \xlongequal[673K]{1.03\times10^5Pa} XeF_2(g)$ Xe和F_2反应，当Xe过量时，生成XeF_2。

$Xe(g)+2F_2(g) \xlongequal[873K]{6.18\times10^5Pa} XeF_4(g)$

Xe和F_2反应，当$n(Xe):n(F_2)=1:5$时，生成XeF_4。

$Xe+3F_2 = XeF_6$ 在6.18×10^6Pa、573K时，稀有气体氙和氟按物质的量之比1∶3反应制备六氟化氙。稀有气体化合物尤其是氙的化合物近年来合成较多。稀有气体过去叫惰性气体，后来发现化学性质并不懒惰，改叫稀有气体，但是人们发现，稀有气体并不稀少，氩在空气中的含量并不少，有人主张将稀有气体叫贵气体比较合适。

$Xe+PtF_6 = Xe^+PtF_6^-$ 人类首次合成的第一个稀有气体化合物，氙和六氟化铂蒸气在室温下直接反应，生成橙黄色固体六氟合铂(Ⅴ)酸氙$Xe^+PtF_6^-$，1962年由英国化学家巴特列首次发现。巴特列在发现$O_2^+PtF_6^-$后，经过精确计算，发现$XePtF_6$的晶格能比O_2PtF_6的还小41.84kJ/mol，预计$XePtF_6$会存在，后经实验证实确实存在。六氟合铂(Ⅴ)酸二氧基O_2PtF_6的合成见【O_2+PtF_6】。至今已合成了许多稀有气体化合物。Xe和PtF_6的用量不同，反应生成的氟铂酸氙组成不同，$Xe(PtF_6)_x$中的x介于1~2。

【XeF_2】二氟化氙，无色固体，室温下容易升华形成大的透明晶体，是一个稳定的化合物，可长期储放在镍制容器或干燥的石英和玻璃器皿中，是比较温和的氟化剂和氧化剂。由氙和氟用紫外光照射或由氙和氟在约400℃条件下合成。

$XeF_2+C_6H_6 \rightarrow C_6H_5F+HF+Xe\uparrow$

氙的氟化物是良好的氟化剂。XeF_6的制备见【$Xe+3F_2$】。

$XeF_2+H_2 = Xe+2HF$ 氙的氟化物都是强氧化剂，能氧化包括H_2(400℃)在内的许多物质。

$2XeF_2+2H_2O = 2Xe\uparrow+O_2\uparrow+4HF$

氙的氟化物都能同水反应。XeF_2溶于水，在稀酸中缓慢水解；在碱性溶液中迅速分解生成氙，见【$2XeF_2+4OH^-$】。

$XeF_2+H_2O_2 = Xe\uparrow+2HF+O_2\uparrow$
XeF_2具有强氧化性，将H_2O_2氧化为O_2。

$XeF_2+2I^- = Xe\uparrow+I_2+2F^-$ 氙的氟化物都是强氧化剂，能氧化包括I^-在内的许多物质。

$XeF_2+IF_5 = IF_7+Xe\uparrow$ 氙的氟化物是良好的氟化剂。制备IF_7的原理之一。

$2XeF_2+4OH^- = 2Xe\uparrow+O_2\uparrow+4F^-+2H_2O$ XeF_2溶于水，在稀酸中缓慢水解，见【$2XeF_2+2H_2O$】，但在碱性溶液中迅速水解，生成氙、氧气、氟化物和水。

$XeF_2(s)+SbF_5(l) = [XeF]^+[SbF_6]^-(s)$
氙的氟化物和互卤化物一样，可与路易斯酸反应形成阳离子氙的氟化物，这些阳离子通过F^-阴离子桥与带相反电荷离子缔合。

【XeF_4】 四氟化氙，无色单斜晶体，室温下稳定，容易升华，略溶于无水氟化氢并发生电离。化学性质很活泼，是很强的氧化剂和氟化剂。由加热法、放电法、光化学法、高能辐射法等方法制得。

$XeF_4+2H_2 = Xe+4HF$ 氙的氟化物都是强氧化剂，能氧化包括H_2在内的许多物质。在130℃时被氢气还原，用于分析鉴定XeF_4。关于XeF_4的制备见【$Xe(g)+2F_2(g)$】。

$6XeF_4+12H_2O = 2XeO_3+4Xe\uparrow+24HF+3O_2\uparrow$ XeF_4遇水将水氧化。

$XeF_4+2SF_4 = 2SF_6+Xe$ 氙的氟化物是良好的氟化剂，可制备SF_6。

【XeF_6】 六氟化氙，室温下为无色固体，蒸气为黄色，稳定的化合物，可长期贮放于镍或镍合金容器中。化学性质较XeF_2和XeF_4活泼，是很强的氧化剂和氟化剂。n(F)：n(Xe)为1：20，250℃和50atm下，XeF_6产率达95%以上。用NiF_2催化，n(F)：n(Xe)只需为1：5，200℃时即可获高纯XeF_6。

$XeF_6+H_2O = XeOF_4+2HF$
XeF_6遇水猛烈水解，低温时水解较平稳，不完全水解时，生成$XeOF_4$；完全水解时，生成XeO_3，见【XeF_6+3H_2O】。

$XeF_6+3H_2O = XeO_3+6HF$
XeF_6遇水猛烈水解，低温时水解较平稳，完全水解时，生成XeO_3；不完全水解时，生成$XeOF_4$，见【XeF_6+H_2O】。

$2XeF_6+3SiO_2 = 2XeO_3+3SiF_4$
XeF_6和SiO_2反应，当SiO_2过量时，最终生成XeO_3和SiF_4；当SiO_2少量时，生成$XeOF_4$和XeF_4，见【$2XeF_6+SiO_2$】。

$2XeF_6+SiO_2 = 2XeOF_4+SiF_4$
XeF_6和SiO_2的反应，当SiO_2少量时，生成$XeOF_4$和SiF_4；当SiO_2过量时，和$XeOF_4$会生成XeO_2F_4，继续和SiO_2反应，生成XeO_3和SiF_4，见【$2XeF_6+3SiO_2$】。

【XeO_3】 三氧化氙，白色、易潮解、易爆炸的固体，水溶液不导电，水中以XeO_3分子状态存在，具有很强的氧化性。

$XeO_3+O_3+2H_2O = H_4XeO_6+O_2\uparrow$
O_3的氧化能力介于氧原子和氧分子之间，可以将XeO_3氧化为H_4XeO_6。

$XeO_3+O_3+4OH^- = XeO_6^{4-}+O_2\uparrow+2H_2O$ 碱性条件下臭氧将XeO_3氧化成强力、快速氧化剂高氙酸盐。

$XeO_3+OH^- \rightleftharpoons HXeO_4^-$ 用XeO_3制备氙酸盐的原理，在水中，XeO_3主要以分子形式存在，在碱性溶液中（pH>10.5时），主要以$HXeO_4^-$形式存在，和XeO_3存在平衡。

$XeO_3+2XeF_6=3XeOF_4$　用 XeO_3 制备 $XeOF_4$ 的原理。

【$HXeO_4^-$】 氙酸盐。

$2HXeO_4^-+2OH^-=XeO_6^{4-}+Xe\uparrow+O_2\uparrow+2H_2O$　氙酸盐在碱性条件下，转化成强力、快速氧化剂高氙酸盐。

【H_4XeO_6】 高氙酸。

$H_4XeO_6\xlongequal[\text{脱水}]{\text{浓硫酸}}XeO_4+2H_2O$　在浓硫酸的作用下，高氙酸脱水生成 XeO_4。

【$H_2XeO_6^{2-}$】

$2H_2XeO_6^{2-}+2H^+=2HXeO_4^-+O_2\uparrow+2H_2O$　高氙酸盐在酸性条件下转化为氙酸盐。

第十章 ⅢB族元素单质及其化合物

钪(Sc) 钇(Y) 镧(La)系 锕(Ac)系

镧系：镧(La)铈(Ce)镨(Pr)钕(Nd)钷(Pm)钐(Sm)铕(Eu)钆(Gd)铽(Tb)镝(Dy)钬(Ho)铒(Er)铥(Tm)镱(Yb)镥(Lu)

锕系：锕(Ac)钍(Th)镤(Pa)铀(U)镎(Np)钚(Pu)镅(Am)锔(Cm)锫(Bk)锎(Cf)锿(Es)镄(Fm)钔(Md)锘(No)铹(Lr)

【$LaNi_5$】五镍化镧。

$LaNi_5+3H_2 \xrightleftharpoons[\text{微热}]{(2\sim3)\times10^5Pa} LaNi_5H_6$

用金属互化物五镍化镧可以解决氢气的储存问题。我国稀土资源比较丰富，$LaNi_5$ 的合成简便，价格便宜，性能稳定，储氢量大，吸氢和释放氢的过程可反复进行，性质不会改变。$LaNi_5$ 是很好的储氢材料。类似的材料还有 TiFe、TiMn 等，克服了 Pd、U 等贵金属价格昂贵的缺点。关于钯和铀储氢的原理分别见【$2Pd+H_2$】和【$2U+3H_2$】。

【$La(NO_3)_3·6H_2O$】

$La(NO_3)_3·6H_2O \overset{\triangle}{=\!=} La(NO_3)_3+6H_2O$ $La(NO_3)_3·6H_2O$ 受热时，逐渐失去结晶水，在 323K 时变成 $La(NO_3)_3·H_2O$，在 443K 时变成 $La(NO_3)_3$。

【$Ce(OH)_3$】

$4Ce(OH)_3+O_2+2H_2O=\!=4Ce(OH)_4$

空气中的氧气将 $Ce(OH)_3$ 氧化为 $Ce(OH)_4$，因 $Ce(OH)_4$ 难溶于稀硝酸，控制稀硝酸 pH 值等于 2.5，使 $Ce(OH)_3$ 溶解进入溶液，而 $Ce(OH)_4$ 留在沉淀中，可以分离+4 价铈和+3 价铈。

【$Ce_2(SO_4)_3$】

$5Ce_2(SO_4)_3+2KMnO_4+8H_2SO_4=\!=10Ce(SO_4)_2+K_2SO_4+2MnSO_4+8H_2O$ 用 $KMnO_4$ 作氧化剂，将+3 价的 $Ce_2(SO_4)_3$ 氧化为+4 价的 $Ce(SO_4)_2$，之后，可用水解沉淀法使 Ce^{4+} 分离。

$Ce_2(SO_4)_3+(NH_4)_2S_2O_8=\!=2Ce(SO_4)_2+(NH_4)_2SO_4$ 用过二硫酸铵作氧化剂，将+3 价的 $Ce_2(SO_4)_3$ 氧化为+4 价的 $Ce(SO_4)_2$，之后，可用水解沉淀法使 Ce^{4+} 分离。

【Pr^{3+}】

$Pr^{3+}+3RNH_4=\!=R_3Pr+3NH_4^+$

铵式磺酸型树脂分离镨离子 Pr^{3+} 和钕离子 Nd^{3+} 的原理之一。在 pH=2.6 条件下，用 5% 的柠檬酸铵$[(NH_4)_3(Cit)]$与柠檬酸 H_3Cit 混合液淋洗交换柱，Nd^{3+} 与$[(NH_4)_3(Cit)]$生成的配合物比 Pr^{3+} 与$[(NH_4)_3(Cit)]$生成的配合物更稳定：$R_3Nd+[(NH_4)_3(Cit)]+H_3Cit \rightarrow H_3[Nd(Cit)_2]+3RNH_4$，因此，$Nd^{3+}$ 先被淋洗出来，反复“吸附”和“解吸”，使 Nd^{3+} 先从交换柱中流出，Pr^{3+} 留在后面，达到分离 Pr^{3+} 和 Nd^{3+} 的目的。用$[(NH_4)_3(Cit)]$ 表示柠檬酸铵，无色晶体或白色粉末，易潮解，溶

于水，微溶于乙醇。常由柠檬酸和适量氨水作用而得，可用于制药、除锈、印染，作为分析试剂。

【Nd^{3+}】

$Nd^{3+}+3RNH_4 = R_3Nd+3NH_4^+$

见【$Pr^{3+}+3RNH_4$】。

【Sm^{3+}】

$Sm^{3+}+e^- = Sm^{2+}$ Sm^{3+}得电子，变成Sm^{2+}。

【Eu^{3+}】

$Eu^{3+}+e^- = Eu^{2+}$ Eu^{3+}得电子，变成Eu^{2+}。

【$EuCl_3$】

氯化铕，黄色针状晶体，溶于水和乙醇。可由铕的氧化物与盐酸作用，先制得六水氯化铕晶体，再在氯化氢气氛中加热至180℃~200℃而得。无水氯化铕在氢气流中加热至400℃~450℃，形成无色无定形二氯化铕。

$2EuCl_3+Zn = 2EuCl_2+ZnCl_2$

在稀土氯化物溶液中加入锌粉，Eu^{3+}被还原为Eu^{2+}，而其他三价稀土不被还原，再加氨水和NH_4Cl，可使$EuCl_2$存在于溶液中，而其他三价稀土以氢氧化物形式沉淀下来，达到分离的目的。加入NH_4Cl的目的是使$Eu(OH)_2$生成配合物，减少Eu^{2+}的损失：$Eu(OH)_2+2NH_4Cl = [Eu(NH_3)_2(H_2O)_2]Cl_2$。

【$(EuO)_2CO_3$】

$(EuO)_2CO_3 \xlongequal{\triangle} Eu_2O_3+CO_2\uparrow$

草酸铕$Eu_2(C_2O_4)_3$受热制氧化物，其中一步反应，详见【$Eu_2(C_2O_4)_3$】。碳酸二氧化二铕受热分解生成氧化铕和二氧化碳。

【$(EuCO_3)_2O$】

$(EuCO_3)_2O \xlongequal{\triangle} (EuO)_2CO_3+CO_2\uparrow$

草酸铕$Eu_2(C_2O_4)_3$受热制氧化物，其中一步反应。详见【$Eu_2(C_2O_4)_3$】。碳酸氧化铕$Eu_2O(CO_3)_2$或$(EuCO_3)_2O$受热分解生成碳酸二氧化二铕和二氧化碳。

【EuC_2O_4】

$4EuC_2O_4+O_2 \xlongequal{\triangle} 2(EuC_2O_4)_2O$

加热$Eu_2(C_2O_4)_3$制氧化物，其中一步反应。

【$Eu_2(C_2O_4)_3$】

$Eu_2(C_2O_4)_3 \xlongequal{\triangle} 2EuC_2O_4+2CO_2\uparrow$

加热草酸铕$Eu_2(C_2O_4)_3$制氧化物，其中一步反应，生成草酸亚铕和二氧化碳。草酸亚铕等会继续反应，依次为：$4EuC_2O_4+O_2 \xlongequal{\triangle} 2(EuC_2O_4)_2O$；$(EuC_2O_4)_2O \xlongequal{\triangle} (EuCO_3)_2O+2CO\uparrow$；$(EuCO_3)_2O \xlongequal{\triangle} (EuO)_2CO_3+CO_2\uparrow$；$(EuO)_2CO_3 \xlongequal{\triangle} Eu_2O_3+CO_2\uparrow$。

【$(EuC_2O_4)_2O$】

$(EuC_2O_4)_2O \xlongequal{\triangle} (EuCO_3)_2O+2CO\uparrow$

加热草酸铕$Eu_2(C_2O_4)_3$制氧化物，其中一步反应。详见【$Eu_2(C_2O_4)_3$】。$(EuC_2O_4)_2O$实际上是草酸氧化铕$Eu_2O(C_2O_4)_2$，分解生成碳酸氧化铕和一氧化碳，$(EuCO_3)_2O$实际上是碳酸氧化铕$Eu_2O(CO_3)_2$。

【$Eu(OH)_2$】

$Eu(OH)_2+2NH_4Cl=[Eu(NH_3)_2(H_2O)_2]Cl_2$ 分离铕和其他稀土元素的原理之一，详见【$2EuCl_3+Zn$】。

【Yb^{3+}】

$Yb^{3+}+e^-=Yb^{2+}$ Yb^{3+}得电子，变成Yb^{2+}。

【$(YbO)_2CO_3$】

$(YbO)_2CO_3\overset{\triangle}{=}Yb_2O_3+CO_2\uparrow$
重镧系元素的草酸盐受热，先分解为碳酸盐或碱式碳酸盐，再分解为氧化物，见【$Yb_2(C_2O_4)_3$】。

【$Yb_2(C_2O_4)_3$】

$Yb_2(C_2O_4)_3\overset{\triangle}{=}(YbO)_2CO_3+3CO\uparrow+2CO_2\uparrow$ 重镧系元素的草酸盐受热，先分解为碳酸盐或碱式碳酸盐，再分解为氧化物：$(YbO)_2CO_3\overset{\triangle}{=}Yb_2O_3+CO_2\uparrow$。

【$Ln(H_2O)_n]^{3+}$】

$[Ln(H_2O)_n]^{3+}+H_2Y^{2-}\rightleftharpoons[LnY(H_2O)_m]^-+(n-m)H_2O+2H^+$
Na_2H_2Y同Ln^{3+}发生螯合反应。Na_2H_2Y：乙二胺四乙酸二钠，Y^{4-}代表EDTA酸根离子：$\left[\begin{matrix}CH_2—N(CH_2COO)_2\\ |\\ CH_2—N(CH_2COO)_2\end{matrix}\right]^{4-}$，EDTA：乙二胺四乙酸。

【$LnCl_3$】 镧系元素氯化物的通式。

$2LnCl_3+3H_2C_2O_4+nH_2O=Ln_2(C_2O_4)_3\cdot nH_2O\downarrow+6HCl$ 镧系元素和草酸形成难溶于水、难溶于酸的草酸盐，可以使镧系元素离子以草酸盐形式析出，达到与其他许多金属离子分离的目的。镧系元素草酸盐可用于制相应的氧化物。

$LnCl_3+H_2O=LnOCl+2HCl$
镧系元素中La、Ce、Pr、Nd、Sm、Gd的水合氯化物在328~363K时脱去结晶水：$LnCl_3\cdot nH_2O\overset{\triangle}{=}LnCl_3+nH_2O$，同时$LnCl_3$水解生成氯氧化物。

【$LnCl_3\cdot nH_2O$】 镧系元素水合氯化物的通式。

$LnCl_3\cdot nH_2O\overset{\triangle}{=}LnCl_3+nH_2O$
镧系元素中La、Ce、Pr、Nd、Sm、Gd的水合氯化物在328~363K时，脱去结晶水，同时水解：$LnCl_3+H_2O=LnOCl+2HCl$。

【Ln_2O_3】 镧系元素氧化物的通式。

$Ln_2O_3+3COCl_2=2LnCl_3+3CO_2\uparrow$
将镧系元素氧化物在碳酰氯$COCl_2$或CCl_4蒸气中加热，可制得镧系元素的三氯化物。

$Ln_2O_3+6NH_4Cl\overset{\triangle}{=}2LnCl_3+3H_2O+6NH_3\uparrow$ Ln表示镧系十五种元素，将Ln_2O_3和NH_4Cl固体混合物加热到573K，制镧系的无水氯化物$LnCl_3$。

【$Ln_2(SO_4)_3\cdot nH_2O$】 镧系元素水合硫酸盐的通式。

$Ln_2(SO_4)_3\overset{\triangle}{=}Ln_2O_2SO_4+2SO_2\uparrow+O_2\uparrow$ 镧系元素的水合硫酸盐加热分解的其中一步反应，见【$Ln_2(SO_4)_3\cdot nH_2O$】。

$Ln_2(SO_4)_3 \cdot nH_2O \xlongequal{\triangle} Ln_2(SO_4)_3 + nH_2O$ 镧系元素的水合硫酸盐，加热到428~533K时先失去结晶水，继续加热到1128~1219K时，生成碱式盐：$Ln_2(SO_4)_3 \xlongequal{\triangle} Ln_2O_2SO_4+2SO_2\uparrow+O_2\uparrow$。继续加热到1363~1523K时，碱式盐分解为氧化物：$2Ln_2O_2SO_4 \xlongequal{\triangle} 2Ln_2O_3+2SO_2\uparrow+O_2\uparrow$。

【$Ln_2O_2SO_4$】

镧系元素碱式硫酸盐的通式。

$2Ln_2O_2SO_4 \xlongequal{\triangle} 2Ln_2O_3+2SO_2\uparrow+O_2\uparrow$ 镧系元素的水合硫酸盐受热分解的其中一步反应，见【$Ln_2(SO_4)_3 \cdot nH_2O$】。

【$Ln(NO_3)_3$】

镧系元素硝酸盐的通式。

$2Ln(NO_3)_3+3H_2C_2O_4+nH_2O \rightarrow Ln_2(C_2O_4)_3 \cdot nH_2O\downarrow+6HNO_3$ 镧系元素和草酸形成难溶于水、难溶于酸的草酸盐，可以使镧系元素离子以草酸盐形式析出，达到与其他许多金属离子分离的目的。镧系元素草酸盐可用于制相应的氧化物。

【$Ln_2(CO_3)_3$】

镧系元素碳酸盐的通式。

$Ln_2(CO_3)_3 \xlongequal{\triangle} Ln_2O_3+3CO_2\uparrow$(Er和Lu) 重镧系元素的草酸盐受热，先分解为碳酸盐或碱式碳酸盐，见【$Ln_2(C_2O_4)_3$】。$Ln_2(CO_3)_3$再分解为氧化物。

$Ln_2(CO_3)_3 \xlongequal{\triangle} Ln_2O(CO_3)_2+CO_2\uparrow$ 轻镧系元素除Eu外的草酸盐，在加热制氧化物的过程中产生一系列中间产物，详见【$Ln_2(C_2O_4)_3$】。

【$Ln_2O(CO_3)_2$】

镧系元素碱式碳酸盐的通式。

$Ln_2O(CO_3)_2 \xlongequal{\triangle} Ln_2O_3+2CO_2\uparrow$ 轻镧系元素除Eu外的草酸盐，在加热制氧化物的过程中产生一系列中间产物。详见【$Ln_2(C_2O_4)_3$】。

【$Ln_2(C_2O_4)_3$】

镧系元素草酸盐的通式。

$Ln_2(C_2O_4)_3 \xlongequal{\triangle} Ln_2(CO_3)_3+3CO\uparrow$ 重镧系元素的草酸盐受热，先分解为碳酸盐或碱式碳酸盐。$Ln_2(CO_3)_3$再分解为氧化物：$Ln_2(CO_3)_3 \xlongequal{\triangle} Ln_2O_3+3CO_2\uparrow$(Er和Lu)。

$Ln_2(C_2O_4)_3 \xlongequal{\triangle} Ln_2(C_2O_4)(CO_3)_2+2CO\uparrow$ 轻镧系元素除Eu外的草酸盐，在加热制氧化物的过程中产生一系列中间产物。$Ln_2(C_2O_4)(CO_3)_2$等会继续反应，依次是$Ln_2(C_2O_4)(CO_3)_2 \xlongequal{\triangle} Ln_2(CO_3)_3+CO\uparrow$；$Ln_2(CO_3)_3 \xlongequal{\triangle} Ln_2O(CO_3)_2+CO_2\uparrow$；$Ln_2O(CO_3)_2 \xlongequal{\triangle} Ln_2O_3+2CO_2\uparrow$。

【$Ln_2(C_2O_4)(CO_3)_2$】

$Ln_2(C_2O_4)(CO_3)_2 \xlongequal{\triangle} Ln_2(CO_3)_3+CO\uparrow$ 轻镧系元素除Eu外的草酸盐，在加热制氧化物的过程中产生一系列中间产物。详见【$Ln_2(C_2O_4)_3$】。

【M^{4+}】

$3M^{4+}+2H_2O \rightleftharpoons 2M^{3+}+MO_2^{2+}+4H^+$ 锕系元素+4价离子发生歧化反应，生成M^{3+}和MO_2^{2+}。MO_2^{2+}继续歧化。

【MO_2^+】

$2MO_2^+ + 4H^+ \rightleftharpoons M^{4+} + MO_2^{2+} + 2H_2O$ 锕系元素+5 价离子发生歧化反应。

【ThF_4】

四氟化钍，白色结晶粉末，具放射性；化学性质稳定，不溶于水、稀酸、冷浓硫酸、浓硝酸和氢氟酸，易溶于热的碳酸铵溶液。由四氯化钍或四溴化钍在 400℃时于氟化氢气流中加热制得。制备金属钍和镁—钍合金以及高温陶瓷。

$ThF_4 + 2Ca = Th + 2CaF_2$ 用钙还原四氟化钍制备金属钍。镧系金属都可以用活泼金属 Li、Mg、Ca、Ba 等在 1370℃~1670℃时，从无水氟化物或氧化物中还原制得。

【ThO_2】

二氧化钍，白色无定形粉末，具有放射性，熔点很高，对热稳定，化学性质稳定，不溶于盐酸、硝酸和王水，可溶于热的浓硫酸。可用作高温陶瓷材料、电极和汽车灯白炽纱罩等。

$ThO_2 + CCl_4 \rightarrow ThCl_4 + CO_2$ 873K 时，二氧化钍和四氯化碳反应，生成四氯化钍和二氧化碳。

$ThO_2 + 2Ca \xlongequal[\text{氩气}]{\text{高温}} Th + 2CaO$ 活泼金属钙在高温和氩气中还原二氧化钍，制备金属钍。

$ThO_2 + 4HF(g) \xlongequal{\triangle} ThF_4 + 2H_2O$ 二氧化钍和氟化氢气体在 873K 时反应，生成四氟化钍和水。工业上用来制备四氟化钍。

【U】

铀，银白色金属，具有延展性，有 α 、β、γ 型三种，互为同素异形体，溶于盐酸、硝酸和浓高氯酸。它的化学性质活泼，能和许多金属和非金属反应；高度粉碎的铀在室温下甚至在水中能自燃。存在于含铀矿石中，海水中有微量存在。可由钙或镁在 1200℃~1400℃还原四氟化铀而得。可与多种金属形成合金，机械性能良好。

铀-235 为热中子所裂变，核能源是重要能源；铀-238 为快中子所裂变，用于快中子反应堆。

$2U + 3H_2 \underset{573K}{\overset{523K}{\rightleftharpoons}} 2UH_3$ 关于氢能源，目前面临三大课题：氢气的发生、储存和利用。氢气密度小，装运不便，不够安全。一定条件下，将过渡金属和 H_2 制成金属氢化物，在另一条件下分解成相应的金属和氢气，叫做可逆储氢。铀是贵金属，该原理的使用还有一定的局限性。较理想的方法见【$LaNi_5 + 3H_2$】。

$3U + 4O_2 \xlongequal{\triangle} U_3O_8$ U 和 O_2 反应制备墨绿色 U_3O_8。

【U^{4+}】

$U^{4+} + 2Fe^{3+} + 2H_2O \rightleftharpoons UO_2^{2+} + 2Fe^{2+} + 4H^+$ Fe^{3+}可以将 U^{4+}氧化为 UO_2^{2+}。该反应广泛用于铀矿石的处理。

【UF_4】

四氟化铀，又称“绿盐”，绿色粉末，具有放射性和腐蚀性；不溶于水、盐酸和硝酸，可溶于草酸铵。不挥发，化学性质稳定。可由二氧化铀和氢氟酸或氟化氢气体作用而得，可用于制六氟化铀和金属铀。

$UF_4 + 2Ca = U + 2CaF_2$ 用钙还原四氟化铀制备金属铀。镧系金属都可以用活泼金属 Li、Mg、Ca、Ba 等在 1370℃~1670℃

时，从无水氟化物或氧化物中还原制得。

$$UF_4(s)+ClF_3(g)=UF_6(s)+ClF(g)$$

ClF_3在生产富集^{235}U同位素的化合物$^{235}UF_6$的反应原理之一。$^{235}UF_6$和$^{238}UF_6$的蒸气扩散速率不同，可以进行分离，进而用来制备铀-235核燃料。

【UF_6】 六氟化铀，淡黄色固体粉末，有毒，有放射性，具有挥发性，利用$^{235}UF_6$和$^{238}UF_6$的蒸气扩散速率不同，可以分离^{235}U和^{238}U，得到铀-235核燃料。当温度升高或压力降低时，很易升华为气体。在101.3kPa、56.4℃或13.13kPa、25℃时均为气体。化学性质活泼，和水剧烈反应。与大多数有机物发生氟化反应，化学腐蚀性强。由二氟化铀和氟化氢在500℃时反应而得。目前是铀化合物中唯一易挥发的一种，气体扩散法和超离心法分离和富集铀-235最为适宜的工作介质。在原子能工业中具有重要作用。

$$UF_6+2H_2O=UO_2F_2+4HF$$

铀元素具有很多氟化物，UF_3、UF_4、UF_5、UF_6等，尤以UF_6最重要。UF_6在干燥环境中性质稳定，遇水蒸气水解，生成UO_2F_2和HF。

【UO_2】 二氧化铀，褐色或暗绿色的粉末，具有放射性，具有半导体性质，温度升高时电阻下降。它不溶于水，溶于硝酸和硫酸，可制造核燃料元件，生产四氟化铀。当温度高于400℃时易转变为八氧化三铀。可由氨或氢还原三氧化铀或加热分解重铀酸铵制得。

$$UO_2+CaH_2=U+Ca(OH)_2$$

氢化物是良好的还原剂，在高温下氢化钙将金属氧化物二氧化铀还原为金属铀。

$$UO_2+4HF=UF_4+2H_2O$$

二氧化铀溶解在氢氟酸中，生成四氟化铀和水。

【UO_3】 三氧化铀，红色或橙色至黄色晶体，以黄色最为稳定，具放射性和氧化性。不溶于水和碱性溶液，易溶于硫酸、硝酸、盐酸和碳酸盐，650℃时分解为八氧化三铀和氧气。可由硝酸铀酰、重铀酸铵等在300℃～350℃热分解制得，可用于生产二氧化铀、四氟化铀或金属铀。

$$6UO_3\xlongequal{熔融}2U_3O_8+O_2\uparrow$$

UO_3为橙黄色，1000K时分解生成暗绿色的U_3O_8和O_2。

$$UO_3+CO\xlongequal{高温}UO_2+CO_2$$

一氧化碳高温还原三氧化铀生成二氧化铀和二氧化碳。

$$UO_3+2HNO_3=UO_2(NO_3)_2+H_2O$$

三氧化铀溶于硝酸，生成硝酸铀酰（或者叫作硝酸铀氧基）和水。

【UO_2^+】

$$2UO_2^++4H^+\rightleftharpoons U^{4+}+UO_2^{2+}+2H_2O$$

UO_2^+在溶液中不稳定，歧化成稳定的铀酰离子（或叫铀二氧根）UO_2^{2+}和U^{4+}。

【$UO_2(NO_3)_2$】 硝酸铀酰，又称“黄盐”，晶体为$UO_2(NO_3)_2·6H_2O$，浅黄色晶体，易潮解，具有放射性，易溶于水，溶于乙醇、乙醚和丙酮，水溶液显酸性。乙醚溶液在阳光照射下可引起爆炸。可由硝酸与铀或氧化铀作用而得，可作分析试剂，制备铀的各种化合物。

$$2UO_2(NO_3)_2\xlongequal{\triangle}2UO_3+4NO_2\uparrow+O_2\uparrow$$

硝酸铀酰（或者叫作硝酸铀氧基）被加热到623K时分解，生成UO_3、NO_2和O_2，制备三氧化铀的原理之一。几乎所有的铀酸盐、铀酰铵复盐、铀酸铵盐在空气中煅烧，都可生成三氧化铀。

【Pu】 钚，银白色金属，有α、β、γ等六种，互为同素异形体，易溶于稀盐酸，呈蓝色溶液。钚能迅速溶于氢溴酸、氢碘酸、72%高氯酸、85%磷酸、氨基磺酸和浓的三氯乙酸。与稀硫酸反应缓慢，不与硝酸和浓硫酸作用，化学性质活泼。钚在空气中易氧化、着火，长期贮存困难，能与氢、氧、氨和卤素单质反应，生成相应化合物，能与许多金属形成合金。溶液中以Pu^{4+}最稳定，金黄色；自然界中以沥青铀矿和独居石中有痕量$^{239}_{94}Pu$。$^{239}_{94}Pu$可作为核燃料和核武器的原子炸药，$^{238}_{94}Pu$可用作核电池能源，$^{242}_{94}Pu$是生产超钚元素的主要原料。

$$Pu(s)+3O_2F_2(g)=PuF_6(g)+3O_2(g)$$

O_2F_2二氟化二氧比ClF_3有更强的氧化性，可以将不能与ClF_3反应的金属钚和钚的化合物氧化为挥发性PuF_6，用来除去核燃料中的钚。

第十一章　ⅣB 族元素单质及其化合物

钛(Ti)　锆(Zr)　铪(Hf)　𬬻(Rf)

【Ti】 钛，银灰色高强度金属，性硬而脆，延性强，有 α、β 两种，互为同素异形体：低温变态成 α-钛，高温变态成 β-钛。钛是热和电的良导体，抗腐蚀性强，室温下和一般无机酸不起作用，在热碱溶液中也不反应，但溶于氢氟酸、浓盐酸；高温下能与大多数非金属直接化合，生成稳定而难熔的间充化合物。钛在地壳中藏量丰富，约 0.6%，主要矿物为钛铁矿和金红石。由钛铁矿或金红石与碳混合，加热通氯气生成四氯化钛，在 800℃氩气氛中用熔融的镁还原得海绵状钛，再在氩气或氦气中经电弧熔融铸成钛锭。应用于航空工业、医疗器械、金属陶瓷以及金属和陶瓷之间焊接剂等。

$Ti+2Cl_2\xlongequal{高温}TiCl_4$ 金属钛和氯气反应，生成四氯化钛。【卤素单质和金属反应】见【$2Al+3Cl_2$】。

$Ti^{3+}+Fe^{3+}=\!=Ti(Ⅳ)+Fe^{2+}$ Ti^{3+}可将 Fe^{3+}还原为 Fe^{2+}。用 KSCN 作指示剂，用标准 Fe^{3+}的溶液滴定溶液中的 Ti^{3+}，可知钛溶液中 Ti(Ⅳ)的含量。滴定时，Fe^{3+}一旦过量，和 SCN^-结合成红色$[Fe(SCN)]^{2+}$，溶液颜色突然变为红色，表示滴定达到终点。

$2Ti+6HCl\xlongequal{\triangle}2TiCl_3+3H_2\uparrow$ 金属钛和热盐酸反应，生成三氯化钛和氢气。室温下，金属钛和大多无机酸不反应，但溶于热盐酸和热硝酸中，很容易溶解在氢氟酸或含有氟离子的酸中，$Ti+6HF=\!=H_2TiF_6+2H_2\uparrow$。还原四氯化钛也可以制备三氯化钛：$2TiCl_4+H_2\xlongequal{高温}2TiCl_3+2HCl$。

$Ti+6HF=\!=H_2TiF_6+2H_2\uparrow$ 室温下，金属钛和大多无机酸不反应，但溶于热盐酸和热硝酸中，很容易溶解在氢氟酸或含有氟离子的酸中，形成配合物。

$2Ti+3H_2SO_4(浓)\xlongequal{\triangle}Ti_2(SO_4)_3+3H_2\uparrow$ 钛可溶于热的浓硫酸中，生成 $Ti_2(SO_4)_3$，放出 H_2。

$Ti(不纯)+2I_2\xlongequal{\triangle}TiI_4\uparrow$ 钛和碘混合共热到 323~523K 时，生成的 TiI_4 以气体形式挥发出来；再在 1673K 时，使 TiI_4 分解可制得纯金属钛。该法叫作碘化物热分解法，可用于提纯少量的钛、锆、铪、钨、铍等金属。

$Ti+O_2\xlongequal{高温}TiO_2$ 钛和氧气在高温下反应，生成二氧化钛。

【$[Ti(H_2O)_6]^{4+}$】

$[Ti(H_2O)_6]^{4+}=\!=[Ti(OH)_2(H_2O)_4]^{2+}+2H^+$ $[Ti(H_2O)_6]^{4+}$在水中以 $[Ti(OH)_2(H_2O)_4]^{2+}$形式存在，可简写成 TiO^{2+}。

【Ti(Ⅳ)】

$3Ti(Ⅳ)+Al=\!=3Ti^{3+}+Al^{3+}$ 工业上制取钛白时，用 Al 还原 Ti(Ⅳ)得 Ti^{3+}，通过测定 Ti^{3+}可知钛溶液中 Ti(Ⅳ)的含量，滴定原理见【$Ti^{3+}+Fe^{3+}$】。该反应中电荷不守恒，Ti(Ⅳ)表示溶液中化合价（或氧化数）为+4

的钛元素形成的离子。《普通无机化学》（第二版）（严宣申 王长富编著，北京大学出版社，1999 年 10 月第二版）写成 $3TiO^{2+}+Al+6H^+ = 3Ti^{3+}+Al^{3+}+3H_2O$。

【$TiCl_2$】二氯化钛。

$2TiCl_2 \stackrel{\triangle}{=} Ti+TiCl_4$ 当温度高于 723K 时，三氯化钛在真空中歧化为二氯化钛和四氯化钛，见【$2TiCl_3$】。温度更高时，二氯化钛进一步歧化为钛和四氯化钛。

【$TiCl_3$】三氯化钛，暗紫色鳞状晶体，

易潮解，400℃时分解，溶于水、盐酸、乙醇和某些胺中，不溶于乙醚、苯，微溶于氯仿。三氯化钛的化学性质不稳定，还原性强，空气中易氧化，并析出偏钛酸沉淀，应保存在二氧化碳气氛中，其水溶液呈紫红色。三氯化钛用作还原剂、聚合催化剂、洗涤剂等，可由银、锌、汞等金属或氢气还原四氯化钛或用电解法制得。

$2TiCl_3 \stackrel{\triangle}{=} TiCl_4+TiCl_2$ 温度高于 723K 时，三氯化钛在真空中歧化为二氯化钛和四氯化钛。温度更高时，二氯化钛进一步歧化为钛和四氯化钛，见【$2TiCl_2$】。

【$TiCl_4$】四氯化钛，无色液体，具吸

湿性，溶于水、盐酸、氢氟酸、乙醇等。$TiCl_4$ 在水中或潮湿的空气中极易水解，暴露在空气中会发烟，首先生成 $TiCl_4 \cdot 5H_2O$，最后水解生成水合二氧化钛 $TiO_2 \cdot nH_2O$，吸收干燥的氨生成 $TiCl_4 \cdot 4NH_3$ 和 $TiCl_4 \cdot 6NH_3$。可由二氧化钛和炭混合后加热，后通入氯气，或由金属钛和氯气加热作用制得。可以制金属钛和钛酸盐、作天然纤维和合成纤维防水剂、媒染剂、烟幕弹、颜料等。

$TiCl_4+2ROH = TiCl_2(OR)_2+2HCl$

$TiCl_4$ 在醇溶液中发生溶剂分解作用生成二醇盐。若通入干燥的 NH_3 除掉反应生成的 HCl，会生成四醇盐：$TiCl_4+4ROH+4NH_3 = Ti(OR)_4+4NH_4Cl$。这些四醇盐称为有机钛酸盐，是液体或易升华的固体，低级的醇盐易水解生成 TiO_2，该原理具有广泛的商业价值：将这些醇盐涂在各种材料表面，在空气中生成一层薄的透明的 TiO_2 附着层，用作防水织物和隔热涂料，涂在玻璃或搪瓷上，可增强抗刮擦性能。

$TiCl_4+4ROH+4NH_3 = Ti(OR)_4+4NH_4Cl$ 用干燥的 NH_3 吸收 HCl 时，$TiCl_4$ 和醇反应生成四醇盐，详见【$TiCl_4+2ROH$】。

$TiCl_4+2H_2 = Ti+4HCl$ 用氢气还原四氯化钛制备金属钛。

$2TiCl_4+H_2 \stackrel{高温}{=} 2TiCl_3+2HCl$ 用氢气还原四氯化钛制备三氯化钛。

$TiCl_4+2HCl(浓) = H_2[TiCl_6]$ 四氯化钛和浓盐酸反应，形成配合物 $H_2[TiCl_6]$，六氯合钛(Ⅳ)酸只存在于溶液中，向此溶液中加入 NH_4^+，析出黄色$(NH_4)_2[TiCl_6]$晶体。

$TiCl_4+3H_2O = H_2TiO_3\downarrow+4HCl$

四氯化钛水解，生成偏钛酸和氯化氢。H_2TiO_3 可以写成 $TiO_2 \cdot H_2O$。$TiCl_4$ 在过量的水中水解的通式，见【$TiCl_4+(x+2)H_2O$(过量)】，生成水合二氧化钛和氯化氢。若水量不足或氯化氢的浓度不大，则部分水解；若氯化氢饱和，则水解将被抑制。

$TiCl_4+H_2O = TiOCl_2\downarrow+2HCl$

四氯化钛在水中易水解，见【$TiCl_4+3H_2O$】。若溶液中有一定量的盐酸时，$TiCl_4$ 部分水解，生成氯化钛酰。

$TiCl_4+(x+2)H_2O(过量) \rightleftharpoons$

$TiO_2 \cdot xH_2O\downarrow+4HCl$ $TiCl_4$在过量的水中水解的通式，生成水合二氧化钛和氯化氢。

$TiCl_4+2Mg(粉) \xlongequal{高温} Ti+2MgCl_2$

用金属镁还原四氯化钛制备金属钛，工业制钛的第二步反应。工业制钛的第一步反应：$TiO_2+2C+2Cl_2 \xlongequal{高温} TiCl_4+2CO\uparrow$。

$2TiCl_4+N_2 \xlongequal{等离子技术} 2TiN+4Cl_2$

利用氮等离子体技术，由 $TiCl_4$ 获得仿金镀层 TiN。

$TiCl_4+4Na \xlongequal{\triangle} Ti+4NaCl$ 金属钠从熔融的四氯化钛中置换出金属钛，工业制钛的第二步反应。工业制钛的第一步反应见【$TiO_2+2C+2Cl_2$】。

$TiCl_4+4NaH = Ti+4NaCl+2H_2\uparrow$ NaH 具有很强的还原性，400℃时可以从 $TiCl_4$ 中还原出 Ti。氢化物是良好的还原剂。

$TiCl_4+O_2 \xlongequal{焙烧} TiO_2+2Cl_2\uparrow$ 工业上用氯化法制备钛和二氧化钛的原理之一，见【$TiO_2+2C+2Cl_2$】。将生成的 $TiCl_4$ 经净化，在 923~1023K 时通入 O_2，对四氯化钛进行气相氧化，$TiCl_4$ 转化为 TiO_2。制钛白的原理另见【$FeTiO_3+2H_2SO_4$】。

$2TiCl_4+Zn \xlongequal{盐酸} 2TiCl_3+ZnCl_2$

以四氯化钛为原料制备三氯化钛。用锌处理含有盐酸的四氯化钛溶液，得到三氯化钛，从溶液中析出的 $TiCl_3 \cdot 6H_2O$ 晶体为紫色。

【TiI_4】

$TiI_4 \xlongequal[钨丝]{\Delta} Ti(纯)+2I_2$ 碘化物热分解法提纯少量钛的原理，详见【$Ti(不纯)+2I_2$】。

【TiO_2】

二氧化钛，工业俗称“钛白”，白色粉末，不溶于水和稀酸，溶于氢氟酸，溶于盐酸或硫酸的冷溶液，加氢氧化钠或碳酸钠溶液，可生成胶状白色沉淀正钛酸 $Ti(OH)_4$ 或 H_4TiO_4；热的酸溶液中水解生成白色偏钛酸 $TiO(OH)_2$ 或 H_2TiO_3 沉淀。与金属氧化物共熔形成钛酸盐，强热焙烧过的二氧化钛显惰性。自然界中广泛存在于金红石、锐钛矿和板钛矿等。可用作油漆涂料的白色颜料、橡胶皮革着色剂、陶瓷搪瓷消光剂、绝缘材料、医药等，也用来生产金属钛、钛铁合金和硬质合金等。由钛铁矿经硫酸法分解或金红石氯化后高温氧化，或金属钛在空气中焙烧而得。

$TiO_2+BaCO_3 = BaTiO_3+CO_2\uparrow$

制备压电陶瓷材料钛酸钡的原理之一。二氧化钛和碳酸钡一起熔融，加入助溶剂 $BaCl_2$ 或者 Na_2CO_3，可制得偏钛酸钡，具有“压电性能”，用于超声波发生装置中。

$TiO_2+2C+2Cl_2 \xlongequal{高温} TiCl_4\uparrow+2CO\uparrow$

工业制钛的第一步反应，由钛铁矿或金红石与炭混合，加热通氯气生成气态四氯化钛和一氧化碳，冷却得液态 $TiCl_4$。当 C 过量时生成 CO，C 不足时生成 CO 和 CO_2，见【$2TiO_2+3C+4Cl_2$】。第二步再用金属镁在 Ar 气氛中还原 $TiCl_4$ 就得到金属钛：$TiCl_4+2Mg(粉) \xlongequal{高温} Ti+2MgCl_2$，或者用金属钠还原四氯化钛：$TiCl_4+4Na \xlongequal{\triangle} Ti+4NaCl$。金属钛称为继铁、铝之后的第三金属。

$2TiO_2+3C+4Cl_2 \xlongequal{\triangle} 2TiCl_4\uparrow+2CO\uparrow+CO_2\uparrow$ 工业上用 TiO_2、C 和 Cl_2 制备钛和二氧化钛的原理，详见【$TiO_2+2C+2Cl_2$】。当 C 不足时，生成 CO 和 CO_2；当 C 过量时，只生成 CO。

$TiO_2(s)+2C(s)+2Cl_2(g) = TiCl_4(s)$

$+2CO(g)$；$\Delta H=-80kJ/mol$ 工业制钛第一步反应的热化学方程式，由钛铁矿或金红石与炭混合，加热通氯气生成四氯化钛和一氧化碳。

$TiO_2+CCl_4\xlongequal{\triangle}TiCl_4\uparrow+CO_2\uparrow$
在 720K 时，TiO_2 和 CCl_4 反应制取 $TiCl_4$。氯化试剂 CCl_4、$COCl_2$、$SOCl_2$、$CHCl_3$ 等都有类似的性质。

$TiO_2(s)+2Cl_2(g)=TiCl_4(s)+O_2(g)$；$\Delta H=+141kJ/mol$ 工业上生产金属钛的原理之一。TiO_2 和 Cl_2 反应生成 $TiCl_4$，再用金属镁在 Ar 气氛中还原 $TiCl_4$ 就得到金属钛：$TiCl_4+2Mg(粉)\xlongequal{高温}Ti+2MgCl_2$。或者用金属钠还原四氯化钛：$TiCl_4+4Na\xlongequal{\triangle}Ti+4NaCl$。金属钛称为继铁、铝之后的第三金属。

$TiO_2+6HF=H_2TiF_6+2H_2O$ 二氧化钛和氢氟酸反应，生成六氟合钛（Ⅳ）酸和水。

$TiO_2+6HF=[TiF_6]^{2-}+2H^++2H_2O$
二氧化钛溶于氢氟酸生成六氟合钛(Ⅳ)酸的离子方程式。

$TiO_2+H_2SO_4(浓)\xlongequal{\triangle}TiOSO_4+H_2O$

二氧化钛不溶于水或稀酸，但溶于热的浓硫酸，生成硫酸钛酰和水。首先，二氧化钛和浓硫酸反应，生成硫酸钛和水：$TiO_2+2H_2SO_4(浓)\xlongequal{\triangle}Ti(SO_4)_2+2H_2O$。但 Ti^{4+}容易水解，不能从溶液中析出 $Ti(SO_4)_2$，而是析出 $TiOSO_4\cdot H_2O$: $Ti(SO_4)_2+H_2O=TiOSO_4+H_2SO_4$。两步加合就得到以上总方程式。

$TiO_2+2H_2SO_4(浓)\xlongequal{\triangle}Ti(SO_4)_2+2H_2O$ 二氧化钛溶于热的浓硫酸的反应之一，生成硫酸钛和水。见【$TiO_2+H_2SO_4$(浓)】。

$TiO_2+2KHSO_4\xlongequal{熔融}K_2[TiO(SO_4)_2]+H_2O$ 二氧化钛不溶于水或稀酸，可溶于溶化的硫酸氢钾。

$TiO_2+Na_2CO_3\xlongequal{熔融}Na_2TiO_3+CO_2\uparrow$
将二氧化钛和碳酸钠加热熔融得到钛酸钠。

$TiO_2+2NaOH\xlongequal{熔融}Na_2TiO_3+H_2O$
将二氧化钛和氢氧化钠加热熔融得到钛酸钠。

【$Ti_2(SO_4)_3$】

$Ti_2(SO_4)_3+Fe_2(SO_4)_3=2Ti(SO_4)_2+2FeSO_4$ Fe^{3+}作氧化剂，滴定 Ti^{3+}的原理，KSCN 作指示剂。

【$Ti(SO_4)_2$】

$6Ti(SO_4)_2+2Al=3Ti_2(SO_4)_3+Al_2(SO_4)_3$ 在隔绝空气情况下，铝片可使 $Ti(SO_4)_2$ 溶液中的 Ti(Ⅳ)还原为 Ti^{3+}。可以用 Fe^{3+}作氧化剂，滴定 Ti^{3+}：$Ti_2(SO_4)_3+Fe_2(SO_4)_3=2Ti(SO_4)_2+2FeSO_4$，用 KSCN 作指示剂。

$Ti(SO_4)_2+H_2O=TiOSO_4+H_2SO_4$
硫酸钛 $Ti(SO_4)_2$ 水解生成硫酸钛酰 $TiOSO_4$ 和硫酸。见【$TiO_2+H_2SO_4$(浓)】。

【TiO^{2+}】

$TiO^{2+}+H_2O_2=[TiO(H_2O_2)]^{2+}$
TiO^{2+}溶液中加过氧化氢，强酸性溶液中显红色。在中等酸度（稀酸或中性溶液）的 TiO^{2+}的溶液中，加入 H_2O_2，生成稳定的橘黄色(橙黄色)的$[TiO(H_2O_2)]^{2+}$，可进行钛的定性检验和比色分析。

【$TiOSO_4$】

硫酸钛酰，又称硫酸氧钛。

$TiOSO_4+2H_2O\xlongequal{煮沸}H_2TiO_3\downarrow+$

H_2SO_4 工业上制备钛和二氧化钛的原理之一，详见【$FeTiO_3$ +$2H_2SO_4$】。生成的 H_2TiO_3 可写成 $TiO_2\cdot H_2O$。

$TiOSO_4+2H_2O = TiO_2\cdot H_2O\downarrow+H_2SO_4$ 二氧化钛溶于热的浓硫酸生成硫酸钛酰 $TiOSO_4$，见【TiO_2+H_2SO_4(浓)】，硫酸钛酰加热时水解生成 *β*-型钛酸，即不溶于酸、碱的水合二氧化钛。相反，*α*-型钛酸是能溶于稀酸，也能溶于浓碱的水合二氧化钛，也是工业上制“钛白”的原理之一，见【$FeTiO_3$+ $2H_2SO_4$】。

【H_2TiO_3】偏钛酸。

$H_2TiO_3 \xlongequal{\triangle} TiO_2+H_2O$ 工业上制钛和二氧化钛的原理之一，详见【$FeTiO_3$+ $2H_2SO_4$】。

【Na_2TiO_3】偏钛酸钠。

$Na_2TiO_3+2H_2O = H_2TiO_3\downarrow+2NaOH$ 偏钛酸钠水解生成白色的偏钛酸 H_2TiO_3 沉淀。偏钛酸盐和钛氧盐都易水解。

【$FeTiO_3$】钛铁矿，主要成分为

$FeTiO_3$。钛铁矿为三方晶系，晶体呈菱面体或厚板状，通常呈不规则粒状。半金属光泽，铁黑色，条痕黑色，含显微赤铁矿包体者则为褐色，不透明，性脆，微磁性。主要形成于岩浆作用，常和磁铁矿一起产于基性火成岩中，也产于碱性岩中。作为炼钛的主要原料。

$2FeTiO_3(s)+7Cl_2(g)+6C(s) \xlongequal{\triangle} 2TiCl_4(l)+2FeCl_3(s)+6CO(g)$ 氯化法生产钛的原理之一，将钛铁矿与焦炭混合，通入 Cl_2 并加热到 1173K，可得 $TiCl_4$。蒸馏出 $TiCl_4$，提纯后在氩气保护下，在 1220~1420K 下与镁共热，可得到钛，见【$TiCl_4$ +Mg(粉)】。过量的镁和生成的 $MgCl_2$ 用稀盐酸溶解，得到海绵态钛，真空熔化铸成钛锭。

$FeTiO_3+2H_2SO_4 = TiOSO_4+FeSO_4+2H_2O$ 工业上用硫酸法制“钛白”和钛的原理之一。磁选法富集钛铁矿得到钛精矿，用 80%以上的硫酸和磨细的钛铁矿在 343~353K 时，不断通入空气并搅拌下反应，制得可溶性硫酸盐 $TiOSO_4$ 和 $FeSO_4$。将得到的固体混合物加水，同时为防止 Fe^{2+}氧化加入铁粉，在低温下结晶出 $FeSO_4\cdot H_2O$，过滤后的滤液稀释加热，使 $TiOSO_4$ 水解制得水合二氧化钛（或偏钛酸）沉淀：$TiOSO_4+2H_2O = TiO_2\cdot H_2O\downarrow+H_2SO_4$，或写作：$TiOSO_4+2H_2O = H_2TiO_3\downarrow+H_2SO_4$。将水合二氧化钛（或偏钛酸）过滤、洗涤，高温下煅烧即得产品“钛白”：$H_2TiO_3 \xlongequal{\triangle} TiO_2+H_2O$。该法得到的 TiO_2 纯度可达 97%以上，可用作“钛白”颜料和其他原料，也可用来制钛。

【Zr】锆，银灰色金属，质硬，化学性

质和钛相似，室温时表面生成氧化膜处于钝态，高温时易与氮、氧、碳以及许多金属反应生成固溶体或化合物。耐腐蚀，对大部分酸、碱、盐的溶液稳定，但被氢氟酸、王水侵蚀。多以二氧化锆或锆英石（$ZrO_2\cdot SiO_2$）、钠锆石（$Na_2ZrSi_6O_{13}\cdot 3H_2O$）等形式存在，与锆共生。由四氯化锆用镁还原制得海绵状金属锆，或由碘化锆分解反应制光亮而高纯度的金属锆。可用于制耐腐蚀器械、闪光粉、合金等，作真空消气剂，紧密压制的纯锆可作原子反应堆的铀棒外套。

$Zr(粗)+2I_2 \xlongequal{\triangle} ZrI_4$ 工业上制备金属锆的其中一步反应，详见【$2ZrSiO_4$+5C】。

将粗锆和 I_2 装在有炽热钼丝的密封容器中，加热到 600℃，生成四碘化锆。在 1800℃时 ZrI_4 又分解为纯锆和碘：$ZrI_4 \xlongequal{\triangle} Zr+2I_2$，$I_2$ 可以循环使用。

【$ZrCl_4$】 四氯化锆，白色晶体，在 604K 升华，密度为 $2.8g \cdot cm^{-3}$，在潮湿空气中产生盐酸酸雾，遇水强烈水解，室温则局部水解，溶于乙醇、乙醚和浓盐酸。可由加热锆、碳化锆或二氧化锆和炭的混合物通氯气制得。用于制金属锆、颜料、纺织品防水剂、皮革鞣剂和分析试剂等。

$ZrCl_4+9H_2O=ZrOCl_2 \cdot 8H_2O+2HCl$ 四氯化锆遇水剧烈水解，生成水合氯化锆酰晶体。

$ZrCl_4(g)+2Mg(l) \xlongequal[Ar]{\triangle} 2MgCl_2(s)+Zr(s)$(粗) 工业上制备金属锆的其中一步反应，详见【$2ZrSiO_4+5C$】。

$3ZrCl_4+Zr=4ZrCl_3$ 在 673~723K 时，金属锆可以将四氯化锆还原为难挥发的 $ZrCl_3$，因锆不能还原 $HfCl_4$，此性质可以用作锆和铪的分离。

【ZrI_4】 四碘化锆。

$ZrI_4 \xlongequal{\triangle} Zr+2I_2$ 工业上制备金属锆的其中一步反应，详见【$2ZrSiO_4+5C$】。

【ZrC】 碳化锆，带金属光泽的灰色坚硬晶体，不溶于冷水、氨水、盐酸、浓硝酸，溶于稀氢氟酸及热的浓硫酸、王水等。能导电，空气中 100℃以下性质稳定，加热燃烧则生成氧化锆。可由金属锆、二氧化锆或锆英石与炭共热制得。常作磨料、耐高温材料及金属镀层、合金、陶瓷、白热灯丝和切削工具等。

$ZrC+2Cl_2 \xlongequal{\triangle} ZrCl_4+C$ 工业上制备金属锆的其中一步反应，详见【$2ZrSiO_4+5C$】。

【ZrO_2】 二氧化锆，又称“锆酸酐”，白色粉末，不溶于水、盐酸、稀硫酸，溶于氢氟酸、硝酸和热的浓硫酸，性质稳定，具有特殊抗酸碱侵蚀的性能和优良的机械性能，可用于制陶瓷釉、搪瓷、耐火材料、特种玻璃、医药和压电晶体材料。可由锆英石与碱共熔，用水浸出锆酸盐，与盐酸作用后再煅烧制得。

$ZrO_2+2C+2Cl_2 \xlongequal{\triangle} ZrCl_4+2CO\uparrow$ 工业上制备金属锆的其中一步反应，在二氧化锆矿和炭的混合物中通入 Cl_2，在 1173K 时反应生成四氯化锆，再用活泼金属镁等在氩气中还原得到粗锆，详见【$2ZrSiO_4+5C$】。

$ZrO_2+2H_2SO_4$(浓)$\xlongequal{\triangle} Zr(SO_4)_2+2H_2O$ 二氧化锆和浓硫酸反应，生成硫酸锆和水。在水溶液中不存在 Zr^{4+}，而是以锆氧离子 ZrO^{2+} 存在。$Zr(SO_4)_2$ 遇水形成 $ZrOSO_4$，见【$Zr(SO_4)_2+H_2O$】。

【$Zr(SO_4)_2$】 硫酸锆。

$Zr(SO_4)_2+H_2O=ZrOSO_4+H_2SO_4$ $Zr(SO_4)_2$ 和水反应，生成 $ZrOSO_4$ 和 H_2SO_4，详见【ZrO_2+ $2H_2SO_4$(浓)】。

【$ZrSiO_4$】 锆英石，可写作 $ZrO_2 \cdot SiO_2$。

$2ZrSiO_4+5C \xlongequal{电弧炉} 2ZrC+2SiO\uparrow+$

$3CO_2$↑ 工业上制备金属锆的其中一步反应。在电弧炉中，锆英石和炭反应生成ZrC、SiO和CO_2。一氧化硅SiO挥发除去。ZrC再和Cl_2在623~723K时反应生成四氯化锆$ZrCl_4$: $ZrC+2Cl_2 \xlongequal{\triangle} ZrCl_4+C$。在1173K时，$ZrCl_4$用活泼金属镁等在氩气中还原得到粗锆：$ZrCl_4(g)+2Mg(l) \xlongequal[Ar]{\triangle} 2MgCl_2(s)+Zr(s)$(粗)。粗锆和碘在473K时先生成四碘化锆：Zr(粗)$+2I_2 \xlongequal{\triangle} ZrI_4$。$ZrI_4$在1800K时分解得到纯锆：$ZrI_4 \xlongequal{\triangle} Zr+2I_2$。$ZrCl_4$可用二氧化锆矿来制备，见【$ZrO_2$+ 2C+$2Cl_2$】。

【ZrOCl】氯化锆酰。

$ZrOCl+(x+1)H_2O = ZrO_2{\cdot}xH_2O+2HCl$ 锆盐氯化锆酰在水溶液中水解，生成含水量不定的白色凝胶，称为α型锆酸。

【Na_2ZrO_3】锆酸钠。

$Na_2ZrO_3+2H_2O = ZrO(OH)_2$↓$+2NaOH$ 锆酸钠水解的另一种表示方法见【$Na_2ZrO_3+3H_2O$】。

$Na_2ZrO_3+3H_2O = Zr(OH)_4$↓$+2NaOH$ 碱金属锆酸盐在水中溶解度很小，易水解生成氢氧化物沉淀。另一种表示方法见【$Na_2ZrO_3+2H_2O$】。

【K_2ZrF_6】

$K_2ZrF_6+4NaCl \xlongequal{电解} Zr+4NaF+2KF+2Cl_2$↑ 电解$K_2ZrF_6$和NaCl的熔融物，生产金属锆。

$K_2ZrF_6+2RN(CH_3)_3Cl \rightarrow [RN(CH_3)_3]_2ZrF_6+2KCl$ 离子交换法分离锆铪的原理。因为锆铪矿共生，工业上制得的锆常含有铪。详见【$2ZrSiO_4$+5C】，锆用作原子反应堆结构材料时，铪含量应低于0.01%。利用强碱性酚醛树脂$RN(CH_3)_3Cl$阴离子交换剂，与锆和铪配离子ZrF_6^{2-}、HfF_6^{2-}进行交换，ZrF_6^{2-}的交换原理见本词条，而HfF_6^{2-}：$2RN(CH_3)_3Cl+K_2HfF_6 \rightarrow [RN(CH_3)_3]_2HfF_6+2KCl$。因为锆、铪配离子和阴离子树脂结合能力不同，可以用HF和HCl混合溶液为淋洗剂，使这两种配离子先后被淋洗下来，达到分离锆和铪的目的：$[RN(CH_3)_3]_2ZrF_6+2HCl \rightarrow H_2ZrF_6+2RN(CH_3)_3Cl$；$[RN(CH_3)_3]_2HfF_6+2HCl \rightarrow H_2HfF_6+2RN(CH_3)_3Cl$。

【$[RN(CH_3)_3]_2ZrF_6$】

$[RN(CH_3)_3]_2ZrF_6+2HCl \rightarrow H_2ZrF_6+ 2RN(CH_3)_3Cl$ 工业上分离锆和铪的其中一步反应，详见【K_2ZrF_6+$2RN(CH_3)_3Cl$】。

【K_2HfF_6】

$K_2HfF_6+2RN(CH_3)_3Cl \rightarrow [RN(CH_3)_3]_2HfF_6+2KCl$ 工业上分离锆和铪的其中一步反应，详见【K_2ZrF_6+$2RN(CH_3)_3Cl$】。

【$[RN(CH_3)_3]_2HfF_6$】

$[RN(CH_3)_3]_2HfF_6+2HCl \rightarrow H_2HfF_6+ 2RN(CH_3)_3Cl$ 工业上分离锆和铪的其中一步反应，详见【K_2ZrF_6+$2RN(CH_3)_3Cl$】

第十二章　VB 元素单质及其化合物

钒(V) 铌(Nb) 钽(Ta) 𨧀(Db)

【V^{2+}】

$5V^{2+}+MnO_4^-+8H^+=Mn^{2+}+5V^{3+}+4H_2O$　V^{2+}是强还原剂，在酸性溶液中和MnO_4^-反应，生成Mn^{2+}和V^{3+}。

【V^{3+}】

$5V^{3+}+MnO_4^-+H_2O=Mn^{2+}+5VO^{2+}+2H^+$　V^{3+}不稳定，被MnO_4^-氧化为VO^{2+}，MnO_4^-被还原为Mn^{2+}。

【VCl_3】

三氯化钒，桃红色片状结晶，有吸湿性，溶于无水酒精和乙醚。化学性质不稳定，12℃时遇水即分解，受热后分解为二氯化钒和四氯化钒。在氯气氛中氧化成四氯化钒。与液氨作用生成配合物$[V(NH_3)_6]Cl_3$。可由四氯化钒受热分解，或由钒和氯化氢在300℃~400℃作用制得。可制钒、钒的有机化合物和二氯化钒。

$VCl_3+6CO+4Na(过量)\xrightarrow[二甘醇二甲醚]{393K、30MPa}[Na(二甘醇二甲醚)_2][V(CO)_6]+3NaCl\xrightarrow[H_3PO_4]{323K升华}V(CO)_6$　由三氯化钒制备六羰基钒的原理。

【V_2O_3】

三氧化二钒，黑色有光泽的晶体，稍溶于冷水，溶于热水和碱溶液。化学性质不太稳定，和三氧化二铬相似。在空气中难以氧化，与氯气共热生成三氯化氧钒和五氧化二钒；与氨在强热下形成氮化钒；与硝酸、高锰酸钾等氧化剂生成五氧化二钒。可由五氧化二钒或三氯化氧钒在加热条件下通氢气而制得，可用作乙烯氧化为乙醇的催化剂。

$V_2O_3+H_2\xlongequal{1973K}2VO+H_2O$　V_2O_3被还原生成更低价的VO。高价钒的氧化物通H_2被还原，逐步得到低价氧化物，见【$V_2O_5+2H_2$】。

【V_2O_4】

$V_2O_4+O_2+2SO_2=2VOSO_4$　钒触媒作催化剂，加快二氧化硫的氧化速率，反应机理如下：V_2O_5和二氧化硫反应，生成V_2O_4和SO_3：$V_2O_5+SO_2=V_2O_4+SO_3$。V_2O_4、O_2和SO_2反应，生成$VOSO_4$。$VOSO_4$再分解生成V_2O_5、SO_3和SO_2：$2VOSO_4=V_2O_5+SO_3+SO_2$。总反应方程式：$O_2+2SO_2\xrightarrow[\triangle]{催化剂}2SO_3$。

【V_2O_5】

五氧化二钒，橙红色粉末，无味，无嗅，有毒，微溶于水，不溶于无水乙醇，溶于酸和碱。化学性质不太稳定，易被还原成低价氧化物，与卤化氢、氨作用生成二氧化钒。与硫和氢气作用被还原成三氧化二钒。具有两性，和硫酸作用生成硫酸钒盐，与碱作用生成钒酸盐。在不同pH的溶液中形成不同的多钒酸配合物。可由偏钒酸铵煅烧成三氯氧钒，再与水作用而得。用作接触法制硫酸的催化剂，用于医药、制造防紫外线玻璃等。

$V_2O_5+2H_2\xlongequal{973K}V_2O_3+2H_2O$　高价钒的氧化物通H_2被还原，逐步得到低价氧化

物。V_2O_3 和 H_2 可继续反应，生成更低价的 VO，见【V_2O_3+H_2】。

$V_2O_5+2H^+=2VO_2^++H_2O$ 五氧化二钒具有微弱的碱性，溶解在强酸中，生成淡黄色的 VO_2^+，但溶于盐酸，发生氧化还原反应，见【V_2O_5+ 6HCl】。VO_2^+叫作钒酰离子，也叫钒氧基，水溶液呈淡黄色。区别于 VO^{2+}，叫作亚钒酰离子，水溶液呈蓝色。

$V_2O_5+6H^++2Cl^-=2VO^{2+}+Cl_2\uparrow+3H_2O$ V_2O_5 是中等强度氧化剂，和 HCl 发生氧化还原反应，生成 VO^{2+}、Cl_2 和 H_2O，化学方程式见【V_2O_5 +6HCl】。

$V_2O_5+6HCl\overset{\triangle}{=}2VOCl_2+Cl_2\uparrow+3H_2O$ 五氧化二钒具有强氧化性，和盐酸发生氧化还原反应，氯离子被氧化为氯气，V_2O_5 被还原为 VO^{2+}。五氧化二钒溶解在其他强酸中，见【V_2O_5+$2H^+$】。

$V_2O_5+H_2SO_4=(VO_2)_2SO_4+H_2O$ 五氧化二钒具有微弱的碱性，溶解在强酸硫酸中，生成淡黄色的钒氧基 VO_2^+。

$2V_2O_5+4NaCl+O_2=4NaVO_3+2Cl_2$ 工业上用氯化焙烧法处理钒铅矿制取五氧化二钒的原理之一：将食盐和钒铅矿在空气中焙烧，得到偏钒酸钠 $NaVO_3$，混合物溶于水，用水浸出 $NaVO_3$，将溶液酸化，得红棕色水合五氧化二钒沉淀，经煅烧可得工业级五氧化二钒。制高纯度五氧化二钒见【$2NH_4VO_3$】。

$V_2O_5+6NaOH=2Na_3VO_4+3H_2O$ 五氧化二钒溶解在强碱氢氧化钠冷溶液中，生成正钒酸盐和水。

$V_2O_5+2OH^-\overset{\triangle}{=}2VO_3^-+H_2O$ V_2O_5 溶于强碱热溶液中，生成黄色的偏钒酸盐。

$V_2O_5+6OH^-=2VO_4^{3-}+3H_2O$ 五氧化二钒溶解在强碱冷溶液中，生成正钒酸盐和水。

$V_2O_5+SO_2=SO_3+V_2O_4$ 钒触媒作催化剂，加快二氧化硫的氧化速率，详见【V_2O_4+O_2+ $2SO_2$】。

【NH_4VO_3】偏钒酸铵。

$2NH_4VO_3\overset{\triangle}{=}V_2O_5+2NH_3\uparrow+H_2O$ 工业上制备纯度较高的五氧化二钒的原理，偏钒酸铵在 700K 时，分解生成五氧化二钒、氨气和水。偏钒酸铵的制备：用 Na_2CO_3 溶液溶解工业级 V_2O_5，加入铵盐，溶解度很小的偏钒酸铵析出。工业级 V_2O_5 的制备见【$2V_2O_5$+4NaCl+O_2】。$(NH_4)_3VO_4$ 为正钒酸铵。

【$Ca(VO_3)_2$】

$Ca(VO_3)_2+Na_2CO_3=CaCO_3+2NaVO_3$ 碱熔法处理钒矿石制备 V_2O_5 的原理之一。用碱金属碳酸盐和钒矿石熔融可得 $Ca(VO_3)_2$，再用碳酸钠处理得 $NaVO_3$。酸化 $NaVO_3$ 可得五氧化二钒水合物，经煅烧可得工业级 V_2O_5。

【$FeO\cdot V_2O_3$】

$4FeO\cdot V_2O_3+4Na_2CO_3+5O_2\overset{\triangle}{=}8NaVO_3+2Fe_2O_3+4CO_2\uparrow$ 工业上制备 V_2O_5 的原理之一。利用含钒铁矿炼钢所得富钒炉渣 $FeO\cdot V_2O_3$，先和纯碱反应，再用水从烧结块中浸出 $NaVO_3$，用酸中和至 pH=5~6 时加入硫酸铵，调节 pH=2~3，可析出六聚钒酸铵，再转化为 V_2O_5。

【VO_4^{3-}】

$VO_4^{3-}+H^+\rightleftharpoons HVO_4^{2-}$ 在酸性溶液中，VO_4^{3-}结合 H^+生成 HVO_4^{2-}，建立动态平衡。

【H_3VO_4】

$H_3VO_4+H^+ \rightleftharpoons VO_2^++2H_2O$

H_3VO_4 结合 H^+，生成 VO_2^+ 和 H_2O，两者之间建立动态平衡。VO_4^{3-} 逐级结合 H^+ 得到 H_3VO_4，中间经历一系列离子，如 HVO_4^{2-}、$H_2VO_4^-$、$V_2O_7^{4-}$、$V_3O_9^{3-}$、$H_2V_{10}O_{28}^{4-}$ 等等。当溶液变为酸性时，聚合度不再改变，直到形成十钒酸盐而终止。H_3VO_4 为红棕色沉淀，继续加酸，沉淀溶解，生成含 VO_2^+ 的黄色溶液。

【$H_2VO_4^-$】

$3H_2VO_4^- \rightleftharpoons V_3O_9^{3-}+3H_2O$

$H_2VO_4^-$ 失水缩合成 $V_3O_9^{3-}$，两者之间建立动态平衡。

$4H_2VO_4^- \rightleftharpoons V_4O_{12}^{4-}+4H_2O$

$H_2VO_4^-$ 失水缩合成 $V_4O_{12}^{4-}$，两者之间建立动态平衡。

$H_2VO_4^-+H^+ \rightleftharpoons H_3VO_4$ $H_2VO_4^-$ 结合 H^+ 生成 H_3VO_4，两者之间建立动态平衡。

【HVO_4^{2-}】

$2HVO_4^{2-} \rightleftharpoons V_2O_7^{4-}+H_2O$ 酸式钒酸根 HVO_4^{2-} 失水缩合成焦钒酸盐，两者之间建立动态平衡。

$HVO_4^{2-}+H^+ \rightleftharpoons H_2VO_4^-$ HVO_4^{2-} 结合 H^+ 生成 $H_2VO_4^-$，两者之间建立动态平衡。

【$[VO_2(O_2)_2]^{3-}$】

$[VO_2(O_2)_2]^{3-}+6H^+ \rightleftharpoons [V(O_2)]^{3+}+H_2O_2+2H_2O$ 在钒酸盐的溶液中加入 H_2O_2，酸碱性不同，存在形式不同，颜色不同。在弱酸性、中性或弱碱性中，VO_4^{3-} 转变成黄色的二过氧钒酸根阴离子 $[VO_2(O_2)_2]^{3-}$；若溶液是强酸性时，得到红棕色过氧钒阳离子 $[V(O_2)]^{3+}$，$[VO_2(O_2)_2]^{3-}$ 和 $[V(O_2)]^{3+}$ 两者在水溶液中建立化学平衡。在分析化学上，利用钒酸盐和 H_2O_2 的反应，来鉴定钒元素。

【$V_3O_9^{3-}$】

$10V_3O_9^{3-}+15H^+ \rightleftharpoons 3HV_{10}O_{28}^{5-}+6H_2O$ $V_3O_9^{3-}$ 结合 H^+ 生成 $HV_{10}O_{28}^{5-}$，两者之间建立动态平衡。

【$H_2V_{10}O_{28}^{4-}$】

$H_2V_{10}O_{28}^{4-}+14H^+ \rightleftharpoons 10VO_2^++8H_2O$ $H_2V_{10}O_{28}^{4-}$ 结合 H^+ 生成 VO_2^+ 和 H_2O，两者之间建立动态平衡。

【$HV_{10}O_{28}^{5-}$】

$HV_{10}O_{28}^{5-}+H^+ \rightleftharpoons H_2V_{10}O_{28}^{4-}$

$HV_{10}O_{28}^{5-}$ 结合 H^+ 生成 $H_2V_{10}O_{28}^{4-}$，两者之间建立动态平衡。

【VO^{2+}】亚钒酰离子。

$5VO^{2+}+MnO_4^-+H_2O=Mn^{2+}+5VO_2^++2H^+$ VO^{2+} 不稳定，被 MnO_4^- 氧化为 VO_2^+，MnO_4^- 被还原为 Mn^{2+}，颜色变化明显，可用于分析化学中测定钒。

【$VOSO_4$】

$2VOSO_4=V_2O_5+SO_3+SO_2$ 钒触媒作催化剂，加快二氧化硫的氧化速率，详见【$V_2O_4+O_2+2SO_2$】。

【VO_2^+】 钒酰离子，也叫钒氧基，水溶液呈淡黄色。区别于 VO^{2+}，叫作亚钒酰离子，水溶液呈蓝色。

$2VO_2^+ + H_2C_2O_4 + 2H^+ \xlongequal{\triangle} 2VO^{2+} + 2CO_2\uparrow + 2H_2O$ 在酸性溶液中，钒氧基 VO_2^+ 具有强氧化性，将草酸 $H_2C_2O_4$ 氧化为 CO_2，VO_2^+ 被还原为 VO^{2+}。水溶液从淡黄色变为蓝色。

$VO_2^+ + Fe^{2+} + 2H^+ = VO^{2+} + Fe^{3+} + H_2O$ 在酸性溶液中，VO_2^+ 具有强氧化性，将 Fe^{2+} 氧化为 Fe^{3+}，VO_2^+ 被还原为 VO^{2+}。

$VO_2^+ + 2I^- + 4H^+ = V^{3+} + I_2 + 2H_2O$ I^- 将 VO_2^+ 还原为绿色的 V^{3+}，可用于氧化还原容量法测定钒。

$2VO_2^+ + 3Zn + 8H^+ = 2V^{2+} + 3Zn^{2+} + 4H_2O$ 强还原剂 Zn 将钒氧基 VO_2^+ 还原为 V^{2+}，溶液颜色由黄色逐渐变为蓝色、绿色，最后呈紫色，呈现多彩的颜色变化。

【$(VO_2)_2SO_4$】

$(VO_2)_2SO_4 + H_2C_2O_4 + H_2SO_4 \xlongequal{\triangle} 2VOSO_4 + 2CO_2\uparrow + 2H_2O$ 在酸性溶液中，钒氧基 VO_2^+ 具有强氧化性，将草酸 $H_2C_2O_4$ 氧化为 CO_2，VO_2^+ 被还原为 VO^{2+}。离子方程式见【$2VO_2^+ + H_2C_2O_4 + 2H^+$】。

【$VOCl_3$】 三氯化氧钒，又称三氯氧化钒，黄色液体，遇水后液体变浑浊而分解，溶于乙醇、苯、环己烷、醋酸等有机溶剂。与乙醚形成加合物 $VOCl_3\cdot(C_2H_5)_2O$。常由五氧化二钒和氯化氢在 60℃~80℃时反应或与焦炭混合后加热通氯气制得。可用作链烯烃聚合，制备乙丙橡胶催化剂或用于合成有机钒化合物。

$2VOCl_3 + 3H_2O = V_2O_5 + 6HCl$ 三氯氧化钒水解，生成五氧化二钒和氯化氢。工业上利用该反应制备较纯五氧化二钒。制备较纯五氧化二钒另见【$2NH_4VO_3$】。

【Nb】 铌，钢灰色金属，硬而有延性。立方体心晶格。除氢氟酸、热硫酸外，对其他酸显惰性，在碱性溶液中缓慢氧化。室温下稳定，加热与氧气、卤素单质反应，分别生成五氧化二铌、五卤化铌，与氮、碳生成氮化铌、碳化铌等间充化合物。自然界中常与钽共生，主要矿物有铌铁矿、钽铁矿等。由氟铌酸钾 K_2NbF_7 用熔盐电解法或用活泼金属热还原法制得。可制特种不锈钢、耐高温合金、超导合金等，也作电子管材料和真空消气剂，也用于核反应堆。

$4Nb + 5O_2 \xlongequal{\triangle} 2Nb_2O_5$；$\Delta H = -1845kJ/mol$ 铌在空气中受热生成五氧化二铌的热化学方程式。

【NbF_5】 五氟化铌，白色棱柱状晶体，有吸湿性，熔点为 72℃~73℃，沸点为 236℃。遇水分解，逸出氟化氢气体，溶于乙醇，稍溶于硫酸、二硫化碳和氯仿等。与铜、银、锌等还原剂作用生成金属铌，可用于制备金属铌。可由铌和氟作用或五氯化铌和无水氟化氢液体冷冻后分级蒸馏而得。

$NbF_5 + 5Na = Nb + 5NaF$ 用活泼金属钠作还原剂，从五氟化铌中置换金属铌。

【$NbCl_5$】 五氯化铌。

$2NbCl_5 + 5H_2 + N_2 \xlongequal{热等离子技术} 2\delta\text{-}NbN$

+10HCl 利用热等离子技术制备具有超导性的 δ-NbN 的原理。

【Nb_2O_5】 五氧化二铌，白色粉末，不溶于水和一般的酸，溶于氢氟酸和强碱。其水合物 $Nb_2O_5 \cdot xH_2O$ 可溶于浓硫酸、浓盐酸、氢氟酸和强碱。Nb_2O_5 不溶于氨水，受热时变黄，冷却后仍变白；有感光性，与有机物共存时曝光后还原，用于生产铌的原料和电子工业等。可由铌及低价氧化物、氢化物等在空气中高温灼烧制得。

$$Nb_2O_5+10HF = 2NbF_5+5H_2O$$

五氧化二铌溶于氢氟酸，生成五氟化铌和水。

$$Nb_2O_5+2NaOH \xlongequal{共熔} 2NaNbO_3+H_2O$$

五氧化二铌和强碱共熔，生成铌酸钠和水。

【$NbOCl_3$】 三氯氧铌，又称三氯氧化铌，白色丝光针状晶体，约 673K 时升华，可用 $NbCl_5$ 在氧气中受热分解而制得。不溶于冷盐酸，稍溶于热盐酸、硫酸和乙醇，遇水分解成白色的水合五氧化二铌胶状沉淀。与吡啶、喹啉、金属氯化物等形成配合物。可在四氯化碳气流中加热五氧化二铌至400℃反应而得。

$2NbOCl_3+(n+3)H_2O = Nb_2O_5 \cdot nH_2O+6HCl$ 三氯氧铌和水反应，生成水合五氧化二铌和盐酸。

$$NbOCl_3+NaCl \xlongequal{浓HCl} NaNbOCl_4$$

三氯氧铌在浓盐酸和氯化钠溶液中结晶析出氯氧化物的配合物。

$$NbOCl_3+2NaCl \xlongequal{浓HCl} Na_2NbOCl_5$$

三氯氧铌在浓盐酸和氯化钠溶液中结晶析出氯氧化物的配合物。

【Ta】 钽，灰黑色金属或粉末，质硬而富延展性，立方体心晶格，化学性质稳定。金属钽对酸具有特殊的稳定性，能抵抗除氢氟酸和发烟硫酸以外的一切无机酸，包括王水，但能溶解在硝酸和氢氟酸的混合酸中。在碱性溶液中缓慢氧化；在空气中表面生成极稳定氧化膜。高温时能与氢气、卤素单质、氮气和炭等作用，生成相应化合物。自然界中常和铌共生，存在于铌钽铁矿、黑稀金矿、钨矿中。由氟钽酸钾经熔融电解或用活泼金属、碳等还原制得，可用于制电容器、真空管、超短波发射器、笔尖、化工器材、医用器材等。金属钽具有良好的吸收氧气、氮气、氢气等气体的性质；可以制作合金；金属钽、铌做成的手术刀对人体肌肉和细胞没有任何不良影响，细胞却可以在其上生长。

$4Ta(s)+5O_2(s) \xlongequal{\triangle} 2Ta_2O_5(s)$; $\Delta H=-2046kJ/mol$ 钽在空气中受热生成五氧化二钽的热化学方程式。Ta_2O_5 很稳定，熔化时不分解，不被 H_2 还原。

【TaF_5】 五氟化钽，白色结晶，稍溶于热的二硫化碳和四氯化碳溶液中，溶于水和乙醚生成氟氧配离子 $TaOF_5^{2-}$ 和氟化氢，溶于氢氟酸、硝酸和发烟硝酸。空气中吸湿但不水解，会缓慢腐蚀玻璃。由五氯化钽和无水氟化氢作用而得，作傅—克反应催化剂。

$TaF_5+5Na = Ta+5NaF$ 用活泼金属钠从熔融的氟化钽中置换出金属钽。

第十三章　ⅥB 元素单质及其化合物

铬(Cr) 钼(Mo) 钨(W) 𨭎 (Sg)

【Cr】

铬，银灰色硬而脆的金属，在空气中能生成抗腐蚀的致密氧化物，有良好的光泽和极高的抗腐蚀性，用于电镀工业。含铬12%的钢称为“不锈钢”，未钝化之前，铬的性质较活泼，排在铁之前，可以置换出不活泼的金属铜、锡等，溶于稀盐酸、稀硫酸等；钝化之后，不溶于浓、稀硝酸和王水。与氯酸钾共热反应呈闪光，加热条件下能与卤素、硫、氮、碳、硅、硼及一些金属化合。主要矿物为铬铁矿等，可由还原氧化铬制得，或电解铬铵钒、铬酸制得。制备铁铬铝电热丝、不锈钢、特种钢、墨镜等，也用于电镀铬。

$2Cr+3Cl_2\xlongequal{高温}2CrCl_3$　氯气和金属铬反应生成氯化铬。【卤素单质和金属反应】见【$2Al+3Cl_2$】。

$Cr+2H^+=Cr^{2+}+H_2\uparrow$　金属铬和强酸反应，生成氢气和氯化亚铬的离子方程式，详见【Cr+2HCl】。

$Cr+2HCl=CrCl_2+H_2\uparrow$　金属铬和稀盐酸反应，生成氢气和氯化亚铬。金属铬溶于稀盐酸先生成蓝色的氯化亚铬 $CrCl_2$ 溶液和氢气，$CrCl_2$ 溶液被空气氧化为绿色的氯化铬 $CrCl_3$ 溶液：$4CrCl_2+4HCl+O_2=4CrCl_3+2H_2O$。900℃时，铬和气态氯化氢反应制备氯化亚铬。

$2Cr+6H_2SO_4(浓)=Cr_2(SO_4)_3+3SO_2\uparrow+6H_2O$　金属铬和浓硫酸反应，生成硫酸铬、二氧化硫气体和水。

$4Cr+3O_2\xlongequal{点燃}2Cr_2O_3$　金属铬在氧气中燃烧生成绿色的三氧化二铬。

【Cr^{2+}】

$4Cr^{2+}+4H^++O_2=4Cr^{3+}+2H_2O$
蓝色的含 Cr^{2+} 溶液被空气氧化为绿色的含 Cr^{3+} 溶液的离子方程式，详见【Cr+2HCl】。

【Cr^{3+}】

$10Cr^{3+}+6MnO_4^-+11H_2O=5Cr_2O_7^{2-}+6Mn^{2+}+22H^+$　MnO_4^-将 Cr^{3+}氧化为 $Cr_2O_7^{2-}$，自身被还原为 Mn^{2+}。酸性溶液中，Cr^{3+}还原性较弱，需要强氧化剂过硫酸铵、高锰酸钾等才能将 Cr^{3+}氧化为 $Cr_2O_7^{2-}$。Ag^+作催化剂，还需要加热。

$Cr^{3+}+3OH^-=Cr(OH)_3\downarrow$　Cr^{3+}和 OH^-反应生成不溶于水的氢氧化铬灰蓝色胶状沉淀。

$2Cr^{3+}+3S_2O_8^{2-}+7H_2O\xlongequal[\Delta]{Ag^+}Cr_2O_7^{2-}+6SO_4^{2-}+14H^+$　过二硫酸盐具有极强的氧化性，将 Cr^{3+}氧化为 $Cr_2O_7^{2-}$的离子方程式。化学方程式详见【$Cr_2(SO_4)_3+3(NH_4)_2S_2O_8+7H_2O$】。酸性溶液中，$Cr^{3+}$还原性较弱，需要强氧化剂过硫酸铵、高锰酸钾等才能将 Cr^{3+}氧化为 $Cr_2O_7^{2-}$，Ag^+作催化剂，还需要加热。

【$[Cr(H_2O)_6]^{3+}$】

$[Cr(H_2O)_6]^{3+}+H_2O\rightleftharpoons[Cr(H_2O)_5OH]^{2+}+H_3O^+$　Cr^{3+}在水中以$[Cr(H_2O)_6]^{3+}$形式存在，分步水解，第一步水解生成的$[Cr(H_2O)_5OH]^{2+}$，可写成$[Cr(OH)(H_2O)_5]^{2+}$，降低酸度后，容易缩合

成二聚羟桥配合物：$[Cr(H_2O)_6]^{3+}$+
$[Cr(OH)(H_2O)_5]^{2+} \rightleftharpoons [(H_2O)_5Cr-\overset{H}{O}-Cr(H_2O)_5]^{5+}$+
H_2O。

$2[Cr(H_2O)_5OH]^{2+} \rightleftharpoons [(H_2O)_4Cr(\overset{H}{O})_2Cr(H_2O)_4]^{4+}$
+$2H_2O$。这是 Cr^{3+}的一个特性，水解形成的多核配合物在印染和皮革工业中有很重要的商业价值。继续加碱，当 pH 增大时，进一步失去质子和发生缩合反应，最后得到 $Cr(OH)_3$ 蓝色胶状沉淀，实际是 $Cr_2O_3 \cdot nH_2O$。

【$[Cr(H_2O)_5OH]^{2+}$】

$2[Cr(H_2O)_5OH]^{2+} \rightleftharpoons [(H_2O)_4Cr(\overset{H}{O})_2Cr(H_2O)_4]^{4+}$+$2H_2O$ Cr^{3+}在水中以$[Cr(H_2O)_6]^{3+}$形式存在，水解生成的$[Cr(H_2O)_5OH]^{2+}$发生缩合反应形成二聚羟桥配合物，详见【$[Cr(H_2O)_6]^{3+}$+H_2O】。

【$CrCl_2$】

氯化亚铬，白色针状晶体，易潮解，易溶于水，不溶于乙醇及醚。在有水汽存在时极易吸收空气中氧气而形成氯氧化铬 Cr_2OCl_4；在干燥空气中性质稳定。1500℃高温条件下有蒸气缔合 Cr_2Cl_4。有两种水合物：六水合物为蓝色晶体，四水合物为暗绿色晶体。可加热金属铬粉与干燥氯化氢反应制得，可作还原剂、除氧气剂等。

$4CrCl_2+4HCl+O_2 = 4CrCl_3+2H_2O$
金属铬溶于稀盐酸先生成蓝色的氯化亚铬 $CrCl_2$ 溶液和氢气，见【Cr+2HCl】，$CrCl_2$ 溶液再被空气氧化为绿色氯化铬 $CrCl_3$ 溶液。离子方程式见【$4Cr^{2+}$+$4H^+$+O_2】。

【$CrCl_3$】

氯化铬，红紫色晶体，不溶于冷水，微溶于热水，不溶于乙醇、丙酮、甲醇和乙醚。有少许 $CrCl_2$ 存在时可溶于水。六水合物为紫色单斜晶体，不溶于乙醚，微溶于丙酮，溶于水和乙醇。可在高温下由三氧化二铬和炭粉的混合物与氯气作用或由盐酸和氢氧化铬作用制得。可制取其他铬盐中间体、媒染剂、颜料及镀铬等。

$3CrCl_3+2Al+AlCl_3+6C_6H_6 \rightarrow 3[(C_6H_6)_2Cr][AlCl_4]$ 制备二苯铬的原理之一，将三氯化铬、苯、三氯化铝和铝粉的混合物，在玻璃封管内加热至 150℃得$[(C_6H_6)_2Cr][AlCl_4]$，再用甲醇和水处理，之后用连二亚硫酸钠还原得二苯铬：
$2[(C_6H_6)_2Cr]^+ + S_2O_4^{2-} + 4OH^- = 2(C_6H_6)_2Cr + 2SO_3^{2-} + 2H_2O$。

$2CrCl_3+12CO+LiAlH_4 \xlongequal[7MPa]{388K、乙醚} 2Cr(CO)_6+LiCl+AlCl_3+Cl_2+2H_2O$
在有还原剂氢化铝锂存在下，$CrCl_3$ 和 CO 反应，生成六羰基铬、氯化锂、氯化铝、氯气和水。

$CrCl_3(无水)+3en \xrightarrow{乙醚} [Cr(en)_3]Cl_3$

在非水溶剂中，$CrCl_3$ 和乙二胺形成配合物$[Cr(en)_3]Cl_3$。en 表示乙二胺 $NH_2-CH_2-CH_2-NH_2$。

$CrCl_3+NH_3 = CrN+3HCl$ 氯化铬和氨气一起燃烧，先生产金属铬，之后，与氨热解离时生成的氮化合，生成氮化铬。对于稳定的金属氧化物，不能被氢气还原时，可以用氯化物和氨反应制备氮化物，而对于可以被氢气还原的金属氧化物，可直接用氧化物和氨反应制备氮化物。

$CrCl_3$(无水)+$6NH_3$(l)══$[Cr(NH_3)_6]Cl_3$ 非水溶剂中，$CrCl_3$ 和 NH_3 形成配合物$[Cr(NH_3)_6]Cl_3$。可用配体取代法制配合物。

【$[Cr(H_2O)_4Cl_2]Cl\cdot 2H_2O$】

$[Cr(H_2O)_4Cl_2]Cl\cdot 2H_2O \underset{HCl}{\overset{冷却}{=\!=}} [Cr(H_2O)_6]Cl_3 \underset{HCl}{\overset{乙醚}{=\!=}} [Cr(H_2O)_5Cl]Cl_2\cdot H_2O$
$CrCl_3\cdot 6H_2O$ 有三种水合异构体：暗绿色的$[Cr(H_2O)_4Cl_2]Cl\cdot 2H_2O$，紫色的$[Cr(H_2O)_6]Cl_3$，淡绿色的$[Cr(H_2O)_5Cl]Cl_2\cdot H_2O$。在一定条件下，以上三种异构体可以相互转化。

【CrO_2】

$CrO_2+BaO \underset{高温}{\overset{6\sim6.5GPa}{\rightleftharpoons}} BaCrO_3$ BaO 和 CrO_2 在 6~6.5GPa、高温下，通过高压固相反应，得到 ABO_3 型含氧酸。

【Cr_2O_3】

三氧化二铬，暗绿色六方结晶或绿色无定形粉末，不溶于水、酸、碱和醇，溶于氯酸盐和溴酸盐溶液，化学性质稳定。三氧化二铬的晶体结构和 Al_2O_3 相同，熔点很高（2708K）。用在氧气中燃烧铬、重铬酸铵分解、硫还原重铬酸钠等方法制得的三氧化二铬性质不活泼。但是从铬（Ⅲ）盐溶液中沉淀得到的 Cr_2O_3 是两性的，溶于酸时生成铬（Ⅲ）盐和水，见【$Cr_2O_3+6H^+$】；溶于强碱时生成绿色的亚铬酸盐和水，见【Cr_2O_3+2NaOH】。常由重铬酸铵热分解制得，可用作冶金、陶瓷、耐火材料、颜料、有机合成催化剂的原料等。

$2Cr_2O_3+4CaO+3O_2$══$4CaCrO_4$
工业上生产重铬酸钠，见【$4Fe(CrO_2)_2$+ $8Na_2CO_3+7O_2$】，发生许多副反应。当碱量不足或钙量过多时，生成难溶于水的铬酸钙；若钙量不足或碱量过多时，生成 $NaAlO_2$、Na_2SiO_3、$NaFeO_2$，分别见【$Al_2O_3+Na_2CO_3$】、【SiO_2+ Na_2CO_3】、【$Fe_2O_3+Na_2CO_3$】。

$Cr_2O_3+3CCl_4$══$2CrCl_3+3COCl_2$
用 CCl_4 作氯化剂，和 Cr_2O_3 反应，制备氯化铬的原理。但生成物光气 $COCl_2$ 有剧毒，利用该反应制备氯化铬时必须有良好的通风设施。

$Cr_2O_3+Fe_2O_3+4Al$══$2Cr+2Fe+2Al_2O_3$ 钙、镁、铝等活泼金属作还原剂，可制得许多金属，铝最常用，叫铝热法。对于熔点较高的氧化物，如 Cr_2O_3、B_2O_3、Nb_2O_5、Ta_2O_5、SiO_2、TiO_2、ZrO_2 等，反应放出的热量不足以使其熔化，反应较难进行，向其中加入一些易被还原的氧化物，反应就容易进行了，生成的合金沉积在坩埚底部。

$Cr_2O_3+6H^+$══$2Cr^{3+}+3H_2O$ 从铬（Ⅲ）盐溶液中沉淀得到的 Cr_2O_3 是两性的，溶于酸时生成铬（Ⅲ）盐和水；溶于强碱时，生成绿色的亚铬酸盐和水，见【Cr_2O_3+2NaOH】。但是用在氧气中燃烧铬、重铬酸铵分解、硫还原重铬酸钠等方法制得的三氧化二铬性质不活泼。

$Cr_2O_3+3H_2SO_4$══$Cr_2(SO_4)_3+3H_2O$
从铬（Ⅲ）盐溶液中沉淀得到的 Cr_2O_3 具有两性的，溶于硫酸时生成硫酸铬（Ⅲ）盐和水。

$Cr_2O_3+6KHSO_4$══$Cr_2(SO_4)_3+3K_2SO_4+3H_2O$ 灼烧后的 Cr_2O_3 不溶于酸。但用 $KHSO_4$ 熔融法可使难溶氧化物生成易溶于水的盐，用水浸取。

$Cr_2O_3+3K_2S_2O_7 \overset{\triangle}{=\!=} Cr_2(SO_4)_3+$

$3K_2SO_4$ 灼烧过的 Cr_2O_3 不溶于酸中，可用熔融法使 Cr_2O_3 和 $K_2S_2O_7$ 反应，变成可溶性的盐。将不溶于水或不溶于酸的金属矿物，如 Al_2O_3、Cr_2O_3 等，与 $K_2S_2O_7$ 或 $KHSO_4$ 加热共熔，生成可溶性硫酸盐。分析化学上常用硫酸氢钾或焦硫酸钾作为酸性熔矿剂。

$4Cr_2O_3+3Mg+6Al=3Mg(AlO_2)_2+8Cr$ 对于高熔点的金属氧化物，如 Cr_2O_3 等，加入镁和铝的粉末状金属混合物，反应放出的热量大于单独使用铝作还原剂放出的热量，使高熔点的 Cr_2O_3 也较易被还原。

$Cr_2O_3+2NaOH=2NaCrO_2+H_2O$

用在氧气中燃烧铬、重铬酸铵分解、硫还原重铬酸钠等方法制得的三氧化二铬性质不活泼。但是从铬(Ⅲ)盐溶液中沉淀得到的 Cr_2O_3 是两性的，溶于强碱时生成绿色的亚铬酸盐和水，亚铬酸钠又可写作 $NaCr(OH)_4$，见【$Cr_2O_3+2NaOH+2H_2O$】；溶于酸时生成铬（Ⅲ）盐和水：$Cr_2O_3+6H^+=2Cr^{3+}+3H_2O$。

$Cr_2O_3+2NaOH+3H_2O=2NaCr(OH)_4$ 三氧化二铬和浓的强碱溶液反应，生成深绿色的亚铬酸钠的另一种表示方式。

$Cr_2O_3+2OH^-=2CrO_2^-+H_2O$

从铬（Ⅲ）盐溶液中沉淀得到的 Cr_2O_3 具有两性的，溶于强碱的离子方程式。

【$Cr_2O_3\cdot nH_2O$】

水合三氧化二铬，蓝灰色胶状沉淀，具有两性，向铬(Ⅱ)盐溶液中加碱可制得 $Cr_2O_3\cdot nH_2O$，见[$Cr(OH)_3$]。

$Cr_2O_3\cdot nH_2O+6H_3O^+=2[Cr(H_2O)_6]^{3+}+(n-3)H_2O$ 水合三氧化二铬具有两性，溶于酸，生成水合铬离子。

$Cr_2O_3\cdot nH_2O+6OH^-=2[Cr(OH)_6]^{3-}+(n-3)H_2O$ 水合三氧化二铬具有两性，和碱反应，生成$[Cr(OH)_6]^{3-}$。

【CrO_3】

三氧化铬，暗紫红色晶体，熔点较低，易潮解，剧毒，高温易分解，易溶于水，25℃时，100g 水可溶解 166g CrO_3，水溶液为铬酸。溶于乙醇、醚并分解，溶于硫酸和硝酸。是一种强氧化剂，遇有机物猛烈反应，着火燃烧，甚至爆炸，共价性很强，是有机化学中重要的氧化剂。常由重铬酸钠浓溶液和浓硫酸作用而得，可用于制造玻璃、鞣革和镀铬等。

$4CrO_3\overset{\triangle}{=}2Cr_2O_3+3O_2\uparrow$ 加热 CrO_3，在 493~523K 时，生成一系列氧化物，$Cr_3O_8\rightarrow Cr_2O_5\rightarrow CrO_2\rightarrow Cr_2O_3$，最终产物是绿色的 Cr_2O_3。

$2CrO_3+3CH_3CH_2OH+3H_2SO_4\rightarrow Cr_2(SO_4)_3+3CH_3CHO+6H_2O$

重铬酸钾经浓硫酸处理，得到橙红色三氧化铬晶体：$K_2Cr_2O_7+H_2SO_4=K_2SO_4+2CrO_3\downarrow+H_2O$，将三氧化铬制成硅胶，乙醇会被三氧化铬氧化为乙醛，三氧化铬被还原为硫酸铬，橙红色变为紫色，可用于酒驾测试。另用乙醇还原重铬酸钾，生成硫酸铬、硫酸钾、乙酸和水，也可用来检测司机是否酒后驾驶，见【$3CH_3CH_2-OH+2K_2Cr_2O_7+8H_2SO_4$】。

$CrO_3+2HCl=CrO_2Cl_2+H_2O$

用氯化氢气体和 CrO_3 反应，可制得氯化铬酰 CrO_2Cl_2，又称二氯二氧化铬。

$CrO_3+H_2O=H_2CrO_4$ 三氧化铬溶于水，主要生成铬酸。

$CrO_3+2NaOH=Na_2CrO_4+H_2O$

三氧化铬溶于强碱，生成铬酸盐。

【CrO_5】

二过氧合铬，简称过氧化铬，

或五氧化铬，可以写作 $CrO(O)_2$，分子结构为（结构式）。CrO_5 中有两个过氧键－O－O－。

$2CrO_5+7H_2O_2+6H^+=2Cr^{3+}+7O_2\uparrow+10H_2O$ 在酸性溶液中，过氧化氢使重铬酸盐生成二过氧合铬氧化物 $CrO(O_2)_2$（或 CrO_5），显蓝色，详见【$Cr_2O_7^{2-}+4H_2O_2+2H^+$】。在乙醚中比较稳定，生成 $CrO_5\cdot(C_2H_5)_2O$：$CrO_5+(C_2H_5)_2O\rightarrow CrO_5\cdot(C_2H_5)_2O$。故在反应前应预加一些乙醚，否则，在水溶液中，$CrO_5$ 会进一步与 H_2O_2 反应，蓝色迅速消失。

【Cr_2S_3】三硫化二铬。

$Cr_2S_3+6H_2O=2Cr(OH)_3+3H_2S\uparrow$ 三硫化二铬遇水发生完全水解，生成 $Cr(OH)_3$ 和 H_2S。

【$Cr_2(SO_4)_3$】硫酸铬，紫色或红色

粉末，不溶于水、酸，微溶于乙醇。但有少量二价铬盐时可溶于水或酸。一般有两种水合物：十八水合物为黑紫色立方或八面体晶体，100℃时脱去十二分子水，易溶于水，溶于乙醇；十五水合物为紫色无定形固体，大于100℃时脱去十分子水，溶于水，不溶于乙醇。水合硫酸铬溶液和硫酸钾溶液混合后可得铬矾。由硫酸和氢氧化铬作用得含水硫酸铬，再于325℃和1333.2Pa压力下经脱水可得无水物。可用于纺织、颜料、釉彩、油漆以及鞣革等。

$5Cr_2(SO_4)_3+6KMnO_4+11H_2O=3K_2Cr_2O_7+2MnCr_2O_7+4MnSO_4+11H_2SO_4$ $KMnO_4$ 将硫酸铬氧化为 $Cr_2O_7^{2-}$，自身被还原为 Mn^{2+}。离子方程式见【$10Cr^{3+}+6MnO_4^-+11H_2O$】。

$Cr_2(SO_4)_3+3(NH_4)_2S_2O_8+7H_2O=2(NH_4)_2SO_4+(NH_4)_2Cr_2O_7+7H_2SO_4$ 过二硫酸铵具有极强的氧化性，将 Cr^{3+} 氧化为 $Cr_2O_7^{2-}$，自身被还原为 SO_4^{2-}。离子方程式见【$2Cr^{3+}+3S_2O_8^{2-}+7H_2O$】。过二硫酸盐都是强氧化剂。

$Cr_2(SO_4)_3+6NaOH=2Cr(OH)_3\downarrow+3Na_2SO_4$ 向铬(III)盐溶液中加入2mol/L NaOH溶液，生成灰蓝色胶状沉淀。

【CrO_2^-】亚铬酸盐离子。

$2CrO_2^-+3H_2O_2+2OH^-=2CrO_4^{2-}+4H_2O$ 碱性溶液中，亚铬酸盐被 H_2O_2 氧化成铬(VI)酸盐，由绿色变为黄色。CrO_2^- 可写成 $[Cr(OH)_4]^-$，反应见【$2[Cr(OH)_4]^-+3H_2O_2+2OH^-$】。

$2CrO_2^-+3Na_2O_2+2H_2O=2CrO_4^{2-}+6Na^++4OH^-$ 在碱性溶液中，亚铬酸盐可被 Na_2O_2 氧化成铬(VI)酸盐，由绿色变为黄色。

【$NaCrO_2$】亚铬酸钠。

$2NaCrO_2+3H_2O_2+2NaOH=2Na_2CrO_4+4H_2O$ 过氧化氢将亚铬酸钠氧化为铬酸钠。

【$KCrO_2$】亚铬酸钾。

$2KCrO_2+3H_2O_2+2KOH=2K_2CrO_4+4H_2O$ 在碱性溶液中过氧化氢将亚铬酸钾 $KCrO_2$ 氧化为铬酸钾 K_2CrO_4，过氧化氢表现氧化性，$KCrO_2$ 表现还原性。

【$FeCr_2O_4$】铬铁矿，可简写成

$FeO \cdot Cr_2O_3$。

$FeCr_2O_4+4C \xlongequal{电炉} Fe+2Cr+4CO\uparrow$
用铬铁矿和碳在电炉中反应制得金属铬。

$4Fe(CrO_2)_2+8Na_2CO_3+7O_2 \xlongequal{\triangle} 8Na_2CrO_4+2Fe_2O_3+8CO_2$ 工业上硫酸法生产重铬酸钠（又称红矾钠）的其中一步反应——铬铁矿氧化煅烧法：在回转窑内将难溶于水的铬铁矿在碱性介质碳酸钠中熔融煅烧，利用空气中的氧进行高温氧化，生成可溶性的 Na_2CrO_4。用水浸取铬酸钠，过滤除去 Fe_2O_3 等杂质，得 Na_2CrO_4 水溶液。再用适量的硫酸酸化，可得重铬酸钠：$2Na_2CrO_4+H_2SO_4 = Na_2Cr_2O_7+Na_2SO_4+H_2O$。酸化后浓缩结晶，得到 $Na_2Cr_2O_7$ 晶体，俗称红矾钠铬盐。或溶液中加入固体 KCl，进行复分解反应：$Na_2Cr_2O_7+2KCl = K_2Cr_2O_7+2NaCl$，因 $K_2Cr_2O_7$ 在高温时溶解度较大，低温时溶解度较小，而 NaCl 受温度影响不大，可以分离 $K_2Cr_2O_7$ 和 NaCl，可制 $K_2Cr_2O_7$。以 $Na_2Cr_2O_7$ 为原料，可以制备 Cr_2O_3、CrO_3、CrO_2、$K_2Cr_2O_7$、$PbCrO_4$、$Cr(OH)SO_4$、$(NH_4)_2Cr_2O_7$ 以及金属铬。

$2Fe(CrO_2)_2+7Na_2O_2 = 4Na_2CrO_4+Fe_2O_3+3Na_2O$ Na_2O_2 作熔矿剂，将不溶于水、不溶于酸的矿石氧化分解为可溶于水的化合物 Na_2CrO_4。

【CrO_4^{2-}】铬酸根离子。

$2CrO_4^{2-}+2H^+ \rightleftharpoons Cr_2O_7^{2-}+H_2O$
铬酸根离子和重铬酸根离子之间的平衡，加酸可使 CrO_4^{2-} 转化为 $Cr_2O_7^{2-}$。CrO_4^{2-} 中的 Cr−O 键较强，不太容易形成各种多酸，但在酸性溶液中形成比较简单的重铬酸根离子。实际上是下列两步的加合：$CrO_4^{2-}+H^+ \rightleftharpoons HCrO_4^-$，$2HCrO_4^- \rightleftharpoons Cr_2O_7^{2-}+H_2O$。同【$Cr_2O_7^{2-}+H_2O$】。

$CrO_4^{2-}+H^+ \rightleftharpoons HCrO_4^-$ CrO_4^{2-} 和 $Cr_2O_7^{2-}$ 之间的平衡。先由 CrO_4^{2-} 和 H^+ 结合成 $HCrO_4^-$，再由 2 个 $HCrO_4^-$ 形成 $Cr_2O_7^{2-}$。

【H_2CrO_4】铬酸，一种中强酸。三氧化铬溶于水生成铬酸，水溶液为黄色，只存在于水溶液中。

$H_2CrO_4 \rightleftharpoons H^++HCrO_4^-$ 铬酸是中强酸，分两步电离：第一步电离，$K_1=4.1$；第二步电离，$HCrO_4^- \rightleftharpoons H^++CrO_4^{2-}$，$K_2=1\times10^{-5.9}$。

$2H_2CrO_4+3H_2O_2 = 2Cr(OH)_3+3O_2\uparrow+2H_2O$ 中性或碱性溶液中铬酸将过氧化氢氧化为氧气，自身被还原为氢氧化铬 $Cr(OH)_3$。过氧化氢在碱性溶液中，还原性较强，氧化性较弱，在酸性溶液中氧化性较强，还原性较弱。

【$HCrO_4^-$】

$2HCrO_4^- \rightleftharpoons Cr_2O_7^{2-}+H_2O$
CrO_4^{2-} 和 $Cr_2O_7^{2-}$ 之间的平衡。先由 CrO_4^{2-} 和 H^+ 结合成 $HCrO_4^-$，再由 2 个 $HCrO_4^-$ 形成 $Cr_2O_7^{2-}$，详见【$2CrO_4^{2-}+2H^+$】。

$HCrO_4^- \rightleftharpoons H^++CrO_4^{2-}$ 铬酸的第二步电离方程式，详见【H_2CrO_4】。

【Na_2CrO_4】铬酸钠。

$2Na_2CrO_4+H_2SO_4 = Na_2Cr_2O_7+Na_2SO_4+H_2O$ 工业上生产重铬酸钠的原理之一，铬酸钠酸化后生成重铬酸钠，详见【$4Fe(CrO_2)_2+8Na_2CO_3+7O_2$】。加 H_2SO_4，因生成 Na_2SO_4 溶解度较小，易于和 $Na_2Cr_2O_7$ 分离，所以一般用 H_2SO_4 酸化。离子方程式见【$2CrO_4^{2-}+2H^+$】。

【$BaCrO_4$】 铬酸钡，黄色单斜或斜方晶体，有毒，不溶于水、稀醋酸或铬酸，溶于盐酸和硝酸。可由氯化钡和铬酸钠作用得到，可制颜料、陶瓷和玻璃等。

$2BaCrO_4+2H^+ = 2Ba^{2+}+Cr_2O_7^{2-}+H_2O$ 难溶的铬酸钡可溶于稀的强酸中，生成 Ba^{2+}、$Cr_2O_7^{2-}$和 H_2O。

【$PbCrO_4$】 铬酸铅，又称铬黄、铅铬黄，黄色单斜晶体，不溶于水、醋酸，易溶于硝酸，溶于苛性碱溶液。它的氧化性足以使含硫有机物充分氧化，可用于有机元素分析。可由醋酸铅溶液中滴加铬酸钠而制得，用于制颜料、涂料、橡胶、塑料、陶瓷等。

$PbCrO_4(s)+S^{2-} \rightleftharpoons PbS(s)\downarrow+CrO_4^{2-}$ 黄色铬酸铅沉淀转化为更难溶的铅灰色或黑色硫化铅沉淀。

【$Cr_2O_7^{2-}$】 重铬酸根离子，强氧化剂。

$Cr_2O_7^{2-}+4Ag^++H_2O = 2Ag_2CrO_4\downarrow+2H^+$ 因为 CrO_4^{2-}和 $Cr_2O_7^{2-}$之间存在平衡，$2CrO_4^{2-}+2H^+ \rightleftharpoons Cr_2O_7^{2-}+H_2O$，加入 Ag^+等，生成难溶的铬酸盐沉淀，使平衡向生成 CrO_4^{2-}的方向移动，Ag_2CrO_4 为砖红色沉淀。铬酸盐和重铬酸盐溶液中加入 Ba^{2+}、Ag^+、Pb^{2+}等离子，均生成铬酸盐沉淀，所以用 Ba^{2+}、Ag^+、Pb^{2+}等可以检验 CrO_4^{2-}。

$Cr_2O_7^{2-}+6Cl^-+14H^+ = 3Cl_2\uparrow+2Cr^{3+}+7H_2O$ 重铬酸盐和浓盐酸反应的离子方程式，$Cr_2O_7^{2-}$表现强氧化性，将 Cl^-氧化为 Cl_2。

$Cr_2O_7^{2-}+4Cl^-+6H^+ = 2CrO_2Cl_2+3H_2O$ 钢铁分析中，当铬干扰其他元素的分析测定时，需在溶解试样时加入 NaCl，并加入高氯酸 $HClO_4$，加热蒸发至冒烟，铬生成易挥发的 CrO_2Cl_2 而被除去。

$Cr_2O_7^{2-}+6Fe^{2+}+14H^+ = 2Cr^{3+}+6Fe^{3+}+7H_2O$ 亚铁离子具有还原性，酸性条件下被 $Cr_2O_7^{2-}$氧化成 Fe^{3+}，化学方程式见【$6FeSO_4+K_2Cr_2O_7+7H_2SO_4$】。这也是电解法处理含 $Cr_2O_7^{2-}$废水的原理之一，使 $Cr_2O_7^{2-}$转变为 Cr^{3+}，调节 pH，使 Cr^{3+}和 OH^-结合成 $Cr(OH)_3$ 沉淀而除去。Fe^{2+}可用铁作阳极电解产生：$Fe = Fe^{2+}+2e^-$。

$Cr_2O_7^{2-}+H_2O \rightleftharpoons 2CrO_4^{2-}+2H^+$ 在水中 $Cr_2O_7^{2-}$和 CrO_4^{2-}建立动态平衡。$Cr_2O_7^{2-}$显橙红色，CrO_4^{2-}显黄色，当 H^+浓度增大时，平衡向左移动，溶液显橙红色；当 OH^-浓度增大时，平衡向右移动，溶液显黄色。

$Cr_2O_7^{2-}+3H_2O_2+8H^+ = 2Cr^{3+}+3O_2\uparrow+7H_2O$ 酸性条件下，$Cr_2O_7^{2-}$和 H_2O_2 反应，先生成 CrO_5，见【$Cr_2O_7^{2-}+4H_2O_2+2H^+$】，若有乙醚存在，$CrO_5$ 溶于乙醚中呈蓝色：$CrO_5+(C_2H_5)_2O \rightarrow CrO_5\cdot(C_2H_5)_2O$；无乙醚时，$CrO_5$ 继续和 H_2O_2 反应，详见【$2CrO_5+7H_2O_2+6H^+$】。两步加合得：$Cr_2O_7^{2-}+11H_2O_2+8H^+ = 2Cr^{3+}+7O_2\uparrow+15H_2O$。从氧化还原的电子得失角度，这两个方程式似乎都对，其他大多数资料选用后者，天津大学《无机化学》选用前者。

$Cr_2O_7^{2-}+4H_2O_2+2H^+ = 2CrO_5+5H_2O$ H_2O_2 和重铬酸盐反应生成黄色的五氧化铬固体，CrO_4^{2-}不反应，该反应可以鉴别 $Cr_2O_7^{2-}$和 CrO_4^{2-}。$Cr_2O_7^{2-}$和 CrO_5 中铬元素化合价均为+6，反应中所有元素的化合价未变化，属于非氧化还原反应。反应前后均有−2 价的 7 个 O，−1 价的 8 个 O。一个 CrO_5 中−1 价 O 有 4 个，−2 价的 O 有 1 个。CrO_5 在乙醚中比较稳定，故在反应前预先加一些乙醚，生成的 CrO_5 溶解在乙醚中生成 $[CrO(O_2)_2(C_2H_5)_2O]$显蓝色：$CrO_5+(C_2H_5)_2O$

$\rightarrow CrO_5 \cdot (C_2H_5)_2O$。否则，在水溶液中 CrO_5 继续和 H_2O_2 反应：$2CrO_5+7H_2O_2+6H^+ = 2Cr^{3+}+7O_2\uparrow+10H_2O$。该反应也可以检验 H_2O_2。

$Cr_2O_7^{2-}+3H_2S+8H^+ = 2Cr^{3+}+3S\downarrow+7H_2O$ $Cr_2O_7^{2-}$ 是强氧化剂，将 H_2S 氧化为 S，自身被还原为 Cr^{3+}。

$Cr_2O_7^{2-}+3HSO_3^-+5H^+ = 2Cr^{3+}+3SO_4^{2-}+4H_2O$ 工业上用亚硫酸氢钠还原 $Cr_2O_7^{2-}$，处理含 $Cr_2O_7^{2-}$ 的废水，转变为 Cr^{3+}，再调节 pH，Cr^{3+} 和 OH^- 反应生成 $Cr(OH)_3$ 沉淀除去。

$Cr_2O_7^{2-}+6I^-+14H^+ = 2Cr^{3+}+3I_2+7H_2O$ $Cr_2O_7^{2-}$ 是强氧化剂，在酸性溶液中，可以氧化 H_2S、HI、H_2SO_3 等，加热条件下甚至可以氧化 HBr、HCl 等。$Cr_2O_7^{2-}$ 一般被还原为 Cr^{3+}。

$Cr_2O_7^{2-}+2Pb^{2+}+H_2O = 2PbCrO_4\downarrow+2H^+$ 制备铬酸铅的原理之一，硫酸酸化的酸性溶液中生成亮黄色沉淀，中性溶液中沉淀颜色较暗。可以用电解法制备，铅作阳极生成 Pb^{2+}，铁作阴极。因为 CrO_4^{2-} 和 $Cr_2O_7^{2-}$ 之间存在平衡，$2CrO_4^{2-}+2H^+ \rightleftharpoons Cr_2O_7^{2-}+H_2O$，加入 Pb^{2+} 等，生成难溶的铬酸盐沉淀，使平衡向生成 CrO_4^{2-} 的方向移动。$PbCrO_4$ 为黄色沉淀。铬酸盐和重铬酸盐溶液中加入 Ba^{2+}、Ag^+、Pb^{2+} 等离子，均生成铬酸盐沉淀，所以用 Ba^{2+}、Ag^+、Pb^{2+} 等可以检验 CrO_4^{2-}。

$Cr_2O_7^{2-}+3SO_3^{2-}+8H^+ = 2Cr^{3+}+3SO_4^{2-}+4H_2O$ 重铬酸盐具有强氧化性，在酸性条件下将亚硫酸盐氧化为硫酸盐，本身被还原为铬盐的化学方程式。见【$K_2Cr_2O_7+3Na_2SO_3+4H_2SO_4$】。

【$H_2Cr_2O_7$】

$H_2Cr_2O_7+4H_2O_2 = 2CrO(O_2)_2+5H_2O$ 在酸性溶液中，过氧化氢使重铬酸盐生成二过氧合铬氧化物，详见【$Cr_2O_7^{2-}+4H_2O_2+2H^+$】。

【$Na_2Cr_2O_7$】重铬酸钠。

$4Na_2Cr_2O_7 \xlongequal{\triangle} 4Na_2CrO_4+2Cr_2O_3+3O_2\uparrow$ 重铬酸钠受热分解生成铬酸钠、三氧化二铬和氧气。

$Na_2Cr_2O_7+C \xlongequal{\triangle} Cr_2O_3+Na_2CO_3+CO\uparrow$ 用炭还原 $Na_2Cr_2O_7$ 可以制得 Cr_2O_3。

$Na_2Cr_2O_7+6KI+14HCl = 2CrCl_3+2NaCl+6KCl+3I_2+7H_2O$ $Na_2Cr_2O_7$ 和 KI 发生氧化还原反应，$Na_2Cr_2O_7$ 作氧化剂，被还原为氯化铬，KI 作还原剂，被氧化为碘。

$Na_2Cr_2O_7+S = Cr_2O_3+Na_2SO_4$ 用硫还原重铬酸钠，可制得绿色的三氧化二铬。

【$K_2Cr_2O_7$】重铬酸钾，橙红色晶体，溶于水，不溶于乙醇，常用作强氧化剂、分析试剂，可制造烟火、颜料以及鞣革等。常温下在空气中稳定，500℃时分解放出氧气。铬酸钾用硫酸酸化，产物经重结晶提纯而制得。

$4K_2Cr_2O_7 \xlongequal{\triangle} 4K_2CrO_4+2Cr_2O_3+3O_2\uparrow$ 重铬酸钾在常温下性质稳定，500℃时分解生成铬酸钾、三氧化二铬和氧气。

$K_2Cr_2O_7+3CCl_4 \rightarrow 2CrO_2Cl_2+3COCl_2+2KCl$ 四氯化碳和重铬酸钾反应，生成氯化铬酰（或叫作二氯二氧化铬）、碳酰氯（又叫作光气）和氯化钾，属于非氧化还原反应。氯化铬酰是深红色液体，外观似溴，能与四氯化碳、二硫化碳以及氯仿互溶。在钢铁分析中比较有用，当铬干扰其他元素的分析时，在溶解的试样中加入 NaCl 和 $HClO_4$，将铬生成易挥发的氯化铬酰而除去。

$K_2Cr_2O_7+14HCl=2KCl+2CrCl_3+3Cl_2\uparrow+7H_2O$ $K_2Cr_2O_7$ 是强氧化剂，加热时将 HCl 氧化为 Cl_2，自身被还原为 $CrCl_3$，可用于制备 $CrCl_3\cdot H_2O$。

$K_2Cr_2O_7+3H_2O_2+4H_2SO_4=Cr_2(SO_4)_3+K_2SO_4+7H_2O+3O_2\uparrow$
向硫酸酸化后的重铬酸钾溶液中加入过氧化氢，重铬酸钾作氧化剂，过氧化氢作还原剂，溶液变成绿色透明，有氧气放出。

$K_2Cr_2O_7+H_2SO_4=K_2SO_4+2CrO_3\downarrow+H_2O$ 在 $K_2Cr_2O_7$ 的溶液中加入 H_2SO_4，可析出橙红色的晶体 CrO_3。

$K_2Cr_2O_7+H_2SO_4+3SO_2=K_2SO_4\cdot Cr_2(SO_4)_3+H_2O$ 用二氧化硫还原重铬酸钾和硫酸的混合溶液，可制得铬钾矾 $K_2SO_4\cdot Cr_2(SO_4)_3\cdot 24H_2O$，用于鞣革、纺织工业。

$K_2Cr_2O_7+4KCl+3H_2SO_4(浓)=2CrO_2Cl_2+3K_2SO_4+3H_2O$ 将重铬酸钾和氯化钾的细粉混合后置于蒸馏瓶中，慢慢滴入浓硫酸，并在沙浴上加热，生成氯化铬酰 CrO_2Cl_2，又称二氯二氧化铬、铬酰氯，可被蒸馏出来。离子方程式见【$Cr_2O_7^{2-}$+ $4Cl^-$+ $6H^+$】。在钢铁分析中，可以消除铬对测定锰的干扰，先生成氯化铬酰，加热使其挥发。

$K_2Cr_2O_7+3Na_2SO_3+4H_2SO_4=Cr_2(SO_4)_3+3Na_2SO_4+K_2SO_4+4H_2O$
在酸性条件下，重铬酸钾作强氧化剂，将亚硫酸钠氧化为硫酸盐，自身被还原为 $Cr_2(SO_4)_3$。离子方程式见【$Cr_2O_7^{2-}$+$3SO_3^{2-}$ +$8H^+$】。

【$[Cr_2O_{12}]^{2-}$】

$[Cr_2O_{12}]^{2-}+8H^+=2Cr^{3+}+4H_2O+4O_2\uparrow$ 过氧基配合物在室温下不稳定，在酸溶液中$[Cr_2O_{12}]^{2-}$分解为 Cr^{3+}、H_2O 和 O_2。

$2[Cr_2O_{12}]^{2-}+4OH^-=4CrO_4^{2-}+2H_2O+5O_2\uparrow$ 过氧基配合物在室温下不稳定，$[Cr_2O_{12}]^{2-}$在碱性溶液中分解为铬酸盐和氧气。

【$Cr(OH)_3$】

氢氧化铬，化学式又写成 $Cr_2O_3\cdot xH_2O$，灰蓝色或绿色胶状沉淀，不溶于水，微溶于氨水，具有两性。溶于酸形成 Cr^{3+}，溶于过量碱生成配离子$[Cr(OH)_8]^{5-}$、$[Cr(OH)_7]^{4-}$、$[Cr(OH)_6]^{3-}$等。氢氧化铬具有胶体特性，易被三氯化铬乳化为悬胶，高温脱水后生成绿色的三氧化二铬 Cr_2O_3。由三价铬盐或铬矾溶液中加入稀碱或氨水制得，可用于制取三价铬盐、亚铬酸盐、颜料以及处理羊毛等。

$Cr(OH)_3+3H^+=Cr^{3+}+3H_2O$
氢氧化铬具有两性，溶于强酸，生成铬（Ⅲ）盐和水；溶于强碱，见【$Cr(OH)_3$+OH^-】。灰蓝色的氢氧化铬在水溶液中存在以下平衡：$Cr^{3+}+3OH^- \rightleftharpoons Cr(OH)_3 \rightleftharpoons H_2O+HCrO_2 \rightleftharpoons H^++CrO_2^-+H_2O$。加酸，平衡左移，生成蓝紫色 Cr^{3+}；加碱，平衡右移，生成绿色 CrO_2^-。

$Cr(OH)_3+3HCl=CrCl_3+3H_2O$
氢氧化铬和盐酸反应，生成氯化铬和水，离子方程式见【$Cr(OH)_3$+$3H^+$】。

$Cr(OH)_3+NaOH=NaCrO_2+2H_2O$
氢氧化铬具有两性，溶于强碱生成亚铬酸盐和水，离子方程式见【$Cr(OH)_3$+ OH^-】。

$Cr(OH)_3+OH^-=CrO_2^-+2H_2O$
氢氧化铬具有两性，溶于强碱生成亚铬酸盐和水，还可以写作 $Cr(OH)_3+OH^-=[Cr(OH)_4]^-$。

$Cr(OH)_3+OH^-=[Cr(OH)_4]^-$
氢氧化铬溶于强碱形成亮绿色的$[Cr(OH)_4]^-$，又常写作CrO_2^-，见【$Cr(OH)_3+OH^-=CrO_2^-+2H_2O$】。

【$[Cr(OH)_4]^-$】

$2[Cr(OH)_4]^-+(x-3)H_2O=Cr_2O_3 \cdot xH_2O\downarrow+2OH^-$ 亚铬酸盐$[Cr(OH)_4]^-$(或CrO_2^-)的水溶液在加热煮沸时完全水解成水合氧化铬（III）沉淀。

$2[Cr(OH)_4]^-+3H_2O_2+2OH^-=2CrO_4^{2-}+8H_2O$ 亚铬酸盐在碱性条件下有较强的还原性。H_2O_2将$[Cr(OH)_4]^-$氧化为CrO_4^{2-}。将$[Cr(OH)_4]^-$写作CrO_2^-时，见【$2CrO_2^-+3H_2O_2+2OH^-$】。

$2Cr(OH)_4^-+2OH^-+3ClO^-=2CrO_4^{2-}+3Cl^-+5H_2O$ ClO^-在碱性条件下将$[Cr(OH)_4]^-$氧化为CrO_4^{2-}。$[Cr(OH)_4]^-$可写作$Cr(OH)_4^-$。

【CrO_2Cl_2】

氯化铬酰，又称二氯二氧化铬、铬酰氯，四面体共价分子，深红色液体，有强腐蚀性，外观似溴，沸点390K，易挥发，见光不稳定，见水分解铬酸和氯化氢。潮湿空气中发烟分解，溶于乙醚、四氯化碳、二硫化碳中。醋酸中易缔合，能分解乙醇，常温下干燥避光时稳定。与易于氧化的有机物作用剧烈，常引起燃烧、爆炸。被碱分解成铬酸盐。蒸气状态或有机溶液中呈单分子状态。可由无水氯化氢和三氧化铬作用制得，可用于有机氧化反应、氯化反应及作三氧化铬的溶剂。

$2CrO_2Cl_2+3H_2O=H_2Cr_2O_7+4HCl$
氯化铬酰（或二氯二氧化铬）遇水分解，生成重铬酸和氯化氢。

【$(C_6H_6)_2Cr$】

二苯铬，深褐色晶体，在空气中氧化分解，高于300℃时分解，真空中130℃时升华，不溶于水，微溶于乙醚、石油醚，略溶于苯。属于夹心配合物，用作烯烃聚合催化剂，其制备见【$3CrCl_3+2Al+AlCl_3+6C_6H_6$】。与一氧化碳在高温加压下作用生成六羰基铬和苯三羰基铬。将三氯化铬、苯、三氯化铝和铝粉混合物在玻璃封管内加热至150℃得$[(C_6H_6)_2Cr]AlCl_4$，再经甲醇和水处理后用连二亚硫酸钠还原而得。烯烃聚合催化剂。

$2(C_6H_6)_2Cr+O_2+2H_2O\rightarrow 2[(C_6H_6)_2Cr]OH+H_2O_2$ 二苯铬被氧化为成$[(C_6H_6)_2Cr]^+$。

【$[(C_6H_6)_2Cr]^+$】

$2[(C_6H_6)_2Cr]^++S_2O_4^{2-}+4OH^-=2(C_6H_6)_2Cr+2SO_3^{2-}+2H_2O$
工业上制备二苯铬的其中一步反应，详见【$3CrCl_3+2Al+AlCl_3+6C_6H_6$】。

【$[Cr(NH_3)_5Cl]^{2+}$】

$[Cr(NH_3)_5Cl]^{2+}+H_2O\xrightarrow[365\text{-}506nm]{h\nu}[cis\text{-}Cr(NH_3)_4(H_2O)Cl]^{2+}+NH_3$
在光的作用下，$[Cr(NH_3)_5Cl]^{2+}$发生光水合反应，光取代反应之一。“*cis*”表示顺式。

【Mo】

钼，银灰色金属或灰黑色粉末，不溶于氢氟酸和氨水，微溶于盐酸，溶于浓热的硝酸、硫酸和王水。常温下在空气中稳定，500℃时和氧气作用生成三氧化钼。主

要矿物为辉钼矿 MoS_2。可由三氧化钼用碳、铝、氢还原制得，以氢还原法最佳。可制灯泡、电阻发热元件、无线电元件、特种钢等。

$2Mo+3O_2 \xlongequal{\triangle} 2MoO_3$ 金属钼和氧气反应，生成三氧化钼，可以制备三氧化钼。

【MoO_2】

二氧化钼，紫棕色或铅灰色有光泽粉末，不溶于水、盐酸、氢氟酸和碱，微溶于热浓硫酸，可被硝酸氧化为三氧化钼。氢气中加热至 500℃时生成金属钼。和氯气反应生成二氯二氧化钼。由红热的钼粉通入水蒸气制得。

$MoO_2+2H_2 \xlongequal{高温} Mo+2H_2O$ 工业上生产高纯度的金属钼，用氢气作还原剂还原三氧化钼，分两步进行。第一步：723～923K 时生成 MoO_2：$MoO_3+H_2 \xlongequal{灼热} MoO_2+H_2O$；第二步：1223～1373K 时，用氢气还原二氧化钼，得到粉末状金属钼。将粉末加压成型，在氢气流中加热至熔点制得钼块。详见【$2MoS_2+7O_2$】。制纯度不高的金属钼，见【MoO_3+2Al】。

【MoO_3】

三氧化钼，淡黄白色固体，加热变黄，1155℃时升华；酸性氧化物，微溶于水，溶于氢氟酸、浓硫酸、氨水和碱的水溶液。有两种水合物 $MoO_3{\cdot}H_2O$ 和 $MoO_3{\cdot}2H_2O$。常由钼粉、辉钼矿、钼酸铵等在空气中煅烧制得，可用于冶金、防腐蚀，作颜料、石油催化剂。

$MoO_3+2Al \xlongequal{灼热} Mo+Al_2O_3$ Al 和 MoO_3 发生的“铝热反应”，Al 作还原剂，将 MoO_3 还原为 Mo。工业上用碳或铝还原三氧化钼制备金属钼，该钼纯度不高，可以制作合金，高纯度钼的制备见【MoO_2+2H_2】。

$MoO_3+3H_2 \xlongequal{\triangle} Mo+3H_2O$ 三氧化钼被 H_2 还原生成金属钼。若 H_2 少量，先生成 MoO_2，见【MoO_3+H_2】。继续升温至 500℃以上，MoO_2 继续被还原，生成金属钼，见【MoO_2+2H_2】。

$MoO_3+H_2 \xlongequal{灼热} MoO_2+H_2O$ 工业上生产高纯度的金属钼的反应之一，用氢气还原三氧化钼，先得到二氧化钼，详见【MoO_2+2H_2】。制纯度不高的金属钼，见【MoO_3+2Al】。

$MoO_3+2NH_3{\cdot}H_2O = (NH_4)_2MoO_4+H_2O$ 工业上冶炼金属钼的原理之一，详见【$2MoS_2+7O_2$】。

【MoS_2】

二硫化钼，黑色有光泽的晶体，天然产物为辉钼矿，外形酷似石墨，呈片状晶体，450℃时升华。硬度 1，不溶于水及稀酸，溶于浓热硫酸、王水、硝酸。空气中煅烧至 500℃时生成三氧化二钼。由硫和三氧化钼在隔绝空气条件下作用制得，可作润滑剂、氢化催化剂。

$2MoS_2+7O_2 \xlongequal{高温} 2MoO_3+4SO_2$

在 820~920K 时焙烧 MoS_2 生成 MoO_3，工业上冶炼金属钼的原理之一。MoO_3 和氨水反应，生成$(NH_4)_2MoO_4$：$MoO_3+2NH_3{\cdot}H_2O = (NH_4)_2MoO_4+H_2O$，$(NH_4)_2MoO_4$ 和 HCl 反应生成 H_2MoO_4：$(NH_4)_2MoO_4+2HCl = H_2MoO_4\downarrow+2NH_4Cl$。400℃~500℃加热 H_2MoO_4 得到较纯的 MoO_3：$H_2MoO_4 \xlongequal{\triangle} MoO_3+H_2O$，或者用$(NH_4)_2MoO_4$ 热分解也得到 MoO_3：$(NH_4)_2MoO_4 \xlongequal{\triangle} MoO_3+2NH_3\uparrow+H_2O$，再用氢气还原 MoO_3，可得到高纯度金属钼：$MoO_2+2H_2 \xlongequal{高温} Mo+2H_2O$。

【MoO_4^{2-}】

$7MoO_4^{2-}+8H^+ = Mo_7O_{24}^{6-}+4H_2O$

将三氧化钼的氨水溶液酸化，降低其 pH，当 pH 大约等于 6 时，生成 $Mo_7O_{24}^{6-}$，结晶可得仲钼酸铵$(NH_4)_6Mo_7O_{24}\cdot 4H_2O$，其为实验室常用试剂，也是一种微量元素肥料。将其溶液稍微酸化，形成八钼酸铵离子 $Mo_8O_{26}^{4-}$。

$MoO_4^{2-}+2H^++H_2O = H_2MoO_4\cdot H_2O\downarrow$

可溶性钼酸盐用如浓 HNO_3 等强酸酸化，生成黄色水合钼酸沉淀。

$12MoO_4^{2-}+3NH_4^++HPO_4^{2-}+23H^+ = (NH_4)_3[P(Mo_{12}O_{40})]\cdot 6H_2O\downarrow+6H_2O$ 用硝酸酸化$(NH_4)_2MoO_4$ 溶液，加热至约 323K，加入 Na_2HPO_4 溶液，可生成 12-钼磷酸铵黄色晶体沉淀，可以写作$(NH_4)_3PO_4\cdot 12MoO_3\cdot 6H_2O$。该原理可用于检验 MoO_4^{2-}，也可鉴定 PO_4^{3-}。

$2MoO_4^{2-}+3Zn+16H^+ = 2Mo^{3+}+3Zn^{2+}+8H_2O$ 酸性溶液中，强还原剂金属锌将钼酸（H_2MoO_4）还原为 Mo^{3+}，见【$2(NH_4)_2MoO_4$+ 3Zn+16HCl】。

$2MoO_4^{2-}+Zn+8H^+ = 2MoO_2^++Zn^{2+}+4H_2O$ 在浓盐酸溶液中，$(NH_4)_2MoO_4$ 被锌还原成 MoO_2^+时的反应，溶液最初为蓝色[Mo(Ⅵ)、Mo(Ⅴ)]混合氧化态化合物，继续还原为红棕色 MoO_2^+。再反应生成绿色$[MoOCl_5]^{2-}$：$2MoO_4^{2-}+Zn+12H^++10Cl^- = 2[MoOCl_5]^{2-}+Zn^{2+}+6H_2O$；最后生成棕色 $MoCl_3$：$2MoO_4^{2-}+3Zn+16H^++6Cl^- = 2MoCl_3\downarrow+3Zn^{2+}+8H_2O$。若生成可溶性钼(III)盐，见【$2MoO_4^{2-}$+3Zn+16$H^+$】。

$2MoO_4^{2-}+3Zn+16H^++6Cl^- = 2MoCl_3\downarrow+3Zn^{2+}+8H_2O$ 在浓盐酸溶液中，锌还原钼酸盐的一系列反应的其中一步反应，详见【$2MoO_4^{2-}$+Zn+8H^+】。

$2MoO_4^{2-}+Zn+12H^++10Cl^- = 2[MoOCl_5]^{2-}+Zn^{2+}+6H_2O$ 在浓盐酸溶液中，锌还原钼酸盐的一系列反应其中一步反应。详见【$2MoO_4^{2-}$+ Zn+8H^+】。

【H_2MoO_4】 钼酸 $MoO_3\cdot 2H_2O$。

$H_2MoO_4 \xlongequal{\triangle} MoO_3+H_2O$ 工业上冶炼金属钼的原理之一。详见【$2MoS_2+7O_2$】。

【$H_2MoO_4\cdot H_2O$】

$H_2MoO_4\cdot H_2O \xlongequal{\triangle} H_2MoO_4+H_2O$

黄色水合钼酸受热失水之后，生成黄色固体钼酸。

【$(NH_4)_2MoO_4$】 正钼酸铵，只存

在于过量氨的溶液中，由三氧化钼溶于过量氨水中制得。还有一种仲钼酸铵，化学式为$(NH_4)_6Mo_7O_{24}\cdot 4H_2O$，无色大颗粒单斜晶体，放置于空气中会失去部分氨，170℃时分解为氨及三氧化钼。不溶于乙醇、丙酮，溶于水、强酸和强碱溶液。由蒸发浓缩正钼酸铵溶液制得，可作分析试剂、颜料、脱氢催化剂，也用于石油及炼焦工业脱硫及制备钼粉。

$(NH_4)_2MoO_4 \xlongequal{\triangle} MoO_3+2NH_3\uparrow+H_2O$ 工业上冶炼钼的其中一步反应，详见【$2MoS_2+7O_2$】。

$(NH_4)_2MoO_4+2HCl = H_2MoO_4\downarrow+2NH_4Cl$ 工业上冶炼金属钼原理之一，详见【$2MoS_2+7O_2$】。

$2(NH_4)_2MoO_4+3Zn+16HCl = 2MoCl_3+3ZnCl_2+4NH_4Cl+8H_2O$

酸性溶液中，强还原剂金属锌将钼酸铵还原为 Mo^{3+}。离子方程式详见【$2MoO_4^{2-}$+3Zn+16H^+】。

$(NH_4)_2MoO_4+3H_2S+2HCl═MoS_3↓+2NH_4Cl+4H_2O$ $(NH_4)_2MoO_4$、H_2S 和 HCl 作用生成棕色的 MoS_3 沉淀。

【W】钨，灰黑色金属，硬而亮，不溶于氢氟酸和氢氧化钾溶液，微溶于硝酸、硫酸、王水，溶于硝酸和氢氟酸的混合酸，溶于含硝酸钠的氢氧化钠熔融体中。常温下化学性质稳定，400℃以上时能被空气氧化，高温时能与卤素单质化合，与许多金属形成合金。存在于钨锰铁矿和钨酸钙矿，分别称黑钨矿和白钨矿。由三氧化钨在 900℃时于氢气流中还原制得，可用于制高温切削合金钢、灯丝、火箭喷嘴、太阳能装置等。

$W+5HF+2HNO_3═H[WOF_5]+2NO↑+3H_2O$ 金属钨化学性质不活泼，和非氧化性的酸不反应，溶解在强氧化性的酸中，如热的浓硫酸、浓硝酸、王水以及氢氟酸和硝酸的混合酸等。

$W(s)+I_2(g)\rightleftharpoons WI_2(g)$ 碘钨灯工作原理。灯管内少量的 I_2 和 W 生成 WI_2。$WI_2(g)$扩散到灯丝附近的高温区时，又分解出 W 重新沉积到灯管上。碘钨灯可提高发光效率，可延长使用寿命。

$2W+3O_2\xlongequal{\triangle}2WO_3$ 金属钨和氧气反应，生成三氧化钨，可用来制备三氧化钨。

【WO_2】二氧化钨。

$WO_2+2H_2\xlongequal{高温}W+2H_2O$ 氢气还原二氧化钨生产金属钨。

【WO_3】三氧化钨，淡黄色结晶粉末，常温下在空气中稳定，加热变成橙黄色，熔点为 1473℃，不溶于水，难溶于酸，溶于苛性碱。在加热条件下和氯气作用生成氯氧化钨 $WOCl_4$，500℃时通氯化氢气流可使其完全挥发，800℃时在氢气流中还原得金属钨粉。由仲钨酸铵、钨酸在氧化性气氛中高温煅烧而制得，可制金属钨、X 荧光屏、陶瓷颜料。

$WO_3+3H_2\xlongequal{高温}W+3H_2O$ 在 923~1093K 时，氢气还原三氧化钨生产粉末状金属钨。

$WO_3+2NaOH═Na_2WO_4+H_2O$ 三氧化钨是酸性氧化物，和氢氧化钠溶液反应生成钨酸钠和水。

$WO_3+2OH^-═WO_4^{2-}+H_2O$ 三氧化钨是酸性氧化物，和强碱溶液反应生成钨酸盐和水。

【WO_4^{2-}】钨酸盐。

$WO_4^{2-}+2H^+\xlongequal{\triangle}H_2WO_4$ 在钨酸盐的热溶液中加入盐酸，可生成黄色钨酸。

$WO_4^{2-}+2H^++xH_2O═H_2WO_4·xH_2O$ 在钨酸盐的冷溶液中加入盐酸，生成白色胶状水合钨酸。水合钨酸加热失水，变为钨酸，见【$H_2WO_4·xH_2O$】。

【H_2WO_4】钨酸，以多种状态存在，黄色粉末或结晶，100℃时开始脱水，高温灼烧转变为三氧化钨，不溶于冷水及大多数酸，微溶于热水，溶于碱、氢氟酸和氨水。正钨酸盐或仲钨酸盐用稀酸处理可得胶状钨酸，可由钨酸盐溶液加入稀硝酸溶液作用而得。黄钨酸用来制备金属钨粉，粉状白钨酸可以制备偏钨酸盐及含钨杂多酸盐等。

$H_2WO_4\xlongequal{\triangle}WO_3+H_2O$ 工业上制取三氧化钨的其中一步反应。加热钨酸，773K 时脱水得黄色三氧化钨，详见【$4FeWO_4+$

$4Na_2CO_3+O_2$】。

【$H_2WO_4 \cdot xH_2O$】

$H_2WO_4 \cdot xH_2O \overset{\triangle}{=\!=} H_2WO_4+xH_2O$
水合钨酸受热失去结晶水，变为钨酸，白色变为黄色。

【Na_2WO_4】

钨酸钠，晶体为$Na_2WO_4 \cdot 2H_2O$，白色闪光晶体，易溶于水，不溶于酒精、二硫化碳。空气中加热至100℃或用浓硫酸干燥可脱去结晶水。由三氧化钨与液碱加热作用并经浓缩结晶制得。十水合物为无色晶体，在6℃以上易脱水生成二水合物。可制备金属钨及钨制品的中间原料以及纺织物或纤维的防火材料。

$Na_2WO_4+2HCl=\!=H_2WO_4\downarrow+2NaCl$
工业上制取三氧化钨的其中一步反应。用盐酸酸化钨酸钠溶液，得到黄色的钨酸沉淀。详见【$4FeWO_4+ 4Na_2CO_3+O_2$】。

【$FeWO_4$】

钨铁矿的成分，单斜晶系，晶体呈板状；集合体呈刃片状或粉状，半金属光泽，黑色；条痕褐黑色，不透明，性脆，断口参差状，解理平行，轴面完全。具弱磁性，主要产于高温热液石英脉中，是炼钨的主要矿物原料。

$4FeWO_4+4Na_2CO_3+O_2=\!=2Fe_2O_3+4Na_2WO_4+4CO_2$
工业上用碱熔法处理黑钨矿制取三氧化钨和冶炼钨的其中一步反应。黑钨矿又称钨锰铁矿，主要成分(Fe,Mn)WO_4，是$FeWO_4$-$MnWO_4$类质同象系列的中间成员。用重力或磁力得到精矿，和Na_2CO_3混合，在空气中焙烧，将$FeWO_4$转化为Na_2WO_4。将$MnWO_4$也转化为Na_2WO_4，见【$6MnWO_4+6Na_2CO_3+O_2$】。用水浸取Na_2WO_4，过滤后，用盐酸酸化钨酸钠（pH<1），得到黄色钨酸沉淀：$Na_2WO_4+2HCl=\!=H_2WO_4\downarrow+2NaCl$。加热钨酸，773K时脱水生成黄色的三氧化钨：$H_2WO_4 \overset{\triangle}{=\!=} WO_3+H_2O$。用$H_2$还原$WO_3$得金属钨，见【$WO_3+3H_2$】。

【$MnWO_4$】

钨锰铁矿又称黑钨矿，主要成分(Fe,Mn)WO_4，是$FeWO_4$-$MnWO_4$类质同象系列的中间成员。单斜晶系，晶体呈板状或短柱状；集合体呈刃片状或粒状，半金属光泽，褐黑色；条痕褐色，不透明，性脆，断口参差状，解理平行，轴面完全。具弱碱性，主要产于花岗岩分布地区的高温热液石英脉中，亦见于砂矿中，是炼钨的主要矿石原料。

$6MnWO_4+6Na_2CO_3+O_2 \overset{\triangle}{=\!=} 6Na_2WO_4+2Mn_3O_4+6CO_2$
工业上制取三氧化钨时，首先制取Na_2WO_4的原理之一，将$MnWO_4$也转化为Na_2WO_4。工业上制取三氧化钨详见【$4FeWO_4+4Na_2CO_3+O_2$】。

第十四章 ⅦB元素单质及其化合物

锰(Mn) 锝(Tc) 铼(Re) 铍 (Bh)

【Mn】 金属锰，块状为银白色，粉末状为灰色，化学性质活泼。在空气中块状锰表面形成一层氧化物保护膜；粉末状时燃烧，溶于水和稀酸，放出 H_2。加热时在 O_2、N_2、Cl_2、F_2 中燃烧，和氯气反应生成二氯化锰，和氟反应生成二氟化锰和三氟化锰。自然界中以软锰矿形式存在，常由铝热法还原软锰矿而制得，可用于制锰钢及非铁合金，以提高耐腐蚀性和硬度。

$Mn+Cl_2\xlongequal{\triangle}MnCl_2$ 金属锰和氯气在加热条件下反应，生成粉红色的二氯化锰晶体。在室温下，锰对非金属并不活泼，在高温下，可以和卤素单质、氧气、硫、磷、碳、硅、硼等直接化合。在 1473K 时，可以和氮气直接化合生成 Mn_3N_2。但是锰不与氢气作用。【卤素单质和金属反应】见【$2Al+3Cl_2$】。

$Mn+2H^+=Mn^{2+}+H_2\uparrow$ 金属锰和非氧化性的强酸稀溶液反应，生成氢气和 Mn^{2+}。【金属活动顺序表】见【$2Ag^++Cu$】。

$Mn+2HCl=MnCl_2+H_2\uparrow$ 金属锰和非氧化性的强酸（盐酸）稀溶液反应，生成氢气和二氯化锰。【金属活动顺序表】见【$2Ag^++Cu$】。

$Mn+2H_2O\xlongequal{热水}Mn(OH)_2\downarrow+H_2\uparrow$ 金属锰和热水反应，生成氢气和氢氧化锰白色沉淀。

$2Mn+4KOH+3O_2\xlongequal{熔融}2K_2MnO_4+2H_2O$ 在 O_2 存在条件下，金属锰同熔融的碱作用生成锰酸盐。

$3Mn+2O_2\xlongequal{\triangle}Mn_3O_4$ 锰在氧气中或空气中燃烧时生成黑色的四氧化三锰 Mn_3O_4，和 Fe_3O_4 类似，Mn_3O_4 可以写为 $MnO\cdot Mn_2O_3$。

【Mn^{2+}】

$2Mn^{2+}+5IO_4^-+3H_2O=2MnO_4^-+5IO_3^-+6H^+$ 氧化性：$IO_4^->MnO_4^-$，在溶液中 IO_4^-将 Mn^{2+}氧化为 MnO_4^-，可以测定 Mn^{2+}的浓度。

$4Mn^{2+}+MnO_4^-+15(H_2P_2O_7)^{2-}+8H^+=5[Mn(H_2P_2O_7)_3]^{3-}+4H_2O$ 用 $KMnO_4$ 测定 Mn^{2+}的原理：在 Mn^{2+}的酸性溶液中加入焦磷酸盐，再滴入 $KMnO_4$ 溶液，生成$[Mn(H_2P_2O_7)_3]^{3-}$，$KMnO_4$ 作为氧化剂和指示剂。也是定量测定 MnO_4^-的原理之一。

$2Mn^{2+}+O_2+4OH^-=2MnO(OH)_2$ Mn^{2+}和强碱溶液反应生成白色 $Mn(OH)_2$ 沉淀：$2OH^-+Mn^{2+}=Mn(OH)_2\downarrow$。$Mn(OH)_2$ 很容易被空气中的氧气氧化成棕色的 $MnO(OH)_2$：$2Mn(OH)+O_2=2MnO(OH)_2$。将两步反应加合得到以上总方程式。

$Mn^{2+}+2OH^-=Mn(OH)_2\downarrow$ Mn^{2+}和强碱溶液反应生成白色 $Mn(OH)_2$ 沉淀。$Mn(OH)_2$ 很容易被空气中的氧气氧化生成棕色的水合二氧化锰 $MnO(OH)_2$：$2Mn(OH)+O_2=2MnO(OH)_2$。

$2Mn^{2+}+5PbO_2+4H^+\xlongequal{Ag}2MnO_4^-+5Pb^{2+}+2H_2O$ 在酸性溶液中，Mn^{2+}较稳定，强氧化剂 PbO_2 等可将 Mn^{2+}氧化为 MnO_4^-，因 MnO_4^-呈紫色，自身可作指示剂，该原理可用于检验 Mn^{2+}。Mn^{2+}的浓度和用

量不宜太大，否则，Mn^{2+}又和生成的MnO_4^-反应生成MnO_2棕色沉淀，见【$2MnO_4^-$+$3Mn^{2+}$+$2H_2O$】。若加入H_2SO_4，离子方程式见【$2Mn^{2+}$+$5PbO_2$+$4H^+$+$5SO_4^{2-}$】。在碱性溶液中，Mn^{2+}易被氧化。

$2Mn^{2+}+5PbO_2+4H^++5SO_4^{2-}\xlongequal{催化剂}5PbSO_4\downarrow+2MnO_4^-+2H_2O$ PbO_2具有强氧化性，在酸性条件下将Mn^{2+}氧化为MnO_4^-，加入H_2SO_4时，还生成$PbSO_4$。

【$MnCl_2$】

二氯化锰，粉红色叶片状结晶，易潮解，易溶于水，溶于无水乙醇。从酒精溶液中析出时含三分子乙醇的结晶。红热条件下在氯化氢气流中挥发，不被氢气还原，在氧气或水气中受热转变为三氧化二锰。低于58℃时蒸发水溶液得四水合物。室温下二氯化锰浓溶液通入氯化氢达饱和时析出二水合物。常由锰在氯气中燃烧制备，可作有机氯化催化剂、染料、肥料、食品添加剂等。

$MnCl_2+2NaOH=Mn(OH)_2\downarrow+NaCl$ Mn^{2+}和强碱溶液反应生成白色$Mn(OH)_2$沉淀。$Mn(OH)_2$很容易被空气中的氧气氧化生成棕色的$MnO(OH)_2$：$2Mn(OH)+O_2=2MnO(OH)_2$。

【$MnSO_4$】

硫酸锰。

$MnSO_4+2NaOH=Mn(OH)_2\downarrow+Na_2SO_4$ Mn^{2+}和强碱溶液反应生成白色$Mn(OH)_2$沉淀。$Mn(OH)_2$很容易被空气中的氧气氧化生成棕色的$MnO(OH)_2$：$2Mn(OH)_2+O_2=2MnO(OH)_2$。

【$MnSO_4·7H_2O$】

七水合硫酸锰。

$MnSO_4·7H_2O\xlongequal{\triangle}MnSO_4·H_2O+6H_2O$ 七水合硫酸锰晶体在282K时，变成$MnSO_4·5H_2O$，299K时变成$MnSO_4·4H_2O$，300K时变成$MnSO_4·H_2O$。

【$Mn(NO_3)_2$】

硝酸锰。

$Mn(NO_3)_2\xlongequal{\triangle}MnO_2+2NO_2\uparrow$

硝酸锰受热分解生成二氧化锰和二氧化氮。该原理可以用来制备纯二氧化锰。

$Mn(NO_3)_2+2NH_4HCO_3=MnCO_3\downarrow+CO_2\uparrow+2NH_4NO_3+H_2O$ 用$Mn(NO_3)_2$和NH_4HCO_3反应制备碳酸锰。碳酸锰是白色六方晶体或玫瑰色晶体，难溶于水，溶于稀酸，沸水中分解，生成二氧化碳和氧化亚锰。

【Mn^{3+}】

$2Mn^{3+}+2H_2O=Mn^{2+}+MnO_2+4H^+$

Mn^{3+}不稳定，在水溶液中极易发生歧化反应，歧化为Mn^{2+}和MnO_2。

【MnO】

一氧化锰，绿色晶体，具有反铁磁性。不溶于水和有机溶剂，溶于酸和氯化铵，空气中受热生成Mn_3O_4。由氢气热还原处理二氧化锰或由碳酸锰在隔绝空气下高温热分解制得，可用于医药、印染、分析化学、催化法制丙烯醇及制陶瓷、彩色玻璃等。

$2MnO+C\xlongequal{\triangle}2Mn+CO_2\uparrow$ 用碳还原一氧化锰可得到金属锰。

$MnO+2HCl=MnCl_2+H_2O$

一氧化锰和盐酸反应，生成二氯化锰和水。

碱性氧化物和强酸反应，生成盐和水。

【Mn_2O_3】三氧化二锰，黑色晶体，有毒，难溶于水和醋酸，溶于冷盐酸、热硝酸和热硫酸。水锰矿的主要成分为 $Mn_2O_3 \cdot H_2O$。其细粉尘可燃。氢气还原时在 230℃生成四氧化三锰，300℃以上生成一氧化锰。由二氧化锰在空气中加热至 530℃~940℃制得。三价锰的水合氧化物称“锰棕”，可用作布料的印染剂。

$Mn_2O_3+6HCl = 2MnCl_2+Cl_2\uparrow+3H_2O$ 三氧化二锰和盐酸发生氧化还原反应，生成二氯化锰、氯气和水。三氧化二锰作氧化剂，HCl 作还原剂和酸。

【Mn_3O_4】四氧化三锰，黑色晶体，不溶于水，常温或加热条件下性质稳定，在 O_2 中加热生成 MnO_2。在氢气或一氧化碳中加热至高温生成一氧化锰。高温下碳可使它还原为锰。与盐酸共热可放出氯气，同时生成二氯化锰。可由三氧化二锰在高于 940℃环境下制得。定量分析中使锰以二氧化锰的形式沉淀，再灼烧成四氧化三锰形式称重。

$3Mn_3O_4+8Al \xlongequal{高温} 9Mn+4Al_2O_3$

工业上制金属锰的方法之一，用铝还原 Mn_3O_4，详见【$3MnO_2$】。

【MnO_2】二氧化锰，黑色晶体或棕黑色粉末状固体，自然界中主要以软锰矿形式存在。主要用于制造干电池、锰盐，以及用作氯酸钾、过氧化氢分解的催化剂等。在酸性介质中，MnO_2 是强氧化剂，在碱性介质中，MnO_2 是还原剂。MnO_2 有毒，不溶于水、硝酸和有机溶剂，溶于浓热盐酸制氯气，同时生成二氯化锰。535℃时脱去部分氧生成 Mn_2O_3，加热时可催化分解氯酸钾而使其放出氧气，具有氧化性。可由在氧气中加热三氧化二锰或由硝酸锰热分解制得，可用于作氧化剂、催化剂、媒染剂，以及制烟火和火柴等。

$3MnO_2 \xlongequal{强热} Mn_3O_4+O_2\uparrow$ 工业上用铝热法还原软锰矿制金属锰，见【$4Al+3MnO_2$】。但因反应激烈，不易控制，先将软锰矿加强热转化为 Mn_3O_4，再用铝还原：$3Mn_3O_4+8Al \xlongequal{高温} 9Mn+4Al_2O_3$。此法制得的金属锰纯度在 95%~98%。纯金属锰可用电解 $MnSO_4$ 水溶液的方法制得。

$2MnO_2+C+2H_2SO_4(浓) = 2MnSO_4 \cdot H_2O+CO_2\uparrow$ 在碳的参与下，浓硫酸和 MnO_2 反应，制硫酸锰。

$MnO_2+2CO \xlongequal{\triangle} Mn+2CO_2$ 用 CO 还原 MnO_2 制备金属锰的原理。

$2MnO_2+H_2 \xlongequal{高温} Mn_2O_3+H_2O$ 高温条件下，氢气还原二氧化锰得到三氧化二锰和水。

$2MnO_2(s)+H_2O(l)+2e^- = Mn_2O_3(s)+2OH^-(aq)$ 碱性锌锰电池中二氧化锰得到电子被还原的正极反应式。可以写作 $2MnO_2+2H_2O+2e^- = 2OH^-+2MnO(OH)$。负极反应式和总反应式见【$2MnO_2(s)+Zn(s)+H_2O(l) = Zn(OH)_2(s)+Mn_2O_3(s)$】。

$4MnO_2+6H_2SO_4(浓) \xlongequal{\triangle} 2Mn_2(SO_4)_3+6H_2O+O_2\uparrow$ 在 383K 时，MnO_2 和浓硫酸共热反应，生成 $Mn_2(SO_4)_3$、H_2O 和 O_2。

$2MnO_2+2H_2SO_4(浓) \xlongequal{\triangle} 2MnSO_4+O_2\uparrow+2H_2O$ 二氧化锰和浓硫酸在不加热时反应，生成硫酸锰、氧气和水，得到

$MnSO_4·5H_2O$，是粉红色的晶体，比较稳定，加热条件下脱水生成白色无水硫酸锰，再加热至红热时也不分解，硫酸锰是最稳定的锰盐。

$MnO_2+4HX(浓)\xlongequal{\triangle}MnX_2+X_2\uparrow+2H_2O$ MnO_2 和氢卤酸反应，制备卤素单质的反应通式，X 为 Cl、Br、I。

$3MnO_2+6KOH+KClO_3\xlongequal{熔融}3K_2MnO_4+KCl+3H_2O$ 将软锰矿和苛性钾在 473~543K 时加热熔融并通入空气，可制得绿色的锰酸钾：$2MnO_2+4KOH+O_2\xlongequal{熔融}2K_2MnO_4+2H_2O$。工业上以软锰矿为原料制备高锰酸钾的第一步。若用氯酸钾代替氧气则反应更快，反应如上。锰酸钾在水溶液中歧化为二氧化锰和高锰酸钾，即工业上以软锰矿为原料制备高锰酸钾的第二步反应：$3MnO_4^{2-}+4H^+\xlongequal{}MnO_2\downarrow+2MnO_4^-+2H_2O$，酸性条件下生成水，中性条件下生成碱。只要在含 MnO_4^{2-} 的盐溶液中加入很弱的酸，如加入醋酸或者通入二氧化碳，都会使歧化反应发生，工业上利用该原理来生成高锰酸钾。

$2MnO_2+4KOH+O_2\xlongequal{熔融}2K_2MnO_4+2H_2O$ 将软锰矿和苛性钾在 473~543K 时加热熔融并通入空气，可制得绿色的锰酸钾。工业上以软锰矿为原料制备高锰酸钾的第一步。用 $KClO_3$ 代替氧气时见【$3MnO_2+6KOH+KClO_3$】。

$2MnO_2+2NH_4^++2e^-\xlongequal{}Mn_2O_3+2NH_3+H_2O$ 干电池的正极电极反应式，详见【$2MnO_2+Zn+2NH_4^+$】。

$2MnO_2+2NH_4^++2e^-\xlongequal{}2MnO(OH)+2NH_3$ 干电池正极电极反应式的另一表示方式，详见【$2MnO_2+Zn+2NH_4^+$】。

$MnO_2+2NaBr+3H_2SO_4(浓)\xlongequal{\triangle}MnSO_4+Br_2\uparrow+2NaHSO_4+2H_2O$
实验室里制备溴：$MnO_2+4HBr\xlongequal{\triangle}MnBr_2+Br_2\uparrow+2H_2O$。用溴化钠和浓硫酸代替溴化氢也可以制备溴，可以理解为溴化钠和浓硫酸反应生成的溴化氢再和二氧化锰反应。硫酸过量时生成 $NaHSO_4$，硫酸少量时生成 Na_2SO_4，见【$MnO_2+2NaBr+2H_2SO_4(浓)$】。

$MnO_2+2NaBr+2H_2SO_4(浓)\xlongequal{\triangle}MnSO_4+Br_2\uparrow+Na_2SO_4+2H_2O$
实验室里制备溴：$MnO_2+4HBr\xlongequal{\triangle}MnBr_2+Br_2\uparrow+2H_2O$。用溴化钠和浓硫酸代替溴化氢也可以制备溴。

$MnO_2+2NaCl+3H_2SO_4(浓)\xlongequal{\triangle}MnSO_4+Cl_2\uparrow+2NaHSO_4+2H_2O$
实验室里制备氯气：$MnO_2+4HCl(浓)\xlongequal{\triangle}MnCl_2+Cl_2\uparrow+2H_2O$，也可以加热固体氯化钠、二氧化锰和浓硫酸的混合物制备氯气，相当于固体氯化钠和浓硫酸反应，先制备浓盐酸，浓盐酸再和二氧化锰反应，生成氯气。硫酸过量时生成 $NaHSO_4$，硫酸少量时生成 Na_2SO_4，见【$MnO_2+2NaCl+2H_2SO_4(浓)$】。实验室里制氯气的方法较多，二氧化锰、氯酸钾、高锰酸钾分别和浓盐酸反应，都可以制氯气。

$MnO_2+2NaCl+2H_2SO_4(浓)\xlongequal{\triangle}MnSO_4+Cl_2\uparrow+Na_2SO_4+2H_2O$
实验室里制备氯气：$MnO_2+4HCl(浓)\xlongequal{\triangle}MnCl_2+Cl_2\uparrow+2H_2O$，也可以加热固体氯化钠、二氧化锰和浓硫酸的混合物制备氯气。硫酸少量时生成 Na_2SO_4，硫酸过量时生成 $NaHSO_4$。

$MnO_2+2SO_3^{2-}+4H^+\xlongequal{0℃}Mn^{2+}+S_2O_6^{2-}+2H_2O$ 用 MnO_2 氧化亚硫酸（或亚硫酸的酸性盐）溶液，可制得连二硫酸盐。

$2MnO_2+Zn+H_2O=2MnO(OH)+ZnO$ 碱性锌锰电池工作原理。还可以写作：$Zn+2MnO_2=ZnO+Mn_2O_3$。负极电极反应式：$Zn-2e^-+2OH^-=ZnO+H_2O$，或者 $Zn-2e^-+2OH^-=Zn(OH)_2$。正极电极反应式：$2MnO_2+2H_2O+2e^-=2MnO(OH)+2OH^-$ 或 $2MnO_2(s)+H_2O(l)+2e^-=Mn_2O_3(s)+2OH^-(aq)$。MnO(OH)可简写成 Mn_2O_3。

$2MnO_2(s)+Zn(s)+H_2O(l)=Zn(OH)_2(s)+Mn_2O_3(s)$ 碱性锌锰电池工作原理。还可以写作：$2MnO_2+Zn+H_2O=ZnO+2MnO(OH)$，或者 $2MnO_2+Zn=ZnO+Mn_2O_3$。负极电极反应式：$Zn-2e^-+2OH^-=ZnO+H_2O$，或者 $Zn-2e^-+2OH^-=Zn(OH)_2$。正极电极反应式：$2MnO_2+2H_2O+2e^-=2MnO(OH)+2OH^-$ 或 $2MnO_2(s)+H_2O(l)+2e^-=Mn_2O_3(s)+2OH^-(aq)$。MnO(OH)可简写成 Mn_2O_3。

$2MnO_2+Zn+2NH_4^+=Zn^{2+}+Mn_2O_3+2NH_3+H_2O$ 干电池的工作原理。负极电极反应式：$Zn-2e^-=Zn^{2+}$；正极：$2NH_4^++2e^-=2NH_3+H_2\uparrow$、$H_2+2MnO_2=Mn_2O_3+H_2O$，加合后得：$2NH_4^++2MnO_2+2e^-=Mn_2O_3+2NH_3+H_2O$。正极或可写作：$2NH_4^++2e^-=2NH_3+H_2\uparrow$、$2MnO_2+H_2=2MnO(OH)$，加合后得：$2NH_4^++2MnO_2+2e^-=2MnO(OH)+2NH_3$。总反应式：$Zn+2NH_4^++2MnO_2=Zn^{2+}+2MnO(OH)+2NH_3$。

$2MnO_2+Zn+2NH_4^+=2MnO(OH)+Zn^{2+}+2NH_3$ 干电池工作原理另一表示方式。

$MnO_2+ZnS+4H^+=Mn^{2+}+Zn^{2+}+S\downarrow+2H_2O$ 新工艺电解生产 MnO_2 和 Zn 的第一步反应的离子方程式。

$MnO_2+ZnS+2H_2SO_4=MnSO_4+ZnSO_4+S\downarrow+2H_2O$ 新工艺电解生产 MnO_2 和 Zn 的第一步反应的化学方程式，用硫酸将软锰矿（主要成分 MnO_2）和闪锌矿（主要成分 ZnS）处理，生成硫酸锌和硫酸锰，再电解硫酸锌和硫酸锰的溶液得到 MnO_2 和 Zn。离子方程式见【$MnO_2+ZnS+4H^+$】。

【Mn_2O_7】

七氧化二锰，暗绿棕色油状物，易潮解，55℃时发生分解，95℃时发生爆炸；易溶于冷水（水溶液中高锰酸浓度可达 20%），在热水中分解，在常温下干燥空气中性质稳定，是高锰酸的酸酐，强氧化剂，遇氢气或有机物着火或爆炸。可溶于醋酸形成紫色溶液。可由高锰酸钾和浓硫酸作用制得。

$2Mn_2O_7+2Na_2O_2=4NaMnO_4+O_2\uparrow$ 过氧化钠和最高价氧化物反应，如 CO_2、SO_3、N_2O_5、Mn_2O_7 等，均生成最高价含氧酸盐和氧气。

【MnO_4^{2-}】

锰酸根离子。

$2MnO_4^{2-}+Cl_2=2MnO_4^-+2Cl^-$ 氯气、次氯酸盐等可以将锰酸盐氧化为高锰酸盐，化学方程式见【$Cl_2+2K_2MnO_4$】。工业上常用锰酸钾和氯气反应来生产高锰酸钾。但比较理想的方法是电解锰酸钾溶液生产高锰酸钾，见【$2K_2MnO_4+2H_2O$】。

$MnO_4^{2-}-e^-=MnO_4^-$ 工业上电解法制备 $KMnO_4$ 时的阳极电极反应式，详见【$2K_2MnO_4+2H_2O$】。

$3MnO_4^{2-}+4H^+=MnO_2\downarrow+2MnO_4^-+2H_2O$ 锰酸盐在碱性条件下能稳定存在，但在酸性或中性条件下，MnO_4^{2-}发生歧化反应，生成 MnO_2 和 MnO_4^-；酸性条件下生成水，中性条件下生成碱。只要在含 MnO_4^{2-}的盐溶液中加入很弱的酸，如加入醋酸或者通入二氧化碳，都会使歧化反应发生，工业上利用该原理来生产高锰酸钾。通入 CO_2 时见【$3K_2MnO_4+2CO_2$】。加入 H_2SO_4 时见【$3K_2MnO_4+2H_2SO_4$】。

$2MnO_4^{2-}+2H_2O \xlongequal{电解} 2MnO_4^-+H_2\uparrow+2OH^-$ 电解法制备 $KMnO_4$ 的离子方程式，详见【$2K_2MnO_4+2H_2O$】。

$3MnO_4^{2-}+2H_2O \rightleftharpoons 2MnO_4^-+MnO_2+4OH^-$ MnO_4^{2-}在强碱性介质中是稳定的，在中性或弱酸性溶液中发生微弱的歧化，生成 MnO_2、MnO_4^-和 OH^-。在酸性溶液中，容易歧化，水解平衡右移。可用来制备 $KMnO_4$，见【$3MnO_4^{2-}+4H^+$】。

【K_2MnO_4】 锰酸钾，暗绿色粉末或晶体，有毒，190℃时分解，可溶于 KOH 稀溶液，呈绿色。遇水或酸性溶液歧化为高锰酸钾和二氧化锰，受热至 500℃以上分解为亚锰酸钾 K_2MnO_3 和氧气，是强氧化剂，与某些有机物激烈反应。由二氧化锰、氢氧化钾、硝酸钾共熔制得，可用于皮、织物、油脂等漂白，水的净化及制高锰酸钾等。

$3K_2MnO_4+2CO_2=2KMnO_4+MnO_2+2K_2CO_3$ 由 K_2MnO_4 制 $KMnO_4$，利用 MnO_4^{2-}在酸性溶液中的歧化反应制备，离子方程式见【$3MnO_4^{2-}+4H^+$】，该反应只要加入很弱的酸，如醋酸甚至碳酸，使溶液呈酸性，MnO_4^{2-}会完全歧化，生成 MnO_2 和 MnO_4^-。工业上生产 $KMnO_4$，向 MnO_4^{2-}的碱性溶液中通入 CO_2 或加入醋酸，促进 MnO_4^{2-}的歧化。这种方法制得 $KMnO_4$ 的产率只有 66.7%，有三分之一的锰元素变为 MnO_2，最好的方法是电解 K_2MnO_4 溶液，见【$2K_2MnO_4+2H_2O$】。加入硫酸使 K_2MnO_4 歧化的反应见【$3K_2MnO_4+2H_2SO_4$】。

$2K_2MnO_4+2H_2O \xlongequal{电解} 2KMnO_4+2KOH+H_2\uparrow$ 工业上用电解锰酸钾溶液的方法生产高锰酸钾，效果比较理想，同时生成氢氧化钾和氢气。镍板作阳极：$2MnO_4^{2-}-2e=2MnO_4^-$，铁板作阴极：$2H_2O+2e^-=H_2\uparrow+2OH^-$，阴极电极反应式见【$H_2O$】中【电解水的原理】。用锰酸钾歧化的方法生产高锰酸钾的产率较低，见【$3K_2MnO_4+2H_2SO_4$】和【$3K_2MnO_4+2CO_2$】。

$3K_2MnO_4+2H_2SO_4=MnO_2\downarrow+2KMnO_4+2K_2SO_4+2H_2O$ 锰酸盐在碱性条件下能稳定存在，但在酸性或中性条件下，MnO_4^{2-}发生歧化反应，生成 MnO_2 和 MnO_4^-。加入 H_2SO_4 反应，酸性条件下生成水，中性条件下生成碱。只要在含 MnO_4^{2-}的盐溶液中加入很弱的酸，如加入醋酸或者通入二氧化碳，都会使歧化反应发生，工业上常利用该原理来生产高锰酸钾，但产率较低，不太理想。另见【$3K_2MnO_4+2CO_2$】。比较理想的方法是电解锰酸钾溶液生产高锰酸钾：$2K_2MnO_4+2H_2O \xlongequal{电解} 2KMnO_4+2KOH+H_2\uparrow$。

【MnO_4^-】 高锰酸根离子，水溶液呈紫红色。一般情况下，在酸性条件下，MnO_4^-被还原为 Mn^{2+}，在中性条件下被还原为 MnO_2，在碱性条件下被还原为 MnO_4^{2-}。

$4MnO_4^-+4H^+=3O_2\uparrow+2H_2O+4MnO_2\downarrow$ 高锰酸钾的溶液不十分稳定。在酸性溶液中，明显分解为 O_2、MnO_2、H_2O；在中性溶液或微碱性溶液中，特别是在暗处，分解很慢，但日光对 $KMnO_4$ 的分解有催化作用，配好的 $KMnO_4$ 溶液须保存在棕色试剂瓶中，就是这个原因，反应见【$4KMnO_4+2H_2O$】。

$2MnO_4^-+5H_2O_2+6H^+=2Mn^{2+}+$

$5O_2$↑$+8H_2O$　酸性高锰酸钾溶液和H_2O_2发生氧化还原反应，MnO_4^-将H_2O_2氧化为O_2，自身被还原为Mn^{2+}。该反应可以用来测定过氧化氢的含量。

$2MnO_4^-+I^-+H_2O═2MnO_2↓+IO_3^-+2OH^-$　在碱性、中性或微酸性溶液中，$KMnO_4$仍具有较强的氧化性，将I^-氧化为IO_3^-，自身被还原为MnO_2。

$2MnO_4^-+3Mn^{2+}+2H_2O═5MnO_2↓+4H^+$　将$MnSO_4$溶液滴入$KMnO_4$酸性溶液中，即MnO_4^-和Mn^{2+}发生氧化还原反应，生成MnO_2沉淀。

$2MnO_4^-+5NO_2^-+6H^+═2Mn^{2+}+5NO_3^-+3H_2O$　酸性条件下MnO_4^-将NO_2^-氧化为NO_3^-，自身被还原为Mn^{2+}。遇强氧化剂时，NO_2^-作还原剂。该反应定量进行，可用于测定亚硝酸盐。

$2MnO_4^-+5SO_3^{2-}+6H^+═2Mn^{2+}+5SO_4^{2-}+3H_2O$　高锰酸钾具有强氧化性，在酸性条件下将亚硫酸盐氧化为硫酸盐，本身被还原为Mn^{2+}，化学方程式见【$5K_2SO_3+2KMnO_4+3H_2SO_4$】。在中性条件下将亚硫酸盐氧化为硫酸盐，本身被还原为MnO_2：$2MnO_4^-+3SO_3^{2-}+H_2O═2MnO_2+3SO_4^{2-}+2OH^-$，化学方程式见【$2KMnO_4+3K_2SO_3+H_2O$】。在碱性条件下将亚硫酸盐氧化为硫酸盐，本身被还原为MnO_4^{2-}：$2MnO_4^-+SO_3^{2-}+2OH^-═2MnO_4^{2-}+SO_4^{2-}+H_2O$，化学方程式见【$2KMnO_4+K_2SO_3+2KOH$】。一般情况下，在酸性条件下，$MnO_4^-$被还原为$Mn^{2+}$，在中性条件下$MnO_4^-$被还原为$MnO_2$，在碱性条件下$MnO_4^-$被还原为$MnO_4^{2-}$。

$2MnO_4^-+3SO_3^{2-}+H_2O═2MnO_2↓+3SO_4^{2-}+2OH^-$　高锰酸钾具有强氧化性，在中性条件下将亚硫酸盐氧化为硫酸盐，本身被还原为MnO_2，化学方程式见【$2KMnO_4+3K_2SO_3+H_2O$】。详见【$2MnO_4^-+5SO_3^{2-}+6H^+$】。

$2MnO_4^-+SO_3^{2-}+2OH^-═2MnO_4^{2-}+SO_4^{2-}+H_2O$　高锰酸钾具有强氧化性，在碱性条件下将亚硫酸盐氧化为硫酸盐，本身被还原为MnO_4^{2-}，化学方程式见【$2KMnO_4+K_2SO_3+2KOH$】。详见【$2MnO_4^-+5SO_3^{2-}+6H^+$】。

$2MnO_4^-+5Zn+16H^+\xlongequal{Fe^{3+}}2Mn^{2+}+5Zn^{2+}+8H_2O$　在Fe^{3+}作催化剂和酸性介质中，MnO_4^-将Zn氧化为Zn^{2+}，自身被还原为Mn^{2+}，若无Fe^{3+}催化，反应速率非常小，难以察觉。

【$KMnO_4$】

高锰酸钾，暗紫色棱柱状闪光晶体，溶于水，溶于丙酮、甲醇，可被乙醇分解。水溶液呈紫红色，比较稳定，是强氧化剂，氧化性与溶液的酸碱性有很大的关系。一般情况下，酸性溶液中还原产物为Mn^{2+}，中性溶液中为MnO_2，碱性溶液中为MnO_4^{2-}。常用的酸性高锰酸钾溶液一般是指高锰酸钾溶液中添加了硫酸的混合溶液，不能加盐酸。加热至200℃分解放出氧气，并生成二氧化锰。与冷浓硫酸作用生成七氧化二锰。严禁与易燃性有机物接触。常由碱性溶液中电解氧化锰酸钾或向锰酸钾溶液中通入二氧化碳等歧化制得。用于医药，消毒，除臭，化学分析，光谱实验及漂白木材、棉花、丝绸、油脂等。

$KMnO_4═K^++MnO_4^-$　高锰酸钾在水中的电离方程式。

$2KMnO_4\xlongequal{\triangle}K_2MnO_4+MnO_2+O_2$↑　高锰酸钾比较稳定，但受热到473K时分解生成锰酸钾、二氧化锰和氧气。实验室里可以用来制备氧气。氧气的制取另见【$2KClO_3$】和【$2H_2O_2$】。

$4KMnO_4+2H_2O \xlongequal{h\nu} 4MnO_2\downarrow+4KOH+3O_2\uparrow$ 日光对 $KMnO_4$ 的分解有催化作用，反应生成的 MnO_2 本身是一个催化剂，加速 $KMnO_4$ 的分解，称为自动催化。$KMnO_4$ 的酸性溶液分解较明显，见【$4MnO_4^-+4H^+$】。所以，$KMnO_4$ 溶液必须保存在棕色瓶中。

$KMnO_4+3H_2SO_4$(浓)$=MnO_3^++K^++H_3O^++3HSO_4^-$ 向浓硫酸中加入少量的 $KMnO_4$，生成亮绿色溶液，生成的 MnO_3^+ 呈平面三角形。若向浓硫酸中加入较大量的 $KMnO_4$，产生爆炸性的危险棕色油状物 Mn_2O_7，可用 CCl_4 萃取。Mn_2O_7 在 CCl_4 中相当稳定和安全，溶于大量冷水而形成紫色 $HMnO_4$，后者是一种强酸，也是强氧化剂，只存在于溶液中，可浓缩至 20%。

$4KMnO_4+4KF+20HF=4K_2MnF_6+10H_2O+3O_2\uparrow$ 非电解法制备氟，见[$2K_2MnF_6+4SbF_5$]，该原理是用 $KMnO_4$、KF 和 HF 制备 K_2MnF_6 的原理之一。

$2KMnO_4+2KF+10HF+3H_2O_2=2K_2MnF_6+8H_2O+3O_2\uparrow$ 化学家克里斯特设计的化学方法制备氟单质的原理，其中第一步反应。第二步反应见【$SbCl_5+5HF$】，第三步反应见【$2K_2MnF_6+4SbF_5$】。电解法制备氟单质见【$2KHF_2$】。

$8KMnO_4+15KI+17H_2SO_4=5I_2+8MnSO_4+5KIO_3+9K_2SO_4+17H_2O$ 酸性高锰酸钾溶液和碘化钾的氧化还原反应，生成碘、硫酸锰、碘酸钾、硫酸钾和水。

$2KMnO_4+3K_2SO_3+H_2O=2MnO_2+3K_2SO_4+2KOH$ 高锰酸钾具有强氧化性，在中性条件下将亚硫酸盐氧化为硫酸盐，本身被还原为 MnO_2。离子方程式见【$2MnO_4^-+3SO_3^{2-}+H_2O$】。在酸性条件下和碱性条件见【$2MnO_4^-+5SO_3^{2-}+6H^+$】。

$2KMnO_4+K_2SO_3+2KOH=2K_2MnO_4+K_2SO_4+H_2O$ 高锰酸钾具有强氧化性，在碱性条件下将亚硫酸盐氧化为硫酸盐，本身被还原为 MnO_4^{2-}。详见【$2MnO_4^-+5SO_3^{2-}+6H^+$】。

$4KMnO_4+4NaOH \xlongequal{\triangle} 2K_2MnO_4+2Na_2MnO_4+O_2\uparrow+2H_2O$

向 $KMnO_4$ 溶液中加入 NaOH 溶液后加热，溶液颜色由紫红色变为透明的绿色。

$2KMnO_4+5SO_2+2H_2O=2MnSO_4+K_2SO_4+2H_2SO_4$ SO_2 既有氧化性又有还原性，遇强氧化剂高锰酸钾时，二氧化硫作还原剂，被氧化为硫酸和硫酸盐，高锰酸钾被还原为硫酸锰。SO_2 和反应生成的硫酸可提供酸性环境。

【$Mn(OH)_2$】

氢氧化锰。$Mn(OH)_2$ 很容易被空气中的氧气氧化：$2Mn(OH)_2+O_2=2MnO(OH)_2$。

$Mn(OH)_2+2H^+=Mn^{2+}+2H_2O$

白色难溶物氢氧化锰溶解在非氧化性强酸中，生成锰（Ⅱ）盐和水。

$Mn(OH)_2+2HCl=MnCl_2+2H_2O$

白色难溶物氢氧化锰溶解在盐酸中，生成二氯化锰和水。

$2Mn(OH)_2+O_2=2MnO(OH)_2$

在碱性介质中，+2 价 Mn 易被氧化。Mn^{2+} 和强碱溶液反应生成白色的 $Mn(OH)_2$ 沉淀：$Mn^{2+}+2OH^-=Mn(OH)_2\downarrow$，$Mn(OH)_2$ 很容易被空气中的氧气氧化生成棕色的水合二氧化锰 $MnO(OH)_2$。

【$MnO(OH)_2$】

$MnO(OH)_2$ 为棕色，在空气中，$MnO(OH)_2$ 比白色的 $Mn(OH)_2$ 稳定。

$MnO(OH)_2+2I^-+4H^+$ ══ $Mn^{2+}+I_2+3H_2O$ +4价的$MnO(OH)_2$和碘化氢发生氧化还原反应，生成Mn^{2+}、I_2和H_2O。

【$[Mn(CO)_5]_2$】 十羰基二锰，又写作$Mn_2(CO)_{10}$，金黄色晶体，在空气中缓慢氧化，不溶于水，溶于乙醇、氯仿、乙醚等，溶液呈黄色，在空气中易氧化，生成褐色沉淀。在四氢呋喃中被钠或钠汞齐还原得$Na[Mn(CO)_5]$。可由无水醋酸锰、三乙基铝乙醚溶液和高压一氧化碳加热反应而得。

$[Mn(CO)_5]_2+2PPh_3 \xrightarrow{h\nu} [Mn(CO)_4(PPh_3)]_2+2CO$ 在光的作用下，$[Mn(CO)_5]_2$发生光取代反应。PPh_3为三苯基膦，即$(C_6H_5)_3P$。

【K_2MnF_6】 K_2MnF_6是比较稳定的配合物，二氧化锰用HF和KHF_2处理得到金黄色的K_2MnF_6晶体。

$2K_2MnF_6+4SbF_5$ ══ $4KSbF_6+2MnF_3+F_2\uparrow$ 化学家克里斯特设计的非电解法制备单质氟的原理，比电解法方便。首先，$K_2MnF_6+2SbF_5 \rightarrow 2KSbF_6+MnF_4$，$MnF_4$分解得$F_2$：$MnF_4 \rightarrow MnF_3+\frac{1}{2}F_2$。制备$K_2MnF_6$的原理见【$2KMnO_4+2KF+10HF+3H_2O_2$】，另见【$4KMnO_4+4KF+20HF$】。制备$SbF_5$的原理见【$SbCl_5+5HF$】。电解法制备单质氟的原理：$2KHF_2 \xlongequal[\text{熔融}]{\text{电解}} 2KF+H_2\uparrow+F_2\uparrow$，由法国化学家莫桑于1886年发明。

【Tc】 锝，银灰色金属，化学性质与铼相似，不溶于盐酸，溶于硝酸、浓硫酸、王水、溴水和过氧化氢溶液。在潮湿空气中氧化变暗，在干燥空气中性质稳定。蒸馏七氧化二锝是分离纯化锝的常用方法，也可从铀的裂变产物中提取，常用于医疗、超导和反应堆，也作β射线标准源。

$3Tc+7HNO_3$ ══ $3HTcO_4+7NO\uparrow+2H_2O$ 金属锝比较稳定，不溶于盐酸，而溶于硝酸，生成高锝酸。

【Tc_2O_7】 七氧化二锝。

$2Tc_2O_7 \xlongequal{\triangle} 4TcO_2+3O_2\uparrow$ 七氧化二锝受热分解，生成二氧化锝和氧气。二氧化锝是锝的氧化物中最稳定的，是任何锝的含氧化合物受热到高温时的最终产物。

【Re】 铼，银白色金属，质硬，有良好的机械性能，共存在于辉钼矿中。不溶于盐酸和氢氟酸，溶于硫酸，易溶于硝酸。在氧化性的碱熔体中生成铼酸盐。在干燥空气中性质稳定，在高温时或在潮湿的空气中被氧化，生成稳定且易挥发的七氧化二铼。能和磷、砷、钨、硫、氟、氯化合，不与氮、氢反应。可由在氢气气氛中加热高铼酸铵还原制得。可用于制电极、热电偶、耐高温耐腐蚀合金，作催化剂。

$3Re+7HNO_3$ ══ $3HReO_4+7NO\uparrow+2H_2O$ 金属铼比较稳定，不溶于盐酸，而溶于硝酸，生成高铼酸等。

$2Re+7H_2O_2+2NH_3$ ══ $2NH_4ReO_4\downarrow+6H_2O$ 金属铼溶于过氧化氢的氨水溶液，生成高铼酸铵沉淀等。

【ReO_3】 三氧化铼，红色或蓝色晶体，

400℃分解，不溶于水、盐酸、硫酸，溶于过氧化氢、硝酸，由铼和七氧化二铼在300℃条件下于封管中加热制得，是铼酸的酸酐。

$3ReO_3 \xlongequal[碱]{\Delta} Re_2O_7+ReO_2$ 三氧化铼和浓碱溶液一起共热沸腾时，发生歧化反应，生成七氧化二铼和二氧化铼。

【Re_2O_7】七氧化二铼，黄色结晶，熔点为297℃，250℃时升华，溶于水、乙醇、酸、碱，加热时和O_2反应，生成八氧化二铼。溶于水生成高铼酸，酸性较高锰酸稍弱，未得到无水高铼酸。氢气流中300℃时得二氧化铼，800℃时得金属铼。可由金属铼在氧气流中加热制得。

$Re_2O_7+17CO \xlongequal[CO,18MPa]{250℃} [Re_2(CO)_{10}]+7CO_2$ 用CO等还原剂还原七氧化二铼Re_2O_7，制备十羰基二铼的原理。

$Re_2O_7+H_2O = 2HReO_4$ 工业上生产金属铼的其中一步反应。在焙烧MoS_2时，铼变成挥发性的Re_2O_7，冷却后聚集在烟道中。七氧化二铼和水反应，生成高铼酸溶液。加盐酸酸化后，通入H_2S反应生成七硫化二铼：$2HReO_4+7H_2S = Re_2S_7\downarrow+8H_2O$。$Re_2S_7$和$H_2O_2$、氨水反应，生成高铼酸铵沉淀：$Re_2S_7+28H_2O_2+16NH_3 \cdot H_2O = 2NH_4ReO_4+7(NH_4)_2SO_4+36H_2O$。在973K时，用$H_2$还原$NH_4ReO_4$得金属铼：$2NH_4ReO_4+7H_2 \xlongequal{\triangle} 2Re+2NH_3+8H_2O$。该法得到的金属铼纯度可达到99.98%。

【Re_2S_7】七硫化二铼，棕黑色粉末，不溶于水、盐酸、硫酸和碱，溶于硝酸、过氧化氢，生成高铼酸。溶于碱金属硫化物生成硫化铼酸盐。易被氧化。在氢气中、900℃条件下生成铼和硫化氢。在真空中、600℃条件下分解为二硫化铼和硫。由含有盐酸的高铼酸溶液中通入硫化氢制得。

$Re_2S_7+28H_2O_2+16NH_3 \cdot H_2O = 2NH_4ReO_4+7(NH_4)_2SO_4+36H_2O$
工业上生产金属铼的其中一步反应，详见【$Re_2O_7+H_2O$】。

【$HReO_4$】高铼酸，一元强酸，游离的高铼酸尚未制得，只能得到水溶液，浓缩蒸发，只能得到七氧化二铼。以氨水中和生成高铼酸铵沉淀，以氢氧化钾中和生成高铼酸钾沉淀。由铼粉溶解在30%硝酸中制得，用于制高铼酸盐。

$2HReO_4+7H_2S = Re_2S_7\downarrow+8H_2O$
高铼酸溶液加盐酸酸化后，通入H_2S气体反应生成七硫化二铼，工业上生产金属铼的其中一步反应，详见【$Re_2O_7+H_2O$】。

【NH_4ReO_4】高铼酸铵。

$2NH_4ReO_4+7H_2 \xlongequal{\triangle} 2Re+2NH_3+8H_2O$ 工业上生产金属铼的其中一步反应，详见【$Re_2O_7+H_2O$】。

第十五章 Ⅷ族元素单质及其化合物

铁(Fe) 钴(Co) 镍(Ni) 钌(Ru) 铑(Rh) 钯(Pd)
锇(Os) 铱(Ir) 铂(Pt) 𬭶(Hs) 鿏(Mt) 𫟼(Ds)

【Fe】 铁，银白色金属，延展性强。纯铁磁化和去磁都很快。铁元素在地壳中丰度排列第四，在金属元素中仅次于铝。溶于稀盐酸、稀硫酸、稀硝酸，在冷浓硝酸和冷浓硫酸中钝化，是一种优良的还原剂。含有杂质的铁在潮湿空气中易生锈，在酸雾或含卤素单质的湿空气中极易锈蚀。紧密块状的铁在150℃时与干燥空气中氧气不发生反应，500℃时生成四氧化三铁，温度继续升高生成三氧化二铁，570℃时和水蒸气作用，加热能与卤素单质、硫、磷、硅、碳反应，与氮不反应。铁粉可缓慢同一氧化碳反应生成五羰基铁。主要矿物有赤铁矿、褐铁矿、磁铁矿、菱铁矿、黄铁矿、铬铁矿和铁燧石等。纯铁用氢气还原氧化铁制得，工业用铁是将铁矿、焦炭和助熔剂（石灰石等）置于高炉中冶炼而得，其中含有碳、硫、磷、硅等，依含碳量不同，分为生铁、工业纯铁和钢。纯铁用于制发电机和电动机铁芯，还原铁粉用于冶金，钢铁制机器和工具，制磁铁、药物、墨水、颜料、磨料等。

$2Fe+3Br_2 \xlongequal{\triangle} 2FeBr_3$ Br_2和Fe反应，生成深红棕色溴化铁。而溴化亚铁$FeBr_2$可由铁和溴化氢作用得到。【卤素单质和金属反应】见【$2Al+3Cl_2$】。

$Fe+5CO \xlongequal{高温} Fe(CO)_5$ 一氧化碳和金属铁在373~473K和2.02×10^7Pa下反应，生成五羰基铁，铁必须是新还原出来的具有活性的粉状物。五羰基铁是淡黄色液体，其蒸气在473~523K时分解，可得到含碳很低的纯铁粉，用于制造磁铁芯和催化剂。利用许多金属能生成羰基配合物以及容易分解的性质，可以制造纯度较高的金属，如铁、钴、镍等，见【$2CoCO_3+8CO+2H_2$】中【铁、钴、镍等过渡金属形成的羰基配位化合物】。但羰基配合物有毒，进入血液后，释放出的一氧化碳极易与血红蛋白结合，很难治愈。

$2Fe+3Cl_2 \xlongequal{\triangle} 2FeCl_3$ 铁和氯气在加热条件下反应，生成棕黄色氯化铁。【卤素单质和金属反应】见【$2Al+3Cl_2$】。

$2Fe+3Cl_2 \xlongequal{点燃} 2FeCl_3$ 铁丝在氯气中燃烧，看到棕黄色烟，生成棕黄色氯化铁。【卤素单质和金属反应】见【$2Al+3Cl_2$】。

$Fe-2e^- = Fe^{2+}$ 铁作原电池负极（或电解池阳极）时的电极反应式，也是中性或碱性条件下钢铁电化学腐蚀的负极电极反应式，正极：$O_2+2H_2O+4e^- = 4OH^-$，叫作吸氧腐蚀，同时还有一系列反应发生：$Fe^{2+}+2OH^- = Fe(OH)_2\downarrow$，$4Fe(OH)_2+O_2+2H_2O = 4Fe(OH)_3$，$Fe(OH)_3$实际上是水合三氧化二铁：$Fe_2O_3\cdot nH_2O$，习惯写作$Fe(OH)_3$。以上方程式按照电子数相等、中间产物系数相等的原则加合就是总反应式：$4Fe+3O_2+6H_2O = 4Fe(OH)_3$。酸性条件下的腐蚀叫作析氢腐蚀，负极：$Fe-2e^- = Fe^{2+}$，正极：$2H^++2e^- = H_2\uparrow$。

$Fe+2Fe^{3+} = 3Fe^{2+}$ 铁和铁离子反应生成亚铁离子，铁作还原剂，除去亚铁离子中的铁离子。亚铁盐中加少量的铁粉可以防止Fe^{2+}氧化。【Fe^{3+}和金属的反应】见【$Ag+Fe^{3+}$】。

$Fe+2FeCl_3=3FeCl_2$ 铁和铁离子反应生成亚铁离子，铁作还原剂，除去亚铁离子中的铁离子。亚铁盐中加少量的铁粉可以防止 Fe^{2+}氧化。离子方程式见【$Fe+2Fe^{3+}$】。【Fe^{3+}和金属的反应】见【$Ag+Fe^{3+}$】。

$Fe+Fe_2O_3\xlongequal{高温}3FeO$ 炼钢炉中铁作还原剂，将三氧化二铁还原为氧化亚铁。

$2Fe+Fe_2O_3+4H_2SO_4=4FeSO_4+H_2\uparrow+3H_2O$ 铁粉和三氧化二铁的混合物溶解在稀硫酸中，固体无剩余，同时有氢气放出，溶液中无 Fe^{3+}时的总反应式。相当于是以下三个反应的加合：$Fe+H_2SO_4=FeSO_4+H_2\uparrow$，$Fe_2O_3+3H_2SO_4=3H_2O+Fe_2(SO_4)_3$，$Fe+Fe_2(SO_4)_3=3FeSO_4$。

$Fe+Fe_2(SO_4)_3=3FeSO_4$ 铁和铁离子反应生成亚铁离子，铁作还原剂，除去亚铁离子中的铁离子。亚铁盐中加少量的铁粉可以防止 Fe^{2+}被氧化。离子方程式见【$Fe+2Fe^{3+}$】。【Fe^{3+}和金属的反应】见【$Ag+Fe^{3+}$】。

$Fe+2H^+=Fe^{2+}+H_2\uparrow$ 铁和稀硫酸或稀盐酸等非氧化性强酸反应，制取氢气。活泼金属和非氧化性强酸反应生产氢气的原理比较相似。【金属活动顺序表】见【$2Ag^++Cu$】。

$3Fe(过量)+8H^++2NO_3^-=3Fe^{2+}+2NO\uparrow+4H_2O$ 过量的铁和稀硝酸反应，生成硝酸亚铁、一氧化氮和水的离子方程式。可以理解为硝酸和铁反应先生成硝酸铁，过量的铁和硝酸铁再反应生成硝酸亚铁：$Fe+2Fe^{3+}=3Fe^{2+}$。当铁少量、硝酸过量时，生成硝酸铁、一氧化氮和水，见【$Fe(不足)+4H^++NO_3^-$】。【金属和硝酸的反应】见【$3Ag+4HNO_3$】。

$Fe(不足)+4H^++NO_3^-=Fe^{3+}+NO\uparrow+2H_2O$ 过量的稀硝酸和少量的铁反应，生成硝酸铁、一氧化氮和水。但过量的铁和少量的稀硝酸反应，生成硝酸亚铁、一氧化氮和水，见【$3Fe(过量)+8H^++2NO_3^-$】。【金属和硝酸的反应】见【$3Ag+4HNO_3$】。

$Fe+2HBr=FeBr_2+H_2\uparrow$ 铁和非氧化性酸氢溴酸反应，生成溴化亚铁和氢气。类似于铁和氯化氢的反应。【金属活动顺序表】见【$2Ag^++Cu$】。

$Fe+2HCl=FeCl_2+H_2\uparrow$ 铁和稀盐酸反应，制取氢气。活泼金属和非氧化性酸反应生产氢气的原理比较相似。【金属活动顺序表】见【$2Ag^++Cu$】。

$Fe+2HI=FeI_2+H_2\uparrow$ 铁和非氧化性酸氢碘酸反应，生成碘化亚铁和氢气。类似于铁和氯化氢的反应。【金属活动顺序表】见【$2Ag^++Cu$】。

$4Fe+10HNO_3(极稀)=4Fe(NO_3)_2+NH_4NO_3+3H_2O$ 铁和极稀的硝酸溶液反应，生成硝酸亚铁、硝酸铵和水。制备硝酸亚铁的原理之一，冷稀硝酸和铁作用，从溶液中结晶析出。【金属和硝酸的反应】见【$3Ag+4HNO_3$】。

$Fe+4HNO_3(浓)\xlongequal{\triangle}Fe(NO_3)_2+2NO_2\uparrow+2H_2O$ 浓硝酸和过量的铁共热反应，生成硝酸亚铁、二氧化氮气体和水。可以认为是先生成 $Fe(NO_3)_3$，再和过量的铁反应：$2Fe^{3+}+Fe=3Fe^{2+}$。过量的浓硝酸和铁共热反应，生成硝酸铁、二氧化氮气体和水：$Fe+6HNO_3(浓)\xlongequal{\triangle}Fe(NO_3)_3+3NO_2\uparrow+3H_2O$。浓硝酸和铁在常温下发生钝化现象。硝酸的浓度越大，氧化性越强，还原产物的价态越高。【金属和硝酸的反应】见【$3Ag+4HNO_3$】。

$Fe+6HNO_3(浓)\xlongequal{\triangle}Fe(NO_3)_3+3NO_2\uparrow+3H_2O$ 过量的浓硝酸和铁共热反应，生成硝酸铁、二氧化氮气体和水，详见【$Fe+4HNO_3(浓)$】。

$3Fe+8HNO_3=3Fe(NO_3)_2+2NO\uparrow+4H_2O$ 稀硝酸和过量的铁反应，生成硝酸亚铁、一氧化氮气体和水。可以认为是先生成 $Fe(NO_3)_3$，再和过量的铁反应：$2Fe^{3+}+Fe=3Fe^{2+}$。过量的稀硝酸和铁反应，生成硝酸铁、一氧化氮气体和水：$Fe+4HNO_3=Fe(NO_3)_3+NO\uparrow+2H_2O$。【金属和硝酸的反应】见【$3Ag+4HNO_3$】。

$Fe+4HNO_3=Fe(NO_3)_3+NO\uparrow+2H_2O$ 过量的稀硝酸和铁反应，生成硝酸铁、一氧化氮气体和水，详见【$3Fe+8HNO_3$】。

$3Fe+4H_2O(g)\xlongequal{\triangle}Fe_3O_4+4H_2$ 铁和水蒸气在高温下反应，生成四氧化三铁和氢气。实验室里将铁粉和石棉绒混合放入硬质玻璃管，用酒精喷灯加热，用碱石灰吸收未参加反应的水蒸气，生成的氢气可以点着，用小试管收集并移近火焰时可以听到轻微的爆鸣声。铁和液态水不反应，但在潮湿的环境里，铁和水、氧气、二氧化碳等构成原电池，铁发生电化学腐蚀，见【$Fe-2e^-$】。

$Fe+H_2SO_4=FeSO_4+H_2\uparrow$ 铁和稀硫酸反应，生成氢气和硫酸亚铁。常用活泼金属和稀硫酸反应来制备氢气。【金属活动顺序表】见【$2Ag^++Cu$】。常温下，铁和浓硫酸发生钝化。加热时铁和浓硫酸反应，生成二氧化硫气体，硫酸过量见【$2Fe+6H_2SO_4$(浓)】；铁过量时见【$Fe+2H_2SO_4$(浓)】。

$Fe+2H_2SO_4(浓)\xlongequal{\triangle}FeSO_4+SO_2\uparrow+2H_2O$ 过量的铁和浓硫酸加热时反应，生成二氧化硫、硫酸亚铁和水。硫酸过量时：$2Fe+6H_2SO_4(浓)\xlongequal{\triangle}Fe_2(SO_4)_3+3SO_2\uparrow+6H_2O$。常温下，铁和浓硫酸发生钝化。铁和稀硫酸反应，生成氢气和硫酸亚铁，见【$Fe+H_2SO_4$】。

$2Fe+6H_2SO_4(浓)\xlongequal{\triangle}Fe_2(SO_4)_3+3SO_2\uparrow+6H_2O$ 铁和过量的浓硫酸共热反应，生成硫酸铁、二氧化硫和水，详见【$Fe+2H_2SO_4$(浓)】。

$Fe+I_2\xlongequal{\triangle}FeI_2$ 碘和铁加热反应生成灰黑色碘化亚铁。碘的氧化性比氯、溴等弱，和铁反应时，生成低价的化合物。氟、氯、溴和铁反应时，生成高价的化合物，常温下，氟和块状铁反应，在表面生成一层氧化物薄膜，阻止铁和氟继续反应。干燥的氯气不和铁反应，可用钢瓶储存氯气，铁在氯气中剧烈燃烧，生成棕黄色氯化铁。【卤素单质和金属反应】见【$2Al+3Cl_2$】。

$4Fe+NO_3^-+10H^+=4Fe^{2+}+NH_4^++3H_2O$ 极稀的硝酸和过量的铁反应，生成硝酸亚铁、硝酸铵和水的离子方程式。详见【$4Fe+10HNO_3$(极稀)】。

$Fe+2NaHSO_4=Na_2SO_4+FeSO_4+H_2\uparrow$ 硫酸氢钠和金属铁反应，产生氢气。硫酸氢钠在水中电离，生成 Na^+、H^+和 SO_4^{2-}，水溶液显强酸性。该反应类似于强酸和活泼金属的反应。HSO_4^-实际上是弱酸，在水中部分电离：$HSO_4^-\rightleftharpoons H^++SO_4^{2-}$；中学里按强酸对待，在水中的电离方程式常写作：$HSO_4^-=H^++SO_4^{2-}$。

$2Fe(s)+2NaOH(l)=2FeO(s)+2Na(s)+H_2(g)$ 熔融的氢氧化钠和固体铁反应，可以用来制备金属钠。

$Fe+NiO_2+2H_2O\underset{充电}{\overset{放电}{\rightleftharpoons}}Fe(OH)_2+Ni(OH)_2$ 爱迪生蓄电池充电和放电的工作原理。放电时，负极电极反应式：$Fe-2e^-+2OH^-=Fe(OH)_2$；正极电极反应式：$NiO_2+2e^-+2H_2O=Ni(OH)_2+2OH^-$。充电时，阳极电极反应式：$Ni(OH)_2-2e^-=NiO_2+2H^+$；阴极电极反应式：$Fe(OH)_2+2e^-+2H^+=Fe+2H_2O$，总反应式：$Fe(OH)_2+Ni(OH)_2=NiO_2+Fe+2H_2O$。

$Fe+2NiO(OH)+2H_2O \xrightleftharpoons[充电]{放电} 2Ni(OH)_2+Fe(OH)_2$ 爱迪生蓄电池的工作原理。大多数高校教材都用 NiO(OH)，中学阶段的常见资料写成 NiO_2。

$2Fe+O_2 \xlongequal{高温} 2FeO$ 炼铁过程中的反应之一，铁在低氧分压下和氧气反应生成黑色氧化亚铁。

$3Fe+2O_2 \xlongequal{点燃} Fe_3O_4$ 铁在氧气中剧烈燃烧，火星四溅，放出大量的热，生成黑色四氧化三铁。四氧化三铁俗称磁性氧化物，有强磁性，不溶于水，溶于酸。

$2Fe+O_2+2H_2O = 2Fe(OH)_2\downarrow$ 钢铁发生吸氧腐蚀生成氢氧化亚铁的反应式，详见【$Fe-2e^-$】。

$4Fe+3O_2+6H_2O = 4Fe(OH)_3$ 钢铁发生吸氧腐蚀的总反应式，详见【$Fe-2e^-$】。

$Fe+S \xlongequal{\triangle} FeS$ 硫和铁反应，生成硫化亚铁。硫的氧化性不如氯气等强，和金属铜、铁等反应时，生成低价的硫的化合物。

$Fe(s)+S(s) = FeS(s)$；$\Delta H=-95.04$ kJ/mol 硫和铁反应，生成硫化亚铁的热化学方程式。

$2Fe+3(SCN)_2 = 2Fe(SCN)_3$ 拟卤素硫氰和金属铁的反应，生成硫氰化铁。

$8Fe+SO_4^{2-}+12H_2O = 7Fe(OH)_2\downarrow+FeS\downarrow+4H_2\uparrow+2OH^-$ 埋在含有硫酸盐土壤中的钢铁在缺氧的情况下，在硫酸盐还原菌的生物催化作用下，发生的析氢腐蚀总反应式。负极：$8Fe-16e^- = 8Fe^{2+}$，$Fe^{2+}+S^{2-} = FeS\downarrow$，$7Fe^{2+}+14OH^- = 7Fe(OH)_2\downarrow$。正极：$8H^++8e^- = 4H_2\uparrow$，$SO_4^{2-}+4H_2O+8e^- = S^{2-}+8OH^-$，$8H^++8OH^- = 8H_2O$。反应现象是钢铁局部损坏，生成黑色物质。

【Fe^{2+}】亚铁离子，水溶液一般呈绿色，有还原性。

$2Fe^{2+}+Br_2 = 2Fe^{3+}+2Br^-$ Fe^{2+}被 Br_2 氧化为 Fe^{3+}。

$2Fe^{2+}+4Br^-+3Cl_2 = 2Fe^{3+}+6Cl^-+2Br_2$ 溴化亚铁和过量的氯气反应。氧化性：$F_2>Cl_2>Br_2>Fe^{3+}>I_2$，还原性：$I^->Fe^{2+}>Br^->Cl^->F^-$。若通入少量的氯气，$Fe^{2+}$先被氧化：$Cl_2+2Fe^{2+} = 2Fe^{3+}+2Cl^-$，只有当 Fe^{2+} 被完全氧化之后，Br^-才开始被氧化：$Cl_2+2Br^- = Br_2+2Cl^-$。按照 Fe^{2+}和 Br^-物质的量之比 1∶2 将以上两步反应加合，就得到溴化亚铁和过量的氯气反应的总方程式。如果 Fe^{2+}和 Cl_2 以不同的比例参加反应，可以写出不同的方程式。2009 年高考全国Ⅱ卷第 13 题就是 Fe^{2+}和 Cl_2 以不同的比例参加反应的一道典型应用题。

$Fe^{2+}+2CN^- = Fe(CN)_2\downarrow$ Fe^{2+}和 CN^- 形成氰化亚铁 $Fe(CN)_2$ 沉淀，当 CN^-过量时，沉淀溶解生成$[Fe(CN)_6]^{4-}$：$Fe(CN)_2+4CN^- = [Fe(CN)_6]^{4-}$。两步加合得总反应式：$Fe^{2+}+6CN^- = [Fe(CN)_6]^{4-}$。利用生成稳定的$[Fe(CN)_6]^{4-}$的原理来处理含 CN^-的废水。工业上利用硫酸亚铁和消石灰处理含 CN^-的废水，Fe^{2+}和 CN^-先生成$[Fe(CN)_6]^{4-}$，$[Fe(CN)_6]^{4-}$再和 Ca^{2+}、Fe^{2+}分别反应：$2Ca^{2+}+[Fe(CN)_6]^{4-} = Ca_2[Fe(CN)_6]\downarrow$；$2Fe^{2+}+[Fe(CN)_6]^{4-} = Fe_2[Fe(CN)_6]\downarrow$。$CN^-$的处理另见【$2CN^-+8OH^-+5Cl_2$】。

$Fe^{2+}+6CN^- = [Fe(CN)_6]^{4-}$ Fe^{2+}和 CN^-的总反应式，详见【$Fe^{2+}+2CN^-$】。

$2Fe^{2+}+[Fe(CN)_6]^{4-} = Fe_2[Fe(CN)_6]\downarrow$ 六氰合铁(Ⅱ)离子和亚铁离子结合成六氰合铁(Ⅱ)酸亚铁沉淀，工业上利用硫酸亚铁和消石灰处理含 CN^-废水的原理之一，见【$Fe^{2+}+2CN^-$】。

$2Fe^{2+}+Cl_2 = 2Fe^{3+}+2Cl^-$ Fe^{2+}被氯气氧化成Fe^{3+}。用氯气可以除去Fe^{3+}中混有的少量Fe^{2+}。

$Fe^{2+}+2e^- = Fe$ 亚铁离子得电子被还原。

$3Fe^{2+}+2[Fe(CN)_6]^{3-} = Fe_3[Fe(CN)_6]_2\downarrow$

$K_3[Fe(CN)_6]$叫作六氰合铁(III)酸钾，俗称“赤血盐”。其水溶液遇到Fe^{2+}时立即生成蓝色沉淀，叫作滕氏蓝。该原理可用来检验Fe^{2+}。另见【$Fe^{2+}+K^++[Fe(CN)_6]^{3-}$】。

$3Fe^{2+}+4H^++NO_3^- = 3Fe^{3+}+NO\uparrow+2H_2O$ Fe^{2+}和稀硝酸反应，生成Fe^{3+}和NO气体，这也是酸性条件下，Fe^{2+}和NO_3^-不能大量共存的原因。该原理可用于检验NO_3^-：硝酸盐溶液中加入少量硫酸亚铁晶体，小心沿试管壁加入浓硫酸，在浓硫酸与溶液的界面上会出现棕色环，即Fe^{2+}和生成物NO形成棕色配离子：$[Fe(H_2O)_6]^{2+}+NO = [FeNO(H_2O)_5]^{2+}+H_2O$。该原理叫做“棕色环实验”。$NO_2^-$也有类似现象，在醋酸溶液中$NO_2^-$和$FeSO_4$生成$[Fe(NO)(H_2O)_5]SO_4$，溶液呈棕色，可以用于检验$NO_2^-$。在检验$NO_3^-$时，为防止$NO_2^-$的干扰，常先加入$NH_4Cl$加热除去$NO_2^-$：$NH_4^++NO_2^- \xlongequal{\triangle} N_2\uparrow+2H_2O$。

$Fe^{2+}+H_2O \rightleftharpoons Fe(OH)^++H^+$ Fe^{2+}水解，溶液显酸性，分两步水解。第一步水解生成$Fe(OH)^+$，第二步：$Fe(OH)^++H_2O \rightleftharpoons Fe(OH)_2+H^+$。中学阶段一般写作$Fe^{2+}+2H_2O \rightleftharpoons Fe(OH)_2+2H^+$，分步水解，一步书写。

$4Fe^{2+}+5H_2O+CO_2 \xlongequal{酶} 2Fe_2O_3+HCHO+8H^+$ 海水中的铁细菌吸收Fe^{2+}后，转变为Fe_2O_3，沉淀下来形成铁矿。

$4Fe^{2+}+10H_2O+O_2 = 4Fe(OH)_3+8H^+$ 电浮选凝聚法处理污水的原理。生成的$Fe(OH)_3$可以吸附固体颗粒物，达到凝聚的作用。Fe^{2+}由阳极铁制备。

$2Fe^{2+}+H_2O_2+2H^+ = 2Fe^{3+}+2H_2O$ 亚铁离子既具有氧化性又具有还原性。过氧化氢既有氧化性又有还原性，在酸性溶液中氧化性较强，还原性较弱，将Fe^{2+}氧化为Fe^{3+}；在碱性溶液中还原性较强，氧化性较弱，将Fe^{3+}还原为Fe^{2+}，见【$2Fe^{3+}+H_2O_2$】。在Fe^{2+}作催化剂、酸性条件下过氧化氢的分解：首先，$2Fe^{2+}+H_2O_2+2H^+ = 2Fe^{3+}+2H_2O$，之后，$2Fe^{3+}+H_2O_2 = 2Fe^{2+}+O_2\uparrow+2H^+$，将两步加合即得过氧化氢分解的总反应：$2H_2O_2 = 2H_2O+O_2\uparrow$。化学试剂生产过程中除去$Fe^{2+}$的原理之一，用$H_2O_2$将$Fe^{2+}$氧化为$Fe^{3+}$，调节酸碱性使$Fe^{3+}$水解生成$Fe(OH)_3$沉淀后，过滤除去，详见【$Fe_2(SO_4)_3+6H_2O$】；或加热，加入$Na_2SO_4$，热溶液中$Fe^{3+}$水解生成黄铁矾$Na_2Fe_6(SO_4)_4(OH)_{12}$晶体，过滤除去，详见【$Fe_2(SO_4)_3+2H_2O$】。前一种方法因$Fe(OH)_3$具有胶体性质，沉降速度慢，过滤困难，现在主要用后一种方法，黄铁矾颗粒大，沉降速度快，容易过滤。

$2Fe^{2+}+I_2 \xlongequal{光照} 2Fe^{3+}+2I^-$ 光照条件下Fe^{2+}和I_2反应生成Fe^{3+}和I^-。2006年高考江苏卷第25题，利用太阳光分解水制氢气的装置中，光催化反应池中发生的反应。一般情况下，Fe^{2+}和I_2不反应，而Fe^{3+}和I^-自发发生反应：$2Fe^{3+}+2I^- = 2Fe^{2+}+I_2$。

$Fe^{2+}+K^++[Fe(CN)6]^{3-} = [KFe(CN)_6Fe]\downarrow$ 用赤血盐检验Fe^{2+}生成滕氏蓝的离子方程式。也有写成$KFe[Fe(CN)_6]$，或$[KFe(CN)_6Fe]_x$，实际上组成应为$KFe^{III}[Fe^{II}(CN)_6]$。滕氏蓝和普鲁士蓝的组成和结构一样，较早的文献和资料中将滕氏蓝写成$Fe_3[Fe(CN)_6]_2$，见【$3FeSO_4+2K_3[Fe(CN)_6]$】。

$2Fe^{2+}+MnO_2+4H^+ = Mn^{2+}+2Fe^{3+}$

$+2H_2O$ 酸性溶液中 MnO_2 将 Fe^{2+} 氧化成 Fe^{3+}。亚铁离子既有氧化性又有还原性，遇较强氧化剂时，被氧化，作还原剂。在酸性介质中，MnO_2 是强氧化剂，在碱性介质中，MnO_2 是还原剂。

$5Fe^{2+}+MnO_4^-+8H^+=5Fe^{3+}+Mn^{2+}+4H_2O$ 酸性溶液中 MnO_4^- 将 Fe^{2+} 氧化成 Fe^{3+}。可用于 Fe^{2+} 的定量测定。

$Fe^{2+}+2NH_3·H_2O=Fe(OH)_2↓+2NH_4^+$
Fe^{2+} 和氨水反应，生成氢氧化亚铁白色沉淀，白色沉淀很快变为灰绿色，最后变为红褐色：$4Fe(OH)_2+O_2+2H_2O=4Fe(OH)_3$。这种颜色的变化是氢氧化亚铁独有的，该原理用来检验 Fe^{2+} 比较理想。

$4Fe^{2+}+4Na_2O_2+6H_2O=4Fe(OH)_3↓+8Na^++O_2↑$ 过氧化钠遇强氧化剂时作还原剂，遇强还原剂时作氧化剂，还可以既作氧化剂又作还原剂。该反应表现过氧化钠的强氧化性，将 Fe^{2+} 氧化为 $Fe(OH)_3$，生成红褐色沉淀和无色无味的氧气。

$4Fe^{2+}+O_2+4H^+=4Fe^{3+}+2H_2O$
酸性溶液中，氧气将亚铁离子氧化为铁离子。中性溶液时，久置在空气中的含 Fe^{2+} 的溶液也被氧气氧化，见【$12Fe^{2+}+3O_2+6H_2O$】。

$12Fe^{2+}+3O_2+6H_2O=4Fe(OH)_3↓+8Fe^{3+}$ 中性溶液时，久置在空气中的含 Fe^{2+} 的溶液被氧气氧化。

$Fe^{2+}+2OH^-=Fe(OH)_2↓$ Fe^{2+} 和 OH^- 反应，生成氢氧化亚铁白色沉淀，白色沉淀很快变为灰绿色，最后变为红褐色：$4Fe(OH)_2+O_2+2H_2O=4Fe(OH)_3$。这种颜色的变化是氢氧化亚铁独有的，该原理用来检验 Fe^{2+} 比较理想，也可用来制备氢氧化亚铁沉淀。

【制备能较长时间存放的氢氧化亚铁的方法】用加热的方法或用其他气体赶走溶液中的氧气，用长滴管伸入盛有亚铁盐溶液的试管底部，挤出氢氧化钠等强碱溶液，生成的氢氧化亚铁白色沉淀能较长时间存放。

$Fe^{2+}+S^{2-}=FeS↓$ S^{2-} 和 Fe^{2+} 生成黑色硫化亚铁沉淀。

$Fe^{2+}+Zn=Zn^{2+}+Fe$ 金属锌从含 Fe^{2+} 的溶液中置换出铁，金属性 Zn>Fe。【金属活动顺序表】见【$2Ag^++Cu$】。

【$[Fe(H_2O)_6]^{2+}$】

$[Fe(H_2O)_6]^{2+}$ 呈浅绿色，简写成 Fe^{2+}。

$[Fe(H_2O)_6]^{2+}+H_2O \rightleftharpoons [Fe(H_2O)_5OH]^++H_3O^+$ 六水合亚铁离子第一步水解的离子方程式。在水中分两步水解，其中，第二步水解的离子方程式：$[Fe(H_2O)_5OH]^++H_2O \rightleftharpoons [Fe(H_2O)_4(OH)_2]+H_3O^+$。为了简单，中学化学中将弱碱阳离子的水解一步书写，$Fe^{2+}+2H_2O \rightleftharpoons Fe(OH)_2+2H^+$。

$[Fe(H_2O)_6]^{2+}+NO=H_2O+[Fe(NO)(H_2O)_5]^{2+}$ NO_3^- 的“棕色环实验”原理的其中一步，生成棕色的 $[Fe(NO)(H_2O)_5]^{2+}$，详见【$3Fe^{2+}+4H^++NO_3^-$】。

【$FeCl_2$】

氯化亚铁，白色或绿灰色晶体或粉末，易潮解，溶于水、乙醇和丙酮，不溶于乙醚，微溶于苯。在空气中加热条件下生成氯化铁和氧化铁。可由无水三氯化铁在300℃~350℃时用氢气还原或由铁屑和氯化氢加热制得。四水合物为蓝绿色单斜晶体，易潮解，易溶于水，溶于乙醇，微溶于丙酮。由过量铁和盐酸作用制得，可作媒染剂、分析试剂，用于医药、冶金和污水处理。

$6FeCl_2+3Br_2=4FeCl_3+2FeBr_3$
溴和氯化亚铁反应，生成氯化铁和溴化铁。

Fe^{2+}被Br_2氧化为Fe^{3+}。氧化性：F_2>Cl_2>Br_2>Fe^{3+}>I_2，还原性：I^->Fe^{2+}>Br^-> Cl^->F^-。

$3FeCl_2+4HNO_3=2FeCl_3+NO\uparrow+2H_2O+Fe(NO_3)_3$ 硝酸具有强氧化性。稀硝酸将$FeCl_2$氧化为$FeCl_3$和$Fe(NO_3)_3$，同时生成无色气体NO。在酸性条件下，Fe^{2+}和NO_3^-不能共存的原因。离子方程式见【$3Fe^{2+}+4H^++NO_3^-$】。

$FeCl_2+2KOH=Fe(OH)_2\downarrow+2KCl$ Fe^{2+}和OH^-生成白色氢氧化亚铁沉淀，很快沉淀转变为灰绿色，最后变为红褐色，见【$4Fe(OH)_2+O_2+2H_2O$】。该现象比较独特，可用来检验Fe^{2+}，也可用来制备氢氧化亚铁沉淀。【制备能较长时间存放的氢氧化亚铁的方法】见【$Fe^{2+}+2OH^-$】。

$FeCl_2$(无水)$+6NH_3(l)=[Fe(NH_3)_6]Cl_2$ 非水溶剂中，$FeCl_2$和NH_3形成配合物$[Fe(NH_3)_6]Cl_2$。配体取代法制配合物。

$FeCl_2+2NH_3·H_2O=Fe(OH)_2\downarrow+2NH_4Cl$ 氯化亚铁和氨水反应生成白色氢氧化亚铁沉淀，白色沉淀很快转变为灰绿色，最后变为红褐色：$4Fe(OH)_2+O_2+2H_2O=4Fe(OH)_3$。该现象比较独特，可用来检验$Fe^{2+}$。

$FeCl_2+2NaOH=Fe(OH)_2\downarrow+2NaCl$ Fe^{2+}和OH^-反应生成白色氢氧化亚铁沉淀，很快沉淀转变为灰绿色，最后变为红褐色，见【$4Fe(OH)_2+O_2+2H_2O$】。该现象比较独特，可用来检验Fe^{2+}，也可用来制备氢氧化亚铁沉淀。【制备能较长时间存放的氢氧化亚铁的方法】见【$Fe^{2+}+2OH^-$】。

$FeCl_2+Zn=Fe+ZnCl_2$ 金属锌从$FeCl_2$溶液中置换出铁，根据金属活动顺序表，金属性：Zn >Fe。【金属活动顺序表】见【$2Ag^++Cu$】。

【$FeBr_2$】

溴化亚铁，绿黄色六方晶体，有潮解性，溶于水和乙醇，微溶于吡啶和苯。可由铁与溴化氢在约800℃时共热或由四水合物在氮气和溴化氢气流中小心脱水而得。六水合物为浅绿色至蓝绿色，正交棱柱体，对光敏感，溶于水、乙醇和乙醚，潮湿空气中易氧化。由过量铁和溴在水中作用而得，或由铁溶于氢溴酸，小于49℃时蒸发而得，温度高于49℃时得四水合物，高于83℃时得二水合物。用于医药及聚合反应催化剂。

$2FeBr_2+3Cl_2=2FeCl_3+2Br_2$ 溴化亚铁和过量的氯气反应，Fe^{2+}和Br^-均被氧化，分别生成Fe^{3+}和Br_2。氧化性：F_2>Cl_2>Br_2>Fe^{3+}>I_2，还原性：I^->Fe^{2+}>Br^->Cl^->F^-。若氯气不足，Fe^{2+}先被氧化：$2Fe^{2+}+Cl_2=2Fe^{3+}+2Cl^-$，只有当所有的$Fe^{2+}$被完全氧化之后，$Br^-$才被氧化：$2Br^-+Cl_2=Br_2+2Cl^-$。当氯气过量，两步反应按照$FeBr_2$中$Fe^{2+}$和$Br^-$个数之比1∶2加合得到溴化亚铁和过量氯气反应的总方程式。离子方程式见【$2Fe^{2+}+4Br^-+3Cl_2$】。

【FeI_2】

碘化亚铁，晶体为$FeI_2·4H_2O$，灰黑色晶体，易潮解，对光敏感，90℃~98℃时分解，易溶于冷水，热水中分解，溶于乙醇、乙醚，水溶液易被空气氧化。可由铁屑和碘在水中反应而得，用于医药和有机反应催化剂。

$2FeI_2+3Br_2=2FeBr_3+2I_2$ 足量的溴和碘化亚铁反应，生成溴化铁和碘。少量的溴和碘化亚铁反应，碘离子先被氧化：$Br_2+2I^-=2Br^-+I_2$，只有碘离子被彻底氧化之后，亚铁离子才被氧化：$2Fe^{2+}+Br_2=2Fe^{3+}+2Br^-$。两步加合得以上总反应式。氧化性：$F_2>Cl_2>Br_2>Fe^{3+}>I_2$，还原性：$I^->Fe^{2+}>Br^->Cl^->F^-$。

【$FeSO_4$】 硫酸亚铁，晶体

$FeSO_4·7H_2O$，俗称“绿矾”，蓝绿色单斜晶体，溶于水、无水甲醇和甘油，不溶于乙醇。干燥空气中风化，潮湿空气中表面易被氧化为黄褐色碱式硫酸铁。90℃时失去六分子水，300℃时失去全部结晶水，无水物为白色粉末。具还原性，自然界中以绿矾形式存在。可由铁在隔绝空气条件下和稀硫酸作用而得。可作还原剂、净水剂、除草剂、木材防腐剂、食物和饲料添加剂、煤气净化剂、分析试剂，制墨水、颜料、照相制板等，也作医疗补血剂，治疗缺铁性贫血。

$2FeSO_4 \xlongequal{\triangle} Fe_2O_3+SO_2\uparrow+SO_3\uparrow$
硫酸亚铁在强热(480℃)条件下分解生成三氧化二铁、二氧化硫和三氧化硫。

$6FeSO_4+3Br_2=2Fe_2(SO_4)_3+2FeBr_3$ $FeSO_4$和Br_2反应，Fe^{2+}被Br_2氧化为Fe^{3+}。氧化性：$F_2>Cl_2>Br_2>Fe^{3+}>I_2$，还原性：$I^->Fe^{2+}>Br^->Cl^->F^-$。硫酸亚铁不稳定，很容易被空气氧化。贮存硫酸亚铁溶液时常常加入铁粉防止被氧化，也常常加入稀硫酸防止水解。

$24FeSO_4+30HNO_3=8Fe_2(SO_4)_3+8Fe(NO_3)_3+3N_2O\uparrow+15H_2O$
硫酸亚铁和稀硝酸发生氧化还原反应，生成硫酸铁、硝酸铁、一氧化二氮和水。硫酸亚铁作还原剂，硝酸作氧化剂。

$2FeSO_4+2HNO_3$(浓)$+H_2SO_4=Fe_2(SO_4)_3+2NO_2\uparrow+2H_2O$ 含有硫酸的硫酸亚铁溶液和浓硝酸反应，生成硫酸铁、二氧化氮和水，有红棕色二氧化氮气体生成，溶液由浅绿色变为棕黄色。$FeSO_4$具有还原性，HNO_3具有强氧化性。

$2FeSO_4+H_2O_2+H_2SO_4=Fe_2(SO_4)_3+2H_2O$ $FeSO_4$和H_2O_2在酸性条件下发生氧化还原反应，生成硫酸铁和水。$FeSO_4$具有还原性，H_2O_2具有强氧化性。溶液由浅绿色变为棕黄色。离子方程式见【$2Fe^{2+}+H_2O_2+2H^+$】。

$FeSO_4+2KCN=Fe(CN)_2\downarrow+K_2SO_4$
Fe^{2+}和CN^-形成沉淀$Fe(CN)_2$，离子方程式见【$Fe^{2+}+2CN^-$】。当CN^-过量时，沉淀溶解生成$[Fe(CN)_6]^{4-}$，见【$Fe(CN)_2+4CN^-$】。

$6FeSO_4+K_2Cr_2O_7+7H_2SO_4=Cr_2(SO_4)_3+3Fe_2(SO_4)_3+K_2SO_4+7H_2O$ 重铬酸钾和硫酸亚铁的氧化还原反应，分析化学中用来测定铁含量。实际中使用较多的是摩尔氏盐而非硫酸亚铁。复盐$FeSO_4·(NH_4)_2SO_4·6H_2O$俗称“摩尔氏盐”，比硫酸亚铁稳定，常用作还原剂，在定量分析中标定高锰酸钾或重铬酸钾溶液的浓度。离子方程式见【$Cr_2O_7^{2-}+6Fe^{2+}+14H^+$】。

$3FeSO_4+2K_3[Fe(CN)_6]=Fe_3[Fe(CN)_6]_2\downarrow+3K_2SO_4$
$K_3[Fe(CN)_6]$叫作六氰合铁(III)酸钾，俗称“赤血盐”，其水溶液遇到Fe^{2+}时立即生成蓝色沉淀，叫作“滕氏蓝”。该原理用来检验Fe^{2+}。离子方程式见【$3Fe^{2+}+2[Fe(CN)_6]^{3-}$】。

$10FeSO_4+2KMnO_4+8H_2SO_4=5Fe_2(SO_4)_3+K_2SO_4+2MnSO_4+8H_2O$ 高锰酸钾和硫酸亚铁的氧化还原反应。在定量分析中标定高锰酸钾或重铬酸钾溶液的浓度。实际中使用较多的是摩尔氏盐而非硫酸亚铁。$FeSO_4·(NH_4)_2SO_4·6H_2O$俗称摩尔氏盐，比硫酸亚铁稳定，常用作还原剂。

$FeSO_4+2KOH=Fe(OH)_2\downarrow+K_2SO_4$
$FeSO_4$溶液和KOH溶液反应生成白色氢氧化亚铁沉淀，很快转变为灰绿色，最后变为红褐色，用来检验Fe^{2+}。也用来制备氢氧化亚铁沉淀。【制备能较长时间存放的氢氧化

亚铁的方法】见【Fe^{2+}+2OH^-】。

$2FeSO_4+MnO_2+2H_2SO_4 = MnSO_4+2H_2O+Fe_2(SO_4)_3$ 含有硫酸的硫酸亚铁溶液和 MnO_2 发生氧化还原反应，生成硫酸锰、硫酸铁和水。亚铁离子既有氧化性又有还原性，遇较强氧化剂时，被氧化，作还原剂。在酸性介质中，MnO_2 是强氧化剂；在碱性介质中，MnO_2 是还原剂。离子方程式见【$2Fe^{2+}+MnO_2+4H^+$】。

$FeSO_4+2NH_3 \cdot H_2O = Fe(OH)_2\downarrow+(NH_4)_2SO_4$ 硫酸亚铁溶液和氨水反应生成白色氢氧化亚铁沉淀。白色沉淀很快转变为灰绿色，最后变为红褐色：$4Fe(OH)_2+O_2+2H_2O = 4Fe(OH)_3$。用来检验 Fe^{2+}和制备氢氧化亚铁。离子方程式见【$Fe^{2+}+2NH_3 \cdot H_2O$】。

$6FeSO_4+NaClO_3+3H_2SO_4 = 3Fe_2(SO_4)_3+NaCl+3H_2O$ 在酸性条件下，$NaClO_3$ 将 $FeSO_4$ 氧化为 $Fe_2(SO_4)_3$，$NaClO_3$ 被还原为 NaCl。硫酸亚铁具有还原性，很容易被氧化剂氧化。

$FeSO_4+2NaOH = Fe(OH)_2\downarrow+Na_2SO_4$ $FeSO_4$ 溶液和 NaOH 溶液反应生成白色氢氧化亚铁沉淀，很快转变为灰绿色，最后变为红褐色。该现象比较独特，用来检验 Fe^{2+}。也用来制取氢氧化亚铁沉淀。【制备能较长时间存放的氢氧化亚铁的方法】见【Fe^{2+}+2OH^-】。

$4FeSO_4+O_2+2H_2O = 4Fe(OH)SO_4$ 硫酸亚铁（或绿矾）在空气中被氧化，生成铁锈色或黄色的碱式硫酸铁，绿矾水溶液久置也常有沉淀生成，也是这个原因。

$2FeSO_4+(VO_2)_2SO_4+2H_2SO_4 = 2VOSO_4+Fe_2(SO_4)_3+2H_2O$ 在酸性溶液中，钒氧基 VO_2^+具有强氧化性，将 Fe^{2+}氧化为 Fe^{3+}，VO_2^+被还原为 VO^{2+}。VO_2^+叫作钒酰离子，也叫钒氧基，水溶液中呈淡黄色。VO^{2+}叫作亚钒酰离子，水溶液中呈蓝色。离子方程式见【$VO_2^+ + Fe^{2+} + 2H^+$】。

$FeSO_4+Zn = ZnSO_4+Fe$ 金属锌从 $FeSO_4$ 溶液中置换出铁，金属性 Zn>Fe。【金属活动顺序表】见【$2Ag^+$+Cu】。

【$FeSO_4 \cdot 7H_2O$】 详见【$FeSO_4$】。

$FeSO_4 \cdot 7H_2O$ 俗称“绿矾”，在空气中逐渐风化失去一部分水，受热失水得到白色一水合硫酸亚铁，在 573K 时得到白色无水硫酸亚铁，强热条件下分解生成三氧化二铁、二氧化硫和三氧化硫。

$2(FeSO_4 \cdot 7H_2O) \xlongequal{煅烧} Fe_2O_3+SO_2\uparrow+SO_3\uparrow+14H_2O\uparrow$ 最古老的生产硫酸的方法：煅烧绿矾，生成的三氧化硫和水蒸气结合得到硫酸。

【$Fe(CN)_2$】 氰化亚铁。

$Fe(CN)_2+4CN^- = [Fe(CN)_6]^{4-}$
Fe^{2+}和 CN^-形成沉淀 $Fe(CN)_2$：$Fe^{2+}+2CN^- = Fe(CN)_2\downarrow$，当 CN^-过量时，沉淀溶解生成 $[Fe(CN)_6]^{4-}$。

$Fe(CN)_2+4KCN = K_4[Fe(CN)_6]$
Fe^{2+}和 CN^-形成沉淀 $Fe(CN)_2$：$Fe^{2+}+2CN^- = Fe(CN)_2\downarrow$，当 CN^-过量时，沉淀溶解生成 $[Fe(CN)_6]^{4-}$。

【$[Fe(CN)_6]^{4-}$】 六氰合铁（Ⅱ）离子。

$[Fe(CN)_6]^{4-} \rightleftharpoons Fe^{2+}+6CN^-$
$[Fe(CN)_6]^{4-}$在水中微弱电离出 Fe^{2+}和 CN^-。

$2[Fe(CN)_6]^{4-}+Cl_2 = 2[Fe(CN)_6]^{3-}+2Cl^-$ Cl_2 可以将$[Fe(CN)_6]^{4-}$氧化为 $[Fe(CN)_6]^{3-}$。

$2[Fe(CN)_6]^{4-}+H_2O_2+2H^+ \rightleftharpoons$

$2[Fe(CN)_6]^{3-}+2H_2O$ 酸性条件下，H_2O_2将$[Fe(CN)_6]^{4-}$氧化成$[Fe(CN)_6]^{3-}$；碱性条件下，H_2O_2将$[Fe(CN)_6]^{3-}$还原成$[Fe(CN)_6]^{4-}$，见【$2[Fe(CN)_6]^{3-}+H_2O_2+2OH^-$】。$H_2O_2$既可作氧化剂又可作还原剂，条件不同，作用不同。

【$K_4[Fe(CN)_6]$】 亚铁氰化钾

$K_4[Fe(CN)_6]$或叫六氰合铁（Ⅱ）酸钾，俗称“黄血盐”。浅黄色单斜晶体，暴露在空气中风化。70℃时失去全部结晶水，形成白色粉末；进一步强热条件下分解放出氮气，并生成氰化钾和碳化铁FeC_2。溶于水和丙酮，不溶于乙醇和乙醚。和稀硫酸共热时产生氰化氢。可由含氮废物、铁屑和碳酸钾共热后用水浸取或由亚铁盐溶液加入适量的氰化钾浓缩而得，可用于医药，制颜料、氰化钾、铁氰化物，作分析试剂、淬火剂等。加入食盐防凝结。

$K_4[Fe(CN)_6]=4K^++[Fe(CN)_6]^{4-}$
亚铁氰化钾的电离方程式，在水中完全电离。

$K_4[Fe(CN)_6]\xlongequal{\triangle}4KCN+FeC_2+N_2\uparrow$ $K_4[Fe(CN)_6]\cdot3H_2O$俗称“黄血盐”，373K时失去所有结晶水，形成白色粉末，继续受热，分解成KCN、FeC_2和N_2。

$2K_4[Fe(CN)_6]+Cl_2=2K_3[Fe(CN)_6]+2KCl$ 六氰合铁(Ⅱ)酸钾俗称“黄血盐”，其水溶液被Cl_2氧化，可得六氰合铁(III)酸钾，俗称“赤血盐”。

【FeC_2O_4】 草酸亚铁，晶体为

$FeC_2O_4\cdot2H_2O$，浅黄色正交晶体，熔点为160℃并分解，放出一氧化碳，微溶于水，溶于无机酸。可由硫酸亚铁溶液与适量草酸钠溶液作用而得，可用作照相显影剂、颜料、医药，制玻璃容器等。

$FeC_2O_4\xlongequal{\triangle}FeO+CO\uparrow+CO_2\uparrow$
隔绝空气的条件下将草酸亚铁加热到850℃制备黑色氧化亚铁。但草酸亚铁晶体$FeC_2O_4\cdot2H_2O$受热时，先失去结晶水，生成草酸亚铁，继续受热，在二氧化碳作惰性气体的环境下，会制得纳米级铁粉，见【$FeC_2O_4\cdot2H_2O$】。

【$FeC_2O_4\cdot2H_2O$】详见【FeC_2O_4】。

$FeC_2O_4\cdot2H_2O\xlongequal{\triangle}Fe+2CO_2\uparrow+2H_2O\uparrow$ 浅黄色草酸亚铁晶体$FeC_2O_4\cdot2H_2O$加热时，先失去结晶水，生成草酸亚铁，之后继续加热，在二氧化碳作惰性气体的环境下，会制得纳米级铁粉，纳米级铁粉在空气中可以自燃。华南师范大学化学系邹惠卿、章伟光做了用草酸亚铁晶体制备纳米级铁粉的实验探讨，登载在《化学教育》2005年第2期。隔绝空气的条件下将草酸亚铁加热到850℃可以制备黑色氧化亚铁，见【FeC_2O_4】。

【Fe^{3+}】 铁离子，水溶液棕黄色，有

氧化性。

$2Fe^{3+}+3CO_3^{2-}+3H_2O=2Fe(OH)_3\downarrow+3CO_2\uparrow$ CO_3^{2-}和Fe^{3+}发生双水解（或称相互促进的水解）反应，生成红褐色$Fe(OH)_3$沉淀和无色CO_2气体。

$Fe^{3+}+e^-=Fe^{2+}$ Fe^{3+}得到电子被还原为亚铁离子的电极反应式。

$Fe^{3+}+F^-\rightleftharpoons FeF^{2+}$ Fe^{3+}和F^-形成一系列配离子。FeF^{2+}继续和F^-反应：$FeF^{2+}+F^-\rightleftharpoons FeF_2^+$，$FeF_2^++F^-\rightleftharpoons FeF_3$。$Fe^{3+}$在很浓的盐酸中也形成$FeCl_4^-$。

$4Fe^{3+}+3[Fe(CN)_6]^{4-}=Fe_4[Fe(CN)_6]_3\downarrow$
$[Fe(CN)_6]^{4-}$和Fe^{3+}反应生成亚铁氰化铁蓝色沉淀，俗称“普鲁士蓝”，工业上称“铁蓝”

或“华蓝”。该反应用来检验 Fe^{3+}。$K_4[Fe(CN)_6]$ 六氰合铁(Ⅱ)酸钾，或亚铁氰化钾，俗称“黄血盐”。

$Fe^{3+}+3HCO_3^-=Fe(OH)_3\downarrow+3CO_2\uparrow$

Fe^{3+}和 HCO_3^-发生双水解（或称相互促进的水解）反应，生成氢氧化铁沉淀和二氧化碳气体。双水解反应的离子方程式一般可遵循以下口诀快速书写：去强攻弱，平衡电荷。有氢无水，无氢加水。

$4Fe^{3+}+2H_2O\xrightarrow[叶绿体]{光}4Fe^{2+}+4H^++O_2\uparrow$ 希尔将分离出的叶绿体加入到含 Fe^{3+}的草酸盐溶液中，经光照后放出氧气，证明绿色植物光合作用中释放出的氧气来自于水的分解。主要利用三草酸合铁（Ⅲ）酸钾晶体：$K_3[Fe(C_2O_4)_3]\cdot H_2O$。

$4Fe^{3+}+2H_2O\xlongequal{电解}4Fe^{2+}+4H^++O_2\uparrow$

电解铁盐溶液的离子方程式。阴极电极反应式：$Fe^{3+}+e^-=Fe^{2+}$，阳极电极反应式：$2H_2O-4e^-=4H^++O_2\uparrow$。【阳极上阴离子的放电顺序】和【阴极上阳离子的放电顺序】见【$2Cl^-+Cu^{2+}$】。

$Fe^{3+}+H_2O\rightleftharpoons Fe(OH)^{2+}+H^+$

Fe^{3+}第一步水解的离子方程式。第二步水解：$Fe(OH)^{2+}+H_2O\rightleftharpoons Fe(OH)_2^++H^+$。第三步水解：$Fe(OH)_2^++H_2O\rightleftharpoons Fe(OH)_3+H^+$。$Fe^{3+}$的水解分三步进行。多元弱碱阳离子的水解实际上也是分步水解，在中学里，为了简单，往往将多元弱碱阳离子的水解一步写出。Fe^{3+}的水解写成 $Fe^{3+}+3H_2O\rightleftharpoons Fe(OH)_3+3H^+$。

$Fe^{3+}+3H_2O\rightleftharpoons Fe(OH)_3+3H^+$

Fe^{3+}的水解反应，生成氢氧化铁和氢离子。多元弱碱阳离子的水解实际上也是分步水解，见【$Fe^{3+}+H_2O$】。在中学里，为了简单，往往将多元弱碱阳离子的水解一步写出。加热可促进水解，加酸可抑制水解。

$Fe^{3+}+3H_2O\xlongequal{\triangle}Fe(OH)_3(胶体)+3H^+$

实验室里制备 $Fe(OH)_3$胶体的原理：将 20mL 水煮沸，加入 1mL～2mL 饱和 $FeCl_3$溶液，加热直至变成红褐色，即得 $Fe(OH)_3$胶体，具有丁达尔效应。

$2Fe^{3+}+H_2O_2=2Fe^{2+}+O_2\uparrow+2H^+$

过氧化氢既有氧化性又有还原性，在碱性溶液中，还原性较强，氧化性较弱，将 Fe^{3+}还原为 Fe^{2+}。在酸性溶液中，氧化性较强，还原性较弱，将 Fe^{2+}氧化为 Fe^{3+}：$2Fe^{2+}+H_2O_2+2H^+=2Fe^{3+}+2H_2O$。$Fe^{2+}$作催化剂、酸性条件下过氧化氢的分解，见【$2Fe^{2+}+H_2O_2+2H^+$】。

$2Fe^{3+}+H_2S=2Fe^{2+}+S\downarrow+2H^+$ 具有氧化性的 Fe^{3+}和具有还原性的硫化氢发生氧化还原反应，生成亚铁离子、氢离子和硫单质，溶液中有浅黄色浑浊物生成。

$2Fe^{3+}+2I^-=2Fe^{2+}+I_2$ Fe^{3+}和 I^-发生氧化还原反应，生成亚铁离子和碘。氧化性：$F_2>Cl_2>Br_2>Fe^{3+}>I_2$，还原性：$I^->Fe^{2+}>Br^->Cl^->F^-$。

$Fe^{3+}+K^++[Fe(CN)_6]^{4-}=[KFe(CN)_6Fe]\downarrow$ 用黄血盐检验 Fe^{3+}生成普鲁士蓝的离子方程式，Fe^{3+}和$[Fe(CN)_6]^{4-}$按物质的量之比 1∶1 混合。也有写成 $KFe[Fe(CN)_6]$，或$[KFe(CN)_6Fe]_x$，实际上组成应为 $KFe^{Ⅲ}[Fe^{Ⅱ}(CN)_6]$。经实验证实，普鲁士蓝和滕氏蓝的组成和结构一样，写成 $Fe_4[Fe(CN)_6]_3$，见【$2Fe_2(SO_4)_3+3K_4[Fe(CN)_6]$】。

$Fe^{3+}+3NH_3\cdot H_2O=Fe(OH)_3\downarrow+3NH_4^+$

Fe^{3+}和氨水反应，生成红褐色氢氧化铁沉淀。Cu^{2+}、Fe^{3+}、Fe^{2+}、Al^{3+}等具有相似的性质，和氨水反应都有沉淀生成，只是 $Cu(OH)_2$溶解在过量的氨水中，见【$Cu(OH)_2+4NH_3\cdot H_2O$】。

$Fe^{3+}+3OH^-=Fe(OH)_3\downarrow$ Fe^{3+}和 OH^-反应生成红褐色氢氧化铁沉淀。该反应用来

检验 Fe^{3+}，也用来制备氢氧化铁沉淀。

$2Fe^{3+}+S^{2-}=2Fe^{2+}+S\downarrow$ 具有氧化性的 Fe^{3+}和具有还原性的 S^{2-}发生氧化还原反应，生成亚铁离子和硫，溶液中有浅黄色沉淀生成。中学阶段一般按这种反应对待。S^{2-}过量时，还会生成硫化亚铁，见【$Fe^{2+}+S^{2-}$】。Fe^{3+}和 S^{2-}还会发生双水解反应，生成 $Fe(OH)_3$沉淀和硫化氢气体；Fe^{3+}和 S^{2-}反应，若 S^{2-}是由硫化铵或硫化钠提供，则反应产物应该是黑色沉淀 Fe_2S_3，而不是 $Fe(OH)_3$，原因是 Fe_2S_3的 $K_{sp}=1\times10^{-88}$，远远小于 $Fe(OH)_3$的 $K_{sp}=1\times10^{-38}$，将溶液酸化，$Fe_2S_3+4H^+=2Fe^{2+}+S\downarrow+2H_2S\uparrow$。

$2Fe^{3+}+3S^{2-}=Fe_2S_3$ Fe^{3+}和$(NH_4)_2S$、Na_2S 电离产生的 S^{2-}作用生成黑色 Fe_2S_3沉淀，而不是 $Fe(OH)_3$，因为 $K_{sp}(Fe_2S_3)=1\times10^{-88}$，$K_{sp}[Fe(OH)_3]=1\times10^{-38}$，$Fe_2S_3$比 $Fe(OH)_3$难溶。若将溶液酸化，Fe_2S_3和 H^+反应，得淡黄色沉淀 S，见【$Fe_2S_3+4H^+$】。除$(NH_4)_2S$、Na_2S 外的 S^{2-}和 Fe^{3+}发生氧化还原反应，见【$2Fe^{3+}+S^{2-}$】。

$Fe^{3+}+SCN^- \rightleftharpoons [Fe(SCN)]^{2+}$

Fe^{3+}和 SCN^-反应，生成一系列配合物：$Fe^{3+}+nSCN^-=[Fe(SCN)_n]^{(n-)+(3+)}$，$n$ 在 1～6 之间，都显血红色。该反应用来检验 Fe^{3+}。当 $n=1$ 时，生成$[Fe(SCN)]^{2+}$。

$Fe^{3+}+2SCN^- \rightleftharpoons [Fe(SCN)_2]^+$

Fe^{3+}和 SCN^-反应：$Fe^{3+}+nSCN^-=[Fe(SCN)_n]^{(n-)+(3+)}$，$n$ 在 1～6 之间，都显血红色。该反应用来检验 Fe^{3+}。当 $n=2$ 时，生成$[Fe(SCN)_2]^+$。

$Fe^{3+}+3SCN^- \rightleftharpoons Fe(SCN)_3$

Fe^{3+}和 SCN^-反应：$Fe^{3+}+nSCN^-=[Fe(SCN)_n]^{(n-)+(3+)}$，$n$ 在 1～6 之间，都显血红色。该反应用来检验 Fe^{3+}。当 $n=3$ 时，生成 $Fe(SCN)_3$，中学常见这种形式的方程式。

$Fe^{3+}+4SCN^- \rightleftharpoons [Fe(SCN)_4]^-$

Fe^{3+}和 SCN^-反应：$Fe^{3+}+nSCN^-=[Fe(SCN)_n]^{(n-)+(3+)}$，$n$ 在 1～6 之间，都显血红色。该反应用来检验 Fe^{3+}。当 $n=4$ 时，生成$[Fe(SCN)_4]^-$。

$Fe^{3+}+5SCN^- \rightleftharpoons [Fe(SCN)_5]^{2-}$

Fe^{3+}和 SCN^-反应：$Fe^{3+}+nSCN^-=[Fe(SCN)_n]^{(n-)+(3+)}$，$n$ 在 1～6 之间，都显血红色。该反应用来检验 Fe^{3+}。当 $n=5$ 时，生成$[Fe(SCN)_5]^{2-}$

$Fe^{3+}+6SCN^- \rightleftharpoons [Fe(SCN)_6]^{3-}$

Fe^{3+}和 SCN^-反应：$Fe^{3+}+nSCN^-=[Fe(SCN)_n]^{(n-)+(3+)}$，$n$ 在 1～6 之间，都显血红色。该反应用来检验 Fe^{3+}。当 $n=6$ 时，生成$[Fe(SCN)_6]^{3-}$。

$Fe^{3+}+nSCN^-=[Fe(SCN)_n]^{(n-)+(3+)}$

Fe^{3+}和 SCN^-反应，n 在 1～6 之间，都显血红色。该反应用来检验 Fe^{3+}，产物也可写成$[Fe(NCS)_n]^{3-n}$。中学常见的方程式为 $Fe^{3+}+3SCN^- \rightleftharpoons Fe(SCN)_3$。

$2Fe^{3+}+SO_2+2H_2O=2Fe^{2+}+4H^++SO_4^{2-}$ 二氧化硫既有氧化性又有还原性。Fe^{3+}具有氧化性。Fe^{3+}将 SO_2氧化为 SO_4^{2-}，自身被还原为 Fe^{2+}。

$2Fe^{3+}+SO_3^{2-}+H_2O=2Fe^{2+}+SO_4^{2-}+2H^+$ Fe^{3+}具有较强的氧化性，SO_3^{2-}具有较强的还原性，两者发生氧化还原反应。同时，SO_3^{2-}和 Fe^{3+}还会发生双水解反应，见【$2Fe^{3+}+3SO_3^{2-}+6H_2O$】。大多数情况下以氧化还原反应为主。

$2Fe^{3+}+3SO_3^{2-}+6H_2O=2Fe(OH)_3$(胶体)$+3H_2SO_3$ SO_3^{2-}和 Fe^{3+}发生双水解反应，生成氢氧化铁胶体和亚硫酸。Fe^{3+}具有较强的氧化性，SO_3^{2-}具有较强的还原性，两者还会发生氧化还原反应，见【$2Fe^{3+}+SO_3^{2-}+H_2O$】。大多数情况下以氧化还原反应为主。

$2Fe^{3+}+Sn^{2+}=Sn^{4+}+2Fe^{2+}$ Fe^{3+}具有氧化性，Sn^{2+}具有还原性，Fe^{3+}和Sn^{2+}发生氧化还原反应。碳、硅、锗、锡的化合物多以+4 价稳定，+2 价不稳定，铅的化合物+2 价是稳定的，+4 价不稳定。

【$[Fe(H_2O)_6]^{3+}$】 可溶性铁盐溶液中的Fe^{3+}以$[Fe(H_2O)_6]^{3+}$形式存在，淡紫色。常见铁盐溶液呈棕黄色或红棕色，是因为水解生成一系列复杂的棕黄色或红棕色离子。

$[Fe(H_2O)_6]^{3+} \rightleftharpoons [Fe(H_2O)_5OH]^{2+}+H^+$ $[Fe(H_2O)_6]^{3+}$的第一步水解反应，$[Fe(H_2O)_6]^{3+}$常写作Fe^{3+}，水解反应见【$[Fe(H_2O)_6]^{3+}+H_2O$】。

$2[Fe(H_2O)_6]^{3+} \rightleftharpoons [Fe_2(H_2O)_8(OH)_2]^{4+}+2H_3O^+$ 六水合铁离子水解生成的碱式离子聚合形成二聚体。$[Fe(H_2O)_6]^{3+}$简写成Fe^{3+}，在水中水解较复杂，见【$Fe^{3+}+H_2O$】。随着水解的进行，发生一系列缩合反应。$[Fe_2(H_2O)_8(OH)_2]^{4+}$可写作$[Fe(H_2O)_4(OH)_2Fe(H_2O)_4]^{4+}$，结构如下：$\left[(H_2O)_4Fe\langle(OH)_2\rangle Fe(H_2O)_4\right]^{4+}$。

$[Fe(H_2O)_6]^{3+}+H_2O \rightleftharpoons [Fe(H_2O)_5OH]^{2+}+H_3O^+$ 六水合铁离子第一步水解的离子方程式。$[Fe(H_2O)_6]^{3+}$呈淡紫色，简写成Fe^{3+}，水解生成的离子显棕黄色。在水中分三步水解。其中，第二步水解的离子方程式：$[Fe(H_2O)_5OH]^{2+}+H_2O \rightleftharpoons [Fe(H_2O)_4(OH)_2]^{+}+H_3O^+$。第三步水解的离子方程式：$[Fe(H_2O)_4(OH)_2]^{+}+H_2O \rightleftharpoons [Fe(H_2O)_3(OH)_3]+H_3O^+$。写成简单$Fe^{3+}$时见【$Fe^{3+}+H_2O$】。为了简单，中学化学将弱碱阳离子的水解一步书写，$Fe^{3+}+3H_2O \rightleftharpoons Fe(OH)_3+3H^+$。

【$[Fe(H_2O)_5OH]^{2+}$】

$[Fe(H_2O)_5OH]^{2+} \rightleftharpoons [Fe(H_2O)_4(OH)_2]^{+}+H^+$ $[Fe(H_2O)_6]^{3+}$的第二步水解反应，见【$[Fe(H_2O)_5OH]^{2+}+H_2O$】。

$2[Fe(H_2O)_5OH]^{2+} \rightleftharpoons \left[(H_2O)_4Fe\langle(OH)_2\rangle Fe(H_2O)_4\right]^{4+}+2H_2O$

$[Fe(H_2O)_6]^{3+}$简写成Fe^{3+}，在水中水解较复杂，见【$Fe^{3+}+H_2O$】。随着水解的进行，发生一系列缩合反应。$\left[(H_2O)_4Fe\langle(OH)_2\rangle Fe(H_2O)_4\right]^{4+}$可写作$[Fe(H_2O)_4(OH)_2Fe(H_2O)_4]^{4+}$。

$[Fe(H_2O)_5OH]^{2+}+[Fe(H_2O)_6]^{3+} \rightleftharpoons [(H_2O)_5Fe\text{-}\overset{H}{O}\text{-}Fe\text{-}(H_2O)_5]^{5+}+H_2O$

$[Fe(H_2O)_6]^{3+}$简写成Fe^{3+}，在水中水解较复杂，见【$Fe^{3+}+H_2O$】。随着水解的进行，发生一系列缩合反应。

$[Fe(H_2O)_5OH]^{2+}+H_2O \rightleftharpoons [Fe(H_2O)_4(OH)_2]^{+}+H_3O^+$ 六水合铁离子第二步水解的离子方程式。$[Fe(H_2O)_6]^{3+}$呈淡紫色，简写成Fe^{3+}。在水中分三步水解，见【$[Fe(H_2O)_6]^{3+}+H_2O$】。

【FeF^{2+}】

$FeF^{2+}+F^- \rightleftharpoons FeF_2^+$ Fe^{3+}和F^-形成一系列配离子，见【$Fe^{3+}+F^-$】。

【FeF_2^+】

$FeF_2^+ + F^- \rightleftharpoons FeF_3$ Fe^{3+}和F^-形成一系列配离子，见【$Fe^{3+}+F^-$】。

【$FeCl_3$】 氯化铁，黑棕色六方晶体，易潮解，易溶于水、乙醇、乙醚和丙酮，难溶于苯。六水合物为棕黄色或橙黄色晶体，极易潮解，极易溶于水，溶于乙醇、乙醚和甘油。约400℃时，它的蒸气有双聚体$(FeCl_3)_2$，750℃以上时离解为单分子。高温加热或在真空中加热至200℃以上，部分分解为氯化亚铁和氯。空气中加热变成氧化铁和氯。可由金属铁或氯化亚铁和干燥氯气直接加热而制得，可作刻蚀剂、催化剂、媒染剂、氧化剂、氯化剂、缩合剂、消毒剂、止血剂、饲料添加剂、净水剂和分析试剂等。

$2FeCl_3+2HI = 2FeCl_2+2HCl+I_2$

Fe^{3+}和I^-发生氧化还原反应：$2Fe^{3+}+2I^- = 2Fe^{2+}+I_2$。$Fe^{3+}$具有较强的氧化性，$I^-$具有较强的还原性。$Fe^{3+}$和$I^-$在水溶液中不能大量共存。

$FeCl_3+3H_2O \rightleftharpoons Fe(OH)_3+3HCl$

$FeCl_3$水解的化学方程式。离子方程式见【$Fe^{3+}+3H_2O$】。多元弱碱阳离子的水解实际上也是分步进行，在中学里，为了简单，往往将多元弱碱阳离子的水解一步写出。

$FeCl_3+3H_2O \overset{\triangle}{=} Fe(OH)_3$(胶体)$+3HCl$ 实验室里制备$Fe(OH)_3$胶体的原理：将20mL水煮沸，加入1mL～2mL饱和$FeCl_3$溶液，加热直至变成红褐色。$Fe(OH)_3$胶粒带正电，原因见【$Fe(OH)_3+HCl$】。

$2FeCl_3+H_2S = 2FeCl_2+S\downarrow+2HCl$

$FeCl_3$和H_2S发生氧化还原反应，有浅黄色浑浊物生成。

$2FeCl_3+2KI = 2FeCl_2+2KCl+I_2$

Fe^{3+}和I^-发生氧化还原反应：$2Fe^{3+}+2I^- = 2Fe^{2+}+I_2$。$Fe^{3+}$具有较强的氧化性，$I^-$具有较强的还原性。$Fe^{3+}$和$I^-$在水溶液中不能大量共存。

$FeCl_3+3KOH = Fe(OH)_3\downarrow+3KCl$

$FeCl_3$和KOH生成红褐色氢氧化铁沉淀。该原理用来检验Fe^{3+}，也可用来制备氢氧化铁沉淀。

$FeCl_3+3KSCN \rightleftharpoons Fe(SCN)_3+3KCl$ 氯化铁和硫氰化钾反应，生成红色的$Fe(SCN)_3$，溶液变为红色。该原理用来检验Fe^{3+}比较理想。详见【$Fe^{3+}+nSCN^-$】。

$FeCl_3+KSCN = [Fe(SCN)]Cl_2+KCl$ 该反应实际上就是$Fe^{3+}+SCN^- \rightleftharpoons [Fe(SCN)]^{2+}$的化学方程式。详见【$Fe^{3+}+nSCN^-$】。

$FeCl_3+3NH_3{\cdot}H_2O = Fe(OH)_3\downarrow+3NH_4Cl$ 氯化铁溶液和氨水反应生成红褐色氢氧化铁沉淀，离子方程式见【$Fe^{3+}+3NH_3{\cdot}H_2O$】。用来检验Fe^{3+}，也可用来制备氢氧化铁沉淀。

$2FeCl_3+2NaI = 2FeCl_2+I_2+2NaCl$

$FeCl_3$和NaI发生氧化还原反应，溶液变为棕黄色，加淀粉变为蓝色。实际上就是Fe^{3+}和I^-发生氧化还原反应，生成亚铁离子和碘：$2Fe^{3+}+2I^- = 2Fe^{2+}+I_2$。氧化性：$F_2>Cl_2>Br_2>Fe^{3+}>I_2$，还原性：$I^->Fe^{2+}>Br^->Cl^->F^-$。$Fe^{3+}$和$I^-$在水中不能大量共存，铁和碘单质加热生成$FeI_2$，而不是$FeI_3$。

$FeCl_3+3NaOH = Fe(OH)_3\downarrow+3NaCl$

铁盐溶液和碱反应生成红褐色氢氧化铁沉淀。用来检验Fe^{3+}，也可用来制备氢氧化铁沉淀。离子方程式见【$Fe^{3+}+3OH^-$】。

$2FeCl_3+Na_2S = 2FeCl_2+2NaCl+S\downarrow$

$FeCl_3$和Na_2S发生氧化还原反应，溶液由棕黄色变为浅绿色，有浅黄色沉淀生成。实际上就是具有氧化性的Fe^{3+}和具有还原性的S^{2-}发生氧化还原反应：$2Fe^{3+}+S^{2-} = 2Fe^{2+}+S\downarrow$。

$2FeCl_3+SO_2+2H_2O=FeCl_2+FeSO_4+4HCl$ 二氧化硫既有氧化性又有还原性。Fe^{3+}具有氧化性，将 SO_2 氧化为 SO_4^{2-}，自身被还原为 Fe^{2+}。离子方程式见【$2Fe^{3+}+SO_2+2H_2O$】。

$2FeCl_3+SnCl_2=SnCl_4+2FeCl_2$ Fe^{3+}具有氧化性，Sn^{2+}具有还原性，Fe^{3+}和 Sn^{2+}发生氧化还原反应，离子方程式见【$2Fe^{3+}+Sn^{2+}$】。碳、硅、锗、锡的化合物多以+4 价稳定，+2 价不稳定，铅的化合物+2 价是稳定的，+4 价不稳定。

$2FeCl_3+3Zn=3ZnCl_2+2Fe$ 活泼金属锌和氯化铁溶液反应，生成氯化锌和铁。【Fe^{3+}和金属的反应】见【$Ag+Fe^{3+}$】。锌和氯化铁溶液同时还有其他形式的反应，见【$2FeCl_3+3Zn+6H_2O$】。

$2FeCl_3+3Zn+6H_2O=2Fe(OH)_3\downarrow+3ZnCl_2+3H_2\uparrow$ 氯化铁溶液因水解显酸性，活泼金属锌和氢离子反应生成氢气，促进了氯化铁的水解，水解平衡向右移动，同时生成氢氧化铁红褐色沉淀。

【$FeBr_3$】 溴化铁，深红棕色晶体，易潮解，对光敏感，受热时升华，并分解。溶于水、乙醇、乙醚，微溶于液氨。暴置在空气中或日光下失去溴。水溶液沸腾时分解为溴化亚铁和溴。可由溴在加热时与铁屑作用而得，可用于医药、化学分析，制溴盐和作有机反应催化剂。六水合物为深绿色晶体，易溶于水，溶于乙醇、乙醚，可由铁屑和溴在水中加热制得。

$FeBr_3+6H_2O=FeBr_3\cdot 6H_2O$ 深红棕色溴化铁结合水形成深绿色六水合溴化铁晶体。

【$[Fe(CN)_6]^{3-}$】 六氰合铁(III)离子。

$2[Fe(CN)_6]^{3-}+H_2O_2+2OH^- \rightleftharpoons 2H_2O+O_2\uparrow+2[Fe(CN)_6]^{4-}$ 碱性条件下，H_2O_2 将$[Fe(CN)_6]^{3-}$还原成$[Fe(CN)_6]^{4-}$；而在酸性条件下，H_2O_2 将$[Fe(CN)_6]^{4-}$氧化成$[Fe(CN)_6]^{3-}$，见【$2[Fe(CN)_6]^{4-}+H_2O_2+2H^+$】。$H_2O_2$ 既可作氧化剂又可作还原剂，条件不同，作用也不同。

【$K_3[Fe(CN)_6]$】 六氰合铁(III)酸钾，又称铁氰化钾，俗称“赤血盐”。红色单斜晶体，对光敏感，受热时分解。溶于水和丙酮，不溶于乙醇，水溶液不稳定，放置后缓慢分解。碱性溶液中具有强氧化性。与亚铁盐溶液生成滕氏蓝沉淀。可由亚铁氰化钾的盐酸溶液通入氯气或加入高锰酸钾氧化制得。用于印染、电镀、制革、制颜料和蓝色晒图纸以及作分析试剂、有机合成缓和氧化剂等。

$K_3[Fe(CN)_6]+3H_2O=Fe(OH)_3\downarrow+3KCN+3HCN$ 赤血盐有微弱的水解，生成 $Fe(OH)_3$、KCN 和 HCN。使用赤血盐溶液，最好现用现配，存放时间较长会产生毒性较大的 KCN 和 HCN。

$2K_3[Fe(CN)_6](s)+2KI(s)\xlongequal{固相反应}2K_4[Fe(CN)_6](s)+I_2(s)$ 在溶液中，$K_3[Fe(CN)_6]$和 KI 不反应，但固体中发生固相反应。

$4K_3[Fe(CN)_6]+4KOH=4K_4[Fe(CN)_6]+O_2\uparrow+2H_2O$ 六氰合铁(III)酸钾，俗称赤血盐，在碱性溶液中表现氧化性，将碱氧化为氧气。

【$Fe_2(SO_4)_3$】 硫酸铁，黄色晶体或灰白色粉末，480℃时分解，潮湿空气中潮解变成棕色液体，冷水中缓慢溶解，但在微量硫酸亚铁存在下迅速溶解；不溶于浓硫酸、氨，难溶于丙酮、醋酸乙酯，热水中分解；可以形成一系列水合物，常见的为九水合物。九水合物为棕黄色正交晶体，易潮解，175℃时失去七分子水，溶于冷水、无水乙醇。热水中分解。水溶液因水解生成氢氧化铁而转变为红褐色。可由硫酸加入氢氧化铁或由酸性硫酸亚铁溶液和硝酸作用而得。制颜料、药物、铁矾及其他铁盐，作催化剂、媒染剂、净水剂、分析试剂等。

$Fe_2(SO_4)_3 = 2Fe^{3+} + 3SO_4^{2-}$ 硫酸铁在水中的电离方程式。

$Fe_2(SO_4)_3 \xlongequal{高温} Fe_2O_3 + 3SO_3\uparrow$ 高温条件下硫酸铁分解生成氧化铁和三氧化硫。

$Fe_2(SO_4)_3 + 6H_2O \rightleftharpoons 2Fe(OH)_3 + 3H_2SO_4$ 硫酸铁水解生成氢氧化铁和硫酸。强酸弱碱盐水解显酸性。加热可促进水解，加酸可抑制水解。详见【$Fe^{3+}+H_2O$】和【$[Fe(H_2O)_6]^{3+}+H_2O$】。可用来制备 $Fe(OH)_3$ 胶体，或调节酸碱性，水解生成 $Fe(OH)_3$ 沉淀而除去 Fe^{3+}。

$Fe_2(SO_4)_3 + 2H_2O \rightleftharpoons H_2SO_4 + 2Fe(OH)SO_4$ 硫酸铁水解生成碱式硫酸盐，硫酸铁的第一步水解反应。也是工业上制备黄钠铁矾 $Na_2Fe_6(SO_4)_4(OH)_2$ 的反应之一，见【$2Fe(OH)SO_4+2H_2O$】。

$2Fe_2(SO_4)_3 + 3K_4[Fe(CN)_6] = 6K_2SO_4 + Fe_4[Fe(CN)_6]_3\downarrow$ $[Fe(CN)_6]^{4-}$和 Fe^{3+}反应生成亚铁氰化铁蓝色沉淀，俗称“普鲁士蓝”，工业上称“铁蓝”或“华蓝”。该反应用来检验 Fe^{3+}。离子方程式见【$4Fe^{3+}+3[Fe(CN)_6]^{4-}$】。

$Fe_2(SO_4)_3 + 6NaOH = 2Fe(OH)_3\downarrow + 3Na_2SO_4$ 氢氧化钠和硫酸铁反应，生成红褐色 $Fe(OH)_3$ 沉淀。

$Fe_2(SO_4)_3 + SnCl_2 + 2HCl = 2FeSO_4 + SnCl_4 + H_2SO_4$ $SnCl_2$ 具有较强的还原性，$Fe_2(SO_4)_3$ 表现较强的氧化性，两者发生氧化还原反应。

【$Fe(OH)SO_4$】

$2Fe(OH)SO_4 + 2Fe_2(OH)_4SO_4 + Na_2SO_4 + 2H_2O = H_2SO_4 + Na_2Fe_6(SO_4)_4(OH)_{12}\downarrow$ 工业上制备黄铁矾 $Na_2Fe_6(SO_4)_4(OH)_{12}$ 晶体或者除去 Fe^{2+}、Fe^{3+}的原理，详见【$2Fe(OH)SO_4+2H_2O$】。

$2Fe(OH)SO_4 + 2H_2O = H_2SO_4 + Fe_2(OH)_4SO_4$ 工业上控制 $Fe_2(SO_4)_3$ 的 pH 在 1.6~1.8，温度在 358~368K，使 Fe^{3+} 逐步水解生成黄钠铁矾，又称黄铁矾。该原理还可用于除去 Fe^{2+}、Fe^{3+}，原因见【$2Fe^{2+}+H_2O_2+2H^+$】。$Fe(OH)SO_4$ 的制备：$Fe_2(SO_4)_3 + 2H_2O = 2Fe(OH)SO_4 + H_2SO_4$。$Fe(OH)SO_4$ 继续水解生成 $Fe_2(OH)_4SO_4$，加入 Na_2SO_4，和 $Fe(OH)SO_4$、$Fe_2(OH)_4SO_4$ 反应生成黄钠铁矾 $Na_2Fe_6(SO_4)_4(OH)_{12}$ 沉淀：$2Fe(OH)SO_4 + 2Fe_2(OH)_4SO_4 + Na_2SO_4 + 2H_2O = Na_2Fe_6(SO_4)_4(OH)_{12}\downarrow + H_2SO_4$。

【$Fe(NO_3)_3 \cdot 9H_2O$】 硝酸铁。

$Fe(NO_3)_3 \cdot 9H_2O$ 为白色至淡紫色单斜晶体，易潮解，受热至 125℃时分解，易溶于水，溶于乙醇、丙酮，微溶于浓硝酸。可由铁屑或氧化铁与浓硝酸作用制得，可作媒染剂、腐蚀抑制剂，用于医药、鞣革、化学分析等。

$Fe(NO_3)_3·9H_2O \xlongequal{\triangle} Fe(OH)_3+3HNO_3↑+6H_2O$ $Fe(NO_3)_3·9H_2O$ 受热，在 320.2K 时溶于结晶水中，323K 以上时失去部分 H_2O 和 HNO_3，溶液变混浊，398K 时变成 $Fe(OH)_3$，释放出 HNO_3 气体和水蒸气，【加热发生水解的晶体】见【$Mg(NO_3)_2·6H_2O$】。

【$[Fe(CO)_5]$】 五羰基铁，黄色油状液体，有毒，200℃时分解，空气中自燃，生成三氧化二铁，遇光分解成九羰基二铁和一氧化碳；不溶于水、液氨，微溶于乙醇，易溶于乙醚、苯、石油醚、丙酮、四氯化碳、二硫化碳、醋酸乙酯等。由铁粉和一氧化碳加压加温或在催化剂存在下反应，应避光保存，可作有机合成的催化剂、汽油抗震剂，制备高纯铁粉。

$[Fe(CO)_5] \xlongequal{\triangle} 5CO+Fe$ 工业上制造高纯度铁粉的原理，先制得 $Fe(CO)_5$，见【Fe+5CO】。在 200℃~250℃时，五羰基合铁蒸气分解成高纯铁和一氧化碳，可制得含碳很低的纯铁粉，可用于制造磁铁芯和催化剂。

$2Fe(CO)_5 \xrightarrow{hv} Fe_2(CO)_9+CO$
五羰基铁在光照下分解生成九羰基二铁和一氧化碳气体。

$Fe(CO)_5+2NO = Fe(CO)_2(NO)_2+3CO$ 金属羰基化合物与一氧化氮作用，生成金属羰基亚硝基配位化合物。

【$Fe_2(C_2O_4)_3$】 草酸铁，晶体为 $Fe_2(C_2O_4)_3·5H_2O$，黄色微晶粉末，受热至 100℃时分解，溶于水和酸，不溶于乙醇。由铁盐溶液和适量草酸铵反应而得，可作催化剂、分析试剂及用于照相等。

$Fe_2(C_2O_4)_3 \xlongequal{\triangle} Fe_2O_3+3CO↑+3CO_2↑$ 加热草酸铁制备 α 型 Fe_2O_3。Fe_3O_4 氧化得到 γ 型 Fe_2O_3。γ 型 Fe_2O_3 在 673K 以上时转变为 α 型 Fe_2O_3。

【$[Fe(NH_3)_6]Cl_2$】

$[Fe(NH_3)_6]Cl_2+6H_2O = Fe(OH)_2↓+4NH_3·H_2O+2NH_4Cl$ Fe^{2+} 难以形成稳定的氨配合物，在无水状态下，$FeCl_2$ 和 NH_3 形成的 $[Fe(NH_3)_6]Cl_2$ 不稳定，遇水即分解，生成 $Fe(OH)_2$、$NH_3·H_2O$ 和 NH_4Cl。

【FeO】 氧化亚铁，又称一氧化铁，黑色立方晶体或粉末，不溶于水和碱溶液，溶于酸。FeO 很不稳定，易被氧化成三氧化二铁，在空气里被加热，迅速氧化为四氧化三铁。可由草酸亚铁在隔绝空气情况下 850℃热解而得，可用作催化剂以及制玻璃、搪瓷、炼钢等。

$FeO+CO \xlongequal{\triangle} Fe+CO_2$ 一氧化碳还原氧化亚铁，生成铁和二氧化碳。

$FeO+H_2 \xlongequal{\triangle} Fe+H_2O$ 氢气还原氧化亚铁，生成铁和水。

$FeO+2H^+ = Fe^{2+}+H_2O$ 氧化亚铁和强酸反应，生成盐和水。

$FeO+2HCl = FeCl_2+H_2O$ 氧化亚铁和盐酸反应，生成氯化亚铁和水。

$FeO+2HI = FeI_2+H_2O$ 氧化亚铁和氢碘酸反应，生成碘化亚铁和水。碘化氢的水溶液叫氢碘酸。氢碘酸是强酸。

$3FeO+10HNO_3 = 3Fe(NO_3)_3+NO↑+5H_2O$ 氧化亚铁和稀硝酸反应，生成硝酸铁、一氧化氮和水，表现硝酸的强氧化性。黑色粉末溶解，溶液变为棕黄色，有无色无味的气体生成，该气体在空气中逐渐变为红棕色。

$FeO+H_2SO_4 = FeSO_4+H_2O$ 氧化亚铁和稀硫酸反应，生成硫酸亚铁和水。

$2FeO+4H_2SO_4(浓) \xlongequal{\triangle} Fe_2(SO_4)_3+SO_2\uparrow+4H_2O$ 氧化亚铁和浓硫酸反应，生成硫酸铁、二氧化硫和水。

$FeO+Mn \xlongequal{高温} MnO+Fe$ 锰的金属性强于铁，在高温下锰还原氧化亚铁，生成铁和一氧化锰。

$6FeO+O_2 \xlongequal{\triangle} 2Fe_3O_4$ 氧化亚铁和氧气加热生成四氧化三铁。

$2FeO+Si \xlongequal{高温} SiO_2+2Fe$ 硅作还原剂，在高温下还原氧化亚铁，生成二氧化硅和铁。

$FeO+SiO_2 \xlongequal{\triangle} FeSiO_3$ 炼铜过程中 FeO 和 SiO_2 形成熔渣的反应。详见【$2CuFeS_2+4O_2$】。

【Fe_2O_3】 氧化铁，又称三氧化二铁，俗称“铁红”，红色至黑色粉末灰块状物，不溶于水，溶于盐酸和硫酸，高温下被一氧化碳或氢气还原生成铁。有 α、γ 和 δ 三种变体：α-Fe_2O_3，六方晶体，有顺磁性，自然界中以赤铁矿形式存在，由硝酸铁或草酸铁加热制得；γ-Fe_2O_3，立方晶体，有铁磁性，400℃以上时转变为 α-Fe_2O_3；δ-Fe_2O_3，六方晶体，有铁磁性，110℃长时间加热下转变为 α-Fe_2O_3，由亚铁盐溶液水解同时氧化而得。氧化铁是一种低级颜料，工业称“氧化铁红”。用于油漆、油墨、橡胶、陶瓷、玻璃等工业，可作催化剂、抛光剂和饲料添加剂等。

$Fe_2O_3+3CO \xlongequal{高温} 2Fe+3CO_2$ 一氧化碳作还原剂，在高温下将三氧化二铁还原为铁。

$Fe_2O_3(s)+3CO(g) = 2Fe(s)+3CO_2(g);\Delta H=-27.61kJ/mol$ Fe_2O_3 和 CO 反应的热化学方程式。

$3Fe_2O_3(s)+3CO(g) = 2Fe_3O_4(s)+3CO_2(g);\Delta H=-58.58kJ/mol$ Fe_2O_3 和 CO 反应生成 Fe_3O_4 和 CO_2 的热化学方程式。

$Fe_2O_3+CaO = Ca(FeO_2)_2$ Fe_2O_3 和 CaO 在高温煅烧时反应，生成铁(III)酸钙 $Ca(FeO_2)_2$。硫酸法生产红矾钠见【$4Fe(CrO_2)_2+8Na_2CO_3+7O_2$】，副反应较多，消耗 Na_2CO_3 也较多，可改用 CaO，反应生成难溶或不溶的钙化合物，以减少纯碱的消耗，提高浸取液质量。

$Fe_2O_3+3H_2 \xlongequal{\triangle} 2Fe+3H_2O$ 氢气作还原剂，在高温(>325℃)下将三氧化二铁还原为铁。

$Fe_2O_3+6H^+ = 2Fe^{3+}+3H_2O$ 三氧化二铁和强酸反应，生成铁盐和水。

$Fe_2O_3+6HCl = 2FeCl_3+3H_2O$ 三氧化二铁和盐酸反应，生成氯化铁和水。

$Fe_2O_3+6HI = 2FeI_2+I_2+3H_2O$ 三氧化二铁和氢碘酸反应，生成碘化亚铁、碘和水。具有氧化性的 Fe_2O_3 和具有还原性的 I^- 发生氧化还原反应。氢碘酸和盐酸相似，都是强酸，但由于氢碘酸具有强还原性，与三氧化二铁发生反应时和盐酸不同。

$Fe_2O_3+6HNO_3 = 2Fe(NO_3)_3+3H_2O$ 三氧化二铁和硝酸反应，生成硝酸铁和水。

$Fe_2O_3+3H_2SO_4 = Fe_2(SO_4)_3+3H_2O$ 三氧化二铁和硫酸反应，生成硫酸铁和水。

$Fe_2O_3+6H[ZnCl_2(OH)] = 3H_2O+2Fe[ZnCl_2(OH)]_3$ $ZnCl_2$ 水溶液叫焊药水，见【$ZnCl_2+H_2O$】。焊接金属时，$ZnCl_2$ 水溶液作清洗剂和助熔剂，除去金属表面 Fe_2O_3 的原理。除去 FeO 见【$H[ZnCl_2(OH)]+FeO$】。

$Fe_2O_3+3KNO_3+4KOH\xlongequal{\triangle}3KNO_2+2K_2FeO_4+2H_2O$ 制备高铁酸盐的原理之一。加热熔融 Fe_2O_3、KNO_3、KOH 的固体混合物，可制得紫红色高铁酸钾。高铁酸盐的制备另见【$2Fe(OH)_3+3ClO^-+4OH^-$】。

$Fe_2O_3+MgO\xlongequal{高温}Mg(FeO_2)_2$ Fe_2O_3 和 MgO 在高温煅烧时反应，生成铁(III)酸镁 $Mg(FeO_2)_2$。详见【Fe_2O_3+CaO】。

$Fe_2O_3+Na_2CO_3=2NaFeO_2+CO_2\uparrow$ 工业上用硫酸法生产重铬酸钠，见【$4Fe(CrO_2)_2+8Na_2CO_3+7O_2$】。当钙量不足或碱量过多时，$Fe_2O_3$ 和 Na_2CO_3 生成铁(III)酸钠和二氧化碳，其中一步副反应。当碱量不足或钙量过多时，见【$2Cr_2O_3+4CaO+3O_2$】。

【$Fe_2O_3{\cdot}xH_2O$】水合三氧化二铁。

$Fe_2O_3{\cdot}xH_2O+6HCl=2FeCl_3+(x+3)H_2O$ 水合三氧化二铁和盐酸反应，生成氯化铁和水。红褐色 $Fe(OH)_3$ 沉淀实际上是水合三氧化二铁 $Fe_2O_3{\cdot}xH_2O$，习惯上写作 $Fe(OH)_3$。

【Fe_3O_4】 四氧化三铁，又称磁性氧

化铁，黑色立方晶体或红黑色无定形粉末，不溶于水、乙醇和乙醚，溶于酸。在空气中灼烧时转变为三氧化二铁。在自然界中以磁铁矿形式存在，是炼铁和炼钢的原料。Fe_3O_4 中铁原子有三分之一为+2 价，有三分之二为+3 价，Fe_3O_4 可以写为 $FeO{\cdot}Fe_2O_3$，有强磁性，具磁极的即天然磁石，灼烧至约 500℃，磁性消失，冷却后磁性复原。可由铁和氧化亚铁在空气或氧气中共热制得，或由三氧化二铁在 400℃时以氢还原制得，或由硫酸亚铁和硫酸铁的混合液与 5%的沸腾的氢氧化钾溶液反应而得。用于医疗、冶金、电子和纺织工业，作催化剂、抛光剂、油漆和陶瓷以及颜料、玻璃着色剂等。特制的磁性氧化铁可以造录音磁带和通信器材。

$Fe_3O_4+4CO\xlongequal{\triangle}3Fe+4CO_2$ 一氧化碳作还原剂，在高温下将四氧化三铁还原为铁。

$Fe_3O_4(s)+CO(g)=3FeO(s)+CO_2(g);\Delta H=-38.07kJ/mol$ Fe_3O_4 和 CO 反应生成 FeO 和 CO_2 的热化学方程式。

$Fe_3O_4+4H_2\xlongequal{高温}3Fe+4H_2O$ 氢气作还原剂，在高温下将四氧化三铁还原为铁。

$Fe_3O_4+8H^+=Fe^{2+}+2Fe^{3+}+4H_2O$ 四氧化三铁和强酸反应，生成铁盐、亚铁盐和水。

$Fe_3O_4+8HCl=FeCl_2+2FeCl_3+4H_2O$ 四氧化三铁和盐酸反应，生成氯化亚铁、氯化铁和水。

$Fe_3O_4+8HI=3FeI_2+I_2+4H_2O$ 四氧化三铁和氢碘酸反应，生成碘化亚铁、碘和水。Fe_3O_4 中+2 价的 Fe^{2+}和 I^-结合为 FeI_2，+3 价的 Fe^{3+}和 I^-发生氧化还原反应。

$3Fe_3O_4+28HNO_3=9Fe(NO_3)_3+NO\uparrow+14H_2O$ 四氧化三铁和硝酸反应，生成硝酸铁、一氧化氮气体和水。Fe_3O_4 中+2 价的 Fe^{2+}被硝酸氧化为 Fe^{3+}。

$4Fe_3O_4+O_2\xlongequal{\triangle}6Fe_2O_3$ 因氧气充分时，常温下铁生锈得到 Fe_2O_3。Fe_3O_4 和 O_2 加热会继续反应生成 Fe_2O_3。

$4Fe_3O_4+18SO_3+O_2=6Fe_2(SO_4)_3$ 实验室可用磁铁矿为原料制备铁盐。加热 $KHSO_4$ 或 $K_2S_2O_7$，熔融时分解放出 SO_3：$2KHSO_4\xlongequal{\triangle}K_2S_2O_7+H_2O$，$K_2S_2O_7\xlongequal{\triangle}K_2SO_4+SO_3\uparrow$，使生成的 SO_3 和 Fe_3O_4、O_2 化合，生成硫酸铁。

【FeS】硫化亚铁，黑褐色六方晶体，

难溶于水，溶于酸时产生 H_2S。在热水中分解，潮湿空气中逐渐氧化成四氧化三铁和硫。可由铁和硫在高真空石英封管内 1000℃ 共熔而得，主要用于制取硫化氢，也用作制陶瓷和油漆颜料等。

$FeS(s) \rightleftharpoons Fe^{2+}(aq)+S^{2-}(aq)$ FeS 固体的溶解—沉淀平衡。

$FeS+CaO \xlongequal{高温} CaS+FeO$ 炼铁过程中的反应之一，用生石灰除去硫。

$FeS+2H^{+} = Fe^{2+}+H_2S\uparrow$ 实验室里用硫化物和强酸反应制备硫化氢气体的原理之一。硫化氢是具有臭鸡蛋气味的有毒气体，用向上排空气法收集，可用润湿的醋酸铅试纸检验，醋酸铅试纸变黑，生成硫化铅：$(CH_3COO)_2Pb+H_2S = PbS\downarrow+2CH_3COOH$。

$FeS+2HCl = FeCl_2+H_2S\uparrow$ 实验室里用硫化物和强酸（盐酸、硫酸等）反应制备硫化氢气体的原理之一。离子方程式见【$FeS+2H^{+}$】。

$6FeS+36HNO_3 = 2Fe(NO_3)_3+2Fe_2(SO_4)_3+12NO_2\uparrow+3N_2O_4\uparrow+12NO\uparrow+18H_2O$ 硫化亚铁和硝酸发生氧化还原反应，生成的 NO_2、N_2O_4 和 NO 气体的体积比为 4∶1∶4 时的反应原理。硫化亚铁具有强还原性，硝酸具有强氧化性。

$FeS+H_2SO_4 = FeSO_4+H_2S\uparrow$ 实验室里用硫化物和强酸（盐酸、硫酸等）反应制备硫化氢气体的原理之一。离子方程式见【$FeS+2H^{+}$】。

$2FeS+3O_2 = 2FeO+2SO_2$ 硫化亚铁和氧气反应生成二氧化硫和氧化亚铁。工业上可用来制备二氧化硫进一步制备硫酸。详见【$2CuFeS_2+4O_2$】。

【FeS_2】 二硫化铁，自然界中以黄铁矿和白铁矿两种变体形式存在。黄铁矿：俗称"硫铁矿"，黄色六方晶体，难溶于水，溶于稀酸，硝酸中分解，木炭上灼烧时火焰呈蓝色，放出二氧化硫气体。白铁矿：黄色正交晶体，加热至 450℃时转化，难溶于水，不溶于稀酸，在硝酸中分解。二硫化铁主要用来制硫酸和硫黄。

$FeS_2+2HCl = FeCl_2+H_2S_2$ 盐酸和二硫化铁反应，生成氯化亚铁和过硫化氢。多硫化物 M_2S_x 中存在着过硫链，类似于过氧化物中的过氧键。当 $x=2$ 时，可以叫作过硫化物，和酸反应得到不稳定的过硫化氢。

$4FeS_2+11O_2 \xlongequal{高温} 2Fe_2O_3+8SO_2$

黄铁矿（或称硫铁矿）的主要成分是二硫化铁，燃烧生成氧化铁和二氧化硫，是接触法生产硫酸的第一步反应，在沸腾炉中进行。第二步，二氧化硫催化氧化生成三氧化硫：

$2SO_2+O_2 \underset{\Delta}{\overset{催化剂}{\rightleftharpoons}} 2SO_3$，在接触室中进行。

第三步，用 98.3％的浓硫酸吸收三氧化硫：$SO_3+H_2O = H_2SO_4$，在吸收塔中进行。第一步反应还可以用硫燃烧生产二氧化硫：$S+O_2 \xlongequal{点燃} SO_2$，在燃烧炉中进行。

$FeS_2(s)+\frac{11}{4}O_2(g) \xlongequal{高温} \frac{1}{2}Fe_2O_3(s)+2SO_2(g);\Delta H=-853kJ/mol$ 硫铁矿燃烧的热化学方程式，是接触法生产硫酸的第一步反应。工业上生产硫酸的原理见【$4FeS_2+11O_2$】。

$3FeS_2+8O_2 = Fe_3O_4+6SO_2\uparrow$ 工业上用燃烧金属硫化物来制备二氧化硫。燃烧 FeS_2 制备二氧化硫，氧气不足时生成 Fe_3O_4，氧气过量时生成 Fe_2O_3，见【$4FeS_2+11O_2$】。

$3FeS_2+8O_2+12C = Fe_3O_4+12CO+6S$ 将黄铁矿和焦炭的混合物放在炼硫炉中，在有限的空气中燃烧，可制得硫，硫的生产原理之一。趁热或加热溶化后将液态硫和固体物分离开来，也可直接分离硫蒸气。焦炭不足时，生成 CO_2，见【$3FeS_2+8O_2+6C$】。

$3FeS_2+8O_2+6C \xlongequal{\triangle} Fe_3O_4+6CO_2\uparrow+6S$ 空气氧化法从黄铁矿中提取硫的原理，冷却硫蒸气可得粉末状硫，或可以将液态硫和固体混合物分离。焦炭过量时，生成 CO，见【$3FeS_2+8O_2+12C$】。

$2FeS_2+7O_2+2H_2O = 2FeSO_4+2H_2SO_4$ 工业上用氧化黄铁矿的方法制取硫酸亚铁的原理。$FeSO_4$ 可以从溶液中结晶出来，生成 $FeSO_4·7H_2O$。

【Fe_2S_3】

$Fe_2S_3+4H^+ = 2Fe^{2+}+S\downarrow+2H_2S\uparrow$
酸性溶液中，Fe_2S_3 和 H^+反应，生成淡黄色沉淀 S。关于 Fe_2S_3 见【$2Fe^{3+}+3S^{2-}$】。

【$NaFeO_2$】铁酸盐之一。

$NaFeO_2+2H_2O = NaOH+Fe(OH)_3\downarrow$
铁(III)酸钠遇水强烈水解，生成 NaOH 和 $Fe(OH)_3$。

【FeO_4^{2-}】高铁酸根离子，水溶液紫红色，酸性溶液中不稳定，迅速变为 Fe^{3+}。

$4FeO_4^{2-}+20H^+ = 4Fe^{3+}+3O_2\uparrow+10H_2O$ FeO_4^{2-}具有强氧化性，酸性溶液中，FeO_4^{2-}不稳定，迅速变为 Fe^{3+}。

$2FeO_4^{2-}+3Zn+8H_2O = 2Fe(OH)_3+4OH^-+3Zn(OH)_2$ 高铁电池工作原理之离子方程式，详见【$2K_2FeO_4+3Zn+8H_2O$】。

【K_2FeO_4】高铁（Ⅵ）酸钾，深紫色至黑色微闪光晶体。只在完全干燥的气氛下才稳定，易溶于水，浓溶液会迅速分解，很稀溶液较稳定。酸性溶液中具有很强的氧化性。和硫酸根相似，遇钡离子生成沉淀。可由氢氧化铁或硝酸铁在强碱性溶液中用次氯酸钠氧化后加入饱和氢氧化钾而得，或由氧化铁、硝酸钾和氢氧化钾加热共熔制得。

$2K_2FeO_4+3Zn+8H_2O \underset{充电}{\overset{放电}{\rightleftharpoons}} 3Zn(OH)_2+2Fe(OH)_3+4KOH$
高铁电池的工作原理。高铁电池负极电极反应式：$Zn-2e^-+2OH^- = Zn(OH)_2$。正极电极反应式：$FeO_4^{2-}+4H_2O+3e^- = Fe(OH)_3+5OH^-$。离子方程式：$2FeO_4^{2-}+3Zn+8H_2O = 3Zn(OH)_2+4OH^-+2Fe(OH)_3$。

【FeOCl】氯氧化铁（Ⅲ）。

$FeOCl = FeO^++Cl^-$ $Fe(OH)_3$ 胶粒带正电荷原因，详见【$Fe(OH)_3+HCl$】。

【$Fe(OH)^{2+}$】

$Fe(OH)^{2+}+H_2O \rightleftharpoons Fe(OH)_2^++H^+$
Fe^{3+}的第二步水解，详见【$Fe^{3+}+H_2O$】。

【$Fe(OH)_2$】氢氧化亚铁，白色无定形粉末或白色至淡绿色六方晶体，难溶于水，溶于酸、氯化铵溶液，不溶于碱溶液。水溶液中生成时是白色沉淀，易被空气氧化，很快变为灰绿色，最后变为红褐色。将细粉喷射于空气中，则立即燃烧发出火花。由碱溶液加入不含有氧的亚铁盐溶液而得。

$Fe(OH)_2 \xlongequal[\triangle]{隔绝O_2} FeO+H_2O$ 氢氧化亚铁在隔绝空气、加热条件下分解，生成氧化亚铁和水。

$2Fe(OH)_2+Cl_2+2OH^- \xlongequal{} 2Fe(OH)_3+2Cl^-$ $Fe(OH)_2$易被氧气、氯气等氧化剂氧化成$Fe(OH)_3$，白色变为红褐色。和氧气的反应见【$4Fe(OH)_2+O_2+2H_2O$】。

$Fe(OH)_2+2e^- \xlongequal{} Fe+2OH^-$ $Fe(OH)_2$被还原的电极反应式。爱迪生蓄电池详见【$Fe+NiO_2+2H_2O$】。

$Fe(OH)_2+2H^+ \xlongequal{} Fe^{2+}+2H_2O$ 氢氧化亚铁和强酸反应，生成亚铁盐和水。沉淀溶解，溶液变为浅绿色。

$Fe(OH)_2+2HCl \xlongequal{} FeCl_2+2H_2O$ 氢氧化亚铁和盐酸反应，生成氯化亚铁和水。沉淀溶解，溶液变为浅绿色。

$Fe(OH)_2+2HI \xlongequal{} FeI_2+2H_2O$ 氢氧化亚铁和氢碘酸反应，生成碘化亚铁和水。沉淀溶解，溶液变为浅绿色。

$3Fe(OH)_2+10HNO_3 \xlongequal{} 3Fe(NO_3)_3+NO\uparrow+8H_2O$ 氢氧化亚铁和硝酸反应，生成硝酸铁、一氧化氮气体和水。沉淀溶解，溶液变为棕黄色，有无色无味的气体生成，该气体在空气中逐渐变为红棕色。该反应表现硝酸的氧化性和氢氧化亚铁的还原性。离子方程式见【$3Fe(OH)_2+NO_3^-+10H^+$】。

$Fe(OH)_2+H_2SO_4 \xlongequal{} FeSO_4+2H_2O$ 氢氧化亚铁和稀硫酸反应，生成硫酸亚铁和水。白色沉淀溶解，溶液变为浅绿色。

$3Fe(OH)_2+NO_3^-+10H^+ \xlongequal{} 3Fe^{3+}+NO\uparrow+8H_2O$ 氢氧化亚铁溶解在稀硝酸中，同时发生氧化还原反应，生成硝酸铁、一氧化氮气体和水的离子方程式。

$4Fe(OH)_2+O_2+2H_2O \xlongequal{} 4Fe(OH)_3$ 氢氧化亚铁在空气中很容易被氧化。白色沉淀很快变为灰绿色，最后变为红褐色。这一现象为氢氧化亚铁所特有，可用于检验Fe^{2+}。【制备能较长时间存放的氢氧化亚铁的方法】见【$Fe^{2+}+2OH^-$】。

$Fe(OH)_2+4OH^- \xlongequal{} [Fe(OH)_6]^{4-}$ $Fe(OH)_2$主要呈碱性，酸性很弱，但溶于浓碱溶液生成六羟合铁(Ⅱ)离子。

【$Fe(OH)_3$】 氢氧化铁，红棕色无定性粉末或凝胶体，不溶于水、乙醇和乙醚，溶于酸。在水中生成时是红褐色沉淀，溶于酸，受热分解，低于500℃时完全脱水生成氧化铁。实际上是水合三氧化二铁$Fe_2O_3 \cdot xH_2O$，习惯写成$Fe(OH)_3$。在酸中的溶解性与制成的时间长短有关，新制成的易溶于无机酸和有机酸，放置一段时间后难溶解。由硝酸铁溶液或氯化铁溶液加氨水沉淀而得。制颜料、药物，作净水剂、催化剂、吸收剂和砷解毒剂。

$Fe(OH)_3 \rightleftharpoons Fe^{3+}+3OH^-$ 弱碱氢氧化铁的电离方程式，多元弱碱的电离较复杂，中学化学分步电离，一步书写。

$2Fe(OH)_3 \xlongequal{\triangle} Fe_2O_3+3H_2O\uparrow$ 氢氧化铁受热分解，生成三氧化二铁和水。

$2Fe(OH)_3+3ClO^-+4OH^- \xlongequal{} 3Cl^-+2FeO_4^{2-}+5H_2O$ 制备高铁酸盐Na_2FeO_4和K_2FeO_4的原理之一。在强碱性介质中，用NaClO氧化$Fe(OH)_3$，制Na_2FeO_4，得到紫红色溶液。Na_2FeO_4是高效无残余的自来水消毒剂，消毒过程中杀死细菌等并产生Fe^{3+}，又水解生成的$Fe(OH)_3$，可吸附固体颗粒物，同时具有净水作用。高铁酸盐的制备见【$Fe_2O_3+3KNO_3+4KOH$】。酸性条件下，很难将Fe^{3+}氧化为FeO_4^{2-}，而且FeO_4^{2-}在酸性溶液中不稳定，迅速变为Fe^{3+}，见【$4FeO_4^{2-}+20H^+$】。

$Fe(OH)_3-3e^-+5OH^-=FeO_4^{2-}+4H_2O$ 高铁电池充电时阳极电极反应式。高铁电池的工作原理见【$2K_2FeO_4+3Zn+8H_2O$】。

$Fe(OH)_3+3H^+=Fe^{3+}+3H_2O$ 氢氧化铁和强酸反应，生成铁盐和水。红褐色沉淀溶解，溶液变为棕黄色。

$Fe(OH)_3+HCl=FeOCl+2H_2O$ 用氯化铁水解制备 $Fe(OH)_3$ 胶体，见【$FeCl_3+3H_2O$】。其中一部分 $Fe(OH)_3$ 和 HCl 作用生成氯氧化铁 FeOCl。FeOCl 电离：$FeOCl=FeO^++Cl^-$，生成的 FeO^+被 $Fe(OH)_3$ 聚集而成的胶核$[Fe(OH)_3]_m$选择性地吸附，所以，$Fe(OH)_3$ 胶粒带正电荷。

$Fe(OH)_3+3HCl=FeCl_3+3H_2O$ 氢氧化铁和盐酸反应，生成氯化铁和水。红褐色沉淀溶解，溶液变为棕黄色。

$2Fe(OH)_3+6HI=2FeI_2+I_2+6H_2O$ 氢氧化铁和氢碘酸反应，生成碘化亚铁、碘和水。红褐色沉淀溶解，溶液变为棕黄色。具有氧化性的 $Fe(OH)_3$ 和具有还原性的 I^-发生氧化还原反应。氢碘酸和盐酸相似，都是强酸，但由于氢碘酸具有强还原性，与氢氧化铁发生的反应就和盐酸不同。离子方程式见【$2Fe(OH)_3+2I^-+6H^+$】。

$Fe(OH)_3+3HNO_3=Fe(NO_3)_3+3H_2O$ 氢氧化铁和硝酸反应，生成硝酸铁和水。红褐色沉淀溶解，溶液变为棕黄色。

$2Fe(OH)_3+3H_2S=Fe_2S_3+6H_2O$ 氢氧化铁和氢硫酸反应，生成更难溶的三硫化二铁和水。关于三硫化二铁见【$2Fe^{3+}+S^{2-}$】。

$2Fe(OH)_3+3H_2SO_4=Fe_2(SO_4)_3+6H_2O$ 氢氧化铁和稀硫酸反应，生成硫酸铁和水。红褐色沉淀溶解，溶液变为棕黄色。

$Fe(OH)_3+KOH=KFeO_2+2H_2O$ 新沉淀的 $Fe(OH)_3$ 能溶于强碱溶液中，生成铁酸钾和水。铁酸钾可写成 $K_3[Fe(OH)_6]$，见【$Fe(OH)_3+3KOH$】。

$Fe(OH)_3+3KOH=K_3[Fe(OH)_6]$ 新沉淀的 $Fe(OH)_3$ 能溶于强碱溶液中，生成铁酸钾和水。铁酸钾可写成 $KFeO_2$，见【$Fe(OH)_3+KOH$】。

$2Fe(OH)_3+2I^-+6H^+=2Fe^{2+}+I_2+6H_2O$ 氢氧化铁和氢碘酸反应，生成碘化亚铁、碘和水。红褐色沉淀溶解，溶液变为棕黄色。化学方程式见【$2Fe(OH)_3+6HI$】。

【Co】 钴，银白色金属，硬而有延性，常温下与水和空气不起作用，能逐渐溶于稀盐酸和硫酸，易溶于硝酸。Co 可被氢氟酸、氨水和氢氧化钠溶液缓慢侵蚀，加热条件下与氧、硫、氯、溴剧烈作用，和一氧化碳生成羰基配合物。Co 可磁化，与钐、镍、铝等共热得良好磁性钢。主要钴矿有辉砷钴矿或砷钴矿等。由辉砷钴矿或砷钴矿煅烧成氧化物后，用铝还原或转化为溶液经电解还原制得。制造超硬耐热合金、磁性合金、电阻合金、弹簧合金、钴化合物、催化剂、瓷器釉彩等。放射性钴-60，广泛用于工业、科研和医疗中。

$Co+Cl_2\overset{\triangle}{=}CoCl_2$ 氯气和金属钴反应生成氯化钴。【卤素单质和金属反应】见【$2Al+3Cl_2$】。

$Co+2H^+=Co^{2+}+H_2\uparrow$ 金属钴是中等活泼的金属，和非氧化性强酸反应，生成氢气和钴离子，但是钴和稀的无机酸反应很缓慢，这一点和铁、镍不同。铁、钴和镍遇到浓硝酸都被钝化。钴、镍和稀硝酸反应，分别见【$3Co+8HNO_3$】和【$3Ni+8HNO_3$】。

$Co+2HCl=CoCl_2+H_2\uparrow$ 金属钴是中等活泼的金属，和盐酸反应，生成氢气和氯化钴，离子方程式见【$Co+2H^+$】。

$3Co+8HNO_3=3Co(NO_3)_2+2NO\uparrow+4H_2O$ 金属钴和稀硝酸反应，生成硝酸钴、一氧化氮气体和水。铁、钴和镍遇到浓硝酸都被钝化。【金属和硝酸的反应】见【$3Ag+4HNO_3$】。

$Co+H_2O\xlongequal{\triangle}CoO+H_2\uparrow$ 金属钴和水蒸气加热反应，生成氧化钴和氢气。

$Co+H_2SO_4=CoSO_4+H_2\uparrow$ 金属钴是中等活泼的金属，和稀硫酸反应，生成氢气和硫酸钴。钴和非氧化性强酸反应见【$Co+2H^+$】。

$Co+2H_2SO_4$(浓)$=CoSO_4+SO_2\uparrow+2H_2O$ 钴和浓硫酸反应，生成硫酸钴、二氧化硫和水。

$3Co+2O_2\xlongequal{高温}Co_3O_4$ 钴在高温下和 O_2 剧烈反应，生成四氧化三钴。

$Co+S\xlongequal{高温}CoS$ 在真空石英封管内加热钴粉和硫粉至650℃，可制备硫化钴的*β*-型变体，用作有机化合物的氢化催化剂。硫化钴有两种变体：*α*-CoS、*β*-CoS。

【Co^{2+}】

$Co^{2+}+2CN^-=Co(CN)_2\downarrow$ Co^{2+}和CN^-作用，先生成红色的氰化钴沉淀，继续加入CN^-，析出紫红色的$K_2[Co(CN)_6]$晶体是一种较强的还原剂，将其溶液稍加热，即有H_2放出，详见【$2[Co(CN)_6]^{4-}+2H_2O$】。

$Co^{2+}+7NO_2^-+3K^++2H^+=K_3[Co(NO_2)_6]\downarrow+NO\uparrow+H_2O$ 向含有Co^{2+}的溶液中加入亚硝酸钾，并以少量的醋酸酸化，加热后生成亮黄色的六亚硝酸合钴（III）酸钾沉淀，从溶液中析出。

$2Co^{2+}+O_3+2H^+=2Co^{3+}+O_2+H_2O$ 臭氧具有较强的氧化性，仅次于F_2和高氙酸盐，可以将Co^{2+}氧化为Co^{3+}。

$Co^{2+}+2OH^-=Co(OH)_2\downarrow$ Co^{2+}和OH^-反应，生成粉红色的氢氧化钴$Co(OH)_2$沉淀。

【$[Co(H_2O)_4]^{2+}$】

$[Co(H_2O)_4]^{2+}+4SCN^-\xlongequal{丙酮}[Co(SCN)_4]^{2-}+4H_2O$ 鉴定Co^{2+}的原理之一，$[Co(H_2O)_4]^{2+}$简写成Co^{2+}，粉红色，$[Co(SCN)_4]^{2+}$为艳蓝色。Co^{2+}和SCN^-反应，生成$[Co(SCN)_4]^{2+}$，溶液由粉红色变为艳蓝色。但Fe^{3+}对Co^{2+}的鉴定有干扰，生成血红色$[Fe(SCN)]^{2+}$。排除干扰的方法是：事先加入NaF或NH_4F，使Fe^{3+}和F^-生成稳定的无色配离子$[FeF_6]^{3-}$，排除Fe^{3+}的干扰，即“掩蔽效应”。

【$[Co(H_2O)_6]^{2+}$】

$2[Co(H_2O)_6]^{2+}+10NH_3+2NH_4^++H_2O_2=2[Co(NH_3)_6]^{3+}+14H_2O$
活性炭作催化剂，在含有$CoCl_2$、NH_3和NH_4Cl的混合溶液中加入过氧化氢，可结晶析出橙黄色三氯化六氨合钴（III）$[Co(NH_3)_6]Cl_3$晶体。钴(Ⅱ)配合物容易被氧化生成钴(III)配合物。

$4[Co(H_2O)_6]^{2+}+20NH_3+4NH_4^++O_2=4[Co(NH_3)_6]^{3+}+26H_2O$ 钴(Ⅱ)配合物容易被氧化生成钴(III)配合物。活性炭作催化剂，向含有$CoCl_2$（或$[Co(H_2O)_6]Cl_2$）、NH_3、NH_4Cl的混合溶液中通入空气，可结晶析出橙黄色三氯化六氨合钴(III)$[Co(NH_3)_6]Cl_3$晶体。

【CoF_3】

三氟化钴，又叫氟化高钴，

浅棕色晶体或粉末，可在氧气流中于600℃~700℃时挥发，部分分解为氟化钴和氟。易吸湿，无臭，味微苦，见光逐渐变色，与水猛烈反应，放出氧气，析出黑色氢氧化钴沉淀。与烃类发生剧烈作用。可由氟化钴或氯化钴或三氧化二钴在氟气流中加热反应而得。临床用于治疗紧张型与妄想型精神分裂症，也是重要的氟化剂，用于有机化合物的氟化反应。

$2CoF_3 \xlongequal{\triangle} 2CoF_2+F_2\uparrow$ 氟化高钴受热，分解生成氟化钴和氟气。

$4CoF_3+2H_2O = 4CoF_2+4HF\uparrow+O_2\uparrow$ 三氟化钴见水分解，生成氟化钴、氟化氢和氧气。氟化钴 CoF_2 为玫瑰红色晶体或粉末，微溶于水，热水中分解。

【$CoCl_2$】 氯化钴，蓝色六方晶体，置于潮湿空气中变为粉红色。$CoCl_2 \cdot 6H_2O$ 为粉红色，$CoCl_2 \cdot 2H_2O$ 为紫色，$CoCl_2 \cdot H_2O$ 为蓝紫色，$CoCl_2$ 为蓝色。蓝色无水 $CoCl_2$ 在潮湿的空气中吸收水分后变为粉红色，将无水氯化钴加入到硅胶中作干燥剂的指示剂，硅胶变为粉红色时干燥剂失效。空气中于400℃长时间加热，则发生分解，溶于水、甲醇、乙醇、乙醚和丙酮、甘油等。可由氯化钴六水合物和氯化亚砜回流加热制得，或在干燥氯化氢气流中加热至160℃~170℃而得。六水合物为红色单斜晶体，可由钴粉、氧化钴、氢氧化钴或碳酸钴与盐酸作用而得，可用于制隐显墨水、维生素 B_{12}、温度计、变色硅胶、防毒面具、催化剂、电镀、化学试剂等。

$4CoCl_2+4NH_4Cl+20NH_3+O_2 = 2H_2O+4[Co(NH_3)_6]Cl_3$ 用活性炭作催化剂，在含有氯化钴 $CoCl_2$、NH_4Cl 和 NH_3 的溶液中通入空气或过氧化氢，从溶液中可分离出橙黄色的三氯化六氨合钴（Ⅲ）$[Co(NH_3)_6]Cl_3$。原因是 $CoCl_2$、NH_4Cl 和 NH_3 反应生成的六氨合钴（Ⅱ）离子 $[Co(NH_3)_6]^{2+}$ 不稳定，易被空气中的氧气氧化为六氨合钴（Ⅲ）离子 $[Co(NH_3)_6]^{3+}$。离子方程式见【$4[Co(H_2O)_6]^{2+}+20NH_3+4NH_4^++O_2$】。

$CoCl_2+2NaOH = Co(OH)_2\downarrow+2NaCl$ 氯化钴 $CoCl_2$ 和 NaOH 反应，生成粉红色的氢氧化钴 $Co(OH)_2$ 沉淀。

【$[Co(H_2O)_6]Cl_2$】

$2[Co(H_2O)_6]Cl_2 \xrightleftharpoons{\triangle} Co[CoCl_4]+12H_2O$ 加热粉红色的 $[Co(H_2O)_6]Cl_2$，可制得 $Co[CoCl_4]$，热分解合成法。

$[Co(H_2O)_6]Cl_2+6NH_3 = 6H_2O+[Co(NH_3)_6]Cl_2$ 由 $[Co(H_2O)_6]Cl_2$ 制备 $[Co(NH_3)_6]Cl_3$ 的其中一步反应，详见【$4[Co(H_2O)_6]Cl_2+4NH_4Cl+20NH_3+O_2$】。

$4[Co(H_2O)_6]Cl_2+4NH_4Cl+20NH_3+O_2 = 4[Co(NH_3)_6]Cl_3+26H_2O$ 由 $[Co(H_2O)_6]Cl_2$ 制备 $[Co(NH_3)_6]Cl_3$ 的原理，木炭作催化剂，叫作氧化合成法。分以下两步进行：$[Co(H_2O)_6]Cl_2+6NH_3 = 6H_2O+[Co(NH_3)_6]Cl_2$，粉红色 $[Co(H_2O)_6]Cl_2$ 变为土黄色 $[Co(NH_3)_6]Cl_2$。$4[Co(NH_3)_6]Cl_2+O_2+4NH_4Cl \xlongequal{木炭} 4[Co(NH_3)_6]Cl_3+2H_2O+4NH_3$。又见【$4CoCl_2+4NH_4Cl+20NH_3+O_2$】。

【$[Co(CN)_6]^{4-}$】 六氰合钴(Ⅱ)配离子。

$2[Co(CN)_6]^{4-}+2H_2O = 2OH^-+H_2\uparrow+2[Co(CN)_6]^{3-}$ 六氰合钴(Ⅱ)配离子有很强的还原性，将其水溶液稍加热，即有 H_2 放出，将 H_2O 还原为 H_2。六氰合钴(Ⅱ)配离子的制备见【$Co^{2+}+2CN^-$】。

【$K_4[Co(CN)_6]$】

$2K_4[Co(CN)_6]+2H_2O=2KOH+H_2\uparrow+2K_3[Co(CN)_6]$ $[Co(CN)_6]^{4-}$不稳定，是一种强还原剂，而$[Co(CN)_6]^{3-}$很稳定，对含有$[Co(CN)_6]^{4-}$的水溶液稍微加热，$[Co(CN)_6]^{4-}$就能将水中的氢还原为H_2。

【$[Co(SCN)_4]^{2-}$】四硫氰酸根合钴(Ⅱ)配离子。

$[Co(SCN)_4]^{2-} \rightleftharpoons Co^{2+}+4SCN^-$
Co^{2+}的溶液中加入KSCN，生成蓝色的四硫氰酸根合钴(Ⅱ)配离子。$[Co(SCN)_4]^{2-}$在水溶液中不稳定，易解离出简单离子，建立平衡。在有机溶剂中比较稳定，溶于丙酮或戊醇，可用在比色分析上。

【$[Co(NH_3)_4]^{2+}$】

$4[Co(NH_3)_4]^{2+}+O_2+2H_2O=4OH^-+4[Co(NH_3)_4]^{3+}$ 黄色的$[Co(NH_3)_4]^{2+}$不稳定，而$[Co(NH_3)_4]^{3+}$相当稳定。空气中的O_2可以将$[Co(NH_3)_4]^{2+}$氧化为红褐色的$[Co(NH_3)_4]^{3+}$。

【$[Co(NH_3)_6]^{2+}$】

$4[Co(NH_3)_6]^{2+}+O_2+2H_2O=4OH^-+4[Co(NH_3)_6]^{3+}$ 六氨合钴(Ⅱ)离子不稳定，容易被氧化。空气中的氧气能将六氨合钴(Ⅱ)离子氧化为六氨合钴(III)离子。

【$[Co(NH_3)_6]Cl_2$】

$4[Co(NH_3)_6]Cl_2+4NH_4Cl+O_2\xlongequal{木炭}4[Co(NH_3)_6]Cl_3+2H_2O+4NH_3$
由$[Co(H_2O)_6]Cl_2$制备$[Co(NH_3)_6]Cl_3$的其中一步反应，详见【$4[Co(H_2O)_6]Cl_2+4NH_4Cl+20NH_3+O_2$】。

【$CoCO_3$】碳酸钴，红色三斜晶体，受热分解，不溶于水、乙醇、氨水、醋酸甲酯，溶于热酸、碳酸铵溶液、二硫化碳和乙醚，被空气或弱氧化剂氧化成碳酸高钴。以球泡酸钴矿形式存在于自然界。可由硝酸钴或硫酸钴溶液和碳酸氢钠的饱和溶液共热，先制得桃红至紫红色晶体六水合物，然后经140℃加热得无水物。可作着色剂、添加剂、催化剂、温度指示剂，制钴盐。

$2CoCO_3+8CO+2H_2=Co_2(CO)_8+2CO_2+2H_2O$ 在393～473K和2.53～3.03×10^7Pa下，用碳酸钴、氢气和一氧化碳合成橙黄色晶体八羰基二钴。

【铁、钴、镍等过渡金属形成的羰基配位化合物】 它们都有一个共性：熔点、沸点一般比常见的相应金属化合物低，容易挥发，受热易分解为金属和一氧化碳。利用这个特性可以提纯金属：先将金属制成羰基化合物，然后使羰基化合物挥发跟杂质分离，最后分解羰基化合物，得到很纯的金属。但是，一氧化碳很容易使人中毒，必须在与外界隔绝的容器中进行。

【$CoCl_3$】氯化高钴。

$2CoCl_3\xlongequal{\triangle}2CoCl_2+Cl_2\uparrow$ 氯化高钴受热分解，生成氯化钴和氯气。

【$CoCl_3 \cdot 6NH_3$】

$CoCl_3 \cdot 6NH_3+3AgNO_3 = 3AgCl\downarrow +Co(NO_3)_3 \cdot 6NH_3$ $CoCl_2$的铵溶液中加入H_2O_2，可得到橙黄色晶体$CoCl_3 \cdot 6NH_3$，溶于水加入$AgNO_3$立即析出AgCl沉淀。该实验证明$CoCl_3 \cdot 6NH_3$中的Cl^-是自由的。但$CoCl_3 \cdot 6NH_3$溶液中加入强碱不产生NH_3，加热至沸腾，才有NH_3气体放出，生成Co_2O_3沉淀，见【$2(CoCl_3 \cdot 6NH_3)+6KOH$】。再在$CoCl_3 \cdot 6NH_3$溶液中加碳酸盐或磷酸盐，也检验不出$Co^{3+}$，说明$Co^{3+}$和$NH_3$是配合的，形成配离子$[Co(NH_3)_6]^{3+}$。

$2(CoCl_3 \cdot 6NH_3)+6KOH \xlongequal{沸腾} Co_2O_3\downarrow +12NH_3\uparrow+6KCl+3H_2O$ 详见【$CoCl_3 \cdot 6NH_3+3AgNO_3$】。

【$Co_2(CO)_8$】

八羰基二钴，橙红色晶体，毒性高，刺激皮肤和黏膜，高于52℃时分解。在氢气和一氧化碳气氛中稳定，对空气敏感，久置缓慢形成紫色的碱式碳酸钴。不溶于水，溶于乙醇、乙醚、苯、二硫化碳、石脑油等，溶液遇空气立即分解。在液氨中被金属钠还原为四羰基合钴酸钠。可由金属钴粉和一氧化碳经高压、加热合成，或由硫化钴或碘化钴在铜存在条件下与一氧化碳经高压加热而得。可作有机合成及高分子聚合催化剂、汽油抗震剂，制钴盐。

$Co_2(CO)_8+2NO = 2Co(CO)_3(NO)+2CO$ 金属羰基化合物与一氧化氮作用，生成金属羰基亚硝基配位化合物。

【$[Co(NO_2)_6]^{3-}$】

六亚硝酸合钴（Ⅲ）离子。

$[Co(NO_2)_6]^{3-}+2K^++Na^+ = K_2Na[Co(NO_2)_6]\downarrow$ 中性或微酸性条件下，检验钾离子，生成亮黄色的钴亚硝酸钠钾沉淀。钾盐绝大多数易溶于水，只有极少数阴离子的盐难溶：高氯酸钾$KClO_4$为白色、酒石酸氢钾$KHC_4H_4O_6$为白色、六氯铂酸钾$K_4[PtCl_6]$为淡黄色、钴亚硝酸钠钾$K_2Na[Co(NO_2)_6]$为亮黄色、四苯硼酸钾$K[B(C_6H_5)_4]$为白色。利用以上沉淀可以检验K^+。在中学化学中，Na^+、K^+一般用焰色反应进行鉴别。【常见元素的焰色反应】见【$2Cl^-+PtCl_4$】。

【CoO】

氧化钴，又叫一氧化钴，绿棕色立方晶体，常温下呈反铁磁性，难溶于水、乙醇，溶于酸和强碱溶液。钴和氧气在高温下反应，或者隔绝空气用钴（Ⅱ）的碳酸盐、草酸盐或硝酸盐加热分解得到氧化钴，但是，在空气中使钴（Ⅱ）的碳酸盐、草酸盐或硝酸盐加热分解，得到黑色的四氧化三钴Co_3O_4，因为空气中的氧气将钴（Ⅱ）氧化为钴（Ⅲ）。可由碳酸钴在真空中加热至350℃或由硝酸钴或三氧化三钴在1000℃煅烧后在氮气流中冷却而得，可制钴盐、有色玻璃、油漆催干剂、钴催化剂、陶瓷颜料、搪瓷和饲料添加剂。

$CoO+2H^+ = Co^{2+}+H_2O$ 氧化钴和非氧化性强酸反应，生成钴（Ⅱ）盐和水。

$CoO+2HCl = CoCl_2+H_2O$ 氧化钴和强酸盐酸反应，生成氯化钴和水。

【Co_2O_3】

三氧化二钴，又叫氧化高钴，无水Co_2O_3还没有得到，只知$Co_2O_3 \cdot H_2O$，黑灰色六方或正交晶体，是强氧化剂。不溶于水、乙醇，溶于硫酸。可由钴化合物和过量空气低温加热制得，可作颜料、釉料、氧化剂、分析试剂、催化剂，制钴盐。

$Co_2O_3+6H^++2Cl^-=2Co^{2+}+Cl_2\uparrow+3H_2O$ 三氧化二钴 Co_2O_3 和盐酸反应的离子方程式，将 Cl^- 氧化为氯气，自身被还原为 Co^{2+}。

$Co_2O_3+6HCl=2CoCl_2+Cl_2\uparrow+3H_2O$ 三氧化二钴 Co_2O_3 和盐酸反应，将 Cl^- 氧化为氯气，自身被还原为 Co^{2+}。

【Co_3O_4】 四氧化三钴，黑色立方晶体，不溶于水，溶于浓硫酸和熔融氢氧化钠，难溶于盐酸、硝酸和王水，有吸湿性。空气中加热至 900~950℃转化为一氧化钴。低温时能吸收氧，但晶体结构不变化，易被碳、一氧化碳和氢气还原为钴。由碳酸钴或硝酸钴或一氧化钴在 700℃时加热制得。可制金属钴、钴催化剂、搪瓷、陶瓷、颜料、半导体、砂轮和钴盐，作氧化剂。Co_3O_4 是 CoO 和 Co_2O_3 的混合氧化物。在空气中使钴（Ⅱ）的碳酸盐、草酸盐或硝酸盐加热分解，得到黑色的四氧化三钴 Co_3O_4，但是，隔绝空气用钴（Ⅱ）的碳酸盐、草酸盐或硝酸盐加热分解得到氧化钴 CoO。

$2Co_3O_4(s)+6ClF_3(g)=6CoF_3(s)+3Cl_2(g)+4O_2(g)$ 氟的卤素互化物通常都是氟化剂，和金属氧化物反应生成氟化物。

【$Co(OH)_2$】 氢氧化钴，玫瑰红色正交晶体。$Co(OH)_2$ 是两性氢氧化物，溶于酸，见【$Co(OH)_2+2H^+$】。溶于强碱生成深蓝色的$[Co(OH)_4]^{2-}$。$Co(OH)_2$ 在空气或弱氧化剂中慢慢地被氧化为棕褐色氢氧化高钴 $Co(OH)_3$。受热时分解，不溶于水和碱性溶液，溶于酸、氨水和铵盐溶液。真空中、168℃时脱水生成氧化钴。可由钴盐溶液和氢氧化钠或氢氧化钾作用而得，可制钴盐、油漆催干剂和钴催化剂等。

$2Co(OH)_2+Br_2+2NaOH=2NaBr+2Co(OH)_3\downarrow$ 粉红色氢氧化钴 $Co(OH)_2$ 不稳定，在空气中慢慢被氧化为棕褐色的氢氧化高钴 $Co(OH)_3$。在碱性条件下，溴也将 $Co(OH)_2$ 氧化为 $Co(OH)_3$。

$2Co(OH)_2+Br_2+2OH^-=2Co(OH)_3\downarrow+2Br^-$ 在碱性条件下，溴将 $Co(OH)_2$ 氧化为 $Co(OH)_3$ 的离子方程式。

$Co(OH)_2+2H^+=Co^{2+}+2H_2O$ 氢氧化钴和强酸反应，生成钴（Ⅱ）盐和水。

$Co(OH)_2+2HCl=CoCl_2+2H_2O$ 氢氧化钴和强酸盐酸反应，生成氯化钴和水。

$2Co(OH)_2+NaClO+H_2O=2Co(OH)_3+NaCl$ $Co(OH)_2$ 容易被氧化，控制溶液的 pH 值大于 3.5，向钴(Ⅱ)盐溶液中加入 NaClO 或通入 Cl_2 等强氧化剂，可制得棕褐色氢氧化高钴。

$4Co(OH)_2+O_2+2H_2O=4Co(OH)_3$ 氢氧化钴在空气中慢慢被氧化为棕褐色的氢氧化高钴。

【$Co(OH)_3$】 氢氧化钴(III)，又叫氢氧化高钴，深褐色至黑色粉末，可以写作 CoO(OH)或者 $Co_2O_3{\cdot}H_2O$，是强氧化剂。在真空中、148℃~150℃时转变为四氧化三钴。不溶于水和乙醇，溶于硝酸和硫酸，溶于盐酸时放出氯气，不与碱溶液或氨水作用；溶于有机酸如草酸或酒石酸等时，伴随着还原反应。由氢氧化钠溶液加入高钴盐溶液或由氢氧化钴悬浮液与氯水或溴水作用而得。作催化剂等。

$2Co(OH)_3+6H^++2Cl^-=2Co^{2+}+6H_2O+Cl_2\uparrow$ 氢氧化高钴和盐酸反应，将 Cl^-氧化为氯气，自身被还原为 Co^{2+}。

$2Co(OH)_3+6HCl=2CoCl_2+6H_2O+Cl_2\uparrow$ 氢氧化高钴和盐酸反应，将 Cl^-氧化为氯气，自身被还原为 Co^{2+}。

【Ni】

镍，银白色金属，坚韧，有磁性，有良好的可塑性。常温下对空气和水稳定，在氧气中受热生成氧化镍，溶于硝酸和王水，耐强碱腐蚀，和稀盐酸、稀硫酸反应缓慢，加热时与氯、溴、硫等剧烈反应。镍粉易与 CO 形成四羰基合镍 $Ni(CO)_4$，可用于制造高纯度镍。重要矿物有镍黄铁矿、磁黄铁矿和硅镁镍矿。由矿石焙烧成氧化物后用水煤气或碳还原制得。进一步精炼可采用电解法和羰基化法。主要用于制造不锈钢和各种抗腐蚀合金，也用于电镀和制碱性蓄电池、催化剂、化学器皿、陶瓷、化学试剂和镍币等。

$Ni+4CO\xlongequal{101kPa}Ni(CO)_4$ 在 325K 和 101.325kPa 下，一氧化碳和金属镍粉反应生成无色液体四羰基镍。用四羰基镍来生产高纯度金属镍，将四羰基镍加热分解得镍和一氧化碳。利用许多金属能生成羰基配合物以及容易分解的性质，可以制造纯度较高的金属，见【$2CoCO_3+8CO+2H_2$】中【铁、钴、镍等过渡金属形成的羰基配位化合物】。

$Ni(s)+4CO(g)\underset{473K}{\overset{323K}{\rightleftharpoons}}Ni(CO)_4(l)$;

$\Delta H=-161kJ/mol$ Ni 和 CO 反应生成 $Ni(CO)_4$ 的热化学方程式。

$Ni+Cl_2\xlongequal{\triangle}NiCl_2$ 金属镍和氯气共热反应生成氯化镍。【卤素单质和金属反应】见【$2Al+3Cl_2$】。

$Ni+2H^+=Ni^{2+}+H_2\uparrow$ 金属镍和强酸稀盐酸、稀硫酸等缓慢反应，生成镍盐和氢气。【金属活动顺序表】见【$2Ag^++Cu$】。

$Ni+2HCl=NiCl_2+H_2\uparrow$ 金属镍和稀盐酸缓慢反应，生成氯化镍和氢气。

$3Ni+8HNO_3=3Ni(NO_3)_2+2NO\uparrow+4H_2O$ 稀硝酸和金属镍反应，生成硝酸镍、一氧化氮气体和水。镍遇到浓硝酸被钝化，溶于稀硝酸和王水，耐强碱腐蚀，和稀盐酸、稀硫酸反应缓慢。【金属和硝酸的反应】见【$3Ag+4HNO_3$】。

$3Ni+2NO_3^-+8H^+=3Ni^{2+}+2NO\uparrow+4H_2O$ 稀硝酸和镍反应，生成镍盐、一氧化氮和水的离子方程式。

$2Ni+2NO_3^-+6H^+=2Ni^{2+}+NO_2\uparrow+3H_2O+NO\uparrow$ 金属镍溶解在硝酸和硫酸混合酸中的离子方程式。

$2Ni+2HNO_3+2H_2SO_4=2NiSO_4+NO_2\uparrow+NO\uparrow+3H_2O$ 金属镍溶解在硝酸和硫酸的混合酸中，生成硫酸镍、二氧化氮、一氧化氮和水。主要用来生产 $NiSO_4$，析出绿色晶体 $NiSO_4\cdot7H_2O$，用于电镀和作催化剂。

$2Ni+O_2\xlongequal{\triangle}2NiO$ 镍是中等活泼金属，和氧气在高温时猛烈反应，生成暗绿色氧化镍 NiO。继续加热至 400℃时，吸收空气中的氧气变成三氧化二镍 Ni_2O_3，600℃时三氧化二镍分解为氧化镍 NiO 和氧气。

$Ni+S\xlongequal{\triangle}NiS$ 硫和镍在真空石英玻璃管内共热至 900℃，生成 β-NiS。硫化镍有三种变体：α-NiS、β-NiS、γ-NiS。

【Ni^{2+}】

$Ni^{2+}+4CN^-=[Ni(CN)_4]^{2-}$ CN^-和 Ni^{2+}形成四氰合镍（Ⅱ）离子。CN^-很容易和过渡金属离子形成稳定的配离子。

$Ni^{2+}+2CH_3(CNOH)_2CH_3 = Ni(C_4H_7O_2N_2)_2+2H^+$ 在氨性溶液中，丁二酮肟与镍离子形成鲜红色沉淀二丁二酮肟合镍（Ⅱ）$Ni(C_4H_7O_2N_2)_2$，是镍的重量分析法原理，见【$NiSO_4+2CH_3(CNOH)_2CH_3$】。

$Ni^{2+}+3en = [Ni(en)_3]^{2+}$ en 表示乙二胺，Ni^{2+}和乙二胺形成三个螯环$[Ni(en)_3]^{2+}$，相当稳定，是无环的$[Ni(NH_3)_6]^{2+}$的 10^{10} 倍。

$Ni^{2+}+2$ CH₃—C=N—OH / CH₃—C=N—OH **$+2NH_3\cdot H_2O =$**

[CH₃—C=N(→Ni)—O··H—O—N=C—CH₃ / CH₃—C=N—O—H··O←N=C—CH₃, Ni 居中] ↓+

$2NH_4^++2H_2O$ 丁二酮肟与镍离子形成鲜红色二丁二酮肟合镍（Ⅱ）$Ni(C_4H_7O_2N_2)_2$沉淀，用于鉴定和测定 Ni^{2+}。见【$Ni^{2+}+2CH_3(CNOH)_2CH_3$】。

$Ni^{2+}+2e^- = Ni$ 镍离子得电子被还原的电极反应式。电解镍盐在阴极得到金属镍，又称阴极镍。

$Ni^{2+}+6NH_3 = [Ni(NH_3)_6]^{2+}$ Ni^{2+}和 NH_3 形成六氨合镍（Ⅱ）离子。

【$NiCl_2$】

氯化镍，黄色鳞状晶体，溶于水、乙醇、乙二醇、氨水，有潮解性，973℃时升华。可由六水合物和氯化亚砜回流加热而得。六水合物为绿色单斜晶体，在空气中风化，湿空气中潮解。易溶于水、乙醇和氨水。将氧化镍、氢氧化镍或碳酸镍溶解在盐酸中而得，可用于镀镍，制隐显墨水及作氨吸收剂、化学试剂等。

$NiCl_2(s)+[(CH_3)_4N]Cl(s) \xrightarrow{液相中} [(CH_3)_4N]NiCl_3(s)$ 在液相和固相中，$NiCl_2(s)$和$[(CH_3)_4N]Cl(s)$反应不同，液相中生成$[(CH_3)_4N]NiCl_3(s)$。固相中：$NiCl_2(s)+2[(CH_3)_4N]Cl(s) \xrightarrow{固相中} [(CH_3)_4N]_2NiCl_4(s)$。

$NiCl_2(s)+2[(CH_3)_4N]Cl(s) \xrightarrow{固相中} [(CH_3)_4N]_2NiCl_4(s)$ 在液相和固相中，$NiCl_2(s)$和$[(CH_3)_4N]Cl(s)$反应不同，见【$NiCl_2(s)+[(CH_3)_4N]Cl(s)$】。

$10NiCl_2+8NaBH_4+17NaOH+3H_2O \rightarrow (3Ni_3B+Ni)+5NaB(OH)_4+20NaCl+17.5H_2\uparrow$ 在金属和非金属底物材料上，用“化学镀”镀镍的原理。$(3Ni_3B+Ni)$起保护层的作用，得到耐腐蚀、坚硬的保护层。

【$K_2[Ni(CN)_4]$】

四氰合镍酸钾，又称镍氰酸钾，晶体为 $K_2Ni(CN)_4\cdot H_2O$，红黄色单斜晶体或粉末，受热到 100℃时失去结晶水，溶于冷水，在酸中分解。可由氰化镍和氰化钾溶液作用而得，可作分析试剂。

$K_2[Ni(CN)_4]+2K \xlongequal{液氨} K_4[Ni(CN)_4]$ 在液氨中，K 和 $K_2[Ni(CN)_4]$反应生成配合物 $K_4[Ni(CN)_4]$，叫作还原合成法。简单加合电子，无键的断裂。

$2K_2[Ni(CN)_4]+2K^+(NH_3)+2e^-(NH_3) \xlongequal{33℃} K_4[Ni_2(CN)_6](NH_3)+2KCN$ 稀的碱金属液氨溶液是优良的还原剂，制备见【$M(s)+(x+y)NH_3$】。钾的液氨溶液还原 Ni(Ⅱ)制得 Ni(Ⅰ)的配合物。

【$NiSO_4$】

硫酸镍，黄色立方晶体，溶于水，不溶于乙醇和乙醚，加热到 848℃时放出三氧化硫。可由七水合物微热灼烧而得。其六水合物有两种变体：α-变体为蓝色四方晶体，β-变体为绿色单斜晶体。在53.3℃时由α-变体转变为β-变体，280℃时失去全部结晶水。稍溶于甲醇，易溶于热水、乙醇和氨水。可由镍或氧化镍或碳酸镍溶于稀硫酸后冷却而得。七水合物为绿色正交晶体，在31.5℃失去一分子结晶水，103℃失去六分子结晶水，溶于水和乙醇。可用于电镀镍，制镍催化剂、硫酸镍铵、陶瓷及织物媒染剂。

$NiSO_4+2CH_3(CNOH)_2CH_3\xlongequal{\text{氨水}}H_2SO_4+Ni(C_4H_7O_2N_2)_2$ 在氨性溶液中，丁二酮肟与镍离子形成鲜红色二丁二酮肟合镍（Ⅱ）$Ni(C_4H_7O_2N_2)_2$沉淀，结构式：

```
        O··H—O
CH3—C=N↗      ↖N=C—CH3
          Ni
CH3—C=N↙      ↘N=C—CH3
        O—H··O
```

。在柠檬酸、酒石酸等掩蔽剂存在时，与镍离子的反应是特效的，不受铁、铝、铬等离子干扰，沉淀稳定，分子量大，易于过滤和洗涤，直接烘干称重，丁二酮肟是镍的重量分析法很好的试剂。丁二酮肟又叫二甲基乙二醛肟，或叫作二乙酰二肟，结构简式为

```
CH3—C=NOH
    |
CH3—C=NOH
```

，白色粉末，溶于乙醇、乙醚，不溶于水，常用作有机沉淀剂，和镍、钯、铂、铁等离子形成沉淀。离子方程式见【Ni^{2+}+ $2CH_3(CNOH)_2CH_3$】。

$NiSO_4+4KCN=K_2[Ni(CN)_4]+K_2SO_4$ 氰化钾和硫酸镍反应生成四氰合镍酸钾和硫酸钾。

【$Ni(NH_3)_6{}^{2+}$】

$Ni(NH_3)_6{}^{2+}+H_2\xlongequal{\text{加压}}Ni(\text{粉})+2NH_4{}^{+}+4NH_3$ 从NiS矿石中冶炼镍的方法之一，见【$NiS+6NH_3(aq)$】。

【$NiCO_3$】

碳酸镍，浅绿色菱形晶体，不溶于水，溶于酸和铵盐。受热至400℃时分解为二氧化碳和氧化镍。可由酸性氯化镍溶液和碳酸氢钠溶液在压热器内反应制得，可用于制镍催化剂等。

$NiCO_3+2H^+=Ni^{2+}+CO_2\uparrow+H_2O$ 碳酸镍和强酸反应，生成镍(Ⅱ)盐、二氧化碳和水。

$NiCO_3+2HCl=NiCl_2+CO_2\uparrow+H_2O$ 碳酸镍和盐酸反应，生成氯化镍、二氧化碳和水。

$NiCO_3+H_2SO_4=NiSO_4+H_2O+CO_2\uparrow$ 碳酸镍溶于硫酸制备硫酸镍。

$4NiCO_3+O_2\xlongequal{\triangle}2Ni_2O_3+4CO_2\uparrow$ 碳酸镍受热至350℃时热解得到暗绿色氧化镍NiO和二氧化碳，继续加热至400℃时，氧化镍吸收空气中的氧气变成三氧化二镍Ni_2O_3，600℃时三氧化二镍又分解为氧化镍NiO和氧气。

【$Ni(CO)_4$】

四羰基镍，无色液体，极毒，易挥发，在空气中氧化，受热分解，约60℃时爆炸，不溶于水，溶于乙醇、苯、氯仿、丙酮、四氯化碳。可由纯一氧化碳在常压或加压下与镍粉作用而得，或由碱性镍盐溶液在还原剂如连二亚硫酸钠等存在下与一氧化碳反应而得。用于制备高纯度镍粉，作有机合成的催化剂等。

$Ni(CO)_4\xlongequal[\triangle]{\text{苯}}Ni(\text{溶胶})+4CO\uparrow$ 把四羰基镍加热溶解在苯中制备镍溶胶。一氧化碳和金属镍粉反应生成无色液体四羰基镍，见【Ni+4CO】，将四羰基镍加热到513~593K时分解得纯度较高的金属镍和

一氧化碳，镍纯度可达 99.998%。也可用于制备纯 CO。

【NiO】氧化镍，绿黑色立方晶体，溶于酸和氨水，不溶于水。受热时颜色变黄。400℃时，吸收空气中的氧气变成三氧化二镍 Ni_2O_3，600℃时三氧化二镍又分解为氧化镍 NiO 和氧气。可由镍和氧气在大于 400℃时作用而得，或由碳酸镍在 350℃时热解而得。制合金、蓄电池、玻璃、搪瓷、陶瓷、电子元件、镍盐以及催化剂等。

$NiO+B_2O_3 = Ni(BO_2)_2$ NiO 的硼砂珠试验得绿色 $Ni(BO_2)_2$。关于【硼砂珠试验】见【$Na_2B_4O_7$+CoO】。

$NiO+2H^+ = Ni^{2+}+H_2O$ 氧化镍和强酸反应，生成盐和水。

$NiO+H_2SO_4 = NiSO_4+H_2O$ 氧化镍和硫酸反应，生成硫酸镍和水。

【Ni_2O_3】三氧化二镍，灰黑色粉末，600℃时分解生成氧化镍和氧气，不溶于水，难溶于冷酸，溶解于热盐酸放出氯气，与浓硫酸或硝酸作用放出氧气。用于制蓄电池、镍粉、电子元件以及陶瓷、玻璃、搪瓷的颜料等。由硝酸镍或氯酸镍小心加热制得。

$Ni_2O_3+6H^++2Cl^- = 2Ni^{2+}+Cl_2\uparrow+3H_2O$ 三氧化二镍和热盐酸发生氧化还原反应，三氧化二镍将 Cl^-氧化为氯气，自身被还原为 Ni^{2+}。

$Ni_2O_3+6HCl = 2NiCl_2+Cl_2\uparrow+3H_2O$ 三氧化二镍和热盐酸发生氧化还原反应，三氧化二镍将 HCl 氧化为氯气，自身被还原为氯化镍 $NiCl_2$。

【NiO_2】

$NiO_2+2e^-+2H_2O = Ni(OH)_2+2OH^-$
爱迪生蓄电池放电时正极电极反应式。详见【Fe+NiO_2+$2H_2O$】。

【NiS】硫化镍，在自然界中以针镍矿形式存在。有三种变体：*α*- NiS，黑色无定形粉末，在空气中转化为羟基硫化镍 Ni(OH)S，可由纯硫化氢气体通入氯化镍和氯化铵的混合液而得；*β*- NiS，黑色粉末，可由化学计量的镍和硫在真空石英管内加热至 900℃而得；*γ*- NiS，黑色粉末，396℃转化为 *β*- NiS，可由稀硫酸酸化的硫酸镍溶液通入纯硫化氢气体制得。三种变体均难溶于冷水，微溶于酸，溶于王水、硝酸和硫化氢钾溶液。在热水中分解。

$NiS+6NH_3(aq) \xlongequal{加压} Ni(NH_3)_6^{2+}+S^{2-}$
20 世纪 40 年代，一些国家研制的用 NiS 等矿石制镍的原理：在加压下的氨溶液中浸取 NiS 矿石，得 $Ni(NH_3)_6^{2+}$，在加压下用 H_2 还原 $Ni(NH_3)_6^{2+}$可制得镍粉：$Ni(NH_3)_6^{2+}+H_2 \xlongequal{加压} Ni(粉)+2NH_4^++4NH_3$。

【$Ni(OH)_2$】氢氧化镍，绿色晶体或粉末，由镍盐和强碱反应得到。230℃时分解为氧化镍和水。难溶于水，溶于酸和氨水。可由硝酸镍溶液和氢氧化钾溶液作用而得，可用于制镍盐等。

$2Ni(OH)_2+Br_2+2NaOH = 2NaBr+2Ni(OH)_3$ 在低于 298K 的碱性溶液中，向镍盐(Ⅱ)溶液中加入氧化剂 Br_2 等，可制得黑色氢氧化高镍。

$Ni(OH)_2-2e^- = NiO_2+2H^+$ 爱迪生蓄电池充电时阳极电极反应式。详见【Fe+

NiO_2+$2H_2O$】。

$2Ni(OH)_2+NaClO+H_2O$══$NaCl+2Ni(OH)_3$ 氢氧化镍遇强氧化剂 NaClO 时，$Ni(OH)_2$ 被氧化为氢氧化高镍 $Ni(OH)_3$，还可以写作 NiO(OH)，有黑色粉末的 β 型和黑色六方或针状晶体的 γ 型两种变体。

【NiO(OH)】 氢氧化高镍，有两种变体：β- NiO(OH)，黑色粉末，易溶于酸，遇水或碱迅速分解为氢氧化镍(Ⅱ,Ⅲ) [$Ni_3O_2(OH)_4$]，由硝酸镍溶液和氢氧化钾及溴水在小于 25℃时作用而得。γ-NiO(OH)，黑色六方或针状晶体，受热至 138℃~140℃时分解，溶于稀硫酸并放出氧气。由镍粉、过氧化钠和氢氧化钠于 600℃共熔后用冷水处理而得。

$NiOOH(s)+H_2O(l)+e^-$══$Ni(OH)_2(s)+OH^-(aq)$ 镍镉电池的正极电极反应式，镍镉电池原理见【Cd+2NiOOH+$2H_2O$】。

【Ru】 钌，银灰色金属，质硬而脆，不与酸甚至王水反应，在熔融碱中，可被氧化，空气中室温时稳定，加热时被氧化。存在于钼矿中，由王水处理后的铂矿残渣经熔炼、收集并转化为氧氯化物，在氢气氛中灼烧得海绵状钌。200℃以上时被氯侵蚀，300℃～700℃时被溴侵蚀。用作耐磨硬质合金、金属阳极涂层及有机合成催化剂等。

$Ru+3KNO_3+2KOH \xlongequal{熔融} K_2RuO_4+3KNO_2+H_2O$ 钌等铂系金属在有氧化剂 KNO_3、$KClO_3$ 等存在下，Na_2O_2 作助熔剂时，和强碱共熔生成可溶性的钌酸盐，和氢氧化钾共熔生成钌酸钾。

【RuF_5】 五氟化钌。

$10RuF_5+I_2$══$10RuF_4+2IF_5$ 五氟化钌和碘反应制备四氟化钌，同时生成五氟化碘。

【$RuCl_3$】 三氯化钌，有 α 型和 β 型两种变体。α 型为黑色固体，不溶于水和乙醇。β 型为棕色固体，高于 500℃时分解，不溶于水，溶于乙醇。可由 3∶1 的氯气和一氧化碳混合物在 330℃时与海绵钌作用而得。β 型在氯气中受热至 700℃转变为 α 型，α 型转变为 β 型的温度为 450℃。三水化合物为红色晶体。可在氯化氢气流中加热蒸发四氧化钌的盐酸溶液而得。

$RuCl_3+3KI$══$RhI_3\downarrow+3KCl$ 三氯化钌溶液和碘化钾溶液反应，生成三碘化钌沉淀和氯化钾。

【RuO_2】 二氧化钌，蓝色粉末，不溶于酸，空气中稳定，强热下（930℃，4799Pa）分解为钌和氧气。由钌粉和三氯化钌在氧气中共热到 1000℃而得。

$RuO_2+KNO_3+2KOH \xlongequal{熔融} K_2RuO_4+KNO_2+H_2O$ 二氧化钌和 KNO_3、KOH 共熔，制得钌酸钾。

【RuO_4】 四氧化钌，黄色晶体，有毒，对眼睛有刺激作用，室温下呈介稳状态，108℃以上时分解为二氧化钌和氧气，稍溶于水，易溶于 CCl_4。RuO_4 为强氧化剂，遇有机物如乙醇，立即爆炸，被还原为二氧化钌。其四氯化碳溶液被用于有机化学特殊的氧化反应中。可由钌酸钾溶液通入氯气而制得。

$RuO_4 \xlongequal{\triangle} RuO_2+O_2\uparrow$ 四氧化钌受热到 370K 以上，爆炸分解为二氧化钌和氧气。

$2RuO_4+16HCl = 2RuCl_3+8H_2O+5Cl_2\uparrow$ 四氧化钌具有强氧化性，不仅可以氧化浓盐酸，还可以氧化稀盐酸，生成氯气。

$4RuO_4+4OH^- = 4RuO_4^-+2H_2O+O_2\uparrow$ 四氧化钌具有强氧化性，在强碱性溶液中生成高钌酸盐，并放出氧气。若碱过量，高钌酸盐变成钌酸盐：$4RuO_4^-+4OH^- = 4RuO_4^{2-}+2H_2O+O_2\uparrow$。

【K_2RuO_4】钌酸钾，带绿色光泽的黑色晶体，易溶于水，水溶液呈橙色，在中性或酸性溶液中不稳定，生成高钌酸钾和二氧化钌。在碱性中稍稳定，能被有机物质还原。可由钌与氢氧化钾、硝酸钾一起熔融而得。

$K_2RuO_4+NaClO+H_2SO_4 = RuO_4+K_2SO_4+NaCl+H_2O$ 钌酸钾和 NaClO、H_2SO_4 反应，制备四氧化钌。

【RuO_4^-】高钌酸根离子。

$4RuO_4^-+4OH^- = 4RuO_4^{2-}+2H_2O+O_2\uparrow$ 高钌酸盐在碱性条件下转变成钌酸盐，并放出氧气。也是 RuO_4 和碱反应，当碱过量时的反应，见【RuO_4+ $4OH^-$】。而钌酸钾在中性或酸性溶液中不稳定，生成高钌酸钾和二氧化钌。

【$Ru_3(CO)_9(PPh_3)_3$】

$Ru_3(CO)_9(PPh_3)_3+3L \xrightarrow{h\nu} 3Ru(CO)_3(PPh_3)L$ $Ru_3(CO)_9(PPh_3)_3$ 和 CO 或 PPh_3 发生光敏金属—金属键的断裂反应。L=CO、PPh_3。PPh_3 为三苯基膦，即$(C_6H_5)_3P$。

【Rh】铑，银白色金属，较软而有延展性。有 α、β 型两种，互为同素异形体，均为立方面心晶格。常温时两者共存，高于 1000℃时仅有 β 型存在。在空气中常温下保持金属光亮，受热形成氧化膜，较高温度下由于形成的二氧化铑有挥发性使铑失重。耐酸及王水侵蚀，海绵铑除外。200℃~600℃时与浓硫酸、氢氟酸及卤素单质反应。不与熔融的钾、钠作用，被铝迅速溶解。存在于铂矿中，由王水处理后的铂矿渣，经熔炼、富集并转化为氯化铑，在氢气氛中还原可得。常用于制铂铑合金、热电偶等。铑黑或海绵铑可用作催化剂，电镀铑的金属可作为反光镜及滑动的电接触部件等。

$2Rh+3Br_2 \xlongequal{\triangle} 2RhBr_3$ 铑和溴共热直接制备三溴化铑。

$2Rh+3Cl_2 \xlongequal{\triangle} 2RhCl_3$ 铑和氯气共热直接制备三氯化铑。

$2Rh+3F_2 \xlongequal{\triangle} 2RhF_3$ 铑和氟共热直接制备三氟化铑。

【Pd】钯，银白色金属，市售“白金”之一，另一种“白金”是金属铂，一般情况下，后者价格较贵。延展性大，立方面心晶格。钯的化学性质很稳定，在高温下才和氯气、氟等强氧化剂反应，可缓慢溶解于氧化性酸热浓硝酸、浓硫酸中。在空气中受热至 800℃时生成黯淡无光的氧化膜，高于此温度又分解。易吸附氢气，室温下能抗氢氟酸、磷酸、盐酸和硫酸蒸气的侵蚀，但易受硝酸及潮湿的氯、溴、碘侵蚀。存在于铂矿中，由铂矿溶于王水后，经分离、沉淀、灼烧可得海绵钯。海绵钯作催化剂，金属钯制合金、电气触点、齿科材料和印刷电路等。

$Pd+Cl_2 \xlongequal{\triangle} PdCl_2$ 钯和氯气在高温下反应生成红色二氯化钯晶体。【卤素单质和金属反应】见【$2Al+3Cl_2$】。

$2Pd+H_2 \underset{减压373K}{\overset{常况}{\rightleftharpoons}} 2PdH$ 一定条件下，将过渡金属和 H_2 制成金属氢化物，完成吸氢过程。在另一条件下分解成相应的金属和氢气，完成放氢过程，叫作可逆储氢。室温下，1 体积钯能吸收多达 700 体积的氢。但因为钯是贵金属，该原理的使用成本较高，普及使用还有一定的局限性。关于氢能源，目前面临三大难题：氢气的发生、储存和利用。氢气密度小，装运不便，不够安全。较理想的方法见【$LaNi_5+3H_2$】。

$3Pd+8HNO_3 = 3Pd(NO_3)_2+2NO\uparrow+4H_2O$ 金属钯和稀硝酸缓慢反应，生成硝酸钯、一氧化氮和水。钯的化学性质很稳定，在高温下才和氯气、氟等强氧化剂反应，可缓慢溶解于氧化性酸热浓硝酸、浓硫酸中。

$3Pd+2NO_3^-+8H^+ = 3Pd^{2+}+2NO\uparrow+4H_2O$ 金属钯和稀硝酸缓慢反应，生成硝酸钯、一氧化氮和水的离子方程式。

【Pd^{2+}】

$Pd^{2+}+CO+H_2O = Pd\downarrow+CO_2+2H^+$
二氯化钯等含 Pd^{2+} 的水溶液遇一氧化碳即被还原为金属钯。该反应很敏感，沉淀的黑色很明显，可用该反应检验 CO。

【Pd_2F_6】

$Pd_2F_6+F_2 = 2PdF_4$ Pd_2F_6 和 F_2 反应制备四氟化钯。Pd_2F_6 实际上是 $Pd[PdF_6]$，六氟合钯(Ⅵ)酸钯。

【$PdCl_2$】

二氯化钯，红色晶体，600℃时开始升华并分解产生钯，其溶液遇氢气、一氧化碳、乙烯及其他还原性气体褪色，同时析出金属钯。二水合物为深红色吸湿性晶体。由在氯气中加热海绵钯至红热状态而得，可用于电镀及检验微量一氧化碳。

$PdCl_2+CO+H_2O = Pd\downarrow+CO_2+2HCl$ 二氯化钯水溶液遇一氧化碳即被还原为金属钯。该反应很敏感，沉淀的黑色很明显，可用该反应检验 CO。离子方程式见【$Pd^{2+}+CO+H_2O$】。二氯化钯水溶液遇氢气、一氧化碳、乙烯等还原性气体褪色，并有黑色的金属钯析出。

$PdCl_2(aq)+H_2 = Pd(s)+2HCl(aq)$
常温下 H_2 能迅速还原 $PdCl_2$ 水溶液，生成黑色沉淀 Pd，该反应很灵敏，可用 1%的氯化钯水溶液检测 H_2。

【$PdCl_2\cdot2H_2O$】

二水合二氯化钯，见【$PdCl_2$】。

$PdCl_2\cdot2H_2O+CO = Pd+CO_2+2HCl+H_2O$ 一氧化碳检测器的工作原理之一。

【一氧化碳检测器工作原理】：一氧化碳检测器中常常放入 $PdCl_2\cdot2H_2O$ 和 $CuCl_2\cdot2H_2O$ 等。CO 会使检测器中橙色 $PdCl_2\cdot2H_2O$ 变成黑色 Pd：$CO+PdCl_2\cdot2H_2O = Pd+CO_2+2HCl+H_2O$。$CuCl_2\cdot2H_2O$ 又可以使黑色 Pd 很快恢复到橙色的 $PdCl_2\cdot2H_2O$：$Pd+2CuCl_2\cdot2H_2O =$

$2CuCl+PdCl_2\cdot 2H_2O+2H_2O$。这样，一氧化碳检测器可以重复使用。但是，使用时间较长或者超标的一氧化碳使 $CuCl_2\cdot 2H_2O$ 全部变为 CuCl 后就不能重复使用，需要利用氧气、浓盐酸与 CuCl 反应，又生成 $CuCl_2\cdot 2H_2O$：$4CuCl+O_2+4HCl=4CuCl_2+2H_2O$，放入到一氧化碳检测器后又能重复使用。另外，$PdCl_2$ 可以和乙烯反应制乙醛，即乙烯直接氧化法制乙醛，叫瓦克法，见【$CH_2=CH_2+PdCl_2+H_2O$】。

【Os】锇，银白色金属，熔点高，硬而脆，不溶于普通强酸，也不溶于王水，化学性质稳定，室温下表面形成蓝色氧化膜 OsO_2。在碱性氧化助熔剂中熔融，氧化成水溶性锇酸盐。100℃以上时受氟、氯侵蚀，在铂矿中以锇铱合金形式存在。可由锇酸盐溶液以硫化物或氢氧化物形式沉淀出来，在氢气氛中还原而得。可作催化剂，耐腐蚀、耐磨的锇铱合金制电气触点、仪器轴承、电唱机针头、钢笔尖等。

$\mathbf{Os+2O_2 \xlongequal{高温} OsO_4}$ 金属锇对空气和氧气是稳定的，粉末状锇室温下被空气缓慢氧化，生成挥发性的四氧化锇。整块的金属锇在空气中受热到 773K 时，燃烧生成四氧化锇。OsO_4 蒸气没有颜色，对呼吸道和眼睛有毒害，会造成暂时失明。

【OsO_4】四氧化锇，白色或淡黄色单斜晶体，有挥发性，有毒性，稍溶于水，易溶于乙醇、乙醚、四氯化碳等。OsO_4 是强氧化剂，在冷的碱溶液中形成$[OsO_4(OH)_2]^{2-}$。可在空气中加热锇粉到300℃~400℃制得四氧化锇，常用作氧化剂，稀的水溶液用作生物染色剂。

$\mathbf{OsO_4+2OH^- = [OsO_4(OH)_2]^{2-}}$ 四氧化锇在冷的碱溶液中形成$[OsO_4(OH)_2]^{2-}$。

【Ir】铱，银白色金属，硬而脆，立方面心晶格，不受包括王水在内的任何酸侵蚀，稍受熔融碱侵蚀，有形成各种配合物的倾向，受热时有延展性，抗氧化性比铂和铑差，存在于铂矿中。可由不溶于王水的铂矿渣经分离而得，可制热电偶、电阻线、笔尖、铂铱合金坩埚等。

$\mathbf{Ir+4IrF_5 \xlongequal{\triangle} 5IrF_4}$ 五氟化铱和铱共热到 673K 时生成四氟化铱。

【IrO_2】二氧化铱，黑色粉末，1000℃时分解，难溶于水、其他酸和碱，溶于盐酸和氢溴酸。二水合物 $IrO_2\cdot 2H_2O$ 或写成 $Ir(OH)_4$，蓝黑色粉末，350℃时脱水为无水物。不溶于水及碱。无水物由铱粉和氧气直接反应制得，二水合物由碱处理六氯合铱(Ⅳ)配离子溶液而得。

$\mathbf{IrO_2+6HCl(浓)=H_2[IrCl_6]+2H_2O}$ 二氧化铱溶于浓盐酸中，生成六氯铱酸。

【Pt】铂，银白色金属，柔软而富延展性，化学性质比较稳定。市售“白金”之一，另一种“白金”是金属钯，一般情况下，前者价格较贵。铂不溶于一般强酸和氢氟酸，但溶于王水、盐酸和过氧化氢混合液、盐酸和高氯酸的混合液以及熔融碱。抗腐蚀性强，只在高温下和碳、硫、磷、氯、氟等反应。海绵铂对气体尤其是氧气、氢气和一氧化碳的吸附能力很强，催化活性高。常与其他铂系元素共存于砂积矿床，主要铂矿是砷铂矿、硫铂矿。可由王水溶解铂矿经分解而得，可制坩埚、蒸发皿、电极、热电偶、电阻高温计等，也作催化剂。

$3Pt+4HNO_3+12HCl═3PtCl_4+4NO↑+8H_2O$ 金属铂溶解于王水中生成 $PtCl_4$ 的反应。详见【$3Pt+4HNO_3+18HCl$】

$3Pt+4HNO_3+18HCl═3H_2[PtCl_6]+4NO↑+8H_2O$ 金属铂溶解于王水中的反应。有些资料写为 $3Pt+4HNO_3+12HCl═3PtCl_4+4NO↑+8H_2O$，其实，生成的 $PtCl_4$ 还可以和 HCl 反应：$PtCl_4+2HCl═H_2PtCl_6$。将两步加合得到以上化学方程式。有些资料将化学方程式写为前者，有些资料将化学方程式写为后者，其实一个是总反应，一个是分步反应之一步。王水几乎可以溶解所有的金属。王水是浓盐酸和浓硝酸按体积比 3∶1 配制的混合物，见【$3HCl+HNO_3$】。离子方程式见【$3Pt+4NO_3^-+18Cl^-+16H^+$】。

$Pt+2H_2O_2+6Cl^-+4H^+═[PtCl_6]^{2-}+4H_2O$ 铂溶解于盐酸和过氧化氢混合液中，生成淡黄橙色的氯铂酸溶液的离子方程式。

$Pt+2H_2O_2+6HCl═H_2[PtCl_6]+4H_2O$ 铂溶解于盐酸和过氧化氢混合液中，生成淡黄橙色的氯铂酸溶液。

$3Pt+4NO_3^-+18Cl^-+16H^+═3[PtCl_6]^{2-}+4NO↑+8H_2O$ 金属铂溶解于王水中的离子方程式，详见【$3Pt+4HNO_3+18HCl$】。

$Pt(s)+XeF_4(s)═Xe(g)+PtF_4(s)$ 铂同四氟化氙的无水氟化氢溶液反应，铂被氧化为四氟化铂。氙的氟化物都是强氧化剂，能氧化包括 Pt 在内的许多物质。

【PtF_5】

五氟化铂，性质活泼，易水解，易歧化。

$2PtF_5═PtF_6+PtF_4$ 五氟化铂易歧化成六氟化铂和四氟化铂。

【$PtCl_2$】

二氯化铂，有 α 和 β 两种变体。α 型为橄榄绿色六方晶体，不溶于水，可溶于盐酸。β 型为深红色晶体，是以 Pt_6Cl_{12} 为单位的二聚体分子，溶于苯。可在氯气氛中加热铂至 500℃制得 α 型。β 型可由四氯化铂在高于 350℃时受热形成。在 500℃加热 β 型 1~2 天转化为 α 型。

$2PtCl_2+2C_2H_4→[Pt(C_2H_4)Cl_2]_2$ 在 $PtCl_2$ 的盐酸溶液（即形成氯亚铂酸盐）中通入乙烯，制备二氯乙烯合铂(Ⅱ)二聚物，写成氯亚铂酸盐时详见【$[PtCl_4]^{2-}+C_2H_4$】。再加入KCl后得“蔡斯盐”，即一水合三氯·乙烯合铂(Ⅱ)酸钾：$[Pt(C_2H_4)Cl_2]_2+2KCl+2H_2O→2K[Pt(C_2H_4)Cl_3]·H_2O↓$。“蔡斯盐”是柠檬黄色晶体，是第一个被合成的有机金属化合物，由丹麦的蔡斯(Zeise)合成。

【$PtCl_4$】

四氯化铂，棕色固体，370℃以上时分解为二氯化铂和氯气，溶于水、乙醇、丙酮中，溶于盐酸可得六氯合铂(Ⅳ)酸。五水合物为红色晶体，100℃时失去四分子水。可由铂在250℃~300℃时直接氯化制得。常作化学试剂。

$PtCl_4+2F_2═PtF_4+2Cl_2$ 四氯化铂和氟反应制备四氟化铂。

$PtCl_4+2HCl═H_2[PtCl_6]$ 四氯化铂溶于盐酸中生成氯铂酸，将溶液蒸发浓缩后得到橙红色晶体 $H_2[PtCl_6]·6H_2O$。

$PtCl_4+2KCl═K_2[PtCl_6]$ 将氯化钾加到四氯化铂中，制得氯铂酸钾。

$PtCl_4+2NH_4Cl═(NH_4)_2[PtCl_6]$ 四氯化铂溶于氯化铵溶液中形成氯铂酸铵。

氯铂酸钠易溶于水，氯铂酸钾、氯铂酸铷、氯铂酸铯、氯铂酸铵等难溶于水，可以用来检验 K^+、Rb^+、Cs^+、NH_4^+等。工业上常用加热氯铂酸铵来分离提纯金属铂，见【$3(NH_4)_2[PtCl_6]$】

$PtCl_4+4NaOH═Pt(OH)_4↓+4NaCl$ 四氯化铂和氢氧化钠溶液反应生成氢氧化铂沉淀。

【$(NH_4)_2PtCl_6$】六氯合铂(Ⅳ)酸铵，

简称氯铂酸铵，黄色正八面体晶体，受热分解为铂黑，在较低温度下分解得灰黑色铂绒。微溶于水，难溶于乙醇，可由氯化铵和氯铂酸作用制得。利用氯铂酸铵沉淀可测定铂的含量，也可用来提纯铂。作铂催化剂。

$(NH_4)_2PtCl_6\overset{\triangle}{═}Pt+2Cl_2↑+2NH_4Cl$ 六氯合铂(Ⅳ)酸铵受热分解，生成 Pt、Cl_2 和 NH_4Cl，工业上用于提纯金属铂，或见【$3(NH_4)_2[PtCl_6]$】。

$3(NH_4)_2[PtCl_6]\overset{\triangle}{═}3Pt+2NH_4Cl+16HCl↑+2N_2↑$ 六氯合铂(Ⅳ)酸铵灼烧分解，可制得海绵状的铂。

【$[Pt(C_2H_4)Cl_3]^-$】

$2[Pt(C_2H_4)Cl_3]^-═[Pt(C_2H_4)Cl_2]_2+2Cl^-$ 制备 $PtCl_2·C_2H_4$ 的其中一步反应，见【$[PtCl_4]^{2-}+C_2H_4$】。

【$[Pt(C_2H_4)Cl_2]_2$】

$[Pt(C_2H_4)Cl_2]_2+2KCl+2H_2O→2K[Pt(C_2H_4)Cl_3]·H_2O↓$ 制备第一个被合成的有机金属化合物即蔡斯盐的其中一步反应，可写作$[PtCl_2·C_2H_4]_2+2KCl═2K[Pt(C_2H_4)Cl_3]↓$，详见【$2PtCl_2+2C_2H_4$】。

【$Pt(OH)_4$】

$Pt(OH)_4+4H^++6Cl^-═[PtCl_6]^{2-}+4H_2O$ 氢氧化铂具有两性，溶于盐酸形成氯铂酸，溶于碱形成铂酸盐，见【$Pt(OH)_4+2NaOH$】。

$Pt(OH)_4+6HCl═H_2[PtCl_6]+4H_2O$ 氢氧化铂具有两性，溶于盐酸形成氯铂酸。

$Pt(OH)_4+2NaOH═Na_2[Pt(OH)_6]$ 氢氧化铂具有两性，溶于碱形成铂酸盐。

$Pt(OH)_4+2OH^-═[Pt(OH)_6]^{2-}$ 氢氧化铂具有两性，溶于碱形成铂酸盐的离子方程式。溶于盐酸形成氯铂酸，见【$Pt(OH)_4+6HCl$】。

【$PtCl_4^{2-}$】四氯铂酸盐。

$[PtCl_4]^{2-}+C_2H_4═[Pt(C_2H_4)Cl_3]^-+Cl^-$ $PtCl_2·C_2H_4$ 是人们制得的第一个不饱和烃与金属配合物，用氯亚铂酸盐（或叫四氯铂酸盐）和乙烯反应，先制得$[Pt(C_2H_4)Cl_3]^-$，之后，$2[Pt(C_2H_4)Cl_3]^-═[Pt(C_2H_4)Cl_2]_2+2Cl^-$。$[Pt(C_2H_4)Cl_2]_2$ 是桥式结构的二聚物：

C_2H_4　Cl　Cl
Pt　Pt
Cl　Cl　C_2H_4

，该结构活化了乙烯的双键。

【K_2PtCl_4】四氯合铂(Ⅱ)酸钾，又称

氯亚铂酸钾，红棕色四方棱柱体，微溶于冷水，稍溶于热水，不溶于乙醇。可将二氯化铂溶于盐酸，即形成四氯合铂(Ⅱ)酸，加入氯化钾，用冷水冷却而得。制二价或零价铂配合物的原料。

$K_2PtCl_4+2NH_4Ac=Pt(NH_3)_2Cl_2+2KAc+2HCl$ 利用醋酸铵处理四氯合铂(Ⅱ)酸钾，可制得顺式二氯二氨合铂(Ⅱ)，常称“顺铂”，化学符号 *cis*-$Pt(NH_3)_2Cl_2$。1969 年由罗森博格及其合作者发现“顺铂”具有抗癌活性。“顺铂”已成为最好的抗癌药物之一。另用 NH_3 处理$[PtCl_4]^{2-}$，也可制得“顺铂”。

【H_2PtCl_6】 六氯合铂(Ⅳ)酸，又称氯铂酸，橙红色晶体，易潮解，110℃时开始部分分解，150℃时开始生成金属铂，灼烧可得海绵状金属铂，溶于水、乙醇和乙醚等。与 NH_4^+、K^+、Rb^+、Cs^+形成黄色氯铂酸盐沉淀，可用于检验这几种离子。可由铂溶于王水中，经蒸发结晶而得。其铵盐、钾盐为无水物，难溶于冷水；锂盐和钡盐为六水合物，易溶于水。六氯合铂(Ⅳ)酸及其盐，用于镀铂及制铂催化剂。

$H_2PtCl_6\xlongequal{\triangle}PtCl_4+2HCl$ 六氯合铂(Ⅳ)酸受热到 570K 时，生成四氯化铂和氯化氢。

$H_2PtCl_6+6KNO_3\xlongequal{灼烧}PtO_2+6KCl+4NO_2\uparrow+O_2\uparrow+2HNO_3$ 将固体氯铂酸和硝酸钾灼烧，可制得二氧化铂。

【$K_2[PtCl_6]$】 六氯合铂(Ⅳ)酸钾。

$K_2[PtCl_6]+K_2C_2O_4=K_2[PtCl_4]+2KCl+2CO_2\uparrow$ 铂黑催化下，用草酸钾、二氧化硫等还原六氯合铂(Ⅳ)酸钾，可制得四氯合铂(Ⅱ)酸钾。

第十六章　ⅠB 族元素单质及其化合物

铜(Cu) 银(Ag) 金(Au) 铊(Rg)

【Cu】铜，红色有光泽的金属，富有延展性，热、电的良导体，仅次于银。“铜绿”的主要成分是碱式碳酸铜，“青铜”主要含铜、锡，有少量铅；“黄铜”主要含铜、锌；“白铜”主要含铜、镍。不溶于非氧化性稀酸，能与硝酸和热浓硫酸作用。在空气中或有氧化剂存在时，也能溶于盐酸、稀硫酸等，易被碱侵蚀，干燥空气中稳定，在潮湿空气中表面生成绿色的碱式碳酸铜，即铜绿。在干燥空气中加热表面逐渐变黑生成氧化铜，在 1100℃时变为氧化亚铜。常温下与卤素单质作用缓慢加热，则反应剧烈。重要铜矿有黄铜矿、辉铜矿、赤铜矿、蓝铜矿和孔雀石等。可由硫化物精矿焙烧脱硫后与少量二氧化硅和焦炭在反射炉内共熔的“冰铜”，再移入鼓风炉内进行氧化得粗铜，最后用电解法精炼而得。可用于制导线、电极、开关、电铸板、铜盐、铜合金，也用于电镀。

$Cu+Br_2\xlongequal{\triangle}CuBr_2$　金属铜和溴反应，生成黑色溴化铜。【卤素单质和金属反应】见【$2Al+3Cl_2$】。

$2Cu(s)+CO_2(g)=2CuO(s)+C(s)$

Cu 和 CO_2 在一般条件下难以发生反应，但在“摩擦化学反应”中反应生成 CuO 和 C。

$Cu+Cl_2\xlongequal{\triangle}CuCl_2$　氯气和金属铜共热时反应，生成氯化铜。【卤素单质和金属反应】见【$2Al+3Cl_2$】。

$Cu+Cl_2\xlongequal{点燃}CuCl_2$　铜丝在氯气中燃烧，生成棕黄色烟。【卤素单质和金属反应】见【$2Al+3Cl_2$】。

$Cu+CuCl_2=2CuCl$　Cu 作还原剂还原 Cu^{2+}制备氯化亚铜。

$Cu+CuO\xlongequal{高温}Cu_2O$　氧化铜 CuO 和 Cu 在高温下反应，生成氧化亚铜。CuO 为黑色固体，Cu_2O 为红色固体，高温时氧化亚铜比氧化铜稳定，铜将氧化铜还原为氧化亚铜。

$Cu-2e^-=Cu^{2+}$　铜电极失去电子的电极反应式。可以是原电池的负极，也可以是电解池的阳极，用于电镀铜或电解精炼铜。

$Cu+2Fe^{3+}=2Fe^{2+}+Cu^{2+}$　用氯化铁溶液清洗铜电路板中的金属铜。见【$Ag+Fe^{3+}$】中【Fe^{3+}和金属的反应】。

$Cu+2FeCl_3=2FeCl_2+CuCl_2$

用氯化铁溶液清洗铜电路板中的金属铜。见【$Ag+Fe^{3+}$】中【Fe^{3+}和金属的反应】。

$Cu+Fe_2(SO_4)_3=2FeSO_4+CuSO_4$

金属铜溶解在硫酸铁溶液中，生成硫酸亚铁和硫酸铜。见【$Ag+Fe^{3+}$】中【Fe^{3+}和金属的反应】。

$3Cu+8H^++2NO_3^-=3Cu^{2+}+2NO\uparrow+4H_2O$　铜和稀硝酸反应的离子方程式，生成硝酸铜、一氧化氮气体和水，见【$3Cu+8HNO_3$】。

$Cu+4H^++2NO_3^-=Cu^{2+}+2NO_2\uparrow+2H_2O$　铜和浓硝酸反应的离子方程式，生成硝酸铜、二氧化氮气体和水，见【$Cu+4HNO_3$(浓)】。

$2Cu+4HCl(浓)=2H[CuCl_2]+H_2\uparrow$

金属铜在热的浓盐酸中反应，当 $n(Cu)$：$n(HCl)=1$：2 时反应生成氢气和 $H[CuCl_2]$。**【铜和浓盐酸反应】**铜不溶于稀盐酸，可溶于热的浓盐酸，释放出氢气。当铜和盐酸以不同的物质的量之比进行反应时，生成不同的物质。当$n(Cu)$∶$n(HCl)$=1∶2时：2Cu+4HCl(浓)══2H[$CuCl_2$]+H_2↑。当$n(Cu)$∶$n(HCl)$=1∶3时：2Cu+6HCl(浓)══$2H_2[CuCl_3]+H_2$↑。当$n(Cu)$∶$n(HCl)$=1∶4时：2Cu+8HCl(浓)══$2H_3[CuCl_4]+H_2$↑。原因是Cu^+与Cl^-可以形成配位数为2、3、4的配离子：$[CuCl_2]^-$、$[CuCl_3]^{2-}$、$[CuCl_4]^{3-}$。

2Cu+6HCl(浓)══$2H_2[CuCl_3]+H_2$↑
金属铜在热的浓盐酸中反应，当$n(Cu)$∶$n(HCl)$=1∶3时生成氢气和$H_2[CuCl_3]$。详见【2Cu+ 4HCl(浓)】。

2Cu+8HCl(浓)══$2H_3[CuCl_4]+H_2$↑
金属铜在热的浓盐酸中反应，当$n(Cu)$∶$n(HCl)$=1∶4时生成氢气和$H_3[CuCl_4]$。详见【2Cu+ 4HCl(浓)】。

$2Cu+4HCl+O_2$══$2CuCl_2+2H_2O$
铜和稀盐酸、稀硫酸不反应，但在有空气存在时，铜可溶于稀盐酸中。溶于稀硫酸的情况见【$2Cu+2H_2SO_4+O_2$】。

$3Cu+8HNO_3$══$3Cu(NO_3)_2+2NO$↑$+4H_2O$ 铜和稀硝酸反应，生成硝酸铜、一氧化氮气体和水，离子方程式见【$3Cu+8H^++2NO_3^-$】，生成的NO无色气体，在空气中逐渐变为红棕色。实验室里可以用来制取一氧化氮气体，用排水集气法收集。【金属和硝酸的反应】见【$3Ag+4HNO_3$】。

$Cu+4HNO_3$(浓)══$Cu(NO_3)_2+2NO_2$↑$+2H_2O$ 铜和浓硝酸反应，生成硝酸铜、红棕色NO_2气体和水，离子方程式见【$Cu+4H^++2NO_3^-$】。实验室里可以用来制取二氧化氮气体，用向上排空气法收集。也可以用来检验NO_3^-：将溶液浓缩，加入铜片和浓硫酸，看到红棕色气体，证明溶液中含有NO_3^-，见【$2NO_3^-+Cu+2H_2SO_4$(浓)】。【金属和硝酸的反应】见【$3Ag+4HNO_3$】。

$Cu+H_2O_2+2HCl$══$CuCl_2+2H_2O$
在盐酸中加入H_2O_2，就可以和铜反应，用来制备$CuCl_2$。也用于铜合金中铜的测定，生成$CuCl_2$后加入KI，析出I_2，见【$2Cu^{2+}+4I^-$】，再用$Na_2S_2O_3$标准溶液滴定I_2。

$Cu+H_2O_2+2H^+$══$Cu^{2+}+2H_2O$
稀硫酸、稀盐酸和铜不反应，加过氧化氢后反应生成铜盐和水，见【$Cu+H_2O_2+H_2SO_4$】和【$Cu+H_2O_2+2HCl$】。

$Cu+H_2O_2+H_2SO_4$══$CuSO_4+2H_2O$
稀硫酸和铜不反应，加过氧化氢后反应生成硫酸铜和水。见【$Cu+H_2O_2+2H^+$】。该方法成本较低，无污染，是用废铜屑制备硫酸铜的好方法。用浓硫酸和铜生产硫酸铜，会放出二氧化硫污染物，且消耗硫酸较多，成本较高。另外工业利用废铜屑生产硫酸铜比较理想的方法见【$2Cu+2H_2SO_4+O_2$】。

$5Cu+4H_2SO_4$(浓)$\xlongequal{\triangle}$$3CuSO_4+Cu_2S$↓$+4H_2O$ 铜和浓硫酸按物质的量之比5∶4共热时反应，生成硫酸铜、硫化亚铜和水。即铜过量或浓硫酸的浓度不够时，常会产生黑色硫化亚铜沉淀。生成的黑色硫化亚铜会和浓硫酸继续反应：$Cu_2S+H_2SO_4$(浓)$\xlongequal{\triangle}$$CuSO_4+CuS$↓$+SO_2$↑$+2H_2O$。生成的黑色硫化铜会和浓硫酸继续反应：$CuS+2H_2SO_4$(浓)$\xlongequal{\triangle}$$CuSO_4+S$↓$+SO_2$↑$+2H_2O$。铜和浓硫酸按物质的量之比1∶1加热时反应，生成有刺激性气味的二氧化硫气体、氧化铜和水：$Cu+H_2SO_4$(浓)══$CuO+SO_2$↑$+H_2O$。铜和浓硫酸按物质的量之比1∶2共热时反应：$Cu+2H_2SO_4$(浓)$\xlongequal{\triangle}$$CuSO_4+SO_2$↑$+2H_2O$。

$Cu+H_2SO_4$(浓)$\xlongequal{\triangle}$$CuO+SO_2$↑$+H_2O$
铜和浓硫酸按物质的量之比1∶1共热时反应，生成有刺激性气味的二氧化硫气体、氧化铜和水。详见【$Cu+2H_2SO_4$(浓)】。

$Cu+2H_2SO_4$(浓)$\xlongequal{\triangle}CuSO_4+SO_2\uparrow+2H_2O$ 铜和浓硫酸按物质的量之比 1∶2 共热时反应，生成有刺激性气味的二氧化硫气体、硫酸铜和水，用于制备纯二氧化硫。详见【$5Cu+4H_2SO_4$(浓)】。

$3Cu+4H_2SO_4+2NaNO_3=3CuSO_4+Na_2SO_4+2NO\uparrow+4H_2O$ 稀硫酸、铜片加入到硝酸盐溶液中或者浓硫酸、铜片加入到硝酸盐稀溶液中，生成硫酸盐、一氧化氮气体和水。生成的无色气体很快变为红棕色，该原理可以检验 NO_3^-。但如果硝酸盐的稀溶液经过浓缩后加入浓硫酸和铜片的反应，见【$2NO_3^-+Cu+2H_2SO_4$(浓)】。

$2Cu+2H_2SO_4+O_2\xlongequal{\triangle}2CuSO_4+2H_2O$ 铜和稀硫酸不反应，但将废铜屑加入到热的稀硫酸中，再通入氧气，可以制备硫酸铜。该反应原理成本较低，无污染，是用废铜屑制备硫酸铜的理想方法，用浓硫酸和铜生产硫酸铜，放出二氧化硫污染物，且消耗硫酸较多，成本较高。另一种较理想的生产硫酸铜的原理见【$Cu+H_2O_2+H_2SO_4$】。

$2Cu+2H_2SO_4+O_2=2CuSO_4+2H_2O$ 铜和稀盐酸、稀硫酸不反应，但在有空气存在时，铜可溶于稀硫酸中。溶于稀盐酸的情况见【$2Cu+4HCl+O_2$】。

$Cu+Hg^{2+}=Cu^{2+}+Hg\downarrow$ 含汞离子的废水用紫铜屑、铝屑等还原，可处理废水，回收金属汞。

$Cu+K_2S_2O_8=CuSO_4+K_2SO_4$ 过二硫酸钾是无色晶体，具有极强的氧化性，其和铜反应，生成 $CuSO_4$ 和 K_2SO_4。

$Cu+2N_2O_4=Cu(NO_3)_2+2NO\uparrow$ 铜和液态四氧化二氮反应，生成硝酸铜和一氧化氮。

$2Cu+O_2\xlongequal{\triangle}2CuO$ 紫红色的铜和氧气共热反应，生成黑色的氧化铜。

$Cu(s)+\frac{1}{2}O_2(g)=CuO(s)$；$\Delta H=-157kJ/mol$ 铜和氧气反应生成氧化铜的热化学方程式。

$2Cu+O_2+H_2O+CO_2=Cu(OH)_2\cdot CuCO_3$ 铜在干燥的空气中比较稳定，在水中也不反应，但在含有二氧化碳的潮湿空气中，表面逐渐生成一层绿色的碱式碳酸铜，俗称“铜锈”。

$2Cu+O_2+2H_2O+8NH_3=4OH^-+2[Cu(NH_3)_4]^{2+}$ 铜粉和浓氨水的混合物可用来测定空气中的含氧量。也可向浓氨水中鼓入空气来溶解铜粉——湿法炼铜原理之一。

$2Cu+S\xlongequal{\triangle}Cu_2S$ 铜和硫单质反应，生成硫化亚铜。硫的氧化性不如氯气等强，和金属铜、铁等反应时，生成低价的硫的化合物。

【Cu^+】 亚铜离子。

$2Cu^+\xlongequal{H^+}Cu^{2+}+Cu$ Cu^+在酸性溶液中立即歧化生成 Cu^{2+}和 Cu。Cu_2O 溶解在稀硫酸中：$Cu_2O+H_2SO_4=Cu_2SO_4+H_2O$，生成的 Cu_2SO_4 立即发生歧化反应：$Cu_2SO_4=CuSO_4+Cu$，总反应式为 $Cu_2O+H_2SO_4=CuSO_4+Cu+H_2O$。

$Cu^++e^-=Cu$ 亚铜离子得电子被还原的电极反应式。

$Cu^++NO_2^-+2H^+=Cu^{2+}+NO\uparrow+H_2O$ 在酸性溶液中，亚铜离子被亚硝酸氧化成铜离子，亚硝酸被还原为一氧化氮气体。

【CuCl】 氯化亚铜，白色立方晶体，难溶于水，溶于乙醚、浓氨水、热浓盐酸、浓碱金属氯化物溶液等。氯化亚铜的浓盐酸溶液能吸收 CO 气体，生成氯化羰基铜（Ⅰ）$Cu(CO)Cl·H_2O$，用于定量测定混合气体中 CO 的含量。露置于潮湿空气中氧化成碱式盐而变为绿色。CuCl 遇光变为褐色。可由硫酸和氯化铜的混合液与二氧化硫作用或由氯化铜盐酸溶液与纯净的铜丝（或铜屑）作用而得。可在分析化学中作一氧化碳和氧的吸收剂，在石油工业中作催化剂、脱硫剂和脱色剂，用作肥皂、脂肪和油类的凝聚剂以及纤维素脱硝、有机合成等。

$2CuCl+2CO+2H_2O \rightarrow$ (OC)(H₂O)Cu(μ-Cl)₂Cu(CO)(H₂O)

CuCl 的盐酸溶液可吸收 CO 形成氯化羰基铜（Ⅰ)$Cu(CO)Cl·H_2O$，利用该原理可定量测定气体混合物中的 CO 含量。

$CuCl+HCl = H[CuCl_2]$ 氯化亚铜溶于热浓盐酸中，生成配合物二氯合铜（Ⅰ）酸。加水稀释后，又有氯化亚铜沉淀生成：$[CuCl_2]^-(aq) \rightleftharpoons CuCl(s)+Cl^-(aq)$。$Cu^+$与 Cl^- 可以形成配位数为 2、3、4 的配离子：$[CuCl_2]^-$、$[CuCl_3]^{2-}$、$[CuCl_4]^{3-}$，加水稀释后，都有氯化亚铜沉淀生成。

$4CuCl+O_2+4HCl = 4CuCl_2+2H_2O$ 一氧化碳检测器的工作原理之一。详见【$PdCl_2·2H_2O+CO$】。也是瓦克法制乙醛的其中一步反应，见【$CH_2=CH_2+PdCl_2+H_2O$】。

【$[CuCl_2]^-$】

$[CuCl_2]^- \xlongequal{H_2O} CuCl\downarrow+Cl^-$ 制备 CuCl 的原理之一，详见【$Cu^{2+}+2Cl^-+Cu$】。

$[CuCl_2]^-(aq) \rightleftharpoons CuCl(s)+Cl^-(aq)$
水溶液中稀释$[CuCl_2]^-$的溶液，会生成白色沉淀氯化亚铜，实际上是一种动态平衡。Cu^+与 Cl^-可以形成配位数为 2、3、4 的配离子：$[CuCl_2]^-$、$[CuCl_3]^{2-}$、$[CuCl_4]^{3-}$。

【$[CuCl_3]^{2-}$】

$[CuCl_3]^{2-}(aq) \rightleftharpoons CuCl(s)+2Cl^-(aq)$
水溶液中稀释$[CuCl_3]^{2-}$的溶液，会生成白色沉淀氯化亚铜，实际上是一种动态平衡。Cu^+与 Cl^-可以形成配位数为 2、3、4 的配离子：$[CuCl_2]^-$、$[CuCl_3]^{2-}$、$[CuCl_4]^{3-}$。

【$[CuCl_4]^{3-}$】

$[CuCl_4]^{3-}(aq) \rightleftharpoons CuCl(s)+3Cl^-(aq)$
水溶液中稀释$[CuCl_4]^{3-}$的溶液，会生成白色沉淀氯化亚铜，实际上是一种动态平衡。Cu^+与 Cl^-可以形成配位数为 2、3、4 的配离子：$[CuCl_2]^-$、$[CuCl_3]^{2-}$、$[CuCl_4]^{3-}$。

【CuI】 碘化亚铜，白色立方晶体，溶于稀盐酸、浓硫酸、氨水、碘化钾、氰化钾和硫代硫酸钠溶液，不溶于水。可由硫酸铜和碘化钾的混合液与二氧化硫或硫代硫酸钠作用而得，可作有机反应催化剂、饲料添加剂及制造温度指示器等。

$4CuI+Hg = Cu_2HgI_4+2Cu$ 将涂有碘化亚铜的纸条悬挂在实验室中，根据颜色的变化测定空气中汞的含量：室温下 3h 白色不变，说明汞含量低于允许范围 $0.1mg/m^3$；若 3h 内变为亮黄色至暗红色，则说明汞含量超过允许范围。

【CuCN】 氰化亚铜，白色单斜棱柱晶体，有毒，不溶于水、乙醇和冷的稀酸，微溶于液氨，溶于热盐酸、氰化钾溶液、铵盐溶液和氨水，在硝酸中分解。可由硫酸铜与适量氰化钾溶液共热使生成的 $Cu(CN)_2$ 分解或由氯化亚铜和氰化钠溶液（或氢氰酸）作用而得，可用于电镀、医疗及作聚合催化剂、涂脸防污剂等。

$CuCN+3CN^-═[Cu(CN)_4]^{3-}$ CN^-和氰化亚铜易形成配合物四氰合铜（Ⅰ）离子。

$CuCN+(x-1)CN^-═[Cu(CN)_x]^{1-x}$ (x=2、3、4) 在Cu^{2+}的溶液中加入CN^-，得到氰化铜棕黄色沉淀，氰化铜迅速分解生成白色的CuCN沉淀，并放出$(CN)_2$气体。继续加入CN^-，CuCN溶解形成无色的极稳定的$[Cu(CN)_4]^{3-}$，见【$CuCN+3CN^-$】或【$2Cu^{2+}+4CN^-$】。天津大学版《无机化学》(见参考文献）写成：$CuCN+(x-1)CN^-═[Cu(CN)_x]^{1-x}$($x$=2、3、4)。$[Cu(CN)_4]^{3-}$的溶液极稳定，即使通入$H_2S$也不会产生沉淀，利用该性质可以分离$Cu^{2+}$和$Cd^{2+}$。

【$[Cu(CN)_4]^{3-}$】

$[Cu(CN)_4]^{3-}+e^-═Cu+4CN^-$ 镀铜工艺之一。含有$[Zn(CN)_4]^{2-}$和$[Cu(CN)_4]^{3-}$的混合液可以镀黄铜，即Cu−Zn合金。镀锌见【$[Zn(CN)_4]^{2-}+2e^-$】。

【Cu_2SO_4】

硫酸亚铜，灰色粉末，溶于浓盐酸、冰醋酸等。干燥空气中稳定，潮湿空气中缓慢分解，遇水分解为硫酸铜和铜。受热至 200℃时氧化为硫酸铜和氧化铜。可由铜屑和浓硫酸在 200℃时作用而得。

$3Cu_2SO_4+2PH_3═3H_2SO_4+2Cu_3P$
详见【$PH_3+8CuSO_4+4H_2O$】。

【$[Cu(NH_3)_2]^+$】

$[Cu(NH_3)_2]^+ \rightleftharpoons Cu^++2NH_3$ 二氨合铜(Ⅰ)离子在水溶液中的解离。

$[Cu(NH_3)_2]^++CO \rightleftharpoons [Cu(NH_3)_2CO]^+$ 合成氨工业中，铜洗工段吸收可使催化剂中毒的CO的原理。该反应是可逆反应，受热可放出CO，循环使用。多数Cu(Ⅰ)配合物具有吸收烯烃、炔烃和CO的能力。

$4[Cu(NH_3)_2]^++8NH_3·H_2O+O_2═4OH^-+4[Cu(NH_3)_4]^{2+}+6H_2O$ Cu_2O溶于氨水中，形成无色的$[Cu(NH_3)_2]^+$：$Cu_2O+4NH_3·H_2O═2[Cu(NH_3)_2]^++2OH^-+3H_2O$。通入氧气时生成$[Cu(NH_3)_4]^{2+}$，该原理因消耗氧气，可以用来除去某些气体中的氧气杂质。

$4[Cu(NH_3)_2]^++8NH_3+2H_2O+O_2═4OH^-+4[Cu(NH_3)_4]^{2+}$
$[Cu(NH_3)_2]^+$在空气中不稳定，立即被氧化成蓝色的$[Cu(NH_3)_4]^{2+}$，将$NH_3·H_2O$写成NH_3和H_2O或者通入氨气时反应的离子方程式，详见【$4[Cu(NH_3)_2]^++8NH_3·H_2O+O_2$】。

【$[Cu(NH_2CH_2CH_2OH)_2]^+$】

$[Cu(NH_2CH_2CH_2OH)_2]^++C_2H_4 \rightleftharpoons [Cu(NH_2CH_2CH_2OH)_2(C_2H_4)]^+$
石油工业上用二乙醇胺合铜（Ⅰ）配离子$[Cu(NH_2CH_2CH_2OH)_2]^+$吸收C_2H_4。该反应是可逆反应，受热时又放出C_2H_4。从石油气中分离烯烃。多数Cu(Ⅰ)配合物具有吸收烯烃、炔烃和CO的能力。

【Cu^{2+}】

铜离子。在水溶液中以$[Cu(H_2O)_4]^{2+}$形式存在，叫四水合铜（Ⅱ）离子，呈蓝色。

$2Cu^{2+}+4CN^-═2CuCN↓+(CN)_2↑$
在Cu^{2+}的溶液中加入CN^-，得到氰化铜棕黄色沉淀，氰化铜迅速分解生成白色的 CuCN 沉淀，并放出$(CN)_2$气体。继续加入 CN^-，CuCN 溶解形成无色的极稳定的$[Cu(CN)_4]^{3-}$离子，见【$CuCN+3CN^-$】和【CuCN+ (*x*−1)CN^-】。$[Cu(CN)_4]^{3-}$的溶液极稳定，即使通入 H_2S 也不会产生沉淀，利用该性质可以分离 Cu^{2+}和 Cd^{2+}。

$Cu^{2+}+CO_3^{2-}$══$CuCO_3$↓ Cu^{2+}和CO_3^{2-}反应，生成蓝色碳酸铜沉淀，选自 2005 年高考全国Ⅱ卷第 27 题标准答案。通常情况下，Cu^{2+}有一定的水解性，氢氧化铜和碳酸铜的溶度积相差不多，生成物应为碱式碳酸铜：$2Cu^{2+}+2CO_3^{2-}+H_2O$══$Cu_2(OH)_2CO_3$↓+CO_2↑，详见【$2Cu^{2+}+2CO_3^{2-}+H_2O$】。

$2Cu^{2+}+2CO_3^{2-}+H_2O$══CO_2↑+$Cu_2(OH)_2CO_3$↓ 普遍的共识认为 Cu^{2+}和 CO_3^{2-}反应，生成碱式碳酸铜和二氧化碳，多数高校课本都采用该反应。自从 2005 年高考全国Ⅱ卷第 27 题给出标准答案：$Cu^{2+}+CO_3^{2-}$══$CuCO_3$↓，之后，虽曾引起广泛的讨论，但大量的中学教辅似乎接受了该知识点，经常直接引用，也鲜有人敢于质疑高考的权威性、指挥棒作用，可见一斑。金属离子和可溶性碳酸盐的反应，大概有以下几种情况：（1）Bi^{2+}、Cu^{2+}、Mg^{2+}、Pb^{2+}等离子形成的氢氧化物和相应的碳酸盐溶解度相差不大时，水解生成碱式碳酸盐沉淀。（2）Al^{3+}、Fe^{3+}、Cr^{3+}等离子的氢氧化物溶解度小于相应的碳酸盐，和 CO_3^{2-}水解生成氢氧化物沉淀，放出 CO_2 气体，如【$2Fe^{3+}+3CO_3^{2-}+3H_2O$】。（3）$Ca^{2+}$、$Sr^{2+}$、$Ba^{2+}$、$Ag^+$、$Cd^{2+}$、$Mn^{2+}$等离子的氢氧化物溶解度大于相应的碳酸盐，和 CO_3^{2-}结合生成碳酸盐沉淀，如【$Ba^{2+}+CO_3^{2-}$】。

$Cu^{2+}+4Cl^-$══$[CuCl_4]^{2-}$ 很浓的 $CuCl_2$ 溶液中可形成黄色的四氯合铜（Ⅱ）离子。$CuCl_2$ 浓溶液通常为黄绿色或绿色，原因是溶液中同时存在黄色的$[CuCl_4]^{2-}$和浅蓝色的$[Cu(H_2O)_4]^{2-}$。

$Cu^{2+}+2Cl^-+Cu \xlongequal{\triangle} 2CuCl$↓ 用适当的还原剂 SO_2、Cu 或 $SnCl_2$ 等，还原相应卤素离子存在下的 Cu^{2+}，可制得卤化亚铜。因生成的 CuCl 附着在 Cu 表面，影响了反应的进一步进行。需加入浓盐酸使 CuCl 溶解先生成配离子$[CuCl_2]^-$：CuCl+HCl══$H[CuCl_2]$，使 Cu^+浓度降低到非常小，使反应可进行完全，见【$Cu^{2+}+Cu+4Cl^-$】。之后加水使溶液中 Cl^-浓度变小，$[CuCl_2]^-$被破坏析出大量白色 CuCl 沉淀：$2[CuCl_2]^- \xlongequal{H_2O} 2CuCl$↓$+2Cl^-$。在 Cl^-存在下，用 Cu 还原 Cu^{2+}制 CuCl，因生成的 CuCl 沉淀而防止了 Cu^+的歧化。

$2Cu^{2+}+2Cl^-+SO_2+2H_2O$══$2CuCl$↓$+SO_4^{2-}+4H^+$ 用 SO_2 作还原剂，将 $CuCl_2$ 还原为 CuCl，制备 CuCl 的原理之一。卤化铜 CuX_2 被 SO_2 等还原剂还原的通式见【$2Cu^{2+}+2X^-+SO_2+2H_2O$】。

$Cu^{2+}+Cu+4Cl^-$══$2[CuCl_2]^-$ 制备 CuCl 的原理之一，见【$Cu^{2+}+2Cl^-+Cu$】，当 Cl^-过量时，生成$[CuCl_2^-]^-$。

$Cu^{2+}+2e^-$══Cu 溶液中的 Cu^{2+}得到电子的电极反应式。可以是原电池的正极反应，也可以是电解池的阴极反应。

$Cu^{2+}+Fe$══$Cu+Fe^{2+}$ 金属铁从铜盐溶液中置换出金属铜。金属单质之间的置换反应，活泼性：Fe>Cu。【金属活动顺序表】见【$2Ag^++Cu$】。

$2Cu^{2+}+[Fe(CN)_6]^{4-} \xlongequal{中性或酸性介质} Cu_2[Fe(CN)_6]$↓ Cu^{2+}的鉴定原理之一，Cu^{2+}和$[Fe(CN)_6]^{4-}$在中性或酸性介质中生成六氰合铁酸铜(Ⅱ)红褐色沉淀。但 Fe^{3+}、Bi^{3+}、Co^{2+}也易和$[Fe(CN)_6]^{4-}$结合，干扰 Cu^{2+}的鉴定。

$14Cu^{2+}+5FeS_2+12H_2O$══$7Cu_2S$+

$3SO_4^{2-}+5Fe^{2+}+24H^+$ 二硫化铁和硫酸铜溶液发生氧化还原反应，生成硫化亚铜、硫酸亚铁和硫酸的离子方程式。见【$14CuSO_4+5FeS_2+12H_2O$】。

$2Cu^{2+}+2H_2O \xlongequal{通电} 2Cu+O_2\uparrow+4H^+$

电解硫酸铜溶液，得到金属铜、氧气和硫酸的离子方程式，见【$2CuSO_4+2H_2O$】。【阳极上阴离子的放电顺序】和【阴极上阳离子的放电顺序】见【$2Cl^-+Cu^{2+}$】。

$Cu^{2+}+H_2O \rightleftharpoons Cu(OH)^++H^+$

多元弱碱阳离子分步水解，Cu^{2+}水解先生成$Cu(OH)^+$，$Cu(OH)^+$再水解：$Cu(OH)^++H_2O \rightleftharpoons Cu(OH)_2+H^+$。中学化学一步书写多元弱碱阳离子的水解见【$Cu^{2+}+2H_2O$】。

$Cu^{2+}+2H_2O \rightleftharpoons Cu(OH)_2+2H^+$

Cu^{2+}水解的离子方程式。多元弱碱阳离子的水解分步进行，但中学阶段写方程式时往往一步完成。

$Cu^{2+}+H_2S = CuS\downarrow+2H^+$ 硫化氢气体通入含Cu^{2+}的溶液中，生成黑色硫化铜沉淀。该反应比较敏感，可以用来检验硫化氢。CuS 不溶于水，也不溶于强酸。

$2Cu^{2+}+4I^- = 2CuI\downarrow+I_2$ 碘化亚铜 CuI 是白色立方晶体，不溶于水。该反应用I^-和Cu^{2+}直接反应制备碘化亚铜。I^-既是还原剂又是沉淀剂，由于碘化亚铜 CuI 是沉淀物，Cu^{2+}的氧化性显著增强。该反应能迅速定量地进行，常用于定量测定Cu^{2+}的含量。

$2Cu^{2+}+5I^- = 2CuI\downarrow+I_3^-$ 常用于定量测定Cu^{2+}含量的原理之一，见【$2Cu^{2+}+4I^-$】。但是，生成的I_2又可以和溶液中过量的I^-结合：$I^-+I_2 \rightleftharpoons I_3^-$。两步加合得到以上总反应。

$2Cu^{2+}+4IO_3^-+24I^-+24H^+ = 2CuI\downarrow+13I_2+12H_2O$ 碘量法测定碘酸铜溶度积的原理：碘酸铜在酸性溶液中和I^-反应，生成 CuI 和I_2。用硫代硫酸钠可以滴定I_2，见【$2S_2O_3^{2-}+I_2$】。根据I_2的量可以计算出饱和碘酸铜溶液中Cu^{2+}和IO_3^-的浓度，进而计算出碘酸铜的溶度积。碘酸铜是绿色单斜晶体，受热分解，不溶于乙醇，微溶于水，溶于稀硝酸、稀硫酸和氨水。

$Cu^{2+}+Mg = Mg^{2+}+Cu$ 金属镁从含Cu^{2+}的溶液中置换出金属铜，金属单质之间的置换反应，金属性：Mg>Cu。【金属活动顺序表】见【$2Ag^++Cu$】。

$Cu^{2+}+NH_3 \rightleftharpoons [Cu(NH_3)]^{2+}$

Cu^{2+}和NH_3生成$[Cu(NH_3)_4]^{2+}$的反应，分步进行，逐步生成$[Cu(NH_3)_2]^{2+}$、$[Cu(NH_3)_3]^{2+}$、$[Cu(NH_3)_4]^{2+}$，详见【$Cu^{2+}+4NH_3$】。

$Cu^{2+}+4NH_3 = [Cu(NH_3)_4]^{2+}$ 水溶液中Cu^{2+}和过量或足量的NH_3形成四氨合铜(Ⅱ)配离子的总反应，和氨水的反应见【$Cu^{2+}+2NH_3 \cdot H_2O$】。该反应分步进行，先生成$[Cu(NH_3)]^{2+}$，之后，依次生成$[Cu(NH_3)_2]^{2+}$、$[Cu(NH_3)_3]^{2+}$、$[Cu(NH_3)_4]^{2+}$。Cu^{2+}实际上以$[Cu(H_2O)_4]^{2+}$形式存在，该反应可写作：$[Cu(H_2O)_4]^{2+}+4NH_3 \rightleftharpoons [Cu(NH_3)_4]^{2+}+4H_2O$。若氨水或氨气少量，先生成$Cu(OH)_2$沉淀，见【$Cu^{2+}+ 2NH_3 \cdot H_2O$】。$Cu(OH)_2$和氨水或氨气会继续反应，见【$Cu(OH)_2+ 4NH_3 \cdot H_2O$】或【$Cu(OH)_2+4NH_3$】。

$Cu^{2+}+2NH_3 \cdot H_2O = Cu(OH)_2\downarrow+2NH_4^+$ Cu^{2+}和氨水反应，生成蓝色$Cu(OH)_2$沉淀。继续加过量的氨水，蓝色$Cu(OH)_2$沉淀溶解，溶液变为深蓝色：$Cu(OH)_2\downarrow+ 4NH_3 \cdot H_2O = [Cu(NH_3)_4]^{2+}+2OH^-+4H_2O$。该原理可以检验$Cu^{2+}$。

$Cu^{2+}+2OH^- = Cu(OH)_2\downarrow$ Cu^{2+}和OH^-反应，生成蓝色沉淀，可以用来检验Cu^{2+}。

$Cu^{2+}+S^{2-} = CuS\downarrow$ S^{2-}和Cu^{2+}反应，生成黑色硫化铜沉淀。CuS 不溶于水，也不溶于强酸。该反应可以用来检验S^{2-}。

$2Cu^{2+}+2S_2O_3^{2-}+2H_2O \xlongequal{\triangle} Cu_2S\downarrow+S\downarrow+2SO_4^{2-}+4H^+$ 硫酸铜溶液中加入 $Na_2S_2O_3$ 溶液，加热条件下生成 Cu_2S 沉淀和 S。在分析化学上用该原理除去 Cu^{2+}。

$2Cu^{2+}+2X^-+SO_2+2H_2O \xlongequal{\triangle} 2CuX\downarrow+4H^++SO_4^{2-}$ 在卤素离子存在下，用 SO_2 还原 Cu^{2+}制 CuX，如 CuCl、CuBr、CuI 等。因生成 CuX 沉淀而防止了 Cu^+的歧化。用适当的还原剂 SO_2、Cu 或 $SnCl_2$ 等，还原相应卤素离子存在下的 Cu^{2+}，可制得卤化亚铜。

$Cu^{2+}+Zn = Zn^{2+}+Cu$ 金属锌从溶液中置换出铜，金属性：Zn>Cu。【金属活动顺序表】见【$2Ag^++Cu$】。

【$[Cu(H_2O)_4]^{2+}$】

$[Cu(H_2O)_4]^{2+}+4NH_3 \rightleftharpoons [Cu(NH_3)_4]^{2+}+4H_2O$ 浅蓝色的 $[Cu(H_2O)_4]^{2+}$简写成 Cu^{2+}，和过量氨水反应，形成深蓝色的$[Cu(NH_3)_4]^{2-}$，简写为 $Cu^{2+}+4NH_3 \rightleftharpoons [Cu(NH_3)_4]^{2+}$。配体取代法制配合物。

【$CuCl_2$】

无水氯化铜，棕黄色粉末，有吸湿性。二水合物 $CuCl_2·2H_2O$，蓝绿色正交晶体，有潮解性。100℃时失去结晶水，易溶于水、甲醇、乙醇和氨水，微溶于乙醇，溶于丙酮、醋酸乙酯。稀溶液显蓝色，主要成分是$[Cu(H_2O)_4]^{2+}$，浓溶液因生成$[Cu(Cl)_4]^{2-}$而显绿色。无水氯化铜经 X 射线测定表明是共价化合物，结构呈链状：

(Cl 桥联 Cu 的链状结构式)。在 HCl 气流中，将 $CuCl_2·2H_2O$ 加热到 413~423K，可制得无水氯化铜。可由氧化铜或碳酸铜与盐酸作用而得。可作化学试剂、媒染剂、氧化剂、木材防腐剂、食品添加剂、消毒剂，制玻璃、陶瓷、烟火、隐显墨水，用于石油馏分的脱臭、脱硫，用于金属提炼和照相等。

$CuCl_2 \xlongequal{电解} Cu+Cl_2\uparrow$ 电解氯化铜溶液，生成铜和氯气。阴极电极反应式：$Cu^{2+}+2e^- = Cu$。阳极电极反应式：$2Cl^- - 2e^- = Cl_2\uparrow$。离子方程式及【阳极上阴离子的放电顺序】和【阴极上阳离子的放电顺序】见【$2Cl^-+Cu^{2+}$】。

$CuCl_2 = Cu^{2+}+2Cl^-$ 氯化铜是强电解质，在水中完全电离生成 Cl^-和 Cu^{2+}。氯化铜稀溶液呈蓝色，浓溶液为绿色。

$2CuCl_2 \xlongequal{\triangle} 2CuCl+Cl_2\uparrow$ 氯化铜受热到 773K 时分解，生成氯化亚铜和氯气。高温时氯化亚铜比氯化铜稳定。

$CuCl_2+Fe = Cu+FeCl_2$ 金属铁从氯化铜溶液中置换出金属铜。金属单质之间的置换反应。活泼性：Fe>Cu。【金属活动顺序表】见【$2Ag^++Cu$】。

$CuCl_2+H_2O = Cu(OH)Cl+HCl$ $CuCl_2$ 第一步水解生成碱式氯化铜和氯化氢。Cu(OH)Cl 会继续水解，见【$CuCl_2+2H_2O$】。$CuCl_2·2H_2O$ 受热脱水时，得不到无水氯化铜，生成碱式氯化铜，因为受热脱水的同时发生水解。

$CuCl_2+2H_2O \rightleftharpoons Cu(OH)_2+2HCl$ 氯化铜水解的化学方程式。多元弱碱阳离子的水解分步进行，但中学阶段写方程式时一步完成。离子方程式：$2H_2O+Cu^{2+} \rightleftharpoons 2H^++Cu(OH)_2$。

$CuCl_2+H_2S = CuS\downarrow+2HCl$ 硫化氢气体通入 $CuCl_2$ 溶液，生成黑色硫化铜沉淀。该反应比较敏感，可以用来检验硫化氢。CuS 不溶于水，也不溶于强酸。

$CuCl_2+2NaOH = Cu(OH)_2\downarrow+2NaCl$ $CuCl_2$ 和 NaOH 反应，生成蓝色沉淀。该沉淀不溶于水，但溶于强酸和浓的强碱溶液，见【$Cu(OH)_2+2H^+$】和【$Cu(OH)_2+2OH^-$】。

$CuCl_2+Na_2S=CuS\downarrow+2NaCl$

$CuCl_2$和Na_2S反应，生成黑色硫化铜沉淀和氯化钠。CuS不溶于水，也不溶于强酸。用生成黑色硫化铜沉淀可以检验S^{2-}。离子方程式见【$Cu^{2+}+S^{2-}$】。

$2CuCl_2+Pd=PdCl_2+2CuCl$

乙烯直接氧化法制乙醛的反应之一，详见【$CH_2=CH_2+PdCl_2+H_2O$】。

$2CuCl_2+SnCl_2=2CuCl\downarrow+SnCl_4$

用适当的还原剂SO_2、Cu或$SnCl_2$等，还原相应卤素离子存在下的Cu^{2+}，可制得卤化亚铜，见【$2Cu^{2+}+2X^-+SO_2+2H_2O$】。

【$CuCl_2\cdot2H_2O$】

详见【$CuCl_2$】。

$CuCl_2\cdot2H_2O\xlongequal{\triangle}CuCl_2+2H_2O$

氯化铜晶体受热到100℃时脱去结晶水，生成无水氯化铜。但得不到纯的无水氯化铜，原因是一部分晶体按下式分解：$2CuCl_2\cdot2H_2O\xlongequal{\triangle}Cu(OH)_2\cdot CuCl_2+2HCl\uparrow+2H_2O$。生成物还可以是$Cu(OH)_2$或Cu(OH)Cl或CuO等(2012年高考浙江卷第26题)。在无水氯化氢气体中受热到150℃，可制备无水氯化铜。

$2CuCl_2\cdot2H_2O+Pd=PdCl_2\cdot2H_2O+2CuCl+2H_2O$ 一氧化碳检测器的工作原理之一，详见【$PdCl_2\cdot2H_2O+CO$】。

【$[CuCl_4]^{2-}$】

$[CuCl_4]^{2-}+4H_2O\rightleftharpoons[Cu(H_2O)_4]^{2-}+4Cl^-$ $CuCl_2$浓溶液稀释时，H_2O分子取代$[CuCl_4]^{2-}$中的Cl^-，生成浅蓝色的$[Cu(H_2O)_4]^{2-}$。$CuCl_2$浓溶液为黄绿色或绿色，原因见【$Cu^{2+}+4Cl^-$】。

【CuI_2】

$2CuI_2\xlongequal{\triangle}2CuI+I_2$ 在高温下，+2价Cu不如+1价Cu稳定，Cu^{2+}将I^-氧化为I_2。

【$CuSO_4$】

无水硫酸铜，灰白色至绿白色晶体或无定形粉末，易溶于水和氨水，微溶于乙醇、甘油，溶于甲醇。$CuSO_4\cdot5H_2O$晶体又称胆矾或蓝矾，蓝色三斜晶体，空气中逐渐风化，受热至30℃时失水得三水合物，110℃时失水得一水合物，250℃时失去全部结晶水，650℃时分解为氧化铜、二氧化硫和氧。可由铜或氧化铜与稀硫酸作用后，浓缩结晶而得。可作农用杀虫剂、杀菌剂（波尔多液、铜皂液的主要原料）、织物媒染剂、木材防腐剂、饲料添加剂，用于电解、电镀、鞣革等工业，制造电池、颜料、铜盐等。

$CuSO_4=Cu^{2+}+SO_4^{2-}$ 强电解质硫酸铜在水中的电离方程式。

$2CuSO_4\xlongequal{\triangle}2CuO+2SO_2\uparrow+O_2\uparrow$

无水硫酸铜在高于923K时分解，生成氧化铜、二氧化硫和水。

$4CuSO_4\xlongequal{高温}4CuO+2SO_2\uparrow+O_2\uparrow+2SO_3\uparrow$ 硫酸铜在高温条件下分解，当有氧化铜、二氧化硫、氧气和三氧化硫同时存在时，该方程式的系数可以写出很多种：可以是3、3、2、1、1，也可以是5、5、4、2、1，该反应是一个典型的不确定系数方程式。实际上是$CuSO_4\xlongequal{\triangle}CuO+SO_3\uparrow$和$2CuSO_4\xlongequal{\triangle}2CuO+2SO_2\uparrow+O_2\uparrow$两个方程式分别乘以不同的倍数加合而得到无数个不同的方程式。在化学中，“加合”一般出现在以下两种情况：同时发生的几个化学反应或先后发生的几个化学反应。加合有利也有弊。有这样一篇文章《对不确定系数化学方程式的探讨》，系作者的研究成果，在当地曾获得奖励，在公开发表时，经作者同意愿意署名为第二作者，但由于失误，发表时只有同学李世锋的署名。该文详细列举了常见的不确定系数化学方程式，并分析了产生不确定系数的本质原因，同学们可以搜索了解。

$CuSO_4 \xlongequal{\triangle} CuO+SO_3\uparrow$ 无水硫酸铜在受热到 923K 时分解，生成氧化铜和三氧化硫。高于 923K 时：$2CuSO_4 \xlongequal{\triangle} 2CuO+2SO_2\uparrow+O_2\uparrow$。

$2CuSO_4 \xlongequal{340℃以上} CuSO_4·CuO+SO_3\uparrow$

无水硫酸铜受热到 340℃以上，释放出三氧化硫，同时生成 $CuSO_4·CuO$。继续加热，在 650℃~750℃，$CuSO_4·CuO$ 继续分解：$CuSO_4·CuO \xlongequal{650℃\sim750℃} 2CuO+SO_3\uparrow$，生成氧化铜和三氧化硫。总反应方程式为 $CuSO_4 \xlongequal{\triangle} CuO+SO_3\uparrow$。高于 923K 时：$2CuSO_4 \xlongequal{\triangle} 2CuO+2SO_2\uparrow+O_2\uparrow$。

$CuSO_4+Fe═FeSO_4+Cu$ 金属铁从硫酸铜溶液中置换出金属铜。金属单质之间的置换反应，活泼性：Fe>Cu。【金属活动顺序表】见【$2Ag^++Cu$】。

$14CuSO_4+5FeS_2+12H_2O═7Cu_2S+5FeSO_4+12H_2SO_4$ 二硫化铁和硫酸铜溶液发生氧化还原反应，生成硫化亚铜、硫酸亚铁和硫酸。离子方程式见【$14Cu^{2+}+5FeS_2+12H_2O$】。

$2CuSO_4+2H_2O \xlongequal{电解} 2Cu+O_2\uparrow+2H_2SO_4$ 电解硫酸铜溶液，得到金属铜、氧气和相应的酸。阴极电极反应式：$Cu^{2+}+2e^-═Cu$。阳极电极反应式：$4OH^--4e^-═2H_2O+O_2\uparrow$，或 $2H_2O-4e^-═4H^++O_2\uparrow$，阳极电极反应式见【$H_2O$】中【电解水的原理】。离子方程式见【$2Cu^{2+}+2H_2O$】。【阳极上阴离子的放电顺序】和【阴极上阳离子的放电顺序】见【$2Cl^-+Cu^{2+}$】。

$CuSO_4+5H_2O═CuSO_4·5H_2O$

白色的无水硫酸铜粉末结合水，生成蓝色硫酸铜晶体，也是从水里析出 $CuSO_4·5H_2O$ 晶体时的反应。通常利用这一性质和现象检验水蒸气。

$CuSO_4+H_2S═CuS\downarrow+H_2SO_4$ 硫化氢气体通入 $CuSO_4$ 溶液中，生成黑色硫化铜沉淀。该反应比较敏感，可以用来检验硫化氢。CuS 不溶于水，也不溶于强酸。

$2CuSO_4+4KI═2CuI\downarrow+I_2+2K_2SO_4$

碘化亚铜 CuI 是白色立方晶体，不溶于水。该反应用 I^-和 Cu^{2+}直接反应制备碘化亚铜。I^-既是还原剂又是沉淀剂，由于碘化亚铜 CuI 是沉淀物，Cu^{2+}的氧化性显著增强。该反应能迅速定量地进行，常用于定量测定 Cu^{2+}的含量。

$CuSO_4+Mg═MgSO_4+Cu$ 镁从硫酸铜溶液中置换出金属铜。金属单质之间的置换反应，金属性：Mg>Cu。【金属活动顺序表】见【$2Ag^++Cu$】。

$CuSO_4+4NH_3═[Cu(NH_3)_4]SO_4$

硫酸铜溶液中加入足量或过量的氨水时，生成硫酸四氨合铜(Ⅱ)配合物。首先，硫酸铜和少量氨水反应，生成浅蓝色的碱式硫酸铜沉淀：$2CuSO_4+2NH_3·H_2O═(NH_4)_2SO_4+Cu_2(OH)_2SO_4\downarrow$，继续加氨水，沉淀溶解，得到深蓝色的四氨合铜(Ⅱ)配离子：$Cu_2(OH)_2SO_4+8NH_3═2[Cu(NH_3)_4]^{2+}+SO_4^{2-}+2OH^-$。

$2CuSO_4+2NH_3·H_2O═(NH_4)_2SO_4+Cu_2(OH)_2SO_4\downarrow$ 硫酸铜溶液中加入少量氨水时，生成浅蓝色的碱式硫酸铜沉淀。

$2CuSO_4+2Na_2CO_3+H_2O═CO_2\uparrow+Cu_2(OH)_2CO_3\downarrow+2Na_2SO_4$ 硫酸铜电离出的 Cu^{2+}和碳酸钠电离出的 CO_3^{2-}发生双水解反应，生成碱式碳酸铜沉淀和二氧化碳气体。离子方程式见【$2Cu^{2+}+2CO_3^{2-}+H_2O$】。

$CuSO_4+2NaOH═Cu(OH)_2\downarrow+Na_2SO_4$ $CuSO_4$和NaOH反应生成蓝色$Cu(OH)_2$沉淀，可以检验Cu^{2+}。离子方程式见【$Cu^{2+}+2OH^-$】。

$CuSO_4+Zn═ZnSO_4+Cu$ 金属锌置换出金属铜，金属性：Zn>Cu。【金属活动顺序表】见【$2Ag^++Cu$】。

【$CuSO_4·5H_2O$】 五水硫酸铜，

俗称"胆矾"或"蓝矾"，蓝色晶体，650℃时分解为CuO、SO_2、O_2。结构式：

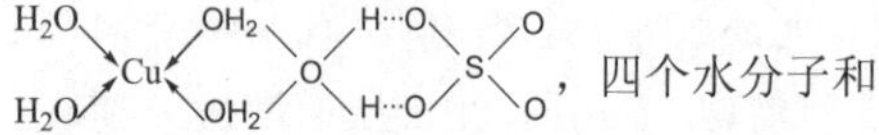

，四个水分子和Cu^{2+}以配位键结合，第五个水分子以氢键与两个配位水分子和SO_4^{2-}结合，可写成$[Cu(H_2O)_4]SO_4·H_2O$。

$CuSO_4·5H_2O\overset{\triangle}{═}CuSO_4+5H_2O$ 五水硫酸铜受热失去结晶水，蓝色晶体变为白色粉末。五水硫酸铜加热失水也是一个渐进的过程：375K时，变为$CuSO_4·3H_2O$（蓝色）；386K时，变为$CuSO_4·H_2O$（蓝白色）；523K时，变为$CuSO_4$（白色）。无水硫酸铜又可以结合水：$CuSO_4+5H_2O═CuSO_4·5H_2O$，白色的无水硫酸铜粉末变为蓝色硫酸铜晶体，通常用来检验水蒸气。

$CuSO_4·5H_2O(s)═CuSO_4(s)+5H_2O(l);\Delta H=+78.96kJ/mol$ $CuSO_4·5H_2O$分解的热化学方程式。

【$CuSO_4·CuO$】

$CuSO_4·CuO\overset{650℃\sim750℃}{═}2CuO+SO_3\uparrow$

无水硫酸铜受热到340℃以上，释放出三氧化硫，同时生成$CuSO_4·CuO$：$2CuSO_4\overset{340℃以上}{═}CuSO_4·CuO+SO_3\uparrow$。继续加热，在650℃~750℃下，$CuSO_4·CuO$继续分解，生成氧化铜和三氧化硫。总反应方程式为$CuSO_4\overset{\triangle}{═}CuO+SO_3\uparrow$。

【$Cu_2(OH)_2SO_4$】 碱式硫酸铜

$CuSO_4·3Cu(OH)_2$，绿色单斜晶体，不溶于水，溶于植物酸、无机酸和氨水，是波尔多液的主要成分，有杀菌作用。可由硫酸铜溶液和氢氧化钙溶液作用而得，作杀菌剂。

$Cu_2(OH)_2SO_4+8NH_3═SO_4^{2-}+2OH^-+2[Cu(NH_3)_4]^{2+}$ 碱式硫酸铜可溶于足量的氨水中，详见【$2CuSO_4+2NH_3·H_2O$】。

【$Cu(NO_3)_2$】 硝酸铜。

$Cu(NO_3)_2·6H_2O$为蓝色晶体，易潮解，26.4℃时失去结晶水变成蓝色晶体$Cu(NO_3)_2·3H_2O$。$Cu(NO_3)_2$易溶于水，水溶液呈蓝色，与浓度没关系，浓、稀溶液甚至饱和溶液均为蓝色。但是，浓硝酸和铜反应后的溶液呈绿色，加热后变成蓝色；稀硝酸和铜反应后的溶液呈蓝色。

$Cu(NO_3)_2$溶于乙醇，灼烧时分解为氧化铜。是一种氧化剂，与有机物摩擦或撞击会引起燃烧或爆炸。可由铜或氧化铜与硝酸作用而得，可用于医疗、电镀、织物媒染、木材防腐及制药、烟火、搪瓷、催化剂等。

$Cu(NO_3)_2═Cu^{2+}+2NO_3^-$ 硝酸铜是强电解质，在水中完全电离。

$2Cu(NO_3)_2\overset{\triangle}{═}2CuO+4NO_2\uparrow+O_2\uparrow$ 硝酸铜受热分解，生成氧化铜、二氧化氮和氧气。分解温度为473K，【硝酸盐加热分解】见【$AgNO_3$】。

$Cu(NO_3)_2+Fe═Fe(NO_3)_2+Cu$ 金属铁从硝酸铜溶液中置换出金属铜。金属单质之间的置换反应，活泼性：Fe>Cu。【金属活动顺序表】见【$2Ag^++Cu$】。

$Cu(NO_3)_2+H_2S=CuS\downarrow+2HNO_3$　硫化氢气体通入 $Cu(NO_3)_2$ 溶液中，生成黑色硫化铜沉淀和硝酸。该反应比较敏感，可以用来检验硫化氢。CuS 不溶于水，也不溶于强酸。

$Cu(NO_3)_2+2NaOH=Cu(OH)_2\downarrow+2NaNO_3$　$Cu(NO_3)_2$ 和 NaOH 反应，生成蓝色氢氧化铜沉淀。离子方程式见【$Cu^{2+}+2OH^-$】。该沉淀不溶于水，但溶于强酸和浓的强碱溶液。

【$Cu(NO_3)_2\cdot 3H_2O$】 三水合硝酸铜。

$Cu(NO_3)_2\cdot 3H_2O \xlongequal{443K} Cu(OH)NO_3+HNO_3+2H_2O$　硝酸铜晶体受热失去结晶水的同时，发生水解。

【$[Cu(NH_3)]^{2+}$】

$[Cu(NH_3)]^{2+}+NH_3 \rightleftharpoons [Cu(NH_3)_2]^{2+}$　Cu^{2+}和 NH_3 反应生成$[Cu(NH_3)_4]^{2+}$，该反应是分步进行的，逐步生成$[Cu(NH_3)]^{2+}$、$[Cu(NH_3)_2]^{2+}$、$[Cu(NH_3)_3]^{2+}$、$[Cu(NH_3)_4]^{2+}$，详见【$Cu^{2+}+4NH_3$】。

【$[Cu(NH_3)_2]^{2+}$】

$[Cu(NH_3)_2]^{2+}+NH_3 \rightleftharpoons [Cu(NH_3)_3]^{2+}$　Cu^{2+}和 NH_3 反应生成$[Cu(NH_3)_4]^{2+}$，该反应是分步进行的，逐步生成$[Cu(NH_3)]^{2+}$、$[Cu(NH_3)_2]^{2+}$、$[Cu(NH_3)_3]^{2+}$、$[Cu(NH_3)_4]^{2+}$，详见【$Cu^{2+}+4NH_3$】。

【$[Cu(NH_3)_3]^{2+}$】

$[Cu(NH_3)_3]^{2+}+NH_3 \rightleftharpoons [Cu(NH_3)_4]^{2+}$　Cu^{2+}和 NH_3 反应生成$[Cu(NH_3)_4]^{2+}$，该反应是分步进行的，逐步生成$[Cu(NH_3)]^{2+}$、$[Cu(NH_3)_2]^{2+}$、$[Cu(NH_3)_3]^{2+}$、$[Cu(NH_3)_4]^{2+}$，详见【$Cu^{2+}+4NH_3$】。

【$[Cu(NH_3)_4]^{2+}$】

$[Cu(NH_3)_4]^{2+} \rightleftharpoons Cu^{2+}+4NH_3$　四氨合铜(Ⅱ)离子在水溶液中微弱电离出 Cu^{2+}和 NH_3，并建立动态平衡，逆反应见【$Cu^{2+}+4NH_3$】。实际上，四氨合铜(Ⅱ)离子与水分子发生配体交换反应，逐步解离，依次生成$[Cu(NH_3)_3H_2O]^{2+}$、$[Cu(NH_3)_2(H_2O)_2]^{2+}$、$[Cu(NH_3)(H_2O)_3]^{2+}$、$[Cu(H_2O)_4]^{2+}$。$[Cu(H_2O)_4]^{2+}$可简写成 Cu^{2+}。

$[Cu(NH_3)_4]^{2+}+4H^+=Cu^{2+}+4NH_4^+$　$[Cu(NH_3)_4]^{2+}$的溶液加入酸，转化为 Cu^{2+}和 NH_4^+。

$[Cu(NH_3)_4]^{2+}+2OH^- \xlongequal{\triangle} Cu(OH)_2\downarrow+4NH_3\uparrow$　$[Cu(NH_3)_4]^{2+}$的溶液中加入碱共热，又生成 $Cu(OH)_2$ 蓝色沉淀和氨气。

【$[Cu(NH_3)_2]Ac$】

$[Cu(NH_3)_2]Ac+CO+NH_3 \underset{减压加热}{\overset{加压降温}{\rightleftharpoons}} [Cu(NH_3)_3]Ac\cdot CO$　合成氨工业中，用醋酸二氨合铜(Ⅰ)在铜洗工段吸收对合成氨有毒的 CO 气体，生成一氧化碳合醋酸三氨合铜(Ⅰ)，可写成 $[Cu(NH_3)_3CO]Ac$，醋酸羰基三氨合铜(Ⅰ)受热后释放出 CO 气体，可循环使用。

【$CuCO_3$】

$CuCO_3+2HCl=CuCl_2+H_2O+CO_2\uparrow$　$CuCO_3$ 和 HCl 反应，可制得 $CuCl_2$。

$CuCO_3+H_2SO_4=CuSO_4+CO_2\uparrow+H_2O$　碳酸铜溶于硫酸，蓝色沉淀溶解，溶液变为蓝色，有气体生成。

【$Cu_2(OH)_2CO_3$】 碱式碳酸铜，天然存在的称为“孔雀石”，深绿色至鲜绿色单斜晶体，条痕淡绿色，玻璃光泽或金刚光泽，纤维放射状集合体呈丝绢光泽，土状者光泽暗淡。晶体呈针状或土状集合体，性脆。孔雀石的出现可作为寻找原生铜矿的标志，块大色美的孔雀石是名贵的工艺雕刻品的材料，粉末用以制颜料，大量聚集时可作为铜矿利用。不溶于冷水，遇热水分解。孔雀石、铜锈、铜绿等主要成分都是碱式碳酸铜。孔雀石型碱式碳酸铜常常还有以下几种写法：$Cu_2(CO_3)(OH)_2$、$Cu_2CO_3(OH)_2$、$CuCO_3{\cdot}Cu(OH)_2$、$Cu(OH)_2{\cdot}CuCO_3$ 等。蓝色石青也是自然界中广泛存在的碱式碳酸铜之一，$Cu_3(CO_3)_3(OH)_2$。

$Cu_2(OH)_2CO_3 \xlongequal{高温} 2CuO+H_2O+CO_2\uparrow$ 碱式碳酸铜受热分解，生成氧化铜、水和二氧化碳。孔雀石、铜锈、铜绿等主要成分都是碱式碳酸铜。古人用火烧孔雀石的方法炼铜，树枝燃烧时生成的木炭可以还原孔雀石分解得到的氧化铜。

$Cu_2(OH)_2CO_3+4HCl=2CuCl_2+CO_2\uparrow+3H_2O$ 碱式碳酸铜和盐酸反应，生成氯化铜、二氧化碳和水。

$Cu_2(OH)_2CO_3+2H_2SO_4=2CuSO_4+CO_2\uparrow+3H_2O$ 碱式碳酸铜和稀硫酸反应，生成硫酸铜、二氧化碳和水。

【Cu_2O】 氧化亚铜，红色八面立方晶体，在 1800℃时失去氧，潮湿空气中逐渐氧化为氧化铜，不溶于水、乙醇，微溶于硝酸，溶于盐酸、氨水和氯化铵溶液。主要以赤铜矿形式存在于自然界。可由醋酸铜溶液加入适量水合肼或由铜盐的碱性溶液（加酒石酸钾钠或柠檬酸盐以防止氢氧化铜析出）中加入葡萄糖等还原剂而得，可用作玻璃、陶瓷的红色着色剂、农作物杀菌剂、有机合成催化剂、整流器材料和船底涂料等。

$2Cu_2O+Cu_2S=6Cu+SO_2\uparrow$ 冰铜熔炼法炼铜的反应原理之一。详见【$2CuFeS_2+O_2$】。

$Cu_2O+2CH_3COOH \rightarrow Cu+H_2O+(CH_3COO)_2Cu$ 用乙醛还原新制的 $Cu(OH)_2$，生成红色的 Cu_2O 后，加入过量的乙酸，Cu_2O 发生歧化反应，生成 Cu^{2+}和 Cu，细小的铜晶体分散在溶液中形成黄绿色铜溶胶。

$Cu_2O+H_2 \xlongequal{\triangle} 2Cu+H_2O$ 氢气高温还原氧化亚铜得到铜。

$Cu_2O+2H^+=Cu^{2+}+Cu+H_2O$ 氧化亚铜在酸性溶液中不稳定，歧化为 Cu^{2+} 和 Cu。

$Cu_2O+2HCl=2CuCl+H_2O$ 氧化亚铜和盐酸反应，生成白色的氯化亚铜和水。

$Cu_2O+H_2SO_4=CuSO_4+Cu+H_2O$ 氧化亚铜在硫酸中发生歧化反应，生成硫酸铜、铜和水。先生成 Cu_2SO_4，立即歧化：$Cu_2SO_4=CuSO_4+Cu$。Cu^+在酸性溶液中立即歧化生成 Cu^{2+}和 Cu：$2Cu^+ \xlongequal{H^+} Cu^{2+}+Cu$。

$Cu_2O+4NH_3+H_2O=2[Cu(NH_3)_2]^++2OH^-$ 详见【$Cu_2O+4NH_3{\cdot}H_2O$】。

$Cu_2O+4NH_3{\cdot}H_2O=2OH^-+3H_2O+2[Cu(NH_3)_2]^+$ Cu_2O 溶于氨水中，形成无色的二氨合铜(Ⅰ)离子。$[Cu(NH_3)_2]^+$在空气中不稳定，立即被氧化成蓝色的$[Cu(NH_3)_4]^{2+}$，见【$4[Cu(NH_3)_2]^++8NH_3{\cdot}H_2O+O_2$】。

$2Cu_2O(s)+O_2(g)=4CuO(s)$ 氧化亚铜在潮湿的空气中逐渐氧化为氧化铜。当有氧气存在时，适当加热（200℃左右）Cu_2O 生成 CuO，利用此性质可除去氮气中微量的氧气。但在高温时 Cu_2O 比 CuO 稳定，见

【Cu+CuO】。

【CuO】氧化铜，黑色单斜晶体，不溶于水和乙醇，溶于酸、氨水和氰化钾、氯化铵溶液及碳酸铵溶液。受热可被氢气或氨气还原为铜。常由硝酸铜或碳酸铜灼烧而得，可作玻璃、陶瓷、搪瓷、釉的绿色或蓝色颜料，作石油脱硫剂、有机反应催化剂、氧化剂、电池的去极剂，制铜盐、人造丝、烟火、医用软膏等。

$$4CuO \xlongequal{1000℃} 2Cu_2O+O_2\uparrow$$ 氧化铜比较稳定，受热到 1000℃时分解生成氧化亚铜和氧气，在高温时氧化亚铜比氧化铜更稳定。

$$CuO+B_2O_3 = Cu(BO_2)_2$$ 白色粉末状的 B_2O_3 可用作吸水剂，熔融的 B_2O_3 可溶解许多金属氧化物，得到有特征颜色的偏硼酸盐玻璃，可用于定性分析，称为硼砂珠试验。CuO 的硼砂珠试验为蓝色。关于【硼砂珠试验】见【$Na_2B_4O_7$+CoO】。

$$2CuO+C+Br_2 = 2CuBr_2+CO_2$$ 氧化铜和溴作用制备溴化铜较难发生，加入碳夺取氧，生成 CO_2，促使反应向生成溴化铜的方向进行。该类原理中，稳定的氧化物如 BeO 生成 CO，见【BeO+C+Br_2】，不稳定的氧化物如 CuO，生成 CO_2。

$$2CH_3COOH+CuO = Cu^{2+}+H_2O+2CH_3COO^-$$ 醋酸和氧化铜反应，生成醋酸铜和水的离子方程式。

$$2CH_3COOH+CuO = Cu(CH_3COO)_2+H_2O$$ 醋酸和氧化铜反应，生成醋酸铜和水。离子方程式：$2CH_3COOH+CuO = Cu^{2+}+2CH_3COO^-+H_2O$。醋酸铜易溶于水，在水中完全电离。

$$CuO+H_2 \xlongequal{\triangle} Cu+H_2O$$ 氢气高温还原氧化铜，生成铜和水。工业上制备稀有气体用于除去氢气。

$$CuO(s)+H_2(g) = Cu(s)+H_2O(g);\ \Delta H=-84.52kJ/mol$$ CuO 固体和 H_2 反应的热化学方程式。

$$CuO+2H^+ = Cu^{2+}+H_2O$$ 氧化铜和强酸反应，生成铜盐和水。

$$CuO+2HCl = CuCl_2+H_2O$$ 氧化铜和盐酸反应，生成氯化铜和水。

$$CuO+2HNO_3 = Cu(NO_3)_2+H_2O$$ 氧化铜和硝酸反应，生成硝酸铜和水。

$$CuO+H_2SO_4 = CuSO_4+H_2O$$ 氧化铜和稀硫酸反应，生成硫酸铜和水。

$$CuO+H_2SO_4(浓) \xlongequal{\triangle} CuSO_4+H_2O$$ 氧化铜和浓硫酸反应，也生成硫酸铜和水。

$$CuO+H_2SO_4+4H_2O = CuSO_4\cdot 5H_2O$$ 一定浓度的稀硫酸和氧化铜反应，制备硫酸铜晶体，即胆矾或蓝矾。

$$3CuO+2NH_3 \xlongequal{\triangle} 3Cu+N_2+3H_2O$$ 氨气作还原剂，高温条件下还原氧化铜，生成铜、氮气和水，常温下不反应，氨气作还原剂的典型反应，还可用来制取 N_2。

【Cu_2S】硫化亚铜，黑色正交晶体，不溶于水、丙酮、硫化氨溶液，难溶于盐酸，稍溶于氨水，溶于氰化钾溶液。Cu_2S 在硝酸和浓硫酸中分解，隔绝空气加热生成铜和硫化铜，在空气存在下加热生成氧化铜、硫酸铜和二氧化硫。自然界中以辉铜矿形式存在。可由化学计量的铜和硫的混合物在高真空封管内共热至 400℃或由硫化铜在氢和硫化氢混合气流中共热至 700℃而得。可用于制防污涂料、固体润滑剂、催化剂、太阳电池等。

$$Cu_2S+4CN^- = 2[Cu(CN)_2]^-+S^{2-}$$ Cu_2S 难溶于水，可溶于氰化钠（或氰化钾）溶液中，生成$[Cu(CN)_2]^-$和 S^{2-}。

$mCu_2S+nFeS=mCu_2S\cdot nFeS$
冰铜熔炼法炼铜形成冰铜的原理，冰铜有资料写成 $Cu_2S\cdot FeS$。

$2Cu_2S+14HNO_3=2Cu(NO_3)_2+2CuSO_4+5NO_2\uparrow+5NO\uparrow+7H_2O$
硫化亚铜和过量浓硝酸发生的氧化还原反应比较复杂，当生成的二氧化氮和一氧化氮体积比为 1∶1 时，按如上反应进行，同时还有硝酸铜、硫酸铜和水生成。

$3Cu_2S+16HNO_3(浓)\stackrel{\triangle}{=}6Cu(NO_3)_2+3S\downarrow+4NO\uparrow+8H_2O$ Cu_2S 难溶于水，但可溶于热浓 HNO_3 中。HNO_3 少量时，生成 $Cu(NO_3)_2$、S、NO、H_2O。当 HNO_3 过量时，见【$2Cu_2S+14HNO_3$】。也可溶于氰化物中，见【Cu_2S+4CN^-】。

$Cu_2S+2H_2SO_4(浓)\stackrel{\triangle}{=}CuSO_4+CuS\downarrow+SO_2\uparrow+2H_2O$ 浓硫酸和金属铜反应，通常生成硫酸铜、二氧化硫和水：$Cu+2H_2SO_4(浓)\stackrel{\triangle}{=}CuSO_4+SO_2\uparrow+2H_2O$。当铜过量或浓硫酸的浓度不够时，常会产生黑色硫化亚铜沉淀：$5Cu+4H_2SO_4(浓)\stackrel{\triangle}{=}4H_2O+3CuSO_4+Cu_2S\downarrow$。硫化亚铜和浓硫酸会继续反应，生成硫酸铜、硫化铜黑色沉淀、二氧化硫气体和水，详见【$5Cu+4H_2SO_4(浓)$】。

$Cu_2S+O_2=2Cu+SO_2$ 冰铜熔炼法炼铜即 Cu_2S 被氧化得到粗铜：$2Cu_2S+3O_2=2Cu_2O+2SO_2\uparrow$，$2Cu_2O+Cu_2S=6Cu+SO_2\uparrow$，两步加合得到以上总方程式。冰铜熔炼法的原理详见【$2CuFeS_2+4O_2$】。

$2Cu_2S+3O_2=2Cu_2O+2SO_2$ 冰铜熔炼法炼铜的反应原理之一，炉顶鼓入空气，又称“顶吹”，生成的 Cu_2O 再和 Cu_2S 反应，得粗铜：$2Cu_2O+Cu_2S=6Cu+SO_2\uparrow$。冰铜熔炼法的原理详见【$2CuFeS_2+4O_2$】。

【CuS】硫化铜，黑色单斜或六方晶体，晶型转变温度为 103℃，在 220℃时分解；不溶于水、乙醇、碱和稀酸、热盐酸、硫酸和氰化钾溶液，在潮湿空气中氧化为硫酸铜。以靛铜矿形式存在于自然界中。由硫化氢气体通入铜盐溶液而得，可用作防污涂料，制催化剂和苯胺黑燃料等。

$2CuS+10CN^-=2[Cu(CN)_4]^{3-}+2S^{2-}+(CN)_2\uparrow$ CuS 不溶于稀酸，可溶于浓氰化钠溶液中，也溶于热的稀硝酸中，见【$3CuS+8H^++2NO_3^-$】。

$3CuS+8H^++2NO_3^-\stackrel{\triangle}{=}3Cu^{2+}+3S\downarrow+2NO\uparrow+4H_2O$ 硫化铜不溶于非氧化性稀酸，溶解于热的稀硝酸，生成铜盐、无色 NO 气体、硫单质和水。

$3CuS+8HNO_3\stackrel{\triangle}{=}3Cu(NO_3)_2+2NO\uparrow+3S\downarrow+4H_2O$ 硫化铜不溶于非氧化性稀酸，溶解于热的稀硝酸，生成硝酸铜、无色 NO 气体、硫单质和水。离子方程式见【$3CuS+8H^++2NO_3^-$】。

$CuS+2H_2SO_4(浓)\stackrel{\triangle}{=}CuSO_4+S\downarrow+SO_2\uparrow+2H_2O$ 硫化铜不溶于非氧化性稀酸，溶解于热的浓硫酸，生成硫酸铜、无色有刺激性气味的 SO_2 气体、硫单质和水。浓硫酸和金属铜反应，当铜过量或浓硫酸的浓度不够时，会生成黑色硫化铜，还会继续和浓硫酸反应。详见【$5Cu+4H_2SO_4(浓)$】。

$2CuS+3O_2\xlongequal{燃烧}2CuO+2SO_2$ 硫化铜燃烧，生成氧化铜和二氧化硫。利用自然界天然存在的铜蓝（主要成分为 CuS）可以提炼金属铜。

$CuS+2O_2\xlongequal{细菌}CuSO_4$ 利用微生物从铜的硫化物矿石中提取铜盐，将硫化铜氧化为硫酸铜。向矿石和岩石堆里喷洒稀硫酸，可从铜含量比较低的贫矿石中提取铜盐。

【$CuFeS_2$】

黄铜矿，四方晶系，晶体呈四方双锥或四方四面体，但少见，经常成粉状或块状集合体，硬度3~4，黄铜色，表面易氧化而呈现暗黄或斑状锖色。条痕绿黑色。金属光泽，性脆，能导电，可形成于各种地质条件下，主要产于铜镍硫化物岩浆矿床、斑岩铜矿、接触交代铜矿床以及沉积成因的层状铜矿中，是炼铜的最主要矿物原料之一。

$CuFeS_2+2HCl=CuS\downarrow+FeCl_2+H_2S\uparrow$

$CuFeS_2$和HCl反应，生成硫化铜、氯化亚铁和硫化氢气体。$CuFeS_2$是黄铜矿的主要成分，可写成$Cu_2S·Fe_2S_3$。

$4CuFeS_2+2H_2SO_4+17O_2=2H_2O+4CuSO_4+2Fe_2(SO_4)_3$　有一种名叫*Thibcilus feroxidans*的细菌，在硫酸环境下可以将黄铜矿氧化为硫酸盐，生成的硫酸盐溶解于水，再经蒸发、结晶、提纯等就可得到硫酸盐。该法被用来提取硫酸盐，尤其适合贫矿的开采和利用。

$2CuFeS_2+4O_2\xlongequal{800℃}Cu_2S+3SO_2+2FeO$　黄铜矿和过量的氧气反应，生成硫化亚铜、二氧化硫和氧化亚铁。冰铜熔炼法炼铜时，黄铜矿精矿进入沸腾炉中焙烧：$2CuFeS_2+O_2=Cu_2S+SO_2+2FeS$。冰铜（$Cu_2S·FeS$）在转炉中由氧气将FeS变成FeO：$2FeS+3O_2=2FeO+2SO_2\uparrow$。

$2CuFeS_2+O_2=Cu_2S+SO_2+2FeS$

冰铜熔炼法炼铜的反应原理之一，浮选所得的黄铜矿精矿进入沸腾炉中焙烧，得到焙砂，主要含Cu_2S和FeS。焙砂进入反射炉高温熔炼，得到冰铜（$Cu_2S·FeS$），熔融态冰铜进入转炉，氧气将FeS变成FeO再和SiO_2形成炉渣除去：$2FeS+3O_2=2FeO+2SO_2\uparrow$，$SiO_2+FeO\xlongequal{\triangle}FeSiO_3$，$Cu_2S$被氧化为粗铜（顶吹）：$2Cu_2S+3O_2=2Cu_2O+2SO_2\uparrow$，$2Cu_2O+Cu_2S=6Cu+SO_2\uparrow$。粗铜再经电解精炼得精铜。

【$Cu(OH)^+$】

$Cu(OH)^++H_2O \rightleftharpoons Cu(OH)_2+H^+$

Cu^{2+}在水中分步水解，先水解生成$Cu(OH)^+$，再水解生成$Cu(OH)_2$，详见【$Cu^{2+}+H_2O$】。

【$Cu(OH)_2$】

氢氧化铜，蓝色胶状结晶粉末，在水中生成时为蓝色沉淀，不溶于冷水，溶于酸、氨水和氰化钠溶液。微显两性，溶于强酸见【$Cu(OH)_2+2H^+$】，溶于浓的强碱溶液见【$Cu(OH)_2+2OH^-$】。新鲜沉淀加热时变为黑色含水氧化铜，并可溶于浓碱液。可由铜盐和碱作用而得，可用于制造人造丝、电池电极、铜盐、农药以及作媒染剂、颜料、饲料添加剂、纸张染色剂等。

$Cu(OH)_2 \rightleftharpoons Cu^{2+}+2OH^-$　二元弱碱氢氧化铜的电离方程式，分步电离，但中学阶段一步写出电离方程式。

$Cu(OH)_2\xlongequal{\triangle}CuO+H_2O$　氢氧化铜受热分解，生成氧化铜和水。

$Cu(OH)_2+2CH_3COOH=Cu^{2+}+2CH_3COO^-+2H_2O$　醋酸和氢氧化铜反应，生成醋酸铜和水，蓝色沉淀消失，溶液变为蓝色。

$Cu(OH)_2+2CH_3COOH=Cu(CH_3COO)_2+2H_2O$　醋酸和氢氧化铜反应，生成醋酸铜和水，蓝色沉淀消失，溶液变为蓝色。离子方程式：$Cu(OH)_2+2CH_3COOH=Cu^{2+}+2CH_3COO^-+2H_2O$。

$Cu(OH)_2+2H^+═Cu^{2+}+2H_2O$
氢氧化铜和强酸反应，生成铜盐和水。

$Cu(OH)_2+2HNO_3═Cu(NO_3)_2+2H_2O$ 氢氧化铜和硝酸反应，生成硝酸铜和水。

$Cu(OH)_2+H_2SO_4═CuSO_4+2H_2O$
氢氧化铜和硫酸反应，生成硫酸铜和水，蓝色沉淀溶解，溶液变为蓝色。

$Cu(OH)_2+4NH_3═[Cu(NH_3)_4](OH)_2$
氢氧化铜悬浊液中通入氨气，生成配合物氢氧化四氨合铜（Ⅱ），沉淀消失，溶液变为深蓝色。

$Cu(OH)_2+4NH_3·H_2O═2OH^-+4H_2O+[Cu(NH_3)_4]^{2+}$ Cu^{2+}和氨水反应，生成蓝色 $Cu(OH)_2$ 沉淀：$Cu^{2+}+2NH_3·H_2O═Cu(OH)_2↓+2NH_4^+$。继续加过量的氨水，蓝色 $Cu(OH)_2$ 沉淀溶解，生成配合物氢氧化四氨合铜（Ⅱ），溶液变为深蓝色。氢氧化四氨合铜（Ⅱ）完全电离生成$[Cu(NH_3)_4]^{2+}$和 OH^-，该原理可以检验 Cu^{2+}。

$Cu(OH)_2+4NH_3·H_2O═4H_2O+[Cu(NH_3)_4](OH)_2$ Cu^{2+}和氨水反应，生成蓝色 $Cu(OH)_2$ 沉淀：$Cu^{2+}+2NH_3·H_2O═Cu(OH)_2↓+2NH_4^+$。继续加过量的氨水，蓝色 $Cu(OH)_2$ 沉淀溶解，生成配合物氢氧化四氨合铜（Ⅱ），溶液变为深蓝色。该原理可以检验 Cu^{2+}。

$Cu(OH)_2+2NaOH═Na_2[Cu(OH)_4]$
氢氧化铜溶于浓的氢氧化钠溶液，生成四羟基合铜（Ⅱ）酸钠。离子方程式见【$Cu(OH)_2+2OH^-$】。$[Cu(OH)_4]^{2-}$是蓝紫色配离子。

$Cu(OH)_2+Na_2S═CuS+2NaOH$
$Cu(OH)_2$ 蓝色沉淀转变为 CuS 黑色沉淀，硫化铜的溶解度小于氢氧化铜。溶液中沉淀之间的转化趋势：向更难溶解的方向转化。离子方程式见【$Cu(OH)_2+S^{2-}$】。

$Cu(OH)_2+2OH^-═[Cu(OH)_4]^{2-}$
氢氧化铜蓝色沉淀，不溶于水，但溶于浓的强碱溶液，生成蓝紫色的配离子四羟基合铜（Ⅱ）离子。溶于强酸见【$Cu(OH)_2+2H^+$】。氢氧化铜微显两性。

$Cu(OH)_2+S^{2-}═CuS+2OH^-$
$Cu(OH)_2$ 蓝色沉淀转变为 CuS 黑色沉淀，硫化铜的溶解度小于氢氧化铜。溶液中沉淀之间的转化趋势：向更难溶解的方向转化。

【$Cu(OH)_4^{2-}$】四羟基合铜（Ⅱ）离子。

$2[Cu(OH)_4]^{2-}+CH_3CHO→Cu_2O↓+3OH^-+CH_3COO^-+3H_2O$ 四羟基合铜（Ⅱ）离子$[Cu(OH)_4]^{2-}$能电离出少量的 Cu^{2+}，被乙醛还原为砖红色沉淀 Cu_2O，乙醛被氧化为乙酸盐。制备四羟基合铜（Ⅱ）离子见【$Cu(OH)_2+2OH^-$】。

$CH_2OH(CHOH)_4CHO+2[Cu(OH)_4]^{2-}\xlongequal{\triangle}Cu_2O↓+4OH^-+2H_2O+CH_2OH(CHOH)_4COOH$
$[Cu(OH)_4]^{2-}$可电离出少量的 Cu^{2-}，被含有醛基的葡萄糖还原为 Cu_2O 红色沉淀，该反应用于检验糖尿病，还可用于制备 Cu_2O。许多资料写成新制的 $Cu(OH)_2$ 和醛基的反应。新制的 $Cu(OH)_2$ 和醛基的反应，必须在碱性条件下进行，而碱性条件下 $Cu(OH)_2$ 和 OH^-会生成$[Cu(OH)_4]^-$，所以该写成哪种形式似乎是统一的。该反应还有另外的书写方式，见【$CH_2(CH)_4CHO$（OH OH）$+2Cu(OH)_2$】。

【Ag】银，灰白色有光泽的金属，质软

而富有延展性，导热、导电性能良好，有九种同素异形体，立方面心结构，化学性质稳定。Ag 易溶于稀硝酸、热浓硫酸和盐酸，不

与水和大气中的氧作用，但遇硫化氢、硫、臭氧变黑。主要矿物有辉银矿、角银矿、淡红银矿和深红银矿等，也有天然银存在。可由银矿和食盐水共热后，与汞结合成银汞齐，蒸去汞而得；也可由银矿以碱金属氰化物浸出后，用铅或锌置换得银。纯银由电解粗银而得，用于感光材料、合金、焊药、银盐、货币、首饰、银箔、银丝、银镜、蓄电池、化学仪器、医药、医疗器械等，亦作催化剂、电镀等。

$Ag(s)+\frac{1}{2}Cl_2(g)═AgCl(s)$；$\Delta H=-127kJ/mol$ Ag和Cl_2反应的热化学方程式。

$Ag+Fe^{3+}═Fe^{2+}+Ag^+$ 银单质可以溶解于铁盐溶液中。做银镜实验产生的银镜可以用铁盐溶液清洗，也可用$Fe(NO_3)_3$溶液蚀刻制作漂亮的银饰。2010年高考安徽卷第28题以此知识点设计。

【Fe^{3+}和金属的反应】Fe^{3+}具有比较强的氧化性，不仅可以和活泼金属锌、铁等反应，如$Fe+2Fe^{3+}═3Fe^{2+}$，$3Zn+2FeCl_3═3ZnCl_2+2Fe$，也可以和部分不活泼金属铜、银等反应，如$2FeCl_3+Cu═2FeCl_2+CuCl_2$，$Fe^{3+}+Ag═Fe^{2+}+Ag^+$。

$3Ag+4HNO_3═3AgNO_3+NO\uparrow+2H_2O$ 银和稀硝酸反应，生成无色NO气体、硝酸银和水，无色气体逐渐变为红棕色。离子方程式见【$3Ag+NO_3^-+4H^+$】。银和浓硝酸反应，生成红棕色NO_2气体、硝酸银和水：$Ag+2HNO_3(浓)═AgNO_3+NO_2\uparrow+H_2O$。

【金属和硝酸的反应】一般硝酸的浓度越低，还原产物中氮元素的化合价越低，硝酸的氧化性也越弱。浓硝酸（12~16mol/L）和金属反应，不管是活泼金属还是不活泼金属，还原产物主要是NO_2。常温下，浓硝酸使铁、铝、钴和镍等金属钝化，加热时反应。稀硝酸（6~8mol/L）与金属反应，还原产物主要是NO。但与活泼金属镁、锌、铁等反应，若硝酸的物质的量浓度约为2mol/L时，还原产物主要是N_2O；若硝酸的物质的量浓度小于2mol/L时，还原产物主要是NH_4^+；硝酸的质量分数为1%~2%时会有H_2放出。少数金属金、铂等不溶于硝酸，但溶于王水，详见【$Au+4HCl(浓)+HNO_3(浓)$】和【$3Pt+4HNO_3+12HCl$】。

$Ag+2HNO_3(浓)═AgNO_3+NO_2\uparrow+H_2O$ 浓硝酸和银反应生成红棕色NO_2气体、硝酸银和水。见【$3Ag+4HNO_3$】中【金属和硝酸的反应】。

$4Ag+2H_2S+O_2═2Ag_2S+2H_2O$ 银的性质较稳定，室温下不和氧气、水反应，但室温下与含有H_2S的空气接触时，生成Ag_2S。银币或银首饰存放时间较长表面变暗就是这个原因。但银和纯硫化氢气体不反应。

$2Ag+2H_2SO_4(浓)\overset{\triangle}{═}Ag_2SO_4+SO_2\uparrow+2H_2O$ 稀硫酸和银不反应，浓硫酸和银共热反应，生成有刺激性气味的SO_2气体、硫酸银和水。

$3Ag+NO_3^-+4H^+═3Ag^++NO\uparrow+2H_2O$ 金属银和稀硝酸反应的离子方程式，化学方程式见【$3Ag+4HNO_3$】。

$4Ag+8NaCN+2H_2O+O_2═4NaOH+4Na[Ag(CN)_2]$ 用氰化法从银矿中浸取天然银的其中一步反应，Ag和CN^-形成$Ag(CN)_2^-$，再用锌（或铝）等活泼金属还原$Ag(CN)_2^-$就得到Ag：$2Ag(CN)_2^-+Zn═Zn(CN)_4^{2-}+2Ag$。将银加热熔化铸成粗银块，用电解法可制纯银。银在自然界中以化合态和游离态形式存在。单质形式存在的银也可用氰化法浸取，化合态形式存在的Ag主要有Ag_2S和AgCl等，也可用NaCN浸取：$Ag_2S+4NaCN═2Na[Ag(CN)_2]+Na_2S$。

$6Ag+O_3 = 3Ag_2O$ 臭氧和金属银按物质的量之比 1∶6 反应，生成氧化银。

【臭氧和金属银反应】臭氧具有极强的氧化性，可以与银、汞等不和氧气反应的金属发生反应。氧化剂和还原剂的量不同，氧化产物和还原产物也不同，（1）$6Ag+O_3 = 3Ag_2O$，（2）$8Ag+2O_3 = 4Ag_2O+O_2$，（3）$2Ag+2O_3 = Ag_2O_2+2O_2$。这种现象在化学中经常见到。

$8Ag+2O_3 = 4Ag_2O+O_2$ 臭氧和金属银按物质的量之比 1∶4 反应，生成氧化银和氧气。

$2Ag+2O_3 = Ag_2O_2+2O_2$ 臭氧和金属银按物质的量之比 1∶1 反应，金属银被臭氧氧化成过氧化银，同时释放出氧气。

$2Ag+S \overset{\triangle}{=} Ag_2S$ 硫和银共热生成硫化银。硫化银主要用于乌银镶嵌术、陶瓷等。自然界中的银主要以游离态或硫化银形式存在，硫化银是银的最主要来源。

【Ag^+】银离子，水溶液为无色。

$Ag^++Br^- = AgBr\downarrow$ Ag^+和 Br^-反应生成不溶于硝酸的浅黄色 AgBr 沉淀。用稀硝酸和 $AgNO_3$ 溶液检验 Br^-。

【卤化银的颜色和溶解性】氟化银是易溶于水的白色晶体，氯化银是难溶于水的白色沉淀，溴化银是难溶于水的浅黄色沉淀，碘化银是难溶于水的黄色沉淀。

$2Ag^++CO_3^{2-} = Ag_2CO_3\downarrow$ Ag^+和 CO_3^{2-}反应生成 Ag_2CO_3 白色沉淀，该沉淀溶于硝酸、盐酸等，放出无色无味能使澄清石灰水变浑浊的 CO_2 气体。制备碳酸银的原理之一：将浓硝酸银溶液加到少于化学计量的碳酸盐溶液中即可。若反应溶液很稀，如 0.25g/L 时，有氧化银沉淀生成：$2Ag^++2CO_3^{2-}+H_2O = Ag_2O\downarrow+2HCO_3^-$；若浓度小于 0.05g/L 时，则只有氧化银生成。若碳酸盐过量，有利于生成氧化银，升高温度也有利于生成氧化银。

$Ag^++Cl^- = AgCl\downarrow$ Ag^+和 Cl^-反应生成 AgCl 白色沉淀，该沉淀不溶于硝酸。用稀硝酸和 $AgNO_3$ 溶液来检验 Cl^-。【卤化银的颜色和溶解性】见【Ag^++Br^-】。

$Ag^+(aq)+Cl^-(aq) \rightleftharpoons AgCl(s)$ Cl^-、Ag^+和 AgCl 之间建立的动态溶解：溶解—沉淀平衡，氯化银沉淀生成和溶解的速率相等。

$2Ag^++CrO_4^{2-} = Ag_2CrO_4\downarrow$ 向铬酸盐或重铬酸盐的溶液中加入 Ag^+，均生成砖红色铬酸银沉淀，原因是 CrO_4^{2-}和 $Cr_2O_7^{2-}$之间建立动态平衡，见【$2CrO_4^{2-}+2H^+$】，Ag^+加入，因铬酸银的溶度积更小，生成 Ag_2CrO_4 沉淀，平衡发生移动。

$2Ag^++Cu = Cu^{2+}+2Ag$ 金属铜从银盐溶液中置换出银单质，金属性：Cu>Ag。

【金属活动顺序表】

（1）常用顺序表：K>Ca>Na>Mg>Al>Zn>Fe>Sn>Pb>(H)>Cu>Hg>Ag>Pt>Au。

（2）较不常用的顺序表：K>Ca>Na>Mg>Al>Mn>Zn>Cr>Fe>Ni>Sn>Pb>(H)>Cu>Hg>Ag>Pt>Au。

$Ag^++e^- = Ag$ 银离子得到电子被还原为银单质。

$2Ag^++Fe = 2Ag+Fe^{2+}$ 金属铁从银盐溶液中置换出银单质，金属性：Fe>Ag。

$2Ag^++H_2S = Ag_2S\downarrow+2H^+$ 银盐溶液中滴加氢硫酸或通入硫化氢气体，生成黑色硫化银沉淀，该沉淀不溶于非氧化性强酸。

$Ag^++I^- = AgI\downarrow$ Ag^+和 I^-反应生成碘化银黄色沉淀，该沉淀不溶于硝酸。用稀硝酸和 $AgNO_3$ 溶液来检验 I^-。见【Ag^++Br^-】中【卤化银的颜色和溶解性】。

$Ag^++I^- = AgI$(胶体) 实验室里制备碘化银胶体的方法：向 10mL 0.01mol/L 的 KI 溶液中滴加 8～10 滴 0.01mol/L 的 $AgNO_3$ 溶液，边加边振荡。加入的量过多或不进行振荡，则容易生成沉淀。

$Ag^+ + 2NH_3 = [Ag(NH_3)_2]^+$　Ag^+和NH_3反应，生成二氨合银(Ⅰ)离子，相当于【$Ag^+ + 2NH_3 \cdot H_2O$】。

$Ag^+ + 2NH_3 \cdot H_2O = Ag(NH_3)_2^+ + 2H_2O$　实验室里制备银氨溶液的总反应。

【银氨溶液的配制和反应原理】2%的$AgNO_3$溶液中，一边振动试管，一边加入2%的稀氨水，至最初产生的白色沉淀恰好溶解，这种溶液叫作银氨溶液，也叫“多伦试剂”。离子方程式：$Ag^+ + NH_3 \cdot H_2O = AgOH\downarrow + NH_4^+$，$AgOH + 2NH_3 \cdot H_2O = [Ag(NH_3)_2]^+ + OH^- + 2H_2O$，总反应式：$Ag^+ + 2NH_3 \cdot H_2O = Ag(NH_3)_2^+ + 2H_2O$。化学方程式：$AgNO_3 + NH_3 \cdot H_2O = AgOH\downarrow + NH_4NO_3$，$AgOH + 2NH_3 \cdot H_2O = Ag(NH_3)_2OH + 2H_2O$，总反应式：$AgNO_3 + 3NH_3 \cdot H_2O = Ag(NH_3)_2OH + NH_4NO_3 + 2H_2O$。配制银氨溶液时氨水不要过量，也不要存放时间较长，最好现用现配，否则生成黑色的氮化银：$3Ag_2O + 2NH_3 = 3H_2O + 2Ag_3N$，受震动容易发生爆炸：$2Ag_3N = 6Ag + N_2\uparrow$。

$Ag^+ + NH_3 \cdot H_2O = AgOH\downarrow + NH_4^+$
硝酸银溶液中滴加氨水，先生成白色沉淀。见【$Ag^+ + 2NH_3 \cdot H_2O$】中【银氨溶液的配制和反应原理】。

$2Ag^+ + 2OH^- = Ag_2O\downarrow + H_2O$
OH^-和Ag^+反应，生成白色沉淀：$Ag^+ + OH^- = AgOH\downarrow$，AgOH沉淀很快分解生成黑色$Ag_2O$：$2AgOH = Ag_2O\downarrow + H_2O$。两步反应加合得到以上总反应式。在中学课本的酸碱盐的溶解性表中，将AgOH划分为“不存在”或“遇到水就分解”一类，有好多同学误以为“不存在”，实际上是存在时间较短。

$Ag^+ + OH^- = AgOH\downarrow$　OH^-和Ag^+反应，生成AgOH白色沉淀。见【$2Ag^+ + 2OH^-$】。

$3Ag^+ + PO_4^{3-} = Ag_3PO_4\downarrow$　Ag^+和PO_4^{3-}反应生成黄色Ag_3PO_4沉淀，可以用来检验PO_4^{3-}。磷酸银不溶于水，但溶于稀硝酸，见【$Ag_3PO_4 + 3HNO_3$】

$2Ag^+ + S^{2-} = Ag_2S\downarrow$　Ag^+和S^{2-}反应生成硫化银黑色沉淀。

$2Ag^+ + SO_3^{2-} = Ag_2SO_3\downarrow$　Ag^+和SO_3^{2-}反应，生成白色沉淀Ag_2SO_3。

$2Ag^+ + SO_4^{2-} = Ag_2SO_4\downarrow$　SO_4^{2-}和Ag^+反应生成硫酸银白色沉淀。硫酸银微溶于水。

【微溶盐在离子方程式中的书写规定】在反应物中，若为澄清溶液，一般拆写成离子；若为悬浊液，一般写成化学式。生成物中有微溶物生成时，一般写成沉淀。

【易溶、可溶、微溶、难溶】20℃时，溶解度大于10g为易溶，1~10g之间为可溶，在0.01~1g之间为微溶，小于0.01g为难溶。

$2Ag^+ + S_2O_3^{2-} = Ag_2S_2O_3\downarrow$　Ag^+和$S_2O_3^{2-}$反应，生成$Ag_2S_2O_3$白色沉淀。该沉淀的颜色由白色变成黄色、棕色直至黑色。反应方程式为$Ag_2S_2O_3 + H_2O = Ag_2S\downarrow + H_2SO_4$，该原理可用来检验$S_2O_3^{2-}$。当$S_2O_3^{2-}$过量或足量时，见【$Ag^+ + 2S_2O_3^{2-}$】。

$Ag^+ + 2S_2O_3^{2-} = [Ag(S_2O_3)_2]^{3-}$
$S_2O_3^{2-}$具有很强的配位能力，和Ag^+形成二硫代硫酸根合银(Ⅰ)离子，当$S_2O_3^{2-}$少量时，见【$2Ag^+ + S_2O_3^{2}$】。照相底片上未曝光的AgBr在定影液中和$S_2O_3^{2-}$形成配离子而溶解。化学方程式见【$AgBr + 2Na_2S_2O_3$】。

$2Ag^+ + Zn \rightleftharpoons 2Ag + Zn^{2+}$　活泼金属锌置换出银。

【AgCl】

氯化银，白色立方晶体，难溶于水和乙醇、稀酸，易溶于氨水、氰化钾、硫代硫酸钠、碳酸铵溶液，易溶于煮沸的浓盐酸，稍溶于氯化钠溶液和氯化铵浓溶液。

在水中生成时为白色沉淀，见光分解，颜色由紫逐渐变黑。可由氯化钠溶液或盐酸加入硝酸银溶液生成沉淀而得，应在暗室或红光下进行，可用于照相、镀银、医药，制造宇宙射线电离检测器等，单晶可作红外线吸收槽和透镜元件。

$2AgCl \xlongequal{光照} 2Ag+Cl_2\uparrow$ AgCl 见光分解生成银和氯气。卤化银中 AgCl、AgBr、AgI 均有此性质。

$AgCl(s) \rightleftharpoons Cl^-(aq)+Ag^+(aq)$

Cl^-、Ag^+和 AgCl 之间建立的动态平衡，AgCl 溶解和沉淀的速率相等。

$2AgCl+Ba(NO_3)_2 \xlongequal{液氨} BaCl_2\downarrow+2AgNO_3$ 物质的溶解性与溶剂有很大的关系。AgCl 不溶于水，但可溶于液氨中，$BaCl_2$ 易溶于水，但不溶于液氨中。

$AgCl+KI = AgI+KCl$ 在相同的条件下，AgI 的溶解度小于 AgCl，加入碘化钾溶液，白色 AgCl 沉淀转变为更难溶解的黄色 AgI 沉淀。见【Ag^++Br^-】中【卤化银的颜色和溶解性】。沉淀之间的转化趋势：向更难溶解的方向转化。

$AgCl+2NH_3 = [Ag(NH_3)_2]^++Cl^-$

氯化银难溶于水，但通入 NH_3 时，形成二氨合银离子$[Ag(NH_3)_2]^+$和 Cl^-，沉淀消失。

$AgCl+2NH_3 = [Ag(NH_3)_2]Cl$

氯化银难溶于水，但通入 NH_3 时，形成易溶于水、易电离的配合物氯化二氨合银(Ⅰ) $[Ag(NH_3)_2]Cl$，电离生成$[Ag(NH_3)_2]^+$和 Cl^-，离子方程式：$AgCl+2NH_3 = [Ag(NH_3)_2]^++Cl^-$。

$AgCl+2NH_3\cdot H_2O = [Ag(NH_3)_2]^++Cl^-+2H_2O$ 氯化银难溶于水，但加入氨水时，形成二氨合银离子$[Ag(NH_3)_2]^+$和 Cl^-，沉淀消失。

$2AgCl+S^{2-} = Ag_2S+2Cl^-$ 白色 AgCl 沉淀转变成更难溶解的黑色 Ag_2S 沉淀。沉淀之间的转化趋势：向更难溶解的方向转化。

【AgBr】溴化银，浅黄色晶体或粉末，在水中生成时为浅黄色沉淀，见光分解变黑，不溶于水、乙醇、酸，微溶于稀氨水、碳酸铵溶液，溶于浓氨水、氰化钾溶液、硫代硫酸钠溶液、饱和氯化钠溶液、饱和溴化钾溶液。可由硝酸银溶液逐渐加入溴化钾或溴化钠溶液，生成沉淀，再用热水反复洗涤而制得，宜在暗室或红光下进行，可制造照相底片和感光材料。

$2AgBr \xlongequal{光照} 2Ag+Br_2$ AgBr 见光分解生成银和溴。卤化银中 AgCl、AgBr、AgI 均有此性质。

$AgBr+2Na_2S_2O_3 = Na_3[Ag(S_2O_3)_2]+NaBr$ 溴化银溶解在硫代硫酸钠溶液中形成配合物二硫代硫酸根合银（Ⅰ）酸钠。离子方程式见【$AgBr+ 2S_2O_3^{2-}$】。

$AgBr+2S_2O_3^{2-} = [Ag(S_2O_3)_2]^{3-}+Br^-$ 溴化银溶解在硫代硫酸盐溶液中形成二硫代硫酸根合银（Ⅰ）离子的离子方程式。

【AgI】碘化银，不溶于水。α-AgI，黄色立方晶体，不溶于水，难溶于氨水、稀酸，溶于氰化钾、碘化钾、硫代硫酸钠溶液和甲胺中。146℃时转化为 β-AgI。β-AgI 为橘黄色晶体，有感光作用，水中生成时为黄色沉淀。在暗室或红光下由碘化钾溶液与硝酸银溶液作用而得，可用于医药、制照相底片或感光纸，用于人工降雨等。

$2AgI \xlongequal{光照} 2Ag+I_2$ AgI 见光分解生成

银和单质碘。卤化银中 AgCl、AgBr、AgI 均有此性质。

$AgI(s) \rightleftharpoons Ag^{+}(aq)+I^{-}(aq)$ 碘化银固体的溶解—沉淀平衡。

$AgI+2CN^{-}=[Ag(CN)_2]^{-}+I^{-}$ 难溶的 AgI 和 CN^{-}生成配离子$[Ag(CN)_2]^{-}$。

$AgI+2NaCN=Na[Ag(CN)_2]+NaI$ 难溶的 AgI 和 NaCN 反应，生成配合物二氰合银（Ⅰ）酸钠和碘化钠。离子方程式见【$AgI+2CN^{-}$】。

【AgX】

AgCl、AgBr 、AgI 的通式。

$2AgX \xlongequal{光照} 2Ag+X_2$ 卤化银具有感光性。该反应是卤化银见光分解的通式，X=Cl、Br、I。

【Ag_5IO_6】

$4Ag_5IO_6+10Cl_2+10H_2O=4H_5IO_6+20AgCl+5O_2$ 制备高碘酸的其中一步反应，原理详见【$Na_2H_3IO_6+5AgNO_3$】。

【AgCN】

氰化银，白色立方晶体，无臭无味，有毒，见光变黑色，不溶于水、乙醇，溶于稀沸硝酸、氨水、硫代硫酸钠和氰化钾溶液。与稀盐酸作用生成氢氰酸和氯化银。可由氰化钠或氰化钾溶液与硝酸银溶液作用而得，可用于镀银、医药等。

$2AgCN \xlongequal{\triangle} 2Ag+(CN)_2$ 加热分解 AgCN 可制取拟卤素$(CN)_2$。另见【$Hg(CN)_2+HgCl_2$】。

【$[Ag(CN)_2]^{-}$】

$[Ag(CN)_2]^{-}+e^{-}=Ag+2CN^{-}$ 电镀工业用$[Ag(CN)_2]^{-}$镀银，效果较好。但氰化物有剧毒，逐渐采用无毒镀银液，如$[Ag(SCN)_2]^{-}$等。

$2[Ag(CN)_2]^{-}+Zn=Zn(CN)_4^{2-}+2Ag$ 用活泼金属锌（或铝）等还原 $Ag(CN)_2^{-}$得到 Ag，工业上用氰化法浸取 Ag_2S 中 Ag 的其中一步反应，详见【$4Ag+8NaCN+2H_2O+O_2$】。

【$Na[Ag(CN)_2]$】

$2Na[Ag(CN)_2]+Zn=Na_2[Zn(CN)_4]+2Ag$ 用氰化法从银矿中将 Ag 或 Ag_2S 转变为 $Na[Ag(CN)_2]$，再用活泼金属 Al 或 Zn 还原出 Ag。详见【$4Ag+ 8NaCN+2H_2O+O_2$】。

【AgSCN】

硫氰酸银，无色晶体或白色粉末，熔点大于 120℃（分解），露置于空气中颜色变暗，不溶于水和稀酸，溶于氨水、浓硫酸。可由银盐溶液与硫氰酸钾作用而得。

$2AgSCN+Br_2=2AgBr+(SCN)_2$ AgSCN 悬浮在乙醚中与溴或碘作用，制取拟卤素硫氰的原理。

【Ag_2SO_3】

亚硫酸银，白色晶体，熔点 100℃时分解，难溶于水，溶于氨水、氰化钾溶液，不溶于硝酸和液体二氧化硫；见光或受热分解为连二硫酸盐和硫酸盐。可由硝酸银与适量亚硫酸钠或亚硫酸作用而得。

$Ag_2SO_3 \xlongequal{\triangle} 2Ag+SO_3\uparrow$ Ag_2SO_3 受热到红热，分解生成 Ag 和 SO_3。

$Ag_2SO_3+2HNO_3=2AgNO_3+H_2O+SO_2\uparrow$ 亚硫酸银溶解在硝酸中，强酸制弱酸。选自《全日制普通高级中学（必修）化学第一册教师教学用书》（见文献）第 86 页。但是，《化学词典》（上海辞书出版社，1989

年9月第1版）却说，亚硫酸银“不溶于液体二氧化硫、硝酸”，亚硫酸银“由硝酸银与适量亚硫酸钠或亚硫酸作用而得”。通常认为硝酸具有强氧化性，将亚硫酸银氧化为硫酸银，释放出氮的氧化物。以上三种说法有矛盾之处。

【Ag_2SO_4】 硫酸银，白色正交晶体。遇光逐渐变黑，1085℃时分解，微溶于冷水，不溶于乙醇，溶于氨水、硝酸和热水。可由硝酸银溶液和硫酸或硫酸钠（或硫酸铵）溶液作用而得，可用作化学分析试剂。

$Ag_2SO_4 \xlongequal{\triangle} 2Ag+SO_2\uparrow+O_2\uparrow$

Ag_2SO_4受热，先分解成Ag_2O和SO_3，见【$Ag_2SO_4 \xlongequal{\triangle} Ag_2O+SO_3\uparrow$】，继续受热，$Ag_2O$分解生成Ag和$O_2$，见【$2Ag_2O$】；继续受热，$SO_3$分解为$O_2$和$SO_2$。$Ag_2SO_4$受热，最后的分解产物为Ag、$O_2$和$SO_2$。

$2Ag_2SO_4 \xlongequal{\triangle} 4Ag+2SO_3\uparrow+O_2\uparrow$

硫酸银受热分解，温度不同，产物不同。温度较低时，生成AgO和SO_3；继续升高温度，AgO分解生成Ag和O_2，即硫酸银的分解产物为Ag、O_2和SO_3。

$Ag_2SO_4 \xlongequal{\triangle} Ag_2O+SO_3\uparrow$ 硫酸银受热分解，温度较低时生成氧化银和三氧化硫。

【$Ag_2S_2O_3$】

$Ag_2S_2O_3+H_2O = Ag_2S+H_2SO_4$

硫代硫酸盐和硝酸银反应生成的$Ag_2S_2O_3$沉淀，其颜色逐渐由白色变黄色、棕色直至黑色，最后生成Ag_2S。该原理用来检验$S_2O_3^{2-}$。详见【$2Ag^++S_2O_3^{2-}$】。

【Ag_3N】 氮化银，黑色薄片，不溶于水，溶于稀无机酸。在25℃时开始缓慢分解；在真空中常温下分解；在空气中加热约至165℃或遇浓酸时发生爆炸性分解。干燥态甚至潮湿态时对机械撞击特别敏感，极易发生猛烈爆炸。由氯化银的浓氨水溶液和氢氧化钾反应而得。

$2Ag_3N = 6Ag+N_2\uparrow$ 干燥的氮化银受振动容易发生爆炸，生成银和氮气。银氨溶液必须现用现配，久置也会生成黑色氮化银：$3Ag_2O+2NH_3 = 3H_2O+2Ag_3N$。见【$Ag^++2NH_3 \cdot H_2O$】中【银氨溶液的配制和反应原理】。

【$[Ag(NH_3)_2]^+$】 二氨合银（Ⅰ）离子。

$[Ag(NH_3)_2]^+ \rightleftharpoons Ag^++2NH_3$

$[Ag(NH_3)_2]^+$在水溶液中微弱电离出Ag^+和NH_3。

$[Ag(NH_3)_2]^++2CN^- \rightleftharpoons [Ag(CN)_2]^-+2NH_3$ $[Ag(NH_3)_2]^+$和CN^-反应，生成更稳定的$[Ag(CN)_2]^-$，常温下反应能进行完全。

$[Ag(NH_3)_2]^++Cl^-+2H^+ = AgCl\downarrow+2NH_4^+$ 氯化银沉淀能溶解在浓氨水中：$AgCl+2NH_3 \cdot H_2O = [Ag(NH_3)_2]^++Cl^-+2H_2O$。而$[Ag(NH_3)_2]^+$加盐酸后又析出氯化银沉淀。

【$Ag(NH_3)_2OH$】 氢氧化二氨合银，在水中完全电离成$[Ag(NH_3)_2]^+$和OH^-，其水溶液叫作银氨溶液，也叫“多伦试剂”。【银氨溶液的配制和反应原理】见【$Ag^++2NH_3 \cdot H_2O$】。

$Ag(NH_3)_2OH+2AgNO_3+2H_2O = 3AgOH\downarrow+2NH_4NO_3$ 银氨溶液和$AgNO_3$溶液反应生成AgOH白色沉淀和硝酸铵。【银氨溶液的配制和反应原理】见【$Ag^++2NH_3 \cdot H_2O$】。

$2Ag(NH_3)_2OH+CO=(NH_4)_2CO_3+2Ag\downarrow+2NH_3$ 银氨溶液中通入 CO，可以将 Ag^+还原为 Ag。

【$AgNO_2$】 亚硝酸银，白色斜方晶体，见光分解，颜色变黑，在 140℃时分解，微溶于水，不溶于乙醇，溶于醋酸、乙腈、氨水、亚硝酸盐溶液。在干燥加热条件下分解为银和二氧化氮；在水溶液中逐渐分解为银、硝酸银和一氧化氮。可由硝酸银溶液和亚硝酸钾溶液作用而得，可用于有机合成、化学分析。

$AgNO_2 \overset{\triangle}{=} Ag+NO_2\uparrow$ $AgNO_2$受热到 431K 时，分解生成 Ag 和 NO_2。

【$AgNO_3$】 硝酸银，无色正交晶体，易溶于水，极易溶于氨水，较难溶于无水乙醇、丙酮、苯，微溶于乙醚，作氧化剂，有腐蚀性。常将银溶解于稀硝酸中蒸发结晶而得，可用作药物、化学分析试剂，并用于制照相底片、眼镜、银化合物以及镀银、染毛发等。

$2AgNO_3 \overset{\triangle}{=} 2Ag+2NO_2\uparrow+O_2\uparrow$ 硝酸银见光分解，具有不稳定性。硝酸银及其溶液要装入棕色试剂瓶中避光保存，分解温度为 713K。

【硝酸盐受热分解】按照金属活动顺序表，Mg 以前的金属形成的硝酸盐，受热分解生成亚硝酸盐和氧气，如 $2NaNO_3 \overset{\triangle}{=} 2NaNO_2 + O_2\uparrow$。介于 Mg~Cu（含镁和铜）之间的金属形成的硝酸盐，受热分解生成金属氧化物、二氧化氮和氧气，如 $2Cu(NO_3)_2 \overset{\triangle}{=} 2CuO +4NO_2\uparrow+O_2\uparrow$。Cu 之后的金属形成的硝酸盐，受热分解生成金属单质、二氧化氮和氧气，如硝酸银。特殊情况：$LiNO_3$的热分解产物为 Li_2O，$Sn(NO_3)_2$的热分解产物为 SnO_2，$Fe_2(NO_3)_3$的热分解产物为 Fe_2O_3。

$3AgNO_3+AlCl_3=3AgCl\downarrow+Al(NO_3)_3$ 硝酸银和氯化铝反应生成氯化银白色沉淀，该沉淀不溶于硝酸。用稀硝酸和 $AgNO_3$溶液来检验 Cl^-。离子方程式：$Ag^++Cl^-=AgCl\downarrow$。

$2AgNO_3+BaCl_2=2AgCl\downarrow+Ba(NO_3)_2$ 硝酸银和氯化钡反应生成氯化银白色沉淀，该沉淀不溶于硝酸。用稀硝酸和 $AgNO_3$溶液来检验 Cl^-。离子方程式：$Ag^++Cl^-=AgCl\downarrow$。

$2AgNO_3+Cu=2Ag+Cu(NO_3)_2$ 金属铜从硝酸银溶液中置换出金属银，金属性：Cu>Ag。【金属活动顺序表】见【$2Ag^++Cu$】。

$2AgNO_3+Fe=2Ag+Fe(NO_3)_2$ 金属铁从硝酸银溶液中置换出金属银，金属性 Fe>Ag。【金属活动顺序表】见【$2Ag^++Cu$】。

$AgNO_3+HBr=AgBr\downarrow+HNO_3$ $AgNO_3$和 HBr 反应生成 AgBr 浅黄色沉淀，该沉淀不溶于硝酸。用稀硝酸和 $AgNO_3$溶液检验 Br^-。【卤化银的颜色和溶解性】见【Ag^++Br^-】。

$AgNO_3+HCN=AgCN\downarrow+HNO_3$ 氰化氢和硝酸银反应生成氰化银白色沉淀，不溶于水，也不溶于硝酸。

$AgNO_3+HCl=AgCl\downarrow+HNO_3$ $AgNO_3$和 HCl 反应生成白色 AgCl 沉淀，该沉淀不溶于硝酸。用稀硝酸和 $AgNO_3$溶液检验 Cl^-。离子方程式：$Ag^++ Cl^-=AgCl\downarrow$。

$AgNO_3+H_2O \rightleftharpoons AgOH+HNO_3$ 硝酸银溶液微弱水解，生成氢氧化银和硝酸。离子方程式：$Ag^++ H_2O \rightleftharpoons AgOH+H^+$。

$AgNO_3+2H_3PO_3=2H_3PO_4+Ag\downarrow+NO\uparrow$ 亚磷酸和硝酸银发生氧化还原反应，亚磷酸被氧化为磷酸，硝酸银被还原生成银和一氧化氮。亚磷酸具有强还原性。

$2AgNO_3+H_2S=Ag_2S\downarrow+2HNO_3$ 硫化氢和硝酸银反应，生成黑色硫化银沉淀，

该沉淀不溶于水和硝酸等强酸。表面上看是由弱酸 H_2S 生成了强酸 HNO_3，似乎是与“强酸制弱酸原理”相矛盾，但主要原因是生成了难溶于硝酸的硫化物沉淀。类似的反应如：$Cu(NO_3)_2+H_2S=CuS\downarrow+2HNO_3$，等等。

$AgNO_3+I_2+2py \xrightarrow{CHCl_3} [I(py)_2]^+NO_3^-+AgI$ 卤素阳离子，如 Cl^+、Br^+、I^+的存在仍缺乏证据，但是，这些阳离子和芳香胺给予体形成的稳定配合物是已知的，其固体配合物可用银盐和卤素在惰性溶剂中反应制得。将 IBr、ICl、I_2 等溶解于吡啶中生成阳离子$[I(py)_2]^+$，py 代表吡啶。将$[I(py)_2]^+NO_3^-$和酸化后的 KI 反应，可制得碘单质，证明$[I(py)_2]^+$中含有正价碘。

$AgNO_3+KBr=AgBr\downarrow+KNO_3$
$AgNO_3$ 和 KBr 反应生成 AgBr 浅黄色沉淀，该沉淀不溶于硝酸。用稀硝酸和 $AgNO_3$ 溶液检验 Br^-。离子方程式及【卤化银的颜色和溶解性】见【Ag^++Br^-】。

$AgNO_3+KCl=AgCl\downarrow+KNO_3$
$AgNO_3$ 和 KCl 反应生成 AgCl 白色沉淀，该沉淀不溶于硝酸。用稀硝酸和 $AgNO_3$ 溶液检验 Cl^-。离子方程式：$Ag^++Cl^-=AgCl\downarrow$。

$AgNO_3+KI=AgI\downarrow+KNO_3$ $AgNO_3$ 和 KI 反应生成 AgI 黄色沉淀，该沉淀不溶于硝酸。用稀硝酸和 $AgNO_3$ 溶液检验 I^-。离子方程式：$Ag^++I^-=AgI\downarrow$。

$AgNO_3+KI=AgI$(胶体)$+KNO_3$
实验室里用硝酸银和碘化钾溶液反应制备碘化银胶体。控制加入的量，边加边用力振荡，否则生成 AgI 黄色沉淀。

$2AgNO_3+MgCl_2=2AgCl\downarrow+Mg(NO_3)_2$ $AgNO_3$ 和 $MgCl_2$ 反应生成 AgCl 白色沉淀，该沉淀不溶于硝酸。用稀硝酸和 $AgNO_3$ 溶液检验 Cl^-。离子方程式：$Ag^++Cl^-=AgCl\downarrow$。【卤化银的颜色和溶解性】见【Ag^++Br^-】。

$AgNO_3+NH_3+H_2O=AgOH\downarrow+NH_4NO_3$ 硝酸银溶液中通入氨气，首先生成氢氧化银白色沉淀。见【$Ag^++2NH_3\cdot H_2O$】中【银氨溶液的配制和反应原理】。

$AgNO_3+3NH_3\cdot H_2O=2H_2O+Ag(NH_3)_2OH+NH_4NO_3$ $AgNO_3$ 和 $NH_3\cdot H_2O$ 反应先生成白色沉淀，继续加氨水，沉淀溶解，生成 $Ag(NH_3)_2OH$，两步加合得到以上总反应式。见【$Ag^++2NH_3\cdot H_2O$】中【银氨溶液的配制和反应原理】。

$AgNO_3+NH_3\cdot H_2O=AgOH\downarrow+NH_4NO_3$ $AgNO_3$ 和 $NH_3\cdot H_2O$ 反应先生成 AgOH 白色沉淀，再加氨水生成银氨溶液。见【$Ag^++2NH_3\cdot H_2O$】中【银氨溶液的配制和反应原理】。

$AgNO_3+NH_4Cl=AgCl\downarrow+NH_4NO_3$ $AgNO_3$ 和 NH_4Cl 反应生成 AgCl 白色沉淀，该沉淀不溶于硝酸。用稀硝酸和 $AgNO_3$ 溶液检验 Cl^-。离子方程式：$Ag^++Cl^-=AgCl\downarrow$。【卤化银的颜色和溶解性】见【Ag^++Br^-】。

$AgNO_3+NaBr=AgBr\downarrow+NaNO_3$
$AgNO_3$ 和 NaBr 反应生成 AgBr 浅黄色沉淀，该沉淀不溶于硝酸。用稀硝酸和 $AgNO_3$ 溶液检验 Br^-。离子方程式：$Ag^++Br^-=AgBr\downarrow$。【卤化银的颜色和溶解性】见【Ag^++Br^-】。

$2AgNO_3+Na_2CO_3=Ag_2CO_3\downarrow+2NaNO_3$ $AgNO_3$ 和 Na_2CO_3 反应生成 Ag_2CO_3 白色沉淀，该沉淀溶于硝酸，放出无色无味能使澄清石灰水变浑浊的 CO_2 气体，见【$Ag_2CO_3+2HNO_3$】。

$AgNO_3+NaCl=AgCl\downarrow+NaNO_3$
$AgNO_3$ 和 NaCl 反应生成 AgCl 白色沉淀，该沉淀不溶于硝酸。用稀硝酸和 $AgNO_3$ 溶液检验 Cl^-。离子方程式：$Ag^++Cl^-=AgCl\downarrow$。【卤化银的颜色和溶解性】见【Ag^++Br^-】。

$2AgNO_3+2NaOH═Ag_2O↓+2NaNO_3+H_2O$ $AgNO_3$和NaOH反应生成白色AgOH沉淀：$AgNO_3+NaOH═AgOH↓+NaNO_3$，该沉淀很快分解变为黑色Ag_2O沉淀：$2AgOH═Ag_2O+H_2O$。两步加合得到以上总反应式。离子方程式见【$2Ag^++2OH^-$】。

$2AgNO_3+Na_2S═Ag_2S↓+2NaNO_3$ $AgNO_3$和Na_2S反应生成Ag_2S黑色沉淀。离子方程式：$2Ag^++S^{2-}═Ag_2S↓$。

$2AgNO_3+Na_2SO_4═Ag_2SO_4↓+2NaNO_3$ $AgNO_3$和Na_2SO_4反应生成Ag_2SO_4白色沉淀。Ag_2SO_4微溶于水，化学反应中当有微溶物质生成时，按沉淀对待。见【$2Ag^++SO_4^{2-}$】中【易溶、可溶、微溶、难溶】。

$2AgNO_3+Zn═2Ag+Zn(NO_3)_2$ 金属锌从硝酸银溶液中置换出金属银，金属性：Zn>Ag。【金属活动顺序表】见【$2Ag^++Cu$】。

【Ag_3PO_4】

磷酸银，黄色粉末，加热或置于日光下变为棕色，微溶于水、稀醋酸，溶于稀硝酸、氨水、碳酸铵溶液、氰化钾溶液和硫代硫酸钠溶液。可由硝酸银和磷酸钠或磷酸作用而得，可用作照相乳剂、催化剂、药物等。

$Ag_3PO_4+3H^+═3Ag^++H_3PO_4$ 黄色磷酸银溶解在硝酸等强酸中，生成可溶性银盐和磷酸的离子方程式。强酸制弱酸的原理。

$Ag_3PO_4+3HNO_3═H_3PO_4+3AgNO_3$ 黄色磷酸银溶解在强酸硝酸中，生成磷酸和硝酸银。强酸制弱酸的原理。

【Ag_2CO_3】

碳酸银，浅黄色粉末，遇光敏感，微溶于水，溶于氨水、浓碱金属碳酸盐溶液、硫代硫酸钠溶液、氰化钾溶液、硝酸、硫酸等，不溶于乙醇等。可由硝酸银溶液与碳酸钠溶液或碳酸氢钠溶液反应而得，可用于化学分析、电镀等。

$Ag_2CO_3+2H^+═2Ag^++CO_2↑+H_2O$ Ag_2CO_3溶于强酸，生成银盐、CO_2气体和水。

$Ag_2CO_3+2HNO_3═2AgNO_3+CO_2↑+H_2O$ Ag_2CO_3溶于硝酸，生成硝酸银、CO_2气体和水。

【$Ag_2C_2O_4$】

草酸银，无色晶体，140℃时剧烈分解，微溶于水，溶于氨水、酸、氰化钾溶液。由氧化银与草酸溶液或硝酸银与草酸钠溶液作用而得，可用于制照相乳剂。

$Ag_2C_2O_4\overset{\triangle}{═}2Ag+2CO_2↑$ $Ag_2C_2O_4$受热到红热，分解生成Ag和CO_2。

【Ag_2CrO_4】

铬酸银，深红色单斜晶体，难溶于水，溶于酸、氨水、氰化钾溶液、铬酸钾溶液。可由硝酸银溶液和铬酸钾溶液作用而得，可作分析试剂、催化剂等。

$Ag_2CrO_4(s)\rightleftharpoons 2Ag^+(aq)+CrO_4^{2-}(aq)$ 铬酸银的溶解—沉淀平衡。

$Ag_2CrO_4(s)+2Cl^-\rightleftharpoons 2AgCl(s)↓+CrO_4^{2-}$ 深红色铬酸银沉淀转化为更难溶的白色氯化银沉淀。

【Ag_2O】

氧化银，棕黑色立方晶体，见光逐渐分解，不溶于乙醇，难溶于水，溶于氨水、硝酸、氰化钾溶液、硫代硫酸钠溶液。高于300℃时迅速分解为银和氧。潮湿物能吸收空气中的二氧化碳，与可燃性有机物摩擦会引起燃烧。可由硝酸银和氢氧化钠溶液作用而得，可用于医药、有机合成，用作玻璃抛光剂和黄色着色剂、电池极板、催化剂和净水剂等。

$2Ag_2O \xlongequal{\triangle} 4Ag+O_2\uparrow$ 氧化银受热分解生成金属银和氧气，不活泼金属的冶炼原理之一。

【金属冶炼常用原理】（1）金属活动顺序表中，钾、钙、钠、镁、铝等活泼金属一般采用电解熔融盐或氧化物的方法提炼。（2）金属活动顺序表中，锌到铜一般采用热还原法提炼，还原剂为焦炭、氢气、一氧化碳和活泼金属等。（3）汞和银一般采用热分解法提炼。（4）铂和金可以采用淘取法，也可以用氰化物提取。（5）不活泼金属铜、银等也可以采用电解水溶液的方法提炼。（6）铬、钒、锰等可以利用其氧化物和金属铝发生的“铝热反应”来冶炼。

$Ag_2O+CO=2Ag+CO_2$ Ag_2O 的氧化性可将 CO 氧化为 CO_2，自身被还原为 Ag。

$Ag_2O+2HF=2AgF+H_2O$ Ag_2O 溶于氢氟酸，生成的 AgF 易溶于水。【卤化银的颜色和溶解性】见【Ag^++Br^-】。

$Ag_2O(s)+H_2O \rightleftharpoons 2AgOH\downarrow \rightleftharpoons 2Ag^++2OH^-$ 工业上制 $AgNO_3$ 时，除去 Cu^{2+}的方法之一。银和 HNO_3 反应产生的 $AgNO_3$ 中常含有 $Cu(NO_3)_2$，先溶于水，加入新沉淀的 Ag_2O，Ag_2O 和 H_2O 反应生成 AgOH，又电离出 Ag^+和 OH^-，因 $Cu(OH)_2$ 的溶度积常数小于 AgOH 的溶度积常数，于是 Cu^{2+}和 OH^-结合成 $Cu(OH)_2$ 沉淀：$Cu^{2+}+2OH^-=Cu(OH)_2\downarrow$，过滤除去 $Cu(OH)_2$ 沉淀，重结晶可得纯 $AgNO_3$。另一方法则是利用 $AgNO_3$ 和 $Cu(NO_3)_2$ 受热分解的温度不同，$AgNO_3$ 在 713K 时分解，$Cu(NO_3)_2$ 在 473K 时分解，控制温度，在 473~ 673K 时 $Cu(NO_3)_2$ 先分解成 CuO，而 $AgNO_3$ 不分解，在水中过滤除去 CuO，剩下 $AgNO_3$ 溶液，重结晶可得纯 $AgNO_3$。

$Ag_2O+H_2O+2e^-=2Ag+2OH^-$

银锌纽扣电池原理的正极电极反应式。

【银锌纽扣电池原理】负极电极反应式：$Zn+2OH^--2e^-=Zn(OH)_2$，正极电极反应式：$Ag_2O+H_2O+2e^-=2Ag+2OH^-$。电池总反应式：$Zn+Ag_2O+H_2O=Zn(OH)_2+2Ag$，电池表示符号：$Zn||KOH||Ag_2O$。大多数资料中银锌纽扣电池的正极材料用 Ag_2O，但《无机化学》(天津大学，见文献)第 118 页用 Ag_2O_2 作正极材料，详见【$Ag_2O_2+2Zn+2H_2O$】。

$Ag_2O+H_2O_2=2Ag+H_2O+O_2\uparrow$

碱性溶液中，过氧化氢的还原性较强。过氧化氢将氧化银还原为银单质，自身被氧化为氧气。

$3Ag_2O+2NH_3=2Ag_3N+3H_2O$

银氨溶液必须现用现配，不能久置，氨水也不能过量，否则生成黑色氮化银。干燥的氮化银受振动极易发生爆炸：$Ag_3N=6Ag+N_2\uparrow$。

$Ag_2O+4NH_3+H_2O=2Ag(NH_3)_2OH$

氧化银溶解在氨水中，生成银氨溶液，见【$Ag+2NH_3\cdot H_2O$】。

$Ag_2O+4NH_3\cdot H_2O=2[Ag(NH_3)_2]^++2OH^-+3H_2O$ Ag_2O 溶解在氨水中，生成 $Ag(NH_3)_2OH$，在水中完全电离成 $[Ag(NH_3)_2]^+$和 OH^-，详见【$Ag(NH_3)_2OH$】。

$Ag_2O+Zn=2Ag+ZnO$ 金属锌还原氧化银，金属性：Zn>Ag。

$Ag_2O+Zn+H_2O \underset{充电}{\overset{放电}{\rightleftharpoons}} 2Ag+Zn(OH)_2$

银锌纽扣电池充电和放电的工作原理。见【$Ag_2O+H_2O+2e^-$】中【银锌纽扣电池原理】。充电时向相反方向进行，但不是可逆反应。

【Ag_2O_2】

过氧化银，灰黑色立方晶体或粉末，有强氧化性，高于 100℃时分解为银和氧气，不溶于水，溶于氨水、硝酸和硫酸。

可由硝酸银和高锰酸钾的混合液与过量氢氧化钾作用而得。可作氧化剂和电池原料。

$Ag_2O_2+2Zn+2H_2O═2Zn(OH)_2+2Ag$ 银锌纽扣电池的原理（天津大学《无机化学》）。其他常见资料将反应物写成 Ag_2O，见【$Ag_2O+H_2O+2e^-$】。其实，Ag_2O_2 和 Ag_2O 都可作电池材料，但 Ag_2O_2 的氧化性更强。

【Ag_2S】

硫化银，有两种变体：α-Ag_2S，辉银矿，黑色立方晶体，不溶于水，溶于酸、氰化钾溶液；β-Ag_2S，螺状硫银矿，灰黑色正交晶体，175℃时转化为 α-Ag_2S，微溶于热水，溶于氰化钾溶液、浓硫酸、硝酸。可由银与硫共热或将硫化氢通入硝酸银而得，可用于乌银镶嵌术及制造陶瓷等。

$3Ag_2S+2Al+6H_2O═6Ag\downarrow+3H_2S\uparrow+2Al(OH)_3\downarrow$ 家用银器表面生成黑色硫化银时，可以用铝锅、食盐水进行简单方便的处理，不影响银器的美观。处理方法：先用少量的酸洗去锅底表面的氧化铝，或用金属球之类较硬的物体擦去氧化铝；然后加足量的食盐水，将银器浸入，构成原电池，一段时间后，银器光亮如新。负极：$2Al-6e^-═2Al^{3+}$，正极：$3Ag_2S+6e^-═6Ag\downarrow+3S^{2-}$。$Al^{3+}$ 和 S^{2-} 发生双水解反应，生成 $Al(OH)_3$ 和 H_2S：$2Al^{3+}+3S^{2-}+6H_2O═2Al(OH)_3\downarrow+3H_2S\uparrow$。总反应式如上。

$3Ag_2S+6e^-═6Ag\downarrow+3S^{2-}$ 家用银器表面生成黑色硫化银时，可以用铝锅、食盐水进行简单方便地处理，不影响银器的美观。详见【$3Ag_2S+2Al+6H_2O$】。

$3Ag_2S+8HNO_3(浓)\overset{\triangle}{═}6AgNO_3+3S\downarrow+2NO\uparrow+4H_2O$ Ag_2S 难溶于水，但可溶于热浓 HNO_3 中，也可溶于氰化物中，见【$Ag_2S+4NaCN$】。

$Ag_2S+4NaCN═2Na[Ag(CN)_2]+Na_2S$ 用氰化法从银矿中提炼金属银的原理之一，Ag_2S 和 CN^-形成配离子$[Ag(CN)_2]^-$，详见【$4Ag+8NaCN+2H_2O+O_2$】。再用 Al 或 Zn 等活泼金属还原出 Ag：$Zn+2Na[Ag(CN)_2]═2Ag+Na_2[Zn(CN)_4]$。将银熔铸成粗银块，经电解精炼得到纯银。

【AgOH】

氢氧化银，白色固体，室温下极不稳定，易分解为氧化银和水。低温和适当酸碱度可得氢氧化银，水溶液中生成的氢氧化银为白色沉淀，很快变成棕黑色 Ag_2O 沉淀。

$2AgOH═Ag_2O+H_2O$ 氢氧化银分解生成氧化银和水。在水溶液中氢氧化银白色沉淀存在时间很短，很快分解生成黑色 Ag_2O。

$AgOH+2NH_3═[Ag(NH_3)_2]^++OH^-$ 硝酸银溶液中加入氨水，首先生成氢氧化银白色沉淀：$Ag^++NH_3\cdot H_2O═AgOH\downarrow+NH_4^+$，继续滴加氨水或通入 NH_3，白色沉淀溶解，生成银氨溶液。

$AgOH+2NH_3\cdot H_2O═[Ag(NH_3)_2]^++OH^-+2H_2O$ 氢氧化银溶解在氨水中生成银氨溶液的离子方程式。见【$Ag^++2NH_3\cdot H_2O$】。

$AgOH+2NH_3\cdot H_2O═Ag(NH_3)_2OH+2H_2O$ 氢氧化银溶解在氨水中生成银氨溶液。见【$Ag^++2NH_3\cdot H_2O$】。

【$[Ag(py)_2]SbF_6$】

$[Ag(py)_2]SbF_6+Br_2\xrightarrow{CH_3CN}AgBr+[Br(py)_2]^+[SbF_6]^-$ 用银盐和卤素在惰性溶剂中反应制备卤素阳离子和芳香胺配

合物的原理之一。关于卤素阳离子详见【$AgNO_3+I_2+2py$】。

【Au】金，深黄色的金属，质软而重，富有光泽，延展性居金属之首，立方面心晶格。在空气和水中稳定，除硒酸以外，不与任何纯酸及强碱溶液作用，溶于王水。在室温下与溴反应，较高温度下与氟、氯、碘及碲作用。自然界分布稀少，多以自然金和多种碲化合物矿存在，铜、铁等的硫化物矿中含有少量金。由氰化法及汞齐法从矿石中提取金，再电解纯化而得。货币及饰物所用金量占金产量的四分之三，用于电子工业，放射性 ${}^{198}_{79}Au$ 用于医疗诊断，作催化剂、笔尖、假牙等。

$4Au+8CN^-+O_2+2H_2O=4Au(CN)_2^-+4OH^-$ 自然界中金主要以游离态形式存在，可以用淘取法和氰化物浸取法提取。氰化物和金反应生成 $Au(CN)_2^-$，再用活泼金属锌等还原就得到金：$2Au(CN)_2^-+Zn=2Au+Zn(CN)_4^{2-}$。用 $AuCl_3$ 的盐酸溶液电解，可得到99.95%~99.98%的金。和NaCN反应的化学方程式详见【$4Au+8NaCN+O_2+2H_2O$】。

$Au(s)+\frac{3}{4}CO_2(g)=\frac{1}{2}Au_2O_3(s)+\frac{3}{4}C(s)$ Au和 CO_2 经“摩擦化学反应”生成 Au_2O_3 和C，但在一般条件下很难发生。

$2Au+3Cl_2+2HCl=2H[AuCl_4]$
无氰炼金工艺之一——水氯化法原理。特点：回收率高，浸出快，生产成本较低，Cl_2 消耗量大且有毒。氰化法炼金见【$4Au+8NaCN+O_2+2H_2O$】，溴化法炼金见【$2Au+2HBr+3Br_2$】，硫脲法炼金见【$Au+2SCN_2H_4+Fe^{3+}$】。

$2Au+2HBr+3Br_2=2H[AuBr_4]$
无氰炼金工艺之一——氰化法原理。特点：浸出速度快，溴易挥发且有毒，存在设备腐蚀问题。

$Au+4HCl(浓)+HNO_3(浓)=NO\uparrow+HAuCl_4+2H_2O$ 金溶解于王水中的反应。有些资料将化学方程式写成 $Au+3HCl(浓)+HNO_3(浓)=AuCl_3+NO\uparrow+2H_2O$。其实，生成的 $AuCl_3$ 还可以和HCl反应：$AuCl_3+HCl(浓)=HAuCl_4$。将两步加合得到：$Au+4HCl(浓)+HNO_3(浓)=HAuCl_4+NO\uparrow+2H_2O$。王水几乎可以溶解所有的金属。王水是浓盐酸和浓硝酸按体积比3∶1的混合物。

$Au+3HCl(浓)+HNO_3(浓)=2H_2O+AuCl_3+NO\uparrow$ 金溶解于王水中的反应。生成的 $AuCl_3$ 还可以和HCl反应，详见【$Au+4HCl(浓)+HNO_3(浓)$】。

$4Au+8NaCN+O_2+2H_2O=4Na[Au(CN)_2]+4NaOH$ 金溶解于NaCN溶液，形成配合物二氰合金(Ⅰ)酸钠，再用金属锌或铝还原就得到金：$2[Au(CN)_2]^-+Zn=2Au+[Zn(CN)_4]^{2-}$。除了淘取法采金外，该法被广泛用来冶炼金，离子方程式见【$4Au+8CN^-+O_2+2H_2O$】。银等贵金属也可以用类似的方法提取。氰化物被大量用来提炼贵金属。但是大量的剧毒氰化物的使用，对环境、动植物、人类都有危害，必须经过无害化处理。

常用的 CN^- 的处理方法。

（1）**【氯氧化处理法】**$2CN^-+8OH^-+5Cl_2=2CO_2\uparrow+N_2\uparrow+10Cl^-+4H_2O$，过量氯气将氰化物氧化为 CO_2、N_2、氯化物和水，将有剧毒的 CN^- 转变为无毒物质。化学方程式见【$5Cl_2+2KCN+8KOH$】。

（2）**【次氯酸盐处理法】**$2CN^-+5ClO^-+2OH^-=2CO_3^{2-}+N_2\uparrow+5Cl^-+H_2O$。

（3）**【臭氧处理法】** $O_3+CN^-=\!=OCN^-+O_2$，$4OCN^-+4O_3+2H_2O=\!=4CO_2+2N_2+3O_2+4OH^-$。

$Au+2SCN_2H_4+Fe^{3+}=\!=Fe^{2+}+[Au(SCN_2H_4)_2]^+$ 无氰炼金工艺之一——硫脲法原理。比氰化法炼金快 12 倍，毒性小得多，但硫脲消耗量大，成本较高，存在设备腐蚀问题。氰化法炼金见【$4Au+8NaCN+O_2+2H_2O$】，水氯化法炼金【$2Au+3Cl_2+2HCl$】，溴化法炼金见【$2Au+2HBr+3Br_2$】。

【Au^+】

$3Au^+=\!=Au^{3+}+2Au$ 金在化合物中有 +1 价和+3 价，+3 价较稳定，+1 价 Au^+容易发生歧化反应，生成 Au^{3+}和 Au。

【Au^{3+}】

$8Au^{3+}+3BH_4^-+24OH^-=\!=8Au+3BO_2^-+18H_2O$ 在溶液中，硼氢化物将金的离子还原为金单质。硼氢化钠或硼氢化锂具有很强的还原性。

【$AuCl_3$】

氯化金，红色棱柱结晶。二聚体：

Cl　　Cl　　Cl
　Au　　Au
Cl　　Cl　　Cl

。$AuCl_3$ 易溶于水，溶于乙醇、乙醚，不溶于二硫化碳。中性水溶液中逐渐分解析出金，盐酸中形成氯金酸 $HAuCl_4$。可由金粉和过量 Cl_2 加热到 225℃~250℃反应而得，可用于镀金、医药、瓷器以及玻璃着色等。二水合物 $AuCl_3{\cdot}2H_2O$ 为橙色晶体。

$AuCl_3+HCl(浓)=\!=HAuCl_4$ 详见【$Au+4HCl(浓)+HNO_3(浓)$】。

$AuCl_3+H_2O \rightleftharpoons H[AuCl_3(OH)]$ 氯化金易溶于水，水解形成一羟三氯合金（Ⅲ）酸。

【$[Au(CN)_2]^-$】

二氰合金(Ⅰ)离子。

$[Au(CN)_2]^- \rightleftharpoons AuCN+CN^-$ 二氰合金(Ⅰ)离子比较稳定，在水中能够存在，建立动态平衡。而 Au^+在水中不能存在，很容易歧化为 Au^{3+}和 Au。

$2[Au(CN)_2]^-+Zn=\!=2Au+[Zn(CN)_4]^{2-}$ 工业上用氰化物浸取法生产金的其中一步反应，用金属锌置换出金。详见【$4Au+8NaCN+O_2+2H_2O$】。

【$KAuO_2$】

金酸钾。$KAuO_2{\cdot}3H_2O$，为浅黄色针状晶体，缓和加热条件下放出氧气和水蒸气，剩余金、KOH、KO_2 残渣。$KAuO_2$ 溶于水和乙醇，水溶液显碱性，遇热水分解。可由氢氧化金和浓热氢氧化钾溶液作用而得。

$2KAuO_2+3HCHO+K_2CO_3=\!=2Au+H_2O+3HCOOK+KHCO_3$ 用甲醛还原金盐制备红色负电金溶胶，稳定剂是 AuO_2^-。

第十七章　ⅡB 族元素单质及其化合物

锌(Zn) 镉(Cd) 汞(Hg) 鎶 (Cn)

【Zn】 锌，青白色金属。干燥空气中稳定，潮湿空气中表面生成白色碱式碳酸盐。受热至1000℃时燃烧，呈明亮的蓝绿色火焰，形成氧化锌。红热状态下可被水蒸气或二氧化碳氧化。与酸、氨水、强碱作用时放出氢气，与卤素单质作用缓慢，与硫粉共热生成硫化锌。主要矿物为闪锌矿和菱锌矿。可由硫化物精矿在空气中焙烧成氧化锌，然后用焦炭高温还原制得。将硫化锌加热到700℃左右时焙烧成硫酸锌（小部分变为氧化锌，可用硫酸溶解），以铝为阴极，铅为阳极，电解除去杂质后的硫酸锌溶液，阴极可得纯度为99.5%的锌。用于制合金、白铁、干电池、烟火、锌板、化学试剂等。作强还原剂，用于有机合成、染料制备以及金、银的冶炼等。

$Zn+Br_2=\!=ZnBr_2$　金属锌和溴反应，生成溴化锌。【卤素单质和金属反应】见【$2Al+3Cl_2$】。

$Zn+Cl_2\xlongequal{高温}ZnCl_2$　氯气和锌反应生成氯化锌。

$Zn+2CH_3COOH=\!=Zn(CH_3COO)_2+H_2\uparrow$　醋酸和活泼金属锌反应生成氢气和醋酸锌。

$Zn-2e^-=\!=Zn^{2+}$　原电池中锌作负极的电极反应式。镀锌时，阳极：$Zn-2e^-=\!=Zn^{2+}$，阴极：$Zn^{2+}+2e^-=\!=Zn$。电镀液 $ZnCl_2$ 等。铜锌原电池原理如图，

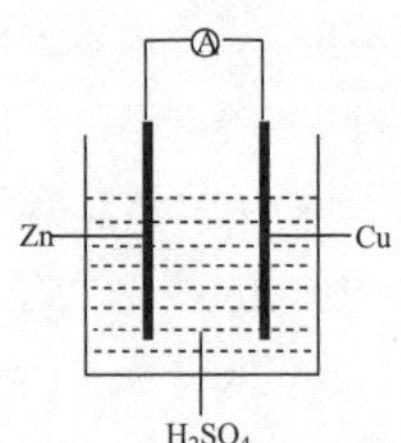

现象：电流表中指针偏转，说明有电流产生；铜片上有气泡。在演示该实验时，如果连接电流表，指针的偏转很明显，但铜片上的气泡基本看不到，最好的办法是取掉电流表，直接连接铜片和锌片。而不连接电流表，让锌片和铜片不接触，锌片上有气泡，铜片上无气泡。将化学能转化为电能的装置叫原电池。负极：$Zn-2e^-=\!=Zn^{2+}$，发生氧化反应；正极：$2H^++2e^-=\!=H_2\uparrow$，发生还原反应。总反应的离子方程式：$Zn+2H^+=\!=Zn^{2+}+H_2\uparrow$，化学方程式：$Zn+2H_2SO_4=\!=ZnSO_4+H_2\uparrow$。电子流向：由锌流出，沿外电路流向铜片。电流方向和电子方向相反。构成原电池的条件：（1）活泼性不同的两个电极，至少有一个金属电极，易失去电子；（2）电解质溶液；（3）形成闭合回路；（4）能够自发进行的氧化还原反应。原电池是化学电池的雏形。上图所示铜锌原电池效率不高，电流在短时间内耗尽，可改为盐桥连接的电池，效率较高，如下图：

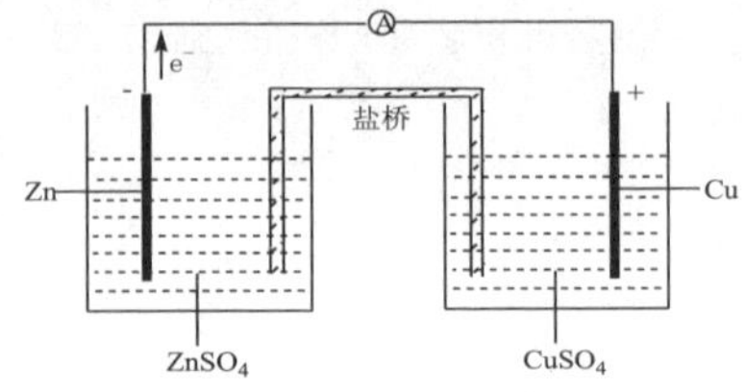

中间通过盐桥相连，盐桥中填充的是饱和

KCl 浸泡后的琼脂。Cl^-向 $ZnSO_4$ 溶液中移动，K^+向 $CuSO_4$ 溶液中移动。正极：$Cu^{2+}+2e^-$══Cu。

$Zn-2e^-+2OH^-$══$ZnO+H_2O$　高铁电池或碱性锌锰电池负极电极反应式，还可以写作：$Zn-2e^-+2OH^-$══$Zn(OH)_2$。高铁电池正极电极反应式见【$2K_2FeO_4+3Zn+8H_2O$】。碱性锌锰电池正极反应式和总反应式见【$2MnO_2(s)+Zn(s)+H_2O(l)$】。

$Zn-2e^-+2OH^-$══$Zn(OH)_2$　高铁电池或碱性锌锰电池负极电极反应式。见【$2K_2FeO_4+3Zn+8H_2O$】。

$Zn+2H^+$══$Zn^{2+}+H_2\uparrow$　金属锌和强酸反应，生成氢气，常用该反应制备氢气。【金属活动顺序表】见【$2Ag^++Cu$】。

$4Zn+H_3AsO_4+8H^+$══$AsH_3\uparrow+4Zn^{2+}+4H_2O$　砷酸表现一定的氧化性，在酸性溶液中与较活泼的金属 Zn 等反应，生成 AsH_3。

$Zn+2HCl$══$ZnCl_2+H_2\uparrow$　金属锌和盐酸反应，生成氢气和氯化锌，常用该反应制备氢气。

$4Zn+10HNO_3$(很稀)══$4Zn(NO_3)_2+3H_2O+NH_4NO_3$　金属锌和很稀的硝酸反应，生成硝酸锌、硝酸铵和水。9%~33%的硝酸和金属锌反应：【$4Zn+10HNO_3$】。硝酸和活泼金属反应时，硝酸的浓度不同，产物往往不同。稀硝酸和锌反应，一般生成一氧化氮；浓硝酸和锌反应，一般生成二氧化氮。【金属和硝酸的反应】见【$3Ag+4HNO_3$】。

$4Zn+10HNO_3$══$4Zn(NO_3)_2+N_2O\uparrow+5H_2O$　9%~33%（2mol/L）的硝酸和金属锌反应，生成硝酸锌、一氧化二氮和水。

$Zn+H_2SO_4$══$ZnSO_4+H_2\uparrow$　金属锌和稀硫酸反应，生成氢气，常用该反应用来制备氢气。稀酸和活泼金属具有此通性，【金属活动顺序表】见【$2Ag^++Cu$】。

$4Zn+5H_2SO_4$(浓)$\stackrel{\triangle}{=\!=}$$4ZnSO_4+H_2S\uparrow+4H_2O$　金属锌和浓硫酸中 H_2SO_4 按物质的量之比 4∶5 反应，生成硫酸锌、硫化氢和水。参与反应的物质，如果量不同，结果也不同。

$3Zn+4H_2SO_4$(浓)$\stackrel{\triangle}{=\!=}$$3ZnSO_4+S\downarrow+4H_2O$　金属锌和浓硫酸中 H_2SO_4 按物质的量之比 3∶4 反应，生成硫酸锌、硫和水。

$Zn+2H_2SO_4$(浓)══$ZnSO_4+SO_2\uparrow+2H_2O$　金属锌和浓硫酸中 H_2SO_4 按物质的量之比 1∶2 反应，生成硫酸锌、二氧化硫气体和水。

$Zn(s)+HgO(s)$══$ZnO(s)+Hg(l)$　锌汞电池的总反应式。

$Zn+I_2\stackrel{H_2O}{=\!=}ZnI_2$　水作催化剂时 Zn 和 I_2 剧烈反应，生成碘化锌，因放出的热使碘蒸发，看到紫黑色蒸气放出。【卤素单质和金属反应】见【$2Al+3Cl_2$】。

$Zn+4NH_3+2H_2O$══$[Zn(NH_3)_4]^{2+}+H_2\uparrow+2OH^-$　金属锌溶于氨水中生成四氨合锌(Ⅱ)离子、放出氢气的离子方程式。

$Zn+4NH_3+2H_2O$══$[Zn(NH_3)_4](OH)_2+H_2\uparrow$　金属锌和铝的化学性质相似，都可以溶解在强酸和强碱中，和强碱反应分别生成锌酸盐和偏铝酸盐，$Zn+2NaOH+2H_2O$══$Na_2[Zn(OH)_4]+H_2\uparrow$，$2Al+2NaOH+2H_2O$══$2NaAlO_2+3H_2\uparrow$。但是，金属铝不能溶解在氨水中，金属锌却可以生成配合物而溶解在氨水中，同时放出氢气。

$Zn+2NH_4^+$══$Zn^{2+}+2NH_3+H_2\uparrow$　金属锌和铵盐溶液反应，生成氨气、氢气和锌离子。铵盐溶液因水解显酸性，H^+和活泼金属锌反应，有氢气放出，促使铵离子的水解平衡正向移动，有氨气放出。该反应可以设计成原电池，如干电池。

$Zn+NH_4NO_3=ZnO+N_2\uparrow+2H_2O$
硝酸铵和锌反应，生成氮气、氧化锌和水。

$Zn+2NaOH+2H_2O=H_2\uparrow+Na_2[Zn(OH)_4]$ 金属锌和氢氧化钠溶液反应，生成氢气和锌酸钠。锌酸钠 $Na_2[Zn(OH)_4]$，简写成 Na_2ZnO_2。金属锌和铝的化学性质相似，都可以溶解在强酸和强碱中。离子方程式见【$Zn+2OH^-+2H_2O$】。

$2Zn+O_2=2ZnO$ 锌和氧气反应，生成氧化锌。1273K 时锌在空气中燃烧，呈现蓝绿色火焰。

$4Zn+2O_2+CO_2+3H_2O=ZnCO_3\cdot 3Zn(OH)_2$ 锌接触潮湿的含二氧化碳的空气，生成碱式碳酸锌。碱式碳酸锌是一层较紧密的保护膜，可以保护内部的锌不被腐蚀，生活中的镀锌铁管比较耐用，就是这个道理。

$Zn+2OH^-+2H_2O=[Zn(OH)_4]^{2-}+H_2\uparrow$ 锌具有两性，溶于强碱，放出氢气，详见【$Zn+2NaOH+2H_2O$】。

$Zn+S\overset{\triangle}{=}ZnS$ 锌和硫反应生成硫化锌。

【Zn^{2+}】

$Zn^{2+}+4CN^-\rightleftharpoons Zn(CN)_4^{2-}$ Zn^{2+}和 CN^-反应生成四配位配离子四氰合锌(Ⅱ)离子。

$Zn^{2+}+2e^-=Zn$ 工业上镀锌时阴极电极反应式。

$Zn^{2+}+H_2O\rightleftharpoons Zn(OH)^++H^+$
Zn^{2+}的溶液因水解显酸性。

$Zn^{2+}+H_2S=ZnS\downarrow+2H^+$ H_2S 和 Zn^{2+}反应，生成白色硫化锌沉淀。

$Zn^{2+}+4NH_3\rightleftharpoons Zn(NH_3)_4^{2+}$ Zn^{2+}和 NH_3 反应生成四配位配离子四氨合锌(Ⅱ)离子。Zn^{2+}有较强的形成配位化合物的倾向。

$Zn^{2+}+2OH^-=Zn(OH)_2\downarrow$ Zn^{2+}和 OH^-生成白色沉淀。$Zn(OH)_2$ 为两性氢氧化物，既可以溶于酸：$Zn(OH)_2+2H^+=Zn^{2+}+2H_2O$，又可以溶于碱：$Zn(OH)_2+2OH^-=[Zn(OH)_4]^{2-}$。

【$ZnCl_2$】

【$ZnCl_2$】氯化锌，白色六方晶体，易潮解，易溶于水、乙醇等，不溶于液氨。水解生成白色氢氧化锌沉淀。在高温时能溶解金属氧化物，所以称作“焊药水”，具有能溶解纤维素的特性。可用作脱水剂、缩聚剂、催化剂、木材防腐剂、石油净化剂以及干电池、染料、颜料、药物、农药等。可由锌或氧化锌和盐酸作用而得。

$ZnCl_2=Zn^{2+}+2Cl^-$ $ZnCl_2$ 的电离方程式。

$ZnCl_2+H_2O=H[ZnCl_2(OH)]$
氯化锌易溶于水，其浓溶液水解生成配合物。焊接金属时，用氯化锌的浓溶液清除金属表面的氧化物而不损害金属，又叫“焊药水”。原理见【$2H[ZnCl_2(OH)]+FeO$】。氯化锌的稀溶液部分水解：$ZnCl_2+H_2O\rightleftharpoons Zn(OH)Cl+HCl$。

$ZnCl_2+H_2O\overset{\triangle}{=}Zn(OH)Cl+HCl$
$ZnCl_2$ 溶于水时，稀溶液水解生成 $Zn(OH)Cl$ 和 HCl。将 $ZnCl_2$ 溶液蒸干，加热促进水解，氯化氢的挥发也促进水解，得到碱式氯化锌和氯化氢气体，得不到无水 $ZnCl_2$。制备无水 $ZnCl_2$ 见【$ZnCl_2\cdot xH_2O+xSOCl_2$】。

$ZnCl_2+H_2S=ZnS\downarrow+2HCl$ 氯化锌和硫化氢反应生成 ZnS 白色沉淀，离子方程式见【$Zn^{2+}+H_2S$】。

【$ZnCl_2\cdot H_2O$】

$$ZnCl_2 \cdot H_2O \xrightarrow[\triangle]{HCl气流} ZnCl_2 + H_2O\uparrow$$

在氯化氢气流中加热，使氯化锌晶体失去结晶水，生成无水氯化锌，可防止氯化锌水解：$ZnCl_2+H_2O \rightleftharpoons Zn(OH)Cl+HCl$，空气中加热得不到无水氯化锌。制备无水氯化锌的原理之一。

【$ZnCl_2 \cdot xH_2O$】

$ZnCl_2 \cdot xH_2O+xSOCl_2 \xlongequal{\triangle} ZnCl_2+2xHCl\uparrow+xSO_2\uparrow$ 氯化锌晶体受热时，因水解而得不到无水氯化锌，见【$ZnCl_2+H_2O$】。将氯化锌晶体和氯化亚砜一起加热，可得到无水氯化锌。制备无水氯化锌的原理之一。

【$Zn(ClO_3)_2$】氯酸锌。

$Zn(ClO_3)_2 \cdot 4H_2O$ 为无色至黄色立方晶体，易潮解，溶于乙醇、丙酮、乙醚、甘油，易溶于水，具有强氧化性。与有机物接触时会引起燃烧。强热下分解为氧化锌、氯气和氧气。可由锌或碳酸锌与氯酸作用而得，可作氧化剂。

$2Zn(ClO_3)_2 \xlongequal{\triangle} 2ZnO+2Cl_2\uparrow+5O_2\uparrow$
氯酸锌受热分解生成 ZnO、Cl_2、O_2。

【$[Zn(CN)_4]^{2-}$】

$[Zn(CN)_4]^{2-}+2e^- = Zn+4CN^-$ 镀锌工艺之一，用$[Zn(CN)_4]^{2-}$的溶液镀锌。若用含有$[Zn(CN)_4]^{2-}$和$[Cu(CN)_4]^{3-}$的混合液可以镀黄铜，即 Cu-Zn 合金。

【ZnS】硫化锌，可作白色颜料，和硫酸钡所形成的混合晶体叫作锌钡白，也叫“立德粉”，是优良的白色颜料。有两种变体：α-ZnS，无色六方晶体，几乎不溶于水和醋酸，易溶于酸，自然界中以纤维锌矿形式存在；β-ZnS，无色立方晶体，转变点为1020℃，几乎不溶于水，易溶于酸。自然界中主要以闪锌矿形式存在。硫化锌见光逐渐变色，潮湿空气中长期放置会部分转化为硫酸锌。可由硫化氢通入锌盐溶液而得，可用作白色颜料和发光粉等。

$ZnS(s) \rightleftharpoons Zn^{2+}(aq)+S^{2-}(aq)$ ZnS 固体的溶解—沉淀平衡。

$ZnS+2H^+ = Zn^{2+}+H_2S\uparrow$ ZnS 不溶于水，但溶于稀盐酸，此类硫化物 $K_{sp}>10^{-24}$。K_{sp} 在 10^{-30}~10^{-25} 之间的硫化物，不溶于水和稀盐酸，但溶于浓盐酸，见【PbS+4HCl(浓)】。$K_{sp}<10^{-30}$ 的硫化物，不溶于水和浓、稀盐酸，但溶于浓硝酸，见【$3CuS+8HNO_3$】。K_{sp} 远远小于 10^{-30} 的硫化物，仅溶于王水，见【$3HgS+12HCl+2HNO_3$】。

$ZnS+H_2SO_4 = ZnSO_4+H_2S\uparrow$
硫化锌和硫酸反应，生成硫酸锌和硫化氢，可以用来制备硫化氢气体。

$2ZnS+2H_2SO_4+O_2 = 2ZnSO_4+2H_2O+2S$ 20 世纪 80 年代出现的较先进的湿法生产锌的原理，直接将精矿加压浸出的“全湿法”工艺。$ZnSO_4$ 净化后电解，可得 99.5%的锌，再经熔炼，可得 99.9999%的锌，生产锌的原理另见【$2ZnS+3O_2$】。

$2ZnS+3O_2 \xlongequal{700℃} 2ZnO+2SO_2\uparrow$
工业上生产金属锌的第一步反应，焙烧经浮选得到的闪锌矿（主要成分 ZnS）的精矿，得到氧化锌。再用一氧化碳还原氧化锌得到锌：$ZnO+CO \xlongequal{\triangle} Zn+CO_2$。该法得到的锌纯度可以达到 98%，通过分馏可以除去铅、镉等杂质，纯度可以达到 99.99%。湿法炼锌见【$2ZnS+2H_2SO_4+O_2$】。

【$ZnSO_4$】硫酸锌，$ZnSO_4·7H_2O$ 俗称“皓矾”，无色正交晶体，干燥空气中逐渐风化，280℃时失去结晶水成无水物，再灼烧至红热分解为氧化锌，易溶于水，微溶于乙醇、甘油。可由锌或氧化锌与硫酸作用而得，或由硫化锌在空气中焙烧而得。工业制锌钡白、锌的其他化合物，作媒染剂、收敛剂、防腐剂，用于电镀锌、印刷及制造人造纤维。

$ZnSO_4+2NaOH═Zn(OH)_2↓+Na_2SO_4$　NaOH 和 $ZnSO_4$ 反应，生成 $Zn(OH)_2$ 白色沉淀。

【$Zn(NO_3)_2$】　硝酸锌。

$Zn(NO_3)_2·6H_2O$ 为无色四方晶体，105℃~131℃时失去结晶水，易溶于水和乙醇，是强氧化剂，与有机物接触发生燃烧爆炸。可由锌或氯化锌和硝酸作用而得，可作催化剂、媒染剂、胶乳凝结剂、化学试剂等。

$2Zn(NO_3)_2\xlongequal{\triangle}2ZnO+4NO_2↑+O_2↑$
硝酸锌受热分解，生成氧化锌、二氧化氮和氧气。【硝酸盐加热分解】见【$2AgNO_3$】。

【$ZnCO_3$】碳酸锌，无色三方晶体，或白色结晶粉末，300℃时失去二氧化碳而变成氧化锌，不溶于水、液氨、丙酮、吡啶，溶于酸、碱和铵盐溶液，与水共煮变成碱式盐。可由锌盐溶液与碳酸氢钾（或碳酸氢钠）作用而得，$ZnCO_3$ 可制橡胶、陶瓷、锌白、药物、化妆品及动物饲养的营养补充剂。

$ZnCO_3\xlongequal{高温}ZnO+CO_2↑$　碳酸锌受热分解，生成氧化锌和二氧化碳。

【ZnO】氧化锌，白色粉末或六方晶体，俗称“锌白”、“锌氧粉”，不溶于水和乙醇，溶于酸、碱和氯化铵溶液等，是一种两性氧化物。既能溶于酸，又能溶于碱。氧化锌和 NaOH 反应生成 Na_2ZnO_2 和水：$ZnO+2NaOH═Na_2ZnO_2+H_2O$。氧化锌和硫酸反应：$ZnO+H_2SO_4═ZnSO_4+H_2O$。ZnO 500℃变为黄色，冷却又恢复白色。可在高温下将熔融的锌蒸发为雾，在预热的空气中氧化制得，或将碳酸锌灼烧而得，可用于制油漆、油墨、橡胶、陶瓷、水泥、玻璃等，用于医药和复印机光导体等。

$ZnO+CO\xlongequal{\triangle}Zn+CO_2$　一氧化碳还原氧化锌制锌。工业上生产金属锌的第二步反应。详见【$2ZnS+3O_2\xlongequal{700℃}2ZnO+2SO_2↑$】。

$ZnO+2HCl═ZnCl_2·H_2O$　氧化锌和盐酸反应，生成的氯化锌和水结合形成晶体。

$ZnO+2HNO_3═Zn(NO_3)_2+H_2O$
两性氧化物氧化锌和硝酸反应，生成硝酸锌和水。

$ZnO+H_2SO_4═ZnSO_4+H_2O$　氧化锌和硫酸反应，生成硫酸锌和水。

$ZnO+2NaOH═Na_2ZnO_2+H_2O$
ZnO 和 NaOH 反应生成 Na_2ZnO_2 和水。

【$Zn(OH)_2$】氢氧化锌，无色晶体或白色粉末，125℃时分解成 ZnO，极微溶于水，溶于酸、碱溶液和氨水。$Zn(OH)_2$ 为两性氢氧化物，既可以溶于酸：$Zn(OH)_2+2H^+═Zn^{2+}+2H_2O$，又可以溶于碱：$Zn(OH)_2+2OH^-═[Zn(OH)_4]^{2-}$，生成锌酸盐，如锌酸钠 $Na_2[Zn(OH)_4]$，简写成 Na_2ZnO_2。常由锌盐溶液和氢氧化钾或氢氧化钠作用而得，可制外科敷料、橡胶等。

$Zn(OH)_2+2H^+ = Zn^{2+}+2H_2O$
$Zn(OH)_2$为两性氢氧化物，溶于酸，生成锌盐和水。

$Zn(OH)_2+2HCl = ZnCl_2+2H_2O$
$Zn(OH)_2$和盐酸反应，生成氯化锌和水。

$Zn(OH)_2+4NH_3 = [Zn(NH_3)_4]^{2+}+2OH^-$　氢氧化锌溶于氨水生成四氨合锌(Ⅱ)离子，同为两性氢氧化物，氢氧化锌的这一性质与氢氧化铝有较大的区别，氢氧化铝不溶于氨水，但该反应$K=3.5\times10^{-8}$，反应较弱，更易溶于NH_4^+-NH_3溶液中。

$Zn(OH)_2+2NaOH = Na_2[Zn(OH)_4]$
$Zn(OH)_2$溶于氢氧化钠，生成锌酸钠$Na_2[Zn(OH)_4]$，简写成Na_2ZnO_2。方程式常写作：$Zn(OH)_2+2NaOH = Na_2ZnO_2+2H_2O$。

$Zn(OH)_2+2OH^- = [Zn(OH)_4]^{2-}$
$Zn(OH)_2$为两性氢氧化物，溶于碱，生成锌酸盐。

【$H[ZnCl_2(OH)]$】

$2H[ZnCl_2(OH)]+FeO = Fe[ZnCl_2(OH)]_2+H_2O$　$ZnCl_2$极易溶于水，浓溶液叫“焊药水”，因$ZnCl_2$浓溶液水解产生一羟二氯合锌(Ⅱ)酸$H[ZnCl_2(OH)]$，见【$ZnCl_2+H_2O$】。生成的$H[ZnCl_2(OH)]$具有明显的酸性，可溶解FeO等氧化物，焊接金属时，$ZnCl_2$溶液作清洗剂和助熔剂，除去铁表面的氧化物，但不损害金属；水分蒸发后，熔化的盐覆盖在金属表面，使金属不再被氧化，保证焊接的质量。除去Fe_2O_3的反应见【$Fe_2O_3+6H[ZnCl_2(OH)]$】。

【Cd】镉，银白色金属，富延展性，六方晶格，不溶于水、强碱，缓慢溶于热盐酸、冷浓硫酸，易溶于稀硝酸和浓硝酸铵溶液。潮湿空气中表面缓慢氧化，形成氧化镉薄膜；加热燃烧，呈红色火焰；遇湿的氨和二氧化硫迅速被腐蚀；高温下与卤素单质作用剧烈，加热条件下直接与硫作用。Cd不能和氢气、氮气化合，镉的烟尘和化合物毒性很大。自然界主要以硫镉矿形式存在，常与锌共生，少量存于锌矿中，冶炼锌矿的副产镉，是镉的主要工业来源。可由含氧化镉的锌粉溶于稀硫酸中，用锌置换而得，可用于制合金、镉蒸气灯、焊药、标准电池、光电管、原子反应堆中的中子吸收棒、颜料、电镀等，可用作去氧剂等。

$Cd(汞齐)+Hg_2SO_4+\frac{8}{3}H_2O = CdSO_4\cdot\frac{8}{3}H_2O+2Hg$　韦斯顿标准电池工作原理。韦斯顿标准电池写成如下形式：

$(-)Pt,Cd\text{-}Hg\,|\,CdSO_4\cdot\frac{8}{3}H_2O\,\|\,Hg_2SO_4\,|\,Hg,Pt(+)$。

镉汞齐作负极，Hg_2SO_4作正极。

$Cd+2NiOOH+2H_2O \underset{充电}{\overset{放电}{\rightleftharpoons}} Cd(OH)_2+2Ni(OH)_2$　1899年瑞典人Jüngner发明的镍镉充电电池放电、充电的总反应式。放电时，化学反应向右进行；充电时化学反应向左进行，但并非可逆反应。镍镉电池是常用的充电电池，可反复多次使用。负极：$Cd(s)+2OH^-(aq)-2e^- = Cd(OH)_2(s)$；正极：$NiOOH(s)+H_2O(l)+e^- = Ni(OH)_2(s)+OH^-(aq)$。

$Cd(s)+2OH^-(aq)-2e^- = Cd(OH)_2$
镍镉电池的负极电极反应式，镍镉电池原理见【$Cd(s)+2NiOOH+2H_2O$】。

【Cd^{2+}】

$Cd^{2+}+2OH^- = Cd(OH)_2\downarrow$　Cd^{2+}和OH^-结合生成白色氢氧化镉沉淀。处理含镉

离子废水的原理之一：含镉离子的废水中加入石灰或电石渣，生成难溶的 $Cd(OH)_2$ 沉淀。

$Cd^{2+}+H_2S═CdS↓+2H^+$ Cd^{2+}和 H_2S 反应，生成黄色的 CdS 沉淀。

【$[Cd(H_2O)_4]^{2+}$】

$[Cd(H_2O)_4]^{2+}+2H_2NC_2H_4NH_2═[Cd(en)_2]^{2+}+4H_2O$ en 表示乙二胺。$[Cd(H_2O)_4]^{2+}$可简写成 Cd^{2+}，和乙二胺形成二(乙二胺)合镉(Ⅱ)离子，生成螯合物。

【$Cd(OH)_2$】

氢氧化镉，白色三方晶体或粉末，熔点 300℃（分解）。不溶于水，微溶于浓碱，溶于稀酸、氨水、铵盐溶液。在空气中吸收二氧化碳。可由镉盐溶液和氢氧化钾或氢氧化钠溶液反应而得，可制镉电镀液、镉盐、蓄电池电极等。

$Cd(OH)_2+4NH_3═[Cd(NH_3)_4]^{2+}+2OH^-$ 氢氧化镉溶于氨水生成四氨合镉(Ⅱ)离子，氢氧化镉的这一性质与氢氧化铝有较大的区别，氢氧化铝不溶于氨水。

【Hg】

汞，俗称水银，银白色液态金属，易流动，内聚力强，蒸气剧毒。能溶解许多金属，形成的合金叫"汞齐"。常温下不被空气氧化，加热至沸腾可缓慢与氧作用，生成氧化汞；溶于硝酸、热浓硫酸，但与稀盐酸、冷硫酸、碱不起作用；在空气中与氨水反应生成"米隆碱"，可与卤素单质或硫蒸气直接化合。自然界以游离态和化合态存在，主要矿物为辰砂 HgS，辰砂矿床中的自然汞主要由辰砂氧化而得。可由辰砂在空气中焙烧或与石灰共热，再蒸馏冷凝而得。可制温度计、气压计、比重计、汞整流器、药物、汞齐、开关、电极、催化剂、化学试剂和雷汞等。

【汞齐】：其他金属溶解在液态汞中形成液态或糊状的合金，叫作汞齐。

$Hg+Cl_2═HgCl_2$ 氯气和金属汞蒸气直接化合生成氯化汞。【卤素单质和金属反应】见【$2Al+3Cl_2$】。

$6Hg+8HNO_3═3Hg_2(NO_3)_2+2NO↑+4H_2O$ 过量的汞和冷的稀硝酸反应，生成硝酸亚汞、一氧化氮和水。

$3Hg+8HNO_3\xlongequal{\triangle}3Hg(NO_3)_2+2NO↑+4H_2O$ 汞和过量的热稀硝酸反应，生成硝酸汞、一氧化氮和水。

$Hg+4HNO_3$(浓)$═Hg(NO_3)_2+2NO_2↑+2H_2O$ 浓硝酸和汞反应，生成硝酸汞、二氧化氮和水。【金属和硝酸的反应】见【$3Ag+4HNO_3$】。

$Hg+2H_2SO_4$(浓)$\xlongequal{\triangle}HgSO_4+SO_2↑+2H_2O$ 浓硫酸和汞反应，生成硫酸汞、二氧化硫和水。汞的活泼性位于氢之后，只溶解在浓硫酸和硝酸中，和非氧化性稀酸不反应。

$Hg+HgCl_2═Hg_2Cl_2$ 汞和氯化汞一起研磨，生成氯化亚汞，汞作还原剂。离子方程式见【$Hg^{2+}+Hg$】。

$2Hg+O_2\xlongequal{357℃}2HgO$ 液态汞的沸点为 357℃，汞必须加热到沸腾才和氧气缓慢反应生成氧化汞。而氧化汞受热到 500℃时又分解生成汞和氧气：$2HgO\xlongequal{\triangle}2Hg+O_2↑$。

$Hg+S═HgS$ 硫和汞反应，生成硫化汞。该反应常温下就能进行，实验室里、医院病房或日常生活中，如果不小心将汞洒落，必须进行处理，否则，汞挥发形成的蒸气进入呼吸道会引起慢性中毒，如牙齿松动、毛发脱落、听觉失灵、神经错乱等。处理的方法是：撒盖硫黄粉生成硫化汞或用铁盐溶液进行氧化。2009年我国人民和全球人民一道都在对付甲型H1N1流感，人口密集的学校等公共场所都加强了防备，其中检测体温是一项很重要的措施，大量装有汞的温度计的使用，容易造成温度计的损坏和汞的洒落，汞的及时处理显得比较重要。

$4Hg+XeF_4$ ══ $Xe+4Hg_2F_2$ 氙的氟化物都是强氧化剂，能氧化包括Hg在内的许多物质。XeF_4和过量汞反应时，生成氟化亚汞；当汞少量时，生成氟化汞，见【$2Hg+XeF_4$】。关于XeF_4的制备见【$Xe(g)+2F_2(g)$】。

$2Hg+XeF_4$ ══ $Xe+2HgF_2$ XeF_4和Hg反应，当Hg少量时，生成氟化汞和氙；当Hg过量时，生成氟化亚汞和氙，见【$4Hg+XeF_4$】。

【Hg_2^{2+}】

$Hg_2^{2+}+2CN^-$ ══ $Hg(CN)_2\downarrow+Hg\downarrow$
Hg_2^{2+}和CN^-反应，生成难溶于水的$Hg(CN)_2$和Hg。Hg_2^{2+}发生歧化反应。

$Hg_2^{2+}+H_2S$ ══ $HgS\downarrow+Hg\downarrow+2H^+$
Hg_2^{2+}遇H_2S，发生歧化反应，生成HgS和Hg。因为$Hg^{2+}+Hg \rightleftharpoons Hg_2^{2+}$的反应是可逆的，通入$H_2S$，因生成HgS沉淀，促使$Hg_2^{2+}$歧化为$Hg^{2+}$和Hg。这也是硫化亚汞不存在的原因。

$Hg_2^{2+}+2I^-$ ══ $Hg_2I_2\downarrow$ 详见【$Hg_2^{2+}+4I^-$】。

$Hg_2^{2+}+4I^-$ ══ $HgI_4^{2-}+Hg\downarrow$ 含Hg_2^{2+}的溶液中加入I^-时，发生歧化反应，生成Hg^{2+}相应的化合物和金属汞。先生成浅绿色Hg_2I_2沉淀：$Hg_2^{2+}+2I^-$ ══ $Hg_2I_2\downarrow$，Hg_2I_2继续和I^-反应，析出Hg：$Hg_2I_2+2I^-$ ══ $HgI_4^{2-}+Hg\downarrow$，两步加合就是以上总反应。

$Hg_2^{2+}+2OH^-$ ══ $HgO\downarrow+Hg\downarrow+H_2O$
在碱性条件下，Hg_2^{2+}发生歧化反应，生成HgO和Hg。因为$Hg^{2+}+Hg \rightleftharpoons Hg_2^{2+}$的反应是可逆的，加入$OH^-$，因生成$Hg(OH)_2$沉淀，促使$Hg_2^{2+}$歧化为$Hg^{2+}$和Hg。$Hg(OH)_2$分解为HgO和$H_2O$。这也是氢氧化亚汞不存在的原因。

$Hg_2^{2+}+S^{2-}$ ══ $HgS\downarrow+Hg\downarrow$ Hg_2^{2+}和S^{2-}反应，生成难溶于水的HgS和Hg。Hg_2^{2+}发生歧化反应。

【Hg_2Cl_2】

氯化亚汞，俗称“甘汞”，白色晶体或粉末，无毒，味略甜，不溶于水、乙醇、乙醚，微溶于盐酸，溶于王水、硝酸汞溶液、苯和吡啶；溶于浓硝酸和硫酸，生成相应汞盐。和氯化汞（$HgCl_2$）不同，氯化汞俗名“升汞”，无色或白色晶体，极毒，遇氨变黑，长期见光会缓慢析出金属汞而变黑。Hg_2Cl_2由硝酸亚汞溶液中加入稀盐酸而制得，或由氯化汞和汞共热制得，可制造甘汞电极、药物和农用杀虫剂等。

$Hg_2Cl_2 \xlongequal{光照} HgCl_2+Hg$ 氯化亚汞见光分解生成氯化汞和汞。

$Hg_2Cl_2+2HCl(浓)$ ══ $H_2[HgCl_4]+Hg$ 饱和$Hg_2(NO_3)_2$溶液中加入浓盐酸时，先生成Hg_2Cl_2沉淀，见【$Hg_2(NO_3)_2+2HCl$】，继续加入浓盐酸，Hg_2Cl_2和盐酸反应生成四氯合汞(Ⅱ)酸和金属汞，配位反应加速了Hg_2^{2+}的歧化反应。

$Hg_2Cl_2+2NH_3$ ══ $Hg(NH_2)Cl\downarrow+Hg\downarrow+NH_4Cl$ 白色的氯化亚汞不溶于水，加入氨水时，立即变黑，生成的氯化氨基汞（也叫氨基氯化汞）$Hg(NH_2)Cl$是白色沉淀，因其中分散很细的金属汞而显黑色。首先，氯化亚汞发生歧化：Hg_2Cl_2 ══ $HgCl_2+Hg$。生成的$HgCl_2$再和氨水反应生成更难溶解的氯化氨基汞$Hg(NH_2)Cl$白色沉淀：$HgCl_2+2NH_3$ ══ $Hg(NH_2)Cl\downarrow+NH_4Cl$。可以看出

Hg_2^{2+}和氨水反应，生成黑色沉淀，Hg^{2+}和氨水反应，生成白色沉淀。利用反应现象不同，可以鉴别 Hg_2^{2+}和 Hg^{2+}。

$Hg_2Cl_2+SnCl_2 \xlongequal{} SnCl_4+2Hg\downarrow$
在 $HgCl_2$ 和 $SnCl_2$ 的反应中，当 $HgCl_2$ 过量时，生成白色沉淀 Hg_2Cl_2，若继续加入 $SnCl_2$，会生成黑色沉淀。详见【$2HgCl_2$(过量)$+SnCl_2$】。生成的 $SnCl_4$ 会和盐酸反应，生成 H_2SnCl_6：$SnCl_4+2HCl \xlongequal{} H_2SnCl_6$，该反应又可以写作：$Hg_2Cl_2+SnCl_2+2HCl \xlongequal{} H_2SnCl_6+2Hg$。

$Hg_2Cl_2+SnCl_2+2HCl \xlongequal{} H_2SnCl_6+2Hg$ 详见【$Hg_2Cl_2+SnCl_2$】。

【Hg_2I_2】 碘化亚汞，黄色四方晶体或无定形粉末，有毒，140℃时升华，快速加热条件下部分分解为汞和碘化汞。光作用下分解为碘化汞和汞，颜色变绿；受热时先变暗黄色，继变橙色、橙红色，冷却时依次恢复原色；不溶于乙醇、乙醚，难溶于水，溶于碘化钾溶液、氨水。可由碘化钾作用于亚汞盐溶液或由硝酸亚汞的硝酸溶液和过量碘作用而得，可用于医药。

$Hg_2I_2+2I^- \xlongequal{} HgI_4^{2-}+Hg$ 详见【$Hg_2^{2+}+4I^-$】。

【$Hg_2(NO_3)_2$】 硝酸亚汞。

$Hg_2(NO_3)_2{\cdot}2H_2O$ 是无色单斜晶体，有毒，对光敏感，熔点为 70℃。微有硝酸气味，干燥空气中风化，不溶于氨水，微溶于苯腈，溶于甲胺、煮沸的二硫化碳，易溶于硝酸，遇大量水会水解析出黄色碱性盐 Hg_2NO_3OH 沉淀。可由过量汞和冷的稀硝酸反应制得，也可由硝酸汞溶液和过量的金属汞一起振荡制得，可用于医药、化学分析等。

$Hg_2(NO_3)_2 \xlongequal{\triangle} 2HgO+2NO_2\uparrow$
硝酸亚汞受热，温度高于熔点即 373K 时，分解生成氧化汞和二氧化氮气体。当继续受热到 573K 时，HgO 也分解：$2HgO \xlongequal{\triangle} 2Hg+O_2\uparrow$

$Hg_2(NO_3)_2+2HCl \xlongequal{} Hg_2Cl_2\downarrow+2HNO_3$ 硝酸亚汞溶液中加入盐酸，制备氯化亚汞沉淀。若加入过量的浓盐酸，$Hg_2Cl_2+2HCl(浓) \xlongequal{} H_2[HgCl_4]+Hg$。

$Hg_2(NO_3)_2+H_2O \xlongequal{} Hg_2(OH)NO_3\downarrow+HNO_3$ 硝酸亚汞溶于大量水，水解生成碱式硝酸亚汞沉淀。在配置硝酸亚汞溶液前，先将 $Hg_2(NO_3)_2$ 溶于 HNO_3，防止水解。

$2Hg_2(NO_3)_2+4NH_3+H_2O \xlongequal{} 2Hg\downarrow+3NH_4NO_3+HgO{\cdot}NH_2HgNO_3\downarrow$
详见【$2Hg(NO_3)_2+4NH_3+H_2O$】。

$2Hg_2(NO_3)_2+O_2+4HNO_3 \xlongequal{} 2H_2O+4Hg(NO_3)_2$ $Hg_2(NO_3)_2$ 溶液易被空气氧化为 $Hg(NO_3)_2$，配制溶液时加入少量 Hg，防止 Hg_2^{2+}被氧化为 Hg^{2+}：$Hg^{2+}+Hg \rightleftharpoons Hg_2^{2+}$。

【Hg_2CO_3】 碳酸亚汞，黄色粉末，不溶于冷水，溶于氯化铵溶液，在热水中分解。可由亚汞盐溶液和碳酸钠反应制得。

$Hg_2CO_3 \xlongequal{\triangle} Hg+HgO+CO_2\uparrow$
碳酸亚汞受热到 130℃时，分解成汞、氧化汞和二氧化碳气体。

【Hg^{2+}】 汞离子。

$Hg^{2+}+4Br^- \rightleftharpoons HgBr_4^{2-}$ Hg^{2+}和 Br^- 反应生成四配位配离子四溴合汞(Ⅱ)离子。

$Hg^{2+}+4CN^- \rightleftharpoons Hg(CN)_4^{2-}$
Hg^{2+}和 CN^- 反应生成四配位配离子四氰合汞(Ⅱ)离子。

$Hg^{2+}+4Cl^- \rightleftharpoons HgCl_4^{2-}$ Hg^{2+}和Cl^-反应生成四配位配离子四氯合汞(Ⅱ)离子。

$Hg^{2+}+[Co(SCN)_4]^{2-}=Hg[Co(SCN)_4]\downarrow$ Hg^{2+}和$[Co(SCN)_4]^{2-}$反应生成四硫氰酸根合钴(Ⅱ)酸汞$Hg[Co(SCN)_4]$沉淀。

$Hg^{2+}+Hg \rightleftharpoons Hg_2^{2+}$ Hg^{2+}和Hg反应生成Hg_2^{2+}，属于可逆反应。

$Hg^{2+}+2I^-=HgI_2\downarrow$ 含Hg^{2+}的溶液中加入少量的I^-，生成橘红色的HgI_2沉淀；当I^-过量时，HgI_2又和I^-反应，生成无色四碘合汞(Ⅱ)离子$[HgI_4]^{2-}$：$HgI_2+2I^-=HgI_4^{2-}$。$K_2[HgI_4]$和KOH的混合溶液称为“奈斯勒试剂”，和NH_4^+反应生成特殊的红色沉淀$Hg_2NI{\cdot}H_2O$，可鉴定NH_4^+，详见【$2K_2[HgI_4]$+4KOH+ NH_4Cl】。

$Hg^{2+}+4I^- \rightleftharpoons HgI_4^{2-}$ Hg^{2+}和过量I^-反应生成四配位配离子四碘合汞(Ⅱ)离子。该反应先生成HgI_2橘红色沉淀：$Hg^{2+}+2I^- \rightleftharpoons HgI_2\downarrow$。$HgI_2$和过量的$I^-$形成无色配离子：$HgI_2+2I^-=HgI_4^{2-}$。

$Hg^{2-}+2OH^-=HgO\downarrow+H_2O$ Hg^{2-}和OH^-反应，生成的$Hg(OH)_2$不稳定，立即分解生成黄色的HgO。

$Hg^{2+}+2OH^-+BH_4^-=BO_2^-+3H_2\uparrow+Hg\downarrow$ 用硼氢化钠还原废水中的Hg^{2+}，处理废水，回收金属汞。

$Hg^{2+}+S^{2-}=HgS\downarrow$ S^{2-}和Hg^{2+}反应，生成黑色硫化汞沉淀。HgS的溶解度非常小，甚至不溶于浓硝酸，只溶于王水或硫化钠溶液。

$Hg^{2+}+4SCN^- \rightleftharpoons Hg(SCN)_4^{2-}$ Hg^{2+}和SCN^-反应生成四配位配离子四硫氰根合汞(Ⅱ)离子。

【$HgCl_2$】

氯化汞，白色晶状粉末或无色晶体，有剧毒，因容易升华又叫“升汞”。微溶于冷水，溶于热水、乙醇等，在水中几乎以$HgCl_2$分子形式存在，在水中是难电离的，这是无机盐少有的性质。绝大多数盐是强电解质，但常见的氯化汞和醋酸铅是盐中比较少见的弱电解质，写离子方程式时要写成化学式，不能拆写成离子。可由汞蒸气与氯气直接化合而成，或将硫酸汞和氯化钠混合共热而得，有机合成作催化剂，医药上作消毒剂、防腐剂和杀虫剂，可制甘汞和其他汞化合物，也用于冶金、制版、电镀、涂料、照相、农药、木材防腐、印染、干电池等。

$HgCl_2+H_2O=Hg(OH)Cl+HCl$ 氯化汞在水中稍有水解。也写作：Cl-Hg-Cl $+2H_2O=$Cl-Hg-OH$+H_3O^++Cl^-$。

$HgCl_2+2NH_3=Hg(NH_2)Cl\downarrow+NH_4Cl$ 氯化汞$HgCl_2$和氨水反应生成更难溶解的氯化氨基汞$Hg(NH_2)Cl$白色沉淀。而白色的氯化亚汞微溶于水，加入氨水时，立即变黑：$Hg_2Cl_2+2NH_3=Hg(NH_2)Cl\downarrow+Hg\downarrow+NH_4Cl$，生成的氯化氨基汞$Hg(NH_2)Cl$是白色沉淀，因其中分散很细的金属汞而显黑色，详见【$Hg_2Cl_2+2NH_3$】。Hg^{2+}和氨水反应，生成白色沉淀，Hg_2^{2+}和氨水反应，生成黑色沉淀。利用反应现象不同可以鉴别Hg_2^{2+}和Hg^{2+}。

$2HgCl_2+SO_2+2H_2O=Hg_2Cl_2\downarrow+H_2SO_4+2HCl$ 用SO_2作还原剂，将$HgCl_2$还原为Hg_2Cl_2。

$2HgCl_2+Sn^{2+}=Hg_2Cl_2+Sn^{4+}+2Cl^-$ 工业上测定铁矿石中铁含量的其中一步反应原理。先用浓硫酸溶解铁矿石样品，滤液中加入$SnCl_2$，使Fe^{3+}全部变为Fe^{2+}，见【$2Fe^{3+}+Sn^{2+}$】。用$HgCl_2$除去过量的$SnCl_2$，$HgCl_2$变为Hg_2Cl_2沉淀，不影响下一步滴定。再用$KMnO_4$滴定Fe^{2+}，见【$5Fe^{2+}+MnO_4^-+8H^+$】，就可以计算出铁矿石中铁含量。

$2HgCl_2$(过量)$+SnCl_2=SnCl_4+$

$Hg_2Cl_2\downarrow$ $SnCl_2$是一种很重要的还原剂，过量的$HgCl_2$溶液中加入$SnCl_2$，生成白色沉淀Hg_2Cl_2；若继续加入$SnCl_2$，生成黑色沉淀：$Hg_2Cl_2+SnCl_2═SnCl_4+2Hg\downarrow$。该反应很灵敏，可用于检验$Hg^{2+}$或$Sn^{2+}$。为防止$Sn^{2+}$水解，在$SnCl_2$配制过程中常加入盐酸，实际上是将$SnCl_2$固体先溶于浓盐酸，再加水稀释。所以生成的$SnCl_4$再和HCl反应：$SnCl_4+2HCl═H_2SnCl_6$，因此，以上两反应将$SnCl_4$可改写作$H_2SnCl_6$：$2HgCl_2+SnCl_2+2HCl═Hg_2Cl_2\downarrow+H_2SnCl_6$，$Hg_2Cl_2+SnCl_2+2HCl═H_2SnCl_6+2Hg$。不同资料呈现不同的书写形式。

$2HgCl_2+SnCl_2+2HCl═Hg_2Cl_2\downarrow+H_2SnCl_6$ 详见【$2HgCl_2$(过量)$+SnCl_2$】。

【HgI_2】

碘化汞，有两种变体：（1）红色碘化汞，四方晶体，127℃时转变为黄色，冷却时再变回红色，微溶于冷水，稍溶于丙酮、乙醇，溶于氯仿，氨水中分解。可由乙醇润湿的汞和碘一起研磨或硝酸汞溶液与少许碱金属碘化物作用制得。（2）黄色碘化汞，正交晶体或粉末，室温下不稳定，数小时后转变为稳定的红色变体，难溶于冷水、乙醇，微溶于热水，溶于乙醚、碘化钾溶液和硫代硫酸钠溶液。可将碘化钾溶液加入氯化汞溶液先制得红色碘化汞，再溶于乙醇后再倾入冷水而成；可用于医药、化学试剂等。

$HgI_2+2I^-═[HgI_4]^{2-}$ I^-和Hg^{2+}反应生成红色HgI_2沉淀，见【$Hg^{2+}+2I^-$】。当I^-过量时，生成无色的配离子$[HgI_4]^{2-}$。见【HgI_2+2KI】。

$HgI_2+2KI═K_2[HgI_4]$ I^-和Hg^{2+}反应生成红色HgI_2沉淀，当I^-过量时，生成无色的配离子$[HgI_4]^{2-}$。离子方程式见【HgI_2+2I^-】。$K_2[HgI_4]$和KOH的混合溶液叫作奈斯勒试剂，某溶液中有微量的NH_4^+存在时，加几滴奈斯勒试剂就会产生特殊的红褐色沉淀，该原理用来检验NH_4^+：$2K_2[HgI_4]+4KOH+NH_4Cl═KCl+7KI+Hg_2NI\cdot H_2O\downarrow+3H_2O$。

【$[HgI_4]^{2-}$】

$2[HgI_4]^{2-}+NH_4^++3OH^-═\begin{matrix}HO-Hg\\ \quad\quad NH_2I\\ I-Hg\end{matrix}\downarrow+6I^-+2H_2O$ 详见【$2[HgI_4]^{2-}+NH_4^++4OH^-$】。

$2[HgI_4]^{2-}+NH_4^++2OH^-═\begin{matrix}I-Hg\\ \quad\quad NH_2I\\ I-Hg\end{matrix}\downarrow+5I^-+2H_2O$ 详见【$2[HgI_4]^{2-}+NH_4^++4OH^-$】。

$2[HgI_4]^{2-}+NH_4^++4OH^-═O\begin{matrix}Hg\\ \\ Hg\end{matrix}NH_2I\downarrow+7I^-+3H_2O$ 化学方程式见【$2K_2HgI_4+4KOH+NH_4Cl$】。OH^-量不同，颜色不同，4mol OH^-时为褐色；3mol OH^-时为深褐色：$2[HgI_4]^{2-}+NH_4^++3OH^-═\begin{matrix}HO-Hg\\ \quad\quad NH_2I\\ I-Hg\end{matrix}\downarrow+6I^-+2H_2O$；2mol OH^-时为红棕色：$2[HgI_4]^{2-}+NH_4^++2OH^-═\begin{matrix}I-Hg\\ \quad\quad NH_2I\\ I-Hg\end{matrix}\downarrow+5I^-+2H_2O$。

【K_2HgI_4】

四碘合汞酸钾，黄色晶体，有毒，空气中易潮解，易溶于水，溶于乙醇、乙醚、丙酮。可由碘化钾溶液和氧化汞作用而得，可用于化学分析试剂即奈斯勒试剂和医药等。

$2K_2HgI_4+4KOH+NH_4Cl═KCl+Hg_2NI·H_2O+7KI+3H_2O$ 检验 NH_4^+ 的原理：奈斯勒试剂和 NH_4^+ 相遇，立即生成特殊的红褐色沉淀 $Hg_2NI·H_2O$，也有写成：$HgO·HgNH_2I$ 形式的。OH^- 量不同，沉淀颜色不同。K_2HgI_4 和 KOH 的混合溶液叫奈斯勒试剂。K_2HgI_4 的制备原理见【HgI_2+2KI】。离子方程式见【$2[HgI_4]^{2-}+NH_4^++4OH^-$】。

【$Hg(CN)_2$】

$Hg(CN)_2+HgCl_2\xlongequal{\triangle}Hg_2Cl_2+(CN)_2↑$
加热 $Hg(CN)_2$ 和 $HgCl_2$ 的混合物，可制取拟卤素 $(CN)_2$。另见【2AgCN】。

【$HgSO_4$】

硫酸汞，白色晶体或粉末，有毒，受热先变黄，后变棕，冷却后颜色消失。较高温度下加热分解为汞、二氧化硫和氧气，不溶于丙酮、氨水和乙醇，溶于酸、浓氯化钠溶液。与水生成白色结晶 $HgSO_4·H_2O$，遇大量水尤其在加热条件下，分解为黄色碱式盐和硫酸。可由汞或氧化汞与硫酸作用而得，可用于医药、冶金，制甘汞、升汞、原电池组，作乙烯水化成乙醛的催化剂。

$HgSO_4\xlongequal{\triangle}Hg+O_2↑+SO_2↑$ $HgSO_4$ 受热分解，生成 Hg、O_2 和 SO_2。

$HgSO_4+2NaCl\xlongequal{\triangle}HgCl_2↑+Na_2SO_4$

将硫酸汞和氯化钠的固体混合物加热(300℃)，利用氯化汞容易升华而得到氯化汞，所以氯化汞又叫升汞。$HgCl_2$ 在水中的电离度很小。

【$Hg(NO_3)_2$】

硝酸汞，水合物 $Hg(NO_3)_2·\frac{1}{2}H_2O$，微白黄色晶体或粉末，有毒，为强糜烂剂；易溶于水并发生水解，生成氧化汞和硝酸，不溶于乙醇，溶于丙酮、硝酸和氨水。常由汞和过量的硝酸作用而得，可作医药制剂、分析试剂，也用于制备汞化合物、芳烃的硝化反应。

$Hg(NO_3)_2\xlongequal{\triangle}Hg+2NO_2↑+O_2↑$
硝酸汞在快速加热下分解，生成金属汞、二氧化氮和氧气。

$2Hg(NO_3)_2\xlongequal{缓慢加热}2HgO+4NO_2↑+O_2↑$ 硝酸汞在缓慢加热条件下，分解生成 HgO、NO_2 和 O_2，制备 HgO 的红色变体的原理之一。但加热较快时，生成 Hg：$Hg(NO_3)_2\xlongequal{\triangle}Hg+2NO_2↑+O_2↑$。HgO 红色变体的制备另见【$Hg(NO_3)_2+Na_2CO_3$】。

$2Hg(NO_3)_2+H_2O═HgO·Hg(NO_3)_2↓+2HNO_3$ 硝酸汞溶于水，水解生成碱式盐沉淀，配制前先将 $Hg(NO_3)_2$ 溶于 HNO_3，防止水解。

$Hg(NO_3)_2+Hg(过量)\rightleftharpoons Hg_2(NO_3)_2$
$Hg(NO_3)_2·H_2O$ 和过量金属 Hg 一起摇荡，制备硝酸亚汞，离子方程式见【Hg^{2+}+Hg】。

$2Hg(NO_3)_2+4NH_3+H_2O═HgO·NH_2HgNO_3↓+3NH_4NO_3$
在硝酸汞溶液中加入氨水，得到碱式氨基硝酸汞白色沉淀；而在硝酸亚汞溶液中加入氨水，有碱式氨基硝酸汞白色沉淀和黑色汞沉淀生成，整体呈现黑色：$2Hg_2(NO_3)_2+4NH_3+H_2O═2Hg↓+3NH_4NO_3+HgO·NH_2HgNO_3↓$。利用反应现象不同，可以鉴别 Hg^{2+} 和 Hg_2^{2+}。

$Hg(NO_3)_2+Na_2CO_3\xlongequal{\triangle}HgO↓+CO_2↑+2NaNO_3$ 用 Na_2CO_3 和 $Hg(NO_3)_2$ 反应，可制得红色 HgO 变体。HgO 的制备另见【$Hg(NO_3)_2$+2NaOH】以及【$Hg(NO_3)_2$】。

$Hg(NO_3)_2+2NaOH$══$HgO\downarrow+2NaNO_3+H_2O$ Hg^{2-}和OH^-反应，生成的$Hg(OH)_2$极不稳定，立即分解生成黄色的HgO。离子方程式见【$Hg^{2-}+2OH^-$】。另见【$Hg(NO_3)_2+Na_2CO_3$】和【$Hg(NO_3)_2$】。

【HgO】 氧化汞，难溶于水，有黄色和红色两种变体，500℃时分解为汞和氧气。汞盐溶液中加入碱，生成极不稳定的$Hg(OH)_2$，分解得黄色变体，见【$Hg(NO_3)_2+2NaOH$】。红色的氧化汞可通过$Hg(NO_3)_2$缓慢受热分解得到：$2Hg(NO_3)_2 \stackrel{\triangle}{=\!=} 2HgO+4NO_2\uparrow+O_2\uparrow$。若温度较高，加热速度较快，硝酸汞分解生成金属汞、二氧化氮和氧气：$Hg(NO_3)_2 \stackrel{\triangle}{=\!=} Hg+2NO_2\uparrow+O_2\uparrow$。红色的氧化汞也可用氧气中加热汞或由$Na_2CO_3$和$Hg(NO_3)_2$共热而得。两种变体的晶体结构相同，黄色晶粒较小，红色晶粒较大。

$2HgO \stackrel{\triangle}{=\!=} 2Hg+O_2\uparrow$ 液态汞的沸点为357℃，汞必须被加热到沸腾才和氧气缓慢反应生成氧化汞：$2Hg+O_2 \stackrel{357℃}{=\!=} 2HgO$。而氧化汞被加热到500℃时分解生成汞和氧气。

$HgO(s)$══$Hg(l)+\frac{1}{2}O_2(g)$；$\Delta H=+91kJ/mol$ HgO分解的热化学方程式。

$2HgO+2Cl_2 \stackrel{573K}{=\!=} HgCl_2\cdot HgO+Cl_2O$ 实验室在新沉淀出的黄色干燥的氧化汞上通氯气以制取Cl_2O。

$2HgO+2Cl_2+H_2O$══$HgO\cdot HgCl_2+2HClO$ 制备HClO的原理之一，Cl_2溶于水发生歧化反应，见【Cl_2+H_2O】，产生的HClO浓度较小，可加新制备HgO、Ag_2O或碳酸盐，使平衡右移，增大HClO浓度，减压蒸馏可得HClO溶液。但纯次氯酸至今尚未制得，除次氟酸外，其他次卤酸至今尚未制得。

【HgS】 硫化汞，有两种变体：红色六方晶系的α型和黑色立方晶系的β型。前者称为“朱砂”或“辰砂”，后者称为“亚朱砂”。HgS在水中几乎不溶，不溶于氨和有机溶剂，与大多数酸不起作用，但溶于浓的氢溴酸和氢碘酸，溶于碱金属硫化物溶液中。黑色HgS从水溶液中沉淀出来，不如天然存在的红色辰砂稳定，受热转变为红色构型。$HgCl_2$的稀盐酸溶液通入H_2S得黑色构型。汞和硫直接反应生成红色的α型HgS。中医用于安神、定惊。

$4HgS+4CaO \stackrel{\triangle}{=\!=} 4Hg\uparrow+3CaS+CaSO_4$ 辰砂与氧化钙共同焙烧，得到金属汞。自然界中汞以辰砂HgS和游离态两种形式存在。在873～973K的空气流中焙烧辰砂也可得到汞：$HgS+O_2 \stackrel{\triangle}{=\!=} Hg\uparrow+SO_2\uparrow$。或者辰砂与铁共同焙烧，得到金属汞：$HgS+Fe \stackrel{\triangle}{=\!=} Hg+FeS$。利用稀硝酸除去比汞活泼的金属，减压蒸馏，可得到99.9%的汞。

$3HgS+12Cl^-+8H^++2NO_3^-$══$3S\downarrow+3[HgCl_4]^{2-}+2NO\uparrow+4H_2O$ HgS的溶解度非常小，甚至不溶于浓硝酸，只溶于王水或硫化钠溶液。该反应是HgS溶于王水生成四氯合汞（Ⅱ）酸、硫、一氧化氮和水的离子方程式，$[HgCl_4]^{2-}$叫四氯合汞（Ⅱ）离子。按浓盐酸和浓硝酸的体积比3∶1配成的混合物叫作王水。

$HgS+Fe \stackrel{\triangle}{=\!=} Hg\uparrow+FeS$ 将辰砂和铁共同焙烧可得到金属汞，工业上制汞的其中一种原理。另见【$HgS+O_2$】以及【$4HgS+4CaO$】。

$HgS+2H^++4I^-$══$HgI_4^{2-}+H_2S\uparrow$ 硫化汞可溶于盐酸和KI的混合溶液中，生

成四碘合汞(Ⅱ)离子，并放出 H_2S 气体。

$3HgS+12HCl+2HNO_3 = 3S\downarrow+3H_2[HgCl_4]+2NO\uparrow+4H_2O$　HgS 的溶解度非常小，甚至不溶于浓硝酸，只溶于王水或硫化钠溶液。溶于王水生成四氯合汞（Ⅱ）酸、硫、一氧化氮和水。按浓盐酸和浓硝酸的体积比 3∶1 配成的混合物叫作王水，见【$3HCl+HNO_3$】。硫化物的溶解性见【$ZnS+2H^+$】。

$HgS+Na_2S = Na_2[HgS_2]$　HgS 的溶解度非常小，甚至不溶于浓硝酸，只溶于王水或硫化钠溶液。溶于硫化钠生成二硫合汞（Ⅱ）酸钠。离子方程式见【$HgS+S^{2-}$】。

$HgS+O_2 \xlongequal{\triangle} Hg\uparrow+SO_2\uparrow$　自然界中汞主要以辰砂 HgS 和游离态两种形式存在。在 873～973K 的空气流中焙烧辰砂得到汞。辰砂 HgS 与铁或氧化钙共同焙烧，也得到金属汞：$4HgS+4CaO \xlongequal{\triangle} 4Hg\uparrow+3CaS+CaSO_4$，$HgS+Fe \xlongequal{\triangle} Hg+FeS$。利用稀硝酸除去比汞活泼的金属，减压蒸馏，可得到 99.9％的汞。

$HgS+S^{2-} = [HgS_2]^{2-}$　HgS 溶于硫化钠溶液生成二硫合汞（Ⅱ）离子，见【$HgS+Na_2S$】。

第十八章 基础有机物

【CH_4】 甲烷，最简单的烷烃和有机物，无色，无味，天然气、沼气、坑气及煤气的主要成分为甲烷。标况下密度为 0.717g/L，微溶于水、乙醇和乙醚。和空气组成爆炸性混合物，爆炸极限 5.3%～14.0%（体积）。甲烷的化学性质稳定，与酸、碱、$KMnO_4$ 等强氧化剂不反应，燃烧时发生氧化反应，还可发生取代反应以及高温分解反应等。电子式：$\begin{matrix} & H & \\ H & \overset{\times\cdot}{\underset{\times\cdot}{C}} & H \\ & H & \end{matrix}$，结构式：$\begin{matrix} & H & \\ & | & \\ H- & C & -H \\ & | & \\ & H & \end{matrix}$，空间结构为正四面体：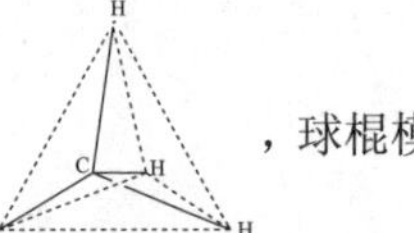

，球棍模型：，比例模型：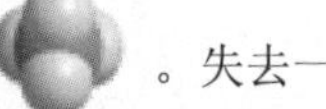。失去一个氢原子后的基团$-CH_3$，叫甲基。工业上由石油气等分离而得，实验室常用无水醋酸钠和碱石灰共熔制得。纯甲烷可用 Al_3C_4 与水反应制取，主要作燃料，制乙炔、氢气、合成氨，制炭黑、一氯甲烷、二氯甲烷、三氯甲烷、四氯化碳、二硫化碳、硝基甲烷、氢氰酸和甲醛的原料。

$CH_4 \xrightarrow{高温} C+2H_2$ 甲烷受热分解制氢气和炭黑。

$CH_4 \xlongequal[\text{基本温度约95℃, 氦气, 稀有气体}]{\text{微波或直流放电}} C(金刚石)+2H_2$ 人工合成金刚石的原理之一。1954年霍尔等人以熔融的 FeS 作溶剂，在高温、高压条件下使石墨第一次转化为人造金刚石。我国从 1960 年开始这方面的研究，20世纪 70 年代得到广泛开展和工业生产。实际上，FeS 是催化剂。铬、锰、铁、镍等金属的各种合金都可以作催化剂。

$2CH_4 \xrightarrow{高温} C_2H_2+3H_2$ 在 1773K 时，甲烷分解生成乙炔和氢气。工业上将天然气通入转化炉中，使部分甲烷燃烧，放出的热使剩余的天然气分解生成乙炔和氢气，分离后制得氢气。该原理为工业上制取乙炔的同时，副产合成氨的原料——氢气，叫作综合法。

$3CH_4+CO_2+2H_2O \xrightarrow{Ni} 4CO+8H_2$ 二氧化碳、甲烷和水蒸气在 800℃时通过镍催化生成一氧化碳和氢气的混合气体，制备工业原料一氧化碳和氢气。氢气用于合成氨，氢气与一氧化碳或二氧化碳在催化剂条件下可以合成甲醇。

$CH_4+2Cl_2 \xrightarrow{强光} C+4HCl$ 甲烷在强光的照射下，发生取代反应，生成一氯甲烷、二氯甲烷、三氯甲烷（或氯仿）和四氯甲烷（或四氯化碳）和氯化氢，如 $CH_4+Cl_2 \xrightarrow{光} CH_3Cl+HCl$ 等。由于取代反应放热，使部分甲烷分解：$CH_4 \xrightarrow{高温} C+2H_2$。产生的氢气和氯气在光照条件下生成氯化氢：$Cl_2+H_2 \xlongequal{光照} 2HCl$。两步加合得以上总方程式。

$CH_4+Cl_2 \xrightarrow{光} CH_3Cl+HCl$ 氯气和甲烷在光照条件下发生取代反应，一般生成不同取代产物的混合物。取代氢原子的数目不同，产物不同，分别生成一氯甲烷、二氯甲烷、三氯甲烷（或氯仿）和四氯甲烷（或四氯化碳），同时都有氯化氢生成。一氯甲烷室温下为气体，其余状况下为液体。一氯甲烷、二氯甲烷、三氯甲烷还可以继续被取代直至生成四氯甲烷。

$CH_4+H_2O \xrightarrow{\text{反应条件}} CO+3H_2$　甲烷和水蒸气在800℃时通过镍催化生成一氧化碳和氢气的混合气体，制备工业原料一氧化碳和氢气，氢气用于合成氨，氢气与一氧化碳或二氧化碳在催化剂条件下合成甲醇。

$CH_4+2H_2O \rightarrow CO_2+4H_2$　用 Al_2O_3 和 Ni 作催化剂，甲烷和水蒸气在 900℃～1000℃时，生成 H_2 和 CO_2，除去二氧化碳后制得氢气，作为工业原料。

$CH_4+HgCl_2 \xrightarrow{\text{微生物}} CH_3HgCl+HCl$　水中的无机汞在微生物的作用下转变为有机汞——甲基氯化汞，毒性更大。发生在日本的“水俣病”就是无机汞转化为有机汞引起的汞中毒事件。

$2CH_4(g)+2NH_3(g)+3O_2(g) \rightleftharpoons 2HCN(g)+6H_2O(g)$　氧气、甲烷和氨气反应生成氰化氢气体和水蒸气。制备氰化氢气体的原理之一，Pt 作催化剂，反应温度1100℃。

$2CH_4+6Na_2O_2+O_2 \xlongequal{\text{点燃}} 2Na_2CO_3+8NaOH$　甲烷和氧气的混合气体，在电火花引燃条件下和过氧化钠反应，生成氢氧化钠和碳酸钠。该反应实际上是以下几个反应的总反应：$2O_2+CH_4 \xrightarrow{\text{点燃}} CO_2+2H_2O$，$2Na_2O_2+2CO_2 = 2Na_2CO_3+O_2$，$2Na_2O_2+2H_2O = 4NaOH+O_2\uparrow$，将甲烷和氧气反应生成的水和二氧化碳作为中间产物抵消，将三个方程式加合得到总反应方程式。

$2CH_4(g)+O_2(g) \rightarrow 2CO(g)+4H_2(g)$
甲烷和氧气在一定条件下生成一氧化碳和氢气。

$2CH_4+3O_2 \xrightarrow{\text{点燃}} 2CO+4H_2O$
甲烷不完全燃烧，生成一氧化碳和水。甲烷完全燃烧，生成二氧化碳和水，火焰明亮，放出大量的热，见【CH_4+2O_2】。

$CH_4+2O_2 \xrightarrow{\text{点燃}} CO_2+2H_2O$　甲烷完全燃烧，生成二氧化碳和水，火焰明亮，放出大量的热。天然气的主要成分为甲烷，因其燃烧放出大量的热，清洁无污染，从而进入千家万户作燃料。

$CH_4(g)+2O_2(g) = CO_2(g)+2H_2O(g)$；$\Delta H=-802kJ/mol$　甲烷燃烧生成气态水和二氧化碳的热化学方程式。

$CH_4(g)+2O_2(g) = CO_2(g)+2H_2O(l)$；$\Delta H=-890.3kJ/mol$　甲烷燃烧生成液态水和二氧化碳的热化学方程式。当生成气态水时，$\Delta H=-802kJ/mol$。

$2CH_4+O_2 \xrightarrow[200℃,1\times10^7Pa]{Cu} 2CH_3OH$

甲烷和氧气在加热、加压和催化剂条件下反应生成甲醇。

$CH_4+2O_2+2OH^- = CO_3^{2-}+3H_2O$
碱性电解质的甲烷燃料电池总反应式。负极电极反应式：$CH_4+10OH^--8e^- = CO_3^{2-}+7H_2O$，正极电极反应式：$2O_2+4H_2O+8e^- = 8OH^-$。

$CH_4+10OH^--8e^- = CO_3^{2-}+7H_2O$
碱性电解质的甲烷燃料电池的负极电极反应式。详见【$CH_4+2O_2+2OH^-$】。

【$\cdot CH_3$】甲基，或称甲基自由基。

$\cdot CH_3+\cdot Cl \rightarrow Cl:CH_3$　氯气和甲烷在光照条件下发生取代反应的机理之一，在链的终止阶段，氯自由基和甲基自由基结合，生成一氯甲烷。见【$Cl+\cdot Cl$】。

$\cdot CH_3+Cl:Cl \rightarrow Cl:CH_3+\cdot Cl$
氯气和甲烷在光照条件下发生取代反应的机理之一。在链的增长阶段，氯气和甲基自由基结合，生成一氯甲烷和氯自由基。见【$Cl+\cdot Cl$】。

$\cdot CH_3+\cdot CH_3 \rightarrow CH_3:CH_3$ 氯气和甲烷在光照条件下发生取代反应的机理之一，在链的终止阶段，甲基自由基和甲基自由基结合，生成乙烷。见【Cl·+·Cl】。

【CH_3-CH_3】 乙烷，无色可燃性气体，微溶于水，能溶于醇，存在于天然气中，熔点与沸点很低，对应的乙基$-CH_2CH_3$。与空气形成爆炸性混合物，爆炸极限 3.2%~12.5%（体积）。结构、性质和甲烷相似，可由乙烯或乙炔加氢制备。主要作生产乙烯的原料，作燃料、冷冻剂，可作制取氯乙烷、溴乙烷的原料。

$C_2H_6(g) \xrightarrow{\Delta} CH_2{=}CH_2(g)+H_2(g)$ 石油化学工业中，烷烃脱氢制取烯烃，副产氢气，可用于合成氨和石油精细加工。

$CH_3-CH_3+Br_2 \xrightarrow{光照} CH_3-CH_2Br+HBr$ 乙烷和溴在光照条件下发生取代反应，生成溴乙烷。烷烃的溴化反应中，溴原子对伯、仲、叔三种碳原子有不同的选择性。在 300K 时，三种氢被溴原子取代的相对反应活性为：叔氢>仲氢>伯氢，比值为 1600∶82∶1。

$CH_3-CH_3+Cl_2 \xrightarrow{光照} CH_3-CH_2Cl+HCl$ 氯气和乙烷在光照条件下发生取代反应，生成氯乙烷的同时，还会生成二氯乙烷（1,1-二氯乙烷和 1,2-二氯乙烷）。在较高温度下氯化时，氯乙烷为主要产物。

$2C_2H_6+7O_2 \xrightarrow{点燃} 4CO_2+6H_2O$ 乙烷完全燃烧，生成二氧化碳和水。火焰明亮，放出大量的热。

$2C_2H_6(g)+7O_2(g)=4CO_2(g)+6H_2O(l)$；$\Delta H=-3121.6kJ/mol$ 乙烷完全燃烧生成二氧化碳和液态水的热化学方程式。

$2C_2H_6+7O_2+8KOH=4K_2CO_3+10H_2O$ 碱性电解质的乙烷燃料电池的总反应式。负极通入乙烷气体，电极反应式：$CH_3-CH_3+18OH^--14e^-=2CO_3^{2-}+12H_2O$。正极通入氧气，电极反应式：$O_2+2H_2O+4e^-=4OH^-$。

$CH_3-CH_3+18OH^--14e^-=12H_2O+2CO_3^{2-}$ 碱性电解质的乙烷燃料电池的负极电极反应式。详见【$2CH_3-CH_3+7O_2+8KOH$】。

【C_3H_8】 丙烷，无色能燃烧气体，能液化。微溶于水，溶于醇、醚，熔点与沸点较低，沸点−42.2℃，化学性质稳定。液化石油气的主要成分为丙烷、丁烷、丙烯、丁烯等。对应的丙基有$-CH_2CH_2CH_3$和异丙基$-CH(CH_3)_2$。与空气形成爆炸性混合物，爆炸极限 2.4%~9.5%（体积）。存在于天然气和石油热解气体中。作冷冻机、内燃机燃料，可通过石油裂解制备。

$C_3H_8+3H_2O \xrightarrow[\Delta]{催化剂} 3CO+7H_2$ 丙烷和水蒸气在催化剂和加热条件下生成一氧化碳和氢气。氢气用于合成氨，氢气与一氧化碳或二氧化碳在催化剂条件下可以合成甲醇。

$C_3H_8+5O_2 \xrightarrow{点燃} 3CO_2+4H_2O$ 丙烷完全燃烧，生成二氧化碳和水。火焰明亮，放出大量的热。液化石油气的主要成分是丙烷、丁烷、丙烯、丁烯等。

$C_3H_8(g)+5O_2(g)=3CO_2(g)+4H_2O(l)$；$\Delta H=-2220kJ/mol$ 丙烷完全燃烧生成二氧化碳和液态水的热化学方程式。

【C_4H_{10}】 丁烷，无色可燃烧气体，不溶于水，来自天然气和石油热解气体。正丁烷 $CH_3CH_2CH_2CH_3$，微溶于醇，和空气形成爆炸性混合物，爆炸极限 1.6%~8.5%（体积）；异丁烷 $CH_3CH(CH_3)CH_3$，能溶于醇或醚，与空气形成爆炸性混合物，爆炸极限 1.9%~8.4%（体积）。正丁烷是制备 1,3-丁二烯的重要原料；异丁烷可由正丁烷异构化而得，主要用于冷冻剂，和异丁烯烃化后合成异辛烷，以改进或测定汽油辛烷值。

$C_4H_{10} \xrightarrow{\Delta} CH_4+C_3H_6$ 丁烷受热分解，生成甲烷和丙烯。还可以分解生成乙烷和乙烯：$C_4H_{10} \xrightarrow{\Delta} C_2H_6+C_2H_4$。

$C_4H_{10} \xrightarrow{\Delta} C_2H_6+C_2H_4$ 丁烷受热分解原理之一，生成乙烷和乙烯。

$2C_4H_{10}+13O_2 \xrightarrow{点燃} 8CO_2+10H_2O$ 丁烷完全燃烧，生成二氧化碳和水。火焰明亮，放出大量的热。

$2C_4H_{10}(g)+13O_2(g)=\!=8CO_2(g)+10H_2O(l)$；$\Delta H=-5800kJ/mol$ 丁烷完全燃烧生成二氧化碳和液态水的热化学方程式。

$2CH_3CH_2CH_2CH_3+5O_2 \xrightarrow[加热加压]{催化剂} 2H_2O+4CH_3COOH$ 丁烷液相氧化生产乙酸。催化剂为钴、铬、钒、锰的乙酸盐，温度为 95℃~100℃，压强为 1MPa ~5.5MPa。

$C_4H_{10}+13O^{2-}-26e^- \rightarrow 4CO_2+5H_2O$ 丁烷新型燃料电池的负极电极反应式。正极电极反应式：$O_2+4e^-=\!=2O^{2-}$。总反应式：$2C_4H_{10}+13O_2 \rightarrow 8CO_2+10H_2O$。电解质为掺有 YO_3 的 ZrO_2（氧化锆），熔融状态下可以传导 O^{2-}。

【C_5H_{12}】 戊烷，有正戊烷、异戊烷、新戊烷等。

$C_5H_{12}+5H_2O(g) \xrightarrow{\Delta} 5CO+11H_2$ 戊烷等和水在一定条件下反应生成一氧化碳和氢气。氢气用于合成氨，氢气与一氧化碳或二氧化碳在催化剂条件下可以合成甲醇。

$C_5H_{12}+10H_2O \xrightarrow{一定条件下} 5CO_2+16H_2$ 戊烷在一定条件下和水反应制备氢气。氢气用于合成氨。

【C_6H_{14}】 己烷，有五种同分异构体的分子式。

$C_6H_{14}+12H_2O \xrightarrow{一定条件下} 6CO_2+19H_2$ 己烷在一定条件下和水反应制备氢气。氢气用于合成氨。

【C_7H_{16}】 庚烷，有九种同分异构体。

正庚烷 $CH_3(CH_2)_5CH_3$，无色可燃液体，几乎不溶于水，微溶于醇，能溶于醚、氯仿。蒸气和空气形成爆炸性混合物，爆炸极限 1.0%~6.0%（体积）。由石油馏分中分出，在气缸中燃烧爆炸时震动很剧烈，它的辛烷值被定为 0，异辛烷的辛烷值被定为 100，和异辛烷配成各种比例混合物用作测定汽油的辛烷值的标准。正庚烷脱氢芳构化制甲苯。

$CH_3(CH_2)_5CH_3 \xrightarrow{催化剂}$ ⬡$-CH_3$ $+H_2\uparrow$ 庚烷的环化反应，一定条件下生成甲基环己烷和氢气。

$C_7H_{16}+11O_2 \xrightarrow{催化剂} 7CO_2+8H_2O$ 汽车尾气系统中安装催化转化器，将未完全燃烧的碳氢化合物（如庚烷）转化为 CO_2 和水。1mol 的液态庚烷燃烧时放热 4817.03kJ。

【C_8H_{18}】 辛烷，有十八种同分异构体。异辛烷最重要，是优良的发动机燃料。

$C_8H_{18} \xrightarrow[加热加压]{催化剂} C_4H_{10}+C_4H_8$ 辛烷催化分解，生成丁烷和丁烯。

$C_8H_{18}(l)+\frac{25}{2}O_2(g)=8CO_2(g)+9H_2O(l)$；$\Delta H=-5518kJ/mol$ 辛烷或汽油完全燃烧生成二氧化碳和液态水的热化学方程式。汽油的主要成分为 C_8H_{18}。

$2C_8H_{18}+23O_2 \xrightarrow{点燃} 12CO_2+4CO+18H_2O$ 汽油不完全燃烧的化学方程式之一。汽油的主要成分为 C_8H_{18}。

【$C_{14}H_{30}$】 十四烷。

$C_{14}H_{30} \xrightarrow{加热} C_7H_{16}+C_7H_{14}$ 十四烷在加热条件下分解，生成庚烷和庚烯。

【$C_{16}H_{34}$】 十六烷，又称“鲸蜡烷”，无色液体，不溶于水，溶于醇、丙酮、乙醚。可由“鲸蜡”经分解、脱水、催化氢化制得，可用作溶剂和有机合成中间体。

$C_{16}H_{34} \xrightarrow[加热加压]{催化剂} C_8H_{18}+C_8H_{16}$

十六烷裂化，生成辛烷和辛烯。

【C_nH_{2n+2}】 饱和烃，又称“烷烃”，用通式 C_nH_{2n+2} 表示。

$C_nH_{2n+2}(g)+\frac{2n+1}{2}O_2(g) \xrightarrow{点燃} (n+1)H_2O(g)+nCO(g)$ 烷烃不完全燃烧，生成一氧化碳和气态水的化学方程式通式。

$C_nH_{2n+2}(g)+\frac{2n+1}{2}O_2(g) \xrightarrow{点燃} (n+1)H_2O(l)+nCO(g)$ 烷烃不完全燃烧，生成一氧化碳和液态水的化学方程式通式。

$C_nH_{2n+2}(g)+\frac{3n+1}{2}O_2(g) \xrightarrow{点燃} (n+1)H_2O(g)+nCO_2(g)$ 烷烃完全燃烧，生成二氧化碳气体和气态水的化学方程式通式。

$C_nH_{2n+2}(g)+\frac{3n+1}{2}O_2(g) \xrightarrow{点燃} (n+1)H_2O(l)+nCO_2(g)$ 烷烃完全燃烧，生成二氧化碳气体和液态水的化学方程式通式。

【R_3CH】

$R_3CH+H_2SO_3F^+ \rightleftharpoons R_3CH_2{}^++HSO_3F \rightleftharpoons H_2+R_3C^++HSO_3F$

超酸能向链烷烃供给质子，使其质子化后产生碳正离子。关于超酸见【SbF_5+HSO_3F】。

【环丙烷结构式：CH_2—CH_2，下接 CH_2】 环丙烷，分子式 C_3H_6，键线式：△，无色可燃气体，有类似石油醚的气味，微溶于水，溶于醇、醚和无挥发性的油，易被浓硫酸吸收，化学性质活泼，和空气组成的混合物遇火爆炸，易与氢、氯、溴、碘化氢等开环加成，难氧化。碳环键角105.5°，碳原子间弯曲重叠，形如香蕉。由1,3-二氯丙烷或 1,3-二溴丙烷与钠或锌作用而得，是有机合成原料，医药作吸入性麻醉剂。

$\text{CH}_2\text{—CH}_2\text{(CH}_2\text{)} + Br_2 \longrightarrow \text{BrCH}_2\text{CH}_2\text{CH}_2\text{Br}$ 溴和环丙烷反应，使环丙烷开环，生成 1,3-二溴丙烷，该反应在室温下就能进行。

$\text{CH}_2\text{—CH}_2\text{(CH}_2\text{)} + Cl_2 \xrightarrow{光} \text{(CH}_2\text{CH}_2\text{)CHCl} + HCl$

氯气和环丙烷在光照条件下发生取代反应，生成氯代环丙烷和氯化氢。

$\text{CH}_2\text{—CH}_2\text{(CH}_2\text{)} + H_2 \xrightarrow[40℃]{Ni} CH_3CH_2CH_3$

环丙烷在较低温度 40℃和镍催化剂存在下，加氢开环，生成丙烷。

【□】环丁烷，分子式 C_4H_8，结构简式：

$$\begin{matrix} H_2C & — & CH_2 \\ | & & | \\ H_2C & — & CH_2 \end{matrix}$$

，键线式：□，无色气体，易燃，不溶于水，易溶于酒精和丙酮。环丁烷为非平面形结构，主要以皱褶式构象存在，形如蝴蝶，两翼之间夹角为 20° ，构象不是静止的，扭变部分连续不变地沿着环改变位置。由环丁烯在镍催化剂作用下于 100℃时合成，也可由环丁烷羧酸脱酸而得。

$□ + H_2 \xrightarrow[373K]{Ni}$ ╱╲╱ 环丁烷在较高温度 100℃和镍催化剂存在下，加氢开环，生成丁烷。

$□ + HBr \rightarrow$ ╱╲╱╲Br 在一定条件下溴化氢使环丁烷开环，生成 1-溴丁烷。

【⬠】环戊烷，分子式 C_5H_{10}，无色液体，易燃，不溶于水，能与其他烃、醇、醚等混溶。可由 1,5-二溴戊烷在锌粉作用下制得。

$⬠ + H_2 \xrightarrow[573K]{Pt}$ ╱╲╱╲ 环戊烷在较高温度 300℃和高活性的铂催化剂存在下，加氢开环，生成戊烷。

【CH_3—⬠】甲基环戊烷。

CH_3—⬠ → ⬡ 在一定条件下甲基环戊烷变成环己烷。

【⬡】环己烷，分子式 C_6H_{12}，结构式：

$$\begin{matrix} & CH_2 & \\ H_2C & & CH_2 \\ | & & | \\ H_2C & & CH_2 \\ & CH_2 & \end{matrix}$$

。无色有汽油气味的可燃性液体，不溶于水，能溶于醇和醚。蒸气与空气形成爆炸性混合物，爆炸极限 1.3%~8.3%（体积）。环己烷来自石油或由苯经氢化而得，用作提取油脂的溶剂和合成尼龙 66、尼龙 6 的原料。

$⬡ + Cl_2 \xrightarrow{光照} HCl + ⬡\text{—Cl}$ 氯气和环己烷在光照条件下发生取代反应，生成氯代环己烷和氯化氢。

$⬡ + O_2 \xrightarrow[90℃,1013KPa]{钴,醋酸} \begin{matrix} CH_2\text{-}CH_2\text{-}COOH \\ | \\ CH_2\text{-}CH_2\text{-}COOH \end{matrix}$ 工业上大量生产己二酸的原理：环己烷经催化氧化生成环己醇和环己酮的混合物，该混合物再氧化生成己二酸。

【CH_3—⬡】甲基环己烷。

CH_3—⬡ → CH_3—(苯环) $+ 3H_2$ 甲基环己烷芳构化反应生成甲苯和氢气。

CH_3—⬡ $+ C_5H_{10} \rightarrow$ CH_3—(环己烯) $+ C_5H_{12}$ 甲基环己烷和戊烯发生氢转移反应，生成 3-甲基环己烯和戊烷。

【$CH_2=CH_2$】 乙烯，最简单的

烯烃，无色难溶于水的可燃性气体，能溶于醇、醚、丙酮和苯中，易发生加成、聚合、氧化等反应。乙烯产量是衡量一个国家的石油化工水平。分子式：C_2H_4；电子式：$H\!:\!\overset{H}{\underset{}{C}}\!::\!\overset{H}{\underset{}{C}}\!:\!H$；结构式：$H-\overset{H}{\overset{|}{C}}=\overset{H}{\overset{|}{C}}-H$；结构简式：$CH_2=CH_2$。

烯烃的官能团：$>C=C<$，碳碳双键。实验室中由乙醇分子内脱水制备，工业上大量来自石油热解气和焦炉煤气。乙烯是有机合成的一种基本原料，可用于制乙醛、乙醇，也是合成橡胶、合成纤维、塑料、炸药的原料，可用作果实催熟剂。

$nCH_2=CH_2 \xrightarrow{\text{催化剂}} +\!CH_2\text{-}CH_2\!+_n$ 乙烯发生加聚反应，生成聚乙烯。还可以写作 $CH_2=CH_2+CH_2=CH_2+CH_2=CH_2+\ldots\rightarrow -CH_2-CH_2-CH_2-CH_2-CH_2-CH_2-\ldots$。碳碳双键之间都能发生类似的加聚反应。

$CH_2=CH_2+CH_2=CH_2+CH_2=CH_2+\ldots\rightarrow-CH_2-CH_2-CH_2-CH_2-CH_2-CH_2-\ldots$ 乙烯发生加聚反应，生成聚乙烯的表示形式之一。

$CH_2=CH_2 \xrightarrow{KMnO_4} HCOOH+CO_2$

乙烯被酸性高锰酸钾溶液氧化为甲酸和二氧化碳。还可以按下式书写：$5CH_2=CH_2+12KMnO_4+18H_2SO_4\rightarrow10CO_2\uparrow+12MnSO_4+6K_2SO_4+28H_2O$。在中性高锰酸钾溶液中按下式反应：$3CH_2=CH_2+2KMnO_4+4H_2O=3HO-CH_2CH_2-OH+2MnO_2+2KOH$。一般情况下，烯烃被酸性高锰酸钾溶液氧化，碳链在双键处断裂，双键碳原子上若没有氢，则生成酮，若有一个氢原子，则生成羧酸；链端的双键碳原子被氧化成二氧化碳。

$CH_2=CH_2+Br-Br\rightarrow CH_2Br-CH_2Br$ 溴和乙烯发生加成反应，生成1,2-二溴乙烷。该反应在常温、常压下不需要催化剂就能迅速进行。用溴的四氯化碳溶液或溴水可以检验乙烯，观察到的现象为溴的四氯化碳溶液或溴水褪色。

【卤素单质和烯烃反应】卤素单质和烯烃反应活泼性：$F_2>Cl_2>Br_2>I_2$。氟和烯烃反应，往往使碳链断裂；碘很难和烯烃反应，是一个可逆反应；氯气和烯烃反应，也较容易。溴和烯烃反应，在常温、常压下不需要催化剂就能迅速定量地进行，用溴的四氯化碳溶液或溴水检验烯烃，观察到的现象为溴的四氯化碳溶液或溴水褪色。但是，溴水和乙烯的反应较复杂：$CH_2=CH_2+Br_2 \xrightarrow{H_2O} \underset{Br}{CH_2}-\underset{Br}{CH_2}+\underset{Br}{CH_2}-\underset{OH}{CH_2}$，即溴和乙烯发生加成反应的同时，次溴酸和乙烯也发生加成反应，生成$\underset{Br}{CH_2}-\underset{OH}{CH_2}$。

$CH_2=CH_2+Br_2 \xrightarrow{H_2O} \underset{Br}{CH_2}-\underset{Br}{CH_2}+\underset{Br}{CH_2}-\underset{OH}{CH_2}$ 乙烯和溴水反应，溴水中溴单质、次溴酸分别和乙烯加成，生成1,2-二溴乙烷和2-溴乙醇。用溴水或溴的四氯化碳溶液可以检验乙烯，观察到的现象为：溴水或溴的四氯化碳溶液褪色。溴的四氯化碳溶液和乙烯反应：$CH_2=CH_2+Br-Br\rightarrow CH_2Br-CH_2Br$。

$CH_2=CH_2+Br_2 \xrightarrow[NaCl]{H_2O} \underset{Br}{CH_2}-\underset{Br}{CH_2}+\underset{Br}{CH_2}-\underset{OH}{CH_2}+\underset{Br}{CH_2}-\underset{Cl}{CH_2}$ 乙烯和含有氯化钠的溴水反应，生成1,2-二溴乙烷、2-溴乙醇和1-溴-2-氯乙烷。

$CH_2=CH_2+Cl_2\rightarrow CH_2Cl-CH_2Cl$
乙烯和氯气加成，生成1,2-二氯乙烷。

$CH_2=CH_2+Cl_2+H_2O \rightarrow ClCH_2CH_2OH+HCl$ 工业上用氢氧化钙、氯气和乙烯生产环氧乙烷的第一步反应。在0.3MPa、10℃~50℃条件下，氯气、乙烯和水反应生成氯代乙醇。第二步，在0.4MPa~0.6MPa、25℃条件下：

$2ClCH_2CH_2OH+Ca(OH)_2 \rightarrow 2\,H_2C{-}CH_2(O) + CaCl_2 + 2H_2O$。还可以用银作催化剂，220℃~240℃条件下氧气直接氧化乙烯制环氧乙烷：

$2CH_2=CH_2+O_2 \xrightarrow{Ag} 2\,CH_2{-}CH_2(O)$。

$nCH_2=CH_2+nC_6H_5{-}CH=CH_2 \xrightarrow{一定条件下} {-}[CH(C_6H_5){-}CH_2{-}CH_2{-}CH_2]_n{-}$ 乙烯和苯乙烯不同单体发生共聚反应。不同单体之间共聚，和同一单体之间的加聚相似，发生在碳碳双键之间。

$nCH_2=CH_2+nCH_2=CH-CH_3 \xrightarrow[\Delta]{催化剂} {-}[CH_2{-}CH_2{-}CH_2{-}CH(CH_3)]_n{-}$ 乙烯和丙烯不同单体发生共聚反应其中一种类型。

$nCH_2=CH_2+nCH_2=CH-CH_3 \xrightarrow[\Delta]{催化剂} {-}[CH_2{-}CH_2{-}CH(CH_3){-}CH_2]_n{-}$ 乙烯和丙烯不同单体发生共聚反应的另一种类型。

$CH_2=CH_2 + CH_2=CH{-}CH=CH_2 \rightarrow$ 环己烯 1,3-丁二烯和乙烯发生环加成反应，形成六元环，生成环已烯。在光和热作用下由共轭二烯烃和一个亲双烯体发生1,4-加成反应，生成环状化合物的反应叫作双烯合成，是由狄尔斯和阿德尔于1928年发现的，又叫狄尔斯—阿德尔反应。狄尔斯和阿德尔因此获得1950年诺贝尔化学奖。用键线式表示结构简式的化学反应见【‖+二烯】。

‖+二烯→环己烯 1,3-丁二烯和乙烯发生环加成反应，形成六元环，生成环已烯。

$CH_2=CH_2+C_6H_6 \rightarrow C_6H_5{-}C_2H_5$ 乙烯和苯发生烷基化反应生成乙苯。

【烷基化反应】1877年法国化学家傅瑞德和美国化学家克拉夫茨发现了制备烷基苯的反应，又叫傅—克烷基化反应。凡在有机化合物分子中引入烷基的反应，称为烷基化反应。$FeCl_3$、BF_3、无水HF、$SnCl_4$等也可作催化剂。傅—克烷基化反应是制备苯同系物的主要方法。硝基苯不发生傅—克烷基化反应，可以作烷基化反应的溶剂。卤代烃、烯烃和醇都可以作烷基化试剂。

$2CH_2=CH_2+2CH_3COOH+O_2 \rightarrow 2H_2O+2CH_3COOCH=CH_2$ 乙烯液相法生产醋酸乙烯酯的原理，$PdCl_2$-$CuCl_2$作催化剂。醋酸乙烯酯又叫乙酸乙烯酯，无色有香味的液体，比水轻，微溶于水，易溶于乙醇、乙醚等，是制造聚醋酸乙烯酯、聚乙烯醇、聚乙烯醇缩甲醛（维纶）等的单体。

$CH_2=CH_2+CH_3CH_2OSO_3H \rightarrow (CH_3CH_2O)_2SO_2$ 浓硫酸作催化剂，乙烯和水发生加成反应原理之一。详见【$CH_2=CH_2+H_2SO_4$(浓)】。

$CH_2=CH_2+H_2 \xrightarrow{催化剂} CH_3CH_3$

乙烯和氢气经催化加成，生成乙烷。

$CH_2=CH_2+HBr \rightarrow CH_3CH_2Br$

乙烯和溴化氢加成，生成溴乙烷。乙烯和卤化氢加成，生成卤代乙烷。加成的难易顺序：HI>HBr>HCl。氟化氢加成的同时使烯烃发生聚合。

$CH_2=CH_2+HBrO \rightarrow \underset{Br}{CH_2}-\underset{OH}{CH_2}$ 乙烯和次溴酸发生加成反应，生成 2-溴乙醇。

$CH_2=CH_2+HCl \xrightarrow{催化剂} CH_3CH_2Cl$

乙烯和氯化氢加成时，用无水氯化铝作催化剂，氯乙烷作溶剂，-80℃时迅速加成，生成氯乙烷。乙烯和卤化氢加成，生成卤代乙烷。加成的难易顺序：HI>HBr>HCl。氟化氢加成的同时使烯烃发生聚合。

$CH_2=CH_2+H_2O \xrightarrow{催化剂} CH_3CH_2OH$

在催化剂条件下，乙烯和水加成，生成乙醇，工业上用来制乙醇。详见【$CH_2=CH_2+H_2SO_4$(浓)】。

$CH_2=CH_2+H_2SO_4$(浓)$\rightarrow CH_3CH_2OSO_3H$ 浓硫酸作催化剂，乙烯和水发生加成反应原理之一。首先，浓硫酸和乙烯反应生成硫酸氢乙酯。硫酸氢乙酯继续和乙烯反应，生成硫酸二乙酯 $(CH_3CH_2O)_2SO_2$：$CH_3CH_2OSO_3H+CH_2=CH_2 \rightarrow (CH_3CH_2O)_2SO_2$。$(CH_3CH_2O)_2SO_2$ 水解生成乙醇和硫酸：$(CH_3CH_2O)_2SO_2+2H_2O \rightarrow 2CH_3CH_2OH+H_2SO_4$，浓硫酸完成催化剂的作用。总反应方程式为 $CH_2=CH_2+H_2O \xrightarrow{催化剂} CH_3CH_2OH$，即工业上用来制乙醇的原理。硫酸氢乙酯水解也生成乙醇和硫酸：$CH_3CH_2-OSO_2OH \xrightarrow{水解} CH_3CH_2OH+H_2SO_4$。

$CH_2=CH_2+HX \rightarrow CH_3CH_2X$ 乙烯和卤化氢加成，生成卤代乙烷。加成的难易顺序：HI>HBr>HCl。氟化氢加成的同时使烯烃发生聚合。

$CH_2=CH_2+KMnO_4 \xrightarrow{H_2O} \underset{OH}{CH_2}-\underset{OH}{CH_2}+MnO_2$ 高锰酸钾中性溶液中通入乙烯，紫红色褪去，乙烯被氧化为乙二醇，高锰酸钾被还原为 MnO_2。离子方程式见【$CH_2=CH_2+MnO_4^-$】。或者写作：$2KMnO_4+3CH_2=CH_2+4H_2O \rightarrow 3HOCH_2CH_2-OH+2MnO_2+2KOH$。酸性高锰酸钾和乙烯反应，乙烯被氧化为 CO_2，高锰酸钾被还原为 Mn^{2+}，详见【$5CH_2=CH_2+12KMnO_4+18H_2SO_4$】及【$CH_2=CH_2$】。

$3CH_2=CH_2+2KMnO_4+4H_2O \rightarrow 2MnO_2+3HO-CH_2CH_2-OH+2KOH$ 高锰酸钾中性溶液中通入乙烯，紫红色褪去，乙烯被氧化为乙二醇，高锰酸钾被还原为 MnO_2。或者写作：$CH_2=CH_2+KMnO_4 \xrightarrow{H_2O} \underset{OH}{CH_2}-\underset{OH}{CH_2}+MnO_2$。酸性高锰酸钾和乙烯反应，乙烯被氧化为 CO_2，高锰酸钾被还原为 Mn^{2+}，详见【$5CH_2=CH_2+12KMnO_4+18H_2SO_4$】。

$5CH_2=CH_2+12KMnO_4+18H_2SO_4 \rightarrow 10CO_2\uparrow+12MnSO_4+6K_2SO_4+28H_2O$ 乙烯被酸性高锰酸钾氧化，生成硫酸锰、硫酸钾、二氧化碳和水。因为有二氧化碳气体生成，所以，乙烷气体中的乙烯不能用酸性高锰酸钾除去，可以用溴水除去。含有碳碳双键或碳碳叁键的不饱和烃都可以使酸性高锰酸钾溶液褪色，烯烃被高锰酸钾氧化见【▷⁄=＜ +$KMnO_4$】。但是乙烯在高锰酸钾中性溶液中生成乙二醇和二氧化锰，见【$CH_2=CH_2+KMnO_4$】或【$3CH_2=CH_2+2KMnO_4+4H_2O$】。

$CH_2=CH_2+MnO_4^- \xrightarrow{H_2O} \underset{CH_2OH}{\overset{CH_2OH}{|}}+MnO_2$ 高锰酸钾中性溶液中通入乙烯，紫红色褪去，乙烯被氧化为乙二醇，高锰酸钾被还原为 MnO_2 的离子方程式。

$CH_2=CH_2+3O_2 \xrightarrow{点燃} 2CO_2+2H_2O$

乙烯完全燃烧，生成二氧化碳和水。火焰明

亮伴有黑烟，放出大量的热。

$$2CH_2{=}CH_2+O_2 \xrightarrow{Ag} 2\ \overset{O}{CH_2{-}CH_2}$$

工业上用银作催化剂，乙烯被空气氧化生成环氧乙烷。还可以用氢氧化钙、氯气和乙烯制备环氧乙烷，见【$Ca(OH)_2+CH_2{=}CH_2+Cl_2$】。

$$2CH_2{=}CH_2+O_2 \xrightarrow[加热加压]{催化剂} 2CH_3CHO$$

乙烯直接氧化法制乙醛的总反应式，又叫“瓦克法”。详见【$CH_2{=}CH_2+PdCl_2+H_2O$】。

$CH_2{=}CH_2+PdCl_2+H_2O \rightarrow Pd\downarrow+CH_3CHO+2HCl$ 乙烯直接氧化法制乙醛，又叫“瓦克法”。在含有氯化铜、氯化钯和稀盐酸的溶液中通入乙烯，乙烯被氧化为乙醛。首先，乙烯和氯化钯生成配合物，配合物水解时生成乙醛和金属钯。$PdCl_2$ 作氧化剂，反应生成 Pd。氯化钯水溶液遇氢气、一氧化碳、乙烯等还原性气体褪色，有黑色的金属钯析出，可以用于检验这些气体。溶液中的氯化铜可以使金属钯重新氧化为氯化钯，氯化铜被还原为氯化亚铜：$Pd+2CuCl_2 {=\!=} PdCl_2+2CuCl$。氯化钯又可以和乙烯反应生成乙醛，空气中的氧可以使氯化亚铜氧化为氯化铜：$4CuCl+O_2+2HCl {=\!=} 4CuCl_2+2H_2O$。这样使氯化铜和氯化钯反复循环使用。总反应式为 $2CH_2{=}CH_2+O_2 \xrightarrow[加热加压]{催化剂} 2CH_3CHO$。

$2CH_2{=}CH_2+SCl_2 \rightarrow S(CH_2CH_2Cl)_2$ 见【$SCl_2+2CH_2{=}CH_2$】。

【$CH_2{=}CH{-}CH_3$】

丙烯，无色可燃性气体，化学性质活泼，易发生加成、氧化、聚合等反应。与空气形成爆炸性混合物，爆炸极限 2.0%~11.0%（体积）。高纯度的丙烯可由异丙醇经催化脱水制成，工业品来自石油热解气体，是制备异丙醇、丙酮、丙烯醇、丙烯醛、丙烯腈、甘油、丙烯酸酯及聚丙烯等的原料，和环丙烷互为同分异构体。

$$nCH_2{=}CH{-}CH_3 \xrightarrow{一定条件下} {\left[CH_2{-}\underset{CH_3}{\underset{|}{CH}}\right]}_n$$

丙烯发生加聚反应，生成聚丙烯。在碳碳双键之间加聚。

$CH_2{=}CHCH_3+Br_2 \rightarrow CH_3CHBr{-}CH_2Br$ 溴和丙烯发生加成反应，生成 1,2-二溴丙烷。烯烃和溴的反应见【$CH_2{=}CH_2+Br{-}Br$】中【卤素单质和烯烃反应】。

$CH_2{=}CHCH_3+Cl_2 \rightarrow CH_3{-}CHCl{-}CH_2Cl$ 氯气和丙烯发生加成反应，生成 1,2-二氯丙烷。【卤素单质和烯烃反应】见【$CH_2{=}CH_2+Br{-}Br$】。

$CH_2{=}CHCH_3+Cl_2 \xrightarrow{500℃\sim600℃} HCl+CH_2Cl{-}CH{=}CH_2$ 氯气和丙烯高温氯代，生成 3-氯丙烯，有选择性地发生取代反应，丙烯中甲基上的氢原子被取代。

$CH_2{=}CHCH_3+HBr \rightarrow CH_2Br{-}CH_2{-}CH_3$ 丙烯和溴化氢加成，生成 1-溴丙烷。还可以同时生成 2-溴丙烷：$CH_2{=}CHCH_3+HBr \rightarrow CH_3{-}CHBr{-}CH_3$。生成 2-溴丙烷是主要的，符合马氏规则。

【马氏规则（马尔科夫尼科夫规则）】凡是不对称结构的烯烃和酸 HX 加成时，X^-主要加到含氢原子较少的双键碳原子上。

$CH_2{=}CHCH_3+HBr \rightarrow CH_3{-}CHBr{-}CH_3$ 丙烯和溴化氢加成，生成 2-溴丙烷。还可以生成 1-溴丙烷：$CH_2{=}CHCH_3+HBr \rightarrow CH_2Br{-}CH_2{-}CH_3$。生成 2-溴丙烷是主要的，符合马氏规则。

$2CH_2{=}CHCH_3+2HBr \rightarrow$

$CH_3CHBrCH_3+CH_3CH_2CH_2Br$ 丙烯和溴化氢同时发生两种形式的加成，分别生成 2-溴丙烷和 1-溴丙烷，见【$CH_2=CH-CH_3+HBr$】。但生成 2-溴丙烷是主要的，符合马氏规则。

$CH_3CH=CH_2+HBrO\rightarrow$ $CH_3-CH(OH)-CH_2Br$ 丙烯和次溴酸加成，生成 1-溴-2-丙醇。丙烯和次卤酸加成时，卤素原子主要加到丙烯双键末端的碳原子上。

$CH_2=CHCH_3+H_2O\xrightarrow[加热加压]{催化剂}$ $CH_3CH_2CH_2OH$ 高温高压下，水蒸气和丙烯发生加成反应，生成 1-丙醇。还可以同时生成 2-丙醇：$CH_2=CHCH_3+H_2O\xrightarrow[加热加压]{催化剂}CH_3-CH(OH)-CH_3$。但生成 2-丙醇是主要的，符合马氏规则。

$CH_2=CHCH_3+H_2O\xrightarrow[加热加压]{催化剂}$ $CH_3-CH(OH)-CH_3$ 高温高压下，水蒸气和丙烯发生加成反应，生成 2-丙醇。还可以同时生成 1-丙醇：$H_2O+CH_2=CH-CH_3\xrightarrow[加热加压]{催化剂}CH_3CH_2CH_2OH$。但生成 2-丙醇是主要的，符合马氏规则。关于【马氏规则（马尔科夫尼科夫规则）】见【$CH_2=CHCH_3+HBr$】。

$3CH_3CH=CH_2+2KMnO_4+4H_2O\xrightarrow{中性,碱性}3CH_2(OH)-CH(OH)-CH_3+2KOH+2MnO_2$ 高锰酸钾中性溶液或碱性溶液氧化丙烯，生成 1,2-丙二醇、氢氧化钾和二氧化锰。含有碳碳双键或碳碳叁键的不饱和烃都可以使酸性高锰酸钾溶液褪色，酸性条件下高锰酸钾的氧化性更强，见【$5CH_2=CH_2+12KMnO_4+18H_2SO_4$】。

$CH_2=CHCH_3+NH_3+\frac{3}{2}O_2\xrightarrow[425℃\text{-}510℃]{催化剂}3H_2O+CH_2=CH-CN$

工业上由丙烯的氨氧化反应生产丙烯腈的原理。

【$CH_2=C(CH_3)_2$】2-甲基丙烯。

$CH_2=C(CH_3)_2+H_2O\xrightarrow{H^+}(CH_3)_3COH$ 2-甲基丙烯和水加成，生成 2-甲基-2-丙醇，同时也会生成 2-甲基-1-丙醇。但生成 2-甲基-2-丙醇是主要的，符合马氏规则。

【▷⁄═<】

▷⁄═< $+KMnO_4\xrightarrow{H^+}$ ▷⁄COOH $+$ >═O $+Mn^{2+}$ 烯烃被酸性高锰酸钾溶液氧化，碳链在双键处断裂，若双键碳原子上没有氢，则生成酮，若有一个氢原子，则生成羧酸；链端的双键碳原子被氧化成二氧化碳。含有碳碳双键或碳碳叁键的不饱和烃都可以使酸性高锰酸钾溶液褪色，酸性条件下高锰酸钾的氧化性更强。

【$CH_2=CH-CH_2-CH_3$】

1-丁烯。

$2CH_2=CHCH_2CH_3\xrightarrow{催化剂}CH_3CH_2CH=CHCH_2CH_3+CH_2=CH_2$ 一定条件下烯烃之间发生复分解反应，实现了烯烃分子中碳碳双键两端基团的换位，该研究成果获 2005 年诺贝尔化学奖。

$CH_2=CH-CH_2-CH_3+Br_2 \rightarrow CH_3CH_2CHBr-CH_2Br$ 溴和1-丁烯发生加成反应，生成1,2-二溴丁烷。烯烃和溴的反应见【$CH_2=CH_2+Br-Br$】中【卤素单质和烯烃反应】。

$CH_3CH_2CH=CH_2+CCl_4 \xrightarrow{CuCl_2} CH_3CH_2CHClCH_2CCl_3$ 1-丁烯和CCl_4的加成反应中，$CuCl_2$作催化剂。

$2CH_2=CH-CH_2-CH_3+2H_2O \xrightarrow{H^+} CH_3CHOHCH_2CH_3+CH_3CH_2CH_2CH_2OH$ 水和1-丁烯发生加成反应的两种情况，分别生成2-丁醇和1-丁醇。但生成2-丁醇是主要的，符合马氏规则。

$CH_3CH_2CH=CH_2 \xrightarrow{O_3} CH_3CH_2CHO+HCHO$ 【烯烃的臭氧化作用】见【$(CH_3)_2C=CHCH_3$】。1-丁烯被臭氧氧化成丙醛和甲醛。烯烃被臭氧氧化，根据生成物的结构可倒推烯烃双键的位置。

【$CH_3CH=CHCH_3$】2-丁烯，有顺、反异构。

$CH_3CH=CHCH_3 \xrightarrow[H_2]{Pt,Pd或Ni} CH_3CH_2CH_2CH_3$ 2-丁烯催化加氢生成丁烷。

$CH_3CH=CHCH_3 \xrightarrow{O_3} 2CH_3CHO$ 【烯烃的臭氧化作用】见【$(CH_3)_2C=CHCH_3$】。1mol的2-丁烯被臭氧氧化生成2mol乙醛。烯烃被臭氧氧化，根据生成物的结构可倒推烯烃双键的位置。

【C_4H_8】1-丁烯$CH_2=CHCH_2CH_3$、2-丁烯$CH_3CH=CHCH_3$（顺、反异构）、2-甲基丙烯$CH_2=C(CH_3)-CH_3$、环丁烷□、甲基环丙烷△—CH_3等互为同分异构体。

$C_4H_8+6O_2 \xrightarrow{点燃} 4CO_2+4H_2O$
丁烯等同分异构体完全燃烧，生成二氧化碳和水。

【$CH_3CH(CH_3)CH=CH_2$】3-甲基-1-丁烯。

$(CH_3)_2CHCH=CH_2+HI \rightarrow (CH_3)_2CHCHICH_3$ 3-甲基-1-丁烯和碘化氢的加成，生成2-碘-3-甲基丁烷是主要的，同时也会生成少量的1-碘-3-甲基丁烷，符合马氏规则。关于【马氏规则（马尔科夫尼科夫规则）】见【$CH_2=CHCH_3+HBr$】。

$CH_3CH(CH_3)CH=CH_2+HI \rightarrow CH_3-CH(CH_3)-CHI-CH_3+CH_3-CH(CH_3)-CH_2-CH_2I$ 3-甲基-1-丁烯和碘化氢的加成，生成2-碘-3-甲基丁烷是主要的，同时也会生成少量的1-碘-3-甲基丁烷，符合马氏规则。

【$(CH_3)_2C=CHCH_3$】2-甲基-2-丁烯。

$(CH_3)_2C=CHCH_3 \xrightarrow{O_3}$ （五元环臭氧化物：$(CH_3)_2C$与$CH(CH_3)$以—O—及—O—O—相连）

2-甲基-2-丁烯被臭氧氧化，生成五元环的臭氧化合物，水解生成丙酮和乙醛。

【烯烃的臭氧化作用】烯烃的臭氧化作用，碳碳双键断裂生成醛（或者酮）。将含有臭氧 6%～8%的氧气通入液态烯烃或烯烃的四氯化碳溶液等，臭氧迅速而定量地与烯烃反应，生成黏稠状的五元环臭氧化合物。该化合物因具有爆炸性而不必分离，在水中直接水解生成醛（或者酮）和过氧化氢。为防止醛或者酮被强氧化剂过氧化氢氧化，通常加入还原剂（如 Zn/H_2O）。水解产物随烯烃的结构不同而不同：有$=CH_2$结构生成甲醛 HCHO；有 RCH=结构生成醛 RCHO；有 $R_2C=$结构生成酮 $R_2C=O$。反过来，根据生成物可以判断原烯烃中碳碳双键的位置以及结构特征。如 $CH_3CH_2CH=CH_2 \xrightarrow{O_3} CH_3CH_2CHO+HCHO$。因此，臭氧化反应常常被用来研究烯烃的结构。

$$\mathbf{CH_3CH=C(CH_3)_2 \xrightarrow[②NaBH_4]{①O_3} CH_3CH_2OH+CH_3-CHOH-CH_3}$$

2-甲基-2-丁烯被臭氧氧化，生成五元环的臭氧化合物：$(CH_3)_2C=CHCH_3 \xrightarrow{O_3}$ （五元环臭氧化合物：$(CH_3)_2C$ 与 CH(H)(CH_3) 以 O 及 O—O 相连），该臭氧化合物水解生成丙酮和乙醛。该臭氧化合物用硼氢化钠（$NaBH_4$）或氢化铝锂（$LiAiH_4$）还原得到乙醇和2-丙醇。

【$(H_3C)_2C=C(CH_3)_2$】2,3-二甲基-2-丁烯。

$$(H_3C)_2C=C(CH_3)_2+\mathbf{Br_2} \rightarrow H_3C-C(CH_3)(Br)-C(CH_3)(Br)-CH_3$$

溴和2,3-二甲基-2-丁烯发生加成反应，生成2,3-二溴-2,3-二甲基丁烷。烯烃和溴的反应见【$CH_2=CH_2$+Br－Br】中【卤素单质和烯烃反应】。

【$CH_3CH=CHCH_2CH_3$】

2-戊烯。

$$\mathbf{CH_3CH=CHCH_2CH_3 \xrightarrow[②H_3O^+]{①KMnO_4,OH^-} CH_3COOH+CH_3CH_2COOH}$$

2-戊烯被高锰酸钾氧化生成乙酸和丙酸。烯烃被高锰酸钾氧化见【▷—═<+$KMnO_4$】。

【$CH_3CH_2CH_2CH_2CH=CH_2$】

1-己烯。

$$\mathbf{CH_3CH_2CH_2CH_2CH=CH_2 \xrightarrow[H_2]{Pt,\ Pd或Ni} CH_3CH_2CH_2CH_2CH_2CH_3}$$

1-己烯催化加氢生成己烷。

【$CH_3(CH_2)_9CH=CH_2$】

$$\mathbf{CH_3(CH_2)_9CH=CH_2+C_6H_6 \xrightarrow{AlCl_3}} CH_3(CH_2)_{10}CH_2-C_6H_5$$

制备合成洗涤剂十二烷基苯磺酸钠的反应之一。首先 $CH_3(CH_2)_9CH=CH_2$ 和苯生成十二烷基苯。十二烷基苯再和浓硫酸生成十二烷基苯磺酸：$CH_3(CH_2)_{10}CH_2-C_6H_5 \xrightarrow{浓硫酸} CH_3(CH_2)_{10}CH_2-C_6H_4-SO_3H$，十二烷基苯磺酸和氢氧化钠反应生成十二烷基苯磺酸钠：

$$CH_3(CH_2)_{10}CH_2-C_6H_4-SO_3H \xrightarrow{NaOH} CH_3(CH_2)_{10}CH_2-C_6H_4-SO_3Na$$

。

【C_nH_{2n}】 烯烃或环烷烃等的通式，烯烃 $n \geqslant 2$，环烷烃 $n \geqslant 3$。

$C_nH_{2n}+H_2 \xrightarrow{Ni} C_nH_{2n+2}$ 烯烃或环烷烃和氢气催化加成的反应通式，生成烷烃。

$C_nH_{2n}+HX \rightarrow C_nH_{2n+1}X$ 烯烃和卤化氢加成反应的通式。

$$C_nH_{2n}+\frac{3n}{2}O_2 \xrightarrow{点燃} nCO_2+nH_2O$$

烯烃或环烷烃完全燃烧，生成二氧化碳和水的化学方程式通式。

$C_nH_{2n}+X_2 \rightarrow C_nH_{2n}X_2$ 烯烃和卤素单质发生加成反应的通式。【卤素单质和烯烃反应】见【$CH_2=CH_2+Br-Br$】。

【$RCH=CH_2$】 $RCH=CH_2$ 是表示碳碳双键在 1 号位的烯烃的通式。

$$RCH=CH_2 \xrightarrow[H_2]{催化剂} RCH_2CH_3$$

烯烃催化加氢反应的通式。

$$RCH=CH_2 \xrightarrow[过氧化物]{HBr} RCH_2CH_2Br$$

烯烃和溴化氢催化加成的反应通式，过氧化物存在下，生成符合反马氏规则的卤代烃。

【$RCH=CHR'$】

$$nRCH=CHR' \xrightarrow[加热加压]{催化剂} \left[\begin{matrix}CH-CH\\ | \quad\ \ | \\ R \quad\ \ R'\end{matrix}\right]_n$$

烯烃发生加聚反应的通式。R 与 R′可以相同，也可以不相同，还可以是氢原子，加聚反应发生在碳碳双键之间。

$RCH=CHR' \xrightarrow{O_3,Zn/H_2O} RCHO+R'CHO$ 烯烃的臭氧化作用，碳碳双键断裂生成醛（或者酮）。【烯烃的臭氧化作用】见【$(CH_3)_2C=CHCH_3 \xrightarrow{O_3}$ （五元环臭氧化物：CH_3、CH_3 与 C 相连，CH 上连 CH_3、H，环 C—O—C，下方 O—O）】。

$$RCH=CHR' \xrightarrow[②酸化]{①碱性KMnO_4溶液,\Delta} RCOOH+R'COOH$$

$RCOOH+R'COOH$ 烯烃被高锰酸钾氧化，生成酮或酸或二氧化碳，见【▷╱═＜ $+KMnO_4$】。

$$RCH=CHR'+H_2 \xrightarrow[\Delta]{Pt} RCH_2CH_2R'$$

烯烃催化加氢的反应通式。

$$RCH=CHR'+O_3 \xrightarrow{催化剂} \text{RCH—O—CHR'（下方 O—O 相连的五元环）}$$

烯烃的臭氧化作用，先生成黏稠状的五元环臭氧化合物，直接水解生成醛（或者酮）和过氧化氢。即烯烃的碳碳双键断裂生成醛（或者酮）。【烯烃的臭氧化作用】见

【$(CH_3)_2C=CHCH_3 \xrightarrow{O_3}$ （CH_3、CH_3—C—O—C—CH_3、H，下方 O—O 相连的五元环）】。

【$\begin{matrix}R \quad\quad R''\\ C=C \\ R' \quad\quad H\end{matrix}$】

$$\begin{matrix}R \quad\quad R''\\ C=C \\ R' \quad\quad H\end{matrix} \xrightarrow[弱氧化剂]{O_3} \begin{matrix}R \\ C=O \\ R'\end{matrix} + \begin{matrix}\quad R''\\ O=C \\ \quad H\end{matrix}$$

烯烃的臭氧化作用，先生成黏稠状的五元环臭氧化合物，直接水解生成醛（或者酮）和过氧化氢。即烯烃的碳碳双键断裂生成醛（或者酮）。【烯烃的臭氧化作用】见

【$(CH_3)_2C=CHCH_3 \xrightarrow{O_3}$ （CH_3、CH_3—C—O—C—CH_3、H，下方 O—O 相连的五元环）】。

$$\begin{matrix}R \quad\quad R''\\ C=C \\ R' \quad\quad H\end{matrix} \xrightarrow[强氧化剂]{KMnO_4(H^+)} \begin{matrix}R \\ C=O \\ R'\end{matrix} + \begin{matrix}\quad R''\\ O=C \\ \quad OH\end{matrix}$$

烯烃被高锰酸钾氧化，生成酮或酸或二氧化碳，见【▷╱═＜$+KMnO_4$】。

【$\begin{matrix}R_1R_2\\ | \ \ | \\ C=C \\ | \ \ | \\ R_3R_4\end{matrix}$】

$\begin{matrix}R_1R_2\\ C=C\\ R_3R_4\end{matrix} \xrightarrow{催化剂} \left[\begin{matrix}R_1R_2\\ -C-C-\\ R_3R_4\end{matrix}\right]_n$ 烯烃发生加聚反应的通式。R_1、R_2、R_3、R_4可以相同，也可以不相同，还可以是氢原子，加聚反应发生在碳碳双键之间。

【亚甲基环己烷结构式】亚甲基环己烷。

亚甲基环己烷 $+H_2 \xrightarrow{催化剂}$ 甲基环己烷 亚甲基环己烷和氢气催化加成，生成甲基环己烷。加成反应发生在碳碳双键之间。$=CH_2$（或者写成$-CH_2-$）叫作亚甲基；$-CH_3$叫作甲基；$-\overset{|}{C}H-$叫作次甲基。

【环己烯结构式】环己烯，分子式C_6H_{10}，无色液体，存在于煤焦油中，不溶与水，与乙醇、乙酸乙酯、氯仿、苯、石油醚、四氯化碳等互溶。工业上由环己醇在酸催化剂条件下经高温脱水制得。实验室中一般由环己醇经硫酸脱水制得。环己烯是重要的化工原料，用于生产己二酸、顺丁烯二酸、环己基甲酸、环己基甲醛，可用作萃取剂、高辛烷值汽油稳定剂。吸入会引起轻度中毒。

环己烯$+Br_2\rightarrow$ 1,2-二溴环己烷 溴和环己烯发生加成反应，生成1,2-二溴环己烷。

环己烯$+H_2\rightarrow$环己烷；$\Delta H=-119.6kJ/mol$

环己烯催化加氢生成环己烷，放出119.6kJ/mol的热量。

【$CH_2=CH-CH=CH_2$】

1,3-丁二烯，有两种较稳定的构象：*s*-顺-1,3-丁二烯：$\begin{matrix}H_2C & & CH_2\\ & C-C & \\ H & & H\end{matrix}$，*s*-反-1,3-丁二烯：$\begin{matrix}H_2C & & H\\ & C-C & \\ H & & CH_2\end{matrix}$。前者往往写作 $\begin{matrix}CH_2\\ CH\\ CH\\ CH_2\end{matrix}$ 或（键线式）。

1,3-丁二烯为无色易液化气体，不溶于水，能溶于乙醇和乙醚，易发生加成和聚合等反应。与空气形成爆炸性混合物，爆炸极限2.16%~11.47%（体积）。化学性质活泼，易加成和聚合。可由石油热解气体（丁烷、丁烯）脱氢或乙醇脱水-脱氢等制得，是合成丁苯橡胶、顺丁橡胶、丁腈橡胶的单体，也是合成树脂、尼龙的原料。

$CH_2=CH-CH=CH_2+CH_2=CH-CH=CH_2\rightarrow$

（环己烯基）$-CH=CH_2$ 两个1,3-丁二烯分子发生环加成反应，形成六元环，生成4-乙烯基环己烯。在光和热作用下由共轭二烯烃和一个亲双烯体发生1,4加成反应，生成环状化合物的反应叫作双烯合成，见【$\begin{matrix}CH_2\\ \|\\ CH_2\end{matrix}+\begin{matrix}CH_2\\ CH\\ CH\\ CH_2\end{matrix}$】。

$nCH_2=CH-CH=CH_2 \xrightarrow{一定条件下} [CH_2-CH=CH-CH_2]_n$ 1,3-丁二烯发生加聚反应，生成聚1,3-丁二烯，是最早人工合成的橡胶，掺入天然橡胶中能提高轮胎的负重量。

$nCH_2=CH-CH=CH_2 \xrightarrow{催化剂}$

$\left[\begin{matrix}CH_2 & & CH_2\\ & C=C & \\ H & & H\end{matrix}\right]_n$ 顺-1,3-丁二烯合成顺式聚1,3-丁二烯，即顺丁橡胶。

$CH_2=CHCH=CH_2+Br_2\rightarrow$

$CH_2BrCHBrCH=CH_2$　1,3-丁二烯和溴的1,2-加成，生成3,4-二溴-1-丁烯。见【$CH_2=CH-CH=CH_2+2Br_2$】。

$CH_2=CHCH=CH_2+Br_2 \rightarrow CH_2BrCH=CHCH_2Br$　1,3-丁二烯和溴的1,4-加成，生成1,4-二溴-2-丁烯。见【$CH_2=CH-CH=CH_2+2Br_2$】。

$CH_2=CHCH=CH_2+2Br_2 \rightarrow CH_2BrCHBrCHBrCH_2Br$　1,3-丁二烯和溴完全加成，生成1,2,3,4-四溴丁烷。

【1,3-丁二烯和溴发生1,4-加成】生成1,4-二溴-2-丁烯：$Br_2+CH_2=CH-CH=CH_2 \rightarrow CH_2Br-CH=CH-CH_2Br$。

【1,3-丁二烯和溴发生1,2-加成】生成3,4-二溴-1-丁烯：$Br_2+CH_2=CHCH=CH_2 \rightarrow CH_2BrCHBrCH=CH_2$。

【1,3-丁二烯和溴完全加成】1,3-丁二烯和溴完全加成，两个双键均加成，生成1,2,3,4-四溴丁烷。

1,3-丁二烯和溴如何加成，取决于反应条件。（1）低温下，如−15℃，生成1,2-加成产物的速率较快，1,2-加成产物占55%。（2）60℃时，两种加成产物形成动态平衡，1,4-加成产物占90%。（3）4℃时极性溶剂中1,4-加成产物占70%。（4）−15℃时非极性溶剂中1,4-加成产物占46%。

$CH_2=CHCH=CH_2 \xrightarrow{Cl_2} CH_2ClCH=CHCH_2Cl$　1,3-丁二烯和氯气的1,4-加成，生成1,4-二氯-2-丁烯。还可以同时发生1,2-加成，生成3,4-二氯-1-丁烯：$Cl_2+CH_2=CHCH=CH_2 \rightarrow CH_2ClCHClCH=CH_2$。两种加成的比例取决于加成的条件。

（s-反-1,3-丁二烯键线式）$+Cl_2 \xrightarrow{1,2-加成}$（3,4-二氯-1-丁烯键线式）　*s*-反-1,3-丁二烯和氯气发生的1,2-加成，生成3,4-二氯-1-丁烯。还可以同时发生1,4-加成，生成1,4-二氯-2-丁烯：$CH_2=CH-CH=CH_2 \xrightarrow{Cl_2} CH_2Cl-CH=CH-CH_2Cl$。两种加成的比例取决于加成的条件。

$nCH_2=CH-CH=CH_2+ n\,C_6H_5-CH=CH_2 \rightarrow \left[CH_2\text{-}CH=CH\text{-}CH_2\text{-}CH_2\text{-}CH(C_6H_5)\right]_n$

苯乙烯和1,3-丁二烯发生共聚反应。不同单体之间共聚，和同一单体之间的加聚相似，发生在碳碳双键之间。

$nCH_2=CH-CH=CH_2+ nCH_2=CH-CN \rightarrow \left[CH_2\text{-}CH=CH\text{-}CH_2\text{-}CH_2\text{-}CH(CN)\right]_n$　1,3-丁二烯和丙烯腈经乳液聚合得到无规则共聚体，即丁腈橡胶，是一种合成橡胶。不同单体之间共聚，和同一单体之间的加聚相似，发生在碳碳双键之间。

【$CH_2=C(CH_3)-CH=CH_2$】　异戊二烯，又称2-甲基-1,3-丁二烯，无色液体，不溶于水，溶于醇、醚等有机溶剂中，对眼、鼻、上呼吸道黏膜有刺激作用；含有共轭双键，化学性质活泼，易发生聚合。用乙炔、丙烯、异丁烷或松节油制取，是合成橡胶的单体。天然橡胶及杜仲胶所含的烃是它的聚合物$(C_5H_8)_n$。

$nCH_2=C(CH_3)-CH=CH_2 \rightarrow \left[CH_2\text{-}C(CH_3)=CH\text{-}CH_2\right]_n$　2-甲基-1,3-丁二烯发生加聚反应，在碳碳双键之间发生。

【$CH_3CH=CHCH_2CH=CH_2$】

1,4-己二烯。

$CH_3CH=CHCH_2CH=CH_2 \xrightarrow[H_2O]{O_3}$

$CH_3CHO+OHCCH_2CHO+HCHO$ 1,4-己二烯在 O_3 作用下，生成乙醛、丙二醛和甲醛。【烯烃的臭氧化作用】

见【$(CH_3)_2C=CHCH_3 \xrightarrow{O_3}$ （臭氧化物结构式）】。

【C_5H_6】 环戊二烯，又称 1,3-环戊二烯，无色易燃液体，不溶于水，能与醇、乙醚、苯、四氯化碳以任意比混合，溶于二硫化碳、苯胺、醋酸中。分子结构中有共轭双键和活泼亚甲基，易加成、取代、聚合，并形成金属配合物。由煤焦油、粗苯头馏分、石油裂解时 C_5 馏分分离或由环戊烯、环戊烷催化脱氢制得，也可由二聚环戊二烯热解蒸馏而得。可制造合成树脂、干性油、增塑剂、安定剂、有机氯杀虫剂、杀菌剂、香料和药物。

$2C_5H_6+2Na \xrightarrow{THF} 2C_5H_5Na+H_2$
制备二茂铁的原理之一：在四氢呋喃（THF）的溶液中通过环戊二烯和钠（或氢化钠）反应，生成钠盐。再和金属卤化物（或羰基化合物）反应制得二茂铁：$2C_5H_5Na+FeCl_2 \xrightarrow{THF} (C_5H_5)_2Fe+2NaCl$。1,3-环戊二烯（环戊二烯结构式）的钠盐 C_5H_5Na 和 $FeCl_2$ 反应，生成双环戊二烯基合铁(Ⅱ)，俗称“二茂铁”，橘色晶体，夹心配合物。$C_5H_5^-$，环戊二烯离子，又称“茂”。

【C_5H_5Na】 茂基钠，白色固体，溶于液氨、四氢呋喃，遇水、酸、碱立即分解。可由环戊二烯与金属钠在四氢呋喃、液氨或乙二醇二甲醚中反应而得，可用于制备金属有机化合物。

$2C_5H_5Na+FeCl_2 \xrightarrow{THF} (C_5H_5)_2Fe+2NaCl$ 制备二茂铁的其中一步反应，详见【$2C_5H_6$+2Na】。

【（1,4-环己二烯结构式）】 1,4-环己二烯。

（1,4-环己二烯）$+2H_2 \rightarrow$（环己烷）；$\Delta H=-231.7kJ/mol$
1,4-环己二烯催化加氢生成环己烷，放出 231.7kJ/mol 的热量。

【$CH\equiv CH$】 乙炔，俗称“电石气”，最简单的炔烃，无色易燃气体，工业乙炔因含有杂质而具有特殊臭味。0℃时 1L 水中溶解 1.7L 乙炔，15.5℃时溶解 1.1L，微溶于水，溶于乙醇、丙酮。乙炔不稳定，对震动很敏感，在热和电火花的引发下，会发生猛烈爆炸，在高压或铜存在下更容易爆炸，压力超过 147.09kPa 时易发生爆炸。与空气形成爆炸性混合物，爆炸极限 2.55%~80.0%（体积）。化学性质活泼，易发生加成、氧化、聚合及金属取代。可用电石和水反应或由甲烷热解制得。在氧气中燃烧产生强光和高温 3500℃，可用于照明、焊接及切割金属，也是制造乙醛、醋酸、苯、合成橡胶、合成纤维等的基本原料。在常温下缓慢分解生成碳和氢气。乙炔的丙酮溶液是稳定的。炔烃官能团为$-C\equiv C-$，碳碳叁键。

$CH\equiv CH \rightarrow 2C+H_2\uparrow$；$\Delta H=-214.4 kJ/mol$ 乙炔受震动时分解并爆炸的热化学方程式。

$CH\equiv CH+CH\equiv CH \xrightarrow{一定条件下} CH_2=CHC\equiv CH$ 将乙炔通入氯化亚铜—氯化铵的强酸性溶液中，两个乙炔分子之间发生二聚生成乙烯基乙炔。乙炔发生聚合反应，与烯烃不同，一般难聚合成高聚物，在不同的催化剂条件下，发生二聚、三聚、四聚等。

$3CH{\equiv}CH \xrightarrow{催化剂}$ ⌬ 在 300℃～400℃高温条件下，乙炔发生三聚合生成苯。

$nCH{\equiv}CH \xrightarrow{一定条件下} {+}CH{=}CH{+}_n$

在一定条件下，乙炔也发生加聚反应，生成聚乙炔。乙炔发生聚合反应，与烯烃不同，一般难聚合成高聚物，在不同的催化剂条件下，发生二聚、三聚、四聚等。

$CH{\equiv}CH \xrightarrow{KMnO_4} H{-}\overset{O}{\overset{\|}{C}}{-}\overset{O}{\overset{\|}{C}}{-}H$ 乙炔通入酸性高锰酸钾溶液，紫色褪去。先被氧化成乙二醛，乙二醛继续被氧化，生成甲酸和二氧化碳：$H{-}\overset{O}{\overset{\|}{C}}{-}\overset{O}{\overset{\|}{C}}{-}H \xrightarrow{KMnO_4} H{-}\overset{O}{\overset{\|}{C}}{-}OH+CO_2\uparrow$。甲酸可被氧化成 CO_2。

$CH{\equiv}CH+2[Ag(NH_3)_2]^+ \rightarrow 2NH_4^+ +AgC{\equiv}CAg\downarrow+2NH_3$ 硝酸银的氨水溶液叫银氨溶液，也叫“多伦试剂”，通入乙炔气体，立即生成乙炔银白色沉淀，该反应很灵敏，现象很明显，用于乙炔以及 RC≡CH 型炔类的定性检验，RC≡CR 型炔烃不反应。实验完毕，立即加盐酸使乙炔银分解，否则会爆炸。

$CH{\equiv}CH+Br_2 \rightarrow BrHC{=}CHBr$

溴和乙炔不完全加成，生成 1,2-二溴乙烯。

$CH{\equiv}CH+2Br_2 \rightarrow CHBr_2{-}CHBr_2$

溴和乙炔完全加成，生成 1,1,2,2-四溴乙烷。**【溴和乙炔加成】**第一步加成先生成 1,2-二溴乙烯：$Br_2+CH{\equiv}CH \rightarrow BrHC{=}CHBr$。第二步加成：$Br_2+BrHC{=}CHBr \rightarrow Br_2HC{-}CHBr_2$，生成 1,1,2,2-四溴乙烷。两步加合得以上总反应式。

$CH{\equiv}CH+2Cl_2 \xrightarrow{暗处} CHCl_2{-}CHCl_2$ 氯气和乙炔完全加成，生成 1,1,2,2-四氯乙烷。还可以部分加成生成 1,2-二氯乙烯：$CH{\equiv}CH+Cl_2 \xrightarrow{暗处} CHCl{=}CHCl$。

$CH{\equiv}CH+2[Cu(NH_3)_2]^+ \rightarrow CuC{\equiv}CCu\downarrow+2NH_4^+ +2NH_3$

氯化亚铜的氨水溶液通入乙炔，立即生成乙炔亚铜红色沉淀，乙炔亚铜 CuC≡CCu，化学式为 Cu_2C_2，不溶于水，溶于盐酸和氰化钾溶液。加热至 120℃或接触硝酸、硫酸、氯、溴等物质时发生爆炸，用作发爆剂。该反应很灵敏，现象很明显，用于乙炔以及 RC≡CH 型炔类的定性检验，RC≡CR 型炔烃不反应。实验完毕，立即加盐酸使乙炔亚铜分解，否则会爆炸。

$CH{\equiv}CH+2H_2 \xrightarrow[\Delta]{Ni} CH_3CH_3$

乙炔和氢气完全加成，生成乙烷。该反应分两步进行。首先，$H_2+CH{\equiv}CH \xrightarrow[\Delta]{催化剂} CH_2{=}CH_2$。第二步，$H_2+CH_2{=}CH_2 \xrightarrow{催化剂} CH_3CH_3$。

$CH{\equiv}CH+H_2 \xrightarrow[\Delta]{催化剂} CH_2{=}CH_2$

乙炔和氢气的部分加成，详见【CH≡CH+$2H_2$】。

$CH{\equiv}CH+HCN \xrightarrow{催化剂} CH_2{=}CH{-}CN$ 乙炔和氰化氢在催化剂条件下加成，生成丙烯腈，使分子中碳原子增加一个。有机合成中常常采用不饱和烃和氰化氢加成的方法增加碳链。

$CH{\equiv}CH+HCl \xrightarrow[\Delta]{催化剂} CH_2{=}CHCl$

乙炔和氯化氢发生加成反应，生成氯乙烯。氯乙烯是合成聚氯乙烯的单体。氯乙烯和氯化氢继续加成，加成时符合马氏规则。关于【马氏规则（马尔科夫尼科夫规则）】见【CH_2═$CHCH_3$+HBr】。

$CH\equiv CH+H_2O \xrightarrow[\Delta]{催化剂} CH_3CHO$

将乙炔和水蒸气混合，通入含有硫酸汞的稀硫酸溶液中，加热到100℃时，发生水化生成乙醛，1881年由库切洛夫发现。该反应首先生成乙烯醇，乙烯醇不稳定，很快转变为稳定的乙醛，即烯醇式结构变为酮式结构，这种现象叫作酮醇互变异构，或简称为互变异构。乙炔水化得到乙醛，其他炔烃水化得到酮。

$3CH\equiv CH+10KMnO_4+2H_2O \rightarrow 6CO_2\uparrow+10KOH+10MnO_2\downarrow$

将乙炔通入高锰酸钾中性水溶液中，紫色褪去，乙炔被氧化为二氧化碳，高锰酸钾被还原为二氧化锰。

$CH\equiv CH+2KMnO_4+3H_2SO_4 \rightarrow 2CO_2\uparrow+2MnSO_4+K_2SO_4+4H_2O$

在酸性高锰酸钾溶液中，乙炔被氧化为二氧化碳，高锰酸钾被还原为硫酸锰。酸性条件下，高锰酸钾的氧化性强。因为有二氧化碳气体生成，所以，乙烷气体中的乙炔不能用酸性高锰酸钾除去，可以用溴水除去。

$2CH\equiv CH+5O_2 \xrightarrow{点燃} 4CO_2+2H_2O$

乙炔完全燃烧，生成二氧化碳和水，火焰明亮伴有浓烈的黑烟，放出大量的热，使温度达3000℃，可用来焊接和切割金属。

$C_2H_2(g)+\frac{5}{2}O_2(g)$══$2CO_2(g)+H_2O(l)$；$\Delta H=-1300kJ/mol$ 乙炔完全燃烧，生成二氧化碳和水的热化学方程式，因放出大量的热使温度很高，可达3000℃，可用来焊接和切割金属。

【$CH_3C\equiv CH$】丙炔。

$CH_3C\equiv CH+H-OH \xrightarrow{Hg^{2+},H_2SO_4}$

$CH_3\text{-}\underset{\displaystyle OH}{\underset{|}{C}}=CH_2 \rightarrow CH_3-\overset{\displaystyle O}{\overset{\|}{C}}-CH_3$ 将丙炔和水蒸气混合，通入含有硫酸汞的稀硫酸溶液中，共热到100℃时，发生水化生成丙酮。乙炔水化得到乙醛，详见【$CH\equiv CH+H_2O$】，其他炔烃水化得到酮。

【C_4H_6】丁炔。

$C_4H_6+2H_2 \rightarrow C_4H_{10}$ 丁炔和足量的氢气完全加成生成丁烷。首先，丁炔和氢气加成生成丁烯：$C_4H_6+H_2 \rightarrow C_4H_8$。丁烯再和氢气加成生成丁烷：$C_4H_8+H_2 \rightarrow C_4H_{10}$。

$C_4H_6+H_2 \rightarrow C_4H_8$ 丁炔和氢气部分加成，生成丁烯。

【$CH_3CH_2CH_2C\equiv CCH_2CH_3$】

3-庚炔。

$CH_3CH_2CH_2C\equiv CCH_2CH_3 \xrightarrow[100℃]{KMnO_4} CH_3CH_2COOH+CH_3CH_2CH_2COOH$ 被$KMnO_4$溶液氧化生成丙酸和丁酸。

【炔烃被氧化剂$KMnO_4$溶液氧化】碳碳叁键处断裂，生成羧酸和二氧化碳等。≡CH结构生成CO_2，RC≡结构生成RCOOH。高锰酸钾溶液紫色褪去，可以定性检验炔烃。根据生成物的结构可以判断炔烃的结构。若用臭氧氧化，生成两个羧酸。但碳碳叁键比碳碳双键难以氧化，若分子内同时有碳碳叁键和碳碳双键，碳碳双键先被氧化。

【C_nH_{2n-2}】 炔烃用通式 C_nH_{2n-2} 表示，$n \geq 2$。二烯烃也可用 C_nH_{2n-2} 表示。

$$C_nH_{2n-2}+\frac{3n-1}{2}O_2 \xrightarrow{点燃} nCO_2+(n-1)H_2O$$

炔烃或二烯烃等完全燃烧，生成二氧化碳和水的化学方程式通式。

【RC≡CH】

$$RC\equiv CH+HX \xrightarrow{催化剂} \underset{|\quad\ \ |}{\overset{RC=CH}{}}\!\!\!\!\!\!\!\!\!\!\!\!\!\!\underset{X\quad H}{} \xrightarrow{HX} R-\underset{X}{\overset{X}{C}}-CH_3$$

炔烃和卤化氢加成，先生成一卤代烯烃，继续加成，生成二卤代烷烃，加成时符合马氏规则。【马氏规则（马尔科夫尼科夫规则）】见【$CH_2=CHCH_3+HBr$】。

【$CH_2=CH-C\equiv CH$】

乙烯基乙炔为无色气体，具有麻醉性、刺激性和毒性，易液化。与空气形成爆炸性混合物，爆炸极限 1.7%~73.3%（体积）。化学性质活泼，易加成和聚合。由两分子乙炔催化聚合而成：$CH\equiv CH+CH\equiv CH \xrightarrow{一定条件下} CH_2=CH-C\equiv CH$。用作制备 1,3-丁二烯、1,3-氯丁二烯等合成橡胶的单体。

$$CH_2=CH-C\equiv CH+HCl \rightarrow CH_2=CH-\underset{Cl}{C}=CH_2$$

乙烯基乙炔和氯化氢加成，碳碳叁键比碳碳双键难加成，加成反应首先发生在碳碳双键之间。但在一定条件下可以在碳碳叁键上优先加成，生成 2-氯-1,3-丁二烯，聚合之后就是氯丁橡胶，即聚 2-氯-1,3-丁二烯。

【$CH_3-C\equiv C-C\equiv CH$】

1,3-戊二炔。

$$CH_3-C\equiv C-C\equiv CH \xrightarrow[H_2O]{O_3} CH_3COOH+HOOC-COOH+HCOOH$$

1,3-戊二炔在 O_3 作用下，生成乙酸、乙二酸和甲酸。碳碳叁键在 O_3 作用下在叁键处断裂，生成羧酸。炔烃受氧化剂 $KMnO_4$ 溶液氧化，与臭氧有区别，详见【$CH_3CH_2CH_2C\equiv CCH_2CH_3$】。

【C_6H_6】 苯，无色有特殊气味的液体，易燃烧，燃烧时火焰明亮，有浓烈的黑烟。苯是最简单的芳香烃，蒸气有毒，密度小于水，难溶于水，易溶于有机溶剂。蒸气和空气形成爆炸性混合物，爆炸极限 1.5%~8.0%（体积）。用作溶剂和化工原料。常有⌬、⌬、⌬、⌬等结构简式表示方式，但六个键完全相同，是一种介于碳碳单键和碳碳双键之间的特殊键，非单键，非双键。结构式：（苯的凯库勒结构式，六个C各连一个H）。主要由焦炉气及煤焦油获得，也可由石油重整而得。

$$⌬ \xrightarrow[Zn/H_2O]{O_3} 3\,H-\overset{O}{\overset{\|}{C}}-\overset{O}{\overset{\|}{C}}-H$$

发生臭氧化反应，1mol 苯生成 3mol 乙二醛。该反应类似于烯烃的臭氧化反应。【烯烃的臭氧化作用】见【$(CH_3)_2C=CHCH_3 \xrightarrow{O_3}$ （臭氧化物：$(CH_3)_2C$ 与 $CH(CH_3)$ 经 O 及 O—O 桥连成五元环）】。

$$⌬+Br_2 \xrightarrow{催化剂} ⌬-Br+HBr$$

实验室制取溴苯的原理：溴和苯在铁或溴化铁作催化剂条件下，发生取代反应，生成褐色油状溴苯，溴苯比水重。该反应还可以写成 Br_2

$+C_6H_6 \xrightarrow{Fe} C_6H_5Br+HBr$。但真正的催化剂是溴化铁，因溴化铁易吸水，不便保存，实际上加入铁粉作催化剂。加入铁粉时，铁和溴先快速反应生成溴化铁：$3Br_2+2Fe \xlongequal{\triangle} 2FeBr_3$。苯和溴水不反应，因为芳香烃易取代而难加成，比烯烃更难加成，需要更苛刻的条件，加入液溴才反应，同时还需要催化剂。但苯可以萃取溴水中的溴，使溴水颜色变浅或褪色。

2⌬+4Br₂ →(Fe) 邻二溴苯 + Br—⌬—Br + 4HBr 实验室里制溴苯时发生的副反应，生成少量的邻二溴苯和对二溴苯。实验室里制溴苯的原理见【⌬$+Br_2$】。

⌬$+Cl_2 \xrightarrow{Fe}$ ⌬—Cl$+HCl$ 氯气和苯在催化剂条件下，发生取代反应，生成氯苯和氯化氢。铁或氯化铁作催化剂，真正的催化剂是氯化铁。若加入铁作催化剂，铁和氯气反应生成氯化铁：$3Cl_2+2Fe \xlongequal{\triangle} 2FeCl_3$。氯气和苯在紫外线和加热条件下发生加成反应，生成六氯环己烷，见【$C_6H_6+3Cl_2$】。

$C_6H_6+3Cl_2 \xrightarrow[50℃]{紫外线} C_6H_6Cl_6$ 氯气和苯在紫外线和加热条件下发生加成反应，生成六氯环己烷，又叫六氯化苯，俗称“六六六”，是一种农药，由于残留物的危害较大，现已被淘汰。氯气和苯在催化剂条件下反应，生成氯苯和氯化氢，见【⌬$+Cl_2$】。

⌬$+C_2H_5Cl \rightarrow$ ⌬—C_2H_5+HCl 氯乙烷和苯在无水三氯化铝作催化剂条件下发生烷基化反应，生成乙苯。关于【烷基化反应】见【$CH_2=CH_2+$⌬】。

⌬$+C_2H_5Br \xrightarrow[0\text{-}25℃]{无水AlCl_3}$ ⌬—C_2H_5+HBr 溴乙烷和苯在无水三氯化铝作催化剂、0℃~25℃时发生烷基化反应，生成乙苯。

⌬$+C_2H_5OH \rightarrow$ ⌬—$C_2H_5+H_2O$ 乙醇和苯发生烷基化反应生成乙苯和水。关于【烷基化反应】见【$CH_2=CH_2+$⌬】。

⌬$+CH_3-\overset{O}{\overset{\|}{C}}-Cl \xrightarrow{无水AlCl_3}$ ⌬$-\overset{O}{\overset{\|}{C}}-CH_3+HCl$ 苯和乙酰氯在无水三氯化铝作催化剂条件下发生酰化反应，生成甲基苯基酮（或叫苯乙酮）和氯化氢。1877 年法国化学家傅瑞德和美国化学家克拉夫茨发现了制备芳酮的反应，又叫傅—克酰基化反应。

⌬$+3H_2 \xrightarrow[\triangle]{催化剂}$ 环己烷 苯和氢气发生加成反应，生成环己烷，反应温度 180℃~250℃，镍作催化剂。芳香烃容易发生取代反应而难以加成。

⌬$+HO-NO_2 \xrightarrow[\triangle]{浓硫酸}$ ⌬—NO_2+H_2O 苯和浓硝酸、浓硫酸的混合物在 55℃~60℃反应，生成硝基苯和水。硝化反应或者取代反应，浓硫酸作催化剂、脱水剂，可利用水浴进行加热。浓硝酸和浓硫酸混合液的配制和稀释硫酸的方法一样，将浓硫酸缓缓加入浓硝酸中，不断搅拌，切不可加反。硝基苯是带有苦杏仁味的、无色油状液体，比水重，有毒。反应机理见【⌬$+NO_2^+$】。

⌬$+2HNO_3$(浓) $\xrightarrow[\triangle]{浓硫酸}$ 间二硝基苯 $+2H_2O$ 苯和浓硝酸、浓硫酸的混合物在 55℃~60℃反应，生成硝基苯和水：⌬$+HO-NO_2 \xrightarrow[\triangle]{浓硫酸}$ ⌬—NO_2+H_2O。当混合酸过量时，硝基苯继续硝化生成间二硝基苯。第二次硝化比第一次慢得多，需要较高的温度(95℃)。第三次硝化更难，在 100℃~110℃时，发烟硝酸和发烟硫酸作用，生成均三硝基苯。

⌬$+HO-SO_3H \underset{}{\overset{70℃\sim80℃}{\rightleftharpoons}}$ ⌬—SO_3H+

H_2O 苯和98%的浓硫酸反应生成苯磺酸。该反应叫作磺化反应，也属于取代反应，是可逆反应，$-SO_3H$叫作磺酸基。苯的同系物较苯容易发生磺化反应。苯磺酸在过热水蒸气或稀硫酸或稀盐酸中共热可脱去磺酸基，生成苯和硫酸。

$C_6H_6+ICl \rightarrow C_6H_5I+HCl$ 卤素互化物一氯化碘和苯反应，生成碘苯和氯化氢。

$C_6H_6+NO_2^+ \rightarrow C_6H_5-NO_2+H^+$ 苯和浓硝酸、浓硫酸的混合物在55℃~60℃反应，生成硝基苯和水的反应机理：亲电试剂NO_2^+和电子云密度较大的苯环发生的亲电加成—消除反应，即NO_2^+和苯环亲电加成形成配合物的同时消除H^+。化学反应见【C_6H_6+$HO-NO_2$】。关于NO_2^+见【$HNO_3+H_2SO_4$】。NO_2^+叫作硝基正离子，或硝鎓离子，或硝酰阳离子。无水硝酸中含有NO_2^+，浓硫酸的加入有助于生成NO_2^+。

$2C_6H_6+15O_2 \xrightarrow{点燃} 12CO_2+6H_2O$
苯完全燃烧，生成二氧化碳和水。火焰明亮伴有浓烈的黑烟。

$2C_6H_6+9O_2 \xrightarrow[450℃]{V_2O_5} 2$ (CH—C(=O)—O—C(=O)—CH，顺-丁烯二酸酐) $+4CO_2+$

$4H_2O$ 五氧化二钒作催化剂，加热到450℃时，苯被氧化生成顺-丁烯二酸酐，水解得到丁烯二酸，工业上生产丁烯二酸的原理之一。顺-丁烯二酸酐是由顺-丁烯二酸脱水而成。

【$C_6H_5-CH_3$】 甲苯，无色芳香可燃液体，不溶于水，溶于乙醇、苯等有机溶剂，化学性质和苯相似，易发生氧化、硝化、磺化及氯磺化、歧化等。可由煤焦油的轻油中分离而得，或由正庚烷经芳构化合成，可作溶剂及合成染料、纤维、炸药、药物等。

$C_6H_5-CH_3 \xrightarrow{KMnO_4(H^+)} C_6H_5-COOH$ 甲苯被酸性高锰酸钾氧化，生成苯甲酸。苯的同系物被酸性高锰酸钾氧化见【$5C_6H_5-CH_3+6KMnO_4+9H_2SO_4$】。

$C_6H_5-CH_3+Cl_2 \xrightarrow{光照} HCl+C_6H_5-CH_2Cl$

氯气和甲苯在光照条件下，苯环侧链上的甲基发生取代反应。$C_6H_5-CH_2Cl$叫作氯化苄或苯氯甲烷。但在催化剂条件下，苯环上发生取代反应，见【$C_6H_5-CH_3+2Cl_2$】。条件不同，反应过程和产物也不同。

$C_6H_5-CH_3+2Cl_2 \xrightarrow{Fe或FeCl_3}$ 邻-$CH_3C_6H_4Cl$ $+$ 对-$CH_3C_6H_4Cl$ $+$

$2HCl$ 氯气和甲苯在铁或氯化铁作催化剂条件下，甲基的邻位和对位上发生取代反应，分别生成邻氯甲苯和对氯甲苯，同时还有氯化氢。氯气和甲苯在光照条件下，苯环侧链上的甲基发生取代反应，见【$C_6H_5-CH_3+Cl_2$】。条件不同，反应过程和产物也不同。

$C_6H_5-CH_3+HNO_3 \xrightarrow[\Delta]{浓H_2SO_4} CH_3-C_6H_4-NO_2$

$+H_2O$ 浓硫酸存在下，30℃时，甲苯发生硝化反应，主要生成对硝基甲苯和邻硝基甲苯。烷基苯比苯容易硝化，温度较低。硝基苯继续硝化，生成2,4,6-三硝基甲苯，即炸药TNT，见【$C_6H_5-CH_3+3HO-NO_2$】。

$C_6H_5-CH_3+3HO-NO_2 \xrightarrow[\Delta]{浓硫酸}$ 2,4,6-$(O_2N)_3C_6H_2CH_3$

$+3H_2O$ 浓硫酸存在下，30℃时，甲苯发生硝化反应，主要生成对硝基甲苯和邻硝基甲苯，见【$C_6H_5-CH_3+HNO_3$】，苯环上甲基的邻位、对位上发生取代反应。烷基苯比苯容易硝化，温度较低。硝基苯继续硝化，生成2,4,6-三硝基甲苯，即炸药TNT。

$C_6H_5-CH_3+HNO_3 \xrightarrow{H_2SO_4}$ 邻硝基甲苯 $(o\text{-}CH_3C_6H_4NO_2)$ + 对硝基甲苯 $(p\text{-}CH_3C_6H_4NO_2)$ $+H_2O$ 浓硫酸存在下，30℃时，甲苯发生硝化反应，主要生成对硝基甲苯和邻硝基甲苯，苯环上甲基的邻位、对位上发生取代反应。烷基苯比苯容易硝化，温度较低。硝基苯继续硝化，生成2,4,6-三硝基甲苯，即炸药TNT，见【$C_6H_5-CH_3+3HO-NO_2$】。

$C_6H_5-CH_3+K_2Cr_2O_7+4H_2SO_4 \rightarrow C_6H_5-COOH+5H_2O+Cr_2(SO_4)_3+K_2SO_4$

甲苯被重铬酸钾酸性溶液氧化为苯甲酸，$K_2Cr_2O_7$被还原为$Cr_2(SO_4)_3$。

$5C_6H_5-CH_3+6KMnO_4+9H_2SO_4 \rightarrow 5C_6H_5-COOH+6MnSO_4+3K_2SO_4+14H_2O$

甲苯被高锰酸钾酸性溶液氧化为苯甲酸，高锰酸钾被还原为硫酸锰。铬酸、硝酸等具有类似的性质。苯环对氧化剂很稳定，但苯的同系物，如甲苯、乙苯等烷基苯，烷基易被以上强氧化剂氧化为羧基。但是，跟苯环直接相连的碳原子上没有氢原子时，侧链不容易被氧化，反而使苯环易被氧化。该反应可以用于芳香酸的合成，也可以用于测定苯环上烷基的数目，一个烷基只生成一个羧基。

$C_6H_5-CH_3+9O_2 \xrightarrow{点燃} 7CO_2+4H_2O$

甲苯完全燃烧，生成二氧化碳和水。

$C_7H_8(l)+9O_2(g) \xrightarrow{点燃} 7CO_2(g)+4H_2O(l);\Delta H=-285.8kJ/mol$

甲苯燃烧的热化学方程式。

【$H_3C-C_6H_4-CH_3$】

$H_3C-C_6H_4-CH_3 \xrightarrow{KMnO_4(H^+)} HOOC-C_6H_4-COOH$

对二甲苯被酸性高锰酸钾溶液氧化，生成对苯二甲酸。苯的同系物被酸性高锰酸钾氧化见【$5C_6H_5-CH_3+6KMnO_4+9H_2SO_4$】。

【$C_6H_5-CH_2CH_3$】乙苯，分子式C_8H_{10}，与间二甲苯、邻二甲苯、对二甲苯等互为同分异构体，无色易燃，有芳香味的液体，对皮肤、眼睛、黏膜有刺激作用；误食、皮肤接触、吸入均会引起中毒；几乎不溶于水，与乙醇、苯、四氯化碳、乙醚互溶。工业上由苯与乙烯在无水三氯化铝催化下经傅—克反应或由石油重整而得。是重要化工原料，生产苯乙烯，进而生产医药、香料、染料、农药，也是有机合成、涂料、塑料的溶剂。

$5C_6H_5-CH_2CH_3+12KMnO_4+18H_2SO_4 \rightarrow 5C_6H_5-COOH+5CO_2\uparrow+12MnSO_4+6K_2SO_4+28H_2O$ 乙苯被酸性高锰酸钾溶液氧化为苯甲酸，高锰酸钾被还原为硫酸锰。苯的同系物被酸性高锰酸钾氧化见【$5C_6H_5-CH_3+6KMnO_4+9H_2SO_4$】。

$C_6H_5-CH_2CH_3+4MnO_4^- \rightarrow C_6H_5-\overset{O}{\overset{\|}{C}}-O^-+CO_3^{2-}+4MnO_2+OH^-+2H_2O$ 乙苯被高锰酸钾碱性溶液氧化为苯甲酸盐。MnO_4^-被还原为MnO_2。

【$CH_3(CH_2)_{10}CH_2-C_6H_5$】十二烷基苯。

$CH_3(CH_2)_{10}CH_2-C_6H_5 \xrightarrow{浓硫酸} CH_3(CH_2)_{10}CH_2-C_6H_4-SO_3H$ 制备合成洗涤剂十二烷基苯磺酸钠的反应之一。首先，1-十二烯$CH_3(CH_2)_9CH=CH_2$和苯发生烷基化反应，生成十二烷基苯。十二烷基苯再和浓硫酸生成十二烷基苯磺酸：$CH_3(CH_2)_{10}CH_2-C_6H_5 \xrightarrow{浓硫酸} CH_3(CH_2)_{10}CH_2-C_6H_4-SO_3H$，十二烷基苯磺酸和氢氧化钠反应，生成合成洗涤剂的有效成分——十二烷基苯磺酸钠：

$$CH_3(CH_2)_{10}CH_2-C_6H_4-SO_3H \xrightarrow{NaOH} CH_3(CH_2)_{10}CH_2-C_6H_4-SO_3Na$$。

【C_nH_{2n-6}】 苯及其同系物可用通式 C_nH_{2n-6} 表示，$n \geqslant 6$。

$C_nH_{2n-6}+(n+\frac{n-3}{2})O_2 \xrightarrow{点燃} nCO_2+(n-3)H_2O$ 苯及其同系物完全燃烧生成二氧化碳和水的化学方程式通式。苯及其同系物用通式 C_nH_{2n-6} 表示。

【$C_6H_5-CH=CH_2$】 苯乙烯，无色有芳香气味的易燃液体，不溶于水，溶于乙醇、乙醚；化学性质活泼，暴露于空气中逐渐聚合和氧化；能自身聚合，也能和其他单体共聚。工业上常由苯出发通过乙苯脱氢制得，是合成聚苯乙烯树脂、离子交换树脂及合成橡胶（丁苯橡胶）的重要单体。

$$nC_6H_5-CH=CH_2 \longrightarrow \left[CH_2-CH(C_6H_5)\right]_n$$

苯乙烯发生加聚反应，生成聚苯乙烯。在碳碳双键之间加聚。聚苯乙烯就是合成树脂的成分。

$$C_6H_5-CH=CH_2+Br_2 \longrightarrow C_6H_5-CHBr-CH_2Br$$

苯乙烯中的碳碳双键和溴发生加成反应。

$$C_6H_5-CH=CH_2+H_2 \longrightarrow C_6H_5-C_2H_5$$

苯乙烯和氢气加成，生成乙苯。总体来说，碳碳双键比苯环容易加成，而苯环容易取代，难加成。

【$C_6H_5-C(CH_3)=CH_2$】 2-苯丙烯。

$$C_6H_5-C(CH_3)=CH_2+HCl \xrightarrow{H_2O_2} C_6H_5-CH(CH_3)-CH_2Cl$$

在过氧化物（如过氧化氢等）存在下，2-苯丙烯碳碳双键和氯化氢加成，生成 1-氯-2-苯丙烷。生成反马尔科夫尼科夫规则的产物，该现象称为过氧化物效应。关于【马氏规则（马尔科夫尼科夫规则）】见【$CH_2=CHCH_3+HBr$】。

【$H_3C-C_6H_4-C\equiv CH$】

$$2H_3C-C_6H_4-C\equiv CH \xrightarrow{CuCl} H_3C-C_6H_4-C\equiv C-C\equiv C-C_6H_4-CH_3$$

在偶联反应中，CuCl 作催化剂。

【邻-$C_6H_4R_2$】 邻位二元取代苯。

$$邻\text{-}C_6H_4R_2 \xrightarrow{KMnO_4} 邻\text{-}C_6H_4(COOH)_2$$

邻位二元取代苯被酸性高锰酸钾溶液氧化为邻苯二甲酸。苯的同系物被酸性高锰酸钾氧化见【$5C_6H_5-CH_3+6KMnO_4+9H_2SO_4$】。

【$C_{10}H_8$】 萘，分子式 $C_{10}H_8$，一种稠环芳香烃，白色晶体，有特殊气味，能挥发并升华，能水蒸气蒸馏，不溶于水，微溶于乙醇，易溶于醚及苯，比苯更易被氧化、加氢、加氯、取代等。可由煤干馏和石油重整制得，可制邻苯二甲酸酐、氢化萘、卤代萘、硝基萘、萘磺酸等；能防蛀，常用作驱虫剂，俗称“卫生球”或“樟脑丸”。

$$C_{10}H_8+HNO_3 \xrightarrow[50℃\sim60℃]{H_2SO_4} C_{10}H_7NO_2+H_2O$$

萘和浓硝酸、浓硫酸的混合酸在常温下就能发生硝化反应，几乎全生成 α-硝基萘 NO_2，只有少量的 β-硝基萘 $-NO_2$。萘的 α 位比 β 位活泼。

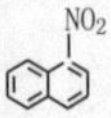

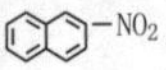

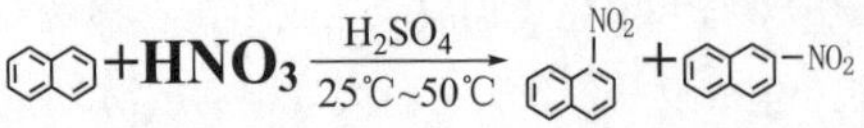

$$+HNO_3 \xrightarrow[25℃\sim50℃]{H_2SO_4} (NO_2) + (-NO_2)$$

萘和浓硝酸、浓硫酸的混合酸在常温下就能发生硝化反应，几乎全生成 α-硝基萘 NO_2，只有少量的 β-硝基萘 $-NO_2$。萘的 α 位比 β 位活泼。

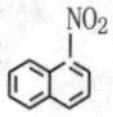

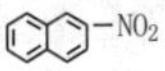

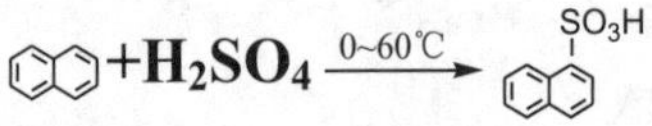

$$+H_2SO_4 \xrightarrow{0\sim60℃} (SO_3H)$$ 萘和浓硫酸发生磺化反应，低温时，0℃～60℃，生成 α-萘磺酸。较高温度时，165℃，生成 β-萘磺酸：$+H_2SO_4 \xrightarrow{165℃} -SO_3H$。$\alpha$-萘磺酸在硫酸里加热到165℃时转变为比较稳定的 β-萘磺酸：$(SO_3H) \xrightarrow{165℃} -SO_3H$。

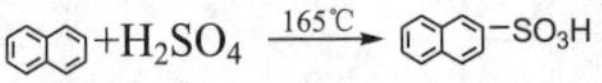

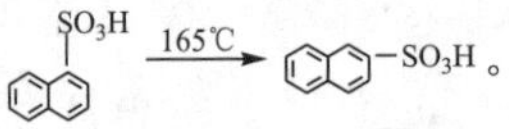

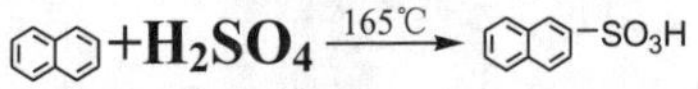

$$+H_2SO_4 \xrightarrow{165℃} -SO_3H$$ 萘和浓硫酸发生磺化反应，较高温度时，165℃，生成 β-萘磺酸。低温时，0℃～60℃，生成 α-萘磺酸：$+H_2SO_4 \xrightarrow{0\sim60℃} (SO_3H)$。$\alpha$-萘磺酸在硫酸里加热到165℃时转变为比较稳定的 β-萘磺酸：$(SO_3H) \xrightarrow{165℃} -SO_3H$。

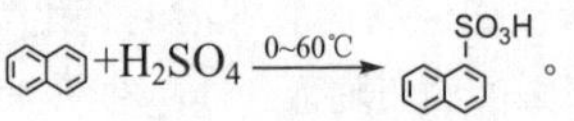

$$+\frac{9}{2}O_2 \xrightarrow[400℃\sim550℃]{V_2O_5} (C(=O)-O-C(=O)) +2CO_2+2H_2O$$ 五氧化二钒作催化剂，400℃～550℃时萘的蒸气被空气氧化为邻苯二甲酸酐。工业上利用该原理大量制造邻苯二甲酸酐。

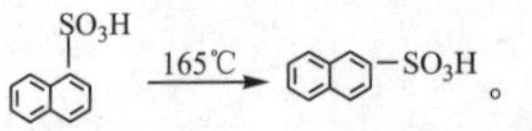

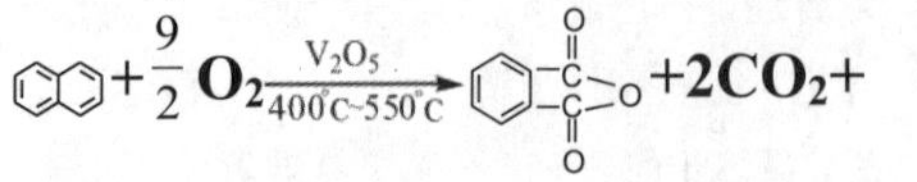

【C_xH_y】

烃的通式。只含碳和氢两种元素的有机物称为烃，又称碳氢化合物。

$$C_xH_y+(x+\frac{y}{4})O_2 \xrightarrow{点燃} xCO_2+\frac{y}{2}H_2O$$

烃完全燃烧生成二氧化碳和水的化学方程式通式，用通式 C_xH_y 表示烃。也是汽车尾气催化转化器的反应之一，将未完全燃烧的碳氢化合物转化为无害产物。

【C_nH_m】

烃的通式，同 C_xH_y。

$$C_nH_m+(n+\frac{m}{4})O_2 \xrightarrow{Pt\text{-}Pd} nCO_2+\frac{m}{2}H_2O$$ 以 Pt-Pd 等为催化剂，使汽车尾气中的碳氢化合物转化为 CO_2 和 H_2O。

【$CF_2=CF_2$】

四氟乙烯，又叫全氟乙烯，常温下为无色气体。卤代烃的官能团−X（X 表示卤素原子），不溶于水。可由二氟氯甲烷在 Ni-Cr 催化剂存在下经高温热解制得，是制备耐化学腐蚀的聚四氟乙烯的单体。

$$nCF_2=CF_2 \rightarrow \text{-}[CF_2-CF_2]_n\text{-}$$

四氟乙烯在催化剂条件下发生加聚反应生成聚四氟乙烯。碳碳双键之间发生加聚反应。聚四氟乙烯俗称“塑料王”，有较高的耐热性和耐化学腐蚀性。在−100℃~300℃范围内使用，化学稳定性超过一般塑料，在 F_2、氢氟酸和王水中也不起作用，是最佳的电绝缘材料。

【$CF_3CF=CF_2$】

六氟丙烯，又称全氟丙烯，无色无臭气体，微溶于乙醇、乙醚。

$$2CF_3CF=CF_2+XeF_4 \rightarrow$$

$2CF_3CF_2CF_3+Xe$　氙的氟化物是良好的氟化剂，四氟化氙使六氟丙烯生成全氟丙烷。XeF_4的制备见【$Xe(g)+2F_2(g)$】。

【CH_3Cl】

一氯甲烷，无色易燃气体，不溶于水，可与乙醚、丙酮、苯、氯仿、乙酸等大多数有机溶剂混溶，溶于乙醇。

$CH_3Cl+Cl_2 \xrightarrow{光} CH_2Cl_2+HCl$

氯气和一氯甲烷发生取代反应，生成二氯甲烷和氯化氢，也是氯气和甲烷的第二步取代反应。二氯甲烷继续取代，生成三氯甲烷和氯化氢，三氯甲烷继续取代，生成四氯甲烷和氯化氢。氯气和甲烷发生取代反应，见【CH_4+Cl_2】。

$CH_3Cl+C_6H_5NO_2 \xrightarrow{催化剂} CH_3C_6H_4NO_2+HCl$

苯环上硝基间位的取代反应，生成3-硝基甲苯。

$CH_3Cl+H_2O \xrightarrow{NaOH} CH_3OH+HCl$

一氯甲烷发生的水解反应，生成甲醇和氯化氢。氯原子被羟基取代。

【C_2H_5Cl】

氯乙烷，又名乙基氯。常温常压为气体，低温或加压为无色液体，沸点12.3℃，极易挥发，易燃；微溶于水，溶于乙醇、乙醚、四氯化碳等有机溶剂中。卤代烃中氯乙烷毒性最低，对肝脏有损伤。可由乙醇和盐酸在无水氯化锌存在下反应而得，可作局部及全身麻醉药，是有机合成中重要的烷基化试剂。

$CH_3CH_2Cl+H_2O \rightarrow CH_3CH_2OH+HCl$　氯乙烷水解，生成乙醇和氯化氢，属于取代反应或者水解反应，加热效果更好。通常用氢氧化钠的水溶液同时加热效果较好，可以写作$CH_3CH_2Cl+NaOH \xrightarrow{H_2O} C_2H_5OH+NaCl$。生成的HCl可用硝酸和硝酸银检验。

【卤代烃水解产物中卤离子的检验】卤代烃在碱性条件下水解，产生的卤离子可以用硝酸和硝酸银检验，必须加过量的硝酸将溶液酸化，防止碱性条件下加入硝酸银时生成白色氢氧化银沉淀，很快分解生成黑色的氧化银沉淀，对实验造成干扰。

$CH_3CH_2Cl+H_2O \xrightarrow{\Delta} CH_3CH_2OH+HCl$　氯乙烷水解，生成的氯化氢可以用硝酸银和硝酸检验。

$4CH_3CH_2Cl+4Na+Pb = (C_2H_5)_4Pb+4NaCl$　用氯乙烷和钠铅齐（钠和铅的合金）制四乙基铅，用来降低汽油的爆震性，减小汽油发动机的噪音。因铅会造成污染，四乙基铅现在逐渐被淘汰。

$CH_3CH_2Cl+NaOH \xrightarrow[\Delta]{乙醇} CH_2=CH_2\uparrow+NaCl+H_2O$　氯乙烷在氢氧化钠的醇溶液中发生消去反应，生成乙烯、氯化钠和水。

$CH_3CH_2Cl+NaOH \xrightarrow{H_2O} C_2H_5OH+NaCl$　氯乙烷水解，在氢氧化钠的水溶液中加热水解效果较好，生成乙醇和氯化钠。见【$CH_3CH_2Cl+H_2O$】。

【$CH_3CH_2CH_2Cl$】

1-氯丙烷，无色透明液体，微溶于水，溶于乙醇、乙醚，有毒，有刺激性，可刺激黏膜，长期大量接触对肝和肾有损害。

$CH_3CH_2CH_2Cl+NaOH \xrightarrow[\Delta]{乙醇} CH_3CH=CH_2\uparrow+NaCl+H_2O$　1-氯丙烷在氢氧化钠的醇溶液中发生消去反应，

生成丙烯。卤代烃在氢氧化钠的醇溶液中发生消去反应，生成不饱和烃，而在氢氧化钠的水溶液中发生取代反应，生成醇。

【$CH_3CHClCH_3$】 2-氯丙烷，无色透明液体，微溶于水，溶于甲醇、乙醇、乙醚，有很强的麻醉作用，对肝和肾有损伤，对皮肤和黏膜有轻度刺激作用。

$$CH_3CHClCH_3+NaOH \xrightarrow[\Delta]{醇} CH_2=CH-CH_3\uparrow+NaCl+H_2O$$

2-氯丙烷在氢氧化钠的醇溶液中发生消去反应，生成丙烯。而在氢氧化钠的水溶液中发生取代反应，生成醇。

【R－Cl】 一氯代烷的通式。

$$R-Cl+NaCN\rightarrow R-CN+NaCl$$

卤代烷和氰化钠发生取代反应，生成腈和氯化钠。卤代烷被 OH^-、RO^-、HS^-、RS^-、CN^-、$RCOO^-$、NH_3 等取代，分别生成醇、醚、硫醇、硫醚、腈、酯、胺等。卤代烷在氰化钠（或氰化钾）的醇溶液中反应生成腈，分子中增加了一个碳原子，在有机合成中常用作增加碳链的方法之一。引入的－CN 基团可以转化为－COOH、$-CONH_2$ 等基团。

【$CH_2=CHCl$】 氯乙烯，无色有麻醉作用、易液化气体，微溶于水。能溶于醇、醚，与空气形成爆炸性混合物，爆炸极限 3.6%~26.4%（体积）。有光或催化剂存在时，易聚合，也能和丁二烯、丙烯腈、醋酸乙烯和丙烯酸甲酯共聚。工业上可由乙炔和氯化氢加成或由对称二氯乙烷脱去氯化氢制得，可用于合成聚氯乙烯，也作冷冻剂。

$$nCH_2=CHCl \xrightarrow[\Delta]{催化剂} \left[CH_2-\underset{}{\overset{Cl}{\overset{|}{CH}}}\right]_n$$

氯乙烯在催化剂和加热条件下发生加聚反应，生成聚氯乙烯。碳碳双键之间发生加聚反应。

【$CH_2ClCH=CH_2$】 3-氯-1-丙烯。

$$CH_2ClCH=CH_2+Cl_2 \xrightarrow{CCl_4} CH_2ClCHClCH_2Cl$$

3-氯-1-丙烯和氯气发生加成反应，生成 1,2,3-三氯丙烷。碳碳双键和卤素单质发生的加成反应。

【$CH_2=CH-\underset{Cl}{\underset{|}{C}}=CH_2$】 2-氯-1,3-丁二烯，无色液体，有毒，微溶于水，溶于乙醇。蒸气和空气形成爆炸性混合物，爆炸极限 1.0%~8.6%（体积）。化学性质活泼，比丁二烯、异戊二烯更易聚合，也能与其他单体聚合。可由乙烯基乙炔和氯化氢在 Cu_2Cl_2 催化下制得，也可用丁二烯通过氯化异构体及脱氯化氢生产，可制造耐油的氯丁橡胶的单体。

$$n\,CH_2=CH-\underset{Cl}{\underset{|}{C}}=CH_2 \rightarrow \left[CH_2-CH=\underset{Cl}{\underset{|}{C}}-CH_2\right]_n$$

2-氯-1,3-丁二烯聚合之后就是氯丁橡胶，即聚 2-氯-1,3-丁二烯。

【C_6H_5-Cl】 氯苯，分子式 C_6H_5Cl，无色油状不燃液体，不溶于水，溶于乙醇、乙醚、氯仿、苯、二硫化碳等，化学性质比较稳定。一般由苯经催化氯化而得，可作溶剂及合成苯酚、苯胺、滴滴涕等的原料。

$$C_6H_5-Cl+3H_2 \xrightarrow[\Delta]{催化剂} C_6H_{11}-Cl$$

氯苯和氢气加成，生成一氯环己烷（或叫环己基氯）。

苯环上的加成反应。

$$C_6H_5\text{—}Cl+H_2O\xrightarrow[\text{高温高压}]{\text{Cu,碱性溶液}}C_6H_5\text{—}OH+HCl$$

在370℃和加压条件下，氯苯与氢氧化钠的水溶液发生水解反应，酸化后生成苯酚。该原理用于工业生产苯酚。

【CH_2Cl_2】 二氯甲烷，无色透明易挥发液体，有刺激性芳香气味；有毒，对肝与神经有一定毒性，高浓度时，对人有麻醉作用，切忌吸入或与皮肤接触。蒸气不燃烧，与空气混合物无爆炸危险；略溶于水，与乙醇、苯、乙醚、油类等互溶。与氢氧化钠水溶液作用生成甲醛，氯化生成氯仿或四氯化碳。常由甲烷高温氯化、分馏制得，可作有机溶剂，代替易燃、易爆的石油醚及乙醚，还可作脂肪和油的萃取剂，醋酸纤维、涂料和有机合成反应的溶剂。密闭贮存。

$$CH_2Cl_2+Cl_2\xrightarrow{\text{光}}CHCl_3+HCl$$

氯气和二氯甲烷发生取代反应，生成三氯甲烷和氯化氢，也是氯气和甲烷的第三步取代反应。三氯甲烷继续取代，生成四氯甲烷和氯化氢。氯气和甲烷发生取代反应，见【CH_4+ Cl_2】。

【$CHCl_3$】 三氯甲烷，又叫“氯仿”，无色有甜味易挥发的不燃性液体；难溶于水，易溶于有机溶剂。在光的作用下，能被空气氧化成剧毒的光气（$COCl_2$），可在氯仿中加入1%~2%的乙醇，使生成的光气转化为碳酸二乙酯，从而消除毒性。可由乙醇或丙酮和NaOCl发生卤仿反应制得。常用作溶剂，医学上用作麻醉剂，是有机合成的原料。

$$CHCl_3+Cl_2\xrightarrow{\text{光}}CCl_4+HCl$$

氯气和三氯甲烷发生取代反应，生成四氯甲烷和氯化氢，也是氯气和甲烷的第四步取代反应。氯气和甲烷发生取代反应，见【CH_4+Cl_2】。

$$CHCl_3+\frac{1}{2}O_2\xrightarrow{\text{日光}}COCl_2+HCl$$

常温下有空气存在时，三氯甲烷光照分解生成剧毒的光气以及氯化氢，光气又叫碳酰氯。

【$CH_2Cl\text{—}CHCl\text{—}CH_2Cl$】

$$CH_2Cl\text{—}CHCl\text{—}CH_2Cl+3NaOH\xrightarrow{H_2O}CH_2OH\text{—}CHOH\text{—}CH_2OH+3NaCl$$

1,2,3-三氯丙烷水解生成丙三醇，即甘油，卤代烃的水解，属于取代反应或者水解反应。通常用和氢氧化钠的水溶液同时加热的方法效果较好。

【CCl_4】 四氯化碳，无色液体，有毒，不燃烧，微溶于水，溶于乙醇或乙醚。性质稳定，普通条件下对酸、碱不起作用。可由氯和二硫化碳在催化剂存在下作用而得，可用作油脂、树脂的溶剂，作兽用驱钩虫剂、仓库熏蒸剂、灭火剂（扑灭着火汽油），制氟利昂、氯仿、药物的原料。

$$CCl_4+H_2O\xrightarrow{\text{高温}}COCl_2+2HCl$$

四氯化碳在高温下与水反应产生剧毒的光气，又叫碳酰氯。许多国家已不再用四氯化碳作溶剂或灭火剂，就是这个原因。

【CH_3Br】 一溴甲烷。

$$CH_3Br+Mg\xrightarrow{\text{无水丁醚}}CH_3MgBr$$

镁和一溴甲烷反应制备溴化甲基镁，有机镁化合物之一，即格氏试剂。

【格氏试剂】法国化学家格利雅首先发现了

制备有机镁化合物的有效方法，并成功用于有机化合物的合成，1912 年被授予诺贝尔化学奖。由一卤代烷和金属镁制备的有机镁化合物叫作格利雅试剂。格利雅试剂遇水、醇、氨等化合物反应生成烃，直接将一卤代烷转变为烷烃。一卤代烷生成格利雅试剂的活性次序：RI>RBr>RCl>RF，一般用一溴代烷来制备格利雅试剂。因翻译的不同，格利雅试剂或叫作格林尼亚试剂，简称格氏试剂。

$CH_3-Br+OH^- \rightarrow HO-CH_3+Br^-$ 一溴甲烷和碱溶液发生水解反应的离子方程式，生成甲醇和溴离子。卤代烃的水解具有共性，分子中的卤素原子被羟基取代，生成醇（或酚）。

【CH_3CH_2-Br】 溴乙烷，无色油状液体，易挥发，蒸气有毒，刺激呼吸道，浓度高时有麻醉作用。

$CH_3CH_2-Br \xrightarrow[\Delta]{醇} CH_2=CH_2\uparrow+HBr$ 溴乙烷在氢氧化钠的醇溶液中发生消去反应，生成乙烯、溴化氢。也可以写作 $CH_3CH_2-Br+NaOH \xrightarrow[\Delta]{醇} CH_2=CH_2\uparrow+NaBr+H_2O$。但在氢氧化钠的水溶液中发生取代反应，生成醇和卤化氢。

$CH_3CH_2-Br+H-OH \rightarrow C_2H_5-OH+HBr$ 溴乙烷水解，生成乙醇和溴化氢，属于取代反应或者水解反应。通常用氢氧化钠的水溶液同时加热效果较好，可以写作 $CH_3CH_2Br+NaOH \xrightarrow{H_2O} C_2H_5OH+NaBr$。或 $CH_3CH_2-Br+H-OH \xrightarrow[\Delta]{NaOH} C_2H_5OH+HBr$。生成的溴化氢可以用硝酸银和硝酸检验。【卤代烃水解产物中卤离子的检验】见【$CH_3CH_2Cl+H_2O$】。

$CH_3CH_2-Br+H-OH \xrightarrow[\Delta]{NaOH} C_2H_5OH+HBr$ 溴乙烷水解，生成乙醇和溴化氢，属于取代反应或者水解反应。通常与氢氧化钠的水溶液共热。

$CH_3CH_2Br+HS^- \rightarrow CH_3CH_2SH+Br^-$ 溴乙烷和硫氢根离子反应，生成乙硫醇和溴离子。卤代烷的亲核取代反应的活性次序：RI>RBr>RCl>RF。卤代烃被 OH^-、RO^-、HS^-、RS^-、CN^-、$RCOO^-$、NH_3 等取代，分别生成醇、醚、硫醇、硫醚、腈、酯、胺等。

$CH_3CH_2-Br+NaOH \xrightarrow[\Delta]{醇} NaBr+CH_2=CH_2\uparrow+H_2O$ 溴乙烷在氢氧化钠的醇溶液中发生消去反应的另一表示，见【CH_3CH_2-Br】。

$CH_3CH_2-Br+NaOH \xrightarrow{H_2O} NaBr+CH_3CH_2OH$ 溴乙烷水解，通常与氢氧化钠的水溶液共热。

【$CH_3-\underset{H}{\underset{|}{C}}H-\underset{Br}{\underset{|}{C}}H_2$】

$CH_3-\underset{H}{\underset{|}{C}}H-\underset{Br}{\underset{|}{C}}H_2+NaOH \xrightarrow[\Delta]{乙醇} NaBr+H_2O+CH_3-CH=CH_2\uparrow$ 1-溴丙烷在氢氧化钠的乙醇溶液中发生消去反应，生成丙烯。而在氢氧化钠的水溶液中发生取代反应，生成醇。

$CH_3-\underset{H}{\underset{|}{C}}H-\underset{Br}{\underset{|}{C}}H_2+NaOH \xrightarrow[\Delta]{醇} NaBr+CH_3CH=CH_2\uparrow+H_2O$ 1-溴丙烷在氢氧化钠的醇溶液中发生消去反应，生成丙烯。一般较多使用乙醇，可以用其他醇。

【$CH_3-CHBr-CH_3$】 2-溴丙烷。

$$CH_3-CHBr-CH_3+NaOH \xrightarrow[\Delta]{醇} CH_2=CH-CH_3\uparrow+NaBr+H_2O$$

2-溴丙烷在氢氧化钠的醇溶液中发生消去反应，生成丙烯。而在氢氧化钠的水溶液中发生取代反应，生成醇。

$$CH_3-CHBr-CH_3+NaOH \longrightarrow CH_3-CHOH-CH_3+NaBr$$ 2-溴丙烷在氢氧化钠的水溶液中发生水解反应，生成2-丙醇和溴化钠，属于取代反应或者水解反应。

【$CH_3CH_2CH_2CH_2Br$】1-溴丁烷。

$$CH_3CH_2CH_2CH_2Br+NaOH \xrightarrow[\Delta]{醇} NaBr+CH_3CH_2CH=CH_2\uparrow+H_2O$$ 1-溴丁烷在氢氧化钠的醇溶液中发生消去反应，生成1-丁烯。卤代烃在氢氧化钠的醇溶液中发生消去反应，生成不饱和烃，而在氢氧化钠的水溶液中发生取代反应，生成醇。如溴乙烷，$CH_3CH_2-Br+NaOH \xrightarrow{H_2O} CH_3CH_2OH+NaBr$。

【$CH_3-CH_2-\underset{Br}{\underset{|}{CH}}-CH_3$】2-溴丁烷。

$$CH_3-CH_2-\underset{Br}{\underset{|}{CH}}-CH_3+NaOH \xrightarrow[\Delta]{醇} NaBr+CH_3CH_2CH=CH_2\uparrow+H_2O$$ 2-溴丁烷在氢氧化钠的醇溶液中发生消去反应，生成1-丁烯。还可以生成2-丁烯：$CH_3-CH_2-\underset{Br}{\underset{|}{CH}}-CH_3+NaOH \xrightarrow[\Delta]{醇} CH_3CH=CH-CH_3\uparrow+NaBr+H_2O$。两种烯烃同时生成，满足【札依采夫规则】。就是说，生成2-丁烯是主要的反应。

【札依采夫规则】卤代烃消去反应的主要产物是双键碳上连接烷基最多的烯烃。三级卤代烃最容易消去，二级卤代烃次之，一级卤代烃最难。

$$CH_3-CH_2-\underset{Br}{\underset{|}{CH}}-CH_3+NaOH \xrightarrow[\Delta]{醇} NaBr+CH_3CH=CH-CH_3\uparrow+H_2O$$

2-溴丁烷在氢氧化钠的醇溶液中发生消去反应，生成2-丁烯。

【$C_6H_5-CHBr-CH_3$】1-苯-1-溴乙烷。

$$C_6H_5-CHBr-CH_3 \longrightarrow C_6H_5-CH=CH_2+HBr$$ 1-苯-1-溴乙烷在氢氧化钠的醇溶液中发生消去反应，生成苯乙烯和溴化氢。但在氢氧化钠的水溶液中发生取代反应，生成醇和卤化氢。

【$-\underset{H}{\underset{|}{\overset{|}{C}}}-\underset{Br}{\underset{|}{\overset{|}{C}}}-$】一溴代烃的通式。

$$-\underset{H}{\underset{|}{\overset{|}{C}}}-\underset{Br}{\underset{|}{\overset{|}{C}}}- \xrightarrow[\Delta]{浓NaOH醇溶液} -\overset{|}{C}=\overset{|}{C}-$$ 溴代烃在氢氧化钠的醇溶液中发生消去反应，生成不饱和烃。

$$-\underset{H}{\underset{|}{\overset{|}{C}}}-\underset{Br}{\underset{|}{\overset{|}{C}}}- \xrightarrow[\Delta]{NaOH} -\underset{H}{\underset{|}{\overset{|}{C}}}-\underset{OH}{\underset{|}{\overset{|}{C}}}-$$ 溴代烃水解，生成醇。卤代烃在氢氧化钠的水溶液中发生取代反应，生成醇，属于取代反应或者水解反应。通常与氢氧化钠的水溶液共热效果较好。而在氢氧化钠的醇溶液中发生消去反应，生成不饱和烃。

【CH_2BrCH_2Br】1,2-二溴乙烷，

重质无色液体，有毒，滴在皮肤上会引起疱疹，吸入可导致肺损伤，长期接触对肝、肾有损伤；有似氯仿气味，不燃烧，微溶于水，与乙醇、乙醚、苯互溶。工业上常由乙烯和溴加成而得。加入抗震汽油中，可作铅的清

洗剂。可用作树脂、蜡、树胶溶剂，熏蒸消毒剂及有机合成中。密闭、避光保存。

$CH_2BrCH_2Br+2H_2O \xrightarrow{\Delta} \begin{matrix} CH_2-OH \\ | \\ CH_2-OH \end{matrix}$ $+2HBr$ 1,2-二溴乙烷水解生成乙二醇和溴化氢，属于取代反应或者水解反应。通常与氢氧化钠的水溶液共热效果较好。可以写作：$CH_2BrCH_2Br+2NaOH \xrightarrow{H_2O} CH_2OHCH_2OH+2NaBr$。生成的溴离子可以用硝酸银和硝酸检验。

$BrCH_2CH_2Br+2NaOH \xrightarrow[\Delta]{醇} CH\equiv CH\uparrow+2NaBr+2H_2O$ 1,2-二溴乙烷在氢氧化钠的醇溶液中，消去两个溴化氢分子，生成乙炔。若消去一个溴化氢分子，则生成溴乙烯：$NaOH+CH_2BrCH_2Br \xrightarrow[\Delta]{醇} CH_2=CHBr+NaBr+H_2O$。

$BrCH_2CH_2Br+NaOH \xrightarrow[\Delta]{醇} CH_2=CHBr+NaBr+H_2O$ 1,2-二溴乙烷在氢氧化钠的醇溶液中，消去一个溴化氢分子，生成溴乙烯。

$CH_2BrCH_2Br+2NaOH \xrightarrow{H_2O} CH_2OHCH_2OH+2NaBr$ 1,2-二溴乙烷水解。通常与氢氧化钠的水溶液共热效果较好。生成的溴离子可以用硝酸银和硝酸检验。

【$CH_2BrCHBrCH_3$】1,2-二溴丙烷。

$CH_2BrCHBrCH_3+2H_2O \xrightarrow[\Delta]{碱} 2HBr+CH_2OHCHOHCH_3$ 1,2-二溴丙烷水解生成 1,2-丙二醇和溴化氢。生成的溴化氢可以用硝酸银和硝酸检验。

【$CH_2(CH_2Br)_2$】1,3-二溴丙烷。

$CH_2(CH_2Br)_2+2Na \rightarrow$ 环丙烷（CH_2、H_2C-CH_2 三元环）$+2NaBr$

工业上用 1,3-二溴丙烷和金属钠反应，生成环丙烷和溴化钠。也可以用锌代替钠进行反应，也可以用 1,3-二氯丙烷进行反应。

【$CH_2Br-CH_2-CH_2CH_2Br$】1,4-二溴丁烷。

$CH_2Br-CH_2-CH_2CH_2Br \xrightarrow[\Delta]{NaOH/H_2O} CH_2OH-CH_2-CH_2CH_2OH$

1,4-二溴丁烷水解生成 1,4-丁二醇。卤代烃的水解，属于取代反应或者水解反应。通常与氢氧化钠的水溶液共热效果较好。

【$(CH_3)_2BrCC(CH_3)_2Br$】

2,3-二溴-2,3-二甲基丁烷。

$(CH_3)_2BrCC(CH_3)_2Br+2NaOH \xrightarrow{醇} CH_2=C(CH_3)C(CH_3)=CH_2 +2H_2O+2NaBr$ 2,3-二溴-2,3-二甲基丁烷发生消去反应，消去两分子溴化氢，生成 2,3-二甲基-1,3-丁二烯。卤代烃在氢氧化钠的醇溶液中发生消去反应，生成不饱和烃，而在氢氧化钠的水溶液中发生取代反应，生成醇：$R-X+H_2O \xrightarrow{NaOH} R-OH+HX$。

【$BrHC=CHBr$】1,2-二溴乙烯。

$BrHC=CHBr+Br_2 \rightarrow Br_2HC-CHBr_2$ 1,2-二溴乙烯和溴发生加成反应，生成 1,1,2,2-四溴乙烷，也是溴和乙炔的第二步加成反应。溴和乙炔的加成反应见【$CH\equiv CH+2Br_2$】。

【$BrCH_2CH=CHCH_2Br$】

1,4-二溴-2-丁烯。

$$\underset{Br}{CH_2}\text{-}CH\text{=}CH\underset{Br}{CH_2}\xrightarrow[\Delta]{H_2/Ni}\underset{Br}{CH_2}\text{-}CH_2\text{-}CH_2\underset{Br}{CH_2}$$

1,4-二溴-2-丁烯和氢气发生加成反应，生成1,4-二溴丁烷。

$BrCH_2CH=CHCH_2Br+2H_2O\xrightarrow[\Delta]{NaOH}HO-CH_2CH=CHCH_2OH+2HBr$ 1,4-二溴-2-丁烯水解生成2-丁烯-1,4-二醇。卤代烃的水解，属于取代反应或者水解反应。通常与氢氧化钠的水溶液共热效果较好。2-丁烯-1,4-二醇又叫1,4-丁烯二醇，或1,4-二羟基-2-丁烯。

【$C_6H_5-CHBr-CH_2Br$】1-苯-1,2-二溴乙烷。

$C_6H_5-CHBr-CH_2Br+2NaOH\xrightarrow{乙醇}C_6H_5-C\equiv CH+2NaBr+2H_2O$ 1-苯-1,2-二溴乙烷在氢氧化钠的醇溶液中，消去两个溴化氢分子，生成苯乙炔，属于消去反应。

【CH_3I】碘甲烷。

$CH_3I+CH_3CH_2ONa\rightarrow CH_3OCH_2CH_3+NaI$ 碘甲烷和乙醇钠发生取代反应，生成甲乙醚和碘化钠。卤代烷的亲核取代反应的活性次序：RI>RBr>RCl>RF。卤代烃被OH^-、RO^-、HS^-、RS^-、CN^-、$RCOO^-$、NH_3等取代，分别生成醇、醚、硫醇、硫醚、腈、酯、胺等。

$CH_3I+CH_3COO^-\rightarrow CH_3COOCH_3+I^-$ 碘甲烷和醋酸盐发生取代反应，生成乙酸甲酯和碘化物。

【CH_3CH_2I】碘乙烷，无色澄清液体，易燃，不溶于水。

$CH_3CH_2I+H_2O\rightarrow CH_3CH_2OH+HI$ 碘乙烷水解，生成乙醇和碘化氢，属于取代反应或者水解反应。通常与氢氧化钠的水溶液共热效果较好，可以写作$CH_3CH_2I+NaOH\xrightarrow{H_2O}C_2H_5OH+NaI$。生成的碘化氢可以用硝酸银和硝酸检验。

【CH_3CH_2-X】一卤代乙烷的通式。

$CH_3CH_2-X+OH^-\xrightarrow{H_2O}CH_3CH_2-OH+X^-$ 卤代乙烷水解，生成乙醇和卤化氢：$CH_3CH_2X+H_2O\rightarrow CH_3CH_2OH+HX$，属于取代反应或者水解反应。通常与氢氧化钠的水溶液共热效果较好，生成的卤离子可以用硝酸银和硝酸检验。

【$R\text{-}\underset{H}{CH}\text{-}\underset{X}{CH_2}$】一卤代烃的通式。

$R\text{-}\underset{H}{CH}\text{-}\underset{X}{CH_2}+NaOH\xrightarrow[\Delta]{醇}RCH=CH_2+NaX+H_2O$ 卤代烃在氢氧化钠的醇溶液中发生消去反应，生成不饱和烃。消去反应发生的时候，和卤素原子相连的碳原子的邻位碳原子上有氢原子时，才能消去，消去卤化氢小分子。而卤代烃在氢氧化钠的水溶液中发生取代反应，生成醇：$R-X+H_2O\xrightarrow{NaOH}R-OH+HX$。

【R−X】一卤代烃。

$R-X+H_2O \xrightarrow{NaOH} R-OH+HX$

卤代烃在氢氧化钠的水溶液中发生取代反应，生成醇，属于取代反应或者水解反应。通常与氢氧化钠的水溶液共热效果较好。而在氢氧化钠的醇溶液中发生消去反应，生成不饱和烃，见【$\underset{\text{H}\ \ \ \ \text{X}}{\text{R-CH-CH}_2}$+NaOH】。

$R-X+Mg \xrightarrow{无水乙醚} RMgX$ 卤代烷在无水乙醚中与镁反应制备格氏试剂的原理。格氏试剂见【CH_3Br】。

【$R(X)_n$】多卤代烃。

$R(X)_n+nNaOH \xrightarrow{\triangle} R(OH)_n+nNaX$ 多卤代烃在氢氧化钠的水溶液中发生取代反应，生成多元醇，属于取代反应或者水解反应。通常与氢氧化钠的水溶液共热效果较好。

【CF_2Cl_2】

$CF_2Cl_2 \xrightarrow[\lambda<221nm]{光} CF_2Cl\cdot+Cl\cdot$ 氟利昂破坏臭氧层的反应机理中其中一步，详见【$O+O_3$】。

【CH_3OH】甲醇，无色易燃液体，

有毒，少量口服会导致双目失明，口服10mL以上足以致死。俗称“木精”，是最简单的一元醇。醇的官能团−OH叫羟基。蒸气和空气形成爆炸性混合物，爆炸极限6.0%~36.5%（体积）。溶于水及其他有机溶剂，燃烧时火焰蓝色。受氧化剂作用变为甲醛、甲酸，最终变为二氧化碳。最初来自木材干馏，现代工业中由一氧化碳或二氧化碳和氢气在高温、高压条件下催化合成，或由甲烷通过硅胶—氧化钼直接氧化制得。主要用以生产甲醛，作溶剂，制对苯二甲酸二甲酯、卤代甲烷、甲胺，与CO合成醋酸，也用作防冻剂和飞机燃料等。

$CH_3OH+CO \xrightarrow[[RhI_2(CO)_2]^-]{HI活化剂} CH_3COOH$

在铑的羰基衍生物$[RhI_2(CO)_2]^-$作催化剂，HI存在、低压条件下，CH_3OH和CO合成醋酸。

$CH_3OH-6e^-+8OH^- = CO_3^{2-}+6H_2O$

碱性电解质的甲醇燃料电池负极电极反应式。见【$2CH_3OH+3O_2+4KOH$】。

$CH_3OH+HBr \rightleftharpoons CH_3OH_2^++Br^-$

HBr在无水甲醇中表现酸性的反应，变成甲醇化质子和溴离子。

$CH_3OH+HCl \rightleftharpoons CH_3OH_2^++Cl^-$

HCl在无水甲醇中表现酸性的反应，变成甲醇化质子和氯离子。

$CH_3OH+HI \rightleftharpoons CH_3OH_2^++I^-$

HI在无水甲醇中表现酸性的反应，变成甲醇化质子和碘离子。强酸在水中具有相同强度的酸性，是由于H_2O夺取质子的能力过强的原因，将酸的强度拉平，这种效应叫作拉平效应，水便是拉平溶剂。作区分溶剂还是拉平溶剂，具体问题具体分析。例如，水是HCl、HBr、HI等的拉平溶剂，却是HCl、HNO_2、CH_3COOH等的区分溶剂。甲醇是HCl、HBr、HI的区分溶剂，在甲醇中，三者的酸性强度不同。在区分溶剂中，强酸的酸性强度不同。

$CH_3OH+6NaClO_3+3H_2SO_4 \rightarrow 6ClO_2\uparrow+CO_2\uparrow+3Na_2SO_4+5H_2O$

工业上制高效消毒剂ClO_2的反应原理之

一。在硫酸酸化条件下，氯酸钠和甲醇反应，生成二氧化氯、二氧化碳、硫酸钠和水。ClO_2的制备原理另见【$2Cl^-+2ClO_3^-+4H^+$】、【$2ClO_3^-+SO_3^{2-}+2H^+$】、【$2NaClO_2+Cl_2$】、【$H_2C_2O_4+2KClO_3$】、【$H_2C_2O_4+2KClO_3+H_2SO_4$】等。

$CH_3OH(l)+\frac{3}{2}O_2(g)=CO_2(g)+2H_2O(l)$；$\Delta H=-725.80kJ/mol$
甲醇完全燃烧生成二氧化碳和水的热化学方程式。

$2CH_3OH+3O_2\xrightarrow{点燃}2CO_2+4H_2O$
甲醇完全燃烧生成二氧化碳和水。

$2CH_3OH+O_2\xrightarrow[250℃\sim300℃]{Cu}2HCHO+2H_2O$　工业上由甲醇催化氧化制甲醛的原理。

$2CH_3OH+3O_2+4KOH\rightarrow2K_2CO_3+6H_2O$　碱性电解质甲醇燃料电池的工作原理。甲醇燃料电池负极电极反应式：$CH_3OH-6e^-+8OH^-=CO_3^{2-}+6H_2O$。正极电极反应式：$O_2+2H_2O+4e^-=4OH^-$。

$2CH_3OH+3O_2+4OH^-=2CO_3^{2-}+6H_2O$　碱性电解质甲醇燃料电池总反应的离子方程式。详见【$2CH_3OH+3O_2+4KOH$】。

【$\overset{CH_2OH}{|}$ ⬡】环己基甲醇。

$\overset{CH_2OH}{|}$ ⬡ $\xrightarrow[\triangle]{浓硫酸}$ $\overset{CH_2}{\|}$ ⬡ **$+H_2O$**　环己基甲醇发生消去反应，生成亚甲基环己烷。羟基和邻位碳原子上的氢原子结合成水消去，生成不饱和烃。

【CH_3CH_2-OH】乙醇，无色有特殊香气和辣味的液体，易燃，俗称“酒精”，密度小于水，和水以任意比互溶，易挥发。分子式：C_2H_6O；结构式：$H-\overset{H}{\underset{H}{C}}-\overset{H}{\underset{H}{C}}-O-H$；结构简式：$CH_3CH_2OH$或$C_2H_5OH$。醇的官能团羟基$-OH$。乙醇和二甲醚$CH_3-O-CH_3$互为同分异构体。醚的官能团醚键$\rangle C-O-C\langle$。蒸气和空气形成爆炸性混合物，爆炸极限3.5%~18%（体积）。作为酒的主要成分，一般以含淀粉或糖的原料发酵制得，也可用乙烯水化法合成。普通乙醇是95.5%乙醇和4.5%的水分的恒沸点（78.15）混合物，经生石灰或离子交换树脂等处理去水后得无水乙醇，含99.5%乙醇和0.5%水分，最后经加苯或加钠蒸馏脱水可得纯净乙醇。70%的乙醇作医用消毒剂。作溶剂、化工原料，用作染料、药物、洗涤剂、合成橡胶等原料，可制造“配制酒”。长期过度饮酒可致慢性酒精中毒。

$CH_3CH_2-OH\xrightarrow[170℃]{浓H_2SO_4}CH_2=CH_2\uparrow+H_2O$　乙醇分子内脱水，生成乙烯，发生消去反应。实验室制取乙烯的原理。浓硫酸作催化剂和脱水剂。乙醇和浓硫酸的体积比为1∶3，加热时温度快速升至170℃。因为140℃时乙醇分子间脱水，生成乙醚：$2CH_3CH_2-OH\xrightarrow[140℃]{浓H_2SO_4}CH_3CH_2-O-CH_2CH_3+H_2O$，发生取代反应。反应机理详见【$CH_3CH_2-OH+HOSO_2OH$】。

$2CH_3CH_2OH\xrightarrow[450℃]{ZnO\cdot Cr_2O_3}CH_2=CHCH=CH_2\uparrow+2H_2O+H_2\uparrow$
乙醇在催化剂$ZnO\cdot Cr_2O_3$作用下，加热到450℃时，生成1,3-丁二烯、氢气和水。催化剂不同，产物也不同。浓硫酸作催化剂，生成乙烯或乙醚，银或铜作催化剂，生成乙醛。

$2CH_3CH_2-OH \xrightarrow[140℃]{浓H_2SO_4} CH_3CH_2-O-CH_2CH_3+H_2O$

乙醇和浓硫酸加热到140℃时，乙醇分子间脱水，生成乙醚，发生取代反应。170℃时，乙醇分子内脱水，生成乙烯，发生消去反应，详见【$CH_3CH_2-OH \xrightarrow[170℃]{浓H_2SO_4} CH_2=CH_2\uparrow+H_2O$】。

$CH_3CH_2-OH \xrightarrow[\triangle]{Cu} CH_3CHO+H_2O$

铜作催化剂，乙醇被催化氧化生成乙醛的全过程：$2Cu+O_2 \stackrel{\triangle}{=\!=} 2CuO$，$CuO+CH_3CH_2OH \xrightarrow{\triangle} Cu+H_2O+CH_3CHO$，将两步加合得到总反应方程式：$2CH_3CH_2-OH+O_2 \xrightarrow[\triangle]{催化剂} 2CH_3CHO+2H_2O$。实验现象为：加热时紫红色的铜先变成黑色的氧化铜，红热的氧化铜又被乙醇还原成紫红色铜。金属银也可以作该反应的催化剂。

$CH_3CH_2-OH \underset{H_2,Ni、\triangle}{\overset{O_2,Cu(或Ag)、\triangle}{\rightleftharpoons}} CH_3CHO$ 乙醇催化氧化生成乙醛，见【$CH_3CH_2-OH \xrightarrow[\triangle]{Cu} CH_3CHO+H_2O$】。乙醛加氢还原成乙醇，见【$CH_3CHO+H_2$】。

$3CH_3CH_2OH+4CrO_4^{2-}+20H^+ \rightarrow 3CH_3COOH+4Cr^{3+}+13H_2O$

铬酸将乙醇氧化为乙酸，铬酸被还原为Cr^{3+}。

$CH_3CH_2-OH+CuO \xrightarrow{\triangle} Cu+CH_3CHO+H_2O$ 乙醇将加热烧成红热的氧化铜还原为铜，自身被氧化为乙醛。铜作催化剂，乙醇被催化氧化生成乙醛的反应之一，全过程见【$CH_3CH_2OH \xrightarrow[\triangle]{Cu} CH_3CHO+H_2O$】。

$CH_3CH_2-OH+HBr \xrightarrow{\triangle} CH_3CH_2Br+H_2O$ 乙醇和溴化氢发生取代反应，生成溴乙烷和水。醇和氢卤酸反应生成卤代烷，可用于制备卤代烷。反应速率与氢卤酸性质和醇的结构有关。氢卤酸的活性：HI>HBr>HCl。醇的活性：烯丙式醇>叔醇>仲醇>伯醇。伯醇和47%的氢碘酸加热就可生成碘代烃；与48%的氢溴酸作用时必须要有硫酸存在并加热，才生成溴代烃；与浓盐酸作用必须有氯化锌存在并加热，才生成氯代烃。烯丙式醇和叔醇在室温下和浓盐酸一起振荡就生成氯代烃。氯化锌和浓盐酸的溶液称为卢卡斯试剂。利用卢卡斯试剂可以鉴别叔醇、仲醇和伯醇：叔醇在室温下很快与卢卡斯试剂反应，生成的氯代烷立即分层；仲醇则较慢，静置片刻才变浑浊，最后分成两层；伯醇在常温下不反应。

$C_2H_5OH+HCl \xrightarrow[\triangle]{催化剂} C_2H_5Cl+H_2O$

乙醇和氯化氢发生取代反应，生成氯乙烷和水。醇和氢卤酸反应生成卤代烷，可用于制备卤代烃。反应速率与氢卤酸性质和醇的结构有关。

$CH_3CH_2-OH+HONO_2 \xrightarrow{浓硫酸} CH_3CH_2ONO_2+H_2O$ 浓硝酸或发烟硝酸和乙醇发生酯化反应，生成硝酸乙酯。无机酸硫酸、硝酸、磷酸等都可以和醇发生酯化反应。

$CH_3CH_2-OH+2H_2SO_4(浓) \xrightarrow{\triangle} 2C+2SO_2\uparrow+5H_2O$ 浓硫酸和乙醇反应制取乙烯时的副反应之一，生成碳、二氧化硫和水。实验室制取乙烯的原理见【$CH_3CH_2-OH \xrightarrow[170℃]{浓硫酸} CH_2=CH_2\uparrow+H_2O$】。

$CH_3CH_2OH+H_2SO_4$(浓) $\xrightarrow{\triangle}$ $CO\uparrow+CO_2\uparrow+C+SO_2\uparrow+H_2O$　浓硫酸和乙醇反应制取乙烯时的副反应之一，生成二氧化碳、一氧化碳、碳、二氧化硫和水。实验室制取乙烯的原理见【$CH_3CH_2-OH \xrightarrow[170℃]{浓硫酸} CH_2=CH_2\uparrow+H_2O$】。

$CH_3CH_2OH+4H_2SO_4$(浓) $\xrightarrow{\triangle}$ $2CO\uparrow+4SO_2\uparrow+7H_2O$　浓硫酸和乙醇反应制取乙烯时的副反应之一，生成一氧化碳、二氧化硫和水。实验室制取乙烯的原理见【$CH_3CH_2-OH \xrightarrow[170℃]{浓硫酸} CH_2=CH_2\uparrow+H_2O$】。

$CH_3CH_2OH+6H_2SO_4$(浓) $\xrightarrow{\triangle}$ $2CO_2\uparrow+6SO_2\uparrow+9H_2O$　浓硫酸和乙醇反应制取乙烯时的副反应之一，生成二氧化碳、二氧化硫和水。实验室制取乙烯的原理见【$CH_3CH_2OH \xrightarrow[170℃]{浓硫酸} CH_2=CH_2\uparrow+H_2O$】。

$CH_3CH_2OH+HOSO_2OH \rightleftharpoons H_2O+CH_3CH_2OSO_2OH$　实验室利用浓硫酸和乙醇共热到170℃制备乙烯的原理：浓硫酸和乙醇反应先生成硫酸氢乙酯。硫酸氢乙酯和乙醇继续反应生成硫酸二乙酯：$CH_3CH_2OSO_2OH+CH_3CH_2OH \rightleftharpoons CH_3CH_2OSO_2OCH_2CH_3+H_2O$。硫酸氢乙酯和硫酸二乙酯共热生成乙烯和硫酸：$CH_3CH_2OSO_2OH \xrightarrow{>160℃} CH_2=CH_2\uparrow+H_2SO_4$，$(CH_3CH_2O)_2SO_2 \xrightarrow{\triangle} 2CH_2=CH_2\uparrow+H_2SO_4$。总反应式见【$CH_3CH_2OH \xrightarrow[170℃]{浓硫酸} CH_2=CH_2\uparrow+H_2O$】。

$2CH_3CH_2OH+HOSO_2OH \rightarrow 2H_2O+CH_3CH_2OSO_2OCH_2CH_3$　实验室利用浓硫酸和乙醇共热到170℃制备乙烯的原理，详见【$CH_3CH_2OH+HOSO_2OH$】。浓硫酸和乙醇反应先生成硫酸氢乙酯：$CH_3CH_2OH+HOSO_2OH \rightleftharpoons CH_3CH_2OSO_2OH+H_2O$。硫酸氢乙酯和乙醇继续反应生成硫酸二乙酯：$CH_3CH_2OSO_2OH+CH_3CH_2OH \rightleftharpoons CH_3CH_2OSO_2OCH_2CH_3+H_2O$。两步加合得以上总方程式。

$2CH_3CH_2OH+2K \rightarrow 2CH_3CH_2OK+H_2\uparrow$　乙醇和金属钾反应，生成乙醇钾和氢气。其他活泼金属和乙醇也发生类似的反应，但比活泼金属和水的反应缓慢。醇的酸性很弱，只能与钾、钠、镁、铝等活泼金属作用生成醇金属。不同类型的醇生成醇金属的速率快慢：伯醇>仲醇>叔醇。

$3CH_3CH_2OH+2K_2Cr_2O_7+8H_2SO_4 \rightarrow 2Cr_2(SO_4)_3+11H_2O+3CH_3COOH+2K_2SO_4$　乙醇还原重铬酸钾，生成硫酸铬、硫酸钾、乙酸和水，该反应比较灵敏，溶液由橙黄色变为绿色，可用来检验乙醇，也可用来检测司机是否酒后驾驶。酒后人体呼出的气体中含有的乙醇能使重铬酸钾由橙红色变为紫色的铬离子，颜色变化比较明显。另外用来检测酒驾的方法见【$2CrO_3+3CH_3CH_2OH+3H_2SO_4$】。

$2CH_3CH_2OH+2Na \rightarrow 2CH_3CH_2ONa+H_2\uparrow$　乙醇和金属钠反应，生成乙醇钠和氢气。其他活泼金属和乙醇也发生类似的反应，但比活泼金属和水的反应缓慢。相关一般规律见【$2CH_3CH_2OH+2K$】。

$CH_3CH_2OH+NaBr+H_2SO_4(1:1) \xrightarrow{\triangle} C_2H_5Br+NaHSO_4+H_2O$
实验室里制备溴乙烷的原理之一。NaBr 和 H_2SO_4 反应生成溴化氢，乙醇和溴化氢发生取代反应，生成溴乙烷和水。醇和氢卤酸反应生成卤代烷，可用于制备卤代烃。反应速率与氢卤酸性质和醇的结构有关。见【CH_3CH_2OH +HBr】。

$CH_3CH_2OH+3O_2 \xrightarrow{点燃} 2CO_2+3H_2O$
乙醇完全燃烧，生成二氧化碳和水。

$CH_3CH_2OH(l)+3O_2(g) \rightarrow 2CO_2(g) +3H_2O(l)$; $\Delta H=-1367kJ/mol$
乙醇完全燃烧生成二氧化碳和水的热化学方程式。

$2CH_3CH_2OH+O_2 \xrightarrow[\Delta]{催化剂} 2H_2O+ 2CH_3CHO$ 铜作催化剂，乙醇被催化氧化生成乙醛。全过程见【$CH_3CH_2OH \xrightarrow[\Delta]{Cu} CH_3CHO+H_2O$】。有机化学中，把有机物分子中加入氧原子或失去氢原子的反应，叫氧化反应，如乙醇催化氧化成乙醛，就是去氢，发生氧化反应；乙醛被氧化为乙酸，就是加氧，发生氧化反应。把有机物分子中加入氢原子或失去氧原子的反应，叫还原反应，如乙醛和氢气加成生成乙醇，就是加氢，发生还原反应。

【$CH_3CH_2CH_2OH$】正丙醇。丙醇有两种同分异构体：正丙醇 $CH_3CH_2CH_2OH$ 和异丙醇 $CH_3CHOHCH_3$。正丙醇为无色液体，溶于水、乙醇和乙醚。一般存在于杂醇油中，约 7%。可由丙醛氢化制得，可作溶剂和有机合成原料。

$CH_3CH_2CH_2OH \xrightarrow[\Delta]{浓H_2SO_4} CH_3CH{=}CH_2\uparrow+H_2O$ 丙醇在浓硫酸和加热条件下，发生消去反应，生成丙烯和水。属于分子内脱水。

$5C_3H_7OH+4MnO_4^-+12H^+ \rightarrow 5C_2H_5COOH+4Mn^{2+}+11H_2O$ 醇可使酸性高锰酸钾溶液褪色，醇被氧化成酸，酸性条件下 MnO_4^- 被还原为 Mn^{2+}。

【$CH_3-\underset{OH}{\underset{|}{CH}}-CH_3$】2-丙醇，又称异丙醇，无色液体，密度 0.7851g/mL，溶于水、乙醇和乙醚，与水形成共沸物，异丙醇含 87.7%，沸点 80.37℃。和正丙醇 $CH_3CH_2CH_2OH$ 互为同分异构体。以石油裂解气体中的丙烯为原料直接水化可制得。广泛用作溶剂，制造丙酮、二异丙醚、麝香草酚等。

$$CH_3-\underset{OH}{\underset{|}{CH}}-CH_3 \xrightarrow[\Delta]{Cu} CH_3-\overset{O}{\overset{\|}{C}}-CH_3 +H_2O$$
2-丙醇被催化氧化生成丙酮。

【醇被催化氧化】伯醇被催化氧化生成醛：$2RCH_2OH+O_2 \xrightarrow[\Delta]{Cu} 2RCHO+2H_2O$。仲醇被催化氧化为酮：$2\,R-\overset{R'}{\overset{|}{\underset{H}{\underset{|}{C}}}}-OH+O_2 \xrightarrow[\Delta]{Cu} 2\,R-\overset{O}{\overset{\|}{C}}-R'+2H_2O$。叔醇因为没有 α-H，不能被氧化为羰基化合物。即和羟基相连的碳原子上连接有氢原子时，才可能被催化氧化为醛或者酮。

$$3\,CH_3-\overset{H}{\overset{|}{\underset{OH}{\underset{|}{C}}}}-CH_3+2CrO_3+6CH_3COOH \rightarrow 3\,CH_3-\overset{O}{\overset{\|}{C}}-CH_3+2Cr(CH_3COO)_3+6H_2O$$
CrO_3 将异丙醇氧化为丙酮。【醇被催化氧化】见【$CH_3-\underset{OH}{\underset{|}{CH}}-CH_3$】。

【$CH_3-\overset{CH_3}{\overset{|}{\underset{CH_3}{\underset{|}{C}}}}-OH$】叔丁醇（或 2-甲基-2-丙醇）$(CH_3)_3COH$。和正丁醇 $CH_3CH_2CH_2CH_2OH$、异丁醇 $(CH_3)_2CHCH_2OH$、仲丁醇

$CH_3CH_2CHOHCH_3$ 互为同分异构体。丁醇为无色易燃液体或固体，易溶于乙醇、乙醚、乙酸乙酯、苯、氯仿等有机溶剂，溶于水。正丁醇和异丁醇为伯醇，易被氧化为醛或酸；仲丁醇易被氧化为酮，叔丁醇不易被氧化。主要用于作溶剂和生产醋酸丁酯。

$$CH_3-\underset{CH_3}{\overset{CH_3}{C}}-OH + Cl_2 \xrightarrow{光} ClCH_2-\underset{CH_3}{\overset{CH_3}{C}}-OH + HCl$$

在光照条件下，氯气和 2-甲基-2-丙醇反应，甲基上氢原子被取代，生成 1-氯-2-甲基-2-丙醇。

【$CH_3CH_2CH_2CH_2OH$】正丁醇

正丁醇，见【$CH_3-\underset{CH_3}{\overset{CH_3}{C}}-OH$】。

$$3C_4H_9OH+H_3PO_4 \rightarrow (C_4H_9O)_3PO+3H_2O$$

磷酸和丁醇作用生成磷酸三丁酯。磷酸三丁酯作萃取剂或增塑剂。

【$CH_3-CH_2-\underset{OH}{CH}-CH_3$】仲丁醇或 2-丁醇

仲丁醇或 2-丁醇，见【$CH_3-\underset{CH_3}{\overset{CH_3}{C}}-OH$】。

$$CH_3-CH_2-\underset{OH}{CH}-CH_3 \xrightarrow[\Delta]{浓硫酸} H_2O+CH_3CH_2CH=CH_2\uparrow$$

2-丁醇在浓硫酸和加热条件下，发生消去反应之一，生成 1-丁烯和水，属于分子内脱水。还可以生成 2-丁烯：$CH_3-CH_2-\underset{OH}{CH}-CH_3 \xrightarrow[\Delta]{浓硫酸} H_2O+CH_3CH=CHCH_3\uparrow$。究竟按哪种形式脱水，遵照札依采夫规则。关于【札依采夫规则】见【$CH_3-CH_2-\underset{Br}{CH}-CH_3$+NaOH】。即 2-丁烯是主要产物，1-丁烯是次要产物。

$$CH_3-CH_2-\underset{OH}{CH}-CH_3 \xrightarrow[\Delta]{浓硫酸} CH_3CH=CHCH_3\uparrow+H_2O$$

2-丁醇在浓硫酸和加热条件下，发生消去反应，生成 2-丁烯和水。属于分子内脱水。

【$CH_3CH_2CH_2\underset{OH}{CH}CH_3$】2-戊醇

$$CH_3CH_2CH_2\underset{OH}{CH}CH_3 \xrightarrow[95℃]{62\%H_2SO_4} CH_3CH_2CH=CHCH_3+H_2O$$

2-戊醇在浓硫酸和加热条件下，发生消去反应，生成 2-戊烯和水。属于分子内脱水。

【$C_{16}H_{33}OH$】十六烷醇

十六烷醇，又称“棕榈醇”，白色蜡状固体，几乎不溶于水，溶于乙醇、氯仿、乙醚。以游离形式存在于粪便中，以酯形式存在于羊毛脂内，可由十六烷酰氯经硼氢化钠还原或由鲸蜡水解制得。鲸蜡的 90%是由十六烷醇棕榈酸酯组成。制化妆品的润肤剂、乳化剂、药物制剂，作乳化剂和硬化剂，可喷洒于贮水器中或植物上阻止水的蒸发。

$$C_{16}H_{33}OH+CH_2=\underset{CH_3}{C}-\overset{O}{\overset{\|}{C}}-OH \xrightarrow[\Delta]{浓硫酸} CH_2=\underset{CH_3}{C}-\overset{O}{\overset{\|}{C}}-OC_{16}H_{33}+H_2O$$

在浓硫酸和加热条件下，甲基丙烯酸和十六烷醇发生酯化反应，生成甲基丙烯酸十六烷酯。可逆反应。浓硫酸作催化剂和吸水剂。

【$C_nH_{2n+1}OH$】饱和一元醇的通式

饱和一元醇的通式。

$C_nH_{2n+1}OH+\frac{3n}{2}O_2 \xrightarrow{点燃} nCO_2+(n+1)H_2O$ 饱和一元醇完全燃烧生成二氧化碳和水的化学方程式通式。饱和一元醇的通式：$C_nH_{2n+1}OH$ 或 $C_nH_{2n+2}O$。

【$CH_3CH=CHCH_2OH$】

2-丁烯醇。

$nCH_3CH=CHCH_2OH \xrightarrow{一定条件下} \text{-[-CH(CH_3)-CH(CH_2OH)-]-}_n$ 2-丁烯醇在一定条件下发生加聚反应。加聚反应发生在碳碳双键之间。

【$CH_3-C(CH_3)(OH)-CH=CH_2$】2-甲基-3-丁烯-2-醇。

$CH_3-C(CH_3)(OH)-CH=CH_2+CH_3COOH \xrightarrow{浓硫酸} CH_3-C(CH_3)(CH=CH_2)-O-C(=O)-CH_3+H_2O$ 在浓硫酸和加热条件下，乙酸和2-甲基-3-丁烯-2-醇发生酯化反应，生成2-甲基-3-丁烯-2-醇乙酸酯。可逆反应。浓硫酸作催化剂和吸水剂。

【RCH_2OH】一元伯醇的通式。

$RCH_2OH+2HF = RCH_2OH_2^++HF_2^-$ 按路易斯酸碱理论，醇在液态HF中表现为碱。

$2RCH_2OH+O_2 \xrightarrow[\Delta]{Cu} 2RCHO+2H_2O$ 伯醇被催化氧化生成醛的化学方程式通式。关于【醇被催化氧化】详见【$CH_3-CH(OH)-CH_3 \xrightarrow[\Delta]{Cu} CH_3-C(=O)-CH_3+H_2O$】。

【$-C(H)-C(OH)-$】一元醇的通式。

$-C(H)-C(OH)- \xrightarrow[\Delta]{浓硫酸} -C=C-+H_2O$

醇在高温下，如400℃~800℃时，直接脱水生成烯烃，发生消去反应。若在浓硫酸或Al_2O_3作催化剂时，脱水反应可在低温下进行。羟基和邻位碳原子上的氢原子消去水分子，发生消去反应。

【$R-C(R')(H)-OH$】一元仲醇的通式。

$2R-C(R')(H)-OH+O_2 \xrightarrow[\Delta]{Cu} 2R-C(=O)-R'+2H_2O$

仲醇被催化氧化为酮。见【$CH_3-CH(OH)-CH_3 \xrightarrow[\Delta]{Cu} CH_3-C(=O)-CH_3+H_2O$】。

【$RCH=CH-CH_2OH$】

$RCH=CHCH_2OH \xrightarrow[Zn/稀HCl]{O_3} RCH=O+O=CHCH_2OH$ 不饱和醇和臭氧作用，在碳碳双键处断裂。相当于烯烃和臭氧作用。关于【烯烃的臭氧化作用】见【$(CH_3)_2C=CHCH_3 \xrightarrow{O_3}$ （臭氧化物：$(CH_3)_2C$ 与 $CH(CH_3)$ 经 $-O-$ 和 $-O-O-$ 成五元环）】。

【ROH】一元醇的通式。

$ROH+HX \xrightarrow{\Delta} RX+H_2O$ 醇和卤化氢反应，生成卤代烃和水。醇和氢卤酸反应生成卤代烷，可用于制备卤代烃。

$2R-OH+Mg \rightarrow (RO)_2Mg+H_2\uparrow$

镁粉和醇反应，置换出氢气。醇的酸性很弱，只能与钾、钠、镁、铝等活泼金属作用生成醇金属。不同类型的醇生成醇金属的速率快慢：伯醇>仲醇>叔醇。实验室废弃的金属钠先用异丙醇分解再加水，不能倒入垃圾桶或水池，否则易发生着火或爆炸。

【$HOCH_2CH_2OH$】

乙二醇，又称甘醇，最简单的二元醇，无色黏稠有甜味液体，易溶于水和乙醇，和水以任意比互溶，易吸湿。是重要的化工原料。可由乙烯出发通过环氧乙烷中间体制成，可作溶剂、防冻剂，合成聚酯树脂、增塑剂、合成纤维等的原料。

$$\begin{matrix}CH_2OH\\|\\CH_2OH\end{matrix}+\begin{matrix}HO\text{-}CH_2\\|\\HO\text{-}CH_2\end{matrix}\rightarrow\begin{matrix}CH_2-O-CH_2\\|\quad\quad\quad|\\CH_2-O-CH_2\end{matrix}+2H_2O$$

少量4%硫酸或浓磷酸等作催化剂，加热条件下，2mol 乙二醇分子间脱去 2mol 水，生成六元环醚——二恶烷，也叫二噁烷、1,4-二氧六环等。二恶烷为无色液体，沸点105℃，是实验室里常用的溶剂。

$$\begin{matrix}CH_2OH\\|\\CH_2OH\end{matrix}+2CH_3COOH \underset{\Delta}{\overset{浓硫酸}{\rightleftharpoons}} \begin{matrix}CH_3COOCH_2\\|\\CH_3COOCH_2\end{matrix}+2H_2O$$

在浓硫酸和加热条件下，2mol 乙酸和 1mol 乙二醇发生酯化反应，生成二乙酸乙二酯。可逆反应。浓硫酸作催化剂和吸水剂。

$HOCH_2CH_2OH+2CH_2=CHCOOH \xrightarrow[\Delta]{催化剂} H_2C=CHCOOCH_2CH_2OOCCH=CH_2+2H_2O$ 在浓硫酸和加热条件下，2mol 丙烯酸和 1mol 乙二醇发生酯化反应，生成二丙烯酸乙二酯。可逆反应。浓硫酸作催化剂和吸水剂。

$HOCH_2CH_2OH+2Na \rightarrow NaOCH_2CH_2ONa+H_2\uparrow$ 乙二醇和金属钠反应，生成乙二醇钠和氢气，二元醇和一元醇具有相似的性质，可以和活泼金属反应。

【$HOCH_2CH_2CH_2CH_2OH$】

1,4-丁二醇，无色黏稠油状液体，可燃，能与水混溶，溶于甲醇、乙醇、丙酮，微溶于乙醚，有吸湿性，味苦，有毒。

$HOCH_2CH_2CH_2CH_2OH \xrightarrow[\Delta]{浓H_2SO_4} 2H_2O+CH_2=CHCH=CH_2$

1,4-丁二醇分子内脱去两分子水，生成 1,3-丁二烯。

$$\begin{matrix}CH_2CH_2OH\\|\\CH_2CH_2OH\end{matrix}\xrightarrow[\Delta]{浓H_2SO_4}\begin{matrix}CH_2CH_2\\|\\CH_2CH_2\end{matrix}\!\!>O+H_2O$$

1,4-丁二醇在酸作催化剂条件下，生成环醚——四氢呋喃。四氢呋喃为无色液体，沸点 65℃，是实验室里常用的溶剂。

$$n\begin{matrix}CH_2\text{-}CH_2\text{-}CH_2CH_2\\|\qquad\qquad\quad|\\OH\qquad\qquad OH\end{matrix}+n\,HOOC-C_6H_4-COOH\xrightarrow[\Delta]{浓H_2SO_4}\left[\overset{O}{\overset{\|}{C}}-C_6H_4-\overset{O}{\overset{\|}{C}}-O-CH_2CH_2CH_2CH_2-O\right]_n+2nH_2O$$

合成工程塑料 PBT 的原理，对苯二甲酸和 1,4-丁二醇发生的缩聚反应。旧教材和过渡教材一直沿用这种化学方程式的写法，而按照新课标版教材应该写为：

$$n\,HOOC-C_6H_4-COOH+n\begin{matrix}CH_2\text{-}CH_2\text{-}CH_2CH_2\\|\qquad\qquad\quad|\\OH\qquad\qquad OH\end{matrix}\xrightarrow[\Delta]{浓H_2SO_4}$$

$HO\!\left[\!-\overset{O}{\overset{\|}{C}}-C_6H_4-\overset{O}{\overset{\|}{C}}-O-CH_2CH_2CH_2CH_2-O\!-\right]_{n}\!H$ +

$(2n-1)H_2O$。

【$HO-\underset{H}{\underset{|}{\overset{R}{\overset{|}{C}}}}-OH$】

$HO-\underset{H}{\underset{|}{\overset{R}{\overset{|}{C}}}}-OH \xrightarrow{-H_2O}$ **R−CHO** 同一个碳原子上连接两个醇羟基时不稳定，失去水后形成醛。

【$\begin{array}{l}CH_2-OH\\ |\\ CH\ -OH\\ |\\ CH_2-OH\end{array}$】丙三醇，俗称“甘油”，学名1,2,3-三羟基丙烷。无色黏稠有甜味的液体，易吸湿，与水和乙醇互溶，溶于乙酸乙酯，微溶于乙醚，不溶于苯、氯仿、四氯化碳、二硫化碳、石油醚、油类。以甘油酯的形式广泛存在于自然界动植物中。工业上一般由油脂水解制得，是制皂工业的副产物，也可由石油裂解气中的丙烯为原料制得。可以制炸药、树脂、润滑剂、香料、液体肥皂、增塑剂、甜味剂。在印刷、化妆品、烟草工业中作润滑剂，医药业中可用于滋润皮肤，防止龟裂，合成栓剂通便。切勿与氧化剂三氧化铬、氯酸钾、高锰酸钾等一起存放，以免爆炸。重要的化工原料。

$$C_3H_5(OH)_3+Cu(OH)_2 \rightarrow \begin{array}{l}CH_2-O\\ CH-O\end{array}\!\!>Cu\ \ (\text{with } CH_2-OH) + 2H_2O$$

甘油和新制的$Cu(OH)_2$反应，氢氧化铜蓝色沉淀溶解，溶液变为绛蓝色，该原理用来检验甘油。

$$\begin{array}{l}CH_2-OH\\ |\\ CH\ -OH\\ |\\ CH_2-OH\end{array} + 3HO\text{-}NO_2 \underset{\Delta}{\overset{\text{催化剂}}{\rightleftharpoons}} 3H_2O + \begin{array}{l}CH_2-ONO_2\\ |\\ CH\ -ONO_2\\ |\\ CH_2-ONO_2\end{array}$$

无机酸硝酸和甘油发生酯化反应，生成三硝酸甘油酯。

【$R(OH)_x$】

$$R(OH)_x+xNa \rightarrow R(ONa)_x+\frac{x}{2}H_2\uparrow$$

醇和活泼金属钠反应，生成醇钠和氢气的通式。一元醇、多元醇和活泼金属反应时具有相似的性质。

【$C_6H_5-O-C_6H_4-CH_2OH$】对苯氧基苯甲醇。

$$2C_6H_5-O-C_6H_4-CH_2OH+O_2 \xrightarrow[\Delta]{Cu} 2H_2O+2C_6H_5-O-C_6H_4-CHO$$

对苯氧基苯甲醇被催化氧化生成对苯氧基苯甲醛。关于【醇被催化氧化】详见【$CH_3\text{-}\underset{OH}{\underset{|}{CH}}\text{-}CH_3 \xrightarrow[\Delta]{Cu} CH_3-\overset{O}{\overset{\|}{C}}-CH_3$ $+H_2O$】。

【$C_6H_5-\underset{CH_3}{\underset{|}{CH}}-OH$】1-苯基乙醇。

$$C_6H_5-\underset{CH_3}{\underset{|}{CH}}-OH+CH_3COOH \underset{\Delta}{\overset{\text{浓硫酸}}{\rightleftharpoons}} H_2O+CH_3-\overset{O}{\overset{\|}{C}}-O-\underset{CH_3}{\underset{|}{CH}}-C_6H_5$$

在浓硫酸和加热条件下，乙酸和1-苯基乙醇发生酯化反应，生成乙酸-1-苯基乙酯，可逆反应。浓硫酸作催化剂和吸水剂。

$$2C_6H_5-\underset{OH}{\underset{|}{CH}}-CH_3+2Na \rightarrow 2C_6H_5-\underset{ONa}{\underset{|}{CH}}-CH_3+H_2\uparrow$$

1-苯基乙醇和金属钠反应，生成1-苯基乙醇钠和氢气。其他活泼金属和醇类也发生类似的反应，但比活泼金属和水的反应缓慢。醇的酸性很弱，只能与钾、钠、镁、铝等活泼金属作用生成醇金属。不同类型的醇生成醇金属的速率快慢：伯醇>仲醇>叔醇。

【$HOCH_2-C_6H_4-CH_2OH$】对苯二甲醇。

$HOH_2C-C_6H_4-CH_2OH+HOOC-C_6H_4-COOH \underset{\Delta}{\overset{浓硫酸}{\rightleftharpoons}} HOOC-C_6H_4-COOCH_2-C_6H_4-CH_2OH$ **$+H_2O$** 在浓硫酸和加热条件下，对苯二甲酸和对苯二甲醇按照物质的量之比 1∶1 发生酯化反应，生成对苯二甲酸对苯二甲酯，可逆反应。浓硫酸作催化剂和吸水剂。

$HOH_2C-C_6H_4-CH_2OH$ **$+3H_2$** $\xrightarrow[\Delta]{催化剂}$ $HOCH_2-C_6H_{10}-CH_2OH$ 对苯二甲醇在催化剂和加热条件下，苯环上催化加氢，生成 1,4-环己烷二甲醇，或叫作 1,4-二羟甲基环己烷，或者双(羟甲基)环己烷。

$HOCH_2-C_6H_4-CH_2OH$ **$+O_2$** $\xrightarrow[\Delta]{Cu}$ $OHC-C_6H_4-CHO$ **$+2H_2O$** 对苯二甲醇催化氧化生成对苯二甲醛。关于【醇被催化氧化】详见【$CH_3CH(OH)CH_3 \xrightarrow[\Delta]{Cu} CH_3-\overset{O}{\overset{\|}{C}}-CH_3+H_2O$】。

【$ClCH_2CH_2OH$】

2-氯乙醇，无色液体，有毒，可溶于水及乙醇，不溶于烃类。和水形成沸点为 96℃的恒沸点混合物，含氯乙醇 42.5%。分子中氯原子较活泼，易水解生成乙二醇，或脱去氯化氢生成环氧乙烷。由乙烯和次氯酸作用制得，可作溶剂、植物生长调节物质及有机合成的原料。

$CH_2(Cl)CH_2OH$ **$+H_2O$** $\xrightarrow[\Delta]{NaOH}$ $CH_2(OH)CH_2OH$ **$+HCl$** 2-氯乙醇水解，生成乙二醇，属于取代反应或者水解反应。通常与氢氧化钠的水溶液共热效果较好，类似于卤代烃的水解。

$2ClCH_2CH_2OH+O_2 \xrightarrow[\Delta]{Cu} 2CH_2ClCHO+2H_2O$ 2-氯乙醇被催化氧化为 2-氯乙醛。类似醇的氧化，见【$CH_3CH(OH)CH_3 \xrightarrow[\Delta]{Cu} CH_3-\overset{O}{\overset{\|}{C}}-CH_3+H_2O$】。

【$CH_3CH_2O^-$】

乙氧基负离子，乙醇失去一个氢原子后得到的阴离子。区别于 CH_3CH_2O-，后者叫作乙氧基。

$CH_3CH_2O^-+H_2O \rightarrow CH_3CH_2OH+OH^-$ 乙醇钠或乙醇钾等迅速水解的离子方程式，生成乙醇和 OH^-。

【CH_3CH_2ONa】

乙醇钠，又叫乙氧基钠，白色或淡黄色粉末，易吸湿，极易溶于乙醇，在水中分解生成乙醇和氢氧化钠。其乙醇溶液稳定，暴露于空气中分解，久置颜色逐渐变色。可由绝对无水乙醇和金属钠反应后蒸去乙醇制得。工业品常为乙醇钠的乙醇溶液，含量一般为 17%。一般由乙醇和氢氧化钠反应，同时加入苯进行共沸蒸馏，使苯、乙醇和水形成三元共沸物，除去反应过程生成的水，再蒸去苯制得。是一种碱性缩合试剂，常用于有机合成。密闭、避光贮存。

$CH_3CH_2ONa+HCl \rightarrow CH_3CH_2OH+NaCl$ 盐酸和乙醇钠反应，生成乙醇和氯化钠。

$CH_3CH_2ONa+H_2O \rightarrow CH_3CH_2OH+NaOH$ 乙醇钠迅速水解，生成乙醇和氢氧化钠。

【C_6H_5OH】苯酚，无色晶体，俗称“石炭酸”，因部分发生氧化而显粉红色，具有特殊气味，常温下，在水中溶解度不大，100g水中可溶解9g，65℃时可与水混溶。苯酚水溶液略显酸性，但酸性太弱，指示剂无法测出。酚的官能团－OH，羟基，为区别酚和醇的羟基，分别叫酚羟基和醇羟基。苯酚有毒，并有腐蚀性，易溶于酒精、乙醚、氯仿、丙三醇、二硫化碳中。可由煤焦油分离，或由苯经苯磺酸钠碱熔法、氯苯水解法以及异丙苯经空气氧化、酸分解法合成，可用于制备水杨酸、苦味酸、二四滴等，也是合成染料、农药、合成树脂等的原料，医学上用作消毒防腐剂，低浓度止痒，高浓度产生腐蚀。

$C_6H_5OH \rightleftharpoons C_6H_5O^- + H^+$ 苯酚在水中的电离方程式，部分电离生成苯氧离子（或叫酚氧离子）和氢离子。苯酚水溶液略显酸性，但酸性太弱，指示剂无法测出。电离方程式可以写作 $C_6H_5OH + H_2O \rightleftharpoons C_6H_5O^- + H_3O^+$。

$C_6H_5OH + 3Br_2 \rightarrow C_6H_2Br_3OH\downarrow + 3HBr$（2,4,6-三溴苯酚）

浓溴水和苯酚溶液反应，生成2,4,6-三溴苯酚白色沉淀。实验室可以利用该反应检验苯酚。但是，稀溴水效果不好，甚至难生成沉淀。有两个改进办法：（1）溴水沿试管壁缓缓加入。（2）用长滴管深入到苯酚溶液，再挤出溴水，该方法效果明显，用量少，沉淀多。即使溴水过量，沉淀也明显。2,4,6-三溴苯酚在水中是沉淀，在苯中易溶，因此，苯中的苯酚不能用浓溴水除去，可以用酒精或碱液除去。

$n\,C_6H_5OH + n\,HCHO \xrightarrow[\Delta]{浓硫酸} [\!-C_6H_3(OH)-CH_2-\!]_n + nH_2O$ 苯酚和甲醛发生缩聚反应，生成酚醛树脂和水。反应过程如下：$C_6H_5OH + HCHO \xrightarrow{H^+} o\text{-}HOC_6H_4CH_2OH$ 生成邻羟基苯甲醇，也叫邻羟甲基苯酚，该反应叫作羟甲基化反应。

$o\text{-}HOC_6H_4CH_2OH$ 和苯酚继续反应：$o\text{-}HOC_6H_4CH_2OH + C_6H_5OH \rightarrow HOC_6H_4-CH_2-C_6H_4OH + H_2O$。$HOC_6H_4-CH_2-C_6H_4OH$ 继续和甲醛反应，生成酚醛树脂 $[\!-C_6H_3(OH)-CH_2-\!]_n$。

$n\,C_6H_5OH + n\,C_4H_3O-CHO \xrightarrow[\Delta]{催化剂} nH_2O + [\!-C_6H_3(OH)-CH(C_4H_3O)-\!]_n$ 苯酚和糠醛发生缩聚反应，生成酚醛树脂和水。

$C_6H_5OH + (CH_3CO)_2O \rightarrow CH_3COOC_6H_5 + CH_3COOH$ 苯酚和乙酸酐反应，生成乙酸苯酯和乙酸。

$C_6H_5OH + CH_3COCl \rightarrow CH_3COOC_6H_5 + HCl$

乙酰氯和苯酚反应，生成乙酸苯酯和氯化氢，类似于乙酰氯的醇解反应：乙酰氯和乙醇反应生成乙酸乙酯。

$6C_6H_5OH + Fe^{3+} \rightarrow [Fe(C_6H_5O)_6]^{3-} + 6H^+$ 苯酚和氯化铁发生显色反应，生成六苯酚合铁（III）离子，溶液变为紫色，该原理可用来检验苯酚及酚类物质。化学方程式见【$6C_6H_5OH + FeCl_3$】。

$6C_6H_5OH + FeCl_3 \rightarrow H_3[Fe(C_6H_5O)_6] + 3HCl$ 苯酚和氯化铁发生显色反应，生成六苯酚合铁（III）酸，溶液变为紫色，该

原理可用来检验苯酚及酚类物质。离子方程式见【$6C_6H_5OH+Fe^{3+}$】。

$C_6H_5OH+3H_2 \xrightarrow[\triangle]{催化剂} C_6H_{11}OH$ 苯酚的苯环和氢气发生加成反应，生成环己醇。

$C_6H_5OH+HNO_3(稀) \rightarrow$ 邻硝基苯酚 + 对硝基苯酚

苯酚比苯容易硝化，在室温下和稀硝酸反应生成邻硝基苯酚和对硝基苯酚，邻硝基苯酚占30%~40%，对硝基苯酚占15%。苯环上酚羟基邻、对位的氢原子被硝基取代。邻硝基苯酚中羟基和硝基易形成分子内氢键，和水分子难形成分子间氢键，所以沸点较低，可以随水蒸气蒸馏出来，间位和对位不能形成分子内氢键，易和水分子形成分子之间的氢键，沸点较高，不易随水蒸气蒸馏出来。

$C_6H_5OH+3HNO_3 \rightarrow$ 2,4,6-三硝基苯酚 ↓ + $3H_2O$ 制备2,4,6-三硝基苯酚的方法较特别：先用浓硫酸加热到100℃使苯酚磺化，生成2,4-苯酚二磺酸（$C_6H_3(OH)(SO_3H)_2$），2,4-苯酚二磺酸加硝酸硝化，生成$O_2N-C_6H_2(OH)(SO_3H)_2$，在较高温度下磺酸基被硝基取代得黄色晶体2,4,6-三硝基苯酚，俗称“苦味酸”，味极苦，有毒，具有相当强的酸性，$pK_a=0.8$，几乎和强无机酸相近，军事上称为“黄色炸药”，在300℃以上时爆炸，是最早使用的猛性炸药与合成染料。

$C_6H_5OH+H_2O \rightleftharpoons C_6H_5O^-+H_3O^+$ 苯酚在水中的电离方程式的表示式之一，见【$C_6H_5OH \rightleftharpoons C_6H_5O^-+H^+$】。

$C_6H_5OH+H_2SO_4(浓) \xrightarrow{100℃}$ 对羟基苯磺酸（$HO-C_6H_4-SO_3H$）

苯酚在100℃时用浓硫酸磺化，主要产物是对羟基苯磺酸。在室温下，苯酚被浓硫酸磺化，生成邻羟基苯磺酸和对羟基苯磺酸的混合物：$C_6H_5OH+H_2SO_4(浓) \xrightarrow{室温}$ 邻羟基苯磺酸 + 对羟基苯磺酸。

$C_6H_5OH+H_2SO_4(浓) \xrightarrow{室温}$ 邻羟基苯磺酸 + 对羟基苯磺酸 在室温下，苯酚被浓硫酸磺化，生成邻羟基苯磺酸和对羟基苯磺酸的混合物。

$2C_6H_5OH+2Na \rightarrow 2C_6H_5ONa+H_2\uparrow$ 苯酚和金属钠反应生成苯酚钠和氢气。苯酚的酸性比醇强。酚羟基和醇羟基都可以和活泼金属反应，生成氢气。

$C_6H_5OH+Na_2CO_3 \rightarrow NaHCO_3+C_6H_5ONa$ 苯酚和碳酸钠反应，生成碳酸氢钠和苯酚钠。酸性：$H_2CO_3>C_6H_5OH>NaHCO_3$。苯酚水溶液略显酸性，但酸性太弱，用常规酸碱指示剂无法测出。

$C_6H_5OH+NaOH \rightarrow C_6H_5ONa+H_2O$ 苯酚和氢氧化钠反应生成苯酚钠和水。

$$C_6H_6O+7O_2 \xrightarrow{点燃} 6CO_2+3H_2O$$

苯酚等完全燃烧生成二氧化碳和水。

$C_6H_5OH+OH^- \rightarrow C_6H_5O^-+H_2O$ 苯酚和氢氧化钠等可溶性强碱溶液反应生成苯酚钠等盐和水的离子方程式。

【$HO-C_6H_4-CH=CH_2$】对乙烯基苯酚。

$$n\ HO-C_6H_4-CH=CH_2 \xrightarrow{\text{一定条件下}} \left[CH(C_6H_4OH)-CH_2\right]_n$$

对乙烯基苯酚在一定条件下发生加聚反应，生成高聚物聚对乙烯基苯酚。在碳碳双键之间加聚。对乙烯基苯酚也叫4-乙烯基苯酚或4-羟基苯乙烯。

【$C_6H_2Cl_3OH$】2,4,5-三氯苯酚。

$$C_6H_2Cl_3OH+ClCH_2COOH \longrightarrow HCl+C_6H_2Cl_3OCH_2COOH$$

2,4,5-三氯苯酚和氯乙酸反应，制备除草剂2,4,5-三氯苯氧乙酸。酚羟基上的取代反应。

【$C_6H_4(OH)_2$（邻位）】邻苯二酚，白色晶体，俗称"儿茶酚"或"焦儿茶酚"，易溶于水、乙醇、氯仿、乙醚，易溶于吡啶、碱液，易被氧化，和多伦试剂即硝酸银的氨溶液（也叫银氨溶液）反应有金属银析出，能使氯化铁溶液变成深绿色。和对苯二酚、间苯二酚互为同分异构体，会升华，随水蒸气蒸馏。工业上常由邻氯苯酚水解制得，实验室常由水杨醛、邻甲氧基苯酚制备，可作防腐剂、还原剂及制药（愈创木酚）等工业原料。

$$C_6H_4(OH)_2 \xrightarrow{Ag_2O} C_6H_4O_2\text{（邻苯醌）}+2Ag+H_2O$$

在乙醚溶液中，用氧化银氧化邻苯二酚得到邻苯醌。邻苯醌为红色晶体。

【$HO-C_6H_4-OH$】对苯二酚，俗称"氢醌"，在苯二酚的三种同分异构体中，对苯二酚的还原性最强，遇氯化铁溶液变成暗绿色。白色晶体，溶于水，易溶于乙醇、乙醚，微溶于苯。水溶液在空气中因氧化而呈褐色，碱溶液中更易氧化。可以苯胺为原料经氧化、水解成对苯醌，再经$NaHSO_3$(或SO_2还原)而制得，可作照相显影剂、橡胶防老剂、单体阻聚剂、油脂抗氧化剂等。

$$HO-C_6H_4-OH \xrightarrow{2AgBr} O=C_6H_4=O+2Ag\downarrow+2HBr$$

对苯二酚被弱氧化剂如氧化银、溴化银等氧化，生成黄色的对苯醌。

【$HO-C_6H_4-CH=CH-C_6H_3(OH)_2$】5-[2-(4-羟基苯基)]乙烯基-1,3-苯二酚。

$$HO-C_6H_4-CH=CH-C_6H_3(OH)_2+6Br_2 \rightarrow 5HBr+HO-C_6H_2Br_2-CHBr-CHBr-C_6Br_3(OH)_2$$

5-[2-(4-羟基苯基)]乙烯基-1,3-苯二酚和溴反应，酚羟基的邻、对位上发生取代反应，同时在碳碳双键上发生加成反应。

$$HO-C_6H_4-CH=CH-C_6H_3(OH)_2+7H_2 \rightarrow HO-C_6H_{10}-CH_2-CH_2-C_6H_9(OH)_2$$

一定条件下，氢气与苯环、碳碳双键均发生加成反应。总体来说，碳碳双键比苯环容易加成，而苯环容易取代，难加成。

【$C_{16}H_{12}(OH)_2$（9,10-二羟基-2-乙基蒽，OH / C_2H_5 / OH）】2-乙基蒽醇。

$C_{16}H_{12}(OH)_2$（2-乙基蒽醇）$+O_2 \rightarrow C_{16}H_{12}O_2$（2-乙基蒽醌）$+H_2O_2$

1945 年以后发展起来的生产过氧化氢的方法——乙基蒽醌法的原理之一。详见【$H_2+O_2 \xlongequal{2\text{-乙基蒽醌，钯（或镍）}} H_2O_2$】。

【$C_6H_5O^-$】

酚氧离子或苯氧离子，苯酚的羟基失去一个氢原子后剩余的阴离子。

$C_6H_5O^-+CO_2+H_2O \rightarrow C_6H_5OH+HCO_3^-$ 苯酚钠水溶液中通入二氧化碳反应的离子方程式。见【$C_6H_5ONa+CO_2+H_2O$】。

$C_6H_5O^-+H^+ \rightarrow C_6H_5OH$ 酚氧离子（或苯氧离子）和酸反应，生成苯酚。

$C_6H_5O^-+H_2O \rightleftharpoons C_6H_5OH+OH^-$ 酚氧离子（或苯氧离子）水解，生成苯酚和 OH^-，水溶液显碱性。苯酚的酸性很弱，常规酸碱指示剂很难检测，酸性弱于碳酸，所以苯酚钠等盐很容易水解。

【C_6H_5ONa】

苯酚钠，无色易潮解针状晶体，可燃，密封保存，粉体和空气能形成爆炸混合物。

$C_6H_5ONa \rightarrow C_6H_5O^-+Na^+$ 苯酚钠是强电解质，在水中完全电离。电离出来的酚氧离子（或苯氧离子）很容易水解，生成苯酚和碱。

$C_6H_5ONa+CO_2+H_2O \rightarrow C_6H_5OH+NaHCO_3$ 苯酚钠水溶液中通入二氧化碳，生成苯酚和 HCO_3^-，现象为澄清的溶液变浑浊，原因是苯酚小液滴分散在水中呈浑浊状态。静置分层后，苯酚含量较多的在下层，呈油状，即上层是苯酚的水溶液，下层是水的苯酚溶液，可用分液漏斗分离。因酸性：碳酸>苯酚>HCO_3^-，通入的二氧化碳只能提供一个氢离子，生成 HCO_3^-。离子方程式见【$C_6H_5O^-+CO_2+H_2O$】。

$C_6H_5ONa+CH_3COOH \rightarrow CH_3COONa+C_6H_5OH$ 苯酚钠和醋酸反应，生成苯酚和醋酸钠。酸性：醋酸>苯酚。

$C_6H_5ONa+HCl \rightarrow C_6H_5OH+NaCl$ 苯酚钠和盐酸反应，生成苯酚和氯化钠。酸性：盐酸>苯酚。

$C_6H_5ONa+H_2O \rightleftharpoons C_6H_5OH+NaOH$ 苯酚钠水解，生成苯酚和 NaOH，水溶液显碱性。苯酚的酸性很弱，常规酸碱指示剂很难检测，酸性弱于碳酸，所以苯酚钠等盐很容易水解，离子方程式见【$C_6H_5O^-+H_2O$】。

$2C_6H_5ONa+SO_2+H_2O \rightarrow 2C_6H_5OH+Na_2SO_3$ 苯酚钠溶液中通入少量二氧化硫，生成苯酚和 Na_2SO_3。酸性：亚硫酸>HSO_3^->苯酚。

【$(CH_3)_2O$】

二甲醚。

$2(CH_3)_2O+B_2H_6 \rightarrow 2(CH_3)_2OBH_3$ B_2H_6 和 $(CH_3)_2O$ 反应，生成 $(CH_3)_2OBH_3$。

【$C_6H_5-OC_2H_5$】

苯乙醚。

$C_6H_5-OC_2H_5+HNO_3 \rightarrow C_2H_5O-C_6H_4-NO_2+H_2O$ 苯乙醚和硝酸发生硝化反应，生成对硝基苯乙醚。烷氧基取代苯环，和硝酸发生硝化反应时，生成对位产物的活化能较低，主要生成对位取代物。

【H_2C-CH_2（环氧，O 桥接）】

环氧乙烷，又称氧化乙烯，

无色液体，沸点为13.5℃，能溶于水、乙醇和乙醚。工业上主要用来生产乙二醇和熏蒸杀菌剂。最简单的环氧化合物或环醚，无色易燃气体，有毒，化学性质活泼，可和许多化合物发生加成反应。可由乙烯间接或直接氧化制得。

$$3\,\underset{\diagdown O \diagup}{H_2C{-}CH_2} + PCl_3 \rightarrow P\begin{cases}OCH_2CH_2Cl\\ OCH_2CH_2Cl\\ OCH_2CH_2Cl\end{cases}$$

工业上用环氧乙烷和三氯化磷反应制备乙烯利的第一步反应。生成的$P\begin{cases}OCH_2CH_2Cl\\ OCH_2CH_2Cl\\ OCH_2CH_2Cl\end{cases}$经加热发生异构化，生成$ClCH_2CH_2{-}\overset{O}{\overset{\|}{P}}(OCH_2CH_2Cl){-}OCH_2CH_2Cl$，继续和氯化氢反应，生成乙烯利$ClCH_2CH_2{-}\overset{O}{\overset{\|}{P}}(OH){-}OH$和$ClCH_2CH_2Cl$。乙烯利是目前使用很广的植物生长调节剂，对橡胶、香蕉、烟草、棉花、西红柿等农作物催产和催熟均有很好的效果。乙烯利在水中缓慢释放出乙烯：【$ClCH_2CH_2{-}\overset{O}{\overset{\|}{P}}(OH){-}OH \xrightarrow{H_2O} H_3PO_4+CH_2{=}CH_2\uparrow+HCl$】。

【$\underset{\diagdown O \diagup}{R{-}HC{-}CH_2}$】1,2-环氧化合物。

$$n\,\underset{\diagdown O \diagup}{R{-}HC{-}CH_2} + nCO_2 \xrightarrow{催化剂} {+}O{-}\overset{O}{\overset{\|}{C}}{-}O{-}\underset{R}{\overset{H}{C}}{-}\underset{H}{\overset{H}{C}}{+}_n$$

1,2-环氧化合物和二氧化碳反应，生成一种聚碳酸酯。1,2-环氧化合物在酸性条件下和水反应，生成1,2-二醇，二氧化碳和水反应生成碳酸，碳酸分子相当于有两个羧基，和1,2-二醇聚合生成聚碳酸酯。该反应可以在解决二氧化碳过度排放、寻求新型高分子材料以及开展环境友好化工工程等方面有较大的帮助。

【$(CH_3)_2C\langle O{-}O\rangle C(H)CH_3$（五元环臭氧化合物，C—O—C，O—O）】

$$(CH_3)_2C\langle{-}O{-}O{-}O{-}\rangle CHCH_3 \xrightarrow{H_2O} CH_3{-}\overset{O}{\overset{\|}{C}}{-}CH_3 + CH_3COOH$$

2-甲基-2-丁烯的臭氧化作用所生成五元环的臭氧化合物，水解生成过氧化氢、丙酮和乙醛，乙醛被过氧化氢氧化为乙酸。【烯烃的臭氧化作用】见【$(CH_3)_2C{=}CHCH_3 \xrightarrow{O_3}$ 五元环臭氧化合物】。

【HCHO】 甲醛，俗称“蚁醛”，无色有刺激性气味的气体，有毒，易溶于水，溶于乙醇和乙醚，能燃烧，有还原性。和空气形成爆炸性混合物，爆炸极限7%~73%（体积）。最简单的醛，官能团$-\overset{O}{\overset{\|}{C}}-H$，或写作$-CHO$，叫作醛基，和酮的官能团羰基$-\overset{O}{\overset{\|}{C}}-$有区别。40%的水溶液（100mL水溶液含有40g甲醛）俗称“福尔马林”。常用于制备酚醛树脂、脲醛树脂、聚甲醛树脂、药物、炸药、染料等，也可用于种子消毒、生物标本保存。

$$2HCHO \xrightarrow[\Delta]{浓碱} HCOONa+CH_3OH$$

甲醛与浓碱共热，发生歧化反应，生成甲酸钠和甲醇。

【康尼查罗反应】没有α-氢的醛和强碱溶液共热，一个醛分子作为氢的供体，另一个醛分子作为氢的受体，发生分子间的氧化还原反应。这个反应是康尼查罗于 1853 年发现的，称为康尼查罗反应。苯甲醛等没有 α-氢的醛也具有类似的性质。

3HCHO $\overset{H^+}{\rightleftharpoons}$ (三聚甲醛环状结构) 甲醛非常容易聚合，甲醛气体在常温下自动聚合为三聚体，形成六元环。60%的甲醛溶液加入少量硫酸煮沸也得到三聚体。三聚甲醛无还原性，受热时分解为甲醛。甲醛溶液蒸发时，得到多聚甲醛，加热条件下也分解为甲醛。极纯的甲醛在催化剂三正丁胺作用下，得到线性的多聚甲醛，是一种具有较高机械强度的新型塑料，聚合度>6000。

$HCHO+4[Ag(NH_3)_2]^++4OH^- \xrightarrow{\triangle} CO_3^{2-}+2NH_4^++4Ag\downarrow+6NH_3+2H_2O$ 甲醛分子相当于两个醛基。

【甲醛和银氨溶液发生银镜反应】

（1）若两个醛基都被氧化为羧基，则生成碳酸铵、银、NH_3 和 H_2O：$4Ag(NH_3)_2OH+HCHO \xrightarrow{\triangle} (NH_4)_2CO_3+4Ag\downarrow+6NH_3+2H_2O$。对应的离子方程式为 $4[Ag(NH_3)_2]^++HCHO+4OH^- \xrightarrow{\triangle} CO_3^{2-}+2NH_4^++4Ag\downarrow+6NH_3+2H_2O$。（2）若一个醛基和银氨溶液发生银镜反应，则生成甲酸铵、银、NH_3 和 H_2O：$2Ag(NH_3)_2OH+HCHO \xrightarrow{\triangle} HCOONH_4+2Ag\downarrow+3NH_3+H_2O$。对应的离子方程式为 $2[Ag(NH_3)_2]^+ +HCHO+2OH^- \xrightarrow{\triangle} HCOO^-+NH_4^++2Ag\downarrow+3NH_3+H_2O$。银镜反应用来检验醛基。【银氨溶液的配制和反应原理】见【$Ag^++2NH_3·H_2O$】。

$HCHO+2[Ag(NH_3)_2]^++2OH^- \xrightarrow{\triangle} HCOO^-+NH_4^++2Ag\downarrow+3NH_3+H_2O$ 甲醛中的一个醛基和银氨溶液发生银镜反应的离子方程式，见【$HCHO+4[Ag(NH_3)_2]^++4OH^-$】。

$HCHO+2Ag(NH_3)_2OH \xrightarrow{\triangle} HCOONH_4+2Ag\downarrow+3NH_3+H_2O$ 见【$HCHO+4[Ag(NH_3)_2]^++ 4OH^-$】。

$HCHO+4Ag(NH_3)_2OH \xrightarrow{\triangle} (NH_4)_2CO_3+4Ag\downarrow+6NH_3+2H_2O$ 见【$HCHO+4[Ag(NH_3)_2]^+ +4OH^-$】。

$HCHO+2CuO \xlongequal{\triangle} 2Cu+CO_2+H_2O$ 甲醛具有还原性，加热条件下将氧化酮还原为铜，甲醛被氧化为碳酸，分解生成二氧化碳和水。

$HCHO+2Cu(OH)_2$(少量) $\xrightarrow{\triangle}$ $HCOOH+Cu_2O+2H_2O$ 甲醛分子结构中有两个醛基。和少量的氢氧化铜反应时，其中一个醛基被氧化，生成甲酸、砖红色 Cu_2O 沉淀和水。和过量的氢氧化铜反应时，两个醛基都被氧化，生成碳酸、砖红色 Cu_2O 沉淀和水：$HCHO+4Cu(OH)_2 \xrightarrow{\triangle} H_2CO_3+2Cu_2O+4H_2O$。该原理可检验醛基。新课程写作：$HCHO+2Cu(OH)_2$(少量)$+NaOH \xrightarrow{\triangle} HCOONa+Cu_2O+3H_2O$。

$HCHO+4Cu(OH)_2 \xrightarrow{\triangle} H_2CO_3+2Cu_2O+4H_2O$ 甲醛分子结构中有两个醛基。和过量的氢氧化铜反应时，两个醛基都被氧化，生成碳酸、砖红色 Cu_2O 沉淀和水。新课程写作：$HCHO+4Cu(OH)_2+2NaOH \xrightarrow{\triangle} Na_2CO_3+2Cu_2O+6H_2O$。

$HCHO+C_6H_5-CHO \xrightarrow[\triangle]{浓碱} C_6H_5-CH_2OH+HCOONa$ 甲醛和苯甲醛在强碱催化下共热，甲醛被氧化为甲酸，和碱反应生成甲酸盐，苯甲醛被还原为苯甲醇；叫作交替的康尼查罗反应，主要用于制备苯甲醇。甲醛在碱性条件下受热，自身发生歧化反应，生成甲酸钠和甲醇，叫作康尼查罗反应。关于【康尼查罗反应】见【2HCHO】。

$HCHO+H_2 \xrightarrow[\Delta]{催化剂} CH_3OH$ 氢气和甲醛加成，生成甲醇。

【羰基、碳碳双键以及苯环加氢的比较】
碳氧双键和氢气的加成较难，一般需要加压和加热，二烯烃的加氢可在低压和室温下进行。醛或酮中碳氧双键和氢气加成，醛还原为一级醇，酮还原为二级醇。羧基中碳氧双键一般不能加氢。碳碳双键和碳氧双键同时存在时，要选择不同的还原剂加氢。而苯环加氢更难，需要在温度 180℃~250℃、镍作催化剂的条件下。

$6HCHO+4NH_4^+ \rightarrow (CH_2)_6N_4+4H^+ +6H_2O$ 甲醛和氨气（或铵盐）经历一系列反应，生成四氮金刚烷，学名叫作环六亚甲基四胺。

【CH_3CHO】

乙醛，无色有刺激性气味的液体，易挥发，易燃烧，和水、乙醇互溶。蒸气和空气形成爆炸性混合物，爆炸极限 4%~57%（体积）。易被氧化成醋酸。酸催化下易形成三聚乙醛、四聚乙醛。工业上常用乙炔水化法、乙醇氧化法或脱氢法及乙烯直接氧化法制得。可用于制醋酸、醋酐、丁醇、2-乙基己醇、季戊四醇、聚乙醛和三氯乙酸。

$CH_3CHO \xrightarrow{791K} CH_4+CO$ 791K 时，碘蒸气催化下，乙醛分解为甲烷和一氧化碳。

$3CH_3CHO \underset{稀H_2SO_4}{\overset{浓H_2SO_4}{\rightleftharpoons}}$ （三聚乙醛：六元环 $-O-CH(CH_3)-O-CH(CH_3)-O-CH(CH_3)-$）

浓硫酸存在下乙醛发生聚合反应，生成有香味的三聚乙醛液体，难溶于水，加稀酸蒸馏时解聚生成乙醛。该原理是贮存乙醛的好办法。乙醛还可以生成四聚乙醛：

（四聚乙醛：八元环 $-O-CH(CH_3)-O-CH(CH_3)-O-CH(CH_3)-O-CH(CH_3)-$），白色固体，不溶于水，燃烧时没有烟，可作为固体无烟燃料。

$CH_3CHO+2[Ag(NH_3)_2]^+ +2OH^- \xrightarrow{\Delta} CH_3COO^- +NH_4^+ +2Ag\downarrow+ 3NH_3+H_2O$ 乙醛和银氨溶液发生银镜反应，生成乙酸铵、银、NH_3 和 H_2O。化学方程式见【$CH_3CHO+2Ag(NH_3)_2OH$】。银镜反应用来检验醛基。【银氨溶液的配制和反应原理】见【$Ag^++2NH_3·H_2O$】。

$CH_3CHO+2Ag(NH_3)_2OH \xrightarrow{\Delta} CH_3COONH_4+2Ag\downarrow+3NH_3+H_2O$
乙醛和银氨溶液发生银镜反应，生成乙酸铵、银、NH_3 和 H_2O。离子方程式见【$CH_3CHO+2[Ag(NH_3)_2]^++2OH^-$】。银镜反应用来检验醛基。【银氨溶液的配制和反应原理】见【$Ag^++2NH_3·H_2O$】。

$CH_3CHO+2Cu(OH)_2 \xrightarrow{\Delta} Cu_2O +CH_3COOH+ 2H_2O$ 乙醛分子结构中有醛基。和氢氧化铜反应时，醛基被氧化成羧基，生成乙酸、砖红色 Cu_2O 沉淀和水。该原理可检验醛基。新课程写作 $CH_3CHO +2Cu(OH)_2+NaOH \xrightarrow{\Delta} Cu_2O+CH_3COONa +3H_2O$。

$CH_3-\overset{O}{\overset{\|}{C}}-H +CH_3CH_2OH \rightarrow \underset{\quad\ \ OH}{CH_3CHOCH_2CH_3}$

无水强无机酸作催化剂，等物质的量的乙醛和乙醇发生的加成反应，乙醇中的氢原子和乙氧基分别连接在乙醛碳氧双键的氧原子和碳原子上，生成物叫作半缩醛。半缩醛中的羟基较活泼，在同样的条件下，和过量的醇继续反应，脱去水分子生成缩醛。半缩醛不稳定，一般不能分离出来，缩醛较稳定，可分离出来。

$CH_3CHO+CH_3CHO \xrightarrow{催化剂}$

$CH_3CHOH-CH_2CHO$ 两个乙醛分子之间发生羟醛缩合反应，生成3-羟基丁醛。由于α-H的活泼性，使含有α-H的醛分子之间发生羟醛缩合反应。首先，在碳氧双键上加成，α-H连在氧原子上，α-H以外的基团连在碳氧双键中的碳原子上，生成羟醛，受热后失去水分子，得到α,β-不饱和醛。3-羟基丁醛受热后失去水分子，主要生成2-丁烯醛：$\underset{\large OH}{CH_3\text{-}\overset{|}{C}H\text{-}CH_2\text{-}CHO} \xrightarrow{一定条件下}$ $CH_3CH=CHCHO+H_2O$。两个都含有α-H的醛发生羟醛缩合反应后的产物很复杂，在有机合成中的用途有限，但是，含有α-H的醛和不含α-H的醛之间的“交替”羟醛缩合反应，在有机合成中很有用，比如，CH_3CH_2CHO含有α-H，苯甲醛不含α-H，反应式为

$CH_3CH_2CHO+C_6H_5\text{—}CHO \rightarrow C_6H_5\text{—}CH(OH)CH(CH_3)CHO$。都不含α-H的醛，如甲醛、苯甲醛，和强碱溶液共热，发生康尼查罗反应。关于【康尼查罗反应】见【2HCHO】。

$CH_3CHO+H_2 \xrightarrow[\Delta]{催化剂} CH_3CH_2OH$

乙醛经催化加氢，生成乙醇。关于【羰基、碳碳双键以及苯环加氢的比较】见【HCHO+H_2】。乙醛和氢气加成生成乙醇，就是加氢，发生还原反应。

$CH_3CHO+HBr \xrightarrow{一定条件下} CH_3\text{—}CH(OH)Br$

在一定条件下，乙醛中碳氧双键和溴化氢发生加成反应，生成1-溴乙醇。

$CH_3CHO+HCN \rightarrow CH_3\text{—}C(OH)(CN)\text{—}H$ 乙醛和氰化氢加成，生成α-羟基丙腈。α-羟基腈在有机合成中是一个非常有用的中间体。醛和脂肪族甲基酮都能发生此反应。

$CH_3CHO+H-NH_2 \rightarrow CH_3CH(OH)NH_2$

乙醛和氨气加成，生成1-氨基乙醇，不稳定，脱水之后生成亚胺。醛、酮与氨气及其衍生物都能发生此加成反应。

$2CH_3CHO+5O_2 \xrightarrow{点燃} 4CO_2+4H_2O$

乙醛完全燃烧，生成二氧化碳和水。

$2CH_3CHO+O_2 \xrightarrow[\Delta]{催化剂} 2CH_3COOH$

乙醛催化氧化生成乙酸。工业上可用来制备乙酸。

$CH_3CHO+3X_2 \xrightarrow{OH^-} CX_3CHO+$

3HX 乙醛分子中甲基上的氢原子被卤素原子取代，生成三卤乙醛CX_3CHO和HX，卤仿反应的第一步。卤仿反应的第二步：三卤乙醛CX_3CHO继续和碱反应，生成卤仿：$CX_3CHO+NaOH \rightarrow X_3CH+HCOONa$。卤素常用溴和碘。醛、酮中的α-H易被溴或碘取代，在碱性溶液中，反应很容易。只有含CH_3CO—结构的醛或酮才能发生卤仿反应。参加反应的卤素若为碘，叫作碘仿反应。碘仿是黄色晶体，水溶性极小，易于析出，有特殊气味。该原理可以鉴别化合物是否有CH_3CO—结构。

【CH_3CH_2CHO】

丙醛，无色液体，有刺激性气味，易溶于水，与乙醇、乙醚互溶，暴露于空气中缓慢氧化为丙酸。工

业上可由环氧丙烷在铬矾催化剂下经高温异构化或由乙烯、一氧化碳、氢经羰基合成制得，可用于有机合成，生产安宁、乙胺嘧啶等药物原料。

$CH_3CH_2CHO+2Ag(NH_3)_2OH \xrightarrow{\triangle} H_2O+CH_3CH_2COONH_4+2Ag\downarrow+3NH_3$ 丙醛和银氨溶液发生银镜反应，生成丙酸铵、银、NH_3 和 H_2O。银镜反应用来检验醛基。【银氨溶液的配制和反应原理】见【$Ag^++2NH_3{\cdot}H_2O$】。

$CH_3CH_2CHO+2Cu(OH)_2 \xrightarrow{\triangle} 2H_2O+CH_3CH_2COOH+Cu_2O$ 丙醛分子结构中有醛基，和氢氧化铜反应时，醛基被氧化成羧基，生成丙酸、砖红色 Cu_2O 沉淀和水。该原理可检验醛基。新课程写作：$CH_3CH_2CHO+2Cu(OH)_2+NaOH \xrightarrow{\triangle} CH_3CH_2COONa+Cu_2O+3H_2O$。

$CH_3CH_2CHO+C_6H_5CHO \rightarrow C_6H_5CH(OH)CH(CH_3)CHO$ 不含 α-H 的苯甲醛和含有 α-H 的丙醛发生的“交替”羟醛缩合反应，生成羟基醛，见【$CH_3CHO+CH_3CHO$】。

$CH_3CH_2CHO+H_2 \xrightarrow[\triangle]{催化剂} CH_3CH_2CH_2OH$ 丙醛催化加氢，生成丙醇。加成反应或还原反应。

【$CH_3CH=CHCHO$】2-丁烯醛。

$CH_3CH=CHCHO+2H_2 \xrightarrow{催化剂} CH_3CH_2CH_2CH_2OH$ 2-丁烯醛中碳碳双键和醛基中的碳氧双键都和氢气发生加成反应，生成丁醇。关于【羰基、碳碳双键以及苯环加氢的比较】见【$HCHO+H_2$】。

【$(CH_3)_2C=CHCH_2CH_2CHO$】

5-甲基-4-己烯醛。

$(CH_3)_2C=CHCH_2CH_2CHO+2Ag(NH_3)_2OH \xrightarrow{\triangle} 2Ag\downarrow+3NH_3+(CH_3)_2C=CHCH_2CH_2COONH_4+H_2O$ 5-甲基-4-己烯醛和银氨溶液发生银镜反应。银镜反应用来检验醛基。【银氨溶液的配制和反应原理】见【$Ag^++2NH_3{\cdot}H_2O$】。

【$CH_3(CH_2)_5CH=CH(CH_2)_9CHO$】

$CH_3(CH_2)_5CH=CH(CH_2)_9CHO+2Ag(NH_3)_2OH \xrightarrow{\triangle} 2Ag\downarrow+3NH_3+CH_3(CH_2)_5CH=CH(CH_2)_9COONH_4+H_2O$ 醛类和银氨溶液发生银镜反应。银镜反应用来检验醛基。【银氨溶液的配制和反应原理】见【$Ag^++2NH_3{\cdot}H_2O$】。

$CH_3(CH_2)_5CH=CH(CH_2)_9CHO+Br_2 \rightarrow CH_3(CH_2)_5CHBrCHBr(CH_2)_9CHO$ 在一定条件下，不饱和醛类碳碳双键和溴发生加成反应，而醛基中的碳氧双键不易加成。但是，醛基易被弱氧化剂 $Ag(NH_3)_2OH$、$Cu(OH)_2$ 氧化，当然更容易被强氧化剂溴等氧化成羧基。

【RCH_2CHO】含有 α-H 的一元醛。

$RCH_2CHO+R'CH_2CHO \rightarrow$

$$RCH_2CH(OH)\text{-}CH(R')CHO \xrightarrow{\triangle} RCH_2CH{=}C(R')CHO$$

由于 α-H 的活泼性，含有 α-H 的醛分子之间发生羟醛缩合反应。关于羟醛缩合反应详见【CH_3CHO+CH_3CHO】。

【RCHO】

一元醛的通式。

$$R-\overset{O}{\overset{\|}{C}}-H \xrightarrow{HCN} R-\underset{H}{\underset{|}{\overset{OH}{\overset{|}{C}}}}-CN$$

醛和氢氰酸加成，生成 α-羟基腈。α-羟基腈在有机合成中是一个非常有用的中间体。醛和脂肪族甲基酮都能发生此反应。

$RCHO+2[Ag(NH_3)_2]^++3OH^- \xlongequal{\triangle} 2Ag\downarrow+RCOO^-+4NH_3+2H_2O$

$[Ag(NH_3)_2]^+$具有弱氧化性，和具有醛基－CHO 的物质发生银镜反应的通式，一般采用水浴加热方法，若工业上在玻璃和暖水瓶上镀银，可用甲醛或葡萄糖。

【CHOCHO】

乙二醛，无色或淡黄色结晶，易吸湿，有毒，对皮肤和黏膜有刺激性；蒸气呈绿色，燃烧时呈紫红色火焰。可溶于无水有机溶剂，静置、与水接触或溶剂中有少量水均能使它迅速聚合。与空气形成爆炸性混合物，与水能形成稳定的水合物$(OHCCHO)_3 \cdot 2H_2O$。工业上主要由硝酸氧化乙醛或由乙二醇气相氧化制得。工业品一般制成乙二醛水合物结晶或加有阻聚剂的 40% 的水溶液。主要作明胶、动物胶、聚乙醇和淀粉等的不溶粘剂及纺织品防腐剂。

$CHOCHO+4Ag(NH_3)_2OH \xrightarrow{\triangle} 4Ag\downarrow+NH_4OOCCOONH_4+6NH_3+2H_2O$　乙二醛中两个醛基都和银氨溶液发生银镜反应，生成乙二酸铵、银、NH_3和 H_2O。银镜反应用来检验醛基。【银氨溶液的配制和反应原理】见【Ag^++$2NH_3 \cdot H_2O$】。

$CHOCHO+4Cu(OH)_2 \xrightarrow{\triangle} HOOCCOOH+2Cu_2O+4H_2O$

乙二醛分子结构中有两个醛基。和氢氧化铜反应时，醛基被氧化成羧基，生成乙二酸、砖红色 Cu_2O 沉淀和水。该原理可检验醛基。新课程写作 CHO－CHO+$4Cu(OH)_2$+2NaOH $\xrightarrow{\triangle}$ NaOOC－COONa+$2Cu_2O$+$6H_2O$。

$CHOCHO+O_2 \xrightarrow[\triangle]{催化剂} HOOCCOOH$　乙二醛被氧化生成乙二酸。醛基－CHO 被氧化成羧基－COOH。

【$CHOCH_2CHO$】

丙二醛。

$CHOCH_2CHO+2H_2 \xrightarrow[\triangle]{催化剂} HOCH_2CH_2CH_2OH$　丙二醛中碳氧双键和氢气发生加成反应，生成 1,3-丙二醇。关于【羰基、碳碳双键以及苯环加氢的比较】见【HCHO+H_2】。

【C_6H_5-CHO】

苯甲醛，最简单的芳香醛，无色油状液体，有苦杏仁味，稍溶于水，能与乙醇、乙醚和氯仿混溶。自然界中主要以糖苷形式存在于苦杏仁中，又称苦杏仁油。空气中逐渐被氧化成苯甲酸，经还原可生成苯甲醇。工业上主要由甲苯出发制得，用于染料、香料、药物等，也作检验生物碱类和杂醇油的试剂。

$C_6H_5\text{-}CHO+2Ag(NH_3)_2OH \xrightarrow{\triangle} 2Ag\downarrow+C_6H_5\text{-}COONH_4+3NH_3+H_2O$　苯甲醛和银氨溶液发生银镜反应。银镜反应用来检验醛基。【银氨溶液的配制和反应原理】见【Ag^++

$2NH_3·H_2O$】。

$C_6H_5CHO+2Cu(OH)_2 \xrightarrow{\triangle} C_6H_5COOH+Cu_2O\downarrow+2H_2O$ 苯甲醛分子结构中有醛基。和氢氧化铜反应时，醛基被氧化成羧基，生成苯甲酸、砖红色 Cu_2O 沉淀和水。该原理可检验醛基。新课程写作

$C_6H_5CHO+2Cu(OH)_2+NaOH \xrightarrow{\triangle} C_6H_5COONa+Cu_2O+3H_2O$。

$C_6H_5CHO+H_2 \xrightarrow[\triangle]{催化剂} C_6H_5CH_2OH$ 氢气和苯甲醛加成，生成苯甲醇。关于【羰基、碳碳双键以及苯环加氢的比较】见【$HCHO+H_2$】。

$2C_6H_5CHO+NaOH \xrightarrow{歧化} C_6H_5COONa+C_6H_5CH_2OH$

苯甲醛在碱性条件下受热，发生歧化反应，生成苯甲酸钠和苯甲醇，发生康尼查罗反应。关于【康尼查罗反应】见【2HCHO】。

$2C_6H_5CHO+O_2 \xrightarrow[\triangle]{催化剂} 2C_6H_5COOH$ 苯甲醛氧化成苯甲酸。该反应在空气中自动发生，比较容易。光对苯甲醛的自动氧化有催化作用，应盛放在棕色试剂瓶中。微量的铁、钴、镍、锰的金属离子即使不见光时也能加快反应。

【C_6H_5—CH=CH-CHO】3-苯丙烯醛。

C_6H_5—CH=CH-CHO$+2Cu(OH)_2 \xrightarrow{\triangle} Cu_2O+C_6H_5$—CH=CH-COOH$+2H_2O$

3-苯丙烯醛分子结构中有醛基，和氢氧化铜反应时，醛基被氧化成羧基，生成 3-苯丙烯酸、砖红色 Cu_2O 沉淀和水。该原理可检验醛基。新课程写作 C_6H_5—CH=CH-CHO$+2Cu(OH)_2+NaOH \xrightarrow{\triangle} C_6H_5$—CH=CH-COONa$+Cu_2O+3H_2O$。

【OHC—C_6H_4—CHO】对苯二甲醛。

2 OHC—C_6H_4—CHO$+2NaOH \rightarrow$ NaOOC—C_6H_4—COONa$+HOH_2C$—C_6H_4—CH_2OH

对苯二甲醛在碱性条件下受热，发生歧化反应，生成对苯二甲酸钠和对苯二甲醇，发生康尼查罗反应。关于【康尼查罗反应】见【2HCHO】。

【CH_2ClCHO】氯乙醛。

$2CH_2ClCHO+O_2 \xrightarrow{催化剂} 2CH_2ClCOOH$ 氯乙醛被催化氧化成氯乙酸。醛基—CHO 被氧化成羧基—COOH。

【CX_3CHO】

$CX_3CHO+NaOH \rightarrow X_3CH+HCOONa$ 卤仿反应的第二步，CX_3CHO 和碱反应，生成卤仿和甲酸钠。关于卤仿反应见【$CH_3CHO+3X_2$】。

【CH_3-CH(OH)-CH_2-CHO】3-羟基丁醛。

CH_3-CH(OH)-CH_2-CHO $\xrightarrow{一定条件下}$ CH_3CH=$CHCHO+H_2O$ 3-羟基丁醛中羟基和邻位碳原子上的氢原子脱水，主要生成 2-丁烯醛。羟基醛不稳定，稍微受热即脱水生成 *α*,*β*-不饱和醛。羟基发生消除反应遵照札依采夫规则，关于【札依采夫规则】

见【$CH_3\text{-}CH_2\text{-}CH(Br)\text{-}CH_3$+NaOH】。3-羟基丁醛可以由两个乙醛分子之间发生羟醛缩合反应得到，见【CH_3CHO+CH_3CHO】。

【$CHO\text{-}(CHOH)_3\text{-}CH_2OH$】

【$CHO\text{-}(CHOH)_3\text{-}CH_2OH$】戊糖，五个碳原子组成的单糖。

$$CHO(CHOH)_3CH_2OH \xrightarrow[\Delta]{\text{稀硫酸}} C_4H_3O\text{-}CHO + 3H_2O$$

戊糖在稀硫酸和加热条件下，脱水生成糠醛，工业上制备糠醛的原理之一。工业上先将甘蔗渣、花生壳、高粱杆、棉子壳等用稀硫酸加热蒸煮，含有的戊多糖$(C_5H_8O_4)_n$水解生成戊糖$C_5H_{10}O_5$。

【$CH_2OH(CHOH)_4CHO$】

见【$C_6H_{12}O_6$】。

【$CH_2OH(CHOH)_nCHO$】

$$CH_2OH(CHOH)_nCHO \xrightarrow{\text{稀}HNO_3} HOOC(CHOH)_nCOOH$$

多羟基醛（或叫作醛糖）被稀硝酸氧化，生成糖二酸。

【2,6-$(HO)_2C_6H_3\text{-}CHO$】

【2,6-$(HO)_2C_6H_3\text{-}CHO$】2,6-二羟基苯甲醛。

$$2,6\text{-}(HO)_2C_6H_3\text{-}CHO + H_2 \xrightarrow[\Delta]{\text{催化剂}} 2,6\text{-}(HO)_2C_6H_3\text{-}CH_2OH$$

2,6-二羟基苯甲醛中碳氧双键和氢气发生加成，生成2,6-二羟基苯甲醇。关于【羰基、碳碳双键以及苯环加氢的比较】见【$HCHO+H_2$】。

【3,5-$(HO)_2C_6H_3\text{-}CHO$】

【$H\text{-}C(=O)\text{-}C_6H_3(OH)_2$】3,5-二羟基苯甲醛。

$$H\text{-}C(=O)\text{-}C_6H_3(OH)_2 + H_2 \xrightarrow[\Delta]{\text{催化剂}} HOCH_2\text{-}C_6H_3(OH)_2$$

3,5-二羟基苯甲醛和氢气加成，生成3,5-二羟基苯甲醇。关于【羰基、碳碳双键以及苯环加氢的比较】见【$HCHO+H_2$】。

【糠醛】

【$C_4H_3O\text{-}CHO$】糠醛，又叫呋喃甲醛，无色油状液体，微溶于水，易溶于乙醇、乙醚等，化学性质和苯甲醛相似，工业上可以代替甲醛制造酚醛树脂。露于空气及光照下易变褐色并树脂化。工业上一般用米糠、棉壳、玉米芯等农林副产品与稀硫酸共热，戊聚糖发生水解、重排、脱水等反应制得。可作油脂、石油制品的溶剂，作有机合成的原料，主要代替甲醛制酚醛树脂、聚酰胺纤维、橡胶、药物（呋喃西林）等。

$$C_4H_3O\text{-}CHO + 2Ag(NH_3)_2OH \xrightarrow{\Delta} C_4H_3O\text{-}COONH_4 + 2Ag\downarrow + 3NH_3 + H_2O$$

糠醛和银氨溶液发生银镜反应。银镜反应用来检验醛基。【银氨溶液的配制和反应原理】见【$Ag^+ + 2NH_3\cdot H_2O$】。

【$CH_3\text{-}C(=O)\text{-}CH_3$】

【$CH_3\text{-}C(=O)\text{-}CH_3$】丙酮，最简单的酮，无色有微香液体，易着火，与水、乙醇、乙醚、氯仿、油类互溶。与空气形成爆炸性混合物，爆炸极限2.8%~ 12.8%（体积）。化学性质活泼，能发生卤化、加成、缩合等反应。过去主要来自糖发酵法（同时生产丁醇和乙醇）。现代工业以丙烯为原料，生成异丙醇脱氢，或苯和丙烯烷基化成异丙苯，再经氧化、分解成苯酚和丙酮，或丙烯直接氧化法制得。可作油脂、树脂、化学纤维、赛璐璐等的溶剂，为合成药物（碘仿）、树脂（环氧树脂、有机玻璃）及合成橡胶的重要原料。

$$CH_3—\overset{O}{\overset{\|}{C}}—CH_3 + Cl_2 \rightarrow CH_3—\overset{O}{\overset{\|}{C}}—CCl_3 \xrightarrow{NaOH}$$

$CH_3COONa+CHCl_3$ 丙酮分子中甲基上的氢原子被卤素原子取代，生成三氯丙酮 CCl_3COCH_3 和 HCl，卤仿反应的第一步。卤仿反应的第二步：三氯丙酮 CCl_3COCH_3 继续和碱反应，生成氯仿：$CCl_3COCH_3+NaOH \rightarrow CHCl_3+CH_3COONa$。卤仿反应中卤素常用溴和碘。醛、酮中的 α-H 易被溴或碘取代，在碱性溶液中，反应很容易。只有含 CH_3CO-结构的醛或酮才能发生卤仿反应。参加反应的卤素若为碘，叫作碘仿反应。碘仿是黄色晶体，水溶性极小，易于析出，有特殊气味。该原理可以鉴别化合物是否有 CH_3CO-结构。

$$CH_3—\overset{O}{\overset{\|}{C}}—CH_3 + H_2 \xrightarrow[\Delta]{Ni} CH_3—\overset{OH}{\overset{|}{CH}}—CH_3$$

丙酮中碳氧双键和氢气发生加成反应，生成2-丙醇。关于【羰基、碳碳双键以及苯环加氢的比较】见【$HCHO+H_2$】。

$$CH_3—\overset{O}{\overset{\|}{C}}—CH_3 + HCN \rightarrow CH_3—\overset{OH}{\underset{CN}{C}}—CH_3$$

丙酮和氰化氢加成，生成 α-羟基腈之一 2-甲基-2-羟基丙腈，又称 2-羟基-2-甲基丙腈。α-羟基腈在有机合成中是一个非常有用的中间体。醛和脂肪族甲基酮都能发生此反应。

$CH_3COCH_3+I_2 \rightarrow CH_3COCH_2I+H^++I^-$ 在酸作催化剂的条件下，丙酮和碘发生卤化反应，生成一卤代物，反应可以停留在一卤代物阶段，在羰基的 α 位导入碘原子。而在碱性条件下，α 位上的氢原子可以全部被卤素原子取代，发生卤仿反应，生成三卤代物，见【$CH_3—\overset{O}{\overset{\|}{C}}—CH_3$ $+Cl_2$】。

$$CH_3—\overset{O}{\overset{\|}{C}}—CH_3 + NaHSO_3 \rightarrow CH_3—\overset{SO_3Na}{\underset{OH}{C}}—CH_3$$

丙酮和过量的饱和亚硫酸氢钠水溶液一起摇动，生成白色晶体 α-羟基-α-甲基乙磺酸钠。该晶体能溶于水，不溶于饱和亚硫酸氢钠溶液。该反应是可逆的。生成的白色晶体可用酸或碱分解，使其生成原来的丙酮。该反应发生在醛、脂肪族甲基酮和低级环酮（环内碳原子小于 7），常用于醛、酮的分离和提纯。

【$R—\overset{O}{\overset{\|}{C}}—CH_3$】甲基酮或乙醛的通式。

$$R—\overset{O}{\overset{\|}{C}}—CH_3 \xrightarrow[OH^-]{NaIO} R—\overset{O}{\overset{\|}{C}}—ONa$$

甲基酮或乙醛与次卤酸盐反应，甲基上的三个氢原子被卤素原子取代，生成的 α-三卤代酮或醛，在碱的作用下，碳碳键断裂，生成卤仿和羧酸盐。可以用于合成少一个碳原子的羧酸，也可以用来合成卤仿。碘仿是不溶于水的黄色固体，可以用生成黄色碘仿固体的方法来检验乙醛或甲基酮。将碘加入氢氧化钠溶液制得次碘酸钠。次氯酸盐可以将乙醇氧化为乙醛，所以乙醇也可以发生卤仿反应。含 CH_3CHOH-结构的仲醇也可以发生卤仿反应。

$$R—\overset{O}{\overset{\|}{C}}—CH_3 + HCN \rightarrow R—\overset{OH}{\underset{CH_3}{C}}—CN$$

醛、脂肪族甲基酮都能和氰化氢加成，生成 α-羟基腈。α-羟基腈在有机合成中是一个非常有用的中间体。

$$R-\overset{O}{\overset{\|}{C}}-CH_3 + NaHSO_3 \rightleftharpoons R-\overset{OH}{\overset{|}{\underset{CH_3}{\underset{|}{C}}}}-SO_3Na$$

醛或酮和过量的饱和亚硫酸氢钠水溶液一起摇动，生成白色晶体 α-羟基磺酸钠。该晶体能溶于水，不溶于饱和亚硫酸氢钠溶液。该反应是可逆的。生成的白色晶体可用酸或碱分解，使其生成原来的醛或酮。该反应发生在醛、脂肪族甲基酮和低级环酮（环内碳原子小于 7），常用于醛、酮的分离和提纯。

【2-乙基蒽醌结构式（C_2H_5）】2-乙基蒽醌。

2-乙基蒽醌 $+H_2 \xrightarrow{Pd}$ 2-乙基蒽氢醌（9,10-二羟基，C_2H_5） 1945 年以后发展起来的生产过氧化氢的方法——乙基蒽醌法的原理之一。详见【$H_2+O_2 \xlongequal{\text{2-乙基蒽醌，钯（或镍）}} H_2O_2$】。

【HCOOH】

甲酸，又叫蚁酸，最简单的脂肪酸，无色有刺激性气味的液体，沸点为 100.5℃，接近水，和水形成恒沸混合物（77.5%），沸点为 107.1℃。腐蚀性极强。具有羧基和醛基特殊的双重结构，既具有酸的性质，又具有醛的性质。酸的官能团 —COOH 或写成 $-\overset{O}{\overset{\|}{C}}-OH$，叫羧基。甲酸酸性较强，$K$=3.75，有还原性。和浓硫酸共热，分解为水和 CO，在 Ir、Rh 等催化剂存在下分解为 H_2 和 CO_2。工业上由 CO 和 NaOH 在加热、加压条件下反应得甲酸钠，再经酸化而得。可作橡胶浆凝固剂、印染媒介剂及制造草酸的原料。

$HCOOH \xrightarrow[\Delta]{\text{浓硫酸}} CO\uparrow+H_2O$ 实验室制取一氧化碳气体的原理。用浓硫酸等脱水剂和甲酸共热，生成一氧化碳和水。

$HCOOH+2Ag(NH_3)_2OH \xrightarrow{\Delta} (NH_4)_2CO_3+2Ag\downarrow+2NH_3+H_2O$

甲酸和银氨溶液发生银镜反应。银镜反应用来检验醛基。甲酸分子中既有醛基又有羧基，甲酸同时具有羧酸和醛的性质。【银氨溶液的配制和反应原理】见【$Ag^++2NH_3{\cdot}H_2O$】。

$2HCOOH+Cu(OH)_2 \rightarrow 2HCOO^-+Cu^{2+}+2H_2O$ 甲酸和氢氧化铜在不加热时反应，生成甲酸铜和水，表现甲酸的酸性，蓝色沉淀消失，溶液变为蓝色。

$HCOOH+2Cu(OH)_2 \xrightarrow{\Delta} Cu_2O+CO_2\uparrow+3H_2O$ 甲酸分子中既有羧基又有醛基，具有酸和醛的性质。和氢氧化铜共热时反应，醛基被氧化成羧基，生成碳酸、砖红色 Cu_2O 沉淀和水，碳酸分解生成二氧化碳和水。新制的氢氧化铜和含醛基的物质都会发生类似的反应，用来检验醛基。不加热时，氢氧化铜和甲酸发生酸碱中和反应，表现甲酸的酸性。

$2HCOOH+Cu(OH)_2 \rightarrow (HCOO)_2Cu+2H_2O$ 甲酸和氢氧化铜在不加热时反应，生成甲酸铜和水，表现甲酸的酸性。离子方程式：$Cu(OH)_2+2HCOOH \rightarrow Cu^{2+}+2HCOO^-+2H_2O$，蓝色沉淀消失，溶液变为蓝色。

$HCOOH+CH_3OH \underset{\Delta}{\overset{\text{浓硫酸}}{\rightleftharpoons}} H_2O+HCOOCH_3$ 在浓硫酸和加热条件下，甲酸和甲醇发生酯化反应，生成甲酸甲酯，是可逆反应。浓硫酸作催化剂和吸水剂。酸和醇具有此共性。

$HCOOH+H_2SO_4(\text{浓}) \xrightarrow{\Delta} CO_2\uparrow$

$+SO_2\uparrow+2H_2O$ 实验室里用甲酸和浓硫酸反应制一氧化碳时的副反应，生成二氧化碳和二氧化硫等。实验室用甲酸和浓硫酸共热制一氧化碳的原理：$HCOOH \xrightarrow[\Delta]{浓硫酸} CO\uparrow+H_2O$。

$2HCOOH+Mg\rightarrow(HCOO)_2Mg+H_2\uparrow$ 甲酸和金属镁反应，生成甲酸镁和氢气。活泼金属和酸反应，置换出氢气，生成盐。

$HCOOH+NaOH\rightarrow HCOONa+H_2O$ 甲酸和氢氧化钠发生中和反应，生成甲酸钠和水。

【CH_3COOH】 乙酸，俗名醋酸，无色有刺激性气味的液体，熔点为16.6℃，沸点为117.9℃。乙酸具有弱酸性，酸性强于碳酸。与水以任意比互溶。容易结成冰状固体，无水乙酸又叫冰醋酸。乙酸具有酸的通性，和醇发生酯化反应。最初由发酵法及木材干馏法制得，现主要由乙醇或乙醛氧化制得。近年来主要用丁烷为原料，通过催化氧化法制得含酮、醛、醇等的混合物。作溶剂，制醋酸盐、醋酸酯、维尼纶纤维的原料。可写作HAc。

$CH_3COOH \rightleftharpoons CH_3COO^-+H^+$ 弱电解质乙酸在水中的电离方程式。还可以写作：$HAc \rightleftharpoons H^++Ac^-$，或$HAc+H_2O \rightleftharpoons H_3O^++Ac^-$。

$2CH_3COOH \xrightarrow[\Delta]{P_2O_5} (CH_3CO)_2O+H_2O$ 在五氧化二磷作脱水剂和加热条件下，两分子乙酸脱去一分子水，生成乙酸酐。羧酸都具有类似性质。但该反应产率较低，较高级的酸酐是用羧酸和乙酸酐共热制得，生成另一种酸酐和乙酸。

$CH_3COOH+CO_3^{2-}=\!=CH_3COO^-+HCO_3^-$ 少量醋酸和可溶性碳酸盐反应，生成醋酸盐和碳酸氢盐。酸性：醋酸>碳酸。足量或过量醋酸和碳酸盐反应，生成醋酸盐、水和二氧化碳气体：$2CH_3COOH+CO_3^{2-}=\!=2CH_3COO^-+H_2O+CO_2\uparrow$。$CO_3^{2-}$结合氢离子时分步逐级结合，先生成$HCO_3^-$，再结合氢离子生成$H_2CO_3$，$H_2CO_3$分解成$H_2O$和$CO_2$。

$2CH_3COOH+CO_3^{2-}=\!=2CH_3COO^-+H_2O+CO_2\uparrow$ 足量或过量醋酸和碳酸盐反应，生成醋酸盐、水和二氧化碳气体。酸性：醋酸>碳酸。

$CH_3COOH+CH_3OH \underset{\Delta}{\overset{浓硫酸}{\rightleftharpoons}} CH_3COOCH_3+H_2O$ 在浓硫酸和加热条件下，乙酸和甲醇发生酯化反应，生成乙酸甲酯，是可逆反应。浓硫酸作催化剂和吸水剂。酸和醇具有此共性。

$CH_3COOH+C_2H_5OH \underset{\Delta}{\overset{浓硫酸}{\rightleftharpoons}} H_2O+CH_3COOC_2H_5$ 在浓硫酸和加热条件下，乙酸和乙醇发生酯化反应，生成水和乙酸乙酯。可逆反应。浓硫酸作催化剂和吸水剂。

$5CH_3COOH+CH_2OH(CHOH)_4CHO \xrightarrow[\Delta]{浓硫酸} CH_2(OCOCH_3)(CHOCOCH_3)_4CHO+5H_2O$ 在浓硫酸和加热条件下，5mol乙酸和1mol葡萄糖发生酯化反应，生成乙酸葡萄糖酯和水。1mol葡萄糖有5mol醇羟基。葡萄糖结构中既含有醛基又含有醇羟基，既具有醛的性质，又具有醇的性质。

CH_3COOH+(邻硝基氯苯)→(乙酸邻硝基苯酯)+HCl

乙酸和邻硝基氯苯反应，生成乙酸邻硝基苯酯和氯化氢。卤代烃被 OH^-、RO^-、HS^-、RS^-、CN^-、$RCOO^-$、NH_3 等取代，分别生成醇、醚、硫醇、硫醚、腈、酯、胺等。但是氯苯很难发生取代反应，如，氯苯和氢氧化钾溶液共沸数天也没有发现苯酚生成。但当氯苯的邻位和对位被硝基取代后，由于硝基的吸电子作用使与氯原子相连的碳原子电子出现的概率密度大大降低，有利于亲核试剂的“进攻”。

$CH_3COOH+HCO_3^-$══$CH_3COO^-+H_2O+CO_2$↑ 醋酸和碳酸氢盐反应，生成醋酸盐、水和二氧化碳气体。酸性：醋酸>碳酸。

$HAc+HNO_3 \rightleftharpoons NO_3^-+H_2Ac^+$
详见【$HClO_4$+ HAc】。

$CH_3COOH+H_2O \rightleftharpoons CH_3COO^-+H_3O^+$ 弱电解质醋酸在水中的电离方程式。也可以写作 $CH_3COOH \rightleftharpoons CH_3COO^-+H^+$。

$CH_3COOH+H_2SO_4$→$CH_3C(OH)_2^++HSO_4^-$ 在硫酸溶剂体系中，使溶剂阴离子 HSO_4^-增加的化合物起碱的作用，如 KNO_3、CH_3COOH 等。使阳离子 $H_3SO_4^+$增加的化合物起酸的作用，如 HSO_3F 等。

$HAc+H_2SO_4 \rightleftharpoons HSO_4^-+H_2Ac^+$
见【$CH_3COOH+H_2SO_4$】。

$2CH_3COOH+Mg$══$Mg^{2+}+H_2$↑+$2CH_3COO^-$ 醋酸和金属镁反应，生成氢气和醋酸镁的离子方程式。活泼金属和酸反应，置换出氢气，生成盐。

$2CH_3COOH+Mg$══H_2↑+$(CH_3COO)_2Mg$ 醋酸和金属镁反应，生成氢气和醋酸镁。活泼金属和酸反应，置换出氢气，生成盐。

$CH_3COOH+NH_3$══CH_3COONH_4
醋酸和氨气反应生成醋酸铵。氨气和酸反应，具有通性。

$CH_3COOH+NH_3$→$CH_3-C(=O)-NH_2$+H_2O 乙酸和氨气反应生成乙酸铵：NH_3+CH_3COOH══CH_3COONH_4。乙酸铵受热失去水，生成乙酰胺：$CH_3COONH_4 \xrightarrow{\Delta}$ $CH_3-C(=O)-NH_2$ +H_2O。该原理可以制备酰胺，酰胺是很重要的一类化合物。

$CH_3COOH+NH_3 \cdot H_2O$══$CH_3COO^-+NH_4^++H_2O$ 醋酸和氨水反应生成醋酸铵和水的离子方程式。醋酸铵完全电离成 CH_3COO^-和 NH_4^+。CH_3COO^-和 NH_4^+虽然可以发生双水解反应，但两离子的水解程度相当，水溶液基本显中性，水解不完全，所以，NH_4^+和 CH_3COO^-在水中可以大量共存。

$CH_3COOH+NH_3 \cdot H_2O$══$H_2O+CH_3COONH_4$ 醋酸和氨水反应生成醋酸铵和水。

$2CH_3COOH+2Na$══$2CH_3COO^-+2Na^++H_2$↑ 醋酸和活泼金属钠反应生成醋酸钠和氢气的离子方程式。

$2CH_3COOH+2Na$══$2CH_3COONa+H_2$↑ 醋酸和活泼金属钠反应生成醋酸钠和氢气。

$2CH_3COOH+Na_2CO_3$══H_2O+CO_2↑+$2CH_3COONa$ 醋酸和碳酸钠反应，生成醋酸钠、水和二氧化碳气体。酸性：醋酸>碳酸。

$CH_3COOH+NaOH$══$CH_3COONa+H_2O$ 乙酸和氢氧化钠的中和反应，生成乙酸钠和水。属于酸碱中和反应。

$CH_3COOH+2O_2 \xrightarrow{点燃} 2CO_2+2H_2O$
乙酸完全燃烧，生成二氧化碳和水。

$CH_3COOH(l)+2O_2(g) \rightarrow 2CO_2(g)+2H_2O(l)$；$\Delta H=-870.3kJ/mol$
乙酸完全燃烧，生成二氧化碳和水的热化学方程式。

$CH_3COOH+OH^- = CH_3COO^-+H_2O$ 乙酸和可溶性强碱发生中和反应，生成乙酸盐和水。

$CH_3COOH+PCl_5 \rightarrow CH_3-\overset{O}{\overset{\|}{C}}-Cl+POCl_3+HCl$ 将乙酸和五氯化磷加热制备乙酰氯，同时生成三氯氧磷（又称磷酰氯）和氯化氢。制备磷酰氯的原理之一。

$2CH_3COOH+Zn = Zn^{2+}+H_2\uparrow+2CH_3COO^-$ 醋酸和活泼金属锌反应生成氢气和醋酸锌。

【CH_3CH_2COOH】

丙酸，无色油状液体，略有不愉快的酸败气味，少量存在于奶制品中。与水互溶，加入无机盐如氯化钙等能从水溶液中盐析出丙酸。溶于乙醇、乙醚、氯仿，能与水、甲苯、邻二甲苯、乙苯共沸。工业上主要由乙烯、一氧化碳、氢经羰基合成法制得丙醛后，再经氧化制得。丙酸是重要的化工原料，可制除草剂、防腐剂及丙酸酯等。

$CH_3CH_2COOH+Br_2 \xrightarrow{PBr_3} HBr+CH_3\text{-}\underset{}{\overset{Br}{\overset{|}{C}H}}\text{-}COOH$ 溴和丙酸在PBr_3作催化剂条件下反应，生成2-溴丙酸。羧基和羰基一样，使α-H活化，可以被逐步取代。光、碘、硫和红磷等作催化剂。当红磷作催化剂时，首先红磷和溴反应生成PBr_3，丙酸和PBr_3生成酰卤CH_3CH_2COBr，CH_3CH_2COBr的α-H比羧酸的α-H更容易被溴取代，生成α-溴代酰卤。生成的α-溴代酰卤继续和过量的丙酸反应，生成α-溴代丙酸。具有α-H的羧酸具有此通性。

【$C_4H_8O_2$】

丁酸$CH_3CH_2CH_2COOH$、异丁酸$(CH_3)_2CHCOOH$或甲酸丙酯$HCOOCH_2CH_2CH_3$、甲酸异丙酯$HCOOCH(CH_3)_2$、乙酸乙酯$CH_3COOCH_2CH_3$、丙酸甲酯$CH_3CH_2COOCH_3$等的通式。

$C_4H_8O_2+5O_2 \xrightarrow{点燃} 4CO_2+4H_2O$
丁酸或2-甲基丙酸（异丁酸）等完全燃烧，生成二氧化碳和水。$C_4H_8O_2$还有属于酯类的同分异构体，燃烧的通式相同。因有机物同分异构体燃烧的产物完全相同，所以，有机物的燃烧可以写分子式，但有机物的其他化学反应式，一般应写结构简式或结构式。

【$C_{17}H_{35}COOH$】

硬脂酸，又叫十八(烷)酸，是一种饱和高级脂肪酸，纯品为白色无臭片状固体。在90℃~100℃缓慢挥发，极微溶于水，易溶于苯、氯仿、四氯化碳、二硫化碳，溶于乙醇、丙酮、甲苯、醋酸戊酯。以甘油酯形式存在于动植物油脂中，自然界分布很广。工业品微黄，略有牛油气味的结晶性粉末。工业上由动植物油脂经皂化、中和制得，可制造润滑剂、电气绝缘材料、化妆品等。其钠盐和钾盐可制肥皂。

$3C_{17}H_{35}COOH+\begin{matrix}CH_2-OH\\|\\CH-OH\\|\\CH_2-OH\end{matrix} \xrightarrow[\Delta]{浓硫酸} 3H_2O+\begin{matrix}CH_2O-\overset{O}{\overset{\|}{C}}-C_{17}H_{35}\\|\\CHO-\overset{O}{\overset{\|}{C}}-C_{17}H_{35}\\|\\CH_2O-\overset{O}{\overset{\|}{C}}-C_{17}H_{35}\end{matrix}$ 在浓硫酸和加热条件下，硬脂酸和丙三醇发生酯化反应，

生成硬脂酸甘油酯。浓硫酸作催化剂和吸水剂。硬脂酸又叫十八酸，区别于软脂酸：$C_{15}H_{31}COOH$，又叫十六酸。

【$CH_2=CHCOOH$】 丙烯酸，无色液体，有刺激性似醋酸气味，溶于水、乙醇和乙醚，受光、热或过氧化物存在易引发聚合，易发生加成、酯化等。丙烯氧化法是最有使用前途的方法，是有机合成的重要原料，主要生产丙烯酸酯。

$$nCH_2=HCOOH \xrightarrow{\text{一定条件下}} \left[\!-CH_2-\underset{\substack{|\\COOH}}{CH}-\!\right]_n$$

丙烯酸加聚生成聚丙烯酸。在碳碳双键之间加聚。

$$CH_2=CHCOOH+HOCH_3 \underset{\Delta}{\overset{\text{浓硫酸}}{\rightleftharpoons}} CH_2=CHCOOCH_3+H_2O$$

在浓硫酸和加热条件下，丙烯酸和甲醇发生酯化反应，生成丙烯酸甲酯，是可逆反应。浓硫酸作催化剂和吸水剂。酸和醇具有此共性。

$$CH_2=CHCOOH+CH_3CH_2CH_2CH_2OH \underset{\Delta}{\overset{\text{浓硫酸}}{\rightleftharpoons}} CH_2=CHCOOCH_2CH_2CH_2CH_3+H_2O$$

在浓硫酸和加热条件下，丙烯酸和丁醇发生酯化反应，生成丙烯酸丁酯，是可逆反应。浓硫酸作催化剂和吸水剂。

【$CH_2=\overset{\substack{CH_3\\|}}{C}-COOH$】 甲基丙烯酸，又称α-甲基丙烯酸，是无色透明、有刺激性气味的液体，溶于热水，易溶于乙醇、乙醚等。加热时聚合，贮存时加少量阻聚剂，是制造有机玻璃（聚甲基丙烯酸甲酯）的原料。以丙酮和氢氰酸为原料，经氰化、水解、脱水而制得，或以异丁烯为原料，通过N_2O_4/HNO_3氧化、脱水可制得。

$$CH_2=\overset{\substack{CH_3\\|}}{C}-COOH+HOCH_2CH_2OH \overset{\text{催化剂}}{\rightleftharpoons} CH_2=C(CH_3)COOCH_2CH_2OH+H_2O$$

在浓硫酸和加热条件下，1mol 甲基丙烯酸和 1mol 乙二醇发生酯化反应，生成甲基丙烯酸乙二酯，是可逆反应。浓硫酸作催化剂和吸水剂。

【$(CH_3)_2C=CHCH_2CH_2COOH$】

5-甲基-4-己烯酸。

$$(CH_3)_2C=CHCH_2CH_2COOH+Br_2 \rightarrow (CH_3)_2CBr-CHBrCH_2CH_2COOH$$

不饱和羧酸 5-甲基-4-己烯酸中碳碳双键和溴加成，但羧基中碳氧双键不加成。

【$C_{17}H_{33}COOH$】 油酸，又称 *z*-9-十八（碳）烯酸，不饱和高级脂肪酸之一，无色油状液体，不溶于水，溶于醇、苯、氯仿、乙醚。空气中易被氧化，变黄色或棕色，有酸败气味。其甘油酯是橄榄油、棕榈油、猪油和其他动植物油的主要成分。可由动植物油经皂化、酸化制得，是动物不可缺少的营养物质。铅盐、锰盐、钴盐是油漆催干剂；铜盐为渔网防腐剂；铝盐作织物防水剂及某些润滑油增稠剂，环氧化后可制得环氧油酸酯，氧化裂解可制壬二酸。密闭、避光贮存。

$$C_{17}H_{33}COOH+H_2 \xrightarrow[\Delta]{\text{催化剂}} C_{17}H_{35}COOH$$

不饱和脂肪酸油酸，又叫 9-十八(碳)烯酸，和氢气加成，生成饱和脂肪酸硬脂酸，又叫十八(烷)酸。

【RCH_2COOH】含 α-H 的一元羧酸通式。

$RCH_2COOH+Cl_2 \xrightarrow{P} \underset{\displaystyle Cl}{\underset{|}{RCHCOOH}} + HCl$ 氯气和羧酸在红磷作催化剂条件下反应，生成 α-氯代酸。羧基和羰基一样，使 α-H 活化，可以被卤素原子逐步取代。光、碘、硫和红磷等作催化剂。当红磷作催化剂时，首先红磷和氯反应生成 PCl_3，羧酸和 PCl_3 生成酰卤 RCH_2COCl，RCH_2COCl 的 α-H 比羧酸的 α-H 更容易取代，被氯取代，生成 α-氯代酰氯。生成的 α-氯代酰氯继续和过量的羧酸反应，生成 α-氯代酸。羧酸具有此通性。

【RCOOH】一元有机羧酸。

$RCOOH+C_2H_5OH \rightarrow RCOOC_2H_5+H_2O$ 羧酸和乙醇发生酯化反应，生成羧酸酯的通式。一般在浓硫酸和加热条件下进行，浓硫酸作催化剂和吸水剂。酸和醇具有此共性。

$RCOOH+HO-R' \underset{\triangle}{\overset{浓硫酸}{\rightleftharpoons}} H_2O+RCOOR'$ 在浓硫酸和加热条件下，一元羧酸和一元醇发生酯化反应，生成酯的通式，是可逆反应。浓硫酸作催化剂和吸水剂。酸和醇具有此共性。

$R-\overset{\overset{\displaystyle O}{\|}}{C}-OH+R'-NH_2 \underset{水解}{\rightleftharpoons} H_2O+R-\overset{\overset{\displaystyle O}{\|}}{C}-NHR''$ 羧酸和胺脱去水形成酰胺。关于 $-\overset{\overset{\displaystyle O}{\|}}{C}-NH-$ 键见【$R-\overset{\overset{\displaystyle O}{\|}}{C}-OR'+R''-NH_2$】。

$RCOOH+2HF \rightarrow RC(OH)_2^++HF_2^-$ 按路易斯酸碱理论，有机酸在液态 HF 中表现为碱。

$2RCOOH+Na_2CO_3 \rightarrow 2RCOONa+CO_2\uparrow+H_2O$ 有机羧酸和纯碱反应，生成羧酸盐、二氧化碳和水。有机羧酸酸性一般强于碳酸。面粉发酵后加入纯碱，一方面中和有机羧酸的酸性，另一方面产生的二氧化碳使面包、馒头等变得疏松多孔。

$RCOOH+NaOH \rightarrow RCOONa+H_2O$ 有机羧酸和氢氧化钠反应的通式，生成羧酸盐和水。酸和碱的中和反应。

【HOOC－COOH】乙二酸，又名草酸，分子式 $H_2C_2O_4$，结构简式为$\underset{COOH}{\overset{COOH}{|}}$。最简单的二元酸，无色晶体，有毒，易溶于水和乙醇，具有较强的酸性和还原性。通常含有两分子结晶水，以钙盐形式存在于大黄等植物中。旧法以木屑为原料用碱熔融法制得，新法以甲酸钠加热脱氢合成。可作还原剂、印染漂白剂、铁锈和蓝墨水痕迹除去剂及分析试剂，无水物在有机合成中作脱水剂。

$HOOC-COOH \xrightarrow[\triangle]{浓硫酸} CO\uparrow+CO_2\uparrow+H_2O$ 乙二酸和浓硫酸一起共热到 90℃，生成一氧化碳、二氧化碳和水。

$\underset{COOH}{\overset{COOH}{|}} \xrightarrow{\triangle} HCOOH+CO_2\uparrow$ 乙二酸受热时，较容易发生失羧反应，生成甲酸和二氧化碳。丙二酸也类似，生成乙酸和二氧化碳。但丁二酸、戊二酸受热时，不发生失羧反应，发生失水反应，分别生成稳定的五元环和六元环的酸酐，即丁二酸酐和戊二酸酐。但己二酸、庚二酸受热同时发生失水和失羧反应，分别生成稳定的五元环的酮

——环戊酮和六元环的酮——环己酮。

$$\begin{matrix}COOH\\|\\COOH\end{matrix}+2HO-C_2H_5 \xrightleftharpoons[\Delta]{浓硫酸} \begin{matrix}O=C-OC_2H_5\\|\\O=C-OC_2H_5\end{matrix}+2H_2O$$

在浓硫酸和加热条件下，乙二酸和乙醇发生酯化反应，生成乙二酸二乙酯，是可逆反应。浓硫酸作催化剂和吸水剂。

$$\begin{matrix}COOH\\|\\COOH\end{matrix}+\begin{matrix}HO-CH_2\\|\\HO-CH_2\end{matrix} \xrightleftharpoons[\Delta]{浓硫酸} (六元环酯) +2H_2O$$

在浓硫酸和加热条件下，乙二酸和乙二醇发生酯化反应，生成六元环酯，是可逆反应。浓硫酸作催化剂和吸水剂。

$H_2C_2O_4+2KClO_3=2ClO_2\uparrow+CO_2\uparrow+K_2CO_3+H_2O$ 工业上制高效消毒剂 ClO_2 的反应原理之一。ClO_2 的制备原理另见【$2Cl^-+2ClO_3^-+4H^+$】、【$2ClO_3^-+SO_3^{2-}+2H^+$】、【$2NaClO_2+Cl_2$】、【$CH_3OH+6NaClO_3+3H_2SO_4$】、【$H_2C_2O_4+2KClO_3+H_2SO_4$】等。

$H_2C_2O_4+2KClO_3+H_2SO_4\overset{\Delta}{=}2ClO_2\uparrow+2CO_2\uparrow+K_2SO_4+2H_2O$

工业上制高效消毒剂 ClO_2 的反应原理之一。ClO_2 的制备原理另见【$2Cl^-+2ClO_3^-+4H^+$】、【$2ClO_3^-+SO_3^{2-}+2H^+$】、【$2NaClO_2+Cl_2$】、【$CH_3OH+6NaClO_3+3H_2SO_4$】、【$H_2C_2O_4+2KClO_3$】等。

$5\begin{matrix}COOH\\|\\COOH\end{matrix}+2KMnO_4+3H_2SO_4\rightarrow 2MnSO_4+K_2SO_4+10CO_2\uparrow+8H_2O$

用高锰酸钾溶液滴定乙二酸(又叫草酸)溶液，高锰酸钾本身作指示剂，溶液由紫红色变为无色，草酸被氧化为二氧化碳，MnO_4^- 被还原为 Mn^{2+}。

$5H_2C_2O_4+2MnO_4^-+6H^+=10CO_2\uparrow+2Mn^{2+}+8H_2O$ 用高锰酸钾溶液滴定乙二酸(又叫草酸)溶液，高锰酸钾本身作指示剂，溶液由紫红色变为无色，草酸被氧化为二氧化碳，MnO_4^-被还原为 Mn^{2+}。该反应可用于标定 $KMnO_4$ 溶液的浓度。

【$HOOCCH_2COOH$】丙二酸，无色结晶，有强烈刺激作用，熔点约 135℃（分解），能真空升华，极易溶于水、乙醇、甲醇，易溶于异丙醇，溶于吡啶。水溶液酸性：$pK_1=2.83$，$pK_2=5.69$。加热到熔点以上失去二氧化碳成醋酸。可由氯乙酸钠与氰化钠出发经取代、水解反应制得。主要用于制巴比妥药物及用于有机合成。

$HOOCCH_2COOH\xrightarrow{\Delta}CH_3COOH+CO_2\uparrow$ 丙二酸受热时，较容易发生失羧反应，生成乙酸和二氧化碳。不同碳原子的二元酸受热失羧、失水或成环，见【$\begin{matrix}COOH\\|\\COOH\end{matrix}\xrightarrow{\Delta}HCOOH+CO_2\uparrow$】。

$CH_2(COOH)_2+I_2\rightarrow ICH(COOH)_2+H^++I^-$ 丙二酸和碘发生取代反应。$ICH(COOH)_2$ 和 I_2 还会继续反应：$ICH(COOH)_2+I_2\rightarrow I_2C(COOH)_2+H^++I^-$。

【$\begin{matrix}CH_2COOH\\|\\CH_2COOH\end{matrix}$】丁二酸，又称琥珀酸，存在于化石、海藻、地衣、真菌等中，无臭有强酸味柱状晶体。溶于冷水、乙醇，极易溶于沸水，易溶于甲醇，略溶于丙酮，微溶于乙醚，不溶于苯、二硫化碳、四氯化碳、石油醚。水溶液显酸性，工业上由石蜡（或轻油）氧化，顺丁烯二酸催化氢化或由乙炔、一氧化碳与水在催化剂存在下反应。丁二酸是重要的有机合成原料，用于医药、香料、染料、涂料等。

$$\begin{matrix}CH_2COOH\\|\\CH_2COOH\end{matrix} \xrightarrow{\triangle} \text{丁二酸酐(环状)} + H_2O$$ 丁二酸受热时，不发生失羧反应，发生失水反应，生成稳定的五元环的酸酐——丁二酸酐。不同碳原子的二元酸受热失羧、失水或成环，见【$\begin{matrix}COOH\\|\\COOH\end{matrix} \xrightarrow{\triangle} HCOOH+CO_2\uparrow$】。

【HOOC−(CH₂)₄−COOH】

己二酸，无色针状晶体，极易溶于沸水，易溶于甲醇、乙醇，溶于丙酮，略溶于水、环己烷，微溶于乙醚，不溶于苯、石油醚。水溶液显酸性。工业上主要由苯酚、环己烷或四氢呋喃为原料制得，是合成纤维尼龙 66 的重要原料，制造增塑剂，合成润滑剂及食品添加剂。存在于甜菜汁中。

$$HO-\overset{O}{\overset{\|}{C}}-(CH_2)_4-\overset{O}{\overset{\|}{C}}-OH+HO(CH_2)_2OH \underset{}{\overset{催化剂}{\rightleftharpoons}} HO-\overset{O}{\overset{\|}{C}}-(CH_2)_4-\overset{O}{\overset{\|}{C}}-O-(CH_2)_2OH+H_2O$$ 在浓硫酸和加热条件下，己二酸和乙二醇按照物质的量之比 1∶1 发生酯化反应，生成己二酸乙二酯，是可逆反应。浓硫酸作催化剂和吸水剂。

$$nHOOC-(CH_2)_4-COOH+nHO\text{-}CH_2CH_2\text{-}OH \xrightarrow{催化剂} \text{⁅}O-CH_2CH_2-O-\overset{O}{\overset{\|}{C}}-(CH_2)_4-\overset{O}{\overset{\|}{C}}\text{⁆}_n+2nH_2O$$ 己二酸和乙二醇之间的缩聚反应。旧教材和过渡教材一直沿用这种化学方程式的写法，但新课标版教材将缩聚反应的化学方程式改写为 $nHOCH_2CH_2OH+nHOOC(CH_2)_4COOH \xrightarrow{催化剂} H\text{⁅}O-CH_2CH_2-O-\overset{O}{\overset{\|}{C}}-(CH_2)_4-\overset{O}{\overset{\|}{C}}\text{⁆}_nOH+(2n-1)H_2O$。

$$n\,HO-\overset{O}{\overset{\|}{C}}-(CH_2)_4-\overset{O}{\overset{\|}{C}}-OH+nHO(CH_2)_2OH \overset{催化剂}{\rightleftharpoons} HO\left[\overset{O}{\overset{\|}{C}}-(CH_2)_4-\overset{O}{\overset{\|}{C}}-O-(CH_2)_2O\right]_nH+(2n-1)H_2O$$ 己二酸和乙二醇发生缩聚反应。新课标教材对缩聚反应的书写形式作了修改。旧教材或过渡教材均写作 $n\,HO-\overset{O}{\overset{\|}{C}}-(CH_2)_4-\overset{O}{\overset{\|}{C}}-OH+nHO(CH_2)_2OH \overset{催化剂}{\rightleftharpoons} \text{⁅}\overset{O}{\overset{\|}{C}}-(CH_2)_4-\overset{O}{\overset{\|}{C}}-O-(CH_2)_2O\text{⁆}_n+2nH_2O$。

【HOOCCH=CHCOOH】

丁烯二酸，有顺反异构体，分别是 $\begin{matrix}HC-COOH\\\|\\HC-COOH\end{matrix}$ 和 $\begin{matrix}HOOC-CH\\\|\\HC-COOH\end{matrix}$，顺式不如反式稳定。可由苯或丁烯制得，是不饱和醇酸树脂的原料。反式酸存在于某些植物如延胡索、蘑菇等，可由顺式酸异构化或糠醛用 $NaClO_3$-V_2O_5 氧化制得。

$$HOOCCH=CHCOOH+2CH_3OH \underset{\triangle}{\overset{浓硫酸}{\rightleftharpoons}} CH_3OOCCH=CHCOOCH_3+2H_2O$$ 在浓硫酸和加热条件下，丁烯二酸和甲醇发生酯化反应，生成丁烯二酸二甲酯，是可逆反应。浓硫酸作催化剂和吸水剂。酸和醇具有此共性。

$$HOOCCH=CHCOOH+2CH_3CH_2CH_2CH_2OH \underset{\triangle}{\overset{浓硫酸}{\rightleftharpoons}} CH_3(CH_2)_3OOCCH=CHCOO(CH_2)_3CH_3+2H_2O$$ 在浓硫酸和加热条件下，丁烯二酸和丁醇发生酯化反应，生成丁烯二酸二丁酯，是可逆反应。浓硫酸作催化剂和吸水剂。

【$\left[CH_2-C(CH_3)(COOH)\right]_n$】聚甲基丙烯酸。

$\left[CH_2-C(CH_3)(COOH)\right]_n + n\,CH_2OH-CH_2OH + n\,C_6H_4(OH)-COOH +$

$n CH_3COOH \xrightarrow{催化剂} 3nH_2O+$

$\left[CH_2-C(CH_3)(COOCH_2CH_2OOC-C_6H_4-OOCCH_3)\right]_n$ 聚甲基丙烯酸和乙二醇、邻羟基苯甲酸以及乙酸等多种单体发生缩聚反应，生成高分子化合物和水。缩聚反应不同于加聚反应，有高聚物生成的同时，还有其他小分子物质如水生成。有机玻璃的主要成分为聚甲基丙烯酸甲酯。

【C_6H_5-COOH】苯甲酸，俗名“安息香酸”，白色片状晶体，微溶于水，易升华，其钠盐是防腐剂，溶于水。在食品、饮料中经常见到。最简单的芳香酸，以游离或酯的形式存在于自然界的各种动植物中。安息香树胶中含量为20%，毒性极低，对皮肤、眼睛、黏膜有轻微刺激作用，能水蒸气蒸馏，水溶液显酸性。微溶于冷水、石油醚，溶于热水、四氯化碳、二硫化碳，易溶于乙醇、氯仿、乙醚、苯。工业上可以甲苯氧化、三氯甲苯水解及邻苯二甲酸酐脱羧法制得，是重要的有机合成原料。制备染料、药物、香料的中间体，有抑制微生物生长的作用，可作粮食、脂肪、水果汁等食品的防腐剂。用于烤烟，作媒染剂、分析化学基准试剂，医学上和水杨酸配合使用可治疗脚癣。

$C_6H_5-COOH + HNO_3 \xrightarrow[\Delta]{浓硫酸} C_6H_4(NO_2)-COOH + H_2O$

苯甲酸苯环上羧基间位上的氢原子被硝基取代，生成间硝基苯甲酸。硝基和羧基都是间位定位基。

【$HOOC-C_6H_4-C(CH_3)=CH_2$】对异丙烯基苯甲酸。

$n\,HOOC-C_6H_4-C(CH_3)=CH_2 \xrightarrow{催化剂} \left[C(CH_3)(C_6H_4COOH)-CH_2\right]_n$

在一定条件下，对异丙烯基苯甲酸发生加聚反应，生成聚对异丙烯基苯甲酸。碳碳双键之间的加聚反应。

【$C_6H_5-CH=CH-C(=O)-OH$】3-苯基丙烯酸。

$C_6H_5-CH=CH-C(=O)-OH + C_2H_5OH \xrightarrow{一定条件下}$

$H_2O + C_6H_5-CH=CH-C(=O)-OC_2H_5$ 在浓硫酸和加热条件下，3-苯基丙烯酸和乙醇发生酯化反应，生成3-苯基丙烯酸乙酯，是可逆反应。浓硫酸作催化剂和吸水剂。

【$C_6H_4(COOH)_2$】邻苯二甲酸，白色晶体，溶于水、乙醇等，不溶于氯仿，pK_a=2.95，酸性较强。可由邻二甲苯、邻甲苯甲酸及萘氧化制得。有机合成的重要中间体。和间苯二甲酸、对苯二甲酸互为同分异构体。

$C_6H_4(COOH)_2 + 2C_2H_5OH \underset{\Delta}{\overset{浓硫酸}{\rightleftharpoons}} 2H_2O$

$+ C_6H_4(COOC_2H_5)_2$ 在浓硫酸和加热条件下，邻苯二甲酸和乙醇发生酯化反应，生成邻苯二甲酸二乙酯，是可逆反应。浓硫酸作催化剂和吸水剂。

$C_6H_4(COOH)_2 + 2NaHCO_3 \rightarrow C_6H_4(COONa)_2 +$

$2H_2O+2CO_2\uparrow$ 邻苯二甲酸和碳酸氢钠反应，生成邻苯二甲酸二钠、水和二氧化碳气体。酸性：邻苯二甲酸>碳酸。

【HOOC—C_6H_4—COOH】间苯二甲酸，微溶于水，不溶于苯，可由间二甲苯或混合二甲苯氧化制得，制造不饱和聚酯、醇酸树脂及增塑剂等。

nHOOC—C_6H_4—COOH+$n$$H_2N$—$C_6H_4$—$NH_2$→

$2nH_2O$+$\left[\!-\overset{O}{\overset{\|}{C}}-C_6H_4-\overset{O}{\overset{\|}{C}}-HN-C_6H_4-NH-\right]_n$

间苯二甲酸和间苯二胺之间的缩聚反应。旧教材和过渡教材一直沿用这种化学方程式的写法，而按照新课标版教材应该写为

nHOOC—C_6H_4—COOH+$n$$H_2N$—$C_6H_4$—$NH_2$→

HO$\left[\overset{O}{\overset{\|}{C}}-C_6H_4-\overset{O}{\overset{\|}{C}}-HN-C_6H_4-NH\right]_nH+(2n-1)H_2O$。

【HOOC—C_6H_4—COOH】对苯二甲酸，白色晶体，不溶于水、氯仿、乙醚、醋酸，微溶于冷乙醇，溶于热乙醇及碱液。可由甲苯、对二甲苯、邻苯二甲酸酐等为原料制得。制造对苯二甲酸二甲酯的重要中间体。

nHOOC—C_6H_4—COOH+$n$$HOCH_2CH_2OH$
$\xrightarrow[\Delta]{催化剂}$ $\left[\!-\overset{O}{\overset{\|}{C}}-C_6H_4-\overset{O}{\overset{\|}{C}}-O-CH_2CH_2-O-\right]_n$ **+**

$2nH_2O$ 对苯二甲酸和乙二醇发生缩聚反应，生成聚对苯二甲酸乙二酯和水。按照新课标教材应写作 nHOOC—C_6H_4—COOH+

$nHOCH_2CH_2OH$ $\xrightarrow[\Delta]{催化剂}$ HO$\left[\overset{O}{\overset{\|}{C}}-C_6H_4-\overset{O}{\overset{\|}{C}}-O-CH_2CH_2-O\right]_n$H

$+(2n-1)H_2O$。缩聚反应不同于加聚反应，有高聚物生成的同时，还有其他小分子物质如水生成。

【$CH_2ClCOOH$】

氯乙酸，又叫一氯醋酸，无色晶体，易溶于水，溶于乙醇、苯、氯仿、乙醚等，具有强刺激性和腐蚀性，酸性比醋酸强，是一种重要的卤代酸。可由冰醋酸在P或I_2存在下氯化或由三氯乙烯用90%硫酸水解制得。氯乙酸是一种重要的羧甲基化试剂，可制备α-萘乙酸、乙二胺四乙酸、羧甲基纤维素钠等的原料。

$ClCH_2COOH+CH_3CH_2OH\xrightarrow[\Delta]{浓硫酸}$

$ClCH_2COOCH_2CH_3+H_2O$ 在浓硫酸和加热条件下，氯乙酸和乙醇发生酯化反应，生成氯乙酸乙酯。浓硫酸作催化剂和吸水剂。

$nCH_2ClCOOH+(C_6H_{10}O_5)_n\xrightarrow{2nNaOH}$
$[C_6H_7O_2(OH)_2OCH_2COONa]_n$ +
$nNaCl+2nH_2O$ 纤维素、氯乙酸和氢氧化钠反应，生成羧甲基纤维素钠、氯化钠和水。羧甲基纤维素钠简写为“CMC”，化学式为$[C_6H_9O_4OCH_2COONa]_n$，属于纤维素醚的一种，白色粉末，吸湿性强，溶于水生成黏性溶液，用于纺织、造纸、医药、橡胶、陶瓷、涂料等工业。也可用纤维素钠和一氯醋酸钠在乙醇溶液中反应制得。纤维素$(C_6H_{10}O_5)_n$的结构简式为$\left[(C_6H_7O_2)\begin{matrix}-OH\\-OH\\-OH\end{matrix}\right]_n$。

【$ICH(COOH)_2$】

$ICH(COOH)_2+I_2\rightarrow I_2C(COOH)_2$
$+H^++I^-$ 详见【$CH_2(COOH)_2+I_2$】。

【$CH_3-\underset{|}{\overset{Br}{CH}}-COOH$】2-溴丙酸。

$CH_3-CH(Br)-COOH$ **$+Br_2$** $\xrightarrow{PBr_3}$ CH_3-CBr_2-COOH **$+HBr$**

2-溴丙酸和溴反应，生成2,2-二溴丙酸。溴和丙酸在PBr_3作催化剂条件下反应，生成2-溴丙酸，见【$CH_3CH_2COOH+Br_2$】。

【$CH_3-CH(OH)-COOH$】乳酸，学名α-羟基丙酸。两分子乳酸可生成内交酯见【2 $CH_3-CH(OH)-COOH$】；乳酸分子间可发生缩聚反应，见【n $CH_3-CH(OH)-COOH$】。分子中含有一个手性碳原子，有两种旋光异构体、一种外消旋体。（1）*L*-（+）乳酸：结晶体，可溶于水，少量存在于人类及动物血液或肌体中。可由葡萄糖出发制备。（2）*D*-（-）乳酸，结晶体，可溶于水、乙醇，存在于酸牛奶中，可由*DL*-乳酸拆分制得。（3）*DL*-乳酸，结晶体，可溶于水、乙醇，可由糖发酵或乙醛、α-溴代丙酸出发合成。用于食品、鞣革、塑料、纺织工业，医疗上用其钠盐防治酸中毒。

$CH_3-CH(OH)-COOH$ $\xrightarrow[\Delta]{浓硫酸}$ **$CH_2=CH-COOH$ $+H_2O$**　乳酸分子内羟基发生消去反应，生成丙烯酸。

【不同位置的羟基酸受热时反应不同】
一般情况下，α-羟基酸受热时，可生成半交酯、内交酯、醛和甲酸。β-羟基酸受热脱水生成不饱和酸。γ-羟基酸、δ-羟基酸发生分子内酯化，生成环状内酯。羟基和羧基间隔较远时，加热脱水一般生成不饱和酸，或缩合生成高分子。

2 $CH_3-CH(OH)-COOH$ $\underset{\Delta}{\overset{浓硫酸}{\rightleftharpoons}}$ （环状内交酯：$CH_3-CH-C(=O)-O-CH(CH_3)-C(=O)-O$ 六元环）**$+2H_2O$**

在浓硫酸和加热条件下，两分子乳酸可生成内交酯。

n $CH_3-CH(OH)-COOH$ $\rightarrow$ $\left[O-CH(CH_3)-C(=O)\right]_n$ **$+nH_2O$**

乳酸分子间发生缩聚反应，生成高聚物和水。新课程写作：n $CH_3-CH(OH)-COOH$ $\rightarrow$ $H\left[O-CH(CH_3)-C(=O)\right]_nOH+(n-1)H_2O$。

$2CH_3CH(OH)COOH+Fe\rightarrow H_2\uparrow+[CH_3CH(OH)COO]_2Fe$　乳酸和铁反应生产补铁剂——乳酸亚铁，同时释放出氢气。类似于金属和非氧化性酸反应制备氢气的原理，可以用金属和非氧化性酸反应生成氢气的难易程度来判断金属性的强弱。乳酸亚铁又叫α-羟基丙酸亚铁。

【$HOCH_2CH_2COOH$】β-羟基丙酸。

$HOCH_2CH_2COOH$ $\xrightarrow[\Delta]{H^+}$ $CH_2=CHCOOH+H_2O$　β-羟基丙酸受热脱水，羟基发生消去反应，生成不饱和酸。见【$CH_3-CH(OH)-COOH$】中【不同位置的羟基酸受热时反应不同】。

$HOCH_2CH_2COOH$ $\underset{\Delta}{\overset{浓硫酸}{\rightleftharpoons}}$ （$CH_2-C(=O)-O-CH_2$ 四元环）**$+H_2O$**　β-羟基丙酸在浓硫酸和加热条件下，发生分子内酯化，生成环状内酯。见【$CH_3-CH(OH)-COOH$】中【不同位置的羟基酸受热时反应不同】。

【$CH_3-C(CH_3)(OH)-COOH$】α-羟基异丁酸。

$$CH_3-C(CH_3)(OH)-COOH \xrightarrow[\triangle]{浓硫酸} CH_2=C(CH_3)-COOH + H_2O$$

在浓硫酸和加热条件下，α-羟基异丁酸中羟基和邻位碳原子上相连的氢原子发生分子内脱水反应，生成甲基丙烯酸，也叫α-甲基丙烯酸，见【$CH_2=C(CH_3)-COOH$】。

【$HOCH_2CH_2CH_2COOH$】

γ-羟基丁酸。

$$HOCH_2CH_2CH_2COOH \underset{\triangle}{\overset{浓硫酸}{\rightleftharpoons}} \text{(五元环内酯：}CH_2-C(=O)-O-CH_2-CH_2\text{成环)} + H_2O$$

在浓硫酸和加热条件下，γ-羟基丁酸生成五元环状内酯。见【$CH_3-CH(OH)-COOH$】中【不同位置的羟基酸加热时反应不同】。

【$HO(CH_2)_5COOH$】ε-羟基己酸。

$$HO(CH_2)_5COOH \xrightarrow[\triangle]{浓硫酸} H_2O + \text{(七元环内酯：}CH_2-CH_2-CH_2-O-C(=O)-CH_2-CH_2\text{成环)}$$

在浓硫酸和加热条件下，ε-羟基己酸生成七元环状内酯。见【$CH_3-CH(OH)-COOH$】中【不同位置的羟基酸加热时反应不同】。

$$nHO(CH_2)_5COOH \xrightarrow{催化剂} nH_2O + \left[O-(CH_2)_5-\overset{O}{\overset{\|}{C}}\right]_n$$

ε-羟基己酸分子间发生缩聚反应，生成高聚物和水。见【$CH_3-CH(OH)-COOH$】中【不同位置的羟基酸加热时反应不同】。

新课程写作 $nHO-(CH_2)_5-COOH \xrightarrow{催化剂} (n-1)H_2O + H\left[O-(CH_2)_5-\overset{O}{\overset{\|}{C}}\right]_n OH$。

【$HO-C(CH_2COOH)_2-COOH$】柠檬酸，又称“枸橼酸”，学名“2-羟基-1,2,3-丙烷三羧酸”，分子式 $C_6H_8O_7$，H_3Cit 表示柠檬酸。无色透明结晶，有香味，舒适酸味，易潮解。广泛存在于动植物组织与体液中，柠檬汁中含量5%~8%。常为一水合物晶体，干燥空气中或在40℃~50℃时，失去结晶水。无水物熔点153℃，水合物熔点约100℃。无水物易溶于水、乙醇，溶于乙醚。水溶液呈酸性。钙盐在冷水中比热水中易溶，利用此性质可以提纯柠檬酸。柠檬酸可由柠檬汁中提取，工业上由蔗糖、白薯等发酵制备，可用于食品、印染、塑料等工业。其铁铵盐用于治疗贫血和晒蓝图的感光剂，镁盐用作温和泻药，其酯用作增塑剂。

$$H_3Cit + R_3Nd + [(NH_4)_3(Cit)] \rightarrow H_3[Nd(Cit)_2] + 3RNH_4$$

详见【Pr^{3+}+$3RNH_4$】。

【$CH_2(OH)-CH_2-C(CH_3)(OH)-COOH$】

$$2\,CH_2(OH)-CH_2-C(CH_3)(OH)-COOH+O_2\xrightarrow[\triangle]{Cu}2\,CHO-CH_2-C(CH_3)(OH)-COOH$$

$+2H_2O$ 醇羟基被催化氧化时，伯醇被氧化为醛；仲醇被氧化为酮，叔醇不能被氧化。只有和醇羟基直接相连的碳原子上有氢原子时，醇羟基才能被氧化。

【3-羟基-5-羟甲基苯甲酸：$HOH_2C-C_6H_3(OH)-COOH$】

$$2\,HOH_2C-C_6H_3(OH)-COOH+6Na\rightarrow2\,NaOH_2C-C_6H_3(ONa)-COONa$$

$+3H_2\uparrow$ 酸（含有羧基）、醇（含有醇羟基）、酚（含有酚羟基）都可以和金属钠发生反应，生成氢气。酸性强弱顺序：酸>酚>醇。该反应中没有酚羟基，只有羧基、醇羟基。

【OHC−CH=CH−COOH】

$$OHCCH=CH-COOH+2H_2\xrightarrow[\triangle]{Ni}HOCH_2CH_2CH_2COOH$$

镍作催化剂和加热条件下，碳碳双键和醛基中碳氧双键都可以加氢，但羧基中碳氧双键不能加氢。关于【羰基、碳碳双键以及苯环加氢的比较】见【$HCHO+H_2$】。

【$CH_3-\overset{O}{\overset{\|}{C}}-COOH$】丙酮酸，无色液体，溶于水、醇、醚，为生物体内葡萄糖代谢的中间产物。在无氧条件下，丙酮酸被还原为乳酸，在有氧条件下丙酮酸脱氢脱羧生成乙酰辅酶A，进入三羧酸循环彻底氧化，最后生成二氧化碳、水和能量。

$$CH_3-\overset{O}{\overset{\|}{C}}-COOH+H_2\xrightarrow{Ni}CH_3-\overset{OH}{\overset{|}{C}H}-COOH$$

丙酮酸催化加氢生成乳酸。醛基中碳氧双键可以加氢，羧基中碳氧双键一般不能加氢。

【$HOOCCH_2\overset{}{\underset{Cl}{\underset{|}{C}H}}COOH$】2-氯丁二酸。

$$HOOCCH_2\underset{Cl}{\underset{|}{C}H}COOH+3NaOH\xrightarrow[\triangle]{醇}NaCl+NaOOCCH=CHCOONa+3H_2O$$

2-氯丁二酸和氢氧化钠的醇溶液反应，生成丁烯二酸钠、氯化钠和水。羧酸和碱发生中和反应，氯原子发生消去反应，生成碳碳双键。

【$HOOC\overset{Br}{\overset{|}{C}H}CH_2COOH$】2-溴丁二酸。

$$HOOC\overset{Br}{\overset{|}{C}H}CH_2COOH+H_2O\xrightarrow{一定条件下}HOOC\overset{OH}{\overset{|}{C}H}CH_2COOH+HBr$$

2-溴丁二酸水解，溴原子被羟基取代，生成 α-羟基丁二酸和溴化氢。

【$C_6H_4(COOH)-\overset{Cl}{\overset{|}{C}H}-CH_3$】2-(1-氯乙基)苯甲酸。

$$C_6H_4(COOH)-\overset{Cl}{\overset{|}{C}H}-CH_3\xrightarrow[\triangle]{NaOH/醇}C_6H_4(COONa)-CH=CH_2$$

在氢氧化钠的醇溶液中，2-(1-氯乙基)苯甲酸分子中的羧基发生中和反应，生成羧酸盐；氯原子和邻位碳原子上的氢原子发生消去反应，生成碳碳不饱和键。但是，在氢氧化钠的水溶液中，卤素原子被羟基取代。

【$C_6H_4(CH_2CH_2Br)(COOH)$】

$$C_6H_4(CH_2CH_2Br)(COOH) \xrightarrow{NaOH/H_2O} C_6H_4(CH_2CH_2OH)(COONa)$$

在氢氧化钠的水溶液中，溴原子被羟基取代，生成醇；羧基发生中和反应，生成羧酸盐。但是，在氢氧化钠的醇溶液中，溴原子和邻位碳原子上的氢原子发生消去反应，生成碳碳不饱和键。

【$C_6H_4(CH_2CH_2OH)(COOH)$】2-(2-羟乙基)苯甲酸。

$$C_6H_4(CH_2CH_2OH)(COOH) \xrightarrow[\triangle]{浓硫酸} (环状内酯) + H_2O$$

在浓硫酸和加热条件下，2-(2-羟乙基)苯甲酸分子内部羧基和羟基之间发生酯化反应，形成环状内酯。

【$HO-CH(C_6H_5)-COOH$】α-羟基苯乙酸。

$$2HO-CH(C_6H_5)-COOH \xrightarrow{一定条件下} 2H_2O+ (环状交酯)$$

两分子的α-羟基苯乙酸受热时，生成内交酯。见【$CH_3-CH(OH)-COOH$】中【不同位置的羟基酸受热时反应不同】。

【$HOCH_2-C_6H_4-CHOH-CH_2COOH$】3-对羟甲基苯基-3-羟基丙酸。

$$HOCH_2-C_6H_4-CHOH-CH_2COOH+HBr \xrightarrow{\triangle} 2H_2O+BrCH_2-C_6H_4-CH=CHCOOH$$

3-对羟甲基苯基-3-羟基丙酸和溴化氢反应，羟甲基中的醇羟基被溴原子取代，相当于氢卤酸和醇的取代反应。而3-位的醇羟基则消去水分子，发生消去反应，生成3-对溴甲基苯基丙烯酸和水。

【$C_6H_4(OH)(COOH)$】邻羟基苯甲酸，又叫“水杨酸”，白色针状晶体，无臭，味甘酸，微溶于水，溶于乙醇、丙酮；易升华，并能随水蒸气蒸出，具有杀菌能力，作食品防腐剂和制造药物的原料。皮肤角质溶解药，制剂常用于处理癣和“鸡眼”，是制备阿司匹林的原料。以酯的形式存在于自然界，如冬青油中含有水杨酸甲酯。工业上以碳酸钠和二氧化碳在加压、加热条件下反应制得。

$$C_6H_4(OH)COOH+(CH_3CO)_2O \xrightarrow{H^+} C_6H_4(OCOCH_3)COOH+CH_3COOH$$

水杨酸和乙酸酐反应，生成乙酰水杨酸，俗称“阿司匹林”，是常用的解热止痛药。

$$C_6H_4(OH)COOH+NaHCO_3 \rightarrow C_6H_4(OH)COONa+CO_2\uparrow+H_2O$$

邻羟基苯甲酸和小苏打反应，只有羧基能反应，生成盐、二氧化碳和水，而酚羟基不能反应。该反应很好地表现了羧基、酚羟基以及碳酸、碳酸氢盐之间的酸性。酸性顺序：$-COOH>H_2CO_3>$酚羟基$>HCO_3^-$。碳酸可以使酚盐变为酚，但酚羟基和碳酸氢根之间不反应。

$$C_7H_6O_3+7O_2 \xrightarrow{点燃} 7CO_2+3H_2O$$

水杨酸等完全燃烧生成二氧化碳和水。

$C_7H_6O_3$ 可以是邻羟基苯甲酸、对羟基苯甲酸或间羟基苯甲酸等。

【HO—C_6H_4—COOH】对羟基苯甲酸，无色至白色晶体，有毒，有刺激性。

HO—C_6H_4—COOH + $NaHCO_3$ → OH—C_6H_4—COONa + CO_2↑ + H_2O 对羟基苯甲酸和小苏打反应，只有羧基能反应，生成盐、二氧化碳和水，而酚羟基不能反应。该反应很好地表现了羧基、酚羟基以及碳酸、碳酸氢盐之间的酸性。酸性顺序：−COOH>H_2CO_3>酚羟基>HCO_3^-。碳酸可以使酚盐变为酚，但酚羟基和碳酸氢根之间不反应。

【HO—CH_2—C_6H_3(OH)—COOH】3-羟基-5-羟甲基苯甲酸，同时含有酚羟基、醇羟基和羧基官能团。

2 HO—CH_2—C_6H_3(OH)—COOH + 6Na → 3H_2↑ + 2 NaO—CH_2—C_6H_3(ONa)—COONa 3-羟基-5-羟甲基苯甲酸分子内含有羧基、醇羟基、酚羟基，都可以和金属钠、钾等活泼金属发生反应，生成氢气。一般情况下，酸性强弱顺序：酸>酚>醇。羧基、酚羟基都可以和 OH^- 发生反应，而醇羟基不能；羧基、酚羟基都可以和碳酸钠发生反应，而醇羟基不能；羧基可以和碳酸氢钠发生反应，而酚羟基、醇羟基不能。

【$CH_2CH_2CH_2OH$、COOH、OH 取代的苯环】

$CH_2CH_2CH_2OH$、COOH、OH 取代的苯环 $\xrightarrow[\triangle]{\text{浓硫酸}}$ 环状内酯（$CH_2CH_2CH_2$—O—C(=O)—，OH）+ H_2O

在浓硫酸和加热条件下，羧基和羟基之间发生酯化反应，形成环状内酯。

【C_6H_3(OH)$_2$—COOH】2,6-二羟基苯甲酸。

C_6H_3(OH)$_2$—COOH + C_6H_3(OH)$_2$—CH_2OH $\underset{\triangle}{\overset{\text{浓硫酸}}{\rightleftharpoons}}$ H_2O + C_6H_3(OH)$_2$—COO—CH_2—C_6H_3(OH)$_2$ 2,6-二羟基苯甲酸和2,6-二羟基苯甲醇发生酯化反应，生成酯，是可逆反应。浓硫酸作催化剂和吸水剂。

【(HO)$_2C_6H_3$—COOH】3,5-二羟基苯甲酸。

(HO)$_2C_6H_3$—COOH + (HO)$_2C_6H_3$—CH_2OH $\underset{\triangle}{\overset{\text{浓硫酸}}{\rightleftharpoons}}$ H_2O + (HO)$_2C_6H_3$—COO—CH_2—C_6H_3(OH)$_2$ 3,5-二羟基苯甲酸和 3,5-二羟基苯甲醇发生酯化反应，生成酯，是可逆反应。浓硫酸作催化剂和吸水剂。

【C_6H_4(OCOCH$_3$)COOH】乙酰水杨酸，俗称“阿司匹林”，学名“邻乙酰氧基苯甲酸”，白色结晶体或结晶性粉末，无臭，微酸，微溶于水，易溶于乙醇、氯仿、乙醚及碱液。可以水杨酸为原料，和醋酸、醋酐共热制得。解热、镇痛、抗风湿药，除溃疡病或出血性疾病患者外均可使用。

$C_6H_4(COOH)(OCOCH_3)+H_2O \xrightarrow{H^+} C_6H_4(COOH)(OH)+CH_3COOH$ 乙酰水杨酸在酸性条件下水解，生成水杨酸（又叫邻羟基苯甲酸）和乙酸。

$C_6H_4(OCOCH_3)(COOH)+NaOH \rightarrow C_6H_4(OCOCH_3)(COONa)+H_2O$

乙酰水杨酸和少量的 NaOH 反应，生成乙酰水杨酸钠，易溶于水，称为可溶性阿司匹林。若氢氧化钠过量，$-OCOCH_3$ 也要发生水解。

【$HCOO^-$】 甲酸根离子。

$HCOO^-+H^+ = HCOOH$ 甲酸盐与强酸反应，生成甲酸。强酸制弱酸。

$4HCOO^-+2SO_3^{2-} \rightarrow S_2O_3^{2-}+2OH^-+2C_2O_4^{2-}+H_2O$ 亚硫酸盐主要表现还原性，只有遇到强还原剂时，才表现氧化性，和甲酸盐反应，生成硫代硫酸盐和乙二酸盐，表现氧化性。

【$HCOONH_4$】 甲酸铵，无色晶体或粒状粉末，易潮解，易溶于水。

$HCOONH_4+2Ag(NH_3)_2OH \rightarrow (NH_4)_2CO_3+2Ag\downarrow+3NH_3+H_2O$

甲酸铵结构中含有醛基，可以和银氨溶液发生银镜反应，生成碳酸铵、银、氨气和水。银镜反应用来检验醛基。甲酸、甲酸盐、甲酸酯都具有此通性。【银氨溶液的配制和反应原理】见【$Ag^++2NH_3\cdot H_2O$】。

【HCOONa】 甲酸钠，白色或淡黄色结晶，略有潮解性，有吸湿性，易溶于水，有毒。

$HCOONa+2Ag(NH_3)_2OH \xrightarrow{\triangle} NaHCO_3+2Ag\downarrow+4NH_3+H_2O$

甲酸钠结构中含有醛基，可以和银氨溶液发生银镜反应，生成碳酸氢钠、银、氨气和水。银镜反应用来检验醛基。甲酸、甲酸盐、甲酸酯都具有此通性。【银氨溶液的配制和反应原理】见【$Ag^++2NH_3\cdot H_2O$】。

$HCOONa+H_2O \rightleftharpoons HCOOH+NaOH$ 甲酸钠是强碱弱酸盐，水解生成甲酸和氢氧化钠。

【CH_3COO^-】 醋酸根离子，中学化学大多数资料简写成 Ac^-，将醋酸 CH_3COOH 简写成 HAc，但多数大学资料将醋酸根离子简写成 OAc^-，将醋酸 CH_3COOH 简写成 HOAc。

$CH_3COO^-+H^+ = CH_3COOH$

醋酸盐和强酸反应生成醋酸。强酸制弱酸。

$CH_3COO^-+HF = CH_3COOH+F^-$

氢氟酸和醋酸盐反应，生成醋酸和氟化物。氟化氢的水溶液叫氢氟酸，$pK_a=3.18$。醋酸：$pK_a=4.74$，酸性：氢氟酸>醋酸。

$CH_3COO^-+H_2O \rightleftharpoons CH_3COO+OH^-$ CH_3COO^-水解，生成 CH_3COO 和 OH^-。或写作：$Ac^-+H_2O \rightleftharpoons HAc+OH^-$。

$CH_3COO^-+NH_4^++H_2O \rightleftharpoons CH_3COOH+NH_3\cdot H_2O$ CH_3COO^-和 NH_4^+发生双水解反应，生成 CH_3COOH 和 $NH_3\cdot H_2O$。但是，两种离子的水解程度相当，水溶液接近中性。CH_3COO^-和 NH_4^+在水中能够大量共存。CH_3COO^-和 NH_4^+的双水解并不彻底。

【CH_3COONH_4】醋酸铵，白色晶体，具吸湿性，易溶于水，水溶液一般呈中性，因为 CH_3COO^-和 NH_4^+的水解程度相当。极浓者呈微酸性，溶于乙醇，微溶于丙酮。可由冰醋酸和氨作用制得，可用于肉类防腐、织物印染、制药、制橡胶发泡剂等，也用作分析试剂。

$CH_3COONH_4+H_2O \rightleftharpoons CH_3COOH+NH_3\cdot H_2O$ 醋酸铵溶液电离出来的 CH_3COO^-和 NH_4^+发生双水解反应，生成 CH_3COOH 和 $NH_3\cdot H_2O$。但是，两种离子的水解程度相当，水溶液接近中性。CH_3COO^-和 NH_4^+在水中能够大量共存。CH_3COO^-和 NH_4^+的双水解并不彻底，离子方程式见【$CH_3COO^-+NH_4^++H_2O$】。

【CH_3COONa】醋酸钠，无色单斜晶体，易溶于水，水溶液呈弱碱性，稍溶于乙醇。在温暖的空气中逐渐风化为白色粉末。在 120℃~250℃时脱水，变成吸湿性很强的无水物。与碱石灰混合物在强热条件下发生脱羧作用生成甲烷及副产物。可由硫酸钠或氢氧化钠分别和醋酸反应，或以醋酸钙和硫酸钠作用制得，可用作染化工业、合成醋酐的原料和乙酰化助剂，分析化学上用于配制缓冲溶液，也用于肉类防腐。

$CH_3COONa=CH_3COO^-+Na^+$ 醋酸钠是强电解质，在水中完全电离，生成 CH_3COO^-和 Na^+，或写作 $NaAc \rightleftharpoons Na^++Ac^-$。

$2CH_3COONa \xrightarrow{\triangle} Na_2CO_3+CH_3-\overset{O}{\overset{\|}{C}}-CH_3$ 醋酸钠受热生成丙酮，是用醋酸钠和碱石灰制甲烷时发生的副反应之一。无水醋酸钠和碱石灰制甲烷的原理见【$CH_3COONa+NaOH$】。

$CH_3COONa+HCl=CH_3COOH+NaCl$ 醋酸钠和盐酸反应，生成醋酸和氯化钠。酸性：$HCl>CH_3COOH$。强酸制弱酸。

$NaAc+HCl=HAc+NaCl$ 醋酸钠和盐酸反应，生成醋酸和氯化钠。将 CH_3COONa 写作 NaAc 时的反应式。

$CH_3COONa+H_2O \rightleftharpoons CH_3COO+NaOH$ 醋酸钠水解，生成醋酸和氢氧化钠。强碱弱酸盐水解显碱性。

$CH_3COONa+H_2SO_4(浓) \overset{\triangle}{=} CH_3COOH\uparrow+NaHSO_4$ 醋酸钠和浓硫酸按物质的量之比 1∶1 加热时反应，生成醋酸和硫酸氢钠，醋酸以蒸气形式挥发出去。强酸制弱酸，高沸点的酸制低沸点的酸。

$2CH_3COONa+H_2SO_4(浓)=2CH_3COOH+Na_2SO_4$ 醋酸钠和浓硫酸按照物质的量之比 2∶1 反应，生成醋酸和硫酸钠，受热时醋酸会以蒸气形式挥发出去。要制备醋酸，最好用固体醋酸钠和浓硫酸加热。强酸制弱酸，高沸点的酸制低沸点的酸。

$CH_3COONa+NaOH \xrightarrow[\triangle]{CaO} CH_4\uparrow+Na_2CO_3$ 实验室用无水醋酸钠和碱石灰制取甲烷的反应原理。无水醋酸钠发生脱羧反应，即失去 CO_2。甲烷用排水集气法或向下排空气法收集。碱石灰是氧化钙和氢氧化钠的混合物，常用作干燥剂。

【CH_3COOK】醋酸钾，又称乙酸钾，无色或白色结晶性粉末，易潮解。

$CH_3COOK+H_2O \rightleftharpoons CH_3COOH$

+KOH 醋酸钾水解，生成醋酸和氢氧化钾。强碱弱酸盐水解显碱性。

【$(CH_3COO)_2Pb$】 醋酸铅，是盐中比较少见的弱电解质之一，写离子方程式时要写成化学式，不能拆写成离子。醋酸铅在水中的电离：$(CH_3COO)_2Pb \rightleftharpoons 2CH_3COO^- + Pb^{2+}$。晶体 $Pb(CH_3COO)_2·3H_2O$ 为无色透明晶体，在空气中放置，表面很快形成白色粉末状碳酸钙薄膜。微带醋酸臭味，有毒，味甜，又称“铅糖”，75℃时失去结晶水，易溶于水、丙三醇，不溶于乙醚，微溶于乙醇。可由氧化铅和醋酸作用而得，可作媒染剂、分析试剂，制铬黄颜料，医学上也用作未破皮肤收敛剂。另一常见的弱电解质的盐为氯化汞（$HgCl_2$）。

$(CH_3COO)_2Pb+H_2S = PbS\downarrow+2CH_3COOH$ 实验室里用醋酸铅试纸检验 H_2S 或 S^{2-}，生成黑色硫化铅沉淀。该反应十分敏感，化学方程式和离子方程式完全相同。

【$C_{17}H_{35}COO^-$】 硬脂酸根离子，由硬脂酸失去羧基中的 H^+ 后剩余的阴离子。

$2C_{17}H_{35}COO^-+Ca^{2+} = Ca(C_{17}H_{35}COO)_2\downarrow$ 洗衣服时，硬水中的钙离子与肥皂中可溶性硬脂酸钠生成硬脂酸钙沉淀。肥皂在硬水中变浑浊的原因之一。

$2C_{17}H_{35}COO^-+Mg^{2+} = Mg(C_{17}H_{35}COO)_2\downarrow$ 硬水中镁离子与肥皂中可溶性硬脂酸钠生成硬脂酸镁沉淀。肥皂在硬水中变浑浊的原因之一。

【$C_{17}H_{35}COONa$】 硬脂酸钠，白色粉末或块状，有滑腻感，易溶于热水。

$C_{17}H_{35}COONa+H_2O \rightleftharpoons C_{17}H_{35}COOH+NaOH$ 硬脂酸钠水解，生成硬脂酸和氢氧化钠。

【C_6H_5—COONa】苯甲酸钠。

C_6H_5—COONa + NaOH $\xrightarrow[\Delta]{CaO}$ Na_2CO_3 + C_6H_6 苯甲酸钠和碱石灰共热反应可以制取苯，生成碳酸钠和苯。苯甲酸钠发生脱羧反应，即失去 CO_2。碱石灰是氧化钙和氢氧化钠的混合物，常用作干燥剂。

【C_6H_4(—CH=CH_2)(—COONa)】邻乙烯基苯甲酸钠。

C_6H_4(—CH=CH_2)(—COONa) $\xrightarrow[\text{过氧化物}]{HBr}$ C_6H_4(—CH_2CH_2Br)(—COOH)

在过氧化物存在下，邻乙烯基苯甲酸钠和溴化氢反应，羧酸盐变成酸的同时，乙烯基碳碳双键发生加成反应。过氧化物存在时，氢溴酸和不对称碳碳双键的加成取向是反马尔科夫尼科夫规则的。但对 HCl、HI 不影响。关于【马氏规则（马尔科夫尼科夫规则）】见【CH_2=$CHCH_3$+HBr】。

【$C_2O_4^{2-}$】 草酸根离子。

$5C_2O_4^{2-}+2MnO_4^-+16H^+ = 2Mn^{2+}+10CO_2\uparrow+8H_2O$ $KMnO_4$ 的酸性溶液可将草酸盐氧化，$C_2O_4^{2-}$ 被氧化为 CO_2 气体，MnO_4^- 自身被还原为 Mn^{2+}。$KMnO_4$ 的酸性溶液和草酸的反应见【$5H_2C_2O_4+2MnO_4^-+6H^+$】。

【CaC_2O_4】草酸钙，白色晶体粉末，不溶于水、醋酸，溶于稀盐酸或稀硝酸。200℃一水合物失去结晶水，灼烧转变成碳酸钙或氧化钙。由钙盐水溶液与草酸钠作用或由氰氨化钙制得，可用于陶瓷上釉、制草酸及有机草酸盐。

$CaC_2O_4+2H^+ = Ca^{2+}+H_2C_2O_4$
草酸钙溶解在强酸中，生成草酸。强酸制弱酸。

$CaC_2O_4+H^+ = Ca^{2+}+HC_2O_4^-$
难溶的草酸钙可溶解在稀的强酸溶液中。酸少量时生成 $HC_2O_4^-$，酸过量时生成 $H_2C_2O_4$。

【$HCOOCH_2CH_3$】甲酸乙酯，无色易燃液体，有香味，有毒，吸入蒸气可刺激鼻黏膜、眼结膜，并引起恶心、麻痹，严重时导致死亡。易溶于水，与乙醇互溶，可用于有机合成，作烟草、干果、谷物的杀菌剂和杀虫剂。

$HCOOC_2H_5+2Ag(NH_3)_2OH \xrightarrow{\Delta} 2Ag\downarrow+C_2H_5OCOONH_4+3NH_3+H_2O$ 甲酸乙酯结构中含有醛基，可以和银氨溶液发生银镜反应。银镜反应用来检验醛基。甲酸、甲酸盐、甲酸酯都具有此通性。【银氨溶液的配制和反应原理】见【$Ag^++2NH_3\cdot H_2O$】。

$HCOOC_2H_5+H_2O \overset{H^+}{\rightleftharpoons} HCOOH+C_2H_5OH$ 甲酸乙酯在酸性条件下水解，生成甲酸和乙醇。

【酯的水解】酯具有通性，酸性条件下水解可逆，生成酸和醇。碱性条件下水解不可逆，水解完全，生成羧酸盐和醇。

$HCOOCH_2CH_3+NaOH \xrightarrow{\Delta} HCOONa+C_2H_5OH$ 甲酸乙酯在碱性条件下水解，生成甲酸钠和乙醇。关于【酯的水解】见【$HCOOC_2H_5+H_2O$】。

【$HCOOCH(CH_3)CH_3$】甲酸异丙酯。

$HCOOCH(CH_3)CH_3+H_2O \overset{H^+}{\rightleftharpoons} HCOOH+CH_3CH(OH)CH_3$ 甲酸异丙酯在酸性条件下水解，生成甲酸和异丙醇（又叫 2-丙醇）。关于【酯的水解】见【$HCOOC_2H_5+H_2O$】。

【CH_3COOCH_3】乙酸甲酯。

$CH_3COOCH_3+H_2O \underset{\Delta}{\overset{无机酸}{\rightleftharpoons}} CH_3OH+CH_3COOH$ 乙酸甲酯在酸性条件下水解，生成乙酸和甲醇。

$CH_3COOCH_3+NaOH \xrightarrow{\Delta} CH_3COONa+CH_3OH$ 乙酸甲酯在碱性条件下水解，生成乙酸钠和甲醇。

【$CH_3COOC_2H_5$】乙酸乙酯，又称醋酸乙酯，无色有香味液体，易挥发，溶于水，溶于乙醇、丙酮等，能发生水解、醇解、氨解。可由醋酸在少量硫酸存在下与过量乙醇作用制得，在香料、油漆工业中作溶剂，也是有机合成的重要原料。

$CH_3COOC_2H_5+CH_3OH \overset{H^+}{\rightleftharpoons} CH_3-\overset{O}{\overset{\|}{C}}-O-CH_3+CH_3CH_2OH$ 乙酸乙酯和甲醇发生酯交换反应，生成乙酸甲酯和乙醇。

【酯交换反应】在酸或醇钠催化下，酯与醇作用生成另一种酯和醇的反应，叫作酯交换反应，也叫醇解反应。该反应是可逆反应。

$CH_3COOC_2H_5+H_2O \underset{\triangle}{\overset{无机酸}{\rightleftharpoons}} CH_3COOH+HO-C_2H_5$ 乙酸乙酯在酸性条件下水解，生成乙酸和乙醇。

$CH_3COOC_2H_5+NH_3 \rightarrow CH_3-\overset{O}{\overset{\|}{C}}-NH_2+CH_3CH_2OH$ 乙酸乙酯和氨发生氨解反应，生成乙酰胺和乙醇。不需要加入酸碱等催化剂，氨本身就是碱。

$CH_3COOC_2H_5+NaOH \xrightarrow{\triangle} CH_3COONa+C_2H_5OH$ 乙酸乙酯和氢氧化钠溶液共热发生水解反应，生成乙酸钠和乙醇，水解较完全。

$CH_3COOC_2H_5+OH^- \xrightarrow{\triangle} CH_3COO^-+C_2H_5OH$ 乙酸乙酯在碱性条件下受热发生水解反应，生成乙酸盐和乙醇，水解较完全。

【$CH_3CO-O-C_6H_5$】乙酸苯酯，由乙酸和苯酚发生酯化反应得到的。

$CH_3CO-O-C_6H_5+H_2O \underset{\triangle}{\overset{H^+}{\rightleftharpoons}} CH_3COOH+C_6H_5-OH$ 乙酸苯酯在酸性条件下水解，生成乙酸和苯酚，水解反应和酯化反应存在动态平衡，水解可逆。

$CH_3CO-O-C_6H_5+2NaOH \xrightarrow{\triangle} C_6H_5-ONa+CH_3COONa+H_2O$ 乙酸苯酯在氢氧化钠溶液中发生水解反应，生成苯酚钠和乙酸钠。水解产生的苯酚也和碱反应。碱性条件下的水解完全，反应不可逆。

$CH_3CO-O-C_6H_5+2OH^- \xrightarrow{醇} CH_3COO^-+C_6H_5-O^-+H_2O$ 乙酸苯酯在碱的醇溶液中发生水解反应，生成乙酸盐和苯酚盐，水解产生的苯酚也和碱反应。碱性条件下的水解完全，反应不可逆。

$CH_3CO-O-C_6H_5+2OH^- \xrightarrow{\triangle} CH_3COO^-+C_6H_5-O^-+H_2O$ 乙酸苯酯在碱溶液中发生水解反应，生成乙酸盐和苯酚盐，水解产生的苯酚也和碱反应。碱性条件下的水解完全，反应不可逆。

【$R-\overset{O}{\overset{\|}{C}}-OR'$】酯的通式。官能团$-\overset{O}{\overset{\|}{C}}-O-R$，叫酯基。

$R-\overset{O}{\overset{\|}{C}}-OR'+R''-NH_2 \rightarrow R-\overset{O}{\overset{\|}{C}}-NHR''+R'OH$ 胺和酯作用形成酰胺和醇。酰氯、酸酐、酯等均能和胺形成酰胺。形成的$-\overset{O}{\overset{\|}{C}}-NH-$叫酰胺键，在蛋白质中由氨基和羧基形成的$-\overset{O}{\overset{\|}{C}}-NH-$叫肽键。两分子氨基酸形成的酰胺叫作二肽，同理，三分子氨基酸形成的酰胺叫作三肽，等等，依次类推。第一、第二胺均能形成酰胺，第三胺因氮原子上没有氢原子，不能形成酰胺。酰胺在强酸和强碱的水溶液中共热水解又生成胺，在有机合成中很有用，将氨基先保护起来，引入其他基团之后，使酰胺水解生成胺。

$RCOOR'+H_2O \underset{\triangle}{\overset{无机酸}{\rightleftharpoons}} RCOOH+R'OH$ 酯具有通性，在酸性条件下水解可逆，生成酸和醇。通常用稀硫酸作催化剂。

$RCOOR'+NaOH \rightarrow RCOONa+R'OH$ 酯具有通性，在碱性条件如氢氧化钠溶液中，水解不可逆，水解完全，生成羧酸盐和醇。

【$C_xH_yO_z$】含氧有机物的通式。

$$C_xH_yO_z+(x+\frac{y}{4}-\frac{z}{2})O_2 \xrightarrow{点燃} xCO_2+\frac{y}{2}H_2O$$ 含氧衍生物完全燃烧生成二氧化碳和水的化学方程式通式。

【$CH_2=CH-COOCH_2CH_2OH$】丙烯酸乙二酯。

$$n\,CH_2=CH(COOCH_2CH_2OH) \xrightarrow{催化剂} \left[CH_2-CH(COOCH_2CH_2OH)\right]_n$$ 丙烯酸乙二酯发生加聚反应，生成聚丙烯酸乙二酯。碳碳双键之间加聚。

【$CH_2=C(CH_3)COOCH_3$】甲基丙烯酸甲酯。

$$n\,CH_2=C(CH_3)COOCH_3 \rightarrow \left[CH_2-C(CH_3)(COOCH_3)\right]_n$$ 甲基丙烯酸甲酯发生加聚反应，生成聚甲基丙烯酸甲酯，有机玻璃的主要成分是聚甲基丙烯酸甲酯。碳碳双键之间加聚。

【$CH_2=C(CH_3)-C(=O)-OC_{16}H_{33}$】甲基丙烯酸十六酯。

$$n\,CH_2=C(CH_3)-C(=O)-OC_{16}H_{33}+n\,\text{(顺丁烯二酸酐，环状 }HC=CH,\ O=C-O-C=O) \xrightarrow{一定条件下} \left[CH_2-C(CH_3)(COOC_{16}H_{33})-CH-CH\right]_n\ \text{(含酸酐环)}$$ 甲基丙烯酸十六酯和丁烯二酸酐发生共聚反应。不同单体碳碳双键之间发生共聚，是工业上合成油品降凝剂的原理。

【$CH_2=C(CH_3)-COOCH_2-CH_2OH$】甲基丙烯酸乙二酯。

$$n\,CH_2=C(CH_3)-COOCH_2-CH_2OH \xrightarrow{催化剂} \left[CH_2-C(CH_3)(COOCH_2-CH_2OH)\right]_n$$ 甲基丙烯酸乙二酯发生加聚反应，生成聚甲基丙烯酸乙二酯。碳碳双键之间加聚。

【$C_{17}H_{33}COO-CH_2$, $C_{17}H_{33}COO-CH$, $C_{17}H_{33}COO-CH_2$】油酸甘油酯，又称三油酸甘油酯、甘油单油酸酯等，无色至微黄色透明黏稠液体，稍有气味。

$$(C_{17}H_{33}COO)_3C_3H_5+3H_2 \xrightarrow[加热加压]{催化剂} (C_{17}H_{35}COO)_3C_3H_5$$ 油酸甘油酯经催化加氢，生成硬脂酸甘油酯。油脂的氢化，也叫油脂的硬化。液态油变成固态脂肪。

【$C_{17}H_{35}COO-CH_2$, $C_{17}H_{35}COO-CH$, $C_{17}H_{35}COO-CH_2$】硬脂酸甘油酯，又称三硬脂酸甘油酯、甘油三硬脂酸、单硬脂酸甘油酯等，白色蜡状薄片或珠粒状固体，不溶于水。

$$(C_{17}H_{35}COO)_3C_3H_5+3H_2O \underset{\Delta}{\overset{H_2SO_4}{\rightleftharpoons}} CH_2(OH)-CH(OH)-CH_2(OH)$$

$+3C_{17}H_{35}COOH$ 硬脂酸甘油酯在酸性条件下水解，生成硬脂酸和甘油。关于【酯的水解】见【$HCOOC_2H_5+H_2O$】。硬脂酸又叫十八（烷）酸。

$$\begin{matrix} C_{17}H_{35}COO-CH_2 \\ C_{17}H_{35}COO-CH \\ C_{17}H_{35}COO-CH_2 \end{matrix} + 3NaOH \xrightarrow{\Delta} \begin{matrix} CH_2-OH \\ CH-OH \\ CH_2-OH \end{matrix}$$

$+3C_{17}H_{35}COONa$ 硬脂酸甘油酯在碱性条件下水解，生成硬脂酸钠和甘油，叫作皂化反应，工业上用来制造肥皂。关于【酯的水解】见【$HCOOC_2H_5+H_2O$】。硬脂酸又叫十八（烷）酸。

【$\begin{matrix} R\text{-}COO-CH_2 \\ R\text{-}COO-CH \\ R\text{-}COO-CH_2 \end{matrix}$】单甘油脂。

$$\begin{matrix} R\text{-}COO-CH_2 \\ R\text{-}COO-CH \\ R\text{-}COO-CH_2 \end{matrix} + 3H_2O \underset{\Delta}{\overset{H^+}{\rightleftharpoons}} \begin{matrix} CH_2-OH \\ CH-OH \\ CH_2-OH \end{matrix} +$$

$3RCOOH$ 单甘油脂在酸性条件下水解，生成甘油和高级脂肪酸。关于【酯的水解】见【$HCOOC_2H_5+H_2O$】。

$$\begin{matrix} R\text{-}COO-CH_2 \\ R\text{-}COO-CH \\ R\text{-}COO-CH_2 \end{matrix} + 3OH^- \xrightarrow{\Delta} \begin{matrix} CH_2-OH \\ CH-OH \\ CH_2-OH \end{matrix} +$$

$3RCOO^-$ 单甘油脂在碱性条件下水解，生成甘油和高级脂肪酸盐。关于【酯的水解】见【$HCOOC_2H_5+H_2O$】。

【$\begin{matrix} R_1\text{-}COO-CH_2 \\ R_2\text{-}COO-CH \\ R_3\text{-}COO-CH_2 \end{matrix}$】油脂的通式。

$$\begin{matrix} R_1\text{-}COO-CH_2 \\ R_2\text{-}COO-CH \\ R_3\text{-}COO-CH_2 \end{matrix} + 3H_2O \underset{\Delta}{\overset{H_2SO_4}{\rightleftharpoons}} \begin{matrix} CH_2-OH \\ CH-OH \\ CH_2-OH \end{matrix} +$$

$R_1COOH+R_2COOH+R_3COOH$

油脂在酸性条件下水解，生成羧酸和甘油。R_1、R_2、R_3 相同的油脂称为单甘油酯，R_1、R_2、R_3 不相同的油脂称为混甘油酯。天然油脂都是混甘油酯。关于【酯的水解】见【$HCOOC_2H_5+H_2O$】。

【$HO-C_6H_4-COOCH_2CH_3$】 对羟基苯甲酸乙酯。

$$HO-C_6H_4-COOCH_2CH_3 + 2NaOH \xrightarrow{\Delta}$$

$$NaO-C_6H_4-COONa + CH_3CH_2OH + H_2O$$

对羟基苯甲酸乙酯在碱性条件下水解，水解物质中含有的酚羟基和羧基都表现酸性，都可以和氢氧化钠反应，生成相应的盐。

【$\begin{matrix} CH_2-C(=O) \\ | \qquad\quad O \\ CH_2-CH_2 \end{matrix}$】

$$\begin{matrix} CH_2-C(=O) \\ | \qquad\quad O \\ CH_2-CH_2 \end{matrix} + H_2O \underset{\Delta}{\overset{H^+}{\rightleftharpoons}} \begin{matrix} CH_2\text{-}COOH \\ | \\ CH_2\text{-}CH_2-OH \end{matrix}$$

五元环内酯在酸性条件下受热时水解，生成γ-羟基丁酸。

$$\begin{matrix} CH_2-C(=O) \\ | \qquad\quad O \\ CH_2-CH_2 \end{matrix} + OH^- \xrightarrow{\Delta} \begin{matrix} CH_2\text{-}CH_2-CH_2\text{-}COO^- \\ | \\ OH \end{matrix}$$

五元环内酯在碱性条件下受热时水解，生成γ-羟基丁酸盐。

【$\begin{matrix} CH_2\text{-}CH_2\text{-}C{=}O \\ | \quad\quad\quad | \\ O \quad\quad\quad O \\ | \quad\quad\quad | \\ O{=}C\text{—}CH_2\text{-}CH_2 \end{matrix}$】

$\begin{matrix} CH_2\text{-}CH_2\text{-}C{=}O \\ O \quad\quad O \\ O{=}C\text{—}CH_2\text{-}CH_2 \end{matrix}$ $+2H_2O \xrightleftharpoons[\Delta]{H^+} 2\,\underset{OH}{CH_2}\text{-}CH_2\text{-}COOH$

由两分子β-羟基丙酸形成的六元环的内交酯，在酸性条件下水解，又生成两分子β-羟基丙酸。碱性条件下水解生成羟基羧酸盐。

【(邻位含$CH_2CH_2CH_2Cl$侧链、羧基与邻位羟基形成四元环内酯的苯环化合物)】

(四元环内酯)$+3NaOH \rightarrow$ (苯环上含$CH_2CH_2CH_2OH$、$-\overset{O}{\overset{\|}{C}}-ONa$、$ONa$)$+NaCl+H_2O$ 苯环上羟基和邻位羧基形成的四元环的内酯，在碱性条件下水解。水解物质中的酚羟基和羧基都表现酸性，都可以和氢氧化钠反应，生成相应的盐。同时苯环侧链上的卤素原子被羟基取代。

【$\left[CH_2-\underset{COOCH_2-CH_2OOC-C_6H_4(OOCCH_3)}{\overset{CH_3}{\overset{|}{C}}}\right]_n$】

$\left[CH_2-\underset{COOCH_2-CH_2OOC-C_6H_4(OOCCH_3)}{\overset{CH_3}{\overset{|}{C}}}\right]_n+3nH_2O$

$\xrightarrow{HCl}\left[CH_2-\underset{COOH}{\overset{CH_3}{\overset{|}{C}}}\right]_n+n\begin{matrix}CH_2OH\\|\\CH_2OH\end{matrix}+n\,C_6H_4(OH)COOH$

$+nCH_3COOH$ 聚酯的水解。由聚甲基丙烯酸、乙二醇、邻羟基苯甲酸以及乙酸等多种单体发生共聚反应，生成的高分子化合物水解时，又生成原来的单体。

【$\left[OCH_2CH_2OCOC_6H_4CO\right]_n$】 聚对苯二甲酸乙二酯。

$\left[OCH_2CH_2OCOC_6H_4CO\right]_n+2nCH_3OH \rightarrow nCH_3OCOC_6H_4COOCH_3+nHOCH_2CH_2OH$ 聚对苯二甲酸乙二酯和甲醇发生醇解反应，生成乙二醇和对苯二甲酸二甲酯。聚对苯二甲酸乙二酯，简称PET，耐磨性能好，用于制造聚酯纤维，俗称“涤纶”。关于【酯交换反应】见

【$CH_3-\overset{O}{\overset{\|}{C}}-O-C_2H_5+CH_3OH$】。

【$B(OCH_3)_3$】 硼酸三甲酯。

$B(OCH_3)_3+4NaH \xrightarrow{523K} NaBH_4+3CH_3ONa$ 制备硼氢化钠的原理之一，氢化钠和硼酸三甲酯在523K时反应，生成硼氢化钠和甲醇钠。温度高于250℃时生成三甲氧基硼氢化钠。

$B(OCH_3)_3+NaH \xrightarrow{THF} Na[BH(OCH_3)_3]$ 氢化钠和硼酸三甲酯在四氢呋喃中反应，制备三甲氧基硼氢化钠$Na[BH(OCH_3)_3]$。THF是四氢呋喃的简写。

【$C_3H_5(ONO_2)_3$】 三硝酸甘油酯，由硝酸和甘油发生酯化反应得到：

$\begin{matrix}CH_2-OH\\|\\CH-OH\\|\\CH_2-OH\end{matrix}+3HO-NO_2 \xrightleftharpoons[\Delta]{催化剂} \begin{matrix}CH_2-ONO_2\\|\\CH-ONO_2\\|\\CH_2-ONO_2\end{matrix}+3H_2O$。 三硝酸甘油酯叫硝酸甘油，也叫硝化甘油，是一种烈性炸药。医学上用于扩展血管，缓解心绞痛。

$4C_3H_5(ONO_2)_3 \rightarrow 6N_2\uparrow+12CO_2\uparrow+O_2\uparrow+10H_2O$ 诺贝尔发明的硝酸甘油炸药即三硝酸甘油酯受震动发生爆炸的原理。

【$CH_3CH_2-OSO_2OH$】 硫酸氢乙酯是硫酸和乙醇形成的酯，是乙烯和水加成（浓硫酸作催化剂）的中间产物，也是浓硫酸和乙醇制乙烯的中间产物。硫酸氢乙酯可由乙烯和浓硫酸反应生成：$CH_2=CH_2+H_2SO_4$(浓)$\rightarrow CH_3CH_2OSO_3H$。也可由乙醇和浓硫酸反应生成：$CH_3CH_2OH+HOSO_2OH \rightleftharpoons CH_3CH_2OSO_2OH+H_2O$。

$CH_3CH_2-OSO_2OH \xrightarrow{>160℃} CH_2=CH_2\uparrow+H_2SO_4$ 硫酸氢乙酯受热生成乙烯和硫酸。

$CH_3CH_2-OSO_2OH \xrightarrow{水解} H_2SO_4+CH_3CH_2OH$ 硫酸氢乙酯水解生成硫酸和乙醇。详见【$CH_2=CH_2+H_2SO_4$(浓)】。

$CH_3CH_2-OSO_2OH+CH_3CH_2OH \rightleftharpoons CH_3CH_2OSO_2OCH_2CH_3+H_2O$ 硫酸氢乙酯和乙醇继续反应生成硫酸二乙酯，实验室利用乙醇制乙烯的反应原理之一，详见【$CH_3CH_2OH+HOSO_2OH$】。

【$(CH_3CH_2O)_2SO_2$】 硫酸二乙酯是硫酸和乙醇形成的酯，是乙烯和水加成（浓硫酸作催化剂）的中间产物，也是浓硫酸和乙醇制乙烯的中间产物。硫酸氢乙酯和乙烯继续反应生成硫酸二乙酯，详见【$CH_2=CH_2+CH_3CH_2OSO_3H$】。硫酸氢乙酯和乙醇继续反应生成硫酸二乙酯，见【$CH_3CH_2OSO_2OH+CH_3CH_2OH$】。无色油状液体，有薄荷香味，有毒，滴在皮肤上引起溃疡，恢复较慢。置久变黑，几乎不溶于水，但缓慢分解，遇热水迅速分解成硫酸氢乙酯和乙醇。与乙醇、乙醚互溶。由硫酸和乙醇反应制得，可用于医药、香料、染料等工业，可作磺化反应加速剂。

$(CH_3CH_2O)_2SO_2 \xrightarrow{\triangle} 2CH_2=CH_2\uparrow+H_2SO_4$ 硫酸二乙酯受热分解生成乙烯和硫酸。实验室里利用浓硫酸和乙醇共热到 170℃制备乙烯的原理之一，详见【$CH_3CH_2OH+HOSO_2OH$】。

$(CH_3CH_2O)_2SO_2+2H_2O\rightarrow H_2SO_4+2CH_3CH_2OH$ 硫酸二乙酯水解生成乙醇和硫酸。浓硫酸作催化剂，乙烯和水发生加成反应，详见【$CH_2=CH_2+H_2SO_4$(浓)】。

【$CH_3-\overset{O}{\overset{\|}{C}}-Cl$】 乙酰氯，无色有刺激性的液体，在湿空气中缓慢分解而冒白烟，遇水迅猛水解成醋酸和氯化氢。化学性质活泼，能和许多化合物发生复分解反应。可由醋酸或其钠盐和 PCl_3、PCl_5、$SOCl_2$ 等反应制得。

$CH_3-\overset{O}{\overset{\|}{C}}-Cl+H_2O\rightarrow CH_3COOH+HCl$ 乙酰氯水解，生成醋酸和氯化氢。

$CH_3-\overset{O}{\overset{\|}{C}}-Cl+NH_3\rightarrow CH_3-\overset{O}{\overset{\|}{C}}-NH_2+HCl$
乙酰氯和氨气反应，生成乙酰胺和氯化氢，乙酰氯的氨解反应。

【$COCl_2$】 碳酰氯，又名光气，毒性极强，窒息性毒剂之一，第一次世界大战期间曾使用过该毒剂，伤害人体的呼吸器官，引起肺水肿而导致缺氧窒息。用氯气和一氧化碳合成，无色具有烂干草气味，微溶于水，并水解，易溶于多数无机或有机溶剂。实验室里可用 CCl_4 和发烟硫酸反应制得，工业上由 CO 和 Cl_2 反应制得。作为有机合成的重要的中间体，也可制作医药、农药、染料、合成树脂等。氨水可破坏其毒性，生成尿素和氯化铵，见【$COCl_2+4NH_3$】。

$COCl_2=CO+Cl_2$ 碳酰氯分解生成氯气和一氧化碳。

$COCl_2+4NH_3=CO(NH_2)_2+2NH_4Cl$　氨水破坏碳酰氯的毒性，生成尿素和氯化铵。

【$(CH_3CO)_2O$】　乙酸酐，又叫醋酸酐，无色、有刺激性、有醋酸味、有折射性的液体，不与水相混，在水中慢慢溶解，放置后水解生成醋酸。工业上由乙醛在醋酸钴、醋酸铜催化剂存在下，用空气氧化而得。广泛用作乙酰化试剂，制阿司匹林、醋酸纤维的原料。

$$3n(CH_3CO)_2O+(C_6H_{10}O_5)_n \xrightarrow{\text{少量}H_2SO_4} [C_6H_7O_2(O\overset{O}{\overset{\|}{C}}CH_3)_3]_n+3nCH_3COOH$$

纤维素和醋酸酐反应，生成纤维素三乙酸酯和醋酸，纤维素三乙酸酯又叫醋酸纤维素。

纤维素$(C_6H_{10}O_5)_n$的结构简式为$[(C_6H_7O_2)(OH)_3]_n$。

【$C_5H_{11}-\overset{O}{\overset{\|}{C}}-NH_2$】　己酰胺。

$$C_5H_{11}-\overset{O}{\overset{\|}{C}}-NH_2+H_2O \xrightarrow{\triangle} C_5H_{11}-\overset{O}{\overset{\|}{C}}-OH+NH_3\uparrow$$

己酰胺水解生成己酸和氨。酰胺具有此通性。

【$H_2N-\overset{O}{\overset{\|}{C}}-NH_2$】　尿素，又称脲、碳酰胺，白色菱形或针形晶体，易溶于水、乙醇，难溶于乙醚、氯仿，可作肥料和塑料等。1773年最初从尿中提取出尿素。水溶液显中性。人类和某些动物尿中的主要含氮物、蛋白质的代谢产物。1829年德国化学家维勒首先将氰酸铵水溶液蒸干合成。工业上由NH_3和CO_2在加热、加压条件下分两步反应制得。尿素是重要的有机氮肥和合成脲醛树脂的原料，也可作为反刍动物的饲料，但要严控用量。

$$n\,H_2N-\overset{O}{\overset{\|}{C}}-NH_2+nHCHO \rightarrow [N(C(=O)NH_2)-CH_2]_n+nH_2O$$

尿素和甲醛反应制备脲醛树脂。

【$H_2NCOONH_4$】　氨基甲酸铵，白色结晶性粉末，有氨气味，60℃时升华，易溶于水，溶于乙醇，空气中逐渐分解，放出氨，转化为碳酸铵，受热形成尿素。可由干冰和液氨作用而得，可作肥料、兴奋剂和氨化试剂。

$$H_2NCOONH_4 \xlongequal{\triangle} H_2NCONH_2+H_2O$$

工业上用NH_3和CO_2反应制备尿素，先生成氨基甲酸铵：$2NH_3+CO_2 \xrightarrow{\text{加热加压}} H_2NCOONH_4$。氨基甲酸铵脱水生成尿素。

【$NH_2-\overset{O}{\overset{\|}{C}}-CH_2CH_2CH_2OH$】

$$NH_2-\overset{O}{\overset{\|}{C}}-CH_2CH_2CH_2OH \xrightarrow{\triangle} \text{(}CH_2-C(=O)-NH-CH_2-CH_2\text{ 环)}+H_2O$$

γ-羟基丁酰胺受热，分子内脱水生成丁内酰胺。

【$CH_3CONH-C_6H_4-OC_2H_5$】　N-对乙氧基苯基乙酰胺。

$$CH_3CONH-C_6H_4-OC_2H_5+H_2O \rightarrow H_2N-C_6H_4-OC_2H_5+CH_3COOH$$

N-对乙氧基苯基乙酰胺水解，生成对乙氧基苯胺和乙酸。

【CH_3CN】　乙腈，无色液体，有似乙醚气味，有毒，易燃，燃烧时火焰明亮，少量存在于煤焦油中，与水、甲醇、乙酸甲酯、乙酸乙酯、四氯化碳、二氯乙烷及许多非饱和烃互溶。与水共沸，共沸点为76℃，共沸物含水16%。工业上一般由乙酰胺经脱水或由乙炔与氨在催化剂催化下反应制得，也是丙烯氨氧化法生产丙烯腈的副产物。乙腈是重要化工原料，用于制医药、香料、农药，是优良的溶剂。常作有机反应和重结晶的溶剂，可用于甾体重结晶，从石油中除去焦油、酚、有色物质，从动物油脂中分离脂肪酸，在分析化学中作非水滴定溶剂。

$$CH_3CN+Fe(CO)_5 \xrightarrow{Hg(^3p_1)} Fe(CO)_4CH_3CN$$ $Fe(CO)_5$和CH_3CN在激态汞原子作用下，发生汞敏化反应，生成$Fe(CO)_4CH_3CN$。

【$CH_2{=}CHCN$】 丙烯腈简称“AN”，无色易燃液体，有毒，略溶于水，易溶于一般溶剂。

$$nCH_2{=}CH-CN \xrightarrow{催化剂} \left[\!-CH_2-\underset{}{\overset{CN}{\overset{|}{C}H}}-\!\right]_n$$

丙烯腈聚合生成聚丙烯腈，俗称“腈纶”，白色粉末，性能优良，柔软、质轻、保暖，与羊毛接近，有“合成羊毛”之称，广泛用来代替羊毛。

【R－CN】 腈，是含有－CN的有机化合物，通式R－CN。腈在有机合成中是非常重要的中间体。

$$R-CN+2H_2 \xrightarrow{催化剂} RCH_2NH_2$$

腈和氢气在催化剂条件下加成，生成胺。

$$RCN+2H_2O+HCl \rightarrow RCOOH+NH_4Cl$$ 腈和盐酸反应生成羧酸和氯化铵。

【$R-\overset{OH}{\overset{|}{\underset{H}{\underset{|}{C}}}}-CN$】 α-羟基腈。

$$R-\overset{OH}{\overset{|}{\underset{H}{\underset{|}{C}}}}-CN \xrightarrow{H_2O} R-\overset{OH}{\overset{|}{\underset{H}{\underset{|}{C}}}}-COOH+NH_3$$

α-羟基腈水解生成α-羟基酸和NH_3。条件不同，水解产物也不同：盐酸水溶液中水解生成α-羟基酸；浓硫酸中生成α、β不饱和酸。

【CH_3COOOH】 过氧乙酸，无色透明液体，有刺激性气味，带有醋酸气味；易挥发，强烈刺激眼睛和皮肤，易溶于乙醇、乙醚、醋酸和硫酸。具有弱酸性，是强氧化剂，水溶液具有杀菌作用。可由乙醛在醋酸钴催化下氧化或用醋酸和过氧化氢作用制得，是有机合成中的氧化剂，医疗上用作光谱、高效的抗菌剂。

$$CH_3\overset{O}{\overset{\|}{C}}-O-OH+H_2O \rightarrow CH_3COOH+H_2O_2$$ 过氧乙酸和水反应，生成过氧化氢和乙酸。乙酸和过氧化氢也可以合成过氧乙酸。过氧乙酸可以杀死非典病毒，而普通杀菌剂难以杀死非典病毒。

$$CH_3COOOH+2I^-+2H^+ {=\!=} I_2+CH_3COOH+H_2O$$ 过氧乙酸具有强氧化性，将碘离子氧化为碘单质，自身被还原为乙酸。

【$(C_2H_5)_2N-\overset{S}{\overset{\|}{C}}-SNa$】 N,N-二乙胺基二硫代甲酸钠。

$$2\,(C_2H_5)_2N-\overset{S}{\overset{\|}{C}}-SNa+Cu^{2+} \rightarrow$$

$$\left[(C_2H_5)_2N-C{\overset{S}{\underset{S}{}}}Cu{\overset{S}{\underset{S}{}}}C-N(C_2H_5)_2\right]\downarrow +$$

$2Na^+$ 检验 Cu^{2+}的特效试剂 N,N-二乙胺基二硫代甲酸钠，称为铜试剂，在有氨的溶液中生成棕色螯合物沉淀。

【CH_3CSNH_2】

硫代乙酰胺，无色或白色片状结晶，易溶于水、醇和苯，微溶于乙醚。其水溶液稳定，放置 2~3 周不变，但水解作用随溶液的酸度或碱度增加以及温度升高而加快。酸性条件下水解生成 H_2S，碱性条件下水解生成 HS^-，故在分析化学上被用来代替有毒和臭味的 H_2S，作为金属阳离子的沉淀剂，所得沉淀性质较好，易于分离。可作为铋的测定试剂。

$CH_3CSNH_2+2H_2O \underset{\Delta}{\overset{H^+}{\rightleftharpoons}} NH_4^++CH_3COO^-+H_2S\uparrow$ H_2S 在分析化学上使用较多，可作沉淀剂，将许多金属离子沉淀下来，但 H_2S 有剧毒，存放和使用不方便，可用硫代乙酰铵代替 H_2S，酸性条件下缓缓释放出 H_2S，可即时使用，减小对空气的污染。

$CH_3CSNH_2+3OH^- \rightleftharpoons CH_3COO^-+NH_3+H_2O+S^{2-}$ 硫代乙酰胺代替 H_2S 作沉淀剂，在碱性条件下生成 S^{2-}，详见【$CH_3CSNH_2+2H_2O$】。

【CH_3NH_2】

甲胺。

$4CH_3NH_2+[Cd(H_2O)_4]^{2+} = [Cd(CH_3NH_2)_4]^{2+}+4H_2O$

$[Cd(H_2O)_4]^{2+}$可简写成 Cd^{2+}，和甲胺形成四甲胺合镉(Ⅱ)离子，生成螯合物。

【$N(CH_3)_3$】

三甲胺，动植物中含氮物质降解产物，无色气体，有似鱼腐败的腥味。室温下加压易液化，极易溶于水、乙醇，溶于乙醚、苯、甲苯、二甲苯，水溶液呈强碱性。工业上由甲醇和氨加压反应制得，实验室里可由多聚甲醛与氯化铵反应合成。用于有机合成中合成季铵盐类化合物，也作昆虫引诱剂。工业品一般制成 25%水溶液或液化气。

$2N(CH_3)_3+B_4H_{10} \rightarrow BH_3N(CH_3)_3+B_3H_7N(CH_3)_3$ 丁硼烷和三甲胺反应，生成 $BH_3N(CH_3)_3$ 和 $B_3H_7N(CH_3)_3$。

【$(C_2H_5)_3N$】

三乙胺。

$2(C_2H_5)_3N+B_{10}H_{14} \xrightarrow[\text{回流}]{\text{甲苯}} [(C_2H_5)_3NH]_2B_{10}H_{10}+H_2\uparrow$ 三乙胺 $(C_2H_5)_3N$ 和癸硼烷 $B_{10}H_{14}$ 在甲苯中回流制得 $B_{10}H_{10}^{2-}$。

【$R-NH_2$】

胺的通式。

$RNH_2+HCl \rightarrow RNH_2\cdot HCl$ 胺和盐酸反应，表现氨基的碱性。胺和氨相似，水溶液显碱性，和酸反应，生成烃基取代的铵盐。脂肪胺的碱性比氨强，芳香族胺的碱性比氨弱。

【$C_6H_5-NH_2$】

苯胺，无色油状可燃液体。空气中逐渐氧化成褐色，有特殊气味，有毒，微溶于水，易溶于醇、醚中，呈碱性，与盐酸、硫酸、硝酸等作用生成盐。可由硝基苯还原或氯苯氨解制得，是合成染料、药物、树脂、橡胶硫化促进剂等的中间体。

$C_6H_5-NH_2 \xrightarrow[\text{一定条件下}]{HNO_3} O_2N-C_6H_4-NH_2$ 由于

苯胺对氧化剂比较敏感，苯胺直接硝化只能引起氧化作用，采用乙酰化或生成盐将氨基保护起来，再进行硝化：在乙酸中硝化，以对硝基乙酰苯胺为主；在乙酸酐中硝化，以邻硝基乙酰苯胺为主。对硝基乙酰苯胺和邻硝基乙酰苯胺分别用稀碱水解得到对硝基苯胺或邻硝基苯胺。若用浓硝酸和浓硫酸的混酸直接硝化苯胺，间硝基苯胺为主要产物。

$C_6H_5NH_2$ +3Br₂ $\xrightarrow{H_2O}$ 2,4,6-$Br_3C_6H_2NH_2$↓+3HBr

苯胺和溴的水溶液反应，立即生成 2,4,6-三溴苯胺沉淀。在氨基的邻、对位上发生取代反应。苯胺的苯环很容易发生亲电取代反应，很难停留在一元取代的阶段。

【$CH_3-C_6H_4-NH_2$】对甲基苯胺。

$CH_3-C_6H_4-NH_2 \xrightarrow[CH_3COOH]{酰化} CH_3-C_6H_4-NHCOCH_3$

对甲基苯胺和醋酸发生酰化反应，生成对甲基乙酰苯胺。伯胺、仲胺容易与酰氯、酸酐等发生酰化反应。有机合成中，常常将氨基酰化以保护氨基，完成其他反应之后，用水解的方法除去酰基，重新得到氨基。

$2C_7H_9N(s)+CuCl_2\cdot 2H_2O(s)\rightarrow CuCl_2(C_7H_9N)_2(s)+2H_2O$ 20℃时，将分析纯浅蓝色的 $CuCl_2\cdot 2H_2O$ 固体和白色的对甲基苯胺 C_7H_9N 研磨、过筛（100 目）后，按物质的量之比 1∶2 装入带塞的小试管中，摇动试管数秒钟后固体反应物变为褐色，生成 $CuCl_2(C_7H_9N)_2$。该反应是一个典型的固相反应。

【$CH_2NH_2-CH_2NH_2$】乙二胺，用 en 表示，无色液体，易溶于水、乙醇，微溶于乙醚，不溶于苯。在空气中易吸收 CO_2 形成碳酸盐。工业上一般由二氯乙烷和含水或无水氨在液相或气相条件下反应制得，同时有几种多元胺副产品生成，产率较低。作杀虫灭菌剂乙基双二硫代氨基甲酸锌等的中间体及环氧树脂硬化剂等。

2 $H_2NCH_2CH_2NH_2$ +Cu^{2+}→ $[Cu(H_2NCH_2CH_2NH_2)_2]^{2+}$

Cu^{2+}和两个乙二胺分子形成两个五原子环的螯合离子$[Cu(en)_2]^{2+}$。en 表示乙二胺。

【$H_2N-C_6H_3(Cl)-COOCH_2CH_2N(C_2H_5)_2$】

$H_2N-C_6H_3(Cl)-COOCH_2CH_2N(C_2H_5)_2$ +HCl

→ $H_2N-C_6H_3(Cl)-COOCH_2CH_2N(C_2H_5)_2\cdot HCl$ 合成新型麻醉剂氯普鲁卡因盐酸盐的最后一步反应原理，属于成盐反应。氯普鲁卡因盐酸盐学名“2-氯-4-氨基苯甲酸-2-二乙氨基乙酯盐酸盐”，由 2-氯-4-氨基苯甲酸-2-二乙氨基乙酯和盐酸反应而得。而普鲁卡因盐酸盐的学名“对氨基苯甲酸-2-二乙氨基乙酯盐酸盐”，结构简式为 $H_2N-C_6H_4-COOCH_2CH_2N(C_2H_5)_2\cdot HCl$，白色结晶体或粉末，无臭，味极苦，易溶于水，是一种局部麻醉剂，毒性低于可卡因。详见【$O_2N-C_6H_3(Cl)-COOC_2H_5$ +$(C_2H_5)_2NCH_2CH_2OH$】。

【$C_6H_5-N(CH_3)_2$】N,N-二甲基苯胺，油状液体，有毒，对肝有损害，不溶于水，易溶于乙醇、乙醚、氯仿。由苯胺与甲醇、硫酸在加压下共热制得，呈碱性。有机合成中作脱酸剂，是重要的化工原料，可用于医药、染料工业，可用于制备甲紫，也是分析甲醇、糠醛、过氧化氢、乙醇、甲醛等的试剂。

$C_6H_5-N(CH_3)_2 + N_2^+-C_6H_4-SO_3^- \rightarrow (CH_3)_2N-C_6H_4-N=N-C_6H_4-SO_3H$　N,N-二甲基苯胺和芳基重氮离子发生偶联反应，生成4-[4-(二甲氨基)苯基]偶氮苯磺酸。

【$ClH_2N=C_6H_4=C(C_6H_4-NH_2)_2$】品红，可由苯胺和甲苯胺的混合物经氧化制得，用于皮革、纸张等的着色。

$ClH_2N=C_6H_4=C(C_6H_4-NH_2)_2$**(红色)+$H_2SO_3$**

$\underset{煮沸}{\rightleftharpoons} H_2N-C_6H_4-C(SO_3H)(C_6H_4-NH_2)_2$**(无色)+HCl**

将二氧化硫通入品红溶液中，溶液颜色由红色变为无色。SO_2和水反应生成的亚硫酸与有色物质直接结合，变为无色的溶液，加热之后又恢复红色。该原理可以用来检验二氧化硫。二氧化硫的漂白原理：和有色物质结合形成不稳定的无色物质，加热条件下平衡左移，又分解生成二氧化硫和有色物质。二氧化硫的漂白原理和次氯酸、臭氧、过氧化氢、过氧化钠的漂白原理不同，其他几种物质的漂白原理是永久性氧化有色物质。

【$H_2N(CH_2)_6NH_2$】

己二胺，无色片状或叶状晶体，易溶于水，微溶于苯、乙醇，在空气中变色并吸收水分和二氧化碳，水溶液显碱性，能升华成针状晶体。工业上主要由己二醇、丁二烯、丙烯腈等为原料制备，主要用于生产聚酰胺（尼龙66，尼龙610），作环氧树脂硬化剂、橡胶硫化促进剂、有机交联剂。避光、密闭保存。

$nH_2N(CH_2)_6-NH_2+nHOOC(CH_2)_4-COOH \xrightarrow{催化剂} {+}\!\!\left[C(=O)-(CH_2)_4-C(=O)-NH-(CH_2)_6-NH\right]_n + 2nH_2O$

己二酸和己二胺之间发生缩聚反应，生成聚酰胺——聚己二酰己二胺纤维，俗称尼龙66，是一种热塑性塑料。旧教材和过渡教材一直沿用这种化学方程式的写法，而按照新课标版教材应该写为：$nNH_2-(CH_2)_6-NH_2+nHOOC-(CH_2)_4-COOH \rightarrow (2n-1)H_2O+H\left[NH(CH_2)_6NH-C(=O)-(CH_2)_4-C(=O)\right]_nOH$。

【$C_2H_8N_2$】

二甲肼$CH_3NHNHCH_3$或偏二甲肼$(CH_3)_2NNH_2$。

$C_2H_8N_2+2N_2O_4 \xrightarrow{点燃} 2CO_2\uparrow+3N_2\uparrow+4H_2O\uparrow$　航空燃料二甲肼$CH_3NHNHCH_3$或偏二甲肼$(CH_3)_2NNH_2$和助燃剂N_2O_4发生的氧化还原反应，放出大量的热和大量的气体，推动导弹或飞船前进。目前广泛使用的航空燃料是联氨（或叫肼）N_2H_4、甲肼CH_3NHNH_2和二甲肼$CH_3NHNHCH_3$或偏二甲肼$(CH_3)_2NNH_2$等。二氧化氮和氧气具有类似的性质，即助燃性质。在极低温度时，二氧化氮聚合成N_2O_4：$2NO_2 \rightleftharpoons N_2O_4$。

【$(H_3C)_2C<(NH-NH)$】异肼。

$(H_3C)_2C<(NH-NH)+H_2O \rightarrow CH_3-C(=O)-CH_3+NH_2-NH_2$　异肼水解得到无水肼，工业上较新的制备联氨的方法之一，详见【$4NH_3+CH_3-C(=O)-CH_3+Cl_2$】。

【$C_6H_5NHNH_2$】 苯肼，无色晶体或油状液体，有微香，有毒，与水生成半水合物，能与蒸气一同蒸出。可用于鉴定醛、酮和糖类，是合成染料、药物中间体。空气中易氧化成褐色。难溶于水，能溶于乙醇、乙醚、氯仿、苯，溶于稀酸成盐。可由苯胺重氮盐还原制得。

$3C_6H_5NHNH_2+C_6H_{12}O_6 \rightarrow NH_3+C_6H_{10}O_4(NNHC_6H_5)_2+C_6H_5NH_2+2H_2O$ 苯肼和*D*-葡萄糖反应生成氨气、*D*-葡萄糖脎、苯胺和水。*α*-羟基醛或酮都能生成糖脎。糖脎都是不溶于水的黄色晶体，不同的糖脎晶形不同，生成的速度也不同，可以根据糖脎的晶形和反应的速度鉴定糖。

【$C_6H_5-NO_2$】硝基苯，淡黄色油状液体，带有苦杏仁气味，可用水蒸气蒸馏，蒸气有毒，不溶于水、酸、碱，溶于乙醇、乙醚及苯。可由苯经硝酸和硫酸的混合酸硝化制得，可作生产苯胺的原料及有机合成的中间体。

$C_6H_5-NO_2 \xrightarrow[\Delta]{发烟硫酸} C_6H_4(SO_3H)-NO_2$ 制备间硝基苯磺酸钠的其中一步反应。以硝基苯为原料，发烟硫酸为磺化剂，硫酸钠为盐析剂，烧碱为中和剂。250℃时先从20%的发烟硫酸中蒸发出SO_3，通入磺化反应釜中，在110℃~115℃条件下磺化2h，得到间硝基苯磺酸，再通过盐析和中和，得到间硝基苯磺酸钠。间硝基苯磺酸又叫3-硝基苯磺酸。

$C_6H_5-NO_2 \xrightarrow{Fe,盐酸} C_6H_5-NH_2+H_2O$ 硝基苯被还原，生成苯胺。硝基转变为氨基。在强酸存在时，用铁、锡等金属还原，金属的作用是提供电子。苯胺是染料、药物、树脂、橡胶硫化促进剂等的中间体。同【$C_6H_5-NO_2+3Fe+6HCl$】。

$C_6H_5-NO_2+3Fe+6HCl \rightarrow C_6H_5-NH_2+3FeCl_2+2H_2O$ 硝基苯被还原，生成苯胺。硝基转变为氨基。在强酸存在时，用铁、锡等金属还原，金属的作用是提供电子。

$C_6H_5-NO_2+HNO_3(发烟) \xrightarrow[95℃]{浓H_2SO_4} H_2O+C_6H_4(NO_2)_2$ 苯和浓硝酸、浓硫酸的混合物在55℃~60℃条件下反应，生成硝基苯和水：$C_6H_6+HO-NO_2 \xrightarrow[\Delta]{浓硫酸} C_6H_5-NO_2+H_2O$。当混合酸过量时，硝基苯继续硝化生成间二硝基苯。第二次硝化比第一次慢得多，需要较高的温度95℃。若用硝基苯反应制备间二硝基苯，则需发烟硝酸和浓硫酸反应，加热到95℃。第三次硝化更难，在100℃~110℃条件下，发烟硝酸和发烟硫酸作用，生成均三硝基苯。

【$CH_3-C_6H_4-NO_2$】对硝基甲苯，有邻位、对位、间位三种同分异构体，淡黄色结晶，三种都有毒，难溶于水，溶于乙醇、乙醚、氯仿、苯。邻硝基甲苯和间硝基甲苯均为淡黄色液体。邻硝基甲苯和对硝基甲苯可由甲苯以浓硝酸和浓硫酸配成的混合酸经硝化反应，再分馏制得。间硝基甲苯由3-硝基-4-氨基甲苯经重氮化、置换反应制得。重要的化工原料，可生产染料，合成药物、香料等。

$CH_3-C_6H_4-NO_2+Cl_2 \xrightarrow{Fe} CH_3-C_6H_3(Cl)-NO_2+HCl$ 铁作催化剂条件下，对硝基甲苯和氯气发生取代反应，甲基的邻位、硝基的

间位氢原子被取代。

【Cl, NO_2】邻硝基氯苯。

Cl, NO_2 $+CH_3OH\rightarrow$ OCH_3, NO_2 $+HCl$

邻硝基氯苯和甲醇反应，生成邻硝基苯甲醚和氯化氢。卤代烃被 OH^-、RO^-、HS^-、RS^-、CN^-、$RCOO^-$、NH_3 等取代，分别生成醇、醚、硫醇、硫醚、腈、酯、胺等。但是氯苯很难发生取代反应，如，氯苯和氢氧化钾溶液煮沸数天也没有发现苯酚生成。但当氯苯的邻位和对位被硝基取代后，由于硝基的吸电子作用使与氯原子相连的碳原子电子出现的概率密度大大降低，有利于亲核试剂的“进攻”。

【CH_3—, —NO_2, Cl】2-氯-4-硝基甲苯。

CH_3—, —NO_2, Cl $\xrightarrow{KMnO_4,H^+}$ O_2N—, —COOH, Cl

2-氯-4-硝基甲苯被酸性高锰酸钾氧化，生成2-氯-4-硝基苯甲酸。硝酸等具有类似的性质。苯环对氧化剂很稳定，但苯的同系物，如甲苯、乙苯等烷基苯，烷基易被以上强氧化剂氧化为羧基。但是，跟苯环直接相连的碳原子上没有氢原子时，侧链不容易氧化，反而使苯环易被氧化。该反应可以用于芳香酸的合成，也可以用于测定苯环上烷基的数目，一个烷基只生成一个羧基。

【ONa, NO_2】邻硝基苯酚钠。

ONa, NO_2 $+SO_2+H_2O\rightarrow$ OH, NO_2 $+NaHSO_3$

邻硝基苯酚钠溶液通入过量的二氧化硫气体，生成邻硝基苯酚和亚硫酸氢钠。若通入少量的二氧化硫，生成邻硝基苯酚和亚硫酸钠。二氧化硫和水反应生成的亚硫酸提供的氢离子，使酚盐变成酚。

【O_2N—, —COOH, Cl】2-氯-4-硝基苯甲酸。

O_2N—, —COOH, Cl $+C_2H_5OH\xrightarrow[\Delta]{浓硫酸}H_2O+$ O_2N—, —$COOC_2H_5$, Cl 在浓硫酸和加热条件下，2-氯-4-硝基苯甲酸和乙醇发生酯化反应，生成2-氯-4-硝基苯甲酸乙酯，是可逆反应。浓硫酸作催化剂和吸水剂。

【COOH, Br, NO_2】2-溴-4-硝基苯甲酸。

COOH, Br, NO_2 $+2NaOH\rightarrow$ COONa, ONa, NO_2 $+H_2O$

2-溴-4-硝基苯甲酸和氢氧化钠溶液反应，羧基变成羧酸盐，苯环上的溴原子先水解生成酚羟基，酚羟基和氢氧化钠反应生成酚钠，而硝基不反应。

【O_2N—, —$COOC_2H_5$, Cl】　2-氯-4-硝基苯甲酸乙酯。

O_2N—, —$COOC_2H_5$, Cl $+(C_2H_5)_2NCH_2CH_2OH$

$\xrightarrow{H^+}$ O_2N—, —$COOCH_2CH_2N(C_2H_5)_2$, Cl $+C_2H_5OH$

2-氯-4-硝基苯甲酸乙酯和2-二乙氨基乙醇发生反应，生成2-氯-4-硝基苯甲酸-2-二乙氨基乙酯，合成麻醉剂氯普鲁卡因盐酸盐的反应原理之一。将硝基还原之后变成氨基：

$O_2N-C_6H_3(Cl)-COOCH_2CH_2N(C_2H_5)_2+3Fe+6HCl\rightarrow$

$H_2N-C_6H_3(Cl)-COOCH_2CH_2N(C_2H_5)_2+3FeCl_2+2H_2O$，

得到2-氯-4-氨基苯甲酸-2-二乙氨基乙酯，再和盐酸反应即得氯普鲁卡因盐酸盐：

$H_2N-C_6H_3(Cl)-COOCH_2CH_2N(C_2H_5)_2+HCl\rightarrow$

$H_2N-C_6H_3(Cl)-COOCH_2CH_2N(C_2H_5)_2\cdot HCl$，属于成盐反应。氯普鲁卡因盐酸盐学名“2-氯-4-氨基苯甲酸-2-二乙氨基乙酯盐酸盐”。而普鲁卡因盐酸盐的学名“对氨基苯甲酸-2-二乙氨基乙酯盐酸盐”，结构简式为 $H_2N-C_6H_4-COOCH_2CH_2N(C_2H_5)_2\cdot HCl$，白色结晶或粉末，无臭，味极苦，易溶于水，是一种局部麻醉剂，毒性低于可卡因。

【$O_2N-C_6H_3(Cl)-COOCH_2CH_2N(C_2H_5)_2$】

2-氯-4-硝基苯甲酸-2-二乙氨基乙酯。

$O_2N-C_6H_3(Cl)-COOCH_2CH_2N(C_2H_5)_2+3Fe+6HCl\rightarrow H_2N-C_6H_3(Cl)-COOCH_2CH_2N(C_2H_5)_2+3FeCl_2+2H_2O$ 合成新型麻醉剂氯普鲁卡因盐酸盐的其中一步反应，2-氯-4-硝基苯甲酸-2-二乙氨基乙酯被还原，生成2-氯-4-氨基苯甲酸-2-二乙氨基乙酯。详见【$O_2N-C_6H_3(Cl)-COOC_2H_5+(C_2H_5)_2NCH_2CH_2OH$】。

【RNO_2】

$RNO_2+6Ti^{3+}+4H_2O\rightarrow RNH_2+6H^++6TiO^{2+}$ 在有机化学中，用 Ti^{3+} 测定硝基化合物含量的原理，将硝基化合物还原为胺。

【C_2H_6S】

乙硫醇，结构简式为 C_2H_5-SH，$-OH$ 叫作羟基，$-SH$ 叫作巯基。存在于原油和石油产品中，无色液体，有大蒜恶臭味，空气中含量达 10^{-11}g/L 时，即被人嗅觉，对黏膜有刺激作用。高浓度乙硫醇有麻醉作用，微溶于水，溶于乙醇、乙醚，呈弱酸性，pK_a=10.5(20℃)。可被弱氧化剂氧化为二氧化硫，遇强氧化剂时被氧化成乙基磺酸。可由碘乙烷和硫氢化钠的乙醇溶液或乙醇与硫化氢气体在氧化钍催化下反应而得。一种臭味剂，加入有毒气体如煤气，可检查管道漏气。制造抗氧化剂、杀虫剂、塑料的中间体。密闭保存于阴冷处。

$C_2H_6S(l)+\frac{9}{2}O_2(g)\rightarrow 2CO_2(g)+SO_2(g)+3H_2O(l);\Delta H=-1890kJ/mol$
乙硫醇完全燃烧生成二氧化碳、二氧化硫和水的热化学方程式。

【$C_6H_5-SO_3H$】

苯磺酸，无色易吸湿结晶，对皮肤、眼睛、黏膜有强烈刺激性，易溶于水、乙醇，微溶于苯，不溶于乙醚、二硫化碳等。呈强酸性，和硫酸相当，但无氧化性。磺酸基可被多种基团取代，与水共热脱去磺酸基。由苯经发烟硫酸磺化制得，是重要的化工原料，主要制苯酚。有机合成酯化反应、脱水反应、聚合反应及解聚反应催化剂。密闭保存。

$C_6H_5-SO_3H \xrightarrow[\triangle]{HNO_3,浓H_2SO_4}$ m-$NO_2-C_6H_4-SO_3H$ 在与浓硝酸和浓硫酸共热条件下，苯磺酸中磺酸基间位氢原子被硝基取代，生成间硝基苯磺酸。硝基和磺酸基是间位定位基。

$2C_6H_5-SO_3H+Na_2SO_3 \xrightarrow{\triangle} 2C_6H_5-SO_3Na+SO_2\uparrow+H_2O$ 苯磺酸和亚硫酸钠反应，生成苯磺酸钠、二氧化硫和水。

【$C_6H_5-SO_3Na$】

$C_6H_5-SO_3Na+2NaOH \xrightarrow{300℃} C_6H_5-ONa+Na_2SO_3+H_2O$ 苯磺酸的磺酸基可被多种基团取代。苯磺酸晶体和氢氧化钠固体加热到300℃熔化，先生成苯磺酸钠，继续反应，生成苯酚钠，酸化后得到苯酚，可以用来制取苯酚。

【$CH_3(CH_2)_{10}CH_2-C_6H_4-SO_3H$】

十二烷基苯磺酸。

$CH_3(CH_2)_{10}CH_2-C_6H_4-SO_3H \xrightarrow{NaOH} CH_3(CH_2)_{10}CH_2-C_6H_4-SO_3Na$ 制备合成洗涤剂——十二烷基苯磺酸钠的反应之一。详见【$CH_3(CH_2)_9CH=CH_2+C_6H_6$】。

【1-$C_{10}H_7-SO_3H$】α-萘磺酸，又称1-萘磺酸，同分异构体为β-萘磺酸，又称2-萘磺酸。α-萘磺酸，无色结晶，易溶于水、乙醇，微溶于乙醚，水溶液呈酸性，用于有机合成，制造α-萘酚，是染料工业中间体，钠盐用于盐析溶于水的酚类化合物。β-萘磺酸，白色或微棕色叶片状晶体，易吸湿，易溶于水，溶于乙醇，微溶于乙醚，水溶液呈酸性。用于有机合成，制备β-萘酚，染料工业的中间体。萘经100%硫酸在小于80℃时制得α-萘磺酸，萘经95%硫酸在小于165℃时得β-萘磺酸。α-萘磺酸受热转化为β-萘磺酸。

1-$C_{10}H_7-SO_3H \xrightarrow{165℃}$ 2-$C_{10}H_7-SO_3H$ α-萘磺酸在硫酸里加热到165℃时转变为比较稳定的β-萘磺酸。萘和浓硫酸发生磺化反应，低温时，0℃～60℃，生成α-萘磺酸，见【$C_{10}H_8+H_2SO_4 \xrightarrow{0\sim60℃}$ 1-$C_{10}H_7-SO_3H$】；较高温度时，165℃，生成β-萘磺酸，见【$C_{10}H_8+H_2SO_4 \xrightarrow{165℃}$ 2-$C_{10}H_7-SO_3H$】。

【RSO_3H】

$RSO_3H+Na^+ \rightleftharpoons RSO_3Na+H^+$

离子交换法软化硬水前，先用精制食盐水浸泡树脂时发生的离子交换，磺酸变成磺酸钠，是制备高纯水的原理之一。

【RSO_3Na】

$2RSO_3Na+Mg^{2+} \rightleftharpoons Mg(RSO_3)_2+2Na^+$ 离子交换法软化硬水中的Mg^{2+}时，磺酸盐作离子交换树脂，在交换柱中发生的反应之一。另一软化Ca^{2+}的反应见【$Ca^{2+}+2RSO_3Na$】。

【$Mg(RSO_3)_2$】

$Mg(RSO_3)_2+2Na^+ \rightleftharpoons 2RSO_3Na+Mg^{2+}$ 离子交换法软化硬水中Mg^{2+}后，离子交换树脂的再生原理。磺酸钠作离子交换

树脂软化硬水中 Mg^{2+}时，在交换柱中发生的反应：$Mg^{2+}+2RSO_3Na \rightleftharpoons 2Na^{+}+Mg(RSO_3)_2$。

【$Ca(RSO_3)_2$】

$Ca(RSO_3)_2+2Na^{+} \rightleftharpoons 2RSO_3Na+Ca^{2+}$ 离子交换树脂的再生原理。离子交换法软化硬水中的 Ca^{2+}：$2RSO_3Na+Ca^{2+} \rightleftharpoons Ca(RSO_3)_2+2Na^{+}$，再用食盐水浸泡使 $Ca(RSO_3)_2$ 又转化成 RSO_3Na，恢复离子交换能力。

【RNH_4】 铵式磺酸型树脂。

$3RNH_4+Nd^{3+}=R_3Nd+3NH_4^{+}$
详见【$Pr^{3+}+3RNH_4$】。

【R_3Nd】 铵式磺酸型树脂分离镨离子 Pr^{3+}和钕离子 Nd^{3+}时，和氨离子交换后产物。

$R_3Nd+[(NH_4)_3(Cit)]+H_3Cit \rightarrow H_3[Nd(Cit)_2]+3RNH_4$ 见【$Pr^{3+}+3RNH_4$】。

【4,5-二氯-2-正辛基-3-异噻唑啉酮（结构式：Cl、Cl取代的异噻唑啉酮环，N上连正辛基）】海洋 9 号。

4,5-二氯-2-正辛基-3-异噻唑啉酮 **+2NaOH** $\xrightarrow{H_2O}$ 4,5-二羟基-2-正辛基-3-异噻唑啉酮（HO、OH取代） **+2NaCl** “海洋 9 号”和氢氧化钠的反应，类似于卤代烃在碱性条件下的水解。美国罗姆斯公司研制的船舶防污剂，称为“海洋 9 号”，曾获 1996 年美国“总统绿色化学挑战奖”。

【$ClCH_2CH_2-P(=O)(OCH_2CH_2Cl)-OCH_2CH_2Cl$】

$ClCH_2CH_2-P(=O)(OCH_2CH_2Cl)-OCH_2CH_2Cl \xrightarrow{2HCl} ClCH_2CH_2-P(=O)(OH)-OH$ (乙烯利)$+2ClCH_2CH_2Cl$ 工业上用环氧乙烷和三氯化磷反应制备乙烯利的反应之一。详见【$3H_2C-CH_2$(环氧乙烷)$+PCl_3$】。

【$ClCH_2CH_2-P(=O)(OH)-OH$】乙烯利，又名 2-氯乙基膦酸，释放出的乙烯是结构最简单的植物激素，可抑制生长，促进开花、脱花、脱叶，催熟果实。乙烯利是目前使用很广的植物生长调节剂，对橡胶、香蕉、烟草、棉花、西红柿等农作物的催产、催熟均有很好的效果。乙烯利的制备见【$3H_2C-CH_2$(环氧乙烷)$+PCl_3$】。

$ClCH_2CH_2-P(=O)(OH)-OH \xrightarrow{H_2O}$ **$CH_2=CH_2\uparrow+H_3PO_4+HCl$** 乙烯利，化学名称 2-氯乙基膦酸，在水中释放出乙烯的化学反应。

【$C_6H_{12}O_6$】葡萄糖，又称 *D*-葡萄糖，

水溶液旋光向右，亦称右旋糖。无色或白色粉末状晶体，能溶于水、甲醇、热冰醋酸、吡啶、苯胺，难溶于纯乙醇、乙醚。有甜味，最重要、最简单的单糖，是多羟基醛，结构简式为 $CH_2OH(CHOH)_4CHO$。常见的单糖有葡萄糖和果糖，互为同分异构体，分子式都为 $C_6H_{12}O_6$。果糖是多羟基酮，结构简式：

$CH_2OH(CHOH)_3—\overset{O}{\overset{\|}{C}}—CH_2OH$。葡萄糖是一种还原糖，能还原菲林试剂、多伦试剂。医药上用5%~50%溶液作注射营养剂。葡萄糖是制备纤维素C、葡萄糖酸钙的原料，食品工业调味剂，制糖果、糖浆，在印染和制革工业中作还原剂，广泛分布于织物和动物体内，也是某些双糖和多糖的组成成分。可由双糖或多糖水解制备。

$C_6H_{12}O_6 \xrightarrow{酶} 6CO_2\uparrow+6H_2O$

在动物体内酶的催化作用下，葡萄糖被氧化分解，生成 CO_2 和 H_2O，释放出大量的能量，为动物体生命活动提供能量。

$nC_6H_{12}O_6 \xrightarrow{酒化酶} 2nC_2H_5OH+2nCO_2\uparrow$ 工业上发酵法酿酒的原理：淀粉水解产生葡萄糖，葡萄糖在酒化酶的作用下制备乙醇，同时有二氧化碳生成。该方程式还可以写作：$C_6H_{12}O_6 \xrightarrow{酒化酶} 2C_2H_5OH+2CO_2\uparrow$。$CO_2$ 可收集使用。

$C_6H_{12}O_6 \xrightarrow{催化剂} 2C_2H_5OH+2CO_2\uparrow$

葡萄糖在酒化酶的作用下制备乙醇，同时有二氧化碳生成，同【$nC_6H_{12}O_6 \xrightarrow{酒化酶} 2nC_2H_5OH+2nCO_2\uparrow$】。

$CH_2OH(CHOH)_4CHO \xrightarrow[酸]{Br_2,H_2O} CH_2OH(CHOH)_4COOH$ 葡萄糖被氧化生成葡萄糖酸。醛基易被弱氧化剂 $Ag(NH_3)_2OH$、$Cu(OH)_2$ 氧化，更容易被强氧化剂溴等氧化成羧基。

$CH_2OH(CHOH)_4CHO+2OH^-+2[Ag(NH_3)_2]^+\rightarrow NH_4^++2Ag\downarrow+CH_2OH(CHOH)_4COO^-+3NH_3+H_2O$ 葡萄糖和银氨溶液发生银镜反应的离子方程式。化学方程式见【$\underset{OH\quad OH}{CH_2(CH)_4CHO}$ + $2Ag(NH_3)_2OH$】。【银氨溶液的配制和反应原理】见【$Ag^++2NH_3\cdot H_2O$】。葡萄糖分子中既有醛基又有醇羟基，醛基和银氨溶液可以发生银镜反应。醇羟基和羧酸可以发生酯化反应，详见【$5CH_3COOH+CH_2OH(CHOH)_4CHO$】。

$CH_2OH(CHOH)_4CHO+2Ag(NH_3)_2OH \xrightarrow{\Delta} 2Ag\downarrow+4NH_3+CH_2OH(CHOH)_4COOH+H_2O$

葡萄糖和银氨溶液发生银镜反应的又一种写法，生成葡萄糖酸、银、NH_3 和 H_2O。该写法不常用，常见的是将产物写成葡萄糖酸钙。葡萄糖分子中既有醛基又有醇羟基，醛基和银氨溶液可以发生银镜反应，醇羟基和羧酸可以发生酯化反应。银镜反应用来检验醛基。【银氨溶液的配制和反应原理】见【$Ag^++2NH_3\cdot H_2O$】。

$\underset{OH\quad OH}{CH_2(CH)_4CHO}+2Ag(NH_3)_2OH \xrightarrow{\Delta} \underset{OH\quad OH}{CH_2(CH)_4COONH_4}+3NH_3+H_2O+2Ag\downarrow$

葡萄糖和银氨溶液发生银镜反应，生成葡萄糖酸铵、银、NH_3 和 H_2O。

$\underset{OH\quad OH}{CH_2(CH)_4CHO}+2Cu(OH)_2 \xrightarrow{\Delta} \underset{OH\quad OH}{CH_2(CH)_4COOH}+Cu_2O+2H_2O$ 葡萄糖分子结构中含有醛基，是一种含醛基的己糖，属于多羟基醛。和氢氧化铜反应时，醛基被氧化成羧基，生成葡萄糖酸、砖红色 Cu_2O 沉淀和水。医院里利用该原理可以检验糖尿病。该原理可检验醛基。新课程写作 $\underset{OH\quad OH}{CH_2(CH)_4CHO}+2Cu(OH)_2+NaOH \xrightarrow{\Delta} \underset{OH\quad OH}{CH_2(CH)_4COONa}+Cu_2O+3H_2O$。有些资料将

$Cu(OH)_2$换成$[Cu(OH)_4]^{2-}$，见【$2[Cu(OH)_4]^{2-}+CH_2OH(CHOH)_4CHO$】。

$C_6H_{12}O_6-24e^-+24OH^-$══$6CO_2+18H_2O$ 生物体内的葡萄糖、细胞膜外的富氧液体和细胞膜构成生物原电池，该反应为负极电极反应式。正极电极反应式为$O_2+4e^-+2H_2O$══$4OH^-$。总反应式：$C_6H_{12}O_6(s)+6O_2(g)\rightarrow 6CO_2(g)+6H_2O(g)$。

$$\underset{\text{OH}\quad\ \text{OH}}{\text{CH}_2(\text{CH})_4\text{CHO}}+H_2\xrightarrow[\Delta]{\text{催化剂}}\underset{\text{OH}\quad\text{OH}\quad\text{OH}}{\text{CH}_2(\text{CH})_4\text{CH}_2}$$

氢气和葡萄糖醛基中碳氧双键的加成，生成己六醇。

$C_6H_{12}O_6(s)+6O_2(g)\rightarrow 6CO_2(g)+6H_2O(g)$ 葡萄糖和氧气反应生成二氧化碳和水，葡萄糖燃烧或在生物体内的反应。

$C_6H_{12}O_6(s)+6O_2(g)\rightarrow 6CO_2(g)+6H_2O(l)$; $\Delta H=-2800kJ/mol$ 葡萄糖和氧气反应生成二氧化碳和水的热化学方程式，葡萄糖燃烧或在生物体内的反应。

【$CH_2OH-C(=O)-(CHOH)_3-CH_2OH$】果糖，分子式也为$C_6H_{12}O_6$，常见的单糖有葡萄糖和果糖，互为同分异构体。果糖是一种六碳酮糖，是常见的糖中最甜的糖。水溶液旋光向左，称为左旋糖。在果糖溶液中，果糖分子以呋喃式的五元环状或吡喃式的六元环状半缩醛式和开链式的平衡混合物存在。结晶的果糖是一种吡喃式，天然产的果糖被认为是呋喃式。由醇中结晶而得的*D*-果糖是无色晶体或结晶性粉末。易溶于水，溶于热丙酮、乙醇及吡啶。果糖是一种还原糖，在果汁及蜂蜜中含量较高，供食用和药用。

$$CH_2OH-C(=O)-(CHOH)_3-CH_2OH \overset{OH^-}{\rightleftharpoons} CHO-(CHOH)_4-CH_2OH$$

在碱性条件下果糖异构化变为葡萄糖。果糖异构化之后变成的葡萄糖也能发生银镜反应。所以，不能利用银镜反应来鉴别葡萄糖和果糖。

【$C_{12}H_{22}O_{11}$】常见的二糖有麦芽糖和蔗糖，互为同分异构体，分子式都为$C_{12}H_{22}O_{11}$。蔗糖是一种无色晶体，溶于水，没有还原性，属于非还原性糖。而麦芽糖有还原性，属于还原性糖，可以发生银镜反应，可以和新制的$Cu(OH)_2$反应，生成红色的Cu_2O沉淀。常见的单糖有葡萄糖和果糖，多糖有淀粉和纤维素。这些糖中葡萄糖和麦芽糖具有醛基，果糖在碱性条件下，分子异构化后变成葡萄糖。有关糖类的化学方程式，尤其写成分子式时，一般在正下方注明名称，防止同分异构体造成混淆，本书为方便打字排版，写在分子式后面，加括号注明。蔗糖，单色单斜晶体，味甜，溶于水，微溶于乙醇；广泛存在于植物，尤以甘蔗、甜菜中含量最丰富；从甘蔗和甜菜中提取，广泛用于食品工业和日常生活调味品；制取柠檬酸、焦糖、转化糖、透明皂的原料，作药物的防腐剂、药片的赋形剂。麦芽糖，无色针状晶体，是饴糖的主要成分，甜度是蔗糖的0.4倍；溶于水，微溶于乙醇，不溶于乙醚，是还原糖之一；用作营养剂和生物培养剂，无天然产物，主要由糊状淀粉与麦芽（含淀粉酶）作用而得。

$C_{12}H_{22}O_{11}\xrightarrow{\text{浓硫酸}}12C+11H_2O$

浓硫酸使蔗糖碳化的化学方程式。浓硫酸和蔗糖的混合物不断搅拌，逐渐变黑，体积膨胀，形成疏松多孔的海绵状的碳，像黑色面包，同时放出大量的热，闻到强烈的刺激性气味，表现浓硫酸的脱水性。浓硫酸有三大特性：脱水性、吸水性和强氧化性。

$C_{12}H_{22}O_{11}$(麦芽糖)+$H_2O \xrightarrow{催化剂}$ $2C_6H_{12}O_6$(葡萄糖) 麦芽糖水解生成葡萄糖。

$C_{12}H_{22}O_{11}$(蔗糖)+$H_2O \xrightarrow{催化剂}$ $C_6H_{12}O_6$(葡萄糖)+$C_6H_{12}O_6$(果糖) 蔗糖水解生成葡萄糖和果糖。

$C_{12}H_{22}O_{11}+H_2O \xrightarrow{Br_2}$ $(C_{11}H_{21}O_{10})COOH \xrightarrow{水解} C_6H_{12}O_6$ $+C_5H_{11}O_5COOH$ 麦芽糖中的醛基被溴氧化之后生成相应的酸，再水解之后生成葡萄糖和葡萄糖酸。若麦芽糖不被氧化，则水解生成葡萄糖。

【$(C_6H_{10}O_5)_n$】 常见的多糖有淀粉和纤维素，分子式表示相同，都是$(C_6H_{10}O_5)_n$，但不是同分异构体，n 不同。纤维素是白色、无气味和味道的纤维状物质，天然高分子化合物，结构简式可以写作$\left[(C_6H_7O_2)\begin{matrix}-OH\\-OH\\-OH\end{matrix}\right]_n$。相对分子质量在 10000 以下的为低分子有机物，有机高分子化合物相对分子质量在 10^4~10^6。纤维素，一种天然有机高分子化合物，广泛存在于各种植物体，是构成植物细胞壁的主要成分，常与木纤维素、半纤维素和树脂等伴生在一起，不溶于水和各种有机溶剂，但溶于氧化铜的氨溶液、氯化锌的浓溶液、硫氰酸钙和某些盐类的饱和溶液；与冷水和沸水不起作用，但能膨胀；制造人造纤维、无烟火药、纤维素塑料纸张和葡萄糖的原料。淀粉是白色粉末，不溶于冷水，热水中膨胀，部分溶解，部分悬浮；天然高分子化合物。遇碘变蓝色，可用于鉴定淀粉和碘；是绿色植物光合作用的产物，大量存在于植物的种子、根和块茎中。淀粉用于食品及食品工业，制葡萄糖、醋、酒，也是药片的赋形剂。

$\left[(C_6H_7O_2)\begin{matrix}-OH\\-OH\\-OH\end{matrix}\right]_n+3nHO-NO_2 \xrightarrow{浓硫酸}$ $3nH_2O+\left[(C_6H_7O_2)\begin{matrix}-ONO_2\\-ONO_2\\-ONO_2\end{matrix}\right]_n$ 纤维素和硝酸反应，生成纤维素三硝酸酯，又叫作硝酸纤维素，可以写作 $[C_6H_7O_2(ONO_2)_3]_n$。

$(C_6H_{10}O_5)_n+nH_2O \xrightarrow{细菌} 3nCO_2\uparrow+$ $3nCH_4\uparrow$ 利用植物秸秆、杂草、树叶等中的纤维素在微生物的作用下制沼气的原理。沼气是农村的一种新型清洁能源，主要成分是甲烷。

$(C_6H_{10}O_5)_n$(淀粉)+$nH_2O \xrightarrow{催化剂}$ $nC_6H_{12}O_6$ (葡萄糖) 淀粉水解先生成麦芽糖：$2(C_6H_{10}O_5)_n$(淀粉)+$nH_2O \xrightarrow{淀粉酶}$ $nC_{12}H_{22}O_{11}$(麦芽糖)。麦芽糖再水解生成葡萄糖：$C_{12}H_{22}O_{11}$(麦芽糖)+$H_2O \xrightarrow{催化剂}$ $2C_6H_{12}O_6$(葡萄糖)。淀粉水解最终生成葡萄糖。

$2(C_6H_{10}O_5)_n$(淀粉)+$nH_2O \xrightarrow{淀粉酶}$ $nC_{12}H_{22}O_{11}$(麦芽糖) 淀粉水解先生成麦芽糖，麦芽糖再水解生成葡萄糖。淀粉水解最终生成葡萄糖。

$(C_6H_{10}O_5)_n$(纤维素)+$nH_2O \xrightarrow[\Delta]{催化剂}$ $nC_6H_{12}O_6$(葡萄糖) 纤维素水解最终也生成葡萄糖。

$(C_6H_{10}O_5)_n+nNaOH+nCS_2 \rightarrow nH_2O$

$+\left[C_6H_7O_2(OH)_2OC(=S)SNa\right]_n$ 纤维素、氢氧化钠和二硫化碳反应，生成黄原酸纤维素和水。

【$\left[C_6H_7O_2(OH)_2OC(=S)SNa\right]_n$】黄原酸纤维素。

$\left[C_6H_7O_2(OH)_2OC(=S)SNa\right]_n + nH_2SO_4 \rightarrow (C_6H_{10}O_5)_n + nCS_2 + nNaHSO_4$
黄原酸纤维素和稀硫酸反应，生成黏胶纤维（人造丝）、二硫化碳和硫酸氢钠。

【$C_6H_8O_6$】 维生素 C 又称 *L*-抗坏血酸，白色晶体，溶于水，稍溶于乙醇，不溶于乙醚、氯仿，易被氧化，为强还原剂。用于防治坏血症、感冒以及各种慢性传染病，食品工业上作为油脂类食品的抗氧化剂。在碱性溶液中不稳定，广泛存在于柑橘、山楂、番茄、辣椒等中，以山梨糖或山梨醇为原料制备。

$C_6H_8O_6$(维生素 C)$+I_2 = C_6H_6O_6 + 2HI$ 维生素 C 被碘氧化。

【NH_2-CH_2-COOH】甘氨酸，又叫 *α*-氨基乙酸。分子中既有氨基，又有羧基，氨基具有碱性，羧基具有酸性，氨基酸具有两性。氨基酸是蛋白质的基本结构单元。蛋白质具有水解、盐析、变性、与浓硝酸发生颜色反应等性质。是有甜味的无色晶体，233℃时开始分解，290℃时分解完全，易溶于水，微溶于吡啶，几乎不溶于乙醇、乙醚，水溶液显酸性。工业上由氯乙酸和碳酸氢铵反应制得，可用于医药、有机合成与生物化学研究，可作金霉素缓冲剂、鸡饲料添加剂。加入糖精中可除苦味，加入油脂中可防酸败，是人体中合成血红素原料，对芳香族物质有解毒作用，也可治疗肌肉营养不良和胃酸过多症。

$CH_2(NH_2)-COOH + NH_2-CH_2-COOH \rightarrow H_2O + CH_2(NH_2)-CO-NH-CH_2COOH$ 两分子甘氨酸缩合成甘氨酰甘氨酸。羧酸和胺以及氨基酸分子间脱去水都形成 $-CO-NH-$ 键，两分子氨基酸形成的酰胺叫作二肽，同理，三分子氨基酸形成的酰胺叫作三肽，等等，以此类推。

$2\,CH_2(NH_2)-CO-OH \xrightarrow{\Delta}$ (环状 $-CO-CH_2-NH-CO-CH_2-NH-$) $+2H_2O$

两分子甘氨酸脱去一分子水，缩合生成交酰胺。

$NH_2-CH_2-COOH + HCl \rightarrow [NH_3^+-CH_2-COOH]Cl^-$ 甘氨酸和盐酸的反应，生成铵盐。氨基酸分子具有氨基和羧基，分别具有碱性和酸性，所以，氨基酸具有两性，既可以和酸反应，又可以和碱反应。甘氨酸和碱的反应，生成羧酸盐，见【NH_2-CH_2-COOH +NaOH】。

$NH_2-CH_2-COOH + NaOH \rightarrow [NH_2-CH_2-COO^-]Na^+ + H_2O$ 甘氨酸和碱的反应生成羧酸盐。

【$C_6H_5-CH(NH_2)COOH$】*α*-氨基苯乙酸。

$C_6H_5-CH(NH_2)COOH + NaOH \rightarrow C_6H_5-CH(NH_2)COONa + H_2O$ *α*-氨基苯乙酸和氢氧化钠反应，生成盐，表现氨基酸的酸性。氨基酸具有两性，既可以和酸反应，又可以和碱反应氨基酸和

盐酸反应，如 $\underset{NH_2}{\underset{|}{RCHCOOH}}$ +HCl→ $\underset{NH_3Cl}{\underset{|}{RCHCOOH}}$，生成铵盐。

【$CH_3\text{-}CH(NH_2)\text{-}COOH$】丙氨酸，学名 α-氨基丙酸。中性氨基酸，白色菱形晶体，味甜，是蛋白质的基本组成成分，溶于水，略溶于乙醇，丝纤维蛋白质中含量丰富。

$$CH_3\text{-}CH(NH_2)\text{-}COOH \xrightarrow{[O]} CH_3-\overset{O}{\overset{\|}{C}}-COOH + NH_3$$

在一定条件下，丙氨酸被氧化为丙酮酸，同时生成 NH_3。

$$CH_3\text{-}CH(NH_2)\text{-}COOH + H\text{-}NH\text{-}CH(CH_3)COOH \rightarrow CH_3CH(NH_2)C(=O)-NH-CH(CH_3)COOH + H_2O$$

两分子丙氨酸脱去水，形成二肽，叫作丙氨酰丙氨酸。

$$CH_3\text{-}CH(NH_2)\text{-}COOH + HNO_2 \rightarrow CH_3\text{-}CH(OH)\text{-}COOH + H_2O + N_2\uparrow$$

丙氨酸和亚硝酸反应，生成 α-羟基丙酸，放出氮气。氮气中的氮原子一半来自氨基酸的氨基，一半来自亚硝酸，通过测量氮气的体积，便可计算出氨基酸中氨基的含量。α-氨基酸中除脯氨酸（亚氨基酸）外都有此通性。

【$C_6H_5\text{-}CH_2\text{-}CH(NH_2)\text{-}COOH$】苯丙氨酸，α-氨基-β-苯丙酸。含苯环的芳香族中性氨基酸，蛋白质的基本组成成分。人体必需氨基酸，叶片状或斜方片状晶体，味苦，溶于水，不溶于乙醇。通常用化学方法合成 *D*, *L*-苯丙氨酸。

$$n\,C_6H_5\text{-}CH_2\text{-}CH(NH_2)\text{-}COOH + n\,CH_2(NH_2)\text{-}COOH \rightarrow \left[\overset{H}{\overset{|}{N}}-CH_2-\overset{O}{\overset{\|}{C}}-\overset{H}{\overset{|}{N}}-\underset{CH_2C_6H_5}{\underset{|}{CH}}-\overset{O}{\overset{\|}{C}} \right]_n + 2nH_2O$$

甘氨酸和苯丙氨酸之间发生缩聚反应，生成聚酰胺和水。新课程写作：

$$n\,CH_2(NH_2)\text{-}COOH + n\,C_6H_5\text{-}CH_2\text{-}CH(NH_2)\text{-}COOH \rightarrow H\left[\overset{H}{\overset{|}{N}}-CH_2-\overset{O}{\overset{\|}{C}}-\overset{H}{\overset{|}{N}}-\underset{CH_2C_6H_5}{\underset{|}{CH}}-\overset{O}{\overset{\|}{C}} \right]_n OH + (2n-1)H_2O$$

【$HO\text{-}C_6H_3(OH)\text{-}CH_2\text{-}CH(NH_2)\text{-}COOH$】β-(3,4-二羟基苯基)-α-氨基丙酸。

$$HO\text{-}C_6H_3(OH)\text{-}CH_2\text{-}CH(NH_2)\text{-}COOH \xrightarrow[\Delta]{浓硫酸} \text{(环内酯)} + H_2O$$

在浓硫酸和加热条件下，β-(3,4-二羟基苯基)-α-氨基丙酸中羧基和羟基之间发生酯化反应，形成环内酯。

$$2\,HO\text{-}C_6H_3(OH)\text{-}CH_2\text{-}CH(NH_2)\text{-}COOH \xrightarrow[\Delta]{浓硫酸} \text{(交酰胺)} + 2H_2O$$

两分子 β-(3,4-二羟基苯基)-α-氨基丙酸脱去两分子水，缩合生成交酰胺。

【$NaO\text{-}C_6H_3(ONa)\text{-}CH_2\text{-}CH(NH_2)\text{-}COONa$】

$$NaO\text{-}C_6H_3(ONa)\text{-}CH_2\text{-}CH(NH_2)\text{-}COONa + 2CO_2 + 2H_2O$$

$\rightarrow HO-C_6H_3(OH)-CH_2-CH(NH_2)-COONa$ **+2NaHCO₃**

碳酸能使酚钠变成酚，而不能使羧酸盐变成羧酸，酸性：羧酸>碳酸>酚>$NaHCO_3$。

【$CH_3-CH(CH_3)-CH(NH_2)-COOH$】缬氨酸，α-氨基异戊酸。脂肪族中性氨基酸，蛋白质的基本组成成分。人体必需氨基酸。六角形叶片状或柱状晶体，溶于水，微溶于乙醇，乳和卵蛋白质中含量较丰富。

$CH_3-CH(CH_3)-CH(NH_2)-COOH$ **+2HCHO→**

$CH_3-CH(CH_3)-CH(N(CH_2OH)_2)-COOH$ 甲醛和缬氨酸反应，氨基作为亲核试剂与甲醛中的羰基发生加成反应，生成N,N-二羟甲基氨基酸，使氨基的碱性消失，就可以用碱来测定氨基酸的羧基，从而测定氨基酸的含量，称为氨基酸的甲醛滴定法。该原理同样适用于其他氨基酸。

【$CH_2COOH-CH_2CH_2NH_2$】氨酪酸，又称γ-氨酪酸，学名γ-氨基丁酸，白色或近乎白色的结晶性粉末，微臭。吸湿性强，极易溶于水，微溶于热乙醇。肝胆疾病的辅助药，又降低血氨作用，防治各种类型肝昏迷，治疗小儿麻痹症、脑溢血，可作煤气中毒的解毒剂。

$CH_2COOH-CH_2CH_2NH_2 \rightarrow$ (五元环 $CH_2-C(=O)-NH-CH_2CH_2$) **+H₂O** γ-氨基丁酸分子内脱水，形成五元环丁内酰胺。

【$H_2N-(CH_2)_5-COOH$】

ε-氨基己酸。

$nH_2N-(CH_2)_5-COOH \xrightarrow{催化剂} nH_2O+[NH-(CH_2)_5-C(=O)]_n$ ε-氨基己酸分子之间发生缩聚反应，生成聚己酰胺。新课程写作：$nH_2N-(CH_2)_5-COOH \xrightarrow{催化剂} (n-1)H_2O+H[NH-(CH_2)_5-C(=O)]_nOH$。

【$R-CH(NH_2)-COOH$】

$R-CH(NH_2)-COOH \rightarrow R-CH(NH_3^+)-COO^-$ 氨基酸分子在一般情况下，不是以游离的羧基和氨基存在，而是两性电离，在固态或水溶液中形成内盐，即以两性离子形式存在。

$H_2N-CH(R)-COOH + HNH-CH(R')-COOH \rightarrow$

$H_2N-CH(R)-C(=O)-NH-CH(R')-COOH$ **+H₂O** 两分子氨基酸脱去一分子水，形成二肽。氨基酸可以相同也可以不同。氨基酸形成的 $-C(=O)-NH-$ 键详见【$R-C(=O)-OR'+R''-NH_2$】。

2 $RCH(NH_2)COOH \rightarrow$ (六元环 $RCH-C(=O)-NH-CHR-C(=O)-NH$) **+2H₂O**

两分子氨基酸脱去两分子水，形成六元环的交酰胺。

n $RCH(NH_2)COOH \rightarrow [NH-CH(R)-C(=O)]_n$ **+*n*H₂O**

氨基酸分子之间发生缩聚反应，生成聚酰胺。新课程写作：$n\,RCH(NH_2)COOH \rightarrow H[NH-CH(R)-C(=O)]_nOH+(n-1)H_2O$。

$RCH(NH_2)COOH$ **+HCl→** $RCH(NH_3Cl)COOH$ 氨基酸和

盐酸的反应生成铵盐。氨基酸分子具有氨基和羧基，分别具有碱性和酸性，所以，氨基酸具有两性，既可以和酸反应，又可以和碱反应。氨基酸和氢氧化钠反应，见【$\underset{NH_2}{RCHCOOH}$ +NaOH】。

$$\underset{NH_2}{RCHCOOH} + HNO_2 \rightarrow \underset{OH}{RCHCOOH} + N_2\uparrow + H_2O$$

在 HNO_2 的作用下，α-氨基酸生成 α-羟基酸，放出氮气。氮气中的氮原子一半来自氨基酸的氨基，一半来自亚硝酸，通过测量氮气的体积，便可计算出氨基酸中氨基的含量。α-氨基酸中除脯氨酸（亚氨基酸）外都有此通性。

$$\underset{NH_2}{RCHCOOH} + NaOH \rightarrow \underset{NH_2}{RCHCOONa} + H_2O$$

氨基酸和氢氧化钠反应，生成羧酸盐，表现氨基酸的酸性。氨基酸具有两性，既可以和酸反应，又可以和碱反应。氨基酸和盐酸反应生成铵盐，见【$\underset{NH_2}{RCHCOOH}$ +HCl】。

【$C_6H_4(NH_2)COOH$（邻位）】邻氨基苯甲酸，白色或淡黄色结晶，难溶于水，易溶于热水、乙醇、乙醚。可以邻苯二甲酰亚胺通过霍夫曼重排反应制得，可用于染料、药物和香料，和间氨基苯甲酸、对氨基苯甲酸互为同分异构体。间氨基苯甲酸为白色或淡黄色结晶，难溶于冷水，易溶于热水、乙醇，可用间硝基苯甲酸和铁粉还原制得。

$$n\,C_6H_4(NH_2)COOH \xrightarrow{一定条件下} [\!-NH-C_6H_4-\overset{O}{\overset{\|}{C}}-]_n + nH_2O$$

邻氨基苯甲酸分子之间发生缩聚反应，生成聚酰胺。旧教材和过渡教材一直沿用这种化学方程式的写法，而按照新课标版教材应该写为：

$$n\,C_6H_4(NH_2)COOH \xrightarrow{一定条件下} H[\!-NH-C_6H_4-\overset{O}{\overset{\|}{C}}-]_nOH + (n-1)H_2O。$$

【$H_2N-C_6H_4-COOH$】对氨基苯甲酸，无色针状结晶，难溶于冷水，易溶于热水、乙醇，几乎不溶于石油醚。可以对硝基苯甲酸为原料经铁粉还原或催化氢化制得，可制造染料、苯佐卡因和普鲁卡因等局部麻醉药物的中间体。

$$n\,H_2N-C_6H_4-COOH \rightarrow [\!-\underset{H}{\underset{|}{N}}-C_6H_4-\overset{O}{\overset{\|}{C}}-]_n + nH_2O$$

对氨基苯甲酸分子之间发生缩聚反应，生成聚酰胺。旧教材和过渡教材一直沿用这种化学方程式的写法，而按照新课标版教材应该写为：

$$n\,H_2N-C_6H_4-COOH \rightarrow (n-1)H_2O + H[\!-\underset{H}{\underset{|}{N}}-C_6H_4-\overset{O}{\overset{\|}{C}}-]_nOH。$$

【$\overset{NH_3^+}{\overset{|}{CH_3\text{-}CH\text{-}COO^-}}$】丙氨酸两性离子。氨基酸分子在一般情况下，不是以游离的羧基和氨基存在，而是两性电离，在固态或水溶液中形成内盐，即以两性离子形式存在，见【$\underset{NH_2}{R-CH-COOH} \rightarrow \underset{NH_3^+}{R-CH-COO^-}$】。

$$\overset{NH_3^+}{\overset{|}{CH_3\text{-}CH\text{-}COO^-}} + HCl \rightarrow \overset{NH_3^+Cl^-}{\overset{|}{CH_3\text{-}CH\text{-}COOH}}$$

丙氨酸两性离子和盐酸反应，生成铵盐。

$$\overset{NH_3^+}{\overset{|}{CH_3\text{-}CH\text{-}COO^-}} + NaOH \rightarrow \overset{NH_2}{\overset{|}{CH_3\text{-}CH\text{-}COO^-}} + Na^+ + H_2O$$

丙氨酸两性离子和氢氧化钠反应，生成盐。

【$\underset{NH_2}{\overset{|}{CH_2COONH_4}}$】甘氨基铵。

$\underset{NH_2}{\overset{|}{CH_2COONH_4}}+NaOH \xrightarrow{\Delta} \underset{NH_2}{\overset{|}{CH_2COONa}}+NH_3\uparrow+H_2O$ 氨基乙酸铵和氢氧化钠反应，生成氨基乙酸钠、氨气和水。类似铵盐和碱反应制备氨气。

【$C_6H_5—CH—NH—CO—C_6H_5$ / $HO—CH—COOH$】3-苯甲酰胺-2-羟基-3-苯基丙酸。

$C_6H_5—CH—NH—CO—C_6H_5$ / $HO—CH—COOH$ $+H_2O \xrightarrow{H^+}$ $C_6H_5—CH—NH_2$ / $HO—CH—COOH$ $+C_6H_5COOH$ 3-苯甲酰胺-2-羟基-3-苯基丙酸水解，生成 3-氨基-2-羟基-3-苯基丙酸和苯甲酸。类似于酰胺的水解，即酰胺中碳氮键断裂，生成氨基和羧基。

【$\left[NH—CH(CH_3)—C(=O)—NH—CH(CH_2—C_6H_5)—C(=O)\right]_n$】

$\left[NH—CH(CH_3)—C(=O)—NH—CH(CH_2—C_6H_5)—C(=O)\right]_n+2nH_2O\rightarrow n\,NH_2—CH(CH_3)—COOH+n\,NH_2—CH(CH_2—C_6H_5)—COOH$ 蛋白质水解，生成氨基酸。肽键断裂生成氨基和羧基。该反应中生成丙氨酸和苯丙氨酸。

【$Pr\begin{smallmatrix}NH_2\\COO^-\end{smallmatrix}$】蛋白质阴离子。氨基酸分子在一般情况下，不是以游离的羧基和氨基存在，而是两性电离，在固态或水溶液中形成内盐，即以两性离子 $Pr\begin{smallmatrix}NH_3^+\\COO^-\end{smallmatrix}$ 形式存在。由于蛋白质是由氨基酸形成的，中间形成肽键，两端分别有氨基和羧基，含有氨基的一端叫 N 端，含有羧基的一端叫 C 端。氨基和羧基分别具有碱性和酸性，可以分别形成阳离子 $Pr\begin{smallmatrix}NH_3^+\\COOH\end{smallmatrix}$、阴离子 $Pr\begin{smallmatrix}NH_2\\COO^-\end{smallmatrix}$ 或两性离子 $Pr\begin{smallmatrix}NH_3^+\\COO^-\end{smallmatrix}$。用“Pr”表示蛋白质的中间部分。

$Pr\begin{smallmatrix}NH_2\\COO^-\end{smallmatrix}+H_2O \underset{OH^-}{\overset{H^+}{\rightleftharpoons}} Pr\begin{smallmatrix}NH_3^+\\COO^-\end{smallmatrix}$ 在酸性条件下，蛋白质阴离子变成蛋白质两性离子，氨基和氢离子结合生成铵盐，羧酸根离子不参加反应。而在碱性条件下，蛋白质两性离子中铵盐阳离子和 OH^- 反应，生成氨基，同样，羧酸根离子不参加反应。

【$Pr\begin{smallmatrix}NH_3^+\\COO^-\end{smallmatrix}$】蛋白质两性离子。用“Pr”表示蛋白质的中间部分。关于蛋白质两性离子，详见【$Pr\begin{smallmatrix}NH_2\\COO^-\end{smallmatrix}$】。

$Pr\begin{smallmatrix}NH_3^+\\COO^-\end{smallmatrix} \underset{OH^-}{\overset{H^+}{\rightleftharpoons}} Pr\begin{smallmatrix}NH_3^+\\COOH\end{smallmatrix}$ 在酸性条件下，蛋白质两性离子变成蛋白质阳离子，羧酸根离子和氢离子结合生成羧基。在碱性条件下，蛋白质阳离子中羧基和 OH^- 反应生成羧酸根离子，即生成蛋白质两性离子。

$Pr\begin{smallmatrix}NH_3^+\\COO^-\end{smallmatrix} \rightleftharpoons Pr\begin{smallmatrix}NH_2\\COOH\end{smallmatrix}$ 蛋白质两性离子和蛋白质之间相互转化的动态平衡。蛋白质中的羧基和氨基发生两性电离，生成蛋白质两性离子，详见【$Pr\begin{smallmatrix}NH_2\\COO^-\end{smallmatrix}$】。

【CH_3MgCl】甲基氯化镁。

$CH_3MgCl+CO_2 \xrightarrow{无水乙醇} CH_3—\overset{O}{\overset{\|}{C}}—OMgCl$

格利雅试剂（简称格化试剂）之一甲基氯化

镁和二氧化碳在无水乙醚中反应，生成盐。该盐水解生成乙酸和碱式氯化镁：

$$CH_3-\overset{O}{\overset{\|}{C}}-OMgCl+H_2O \rightarrow CH_3COOH+Mg(OH)Cl$$。

工业上用来制备增加一个碳原子的羧酸最常用的方法之一。格氏试剂具有此通性。格氏试剂又译格林尼亚试剂。

【CH_3MgBr】溴化甲基镁，或叫作甲基溴化镁。

$CH_3MgBr+H_2O \rightarrow Mg(OH)Cl+CH_4$ 格氏试剂之一溴化甲基镁遇水、醇、氨等化合物反应生成甲烷，直接将一卤代烷转变为烷烃。镁和一溴甲烷反应制备溴化甲基镁，有机镁化合物之一。关于【格氏试剂】见【CH_3Br+Mg】。

$CH_3MgBr+CH_3CH_2OH \rightarrow MgBrOCH_2CH_3+CH_4$ 格氏试剂遇水、醇、氨等化合物反应生成烃，直接将一卤代烷转变为烷烃。关于【格氏试剂】见【CH_3Br+Mg】。

【C_5H_5MgBr】溴化环戊二烯镁。

$2C_5H_5MgBr+FeCl_2 = (C_5H_5)_2Fe+MgBr_2+MgCl_2$ 氯化亚铁和溴化环戊二烯镁在有机溶剂中反应，制备橙黄色的二茂铁晶体的原理。

【CH_3MgI】甲基碘化镁。

$CH_3MgI+B_{10}H_{14} \rightarrow B_{10}H_{13}MgI+CH_4\uparrow$ 癸硼烷和甲基碘化镁反应，生成 $B_{10}H_{13}MgI$ 和 CH_4。

【$CH_3-\overset{O}{\overset{\|}{C}}-OMgCl$】

$CH_3-\overset{O}{\overset{\|}{C}}-OMgCl+H_2O \rightarrow CH_3COOH+Mg(OH)Cl$ 格氏试剂之一甲基氯化镁和二氧化碳在无水乙醚中反应，生成盐：

$$CH_3MgCl+CO_2 \xrightarrow{\text{无水乙醚}} CH_3-\overset{O}{\overset{\|}{C}}-OMgCl$$

。该盐水解生成乙酸和碱式氯化镁。工业上用来制备有机酸。格氏试剂具有此通性。关于【格氏试剂】见【CH_3Br+Mg】。

【R－OH(树脂)】

$R-OH(\text{树脂})+HCrO_4^- \underset{\text{再生}}{\overset{\text{交换}}{\rightleftharpoons}} R-HCrO_4+OH^-$ 用阴离子交换树脂处理含 $HCrO_4^-$废水以及树脂再生的原理。交换后 $HCrO_4^-$留在树脂上，再用 NaOH 淋洗，$HCrO_4^-$进入溶液被回收，树脂得以再生。

参 考 文 献

[1]《化学化工大辞典》编委会.化学工业出版社辞书编辑部编.化学化工大辞典（上）[M].北京:化学工业出版社,2003.

[2]《化学化工大辞典》编委会.化学工业出版社辞书编辑部编.化学化工大辞典（下）[M].北京:化学工业出版社,2003.

[3]北京师范大学,华中师范大学,南京师范大学无机化学教研室编.面向21世纪课程教材无机化学上册[M].4版.北京:高等教育出版社,2002.

[4]北京师范大学,华中师范大学,南京师范大学无机化学教研室编.面向21世纪课程教材无机化学下册[M].4版.北京:高等教育出版社,2003.

[5]顾翼东.化学词典[M].上海:上海辞书出版社,1989.

[6]胡宏纹.高等学校教材有机化学上册[M].2版.北京:高等教育出版社,1990.

[7]胡宏纹.高等学校教材有机化学下册[M].2版.北京:高等教育出版社,1990.

[8]刘曾利,皮洪波主编.高中化学教材知识资料包[M]. 北京:北京教育出版社,2004.

[9]路群祥,马得民编.初等化学手册[M].开封:河南大学出版社,1993.

[10]人民教育出版社化学室编著.全日制普通高级中学（必修）化学第一册教师教学用书[M].北京:人民教育出版社,2003.

[11]人民教育出版社化学室编著.全日制普通高级中学（必修加选修）化学第二册教师教学用书[M].北京:人民教育出版社,2003.

[12]人民教育出版社化学室编著.全日制普通高级中学（必修加选修）化学第三册教师教学用书[M].北京:人民教育出版社,2007.

[13]人民教育出版社化学室编著.全日制普通高级中学教科书（必修）化学第一册[M].北京:人民教育出版社,2003.

[14]人民教育出版社化学室编著.全日制普通高级中学教科书（必修加选修）化学第二册[M].北京:人民教育出版社,2003.

[15]人民教育出版社化学室编著.全日制普通高级中学教科书（必修加选修）化学第三册[M].北京:人民教育出版社,2003.

[16]人民教育出版社课程教材研究所,化学课程教材研究开发中心编著.普通高中课程标准实验教科书化学必修1[M].北京:人民教育出版社,2007.

[17]人民教育出版社课程教材研究所,化学课程教材研究开发中心编著.普通高中课程标准实验教科书化学必修2 [M].北京:人民教育出版社,2004.

[18]人民教育出版社课程教材研究所,化学课程教材研究开发中心编著.普通高中课程标准实验教科书化学选修1 化学与生活[M].2版.北京:人民教育出版社,2007.

[19]人民教育出版社课程教材研究所,化学课程教材研究开发中心编著.普通高中课程标准实验教科书化学选修2 化学与技术[M].2版.北京:人民教育出版社,2007.

[20]人民教育出版社课程教材研究所,化学课程教材研究开发中心编著.普通高中课程标准实验教科书化学选修 3 物质结构与性质[M].2 版.北京:人民教育出版社,2007.

[21]人民教育出版社课程教材研究所,化学课程教材研究开发中心编著.普通高中课程标准实验教科书化学选修 4 化学反应原理[M].北京:人民教育出版社,2004.

[22]人民教育出版社课程教材研究所,化学课程教材研究开发中心编著.普通高中课程标准实验教科书化学选修 5 有机化学基础[M].2 版.北京:人民教育出版社,2007.

[23]人民教育出版社课程教材研究所,化学课程教材研究开发中心编著.普通高中课程标准实验教科书化学选修 6 实验化学[M].2 版.北京:人民教育出版社,2007.

[24]任志鸿,董军主编.十年高考分类解析与应试策略·化学（教师版）（1999-2008）[M].海口:南方出版社,2008.

[25]天津大学无机化学教研室编.面向 21 世纪课程教材无机化学[M].3 版.北京:高等教育出版社,2002.

[26]王俊杰,段景丽主编.《收获季节》解密三年高考·解读三年模拟 化学[M].2 版.北京:光明日报出版社,2007.

[27]武汉大学,吉林大学等校编.高等学校教材无机化学上册[M].3 版.北京:高等教育出版社,1994.

[28]武汉大学,吉林大学等校编.高等学校教材无机化学下册[M].3 版.北京:高等教育出版社,1994.

[29]薛金星,郭正泉主编.中学教材全解高二化学（上）[M].6 版.西安:陕西人民教育出版社,2005.

[30]薛金星,郭正泉主编.中学教材全解高二化学（下）[M].6 版.西安:陕西人民教育出版社,2005.

[31]薛金星,郭正泉主编.中学教材全解高一化学（上）[M].6 版.西安:陕西人民教育出版社,2005.

[32]薛金星,郭正泉主编.中学教材全解高一化学（下）[M].6 版.西安:陕西人民教育出版社,2004.

[33]薛金星,李景昭主编.高中化学基础知识手册[M].北京:北京教育出版社,2003.

[34]薛金星,闫怀玉主编.中学教材全解高三化学[M].6 版.西安:陕西人民教育出版社,2005.

[35]曾昭琼主编.高等学校教材有机化学上册[M].3 版.北京:高等教育出版社,1993.

[36]曾昭琼主编.高等学校教材有机化学下册[M].3 版.北京:高等教育出版社,1993.

[37]周共度主编.化学辞典[M].2 版.北京:化学工业出版社,2016.

[38]常文宝主编.化学词典[M].北京:科学出版社,2008.

[39]王志纲编.中学常用化学方程式手册[M].杭州:浙江大学出版社,2012.

[40]王志纲主编.高中化学方程式手册[M].杭州:浙江大学出版社,2015.